Physik

Der Grundkurs

Rudolf Pitka
Steffen Bohrmann
Horst Stöcker
Georg Terlecki
Hartmut Zetsche

Physik

Der Grundkurs

4., korrigierte Auflage

Verlag Harri Deutsch

Website zum Buch:
http://www.harri-deutsch.de/1852.html

Die Autoren:
Prof. Dr. Rudolf Pitka, Fachhochschule Frankfurt am Main
Prof. Dr. Steffen Bohrmann, Fachhochschule Mannheim
Prof. Dr. Horst Stöcker, Johann Wolfgang Goethe-Universität Frankfurt am Main
Prof. Dr. Georg Terlecki, Fachhochschule Kaiserslautern
Dr. Hartmut Zetsche, Richard Fehrenbach-Gewerbeschule Freiburg im Breisgau

Verlag Harri Deutsch
Gräfstr. 47
D-60486 Frankfurt am Main
E-Mail: verlag@harri-deutsch.de
http://www.harri-deutsch.de

Bibliografische Information der Deutschen Nationalbibliothek

Die Deutsche Nationalbibliothek verzeichnet diese Publikation in der Deutschen Nationalbibliografie; detaillierte bibliografische Daten sind im Internet über <http://dnb.d-nb.de> abrufbar.

ISBN: 978-3-8171-1852-6

4., korrigierte Auflage 2009

Satz: Satzherstellung Dr. Naake <www.naake-satz.de>
Druck: fgb · freiburger graphische betriebe <www.fgb.de>
Printed in Germany

Vorwort

Dieses Lehr- und Lernbuch wendet sich an Studienanfänger der Ingenieur- und Naturwissenschaften an Fachhochschulen und Universitäten. Die Erfahrungen mit den Vorauflagen zeigen, dass das Buch gerade auch für jene Studierenden eine erfolgversprechende Alternative ist, die sich von den „dicken Brocken", den sehr umfassenden Lehrbüchern überfordert fühlen.

Die in der Lehre erfahrenen Autoren bieten den für das Studium notwendigen Stoff der Standardgebiete – von der elementaren Basis bis zu fortgeschrittenen Anwendungen – so ausführlich wie nötig in verständlicher Weise dar. Sie orientieren sich an den Anwendungsbereichen der Ingenieurpraxis.

Großen Wert legen die Autoren auf viele durchgerechnete Beispiele mit unterschiedlichem Schwierigkeitsgrad sowie auf Hunderte von erprobten Klausuraufgaben mit Lösungen und Übungsaufgaben mit hohem Praxisbezug. Diese erleichtern das Verständnis, das Üben und die effiziente Vorbereitung auf Prüfungen. Die Herleitung der Ergebnisse im Haupttext und in den Beispielen ist so ausführlich gehalten, dass sie mit allen Zwischenrechnungen rasch verstanden und nachvollzogen werden können. Hilfreich sind auch die Zusammenfassungen der einzelnen Kapitel.

Auch wenn sich das Buch in erster Linie an Studierende wendet, können es diejenigen Ingenieure, die bereits in der Berufspraxis stehen, mit Gewinn zur Einarbeitung in neue Arbeitsgebiete und zur eigenen Weiterbildung nutzen. Deshalb sind neben dem Grundlagenwissen zusätzlich anwendungsbezogene und weiterführende Kapitel der klassischen Physik aufgenommen.

Auch für diese Ausgabe sind Kritik, Anregungen und Verbesserungsvorschläge Autoren und Verlag hochwillkommen.

Frankfurt, Juli 2009 — Der Verlag

Inhaltsverzeichnis

Verzeichnis der Beispiele

Verzeichnis der Tabellen

1 Einleitung

1.1 Physikalische Größen

Die Physik beschäftigt sich mit Erscheinungen, die durch **messbare** Eigenschaften erfasst werden können. Solche Eigenschaften nennt man **physikalische Größen**. Beispiele dafür sind Zeit, Länge, Geschwindigkeit, Beschleunigung, Kraft und Volumen.

Man unterscheidet zwischen Basisgrößen und abgeleiteten Größen. **Basisgrößen** wie Länge, Zeit und Masse sind alleine durch Messvorschriften, ohne Bezug auf andere physikalische Größen definiert. **Abgeleitete Größen** werden mit Hilfe mathematischer Ausdrücke aus den Basisgrößen errechnet. So erhält man z. B. die abgeleitete Größe Geschwindigkeit v aus der gefahrenen Strecke Δx und der benötigten Zeit Δt durch die Formel

$$v = \frac{\Delta x}{\Delta t} \tag{1.1}$$

Einheiten

Alle physikalischen Größen G werden als Produkt eines Zahlenwertes $\{G\}$ und einer **Einheit** $[G]$ geschrieben:

$$G = \{G\} \cdot [G] \tag{1.2}$$

z. B.: Länge $l = 3$ m

Die zu den Basisgrößen gehörenden **Basiseinheiten** sind im SI-Einheitensystem (Système Internationale d'Unités) definiert. Tabelle 1.1 gibt die sieben Basiseinheiten an, die seit 1969 gesetzlicher Standard sind.

Tabelle 1.1 Basisgrößen und Basiseinheiten im SI-System

Basisgrösse	**Größenzeichen**	**Basiseinheit**	**Einheitenzeichen**
Länge	l	Meter	m
Masse	m	Kilogramm	kg
Zeit	t	Sekunde	s
El. Stromstärke	I	Ampere	A
Temperatur	T	Kelvin	K
Lichtstärke	I	Candela	cd
Stoffmenge	n	Mol	mol

Man kennzeichnet die um den Faktor 10^n vergrößerte oder verkleinerte Einheit durch Hinzufügen der in der Tabelle 1.2 genannten Vorsätze.
Beispiel: 1 **Kilo**meter = 1 **k**m = **1000** m

Damit ergeben sich einfache Schreibweisen für ansonsten unhandlich große oder kleine Messgrößen.

Tabelle 1.2 Vorsätze für Maßeinheiten

10^{18}	Exa	E	10^{-1}	Dezi	d
10^{15}	Peta	P	10^{-2}	Zenti	c
10^{12}	Tera	T	10^{-3}	Milli	m
10^{9}	Giga	G	10^{-6}	Mikro	µ
10^{6}	Mega	M	10^{-9}	Nano	n
10^{3}	Kilo	k	10^{-12}	Piko	p
10^{2}	Hekto	h	10^{-15}	Femto	f
10^{1}	Deka	da	10^{-18}	Atto	a

Für abgeleitete Größen verwendet man die Einheit, die sich aus der Definitionsgleichung der Größe ergibt. Für die Geschwindigkeit ergibt sich z. B. aus der Gleichung (1.1):

$$[v] = \frac{[\Delta x]}{[\Delta t]} = \frac{\text{m}}{\text{s}} \tag{1.3}$$

Definition der Basiseinheiten

Am Beispiel der in der Mechanik verwendeten Basiseinheiten Meter, Kilogramm und Sekunde sieht man besonders deutlich, dass die Definition der Basiseinheiten einem geschichtlichen Wandel unterliegt, der durch die Fortschritte in der Messtechnik bedingt ist.

So wurde die Einheit der Längenmessung, das Meter, im Jahre 1795 von der französischen Nationalversammlung eingeführt. Es sollte ein 40 Millionstel des Erdumfangs darstellen. Bis in neuere Zeit wurde das Urmeter an einem Platinbarren genommen, der in der Nähe von Paris aufbewahrt wurde. Heute wird das **Meter** definiert über die Strecke, die das Licht während der Zeit von $(299\,792\,458)^{-1}$ s im Vakuum zurücklegt. Die erreichbare relative Genauigkeit liegt bei 10^{-14}.

Die Einheit der Massenbestimmung war in früheren Zeiten die Masse von 1 cm^3 Wasser. Sie ist jedoch nicht genügend reproduzierbar, sodass heute das **Kilogramm** durch die Masse eines Zylinders aus einer Platin-Iridium-Legierung mit einer relativen Genauigkeit von 10^{-9} definiert ist.

Die Zeiteinheit Sekunde war früher so definiert, dass die mittlere Tageslänge 86 400 ($= 24 \cdot 60 \cdot 60$) Sekunden betrug. Infolge der Fortschritte der Messgenauigkeit wurde festgestellt, dass die Tageslänge nicht hinreichend konstant ist, um als Bezugsnormal zu dienen. Daher wird heute die Basiseinheit **Sekunde** über die Dauer von 9 192 631 770 Perioden der Strahlung definiert, die beim Übergang zwischen den beiden Hyperfeinstrukturniveaus des Grundzustands von Cäsium 133 auftritt. Die relative Genauigkeit beträgt wie bei der Basiseinheit Meter 10^{-14}.

Die restlichen Basiseinheiten sind wie folgt definiert (in Klammern die relative Genauigkeit):

- 1 **Ampère** ist die Stärke eines konstanten Stroms, der durch zwei im Vakuum parallel im Abstand von 1 Meter angeordnete, geradlinige, unendlich lange Leiter von vernachlässigbar kleinem kreisförmigen Querschnitt fließt und zwischen diesen Leitern je 1 Meter Leiterlänge die Kraft $2 \cdot 10^{-7}$ Newton hervorruft (10^{-6}).
- 1 **Kelvin** ist der 273,16te Teil der thermodynamischen Temperatur des Tripelpunktes von Wasser (10^{-6}).
- 1 **Candela** ist die Lichtstärke in eine bestimmte Richtung einer Strahlungsquelle, die monochromatische Strahlung der Frequenz 540 THz aussendet und deren Strahlstärke in dieser Richtung $(1/683)$ W/sr beträgt ($5 \cdot 10^{-3}$).
- 1 **Mol** ist die Stoffmenge eines Systems, das aus ebensoviel Einzelteilchen besteht, wie Atome in $12 \cdot 10^{-3}$ Kilogramm des Kohlenstoffnuklids ^{12}C enthalten sind (10^{-6}).

Skalare, Vektoren und Tensoren

Alle physikalischen Größen können nach ihrem Verhalten beim Übergang von einem räumlichen Koordinatensystem auf ein anderes klassifiziert werden. Größen, die zu ihrer Bestimmung nur die Angabe von Maßzahl und Einheit benötigen, verhalten sich dabei anders als Größen, die zusätzlich noch die Angabe der Richtung benötigen. Größen, die durch Maßzahl und Einheit eindeutig gekennzeichnet sind, heißen **Skalare**: z. B. Masse, Zeit und Energie. Diejenigen Größen, die zu ihrer Charakterisierung noch der **Richtung** bedürfen, werden **Vektoren** genannt: z. B. Verschiebung, Geschwindigkeit, Beschleunigung und Kraft. Daneben gibt es noch Größen, die sich beim Wechsel des Koordinatensystems noch komplizierter verhalten. Sie werden **Tensoren** genannt, z. B. Spannungstensor, elektromagnetischer Feldstärketensor.

Größengleichungen

Gesetzmäßigkeiten der Physik werden durch Gleichungen formuliert, in denen als Variable physikalische Größen stehen. Der Vorteil dieser **Größengleichungen** ist, dass ihre Gültigkeit unabhängig von den verwendeten Einheiten ist.

Beispiel 1.1 ▼

Rechnen mit Größengleichungen

Ein Auto fährt mit der Geschwindigkeit $v = 10\ \text{m/s} = 36\ \text{km/h}$.
Wie weit kommt es in der Beobachtungszeit $\Delta t = 36\ \text{s} = 0{,}01\ \text{h}$?

Lösung:

$$\Delta x = v \cdot \Delta t \qquad (1)$$

$$\Delta x = 10\,\text{m/s} \cdot 36\,\text{s} = 360\,\text{m} \qquad (2)$$

$$\Delta x = 36\,\text{km/h} \cdot 0{,}01\,\text{h} = 0{,}36\,\text{km} = 360\,\text{m} \qquad (3)$$

Beispiel 1.1 ▲

1.2 Messfehler

Jeder durch Messung gewonnene Wert einer physikalischen Größe ist mit Fehlern behaftet. Man unterscheidet zwischen zufälligen und systematischen Fehlern. Ein **systematischer Fehler** bleibt gleich groß, wenn man die Messung unter gleichen Bedingungen wiederholt; ein **zufälliger Fehler** ändert dabei seine Größe nach den Regeln des Zufalls. Misst man z. B. die Schwingungsdauer eines Fadenpendels mithilfe einer Handstoppuhr, so kann ein systematischer Fehler dadurch entstehen, dass die Uhr zu schnell läuft; einen zufälligen Fehler erzeugt man dadurch, dass man den Nulldurchgang des Pendels nicht genau trifft, und die Uhr bei einer Messung etwas zu früh, bei einer anderen dagegen etwas zu spät startet.

Das Vorhandensein zufälliger Fehler erkennt man daran, dass die Messergebnisse bei Messwiederholungen schwanken. Man kann sie teilweise beseitigen, indem man mehrere Messungen macht und die Ergebnisse mittelt. Systematische Fehler geben sich in den Messergebnissen nicht zu erkennen und sie können nur durch Verbesserung der Messapparatur verkleinert werden.

Mittelwert und Standardabweichung

Wird z. B. die Länge x einer bestimmten Strecke N-mal bestimmt, und bezeichnet man die Ergebnise der Einzelmessungen mit $x_1, x_2, \ldots, x_N$, so ist der **Mittelwert** $\bar{x}$ definiert durch:

$$\bar{x} = \frac{1}{N}\sum_{i=1}^{N} x_i \qquad (1.4)$$

Die Summe erstreckt sich über alle Messwerte x_i, wobei der Index i der Reihe nach die Werte $1, 2, \ldots, N$ annimmt.

Um ein Maß für die Schwankung der Einzelergebnisse und damit für das Ausmaß der zufälligen Fehler zu erhalten, geht man von den Abweichungen ϵ_i der Einzelergebnisse vom Mittelwert aus:

$$\epsilon_i = x_i - \bar{x} \tag{1.5}$$

Der Mittelwert dieser Abweichungen ist kein gutes Maß für die Schwankung der Einzelergebnisse. Denn Abweichungen nach oben ($\epsilon > 0$) und Abweichungen nach unten ($\epsilon < 0$) würden sich dabei gegenseitig aufheben, sodass selbst bei sehr großer Schwankung ein Mittelwert nahe 0 heraus käme. Man beseitigt das Vorzeichen der Abweichungen daher zunächst durch Quadrieren, mittelt dann, und kompensiert das Quadrieren anschließend wieder durch Ziehen der Quadratwurzel. Man erhält so die folgende Definition für die **Standardabweichung** s, die das Ausmaß der Schwankung der Einzelergebnisse bei Messwiederholung beschreibt:

$$s = \sqrt[2]{\frac{1}{N-1}\sum_{i=1}^{N}\epsilon_i^2} = \sqrt[2]{\frac{1}{N-1}\sum_{i=1}^{N}(x_i - \bar{x})^2} \tag{1.6}$$

(Dass bei der Mittelung durch $N - 1$ geteilt werden muss, statt durch N, ergibt sich aus der Theorie der Fehlerrechnung und macht deutlich, dass die Berechnung der Standardabweichung nur bei einer großen Anzahl von Wiederholungsmessungen $N \gg 1$ sinnvoll ist.)

Mithilfe der Wahrscheinlichkeitstheorie lässt sich zeigen, dass bei zufälligen Fehlern und sehr großer Anzahl N der Messwiederholungen 68 % aller Einzelmessungen im Breich $\bar{x} \pm s$ liegen.

Standardabweichung des Mittelwertes

Der Mittelwert einer Messreihe ist immer besser als ein einzelner Messwert, da sich die zufälligen Fehler der Einzelergebnisse bei der Mittelwertbildung teilweise ausgleichen.

Quantitativ lässt sich sagen, dass der Mittelwert $\bar{x}$ aus N Einzelmessungen in 68 % aller Fälle nicht weiter als $\Delta\bar{x}$ vom wahren Wert entfernt liegt. Dabei ist $\Delta\bar{x}$ die **Standardabweichung des Mittelwertes**, die sich aus der Standardabweichung s der Einzelmesswerte nach folgender Formel errechnet:

$$\Delta\bar{x} = \frac{s}{\sqrt{N}} \tag{1.7}$$

Wie man sieht, wird $\Delta\bar{x}$ und damit die **Ungenauigkeit des Mittelwertes** mit steigender Anzahl der Versuche N immer kleiner.

Was bedeutet das für die Praxis?

Beispiel 1.2 ▼

Standardabweichung des Mittelwertes

Bestimmt ein Vermesser für den Abstand x zweier Punkte nach 100 Messungen den Mittelwert $\bar{x} = 10{,}34$ m mit einer Standardabweichung $s = 0{,}30$ m, so ist die Ungenauigkeit des Mittelwertes $\Delta\bar{x} = s/\sqrt{100} = 0{,}03$ m. Der Vermesser wird daher seinen Messwert folgendermaßen angeben:

$$x = \bar{x} \pm \Delta\bar{x} = 10{,}34\ \text{m} \pm 0{,}03\ \text{m} \quad \text{bzw.} \quad x = 10{,}34\ \text{m}\ (\pm 0{,}3\ \%) \tag{1}$$

bei Verwendung von relativen Fehlern.

Beispiel 1.2 ▲

Fehlerfortpflanzung

Die Fläche eines Rechtecks ergibt sich als Produkt aus Länge und Breite

$$A = l \cdot b \tag{1.8}$$

Sind l und b fehlerbehaftete Messgrößen, so weicht auch die errechnete Fläche A um einen bestimmten Fehler von der wahren Fläche ab. Man spricht in diesem Fall von einer **Fehlerfortpflanzung**.

Der folgenden Tabelle kann man entnehmen, wie sich die Standardabweichung s_z einer errechneten Größe z, in Abhängigkeit von der Berechnungsformel, aus den Standardabweichungen s_x und s_y der in die Formel eingehenden Einzelwerte x und y ergibt.

Tabelle 1.3 Fehlerfortpflanzung

Berechnungsformel	**Fehlerfortpflanzung**
$z = x \pm y$	$s_z^2 = s_x^2 + s_y^2$
$z = x \cdot y$ $z = x/y$	$\left(\frac{s_z}{z}\right)^2 = \left(\frac{s_x}{x}\right)^2 + \left(\frac{s_y}{y}\right)^2$
$z = x^n$	$\left(\frac{s_z}{z}\right) = n \cdot \left(\frac{s_x}{x}\right)$

Teil I

Mechanik der Punktmasse und des starren Körpers

2 Vorbemerkungen

2.1 Bezugssysteme

Zu Beginn jeder Behandlung von mechanischen Problemen müssen wir uns der Frage zuwenden, wie wir den Ort eines Körpers sinnvoll beschreiben. Diese Problematik soll am folgenden Beispiel erläutert werden.

Wenn wir nach einer Eisenbahnfahrt von Frankfurt nach Kassel sagen, dass wir eine Strecke von 200 km gefahren sind, so meinen wir, dass wir uns auf der Erdoberfläche um diese Entfernung vom Ausgangsort entfernt haben. Von der Sonne aus betrachtet entfernte sich der Zug während dieser Fahrt aber (zusammen mit der Erde) um viele tausend Kilometer vom Ausgangsort.

Dieses Beispiel soll verdeutlichen, dass die Ortsbestimmung eines Körpers immer in Bezug zu einem anderen Körper vorgenommen werden muss; ihr Ergebnis also von der Wahl des **Koordinatensystems** abhängt. Von der Festlegung des Koordinatensystems hängt auch die Beschreibung von Bewegungen ab, da diese durch die Veränderung des Ortes eines Körpers definiert sind. Daher ist jede Bewegung eine **Relativbewegung**. Die Definition einer absoluten Bewegung ohne Bezug zu einem anderen Körper ist physikalisch sinnlos. Das Koordinatensystem, relativ zu dem die Bewegung erfolgt, heißt **Bezugssystem**. Die Angabe des Bezugssystems ist für die Beschreibung jeder Bewegung unbedingt notwendig.

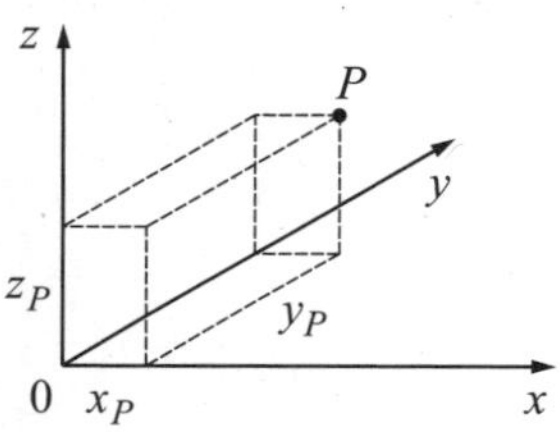

Abb. 2.1 Kartesisches Koordinatensystem

Eine kluge Wahl des Bezugssystems kann den Aufwand an mathematischer Beschreibung erheblich reduzieren. So führt z. B. der Frankfurter Hauptbahnhof von der Sonne aus gesehen eine Kreisbewegung um die Erdachse durch, der noch die Erdbewegung um die Sonne überlagert ist. Wählt man jedoch die Erde als Bezugssystem, so ruht er einfach.

In allen folgenden Diskussionen wird, wenn nicht anders erwähnt, ein **kartesisches Koordinatensystem** (s. Abb. 2.1) verwendet, das relativ zur Oberfläche der Erde **ruht**. Der Vorsatz kartesisch besagt, dass es aus geraden Achsen besteht, die aufeinander senkrecht stehen.

2.2 Gegenüberstellung Translation–Rotation

Oft hat die Ausdehnung eines Körpers auf die Berechnung seiner Bewegung keinen nennenswerten Einfluss. So ist z. B. die Länge, Breite und Höhe eines PKW für seinen Bremsweg unerheblich, wenn man die Luftreibung als bekannte Kraft berücksichtigt. In einem solchen Fall kann man den Körper als **„Massepunkt“** behandeln. Das ist das Modell eines Körpers mit verschwindender Ausdehnung aber endlicher Masse. Bewegt sich ein solcher Massepunkt auf einer beliebigen Bahn, so spricht man von einer **Translationsbewegung**.

In Gegensatz dazu müssen **Rotationsbewegungen** gesehen werden, wie sie z. B. bei einem Propeller auftreten. Hier spielt die Ausdehnung des Körpers eine wichtige Rolle, denn ein großer Propeller lässt sich z. B. viel schwerer abbremsen als ein kleiner derselben Masse.

Wir beschränken uns auf Rotationen **starrer Körper**, bei denen alle Teile ihre Abstände zueinander beibehalten. Bei einer solchen Rotation um eine feste Drehachse bewegt sich jeder Punkt des Körpers auf einem Kreisbogen um diese Achse.

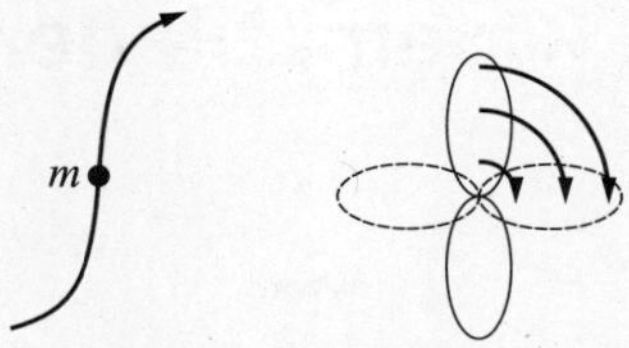

Abb. 2.2 Translation–Rotation

3 Kinematik der geradlinigen Bewegung

3.1 Orts-Zeit-Diagramme

Als Beispiel für eine geradlinige Bewegung eignet sich die Fahrt eines Zuges auf einer geraden Strecke (bzw. die Fahrt eines Wagens auf der Fahrbahn im Hörsaal). Zur Messung des momentanen Ortes muss dabei immer der gleiche repräsentative Punkt des Fahrzeuges, z. B. der vordere Puffer der Lokomotive, genommen werden.

Die Wahl des Koordinatensystems bleibt der Willkür des Anwenders vorbehalten. Sinnvoll und vereinfachend ist es, die x-Achse in die Richtung der Schienen zu legen. (Es hätte aber auch die y- oder z-Achse sein können. Beim kartesischen Koordinatensystem sind die drei Achsen gleichberechtigt.) Durch diese Festlegung des Koordinatensystems ist nur die x-Koordinate eine Funktion der Zeit; die Koordinaten y und z haben konstante Werte und sind daher für die Beschreibung der Bewegung unerheblich. Man spricht von einer eindimensionalen Bewegung.

Eindimensionale Bewegung

$$x = x(t)$$
$$y = \text{const.} \qquad (3.1)$$
$$z = \text{const.}$$

Um jedem Ort auf der Strecke eindeutig eine x-Koordinate zuordnen zu können, muss noch eine Stelle der Strecke als **Ortsnullpunkt** festgelegt werden. Schließlich muss man noch die **positive Bahnrichtung** vereinbaren; sie gibt an, in welcher Richtung vom Nullpunkt die x-Koordinaten positive Werte erhalten. In der Gegenrichtung sind die Koordinatenwerte negativ. In ähnlicher Weise sind auch die Vorzeichen der Zeitkoordinate t zu verstehen: eine negative Zeitkoordinate bedeutet, dass das betrachtete Ereignis vor dem vereinbarten **Zeitnullpunkt** stattfindet.

Hinweis: Wenn nicht ausdrücklich etwas Anderes gesagt wird, wählen wir die positive Bahnrichtung immer so, dass sie mit der Fahrtrichtung übereinstimmt.

Bewegt sich ein Fahrzeug auf der Strecke, so wird jeder Zeitkoordinate t eindeutig die Ortskoordinate x zugeordnet, an der sich das Fahrzeug gerade befindet. Diese Zuordnung wird **Orts-Zeit-Funktion** und ihre Darstellung im Achsenkreuz **Orts-Zeit-Diagramm** genannt.

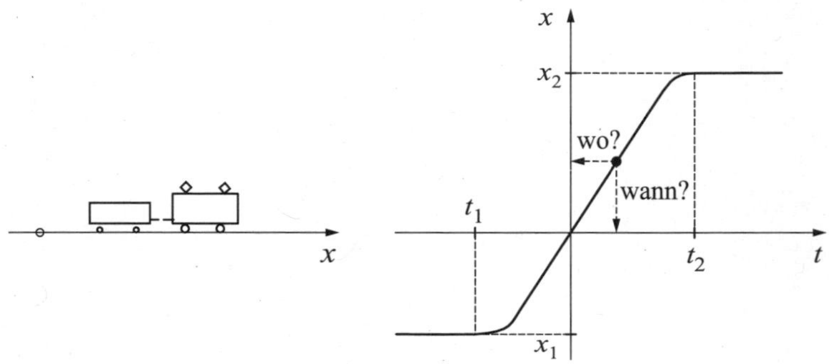

Abb. 3.1 Orts-Zeit-Diagramm

Zur Interpretation von Orts-Zeit-Diagrammen ist es hilfreich sich klar zu machen, dass die vertikale x-Achse der Fahrbahn entspricht, wobei ein x-Wert eine Aufschrift auf einem „Kilometerstein“

darstellt. Auf der t-Achse kann man ablesen, wann ein bestimmtes Ereignis stattfindet. Wie in Abb. 3.1 angedeutet, findet man deshalb die Antwort auf die Frage „wo?“ auf der x-Achse, die auf die Frage „wann?“ auf der t-Achse. Das in Abb. 3.1 dargestellte Diagramm stellt demnach einen Zug dar, der zu einer Zeit t_1 vor dem vereinbarten Zeitnullpunkt an einem Ort x_1 startet, der, in positiver Bahnrichtung gesehen, vor dem Ortnullpunkt liegt. Zum vereinbarten Zeitnullpunkt fährt er gerade am Ortsnullpunkt vorbei und bleibt zum späteren Zeitpunkt t_2 beim Ort x_2 wieder stehen.

3.2 Geschwindigkeit

Betrachten wir eine andere Zugbewegung, die durch das Diagramm in Abb. 3.2 dargestellt ist.

Für den Fahrgast interessant ist die Frage, wie schnell er die Strecke zwischen den Bahnhöfen 1 und 2 zurücklegt, deren Koordinaten durch x_1 bzw. x_2 gegeben sind. Der Zug legt die Wegstrecke $\Delta x = x_2 - x_1$ in der Zeitdauer $\Delta t = t_2 - t_1$ zurück. Die Zeiten t_1 und t_2 sind die Abfahrts- und Ankunftszeit des Zuges. Mit diesen Weg- und Zeitdifferenzen kann man die **Durchschnittsgeschwindigkeit** $\bar{v}$ (sprich v quer) definieren:

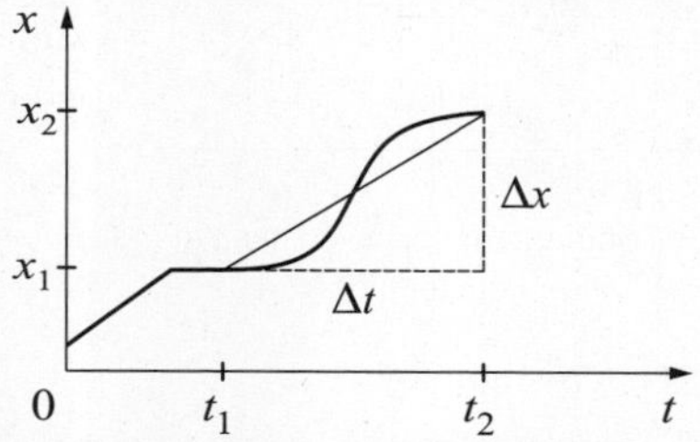

Abb. 3.2 Berechnung der Durchschnittsgeschwindigkeit

$$\bar{v} = \frac{\Delta x}{\Delta t} = \frac{x_2 - x_1}{t_2 - t_1} \qquad [\bar{v}] = \frac{\text{m}}{\text{s}} \tag{3.2}$$

In Worten:

Durchschnittsgeschwindigkeit ist zurückgelegter Weg Δx geteilt durch benötigte Zeit Δt.

Die Durchschnittsgeschwindigkeit $\bar{v}$ gibt anschaulich die Steigung der Sekante zwischen den Punkten (x_1, t_1) und (x_2, t_2) im Orts-Zeit-Diagramm an. Das zugehörige **Steigungsdreieck** setzt sich aus dieser Sekante als Hypotenuse und den Katheten Δt und Δx zusammen.

Hinweis: Bei der Verwendung der Durchschnittsgeschwindigkeit ist Vorsicht geboten, wenn sich die Bewegungsrichtung während der betrachteten Zeitdauer ändert: Wenn ein Schwimmer auf einer 50-m-Bahn nach zwei Bahnlängen wieder an den Ausgangspunkt zurückkehrt, ist sowohl $x_1 = 0$ als auch $x_2 = 0$. Nach obiger Definition beträgt demgemäß die Durchschnittsgeschwindigkeit $\bar{v} = 0$, unabhägig davon, welches Tempo der Schwimmer unterwegs hatte.

Dieses Beispiel zeigt, dass die in der Physik verwendete Bedeutung eines Begriffs nicht immer mit seiner Alltagsbedeutung übereinstimmt.

Beispiel 3.1

Durchschnittsgeschwindigkeit eines ICE

Der ICE 593 verlässt Frankfurt/Main um 6.07 Uhr und erreicht Hamburg Hbf. um 9.42 Uhr. Die Entfernung beträgt laut Fahrplan 539 km.
Wie groß ist die Durchschnittsgeschwindigkeit?

Lösung:

$$\Delta x = 539\ \text{km} = 539 \cdot 10^3\ \text{m} \tag{1}$$

$$\Delta t = 3\ \text{h}35\ \text{min} = 3 \cdot 3600\ \text{s} + 35 \cdot 60\ \text{s} = 1{,}29 \cdot 10^4\ \text{s} \tag{2}$$

$$\bar{v} = \frac{539 \cdot 10^3\ \text{m}}{1.29 \cdot 10^4\ \text{s}} = 41{,}78\ \text{m/s} \tag{3}$$

$$41{,}78\ \mathrm{m/s} = 41{,}78 \cdot \frac{\mathrm{km}}{1000} \Big/ \frac{\mathrm{h}}{3600} = 150{,}4\ \mathrm{km/h} \tag{4}$$

Hinweis: Man rechnet in neue Einheiten um, indem man die alten Einheiten schrittweise durch **denselben Größenwert**, ausgedrückt in der neuen Einheit, ersetzt; so z. B. m durch km/1000.

Beispiel 3.1

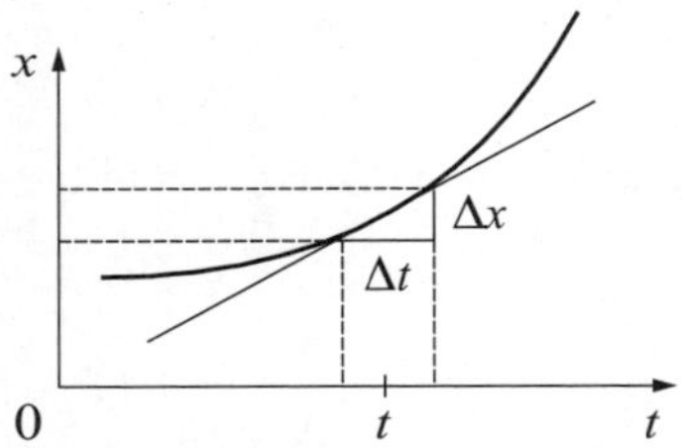

Abb. 3.3 Momentangeschwindigkeit als Tangentensteigung

Interessieren wir uns bei der Zugbewegung nach Abb. 3.2 für die Durchschnittsgeschwindigkeit $\bar{v}$ bei immer kürzer werdenden Zeitdauern Δt (bzw. Wegstrecken Δx), so gelangen wir gemäß Abb. 3.3 zu dem Begriff der **Momentangeschwindigkeit** v, die auch einfach als Geschwindigkeit bezeichnet wird.

Geschwindigkeit

$$v = \left.\frac{\Delta x}{\Delta t}\right|_{\Delta t \to 0} = \left.\frac{x_2 - x_1}{t_2 - t_1}\right|_{t_2 \to t_1} \tag{3.3}$$

(wobei Δt sehr klein ist und gegen null tendiert)

Mathematisch wird dies korrekt mit dem Begriff des **Grenzwertes** (limes) für verschwindende Zeitdauer Δt beschrieben:

$$v = \lim_{\Delta t \to 0} \frac{\Delta x}{\Delta t} = \lim_{t_2 \to t_1} \frac{x_2 - x_1}{t_2 - t_1} \tag{3.4}$$

Man sagt dann, dass die Geschwindigkeit v die **Ableitung** der Funktion $x(t)$ nach der Zeit t ist und schreibt:

$$v = \frac{\mathrm{d}x}{\mathrm{d}t} = \dot{x} \tag{3.5}$$

Die Momentangeschwindigkeit $v(t)$ gibt anschaulich die Steigung der Tangente im Punkt t an das Orts-Zeit-Diagramm an.

Die Geschwindigkeit kann gemäß Gl. (3.3) negative Werte annehmen. Dies ist der Fall, wenn t_2 größer als t_1 aber x_2 kleiner als x_1 ist, das Fahrzeug also zur späteren Zeit bei der kleineren Ortskoordinate vorbei fährt. **Negative Geschwindigkeiten** bedeuten daher anschaulich, dass das Fahrzeug sich entgegen der als positiv festgelegten Bahnrichtung bewegt.

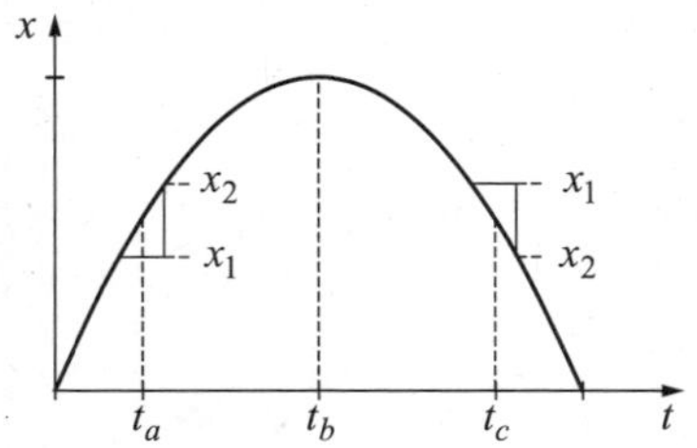

Abb. 3.4 Zum Vorzeichen der Geschwindigkeit

Das ist ein wesentlicher Unterschied zu der umgangssprachlichen Anwendung des Begriffs Geschwindigkeit. Dort wird in der Regel die Richtung der Bewegung nicht durch ein Vorzeichen erfasst, meist ist nur der Betrag $|v|$ gemeint.

Bestimmt man die Geschwindigkeiten der in Abb. 3.4 dargestellten Bewegung (Senkrechter Wurf) mithilfe der Gl. (3.3), so erkennt man drei verschiedene Fälle:

$t = t_a$ Das x-t-Diagramm steigt an, d. h. der Körper bewegt sich in die positive Bahnrichtung $\Longrightarrow x_2 > x_1 \Longrightarrow \Delta x > 0 \Longrightarrow v > 0$

$t = t_b$ Das x-t-Diagramm verläuft waagrecht d. h. der Körper ruht (in diesem Koordinatensystem und eventuell nur kurzzeitig) $\Longrightarrow x_2 = x_1 \Longrightarrow \Delta x = 0 \Longrightarrow v = 0$

$t = t_c$ Das x-t-Diagramm fällt ab, d. h. der Körper bewegt sich entgegen der positiven Bahnrichtung $\Longrightarrow x_2 < x_1 \Longrightarrow \Delta x < 0 \Longrightarrow v < 0$

Ein physikalisches Experiment zur Bestimmung der Momentangeschwindigkeit eines Zuges besteht darin, eine kurze Wegstrecke, z. B. $\Delta x = 1$ m, abzustecken und die von den Puffern der Lok zur Durchquerung dieser Strecke benötigte Zeitdifferenz mit einer Stoppuhr zu ermitteln. Bei den heute erreichbaren Zuggeschwindigkeiten können dabei Zeitdifferenzen unter $\Delta t = 14$ ms auftreten, sodass eine elektronische Auslösung, z. B. mit Lichtschranken, unerlässlich ist.
Aus physikalischer Sicht ist zur Definition der Momentangeschwindigkeit mittels Grenzwert $\Delta t \to 0$ zu bemerken, dass natürlich keine Messung bei verschwindender Zeitdifferenz möglich ist. Jede Geschwindigkeitsmessung setzt das Vorhandensein einer Messstrecke $\Delta x > 0$ (bzw. einer Zeitdifferenz $\Delta t > 0$) voraus. Das Ergebnis jeder Messung $\Delta x / \Delta t$ ist definitionsgemäß eine Durchschnittsgeschwindigkeit $\bar{v}$. Damit $\bar{v}$ der Momentangeschwindigkeit v nahe kommt, muss die Messstrecke Δx so kurz gewählt werden, dass die Momentangeschwindigkeit innerhalb dieser Messstrecke als konstant betrachtet werden kann. Anschaulich bedeutet dies, dass das x-t-Diagramm innerhalb des Steigungsdreiecks einer Geraden ähnelt und die Steigung der Sekante deshalb ungefähr mit der Steigung der Tangente übereinstimmt.

3.3 Beschleunigung

Wenn man sagt, dass ein Eisenbahnzug beschleunigt, so ist die umgangssprachliche Bedeutung, dass sich seine Geschwindigkeit erhöht. Wir wollen jedoch jede Änderung der Geschwindigkeit, also auch ein Abbremsen, als Beschleunigung bezeichnen.

In Abb. 3.5 ist die Geschwindigkeit v eines Zuges über der Zeit t dargestellt (**Geschwindigkeits-Zeit-Diagramm**). Er ändert seine Geschwindigkeit während der längeren Zeitdauer $\Delta t = t_2 - t_1$ um $\Delta v = v_2 - v_1$. Mit diesen Größen definiert man – analog zur Durchschnittsgeschwindigkeit – die **Durchschnittsbeschleunigung** $\bar{a}$:

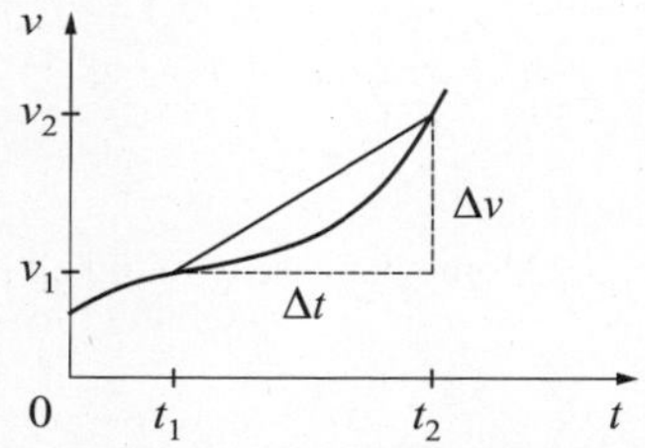

Abb. 3.5 Durchschnittsbeschleunigung

$$\bar{a} = \frac{\Delta v}{\Delta t} = \frac{v_2 - v_1}{t_2 - t_1}; \qquad [\bar{a}] = \frac{\text{m/s}}{\text{s}} = \frac{\text{m}}{\text{s}^2} \tag{3.6}$$

In Worten:

Durchschnittsbeschleunigung ist Geschwindigkeitsänderung Δv geteilt durch benötigte Zeit Δt.

Die Durchschnittsbeschleunigung gibt anschaulich die Steigung der Sekante zwischen den Punkten (v_1, t_1) und (v_2, t_2) im Geschwindigkeits-Zeit-Diagramm an. Das zugehörige **Steigungsdreieck** setzt sich aus dieser Sekante als Hypotenuse und den Katheten Δt und Δv zusammen.

Hinweis: Wie bei der Durchschnittsgeschwindigkeit ist auch bei der Anwendung der Durchschnittsbeschleunigung Vorsicht geboten, wenn die Momentangeschwindigkeit im betrachteten

Zeitintervall sowohl steigt als auch fällt. In diesem Fall kann die Durchschnittsbeschleunigung nämlich den Wert 0 haben, obwohl sich die Geschwindigkeit geändert hat.

Beispiel 3.2 ▼

Durchschnittsbeschleunigung eines ICE

ICE-Zug der Bundesbahn erreicht seine Fahrgeschwindigkeit von 250 km/h innerhalb von 600 Sekunden. Zum Abbremsen benötigt er 139 Sekunden, zur Notbremsung 57 Sekunden.
Wie groß sind die durchschnittlichen Beschleunigungen während des Anfahrens und des Verzögerns?

Lösung:

Aus Gl. (3.6) erhalten wir:

$$\begin{aligned}
&\text{Anfahren} \quad \bar{a} = \frac{(250-0)\cdot 10^3\ \text{m}}{3600\ \text{s}}\,\frac{1}{600\ \text{s}} = 0{,}116\ \text{m/s}^2 \\
&\text{Abbremsen} \quad \bar{a} = \frac{(0-250)\cdot 10^3\ \text{m}}{3600\ \text{s}}\,\frac{1}{139\ \text{s}} = -0{,}5\ \text{m/s}^2 \\
&\text{Notbremsen} \quad \bar{a} = \frac{(0-250)\cdot 10^3\ \text{m}}{3600\ \text{s}}\,\frac{1}{57\ \text{s}} = -1{,}22\ \text{m/s}^2
\end{aligned} \tag{1}$$

Beispiel 3.2 ▲

Wählen wir das Zeitintervall Δt bei der Messung der Beschleunigung $\bar{a}$ immer kürzer, so kommen wir in Analogie zur Momentangeschwindigkeit zum Begriff der **Momentanbeschleunigung** a, die wir in Zukunft nur noch als Beschleunigung bezeichnen wollen:

Beschleunigung

$$a = \left.\frac{\Delta v}{\Delta t}\right|_{\Delta t \to 0} = \left.\frac{v_2 - v_1}{t_2 - t_1}\right|_{t_2 \to t_1} \tag{3.7}$$

Wie bei der Momentangeschwindigkeit v kann dieser Sachverhalt mit einem Grenzwert beschrieben werden:

$$a = \lim_{\Delta t \to 0} \frac{\Delta v}{\Delta t} = \lim_{t_2 \to t_1} \frac{v_2 - v_1}{t_2 - t_1} \tag{3.8}$$

Die Beschleunigung a ist die Ableitung der v-t-Funktion nach der Zeit. Da die Geschwindigkeit ihrerseits eine Ableitung darstellt, ergibt sich folgende Schreibweise:

$$a = \frac{\mathrm{d}v}{\mathrm{d}t} = \dot{v}; \qquad v = \frac{\mathrm{d}x}{\mathrm{d}t} = \dot{x}$$

also zusammengefasst

$$a = \frac{\mathrm{d}}{\mathrm{d}t}\left(\frac{\mathrm{d}x}{\mathrm{d}t}\right) = \frac{\mathrm{d}^2 x}{\mathrm{d}t^2} = \ddot{x} \qquad [a] = \frac{\text{m}}{\text{s}^2} \tag{3.9}$$

Die Beschleunigung ist die **zweite Ableitung** der Orts-Zeit-Funktion $x(t)$.

Die Beschleunigung a stellt anschaulich die Steigung der Tangente im v-t-Diagramm dar.

Aus Abb. 3.6 können die nachstehend beschriebenen Fälle abgelesen werden:

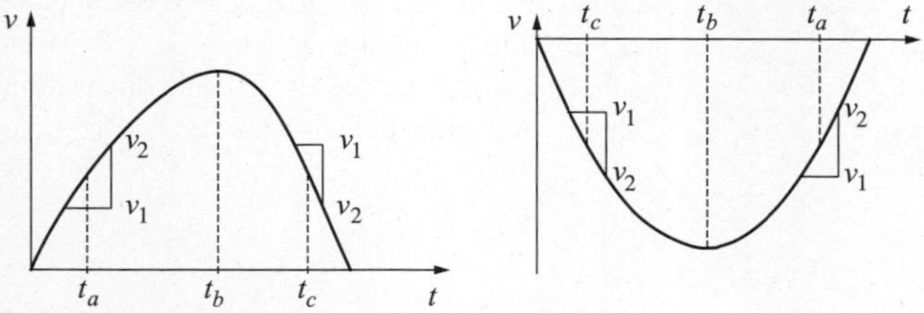

Abb. 3.6 Zum Vorzeichen der Beschleunigung

$t = t_a$ Das v-t-Diagramm steigt an $\Longrightarrow v_2 > v_1 \Longrightarrow \Delta v > 0 \Longrightarrow a > 0$

$t = t_b$ Das v-t-Diagramm verläuft waagrecht, d. h. der Körper ändert seine Geschwindigkeit (evtl. nur kurzzeitig) nicht. $\Longrightarrow v_2 = v_1 \Longrightarrow \Delta v = 0 \Longrightarrow a = 0$

$t = t_c$ Das v-t-Diagramm fällt ab $\Longrightarrow v_2 < v_1 \Longrightarrow \Delta v < 0 \Longrightarrow a < 0$

Hinweis: Das Vorzeichen der Beschleunigung hängt nicht eindeutig mit den umgangssprachlichen Begriffen „schneller werden“ und „abbremsen“ zusammen. Bei Fahrt in die positive Bahnrichtung (die Geschwindigkeitswerte sind positiv) gilt gemäß dem linken Diagramm von Abb. 3.6, dass positive Beschleunigung (t_a) „schneller werden“ und negative Beschleunigung (t_c) „abbremsen“ bedeutet. Am rechten Diagramm erkennt man aber, dass der Zusammenhang bei einer Fahrt gegen die positive Bahnrichtung (die Geschwindigkeitswerte sind negativ) gerade umgekehrt ist.

3.4 Bestimmung der Wegstrecke Δx und der Geschwindigkeitsänderung Δv

Um zu berechnen, welche Strecke Δx ein Fahrzeug während einer bestimmten Zeitdauer Δt zurücklegt und um wie viel sich dabei seine Geschwindigkeit ändert (Δv), bieten sich die Definitionsgleichungen (3.2) und (3.6) an. Aufgelöst lauten sie:

$$\begin{aligned} \Delta x &= \bar{v} \cdot \Delta t \\ x_2 &= x_1 + \bar{v} \cdot (t_2 - t_1) \end{aligned} \tag{3.10}$$

$$\begin{aligned} \Delta v &= \bar{a} \cdot \Delta t \\ v_2 &= v_1 + \bar{a} \cdot (t_2 - t_1) \end{aligned} \tag{3.11}$$

Diese Gleichungen sind allerdings nur dann anwendbar, wenn die Durchschnittsgeschwindigkeit und die Durchschnittsbeschleunigung während der Zeit Δt bekannt sind. Im anderen Fall muss man eine Methode anwenden, die nun zunächst für die Berechnung der **zurückgelegten Strecke** Δx vorgeführt werden soll.

Wir setzen die Kenntnis des Verlaufs der Geschwindigkeit als Funktion der Zeit voraus. Ein Beispiel zeigt Abb. 3.7.

Die Definitionsgleichung der Momentangeschwindigkeit (Gl. (3.3)) lautet aufgelöst:

$$\Delta x = v \cdot \Delta t \quad \big|_{\Delta t \to 0} \tag{3.12}$$

Sie ist natürlich auch in dieser Form, wie die ursprüngliche Gleichung, nur für $\Delta t \to 0$ gültig, wobei v jeweils die Geschwindigkeit während des betrachteten, sehr kurzen Zeitintervalls Δt ist.

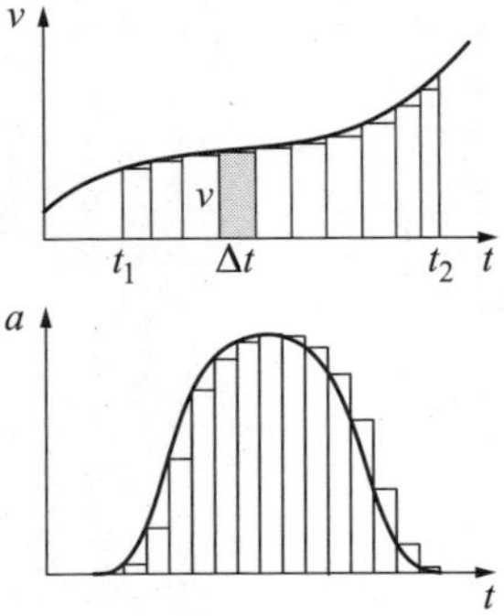

Abb. 3.7 Ermittlung der Wegstrecke Δx und der Geschwindigkeitsänderung Δv

Wir teilen deshalb die gesamte Zeitdauer zwischen t_1 und t_2, wie in Abb. 3.7 angedeutet, in lauter sehr kleine Zeitabschnitte Δt auf. Mit der Gl. (3.12) lassen sich dann alle Teilstrecken errechnen, die während dieser kleinen Δt zurückgelegt werden. Durch Aufsummation dieser Teilstrecken erhält man die gesamte zwischen t_1 und t_2 zurückgelegte Strecke.

$$\begin{aligned}\Delta x &\approx v(t_1)\cdot\Delta t + v(t_1+\Delta t)\cdot\Delta t + \cdots\\ &\quad + v(t_1+(n-1)\cdot\Delta t)\cdot\Delta t\\ &\approx \sum_{i=0}^{n-1} v(t_1+i\Delta t)\cdot\Delta t \end{aligned} \tag{3.13}$$

Im Grenzfall unendlich kleiner und deshalb unendlich vieler Zeitintervalle, $n \to \infty$, geht die Summe in ein Integral über. Aus dem Ungefährsymbol wird das Gleichheitszeichen:

$$\Delta x = \int_{t_1}^{t_2} v(t)\mathrm{d}t \tag{3.14}$$

Eine geometrische Deutung der Summe in Gl. (3.13) erhält man, wenn man sich klar macht, dass jedes einzelne ihrer Produkte $v \cdot \Delta t$ den Flächeninhalt des zugehörigen, in Abb. 3.7 angedeuteten Rechtecks darstellt. Die Summe entspricht also der Gesamtfläche aller Rechtecke zwischen t_1 und t_2. Für $n \to \infty$ wird die Treppenkurve der Rechtecksoberkanten mit der $v(t)$-Kurve identisch, sodass wir das folgende Ergebnis erhalten:

Die zwischen den Zeiten t_1 und t_2 zurückgelegte Strecke Δx entspricht der Größe der Fläche unter der $v(t)$-Kurve zwischen diesen Zeiten.

Beispiel 3.3 ▼

Berechnung von Δx aus der Fläche unter $v(t)$

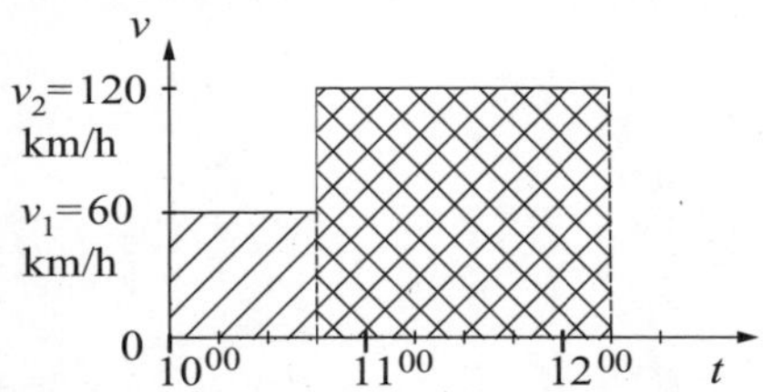

Abb. 3.8 Geschwindigkeits-Zeit-Diagramm

Für einen PKW, der ein v-t-Diagramm gemäß der Abb. 3.8 aufweist, soll die gesamte gefahrene Strecke Δx_{ges} im Zeitraum zwischen 10.00 Uhr und 12.15 Uhr bestimmt werden. Die Geschwindigkeitsänderung bei 10.45 Uhr geschieht so rasch, dass die v-t-Kurve bei der gewählten Auflösung der t-Achse als Stufenkurve gezeichnet werden kann.

Lösung:

Die gesamte Wegstrecke Δx_{ges} ergibt sich aus der Fläche unter dem v-t-Diagramm:

$$\begin{aligned}\Delta x_{ges} &= v_1\Delta t_1 + v_2\Delta t_2\\ &= 60\ \text{km/h}\cdot 0{,}75\ \text{h} + 120\ \text{km/h}\cdot 1{,}5\ \text{h} = 225\ \text{km}\end{aligned} \tag{1}$$

Hinweis: Wenn man diese Aufgabe mit Gl. (3.10) lösen will, muss man beachten, dass

$$\bar{v} \neq \frac{v_1+v_2}{2} \tag{2}$$

Nur im Falle gleicher Zeitintervalle $\Delta t_1 = \Delta t_2$ lässt sich $\bar{v}$ in dieser üblichen Weise berechnen.

Beispiel 3.3 ▲

Die Methode zur Ermittlung der **Geschwindigkeitsänderung** Δv aus der Beschleunigung-Zeit-Funktion lässt sich, ausgehend von der Definition der Beschleunigung in Gl. (3.7), mit denselben Argumenten herleiten, die oben bei der Bestimmung der Wegstrecke verwendet wurden (vgl. dazu Abb. 3.7, rechtes Diagramm):

$$\Delta v \approx a(t_1) \cdot \Delta t + a(t_1 + \Delta t) \cdot \Delta t + \cdots + a(t_1 + (n-1) \cdot \Delta t) \cdot \Delta t$$

$$\approx \sum_{i=0}^{n-1} a(t_1 + i\Delta t) \cdot \Delta t \tag{3.15}$$

Auch diese Summe geht im Grenzfall unendlich feiner Unterteilung in ein Integral über:

$$\Delta v = \int_{t_1}^{t_2} a(t)\mathrm{d}t \tag{3.16}$$

Die geometrische Deutung lautet:

Die Geschwindigkeitsänderung Δv zwischen den Zeiten t_1 und t_2 entspricht der Größe der Fläche unter der $a(t)$-Kurve zwischen diesen Zeiten.

3.5 Spezielle Bewegungen

Für die folgenden speziellen Bewegungen können die Integrale Gl. (3.14) und Gl. (3.16) für die Berechnung der Wegstrecke und der Geschwindigkeitsdifferenz mithilfe ihrer geometrischen Deutung gelöst werden.

Spezialfall: Konstante Geschwindigkeit

Das Geschwindigkeits-Zeit-Diagramm ist in diesem Fall eine Parallele zur t-Achse.

Das Orts-Zeit-Diagramm ist eine Gerade, da seine Steigung der Momentangeschwindigkeit entspricht und deshalb konstant sein muss.

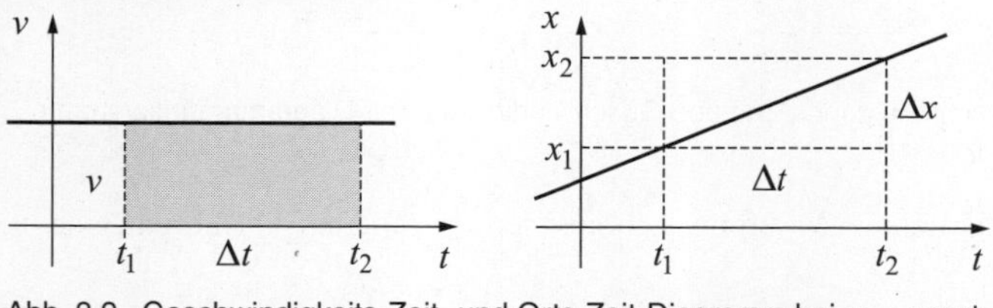

Abb. 3.9 Geschwindigkeits-Zeit- und Orts-Zeit-Diagramm bei $v = \text{const.}$

Der zurückgelegte Weg Δx ergibt sich aus der Fläche unter dem v-t-Diagramm:

$$\begin{aligned} \Delta x &= v \cdot \Delta t \\ x_2 &= x_1 + v(t_2 - t_1) \end{aligned} \tag{3.17}$$

Für konstante Geschwindigkeit gilt also die Beziehung:

$$\Delta x \sim \Delta t \quad \text{für} \quad v = \text{const.} \tag{3.18}$$

mit der Geschwindigkeit v als Proportionalitätskonstante.

Beispiel 3.4

Überholen von Fahrzeugen

Ein PKW fährt mit konstanter Geschwindigkeit $v_1 = 120$ km/h hinter einem anderen PKW her, dessen Geschwindigkeit $v_2 = 84$ km/h ist. Der Abstand zur Zeit $t = 0$ ist $s_a = 800$ m. Der Ort des Fahrzeugs 1 zur Zeit $t = 0$ sei der Ortsnullpunkt.

Zu welcher Zeit t_E und an welchem Ort x_E hat der Wagen 1 den Wagen 2 eingeholt?

Lösung:

Zuerst stellen wir die Orts-Zeit-Funktion für die beiden Fahrzeuge auf. Dazu wählen wir $t_1 = 0$ und $t_2 = t$.

$$x_1(t) = v_1 \cdot t$$

$$x_2(t) = s_a + v_2 \cdot t \tag{1}$$

Im Moment des Einholens befinden sich die Fahrzeuge am gleichen Ort, d. h., es gilt:

$$x_1 = x_2 \tag{2}$$

Daraus folgt für den Zeitpunkt des Einholens

$$t_E = \frac{s_a}{v_1 - v_2} = 80\ \text{s} \tag{3}$$

Der gesuchte Ort des Einholens ergibt sich daraus zu:

$$x_E = x_1(t_E) = v_1 \cdot t_E = \frac{v_1}{v_1 - v_2} \cdot s_a = 2666{,}7\ \text{m} \tag{4}$$

Beispiel 3.4 ▲

Spezialfall: Konstante Beschleunigung

Das Beschleunigungs-Zeit-Diagramm ist in diesem Fall eine Parallele zur t-Achse.

Das Geschwindigkeits-Zeit-Diagramm ist gerade, da seine Steigung der Beschleunigung entspricht und deshalb konstant sein muss.

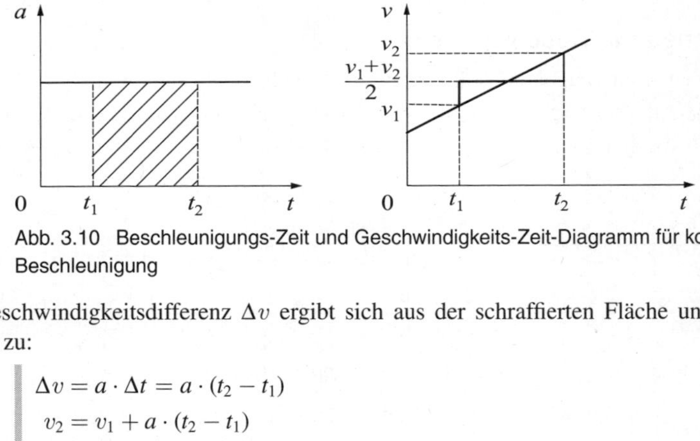

Abb. 3.10 Beschleunigungs-Zeit und Geschwindigkeits-Zeit-Diagramm für konstante Beschleunigung

Die Geschwindigkeitsdifferenz Δv ergibt sich aus der schraffierten Fläche unter dem $a(t)$-Diagramm zu:

$$\begin{aligned} \Delta v &= a \cdot \Delta t = a \cdot (t_2 - t_1) \\ v_2 &= v_1 + a \cdot (t_2 - t_1) \end{aligned} \tag{3.19}$$

Die Fläche im v-t-Diagramm, die dem zurückgelegten Weg Δx entspricht, ist ein Trapez. Dessen Fläche ergibt sich mit der mittleren Höhe $(v_1 + v_2)/2$ zu

$$\Delta x = \frac{1}{2}(v_1 + v_2) \cdot \Delta t \tag{3.20}$$

Dies ist die schon bekannte Gl. (3.10) mit $\bar{v} = \frac{1}{2}(v_1 + v_2)$.

Alternative Formulierungen für Δx ergeben sich durch die Substitution $v_2 = v_1 + a\Delta t$ bzw. $\Delta t = (v_2 - v_1)/a$:

$$\Delta x = \frac{1}{2}(v_1 + v_1 + a\Delta t) \cdot \Delta t \quad \Rightarrow \quad \Delta x = v_1\,\Delta t + \frac{1}{2}\,a\,\Delta t^2 \tag{3.21}$$

$$\Delta x = \frac{1}{2}(v_1 + v_2)\frac{v_2 - v_1}{a} \quad \Rightarrow \quad \Delta x = \frac{1}{2a}(v_2^2 - v_1^2) \tag{3.22}$$

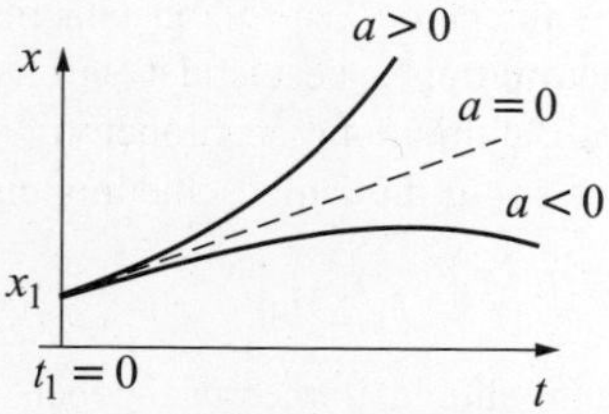

Abb. 3.11 Orts-Zeit-Diagramme für $a = \text{const.}$

Zur Bestimmung der Orts-Zeit-Funktion setzen wir $t_2 = t$ und $x_2 = x$ und beachten, dass

$$x = x_1 + \Delta x \quad \text{und} \quad t = t_1 + \Delta t \tag{3.23}$$

Wählt man $t_1 = 0$, so ergibt sich aus Gl. (3.21):

$$x = x_1 + v_1 \cdot t + \frac{1}{2} a t^2 \tag{3.24}$$

Diese Funktion ist in Abb. 3.11 für verschiedene Beschleunigungen dargestellt.

Beispiel 3.5

Bremsweg und Verzögerung eines PKW

Während des Abbremsens eines PKW treten bei konstanter Verzögerung folgende Geschwindigkeits- bzw. Orts-Zeit-Diagramme auf (Bremsbeginn bei $t_1 = 0$ und $x_1 = 0$).

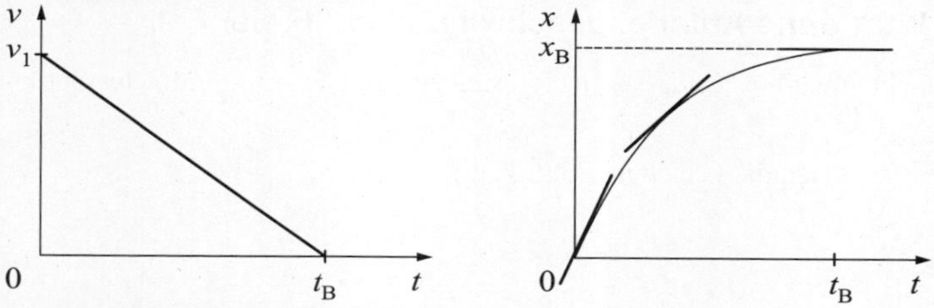

Abb. 3.12 Abbremsen eines Fahrzeugs mit $a = \text{const.}$

Die Geschwindigkeitsänderung bis zum Stillstand ist:

$$\Delta v = v_2 - v_1 = -v_1 < 0 \tag{1}$$

Für die **Bremsdauer** $\Delta t = t_B$ folgt aus Gl. (3.19)

$$t_B = \frac{v_1}{-a} \qquad a < o \tag{2}$$

Für den **Bremsweg** $\Delta x = x_B$ ergibt sich aus Gl. (3.22):

$$x_B = \frac{1}{2a}\left(v_2^2 - v_1^2\right) = -\frac{1}{2a} v_1^2 \tag{3}$$

Der Bremsweg wächst also **quadratisch** mit der Fahrgeschwindigkeit an! (von $v = 45$ km/h auf 90 km/h vervierfacht sich der Bremsweg!)

Daraus folgt für die Verzögerung a:

$$a = -\frac{1}{2}\frac{v_1^2}{x_B} \tag{4}$$

In einem Zahlenbeispiel mit der Anfangsgeschwindigkeit $v_1 = 90$km/h und dem Bremsweg $x_B = 50$ m folgt für die notwendige Verzögerung:

$$a = -\frac{1}{2} \cdot \frac{(90\ \text{km/h})^2}{50\ \text{m}} = -\frac{1}{2} \cdot \frac{1}{50\ \text{m}} \left(\frac{90\,000\ \text{m}}{3600\ \text{s}}\right)^2 = -6{,}25\ \text{m/s}^2 \tag{5}$$

Beispiel 3.5

3.6 Senkrechter Wurf

Unter einem Senkrechten Wurf wollen wir eine Bewegung verstehen, die auf einer senkrechten Bahn unter dem alleinigen Einfluss der Erdanziehungskraft verläuft. Die hierbei vorgenommene Vernachlässigung der Luftreibung ist für windschlüpfrige Körper und kleine Geschwindigkeiten gerechtfertigt.

Versuche zeigen, dass die Beschleunigung a während eines Senkrechten Wurfs konstant bleibt und für alle Körper denselben Betrag hat, der als **Fallbeschleunigung** g bezeichnet wird. Das Vorzeichen der Beschleunigung hängt davon ab, ob die positive Bahnrichtung nach oben ($a < 0$) oder nach unten ($a > 0$) gewählt wird. Präzisionsmessungen liefern für die Fallbeschleunigung in unseren geografischen Breiten den Wert

$$g = 9{,}806\,65 \text{ m/s}^2 \tag{3.25}$$

Zur Vereinfachung wählen wir im Folgenden die positive Bahnrichtung immer nach oben und den Beginn des Senkrechten Wurfs als Orts- bzw. Zeitnullpunkt. Damit ist $t_1 = 0$, $x_1 = 0$ und die Beschleunigung wird negativ: $a = -g$. Aus den Gleichungen (3.19) und (3.21) ergeben sich dann die folgenden Orts- und Geschwindigkeits-Zeit-Funktionen:

$$v(t) = v_1 - g \cdot t$$

$$x(t) = v_1 \cdot t - \frac{1}{2} \cdot g \cdot t^2 \qquad \text{wobei } v_1 \text{ die Anfangsgeschwindigkeit ist} \tag{3.26}$$

Senkrechter Wurf ohne Anfangsgeschwindigkeit: Freier Fall

Als Beispiel betrachten wir ein Kind, das sich ohne abzuspringen vom Fünfmeter-Sprungbrett ins Wasser fallen lässt.

Wegen $v_1 = 0$ reduziert sich die Gleichung (3.26) auf:

$$v(t) = -g\,t \tag{3.27}$$

$$x(t) = -\frac{1}{2} g\,t^2 \tag{3.28}$$

Eliminiert man die Zeit t aus diesen Gleichungen, so erhält man die Fallgeschwindigkeit in Abhängigkeit von der Fallstrecke $h = |\Delta x| = -x$.

$$v = \sqrt{2gh} \tag{3.29}$$

Die Bewegungs-Diagramme haben die in Abb. 3.13 gezeigte Gestalt.

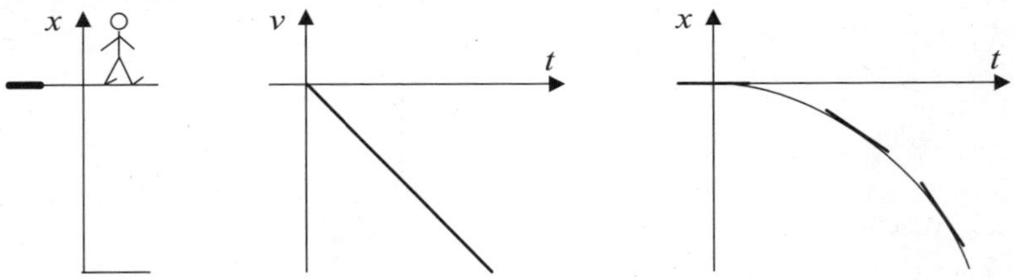

Abb. 3.13 Freier Fall

Versuch: Um diese Gesetzmäßigkeiten des Freien Falls experimentell zu prüfen, kann man eine Stahlkugel fallen lassen, und die Fallzeiten $\Delta t = t$ bestimmen, die sie für verschiedene, jeweils vom Startpunkt aus gemessene Fallstrecken $\Delta x = x$ benötigt. Man erhält:

$\Delta x/\text{cm}$	-20	-40	-80	-160
$\Delta t/\text{s}$	0,21	0,29	0,41	0,57

Die Messstrecken Δx wurden mit Absicht im Verhältnis 1 : 2 : 4 : 8 gewählt, damit die quadratische Abhängigkeit ohne aufwendige Rechnung erkannt werden kann:

Eine Verdopplung der Fallzeit ergibt sich erst bei einer Vervierfachung der Wegstrecke.

Für die Fallbeschleunigung g ergibt sich aus Gl. (3.28) mit Verwendung der Messwerte $\Delta x = x = -160$ cm und $\Delta t = t = 0{,}57$ s

$$g = -\frac{2x}{t^2} = \frac{3{,}2 \text{ m}}{(0{,}57 \text{ s})^2} = 9{,}85 \text{ m/s}^2 \tag{3.30}$$

Die quadratische Abhängigkeit der Fallstrecke von der Zeit kann auch gut mit einer Kugelkette verdeutlicht werden, bei der die Kugeln in quadratisch wachsenden Abständen befestigt sind:
Wird eine solche Kugelkette fallen gelassen, so erreichen die Kugeln in gleichen Zeitabständen den Erdboden.

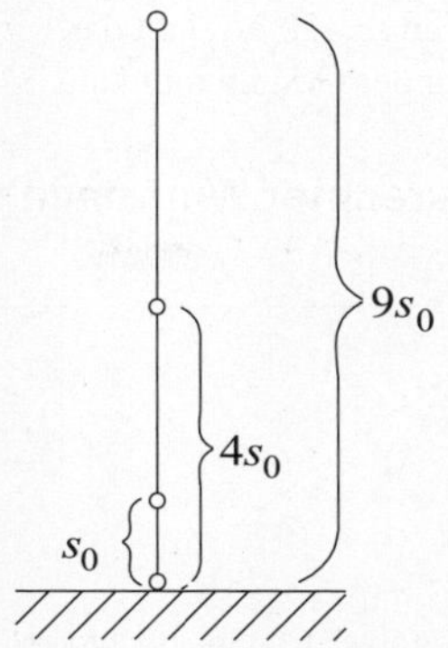

Abb. 3.14 Freier Fall einer Kugelkette

Senkrechter Wurf mit Anfangsgeschwindigkeit

Im Folgenden wird eine Fallunterscheidung nach den Vorzeichen der Anfangsgeschwindigkeit v_1 vorgenommen:

Senkrechter Wurf nach oben $v_1 > 0$

In unserem Beispiel erhält das Kind nun vom zurück federnden Sprungbrett eine Anfangsgeschwindigkeit nach oben. Die zugehörigen Diagramme sind nachfolgend abgebildet:

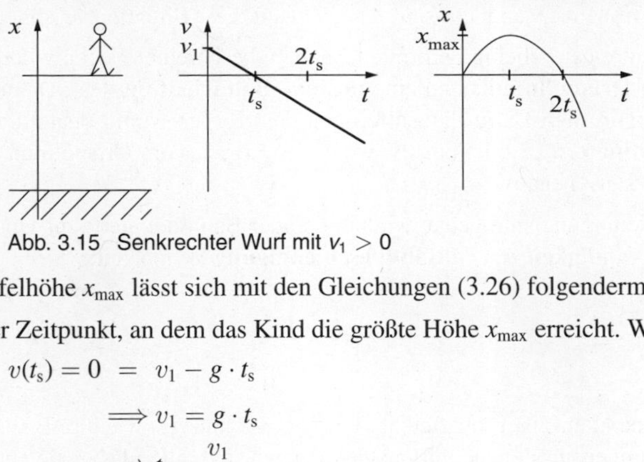

Abb. 3.15 Senkrechter Wurf mit $v_1 > 0$

Die Gipfelhöhe x_{max} lässt sich mit den Gleichungen (3.26) folgendermaßen berechnen:

Sei t_s der Zeitpunkt, an dem das Kind die größte Höhe x_{max} erreicht. Wegen $v(t_s) = 0$ ist:

$$v(t_s) = 0 = v_1 - g \cdot t_s$$
$$\Longrightarrow v_1 = g \cdot t_s$$
$$\Longrightarrow t_s = \frac{v_1}{g} \tag{3.31}$$

Einsetzen in die Gleichung für $x(t)$ ergibt:

$$x_{max} = v_1 \cdot t_s - \frac{1}{2} g \cdot t_s^2 = \frac{1}{2} \frac{v_1^2}{g} \tag{3.32}$$

Beispiel 3.6 ▼

Hochspringer

Ein Hochspringer, der über eine 1,5 m höher gelegene Latte springt, muss nach Gl. (3.32) mindestens mit der Geschwindigkeit

$$v_1 \doteq \sqrt{2gx_{max}} = 5{,}4\ \mathrm{m/s} \tag{1}$$

nach oben abspringen.

Beispiel 3.6 ▲

Zur Zeit $t = 2t_s$ erreicht das Kind im Fall wieder die Ausgangshöhe $x = 0$ und hat dort den gleichen Betrag der Geschwindigkeit wie zu Beginn, nur mit entgegengesetztem Vorzeichen.

Senkrechter Wurf nach unten, $v_1 < 0$

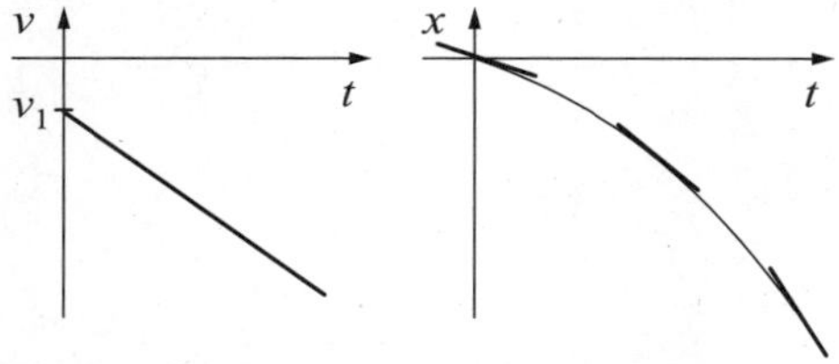

Abb. 3.16 Senkrechter Wurf mit $v_1 < 0$

Das Kind stößt sich vom Sprungbrett nach unten ab. Es ergeben sich die nebenstehenden Bewegungsgraphen. Zu welcher Zeit t_f erreicht es die um h tiefer liegende Wasseroberfläche?

Im Moment des Auftreffens gilt:

$$-h = v_1 \cdot t_f - \frac{1}{2} \cdot g \cdot t_f^2 \tag{3.33}$$

Diese quadratische Gleichung besitzt die beiden Lösungen

$$t_{1/2} = \frac{v_1}{g} \pm \sqrt{\left(\frac{v_1}{g}\right)^2 + \frac{2h}{g}} \tag{3.34}$$

Die physikalisch sinnvolle Lösung besitzt das positive Vorzeichen; eine negative Zeit t_f beschreibt ein Ereignis, das vor dem Absprung stattfand.

3.7 Bewegung auf beliebigen Bahnen

Im Alltag verlaufen die meisten Bewegungen nicht auf geraden, sondern auf beliebig geformten Bahnen. Die kinematischen Größen x, v und a lassen sich leicht auf diese Situation verallgemeinern.

Um den Ort eines Körpers auf einer beliebig geformten Bahn zu beschreiben, legen wir zunächst, wie bei gerader Bahn, einen **Ortsnullpunkt** und eine **positive Bahnrichtung** fest. Dann messen wir **entlang der eventuell krummen Bahn** die Entfernung des Körpers vom Ortsnullpunkt und nennen sie seine **Bahnkoordinate** s_b. Sie ist positiv, wenn der Körper vom Ortsnullpunkt aus in positiver Bahnrichtung liegt, sonst negativ.

Geschwindigkeit und Beschleunigung sind genau wie bei gerader Bahn definiert; zur Unterscheidung werden sie **Bahngeschwindigkeit** v_b und **Bahnbeschleunigung** a_b genannt:

$$x \quad \mapsto \quad s_b \tag{3.35}$$

$$v = \dot{x} \quad \mapsto \quad v_b = \dot{s}_b \tag{3.36}$$

$$a = \dot{v} \quad \mapsto \quad a_b = \dot{v}_b \quad . \tag{3.37}$$

Da alle in diesem Kapitel genannten Eigenschaften der Größen x, v und a sowie ihre Beziehungen untereinander direkte Folgerungen aus den Definitionsgleichungen sind, gilt alles in gleicher Weise auch für die allgemeinen Bahngrößen s_b, v_b und a_b.

3.8 Zusammenfassung

Die Durchschnittsgeschwindigkeit $\bar{v}$ eines Körpers während eines Zeitintervalls Δt ist das Verhältnis aus der Wegstrecke Δx und dem Zeitintervall Δt:

$$\bar{v} = \frac{\Delta x}{\Delta t} \tag{3.38}$$

Die Momentangeschwindigkeit eines Körpers, kurz auch Geschwindigkeit genannt, ist der Grenzwert des Verhältnisses $\Delta x/\Delta t$ für verschwindende Zeitdifferenzen:

$$v = \lim_{\Delta t \to 0} \frac{\Delta x}{\Delta t} = \frac{dx}{dt} = \dot{x} \tag{3.39}$$

Die Durchschnittsbeschleunigung $\bar{a}$ in einem Zeitintervall Δt wird mit dem Verhältnis von Geschwindigkeitsänderung Δv und Zeitintervall Δt definiert:

$$\bar{a} = \frac{\Delta v}{\Delta t} \tag{3.40}$$

Die Momentanbeschleunigung, kurz auch Beschleunigung genannt, wird durch den Grenzwert des Verhältnisses $\Delta v / \Delta t$ für $\Delta t \to 0$ definiert:

$$a = \lim_{\Delta t \to 0} \frac{\Delta v}{\Delta t} = \frac{\mathrm{d}v}{\mathrm{d}t} = \dot{v} \tag{3.41}$$

Die Steigung der Tangente an die x-t-Kurve entspricht in jedem Augenblick der Momentangeschwindigkeit v.
Die Steigung der Tangente an die v-t-Kurve führt in jedem Zeitpunkt zur momentanen Beschleunigung a.
Die Fläche unter der a-t-Kurve zwischen den Zeiten t_1 und t_2 gibt die Geschwindigkeitsänderung Δv während dieses Zeitintervalls an.
Die Fläche unter der v-t-Kurve entspricht dem zurückgelegten Weg Δx.

Die kinematischen Bewegungsgleichungen lauten im **Spezialfall einer konstanten Beschleunigung**:

$$\begin{aligned}
\Delta v &= a\,\Delta t \\
\Delta x &= \frac{1}{2}(v_1 + v_2)\,\Delta t = \bar{v}\,\Delta t \\
\Delta x &= v_1\,\Delta t + \frac{1}{2}\,a\,\Delta t^2 \\
\Delta x &= \frac{1}{2a}(v_2^2 - v_1^2)
\end{aligned} \tag{3.42}$$

Dabei bedeutet Δ die **Änderung** einer Größe zwischen der (früheren) Zeit t_1 und der (späteren) Zeit t_2:

$$\Delta = \text{späterer Wert} - \text{früherer Wert} \tag{3.43}$$

Für allgemein geformte Bahnen gilt alles Vorgenannte ebenso, wenn man für die Größen x, v und a die allgemeineren Bahngrößen s_b, v_b und a_b verwendet.

3.9 Aufgaben

3.1 Zwei Autos mit $|v_1| = 54$ km/h, $|v_2| = 72$ km/h sind auf einer geraden Straße $s = 3000$ m voneinander entfernt.

Wo begegnen sie sich, wenn sie aufeinander zufahren?

3.2 Ein Läufer legt 100 m in 12 s zurück. Er beschleunigt die ersten 25 m gleichmäßig, läuft die restlichen 75 m mit der erreichten Geschwindigkeit v_max weiter.

Berechnen Sie die Beschleunigung und die Geschwindigkeit v_max.
Zeichnen Sie das v-t-, a-t-, s-t-Diagramm.

3.3 Eine Rakete beschleunigt einen Schlitten konstant mit 4,5 m/s^2. Dabei wird eine maximale Geschwindigkeit von 162 km/h erreicht. Ohne Antrieb läuft der Schlitten noch 30 s bis zum Stillstand aus ($a = \text{const.}$).

Gesucht:

a) Wie groß ist die Brenndauer der Rakete und die während der Brenndauer zurückgelegte Weglänge?
b) Wo und wann ist der Schlitten 72 km/h schnell?

3.4 Ein PKW bremst gleichmäßig. Auf einer Strecke von 60m verringert er seine Geschwindigkeit von 80 km/h auf 50 km/h.

Welche Strecke und welche Zeit braucht er bei gleich bleibender Bremsbeschleunigung noch, um zum Stillstand zu kommen?

3.5 Ein Bus fährt mit der Beschleunigung $a_1 = 1{,}0\ \mathrm{m/s^2}$ an, hat eine Zeitlang die Geschwindigkeit $v_2 = 12\ \mathrm{m/s}$ und bremst dann bis zum Stillstand mit einer Verzögerung $a_3 = -1{,}5\ \mathrm{m/s^2}$. Die gesamte Fahrstrecke beträgt $s = 300$ m.
a) Wie lange dauert die Fahrt?
Zeichnen Sie das v-t-, a-t-, s-t-Diagramm.
b) Wie groß sind Fahrzeit und Maximalgeschwindigkeit ohne die Geschwindigkeitsbegrenzung bei sonst unveränderten Beschleunigungen a_1 und a_3?

3.6 Ein frei fallender Körper passiert zwei 10 m entfernte Messpunkte im zeitlichen Abstand von 0,5 s.

Aus welcher Höhe über dem oberen Messpunkt fiel der Körper?
Welche Geschwindigkeit hat er in beiden Punkten?

3.7 Ein senkrecht nach oben geworfener Stein hat in 20 m Höhe die Geschwindigkeit $v_1 = 8$ m/s.

Berechnen Sie die Abwurfgeschwindigkeit v_0, die Wurfhöhe h und die gesamte Flugzeit T.

3.8 Ein Stein wird am Rand eines 240 m tiefen Schachtes mit $v = 25$ m/s senkrecht nach oben geworfen.

Nach welcher Zeit hört man den Aufprall am Boden des Schachtes?
Die Schallgeschwindigkeit beträgt $v_s = 340$ m/s.

3.9 Eine Kugel fällt von einem 100 m hohen Turm.

Mit welcher Anfangsgeschwindigkeit muss eine zweite Kugel 1,5 s später nachgeworfen werden, wenn sie die erste 21,5 m vor Erreichen des Bodens treffen soll?

3.10 Ein Autofahrer verzögert wegen Nebels seine Geschwindigkeit gleichmäßig von 108 km/h auf 36 km/h in 4 Sekunden. Ein zweiter PKW, der in einem ursprünglichen Abstand von 25 m folgt, führt nach einer Reaktionszeit von 0,8 s den gleichen Bremsvorgang durch.

a) Wie groß ist der Abstand beider PKW 2 Sekunden nach Beginn des Bremsmanövers von Fahrzeug 1?
b) Wie groß ist der Abstand der Fahrzeuge, wenn beide Autos abgebremst sind?

3.11 Ein PKW (*) fährt mit 108 km/h auf einer Landstraße. In einem Abstand von 20 m setzt er zum Überholen eines mit 90 km/h fahrenden Autos (**) an. Das überholte Fahrzeug beschleunigt mit $a = 1\ \mathrm{m/s^2}$, sobald der Überholer neben ihm ist, von 90 km/h auf 99 km/h.
Wenn der Abstand zum überholten PKW (**) 20 m beträgt, schert der Wagen (*) auf die rechte Fahrspur.

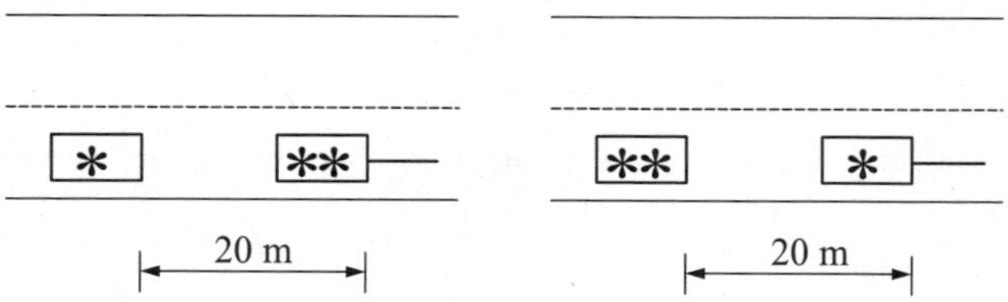

Abb. 3.17 Überholvorgang

Wie lange dauert der Überholvorgang, und welche Strecke legt der PKW (*) dabei zurück?

3.12 Zwei Radrennfahrer starten zeitgleich an gegenüberliegenden Punkten eines Rundkurses (Umfang $U = 300$ m) zu einem Stundenrennen. Rennfahrer A fährt mit der konstanten Geschwindigkeit $v_A = 40{,}0$ km/h, Rennfahrer B mit $v_B = 41{,}5$ km/h.

Zu welchen Zeiten wird der langsamere Fahrer überholt?

3.13 Zwei Schwimmer starten zeitgleich auf einer 50-m-Bahn zu einem 1500-m-Rennen. Beide schwimmen mit konstanter Geschwindigkeit: Schwimmer A benötigt die Zeit 18:04 Minuten, B braucht aber 19:55 Minuten für diese Strecke.

Nach welcher Zeit wird der langsamere Schwimmer zum ersten Mal überrundet?
Welchen Abstand zum Startblock haben die Schwimmer in diesem Augenblick?

3.14 Auf der Autobahn beträgt bei nebligem Wetter die Sichtweite $l = 50$ m.

Wie schnell darf ein Auto höchstens fahren, damit es vor einem stehenden Hindernis zum Halten gebracht werden kann?

Die Reaktionszeit bis zum Ansprechen der Bremsen betrage $t_R = 0{,}7$ s; die Bremsverzögerung a soll berechnet werden aus dem Bremsweg $s_B = 50$ m (ohne Reaktionszeit) für eine Vollbremsung von 100 km/h bis zum Stillstand.

3.15 An einer Autobahnauffahrt steht ein PKW, dem sich auf der Autobahn ein zweiter Wagen mit der Geschwindigkeit $v_2 = 100$ km/h nähert. Der Wagen 1 beschleunigt in 18 s auf 120 km/h.

Wie weit muss der Wagen 2 beim Anfahren des 1. PKW mindestens entfernt sein, damit der Abstand zwischen beiden Autos nie kleiner als 50 m wird?
Nach welcher Fahrstrecke des PKW 1 wird der kleinste Abstand erreicht?

3.16 Auf der Autobahn beträgt bei nebligem Wetter die Sichtweite $l = 50$ m.

Wie schnell darf ein Auto höchstens fahren, damit es rechtzeitig vor einer mit 50 km/h fahrenden Kolonne noch abbremsen kann?

Der Abstand zum letzten Fahrzeug der Kolonne soll am Ende des Bremsmanövers noch 5 m betragen. Die Reaktionszeit bis zum Ansprechen der Bremsen betrage $t_R = 1{,}2$ s; die Bremsverzögerung a soll berechnet werden aus dem Bremsweg $s_B = 50$ m (ohne Reaktionszeit) für eine Vollbremsung von 100 km/h bis zum Stillstand.

3.17 Zwei Schwimmer starten zeitgleich auf einer 50-m-Bahn zu einem 1500-m-Rennen. Beide schwimmen mit konstanter Geschwindigkeit: Schwimmer A benötigt die Zeit 18:00 Minuten, Schwimmer B braucht 22:00 Minuten für diese Strecke.

Nach welcher Zeit begegnen sich die beiden Schwimmer mit entgegengesetzten Richtungen ihrer Geschwindigkeiten zum fünften Mal, und in welchem Abstand vom Startblock findet dieses Treffen statt?

3.18 Ein Radfahrer fährt mit 18 km/h an einem parkenden PKW vorbei. 5 Sekunden später fährt dieser Wagen mit der konstanten Beschleunigung $a = 0{,}8$ m/s^2 an.

Nach welcher Wegstrecke wird der Radfahrer überholt?

3.19 Ein Autofahrer legt eine Strecke von 300 km zurück. Auf der ersten Hälfte der Strecke fährt er eine Durchschnittsgeschwindigkeit $\bar{v}_1 = 70$ km/h; die zweite Hälfte wird mit $\bar{v}_2 = 130$ km/h zurückgelegt.

Wie groß ist die Durchschnittsgeschwindigkeit $\bar{v}$?

3.20 Ein Raumschiff startet zu einer Fahrt zum Planeten Saturn mit der Beschleunigung $a_1 = 4$ m/s^2. 24 Stunden später folgt ein zweites Raumschiff mit der Beschleunigung $a_2 = 6$ m/s^2.

Nach welcher Zeit und welcher Wegstrecke wird das erste Raumschiff eingeholt?

3.21 Ein Güterzug beschleunigt gleichmäßig von 0 auf 80 km/h in 6 Minuten. Ein Personenzug, der am gleichen Ort 1:00 Minuten später abfährt, benötigt zur Beschleunigung auf 120 km/h 2 Minuten. Nach der Beschleunigungsphase fahren beide Züge mit konstanter Geschwindigkeit.

Nach welcher Zeit wird der langsamere Zug überholt, und welche Strecke haben die Züge bis dahin zurückgelegt?

3.22 Berechnen Sie die durchschnittliche Geschwindigkeit v bei folgendem Vorgang (in Bruchteilen der Maximalgeschwindigkeit v_{max}):

Ein Wagen beschleunigt gleichmäßig von 0 auf v_{max} mit der Beschleunigung a. Danach verzögert er gleichmäßig mit der Beschleunigung $-a$ auf $v_{max}/2$.

3.23 Die Geschwindigkeit eines Sportwagens, der mit der Beschleunigung $a = 4\ \mathrm{m/s^2}$ anfährt, soll nach 50 m Fahrstrecke gemessen werden. Dazu wird die Zeit des Durchgangs des Wagens bei 30 m und 70 m gestoppt und die Durchschnittsgeschwindigkeit berechnet.

Welche Abweichung ergibt sich gegenüber der wirklichen Momentangeschwindigkeit bei der 50-m-Marke?

3.24 Kurz nach 18 Uhr fahren im Frankfurter Hauptbahnhof zwei Züge ab, die zunächst parallele Streckenführung haben. Der IC-Zug fährt 20 Sekunden vor dem Eilzug ab. Der IC beschleunigt gleichmäßig in 6 Minuten auf die Endgeschwindigkeit $v_1 = 160\ \mathrm{km/h}$, der Eilzug innerhalb von 2 Minuten auf $v_2 = 120\ \mathrm{km/h}$.

Wie lange nach dem Start des Eilzuges und wo überholen sich die Züge das erste und das zweite Mal?

3.25 Ein Eilzug passiert um 10.20 Uhr eine Schranke und fährt mit der konstanten Geschwindigkeit $v_E = 120\ \mathrm{km/h}$. Ein entgegenkommender Güterzug fährt an einem 30 km entfernten Signal um 10.12 Uhr an und beschleunigt in 4 Minuten von 0 auf die Endgeschwindigkeit $v_G = 60\ \mathrm{km/h}$.

In welchem Abstand vom Signal begegnen die Züge einander?

4 Bewegung in einer Ebene

Bisher haben wir nur Bewegungen auf vorgegebener Bahn behandelt. Zur Kennzeichnung der dabei möglichen Richtungen vorwärts und rückwärts reichte das Vorzeichen aus. In diesem Kapitel werden Bewegungen behandelt, deren Bahnen im Vorhinein nicht bekannt sind. Zur Beschreibung von Ort, Geschwindigkeit und Beschleunigung mit ihren unendlich vielen möglichen Richtungen sind dann Vektoren notwendig. Es ist daher erforderlich, zunächst genauer auf die Eigenschaften von Vektoren einzugehen. Dies soll im Folgenden am Beispiel der Kraft als wohl bekanntester Vektorgröße geschehen.

4.1 Vektoren – Grundbegriffe

Wie bereits im Einführungskapitel erwähnt wurde, sind Vektoren Größen, zu deren vollständiger Beschreibung die Angabe eines Größenwertes (durch Maßzahl und Einheit) und einer Richtung notwendig ist. Der Größenwert eines Vektors wird auch als sein Betrag bezeichnet. Vektoren lassen sich anschaulich durch Pfeile darstellen, deren Längen die Beträge der Vektoren symbolisieren. Nach der Festlegung eines Koordinatensystems können jedem Vektor Koordinaten zugeordnet werden. Wir werden weiterhin das **kartesische Koordinatensystem** verwenden. Es besteht gemäß Abb. 4.1 und 4.2 aus senkrecht aufeinander stehenden Raumachsen, die mit x, y und z bezeichnet werden.

Jeder Vektorgröße ist ein Buchstabe als Formelzeichen zugeordnet. Meint man den vollständigen Vektor mit Größenwert und Richtung, so versieht man diesen Buchstaben mit einem Pfeil ($\vec{F}$); meint man nur seinen Größenwert, so verwendet man Betragsstriche oder lässt den Pfeil weg ($F = |\vec{F}|$); die Koordinaten werden mit Indizes gekennzeichnet (F_x, F_y, F_z).

Wie man zu den **kartesischen Koordinaten** eines gegebenen Vektors gelangt, ist in Abb. 4.1 für Vektoren in der Ebene und in Abb. 4.2 für Vektoren im Raum dargestellt.

Für zweidimensionale Vektoren können wir der Abbildung 4.1 wichtige Zusammenhänge entnehmen.

Zwischen dem Betrag $|\vec{F}|$ und den Koordinaten F_x und F_y gelten folgende Zusammenhänge:

$$|\vec{F}| = \sqrt{F_x^2 + F_y^2} \tag{4.1}$$

$$F_x = |\vec{F}| \cos \varphi$$

$$F_y = |\vec{F}| \sin \varphi$$

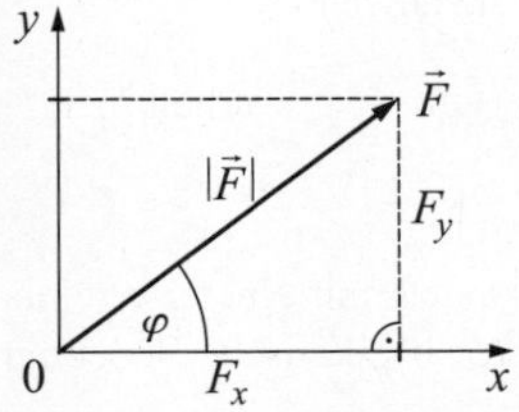

Abb. 4.1 Koordinatenzerlegung eines Vektors in der Ebene

Der Winkel φ wird bestimmt durch die Gleichung:

$$\tan \varphi = \frac{F_y}{F_x} \tag{4.2}$$

Die Verallgemeinerung der Gleichung (4.1) für drei Dimensionen lautet:

$$|\vec{F}| = \sqrt{F_x^2 + F_y^2 + F_z^2} \tag{4.3}$$

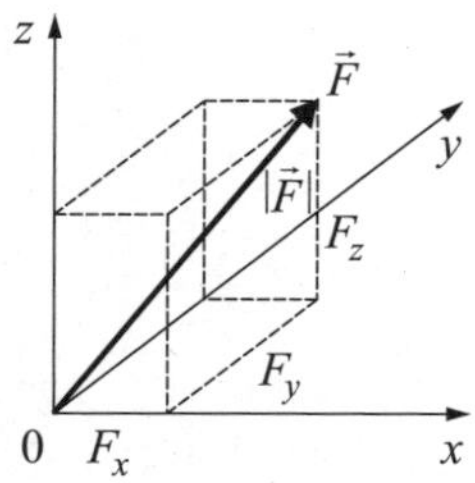

Abb. 4.2 Koordinatenzerlegung eines Vektors im Raum

Zweidimensionale Vektoren können im Koordinatensystem gemäß Abb. 4.1 auch durch ihren Betrag $|\vec{F}|$ und den Winkel φ eindeutig beschrieben werden. Diese beiden Angaben nennt man ihre **Polarkoordinaten**. Ob nun kartesische Koordinaten oder ebene Polarkoordinaten zur Beschreibung eines Problems benutzt werden, muss von Fall zu Fall entschieden werden. Für Bewegungen auf einem Kreis, den Drehbewegungen, vereinfacht die Anwendung von ebenen Polarkoordinaten die Beschreibung erheblich.

Wie für Zahlen, so sind auch für Vektoren Rechenoperationen definiert. Im Folgenden werden diejenigen davon dargestellt, die für die Definition der Vektorgeschwindigkeit und Vektorbeschleunigung wichtig sind.

Multiplikation eines Vektors $\vec{F}$ mit einem Skalar c

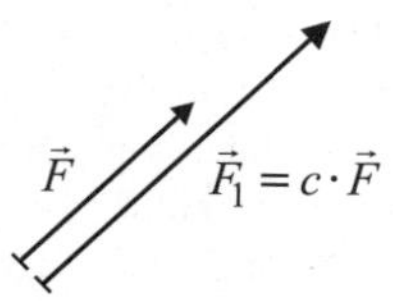

Abb. 4.3 Multiplikation eines Vektors mit einem Skalar

Multipliziert man einen Vektor $\vec{F}$ mit einem Skalar c, so entsteht ein neuer Vektor $\vec{F}_1$. Dieser Ergebnisvektor $\vec{F}_1$ besitzt für positive c die gleiche Richtung wie der Vektor $\vec{F}$, für negative c jedoch die entgegengesetzte Richtung. Für seinen Betrag gilt: $|\vec{F}_1| = c \cdot |\vec{F}|$.

Man schreibt:

$$\vec{F}_1 = c\vec{F}$$

oder in **Koordinatenschreibweise**:

$$\begin{pmatrix} F_{1,x} \\ F_{1,y} \\ F_{1,z} \end{pmatrix} = c \begin{pmatrix} F_x \\ F_y \\ F_z \end{pmatrix} = \begin{pmatrix} cF_x \\ cF_y \\ cF_z \end{pmatrix} \tag{4.4}$$

Die letzte Gleichheit ergibt sich aus Abb. 4.3, wenn man die Koordinaten einzeichnet und den Strahlensatz anwendet.

Im Sonderfall $c = -1$ erhält man $\vec{F}_1$ durch „Umklappen" des Vektors $\vec{F}$:

$$\vec{F}_1 = -\vec{F} \tag{4.5}$$

Ist der Skalar c mit einer Maßeinheit versehen, entsteht durch die Multiplikation ein Vektor, der eine andere physikalische Bedeutung besitzt als der ursprüngliche.

Addition von zwei Vektoren $\vec{F}_1$ und $\vec{F}_2$

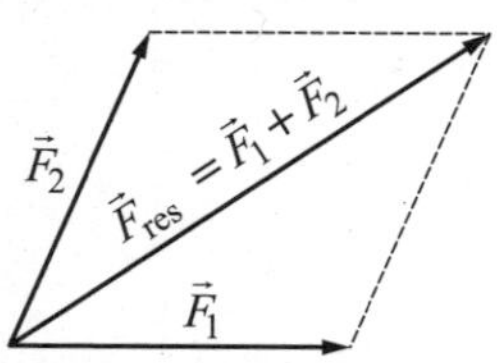

Abb. 4.4 Addition von Vektoren

Der aus der Addition zweier Vektoren $\vec{F}_1$ und $\vec{F}_2$ **resultierende Vektor** $\vec{F}_{res} = \vec{F}_1 + \vec{F}_2$ ergibt sich aus der Parallelogrammkonstruktion gemäß nebenstehender Abbildung.

Hängt man den Vektor $\vec{F}_2$ durch Parallelverschieben an die Spitze des Vektors $\vec{F}_1$, so ergibt sich der Summenvektor $\vec{F}_1 + \vec{F}_2 = \vec{F}_{res}$ durch die Verbindung des Anfangspunktes von $\vec{F}_1$ mit der Spitze des verschobenen Vektors $\vec{F}_2$.

Für die kartesischen Koordinaten gilt, wie man anhand der Abb. 4.4 nach Einzeichnen der Koordinaten erkennen kann:

$$\begin{pmatrix} F_{\text{res},x} \\ F_{\text{res},y} \\ F_{\text{res},z} \end{pmatrix} = \begin{pmatrix} F_{1,x} \\ F_{1,y} \\ F_{1,z} \end{pmatrix} + \begin{pmatrix} F_{2,x} \\ F_{2,y} \\ F_{2,z} \end{pmatrix} = \begin{pmatrix} F_{1,x} + F_{2,x} \\ F_{1,y} + F_{2,y} \\ F_{1,z} + F_{2,z} \end{pmatrix} \tag{4.6}$$

Hinweis: Es ist zu beachten, dass nur gleichartige Vektoren addiert werden können, keinesfalls dürfen z. B. Ortsvektoren und Geschwindigkeitsvektoren addiert werden.

Differenz von zwei Vektoren $\vec{F}_1$ und $\vec{F}_2$

Die Subtraktion von zwei Vektoren $\vec{F}_2 - \vec{F}_1$ kann durch einen kleinen Kunstgriff auf die Addition von Vektoren zurückgeführt werden. Zum Vektor $\vec{F}_2$ wird der Vektor $-\vec{F}_1$ addiert:

$$\Delta\vec{F} = \vec{F}_2 - \vec{F}_1 = \vec{F}_2 + (-\vec{F}_1) \tag{4.7}$$

Der Differenzvektor $\Delta\vec{F}$ verbindet die Spitzen der Vektoren $\vec{F}_1$ und $\vec{F}_2$, für seine kartesischen Koordinaten gilt:

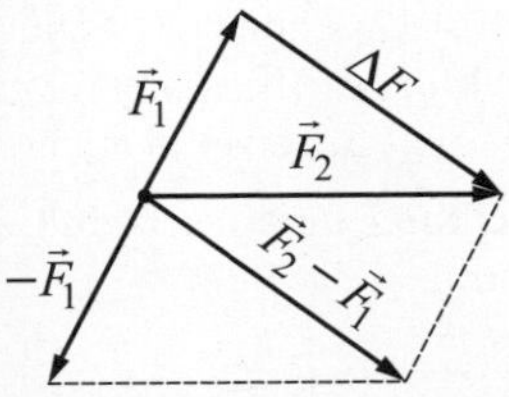

Abb. 4.5 Vektordifferenz

$$\begin{pmatrix} \Delta F_x \\ \Delta F_y \\ \Delta F_z \end{pmatrix} = \begin{pmatrix} F_{2,x} \\ F_{2,y} \\ F_{2,z} \end{pmatrix} - \begin{pmatrix} F_{1,x} \\ F_{1,y} \\ F_{1,z} \end{pmatrix} = \begin{pmatrix} F_{2,x} - F_{1,x} \\ F_{2,y} - F_{1,y} \\ F_{2,z} - F_{1,z} \end{pmatrix} \tag{4.8}$$

Einheitsvektoren

Einheitsvektoren sind Vektoren vom Betrag 1. Die drei Einheitsvektoren in Richtung der Achsen eines kartesischen Koordinatensystems werden mit $\vec{e}_x$, $\vec{e}_y$ und $\vec{e}_z$ bezeichnet. Jeder Vektor lässt sich aus ihnen folgendermaßen zusammensetzen:

$$\vec{F} = F_x\vec{e}_x + F_y\vec{e}_y + F_z\vec{e}_z \tag{4.9}$$

Die weiter oben eingeführte Koordinatenschreibweise:

$$\vec{F} = \begin{pmatrix} F_x \\ F_y \\ F_z \end{pmatrix} \tag{4.10}$$

stellt eine Kurzschreibweise der Gl. (4.9) dar.

Hinweis: Das Produkt aus Koordinate und Einheitsachsenvektor (z. B. $F_x\vec{e}_x$) wird als Komponente bezeichnet. Die **Komponenten eines Vektors** sind Vektoren entlang der Koordinatenachsen, die nach Gl. (4.9) zusammen addiert den zugehörigen Vektor ergeben.

4.2 Die Vektoren $\vec{r}$, $\vec{v}$ und $\vec{a}$

In diesem Abschnitt definieren wir die Vektoren, die zur Beschreibung von Bewegungen verwendet werden.

Der **Ortsvektor** $\vec{r}$ ist ein Pfeil, der vom Koordinatenursprung 0 zum betrachteten Ort führt. Seine kartesischen Koordinaten r_x, r_y und r_z werden auch kurz nur mit x, y und z bezeichnet.

$$\vec{r} = \begin{pmatrix} r_x \\ r_y \\ r_z \end{pmatrix} = \begin{pmatrix} x \\ y \\ z \end{pmatrix} \tag{4.11}$$

Der **Geschwindigkeitsvektor** $\vec{v}$ wird in Analogie zur bisherigen Definition der Geschwindigkeit in Abschnitt 3.2 und Abschnitt 3.7 folgendermaßen definiert:

$$\vec{v} = \lim_{t_2 \to t_1} \frac{\vec{r}_2 - \vec{r}_1}{t_2 - t_1} = \lim_{\Delta t \to 0} \frac{\Delta \vec{r}}{\Delta t} = \begin{pmatrix} v_x \\ v_y \\ v_z \end{pmatrix} \tag{4.12}$$

Schreibt man die Ortsvektoren in dieser Gleichung in Koordinatenform, so erhält man mit Gl. (4.8) und Gl. (4.4) für die Koordinaten des Geschwindigkeitsvektors:

$$v_x = \lim_{\Delta t \to 0} \frac{\Delta x}{\Delta t} = \dot{x}, \quad v_y = \lim_{\Delta t \to 0} \frac{\Delta y}{\Delta t} = \dot{y}, \quad v_z = \lim_{\Delta t \to 0} \frac{\Delta z}{\Delta t} = \dot{z}.$$

Nach Gl. (4.12) stimmt die Richtung des Geschwindigkeitsvektors $\vec{v}$ mit der Richtung des **Verschiebungsvektors** $\Delta\vec{r}$ (bestimmt für kurze Zeitintervalle Δt) überein, da dieser durch Multiplikation mit dem Skalar $1/\Delta t$ seine Richtung nicht verändert. Damit ergibt sich aus Abb. 4.6:

Die Richtung des Geschwindigkeitvektors $\vec{v}$ ist in jedem Punkt der Bahn tangential zur Bahnkurve.

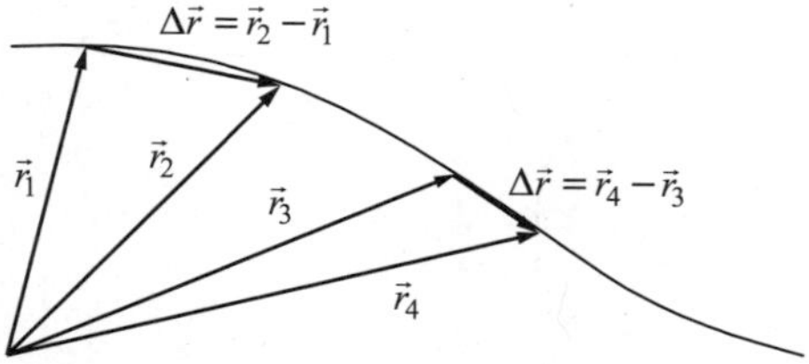

Abb. 4.6 Verschiebungsvektor $\vec{r}_2 - \vec{r}_1$ an einer Bahnkurve

Aus Abb. 4.6 erkennt man außerdem, dass der Betrag des Verschiebungsvektors für kleine Δt mit der zurückgelegten Wegstrecke und damit mit der Änderung der Bahnkoordinate übereinstimmt:

$$|\Delta\vec{r}| = |\Delta s_B| \qquad \text{für} \quad \Delta t \to 0 \tag{4.13}$$

Einsetzen in Gl. (4.12) ergibt:

Der Betrag der Vektorgeschwindigkeit ist mit dem Betrag der Bahngeschwindigkeit identisch.

Der **Beschleunigungsvektor** $\vec{a}$ wird analog zur bisherigen Definition der Beschleunigung definiert (vgl. Abschnitt 3.3 und Abschnitt 3.7):

$$\vec{a} = \lim_{t_2 \to t_1} \frac{\vec{v}_2 - \vec{v}_1}{t_2 - t_1} = \lim_{\Delta t \to 0} \frac{\Delta \vec{v}}{\Delta t} = \begin{pmatrix} a_x \\ a_y \\ a_z \end{pmatrix} \tag{4.14}$$

mit

$$a_x = \lim_{\Delta t \to 0} \frac{\Delta v_x}{\Delta t} = \dot{v}_x, \quad a_y = \lim_{\Delta t \to 0} \frac{\Delta v_y}{\Delta t} = \dot{v}_y, \quad a_z = \lim_{\Delta t \to 0} \frac{\Delta v_z}{\Delta t} = \dot{v}_z.$$

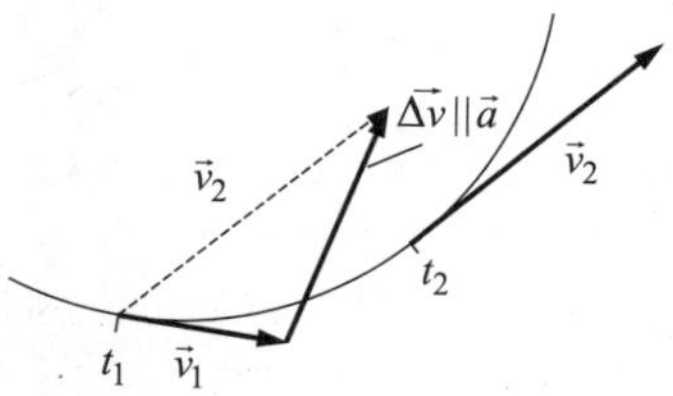

Abb. 4.7 Zur Richtung des Beschleunigungsvektors

Die Richtung des Beschleunigungsvektors $\vec{a}$ ist nach Gl. (4.14) identisch mit der Richtung des Vektors der Geschwindigkeitsänderung $\Delta\vec{v}$ (bestimmt in kleinen Zeitintervallen Δt), da dieser durch Multiplikation mit dem Scalar $1/\Delta t$ seine Richtung nicht verändert. Betrachtet man das in Abb. 4.7 dargestellte Beispiel einer Kurvenfahrt mit zunehmender Bahngeschwindigkeit (d. h. zunehmendem Betrag der Vektorgeschwindigkeit), so erkennt man:

Die Richtung des Beschleunigungsvektors $\vec{a}$ liegt im Allgemeinen schräg zur Bahnrichtung.

In zwei Spezialfällen lassen sich genauere Aussagen machen:
Im Fall der geradlinigen Bewegung (Abb. 4.8 links) liegt der Beschleunigungsvektor parallel zur Bahn; bei der Kreisbewegung mit konstanter Bahngeschwindigkeit (gleichförmige Kreisbewegung) liegt der Beschleunigungsvektor, wie man dem rechten Teil der Abb 4.8 für $\Delta t \to 0$ entnehmen kann, im rechten Winkel zur Bahn und zeigt zum Kreismittelpunkt. (Ein ausführlicher Beweis folgt nach Gl. (4.48).)

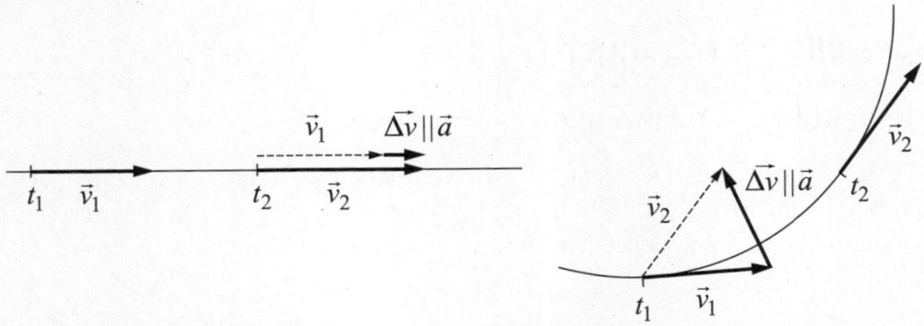

Abb. 4.8 Spezialfälle mit Beschleunigungsvektoren parallel und senkrecht zur Bahn

Der Betrag der Vektorbeschleunigung $|\vec{a}|$ ist im Allgemeinen nicht gleich mit dem Betrag der Bahnbeschleunigung $|a_B|$.

Dies erkennt man z. B. an der gleichförmigen Kreisbewegung in Abb. 4.8, bei der $|\vec{a}| > 0$, aber $|a_B| = 0$ gilt. Die Ursache liegt darin, dass die Bahnbeschleunigung $a_B = \dot{v}_B$ wegen $v_B = \pm|\vec{v}|$ nur Änderungen des Betrages des Geschwindigkeitsvektors erfasst, die Vektorbeschleunigung aber gemäß Abb. (4.8 rechts) zusätzlich Änderungen der Richtung der Geschwindigkeitsvektors.

Nur im Fall der geradlinigen Bewegung, bei der die Geschwindigkeit ihre Richtung nicht ändert, gilt:

$$|\vec{a}| = |a_B| \qquad \text{bei geradliniger Bewegung} \tag{4.15}$$

Ohne Beweis sei hier der allgemeine Zusammenhang zwischen Vektorbeschleunigung und Bahnbeschleunigung genannt: a_B ist die Koordinate von $\vec{a}$ entlang der momentanen Bahntangenten.

4.3 Das Superpositionsprinzip

Mithilfe des Superpositionsprinzips lassen sich komplizierte Bewegungen im Raum oder in der Ebene auf einfache Bewegungen auf gerader Bahn zurückführen. Dies soll nun anhand der Abb. 4.9 gezeigt werden.

Anstatt den Ortvektor $\vec{r}(t)$ zu betrachten, der die Bewegung der Kugel in der x-y-Ebene beschreibt, betrachtet man zunächst seine Koordinaten $x(t)$ und $y(t)$ und ordnet ihnen **eigene** Bewegungen zu (Zerlegung der Bewegung in Koordinaten). Diese „Koordinatenbewegungen" lassen sich veranschaulichen als Bewegungen der „Kugelschatten" auf den Achsen (in Abb. 4.9 als Rechtecke dargestellt). Da es sich hierbei um Bewegungen auf gerader Bahn handelt, gelten für sie alle Gesetzmäßigkeiten aus Kapitel 3.

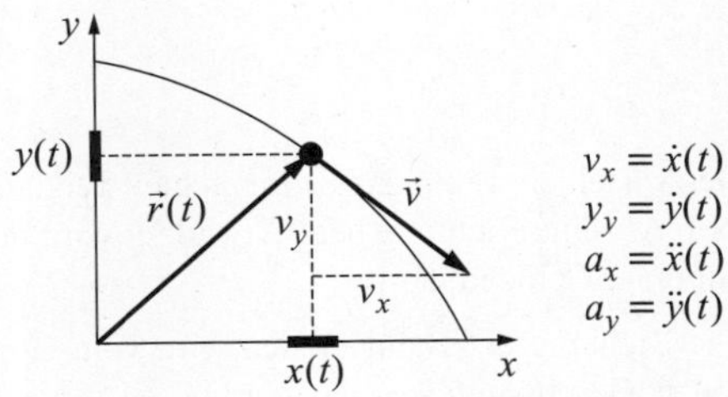

Abb. 4.9 Das Superpositionsprinzip

Das **Superpositionsprinzip** beschreibt nun, in welch einfacher Weise sich neben dem Ortsvektor $\vec{r}(t)$ der Bewegung in der Ebene auch ihr Geschwindigkeitsvektor $\vec{v}(t)$ und ihr Beschleunigungsvektor $\vec{a}(t)$ aus den Koordinatenbewegungen $x(t)$ und $y(t)$ ergeben:

Die Koordinaten v_x und v_y der Vektorgeschwindigkeit sind identisch mit den Geschwindigkeiten der Koordinatenbewegungen $\dot{x}(t)$ und $\dot{y}(t)$ und
die Koordinaten der Vektorbeschleunigung a_x und a_y sind identisch mit den Beschleunigungen $\ddot{x}(t)$ und $\ddot{y}(t)$ der Koordinatenbewegungen.

Dieser Sachverhalt ergibt sich aus den Gleichungen (4.12) und (4.14).

4.4 Spezielle Bewegungen

Konstante Vektorgeschwindigkeit, $\vec{v} = \text{const.}$

Konstante Vektorgeschwindigkeit bedeutet, da diese Betrag und Richtung kennzeichnet, dass nicht nur der Betrag $|\vec{v}|$, sondern auch die Richtung unverändert bleibt. Eine Bewegung mit konstanter Vektorgeschwindigkeit ist daher eine **geradlinige Bewegung** mit konstantem Betrag der Geschwindigkeit.

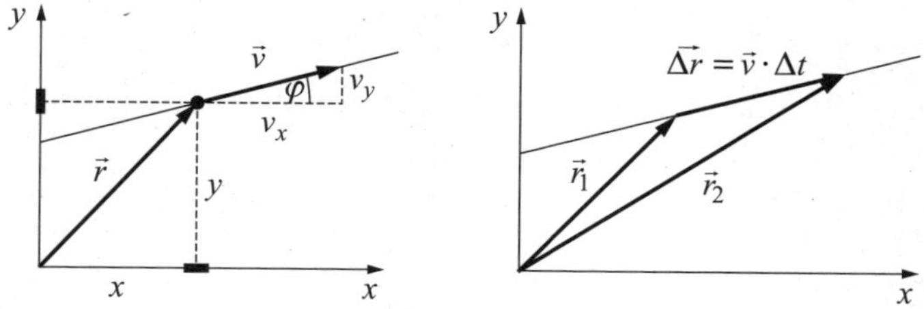

Abb. 4.10 Bewegung mit $\vec{v} = \text{const.}$

Um das Orts-Zeit-Gesetz zu erhalten, betrachten wir im linken Teil von Abb. 4.10 zunächst die Koordinatenbewegung auf der x-Achse. Nach dem Superpositionsprinzip ist ihre Geschwindigkeit mit der x-Koordinate der Vektorgeschwindigkeit v_x identisch und daher konstant. Ihre Orts-Zeit-Funktion lautet daher nach Gl. (3.17):

$$x_2 = x_1 + v_x \cdot (t_2 - t_1) \tag{4.16}$$

Für die Koordinatenbewegung auf der y-Achse und der in der Abbildung nicht eingezeichneten z-Achse gilt entsprechend:

$$y_2 = y_1 + v_y \cdot (t_2 - t_1)$$

$$z_2 = z_1 + v_z \cdot (t_2 - t_1)$$

Diese Koordinatengleichungen lauten in Vektorschreibweise:

$$\vec{r}_2 = \vec{r}_1 + \vec{v} \cdot (t_2 - t_1)$$
$$\Delta\vec{r} = \vec{v} \cdot \Delta t \tag{4.17}$$

Der Verschiebevektor $\Delta\vec{r}$ ist im rechten Teil der Abbildung 4.10 dargestellt. Er behält mit wachsendem Δt seine Richtung bei ($\Delta\vec{r} \| \vec{v}$); er wird nur immer länger, sodass die Spitze des Ortsvektors $\vec{r}$ auf einer Geraden läuft.

Die Richtung der Bahngeraden wird vom Geschwindigkeitsvektor gewiesen. Der Winkel φ zwischen Geschwindigkeitsvektor und x-Achse errechnet sich im zweidimensionalen Fall gemäß Abb. 4.10, links, aus:

$$\tan\varphi = \frac{v_y}{v_x} \tag{4.18}$$

Den Betrag von $\vec{v}$ erhält man aus:

$$|\vec{v}| = \sqrt{v_x^2 + v_y^2} \tag{4.19}$$

oder im dreidimensionalen Fall aus:

$$|\vec{v}| = \sqrt{v_x^2 + v_y^2 + v_z^2} \tag{4.20}$$

Die Gl. (4.17) kann auch direkt durch Auflösen der Gl. (4.12) erhalten werden. Der Grenzwert in dieser Gleichung entfällt, da bei der Messung einer konstanten Geschwindigkeit die Messdauer Δt beliebig groß gewählt werden kann.

Konstante Vektorbeschleunigung, $\vec{a} = \text{const.}$

Mit dem Vektor $\vec{a}$ sind auch alle seine Koordinaten konstant. Nach dem Superpositionsprinzip sind daher die Koordinatenbewegungen auf allen Achsen konstant beschleunigte Bewegungen. Für ihre Ortsänderungen gilt deshalb nach Gl. (3.21):

$$\begin{aligned} \Delta x &= v_{1,x} \cdot \Delta t + \frac{1}{2} a_x \cdot \Delta t^2 \\ \Delta y &= v_{1,y} \cdot \Delta t + \frac{1}{2} a_y \cdot \Delta t^2 \\ \Delta z &= v_{1,z} \cdot \Delta t + \frac{1}{2} a_z \cdot \Delta t^2 \end{aligned} \tag{4.21}$$

In Vektorschreibweise:

$$\Delta \vec{r} = \vec{v}_1 \Delta t + \frac{1}{2} \vec{a} \Delta t^2 \tag{4.22}$$

Für die Geschwindigkeitsänderungen der Koordinatenbewegungen gilt nach Gl. (3.19):

$$\begin{aligned} \Delta v_x &= a_x \cdot \Delta t \\ \Delta v_y &= a_y \cdot \Delta t \\ \Delta v_z &= a_z \cdot \Delta t \end{aligned} \tag{4.23}$$

In Vektorschreibweise:

$$\Delta \vec{v} = \vec{a} \Delta t \tag{4.24}$$

Die letzte Gleichung erhält man auch direkt aus der Definition Gl. (4.14), wenn man beachtet, dass der Grenzwert $\Delta t \to 0$ bei konstanter Beschleunigung entfallen kann.

Spezialfall: Waagrechter und schräger Wurf

Unter einem **Wurf** wollen wir eine Bewegung verstehen, die nahe der Erdoberfläche unter dem alleinigen Einfluss der Erdanziehungskraft verläuft. Die hierbei vorgenommene Vernachlässigung der Luftreibung ist für windschlüpfrige Körper und kleine Geschwindigkeiten gerechtfertigt.

Als Beispiel betrachten wir in Abb. 4.11 einen Stein, der vom Koordinatenursprung mit der Vektorgeschwindigkeit $\vec{v}_1$ waagrecht oder schräg abgeworfen wird. Die y-Achse des Koordinatensystems wählen wir senkrecht nach oben, die waagrechte x-Achse so, dass die Abwurfgeschwindigkeit $\vec{v}_1$ in der x-y-Ebene liegt.

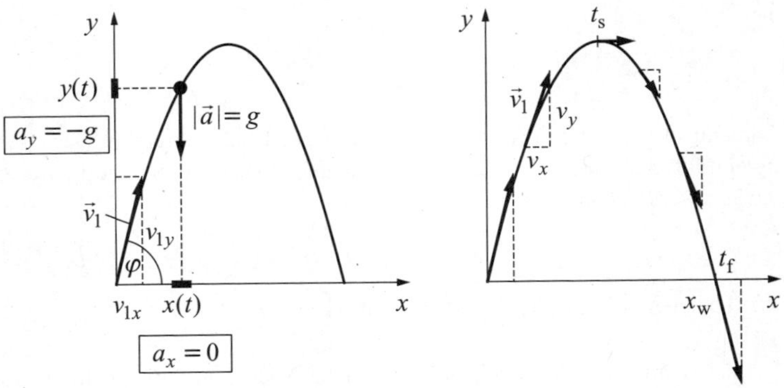

Abb. 4.11 Schräger Wurf

Experimente zeigen, dass die Vektorbeschleunigung $\vec{a}$ bei einem Wurf immer in die Richtung der Erdanziehungskraft (senkrecht nach unten) zeigt und einen während des Wurfs konstanten, für alle Körper gleich großen Betrag hat. Es gilt:

$$|\vec{a}| = g \tag{4.25}$$

wobei g die vom Senkrechten Wurf bekannte **Fallbeschleunigung** ist.

Wenden wir das Superpositionsprinzip auf die Wurfbewegung an, so erkennen wir an den Koordinaten der Vektorbeschleunigung $\vec{a}$ und der Vektorgeschwindigkeit $\vec{v}_1$ in Abb. 4.11, dass die x-Koordinate eine unbeschleunigte Bewegung mit der Geschwindigkeit v_{1x} ausführt und die y-Koordinate eine Bewegung mit der konstanten Fallbeschleunigung $a_y = -g$ und der Anfangsgeschwindigkeit v_{1y}. Die Koordinatenbewegung auf der y-Achse ist also ein Senkrechter Wurf gemäß Kapitel 3.

Die Orts-Zeit-Funktionen lauten daher:

$$\begin{aligned} x(t) &= v_{1,x} \cdot t \\ y(t) &= v_{1,y} \cdot t - \frac{1}{2} g \cdot t^2 \end{aligned} \tag{4.26}$$

Für die Geschwindigkeiten gilt:

$$\begin{aligned} v_x(t) &= v_{1x} = \text{const.} \\ v_y(t) &= v_{1y} - g \cdot t \end{aligned} \tag{4.27}$$

Wie auf Seite 30 gezeigt wurde, zeigt der Geschwindigkeitsvektor $\vec{v}(t)$ in jedem Augenblick tangential zur Bahnkurve. Dies ist im rechten Teil der Abb. 4.11 dargestellt. Sein Betrag

$$|\vec{v}| = \sqrt{v_x^2 + v_y^2} \tag{4.28}$$

ist identisch mit dem Betrag der Bahngeschwindigkeit v_B.

Der Winkel φ der Geschwindigkeit $\vec{v}$ mit der x-Achse ist gegeben durch

$$\tan \varphi = \frac{v_y}{v_x} \tag{4.29}$$

Die Gleichung $y = f(x)$ für die **Bahnkurve** erhalten wir, indem wir die Gleichung für $x(t)$ nach der Zeit t auflösen und in die Gleichung für $y(t)$ einsetzen:

$$y(x) = \frac{v_{1,y}}{v_{1,x}} \cdot x - \frac{1}{2} g \cdot \frac{x^2}{v_{1,x}^2} \tag{4.30}$$

Diese Gleichung stellt eine nach unten offene Parabel dar.

Abbildung 4.11 zeigt die **Wurfparabel** mit der Steigung $\tan \varphi_1 = v_{1,y}/v_{1,x}$ am Abwurfpunkt. Mit dem Betrag der Abwurfgeschwindigkeit $|v_1|$ gilt $v_{1,x} = |v_1| \cos \varphi_1$, $v_{1,y} = v_1 \cdot \sin \varphi_1$, und somit lautet die Gleichung der Bahnkurve:

$$y(x) = \tan\varphi_1 \cdot x - \frac{1}{2}g\frac{x^2}{v_1^2 \cdot \cos^2\varphi_1} \tag{4.31}$$

Alle Eigenschaften des Wurfs, die sich aus der Bewegung der y-Koordinate ergeben, können wie beim Senkrechten Wurf auf Seite 21 berechnet werden:

Für die **Steigzeit** t_s, bei der der Stein am höchsten Punkt der Bahn vorbei fliegt, gilt $v_y(t_s) = 0$. Einsetzen in Gl. (4.27) ergibt:

$$t_s = \frac{v_{1,y}}{g} = v_1\frac{\sin\varphi_1}{g} \tag{4.32}$$

Für die **größte Höhe** y_{max} erhält man damit aus Gl. (4.26):

$$y_{max} = \frac{1}{2}\frac{v_{1,y}^2}{g} = \frac{1}{2}\frac{v_1^2}{g}\sin^2\varphi_1 \tag{4.33}$$

Nach der **Flugdauer** erreicht der Stein zur Zeit t_f wieder die Abwurfhöhe $y = 0$. Einsetzen in Gl. (4.26) ergibt

$$t_f = 2 \cdot v_1\frac{\sin\varphi_1}{g} = 2 \cdot t_s \tag{4.34}$$

Die **Wurfweite** in x-Richtung ergibt sich aus der Koordinate $x(t)$ für die Flugzeit $t = t_f$:

$$\begin{aligned} x_w = x(t_f) &= v_{1,x} \cdot t_f \\ &= v_1\cos\varphi_1\frac{2 \cdot v_1 \cdot \sin\varphi_1}{g} \\ &= \frac{v_1^2}{g}\sin(2\varphi_1) \end{aligned} \tag{4.35}$$

Die Abbildung 4.12 zeigt diese Abhängigkeit der Wurfweite x_w vom Abwurfwinkel φ_1 bei fester Anfangsgeschwindigkeit v_1.

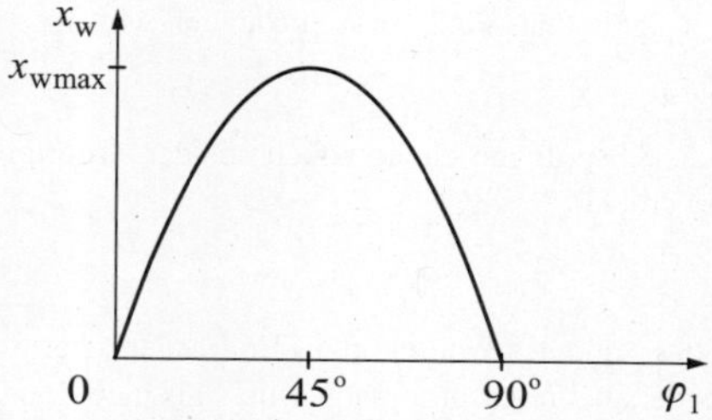

Abb. 4.12 Wurfweite als Funktion des Winkels φ_1

Bemerkenswert an dieser Kurve sind folgende Eigenschaften:

1. Bei einem Abwurfwinkel $\varphi_1 = 45°$ wird die größte Wurfweite $x_{w\,max} = v_1^2/g$ erreicht.

2. Für jede kleinere Wurfweite x_w gibt es zwei Abwurfwinkel φ_1, die sich symmetrisch zum Winkel 45° gruppieren. Dem entspricht in der nebenstehenden Abbildung der steilere und flachere Wurf.

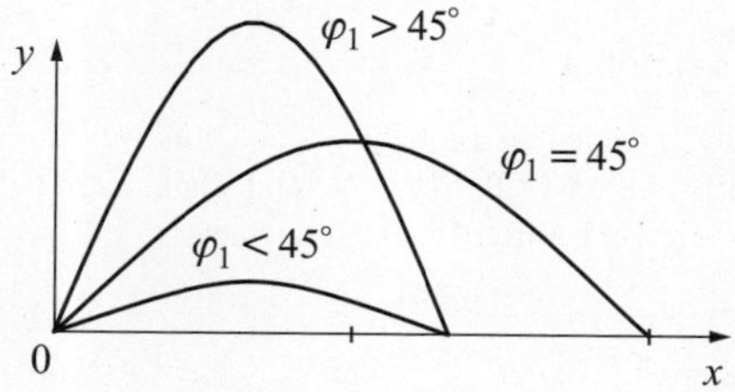

Abb. 4.13 Wurfkurven beim schrägen Wurf

Der Betrag der Bahngeschwindigkeit $|v_B| = |\vec{v}| = \sqrt{v_x^2 + v_y^2}$ berechnet sich zu:

$$v = \sqrt{(v_1 \cdot \cos\varphi_1)^2 + (v_1 \cdot \sin\varphi_1 - g \cdot t)^2} \tag{4.36}$$

Durch Einsetzen von $t = t_f$ sieht man, dass er am Ende des Wurfs beim Erreichen der Abwurfhöhe $y = 0$ den gleichen Wert hat wie zu Beginn des Wurfes.

Den Spezialfall des **Waagrechten Wurfs** zeigt Abb. 4.14. Hier ist

$$v_{1y} = 0 \quad \text{und} \quad v_{1x} = |\vec{v}_1| = v_1 \tag{4.37}$$

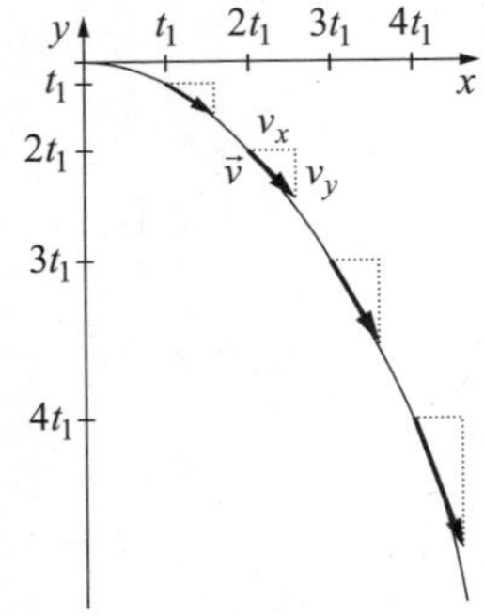

Abb. 4.14 Waagrechter Wurf

Die Orts-Zeit-Funktionen vereinfachen sich daher zu:

$$x(t) = v_1 \cdot t$$
$$y(t) = -\frac{1}{2} g \cdot t^2 \tag{4.38}$$

Die Gleichungen für die Geschwindigkeiten sind:

$$v_x(t) = v_1$$
$$v_y(t) = -g \cdot t \tag{4.39}$$

Die Gleichung $y = f(x)$ für die **Bahnkurve** wird:

$$y(x) = -\frac{1}{2} g \cdot t^2 = -\frac{1}{2} g \frac{x^2}{v_1^2} \tag{4.40}$$

Die Bahnkurve stellt den fallenden Ast einer nach unten offenen Parabel dar.

Beispiel 4.1 ▼

Weitspringer

Ein Weitspringer ist in der Lage, mit der Anfangsgeschwindigkeit $|\vec{v}_1| = v_1 = 10$ m/s abzuspringen (Rekordzeit für 100 $m \approx 10$ s). Wie weit kann er springen, wenn er unter einem Winkel von $\varphi_1 = 30°$ abspringt und als Punktmasse behandelt wird?

Lösung:

Da die Absprunggeschwindigkeit und der Absprungwinkel gegeben sind, kann die Gleichung (4.35) verwendet werden.

$$x_{\max} = \frac{v_1^2}{g} \sin(2\varphi_1) = 8{,}83 \text{ m} \tag{1}$$

(In der Nähe des Weltrekords!) Ein realistischeres Modell muss berücksichtigen, dass der Schwerpunkt des Sportlers beim Absprung höher liegt als beim Landen, was zu größeren Weiten führt, die durch Luftreibung wieder kleiner werden.

Beispiel 4.1 ▲

Beispiel 4.2 ▼

Kugelstoßer

Unter welchem Abstoßwinkel und mit welcher Geschwindigkeit erreicht ein Kugelstoßer seine größte Wurfweite $x_w = 20$ m? Zur Vereinfachung wird auf die Berücksichtigung des Höhenunterschiedes zwischen Abwurf- und Auftreffpunkt verzichtet.

Lösung:

Die größte Abwurfweite wird bei einem Abwurfwinkel von 45° erreicht. Die Abwurfgeschwindigkeit $|v_1|$ berechnet sich daher zu:

$$v_1 = \sqrt{g x_w} = 14{,}0 \text{ m/s} \tag{1}$$

Beispiel 4.2 ▲

Beispiel 4.3 ▼

Bahnkurve eines Wasserstrahls

Ein Feuerwehrmann versucht, mit dem Wasserstrahl ($v_1 = 18$ m/s) aus seiner Spritze ein Fenster in einem brennenden Haus zu treffen. Die Koordinaten des Fensters sind $x_f = 6$ m und $y_f = 12$ m, vom Feuerwehrmann aus gemessen.

a) Unter welchem Winkel muss der Feuerwehrmann spritzen, damit er das Fenster trifft?
b) Unter welchem Winkel zur Horizontalen trifft der Wasserstrahl das Fenster?

Lösung:

a) Weil sich der Standort des Feuerwehrmanns und das Fenster nicht auf gleicher Höhe befinden, muss die Gleichung der Bahnkurve (4.31) verwendet werden:

$$y(x) = \tan(\varphi_1)x - \frac{1}{2}\frac{gx^2}{v_1^2\cos^2\varphi_1} \quad (1)$$

Das ist eine quadratische Gleichung für den unbekannten Winkel φ_1. Sie muss zunächst so umgeformt werden, dass nur noch **eine** Winkelfunktion vorkommt. Die Größe $1/\cos^2\varphi_1$ kann mithilfe folgender Beziehung umgeformt und ersetzt werden:

$$\frac{1}{\cos^2\varphi_1} = \frac{\sin^2\varphi_1 + \cos^2\varphi_1}{\cos^2\varphi_1} = 1 + \tan^2\varphi_1 \quad (2)$$

Die Funktion $y(x)$ muss für $x_f = 6$ m den Wert $y_f = 12$ m annehmen:

$$y_f = \tan(\varphi_1)x_f - \frac{1}{2}\frac{g}{v_1^2}(1 + \tan^2\varphi_1)\cdot x_f^2 \quad (3)$$

Diese quadratische Gleichung geht mit der Substitution $u = \tan\varphi_1$ über in:

$$0 = u\cdot x_f - \frac{1}{2}\frac{g}{v_1^2}(u^2+1)x_f^2 - y_f \quad (4)$$

Zur Anwendung der p-q-Formel sortieren wir nach Potenzen von u:

$$0 = u^2 - \frac{2x_f}{gx_f^2/v_1^2}u + 1 + \frac{2y_f}{gx_f^2/v_1^2} \quad (5)$$

Die Lösungen $u_{1/2}$ sind:

$$u_{1/2} = \frac{v_1^2}{gx_f} \pm \sqrt{\left(\frac{v_1^2}{gx_f}\right)^2 - 1 - \frac{2y_f}{gx_f^2/v_1^2}}$$

$$u_{1/2} = 5{,}505 \pm 2{,}699 = 8{,}204 \quad \text{oder} \quad 2{,}806 \quad (6)$$

Dem entsprechen die Winkel $\varphi_1 = 70{,}4°$ bzw. $83{,}0°$. Der Feuerwehrmann kann das Fenster mit dem Wasserstrahl auf zweierlei Weise treffen.

b) Für den Auftreffwinkel gilt:

$$\tan\varphi_2 = \frac{v_{y2}}{v_{x2}} \quad \text{mit} \quad (7)$$

$$v_{x2} = v_{x1} = v_1\cdot\cos\varphi_1 \quad (8)$$

$$v_{y2} = v_{y1} - g\cdot t_2 = v_1\sin\varphi_1 - g\cdot t_2 \quad (9)$$

$$t_2 = \frac{x_2}{v_{x1}} = \frac{x_2}{v_1\cdot\cos\varphi_1} \quad (10)$$

Durch Einsetzen in die erste Gleichung erhält man:

$$\tan\varphi_2 = \tan\varphi_1 - \frac{g\ x_2}{v_1^2\cdot\cos^2\varphi_1} \quad (11)$$

Für $\varphi_1 = 70{,}4°$ ergibt sich $\varphi_2 = 50{,}1°$, für $\varphi_1 = 83{,}0°$ ist $\varphi_2 = -76{,}3°$. Im ersten Fall wird das Fenster also vom aufsteigenden Wasserstrahl getroffen, im zweiten Fall erst vom wieder herab fallenden Strahl.

Beispiel 4.3 ▲

4.5 Kreisbewegungen

In diesem Abschnitt beschreiben wir die Bewegung eines Körpers, der sich auf einer Kreisbahn bewegt. Die x-y-Ebene unseres Koordinatensystems legen wir in die Ebene der Kreisbahn, sodass die Behandlung der z-Komponente entbehrlich wird.

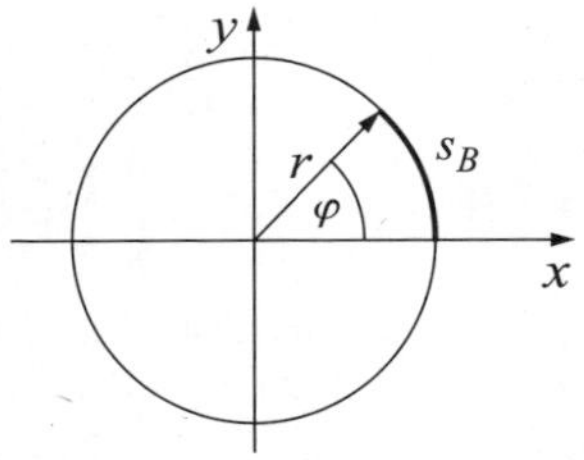

Abb. 4.15 Ebene Polarkoordinaten

Kreisbewegungen können gemäß Abb 4.15 auf zwei verschiedene Weisen einfach beschrieben werden: zum einen durch die in Kapitel 3 für Bewegungen auf beliebiger Bahn eingeführten „Bahngrößen" s_B, v_B und a_B, zum anderen durch die ebenen Polarkoordinaten (r, φ).

Bei Verwendung der **Polarkoordinaten** ist $r = \text{const.}$ und der momentane Ort des Körpers deshalb auch durch nur eine Größe, den Winkel $\varphi(t)$, vollständig angegeben:

$$x(t) = r\cos\varphi(t), \qquad y(t) = r\sin\varphi(t) \tag{4.41}$$

Mit dem Symbol φ bezeichnen wir im Folgenden immer das **Bogenmaß** des Winkels. Es ist durch das Verhältnis von zugehörigem Kreisbogen und Radius definiert (vgl. Abb. 4.15):

$$\varphi = \frac{s_B}{r} \tag{4.42}$$

Für einen Winkel von 360° wird $s_B = 2\pi r$ und damit:

$$\varphi_{360^\circ} = \frac{2\pi r}{r} = 2\pi \tag{4.43}$$

Die Umrechnung zwischen **Gradmaß** φ_G und **Bogenmaß** φ ergibt sich aus der Proportionalität zwischen den beiden Größen und dem Wertepaar von Gl. (4.43):

$$\varphi = \frac{2\pi}{360^\circ} \cdot \varphi_G \tag{4.44}$$

Wichtige Kenngrößen einer Kreisbewegung sind:

Zeit für eine Periode:	T	
Zahl der Umdrehungen:	$N = \frac{\varphi}{2\pi}$	$N = \frac{s_B}{2\pi r}$
Frequenz, Drehzahl:	$f = n = \frac{dN}{dt}$	$f = n = \frac{1}{2\pi r} \cdot v_B$
Einheiten für f und n:	$[n] = \frac{1}{s}$	$[f] = \text{Hz}$

Die zeitliche Änderung des Winkels φ wird, ähnlich wie die zeitliche Änderung der Bahnkoordinate s_B, durch eine Geschwindigkeit und eine Beschleunigung beschrieben. Man definiert:

Mittlere Winkel-geschwindigkeit:	$\bar{\omega} = \frac{\Delta\varphi}{\Delta t}$	$\bar{\omega} = \frac{1}{r} \cdot \bar{v}_B$
Momentane Winkel-geschwindigkeit:	$\omega = \lim\limits_{\Delta t \to 0} \frac{\Delta\varphi}{\Delta t} = \frac{d\varphi}{dt} = \dot{\varphi}$	$\omega = \frac{1}{r} \cdot v_B$
Mittlere Winkel-beschleunigung:	$\bar{\alpha} = \frac{\Delta\omega}{\Delta t}$	$\bar{\alpha} = \frac{1}{r} \cdot \bar{a}_B$
Momentane Winkel-beschleunigung:	$\alpha = \lim\limits_{\Delta t \to 0} \frac{\Delta\omega}{\Delta t} = \frac{d\omega}{dt} = \dot{\omega}$	$\alpha = \frac{1}{r} \cdot a_B$
Einheiten:	$[\bar{\omega}] = [\omega] = \frac{1}{s}$	$[\bar{\alpha}] = [\alpha] = \frac{1}{s^2}$

Die in der rechten Spalte der Tabellen aufgeführten Beziehungen ergeben sich aus den Definitionsgleichungen durch Einsetzen von Gl. (4.42).

Spezialfall: Gleichförmige Kreisbewegung

Bei der gleichförmigen Kreisbewegung sind Bahngeschwindigkeit und Winkelgeschwindigkeit konstant. Die Anzahl der Umdrehungen N sowie der Drehwinkel φ wachsen deshalb proportional mit der Zeit an:

$$N(t) = \frac{t}{T} \qquad \varphi(t) = N(t) \cdot 2\pi = \frac{t}{T} \cdot 2\pi \tag{4.45}$$

Für die Drehzahl und die Winkelgeschwindigkeit folgt daher aus ihren Definitionsgleichungen:

$$n = \frac{1}{T} \qquad \omega = \frac{2\pi}{T} = 2\pi n \tag{4.46}$$

Der zurückgelegte Winkel entspricht der Fläche unter der ω-t-Kurve:

$$\begin{aligned} \Delta\varphi &= \omega \cdot \Delta t \\ \varphi_2 &= \varphi_1 + \omega \cdot (t_2 - t_1) \end{aligned} \tag{4.47}$$

Das Vorzeichen der Winkelgeschwindigkeit zeigt die Drehrichtung an. Es ist positiv bei Drehung im Gegenuhrzeigersinn.

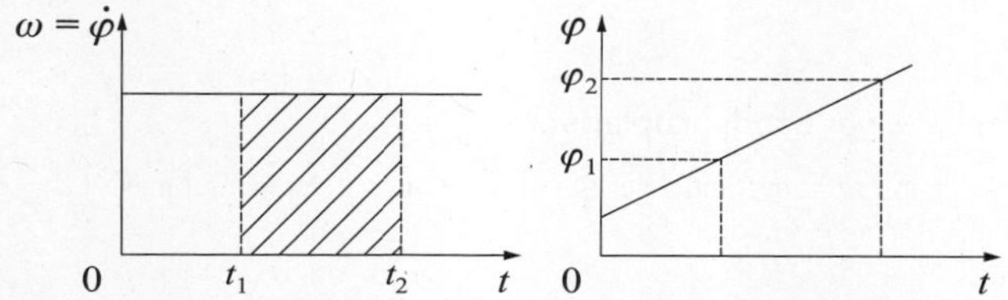

Abb. 4.16 Winkelgeschwindigkeit und Winkel bei einer gleichförmigen Drehbewegung

Für die **Beschleunigung bei der gleichförmigen Kreisbewegung** gilt:

Die Bahnbeschleunigung $a_B = \dot{v}_B$ ist null, die Vektorbeschleunigung $\vec{a} = \dot{\vec{v}}$ aber nicht. Das liegt daran, dass zwar der **Betrag** der Geschwindigkeit $|\vec{v}|$ und damit die Bahngeschwindigkeit v_B konstant bleiben, die **Richtung** der Geschwindigkeit sich aber stetig ändert. Wie man im linken Teil der Abb. 4.17 sieht, liegen alle Geschwindigkeitsvektoren nämlich wie bei einem chinesischen Feuerrad tangential am Kreisumfang.

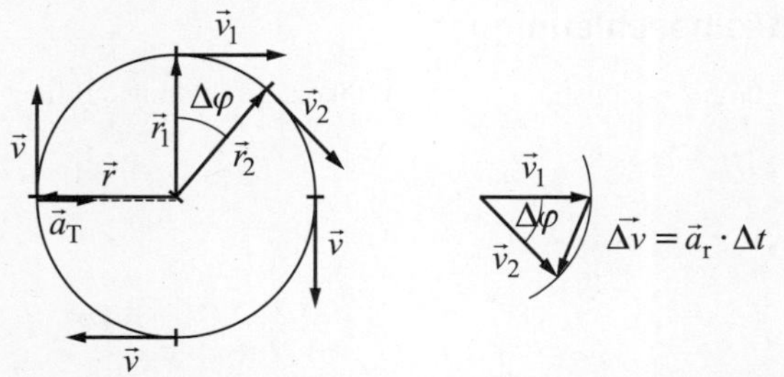

Abb. 4.17 Geschwindigkeiten und Beschleunigung bei einer gleichförmigen Kreisbewegung

Die Richtung des Beschleunigungsvektors $\vec{a}$ ist bei der gleichförmigen Kreisbewegung immer zum Kreismittelpunkt hin gerichtet. Man nennt die Vektorbeschleunigung in diesem Spezialfall deshalb auch **Radialbeschleunigung** $\vec{a}_r$ oder **Zentripetalbeschleunigung**. Der Index r deutet an, dass der Beschleunigungsvektor antiparallel zum Radiusvektor liegt.

$$\vec{a}_r \uparrow\downarrow \vec{r} \tag{4.48}$$

Für den Betrag der Radialbeschleunigung gilt:

$$a_r = v \cdot \omega = r\omega^2 = \frac{v^2}{r} \tag{4.49}$$

Diese Gleichungen lassen sich folgendermaßen herleiten:
Dreht sich der Radiusvektor, wie im linken Teil der Abb. 4.17 angedeutet, in der Zeit Δt um den Winkel $\Delta\varphi$, dann dreht sich der Geschwindigkeitsvektor in dieser Zeit um denselben Winkel. Dies führt zum rechten Teil der Abb. 4.17, bei dem der Kreisbogen die Konstanz des Geschwindigkeitsbetrages und nicht die Bahn darstellt. Zur Bestimmumg der momentanen Beschleunigung muss Δt sehr klein gewählt werden. Dann wird $\Delta\vec{v}$ zur Tangente an den Kreisbogen und daher senkrecht zu $\vec{v}$. Der zu $\Delta\vec{v}$ immer parallele Beschleunigungsvektor $\vec{a}_r$ ist daher auch senkrecht zu $\vec{v}$ und damit, wie das linke Teilbild zeigt, antiparallel zu $\vec{r}$.

Das Bogenstück zwischen $\vec{v}_1$ und $\vec{v}_2$ im rechten Teilbild wird für kleine Δt genauso lang wie der Betrag der Geschwindigkeitsänderung $\Delta\vec{v}$. Die Definition des Bogenmaßes von $\Delta\varphi$ führt daher zu:

$$\Delta\varphi = \frac{|\vec{a}_r|\Delta t}{|\vec{v}|} \quad \Leftrightarrow \quad |\vec{a}_r| = |\vec{v}|\frac{\Delta\varphi}{\Delta t} \tag{4.50}$$

und mit $\frac{\Delta\varphi}{\Delta t} = \omega$ zur Gl. (4.49).

Beispiel 4.4 ▼

Radialbeschleunigung bei einer Langspielplatte

Wie groß ist die Radialbeschleunigung am Rand einer Langspielplatte mit dem Durchmesser $d = 30$ cm, die sich mit der Drehzahl $n = (33 + 1/3)/\text{min}$ dreht?

Lösung:

Gleichung (4.49) kann angewendet werden, nachdem wir die Drehzahl in die Winkelgeschwindigkeit umgerechnet haben.

$$a_r = r \cdot \omega^2 = r(2\pi n)^2 = 0{,}15\ \text{m}\left(2\pi \cdot \frac{33 + \frac{1}{3}}{60\ \text{s}}\right)^2 = 1{,}83\ \frac{\text{m}}{\text{s}^2} \tag{1}$$

Beispiel 4.4 ▲

Spezialfall: konstante Winkelbeschleunigung

Bei konstanter Winkelbeschleunigung $\alpha = \text{const.}$ nimmt die Winkelgeschwindigkeit linear mit der Zeit zu:

$$\begin{aligned} \Delta\omega &= \alpha \cdot \Delta t \\ \omega_2 &= \omega_1 + \alpha \cdot (t_2 - t_1) \end{aligned} \tag{4.51}$$

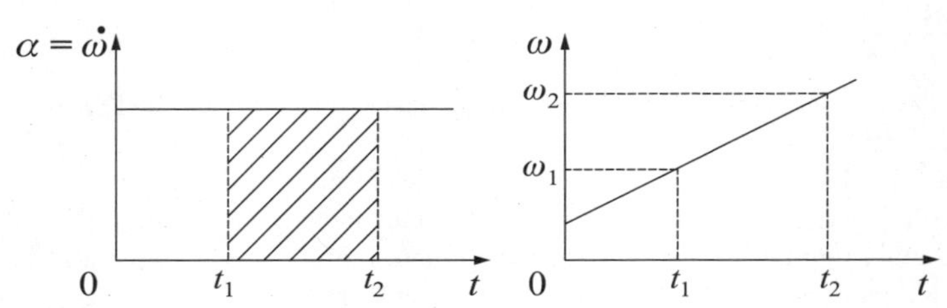

Abb. 4.18 Graphen für Winkelbeschleunigung $\alpha = \text{const.}$

Für die Drehzahl gilt:

$$n_2 = n_1 + \frac{\alpha}{2\pi}(t_2 - t_1) \tag{4.52}$$

Die zurückgelegte Winkeldifferenz $\Delta\varphi$ kann (genau wie Δx aus $v(t)$) aus der Fläche unter der ω-t-Kurve bestimmt werden:

$$\Delta\varphi = \frac{1}{2}(\omega_1 + \omega_2)\Delta t \tag{4.53}$$

Alternative Formulierungen ergeben sich durch die Substitution $\omega_2 = \omega_1 + \alpha \cdot \Delta t$ bzw. $\Delta t = (\omega_2 - \omega_1)/\alpha$:

$$\Delta\varphi = \omega_1\Delta t + \frac{1}{2}\alpha\Delta t^2$$
$$\Delta\varphi = \frac{1}{2}\frac{\omega_2^2 - \omega_1^2}{\alpha} \tag{4.54}$$

Für die Zahl der zurückgelegten Umdrehungen ΔN gelten folgende Beziehungen:

$$\Delta N = n_1\Delta t + \frac{1}{2}\frac{\alpha}{2\pi}\Delta t^2 \tag{4.55}$$

$$\Delta N = \frac{1}{2}\frac{n_2^2 - n_1^2}{\alpha} \cdot 2\pi \tag{4.56}$$

Beispiel 4.5 ▼

Drehbewegung mit verschiedenen Winkelbeschleunigungen

Gegeben ist eine Drehbewegung, die abschnittweise konstante Winkelbeschleunigungen gemäß der folgenden Skizze aufweist.

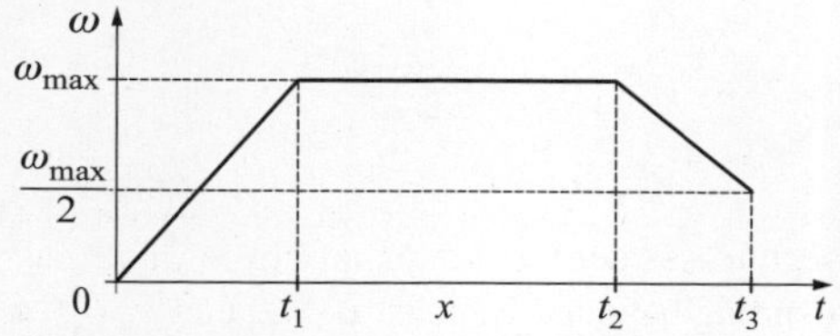

$\alpha_1 = \pi/s^2$
$\alpha_2 = 0$
$\alpha_3 = -\frac{\pi}{2}/s^2$
$t_2 - t_1 = 40$ s

Abb. 4.19 Winkelgeschwindigkeits-Zeit-Verlauf

Gesucht wird die Gesamtdauer t_3 des Vorganges und die Zahl der zurückgelegten Umdrehungen $N = \Delta N_1 + \Delta N_2 + \Delta N_3$. Die Umdrehungszahl im ersten Abschnitt beträgt $\Delta N_1 = 49$.

Lösung:

Es ist sinnvoll, die Bewegung abschnittsweise zu untersuchen.

Abschnitt 1: $$\Delta N_1 = \frac{1}{2} \cdot \frac{\alpha_1}{2\pi}t_1^2 \Longrightarrow t_1 = 2\sqrt{\frac{\pi\Delta N_1}{\alpha_1}} = 14 \text{ s}$$

Abschnitt 2: $$\Delta N_2 = \frac{\omega_{max}}{2\pi}(t_2 - t_1) = \frac{1}{2\pi}\alpha_1 t_1(t_2 - t_1) = 280$$

Abschnitt 3: $$\begin{cases} \Delta N_3 = \dfrac{1}{2} \cdot \dfrac{1}{2\pi}\left(\dfrac{\omega_{max}^2}{4\alpha_3} - \dfrac{\omega_{max}^2}{\alpha_3}\right) \\ \quad = -\dfrac{1}{2} \cdot \dfrac{1}{2\pi}\dfrac{3}{4}\dfrac{\omega_{max}^2}{\alpha_3} = 73{,}5 \\ \Delta t_3 = \dfrac{\Delta\omega}{\alpha_3} = -\dfrac{\omega_{max}}{2\alpha_3} = 14 \text{ s} \end{cases}$$

Die Gesamtdauer des Vorgangs beträgt 68 Sekunden, die Zahl der bewältigten Umdrehungen 402,5.

Beispiel 4.5 ▲

4.6 Überlagerung von Translations- und Drehbewegung

Wenn wir die Bewegung eines rollenden Rades beobachten, so stellen wir fest, dass es sowohl eine Translation ausführt, bei der wir uns das Rad als Massepunkt in seiner Achse konzentriert vorstellen können, als auch eine Rotation um seine Achse.

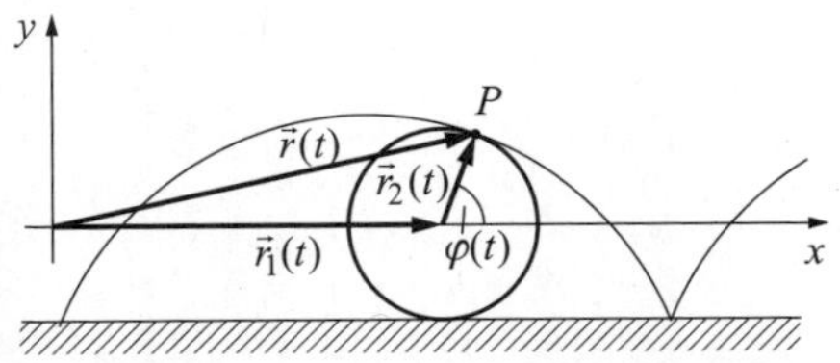

Abb. 4.20 Bewegung eines rollenden Rades

Um die Bewegungsgleichungen für einen am Radumfang markierten Punkt P zu erhalten, zerlegen wir dessen Ortsvektor $\vec{r}(t)$ gemäß Abb. 4.20 in den Ortvektor der Radachse $\vec{r}_1(t)$ und den Vektor $\vec{r}_2(t)$, der von der Achse zum Punkt P führt. Es gilt:

$$\vec{r}(t) = \vec{r}_1(t) + \vec{r}_2(t) \tag{4.57}$$

In Koordinatenschreibweise:

$$\begin{pmatrix} x \\ y \\ z \end{pmatrix} = \begin{pmatrix} x(t) \\ 0 \\ 0 \end{pmatrix} + \begin{pmatrix} r \cdot \cos \varphi(t) \\ r \cdot \sin \varphi(t) \\ 0 \end{pmatrix} \tag{4.58}$$

Dabei ist $x(t)$ die x-Koordinate der Radachse und r der Radius des Rades.

Dreht sich das Rad mit konstanter Winkelgeschwindigkeit ω, so bewegt sich auch die Radachse mit konstanter Geschwindigkeit v.

$$\omega = \text{const.} \quad \Rightarrow \quad v = \text{const.} \tag{4.59}$$

Dann gilt:

$$x(t) = x_0 + v \cdot t \tag{4.60}$$

$$\varphi(t) = \varphi_0 + \omega \cdot t \tag{4.61}$$

Bei der in Abb. 4.20 gezeichneten Bewegung sei der Zeitnullpunkt so gewählt, dass sich die Radachse zur Zeit $t = 0$ im Koordinatenursprung befindet. Dann ist $x_0 = 0$ und $\varphi_0 = -\pi/2$.

v_B und ω sind mit einander gekoppelt. Denn während der Zeit T für eine volle Radumdrehung nach rechts ($\Delta\varphi = -2\pi$) bewegt sich die Radachse um einen Radumfang weiter ($\Delta x = 2\pi \cdot r$). Daraus folgt:

$$\omega = -\frac{2\pi}{T} \qquad v = \frac{2\pi \cdot r}{T} = -\omega \cdot r \tag{4.62}$$

Die Bahnkurve, die der Punkt P des Radumfangs beschreibt, ist recht kompliziert, sie wird mit dem mathematischen Begriff Zykloide bezeichnet.

Wechsel des Bezugssystems

Die Bewegung des rollenden Rades in Abb. 4.20 lässt sich einfach beschreiben, wenn man ein zusätzliches Bezugssystem verwendet.

K sei das in der Abbildung eingezeichnete, relativ zum Boden ruhende Koordinatensystem. Mit K_2 bezeichnen wir ein zweites Koordinatensystem, dessen Achsen mit denen von K parallel verlaufen, dessen Ursprung aber in der Radachse liegt und sich mit dieser mit bewegt.

Der Vektor $\vec{r}_2(t)$ in Abb. 4.20 ist der Ortvektor von P im Koordinatensystem K_2. Die Ortsvektoren $\vec{r}(t)$ und $\vec{r}_1(t)$ gehören beide zum Koordinatensystem K und geben die Lage von P bzw. die Lage des Koordinatenursprungs von K_2 an. Es gilt:

$$\vec{r}(t) = \vec{r}_1(t) + \vec{r}_2(t) \tag{4.63}$$

Merke: Wechselt man von einem Koordinatensystem K_2 in ein anderes (dazu achsenparalleles) Koordinatensystem K, so erhält man den neuen Ortsvektor $\vec{r}$ eines gegebenen Punktes, indem man zum Ortvektor $\vec{r_2}$ aus K_2 den Ortsvektor $\vec{r_1}$ des Ursprungs von K_2 (gemessen in K) hinzu addiert.

Differenziert man Gl. (4.63), so erhält man eine Aussage über die Vektorgeschwindigkeiten:

$$\vec{v}(t) = \vec{v}_1(t) + \vec{v}_2(t) \tag{4.64}$$

Dabei ist $\vec{v}_2(t)$ die von K_2 aus beobachtete Geschwindigkeit des Punktes P. Die Vektoren $\vec{v}(t)$ und $\vec{v}_1(t)$ sind die von K aus beobachteten Geschwindigkeiten des Punktes P bzw. des Ursprungs von K_2.

Merke: Wechselt man von einem Koordinatensystem K_2 in ein anderes (dazu achsenparalleles) Koordinatensystem K, so erhält man die in K beobachtete Vektorgeschwindigkeit $\vec{v}$, indem man zur in K_2 gemessenen Vektorgeschwindigkeit $\vec{v}_2$ die Vektorgeschwindigkeit des Ursprungs von K_2 (gemessen in K) hinzu addiert.

Beispiel 4.6 ▼

Geschwindigkeit eines Randpunktes beim rollenden Rad

Welche Geschwindigkeiten registriert ein stehender Fußgänger, der an einem mit $v_1 = 10\,\mathrm{km/h}$ vorbeifahrenden Fahrrad eine Markierung am Reifen bei Bodenberührung und am oberen Umkehrpunkt ansieht?

Lösung:

Im Moment der Bodenberührung ist die vom Radfahrer aus gesehene Vektorgeschwindigkeit der Markierung $\vec{v}_2$ entgegengesetzt gleich der vom Fußgänger beobachteten Vektorgeschwindigkeit $\vec{v}_1$ des Fahrrades (= Koordinatensystem K_2). Die vom Fußgänger beobachtete Geschwindigkeit der Markierung ist daher $|\vec{v}| = 0$. Im höchsten Punkt sind $\vec{v}_2$ und $\vec{v}_1$ gleich gerichtet. Die von der Straße aus gemessene Geschwindigkeit der Markierung ist daher in diesem Augenblick $|\vec{v}| = |2 \cdot \vec{v}_1| = 20\,\mathrm{km/h}$.

Beispiel 4.6 ▲

4.7 Zusammenfassung

Wurf

Wird ein Körper zur Zeit $t = 0$ im Koordinatenursprung unter einem beliebigen Winkel φ_0 mit der Geschwindigkeit $\vec{v}_0$ in der x-y-Ebene abgeworfen, so lautet seine Orts-Zeit-Funktion in Koordinatenschreibweise:

$$\begin{aligned} x(t) &= v_{0,x} \cdot t \\ y(t) &= v_{0,y} \cdot t - \frac{1}{2} g \cdot t^2 \end{aligned} \tag{4.65}$$

Nach Elimination der Zeit erhalten wir die Gleichung der Flugbahn $y = f(x)$:

$$y(x) = \tan(\varphi_0) \cdot x - \frac{1}{2} \frac{g}{v_0^2} \frac{x^2}{\cos^2 \varphi_0} \tag{4.66}$$

Für die Geschwindigkeit $\vec{v}$ gilt:

$$\vec{v} = \begin{pmatrix} v_{0,x} \\ v_{0,y} - g \cdot t \\ 0 \end{pmatrix} \tag{4.67}$$

Diese Gleichungen umfassen als Sonderfall auch den waagrechten Wurf mit $\varphi_0 = 0$ und $v_{0,y} = 0$.

Kreisbewegung (Rotation)

Tabelle 4.1 Vergleich der kinematischen Größen von Translation und Rotation

Translation	Rotation	Verknüpfung
Ort s_B bzw. x	Winkel φ Zahl der Umdrehungen N	$s_B = r \cdot \varphi \quad N = \frac{\varphi}{2\pi}$
Geschwindigkeit $v_B = \frac{ds_B}{dt} = \dot{s}_B$	Winkelgeschwindigkeit $\omega = \frac{d\varphi}{dt} = \dot{\varphi}$ Drehzahl $n = \frac{dN}{dt} = \dot{N}$	$v_B = r \cdot \omega \quad n = \frac{\omega}{2\pi}$
Beschleunigung $a_B = \frac{dv_B}{dt} = \dot{v}_B = \ddot{s}_B$	Winkelbeschleunigung $\alpha = \frac{d\omega}{dt} = \dot{\omega} = \ddot{\varphi}$	$a_B = r \cdot \alpha$
Gleichförmige Bewegung $v_B = \text{const.}$ $s_B = v_{B1}\Delta t + s_{B1}$	 $\omega = \text{const.}, n = \text{const.}$ $\varphi = \omega_1 \Delta t + \varphi_1$ $N = n_1 \Delta t + N_1$	
Gleichmäßig beschleunigte Bewegung $a_B = \text{const.}$ $v_B = v_{B1} + a_B \Delta t$ $s_B = s_{B1} + v_{B1}\Delta t + \frac{1}{2} a_B \Delta t^2$	 $\alpha = \text{const.}$ $\omega = \omega_1 + \alpha \cdot \Delta t$ $n = n_1 + \frac{\alpha}{2\pi}\Delta t$ $\varphi = \varphi_1 + \omega_1 \Delta t + \frac{1}{2}\alpha \Delta t^2$ $N = N_1 + n_1 \Delta t + \frac{1}{2}\frac{\alpha}{2\pi}\Delta t^2$	

4.8 Aufgaben

4.1 Von einem Punkt, der $h = 180$ m über einer waagrechten Ebene liegt, wird ein Stein mit $v_0 = 54$ m/s in der Horizontalen geworfen.

1. Mit welcher Geschwindigkeit trifft er die Ebene?
2. Wie groß ist die Wurfweite und Wurfzeit?
3. Wie groß ist der Winkel, unter dem er die Ebene trifft?

4.2 Ein Stein wird von einem Turm unter 60° Neigung zur Horizontalen mit $v = 15$ m/s schräg nach oben geworfen. Nach 5 s sieht man ihn aufschlagen.

Berechnen Sie

1. die Höhe des Turms,
2. die Entfernung Abwurfstelle-Auftreffpunkt,
3. die max. Geschwindigkeit während des Wurfes,
4. die maximale Höhe des Steins über dem Boden.

4.3 Von einem Turm mit der Höhe $h = 40$ m werden zwei Kugeln gleichzeitig abgeworfen: die Kugel 1 unter dem Neigungswinkel $\Phi = 30°$ schräg nach oben, Kugel 2 senkrecht nach oben. Die Kugel 1 schlägt 95 m entfernt vom Fußpunkt des Turmes auf; die Kugel 2 unmittelbar am Fußpunkt, aber $t = 1{,}2$ s später als die Kugel 1.

Berechnen Sie die Abwurfgeschwindigkeiten der Kugeln.

4.4 Von einem Turm der Höhe $h = 80$ m wird ein Körper mit $v = 30$ m/s unter dem Neigungswinkel $\Phi = 60^\circ$ zur Horizontalen nach oben geworfen. Gleichzeitig fällt ein weiterer Körper nach unten.

Wie groß ist die Zeitdifferenz, mit der man die Aufschläge an der Abwurfstelle hört?

4.5 Eine Turbine (Durchmesser $d = 1{,}2$ m) erreicht eine Minute nach dem Anlaufen eine Drehzahl von $n = 7200/\text{min}$. Die Beschleunigung ist gleichmäßig.

1. Wie groß ist die Winkelbeschleunigung?
2. Wie groß ist die Umfangsgeschwindigkeit nach 40 s?
3. Wie viel Umdrehungen sind nach 10 s, 40 s, 60 s zurückgelegt?

4.6 Während einer Zeit von 3 s verdoppelt ein Schwungrad (Durchmesser $d = 1$ m) seine Winkelgeschwindigkeit. In dieser Zeit werden 30 Umdrehungen ausgeführt.

Berechnen Sie die Winkelbeschleunigung und Winkelgeschwindigkeit am Anfang und am Ende des betrachtetes Zeitraumes.
Wie groß ist die mittlere Geschwindigkeit am Umfang während dieser Zeit?

4.7 Die zylindrische Trommel einer Zentrifuge mit dem Radius $d = 1{,}6$ m wird aus dem Stillstand mit konstanter Winkelbeschleunigung α angetrieben bis sie die Umlaufsdauer $T = 0{,}12$ s erreicht hat; danach ist ihre Drehzahl konstant. Die Zeitdauer zwischen dem Erreichen der Drehzahl $40\,\text{min}^{-1}$ und der Umfangsgeschwindigkeit 15 m/s beträgt $\Delta t_2 = 12$ s.

Berechnen Sie:

1. die Winkelbeschleunigung α,
2. die Zeitdauer Δt_1 vom Stillstand bis zum Erreichen der Drehzahl $40\,\text{min}^{-1}$. Wie viele Umdrehungen macht die Trommel während dieser Zeit?
3. die vom Stillstand aus für 300 Umdrehungen benötigte Zeitdauer Δt_3.

4.8 Nach dem Verlassen des Bahnhofs steigert ein S-Bahn-Triebwagen seine Geschwindigkeit in 25 s gleichmäßig auf 90 km/h. Die dabei befahrene Strecke hat den Krümmungsradius $r = 700$ m.

Wie groß sind Bahn-, Radial- und resultierende Gesamtbeschleunigung nach 20 s Fahrzeit?

4.9 Der Durchmesser einer Raumstation betrage 20 m.
Berechnen Sie

1. die Drehzahl, mit der die Station rotieren muss, damit am Umfang die Radialbeschleunigung $g/3$ beträgt,
2. um wie viel Prozent die Radialbeschleunigung am Kopf eines 1,80 m großen aufrecht stehenden Menschen geringer ist als an seinen Füßen.

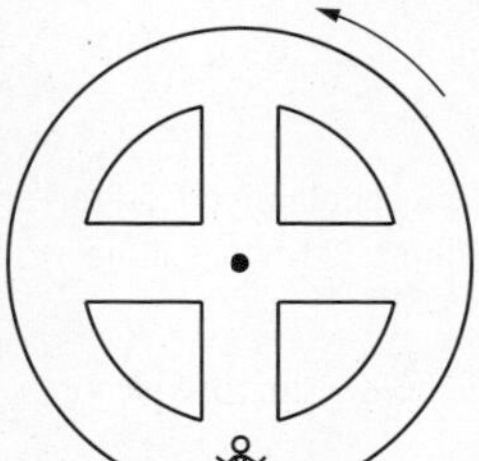
Abb. 4.21 Raumstation

4.10 Die Trommel einer Waschmaschine hat einen Durchmesser von 480 mm und rotiert im Schleudergang mit einer Drehzahl von $1100\,\text{min}^{-1}$.

Berechnen Sie die Geschwindigkeit und die Beschleunigung eines Punktes am Umfang, und geben Sie letztere als Vielfaches der Fallbeschleunigung an.

4.11 Ein Schwungrad dreht sich 15 s lang mit 90 % der maximal zulässigen Drehzahl und verzögert anschließend gleichmäßig mit der Winkelbeschleunigung $\alpha = 31{,}4/\text{s}^2$ auf 15 % der max. Drehzahl. Das Schwungrad legt in der gesamten Zeit 5600 Umdrehungen zurück.

Wie groß ist die maximal zulässige Drehzahl?

4.12 Ein Hammerwerfer schleudert sein Sportgerät unter einem Winkel von 45° auf eine Weite von 65 m.

1. Welche Winkelgeschwindigkeit hat der Hammer im Zeitpunkt des Abwurfs, wenn Sie annehmen, dass er sich vorher auf einer Kreisbahn mit dem Radius 2 m bewegte?

2. Der Hammer werde auf dieser Kreisbahn innerhalb von 3,5 Umdrehungen gleichmäßig beschleunigt.
   Wie groß ist die Winkelbeschleunigung?

4.13 An einem Hang mit $\varphi = 25°$ Neigung wird ein Stein unter einem Winkel von $\alpha = 35°$ zur Horizontalen geworfen. Der Stein schlägt bergab 90 m entfernt von der Abwurfstelle auf dem Hang auf.

Berechnen Sie die Abwurfgeschwindigkeit und Wurfdauer.

4.14 Ein Zug fährt mit $v = 72$ km/h über eine Brücke. Ein Fahrgast wirft aus einem Fenster (unerlaubterweise) eine Büchse waagrecht in den 78,5 m tiefer liegenden Fluss. Die Büchse erhält durch den Werfer eine Anfangsgeschwindigkeit senkrecht zur Fahrtrichtung von 10 m/s.

Wie groß ist die Bahngeschwindigkeit im Moment des Auftreffens, und welchen Abstand hat der Auftreffpunkt von der Abwurfstelle?

4.15 Ein Schwungrad verzögert innerhalb einer Zeit von 40 s auf 1/4 der ursprünglichen Drehzahl $n_0 = 5280/\text{min}$.

Wie groß ist die Winkelbeschleunigung, und wie viel Umdrehungen werden in dieser Zeit zurückgelegt?

4.16 Von zwei Zeigeruhren, die gleichzeitig auf 12 Uhr stehen, geht eine je Minute um 1,2 s nach.

Welche Zeit vergeht, bis beide Uhren wieder gleichzeitig auf 12 Uhr zeigen?

4.17 Zwei Zahnräder mit 400 und 356 Zähnen bilden zusammen eine Übersetzung. Beide Zahnräder sind mit je einer Nocke versehen, die sich anfänglich gegenüberstehen.

Nach wie viel Umdrehungen des größeren Zahnrades stehen sich die Nocken erstmals wieder gegenüber?

4.18 Zwei gegenläufige Propeller mit zwei Blättern rotieren mit den Drehzahlen $n_1 = 1080/\text{min}$ und $n_2 = 1120/\text{min}$. Zu Beginn der Beobachtungszeit ($t = 0$) weisen beide Propeller in die Richtung $\varphi = 0°$.

Welche Zeit vergeht, bis erstmalig wieder beide Propeller deckungsgleich in die Richtung $\varphi = 0°$ zeigen?

4.19 Zwei gegenläufige Rotoren drehen sich mit den Drehzahlen $n_1 = 1080/\text{min}$ und $n_2 = 1120/\text{min}$. Zu Beginn der Beobachtungszeit ($t = 0$) weisen die Markierungen an beiden Rotoren in die Richtung $\varphi = 0°$.

Welche Zeit liegt zwischen dem 2. und 3. Mal, an denen die Markierungen zur Deckung kommen?

4.20 Ein Schwungrad verzögert von 90 % der maximal zulässigen Drehzahl gleichmäßig mit der Winkelbeschleunigung $\alpha = 31{,}4/\text{s}^2$ auf 15 % der max. Drehzahl. Das Schwungrad legt in der gesamten Zeit 5600 Umdrehungen zurück.

Wie groß ist die maximal zulässige Drehzahl?

4.21 Ein Skispringer springt mit der Anfangsgeschwindigkeit $v_0 = 72$ km/h waagrecht am Beginn einer schiefen Ebene (Gefälle $\alpha = 45°$) ab.

Nach welcher Flugzeit landet er auf der schiefen Ebene?
Wie weit ist die Landestelle vom Absprungpunkt entfernt?
Die Luftreibung wird vernachlässigt.

4.22 Ein Schwungrad beschleunigt innerhalb einer Zeit von 40 s auf das 4fache der ursprünglichen Drehzahl $n_0 = 1000/\text{min}$.

Wie groß ist die Winkelbeschleunigung, und wieviel Umdrehungen werden in dieser Zeit zurückgelegt?

4.23 Mit welcher Geschwindigkeit muss ein Gummiball senkrecht nach unten geworfen werden, damit er nach dem Aufprall auf dem 2 m tiefer liegenden Boden wieder die Ausgangshöhe erreicht?
Mit dem Aufprall verbunden ist ein Verlust von 15 % des Betrages der Geschwindigkeit.

4.24 Ein Motor führt innerhalb von 15 Sekunden nach dem Anlaufen 400 Umdrehungen aus. Während der ersten 10 Sekunden war die Bewegung gleichmäßig beschleunigt und danach gleichförmig.

Welche Drehzahl erreicht der Motor?

4.25 Von einem 50 m hohen Turm wird ein Körper mit $v = 32\ \mathrm{m/s}$ schräg nach oben geworfen. 6 Sekunden nach dem Abwurf schlägt er auf. Gesucht:
1. Abwurfwinkel,
2. kleinste Geschwindigkeit während des Fluges,
3. Ort, an dem diese Geschwindigkeit auftritt,
4. größte Geschwindigkeit während des Fluges,
5. größter Neigungswinkel während des Fluges.

4.26 Die Drehzahl eines Schiffsdieselmotors soll ausgehend von der Drehzahl n_0 auf die Drehzahl $n = 360/\mathrm{min}$ erhöht werden. Erst 2 Sekunden nach Betätigung des Maschinentelegrafen setzt die Winkelbeschleunigung $\alpha = 0{,}1 \cdot \pi/\mathrm{s}^2$ ein. In der gesamten Zeit bis zum Erreichen der Enddrehzahl (incl. der Totzeit $t = 2$ s) legt der Motor 120 Umdrehungen zurück.

Wie groß ist die Anfangdrehzahl n_0, und wie lange dauert der eigentliche Beschleunigungsvorgang?

4.27 Eine Kugel fällt von einem 120 m hohen Turm.

Wann muss man eine andere vom Boden aus mit 40 m/s senkrecht nach oben werfen, damit sie 30 m oberhalb des Bodens zusammenstoßen?

5 Bewegung und Kraft

In den beiden letzten Kapiteln wurde die Bewegung von Körpern beschrieben mit Begriffen wie Geschwindigkeit und Beschleunigung. Jetzt wollen wir die Frage nach dem Zusammenhang zwischen der Ursache der Bewegung und der Bewegung selbst stellen:

- **Wann ändert sich die Bewegung eines Körpers?** Oder:
- **Was ist die Ursache der Beschleunigung?**

Die Ursache einer Bewegungsänderung ist eine **Kraft**. Wir müssen uns also auseinander setzen mit dem physikalischen Kraftbegriff und dessen Beziehung zur Beschleunigung. Einschränkend ist zu bemerken, dass wir uns mit Körpern befassen, deren Abmessungen groß sind im Vergleich zum Atomradius ($\approx 10^{-10}$ m) und die langsam sind, verglichen mit der Lichtgeschwindigkeit ($c \approx 3 \cdot 10^8$ m/s). Das ist der Gültigkeitsbereich der klassischen Mechanik, die auf Isaac Newton (1643–1727) zurückgeht.

5.1 Newtons Gesetze

1. Newton'sches Gesetz

Welche „**Kräfte**" kennen wir aus unserer täglichen Erfahrung, welche Eigenschaften besitzen sie? Wir kennen verschiedene Arten von Kräften, am bekanntesten sind die **Muskelkraft** und die **Gewichtskraft**.

Wenn wir einen PKW mit Muskelkraft anschieben, bemerken wir, dass diese Kraft einen Kontakt zwischen dem Körper, der die Kraft erzeugt (unsere Hände), und dem, der sie spürt (PKW), voraussetzt. Ein anderes Beispiel für Kräfte dieser Art ist die **Verformungs-** bzw. **Deformationskraft**, mit der das deformierte Sitzkissen (ähnlich wie eine Feder) die auf ihm sitzende Person trägt. Im Gegensatz dazu steht die Gewichtskraft oder Schwerkraft. Sie wirkt auf einen fallenden Stein, ohne dass die Erde als Verursacher der Gewichtskraft mit ihm Kontakt hat. Andere Kräfte, die ohne Berührung wirken, sind elektrische und magnetische Kräfte: Ein Permanentmagnet zieht eine Stahlkugel auch dann an, wenn er sie noch nicht berührt.

Allen Kräften ist gemeinsam, dass sie eine Beschleunigung erzeugen, wenn sie alleine auf einen Körper wirken. Wirken jedoch mehrere Kräfte gemeinsam auf einen Körper, so muss nicht notwendig eine Beschleunigung entstehen, weil sich die Kräfte eventuell gegenseitig ausgleichen. Liegt ein Stein beispielsweise ruhig auf der ausgestreckten Hand, so kann die Gewichtskraft den Stein nicht beschleunigen, da sie durch die Tragekraft der Hand ausgeglichen wird. Kräfte können sich jedoch nur dann gegenseitig ausgleichen, wenn sie auf **denselben** Körper wirken.

Bei der Untersuchung des Zusammenhangs zwischen Beschleunigung und Kraft müssen daher **alle auf den betrachteten Körper wirkenden** Kräfte berücksichtigt werden; die von ihm ausgeübten, auf andere Körper zurückwirkenden **Reaktionskräfte** (s. Abschnitt 5.1) jedoch nicht.

Man stellt dann fest:
„Ein Körper verharrt im Zustand der Ruhe oder der geradlinig gleichförmigen Bewegung, solange die Gesamtkraft aus allen von außen auf ihn einwirkenden Kräften null ist."
Dieses „1. Newton'sche Gesetz" lautet in Gleichungsform:

1. Newton'sches Gesetz

$$\sum \vec{F} = 0 \quad \Leftrightarrow \quad \vec{a} = 0 \tag{5.1}$$

Dieses Gesetz wird häufig auch als **Trägheitsprinzip** bezeichnet, da seine Aussage auf der jedem Körper innewohnenden Eigenschaft der Trägheit beruht.

Beispiel 5.1 ▼

Gleiter auf Luftkissenbahn

Auf einer waagrechten Luftkissenfahrbahn bewegt sich reibungsarm ein Gleiter. Für ihn gilt $\sum \vec{F} = 0$, da die Gewichtskraft von der Tragekraft der Bahn ausgeglichen wird. Wird der Gleiter angestoßen, so bewegt er sich mit nahezu konstanter Geschwindigkeit weiter. Seine Beschleunigung ist also gleich null.

Beispiel 5.1 ▲

Wenn die Vektorbeschleunigung eines Körpers gleich null ist, der Körper sich also in Ruhe oder in geradliniger Bewegung mit konstanter Geschwindigkeit befindet, so sprechen wir von „Gleichgewicht". Das 1. Newton'sche Gesetz wird daher auch **Gleichgewichtsbedingung** genannt und besagt, dass ein Körper genau dann im Gleichgewicht ist, wenn die „Resultierende" aus allen auf ihn wirkenden Kräften null ist.

Der Begriff **Resultierende** ist dabei ein anderes Wort für Vektorsumme.

Wir wollen nun die Frage untersuchen, ob das Trägheitsprinzip **in allen Bezugssystemen** gültig ist. Dazu stellen wir die Luftkissenfahrbahn aus Beispiel 5.1 mit einem ruhenden Gleiter in ihrer Mitte auf einen Laborwagen. Die Position des Gleiters wird durch einen Stab, der auf dem Zimmerboden steht, markiert. Schiebt man nun den Laborwagen in Richtung der Fahrbahn beschleunigt an, so bleibt der Gleiter bei der Markierung stehen, während sich der Laborwagen samt Fahrbahn unter ihm weg bewegt. Ein Beobachter im Zimmer und ein anderer auf dem Laborwagen sind sich einig, dass der Gleiter wegen der fehlenden Reibung keine Kraft spürt. Während der Zimmerbeobachter in Übereinstimmung mit dem Trägheitsprinzip am für ihn ruhenden Gleiter auch keine Beschleunigung feststellt, sieht der Beobachter auf dem Wagen, wie der Gleiter beschleunigt nach hinten wegfährt. Für ihn ist das Trägheitsprinzip also nicht gültig! Weitere Experimente zeigen, dass mit dem Trägheitsprinzip auch alle anderen Gesetze der Physik vom beschleunigten Laborwagen aus gemessen ungültig sind.

Ein Koordinatensystem wird **Inertialsystem** genannt, wenn das Trägheitsprinzip (und damit alle anderen Gesetze der Physik) in ihm gelten.

Beispiele für Inertialsysteme sind in guter Näherung Koordinatensysteme, die fest mit dem Fixsternhimmel verbunden sind. Koordinatensysteme, die fest auf der Erdoberfläche verankert sind, stellen wegen der Erdrotation keine Inertialsysteme dar. Sie können aber bei vielen Anwendungen in den Ingenieurwissenschaften als inertial betrachtet werden.

Beispiel 5.2 ▼

Aufprall gegen ein Hindernis

Fährt ein PKW gegen ein festes Hindernis, so wird der (nicht angeschnallte) Fahrer von der Straße aus gesehen seine Geschwindigkeit gemäß dem Trägheitsprinzip beibehalten. Das Fahrzeug jedoch, in dem er sich befindet, bremst, sodass der Fahrer seinen Sitz unfreiwillig verlässt und vom Fahrzeug aus gesehen trotz Kräftefreiheit beschleunigt in Richtung Windschutzscheibe fliegt.

Beispiel 5.2 ▲

2. Newton'sches Gesetz

Der Zusammenhang zwischen Kraft und Beschleunigung lässt sich in einem Experiment gemäß Abb. 5.1 untersuchen.

Auf einer waagrechten Fahrbahn wird ein Wagen der Masse m durch die Gewichtskraft F einer zweiten, viel kleineren Zugmasse aus dem Stillstand in Bewegung versetzt.

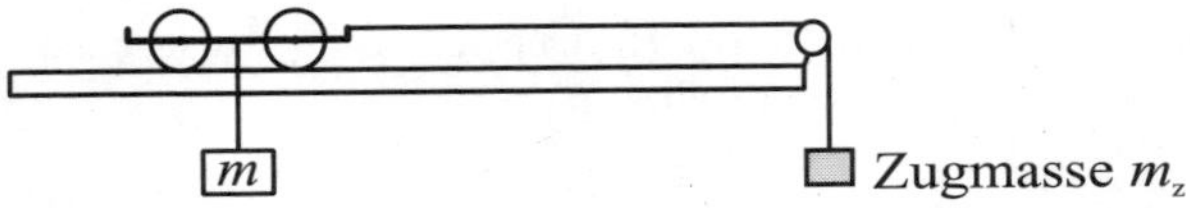

Abb. 5.1 Fahrbahnexperiment

Aus der benötigten Zeit Δt für eine bestimmte, vom Stillstand aus zurückgelegte Strecke Δx wird die Beschleunigung a mit der Beziehung $a = 2 \cdot \Delta x / t^2$ bestimmt. Ändert man zunächst die Zugkraft F bei konstanter Wagenmasse m und anschließend die Wagenmasse bei konstant gehaltener Zugkraft, so erhält man die folgenden experimentellen Ergebnisse:

$$a \sim F \qquad \text{bei konstanter Wagenmasse } m$$

$$a \sim \frac{1}{m} \qquad \text{bei konstanter Kraft } F \tag{5.2}$$

Dabei ist m die **gesamte** von F beschleunigte Masse. Im betrachteten Experiment muss also die Wagenmasse m immer **einschließlich** der gerade verwendeten Zugmasse bestimmt werden.

Aus der zweiten Proportionalität ergibt sich die **anschauliche Bedeutung der Masse**: verdoppelt man die Masse eines Körpers, so erzeugt dieselbe Kraft nur noch eine halb so große Beschleunigung; der Körper wehrt sich also doppelt so stark gegen das Beschleunigtwerden.

Die Masse eines Körpers gibt an, wie groß sein innerer Widerstand gegen eine Beschleunigung ist, d. h. gegen eine Änderung der Richtung oder Größe seiner Geschwindigkeit. Man verwendet für m auch den Begriff **träge Masse**, da der allen Körpern inne wohnende Widerstand gegen Beschleunigung als Trägheit bezeichnet wird.

Die beiden Proportionalitäten 5.2 entsprechen der Gleichung

$$a = \text{Konstante} \cdot \frac{F}{m} \tag{5.3}$$

wie man durch Konstanthalten von F bzw. m nachprüfen kann. Durch geeignete Wahl der Krafteinheit erhält die Konstante den Wert 1. Für den Zusammenhang von Kraft und Beschleunigung gilt daher $F = ma$ und, da die Komponenten von Zugkraft und Beschleunigung senkrecht zur Bahn im betrachteten Experiment null sind, in vektorieller Schreibweise:

2. Newton'sches Gesetz

$$\vec{F} = m \cdot \vec{a}; \qquad [F] = \text{kg}\frac{\text{m}}{\text{s}^2} = \text{N} = \text{Newton} \tag{5.4}$$

Wirken mehrere Kräfte auf den Körper der Masse m ein, so muss in Gl. (5.4) die Resultierende aus allen diesen Kräften eingesetzt werden.

Wir haben das 2. Newton'sche Gesetz mit Fahrbahnexperimenten gefunden. Dort wirkt die beschleunigende Kraft parallel zur Bewegungsrichtung. Gilt das Gesetz auch dann, wenn die Kraft in einem beliebigen Winkel zur Bewegungsrichtung angreift?

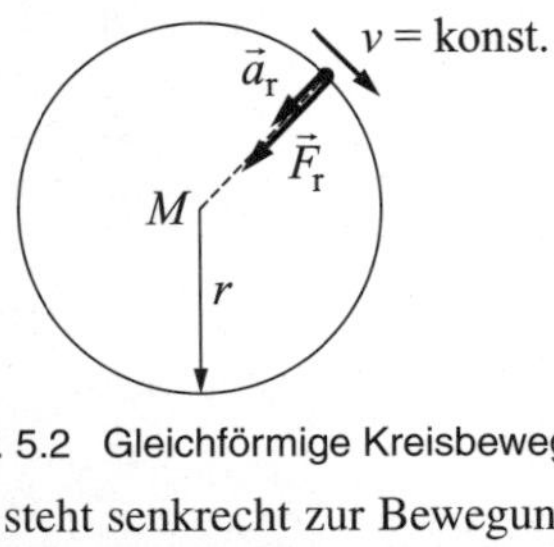

Abb. 5.2 Gleichförmige Kreisbewegung

Dazu betrachten wir einen „Hammerwerfer", der seine Kugel an einem Seil auf einer waagrechten Kreisbahn mit konstanter Bahngeschwindigkeit um seinen Kopf schleudert. Vernachlässigen wir die Luftreibung und die Schwerkraft (letzteres ist gerechtfertigt, wenn die Geschwindigkeit so hoch ist, dass das Seil annähernd waagrecht verläuft), dann ist die Gesamtkraft auf die Kugel identisch mit der Seilkraft und damit messbar: Ihre Richtung steht senkrecht zur Bewegung der Kugel und zeigt zum Kreismittelpunkt. Ihr Betrag ist z. B. an einem Federkraftmesser abzulesen.

Wie im Abschnitt 4.5 gezeigt wurde, ist bei dieser gleichförmigen Kreisbewegung auch der Beschleunigungsvektor leicht zu messen. Seine Richtung zeigt zum Kreismittelpunkt und für seinen Betrag gilt: $a_r = r\omega^2 = v^2/r$.

Die Messergebnisse erweisen das 2. Newton'sche Gesetz auch in diesem Fall als gültig. Es nimmt für die **gleichförmige Kreisbewegung** die folgende Spezialform an:

$$\vec{F} \uparrow\uparrow \vec{a}_r \uparrow\downarrow \vec{r} \quad \text{und} \quad F = m \cdot a_r = m \cdot r\omega^2 = m \cdot \frac{v^2}{r} \tag{5.5}$$

$\vec{F}$ ist die resultierende Kraft. Man nennt sie hier **Zentripetalkraft**, da sie zum Kreiszentrum zeigt.

Weitere Experimente zeigen, dass das 2. Newton'sche Gesetz allgemein für beliebige Kraftrichtungen gilt.

Mit dem 2. Newton'schen Gesetz können wir nun eine wichtige Aussage über die Schwerkraft herleiten: Fallversuche in einer evakuierten Röhre zeigen, dass dort alle Körper ungeachtet ihrer Masse mit der gleichen Beschleunigung nach unten fallen. Für diese von der Schwerkraft alleine erzeugte **Fallbeschleunigung** $\vec{g}$ erhält man in unseren Breiten, wie schon bei der Behandlung des senkrechten Wurfs erwähnt, den Wert:

$$g = 9{,}80665\,\text{m/s}^2 \approx 9{,}81\,\text{m/s}^2$$

Einsetzen in Gl 5.4 ergibt die folgende Beziehung zwischen der Masse m eines Körpers und der auf ihn wirkenden **Schwerkraft** F_S:

$$\vec{F}_S = m \cdot \vec{g} \tag{5.6}$$

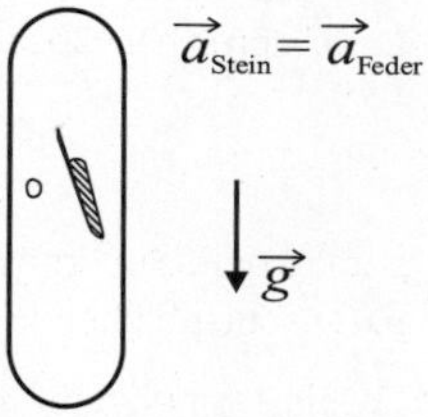

Abb. 5.3 Fallversuch in einer evakuierten Röhre

Bei der Anwendung des 2. Newton'schen Gesetzes muss man beachten, dass es sich um eine Vektorgleichung handelt. In den folgenden Beispielen werden zwei Möglichkeiten gezeigt, mit Vektorgleichungen zu arbeiten:

- Übergang zur Betragsgleichung
- Übergang zur Koordinatengleichung

Beispiel 5.3

Gewichtheber

Ein Gewichtheber bringt eine Hantel der Masse $m = 100$ kg zur Hochstrecke und hält sie dort eine Zeitlang. Welche Kraft muss der Gewichtheber aufbringen?

Lösung:

Auf die Hantel wirkt außer der Schwerkraft $\vec{F}_S = m \cdot \vec{g}$ nach unten noch die Muskelkraft des Gewichthebers $\vec{F}_H$ nach oben. Die Beschleunigung der Hantel $\vec{a}$ wird durch die resultierende Kraft $\vec{F}$ erzeugt:

$$\vec{F} = \vec{F}_H + \vec{F}_S = m \cdot \vec{a} \tag{1}$$

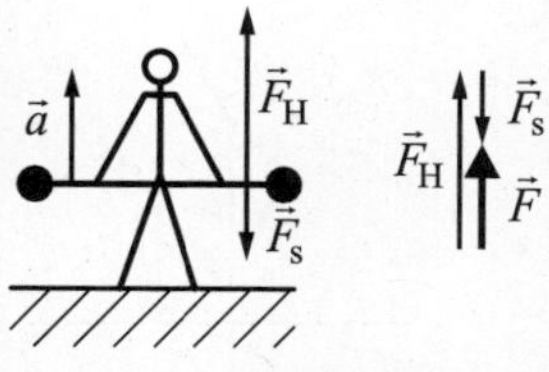

Abb. 5.4 Gewichtheber

Die Kräfteaddition wird durch Aneinanderhängen ihrer Pfeile durchgeführt. Aus der Kraftskizze in Abb. 5.4 ergibt sich für die **Beträge** (Längen):

$$F = F_H - F_S = m \cdot a \tag{2}$$

$$F_H = m \cdot a + F_S \tag{3}$$

Bei ruhigem Tragen der Hantel ist $a = 0$ und damit:

$$F_H = F_S = mg = 981\,\text{N} \tag{4}$$

Beim Beginn des Anhebens muss der Gewichtsheber zusätzlich die zum Beschleunigen notwendige Kraft $m \cdot a$ aufbringen. Zu ihrer Abschätzung nehmen wir an, dass die mittlere Hubgeschwindigkeit 4 m/s beträgt und diese in den ersten 0,1 s des Hebens erreicht wird. Dann ist:

$$a = \frac{4\,\text{m/s}}{0{,}1\,\text{s}} = 40\,\text{m/s}^2 \tag{5}$$

und die zum Beschleunigen notwendige Zusatzkraft

$$m \cdot a = 100\,\text{kg} \cdot 40\,\text{m/s}^2 = 4000\,\text{N} \tag{6}$$

Beispiel 5.3 ▲

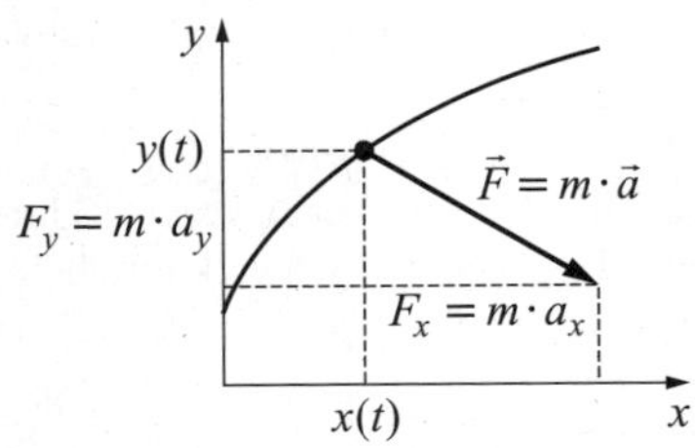

Abb. 5.5 Zur Koordinatenform des 2. Newton'schen Gesetzes

Zur **Koordinatenform** des 2. Newton'schen Gesetzes gelangt man, wenn man eine Bewegung gemäß Abb. 5.5 von einem beliebig gewählten kartesischen Koordinatensystem aus betrachtet. Aus der Gleichheit der beiden Vektoren $\vec{F}$ und $(m\vec{a})$ folgt die Gleichheit ihrer Koordinaten:

$$F_x = ma_x \tag{5.7}$$
$$F_y = ma_y$$
$$F_z = ma_z$$

Dabei ist F_x die x-Koordinate der Resultierenden aus allen auf den betrachteten Körper wirkenden Kräften

$$F_x = F_{1x} + F_{2x} + \ldots \tag{5.8}$$

und a_x gemäß dem Superpositionsprinzip in Abschnitt 4.3 die Beschleunigung der Koordinatenbewegung $x(t)$. Entsprechendes gilt für die anderen Achsen.

Ohne Beweis sei hinzugefügt, dass eine analoge Gleichung auch für die Bahnbeschleunigung a_b gilt:

$$F_b = m \cdot a_b \tag{5.9}$$

Dabei ist F_b die Koordinate der resultierenden Kraft entlang der momentanen Bahnrichtung.

Beispiel 5.4 ▼

Bewegung auf der schiefen Ebene

Ein Körper der Masse $m = 200$ g gleitet auf einer schiefen Ebene mit dem Neigungswinkel $\alpha = 40°$. Die Reibungskraft beträgt $F_{\text{Reib}} = 0{,}8\,\text{N}$. Wie groß ist seine Beschleunigung?

Lösung:

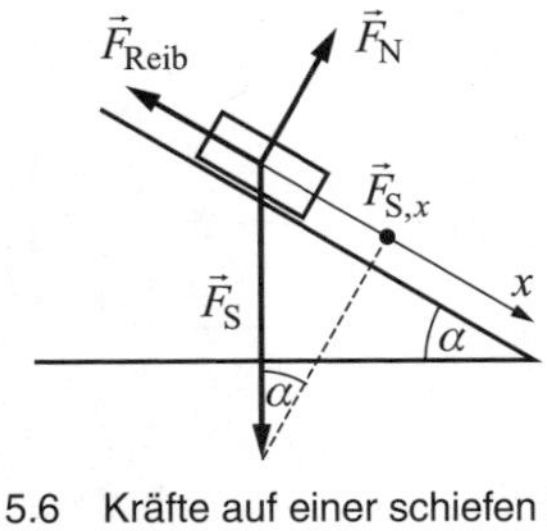

Abb. 5.6 Kräfte auf einer schiefen Ebene

In Abb. 5.6 sind alle auf den Körper wirkenden Kräfte eingezeichnet, wobei F_{N} die Kraft ist, mit der die schiefe Ebene den Klotz trägt. Für die Kraftkoordinaten in x-Richtung gilt:

$$F_{\text{N},x} = 0 \tag{1}$$
$$F_{\text{Reib},x} = -F_{\text{Reib}} = -0{,}8\,\text{N} \tag{2}$$
$$F_{\text{S},x} = F_{\text{S}} \cdot \sin\alpha = mg \sin 40° = 1{,}26\,\text{N} \tag{3}$$

Für die Beschleunigung gilt nach Gl. (5.7):

$$a_x = \frac{F_x}{m} = \frac{F_{\text{S},x} + F_{\text{Reib},x}}{m} = 2{,}3\,\text{m/s}^2 \tag{4}$$

Die letzte Gleichung dokumentiert die plausible Tatsache, dass die Tragekraft F_{N} sowie der senkrecht zur Bahn wirkende Anteil der Schwerkraft keinen Einfluss auf die Beschleunigung in Bahnrichtung haben.

Beispiel 5.4 ▲

3. Newton'sches Gesetz

Im dritten Newton'schen Gesetz wird festgestellt, dass zu jeder Kraft $\vec{F}$, die an einem Körper angreift, eine zweite Kraft $\vec{F}'$ auftritt, die von diesem Körper auf den Verursacher der Kraft $\vec{F}$ zurückwirkt. Diese Rückwirkungskraft oder **Reaktionskraft** $\vec{F}'$ ist genauso groß wie $\vec{F}$, aber entgegengesetzt gerichtet.

3. Newton'sches Gesetz

$$\vec{F} = -\vec{F}' \tag{5.10}$$

Die beiden Kräfte greifen immer an verschiedenen Körpern an.

Beispiel 5.5 ▼

3. Newton'sches Gesetz

a) Zwei Personen stehen auf zwei reibungsarmen Wagen und halten die Enden eines zwischen ihnen gespannten Seils.

Zieht nun einer der beiden den anderen mit der Kraft $\vec{F}$ zu sich heran, so setzt sich auch sein eigner Wagen aufgrund der Reaktionskraft $\vec{F}'$ in Bewegung.

Für die beiden Kraftbeträge gilt:

$$F = F'$$

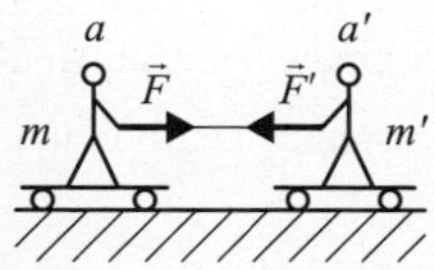

Abb. 5.7 Beispiel zum 3. Newton'schen Gesetz

Für die Wagen sind die Kräfte $\vec{F}$ bzw. $\vec{F}'$ die resultierenden Kräfte, da sich die vertikalen Kräfte gegenseitig ausgleichen; für ihre Beschleunigungen gilt also:

$$ma = m'a' \tag{1}$$

bzw.

$$\frac{a}{a'} = -\frac{m'}{m} \tag{2}$$

Die Beschleunigungen verhalten sich umgekehrt wie die entsprechenden Massen.

b) Zwei Himmelskörper ziehen sich gemäß dem 3. Newton'schen Gesetz mit entgegengesetzten und gleich großen Kräften an. Ist das Massenverhältnis wie bei der Sonne und den Planeten sehr einseitig, so wird der schwere Himmelskörper, die Sonne, nur eine sehr kleine Beschleunigung erfahren.

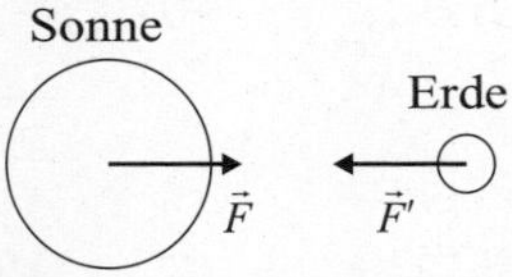

Abb. 5.8 Beispiel zum 3. Newton'schen Gesetz

Beispiel 5.5 ▲

5.2 Federkräfte und Reibungskräfte

Federkräfte

Die Messung von Kräften über die von ihnen erzeugte Beschleunigung ist recht aufwendig und kann daher fast nur im Hörsaal bzw. Labor durchgeführt werden. Einfacher ist die Bestimmung von Kräften aus der Dehnung, die sie an einer Feder erzeugen.

Um den Zusammenhang zwischen Kraft und Dehnung bei einer Feder zu bestimmen, beschwert man sie mit einer wachsenden Anzahl gleich schwerer Massestücke und misst jeweils die erzeugte Dehnung.

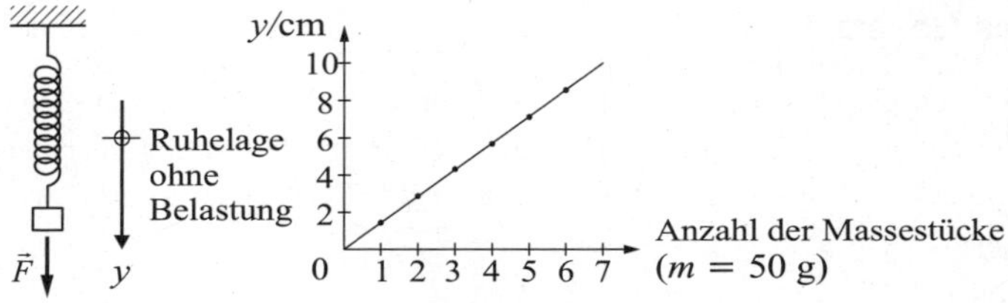

Abb. 5.9 Messung der Kraft-Dehnungs- Kurve einer Feder

Die Messergebnisse sind in der Abbildung 5.9 wiedergegeben. Man erkennt die Proportionalität

$$F \sim y \quad \Leftrightarrow \quad F = Dy \tag{5.11}$$

mit der **Federkonstanten** D als Proportionalitätsfaktor:

$$D = \frac{\Delta F}{\Delta y} \qquad [D] = \frac{\mathrm{N}}{\mathrm{m}} \tag{5.12}$$

Diese Proportionalität zwischen der wirkenden Kraft und der Federdehnung gilt in einem weiten Kraftbereich; man nennt sie **Hooke'sches Gesetz**.

Aus der Messreihe der Abbildung ergibt sich für die verwendete Feder die Konstante

$$D = 34{,}3\ \frac{\mathrm{N}}{\mathrm{m}} \tag{5.13}$$

Eine dermaßen geeichte Feder kann nun zur Bestimmung unbekannter Kräfte herangezogen werden.

Beispiel 5.6 ▼

Verknüpfung von zwei Federn

Welche Auslenkungen treten auf, wenn zwei Federn mit den Federkonstanten D_1 und D_2 miteinander verbunden werden?

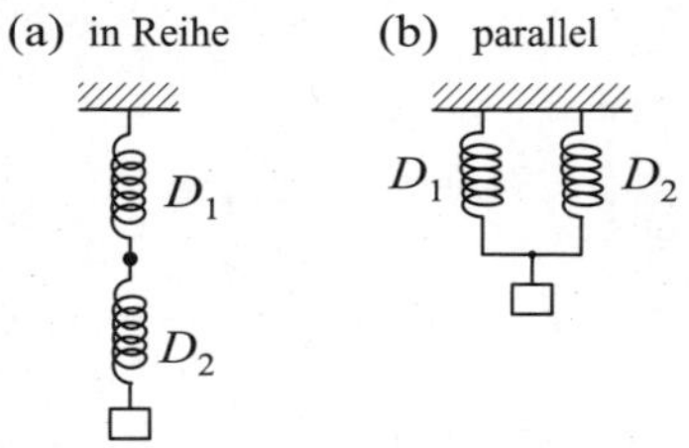

Abb. 5.10 Verknüpfung von 2 Federn

Lösung:

Im Fall (a) werden die beiden Federn aneinander gehängt. Dadurch wirkt auf jede der Federn die gleiche Kraft F. Die Auslenkung setzt sich aus den Einzelverformungen der Federn zusammen:

$$y = y_1 + y_2 = \frac{1}{D_1}F + \frac{1}{D_2}F = \left(\frac{1}{D_1} + \frac{1}{D_2}\right)F \tag{1}$$

Wir können beiden Federn die Gesamtfederkonstante D zuordnen:

$$\frac{1}{D} = \frac{1}{D_1} + \frac{1}{D_2} \tag{2}$$

Dies ist analog der Parallelschaltung von ohmschen Widerständen im Gleichstromkreis.

Sind die beiden Federn wie im Fall (b) nebeneinander angeordnet, so teilt sich die Kraft F auf die Federn auf. Nicht mehr die Kraft, sondern die Auslenkungen beider Federn sind gleich.

$$F = F_1 + F_2 = D_1 \cdot y + D_2 \cdot y = (D_1 + D_2) \cdot y \tag{3}$$

Die Gesamtfederkonstante D lautet somit:

$$D = D_1 + D_2 \tag{4}$$

Die ist zur Serienschaltung von ohmschen Widerständen im Gleichstromkreis analog.

Beispiel 5.6 ▲

Reibungskräfte

Befindet sich ein Körper auf einer Unterlage, so übt diese Unterlage i. Allg. eine Kraft auf den Körper aus. Diese Unterlagenkraft wird in zwei Komponenten zerlegt: Die Komponente, die **senkrecht** zur Unterlage wirkt, heißt **Normalkraft** F_N und trägt den Körper; die Komponente, die **parallel** zur Unterlage wirkt, heißt **Reibungskraft** F_R und behindert Bewegungen des Körpers relativ zur Unterlage. Reibungskräfte sind allgegenwärtig und für viele Vorgänge wie Gehen und Fahren sogar notwendig.

Zieht man mit einem Kraftmesser an einem Klotz, der auf einer Unterlage **ruht**, dann beobachtet man, dass er sich erst ab einem gewissen Schwellenwert der Zugkraft F in Bewegung setzt. Solange die Zugkraft kleiner als dieser Schwellenwert ist, bleibt der Körper in Ruhe. Wir erkennen daran, dass die Reibungskraft auf einen relativ zur Unterlage ruhenden Körper immer entgegen der Zugkraft wirkt und in der Größe bis zum Erreichen des Schwellenwertes mit dieser übereinstimmt. Diese Reibungskraft nennen wir **Haftreibungskraft** F'_R. Es gilt:

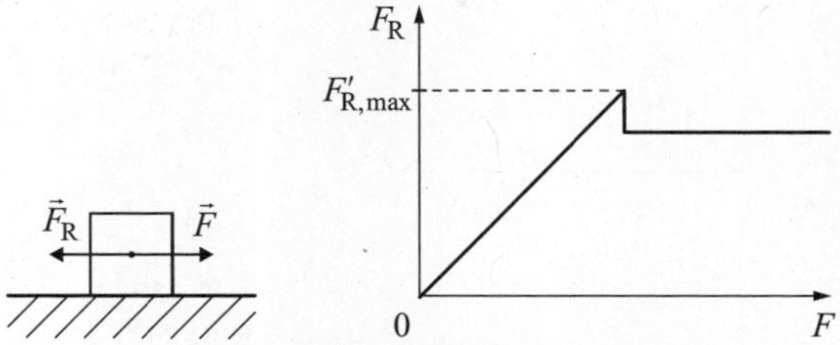

Abb. 5.11 Trockene Festkörperreibung

$$F'_R \leqq F'_{R,max} \quad \text{und} \quad F'_R = F \tag{5.14}$$

Der Maximalwert der Haftreibungskraft hängt auf folgende Weise von der Normalkraft F_N ab:

$$F'_{R,max} = \mu' F_N \tag{5.15}$$

Die Größe μ' ist der dimensionslose **Haftreibungskoeffizient**, der die Eigenschaften der beiden beteiligten Oberflächen widerspiegelt.

Bei gleich bleibender Oberflächenart und Normalkraft hängt die Reibungskraft nicht von der Größe der Auflagefläche ab!

Wird die Zugkraft über den Schwellenwert $F'_{R,max}$ hinaus erhöht, setzt sich der Körper in Bewegung. Die dann auftretende **Gleitreibungskraft** ist der Bewegung des Körpers entgegengerichtet und hat einen von der Zugkraft unabhängigen Wert F_R. Für ihn gilt:

$$F_R = \mu F_N \tag{5.16}$$

μ heißt **Gleitreibungskoeffizient**.

Weil zwischen Gleit- und Haftreibung die Ungleichung

$$F'_{R,max} \geqq F_R \tag{5.17}$$

besteht, ist auch die Relation

$$\mu' \geqq \mu \tag{5.18}$$

gültig.

Die **Rollreibungskraft** ist die Kraft, mit der die Unterlage ein auf ungebremsten Rädern rollendes Fahrzeug entgegen der Fahrtrichtung bremst. Auch für sie gilt:

$$F_R = \mu_R F_N \tag{5.19}$$

μ_R heißt **Rollreibungskoeffizient**.

Die Rollreibung sowie die Gleitreibung zwischen trockenen Oberflächen ist in erster Näherung von der Geschwindigkeit unabhängig.

Das unterscheidet sie von anderen Reibungskräften, wie z. B. in viskosen Flüssigkeiten und in der Luft. Dort sind die Reibungskräfte stark von der Geschwindigkeit abhängig.

Beispiel 5.7 ▼

Reibung auf der schiefen Ebene

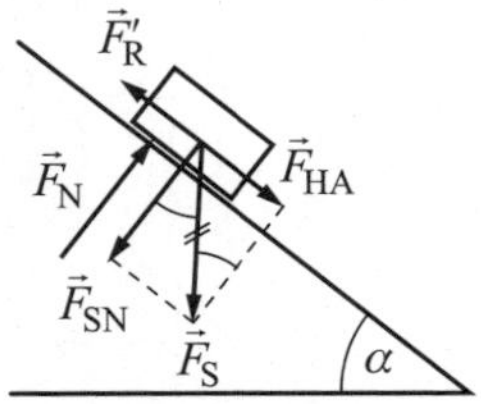

Abb. 5.12 Reibungskräfte auf einer schiefen Ebene

In Abb. 5.12 sind $\vec{F}_{SN}$ und $\vec{F}_{HA}$ Teilkräfte der Schwerkraft $\vec{F}_S$. Die Normalkraft $\vec{F}_N$ ist dem Betrage nach gleich F_{SN}. Man erkennt, dass der Körper auf der schiefen Ebene sich erst dann in Bewegung setzt, wenn die Hangabtriebskraft F_{HA} größer ist als das Maximum der Haftreibungskraft F'_R:

$$F_{HA} \geqq F'_{R,max} = \mu' F_N$$

$$mg \sin\alpha \geqq \mu' mg \cos\alpha$$

$$\Longrightarrow \quad \tan\alpha \geqq \mu' \qquad (1)$$

Der Haftreibungskoeffizient μ' lässt sich aus dem Winkel α berechnen, bei dem der Körper gerade anfängt zu rutschen. Für diesen Winkel gilt nämlich in der Beziehung 1 das Gleichheitszeichen.

Beispiel 5.7 ▲

Beispiel 5.8 ▼

Gehen

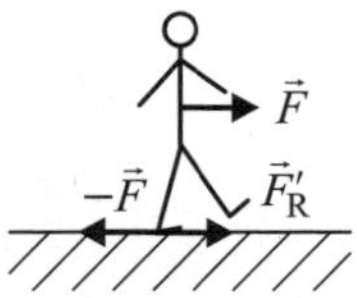

Abb. 5.13 Reibungskräfte beim Gehen

Ohne die Haftreibung ist es unmöglich, sich durch Gehen vom Fleck zu bewegen.

Mit Muskelkraft versucht der Fußgänger, Oberkörper und einen Fuß gegeneinander zu bewegen. Ohne Reibung würde der Fuß nach hinten wegrutschen. Die Haftreibungskraft F'_R verhindert dies, und das Standbein bleibt in Ruhe. Die größte Beschleunigung beim Starten ist, abgesehen vom Leistungsvermögen des Läufers, durch die größte Haftreibungskraft bestimmt:

$$F \leqq F'_{R,max} \qquad (1)$$

Der Fußgänger kann prinzipiell nicht schneller beschleunigen als $a_{max} = F'_{R,max}/m = \mu' \cdot g$.

Auf Eis, bei kleinem Haftreibungskoeffizienten μ', kann deswegen nur sehr langsam beschleunigt werden.

Beispiel 5.8 ▲

Beispiel 5.9 ▼

Antriebskraft bei Radfahrzeugen

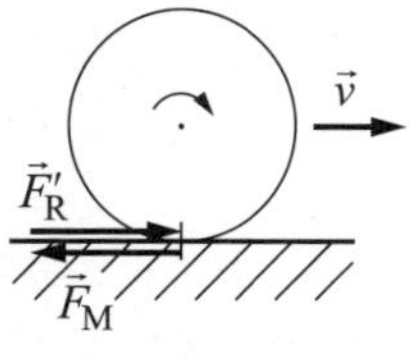

Abb. 5.14 Antriebskraft bei Radfahrzeugen

Die Abb. 5.14 zeigt ein Antriebsrad, das vom Motor im Uhrzeigersinn gedreht wird. Der Radumfang übt daher auf die Straße eine Kraft F_M nach hinten aus. Die zu F_M gleich große Reaktionskraft, mit der die Straße (wie eine gestauchte Feder) das Fahrzeug nach vorne antreibt, ist die Haftreibungskraft F'_R. Für die Antriebskraft gilt daher:

$$F \leqq F'_{R,max} = \mu' \cdot F_N \qquad (1)$$

Wie im Falle des Gehens begrenzt der Haftreibungskoeffizient μ' die erreichbare Beschleunigung.

Beispiel 5.9 ▲

Tabelle 5.1 Reibungskoeffizienten

Stoffpaar	μ'	μ
Stahl–Stahl	0,15	0,09–0,03
Stahl–Holz	0,6	0,5–0,2
Stahl–Eis	0,027	0,014 (Schlitten)
Gummi–Asphalt	0,9	0,85
		0,45 (nass)
Rollreibung	μ_R	
Eisenbahn	0,003	
Auto auf Asphaltstraße	0,025	

5.3 Wechsel des Bezugssystems

Wie schon weiter oben erwähnt, nennt man Bezugssysteme, in denen die Newton'schen Gesetze gelten, **Inertialsysteme**. Die Oberfläche der Erde ist streng genommen kein solches Inertialsystem, da sich bei sehr genauen Messungen, z. B. bei Fallexperimenten in einem luftleeren Fallturm, Abweichungen von den Newton'schen Gesetzen nachweisen lassen. Diese Abweichungen sind aber bei **kleinräumigen** Bewegungen so gering, dass sie vernachlässigt werden können.

Es soll nun untersucht werden, ob Bezugssysteme, die sich relativ zu einem Inertialsystem bewegen, auch Inertialsysteme sind.

Galilei-Transformation

Betrachten wir zur Erörterung die Wagenbewegung auf einer Fahrbahn, die an Bord eines Eisenbahnzuges in Fahrtrichtung installiert ist. Wir wollen diesen Vorgang in zwei Koordinatensystemen beschreiben: einem relativ zur Erdoberfläche ruhenden Koordinatensystem *KS*, das als Inertialsystem angesehen wird, und einem mit dem Zug verbundenen Koordinatensystem *KS'*. Die x-Achsen beider Systeme sollen parallel zur Zugbewegung verlaufen und zur Zeit $t = 0$ übereinander liegende Nullpunkte haben.

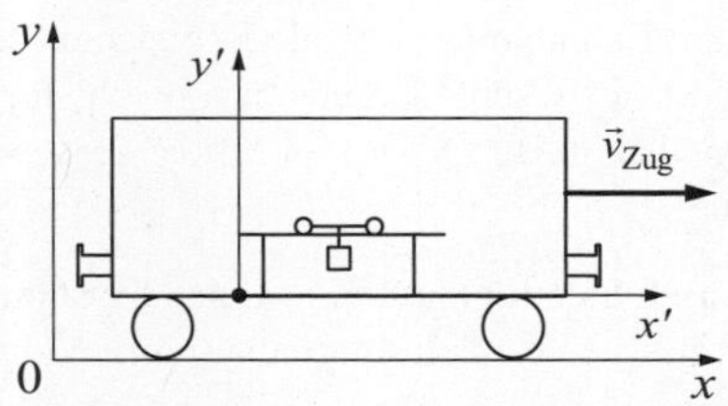

Abb. 5.15 Fahrbahn in einem Eisenbahnwaggon

Ein am Bahnsteig stehender Beobachter beschreibt die Bewegung des Fahrbahnwagens vom ruhenden Koordinatensystem *KS* aus mit den Größen x, v_x und a_x, ein mitreisender Beobachter beschreibt dieselbe Bewegung vom bewegten Koordinatensystem *KS'* aus mit den Größen x', v'_x und a'_x.

Bei **konstanter Zuggeschwindigkeit** v_{Zug} hängen die x- und x'-Koordinaten des Fahrbahnwagens wie folgt zusammen:

$$x = x' + v_{Zug} \cdot t \tag{5.20}$$

Die in beiden Bezugssystemen gemessenen Geschwindigkeiten sind verknüpft durch

$$v_x = v'_x + v_{Zug} \tag{5.21}$$

Sie unterscheiden sich nur um den konstanten Wert der Zuggeschwindigkeit. Die Gleichungen (5.20) und (5.21) werden auch **Galilei-Transformation** genannt.

Die Beschleunigungen a_x und a'_x, die von beiden Standpunkten aus registriert werden, sind identisch:

$$a_x = a'_x \tag{5.22}$$

Wirkt also auf den Fahrbahnwagen der Masse m die resultierende Kraft F_x und misst der ruhende Beobachter in Übereinstimmung mit dem 2. Newton'schen Gesetz für ihn die Beschleunigung $a_x = F_x/m$, so findet der mitreisende Beobachter dieselbe Beschleunigung $a'_x = F_x/m$. Für ihn ist das 2. Newton'sche Gesetz daher auch gültig.

Schlussfolgerung: Jedes Koordinatensystem KS', das sich **mit konstanter Geschwindigkeit** gegen ein Inertialsystem bewegt, ist selbst ein Inertialsystem.

Trägheitskräfte im beschleunigten Bezugssystem

Wie unterscheiden sich die Messergebnisse in beiden Bezugssystemen, wenn der Zug mit der **konstanten Beschleunigung** a_{Zug} anfährt?

Die Ortskoordinaten hängen wie folgt zusammen:

$$x = x' + \frac{1}{2}a_{\text{Zug}} \cdot t^2 \tag{5.23}$$

Der Unterschied der in beiden Koordinatensystemen gemessenen Geschwindigkeiten ist deshalb zeitabhängig:

$$v_x = v'_x + a_{\text{Zug}} \cdot t \tag{5.24}$$

Die Beschleunigungen sind daher verschieden:

$$a_x = a'_x + a_{\text{Zug}} \tag{5.25}$$

Der am Bahndamm stehende Beobachter und der mitbeschleunigte Experimentator messen unterschiedliche Beschleunigungen, obwohl für beide am Fahrbahnwagen die gleiche Kraft angreift. Wenn also im Bezugssystem KS das 2. Newton'sche Gesetz gilt, so wird es von den Messergebnissen in KS' nicht erfüllt.

Schlussfolgerung: Ein Koordinatensystem KS', das sich **beschleunigt** gegen ein Inertialsystem bewegt, ist selbst kein Inertialsystem; in ihm gelten die Newton'schen Gesetze nicht!

Im Folgenden wird gezeigt, dass sich die Anwendbarkeit der Newton'schen Gesetze im beschleunigten Bezugssystem retten lässt, wenn man Scheinkräfte einführt. Im Inertialsystem KS gilt:

$$F_x = ma_x \tag{5.26}$$

Daraus folgt mit Gl. (5.25):

$$F_x = ma'_x + ma_{\text{Zug}} \tag{5.27}$$

$$F_x - ma_{\text{Zug}} = ma'_x = F'_x \tag{5.28}$$

Man kann das 2. Newton'sche Gesetz also auch im beschleunigten Bezugssystem anwenden, wenn man annimmt, dass in einem solchen System zusätzlich zu den wirklichen Kräften F_x auf jeden Körper eine Kraft $F_{\text{T}x} = -m \cdot a_{\text{Zug}}$ wirkt. Diese Kraft wird **Trägheitskraft** F_{T} genannt. Sie ist der Beschleunigung des Systems **entgegen** gerichtet und hat den Betrag:

$$F_{\text{T}} = m \cdot a_{\text{System}} \tag{5.29}$$

Da die Trägheitskraft nur eine gedachte Größe ist, findet man für sie keinen Verursacher und keine Reaktionskraft.

Beispiel 5.10 ▼

Trägheitskraft beim Anfahren

Der Zug fährt an, während am reibungsfreien Wagen auf der Fahrbahn keine Kraft angreift. Infolge des Verschwindens der wirklichen Kräfte ($\vec{F} = 0$) bleibt der Fahrbahnwagen für den am Bahnsteig stehenden Beobachter ortsfest liegen. Der mitbeschleunigte Reisende stellt jedoch in seinem Koordinatensystem fest, dass der Fahrbahnwagen entgegengesetzt zum Zug beschleunigt wird: $a'_x = -a_{\text{Zug}}$. Er beschreibt diese Beschleunigung durch das Auftreten der Trägheitskraft $F_{\text{T}} = -ma_{\text{Zug}}$.

Beispiel 5.10 ▲

Beispiel 5.11 ▼

Kräftegleichgewicht im beschleunigten System

Wir betrachten eine im beschleunigten Zug ruhende Kiste, die mit einem Federkraftmesser am Rutschen gehindert wird. Wegen ihrer ortsfesten Lage im Zug gilt $a'_x = 0$. Für den Beobachter im Zug befindet sich die Kiste im Kräftegleichgewicht, da er außer der Resultierenden $\vec{F}$ aller wirklichen Kräfte auch die Trägheitskraft $\vec{F}_{\text{T}}$ berücksichtigt:

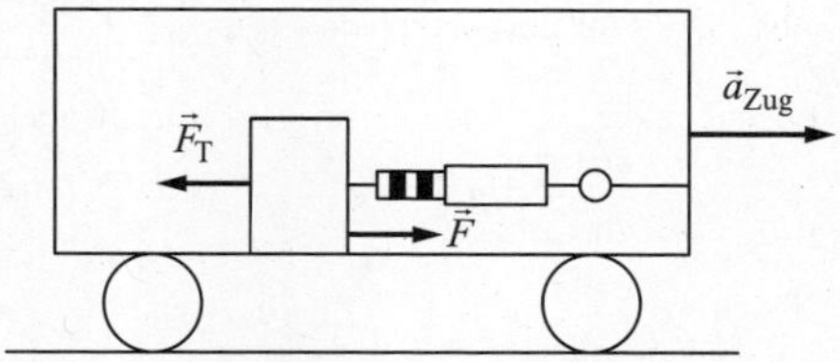

Abb. 5.16 Kräftegleichgewicht in einem beschleunigten Zug

$$\vec{F} + \vec{F}_{\text{T}} = 0$$

$$\vec{F} - m \cdot \vec{a}_{\text{Zug}} = 0 \quad (1)$$

Für den draußen im ruhenden Inertialsystem stehenden Beobachter ist die Beschleunigung $\vec{a}$ der Kiste identisch mit der Zugbeschleunigung $\vec{a}_{\text{Zug}}$. Für ihn wird Gl. (1) zu:

$$\vec{F} - m \cdot \vec{a} = 0 \quad (2)$$

Dies ist eine andere Formulierung des 2. Newton'schen Gesetzes für Inertialsysteme, die als **d'Alembert'sches Prinzip** bekannt ist.

Beispiel 5.11 ▲

Diese Beispiele verdeutlichen, dass Trägheitskräfte nur für Beobachter im beschleunigten Bezugssystem auftreten. Da wir uns aber im Alltag oft in solchen Bezugssystemen befinden, hat jeder schon mal am eigenen Leib ihre Wirkung erfahren:

Der Benutzer eines Aufzugs spürt die Trägheitskraft während des Anfahrens und Abbremsens des Aufzugkorbes. Steht er im Aufzug auf einer Personenwaage, so kann er die Wirkung der Trägheitskraft an der Anzeige der Waage ablesen (siehe Übungsaufgaben).

Der Autofahrer, der gegen ein Hindernis prallt, erleidet aus der Sicht des verzögerten Bezugssystems „Karosserie“ eine Trägheitskraft nach vorne.

Der am Straßenrand stehende Fußgänger beschreibt den gleichen Vorfall mit dem 1. Newton'schen Gesetz: Der Autofahrer ist träge, und sein Körper behält die Geschwindigkeit im Moment des Zusammenstoßes bei.

Beispiel 5.12 ▼

Atwood-Maschine mit trägheitsloser Rolle

Im Jahre 1784 baute George Atwood in Cambridge eine Maschine zur Untersuchung geradliniger Bewegungen. Sie besteht im Wesentlichen aus einer Rolle und zwei Massen, die über einen Faden verbunden sind und trägt seither seinen Namen.

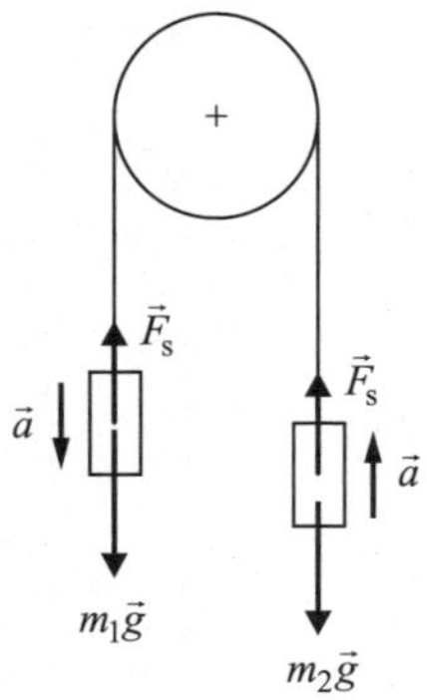

Abb. 5.17 Atwood-Maschine

Das dynamische Gleichgewicht der Kräfte kann mit dem Prinzip von d'Alembert für jede der beiden Massen formuliert werden. Für die Beträge der beteiligten Vektoren gilt:

$$0 = m_1 g - F_s - m_1 a_1$$

$$0 = m_2 g - F_s + m_2 a_2$$

$$a_1 = a_2 = a \tag{1}$$

Die beiden Seilkräfte sind dem Betrag nach gleich, wenn man annimmt, dass die Rolle sich reibungsfrei drehen kann und ihre Masse gegen m_1 und m_2 vernachlässigbar klein ist; sie kann dann auf das Seil keine Kräfte entlang des Umfangs ausüben. Die Beschleunigungen der Gewichtstücke sind dem Betrage nach identisch, weil der Faden zwar flexibel ist, sich in der Länge jedoch nicht verändert.

Die Lösungen dieses Gleichungssystems für 2 Unbekannte lauten:

$$a = \frac{m_1 - m_2}{m_1 + m_2} g$$

$$F_s = 2\frac{m_1 m_2}{m_1 + m_2} g = 2\frac{g}{\frac{1}{m_1} + \frac{1}{m_2}} \tag{2}$$

Die beiden Massen der **Atwood-Maschine** führen einen verzögerten freien Fall durch, der umso langsamer abläuft, je kleiner die Differenz der beiden Massen ist.

Beispiel 5.12 ▲

Dieses Beispiel macht deutlich, dass bei der Anwendung des Prinzips von d'Alembert außer den Fernwirkungskräften, z. B. der Schwerkraft, auch die durch körperlichen Kontakt vermittelten Kräfte, und daneben die Widerstands- und Zwangskräfte, z. B. Seilkraft, berücksichtigt werden müssen.

5.4 Zusammenfassung

In diesem Kapitel wurde die Kraft als wesentliche neue Größe präsentiert. Sie hängt in Inertialsystemen nach dem 2. Newton'schen Gesetz mit der Beschleunigung zusammen:

$$\vec{F} = m\vec{a}; \qquad [F] = \text{kg}\frac{\text{m}}{s^2} = \text{N} = \text{Newton} \tag{5.30}$$

Spezielle Kräfte sind die bei der Verformung einer Feder auftretende Federkraft:

Hooke'sches Gesetz

$$\Delta\vec{F} = -D\Delta\vec{x} \tag{5.31}$$

und die Reibungskraft zwischen zwei gegeneinander gepressten Oberflächen. Für zwei Festkörperflächen gilt im Falle des Haftens für die Reibungskraft F_R'

$$0 \leq |\vec{F}_R'| \leq \mu'|\vec{F}_N| \tag{5.32}$$

Für die **Gleitreibungskraft** $\vec{F}_R$ gilt:

$$|\vec{F}_R| = \mu|\vec{F}_N| \tag{5.33}$$

μ' und μ sind die dimensionslosen Haft- und Gleitreibungskoeffizienten, $\mu' < \mu$;
$\vec{F}_N$ ist die Komponente der Kraft, die von der einen auf die andere Auflagefläche wirkt, senkrecht (normal) zur Auflagefläche.

In beschleunigten Koordinatensystemen treten Trägheitskräfte $\vec{F}_T$ auf, deren Richtung der Beschleunigung $\vec{a}$ des Systems entgegengesetzt ist. Auf einen Körper der Masse m wirkt die Träfheitskraft:

$$\vec{F}_T = -m\vec{a} \tag{5.34}$$

5.5 Aufgaben

5.1 An einem Körper der Masse $m = 1$ kg greift eine zeitlich veränderliche Kraft gemäß der nebenstehenden Skizze an.

Zeichnen Sie ein Diagramm für $v(t)$ und $x(t)$ unter den Voraussetzungen $v(t = 0) = 0{,}5$ m/s und $x(t = 0) = 0$. Geben Sie dabei die Extremwerte für die beiden Größen an.

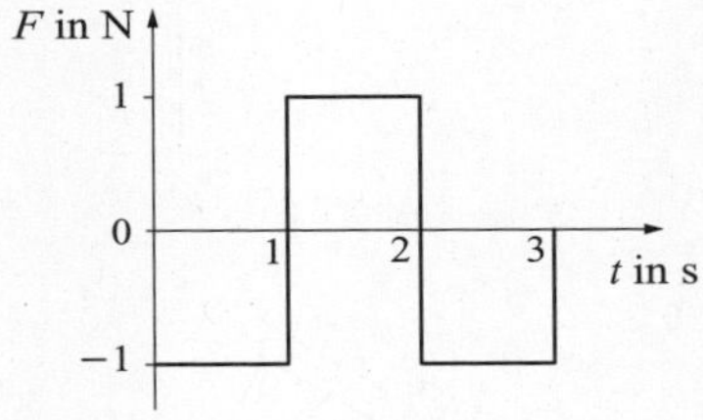

Abb. 5.18

5.2 Wie stellt sich der Flüssigkeitsspiegel in einem mit Wasser gefüllten Tankwagen ein, wenn der Wagen erschütterungs- und reibungsfrei eine schiefe Ebene mit der Neigung $\alpha = 4°$ hinabrollt?

Argumentieren Sie im mitbeschleunigten Bezugssystem.

5.3 An Bord eines beschleunigenden Wagens wird ein Fahrbahnversuch durchgeführt. Die Masse $m_1 = 0{,}3$ kg ist über eine Umlenkrolle mit der Masse $m_2 = 1$ kg durch einen masselosen Faden verbunden und befindet sich von m_2 aus gesehen in Fahrtrichtung.

Wie schnell muss der Wagen beschleunigen, damit sich der Fahrbahnwagen im Innern nicht in Bewegung setzt?

Unter welchem Winkel zur Vertikalen hängt dann die Masse m_1?

Argumentieren Sie im mitbeschleunigten Bezugssystem.

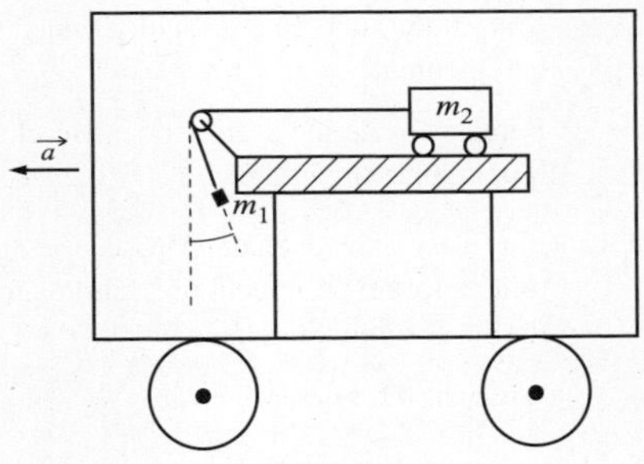

Abb. 5.19

5.4 Ein Pkw ($m = 1000$kg) wird auf einer Steigung ($\alpha = 4°$) durch eine Kraft $F = 1800$ N bei einem Reibungskoeffizienten $\mu = 0{,}03$ beschleunigt.

Welchen Winkel zur Senkrechten nimmt ein im Wagen hängendes Lot ein?
Argumentieren Sie im mitbeschleunigten Bezugssystem.

5.5 Der Benutzer eines Aufzugs steht auf einer Personenwaage und registriert während der Beschleunigungsphase, dass die Anzeige der Waage während 2 Sekunden von $m = 75$ kg auf 80 kg ansteigt.

Wie groß sind die Beschleunigung und die erreichte Endgeschwindigkeit?

5.6 Ein Rammbär der Masse 400 kg fällt aus 4,0 m Höhe herab und trifft auf einen Pfahl, wobei er in der Zeit $\Delta t = 10$ ms abgebremst wird.

Wie groß ist die Kraft, mit der der Pfahl in den Boden gedrückt wird?

5.7 Ein Körper der Masse $m = 100$ kg hängt an einem Zugseil und soll in $t = 5$ s um 10 m angehoben werden. Der Vorgang läuft gemäß der nebenstehenden Skizze ab.

Welche Kräfte treten in den drei Teilabschnitten im Seil auf?

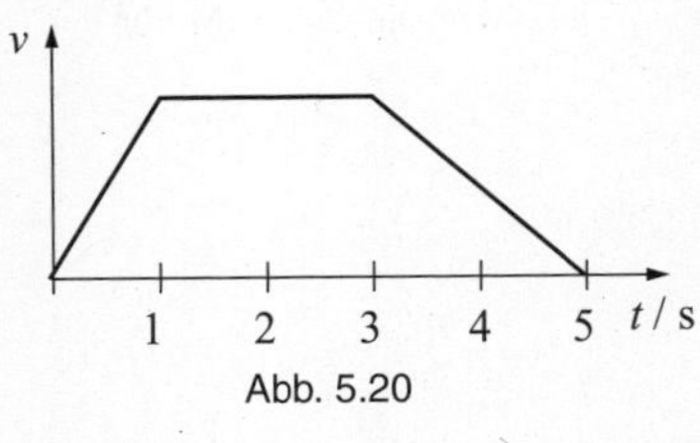

Abb. 5.20

5.8 Die Masse eines Aufzugs ist $m_1 = 950$ kg; das Gegengewicht hat die Masse $m_2 = 750$ kg. Die Trägheit der Rolle und des Seils werden vernachlässigt.

1. Wie groß ist die Beschleunigung, wenn an der Rolle eine Reibungskraft $F_R = 398$ N angreift?
2. Welche Antriebskraft ist erforderlich, um den Aufzug mit $|a| = 1{,}5\ \mathrm{m/s^2}$ nach oben bzw. nach unten zu beschleunigen?

5.9

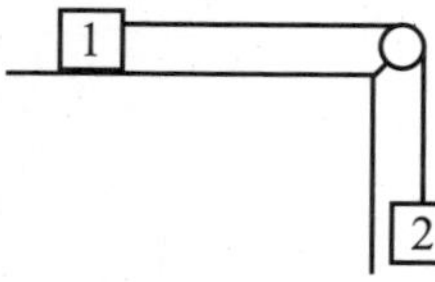

Abb. 5.21

Berechnen Sie für das abgebildete System die Beschleunigung und die Seilkraft bei einem Reibungskoeffizienten $\mu = 0{,}25$. Die Massen betragen $m_1 = 2$ kg und $m_2 = 1$ kg.

5.10

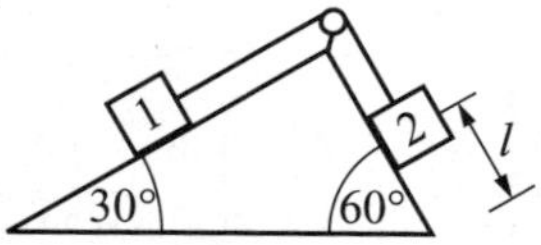

Abb. 5.22

Gegeben ist die Anordnung nach der Skizze.

Berechnen Sie die Zeit für die Strecke $l = 3$ m und die maximal auftretende Geschwindigkeit, wenn die Körper mit einem Reibungskoeffizienten $\mu = 0{,}2$ gleiten, $m_1 = 10$ kg, $m_2 = 9$ kg.

5.11 Ein Raketenschlitten der Masse $m = 120$ kg wird durch eine Kraft $F = 850$ N auf einer ebenen Strecke ($l = 100$ m) und einer anschließenden schiefen Ebene (Neigung $\alpha = 7°$) während einer Zeit $T = 5$ s beschleunigt.

Berechnen Sie die auftretenden Beschleunigungen und die Fahrtdauer bis zum Stillstand, ferner die Maximalgeschwindigkeit ($\mu = 0{,}24$).

5.12 Ein Eisenbahnwagen der Masse $m = 30$ t rollt eine 400 m lange Strecke mit 3° Gefälle hinab. Danach rollt er 150 m waagrecht und fährt dann eine Strecke mit 2° Steigung hinauf. Der Reibungskoeffizient für die gesamte Strecke ist $\mu = 0{,}03$. Die Anfangsgeschwindigkeit des Wagens ist $v_0 = 1{,}5$ m/s.

Wie weit fährt der Wagen?

5.13 Auf einer schiefen Ebene mit der Neigung $\tan\alpha = 0{,}09$ wird ein Körper mit der Masse $m_1 = 2$ kg und der Reibungszahl $\mu_1 = 0{,}05$ losgelassen. Eine Sekunde später wird ein zweiter Körper mit der Masse $m_2 = 0{,}4$ kg und der Reibungszahl $\mu_2 = 0{,}0275$ losgelassen.

Wann und wo wird Körper 1 eingeholt?

5.14

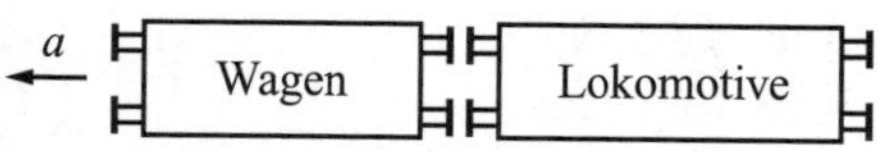

Abb. 5.23

Eine Lokomotive schiebt einen Waggon mit der Masse $m = 20$ t an, sodass er nach 20 s eine Geschwindigkeit $v = 15$ m/s hat, ($\mu = 0{,}05$).

Welche Kraft wirkt auf jeden der vier Puffer, die eine Federkonstante $D = 2{,}5 \cdot 10^5$ N/m haben?

Wie ändert sich der Abstand Lokomotive–Waggon?

5.15 Eine Lokomotive mit der Masse $m = 100$ t beschleunigt auf einer Strecke mit 4 % Steigung von 18 km/h auf 54 km/h im Verlauf einer Länge von $l = 1000$ m.

Welche Kraft muss der Motor der Lokomotive aufbringen, wenn der Reibungskoeffizient $\mu = 0{,}05$ beträgt?

6 Arbeit, Energie und Leistung

6.1 Arbeit

Der in diesem Kapitel vorgestellte Begriff der Energie ist einer der wichtigsten physikalischen Größen überhaupt. Er ist eng mit der Arbeit verwandt.

Im täglichen Leben stehen die Begriffe Arbeit und Energie im Zusammenhang mit der Verrichtung einer die Umwelt verändernden Tätigkeit. Der umgangssprachliche Gebrauch dieser Begriffe ist für die physikalische Naturbeschreibung zu unpräzise; er liefert aber wichtige Anhaltspunkte für eine exakte Definition. Dies soll anhand des folgenden Beispiels verdeutlicht werden:

Ein Mann schiebt einen PKW, dessen Motor nicht anspringt, auf waagrechter Strecke mit der Kraft $\vec{F}_1$. Wir erwarten von einer sinnvollen Definition der Arbeit, dass sie für diesen Schiebevorgang einen Wert der Arbeit liefert, **der mit der Größe der Schubkraft $\vec{F}_1$ und der Länge der Verschiebungsstrecke $\Delta\vec{r}$ wächst**. Für den Fahrer, der währenddessen gemütlich im Wagen sitzt, sollte die Arbeit null werden, obwohl auch er wegen seines Gewichtes eine Kraft $\vec{F}_2$ senkrecht nach unten auf den Sitz ausübt, während dieser sich um die Ortsverschiebung $\Delta\vec{r}$ bewegt. Der Unterschied liegt darin, dass die Kraft $\vec{F}_1$ parallel zur Verschiebung $\Delta\vec{r}$ wirkt, die Kraft $\vec{F}_2$ aber senkrecht dazu. Die exakte Arbeitsdefinition muss also auch der Beobachtung gerecht werden, dass **Kräfte, die senkrecht zur Verschiebung wirken, nicht arbeiten.**

Spezialfall: Konstante Kraft, gerader Weg

Wir betrachten einen Körper, der mit konstanter Kraft $\vec{F}$ längs einer Geraden, die wir als x-Achse wählen, verschoben wird. Der Winkel zwischen der Kraft $\vec{F}$ und der Verschiebung $\Delta\vec{r} = \vec{r}_2 - \vec{r}_1$ sei α.

Zur Definition der Arbeit $W_{1,2}$, die von der Kraft $\vec{F}$ auf der Strecke $\Delta\vec{r}$ verrichtet wird, zerlegen wir die Kraft $\vec{F}$ zunächst in die Komponenten $\vec{F}_\parallel$ parallel und $\vec{F}_\perp$ senkrecht zur Verschiebung $\Delta\vec{r}$. Zur Arbeit trägt nur $\vec{F}_\parallel$ bei. In der Definitionsgleichung verwenden wir statt der Komponente $\vec{F}_\parallel$ die x-Koordinate F_x; sie ist dem Betrage nach mit $\vec{F}_\parallel$ identisch, wird jedoch negativ, wenn $\vec{F}_\parallel$ gegen die x-Achse zeigt. Entsprechendes gilt für die x-Koordinate Δx der Verschiebung $\Delta\vec{r}$.

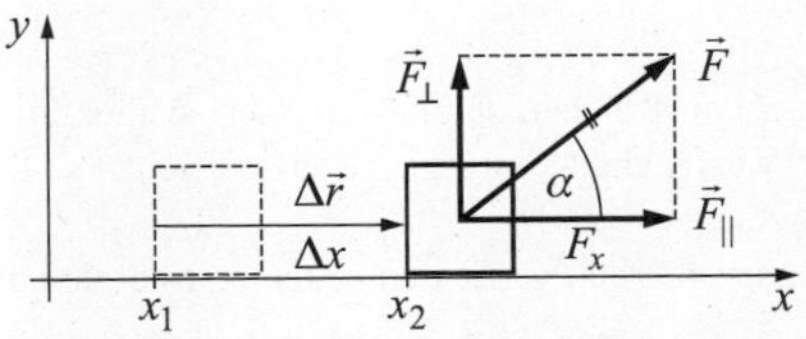

Abb. 6.1 Zur Definition der Arbeit

Definition der Arbeit (x-Achse $\parallel \Delta\vec{r}$)

$$W_{1,2} = F_x \cdot \Delta x \tag{6.1}$$

Für die Einheit der Arbeit folgt aus der Definition: $[W] = \text{N} \cdot \text{m} = \text{kg}\frac{\text{m}^2}{\text{s}^2} = \text{J} = \text{Joule}$.

Kehrt man die Richtung der x-Achse um, so ändert sich in Gl. (6.1) sowohl das Vorzeichen von F_x als auch das von Δx; die Arbeit $W_{1,2}$ bleibt unverändert. Wir können daher ohne Einschränkung der Allgemeinheit die positive Richtung der x-Achse in Richtung der Verschiebung $\Delta\vec{r}$ wählen. Aus Abb. 6.1 ergibt sich dann:

$$F_x = |\vec{F}| \cos\alpha \tag{6.2}$$

$$\Delta x = |\Delta\vec{r}|$$

Durch Einsetzen in Gl. (6.1) erhält man eine zweite Form der Arbeitsdefinition, die nun von der Wahl des Koordinatensystems unabhängig ist:

$$W_{1,2} = |\vec{F}| \cdot |\Delta\vec{r}| \cdot \cos\alpha \tag{6.3}$$

In Analogie zu dieser Gleichung definiert man für zwei beliebige Vektoren $\vec{a}$ und $\vec{b}$, die den Winkel α einschließen, das Skalarprodukt durch:

Skalarprodukt

$$\vec{a} \cdot \vec{b} = |\vec{a}| \cdot |\vec{b}| \cdot \cos\alpha \tag{6.4}$$

In der Bezeichnung Skalarprodukt kommt zum Ausdruck, dass es sich bei seinem Ergebnis um eine **skalare** Größe handelt. Ohne Beweis sei hier erwähnt, dass sich das Skalarprodukt zweier Vektoren aus ihren Koordinaten bezüglich eines beliebigen kartesischen Koordinatensystems wie folgt errechnen lässt:

$$\vec{a} \cdot \vec{b} = a_x \cdot b_x + a_y \cdot b_y + a_z \cdot b_z \tag{6.5}$$

Bei Verwendung des Skalarproduktes lautet die Arbeitsdefinition in Gl. (6.3):

Definition der Arbeit

$$W_{1,2} = \vec{F} \cdot \Delta\vec{r} \tag{6.6}$$

Beispiel 6.1 ▼

Reibungsarbeit

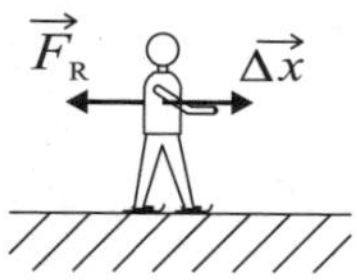

Abb. 6.2 Reibungsarbeit

Ein Schlittschuhläufer wird unter Einfluss der Reibungskraft $\vec{F}_R$ konstant verzögert.

Die Reibung verrichtet dabei die Arbeit

$$W_R = F_R \cdot |\Delta x| \cdot \cos(180°) = -F_R \cdot |\Delta x| \tag{1}$$

am Schlittschuhläufer.

Das Minuszeichen stammt von der cosinus-Funktion und tritt immer auf, wenn die arbeitende Kraft und die Verschiebung entgegengesetzt gerichtet sind. Am Beispiel erkennt man die anschauliche Bedeutung des Vorzeichens:

Negative Arbeit verrichten bedeutet, Energie **entziehen**.

Beispiel 6.1 ▲

Beispiel 6.2 ▼

Hubarbeit

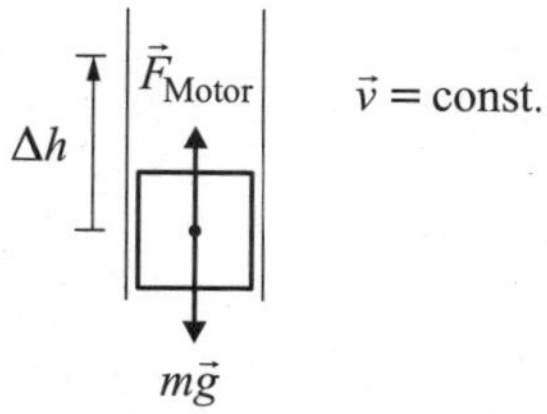

Abb. 6.3 Hubarbeit

Ein Fahrstuhl fährt mit konstanter Geschwindigkeit von einem Stockwerk zum nächsten und überwindet dabei den Höhenunterschied Δh.

Der Motor muss die Kraft $|\vec{F}_{Motor}| = m \cdot g$ aufbringen und gegen die Erdanziehung die **Hubarbeit**

$$W_H = m \cdot g \cdot \Delta h \tag{1}$$

zwischen den beiden Stockwerken verrichten.

Beispiel 6.2 ▲

Spezialfall: Veränderliche Kraft, gerader Weg

Wir verallgemeinern nun den in Abb. 6.1 betrachteten Vorgang, indem wir zulassen, dass sich die Zugkraft $\vec{F}$ auf der betrachteten Strecke in Größe und Richtung ändert. Für die Berechnung der Arbeit ist der Umstand wichtig, dass dann die Kraftkoordinate F_x in Gl. (6.1) keinen festen Wert mehr hat. Wir unterteilen daher die gesamte Wegstrecke von x_1 bis x_2 gemäß Abb. 6.4 in so kleine Segmente der Länge Δx_i, dass die x-Koordinate der Zugkraft auf jedem Segment ungefähr konstant ist; ihren Wert auf dem i-ten Segment bezeichnen wir mit F_x^i. Die entlang der einzelnen Segmente verrichtete Teilarbeit lässt sich dann mit Gleichung (6.1) näherungsweise berechnen und die Gesamtarbeit ergibt sich aus der Summe dieser Teilarbeiten:

$$W_{1,2} \approx \sum_{i=1}^{N} F_x^i \cdot \Delta x_i \tag{6.7}$$

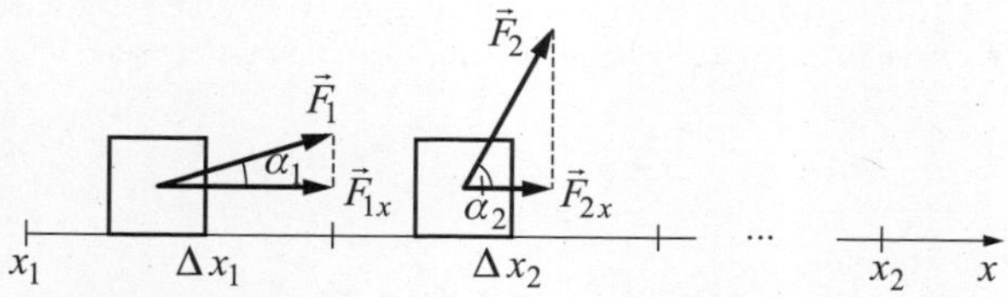

Abb. 6.4 Arbeit längs eines Weges bei veränderlicher Kraft

Im Grenzfall sehr vieler Segmente ($N \to \infty$) gibt die Summe die Arbeit exakt wieder und geht in ein Integral über:

$$W_{1,2} = \int_{x_1}^{x_2} F_x \mathrm{d}x \tag{6.8}$$

Die Kraftkoordinate F_x ist eine Funktion der Ortskoordinate x.

Die Arbeit $W_{1,2}$ kann anschaulich gedeutet werden als die Fläche zwischen der $F_x(x)$-Kurve und der x-Achse. Sie ist negativ, wenn sich die Fläche unterhalb der x-Achse befindet.

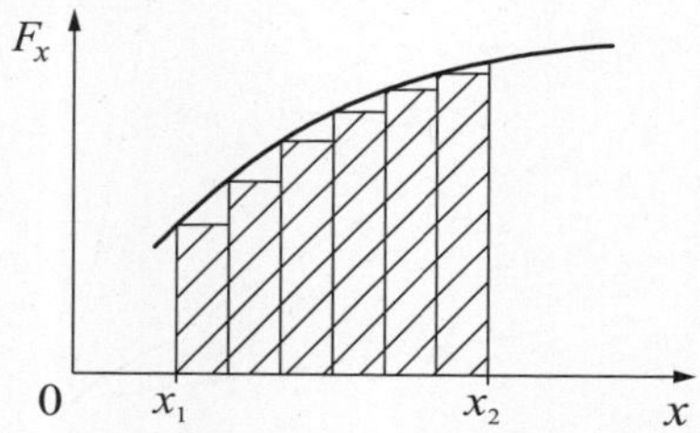

Abb. 6.5 Berechnung der Arbeit bei veränderlicher Kraft

Beispiel 6.3

Verformungsarbeit

Ein einfaches physikalisches System, bei dem die Kraft ortsabhängig ist, besteht aus einer Feder. Die Kraft F_x, die die Feder hervorruft, ist immer rücktreibend und steigt linear mit der Auslenkung x aus der Ruhelage (Hooke'sches Gesetz):

$$F_x = -Dx \tag{1}$$

Die Konstante D beschreibt die Härte der Feder. Der Experimentator muss eine Kraft F_x' aufwenden, die bis auf das Vorzeichen mit der Kraftgleichung des Hooke'schen Gesetzes übereinstimmt. Sie ist in Abb. 6.6 dargestellt.

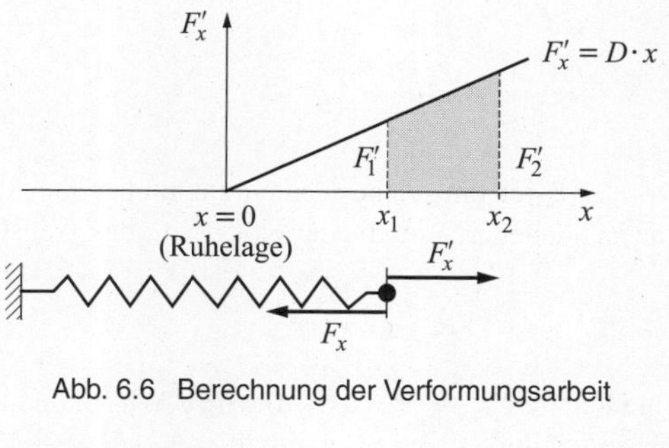

Abb. 6.6 Berechnung der Verformungsarbeit

Die Arbeit, die geleistet werden muss, um die Feder von der Koordinate x_1 nach x_2 zu dehnen, entspricht der Trapezfläche unter der Kurve:

$$W_{1,2} = \frac{1}{2}\left(F_1' + F_2'\right) \cdot (x_2 - x_1) \tag{2}$$

bzw.

$$W_{1,2} = \frac{1}{2} D\,(x_1 + x_2) \cdot (x_2 - x_1) \tag{3}$$

Mit dem 3. binomischen Satz ergibt sich

$$W_{1,2} = \frac{1}{2} D\left(x_2^2 - x_1^2\right) \tag{4}$$

Im Spezialfall einer Verformung von der Ruhelage $x_1 = 0$ aus bis zur Dehnung $x_2 = x$ erhält man für die Verformumgsarbeit:

$$W_{0,x} = \frac{1}{2} D x^2 \tag{5}$$

Bemerkenswert ist die quadratische Abhängigkeit von x. Die Verformungsarbeit ist, gleiche Federhärte D bei Dehnung und Stauchung vorausgesetzt, unabhängig davon, ob die Feder von der Ruhelage aus um x gedehnt oder gestaucht wird. Die Arbeit, um eine Feder aus der Ruhelage $x_1 = 0$ heraus zu dehnen oder zu komprimieren, ist immer positiv. Die Feder wird daher ohne äußere Kräfte bestrebt sein, ihre Ruhelage einzunehmen.

Beispiel 6.3 ▲

Allgemeiner Fall: Veränderliche Kraft, Weg mit Kurven

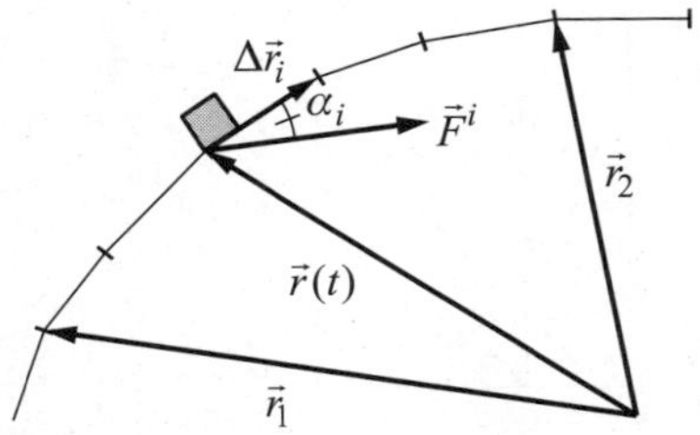

Abb. 6.7 Berechnung der Arbeit im allgemeinen Fall

Im allgemeinen Fall sind die Wege, entlang denen gearbeitet wird, gekrümmt. Um die Arbeit zu berechnen, zerlegt man den Weg gemäß Abb. 6.7 wieder in so kleine Elemente $\Delta\vec{r}_i$, dass jedes Element als geradlinig angenommen werden kann und die Kraft $\vec{F}^i$ entlang dieses Elementes ungefähr konstant bleibt. Die Teilarbeit entlang jedes Elementes lässt sich dann mit Gl. (6.6) berechnen; die gesamte verrichtete Arbeit ergibt sich aus der Summe aller Teilarbeiten:

$$W_{1,2} \approx \sum_{i=1}^{N} \vec{F}^i \cdot \Delta\vec{r}_i \tag{6.9}$$

Im Grenzfall sehr vieler Segmente ($N \to \infty$) gibt die Summe die Arbeit exakt wieder und wird mathematisch als **Linienintegral** bezeichnet:

$$W_{1,2} = \int_{\vec{r}_1}^{\vec{r}_2} \vec{F}(\vec{r}) \cdot \vec{r} \tag{6.10}$$

Wie lässt sich ein solches Linienintegral berechnen? Eine Methode geht von Gl. (6.9) aus und führt die Zeitdauer Δt_i ein, die der Körper für das Wegstück $\Delta\vec{r}_i$ benötigt.

$$W_{1,2} \approx \sum_{i=1}^{N} \vec{F}^i \cdot \frac{\Delta\vec{r}_i}{\Delta t_i} \cdot \Delta t_i \tag{6.11}$$

Im Grenzfall $N \to \infty$; $\Delta t_i \to 0$ wird $\vec{F}^i$ zur momentanen Kraft $\vec{F}(t)$ und der Bruch zur momentanen Geschwindigkeit $\vec{v}(t)$. Man erhält:

$$W_{1,2} = \int_{t_1}^{t_2} [\vec{F}(t) \cdot \vec{v}(t)]\mathrm{d}t \qquad \text{mit} \qquad \vec{F}(t) \cdot \vec{v}(t) = |\vec{F}(t)| \cdot |\vec{v}(t)| \cdot \cos\alpha(t) \tag{6.12}$$

Ist der zeitliche Verlauf der Kraft, der Geschwindigkeit sowie des Winkels zwischen beiden bekannt, so ist die eckige Klammer eine bekannte Funktion der Zeit, die über t zu integrieren ist. Wie weiter unten gezeigt wird, hat der Term in der eckigen Klammer auch eine physikalische Bedeutung. Er stellt die momentane Leistung dar, die die Kraft $\vec{F}$ auf den Körper überträgt.

6.2 Arbeit und Energie

Qualitativer Überblick

Untersucht man die an einem Körper verrichtete Arbeit W, so stellt man fest, dass sich immer ein „Arbeitsvorrat“ W_{I} finden lässt, dem die Arbeit W entnommen wird, und ein anderer „Arbeitsvorrat“ W_{II}, dem sie zugeführt wird. Dieser Zusammenhang ist in Abb. 6.8 dargestellt. Die „Arbeitsvorräte“ werden **Energie** genannt. Aus dieser Definition der Energie folgt, dass Energie und Arbeit dieselben Einheiten haben:

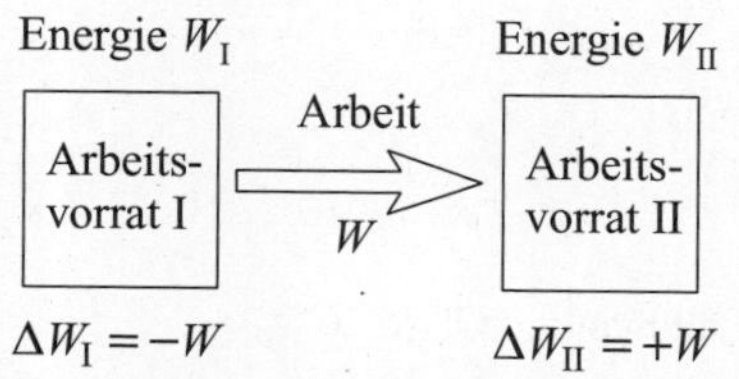

Abb. 6.8 Zusammenhang zwischen Arbeit und Energie

$$\text{Einheit der Energie} = \text{Arbeitseinheit} = \mathrm{N} \cdot \mathrm{m} = \mathrm{J} \tag{6.13}$$

Wegen der engen Verwandtschaft von Energie und Arbeit verwendet man für beide Größen dasselbe Formelzeichen W. Der Abb. 6.8 entnimmt man, dass die Energie W_{I}, der die Arbeit W entnommen wird, um die verrichtete Arbeit W abnehmen muss:

$$\Delta W_{\mathrm{I}} = -W \tag{6.14}$$

Die Energie W_{II} dagegen, der die Arbeit zugeführt wird, nimmt um deren Wert zu:

$$\Delta W_{\mathrm{II}} = +W \tag{6.15}$$

An der Summe aus den Energien W_{I} und W_{II} ändert sich durch die Arbeitsverrichtung nichts:

$$W_{\mathrm{I}} + W_{\mathrm{II}} = \text{const.} \tag{6.16}$$

Dieser letzte Zusammenhang wird **Energieerhaltungssatz** genannt.

Freier Fall als einfaches Beispiel

Diese allgemeinen Aussagen sollen nun für einen einfachen Spezialfall nachgewiesen werden.

Wir betrachten einen Körper der Masse m beim freien Fall. Die Schwerkraft $\vec{F}_{\mathrm{S}}$ ist hierbei die einzige auf den Körper wirkende Kraft. Wir wählen die x-Achse des Koordinatensystems senkrecht nach oben und nehmen an, dass die Schwerkraft im Bereich Δx des Falls konstant ist. Dann gilt für die von der Schwerkraft auf dem Weg von x_1 nach x_2 verrichtete Arbeit $W_{1,2}$:

$$W_{1,2} = F_{\mathrm{S}x} \cdot \Delta x = -mg(x_2 - x_1) \tag{6.17}$$

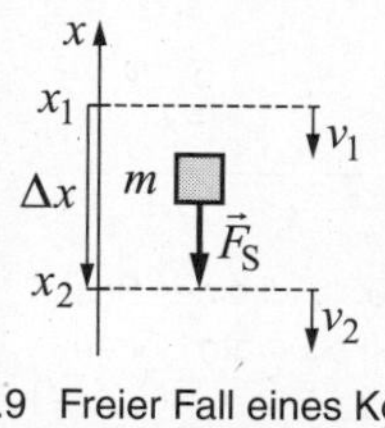

Abb. 6.9 Freier Fall eines Körpers im Schwerefeld

Mit

$$F_{\mathrm{S}x} = ma_x \tag{6.18}$$

und der aus Abschnitt 3.5 bekannten Beziehung für konstant beschleunigte Bewegungen

$$\Delta x = \frac{1}{2a}(v_2^2 - v_1^2) \quad ; \quad (a = \ddot{x} = a_x) \tag{6.19}$$

erhält man eine zweite Gleichung für die Arbeit der Schwerkraft:

$$W_{1,2} = \frac{1}{2}m(v_2^2 - v_1^2) \tag{6.20}$$

Definiert man für einen Körper an der Stelle x im (konstanten) Schwerkraftfeld eine **potenzielle Energie** durch

$$W_{pot} = m \cdot g \cdot x \qquad [W_{pot}] = \mathrm{kg}\frac{\mathrm{m}}{\mathrm{s}^2} \cdot \mathrm{m} = \mathrm{N} \cdot \mathrm{m} = \mathrm{J} \tag{6.21}$$

so folgt mit Gl. (6.17)

$$\Delta W_{pot} = W_{pot}(x_2) - W_{pot}(x_1) = -W_{1,2} \tag{6.22}$$

und man erkennt, dass **die Arbeit, die die Schwerkraft an einem Körper verrichtet, seiner potenziellen Energie entnommen wird.**

Definiert man weiterhin für einen mit der Geschwindigkeit v bewegten Körper die **kinetische Energie**

$$W_{kin}(v) = \frac{1}{2}mv^2 \qquad [W_{kin}] = \mathrm{kg}\frac{\mathrm{m}^2}{\mathrm{s}^2} = \mathrm{N} \cdot \mathrm{m} = \mathrm{J} \tag{6.23}$$

so erhält man mit Gl. (6.20)

$$\Delta W_{kin} = W_{kin}(v_2) - W_{kin}(v_1) = +W_{1,2} \tag{6.24}$$

Die Beschleunigungsarbeit, die die Schwerkraft an dem Körper verrichtet, wird also seiner kinetischen Energie zugeführt.

Die Addition von Gl. (6.22) und Gl. (6.24) ergibt:

$$\Delta W_{kin} + \Delta W_{pot} = W_{kin}(v_2) + W_{pot}(x_2) - (W_{kin}(v_1) + W_{pot}(x_1)) = 0$$

und nach Sortieren der Terme

$$\begin{aligned} W_{kin}(v_2) + W_{pot}(x_2) &= W_{kin}(v_1) + W_{pot}(x_1) \\ W_{ges}(2) &= W_{ges}(1) \end{aligned}$$

Dies ist der **Energieerhaltungssatz der Mechanik** angewendet auf den freien Fall.

Beispiel 6.4

Fall eines Balls mit Reflexion am Boden

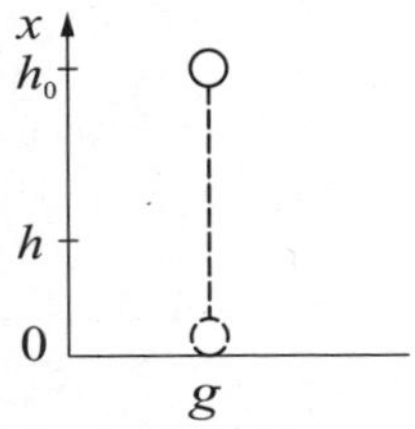

Abb. 6.10 Fall eines Balles mit Reflexion am Boden

Ein Ball fällt aus der Höhe h_0 auf die Erdoberfläche und wird dort ohne Energieverlust reflektiert. Die Energiebilanz lautet für die ausgewählten Zeiten t_0 beim Beginn des Falls und t_1 beim Aufprall:

$$\begin{array}{lll} t_0: & W_{kin} = 0 & W_{pot} = mgh_0 \\ t_1: & W_{kin} = \frac{1}{2}mv^2 & W_{pot} = 0 \end{array}$$

Die Summe von potenzieller und kinetischer Energie ist für beide Zeiten gleich:

$$0 + mgh_0 = \frac{1}{2}mv^2 + 0$$

$$\Longrightarrow v = \sqrt{2gh_0} \tag{1}$$

Das Ergebnis stimmt mit dem in Abschnitt 3.6 erhaltenen überein.

Hinweis: Hier ist wichtig zu beachten, dass die Endgeschwindigkeit v die Geschwindigkeit zu einem Zeitpunkt ist, bei dem $h = 0$ ist! Man muss die Ausgangshöhe h_0 einsetzen, um die Endgeschwindigkeit über die Energieerhaltung ausrechnen zu können!

Bei der Reflexion am Boden wechselt das Vorzeichen der Geschwindigkeit v von negativ nach positiv. Dieser Vorzeichenwechsel ist aber für die kinetische Energie wegen der quadratischen Abhängigkeit von v ohne Belang. Der Ball steigt in die Höhe, bis die kinetische Energie wieder null wird. Bei Erreichen der Ausgangshöhe h_0 erreicht die potenzielle Energie ihr Maximum, und der Ball fällt wieder.

Der Anwendungsbereich des Satzes der Energiehaltung ist aber noch nicht erschöpft. Mit ihm kann für jede Höhe $h \leqq h_0$ die zugehörige Geschwindigkeit v berechnet werden:

$$mgh_0 = \frac{1}{2}mv^2 + mgh$$

$$\Longrightarrow v = \pm\sqrt{2g(h_0 - h)} \tag{2}$$

Die beiden Vorzeichen berücksichtigen die unterschiedlichen Richtungen der Geschwindigkeiten bei der Auf- und Abwärtsbewegung des Balls.

Charakteristisch für diesen Vorgang mit Energieerhaltung ist das Wechselspiel von kinetischer und potenzieller Energie. Es findet eine periodische Umwandlung von potienzieller in kinetische Energie und umgekehrt statt.

Beispiel 6.4 ▲

Im Folgenden wird untersucht, ob sich der Energieerhaltungssatz der Mechanik auf beliebige Bewegungen ausdehnen lässt, bei denen die Bahnen krummlinig sein können und auch andere Kräfte als die Schwerkraft zugelassen sind. Dazu muss der Zusammenhang zwischen Arbeit, kinetischer und potenzieller Energie für diesen allgemeinen Fall untersucht werden.

Arbeit und kinetische Energie

Wir betrachten einen Körper der Masse m, der sich gemäß Abb. 6.11 auf einer beliebigen Bahn von P_1 nach P_2 bewegt. $\vec{F}$ sei die **Resultierende** aus allen auf den Körper wirkenden Kräften. Über die Art der Kräfte machen wir keine besondere Annahme; es können z. B. auch Reibungskräfte enthalten sein. Wir suchen die Arbeit $W_{1,2}$, die die resultierende Kraft $\vec{F}$ auf dem Weg von P_1 nach P_2 am Körper verrichtet. Dazu teilen wir den Weg in so kleine Teilstücke, dass jedes als geradlinig angesehen werden kann und die resultierende Kraft auf jedem Teilstück näherungsweise konstant ist. Wir berechnen zunächst die Arbeit $W_{\Delta x}$, die $\vec{F}$ auf einem dieser Teilstücke verrichtet, und legen zu diesem Zweck vorübergehend die x-Achse auf dieses Stück. Die Grenzen des betrachteten Teilstücks werden mit A und E bezeichnet. Dann gilt wie beim freien Fall im vorangehenden Abschnitt:

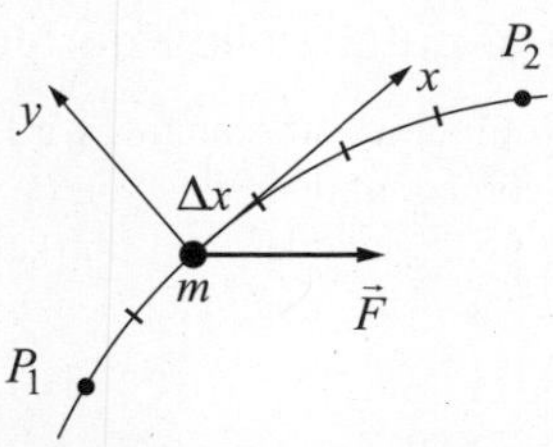

Abb. 6.11 Kinetische Energie und Arbeit, allgemeiner Fall

$$W_{\Delta x} = F_x \cdot \Delta x$$

$$F_x = m \cdot a_x$$

$$\Delta x = \frac{1}{2a_x}(v_{xE}^2 - v_{xA}^2); \qquad (v_x = v, \quad \text{da } \vec{v} \text{ parallel zur } x\text{-Achse})$$

$$W_{\Delta x} = \frac{1}{2}mv_E^2 - \frac{1}{2}mv_A^2 = W_{\text{kin}}(E) - W_{\text{kin}}(A) = \Delta W_{\text{kin}} \tag{6.25}$$

Die kinetische Energie ändert sich also auf jedem betrachteten Teilstück um die dort verrichtete Arbeit. Da dies auf jedem Teilstück gilt, muss es auch für den gesamten Weg gelten:

Die kinetische Energie eines Körpers ändert sich auf einer beliebigen Bahn von P_1 nach P_2 um die auf diesem Weg von der resultierenden Kraft an ihm verrichtete Arbeit.

$$\Delta W_{\text{kin}} = W_{\text{kin}}(v_2) - W_{\text{kin}}(v_1) = +W_{1,2} \quad \text{mit} \quad W_{\text{kin}}(v) = \frac{1}{2}mv^2 \tag{6.26}$$

Diese Gleichung enthält die Beschleunigung des Körpers nicht mehr. Es spielt also für die aufgewendete Arbeit keine Rolle, ob der Körper langsam, schnell oder sogar zeitabhängig beschleunigt wurde. Die Beschleunigungsarbeit ist nur von der Anfangsgeschwindigkeit v_1 und der Endgeschwindigkeit v_2 abhängig.

Beispiel 6.5

Beschleunigungsarbeit

Ein PKW der Masse $m = 1000$ kg beschleunigt von 50 km/h auf 90 km/h in 15 Sekunden. Wie groß ist die Beschleunigungsarbeit der resultierenden Kraft?

Lösung:

Gleichung (6.26) kann angewendet werden. Die Zeitdauer der Beschleunigung ist unerheblich.

$$W_{1,2} = \frac{1}{2} 1000\,\text{kg}\,(90^2 - 50^2)\left(\frac{\text{km}}{\text{h}}\right)^2$$

$$W_{1,2} = 500\,\text{kg} \cdot 5600 \left(\frac{10^3\,\text{m}}{3{,}6 \cdot 10^3\,\text{s}}\right)^2$$

$$W_{1,2} = \frac{500 \cdot 5600}{3{,}6^2}\,\text{J} = 216{,}05\,\text{kJ} \tag{1}$$

Beispiel 6.5

Arbeit und potenzielle Energie

Im ersten Teil dieses Abschnittes wird untersucht, ob sich die Arbeit $W_S(1,2)$, die die Schwerkraft an einem Körper auf dem Weg von P_1 nach P_2 verrichtet, auch dann aus einer potenziellen Energie errechnen lässt, wenn der Weg im (konstanten) Schwerefeld der Erde **beliebig** verläuft und nicht unbedingt, wie beim freien Fall, senkrecht nach unten.

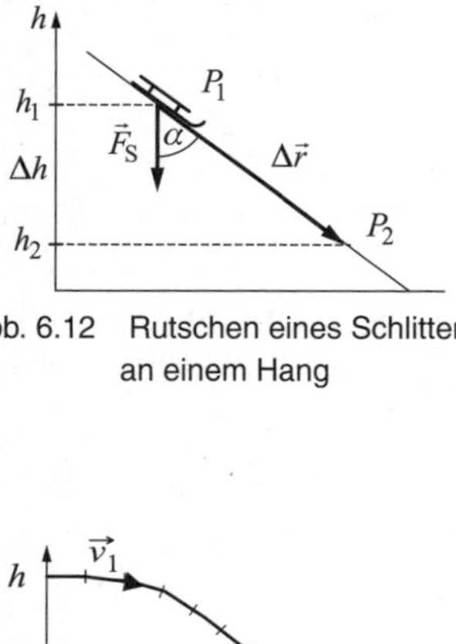

Abb. 6.12 Rutschen eines Schlittens an einem Hang

Dazu betrachten wir zunächst einen Schlitten, der gemäß der Abb. 6.12 auf einem geraden Hang gleitet. Wir wählen die y-Achse senkrecht nach oben und bezeichnen die y- Koordinate daher als Höhe h. Die (konstante) Schwerkraft $\vec{F}_S$ verrichtet auf dem Weg von P_1 nach P_2 die Arbeit

$$W_S(1,2) = \vec{F}_S \cdot \Delta\vec{r} = |\vec{F}_S| \cdot |\Delta\vec{r}| \cdot \cos\alpha$$

$$|\vec{F}_S| = m \cdot g$$

$$|\Delta\vec{r}| \cdot \cos\alpha = -(h_2 - h_1) = -\Delta h$$

$$W_S(1,2) = -m \cdot g \cdot \Delta h \tag{6.27}$$

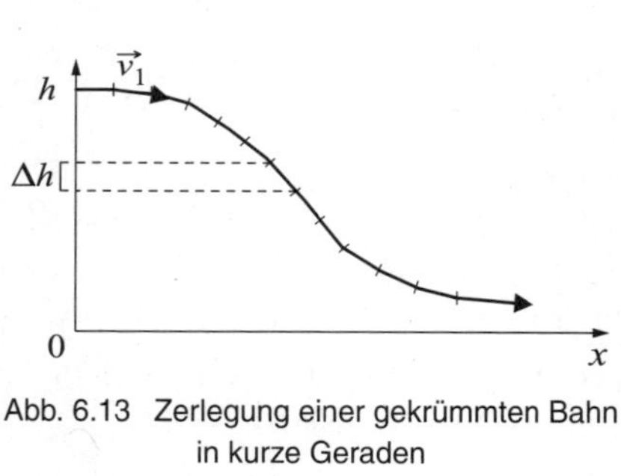

Abb. 6.13 Zerlegung einer gekrümmten Bahn in kurze Geraden

Ein beliebiger Weg lässt sich, wie in Abb. 6.13 angedeutet, in kurze gerade Stücke unterteilen. Auf jedem dieser Teilstücke verrichtet die Schwerkraft nach Gl. (6.27) die Arbeit:

$$W_S(i) = -m \cdot g \cdot \Delta h_i \tag{6.28}$$

Die auf dem gesamten Weg verrichtete Arbeit ist die Summe aller dieser Teilarbeiten:

$$\begin{aligned} W_S(1,2) &= \sum_{P_1}^{P_2} W_S(i) \\ &= -m \cdot g \cdot \sum_{h_1}^{h_2} \Delta h_i \qquad (6.29) \\ &= -m \cdot g \cdot (h_2 - h_1) \end{aligned}$$

Das schon beim freien Fall gewonnene Ergebnis für die Arbeit der Schwerkraft gilt also auch bei beliebigen Bewegungen eines Körpers im (konstanten) Schwerefeld der Erde:

$$W_S(1,2) = -\Delta W_{pot} = -(W_{pot}(h_2) - W_{pot}(h_1)) \quad \text{mit} \quad W_{pot}(h) = m \cdot g \cdot h \tag{6.30}$$

Die von der Schwerkraft an einem Körper verrichtete Arbeit stammt aus der potenziellen Energie $W_{pot}(h) = m \cdot g \cdot h$.

Beim Höhennullpunkt $h = 0$ ist gemäß der Definition auch $W_{pot} = 0$. Für Höhen unterhalb dieses Bezugspunktes wird W_{pot} negativ.

Bisher haben wir nur die potenzielle Energie der Schwerkraft kennen gelernt. Im Folgenden betrachten wir alle Kräfte, für die eine potenzielle Energie definierbar ist; sie heißen **konservative Kräfte**.

Man definiert: Eine Kraft heißt **konservativ**, wenn es zu ihr eine Funktion $W_{pot}(\vec{r})$ gibt, aus der sich die Arbeit $W_{1,2}$, die die Kraft an einem Körper auf dem Weg von $\vec{r}_1$ nach $\vec{r}_2$ verrichtet, nach folgender Gleichung berechnen lässt:

$$W_{1,2} = -\Delta W_{pot} = -(W_{pot}(\vec{r}_2) - W_{pot}(\vec{r}_1)) \tag{6.31}$$

W_{pot} heißt dann **potenzielle Energie** dieser Kraft. Sie muss eine **eindeutige** Funktion des Ortes $\vec{r}$ sein.

Addiert man zu einer gegebenen „Potenzialfunktion“ $W_{pot}(\vec{r})$ eine Konstante hinzu, so erhält man wieder eine Potenzialfunktion, da sich die Konstante bei der Differenzbildung in der obigen Definitionsgleichung wieder weghebt. Die potenzielle Energie einer konservativen Kraft ist also immer nur bis auf eine additive Konstante bestimmt.

Um die Potenzialfunktion für eine konservative Kraft zu bestimmen, löst man Gl. (6.31) nach $W_{pot}(\vec{r}_2)$ auf und benennt $\vec{r}_2$ in $\vec{r}$ um:

$$W_{pot}(\vec{r}) = W_{pot}(\vec{r}_1) - W_{\vec{r}_1,\vec{r}} = W_{pot}(\vec{r}_1) + W_{\vec{r},\vec{r}_1} \tag{6.32}$$

Wählt man einen beliebigen Ort $\vec{r}_1$ als festen Bezugspunkt und bestimmt die additive Konstante so, dass die potenzielle Energie beim Bezugspunkt verschwindet, $W_{pot}(\vec{r}_1) = 0$, so erhält man:

$$W_{pot}(\vec{r}) = W_{\vec{r},\vec{r}_1} \tag{6.33}$$

Die potenzielle Energie an einer Stelle $\vec{r}$ gibt die Arbeit an, die die zugehörige konservative Kraft auf dem Weg von $\vec{r}$ zum Bezugspunkt $\vec{r}_1$ verrichtet.

Aus der Definition ergeben sich für alle konservativen Kräfte die folgenden Eigenschaften, die man unter dem Begriff **Wegunabhängigkeit der Arbeit** zusammenfasst:

- Die Arbeit $W_{1,2}$, die die konservative Kraft an einem Körper verrichtet, der sich von $\vec{r}_1$ nach $\vec{r}_2$ bewegt, ist unabhängig vom Weg (A oder B), auf dem er von $\vec{r}_1$ nach $\vec{r}_2$ gelangt. Dies ergibt sich daraus, dass der Weg in Gl. (6.31) nicht vorkommt.
- Die Arbeit W_{21}, die die konservative Kraft auf dem Rückweg von $\vec{r}_2$ nach $\vec{r}_1$ verrichtet, unterscheidet sich von der auf dem Hinweg nur durch das Vorzeichen: $W_{2,1} = -W_{1,2}$ Dies erkennt man durch Vertauschen der Indizes 1 und 2 in Gl. (6.31).
- **Auf einem geschlossenen Weg verrichtet eine konservative Kraft keine Arbeit.** Dann sind nämlich Start und Ziel identisch und in Gl. (6.31) wird $\vec{r}_2 = \vec{r}_1$.

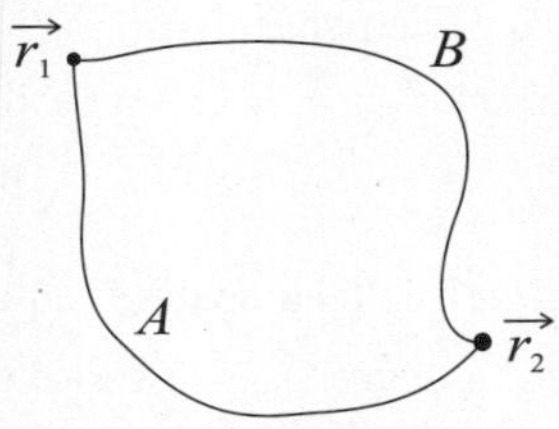

Abb. 6.14 Unabhängigkeit der Arbeit vom Weg

Beispiel 6.6

Federkraft

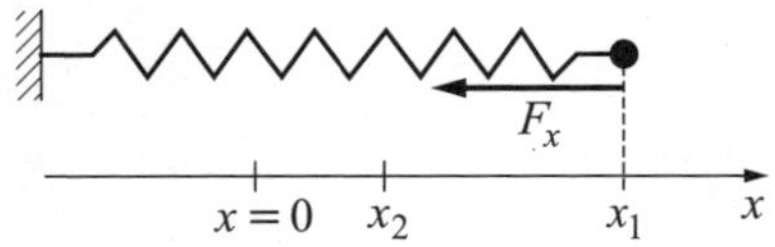

Abb. 6.15 Potenzielle Energie einer Feder

Die rücktreibende Kraft einer Feder ist durch das Hooke'sche Gesetz gegeben:

$$F_x = -D \cdot x \tag{1}$$

Für die von ihr auf dem Weg von x_1 nach x_2 verrichtete Arbeit erhält man nach Gl. (6.8):

$$W_{1,2} = -D\int_{x_1}^{x_2} x\,\mathrm{d}x = -(\frac{1}{2}Dx_2^2 - \frac{1}{2}Dx_1^2) \tag{2}$$

Nach der Definition 6.31 ist die Federkraft also eine konservative Kraft und ihre potenzielle Energie ist gegeben durch:

$$W_{\text{pot}} = \frac{1}{2}Dx^2 \tag{3}$$

Diese ist wie jede potenzielle Energie nur bis auf eine additive Konstante festgelegt. Diese Konstante ist in der obigen Gleichung so gewählt worden, dass die potenzielle Energie der Feder null ist, wenn sie sich im entspannten Zustand bei $x = 0$ befindet.

Beispiel 6.6

Ein wichtiges Beispiel für eine nichtkonservative Kraft ist die Reibungskraft. Besäße die Reibungskraft eine potenzielle Energie, so müsste ihre Arbeit nach dem oben Gesagten auf dem Rückweg von x_2 nach x_1 ein anderes Vorzeichen haben als auf dem Hinweg; die Arbeit auf einem geschlossenen Weg von x_1 nach x_1 zurück müsste verschwinden. Dies ist aber nicht der Fall; Reibungskräfte sind immer Bremskräfte und ihre Arbeit ist deshalb immer negativ.

Reibungskräfte sind nicht konservativ.

Potenzielle Energie und Kraft; Gleichgewichtsarten

Aus der potenziellen Energie lässt sich nicht nur die Arbeit der zugehörigen konservativen Kraft errechnen, sondern auch die Kraft selbst; dies soll nun für den Fall gezeigt werden, dass die Kraft, wie bei der Feder in Abb. 6.15, parallel zur x-Achse zeigt. Da dann bei einer Verschiebung in y- und z-Richtung keine Arbeit verrichtet wird, ändert sich wegen $W_{1,2} = -\Delta W_{\text{pot}} = 0$ die potenzielle Energie in diesen Richtungen nicht; sie hängt nur von der x-Koordinate ab. Um die Kraft F_x an der Stelle x_1 zu bestimmen, betrachten wir die Arbeit $W(\Delta x)$, die diese Kraft auf einer sehr kleinen Strecke Δx verrichtet. Es gilt:

$$W(\Delta x) = F_x \cdot \Delta x = -\Delta W_{\text{pot}}(x)$$

$$F_x = -\frac{\Delta W_{\text{pot}}(x)}{\Delta x} \tag{6.34}$$

Die negative Steigung des Graphen der potenziellen Energie gibt die Kraftkoordinate F_x an.

Dieser Zusammenhang lässt sich gut veranschaulichen; wenn man sich den Graph der potenziellen Energie als ein Gelände vorstellt, in dem die Körper sich wie rollende Kugeln bewegen.

Als Anwendung lesen wir aus Abb. 6.16 die verschiedenen Gleichgewichtsarten ab.

Im Minimum der potenziellen Energie verschwindet die Kraft F_x. Ein dort ruhender Körper wird also in Ruhe bleiben. Wir sprechen von einem **stabilen Gleichgewicht**. Die auf den Körper wirkende Kraft ist auch im Maximum der potenzielle Energie null. Schon in der unmittelbaren Nachbarschaft des Gipfels treten jedoch Kräfte auf, deren Richtungen vom Gipfel weg weisen. Der Körper befindet sich hier im **labilen Gleichgewicht**. Befindet sich der Körper auf einer Ebene konstanter potenzieller Energie, so ist er kräftefrei und kann an jeder Stelle in Ruhe verharren.

Diese Situation wird **indifferentes Gleichgewicht** genannt. Wichtig ist es zu betonen, dass ein Körper in einem konservativen System nicht vom Berg in die stabile Lage im Tal geraten kann: wegen der Beschleunigung auf dem Weg dorthin überschießt der Körper immer wieder den stabilen Grundzustand. Nur durch Einführung der Reibung lässt sich der Körper vom Gipfel in das stabile Gleichgewicht bringen.

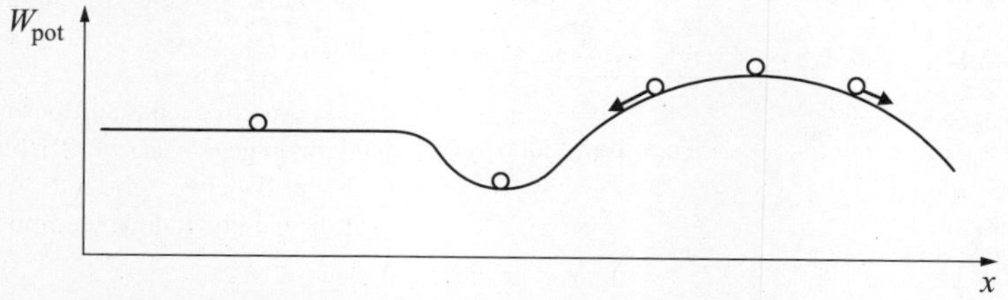

Abb. 6.16 Indifferentes, stabiles und labiles Gleichgewicht

Energieerhaltungssatz bei konservativen Kräften

Wir betrachten einen Körper, der sich auf einer beliebigen Bahn von $\vec{r}_1$ nach $\vec{r}_2$ bewegt. Die Arbeit W, die dabei von der resultierenden Kraft an ihm verrichtet wird, setzt sich aus den Arbeiten aller Einzelkräfte zusammen. Wirken auf den Körper **nur konservative Kräfte,** so wird die Arbeit W den zu den Einzelkräften gehörenden potenziellen Energien entnommen, sodass diese insgesamt um W abnehmen. Im Gegenzug steigt die kinetische Energie des Körpers um W an, da die gesamte an einem Körper verrichtete Arbeit, wie weiter oben gezeigt wurde, seiner kinetischen Energie hinzugefügt wird.

Die Summe aus kinetischer Energie und allen beteiligten potenziellen Energien ändert sich also zwischen $\vec{r}_1$ und $\vec{r}_2$ nicht.

$$\begin{aligned} W_{kin} + (W_{pot,1} + W_{pot,2} + \dots) &= \text{const.} \\ W_{kin}(\vec{r}_1) + W_{pot,ges}(\vec{r}_1) &= W_{kin}(\vec{r}_2) + W_{pot,ges}(\vec{r}_2) \end{aligned} \tag{6.35}$$

Dies ist der **Energieerhaltungssatz der Mechanik**. Er gilt nur, wenn alle beteiligten Kräfte konservativ sind, und lässt sich daher nicht anwenden, wenn z. B. Reibungskräfte wirken.

Beispiel 6.7

Energieerhaltung bei Federn

Betrachten wir zur Anwendung das in der Abb. 6.17 skizzierte, reibungsfreie System aus einem Klotz der Masse m und einer (masselosen) Feder mit der Federhärte D. Die Feder werde anfänglich um die Strecke x_1 aus der entspannten Lage ausgelenkt und dann losgelassen. Die Gesamtenergie lautet für verschiedene ausgewählte Zeitpunkte:

$$\begin{aligned} &\text{Start bei } x_1 \text{ zur Zeit } t = 0: && W_{gesamt} = 0 + \frac{1}{2} D \cdot x_1^2 \\ &\text{Passieren der entspannten Lage:} && W_{gesamt} = \frac{1}{2} m \cdot v_0^2 + 0 \\ &\text{Umkehrpunkt:} && W_{gesamt} = 0 + \frac{1}{2} D \cdot (x_2)^2 \end{aligned} \tag{1}$$

Da die Gesamtenergie erhalten bleibt, können wir daraus die Geschwindigkeit beim Passieren der entspannten Lage ausrechnen:

$$\begin{aligned} &\frac{1}{2} D \cdot x_1^2 = \frac{1}{2} m \cdot v_0^2 \\ &\Longrightarrow v_0 = \sqrt{\frac{D}{m}} x_1 \end{aligned} \tag{2}$$

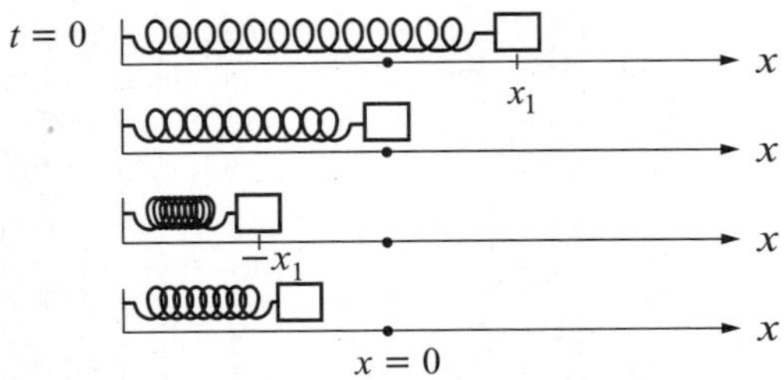

Abb. 6.17 Momentaufnahmen einer Federbewegung

Das ist die größte bei diesem Vorgang auftretende Geschwindigkeit. In diesem Zeitpunkt ist die kinetische Energie maximal, und die potenzielle Energie null. Anschließend wird die potenzielle Energie wieder größer. Die Masse wird langsamer, bis am Umkehrpunkt x_2 die gesamte Energie wieder in der potenziellen Energie steckt. Aus $\frac{1}{2}D \cdot x_2^2 = \frac{1}{2}D \cdot x_1^2$ folgt $x_2 = -x_1$. Anschließend läuft der betrachtete Vorgang in entgegengesetzter Richtung nochmals ab. Für beliebige Orte mit $|x| \leqq x_1$ können wir die Geschwindigkeit ermitteln aus:

$$\frac{1}{2}D \cdot x_1^2 = \frac{1}{2}D \cdot x^2 + \frac{1}{2}m \cdot v^2$$

$$\Longrightarrow v = \sqrt{\frac{D}{m}\left(x_1^2 - x^2\right)} \tag{3}$$

Beispiel 6.7 ▲

Energiebilanz bei nichtkonservativen Kräften

Kräfte, denen keine potenzielle Energie zugeordnet werden kann, nennen wir **nichtkonservativ**. Die Arbeit, die solche Kräfte auf einem geschlossenen Weg verrichten, ist nicht null. Wie nach Beispiel 6.6 gezeigt wurde, sind Reibungskräfte nichtkonservativ.

Im allgemeinen Fall der Bewegung eines Körpers liegen sowohl konservative als auch nichtkonservative Kräfte vor. Zweckmäßigerweise teilt man die gesamte am Körper verrichtete Arbeit W auf in den Anteil W_K, der von den konservativen Kräften stammt, und den Rest W_R, der von den nichtkonservativen Kräften verrichtet wird:

$$W = W_K + W_R = -\Delta W_{pot} + W_R \tag{6.36}$$

Der kinetischen Energie wird aber, wie wir gesehen haben, immer die gesamte von F_{res} verrichtete Arbeit W zugeführt:

$$W = \Delta W_{kin} \tag{6.37}$$

Durch Gleichsetzen beider Gleichungen erhält man:

$$-\Delta W_{pot} + W_R = \Delta W_{kin}$$

$$\text{bzw.} \quad \Delta W_{kin} + \Delta W_{pot} = W_R \tag{6.38}$$

Ausführlich geschrieben heißt das:

$$\begin{aligned} W_{kin}(t_2) + W_{pot}(t_2) &= W_{kin}(t_1) + W_{pot}(t_1) + W_R \\ W_{ges}(t_2) &= W_{ges}(t_1) + W_R \end{aligned} \tag{6.39}$$

Diese Beziehung wird **Energiebilanz** genannt. Sie besagt, dass man die neue mechanische Gesamtenergie $W_{ges}(t_2)$ des Körpers aus der alten Gesamtenergie $W_{ges}(t_1)$ erhält, indem man die zwischen t_1 und t_2 von den nichtkonservativen Kräften am Körper verrichtete Arbeit W_R hinzufügt. Im Fall der Reibungsarbeit ist W_R negativ, sodass die neue mechanische Gesamtenergie kleiner ist als die alte. Die mechanische Energieerhaltung wie im Falle konservativer Kräfte gibt es dann nicht mehr. Mechanische Energie wird in chaotische mikroskopische Bewegung von Atomen und Molekülen umgewandelt, Wärme entsteht.

Beispiel 6.8

Rutschen eines Schlittens auf einer schiefen Ebene mit Reibung

Ein Schlitten passiert eine Messstelle mit der Geschwindigkeit $v_1 = 6\ \mathrm{m/s}$. Nach welcher Strecke Δs hält der Schlitten bei einem Neigungswinkel $\alpha = 4°$ und einem Reibungskoeffizienten $\mu = 0{,}1$ an?

Lösung:

Die Beiträge ΔW_{kin} und ΔW_{pot} zur Änderung der Gesamtenergie sind gegeben durch:

$$\Delta W_{\text{kin}} = 0 - \frac{1}{2}m \cdot v_1^2 = -\frac{1}{2}m \cdot v_1^2 \qquad \text{wegen} \quad v_2 = 0$$

$$\Delta W_{\text{pot}} = -m \cdot g \cdot |\Delta h| \tag{1}$$

Die von der Reibungskraft geleistete Arbeit lautet:

$$W_{\text{R}} = -\mu \cdot F_{\text{N}} \cdot \Delta s \leqq 0$$

$$= -\mu \cdot mg \cos\alpha \cdot \Delta s \tag{2}$$

Die gesamte Energiebilanz lautet:

$$-\frac{1}{2}mv_1^2 - mg|\Delta h| = -\mu mg \cdot \cos\alpha\Delta s \tag{3}$$

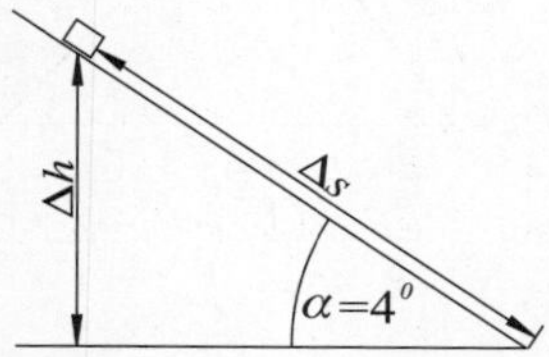

Abb. 6.18 Rutschen eines Schlittens auf einer schiefen Ebene

Mit dem Zusammenhang $|\Delta h| = \Delta s \sin\alpha$ und nach Division durch $-m$ folgt:

$$\frac{1}{2}v_1^2 + g \cdot \Delta s \cdot \sin\alpha = \mu g \cdot \cos\alpha \cdot \Delta s$$

$$\Longrightarrow \Delta s = \frac{\frac{1}{2}v_1^2/g}{\mu \cdot \cos\alpha - \sin\alpha} = 61{,}16\ \mathrm{m} \tag{4}$$

Das gleiche Ergebnis hätten wir auch durch Diskussion der Newton'schen Bewegungsgleichungen erreichen können.

Bei der Anwendung von Gleichung 4, muss beachtet werden, dass für kleine Reibungskoeffizienten μ der Nenner $\mu \cdot \cos\alpha - \sin\alpha$ negativ werden kann. In diesem Falle kommt der Schlitten nicht zum Stehen.

Beispiel 6.8

6.3 Leistung und Wirkungsgrad

Aus praktischer Sicht ist es wichtig, nicht nur nach der Arbeit zu fragen, die an einem Körper verrichtet wird, sondern auch die dabei verstrichene Zeit Δt zu berücksichtigen. Wenn wir eine äußere Kraft $\vec{F}$ auf einen Körper wirken lassen, die die Arbeit ΔW in der Zeit Δt verrichtet, so definieren wir als **Durchschnittsleistung** $\bar{P}$ das Verhältnis:

$$\bar{P} = \frac{\Delta W}{\Delta t} \qquad [P] = \frac{\mathrm{J}}{\mathrm{s}} = \frac{\mathrm{N \cdot m}}{\mathrm{s}} = \mathrm{W} = \mathrm{Watt} \tag{6.40}$$

Die **Momentanleistung** ist, analog zur Momentangeschwindigkeit, durch den Grenzübergang $\Delta t \to 0$ zu erhalten.

$$P = \lim_{\Delta t \to 0} \frac{\Delta W}{\Delta t} = \frac{\mathrm{d}W}{\mathrm{d}t} \tag{6.41}$$

Einen Zusammenhang mit der äußeren Kraft $\vec{F}$ können wir für Bewegungen entlang der x-Achse mit der Beziehung $\Delta W = F_x \cdot \Delta x$ herstellen:

$$P = \lim_{\Delta t \to 0} F_x \frac{\Delta x}{\Delta t} = F_x \cdot v_x \tag{6.42}$$

Bei Bewegungen in einer beliebigen Richtung ist die Leistung durch das Skalarprodukt der Kraft $\vec{F}$ und der Geschwindigkeit $\vec{v}$ gegeben.

$$P = \vec{F} \cdot \vec{v} \tag{6.43}$$

Beispiel 6.9

Leistung eines PKW

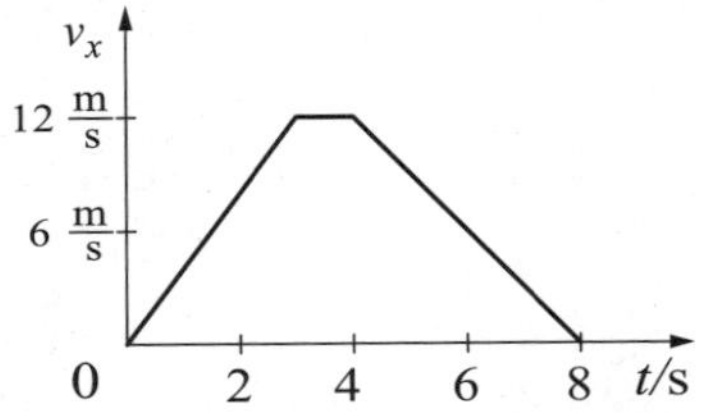

Abb. 6.19 Geschwindigkeits-Zeit-Diagramm

Ein Auto der Masse $m = 1000$ kg wird 3 Sekunden lang von einer Kraft $F_1 = 4000$ N aus dem Stand beschleunigt, behält eine Sekunde lang die erreichte Geschwindigkeit bei und wird dann durch eine Kraft $F_2 = 3000$ N bis zum Stillstand abgebremst. Wie stellt sich der zeitliche Verlauf der Momentanleistung dar?

Lösung:

Die x-Achse liege in Fahrtrichtung. Zuerst zeichne man sich das v_x-t-Diagramm und berechne die fehlenden Achsenabschnitte aus den angegebenen Größen. $(F_x, m \Rightarrow a_x \Rightarrow \Delta v_x, \Delta t)$

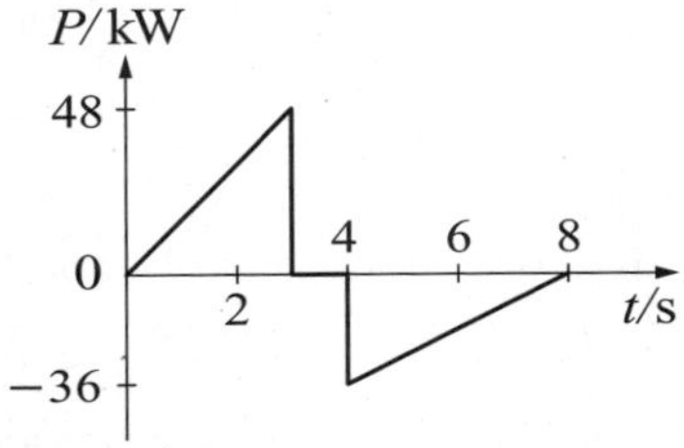

Abb. 6.20 Leistungs-Zeit-Diagramm

Mit Gl. (6.42) und den errechneten Geschwindigkeiten können wir jetzt den Zusammenhang zwischen Leistung und Zeit skizzieren.

Die Leistung im Zeitraum zwischen $t = 4$ s und 8 s ist negativ, weil F_x und v_x entgegengesetzte Vorzeichen haben. Dem Fahrzeug wird durch die Bremsen kinetische Energie entzogen .

Beispiel 6.9

Bei der Beurteilung der Wirkungsweise von Maschinen, Fahrzeugen und anderen technischen Geräten ist es wichtig zu wissen, welcher Anteil der Energie nutzbringend Anwendung findet. Beim PKW z. B. stellt sich im Rahmen der Mechanik die Frage, wie viel mechanische Energie auf dem Weg von der Motorwelle zu den Antriebsrädern bei der Kraftübertragung durch Reibungskräfte verloren geht. Die geeignete Größe, um diese Verluste zu beschreiben, ist der Wirkungsgrad.

Er wird definiert als das Verhältnis von Nutz- zur Gesamtenergie.

Wirkungsgrad

$$\eta = \frac{W_{\text{Nutz}}}{W_{\text{Gesamt}}} \leqq 1 \qquad [\eta] = 1 \tag{6.44}$$

Der Wirkungsgrad ist dimensionslos und kann höchstens der Wert 1 annehmen.

6.4 Zusammenfassung

Die **Arbeit**, die eine **konstante Kraft** auf einem Wegstück Δx entlang der x-Achse verrichtet, ist durch die Beziehung

$$W_{1,2} = F_x \cdot \Delta x \tag{6.45}$$

gegeben. Auf beliebig orientierten geraden Wegstücken $\Delta\vec{s}$ gilt:

$$W_{1,2} = \vec{F} \cdot \Delta\vec{s} = |\vec{F}| \cdot |\Delta\vec{s}| \cdot \cos\alpha \tag{6.46}$$

wobei α der Winkel zwischen der Kraft $\vec{F}$ und der Verschiebung $\Delta\vec{s}$ ist.

Für eine **variable Kraft** wird die Arbeit längs der x-Achse mit dem Integral

$$W_{1,2} = \int_{x_1}^{x_2} F_x \,\mathrm{d}x \tag{6.47}$$

berechnet. Bei beliebig geformten Wegen gilt:

$$W_{1,2} = \int_{\vec{r}_1}^{\vec{r}_2} \vec{F} \cdot \mathrm{d}\vec{s} \tag{6.48}$$

Die **kinetische Energie** eines Körpers mit der Geschwindigkeit v ist durch

$$W_{\text{kin}} = \frac{1}{2} m v^2 \tag{6.49}$$

gegeben.

Die von der resultierenden Kraft verrichtete **Beschleunigungsarbeit** W_{res} erzeugt eine gleich große Veränderung der kinetischen Energie.

$$\begin{aligned} W_{\text{res}} &= \Delta W_{\text{kin}} = W_{\text{kin}}(t_2) - W_{\text{kin}}(t_1) \\ &= \frac{1}{2} m \cdot v_2^2 - \frac{1}{2} m \cdot v_1^2 \end{aligned}$$

Eine Kraft wird **konservativ** genannt, wenn sich die Arbeit $W_{1,2}$, die sie auf dem Weg von $\vec{r}_1$ nach $\vec{r}_2$ verrichtet, gemäß folgender Gleichung aus einer potenziellen Energie $W_{\text{pot}}(\vec{r})$ errechnen lässt:

$$W_{1,2} = -\Delta W_{\text{pot}} = -(W_{\text{pot}}(\vec{r}_2) - W_{\text{pot}}(\vec{r}_1)) \tag{6.50}$$

Wichtige Beispiele sind:

$$\begin{aligned} &\text{Schwerkraft} \quad W_{\text{pot}} = m \cdot g \cdot h \\ &\text{Federkraft} \quad W_{\text{pot}} = \frac{1}{2} D \cdot x^2 \end{aligned} \tag{6.51}$$

Für **konservative Kräfte** gilt das **Gesetz der Erhaltung der mechanischen Gesamtenergie**:

$$W_{\text{kin}} + W_{\text{pot}} = \text{const.} \tag{6.52}$$

Die Arbeit W_{R}, die **nichtkonservative Kräfte**, z. B. Reibungskräfte, verrichten, führt zur **Änderung der mechanischen Gesamtenergie**

$$\begin{aligned} W_{\text{kin}}(t_2) + W_{\text{pot}}(t_2) &= W_{\text{kin}}(t_1) + W_{\text{pot}}(t_1) + W_{\text{R}} \\ \Delta W_{\text{kin}} + \Delta W_{\text{pot}} &= W_{\text{R}} \end{aligned}$$

Die **Momentanleistung** ist durch das Verhältnis von aufgebrachter Arbeit und benötigter Zeit gegeben. Wirkt auf einen Körper bei der Geschwindigkeit $\vec{v}$ die Kraft $\vec{F}$, so ist die Leistung P durch

$$P = \frac{\mathrm{d}W}{\mathrm{d}t} = \vec{F} \cdot \vec{v} \tag{6.53}$$

gegeben. Der **Wirkungsgrad** η ergibt sich durch den Quotienten von Nutzenergie W_{Nutz} und der gesamten aufgewendeten Energie W:

$$\eta = \frac{W_{\text{Nutz}}}{W} \tag{6.54}$$

6.5 Aufgaben

6.1 Ein Wagen rollt eine 200 m lange Strecke mit 4 % Gefälle abwärts und eine gleich geneigte hinauf. Dann kehrt er um und rollt zurück.

Wie weit rollt er auf der ursprünglichen Gefällstrecke hinauf, wenn die Reibungszahl $\mu = 0{,}03$ ist?

6.2 Ein Förderkorb der Masse $m = 23\,000$ kg besitzt eine Fangvorrichtung, die beim Reißen des Seils eingreift und deren Bremskraft $F_B = 6{,}4 \cdot 10^5$ N beträgt. Bei einem Bremsversuch ergab sich ein Bremsweg von $s = 4$ m.

Bei welcher Geschwindigkeit greifen die Fänger ein?

6.3 Ein Eisenbahnzug beschleunigt gleichmäßig aus dem Stillstand. Wie groß muss die Mindestbeschleunigung sein, damit alle in Fahrtrichtung angeschlagenen Türen in das Schloss fallen? Zum Überwinden des Schnappschlosses ist eine Energie von 10 N · m erforderlich. Jede Tür hat eine gleichmäßig verteilte Masse von 100 kg, eine Breite von 0,8 m und steht beim Stillstand im rechten Winkel zur Fahrtrichtung.

Hinweis: Die Trägheitskraft F_T im beschleunigten Bezugssystem wirkt wie eine Schwerkraft mit der Lageenergie $F_T \cdot h$.

6.4 Eine Lore soll innerhalb von $t = 1{,}5$ min auf eine Höhe $H = 17$ m befördert werden.

Welche Masse kann die Lore haben, wenn der Antriebsmotor die Leistungsaufnahme $P = 5{,}5$ kW und einen Wirkungsgrad von 60 % hat?

6.5 Eine Lokomotive reduziert auf einer Steigungsstrecke ihre Zugkraft. Daraufhin verzögert der Zug der Masse $m = 1000$ t in 400 s gleichmäßig von 72 km/h bis zum Stillstand. Die Steigung der Strecke beträgt 1,3 %, ihr Reibungskoeffizient $\mu = 0{,}03$.

Wie groß sind die während der Verzögerung von der Lokomotive verrichtete Arbeit und ihre maximale Leistung?

6.6 Eine Wasserturbine gibt die Nutzleistung $P = 10$ MW ab. Wie viel m^3 Wasser pro Sekunde müssen bei einem Gefälle von $h = 8$ m und einem Wirkungsgrad von 92 % zugeführt werden?

6.7 Bei einem PKW der Masse $m = 1{,}2$ t wird auf ebener Strecke bei einem Rollreibungskoeffizienten $\mu = 0{,}03$ die Motorkraft reduziert. Wegen der Reibung verzögert er daraufhin gleichmäßig mit $|a| = 0{,}19\,\mathrm{m/s^2}$ von der Geschwindigkeit v_0 auf $v_1 = 30\,\mathrm{km/h}$. Die mittlere Motorleistung beträgt während der Verzögerung $\overline{P} = 1{,}5$ kW.

Wie groß ist die Anfangsgeschwindigkeit v_0, die zurückgelegte Strecke s, die benötigte Zeit t und die vom Motor aufgebrachte Arbeit W?

7 Impuls und Mehrkörperprobleme

In den bisherigen Kapiteln wurden nur Bewegungsabläufe untersucht, an denen ein einziger Körper beteiligt war. Nun sollen Mehrkörperproblemen betrachtet werden. Dabei wird sich eine neue Größe, der Impuls, als besonders geeignet erweisen.

7.1 Impuls

Der **Impuls** eines Körpers der Masse m ist definiert durch:

$$\vec{p} = m\vec{v} \tag{7.1}$$

Der Impuls wächst also mit der Masse und der Geschwindigkeit des betrachteten Körpers und entspricht anschaulich seinem „Schwung“. Der Impuls $\vec{p}$ ist wie die Geschwindigkeit $\vec{v}$ eine vektorielle Größe. Die vorige Gleichung steht somit stellvertretend für die drei Gleichungen:

$$p_x = mv_x \qquad p_y = mv_y \qquad p_z = mv_z \tag{7.2}$$

Differenziert man die Gl. (7.1) nach der Zeit, so erhält man unter Verwendung des zweiten Newton'schen Gesetzes:

$$\frac{\mathrm{d}\vec{p}}{\mathrm{d}t} = m \cdot \frac{\mathrm{d}\vec{v}}{\mathrm{d}t} = m \cdot \vec{a} = \vec{F} \tag{7.3}$$

Die Änderung des Impulses eines Körpers pro Zeiteinheit ist also identisch mit der auf den Körper wirkenden **resultierenden** Kraft.

$$\vec{F} = \frac{\mathrm{d}\vec{p}}{\mathrm{d}t} \qquad \text{in Koordinaten:} \quad F_x = \frac{\mathrm{d}p_x}{\mathrm{d}t}; \quad F_y = \frac{\mathrm{d}p_y}{\mathrm{d}t}; \quad F_z = \frac{\mathrm{d}p_z}{\mathrm{d}t} \tag{7.4}$$

Dies ist das **zweite Newton'sche Gesetz in Impulsschreibweise.**

Ohne Krafteinwirkung bleibt der Impuls eines Körpers unverändert:

$$\vec{F} = 0 \quad \Longrightarrow \frac{\mathrm{d}\vec{p}}{\mathrm{d}t} = 0 \quad \Longrightarrow \vec{p} = \text{const.}$$

Wie ändert sich nun der Impuls eines Körpers, wenn eine Kraft auf ihn einwirkt?

Um dies zu ermitteln, teilen wir die Einwirkungsdauer Δt_{ges} der Kraft in sehr viele, sehr kurze Zeitintervalle Δt_i auf und nennen die während Δt_i wirkende resultierende Kraft $\vec{F}_i$. Die von $\vec{F}_i$ während Δt_i erzeugte Impulsänderung $\Delta\vec{p}_i$ ergibt sich im Grenzfall $\Delta t_i \to 0$ aus Gl. (7.4) zu

$$\Delta\vec{p}_i = \vec{F}_i \cdot \Delta t_i \qquad \text{da} \quad \vec{F} = \lim_{\Delta t \to 0} \frac{\Delta\vec{p}}{\Delta t} \tag{7.5}$$

Die gesamte Impulsänderung $\Delta\vec{p}$ erhält man, indem man alle diese Impulsänderungen $\Delta\vec{p}_i$ addiert.

$$\Delta\vec{p} = \sum_i \Delta\vec{p}_i = \sum_i \vec{F}_i \cdot \Delta t_i \tag{7.6}$$

Im Grenzfall sehr vieler, sehr kurzer Zeitabschnitte Δt_i geht die Summe in ein Integral über. Für die Impulsänderung $\Delta\vec{p}$ ergibt sich:

$$\Delta\vec{p} = \int_{t_1}^{t_2} \vec{F}\mathrm{d}t \qquad \text{d. h.:} \quad \Delta p_x = \int_{t_1}^{t_2} F_x\mathrm{d}t; \quad \Delta p_y = \int_{t_1}^{t_2} F_y\mathrm{d}t; \quad \Delta p_z = \int_{t_1}^{t_2} F_z\mathrm{d}t \tag{7.7}$$

Mit der Bezeichnung **Kraftstoß** $\vec{Ks}$ für das Integral lautet der allgemeine Zusammenhang:
Die Impulsänderung eines Körpers ist immer gleich dem Kraftstoß, den die resultierende Kraft auf ihn ausübt.

Der Ausdruck für den Kraftstoß ähnelt dem für die Arbeit in Gl. (6.8). Man beachte jedoch, dass die Kraft bei der Berechnung des Kraftstoßes mit der Zeitdauer multipliziert wird, bei der Berechnung der Arbeit jedoch mit einem Wegstück. Dieser Unterschied macht sich auch in den Einheiten bemerkbar:

$$[\text{Arbeit}] = \text{N} \cdot \text{m} \qquad [\text{Kraftstoß}] = \text{N} \cdot \text{s} \tag{7.8}$$

Jede Koordinate des Kraftstoßes kann grafisch veranschaulicht werden. Trägt man z. B. die x-Koordinate der Kraft wie in der folgenden Abbildung über der Zeit auf, so stellt die Fläche unter der $F_x(t)$-Kurve die x-Koordinate des Kraftstoßes dar.

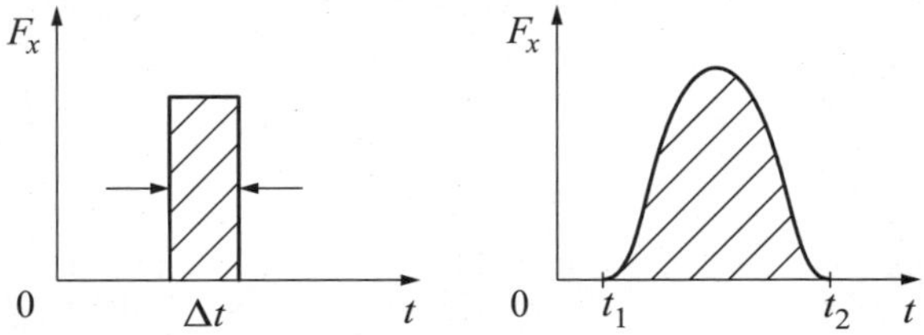

Abb. 7.1 Veranschaulichung des Kraftstoßes

Für eine zeitlich **konstante Kraftkoordinate** erkennt man die einfache Beziehung:

$$Ks_x = F_x \cdot \Delta t \tag{7.9}$$

7.2 Impulserhaltung bei Zweikörpersystemen

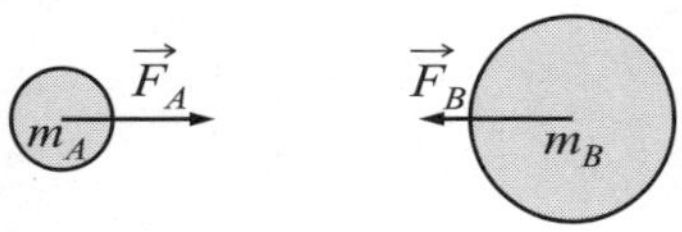

Abb. 7.2 Kräfte beim Zweikörperproblem

Wir betrachten nun ein System aus zwei Körpern A und B. Auf diese Körper sollen keine äußeren Kräfte $\vec{F}_{\text{ext}}$ wirken. Nur die gegenseitigen Wechselwirkungskräfte $\vec{F}_A$ und $\vec{F}_B$ seien vorhanden. Diese sind aber nach dem 3. Newton'schen Axiom bis auf das Vorzeichen gleich:

$$\vec{F}_A + \vec{F}_B = 0 \tag{7.10}$$

Beide Kräfte führen zu Impulsänderungen der jeweiligen Körper:

$$\vec{F}_A = \frac{\mathrm{d}\vec{p}_A}{\mathrm{d}t}, \qquad \vec{F}_B = \frac{\mathrm{d}\vec{p}_B}{\mathrm{d}t} \tag{7.11}$$

Folglich gilt auch nach Einsetzen in (7.10):

$$\frac{\mathrm{d}\vec{p}_A}{\mathrm{d}t} + \frac{\mathrm{d}\vec{p}_B}{\mathrm{d}t} = \frac{\mathrm{d}\vec{p}_{\text{ges}}}{\mathrm{d}t} = 0 \qquad \text{mit } \textbf{Gesamtimpuls } \vec{p}_{\text{ges}} = \vec{p}_A + \vec{p}_B \tag{7.12}$$

Da die zeitliche Ableitung des Gesamtimpulses null ist, gilt:

$$\vec{p}_{\text{ges}} = \vec{p}_A + \vec{p}_B = \text{const.} \qquad \text{solange } \vec{F}_{\text{ext}} = 0 \tag{7.13}$$

Dies ist der **Impulserhaltungssatz** für ein Zweikörpersystem. Die Erhaltung des Gesamtimpulses gilt immer (in Abwesenheit äußerer Kräfte), unabhängig von der Natur der Kräfte, die zwischen den Körpern wirken. Sie hat zur Folge, dass für zwei verschiedene Zeitpunkte der gleiche Gesamtimpuls auftritt:

$$\vec{p}_A(t_1) + \vec{p}_B(t_1) = \vec{p}_A(t_2) + \vec{p}_B(t_2) \qquad \text{solange } \vec{F}_{\text{ext}} = 0 \tag{7.14}$$

Die beiden Vektorgleichungen sind jeweils gleichbedeutend mit drei Gleichungen für die x-, y- und z-Koordinaten.

Ohne Beweis sei erwähnt, dass die Impulserhaltung auch für Systeme gilt, die aus mehr als zwei Körper bestehen, immer unter der Voraussetzung des Fehlens äußerer Kräfte.

Im Folgenden wird gezeigt, dass der Gesamtimpuls eines Systems von Teilchen nicht nur die Summe der Einzelimpulse ist, sondern als „Impuls der Schwerpunktsbewegung" eine anschauliche Bedeutung besitzt.

Der **Schwerpunkt** S zweier Körper ist gemäß Abb. 7.3 ein Punkt auf ihrer Verbindungslinie, der umso näher am Körper B liegt, je größer dessen Anteil an der Gesamtmasse ist. Sein Ortsvektor $\vec{r}_S$ ist demgemäß definiert durch

$$\vec{r}_S = \vec{r}_A + \frac{m_B}{m_A + m_B} \cdot \vec{r}_{AB} \tag{7.15}$$

Setzt man für den Verbindungsvektor $\vec{r}_{AB} = \vec{r}_B - \vec{r}_A$, so erhält man eine zweite Gleichung, die sich auch auf mehr als zwei Teilchen verallgemeinern lässt:

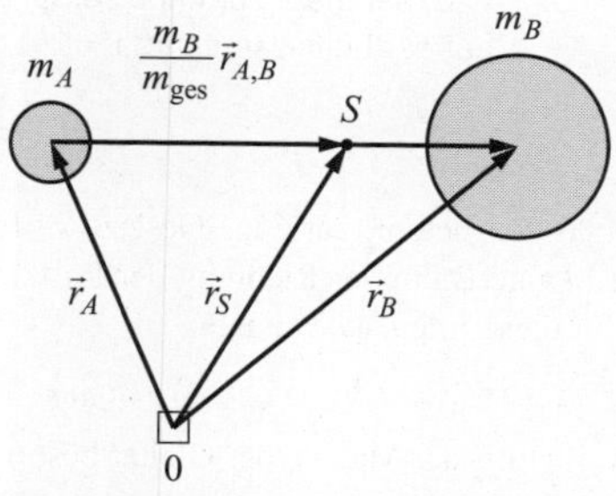

Abb. 7.3 Zur Definition des Schwerpunktes

$$\vec{r}_S = \frac{m_A\vec{r}_A + m_B\vec{r}_B}{m_A + m_B} \qquad \text{allgemein:} \quad \vec{r}_S = \frac{\sum_i (m_i\vec{r}_i)}{m_{\text{ges}}} \tag{7.16}$$

Stellt man sich vor, dass die Gesamtmasse eines Systems in seinem Schwerpunkt vereinigt ist und sich mit diesem mitbewegt, so erhält man für den Impuls dieser Schwerpunktsbewegung

$$\vec{p}_S = m_{\text{ges}}\vec{v}_S = m_{\text{ges}}\dot{\vec{r}}_S = m_{\text{ges}}\frac{m_A\dot{\vec{r}}_A + m_B\dot{\vec{r}}_B}{m_{\text{ges}}} = \vec{p}_A + \vec{p}_B \tag{7.17}$$

Der Gesamtimpuls eines Systems ist der Impuls seiner Schwerpunktsbewegung.

Damit lässt sich der Impulserhaltungssatz der Gl. (7.13) auch so formulieren:

In Abwesenheit äußerer Kräfte ist die Schwerpunktsgeschwindigkeit $\vec{v}_S$ eines Systems konstant; der Schwerpunkt bewegt sich also auf einer Geraden mit konstanter Geschwindigkeit.

Beim Vorhandensein äußerer Kräfte $\vec{F}_{\text{ext}}$ erhält das zweite Newton'sche Gesetz in Gl. (7.11) die Form

$$\vec{F}_{\text{ext},A} + \vec{F}_A = \frac{\mathrm{d}\vec{p}_A}{\mathrm{d}t}, \qquad \vec{F}_{\text{ext},B} + \vec{F}_B = \frac{\mathrm{d}\vec{p}_B}{\mathrm{d}t} \tag{7.18}$$

Addiert man beide Gleichungen, so fallen die inneren Kräfte nach Gl. (7.10) weg; die äußeren Kräfte aber nicht, da sie keine im System angreifenden Reaktionskräfte besitzen. Man erhält:

$$\sum \vec{F}_{\text{ext}} = \frac{\mathrm{d}\vec{p}_{\text{ges}}}{\mathrm{d}t} = m_{\text{ges}}\frac{\mathrm{d}\vec{v}_S}{\mathrm{d}t} = m_{\text{ges}}\vec{a}_S \tag{7.19}$$

Diese Gleichung erhält man auch dann, wenn das System aus mehr als zwei Teilchen besteht.

Das zweite Newton'sche Gesetz verknüpft bei einem Mehrkörpersystem die zeitliche Änderung des Gesamtimpulses (bzw. die Beschleunigung des Schwerpunktes) mit der Summe aller von außen einwirkenden Kräfte. Demzufolge bewegt sich der Schwerpunkt S unter dem Einfluss der äußeren Kräfte wie ein Körper der Gesamtmasse m_{ges}.

Beispiel 7.1

Zwei Gleiter auf der Luftkissenfahrbahn

Auf einer waagrechten Luftkissenfahrbahn befindet sich eine gespannte Feder zwischen zwei Gleitern.

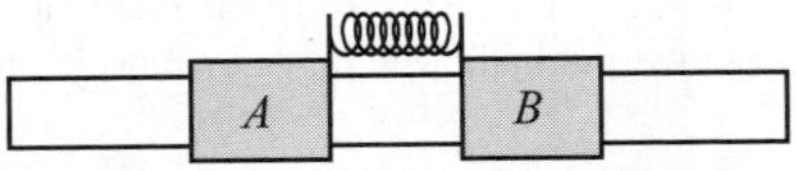

Abb. 7.4 Experiment zur Impulserhaltung auf der Luftkissenfahrbahn

Die beiden Gleiter sind anfänglich in Ruhe und werden durch einen Faden zusammen gehalten. Brennt man den Faden durch, setzen sich beide Gleiter aufgrund der Federkräfte in Bewegung, ohne dass äußere Kräfte den Versuchsablauf beeinflussen.

Welche Aussagen über den Versuchablauf sind mit dem Impulssatz möglich?

Als erstes sei betont, dass das Gesetz der Impulshaltung für jede Koordinatenachse getrennt angewendet werden kann. Da in der Richtung der Luftkissenfahrbahn keine bzw. nur sehr kleine äußere Kräfte wirken, folgt für diese Impulskoordinate:

$$p_A(t) + p_B(t) = m_A v_A(t) + m_B v_B(t) = p_{\text{ges}}(\text{Anfang}) = 0 \qquad (1)$$

Das Verhältnis der Massen der Gleiter bestimmt das Verhältnis der Geschwindigkeit:

$$\frac{m_A}{m_B} = -\frac{v_B}{v_A} \qquad (2)$$

Gleich träge Gleiter bewegen sich mit gleich großen, jedoch entgegengesetzten Geschwindigkeiten auseinander. Je ungleicher die beteiligten Massen sind, desto langsamer wird sich der Gleiter mit der größeren Masse entfernen, umso schneller der mit der kleineren Masse.

Bei diesem Problem ist es sehr einfach, auch die Abstände der Gleiter von ihrem Startpunkt auszurechnen, weil nach der kurzen Beschleunigungsphase konstante Geschwindigkeiten auftreten:

$$(m_A v_A + m_B v_B)\Delta t = m_A(v_A \Delta t) + m_B(v_B \Delta t) = 0$$

$$\Delta x_S = m_A \Delta x_A + m_B \Delta x_B = 0 \qquad (3)$$

Der Schwerpunkt der beiden Gleiter bleibt wegen des Fehlens äußerer Kräfte ortsfest am Startpunkt der Gleiter.

Beispiel 7.1

Beispiel 7.2

Der steinschleudernde Astronaut

Ein Raumfahrer bewegt sich mit seinem Raumschiff ($m_0 = 1030$ kg) nach dem Verbrauch des Treibstoffs mit der Geschwindigkeit $v_0 = 700$ m/s fern von allen Himmelskörpern in Richtung Heimatplanet. Um diesem schneller näherzukommen, schießt er mit einer Schleuder eine Masse Δm von 30 kg mit der Relativgeschwindigkeit $v_R = 30$ m/s nach hinten ab.

Welche Geschwindigkeit v_1 hat das Raumschiff nach dem Abschuss?

Lösung:

Der Gesamtimpuls $\vec{p}$ ist konstant, weil fern von allen Himmelskörpern keine (oder nur sehr kleine) äußere Kräfte auf das Raumschiff einwirken:

$$\vec{p} = \text{const.} = m_0 \vec{v}_0 \qquad (1)$$

Nach dem Abwurf fliegt das Raumschiff mit der Masse $m_0 - \Delta m$ und der Geschwindigkeit $\vec{v}_1$ weiter. Der abgeworfene Körper mit der Masse Δm besitzt die Geschwindigkeit $\vec{v}_0 + \vec{v}_R$.

$$m_0 \vec{v}_0 = (m_0 - \Delta m)\vec{v}_1 + \Delta m(\vec{v}_0 + \vec{v}_R) \qquad (2)$$

Die gesuchte Geschwindigkeit ergibt sich daraus:

$$\vec{v}_1 = \vec{v}_0 - \frac{\Delta m}{m_0 - \Delta m} \cdot \vec{v}_R \qquad (3)$$

Mit den angegebenen Werten ergibt sich für die Geschwindigkeit $|\vec{v}_1|$, da $(-\vec{v}_R)$ und $\vec{v}_0$ dieselbe Richtung haben:

$$\begin{aligned}|\vec{v}_1| &= 700\ \frac{\text{m}}{\text{s}} + \frac{30}{1000} \cdot 30\ \frac{\text{m}}{\text{s}} \\ &= 700\ \frac{\text{m}}{\text{s}} + 0{,}9\ \frac{\text{m}}{\text{s}} = 700{,}9\ \frac{\text{m}}{\text{s}} \end{aligned} \tag{4}$$

Der Astronaut kommt nur geringfügig schneller voran. Er sollte seine Energien für nützliche Dinge aufsparen.

Beispiel 7.2 ▲

7.3 Stöße

Ein wichtiges Anwendungsgebiet der Impulserhaltung bei Vielkörperproblemen bilden die **Stöße**. Wir werden uns im folgenden der Einfachheit halber auf Stöße beschränken, an denen zwei Körper beteiligt sind. Wir bezeichnen Vorgänge als Stöße, bei denen zwischen den betrachteten Körpern kurzzeitig sehr große Kraftspitzen auftreten. Im Vergleich dazu können etwaige äußere Kräfte während der Zeitdauer des Stoßes kaum eine Wirkung auf die Stoßpartnern ausüben. Diese Annahme ist gleichbedeutend mit dem Verschwinden von äußeren Kräften. Über die Herkunft der Kräfte, die während des Stoßes auftreten, müssen wir keinerlei Aussagen machen. Es können somit Autounfälle, der Aufschlag eines Tennisballes, die Kollision von Himmelskörpern oder auch auf mikroskopischer Ebene die Stöße zwischen Atomen und Elementarteilchen untersucht werden. Bei all diesen Problemen ist das Gesetz von der Erhaltung des Gesamtimpulses anwendbar. Unterscheiden können wir die Stöße danach, ob die mechanische Energie $W_{\text{kin}} + W_{\text{pot}}$ erhalten bleibt.

Elastische Stöße

Bei elastischen Stößen bleiben die mechanische Gesamtenergie und der Gesamtimpuls erhalten. Der Stoß zwischen Billardkugeln ist ein Beispiel, das sich diesem Idealbild weit nähert. Es muss jedoch festgehalten werden, dass es auf makroskopischer Ebene keinen vollständig elastischen Stoß gibt. Jeder reale Stoß ist mit Energieverlusten verbunden. Auf mikroskopischer Ebene gibt es jedoch bei Stößen zwischen Atomen und anderen Teilchen durchaus elastische Stöße.

Inelastische Stöße

Alle Stöße, bei denen die mechanische Gesamtenergie $W_{\text{kin}} + W_{\text{pot}}$ nicht erhalten bleibt, heißen inelastisch. Bei ihnen ist nur der Gesamtimpuls eine Erhaltungsgröße. Der Stoß eines Gummiballes gegen eine Wand, bei dem der Ball mit kleinerer Geschwindigkeit von der Wand reflektiert wird, ist ein Beispiel für einen inelastischen Stoß. Wenn zwei Körper zusammenstoßen, nach dem Stoß zusammenkleben und sich mit gleicher Geschwindigkeit weiterbewegen, reden wir vom **total inelastischen Stoß**. Der Zusammenstoß eines Meteoriten mit der Erde fällt in diese Kategorie.

Elastische Stoßprozesse

In diesem Abschnitt wollen wir elastische Stöße von zwei Körpern behandeln, bei denen die Bewegung in einer Koordinatenrichtung abläuft. Zwei Körper der Massen m_A und m_B stoßen auf einer geraden Bahn aufeinander. Eine Realisierung dieses Stoßvorganges ist auf einer waagrechten Luftkissenfahrbahn mit zwei Gleitern möglich. Gesamtenergie und Gesamtimpuls in Bahnrichtung sind dabei Erhaltungsgrößen. Die Geschwindigkeiten vor bzw. nach dem Stoß werden mit v bzw. u bezeichnet. Sie sind bei einer Bewegung nach links negativ.

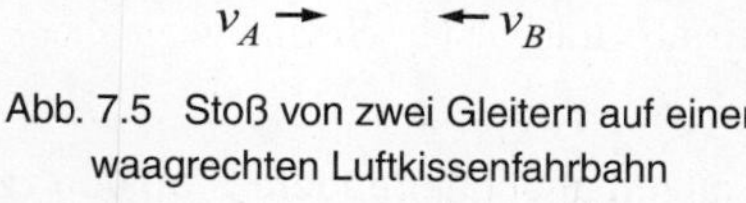

Abb. 7.5 Stoß von zwei Gleitern auf einer waagrechten Luftkissenfahrbahn

$$\frac{1}{2}m_A v_A^2 + \frac{1}{2}m_B v_B^2 = \frac{1}{2}m_A u_A^2 + \frac{1}{2}m_B u_B^2 \qquad \text{Energieerhaltung (EE)}$$

$$m_A v_A + m_B v_B = m_A u_A + m_B u_B \qquad \text{Impulserhaltung (IE)}$$

Zur Berechnung der Geschwindigkeiten nach dem Stoß wird folgendermaßen vorgegangen: In beiden Gleichungen werden die Größen nach ihrer Zugehörigkeit zu den Körpern A und B sortiert.

$$m_A(v_A^2 - u_A^2) = m_B(u_B^2 - v_B^2)$$

$$m_A(v_A + u_A)(v_A - u_A) = m_B(u_B + v_B)(u_B - v_B) \quad \text{(EE)} \tag{7.20}$$

$$m_A(v_A - u_A) = m_B(u_B - v_B) \quad \text{(IE)} \tag{7.21}$$

Durch Division der letzten beiden Gleichungen ergibt sich:

$$v_A + u_A = u_B + v_B \tag{7.22}$$

Diese Gleichung kann nach u_B aufgelöst und in den Impulssatz eingesetzt werden:

$$u_B = v_A + u_A - v_B \tag{7.23}$$

Damit gibt es nur noch eine Unbekannte in der Impulsgleichung, nämlich die Geschwindigkeit u_A:

$$u_A = \frac{m_A - m_B}{m_A + m_B} v_A + \frac{2m_B}{m_A + m_B} v_B \tag{7.24}$$

Auf ähnliche Weise finden wir für die Geschwindigkeit des Körpers B nach dem Stoß:

$$u_B = \frac{2m_A}{m_A + m_B} v_A + \frac{m_B - m_A}{m_A + m_B} v_B \tag{7.25}$$

Betrachten wir als einfachste Anwendung den Spezialfall: $m_A = m_B$. Dieser Fall entspricht dem Stoß eines Gleiters auf der Luftkissenfahrbahn gegen einen zweiten Gleiter gleicher Masse. Die Geschwindigkeiten nach dem Stoß sind:

$$u_A = v_B \qquad u_B = v_A \tag{7.26}$$

Die beteiligten Stoßpartner haben ihre Geschwindigkeiten getauscht. Ist z. B. der Körper B anfänglich in Ruhe, so ruht nach dem Stoß der Körper A.

Betrachten wir den Fall, dass ein sehr **schwerer** Körper A mit einem **leichten** Körper B zusammen trifft ($m_A \gg m_B$), so können wir folgende näherungsweise gültigen Beziehungen aufstellen:

$$u_A \approx v_A \qquad u_B \approx 2v_A - v_B \tag{7.27}$$

Der massive Körper A behält unbeeinflusst vom Stoß seine Geschwindigkeit bei. Der leichte Körper B verändert seine Geschwindigkeit in Abhängigkeit von den Geschwindigkeiten vor dem Stoß. Ruht der leichte Stoßpartner vor dem Stoß ($v_B = 0$), so bewegt er sich nachher mit der doppelten Geschwindigkeit $u_B = 2v_A$ der großen Masse.

Trifft dagegen der leichte Körper auf einen sehr schweren, ruhenden Körper (z. B. eine Wand, $v_A = 0$), so wird er von dieser reflektiert. Das Vorzeichen der Geschwindigkeit von Körper B kehrt sich um. Auf die Wand wird der Impuls $m_A u_A = 2m_B v_B$ übertragen, wegen ihrer großen Masse ist die übertragene Geschwindigkeit aber sehr klein!

Beispiel 7.3 ▼

Fall mit anschließendem Stoß von zwei Kugeln

Ein Ball A fällt aus der Höhe h zu Boden. Auf ihm liegt ein kleinerer Ball B mit sehr viel kleinerer Masse: $m_B \ll m_A$. Beide Bälle beginnen den freien Fall zeitgleich und erfahren Stöße mit dem Boden beziehungsweise untereinander.

Um welche Höhe h^* steigt der kleine Ball nach seinem Stoß mit Ball A?

Alle Stöße verlaufen elastisch.

Lösung:

Der Bewegungsablauf ist gekennzeichnet durch das Auftreten von zwei Stößen in zeitlicher Folge. Zuerst stößt der schwere Ball A auf den Boden (seine Geschwindigkeit nach diesem Stoß sei v'_A), um anschließend einen Stoß mit dem leichten Ball B zu erfahren.

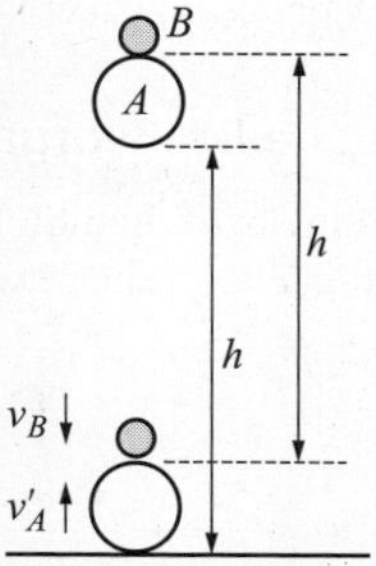

Abb. 7.6 Fall mit Stoß von zwei Bällen

Beim ersten Stoß wird die Geschwindigkeit des Balles A umgekehrt:

$$v'_A = -v_A \tag{1}$$

An dieser Geschwindigkeit ändert sich wegen des großen Massenunterschiedes auch nach dem zweiten Stoß nichts. Der kleine Ball B besitzt vor seinem ersten Stoß wegen der gleichen Fallhöhe die gleiche Geschwindigkeit wie der große Ball:

$$v_B = v_A \tag{2}$$

Im Moment dieses Stoßes ist der große Ball bereits im Steigen begriffen. Die Geschwindigkeit des kleinen Balles u_B nach dem Stoß kann mit Gleichung (7.27) bestimmt werden:

$$u_B \approx 2v'_A - v_B$$

$$u_B \approx -2v_A - v_B = -3v_B \tag{3}$$

Der kleine Ball erhält im Vergleich mit dem üblichen freien Fall und anschließender Reflexion den dreifachen Betrag der Geschwindigkeit. Aus dem Energiesatz folgt, dass der Ball B um das **neunfache** der Fallhöhe h ansteigt.

$$mg \cdot h^* = \frac{1}{2}m \cdot u_B^2 = \frac{1}{2}m \cdot (3v_B)^2 = 9 \cdot (\frac{1}{2}m \cdot v_B^2) = 9 \cdot (mg \cdot h) \tag{4}$$

Beispiel 7.3 ▲

Zweidimensionaler Stoß

Mit unseren Kenntnissen ist es jetzt möglich, auch **ideal elastische** Stöße zu untersuchen, die in einer Fläche ablaufen.

Wir untersuchen den schrägen Stoß eines Körpers gegen eine Wand. Wenn die Kraft, die die Wand dabei auf den Körper ausübt, senkrecht zu ihrer Oberfläche wirkt, die **Kraftkoordinate parallel zur Wand also verschwindet**, so muss nach Gl. (7.7) die Impuls- und damit auch die Geschwindigkeitskoordinate parallel zur Wand erhalten bleiben. Aus der Erhaltung der kinetischen Energie folgt dann, dass die Geschwindigkeitskoordinate senkrecht zur Wand nur ihr Vorzeichen ändern kann. Die Auswirkungen des Stoßes auf die Koordinaten der Geschwindigkeit senkrecht und parallel zur Wand sind deshalb:

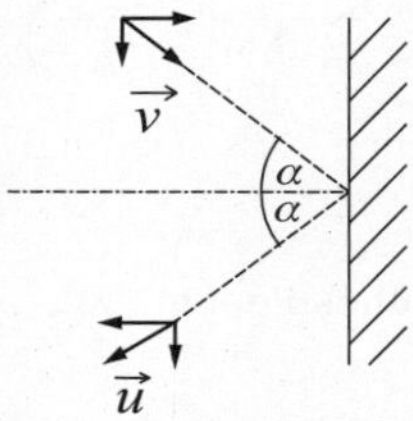

Abb. 7.7 Elastischer Stoß gegen eine Wand

$$u_\perp = -v_\perp \qquad u_\parallel = v_\parallel \tag{7.28}$$

Ein Körper, der unter dem Winkel α zum Lot auf eine Wand trifft, besitzt nach dem Stoß den gleichen Winkel α zum Lot. Dieser Sachverhalt wird als **Reflexionsgesetz** bezeichnet. Für mechanische Vorgänge, z. B. Stöße von Billardkugeln an der Bande, ist dieser Satz jedoch häufig nicht erfüllt, da Kräfte parallel zur Bande wirken und die Billardkugel in Drehung versetzen. Die Kunst des Billardspielens besteht ja gerade darin, der Kugel so einen Effet zu geben, dass die einfachen Gesetze der Mechanik nicht gelten. Ferner sind reale Stoßvorgänge, wie bereits erwähnt wurde, nicht vollständig elastisch. Auch aus diesem Grunde sind daher Abweichungen vom Reflexionsgesetz zu erwarten.

Inelastische Stoßvorgänge

Beim **total inelastischen** Stoß zweier Körper bewegen sich diese nach dem Stoß mit der gleichen Geschwindigkeit $\vec{u}$ weiter. Das Gesetz der Impulserhaltung lautet dann:

$$m_A \cdot \vec{v}_A + m_B \cdot \vec{v}_B = (m_A + m_B) \cdot \vec{u}$$

und somit gilt:

$$\vec{u} = \frac{m_A \cdot \vec{v}_A + m_B \cdot \vec{v}_B}{m_A + m_B} \qquad (7.29)$$

Die kinetischen Energien vor bzw. nach dem Stoß lauten bei diesem Stoßvorgang:

$$W_{\text{kin}}(t_1) = \frac{1}{2} m_A \cdot \vec{v}_A^{\,2} + \frac{1}{2} m_B \cdot \vec{v}_B^{\,2}$$

$$W_{\text{kin}}(t_2) = \frac{1}{2}(m_A + m_B)\vec{u}^{\,2} = \frac{1}{2}\frac{\left(m_A \cdot \vec{v}_A + m_B \cdot \vec{v}_B\right)^2}{m_A + m_B}$$

Der **Energieverlust** $|\Delta W| = W_{\text{kin}}(t_1) - W_{\text{kin}}(t_2)$ beim total inelastischen Stoß ist daher:

$$|\Delta W| = \frac{m_A \cdot m_B}{2(m_A + m_B)}(\vec{v}_A - \vec{v}_B)^2 \qquad (7.30)$$

Dieser mechanische Energieverlust wird bei makroskopischen Stoßvorgängen in Verformungs- und Erwärmungsenergie der Stoßpartner umgewandelt.

Stößt ein Körper total inelastisch gegen einen **ruhenden** Körper ($v_B = 0$), so ist das Verhältnis der kinetischen Energien vor und nach dem Stoß nur noch massenabhängig:

$$\frac{W_{\text{kin}}(t_2)}{W_{\text{kin}}(t_1)} = \frac{m_A}{m_A + m_B} \leqq 1 \qquad (7.31)$$

Das Verhältnis des Energieverlusts $|\Delta W|$ zur anfänglich vorhandenen kinetischen Energie $W_{\text{kin}}(t_1)$ wird in diesem Fall:

$$\frac{|\Delta W|}{W_{\text{kin}}(t_1)} = \frac{m_B}{m_A + m_B} \leqq 1 \qquad (7.32)$$

Bei **gleichen** Massen m_A und m_B geht die Hälfte der kinetischen Energie $W_{\text{kin}}(t_1)$ verloren.

Beispiel 7.4

Ballistisches Pendel

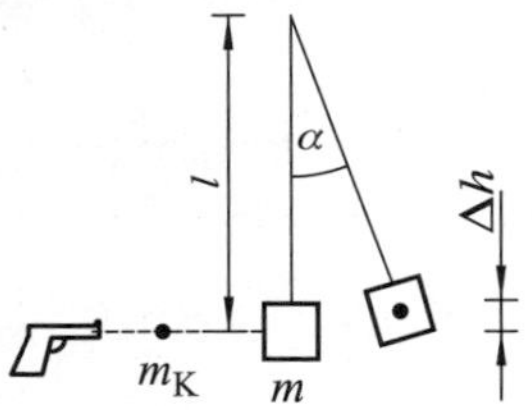

Abb. 7.8 Ballistisches Pendel

Ein ballistisches Pendel wird zur Geschwindigkeitsmessung von Pistolenkugeln verwendet. An einer dünnen Stange der Länge l befindet sich ein Auffänger der Masse m. Eine Pistolenkugel der Masse m_K wird waagrecht in den Auffänger geschossen und bleibt dort stecken. Das Pendel wird ausgelenkt. Welcher Zusammenhang besteht zwischen dem größten Auslenkwinkel und der Geschwindigkeit?

Lösung:

Das ballistische Pendel kann für die Zeitdauer des Abbremsens der Pistolenkugel als frei von äußeren Kräften in waagrechter Richtung angesehen werden. Aus diesem Grund bleibt der Impuls in waagrechter Richtung erhalten.

Für die Geschwindigkeit des Auffängers und der Kugel gilt daher nach dem Stoß:

$$u = \frac{m_K}{m + m_K} v_K \tag{1}$$

Mit dem Energiesatz kann ein Zusammenhang zwischen der Geschwindigkeit u und der größten Anhebung Δh hergestellt werden:

$$\frac{1}{2}(m + m_K) \cdot u^2 = (m + m_K) \cdot g \cdot \Delta h. \tag{2}$$

Geometrisch ist die Höhe Δh mit dem Winkel durch folgende Beziehung verknüpft:

$$\Delta h = l - l \cos \alpha = l \cdot (1 - \cos \alpha) \tag{3}$$

Damit ergibt sich für die gesuchte Geschwindigkeit v_K:

$$v_K = \sqrt{2 \cdot g \cdot l(1 - \cos \alpha)} \frac{m + m_K}{m_K} \tag{4}$$

Beispiel 7.4 ▲

Prallen zwei Körper **mit entgegengesetzten, jedoch betragsmäßig gleichen Geschwindigkeiten** $\vec{v}_A = -\vec{v}_B$ total inelastisch zusammen, so nehmen der Energieverlust und die verbleibende kinetische Energie im Vergleich zur Anfangsenergie folgende Werte an:

$$\frac{|\Delta W|}{W_{\text{kin}}(t_1)} = 4 \frac{m_A m_B}{(m_A + m_B)^2} \leqq 1$$

$$\frac{W_{\text{kin}}(t_2)}{W_{\text{kin}}(t_1)} = \left(\frac{m_A - m_B}{m_A + m_B}\right)^2 \leqq 1$$

Bemerkenswert ist an diesen Beziehungen, dass für gleiche Massen $m_A = m_B$ die gesamte kinetische Energie $W_{\text{kin}}(t_1)$ in Verlustenergie $|\Delta W|$ übergeführt wird. Autofahrer sehen deutlich die für sie in einem Frontalzusammenstoß schlimmen Folgen. Die Elementarteilchenphysiker hingegen nutzen diesen Effekt aus und lassen subatomare Teilchen frontal aufeinanderprallen, damit möglichst viel Energie $|\Delta W|$ zur Anregung der Stoßpartner und damit zur Produktion neuer Teilchen(-masse) zur Verfügung steht.

Bei anderen als total inelastischen Stößen liegt der Energieverlust $|\Delta W|$ zwischen dem durch Gl. (7.30) gegebenen größten Wert und null:

$$0 \leqq |\Delta W| \leqq \frac{m_A m_B}{2(m_A + m_B)} (\vec{v}_A - \vec{v}_B)^2 \tag{7.33}$$

7.4 Zusammenfassung

Der **Impuls** $\vec{p}$ eines Körpers der Masse m und der Geschwindigkeit $\vec{v}$ ist definiert als:

$$\vec{p} = m \cdot \vec{v} \tag{7.34}$$

Das zweite Newton'sche Gesetz lautet in Impulsschreibweise :

$$\vec{F} = \frac{d\vec{p}}{dt} \tag{7.35}$$

Die von der resultierenden Kraft $\vec{F}$ erzeugte Impulsänderung $\Delta\vec{p}$ ist gleich ihrem **Kraftstoß**:

$$\Delta\vec{p} = \int_{t_1}^{t_2} \vec{F} dt \tag{7.36}$$

Der Gesamtimpuls von mehreren Körpern $\vec{p}_{\text{ges}}$ ist eine Erhaltungsgröße (d. h. er ist konstant), falls keine äußeren Kräfte einwirken. Für ein Zweikörpersystem lautet der **Impulserhaltungssatz** für beliebige Zeiten t_1 und t_2:

$$\vec{p}_A(t_1) + \vec{p}_B(t_1) = \vec{p}_A(t_2) + \vec{p}_B(t_2) = \vec{p}_{\text{ges}} = \text{const.} \qquad \text{falls} \quad \vec{F}_{\text{ext}} = 0 \tag{7.37}$$

Gleichwertig mit dem Impulserhaltungssatz ist die Aussage, dass die Schwerpunktgeschwindigkeit $\vec{v}_S$ in Richtung und Betrag unverändert bleibt. Der **Schwerpunktsvektor** eines Systems aus zwei Körpern lautet:

$$\vec{r}_S = \frac{m_A \vec{r}_A + m_B \vec{r}_B}{m_A + m_B} \tag{7.38}$$

Der Schwerpunkt S eines Vielkörpersystems bewegt sich unter dem Einfluss äußerer Kraft wie ein Körper der Gesamtmasse M, die im Schwerpunkt konzentriert ist.

$$\sum \vec{F}_{\text{ext}} = \frac{\mathrm{d}\vec{p}_S}{\mathrm{d}t} = M\frac{\mathrm{d}\vec{v}_S}{\mathrm{d}t} = M\vec{a}_S \tag{7.39}$$

Bei **elastischen** Stößen gilt das Gesetz der mechanischen **Energieerhaltung**. Für zwei Körper A und B, die einen Stoß in einer Koordinatenrichtung ausführen, sind die Geschwindigkeiten nach dem Stoß in folgender Weise von den Anfangsgeschwindigkeiten abhängig:

$$u_A = \frac{m_A - m_B}{m_A + m_B} v_A + \frac{2m_B}{m_A + m_B} v_B$$

$$u_B = \frac{2m_A}{m_A + m_B} v_A + \frac{m_B - m_A}{m_A + m_B} v_B$$

Geschwindigkeiten sind dabei negativ, wenn die Bewegung entgegen der gewählten positiven Koordinatenrichtung verläuft.

Inelastische Stöße sind durch das **Fehlen der mechanischen Energieerhaltung** charakterisiert. Bei **total inelastischen** Stößen haben beide Körper nach dem Stoß die **gleiche** Geschwindigkeit $\vec{u}$:

$$\vec{u} = \frac{m_A \vec{v}_A + m_B \vec{v}_B}{m_A + m_B} \tag{7.40}$$

7.5 Aufgaben

7.1 Ein Wagen der Masse $m_1 = 24$ kg rollt reibungslos aus dem Stand eine schiefe Ebene der Höhe $h = 1{,}8$ m hinunter und prallt am Fußpunkt total inelastisch auf eine Kiste der Masse $m_2 = 16$ kg.

Wie weit wird die Kiste infolge des Stoßes auf dem waagerechten Boden verschoben, wenn für sie die Gleitreibungszahl $\mu_2 = 0{,}15$ gilt, der Wagen aber vor und nach dem Aufprall reibungsfrei rollt?

7.2 Ein Klotz der Masse $m_1 = 2{,}4$ kg wird durch eine Feder ($D = 6000$ N/m), die anfänglich um $x = 25$ cm zusammengedrückt war, auf einer ebenen Fläche weggeschleudert. Nach einem Gleitweg $s = 5$ m stößt der Körper 1 elastisch mit einem Klotz der Masse $m_2 = 3{,}8$ kg zusammen.

In welchem Abstand voneinander bleiben die beiden Klötze liegen?
Der Reibungskoeffizient ist für beide Körper $\mu = 0{,}6$.

7.3 Ein Pendel der Länge $l = 2$ m und der Masse $m_1 = 2$ kg wird um 70° nach links aus der Ruhelage ausgelenkt und losgelassen. Es stößt elastisch mit einem zweiten Pendel beim Durchgang der Ruhelage zusammen und erreicht nach dem Stoß links eine maximale Auslenkung von 45°.

Gesucht sind die Masse m_2 des Pendels 2 und seine maximale Auslenkung nach dem Stoß.

7.4 In einen Waggon der Masse $m = 10$ t, der mit $v = 1$ m/s fährt, fallen von oben 15 t Koks aus einer Höhe von 4 m.

Mit welcher Geschwindigkeit fährt der Waggon weiter?

7.5 Ein Güterwagen der Masse $m = 20$ t prallt auf einen stehenden Zug, der aus 10 gleichen Waggons besteht, mit 18 km/h auf. Was geschieht, wenn

1. die 10 Wagen nicht gekuppelt sind,
2. die 10 Wagen gekuppelt sind und die Stöße bei 1. und 2. elastisch erfolgen,
3. die 11 Wagen eine automatische Kupplung haben, die beim Stoß automatisch einrastet?

Wo ist die restliche kinetische Energie geblieben?

7.6 Drei Kugeln, deren Massen sich wie $1 : 1/2 : 1/4$ verhalten, sind nebeneinander aufgehängt. Nach Auslenken der ersten Kugel fällt diese mit der Geschwindigkeit $v_1 = 2$ m/s gegen die nächste Kugel.

Mit welcher Geschwindigkeit u_3 fliegt die letzte Kugel zur Seite?
Die Stöße erfolgen elastisch.

7.7 Von einem anfänglich ruhenden Raumfahrzeug mit der Anfangsmasse $m_0 = 1000$ kg werden nacheinander Gegenstände mit der Relativgeschwindigkeit $u = 10$ m/s (zum Fahrzeug) in die gleiche Richtung weggeworfen. Nach dem ersten Wurf besitzt der Raumkörper die Masse $m_1 = 3/4 \cdot m_0$, nach dem zweiten Wurf die Restmasse $m_2 = 9/16 \cdot m_0$.

Wie groß ist die Geschwindigkeit des Raumkörpers nach dem zweiten Wurf?

7.8 Ein Fahrzeug A fährt mit der Geschwindigkeit $v_A = 72$ km/h auf einen stehenden Wagen B auf. Nach dem Zusammenstoß rutschen die beiden Fahrzeuge ineinander verkeilt noch die Strecke $x = 50$ m bei einem für beide Fahrzeuge gleichen Reibungskoeffizienten $\mu = 0{,}01$ weiter.

Wie groß ist das Verhältnis m_B/m_A der Massen beider Fahrzeuge?

7.9 Ein PKW mit der Masse $m_1 = 900$ kg fährt mit der unbekannten Geschwindigkeit v_x auf ein Hindernis der Masse $m_2 = 600$ kg auf. Nach dem Zusammenstoß rollt der PKW, das Hindernis vor sich her schiebend, noch die Strecke $x = 5$ m weiter (Reibungskoeffizient $\mu_1 = 0$ für den nicht bremsenden PKW, $\mu_2 = 0{,}1$ für das Hindernis).

Wie groß war die Geschwindigkeit v_x?

8 Dynamik der Drehbewegung des starren Körpers

Wir sprechen von einem starren Körper, wenn die Abstände zwischen allen seinen Punkten unverändert bleiben.

Bei der Beschreibung der Bewegung eines solchen Körpers haben wir uns bisher einen Punkt dieses Körpers in Gedanken markiert, und die Bewegung dieses Markierungspunktes durch seinen Ortsvektor $\vec{r}(t)$ beschrieben. Dies nannten wir die Translationsbewegung des Körpers. Wählt man als Markierungspunkt den Schwerpunkt, so lässt sich diese Bewegung nach den Ergebnissen des vorangehenden Kapitels mithilfe des zweiten Newton'schen Gesetzes berechnen, ohne dass man die Bewegung der restlichen Teile des Körpers beachten muss.

Nun soll die Bewegung des Körpers um den gewählten Markierungspunkt betrachtet werden. Als Bezugssystem verwenden wir deshalb ein Koordinatensystem, dessen Ursprung im markierten Punkt des Körpers liegt und sich mit diesem mitbewegt; die Richtungen der Koordinatenachsen sollen dabei aber (bezüglich eines äußeren Inertialsystems) unverändert bleiben. In diesem Bezugssystem führt der Körper nur noch **Drehungen** um den im Koordinatenursprung ruhenden Markierungspunkt aus. Das Bezugssystem wird **Schwerpunktssystem** genannt, wenn sein Ursprung der Schwerpunkt des Körpers ist.

Eine besonders einfache Drehung liegt vor, wenn sich die Richtung der Drehachse nicht verändert, wie z. B. bei den sich drehenden Wellen und Rädern einer feststehenden Maschine. In diesem Fall laufen alle Punkte des Körpers auf Kreisbahnen. Die folgende Tabelle enthält die Größen, die für solche Kreisbewegungen schon eingeführt wurden, und stellt sie den Größen der Translation gegenüber.

Tabelle 8.1 Translation–Rotation

	Translation entlang der x-Achse	**Rotation mit fester Achse**
Zeit	t	t
Ort	x	φ
Geschwindigkeit	$v_x = \dfrac{\mathrm{d}x}{\mathrm{d}t}$	$\omega = \dfrac{\mathrm{d}\varphi}{\mathrm{d}t}$
Beschleunigung	$a_x = \dfrac{\mathrm{d}v_x}{\mathrm{d}t}$	$\alpha = \dfrac{\mathrm{d}\omega}{\mathrm{d}t}$
Kraft	$F_x = m\,a_x$	?
Impuls	$p_x = mv_x$	?
Arbeit, Energie	$\Delta W = F_x \cdot \Delta x$	?

In dieser Tabelle fehlen noch einige Größen für die Kreisbewegung, für die bei der Translationsbewegung bereits Entsprechendes eingeführt wurde.

8.1 Winkelgrößen als Vektoren

Bei der Translation verwenden wir zur Beschreibung einer Verschiebung den Vektor $\Delta\vec{r}$; er gibt die Größe und Richtung der Verschiebung an. Die Hintereinanderausführung zweier Verschiebungen $\Delta\vec{r}_1$ und $\Delta\vec{r}_2$ entspricht der Vektorsumme der Einzelverschiebungen $\Delta\vec{r}_1 + \Delta\vec{r}_2$. Wir wollen nun auch Drehungen durch Vektoren beschreiben, die außer der Größe des Drehwinkels noch die Richtung der Drehachse angeben. Die Summe zweier Drehvektoren soll der Hintereinanderausführung der Drehungen entsprechen. Dazu müssen wir zunächst die Frage beantworten, ob Drehungen in diesem Sinne Vektoren sind.

Zu diesem Zweck lassen wir einen Bleistift, der ursprünglich in die x-Richtung zeigt, nacheinander zwei Drehungen um 90° ausführen:
1. eine Drehung A um die z-Achse,
2. eine Drehung B um die x-Achse.

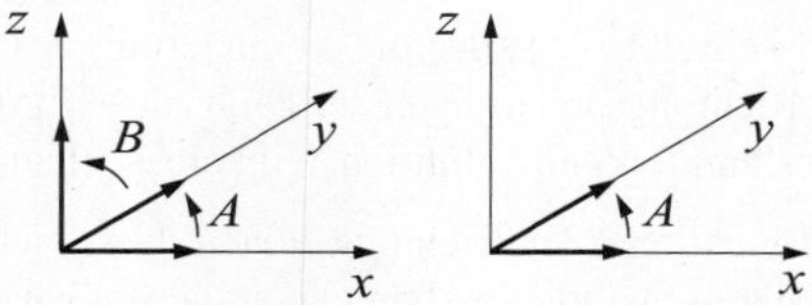

Abb. 8.1 Zwei nacheinander ausgeführte Drehungen

Der Bleistift weist nach den beiden Drehungen in die z-Richtung. Vertauschen wir nun die Reihenfolge der Drehungen, so ist das Ergebnis ein anderes: Die Drehung B um die x-Achse lässt die Orientierung des Bleistiftes ungeändert. Die anschließend ausgeführte Drehung A bringt den Bleistift in y-Richtung.

Dieses Beispiel zeigt, dass die Reihenfolge von „großen" Drehungen im allgemeinen Fall nicht vertauscht werden kann. Der Hintereinanderausführung von großen Drehungen fehlt also eine wichtige Eigenschaft der Addition von Vektoren, die Vertauschbarkeit bzw. Kommutativität:

$$\vec{a} + \vec{b} = \vec{b} + \vec{a} \tag{8.1}$$

Große Drehungen kann man daher nicht so durch Vektoren beschreiben, dass deren Addition der Hintereinanderausführung der Drehungen entspricht.

Bei Drehungen um kleine bzw. infinitesimale Winkel, wie sie bei der Berechnung der Winkelgeschwindigkeit benötigt werden, sieht das anders aus. Führen wir die Drehexperimente mit dem Bleistift nochmals mit kleineren Drehwinkeln $\Delta\varphi$ durch, so stellen wir fest, dass die Unterschiede zwischen den Reihenfolgen der Drehungen immer kleiner werden. Sie verschwinden im Grenzfall $\Delta\varphi \to 0$ völlig. Kleine (infinitesimale) Drehungen lassen sich durch Vektoren beschreiben, deren Addition der Hintereinanderausführung der Drehungen entspricht.

Die Vektoren $\mathrm{d}\vec{\varphi}$, $\vec{\omega}$ und $\vec{\alpha}$

Jeder **infinitesimalen Drehung** wird ein Vektor $\mathrm{d}\vec{\varphi}$ zugeordnet, dessen Betrag dem Betrag des Drehwinkels $\mathrm{d}\varphi$ entspricht:

$$|\mathrm{d}\vec{\varphi}| = |\mathrm{d}\varphi| \tag{8.2}$$

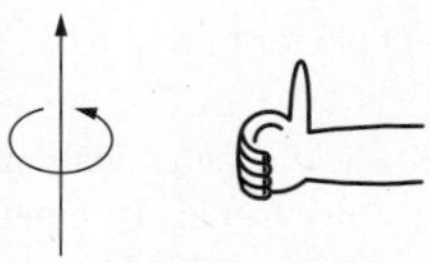
Abb. 8.2 Rechte-Hand-Regel

Die Richtung von $\mathrm{d}\vec{\varphi}$ stimmt mit der Drehachse überein, und zwar so, dass gemäß Abb. 8.2 der Daumen der rechten Hand die Richtung von $\mathrm{d}\vec{\varphi}$ bezeichnet, wenn die restlichen Finger den Drehsinn der Drehung beschreiben.

Die **Winkelgeschwindigkeit** $\vec{\omega}$ ist der Quotient aus dieser infinitesimalen Drehung $\mathrm{d}\vec{\varphi}$ und der dafür benötigten Zeit:

$$\vec{\omega} = \lim_{\Delta t \to 0} \frac{\Delta\vec{\varphi}}{\Delta t} = \frac{\mathrm{d}\vec{\varphi}}{\mathrm{d}t} \tag{8.3}$$

Sie ist also auch ein Vektor. Ihre Richtung stimmt mit der von $\mathrm{d}\vec{\varphi}$ überein und ergibt sich aus der Drehrichtung gemäß der Rechten-Hand-Regel von Abb. 8.2. Der Betrag des Winkelgeschwindigkeitsvektors stimmt mit der Winkelgeschwindigkeit überein, die bei der Kreisbewegung in Abschnitt 4.5 eingeführt wurde:

$$|\vec{\omega}| = |\omega| \qquad \text{mit} \quad \omega = \lim_{\Delta t \to 0} \frac{\Delta\varphi}{\Delta t} = \frac{\mathrm{d}\varphi}{\mathrm{d}t} \tag{8.4}$$

Die **Winkelbeschleunigung** $\vec{\alpha}$ ist als Ableitung der Winkelgeschwindigkeit $\vec{\omega}$ nach der Zeit definiert.

$$\vec{\alpha} = \frac{d\vec{\omega}}{dt} = \lim_{\Delta t \to 0} \frac{\Delta\vec{\omega}}{\Delta t} \tag{8.5}$$

Sie beschreibt nicht nur die Veränderung des Betrages $|\vec{\omega}|$ der Winkelgeschwindigkeit, sondern auch Richtungsänderungen der Drehachse. Ihr Betrag $|\vec{\alpha}|$ ist daher nur bei fester Drehachse mit der in Abschnitt 4.5 eingeführten Winkelbeschleunigung α identisch.

Die Bedeutung der Richtung von $\vec{\alpha}$ lässt sich veranschaulichen, indem man die Änderung der Winkelgeschwindigkeit berechnet, die sich aus einer Winkelbeschleunigung ergibt.

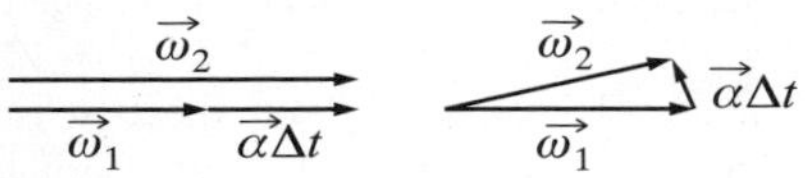

Abb. 8.3 Veränderung der Winkelgeschwindigkeit für verschiedene Richtungen der Winkelbeschleunigung

Im Falle einer konstanten Winkelbeschleunigung $\vec{\alpha}$ lauten die Veränderungen $\Delta\vec{\omega}$:

$$\Delta\vec{\omega} = \vec{\alpha} \cdot \Delta t$$

$$\Longrightarrow \quad \vec{\omega}_2 = \vec{\omega}_1 + \vec{\alpha} \cdot \Delta t \tag{8.6}$$

Aus Abb. 8.3 erkennt man, dass Winkelbeschleunigungen $\vec{\alpha}$ parallel zur Winkelgeschwindigkeit $\vec{\omega}$ die Richtung der Drehachse nicht verändern. Eine solche Änderung findet aber immer statt, wenn die Winkelbeschleunigungen $\vec{\alpha}$ eine Komponente senkrecht zur Winkelgeschwindigkeit $\vec{\omega}$ besitzt.

Addition und Zerlegung von Winkelgeschwindigkeiten

Beispiel 8.1

Rad auf Kreisbahn

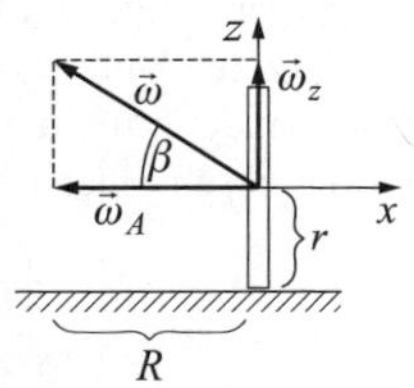

Abb. 8.4 Bewegung des Rades auf einer Kreisbahn

Ein Rad mit dem Radius $r = 40$ cm rollt gemäß Abb. 8.4 mit konstanter Geschwindigkeit ohne Schlupf auf einer Kreisbahn mit dem Radius $R = 80$ cm. Für das Durchlaufen der Kreisbahn werden $T = 10\,\text{s}$ benötigt.

Die Bewegung des Rades soll in seinem Schwerpunktssystem beschrieben und Betrag und Orientierung der Winkelgeschwindigkeit $\vec{\omega}$ angegeben werden.

Lösung:

Die Bewegung setzt sich aus zwei Drehungen zusammen. Das Rad dreht sich in 10 Sekunden einmal um die vertikale z-Richtung. Um die eigene Achse dreht sich das Rad in der gleichen Zeit N_A-mal. **In einem solchen Fall ist die Winkelgeschwindigkeit der Gesamtdrehung die Vektorsumme aus den Winkelgeschwindigkeiten der Teildrehungen.**

$$\vec{\omega} = \vec{\omega}_z + \vec{\omega}_A \qquad \text{Diese Aussage wird hier nicht bewiesen.} \tag{1}$$

Die Winkelgeschwindigkeiten um diese beiden ausgewählten Richtungen lauten:

$$\omega_z = \frac{2\pi}{T}$$

$$\omega_A = \frac{N_A \cdot 2\pi}{T}$$

$$N_A = \frac{R}{r} = 2 \qquad \text{wegen} \quad N_A \cdot 2\pi r = 2\pi R \tag{2}$$

Richtung und Betrag der Winkelgeschwindigkeit $\vec{\omega}$ können mit den bekannten Vektorbeziehungen bestimmt werden:

$$|\vec{\omega}| = \sqrt{\omega_z^2 + \omega_A^2} = \frac{2\pi}{T}\sqrt{5}$$

$$= 1{,}40\ 1/\text{s}$$

$$\tan\beta = \frac{\omega_z}{\omega_A} = \frac{1}{2}$$
$$\Longrightarrow \beta = 26{,}6^\circ \qquad (3)$$

Die Winkelgeschwindigkeit $\vec{\omega}$ bewegt sich auf einem Kegelmantel, der gegen die Horizontale den Winkel β aufweist. Die Vertikalkomponente ω_z ist konstant, in dieser Richtung tritt daher keine Winkelbeschleunigung auf.

Beispiel 8.1 ▲

Zerlegt man eine gegebene Winkelgeschwindigkeit $\vec{\omega}$ in Umkehrung der im Beispiel verwendeten Methode willkürlich in zwei Teilvektoren

$$\vec{\omega} = \vec{\omega}_1 + \vec{\omega}_2 \qquad (8.7)$$

so entsteht die durch $\mathrm{d}\vec{\varphi} = \vec{\omega}\cdot\mathrm{d}t$ beschriebene Drehung anschaulich durch eine Überlagerung (Hintereinanderausführung) der Drehungen $\mathrm{d}\vec{\varphi}_1 = \vec{\omega}_1\cdot\mathrm{d}t$ und $\mathrm{d}\vec{\varphi}_2 = \vec{\omega}_2\cdot\mathrm{d}t$.

Die Geschwindigkeit $\vec{v}$ eines Punktes im rotierenden starren Körper

Wir betrachten einen starren Körper, der sich mit der Winkelgeschwindigkeit $\vec{\omega}$ dreht. Dabei bewegt sich jeder Punkt des Körpers auf einer Kreisbahn um die Drehachse. Die zugehörige Vektorgeschwindigkeit hat, wie in Abschnitt 4.5 hergeleitet wurde, den Betrag:

$$|\vec{v}| = v_B = r'\omega = r'\frac{\mathrm{d}\varphi}{\mathrm{d}t} \qquad (8.8)$$

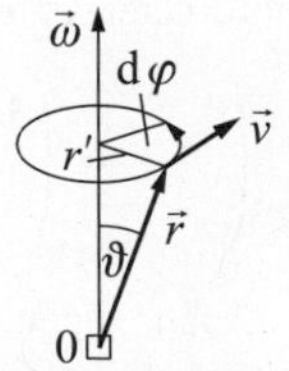

Abb. 8.5 Kreisbewegung eines Punktes im rotierenden starren Körper

Befindet sich der Ursprung des Koordinatensystems wie in Abb. 8.5 auf der Drehachse, so lässt sich der Kreisradius r' aus dem Ortsvektor $\vec{r}$ des betrachteten Punktes errechnen und man erhält:

$$r' = r\sin\vartheta$$
$$|\vec{v}| = r\sin\vartheta\cdot\omega \qquad (8.9)$$

wobei ϑ der Winkel zwischen dem Ortsvektor $\vec{r}$ und der Drehachse ist. Der Vektor der Geschwindigkeit $\vec{v}$ ist in jedem Augenblick tangential zur Kreisbahn und damit senkrecht zur Winkelgeschwindigkeit $\vec{\omega}$ und dem Ortsvektor $\vec{r}$ orientiert.

Betrag und Richtung von $\vec{v}$ können wir elegant mit dem Vektorprodukt von $\vec{\omega}$ und $\vec{r}$ angeben.

Vektorprodukt: $\vec{c} = \vec{a}\times\vec{b}$

Das Vektorprodukt wird durch ein Kreuz gekennzeichnet und deshalb oft auch **Kreuzprodukt** genannt. Es ordnet zwei gegebenen Vektoren $\vec{a}$ und $\vec{b}$ gemäß Abb. 8.6 einen Vektor $\vec{c}$ zu, der senkrecht auf den gegebenen Vektoren steht. Seine Richtung ist durch die **Rechte-Hand-Regel** definiert: Dreht man den ersten Vektor ($\vec{a}$) in den zweiten ($\vec{b}$) und beschreibt den zugehörigen Drehsinn durch die Finger der rechten Hand, so zeigt der Daumen in die Richtung des Produktvektors ($\vec{c}$).

Der Betrag des Produktvektors ist festgelegt durch

$$|\vec{c}| = |\vec{a}||\vec{b}|\sin\vartheta \qquad (8.10)$$

ϑ ist der von den Vektoren $\vec{a}$ und $\vec{b}$ eingeschlossene Winkel.

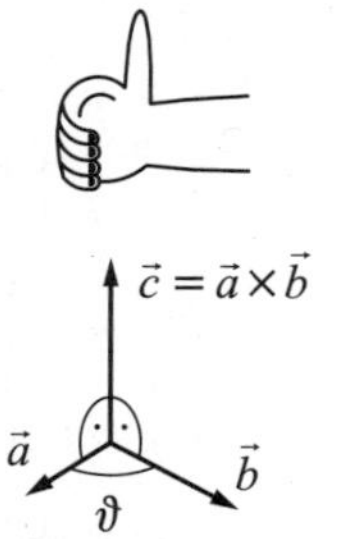

Abb. 8.6 Vektorprodukt $\vec{a} \times \vec{b}$

Wichtige Eigenschaften des Vektorproduktes sind:

1. $\vec{a} \times \vec{a} = 0$

Dieses Kreuzprodukt verschwindet, weil der eingeschlossene Winkel ϑ null ist.

2. $\vec{a} \times \vec{b} = -(\vec{b} \times \vec{a})$

Dies ergibt sich aus der Rechten-Hand-Regel.

3. Zwischen den Einheitsvektoren des kartesischen Koordinatensystems bestehen folgende Beziehungen:

$$\vec{e}_x \times \vec{e}_y = \vec{e}_z; \qquad \vec{e}_y \times \vec{e}_z = \vec{e}_x; \qquad \vec{e}_z \times \vec{e}_x = \vec{e}_y \tag{8.11}$$

Die Kreuzprodukte zwischen gleichen Einheitsvektoren sind null.

4. Es gelten die folgenden Rechenregeln (was hier nicht bewiesen wird):

$$\vec{a} \times (\vec{b} + \vec{c}) = (\vec{a} \times \vec{b}) + (\vec{a} \times \vec{c}) \tag{8.12}$$

$$\vec{a} \times (\lambda \vec{b}) = \lambda (\vec{a} \times \vec{b}) \tag{8.13}$$

$$\vec{a} \times (\vec{b} \times \vec{c}) = \vec{b}(\vec{a} \cdot \vec{c}) - \vec{c}(\vec{a} \cdot \vec{b}) \tag{8.14}$$

Die letzte Gleichung besagt, dass das doppelte Kreuzprodukt $\vec{a} \times (\vec{b} \times \vec{c})$ in der Ebene liegt, die von den Vektoren $\vec{b}$ und $\vec{c}$ aufgespannt wird.

5. In Koordinatenschreibweise lautet das Vektorprodukt $\vec{a} \times \vec{b} = \vec{c}$

$$\begin{pmatrix} c_x \\ c_y \\ c_z \end{pmatrix} = \begin{pmatrix} a_y b_z - b_y a_z \\ a_z b_x - b_z a_x \\ a_x b_y - b_x a_y \end{pmatrix} \tag{8.15}$$

Dies lässt sich zeigen, indem man die Vektoren $\vec{a}$ und $\vec{b}$ in ihre Komponenten zerlegt und bei der Multiplikation die Regeln ((8.11) bis (8.13)) verwendet.

Mit dem Vektorprodukt können viele Größen bei den Drehbewegungen in knapper Form dargestellt werden.

Die in Abb. 8.5 skizzierte **Geschwindigkeit $\vec{v}$ eines Punktes im rotierenden starren Körper** können wir mit dem folgenden Kreuzprodukt angeben:

$$\vec{v} = \frac{\mathrm{d}\vec{r}}{\mathrm{d}t} = \vec{\omega} \times \vec{r} \tag{8.16}$$

denn die Definitionen für Betrag und Richtung des Kreuzproduktes führen direkt zu den im vorangehenden Abschnitt für $\vec{v}$ hergeleiteten Eigenschaften. Diese Beziehung können wir verallgemeinern auf die Ableitung von beliebigen Vektoren $\vec{B}$, deren Spitze wie der Ortsvektor $\vec{r}$ in Abb. 8.5 eine Kreisbahn mit der Winkelgeschwindigkeit $\vec{\omega}$ durchlaufen:

$$\frac{\mathrm{d}\vec{B}}{\mathrm{d}t} = \vec{\omega} \times \vec{B} \tag{8.17}$$

Beispiel 8.2

Fortsetzung – Rad auf Kreisbahn

Welche Winkelbeschleunigung tritt bei dem Rad auf, das eine Kreisbahn mit konstanter Geschwindigkeit durchläuft?

Lösung:

Die Winkelgeschwindigkeit $\vec{\omega}$ wird zerlegt in die Komponenten $\vec{\omega}_z$ und $\vec{\omega}_A$. Die Vertikalkomponente $\vec{\omega}_z$ ist konstant. In dieser Richtung tritt daher keine Beschleunigung auf. Die Achse des Rades und damit die Winkelgeschwindigkeit $\vec{\omega}_A$ beschreibt einen Kreis in der x-y-Ebene. Die Ableitung von $\vec{\omega}_A$ können wir mit

Gl. (8.17) bestimmen:

$$\vec{\alpha} = \frac{\mathrm{d}\vec{\omega}_A}{\mathrm{d}t} = \vec{\omega}_z \times \vec{\omega}_A \tag{1}$$

Die Winkelbeschleunigung $\vec{\alpha}$ liegt senkrecht zur Radachse in der x-y-Ebene . Ihr Betrag ist durch

$$|\vec{\alpha}| = \omega_z \cdot \omega_A = \left(\frac{2\pi}{T}\right)^2 \cdot 2 = 0{,}79/\mathrm{s}^2 \tag{2}$$

gegeben.

Beispiel 8.2 ▲

Die in Abb. 8.5 skizzierte Rotation eines starren Körpers enthält als Spezialfall die **Kreisbewegung einer punktförmigen Masse**, wenn die gesamte Masse des starren Körpers im betrachteten Punkt konzentriert ist. Für diese Bewegung gilt also auch $\vec{v} = \vec{\omega} \times \vec{r}$. Ausgehend von dieser Beziehung wollen wir jetzt die Beschleunigung $\vec{a}$ einer punktförmigen Masse auf einer Kreisbahn berechnen:

$$\vec{a} = \frac{\mathrm{d}\vec{v}}{\mathrm{d}t} = \frac{\mathrm{d}}{\mathrm{d}t}(\vec{\omega} \times \vec{r}) \tag{8.18}$$

Die Ableitung von Kreuzprodukten können wir formal genauso ausführen, wie die Ableitung von Produkten:

$$\vec{a} = \frac{\mathrm{d}\vec{\omega}}{\mathrm{d}t} \times \vec{r} + \vec{\omega} \times \frac{\mathrm{d}\vec{r}}{\mathrm{d}t} \tag{8.19}$$

Unter Verwendung der Definitionen für $\vec{\alpha}$ und $\vec{v}$ erhalten wir:

$$\vec{a} = \vec{\alpha} \times \vec{r} + \vec{\omega} \times (\vec{\omega} \times \vec{r}) \tag{8.20}$$

Der erste Term beschreibt die Tangentialkomponente der Beschleunigung $\vec{a}$, der zweite Term stellt die bekannte **Zentripetalbeschleunigung** a_r dar:

$$a_\mathrm{r} = |\vec{\omega} \times (\vec{\omega} \times \vec{r})| = \omega^2 \cdot r \cdot \sin\vartheta \tag{8.21}$$

8.2 Grundgesetz der Dynamik für Drehungen

Drehmoment und Drehimpuls

Im Folgenden untersuchen wir den Einfluss, den Kräfte auf Drehungen haben. Die Kraft selbst ist dafür keine geeignete Größe. Denn wie jeder Benutzer einer Wippschaukel merkt, hängt die drehende Wirkung der Kraft $\vec{F}$ in Abb. 8.7 nicht nur von ihrer eigenen Größe ab, sondern auch vom Abstand d zwischen ihrer „Wirkungslinie" und dem Drehpunkt D.

Die drehende Wirkung der Kraft $\vec{F}$ um den Drehpunkt D wird durch ihr **Drehmoment** $\vec{M}$ beschrieben, das mit folgender Gleichung definiert ist:

$$\vec{M} = \vec{r} \times \vec{F} \qquad [M] = \mathrm{N \cdot m} \tag{8.22}$$

oder in Koordinatenschreibweise:

$$\begin{pmatrix} M_x \\ M_y \\ M_z \end{pmatrix} = \begin{pmatrix} yF_z - zF_y \\ zF_x - xF_z \\ xF_y - yF_x \end{pmatrix} \tag{8.23}$$

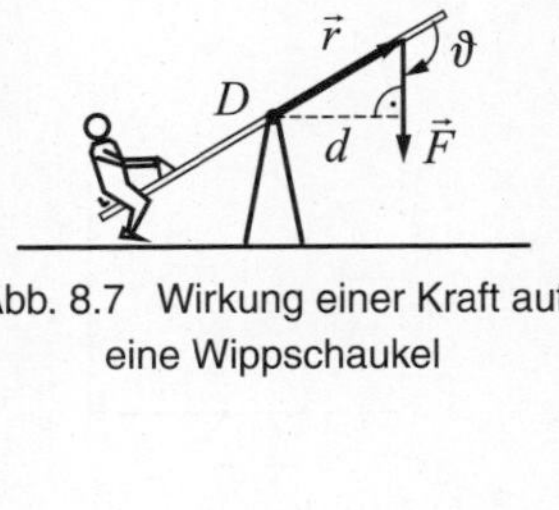

Abb. 8.7 Wirkung einer Kraft auf eine Wippschaukel

Hierbei ist $\vec{r}$ der Ortvektor vom Drehpunkt zum Angriffspunkt der Kraft. Wendet man die Eigenschaften des Kreuzproduktes auf das Beispiel der Abb. 8.7 an, so erkennt man, dass das Drehmoment dieselbe Richtung hat wie der Vektor der von ihm erzeugten Drehung, und sein Betrag

$$M = r \cdot F \cdot \sin\vartheta = F \cdot r\cos(\vartheta - 90°) = F \cdot d \tag{8.24}$$

gemäß der Wippschaukelerfahrung die Drehwirkung der Kraft beschreibt.

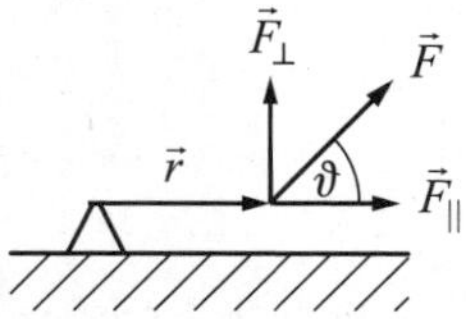

Abb. 8.8 Drehmoment einer Kraft $\vec{F}$

Eine zweite Interpretation der Gl. (8.24) ergibt sich aus Abb. 8.8:

$$M = r \cdot F \cdot \sin\vartheta = F_\perp \cdot r \tag{8.25}$$

Für den Betrag des Drehmomentes spielt nur die Teilkraft senkrecht zum Ortsvektor ihres Angriffspunktes eine Rolle.

Beispiel 8.3

Kräftepaar

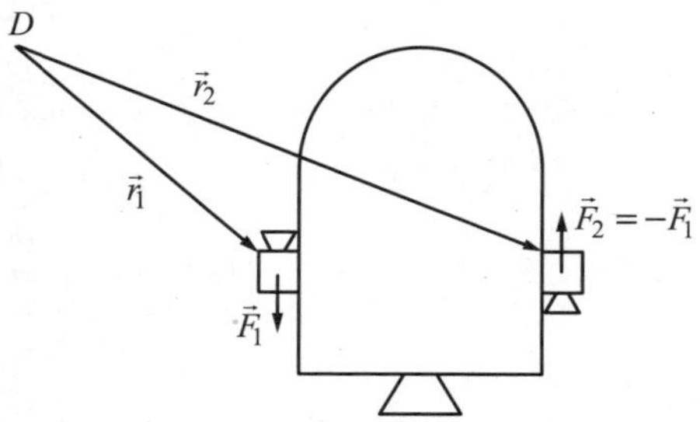

Abb. 8.9 Kräftepaar 1

Welche Bewegung ruft ein Paar von Kräften mit entgegengesetzten Richtungen, aber gleichen Beträgen hervor, das an einem Körper angreift, ohne dass weitere äußere Kräfte wirken?

Ein Beispiel dafür ist ein Raumfahrzeug, bei dem gemäß Abb. 8.9 zwei Steuertriebwerke in entgegegesetzte Richtung gezündet werden.

Welche Bewegung tritt auf, wenn infolge einer technischen Störung nur ein Steuertriebwerk gezündet werden kann?

Lösung:

Die gesamte Kraft, die an den Körper angreift, verschwindet.

$$\vec{F} = \vec{F}_1 + \vec{F}_2 = 0 \tag{1}$$

Der Schwerpunkt des Körpers bewegt sich daher kräftefrei, d. h. geradlinig mit konstanter Geschwindigkeit weiter. Das Drehmoment, das die Kräfte bezüglich eines frei gewählten Drehpunktes D hervorrufen, lautet:

$$\begin{aligned} \vec{M} &= \vec{r}_1 \times \vec{F}_1 + \vec{r}_2 \times \vec{F}_2 \\ &= (\vec{r}_1 - \vec{r}_2) \times \vec{F}_1 \end{aligned} \tag{2}$$

Es hängt also nicht vom gewählten Drehpunkt ab, sondern nur vom vektoriellen Abstand der beiden Angriffspunkte $\vec{r}_1 - \vec{r}_2$ und der Kraft $\vec{F}_1$. Die Bewegung des Raumfahrzeugs besteht infolge dieses Drehmoments neben der Translation seines Schwerpunktes aus einer Drehung um eine Achse durch den Schwerpunkt.

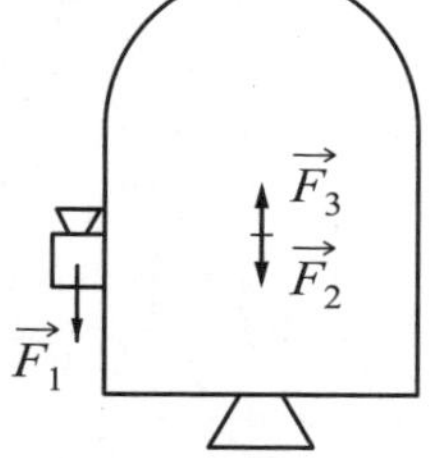

Abb. 8.10 Kräftepaar 2

Kann nur ein Steuertriebwerk gezündet werden, wirkt die Kraft $\vec{F} = \vec{F}_1$, die zu einer Beschleunigung des Schwerpunktes führt:

$$\vec{a} = \frac{\vec{F}_1}{m} \tag{3}$$

Das Raumfahrzeug führt aber außer dieser beschleunigten Schwerpunktsbewegung noch eine beschleunigte Drehung um den Schwerpunkt aus.

Dass die eine Kraft beide Beschleunigungen hervorrufen kann, wird deutlich, wenn wir ein zusätzliches Kräftepaar $\vec{F}_2$, $\vec{F}_3$ mit $\vec{F}_2 = -\vec{F}_3$ am Schwerpunkt angreifen lassen. Dieses Kräftepaar hat wegen $\vec{F}_2 + \vec{F}_3 = 0$ keine zusätzliche Auswirkung.

Die Kräfte $\vec{F}_1$ und $\vec{F}_3$ führen zu einem Drehmoment $\vec{M} = (\vec{r}_1 - \vec{r}_3) \times \vec{F}_1$ und damit zu einer Drehung des Raumschiffs. Der Differenzenvektor $\vec{r}_1 - \vec{r}_3$ kennzeichnet den Abstand des Triebwerks zum Schwerpunkt. $\vec{F}_2 = \vec{F}_1$ beschleunigt den Schwerpunkt.

Beispiel 8.3 ▲

Die zweite wichtige Größe bei der Untersuchung von Drehungen ist der **Drehimpuls** $\vec{L}$. Er bezieht sich wie das Drehmoment immer auf einen Drehpunkt D und ist für eine Punktmasse, die sich gemäß Abb. 8.11 mit dem Impuls $\vec{p}$ bewegt, definiert durch:

$$\vec{L} = \vec{r} \times \vec{p} \qquad [L] = \mathrm{kg}\frac{\mathrm{m}^2}{\mathrm{s}} \tag{8.26}$$

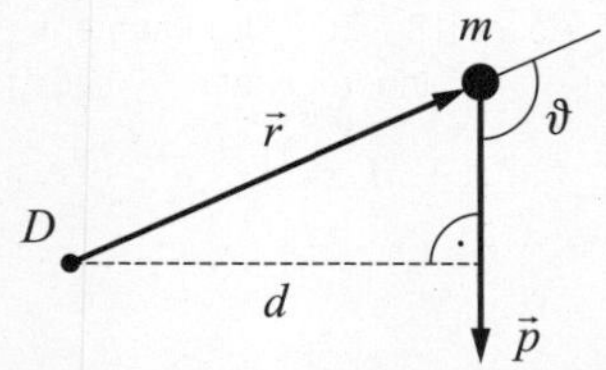

Abb. 8.11 Definition des Drehimpulses

Dabei ist $\vec{r}$ der Ortsvektor des Teilchens vom gewählten Drehpunkt aus.

Der Betrag des Drehimpulses

$$L = r \sin\vartheta \cdot p = d \cdot p \tag{8.27}$$

wächst bei gegebenem Impuls mit dem Abstand d der Bahn zum Drehpunkt.
In Koordinatenschreibweise lautet der Drehimpuls:

$$\begin{pmatrix} L_x \\ L_y \\ L_z \end{pmatrix} = \begin{pmatrix} yp_z - zp_y \\ zp_x - xp_z \\ xp_y - yp_x \end{pmatrix} \tag{8.28}$$

Um einen Zusammenhang zwischen Drehimpuls und Drehmoment zu finden, gehen wir folgendermaßen vor: Wir differenzieren die Definitionsgleichung für den Drehimpuls

$$\frac{\mathrm{d}\vec{L}}{\mathrm{d}t} = \frac{\mathrm{d}}{\mathrm{d}t}(\vec{r} \times \vec{p}) = \frac{\mathrm{d}\vec{r}}{\mathrm{d}t} \times m\vec{v} + \vec{r} \times \frac{\mathrm{d}\vec{p}}{\mathrm{d}t} \tag{8.29}$$

Das erste Kreuzprodukt verschwindet, weil das Produkt $\vec{v} \times \vec{v}$ zweier gleicher Vektoren null ist. Damit folgt:

$$\frac{\mathrm{d}\vec{L}}{\mathrm{d}t} = \vec{r} \times \frac{\mathrm{d}\vec{p}}{\mathrm{d}t} = \vec{r} \times \vec{F} = \vec{M} \tag{8.30}$$

Ein Teilchen bewegt sich also immer so, dass die Änderungsgeschwindigkeit seines Drehimpulses bezüglich eines beliebig gewählten Drehpunktes D identisch ist mit dem Drehmoment, das bezüglich des gleichen Drehpunktes auf das Teilchen wirkt:

$$\frac{\mathrm{d}\vec{L}}{\mathrm{d}t} = \vec{M} \tag{8.31}$$

Diese Gleichung ist analog zu Newtons 2. Gesetz.

Wir untersuchen nun den Einfluss von Drehmomenten auf den **Drehimpuls starrer Körper**. Der Drehimpuls $\vec{L}$ eines starren Körpers ist definiert als die Vektorsumme der Drehimpulse $\vec{L}_i$ aller seiner Massenelemente.

$$\vec{L} = \sum_i \vec{L}_i \tag{8.32}$$

Für seine zeitliche Ableitung gilt:

$$\dot{\vec{L}} = \sum_i \dot{\vec{L}}_i = \sum_i \vec{M}_i \tag{8.33}$$

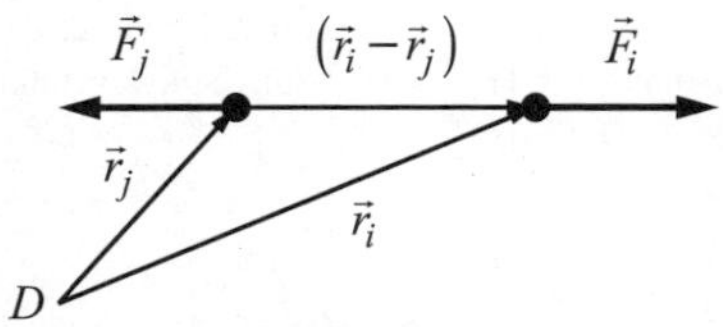

Abb. 8.12 Zum Drehmoment innerer Kräfte

$\vec{M}_i$ ist das Drehmoment aller am i-ten Massenelement angreifenden Kräfte. Die Drehmomente aller **inneren Kräfte** heben sich jedoch bei der Summation auf. Dies ist anschaulich klar, da innere Kräfte die Bewegung eines Körpers nicht beeinflussen können. Man sieht es aber auch formal ein, wenn man das Drehmoment jeder inneren Kraft mit dem seiner Rückwirkungskraft zusammenfasst.

$$\begin{aligned}\vec{M}_i + \vec{M}_j &= (\vec{r}_i \times \vec{F}_i) + (\vec{r}_j \times \vec{F}_j)\\ &= (\vec{r}_i - \vec{r}_j) \times \vec{F}_i\\ &= 0\end{aligned} \tag{8.34}$$

da $\vec{F}_j = -\vec{F}_i$ und die Faktoren des letzten Vektorproduktes gemäß Abb. 8.12 parallel sind.

Für starre Körper gilt daher wie für einzelne Massenpunkte die **Grundgleichung der Drehbewegung**:

$$\frac{\mathrm{d}\vec{L}}{\mathrm{d}t} = \vec{M} \tag{8.35}$$

wobei $\vec{M}$ die Summe aller von **äußeren Kräften** erzeugten Drehmomente ist. $\vec{L}$ und $\vec{M}$ müssen auf denselben Drehpunkt bezogen sein.

Drehmoment und Winkelbeschleunigung

Bei der Translation lässt sich die Wirkung einer Kraft außer durch die Impulsänderung auch durch die Beschleunigung beschreiben. Wir suchen daher nun auch für die Drehungen starrer Körper nach einem Zusammenhang zwischen dem Drehmoment und der Winkelbeschleunigung. Dabei beschränken wir uns zunächst auf **Drehungen um eine feste Achse**, die mit der z-Achse des Koordinatensystems identisch sein soll. Bewegungen mit veränderlichen Drehachsen werden im Unterkapitel „Kreiselbewegungen" untersucht.

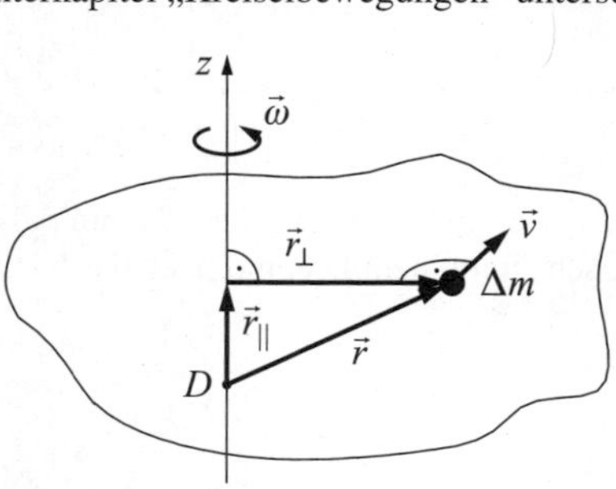

Abb. 8.13 Zerlegung eines starren Körpers in Massenelemente Δm

Wir betrachten gemäß Abb. 8.13 zunächst ein einzelnes Massenelement Δm des starren Körpers. Es bewegt sich mit der Geschwindigkeit $\vec{v}$ auf einer Kreisbahn mit dem Radius $\vec{r}_\perp$ um die Drehachse. Der Drehimpuls dieses Massenelementes bezüglich eines **beliebigen** Punktes D auf der Drehachse lässt sich zerlegen:

$$\vec{L} = \vec{r} \times \vec{p} = (\vec{r}_\parallel \times \vec{p}) + (\vec{r}_\perp \times \vec{p}) \tag{8.36}$$

Wie man anhand der Richtungen der beiden Kreuzprodukte erkennt, stellt die zweite Klammer die z-Komponente des Drehimpulses dar:

$$\vec{L}_z = \vec{r}_\perp \times \vec{p} \tag{8.37}$$

Diese ist demnach unabhängig von der Lage des Bezugspunktes D auf der Drehachse. Für ihren Betrag gilt:

$$L_z = r_\perp p = r_\perp \Delta m \cdot v = r_\perp \Delta m \cdot r_\perp \omega = (r_\perp^2 \Delta m) \cdot \omega \tag{8.38}$$

Da die Richtung von $\vec{L}_z$ mit der Richtung der Winkelgeschwindigkeit $\vec{\omega}$ übereinstimmt gilt die Vektorgleichung:

$$\vec{L}_z = (r_\perp^2 \Delta m) \cdot \vec{\omega} \tag{8.39}$$

Der Drehimpuls des gesamten starren Körpers ist die Summe der Drehimpulse aller seiner Massenelemente Δm_i. Für seine z-Komponente erhält man aus der vorangehenden Gleichung, da die Winkelgeschwindigkeit für alle Massenelemente gleich ist:

$$\vec{L}_z = (\sum_{i=1}^{N} r_{i\perp}^2 \Delta m_i) \cdot \vec{\omega} \qquad \Rightarrow \qquad \vec{L}_z = J \cdot \vec{\omega} \tag{8.40}$$

Diese Gleichung entspricht der Gleichung $\vec{p} = m \cdot \vec{v}$. Es ist jedoch zu beachten, dass der Drehimpulsvektor nach Gl. (8.36) auch noch eine Komponente senkrecht zur Drehachse haben kann: **Der gesamte Drehimpulsvektor $\vec{L}$ ist i. Allg. nicht parallel zum Vektor $\vec{\omega}$ der Winkelgeschwindigkeit.**

Der Ausdruck in der Klammer wird **Massenträgheitsmoment** J genannt. Die Summe geht im Grenzfall $N \to \infty$ in ein Integral übergeht:

$$J = \lim_{N\to\infty} \sum_{i=1}^{N} r_{i\perp}^2 \Delta m_i = \int r^2 \mathrm{d}m \qquad [J] = \mathrm{kg} \cdot \mathrm{m}^2 \tag{8.41}$$

r wird dabei analog zu Zylinderkoordinaten senkrecht zur Drehachse gemessen. Das Massenträgheitsmoment eines Körpers ist bei gegebener Gesamtmasse umso größer, je größer der Abstand der Massenelemente von der Drehachse ist.

Für die z-Komponente des auf den Körper einwirkenden Drehmomentes ergibt sich nach Gl. (8.35):

$$\vec{M}_z = \dot{\vec{L}}_z = J \cdot \dot{\vec{\omega}}$$

Die **Grundgleichung der Dynamik** eines starren Körpers mit der z-Achse als fester Drehachse lautet somit:

$$\vec{M}_z = J \cdot \vec{\alpha} \tag{8.42}$$

Bei praktischen Anwendungen besteht das Problem darin, das Trägheitsmoment J zu ermitteln. Für einfach geformte Körper, die sich um eine feste Achse durch den Schwerpunkt drehen, sind die Massenträgheitsmomente als Ergebnis einer Integration in der nächsten Tabelle angegeben.

Tabelle 8.2 Massenträgheitsmomente

Körper	**Drehachse**	**Massenträgheitsmoment J**
Vollzylinder (Kreisscheibe)	Zylinderachse	$\frac{1}{2}MR^2$
Hohlzylinder (Kreisring)	Zylinderachse	$\frac{1}{2}M(R_A^2 + R_B^2)$
Dünnwandiger Hohlzylinder	Zylinderachse	MR^2
Dünner Stab (Länge L)	Stabmitte (senkrecht zum Stab)	$\frac{1}{12}ML^2$
Kugel	durch Mittelpunkt	$\frac{2}{5}MR^2$
Dünne Kreisscheibe	Längsdurchmesser	$\frac{1}{4}MR^2$
Rechteck (Seiten A, B)	Senkrecht durch Flächenmitte	$\frac{1}{12}M(A^2 + B^2)$
Rechteck (Seiten A, B)	In der Flächenmitte parallel zu A	$\frac{1}{12}MB^2$

Der Spezialfall des dünnwandigen Zylinders ist besonders einsichtig. Bei ihm besitzen alle Teile des Umfangs den gleichen Abstand zur Drehachse. Deswegen stimmt das Trägheitsmoment mit dem eines Massenpunktes überein.

Beispiel 8.4 ▼

Massenträgheitsmoment einer halbkreisförmigen Scheibe

Das Massenträgheitsmoment einer halbkreisförmigen Scheibe soll für eine Drehachse, die senkrecht zur Scheibe steht und durch den Kreismittelpunkt geht, bestimmt werden.

Lösung:

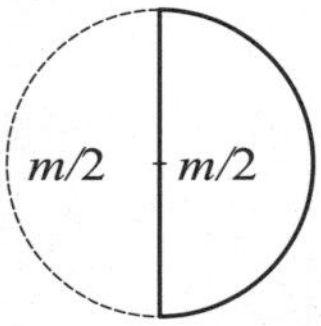

Abb. 8.14 Massenträgheitsmoment einer Halbkreisscheibe $m = 1$ kg, $r = 10$ cm

Das Massenträgheitsmoment J eines Körpers bezüglich einer festen Achse ändert sich nicht, wenn der Körper geteilt wird und die beiden Teile gegeneinander um die Drehachse verdreht werden. In dem vorliegenden Fall kann die Halbkreischeibe parallel zur Papierebene in zwei Scheiben halber Masse geteilt werden. Die beiden Halbscheiben mit der Masse $m/2$ können dann um 180° gegeneinander verdreht werden, sodass sie eine Vollkreisscheibe mit halber Dicke und der Gesamtmasse m bilden.

Das Gesamtträgheitsmoment ist daher

$$J = \frac{1}{2} m r^2 = 5 \cdot 10^{-3}\ \text{kg} \cdot \text{m}^2 \tag{1}$$

Beispiel 8.4 ▲

Satz von Steiner

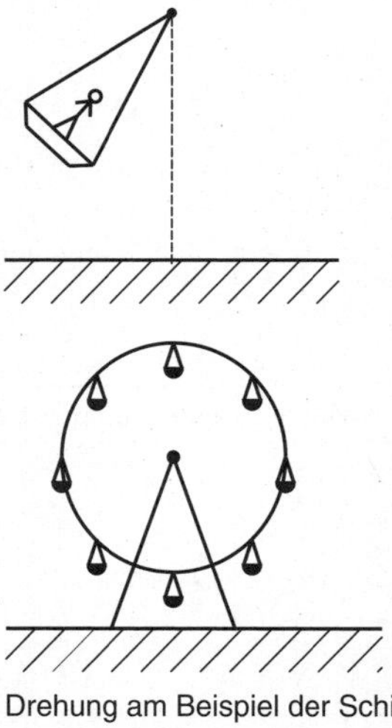

Abb. 8.15 Drehung am Beispiel der Schiffschaukel und des Riesenrades

Bei einer Vielzahl von Problemen geht die Drehachse nicht durch den Schwerpunkt des Körpers. Ein Beispiel ist die im oberen Teil der Abb. 8.15 skizzierte Bewegung einer Schiffschaukel. Zur Berechnung des Trägheitsmomentes J in einem solchen Fall zerlegen wir den von einem festen Punkt D auf der Drehachse aus gemessenen Ortsvektor des Masselementes Δm_i gemäß Abb. 8.16 vektoriell in den Schwerpunktvektor und den Restvektor vom Schwerpunkt zum Massenelement. In der Abbildung ist nur die Projektion des entstehenden Vektordreiecks in eine Ebene senkrecht zur Drehachse D gezeigt. Die dort verwendeten Symbole kennzeichnen daher nur die Komponenten der jeweiligen Vektoren senkrecht zur Drehachse, weshalb $|\vec{r}_i|$ bei der Berechnung des Trägheitsmomentes als Abstand des Massenelementes von der Drehachse verwendet werden kann.

Für die Differenzvektoren $\Delta\vec{r}_i$ gilt:

$$\sum_{i=1}^{N} \Delta m_i \Delta\vec{r}_i = 0 \tag{8.43}$$

Denn vom Schwerpunkt aus gemessen ist der Ortvektor des Schwerpunktes der Nullvektor und die linke Seite der Gleichung stell die Komponente dieses Vektors in der Ebene senkrecht zur Drehachse dar.

Für das Abstandquadrat r_i^2 eines Massenelementes senkrecht zur Drehachse gilt:

$$\begin{aligned} r_i^2 &= (\vec{r}_s + \Delta\vec{r}_i)^2 \\ &= \vec{r}_s^{\,2} + 2\vec{r}_s \cdot \Delta\vec{r}_i + \Delta\vec{r}_i^{\,2} \end{aligned} \qquad (8.44)$$

Zur Berechnung des Trägheitsmomentes wird noch über alle Massenelemente summiert:

$$\begin{aligned} J &= \sum_{i=1}^{N} \left(\vec{r}_s^{\,2} + 2\vec{r}_s \cdot \Delta\vec{r}_i + \Delta\vec{r}_i^{\,2}\right) \Delta m_i \\ &= m \cdot r_s^2 + \sum_{i=1}^{N} \Delta r_i^2 \cdot \Delta m_i \end{aligned} \qquad (8.45)$$

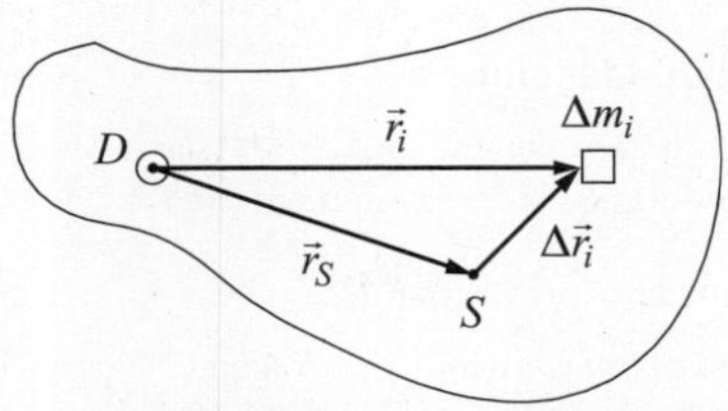

Abb. 8.16 Bestimmung des Trägheitsmomentes für beliebige Drehachsen

Der mittlere Summand in der oberen Gleichung verschwindet beim Summieren wegen Gl. (8.43) Das Trägheitsmoment J setzt sich aus zwei Summanden zusammen. Der erste ist das Trägheitsmoment des Körpers für den Fall, dass seine gesamte Masse im Schwerpunkt vereinigt ist. Der zweite ist das Trägheitsmoment J_s um eine zur gegebenen Achse parallele Achse durch den Schwerpunkt. Es kann der Tabelle 8.2 entnommen werden.

$$\boxed{J = mr_s^2 + J_s} \qquad (8.46)$$

Das Trägheitsmoment um eine beliebige Achse kann mit dieser Gleichung, dem **Satz von Steiner**, berechnet werden.

Beispiel 8.5

Trägheitsmoment einer Hantel

Eine Hantel besteht aus zwei Kugeln mit dem Radius $r = 25$ cm und der Einzelmasse $m = 10$ kg. Der Abstand von Kugelmitte zu Kugelmitte beträgt $d = 1$ m. Die Drehachse steht senkrecht auf der (masselosen) Verbindungsstange und geht durch den Gesamtschwerpunkt. Gesucht ist das Trägheitsmoment.

Lösung:

Wir zerlegen die Hantel in zwei einarmige Hanteln und bestimmen das Trägheitsmoment der Einzelhanteln mit dem Steiner'schen Satz.

$$J = 2 \cdot J_0 = 2 \cdot \left[m\left(\frac{d}{2}\right)^2 + \frac{2}{5}mr^2\right]$$

$$J = 5{,}50\ \mathrm{kg \cdot m^2} \qquad (1)$$

Den größten Beitrag zum Massenträgheitsmoment liefert bei diesem Beispiel der Term $m(d/2)^2$.

Beispiel 8.5

Der Satz von Steiner in Gl. (8.46) spiegelt die Tatsache wieder, dass die Rotation eines starren Körpers um eine Achse, die nicht durch den Schwerpunkt geht, als Überlagerung von zwei Drehbewegungen beschrieben werden kann.

Zum einen bewegt sich der Schwerpunkt auf einer Kreisbahn, und außerdem dreht sich der starre Körper während einer Umdrehung einmal um sich selbst, bezogen auf raumfeste Koordinatenachsen. Die Gondeln des Riesenrades in Abb.8.15 hingegen führen nur eine Drehung aus, und zwar um eine gegenüber der Riesenradwelle um die Höhe der Gondel verschobene Achse.

Beispiel 8.6

Atwood-Maschine

Es ist die Beschleunigung der Massen an einer Atwood-Maschine unter Berücksichtigung des Trägheitsmomentes der Rolle zu bestimmen.

Lösung:

Für Vektoren werden in den folgenden Gleichungen die **Beträge** eingesetzt.

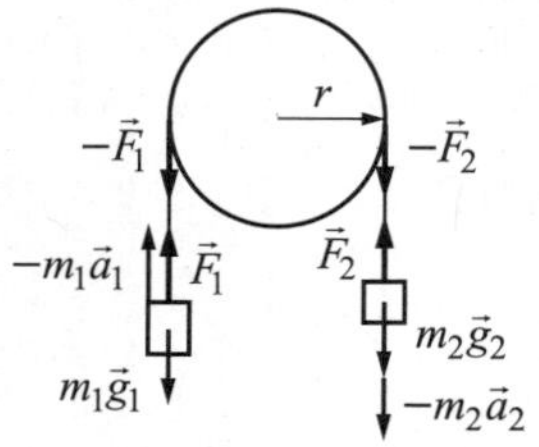

Abb. 8.17 Atwood-Maschine

Die vom Seil auf die beiden Massen ausgeübten Kräfte $\vec{F}_1$ und $\vec{F}_2$ besitzen Reaktionskräfte, die mit jeweils gleichem Betrag auf die Rolle zurückwirken. Wir ermitteln im ersten Schritt die dadurch an der Rolle angreifenden Drehmomente:

$$M_1 = r \cdot F_1$$

$$M_2 = r \cdot F_2 \tag{1}$$

Zur Berechnung der Kräfte F_1 und F_2 verwenden wir die Kräftebilanzen gemäß dem Prinzip von d'Alembert:

$$0 = m_1 \cdot g - F_1 - m_1 \cdot a_1$$

$$0 = m_2 \cdot g - F_2 + m_2 \cdot a_2 \tag{2}$$

Die Beschleunigungen der beiden Massen sind dem Betrage nach identisch:

$$a_1 = a_2 = a \tag{3}$$

Für das gesamte Drehmoment gilt daher:

$$M = M_1 - M_2 = r(F_1 - F_2)$$

$$M = r \cdot [m_1 \cdot (g - a) - m_2 \cdot (g + a)] \tag{4}$$

Mit dem Grundgesetz der Dynamik für Drehbewegungen $M = J_s\alpha = J_s(a/r)$ folgt:

$$J_s\frac{a}{r} = r\,[m_1 \cdot (g - a) - m_2 \cdot (g + a)] \tag{5}$$

Das Endergebnis lautet:

$$a = \frac{(m_1 - m_2) \cdot g}{m_1 + m_2 + J_s/r^2} = 0{,}46\ \mathrm{m/s^2} \tag{6}$$

Es unterscheidet sich von dem früheren Ergebnis durch den Term J_s/r^2 im Nenner, der die Trägheit der Rolle berücksichtigt.

Beispiel 8.6

8.3 Arbeit, Energie und Leistung

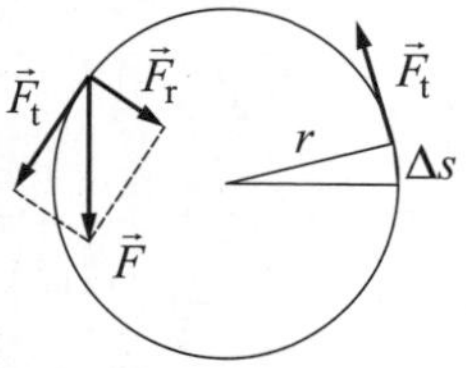

Abb. 8.18 Ermittlung der Leistung P an einem rotierenden Körper

Zur Berechnung der Arbeit ΔW bei einer Drehung gehen wir auf die Beziehung $\Delta W = \vec{F} \cdot \Delta\vec{s}$ bei geradlinigen Bewegungen zurück. Eine konstante Kraft $\vec{F}$ greift am Umfang eines Körpers an, der sich um eine feste Achse dreht, die wir als z-Achse wählen.

Nur die Tangentialkomponente F_t der Kraft verrichtet Arbeit am System:

$$\Delta W_{\Delta s} = F_t \cdot \Delta s \tag{8.47}$$

Die Strecke Δs am Umfang des Systems ist

$$\Delta s = r \cdot \Delta\varphi \tag{8.48}$$

Die **Arbeit** ΔW, die am rotierenden Körper verrichtet wird, lautet daher:

$$\Delta W_{\Delta\varphi} = F_t \cdot r \cdot \Delta\varphi = M_z \cdot \Delta\varphi \tag{8.49}$$

Eine eventuell vorhandene z-Komponente der Kraft F erzeugt ein Drehmoment in der x, y-Ebene. Da F_z keinen Beitrag zur Arbeit leistet, darf $M_{x,y}$ in der obigen Gleichung nicht berücksichtigt werden.

Die **Durchschnittsleistung** $\bar{P}$ ergibt sich aus der Arbeit $W_{\Delta\varphi}$ durch Division mit der benötigten Zeit Δt:

$$\bar{P} = M_z \frac{\Delta\varphi}{\Delta t} = M_z \bar{\omega}_z \quad (8.50)$$

Sind die Vektoren des Drehmomentes und der Winkelgeschwindigkeit entgegengesetzt gerichtet, so bremst das Drehmoment die Bewegung. In diesem Fall haben M_z und ω_z entgegengesetzte Vorzeichen und die Leistung wird negativ; in Übereinstimmung mit der Tatsache, dass sie der Bewegung Energie entzieht.

Die **Momentanleistung** P finden wir durch den Grenzübergang $\Delta t \to 0$:

$$P = \lim_{\Delta t \to 0} M_z \frac{\Delta\varphi}{\Delta t} = M_z \omega_z \quad (8.51)$$

bzw. in Vektorschreibweise

$$P = \vec{M} \cdot \vec{\omega} \quad (8.52)$$

Mit diesem Skalarprodukt wird deutlich, dass nur die Drehmomentkomponente parallel zur Winkelgeschwindigkeit zur Leistung (und damit auch zur Arbeit) beiträgt.

Beispiel 8.7 ▼

Bestimmung von Drehmoment und Leistung mit dem Prony'schen Zaum

Im Bereich der Antriebstechnik ist es erforderlich, die Zusammenhänge zwischen Drehmoment, Leistung und Drehzahl für einen Motor zu kennen. Das Drehmoment von Antriebsaggregaten kann z. B. mit einem Prony'schen Zaum gemessen werden.

An der Welle wird eine Backenbremse mit einem Hebel der Länge R angebracht, an dem ein Kraftmesser befestigt ist. Im Gleichgewicht hält das Drehmoment M_A des Antriebs dem Drehmoment $M = R \cdot F$ am Kraftmesser die Waage. Zur Leistungsbestimmung muss auf unabhängige Weise noch die Drehzahl n gemessen werden. Die Leistung ergibt sich dann:

$$P = M\omega = M 2\pi \cdot n \quad (1)$$

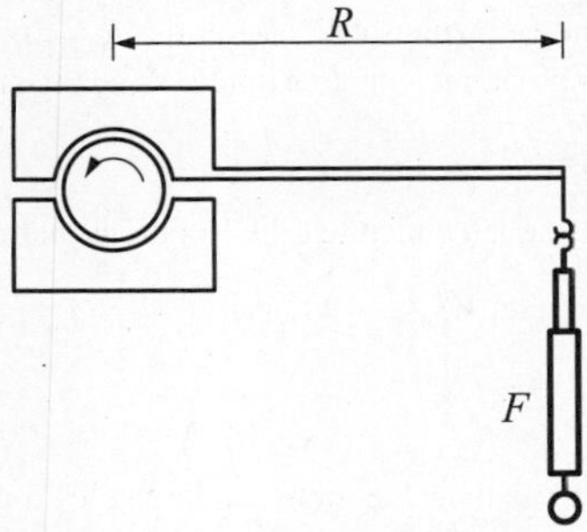

Abb. 8.19 Prony'scher Zaum

Beispiel 8.7 ▲

Die Berechnung der kinetischen Energie einer Punktmasse, die sich auf einer Kreisbahn um die Dehachse bewegt, können wir mit der bekannten Beziehung $\frac{1}{2}mv^2$ durchführen.

$$W_{\text{rot}} = \frac{1}{2}m \cdot v^2 = \frac{1}{2}m \cdot r^2\omega^2 = \frac{1}{2}J \cdot \omega^2 \quad (8.53)$$

Auch hier tritt wieder die Größe mr^2 auf, die wir im letzten Abschnitt als Trägheitsmoment J eines Massenpunktes kennen gelernt haben. Zur Berechnung der Rotationsenergie eines ausgedehnten starren Körpers zerlegen wir diesen wieder in viele kleine Massenelemente, über die wir summieren:

$$W_{\text{rot}} = \frac{1}{2}\sum_i (\Delta m_i \cdot r_i^2)\omega^2 \quad (8.54)$$

Die Summe $\sum \Delta m_i \cdot r_i^2$ ist die gleiche wie bei der Herleitung des Grundgesetzes der Dynamik, sodass die letzte Gleichung lautet:

$$W_{\text{rot}} = \frac{1}{2} J \cdot \omega^2 \tag{8.55}$$

Dreht sich der starre Körper um eine Achse, die nicht durch den Schwerpunkt geht, so kann das Trägheitsmoment J mit dem Steiner'schen Satz aufgeteilt werden:

$$J = m \cdot r_{\text{s}}^2 + J_{\text{s}} \tag{8.56}$$

Dabei ist r_{s} der kürzeste Abstand Drehachse–Schwerpunkt und J_{s} das Trägheitsmoment um eine zur betrachteten Drehachse parallele Achse durch den Schwerpunkt.

Den physikalischen Hintergrund des Steiner'schen Satzes können wir gut erkennen, wenn wir in der gesamten Rotationsenergie eines starren Körpers die verschiedene Anteile untersuchen:

$$W_{\text{rot}} = \frac{1}{2} J \cdot \omega^2 = \frac{1}{2} m \cdot r_{\text{s}}^2 \cdot \omega^2 + \frac{1}{2} J_{\text{s}} \cdot \omega^2 \tag{8.57}$$

Der erste Term $1/2 \cdot m \cdot r_{\text{s}}^2 \cdot \omega^2$ beschreibt die kinetische Energie der im Schwerpunkt vereinigten Masse bei ihrer Kreisbewegung um die Drehachse; der zweite Ausdruck $1/2 \cdot J_{\text{s}} \cdot \omega^2$ gibt die kinetische Energie der Rotation des Körpers um eine Achse durch den Schwerpunkt wieder.

Der Steiner'sche Satz enthält also nichts anderes als die Aufteilung der Bewegung in eine kreisförmige Schwerpunktsbewegung und eine Drehung um die Achse durch den Schwerpunkt.

Beide Drehbewegungen geschehen beim starren Körper mit der gleichen Winkelgeschwindigkeit ω.

Beispiel 8.8 ▼

Energie eines Schwungrades

Eine Schwungscheibe (Radius $R = 0{,}5$ m, Höhe $H = 1$ cm, Dichte $\rho = 7{,}9$ g/cm^3) rotiert mit 6000 Umdrehungen in der Minute. Wie lange kann dem Schwungrad die Leistung $P = 1$ kW entnommen werden?

Lösung:

Zuerst berechnen wir die Rotationsenergie W_{rot} der Scheibe.

$$W_{\text{rot}} = \frac{1}{2} J \cdot \omega^2 = \frac{1}{2}\left(\frac{1}{2} m R^2\right)(2\pi n)^2$$

$$W_{\text{rot}} = \frac{1}{4}\rho (R^2 \pi H) R^2 (2\pi n)^2 = 1{,}53 \cdot 10^6 \text{ J} \tag{1}$$

Die Leistung P ergibt sich durch die Abnahme der Rotationsenergie mit der Zeit:

$$P = \frac{\Delta W}{\Delta t} \Longrightarrow \Delta t = \frac{\Delta W}{P} = 1{,}53 \cdot 10^3 \text{ s} \tag{2}$$

Beispiel 8.8 ▲

Die allgemeine Bewegung eines starren Körpers ist eine Translation des Schwerpunktes mit einer überlagerten Drehung um eine Achse durch den Schwerpunkt. Die gesamte kinetische Energie kann daher aufgespalten werden in die kinetische Energie $1/2 \cdot m v_{\text{s}}^2$ des Schwerpunktes und die **Rotationsenergie** $1/2 \cdot J_{\text{s}} \cdot \omega^2$

$$W_{\text{kin, gesamt}} = W_{\text{kin}} + W_{\text{rot}} = \frac{1}{2} m v_{\text{s}}^2 + \frac{1}{2} J_{\text{s}} \omega^2 \tag{8.58}$$

Der **Energiesatz der Mechanik** gilt bei Abwesenheit von Reibung auch unter Einschluss der Rotationsenergie: Die Summe von kinetischer Energie der Translation, der Rotation und der potenziellen Energie sind für konservative Kräfte (keine Reibung) konstant:

$$W_{\text{kin}} + W_{\text{rot}} + W_{\text{pot}} = \text{const.} \tag{8.59}$$

Beispiel 8.9

Rollende Körper auf einer schiefen Ebene

Vier verschiedene Körper rollen verlustfrei, ohne zu gleiten, eine schiefe Ebene der Höhe Δh hinunter. Es sind dies:

a) ein Massivzylinder
b) ein Hohlzylinder
c) eine Kugel
d) und ein Fahrzeug mit kleinen Rädern

Alle vier Körper haben dieselbe Masse, und die ersten drei auch denselben Radius. Welche Geschwindigkeit besitzen die vier Körper am Fuß der schiefen Ebene, wenn sie zu Beginn in Ruhe waren?

Lösung:

Die Gesamtenergie ist eine Erhaltungsgröße, weil keine Verluste auftreten. Legen wir den Nullpunkt der potenziellen Energie in den Fußpunkt der schiefen Ebene, so lautet der Energiesatz:

$$mg\Delta h = \frac{1}{2}m \cdot v_s^2 + \frac{1}{2}J_s \cdot \omega^2 \tag{1}$$

Die Bahngeschwindigkeit v_s und die Winkelgeschwindigkeit ω sind, weil die Körper rollen, nicht unabhängig voneinander.

$$v_s = r \cdot \omega \tag{2}$$

Es gilt daher:

$$mg\Delta h = \frac{1}{2}\left(m + \frac{J_s}{r^2}\right)v_s^2 \quad \Longrightarrow \quad v_s = \sqrt{\frac{2g\Delta h}{1 + \frac{J_s}{mr^2}}} \tag{3}$$

Nun bleibt nur noch die Aufgabe, die Trägheitsmomente der vier Körper einzusetzen:

a) Zylinder: $J_s = \frac{1}{2}mr^2$

b) Hohlzylinder: $J_s = mr^2$

c) Kugel: $J_s = \frac{2}{5}mr^2$

d) Fahrzeug: $J_s \approx 0$

Das Trägheitsmoment des Fahrzeuges setzen wir null, weil sich das Fahrzeug selbst nicht dreht und die kleinen Räder ein zu vernachlässigendes Trägheitsmoment haben sollen. Bei einem Wettrollen auf der schiefen Ebene werden bei zeitgleichem Start die Körper in der Reihenfolge ihrer Trägheitsmomente das Ziel passieren:

1. Fahrzeug
2. Kugel
3. Zylinder
4. Hohlzylinder

In dieser Reihenfolge kommt der unterschiedliche Anteil der Rotation an der gesamten Energie zum Ausdruck. Je größer die Rotationsenergie ist, desto geringer kann wegen der Energieerhaltung die kinetische Energie der Translation sein und umso langsamer beschleunigt der Körper auf der schiefen Ebene.

Beispiel 8.9

Potenzielle Energie bei Drehungen

Die Analogie der Rotationsbewegungen mit Drehachsen fester Richtung zu geradlinigen Bewegungen ist sehr weitgehend. Auch bei Rotationsbewegungen können potenzielle Energien auftreten. Wir betrachten dazu eine Spiralfeder, die auf einen Drehkörper ein rücktreibendes Drehmoment M ausübt. Hier gilt das Hooke'sche Gesetz in der folgenden Form:

$$M = -D_m\varphi, \qquad [D_m] = \text{N} \cdot \text{m} \tag{8.60}$$

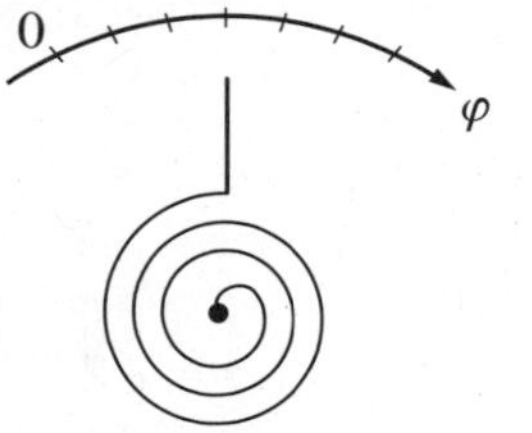

Abb. 8.20 Rücktreibendes Drehmoment an einer Spiralfeder

Der Winkel φ ist relativ zur Ruhelage gemessen. Die Größe D_m heißt das **Direktionsmoment** und ist der Federkonstante D bei geraden Federn vergleichbar. Berechnet man die Arbeit $\Delta W = M\Delta\varphi$, die die Spiralfeder am Drehkörper verrichtet, so ergibt sich genau wie bei geraden Federn, dass sie aus einer potenziellen Energie stammt:

$$W_{pot} = \frac{1}{2} D_m \cdot \varphi^2 \tag{8.61}$$

Der Energiesatz (ohne Reibungsverluste) besteht für ein System, das sich in der horizontalen Ebene dreht, in der Erhaltung von Rotationsenergie und potenzieller Energie der Spiralfeder:

$$W_{rot} + W_{pot} = \frac{1}{2} J\omega^2 + \frac{1}{2} D_m \varphi^2 = \text{const.} \tag{8.62}$$

Das System aus Drehkörper und Spiralfeder führt **Drehschwingungen** aus. Wie beim linearen Feder-Masse-System tritt nach Auslenkung ein stetiger Wechsel zwischen Rotationsenergie und potenzieller Energie auf.

Jetzt ist es möglich, die Gegenüberstellung der Größen für geradlinige Bewegung und für Drehung bei fester Achse zu vervollständigen.

Tabelle 8.3 Gegenüberstellung der Größen für Translation und Rotation

Geradlinige Bewegung entlang der x-Achse		**Drehung um die z-Achse**	
Ort	x	Winkel	φ
Geschwindigkeit	$v_x = \frac{dx}{dt}$	Winkelgeschwindigkeit	$\omega_z = \frac{d\varphi}{dt}$
Beschleunigung	$a_x = \frac{dv_x}{dt}$	Winkelbeschleunigung	$\alpha_z = \frac{d\omega_z}{dt}$
Masse	m	Trägheitsmoment	J
Kraft	$F_x = ma_x$	Drehmoment	$M_z = J\alpha_z$
Arbeit	$W_{12} = F_x\Delta x$	Arbeit	$W_{12} = M_z\Delta\varphi$
Kinetische Energie	$\frac{1}{2}mv_x^2 = \frac{1}{2}mv^2$	Rotationsenergie	$\frac{1}{2}J\omega_z^2 = \frac{1}{2}J\omega^2$
Leistung	$P = F_x v_x = \frac{dW}{dt}$	Leistung	$P = M_z\omega_z = \frac{dW}{dt}$
Impuls	$p_x = mv_x$	Drehimpuls	$L_z = J\omega_z$

8.4 Trägheitskräfte in rotierenden Bezugssystemen – Zentrifugalkraft

Wie wir bereits in einem früheren Kapitel gesehen haben, ist jede, auch eine gleichförmige Kreisbewegung mit einer **Zentripetalbeschleunigung** $\vec{a}_r$ verknüpft. Diese Beschleunigung ist auf den Kreismittelpunkt gerichtet. Ihr Betrag ist durch die folgenden Beziehungen gegeben:

$$a_r = \omega^2 \cdot r = \frac{v^2}{r} \tag{8.63}$$

Da eine Beschleunigung gemäß dem 2. Newton'schen Gesetz nicht ohne äußere Einwirkung zustande kommt, muss eine entsprechende Kraft, die **Zentripetalkraft** $\vec{F}_r$ wirken. Sie hat den Betrag

$$F_r = m \cdot a_r = m \cdot \omega^2 \cdot r = m \cdot \frac{v^2}{r} \tag{8.64}$$

und ist auf den Mittelpunkt der Kreisbahn gerichtet. Ein Hammerwerfer, der eine Kugel auf einer Kreisbahn um sich herumschleudert, muss sie auf die Kugel ausüben.

Im **rotierenden Bezugssystem**, das sich mit dem Hammerwerfer mitdreht, ruht die Kugel; sie hat keine Beschleunigung. Das steht im Widerspruch zum 2. Newton'schen Gesetz, da sie ja die Zentripetalkraft spürt. Das rotierende Bezugssystem ist kein Inertialsystem!

Wie wir in einem früheren Kapitel sahen, lässt sich das 2. Newton'sche Gesetz auch im Nichtinertialsystem anwenden, wenn man zusätzlich zu den wirklichen Kräften **Trägheitskräfte** einführt. Im Bezugssystem, das sich mit der Winkelgeschwindigkeit ω dreht, muss man als Trägheitskraft die **Zentrifugalkraft** $\vec{F}_{\mathrm{Zf}}$ einführen. Sie wirkt auf jeden Körper radial nach außen und hat den Betrag

$$F_{\mathrm{Zf}} = F_{\mathrm{r}} = m\omega^2 r \tag{8.65}$$

An der Kugel des Hammerwerfers gleichen sich die vom Hammerwerfer stammende Zentripetalkraft $\vec{F}_{\mathrm{r}}$ und Zentrifugalkraft $\vec{F}_{\mathrm{Zf}}$ aus, sodass sie in Übereinstimmung mit dem 2. Newton'schen Gesetz in Ruhe ist.

Beispiel 8.10 ▼

Ultrazentrifuge

Eine Ultrazentrifuge mit dem Radius $r = 5$ cm hat eine Drehzahl $n = 1000/\mathrm{s}$. Wie groß ist die Zentrifugalkraft auf ein Partikel der Masse $m = 10\ \mu\mathrm{g}$, und wie groß ist sie, verglichen mit der Schwerkraft mg?

Lösung:

Wir berechnen den Betrag der Zentrifugalkraft mit der Beziehung

$$F_{\mathrm{Zf}} = mr \cdot \omega^2 = mr(2\pi n)^2 = 19{,}74\ \mathrm{N}$$
$$\frac{F_{\mathrm{Zf}}}{mg} = 201\,215 \tag{1}$$

Die Zentrifugalkraft ist ca. 200 000 mal stärker als die Schwerkraft. Die Partikel werden zum Rand beschleunigt und können leicht von der Flüssigkeit getrennt werden.

Beispiel 8.10 ▲

Am Beispiel eines Karussells soll die unterschiedliche Beobachtungsweise für stehende und mitdrehende Beobachter noch einmal diskutiert werden. Der stehende Zuschauer betrachtet die Drehung aus einem Inertialsystem heraus, der rotierender Beobachter beurteilt den Vorgang vom Nichtinertialsystem aus.

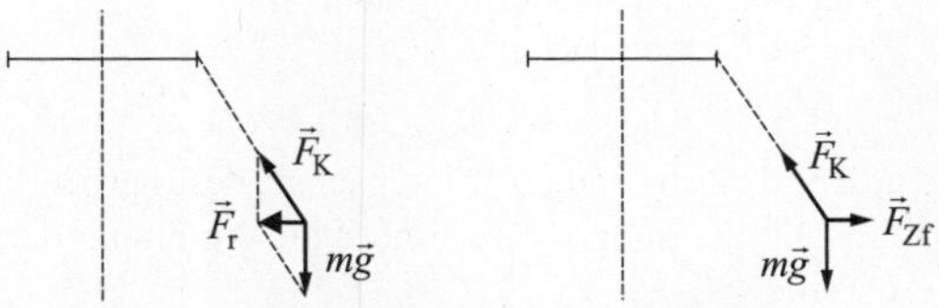

Abb. 8.21 Kräfte am Karussell vom ruhenden und mitrotierenden Beobachter gesehen

Der ruhende Beobachter berücksichtigt nur die wirklichen Kräfte: die Schwerkraft und die Kettenkraft $\vec{F}_{\mathrm{K}}$. Beide Kräfte zusammen ergeben die für die Kreisbewegung erforderliche Zentripetalkraft $\vec{F}_{\mathrm{r}}$.

$$\vec{F}_{\mathrm{r}} = m\vec{g} + \vec{F}_{\mathrm{K}} \tag{8.66}$$

Der rotierende Beobachter bemerkt in seinem Koordinatensystem den Karussellfahrer immer am gleichen Ort. Für ihn muss daher die Summe aller auf den Karussellfahrer wirkenden Kräfte verschwinden, was bei Berücksichtigung der Zentrifugalkraft auch der Fall ist:

$$0 = m\vec{g} + \vec{F}_{\mathrm{Zf}} + \vec{F}_{\mathrm{K}} \tag{8.67}$$

Beispiel 8.11

Überhöhte Eisenbahnkurve

Eine Eisenbahnkurve mit dem Radius $r = 700$ m ist um $\varphi = 10°$ überhöht. Bei welcher Fahrgeschwindigkeit steht für den Reisenden die Resultierende aus Schwer- und Zentrifugalkraft senkrecht zur Schienenebene?

Lösung:

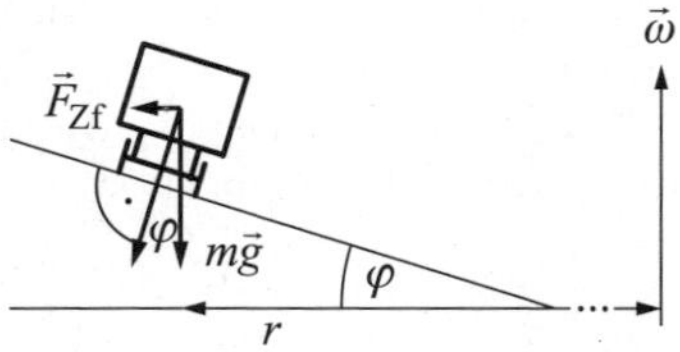

Abb. 8.22 Zug in einer überhöhten Kurve

Im beschleunigten Koordinatensystem des Zugreisenden muss dann gemäß der nebenstehenden Abbildung zwischen Schwerkraft und Zentrifugalkraft folgende Beziehung gelten:

$$mg \cdot \tan\varphi = m\omega^2 r = m\frac{v^2}{r} \qquad (1)$$

Damit gilt für die gesuchte Geschwindigkeit:

$$v = \sqrt{r \cdot g \cdot \tan\varphi}$$
$$= 34{,}8\ \frac{\text{m}}{\text{s}} \approx 125{,}3\ \frac{\text{km}}{\text{h}} \qquad (2)$$

Beispiel 8.11

Rotierende Flüssigkeitsoberflächen

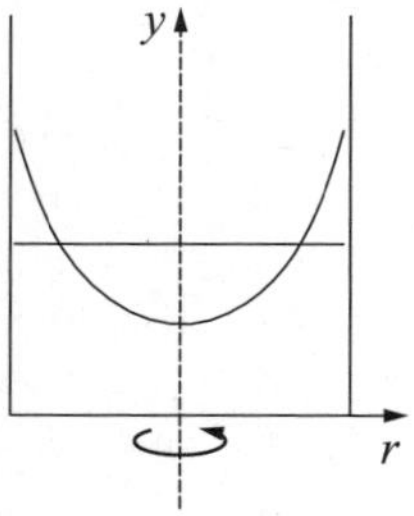

Abb. 8.23 Rotierende Flüssigkeitsoberfläche

Ein instruktiver Versuch zu den Zentrifugalkräften besteht darin, eine transparente flache Küvette um die Symmetrieachse in Drehung zu versetzen. Die Wirkung der Zentrifugalkräfte kann gut bei stroboskopischer Beleuchtung beobachtet werden. Je höher die Drehzahl des Antriebsmotors ist, desto mehr weicht die Form der Flüssigkeitsoberfläche von der Horizontalen ab.

Die Flüssigkeitsoberfläche stellt sich in jedem Abstand von der Drehachse senkrecht zur Resultierenden aus Schwerkraft und Zentrifugalkraft ein. Wie im Beispiel 8.11 gilt daher für den Steigungswinkel φ

$$\tan\varphi = \omega^2\frac{r}{g} \qquad (8.68)$$

Je größer der Abstand r zur Drehachse, desto größer wird die Steigung $\tan\varphi$ der Flüssigkeitsoberfläche. Die Steigung $\tan\varphi$ ist aber die Ableitung der Funktion $y(r)$, die die Form der Oberfläche beschreibt:

$$\frac{\mathrm{d}y}{\mathrm{d}r} = \frac{\omega^2}{g}r \qquad (8.69)$$

Für die Oberflächenfunktion $y(r)$ ergibt sich daraus die folgende Parabel, wie man durch Differenzieren nachprüfen kann:

$$y(r) = y_0 + \frac{1}{2}\frac{\omega^2}{g}r^2 \qquad (8.70)$$

Beispiel 8.12

Kugel in einer rotierenden Kreisrinne

Eine halbkreisförmige Rinne, in der sich eine kleine Kugel reibungsarm bewegen kann, wird gemäß der Abbildung in Drehung versetzt. Wie hängt die Gleichgewichtslage von der Drehzahl der Versuchsanordnung ab?

Lösung:

Wie bei der rotierenden Flüssigkeitsoberfläche muss die Resultierende aus Schwerkraft und Zentrifugalkraft senkrecht zur Rinne orientiert sein.

$$mg \cdot \tan\varphi = m \cdot \omega^2 \cdot r = m \cdot \omega^2 \cdot R \cdot \sin\varphi \qquad (1)$$

Dieser Gleichung entnehmen wir, dass die Gleichgewichtslage unabhängig von der Masse der Kugel ist. Wir müssen die Lösung(en) der folgenden Gleichung suchen:

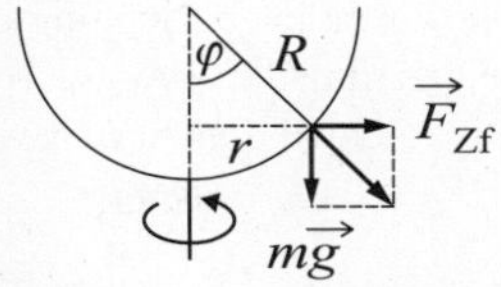

Abb. 8.24 Rotierende Kreisrinne

$$g \cdot \tan\varphi = \omega^2 \cdot R \cdot \sin\varphi \qquad (2)$$

Der Winkel $\varphi = 0$ ist immer Lösung dieser Gleichung. Die zweite Lösung ist wegen $\tan\varphi = \sin\varphi/\cos\varphi$ durch

$$\frac{g}{\cos\varphi} = \omega^2 \cdot R \Longrightarrow \cos\varphi = \frac{g}{\omega^2 \cdot R} \qquad (3)$$

gegeben.

Da die Kosinus-Funktion höchstens den Wert 1 hat, kann die zweite Lösung nur für Winkelgeschwindigkeiten ω auftreten, die einen bestimmten Wert übersteigen:

$$\omega^2 \geq \frac{g}{R} \qquad (4)$$

Die physikalische Interpretation ist nun folgendermaßen: Für Kreisfrequenzen $\omega \leqq \sqrt{g/R}$ gibt es eine stabile Lage $\varphi = 0$ für die Kugel. Bei größeren Kreisfrequenzen wird die Lage $\varphi = 0$ instabil gegen kleine Störungen und die Kugel kann eine stabile Lage bei dem Winkel $\varphi = \arccos\left[g/(\omega^2 R)\right]$ einnehmen.

Dieses Beispiel zeigt, dass auch bei so einfachen Vorgängen wie Drehbewegungen überraschende Ergebnisse zutage treten können.

Beispiel 8.12 ▲

Corioliskraft

In rotierenden Koordinatensystemen tritt noch eine weitere Trägheitskraft in Erscheinung. Sie wurde von G. Coriolis 1835 entdeckt und trägt seinen Namen. Die Corioliskraft hängt sowohl von der Winkelgeschwindigkeit $\vec{\omega}$ des Systems als auch von der Relativgeschwindigkeit $\vec{v}_r$ des betrachteten Körpers relativ zum rotierenden System ab. An Körpern, die im rotierenden System ruhen, wie in den bisher betrachteten Beispielen, tritt sie nicht auf.

Zur Verdeutlichung stellen wir uns eine Schreibfeder vor, die, vom raumfesten Koordinatensystem aus gesehen, mit konstanter Geschwindigkeit $\vec{v}$ über eine rotierende Scheibe fährt. Beginnt die Feder ihre Bewegung bei der Drehachse und bewegt sich dann radial nach außen, so schreibt sie auf der sich drehenden Scheibe eine Spirale. Da sich die Schreibfeder im Inertialsystem ohne Beschleunigung bewegt, verschwindet die Summe aller auf sie wirkenden wirklichen Kräfte. Im rotierenden System lässt sich das Auftreten der spiralförmigen Bahn nur dadurch mit dem 2. Newton'schen Gesetz in Übereinstimmung bringen, dass man die Corioliskraft einführt, die ständig senkrecht zur Bewegungsrichtung auf die Schreibfeder wirkt.

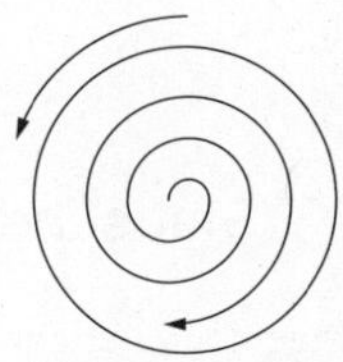
Abb. 8.25 Bahnkurve der Schreibfeder auf einer rotierenden Scheibe

Die **Corioliskraft** ist durch die folgende Vektorgleichung gegeben:

$$\vec{F}_C = 2m\vec{v}_r \times \vec{\omega} \qquad (8.71)$$

Sie wirkt also auf einen Körper immer senkrecht zu seiner Relativgeschwindigkeit und in der Ebene senkrecht zur Winkelgeschwindigkeit des Systems. Ihr Betrag ist

$$F_C = 2m \cdot v_r \cdot \omega \qquad (8.72)$$

Diese Formel soll nun für den Spezialfall bewiesen werden, dass die Bewegung im rotierenden System in radialer Richtung erfolgt. Dazu betrachten wir eine mit konstanter Winkelgeschwindigkeit ω um die z-Achse rotierende Stange, auf der sich eine Punktmasse m radial mit der Relativgeschwindigkeit v_r bewegt.

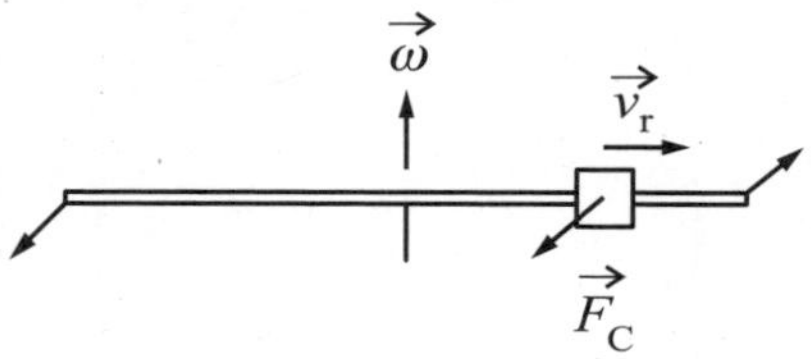

Abb. 8.26 Corioliskraft

Je weiter außen sich die Masse befindet, desto größer ist ihr Trägheitsmoment $J = mr^2$ und damit die z-Koordinate ihres Drehimpulses $L_z = J\omega_z$. Die Stange übt daher trotz konstanter Winkelgeschwindigkeit ω ein Drehmoment auf die Punktmasse aus:

$$\begin{aligned} M_z &= \frac{\mathrm{d}L_z}{\mathrm{d}t} = \frac{\mathrm{d}J}{\mathrm{d}t}\omega_z \\ &= \omega_z \cdot m \frac{\mathrm{d}r^2}{\mathrm{d}t} \\ &= \omega_z \cdot m \cdot 2r \cdot v_\mathrm{r} \end{aligned} \tag{8.73}$$

Im mitgedrehten Koordinatensystem bewegt sich die Punktmasse ohne Winkelgeschwindigkeit in radialer Richtung. Das Grundgesetz der Dynamik fordert also eine Kraft, die das von der Stange ausgeübte Drehmoment ausgleicht. Dies ist die Corioliskraft $\vec{F}_\mathrm{c}$. Nimmt man an, dass sie in der Ebene der Drehung senkrecht zur (radialen) Bewegungsrichtung wirkt, so folgt für ihren Betrag aus $F_\mathrm{c} \cdot r = |M_z|$ und $|\omega_z| = \omega$ die Gl. (8.72).

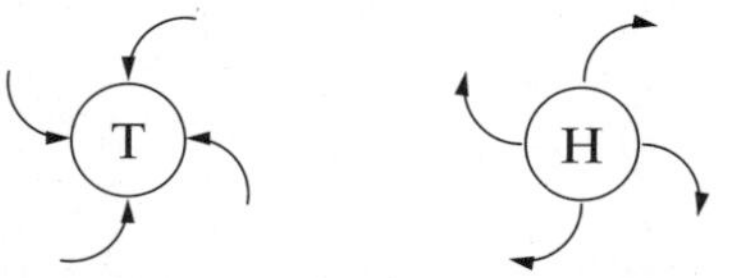

Abb. 8.27 Wirbel um Hoch- und Tiefdruckgebiete auf der Nordhalbkugel

Der Vektor der Winkelgeschwindigkeit der Erde zeigt am Nordpol aus der Erde heraus, da sie sich nach Osten, d. h. auf eingenordeten Karten nach rechts, bewegt. Nach Gl. (8.71) führt daher die Corioliskraft auf der Nordhalbkugel der Erde immer zu einer Ablenkung der Bewegungen nach rechts. Aus diesem Grunde sind die Wirbel um Hochdruckgebiete auf Wetterkarten der Nordhalbkugel immer im Uhrzeigersinn orientiert, Tiefdruckgebiete hingegen gegen den Uhrzeigersinn. Besonders einleuchtend ist diese Rechtsablenkung bei einem Pendel, das man sich am Nordpol aufgehängt denkt. Dort dreht sich die Erde unter dem Pendel nach Osten weg, sodass sich die Pendelebene scheinbar pro Tag einmal um 360° nach Westen dreht!

8.5 Statisches Gleichgewicht

Ein Ingenieur, der ein Bauwerk konstruiert, hat das Ziel, dass dieses Bauwerk später nicht zusammenbricht, sondern in Ruhe verharrt. Er berechnet dazu die Kräfte, die auf die einzelnen Bauteile wirken müssen, damit dieses Ziel erreicht wird. Im Folgenden wird die allgemeine physikalische Grundlage für solche Berechnungen behandelt.

Verharrt ein starrer Körper in Ruhe, so sagen wir, er befinde sich im **statischen Gleichgewicht**. In dieser Situation verschwindet die Summe aller auf den betrachteten Körper einwirkenden äußeren Kräfte und Drehmomente:

$$\sum_i \vec{F}_i = 0 \qquad \sum_i \vec{M}_i = \sum_i (\vec{r}_i \times \vec{F}_i) = 0 \tag{8.74}$$

Diese beiden Gleichungen werden als **Gleichgewichtsbedingung** bezeichnet. Sie folgen direkt aus den Grundgesetzen für die Translation und die Drehungen eines starren Körpers, die in diesem und dem vorangehenden Kapitel hergeleitet wurden:

$$\sum_i \vec{F}_i = m_{\text{ges}}\vec{a}_S \qquad \sum_i \vec{M}_i = \dot{\vec{L}} \tag{8.75}$$

Denn im statischen Gleichgewicht gilt für die Schwerpunktbeschleunigung $\vec{a}_S = 0$ und für den Drehimpuls $\vec{L} = 0 = \text{const.}$. Für die Anwendung ist wichtig, dass das Gesamtdrehmoment für **jeden gewählten Bezugspunkt** verschwindet.

Diese Unabhängigkeit des Gesamtdrehmomentes vom Bezugspunkt gilt bei verschwindender Kraftsumme sogar auch dann, wenn das Gesamtdrehmoment selbst nicht null ist und der Körper beschleunigte Drehungen ausführt: Sind O und O' zwei verschiedene Bezugspunkte und $\vec{M}$ und $\vec{M}'$ die zugehörigen Gesamtdrehmomente, so gilt mit den Bezeichnungen der Abb. 8.28

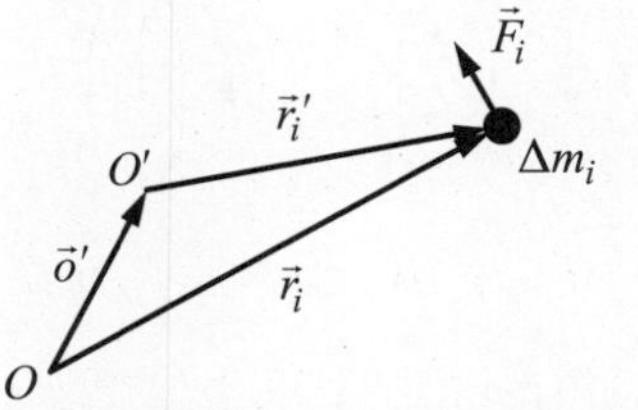

Abb. 8.28 Wechsel des Bezugspunktes

$$\vec{M} = \sum_i \vec{r}_i \times \vec{F}_i = \sum_i ((\vec{o}' + \vec{r}'_i) \times \vec{F}_i) = \vec{o}' \times \sum_i \vec{F}_i + \sum_i (\vec{r}'_i \times \vec{F}_i)$$

$$= 0 + \vec{M}' \tag{8.76}$$

Die Gleichgewichtsbedingung ist auch dann noch erfüllt, wenn der Körper eine gleichförmige Bewegung ohne Drehungen ausführt. Bei einer Drehung des Körpers gilt sie i. Allg. jedoch nicht mehr. So verschwindet z. B. bei einer gleichförmigen Drehung um eine feste Achse durch den ruhenden Schwerpunkt neben der Kraftsumme nur die Komponente des Gesamtdrehmomentes **parallel zur Drehachse**; quer dazu können Drehmomente auftreten, um die Achse zu stabilisieren.

Für praktische Anwendungen werden jetzt einige Regeln zur Anwendung der Gleichgewichtsbedingungen angegeben:

1. Mache den Körper frei, d. h., gib alle Kräfte an, die auf den Körper wirken.
2. Wähle einen geeigneten Bezugspunkt für die Drehmomente.
3. Schreibe die Gleichgewichtsbedingungen für die Kräfte und den gewählten Bezugspunkt auf.
4. Das resultierende Gleichungssystem ist lösbar, wenn die Zahl der unbekannten Größen und die Zahl der Gleichungen übereinstimmt.

Beispiel 8.13

Gleichgewicht einer Hantel

In welchem Punkt muss eine Hantel aus zwei unterschiedlichen Massen und einer masselosen Stange unterstützt werden, damit sie im statischen Gleichgewicht ist?

Lösung:

Auf die Hantel wirken die beiden Gewichtskräfte und die Lagerkraft:

$$\vec{F}_1, \quad \vec{F}_2, \quad \vec{F}_L \tag{1}$$

Wir legen den Koordinatenursprung in die Ebene dieser Kräfte und wählen die Koordinatenachsen wie in der Abb. 8.29 skizziert. Das Kräftegleichgewicht ergibt

$$\vec{F}_L = -\vec{F}_1 - \vec{F}_2 \tag{2}$$

Die Drehmomentenbilanz lautet:

$$\vec{r}_1 \times \vec{F}_1 + \vec{r}_L \times \vec{F}_L + \vec{r}_2 \times \vec{F}_2 = 0 \tag{3}$$

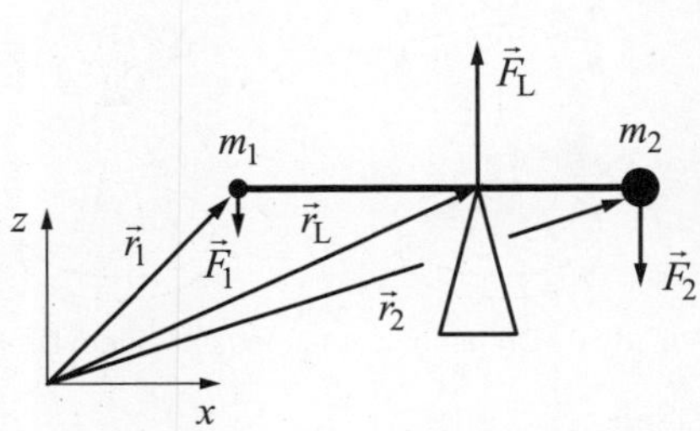

Abb. 8.29 Gleichgewicht an der Hantel

Mit dem Kräftegleichgewicht wird daraus:

$$\vec{r}_1 \times \vec{F}_1 - \vec{r}_L \times (\vec{F}_1 + \vec{F}_2) + \vec{r}_2 \times \vec{F}_2 = 0$$

$$(\vec{r}_1 - \vec{r}_L) \times \vec{F}_1 + (\vec{r}_2 - \vec{r}_L) \times \vec{F}_2 = 0 \tag{4}$$

Die letzte Gleichung ist Ausdruck der Tatsache, dass wir das Drehmoment auch in Bezug auf das Lager angeben dürfen. In Koordinaten geschrieben stellt sie einen Satz von drei Gleichungen für die gesuchte Lagerposition dar. Mit

$$\vec{r}_1 = \begin{pmatrix} x_1 \\ 0 \\ z_1 \end{pmatrix} \quad \vec{r}_2 = \begin{pmatrix} x_2 \\ 0 \\ z_2 \end{pmatrix} \quad \vec{r}_L = \begin{pmatrix} x_L \\ y_L \\ z_L \end{pmatrix} \quad \vec{F}_1 = \begin{pmatrix} 0 \\ 0 \\ -m_1 g \end{pmatrix} \quad \vec{F}_2 = \begin{pmatrix} 0 \\ 0 \\ -m_2 g \end{pmatrix} \tag{5}$$

lauten sie:

$$M_x = y_L \cdot m_1 g + y_L \cdot m_2 g = 0 \quad \Longrightarrow \quad y_L = 0$$

$$M_y = (x_1 - x_L) m_1 g + (x_2 - x_L) m_2 g = 0 \quad \Longrightarrow \quad x_L = \frac{m_1 x_1 + m_2 x_2}{m_1 + m_2}$$

$$M_z = 0 \tag{6}$$

Das Ergebnis $y_L = 0$ bestätigt unsere Erfahrung, dass das Lager nicht vor oder hinter der Hantel liegen darf. Die Gleichung für die Koordinate x_L des Lagers stimmt mit der Schwerpunktkoordinate überein, die bereits in einem früheren Kapitel auf andere Weise eingeführt wurde.

Beispiel 8.13 ▲

8.6 Drehimpulserhaltungssatz

Wie wir gesehen haben, stammt die Änderung des Drehimpulses eines starren Körpers von dem Drehmoment, das alle äußeren Kräfte auf ihn ausüben:

$$\dot{\vec{L}} = \vec{M} \tag{8.77}$$

Dieser Zusammenhang gilt sogar für Systeme von Teilchen, die nicht starr sind, deren Relativabstände sich also mit der Zeit ändern können.

Rufen die äußeren Kräfte kein Drehmoment hervor, so ist der Gesamtdrehimpuls $\vec{L}$ in Betrag und Richtung konstant.

$$\vec{M} = 0 \Longrightarrow \vec{L} = \text{const.} \tag{8.78}$$

Dieser **Drehimpulserhaltungssatz** gilt bei Abwesenheit äußerer Drehmomente für die verschiedenartigsten Systeme. Es findet seine Anwendung bei der Bewegung der Himmelskörper, bei kardanisch aufgehängten Kreiseln und bei der Drehung nichtstarrer Körper.

Beispiel 8.14 ▼

Drehstuhlexperiment 1

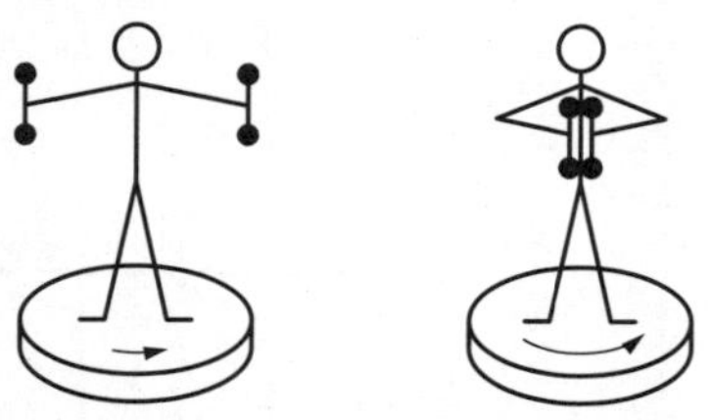

Abb. 8.30 Drehimpulserhaltung auf einem Drehstuhl

Ein schwindelfreier Student sitzt mit zwei Massestücken an den ausgestreckten Armen auf einem Drehstuhl und lässt sich in Rotation versetzen. Anschließend zieht er die Massestücke an den Oberkörper und dreht sich dadurch erheblich schneller. Warum ändert sich die Winkelgeschwindigkeit?

Lösung:

Auf den Studenten wirken in vertikaler Richtung keine äußeren Drehmomente, sodass der Drehimpuls um die Vertikalachse konstant ist. Er ändert hingegen sein Trägheitsmoment ausgehend vom Anfangswert J_0 zu einem kleineren Wert J_1

$$L_z = \text{const.} = J_0\omega_0 = J_1\omega_1 \tag{1}$$

Die Winkelgeschwindigkeit muss wegen der Drehimpulserhaltung daher anwachsen:

$$\omega_1 = \frac{J_0}{J_1}\omega_0 \tag{2}$$

Beispiel 8.14 ▲

Beispiel 8.15 ▼

Drehstuhlexperiment 2

Bei einem weiteren Drehstuhlexperiment sitzt ein Student auf dem gleichen Drehstuhl und hält ein drehendes Rad eines Fahrrades so in der Hand, dass die Drehachse waagrecht (das Rad steht senkrecht) orientiert ist. Sobald der Student die Drehachse des Rades senkrecht stellt (das Rad ist jetzt waagrecht), setzt er sich in Drehung.

Der Drehsinn des Stuhles ist dem des Rades entgegengesetzt. Kippt er die Drehachse des Rades aber in die umgekehrte Richtung, so dreht er sich mit dem Stuhl entgegengesetzt herum!

Wie lautet die Erklärung?

Lösung:

Die Vertikalkomponente des Drehimpulses ist eine Erhaltungsgröße. Sie behält den Anfangswert 0 bei, auch nachdem das Rad in die Vertikale gedreht wurde.

Das Rad und der Student mit dem Stuhl müssen sich entgegengesetzt drehen, damit der Gesamtdrehimpuls gleich null bleibt.

Wir zerlegen die Vertikalkomponente des Drehimpulses in den Beitrag L_1 des Stuhles mit dem Experimentator und dem Beitrag L_2 des Rades.

Abb. 8.31 Drehimpulserhaltung auf einem Drehstuhl

$$0 = L_z = L_{1z} + L_{2z} = J_1\omega_1 + J_2\omega_2 \tag{1}$$

Das letzte Gleichheitszeichen gilt für den Fall, dass der Student das Rad so über seinen Kopf hält, dass die Drehachsen von Rad und Stuhl zusammenfallen.

Damit der Gesamtdrehimpuls L_z verschwindet, müssen die Winkelgeschwindigkeiten entgegengesetzes Vorzeichen haben und im umgekehrten Verhältnis der Trägheitsmomente stehen:

$$\frac{\omega_1}{\omega_2} = \frac{J_2}{J_1} \tag{2}$$

Beispiel 8.15 ▲

8.7 Die Hauptachsen starrer Körper

Dreht man einen starren Körper um eine beliebige Achse, so liegt sein Drehimpulsvektor i. Allg. nicht parallel zur Drehachse. Dadurch entstehen Drehmomente, die vom rotierenden Körper auf die Lager der Drehachse wirken.

Jeder starre Körper besitzt aber drei ausgezeichnete Drehachsen, bei denen keine Drehmomente auf die Achslager wirken, da der Drehimpuls in der Drehachse liegt. Diese drei Achsen heißen **Hauptachsen** oder **freie Achsen** des Körpers und stehen paarweise aufeinander senkrecht. Die Rotation um freie Achsen ist bei Maschinen von großer Bedeutung: Wenn Maschinenteile um freie Achsen rotieren, treten keine Drehmomente an den Lagern auf. Man versucht daher, durch **Auswuchten** eine Rotation um freie Achsen zu erreichen.

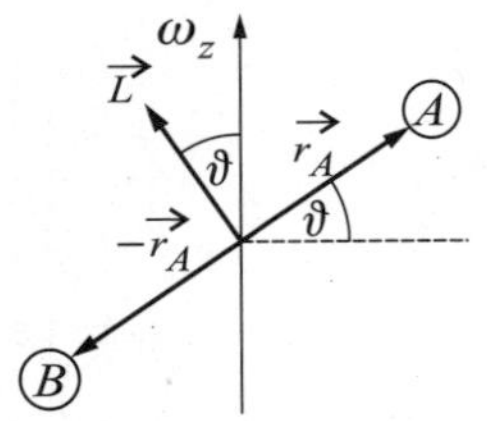

Abb. 8.32 Drehimpuls bei einer Hantel

Zur Illustration betrachten wir eine symmetrische Hantel, die sich gemäß der Abb. 8.32 um eine Drehachse durch ihren Schwerpunkt dreht, deren Richtung durch Lager fixiert ist. Der Drehimpuls dieses System, bezogen auf den Schwerpunkt, lautet:

$$\vec{L} = \vec{r}_A \times m\vec{v}_A + \vec{r}_B \times m\vec{v}_B \tag{8.79}$$

Der Geschwindigkeitsvektor $\vec{v}_A$ zeigt senkrecht in die Zeichenebene hinein. Wegen $\vec{v}_B = -\vec{v}_A$ und $\vec{r}_B = -\vec{r}_A$ gilt:

$$\vec{L} = 2m\vec{r}_A \times \vec{v}_A \tag{8.80}$$

An den Richtungseigenschaften des Kreuzproduktes erkennt man, dass der Drehimpulsvektor in der Zeichenebene liegt ($\vec{L} \perp \vec{v}_A$) und senkrecht auf der Verbindungslinie beider Massen steht ($\vec{L} \perp \vec{r}_A$).

Der Drehimpulsvektor ist also nicht parallel zur Drehachse, sondern läuft während der Drehung auf einem Kegelmantel mit dem Öffnungswinkel ϑ um die Drehachse herum. Sein Betrag ist gegeben durch:

$$|\vec{L}| = 2mr_A \cdot v_A = 2mr_A^2 \cos\vartheta \cdot \omega \tag{8.81}$$

Die Richtungsänderung des Drehimpulses erfordert nach der Grundgleichung der Drehbewegung ein Drehmoment $\vec{M}$ vom Achslager auf die Hantel. Aufgrund der Rückwirkungskräfte übt die Hantel ein gleich großes **Drehmoment $\vec{M}' = -\vec{M}$ auf die Achslager** aus:

$$\vec{M}' = -\vec{M} = -\frac{d\vec{L}}{dt} = -\vec{\omega} \times \vec{L} \tag{8.82}$$

(Das letzte Gleichheitszeichen ergibt sich aus Gl. (8.17).)

Der Betrag beider Drehmomente ist:

$$|\vec{M}'| = |\vec{M}| = \omega \cdot L \sin\vartheta = \omega^2 2mr_A^2 \cos\vartheta \sin\vartheta \tag{8.83}$$

Ein anschauliches Verständnis für das auf die Achslager wirkende Drehmoment gewinnt man, wenn man die Hantel von einem mitrotierenden Koordinatensystem aus betrachtet. In diesem Bezugssystem ruht die Hantel, und das auf die Achslager wirkende Drehmoment wird von den an beiden Massen nach außen ziehenden Zentrifugalkräften hervorgerufen.

An Gl. (8.83) sieht man, dass das Drehmoment auf die Achslager verschwindet, wenn $\vartheta = 0°$ oder $\vartheta = 90°$. Wir haben damit die drei **Hauptachsen der Hantel** gefunden:

Eine ist die Verbindungslinie der beiden Massen ($\vartheta = 90°$). Jede Senkrechte dazu durch den Schwerpunkt ist ebenfalls eine Hauptachse ($\vartheta = 0°$). Zwei beliebige davon, die aufeinander senkrecht stehen, können als zweite und dritte Hauptachse gewählt werden. An der Abb. 8.32 erkennt man, dass der Drehimpulsvektor parallel zur Winkelgeschwindigkeit liegt, wenn sich die Hantel um eine der Hauptachsen mit $\vartheta = 0°$ dreht. Bei einer Drehung um die Hauptachse mit $\vartheta = 90°$ ist eine Aussage über die Richtung des Drehimpulses nicht möglich, da dieser nach Gl. (8.81) verschwindet.

Wie in diesem Beispiel sind die Hauptachsen oft die Symmetrieachsen des Körpers, z. B. bei einem Würfel die x-, y- und z-Achse oder bei einer Kugel jede Achse, die durch den Schwerpunkt geht.

Bei Drehungen um Hauptachsen liegt der Drehimpuls $\vec{L}$ parallel zur Winkelgeschwindigkeit $\vec{\omega}$. Für beliebige Drehungen zerlegt man die Winkelgeschwindigkeit in die 3 Komponenten ω_i parallel zu den freien Achsen und erhält dann den Drehimpuls in diesen Richtungen mit

$$L_i = J_i \omega_i \qquad (i = 1, 2, 3) \tag{8.84}$$

Der Index i kennzeichnet die Nummer der Hauptachse; J_i und ω_i sind Trägheitsmomente und Winkelgeschwindigkeiten, bezogen auf die Hauptachsen.

In unserem Beispiel sei die Verbindungslinie der Hantelmassen die 1. Hauptachse. Für sie ist das Trägheitsmoment null, da wir Punktmassen angenommen hatten. (In der Praxis sind die Trägheitsmomente jedoch wegen der endlichen Ausdehnung der Körper immer von null verschieden). Von den Hauptachsen senkrecht zur Verbindungslinie wählen wir die als 2., die in die Zeichenebene hinein zeigt, und die in der Zeichenebene liegende als 3. Die Zerlegung von $\vec{\omega}$ in die drei Hauptachsenrichtungen liefert:

$$\omega_1 = \omega \cdot \sin \vartheta$$

$$\omega_2 = 0$$

$$\omega_3 = \omega \cdot \cos \vartheta \qquad (8.85)$$

Die zugehörigen Trägheitsmomente sind:

$$J_1 = 0$$

$$J_2 = J_3 = 2mr_A^2 \qquad (8.86)$$

Der Drehimpuls besitzt nur eine Komponente in die Richtung der Hauptachse 3:

$$L_3 = L = 2mr_A^2\omega \cdot \cos \vartheta \qquad (8.87)$$

in Übereinstimmung mit Gl. (8.81).

Die Existenz von freien Achsen kann an Körpern, die an dünnen Fäden hängen und rotieren, demonstriert werden.

Bei genügend hoher Drehzahl orientieren sich die auf diese Weise aufgehängten Körper so, dass sie sich um die Achse mit dem größten Trägheitsmoment drehen.

Die Kunst des Lassowerfens beruht u. a. auf diesem Sachverhalt.

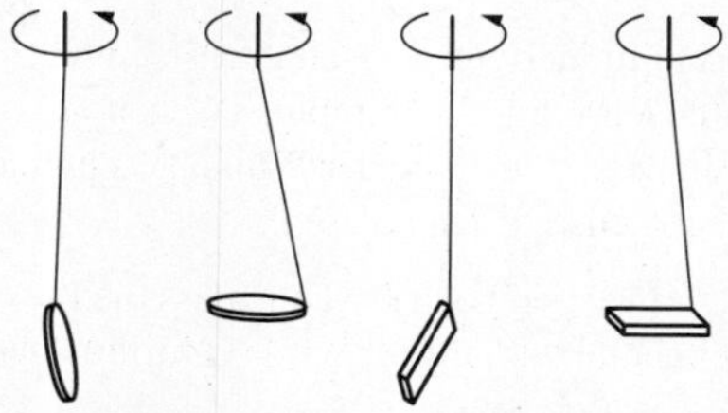

Abb. 8.33 Existenz von freien Achsen bei rotierenden Körpern

8.8 Kreisel

Ein Kreisel ist ein starrer Körper, der eine Drehung ausführt. Wir beschränken uns auf so genannte **symmetrische Kreisel**. Das sind rotationssymmetrische Kreisel, bei denen zwei der drei Hauptträgheitsmomente gleich sind. Alle auf einer Drehbank hergestellten Kreisel aus Material konstanter Dichte erfüllen diese Voraussetzung.

Die Symmetrieachse des rotationssymmetrischen Kreisels wird auch **Figurenachse** genannt.

Ist ein derartiger Kreisel **kräftefrei gelagert**, d. h. übt das Lager keine Drehmomente auf den Kreisel aus, so gilt:

$$\vec{M} = \frac{d\vec{L}}{dt} = 0 \qquad (8.88)$$

Der Drehimpuls $\vec{L}$ dieses Kreisels ist daher in Betrag und Richtung konstant.

Zur Demonstration geeignet sind kardanisch aufgehängte und im Schwerpunkt unterstützte Kreisel. Bei einem kardanisch gelagerten Kreisel kann sich die Drehachse in jede beliebige Richtung einstellen.

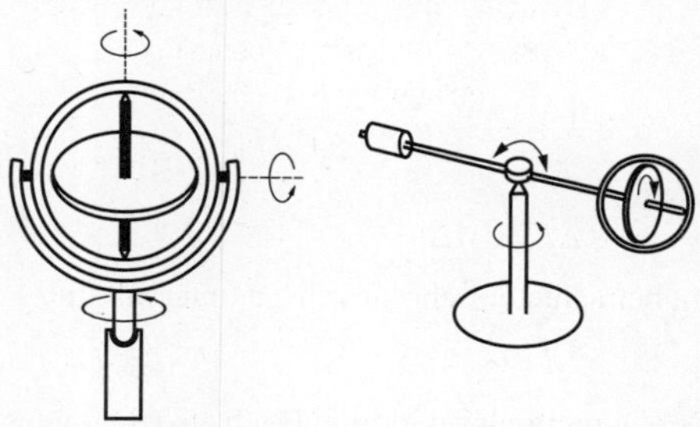

Abb. 8.34 Kräftefreie kardanisch gelagerte Kreisel

Dreht sich ein derart gelagerter Kreisel um eine Hauptache, so behält er wegen $\vec{\omega}||\vec{L}$ seine Drehachse im Raum bei, auch wenn wir die Kreiselaufhängung drehen. Dieser Effekt kann z. B. zur Navigation ausgenutzt werden.

Versetzt man einen kräftefrei gelagerten Kreisel jedoch so in Drehung, dass seine momentane Drehachse $\vec{\omega}$ nicht mit einer Hauptachse zusammenfällt, so führt er eine Taumelbewegung aus, die man **Nutation** nennt.

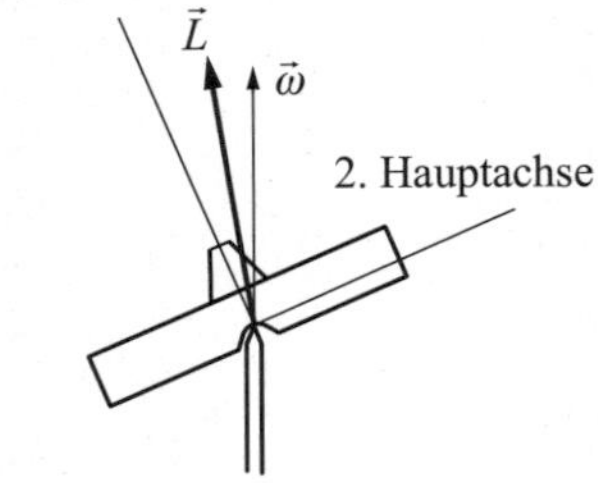

Abb. 8.35 Erklärung der Nutation

Der Grund für die Nutation liegt darin, dass Drehimpuls $\vec{L}$ und Winkelgeschwindigkeit $\vec{\omega}$ außerhalb der Hauptachsen nicht mehr parallel sind, sondern gemäß der Abb. 8.35 in verschiedene Richtungen zeigen. Während der Bewegung des Kreisels behält der Drehimpuls seine Richtung im Raum bei, da auf den Kreisel voraussetzungsgemäß keine Drehmomente wirken. Die Figurenachse muss sich aufgrund der Kreiseldrehung um den Drehimpulsvektor bewegen, was man als Taumelbewegung wahrnimmt. Die momentane Drehachse $\vec{\omega}$ tut dasselbe, da sie in der Ebene aus Figurenachse und Drehimpuls bleiben muss. Das liegt daran, dass diese Ebene bei rotationssymmetrischen Kreiseln immer eine 2. Hauptachse enthält. Die 3. Hauptachse steht also senkrecht zur Ebene aus Figurenachse und Drehimpuls. Wegen $\omega_3 = (1/J_3) \cdot L_3$ verschwindet mit der 3. Komponente des Drehimpulses auch die der Winkelgeschwindigkeit, sodass beide Vektoren in der Ebene aus 1. und 2. Hauptachse liegen müssen.

Ohne Beweis sei noch erwähnt, dass die Bewegung der Figurenachse um den Drehimpuls auf einem Kegelmantel verläuft. Er wird **Nutationskegel** genannt.

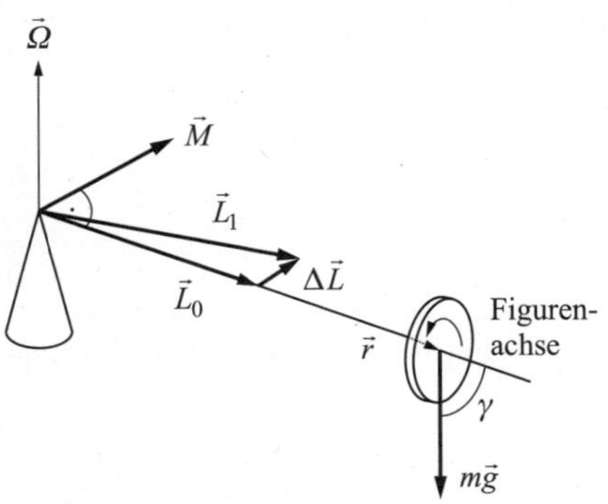

Abb. 8.36 Präzession eines einseitig gelagerten Kreisels

Wir untersuchen nun die **Wirkung eines Drehmoments** auf die Bewegung von Kreiseln. Dazu betrachten wir einen Kreisel, der gemäß der Abb. 8.36 einseitig gelagert ist. Wir vernachlässigen im Folgenden die Nutation, d. h. wir nehmen an, dass die Figurenachse des Kreisels immer die Richtung seines Drehimpulsvektors annimmt.

Aufgrund der Schwerkraft erfährt dieser Kreisel ständig das Drehmoment

$$\vec{M} = \vec{r} \times m\vec{g} \tag{8.89}$$

Es steht senkrecht auf $\vec{r}$ und $\vec{g}$ und kann während eines sehr kurzen Zeitintervalls Δt als konstant angesehen werden. Dieses Drehmoment erzeugt eine gleichgerichtete Drehimpulsänderung

$$\Delta\vec{L} = \vec{M}\Delta t \tag{8.90}$$

Im betrachteten sehr kurzen Zeitintervall gilt

$$\Delta\vec{L} \lll \vec{L}_0 \qquad \Rightarrow \qquad |\vec{L}_1| = |\vec{L}_0| \tag{8.91}$$

Der Drehimpulsvektor dreht sich also durch das von der Schwerkraft erzeugte Drehmoment um die in der Abbildung eingezeichnete vertikale Drehachse. Die Figurenachse des Kreisels macht diese Drehung bei vernachlässigbarer Nutation mit:

Der Kreisel weicht senkrecht zur wirkenden (Schwer-)Kraft aus.

Da sich mit der Figurenachse auch das Drehmoment mitdreht, setzt sich diese Drehung in den nachfolgenden Zeitintervallen in gleicher Weise fort, sodass der Drehimpulsvektor (und die Figurenachse) eine ständige Drehung mit der Winkelgeschwindigkeit Ω um die vertikale Achse ausführt. Diese Bewegung nennt man die **Präzession** des Kreisels.

Die **Präzessionsfrequenz** Ω können wir folgendermaßen bestimmen:

$$\left|\frac{\mathrm{d}\vec{L}}{\mathrm{d}t}\right| = |\vec{\Omega} \times \vec{L}| = \Omega \cdot L \cdot \sin\gamma \qquad \text{(s. Gl. (8.17))} \tag{8.92}$$

$$\left|\frac{\mathrm{d}\vec{L}}{\mathrm{d}t}\right| = |\vec{M}| = r \cdot mg \cdot \sin\gamma \tag{8.93}$$

$$\Rightarrow \quad \Omega = \frac{rmg}{L} \tag{8.94}$$

Der Drehimpuls $\vec{L}$ bezieht sich dabei auf die Drehung um die Achse des Kreisels. Der Winkel γ bleibt bei der Drehung unverändert.

Eine weitere Anwendung der Beziehung $\vec{M} = \mathrm{d}\vec{L}/\mathrm{d}t$ besteht in der Untersuchung der **erzwungenen Präzession**. Bei jedem Zug, der eine Kurve durchfährt, ändert sich der Drehimpuls $\vec{L}$ der Achsen. Das ist die Ursache für das Auftreten von zusätzlichen Drehmomenten und Kräften.

Beispiel 8.16 ▼

Scheibe auf einer Kreisbahn

Eine Scheibe mit dem Radius r wird durch eine Achse geführt und rollt auf einem Kreis mit dem Radius R. Sie besitzt die Masse m, das Trägheitsmoment J und die Bahngeschwindigkeit v. Mit welcher Kraft wirkt die Scheibe auf die Lauffläche?

Lösung:

Die Scheibe führt eine erzwungene Präzession mit der Kreisfrequenz $\Omega = v/R$ durch. Dies erfordert ein Drehmoment

$$M = \left|\frac{\mathrm{d}\vec{L}}{\mathrm{d}t}\right| = \Omega \cdot L = \left(\frac{v}{R}\right) \cdot J \left(\frac{v}{r}\right) \tag{1}$$

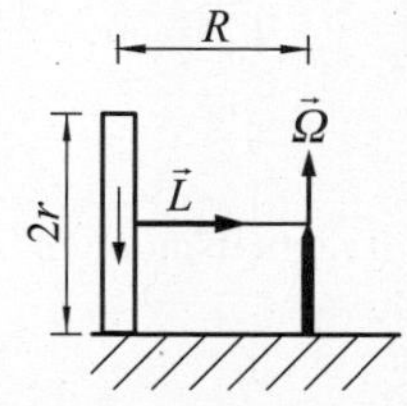

Abb. 8.37 Scheibe auf einer Kreisbahn

Dieses Drehmoment $\vec{M}$ steht in jedem Augenblick senkrecht zu $\vec{L}$ und $\vec{\Omega}$; im skizzierten Moment zeigt es in die Zeichenebene hinein. Es wird durch eine Kraft ΔF verursacht, die von der Lauffläche nach oben auf die Scheibe wirkt:

$$\Delta F = \frac{M}{R} = \frac{v^2}{R^2}\frac{J}{r} = \frac{v^2}{R^2}\frac{1}{2}mr \tag{2}$$

Als Reaktionskraft wirkt auf die Lauffläche zusätzlich eine Kraft vom Betrag ΔF nach unten, die zur Schwerkraft addiert wird.

$$F = m\left(g + \frac{1}{2}\frac{v^2 r}{R^2}\right) \tag{3}$$

Ändert man den Drehsinn der Scheibe, so dreht sich die Richtung von $\vec{L}$ und $\vec{\Omega}$ um; das Drehmoment behält aber seine Richtung bei. Unabhängig von der Umlaufrichtung der Scheibe wird daher die Lauffläche stärker belastet.

Beispiel 8.16 ▲

8.9 Zusammenfassung

Das **Drehmoment** $\vec{M}$, das eine Kraft $\vec{F}$ hervorruft, ist durch das Vektorprodukt aus dem Ortsvektor $\vec{r}$ des Kraftangriffspunktes und der Kraft $\vec{F}$ gegeben:

$$\vec{M} = \vec{r} \times \vec{F} \tag{8.95}$$

Der Betrag des Drehmomentes $\vec{M}$ lautet mit den Beträgen der Vektoren $\vec{r}$ und $\vec{F}$ und dem eingeschlossenen Winkel Θ:

$$M = r \cdot F \sin\Theta \tag{8.96}$$

Der **Drehimpuls** einer Punktmasse m ist definiert durch das Vektorprodukt aus Ortsvektor $\vec{r}$ und Impulsvektors $\vec{p}$:

$$\vec{L} = \vec{r} \times \vec{p} \tag{8.97}$$

Drehmoment und Drehimpuls hängen vom gewählten Koordinatenursprung ab.

Das gesamte äußere Drehmoment $\vec{M}$, das auf eine Punktmasse oder auf einen starren Körper wirkt, führt zu einer zeitlichen Änderung des Drehimpulses:

$$\vec{M} = \frac{\mathrm{d}\vec{L}}{\mathrm{d}t} \tag{8.98}$$

Wirkt kein äußeres Drehmoment, so ist der gesamte Drehimpuls konstant:

$$\vec{M} = 0 \Longleftrightarrow \vec{L} = \text{const.} \tag{8.99}$$

Im **statischen Gleichgewicht** verschwindet die Summe der von außen angreifenden Kräfte und Drehmomente:

$$\sum_i \vec{F}_i = 0 \qquad \sum_i \vec{M}_i = 0 \tag{8.100}$$

Im rotierenden Bezugsystem treten Trägheitskräfte auf. Es sind dies die **Zentrifugalkraft** und die **Coriolis-Kraft**:

$$\vec{F}_{\mathrm{Zf}} = m\omega^2\vec{r}$$

$$\vec{F}_{\mathrm{C}} = 2m(\vec{v}_{\mathrm{r}} \times \vec{\omega})$$

Das **Trägheitsmoment** J einer Punktmasse m auf einer Kreisbahn mit dem Radius r ist definiert durch:

$$J = mr^2 \tag{8.101}$$

Das Trägheitsmoment von ausgedehnten Körpern kann durch eine Summe über Punktmassen ermittelt werden: (r ist jeweils der senkrechte Abstand zur Drehachse)

$$J = \sum_{i=1}^{N} m_i r_i^2 \tag{8.102}$$

Im Grenzfall $N \to \infty$ geht die Summe in ein Integral über:

$$J = \int r^2 \mathrm{d}m \tag{8.103}$$

Bei einer **festen Drehachse** in z-Richtung gilt:

- Der Drehimpuls bezüglich dieser Achse ist:

$$L_z = J \cdot \vec{\omega} \tag{8.104}$$

- Ein Drehmoment $\vec{M}_z$ führt zu einer Winkelbeschleunigung $\vec{\alpha}$:

$$\vec{M}_z = J \cdot \vec{\alpha} \tag{8.105}$$

- Die vom Drehmoment $\vec{M}$ verrichtete Arbeit ist:

$$W = \int M_z \mathrm{d}\varphi \tag{8.106}$$

- Die Leistung beträgt:

$$P = \frac{\mathrm{d}W}{\mathrm{d}t} = \vec{M} \cdot \vec{\omega} \tag{8.107}$$

Die **Rotationsenergie** ist:

$$W_{\mathrm{rot}} = \frac{1}{2} J \omega^2 \tag{8.108}$$

Steiner'scher Satz: Das Trägheitsmoment J um eine beliebige Achse ist die Summe aus dem Trägheitsmoment der im Schwerpunkt vereinigten Masse um diese Achse und dem Trägheitsmoment J_s des Körpers um eine parallele Achse durch den Schwerpunkt.

$$J = m r_s^2 + J_s \tag{8.109}$$

Der kürzeste Abstand zwischen dem Schwerpunkt und der Drehachse wurde mit r_s bezeichnet.

Die **Präzession** eines symmetrischen Kreisels wird durch die Bewegungsgleichung

$$\vec{M} = \frac{\mathrm{d}\vec{L}}{\mathrm{d}t} = \vec{\Omega} \times \vec{L} \tag{8.110}$$

beschrieben mit der Präzessionsfrequenz:

$$\Omega = \frac{|\vec{M}|}{|\vec{L}|} \tag{8.111}$$

8.10 Aufgaben

8.1 Ein PKW durchfährt eine Kurve vom Krümmungsradius $r = 50$ m. Bei welcher Geschwindigkeit kommt er ins Schleudern, wenn der Reibungskoeffizient $\mu = 0{,}2$ beträgt?

8.2 Vom obersten Punkt einer Kugel mit dem Radius $r = 12$ m gleitet reibungsfrei ein kleiner Würfel nach unten. In welcher Höhe unterhalb des Ausgangspunktes löst sich der Würfel von der Kugeloberfläche?

8.3 Aus welcher Höhe h über dem Boden muss ein Artist mindestens starten, damit er die skizzierte „Todesschleife" ($d = 6$ m) durchfahren kann, ohne abzustürzen?
Der Artist soll die Spirale reibungsfrei mit seinem Fahrzeug befahren.

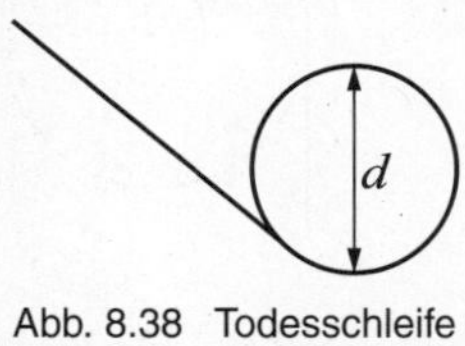

Abb. 8.38 Todesschleife

8.4 Ein Omnibus der Gesamtmasse $m = 5000$ kg soll durch eine als Energiespeicher dienende Schwungscheibe in die Lage versetzt werden, auf ebener Strecke 2 km weit bei einer Rollreibungszahl $\mu = 0{,}05$ zu fahren.

Welche Masse m_s muss die Scheibe bei einem Durchmesser von $D = 1{,}2$ m haben, wenn die Anfangsdrehzahl $n = 3000/\mathrm{min}$ beträgt?

8.5 Bei einer Aluminiumscheibe (Durchmesser 12 cm, Dicke 5 mm) befinden sich an den in der Skizze angegebenen Stellen
1. vier Bohrungen mit dem Radius $r = 1{,}5$ cm,
2. vier aufgesetzte Scheiben ($r = 1{,}5$ cm) der Dicke 5 mm,
3. je zwei Scheiben und Bohrungen, die abwechselnd angeordnet sind.

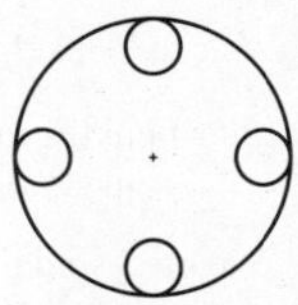

Abb. 8.39

Berechnen Sie die Trägheitsmomente für die drei Fälle!
(Dichte von Al: $\rho = 2{,}8$ g/cm^3)

8.6

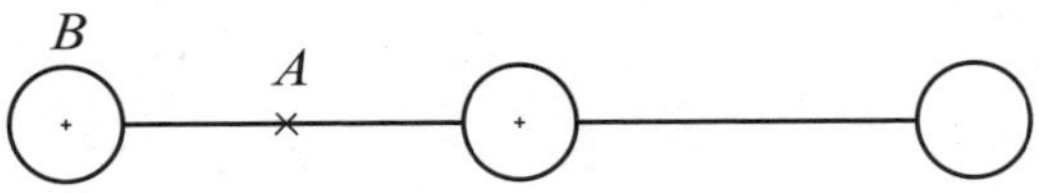

Abb. 8.40 Kugeln $r = 5$ cm, Stäbe $l = 15$ cm, Dicke 3 mm

Berechnen Sie die Trägheitsmoment J_A und J_B der skizzierten Anordnung aus Aluminium! Die Drehachsen sind senkrecht zur Zeichenebene und gehen durch die Punkte A und B.

8.7

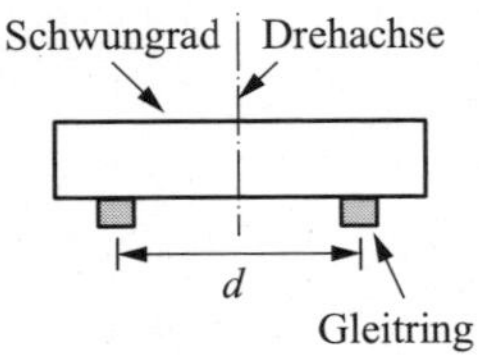

Abb. 8.41 Lagerung des Schwungrades

Ein Schwungrad der Masse $m = 5000$ kg besitzt das Trägheitsmoment $J = 7200 \text{ kg} \cdot \text{m}^2$. Es läuft auf einem Gleitring als Lager mit dem Durchmesser $d = 160$ mm und dem Reibungskoeffizienten $\mu = 0{,}01$. Das Antriebsmoment ist $M_a = 3000 \text{ N} \cdot \text{m}$.

Wie lange dauert es, bis es auf die Drehzahl $n = 240/\text{min}$ beschleunigt ist?
Welche Leistung ist zum Aufrechterhalten dieser Drehzahl erforderlich?
Wie lange dauert der Auslauf nach Abschalten des Antriebs? Zeichnen Sie Diagramme für $n(t)$, $\alpha(t)$ und die Antriebsleistung $P(t)$.

8.8 Ein Ventilator erreicht 5 Sekunden nach dem Einschalten der Energiezufuhr bei einer mittleren Leistungsaufnahme von 30 W eine Betriebsdrehzahl von $n = 3000/\text{min}$. Nach dem Abschalten läuft der Ventilator in 45 Sekunden bis zum Stillstand aus.

Welches Trägheitsmoment besitzt das Ventilatorrad und wie groß ist das während des gesamten Vorgangs als konstant angenommene Bremsmoment?

8.9

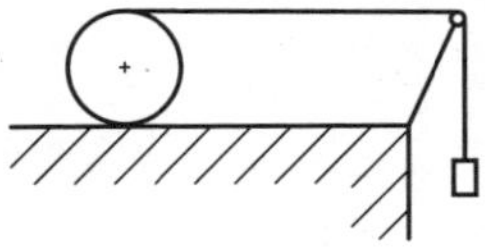

Abb. 8.42

Eine zylindrische Walze mit der Masse $m = 10$ kg und dem Radius $r = 0{,}1$ m wird durch ein Gewichtsstück der Masse $m_2 = 2$ kg über eine Umlenkrolle in Bewegung gesetzt.

Wie groß ist die Beschleunigung des Schwerpunktes der Walze und welche Geschwindigkeit erreicht die Walze, wenn das Gewichtsstück um $l = 2$ m herabgesunken ist?

8.10

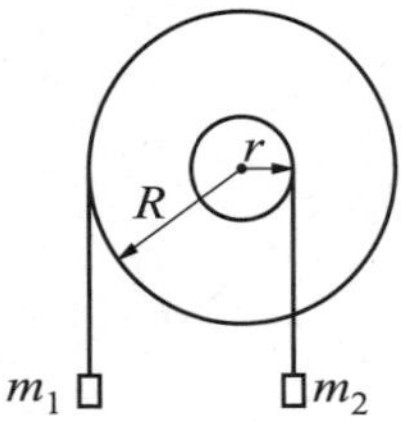

Abb. 8.43

Das skizzierte Wellrad aus Eisen (Dicht $\rho = 7{,}8 \cdot 10^3 \text{ kg/m}^3$) besteht aus einer reibungsfrei gelagerten Welle (Radius $r = 0{,}2$ m, Länge $l = 0{,}25$ m) und einem darauf befestigten Rad (Radius $R = 0{,}4$ m, Dicke $d = 0{,}05$ m). Auf Welle und Rad sind Fäden mit entgegengesetztem Drehsinn gewickelt, an denen je eine Masse mit $m_1 = m_2 = 1$ kg hängt.

Berechnen Sie das Trägheitsmoment des Wellrades und seine Winkelbeschleunigung sowie die Beschleunigungen der beiden Massen und die Seilkräfte.

8.11 Wie schnell muss ein Auto beschleunigen, damit die vorher offenen Türen ins Schloss fallen?

Beim Anfahren bilden die Türen, die 1 m breit und 10 kg schwer sind, den Winkel $\alpha = 60°$ zur Karosserie.
Zum Überwinden des Schlosses muss eine Energie von $W = 7{,}5$ J aufgebracht werden. Die Masse der Tür ist gleichmäßig über die Breite verteilt.

Welche Winkelgeschwindigkeit besitzen die Türen kurz vor dem Aufschlagen?

8.12 Eine punktförmige Masse $m = 750$ g rotiert reibungslos an einem masselosen Faden der Länge $l = 40$ cm auf einer vertikalen Kreisbahn. Im höchsten Punkt der Bahn beträgt die Seilkraft $F = 10$ N.

Wie groß sind die Seilkräfte
a) auf halber Höhe,
b) im tiefsten Punkt der Bahn?

8.13 Ein Speichenrad rollt eine schiefe Ebene der Länge $l = 10$ m und der Neigung $\alpha = 6°$ hinunter.

Welche Geschwindigkeit besitzt das Rad am Fuß der schiefen Ebene, wenn der Rollreibungskoeffizient $\mu = 0{,}05$ beträgt?

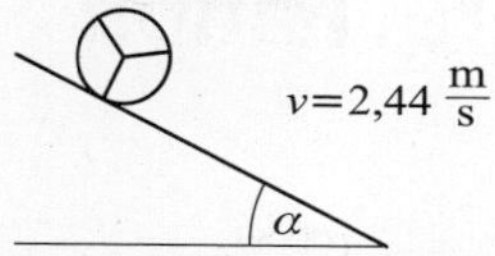

Abb. 8.44 Raddurchmesser $D = 70$ cm, Masse einer Speiche $m = 1$ kg, Gesamtmasse $M = 10$ kg

8.14 An einem Lüfter mit dem Trägheitsmoment $J = 0{,}003\ \text{kg}\cdot\text{m}^2$ greift ein Bremsmoment $M_b = 0{,}02\ \text{N}\cdot\text{m}$ an.

Welche Drehmomente und welche mittleren Leistungen sind erforderlich, um in 10 s aus dem Stillstand heraus auf die Enddrehzahl $n = 50/\text{s}$ zu beschleunigen und um diese Drehzahl aufrechtzuerhalten?
Wie lange dauert der Auslauf nach Abschalten des Motors?

8.15 Die skizzierte Kabeltrommel liegt auf einer ebenen waagrechten Fläche ($\mu = 0{,}2$).
Welche Beschleunigung erfährt die 200 kg schwere Rolle, Außendurchmesser $D = 2{,}0$ m wenn eine Kraft $F = 100$ N am Innendurchmesser $d = 1{,}6$ m angreift?
Bei welcher Kraft fängt die Trommel an zu gleiten?
Für die Berechnung des Trägheitsmomentes der Trommel können die Seitenteile vernachlässigt werden, d. h.

$$J_s = \frac{1}{2} m \left(\frac{d}{2}\right)^2$$

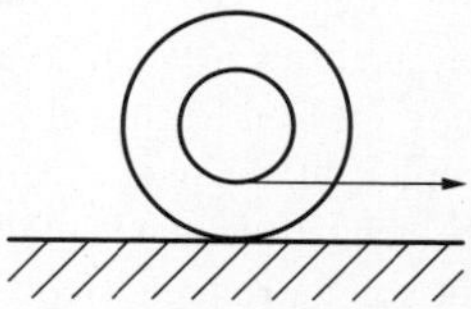

Abb. 8.45 Kabeltrommel

8.16 Ein Pkw mit der Masse $m = 800$ kg fährt mit 108 km/h über eine Brücke.
Berechnen Sie die auf die Brücke übertragene Kraft, wenn diese
a) waagrecht,
b) nach oben,
c) nach unten kreisförmig gewölbt ist.
(Krümmungsdurchmesser $D = 200$ m)

8.17 An einer dünnen masselosen Stange der Länge $l = 0{,}4$ m ist eine Kugel (Durchmesser $D = 0{,}3$ m) befestigt. Diese Anordnung ist drehbar um das der Kugel entgegengesetzte Ende aufgehängt; sie wird anfänglich um 90° zur Vertikalen ausgelenkt und anschließend losgelassen.

Welche Bahngeschwindigkeit besitzt der Mittelpunkt der Kugel beim Durchgang durch die Ruhelage?

8.18 Wie groß ist das Trägheitsmoment eines quadratischen Rahmens, der aus vier dünnen Stäben der Länge $l = 0{,}8$ m und der Masse $m_{St} = 2$ kg besteht?
Die Drehachse geht durch einen Eckpunkt des Rahmens und steht senkrecht auf der Ebene des Rahmens.

8.19 Berechnen Sie das Trägheitsmoment einer Flügelscheibe gemäß Abbildung für die Drehung um eine Achse durch den Schwerpunkt. Die Drehachse steht senkrecht zur Zeichenebene.

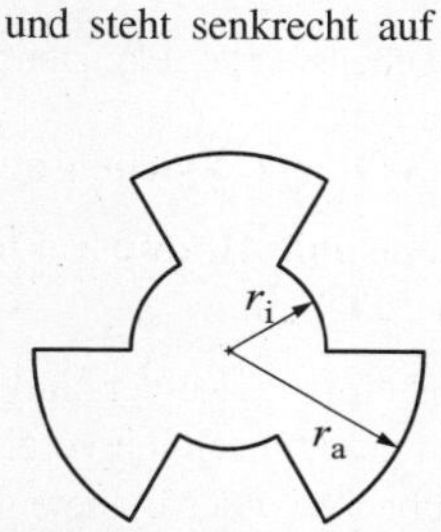

Abb. 8.46 Trägheitsmoment einer Flügelscheibe
Außenradius $r_a = 10$ cm, Innenradius $r_i = 5$ cm, Höhe $h = 1$ cm, Masse $m = 1$ kg

8.20 Welcher Bruchteil der gesamten kinetischen Energie steckt bei einer rollenden Walze in der Eigenrotation? Der Innenradius r_i ist halb so groß wie der Außenradius r_a.

9 Gravitation

Alle Körper, die mit Masse behaftet sind, ziehen sich gegenseitig an. Diese Kräfte nennen wir **Massenanziehung**, **Schwerkraft** oder **Gravitation**. Die Gravitation beherrscht die Bewegung der Planeten, Sterne und Milchstraßen genauso wie den freien Fall und das Stehen von Körpern auf der Erdoberfläche. Die Schwerkraft ist deswegen seit altersher Gegenstand des menschlichen Interesses. Seit Jahrtausenden beobachten Menschen die Bewegung der Gestirne am Firmament und versuchen, diese Geschehnisse zu erfassen und systematisch zu verstehen. Die Kalender einiger alter Völker zeugen von einer jahrhundertelangen kontinuierlichen Himmelsbeobachtung. Sonnen- und Mondfinsternisse konnten aufgrund dieser Beobachtungen vorhergesagt werden. Von einem physikalischen Verständnis der Bewegung der Himmelskörper war man aber trotzdem noch weit entfernt. Den Schlüssel zu diesem Verständnis lieferte zu Beginn des 17. Jahrhunderts **Johannes Kepler** durch eine neue mathematische Beschreibung der Planetenbewegung. Seine Entdeckungen wirkten befruchtend auf den kurze Zeit später lebenden Isaac Newton. Dessen theoretische Mechanik konnte Keplers Beobachtungen erklären und war dadurch auf das Beste bestätigt. In späteren Jahrhunderten wurden die mathematischen Methoden so verfeinert, dass aus Abweichungen der Planetenbahnen von der berechneten Bahn auf die Existenz unbekannter Planenten geschlossen werden konnte.

9.1 Kepler'sche Gesetze

Nach Kepler gelten für die Bewegung der Planeten die folgenden drei Gesetze:

1. Kepler'sches Gesetz

Die Planeten bewegen sich auf elliptischen Bahnen um die Sonne. Die Sonne befindet sich in einem der beiden Brennpunkte der Ellipse.

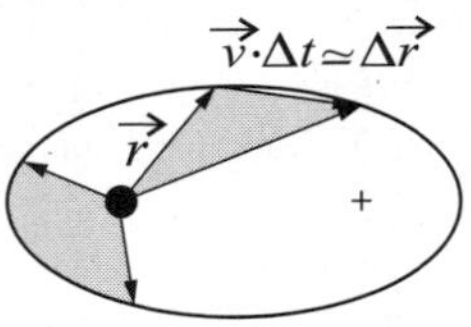

Abb. 9.1 Flächensatz der Planetenbewegung

Ferner entdeckte Kepler, dass sich die Planeten auf ihrer Bahn langsamer bewegen, wenn der Abstand zur Sonne größer wird. Die Planeten werden schneller bei kleiner werdender Entfernung zur Sonne. Kepler formulierte diesen Zusammenhang zwischen Geschwindigkeit und Abstand in dem so genannten Flächensatz:

2. Kepler'sches Gesetz (Flächensatz)

Die Verbindungslinie (Radiusvektor) zwischen Sonne und Planet überstreicht in gleichen Zeiten gleiche Flächen.

Kurze Zeit später fand Kepler, indem er die Bewegung der verschiedenen Planeten auf ihren unterschiedlich großen Bahnen verglich, einen Zusammenhang zwischen den Umlaufzeiten T und der großen Halbachse a der Planetenbahnen:

3. Kepler'sches Gesetz

Das Verhältnis aus dem Quadrat der Umlaufzeit T und der 3. Potenz der großen Halbachse a ist für alle Planeten der Sonne gleich.

$$\frac{T^2}{a^3} = \text{const.} \tag{9.1}$$

Tabelle 9.1 zeigt die für unser Planetensystem beobachteten Verhältnisse T^2/a^3.

Tabelle 9.1 Daten von Himmelskörpern

Name	**Masse** /kg	**Mittlerer Radius** /m	**Umlauf-dauer** T/s	**Große Bahn-halbachse** a/m	T^2/a^3 $(10^{-19}\ s^2/m^3)$
Merkur	$3{,}18 \cdot 10^{23}$	$2{,}43 \cdot 10^{6}$	$7{,}60 \cdot 10^{6}$	$5{,}79 \cdot 10^{10}$	2,97
Venus	$4{,}88 \cdot 10^{24}$	$6{,}06 \cdot 10^{6}$	$1{,}94 \cdot 10^{7}$	$1{,}08 \cdot 10^{11}$	2,99
Erde	$5{,}98 \cdot 10^{24}$	$6{,}37 \cdot 10^{6}$	$3{,}156 \cdot 10^{7}$	$1{,}496 \cdot 10^{11}$	2,97
Mars	$6{,}42 \cdot 10^{23}$	$3{,}37 \cdot 10^{6}$	$5{,}94 \cdot 10^{7}$	$2{,}28 \cdot 10^{11}$	2,98
Jupiter	$1{,}90 \cdot 10^{27}$	$6{,}99 \cdot 10^{7}$	$3{,}74 \cdot 10^{8}$	$7{,}78 \cdot 10^{11}$	2,97
Saturn	$5{,}68 \cdot 10^{26}$	$5{,}85 \cdot 10^{7}$	$9{,}35 \cdot 10^{8}$	$1{,}43 \cdot 10^{12}$	2,99
Uranus	$8{,}68 \cdot 10^{25}$	$2{,}33 \cdot 10^{7}$	$2{,}64 \cdot 10^{9}$	$2{,}87 \cdot 10^{12}$	2,95
Neptun	$1{,}03 \cdot 10^{26}$	$2{,}21 \cdot 10^{7}$	$5{,}22 \cdot 10^{9}$	$4{,}50 \cdot 10^{12}$	2,99
Pluto	$\approx 1 \cdot 10^{23}$	$\approx 3 \cdot 10^{6}$	$7{,}82 \cdot 10^{9}$	$5{,}91 \cdot 10^{12}$	2,96
Mond	$7{,}36 \cdot 10^{22}$	$1{,}74 \cdot 10^{6}$	–	–	–
Sonne	$1{,}991 \cdot 10^{30}$	$6{,}96 \cdot 10^{8}$	–	–	–

9.2 Newtons Gravitationsgesetz

Die Bewegung der Himmelskörper wird durch die zwischen ihnen wirkende Gravitationskraft geformt. Newton konnte die Abhängigkeit dieser Kraft von den Massen und der Entfernung der beteiligten Himmelskörper herausfinden, indem er die Kepler'schen Gesetze mit seinen eigenen Bewegungsgesetzen verband. Da die meisten Planetenbahnen in guter Näherung kreisförmig sind (Ausnahmen: Pluto und Merkur), muss die von der Sonne auf einen Planeten der Masse m_2 wirkende Gravitationskraft $F(r)$ nach dem 2. Newton'schen Gesetz gleich der für eine gleichförmige Kreisbewegung notwendigen Zentripetalkraft $m_2 \cdot \omega^2 r$ sein:

$$F(r) = m_2 \cdot \omega^2 r = m_2 \left(\frac{2\pi}{T}\right)^2 r \tag{9.2}$$

Aus dieser Gleichung erhält man unter Zuhilfenahme des 3. Kepler'schen Gesetzes $T^2/r^3 = \text{const.}$ die gesuchte Abstandabhängigkeit der Gravitation:

$$F(r) = \frac{m_2 (2\pi)^2}{\text{const.} \cdot r^2} \tag{9.3}$$

Berücksichtigen wir noch, dass wegen des 3. Newton'schen Gesetztes der Planet die gleiche Kraft auf die Sonne ausübt und daher die beiden Massen symmetrisch eingehen müssen, so ergibt sich auch eine lineare Abhängigkeit von der Sonnenmasse m_1.

Damit ist die Form des Gravitationsgesetzes klar:

$$F \sim \frac{m_1 m_2}{r^2} \tag{9.4}$$

Der Wert der Proportionalitätskonstanten (**Gravitationskonstante**) beträgt

$$\gamma = (6{,}673 \pm 0{,}003) \cdot 10^{-11}\ \frac{\text{N}}{\text{kg}^2}\text{m}^2 \tag{9.5}$$

Damit lautet das Kraftgesetz der Gravitation:

$$F = \gamma \frac{m_1 m_2}{r^2} \tag{9.6}$$

Die Gravitationskräfte sind so schwach, dass sie zwischen Körpern von atomaren Dimensionen keine Rolle spielt. Erst in astronomischen Maßstäben wird die Gravitation zur alles beherrschenden Kraft.

Eine eindrucksvolle Bestätigung der quadratischen Abstandsabhängigkeit der Gravitationskraft lieferte Newton mit seiner „Mondrechnung". Dabei vergleicht er die Fallbeschleunigung g, die von der Gravitationskraft der Erde an einem Körper auf ihrer Oberfläche erzeugt wird (Abstand zum Erdmittelpunkt $= r_E$), mit der Zentripetalbeschleunigung a_r, die die Gravitationskraft der Erde am Mond erzeugt, der eine gleichförmige Kreisbewegung um den Erdmittelpunkt mit dem Bahnradius r_M ausführt. Berechnet man beide Beschleunigungen mithilfe des zweiten Newton'schen Gesetzes aus dem Gravitationsgesetz in Gl. (9.6), so erhält man:

$$a_r = \frac{F}{m_2} = \gamma \frac{m_1}{r_M^2} \quad \text{und} \quad g = \frac{F}{m_2} = \gamma \frac{m_1}{r_E^2} \tag{9.7}$$

Die Beschleunigungen sollten also auch mit dem Quadrat der Entfernung zum Erdmittelpunkt abnehmen. Für ihr Verhältnis erwartet man mit $r_M = 384\,400\,\text{km} = 60{,}3 \cdot r_E$:

$$\frac{a_r}{g} = (\frac{r_E}{r_M})^2 = \frac{1}{60{,}3^2} \tag{9.8}$$

Dieser Wert wird gut bestätigt, wenn man die tatsächliche Zentripetalbeschleunigung des Mondes aus seiner Umlaufdauer $T = 27{,}32$ Tage errechnet:

$$\frac{a_r}{g} = \frac{\omega^2 \cdot r_M}{g} = \frac{(2\pi)^2}{g} \frac{r_M}{T^2} = \frac{1}{60{,}0^2} \tag{9.9}$$

9.3 Herleitung der Kepler'schen Gesetze

Setzen wir das Gravitationsgesetz als gegeben voraus, so lässt sich daraus mithilfe der Newton'schen Gesetze das 3. Kepler'sche Gesetz herleiten, wie im Folgenden für kreisförmige Planetenbahnen gezeigt wird:

Für kreisförmige Bahnen sind Gravitationskraft und Zentripetalkraft identisch:

$$\gamma \frac{m_1 m_2}{r^2} = m_2 \omega^2 \cdot r \tag{9.10}$$

Ersetzen wir die Winkelgeschwindigkeit durch $\omega = 2\pi/T$, so ergibt sich:

$$\gamma \frac{m_1}{r^2} = \left(\frac{2\pi}{T}\right)^2 r$$

$$\text{bzw.} \quad T^2/r^3 = \text{const.} = \frac{(2\pi)^2}{\gamma m_1} \quad \text{mit} \quad m_1 = \text{Sonnenmasse} \tag{9.11}$$

Aus der letzten Gleichung ergibt sich, dass die Konstante im 3. Kepler'schen Gesetz für verschiedene Zentralgestirne unterschiedliche Werte hat.

Beispiel 9.1 ▼

Masse der Sonne

Wie groß ist die Masse der Sonne, wenn man die Bahndaten der Erde zugrunde legt?

Lösung:

Wir bestimmen die Sonnenmasse mit der Gleichung:

$$m_1 = \left(\frac{2\pi}{T}\right)^2 \frac{r^3}{\gamma} = 1{,}99 \cdot 10^{30}\,\text{kg} \tag{1}$$

Beispiel 9.1 ▲

Wie wir gesehen haben, beruht das 3. Kepler'sche Gesetz auf der besonderen Abstandsabhängigkeit $F \sim 1/r^2$ der Gravitationskraft. Die Voraussetzungen für das 2. Kepler'sche Gesetz, den Flächensatz, sind weit weniger streng. Zu seiner Herleitung benötigt man nur die Tatsache, dass die von der Sonne ausgehende Gravitation für den betrachteten Planeten eine „Zentralkraft" ist, d. h. immer auf ein im Inertialsystem ruhendes Zentrum gerichtet ist. Dieses ruhende Zentrum ist der Schwerpunkt des Systems Sonne-Planet, der wegen der stark überwiegenden Sonnenmasse praktisch im Zentrum der Sonne liegt und im Folgenden als Ursprung des Koordinatensystems verwendet wird.

Als Zentralkraft kann die Gravitation bezüglich ihres Zentrums kein Drehmoment auf den Planeten ausüben, da sie immer antiparallel zum Ortsvektor wirkt; der Drehimpuls des Planeten muss daher konstant bleiben:

$$\vec{M} = \vec{r} \times \vec{F} = 0$$
$$\vec{L} = \vec{r} \times \vec{p} = \text{const.} \tag{9.12}$$

Diese Drehimpulserhaltung wird grafisch durch den Flächensatz veranschaulicht.

Die Fläche ΔA, die der Ortsvektor $\vec{r}$ des Planeten in der Zeit Δt überstreicht, kann durch den Betrag seines Drehimpulses ausgedrückt werden:

$$\Delta A \approx \frac{1}{2} r \cdot h = \frac{1}{2} |\vec{r}| \cdot |\Delta\vec{r}| \sin\varphi = \frac{1}{2} |\vec{r} \times \Delta\vec{r}|$$
$$\Delta A \approx \frac{1}{2} |\vec{r} \times \vec{v}\Delta t| = \frac{1}{2} |\vec{r} \times \vec{p}| \frac{\Delta t}{m} \tag{9.13}$$

Da der Drehimpuls konstant ist, muss die pro Zeiteinheit vom Vektor $\vec{r}$ überstrichene Fläche $\Delta A/\Delta t$ auch konstant bleiben.

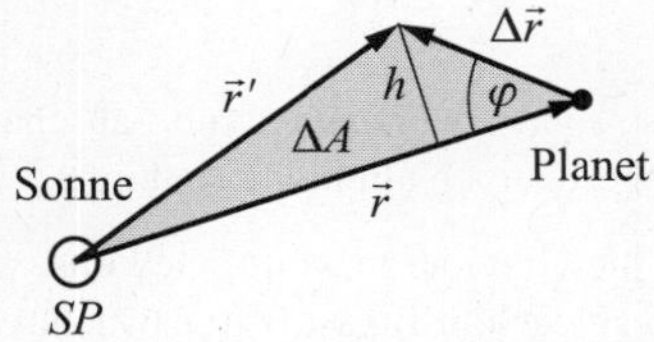

Abb. 9.2 Flächensatz und Drehimpulserhaltung

9.4 Gravitationsfeld

Die Gravitationskraft zwischen zwei Massen ist ein typisches Beispiel für eine **Fernwirkungskraft**, d. h., die beiden Körper wechselwirken miteinander, obwohl sie nicht in Berührung stehen. Diese Fernwirkung lässt sich vermeiden, wenn man das Konzept des **Gravitationsfeldes** einführt, das von der einen Masse im gesamten Raum erzeugt wird, und die lokale Ursache für die Kraft auf die andere Masse darstellt. Zur Beschreibung dieses Feldes ordnen wir jedem Punkt des Raumes einen Vektor $\vec{G}$, die Gravitationsfeldstärke zu, sodass die Kraft $\vec{F}$ auf eine Masse m durch die Gleichung

$$\vec{F} = m\vec{G} \tag{9.14}$$

gegeben ist.

Zur Berechnung der **Gravitationsfeldstärke** $\vec{G}$ in der Umgebung der Erde gehen wir von der Kraft aus, mit der die Erde einen Körper der Masse m im Abstand r von ihrem Mittelpunkt anzieht und teilen diese durch m:

$$\vec{F} = -\gamma \frac{m_e m}{r^2} \vec{e}_r \quad \Rightarrow \quad \vec{G} = -\gamma \frac{m_e}{r^2} \vec{e}_r \tag{9.15}$$

Das negative Vorzeichen berücksichtigt die anziehende Wirkung der Gravitation. Die Gravitationsfeldstärke beschreibt den veränderten Zustand des Raumes in der Umgebung eines Körpers. Eine Kraft tritt erst auf, wenn ein zweiter Körper in diese Umgebung eintritt.

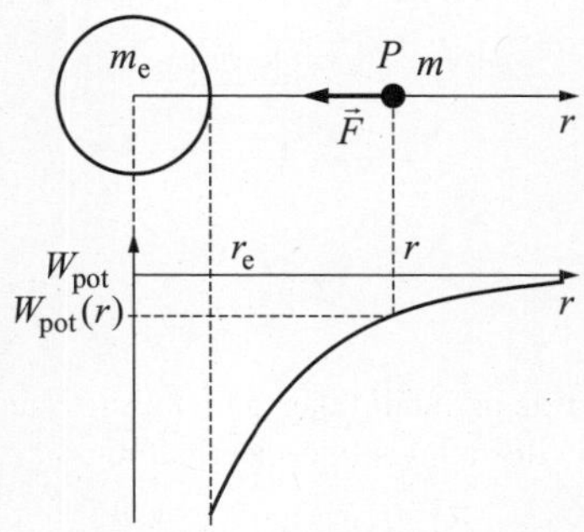

Abb. 9.3 Potenzielle Energie des Gravitationsfeldes

Die Gravitationskraft ist konservativ (was hier nicht bewiesen wird); zu ihr gehört also eine **potenzielle Energie** W_{pot}. Diese soll nun für einen beliebigen Punkt P in der Umgebung eines Himmelskörpers berechnet werden. Wegen der Kugelsymmetrie des Gravitationsfeldes reicht es aus, W_{pot} entlang einer radialen Achse zu bestimmen. Nach Gl. (6.33) ist die potenzielle Energie $W_{pot}(r)$ gleich der Arbeit W_{r,r_1}, die die Gravitationskraft auf dem Weg von r zum Bezugspunkt r_1 mit $W_{pot}(r_1) = 0$ verrichtet:

$$W_{pot}(r) = W_{r,r_1} = \int_r^{r_1} \vec{F}\mathrm{d}\vec{r} = \int_r^{r_1} F_r \mathrm{d}r \qquad \text{mit} \qquad F_r = -\gamma \frac{m m_e}{r^2}$$

$$W_{pot}(r) = \gamma\, m \cdot m_e \left[\frac{1}{r_1} - \frac{1}{r}\right] \tag{9.16}$$

Die Wahl des Nullpunktes r_1 für die potenzielle Energie ist völlig willkürlich. Wir wählen $r_1 \to \infty$ und erhalten damit:

$$W_{pot}(r) = -\gamma \frac{m \cdot m_e}{r} \tag{9.17}$$

Das negative Vorzeichen rührt anschaulich daher, dass man sich immer „unterhalb" des bei $r_1 \to \infty$ festgesetzten Nullpunktes befindet.

Da die Gravitationskraft eine konservative Kraft ist, gilt für Bewegungen unter ihrem Einfluss der **Energieerhaltungssatz der Mechanik**:

$$W_{kin} + W_{pot} = \frac{1}{2} m \cdot v^2 - \gamma \frac{m \cdot m_e}{r} = \text{const.} \tag{9.18}$$

Er besagt z. B., dass ein antriebsloser Satellit langsamer wird, wenn er sich von der Erde weg bewegt; denn seine kinetische Energie muss im selben Maß abnehmen, wie seine potenzielle Energie nach außen hin zunimmt.

Beispiel 9.2

Fluchtgeschwindigkeit

Welche Mindestgeschwindigkeit muss ein Satellit an der Erdoberfläche besitzen, um ohne weiteren Antrieb das irdische Gravitationsfeld verlassen zu können?

Die Masse der Erde ist $m_e = 5{,}98 \cdot 10^{24}$ kg, der Erdradius $r_e = 6370$ km.

Lösung:

Wir wenden den Energiesatz an und setzen für den Punkt $r \to \infty$ die kinetische und potenzielle Energie gleich null. Damit folgt, dass für jeden anderen Ort die Summe aus kinetischer und potenzieller Energie null ist. Für die Geschwindigkeit an der Erdoberfläche mit $r = r_e$ erhält man:

$$\frac{1}{2} m \cdot v^2 - \gamma \frac{m \cdot m_e}{r_e} = 0$$

$$\Longrightarrow v = \sqrt{2\gamma \frac{m_e}{r_e}} = 11{,}2\ \frac{\text{km}}{\text{s}} \tag{1}$$

Beispiel 9.2

Wird ein Satellit dagegen mithilfe eines Raketenantriebes von einer Bahn in eine andere befördert, so gilt statt des Energieerhaltungssatzes die **Energiebilanz** gemäß Gl. (6.39):

$$W_{kin}(t_2) + W_{pot}(t_2) = W_{kin}(t_1) + W_{pot}(t_1) + W_R \tag{9.19}$$

Die Gesamtenergie aus potenzieller und kinetischer Energie wächst um die vom Antrieb am Satelliten verrichtete Arbeit W_R.

9.5 Zusammenfassung

Kepler'sche Gesetze der Planetenbewegung:

1. Alle Planeten bewegen sich auf **elliptischen Bahnen**, wobei sich die Sonne in einem Brennpunkt befindet.
2. Der Radiusvektor von der Sonne zu den Planeten überstreicht in gleichen Zeitintervallen gleiche Flächen. Dieser **Flächensatz** ist die Konsequenz der **Drehimpulserhaltung**.
3. Das Verhältnis aus dem Quadrat der Umlaufzeit und der 3. Potenz der großen Halbachse a ist für alle Planeten derselben Sonne gleich:

$$\frac{T^2}{a^3} = \frac{(2\pi)^2}{\gamma m_1} = \text{const.} \qquad m_1\text{: Sonnenmasse} \tag{9.20}$$

Die Gravitationskraft zwischen zwei Körpern ist proportional zu ihren Massen m_1 und m_2 und gehorcht einer inversquadratischen Abhängigkeit vom Abstand r. **Sie ist immer anziehend**:

$$\vec{F} = -\gamma \frac{m_1 m_2}{r^2} \vec{e}_r \tag{9.21}$$

Die Gravitationskraft ist konservativ; es gibt deswegen eine Potenzialfunktion.

Die potenzielle Energie zweier Massen m_1 und m_2 im Abstand r lautet:

$$W_{\text{pot}} = -\gamma \frac{m_1 \cdot m_2}{r} \tag{9.22}$$

wenn das Potenzial für $r \to \infty$ gleich 0 gesetzt wird.

Bewegt sich ein Körper der Masse m im Gravitationsfeld eines sehr viel schwereren Körpers, so kann der Mittelpunkt des schwereren Körpers näherungsweise als Ursprung eines Inertialsystems verwendet werden. In diesem besitzt der leichtere Körper die Gesamtenergie:

$$W = \frac{1}{2} m \cdot v^2 - \gamma \frac{m \cdot M}{r} = \text{const.} \tag{9.23}$$

Die Gesamtenergie ist eine Konstante der Bewegung, d. h., die mechanische Energie ist erhalten.

9.6 Aufgaben

9.1 Ein Satellit mit der Masse $m = 900$ kg umrundet einen Planeten auf einer kreisförmigen Bahn mit dem Radius $r = 36\,000$ km in 24 Stunden. Mit welcher Kraft wird dieser Satellit von dem Planeten angezogen?

9.2 Welche Fluchtgeschwindigkeiten sind erforderlich, um von den Oberflächen der anderen Planeten (außer der Erde) abzuheben und zu großen Abständen zu gelangen?

9.3 Welche Fluchtgeschwindigkeit ist erforderlich, um das Sonnensystem, ausgehend von der Erdbahn, zu verlassen?

9.4 Welche Geschwindigkeit besitzt die Erde auf dem Weg um die Sonne bzw. der Mond auf dem Weg um die Erde?

9.5 Welche Umlaufzeit und welche Geschwindigkeit hat ein Satellit, der die Erde auf einer oberflächennahen Bahn umkreist? (Bahnradius $\approx$ Erdradius)

Teil II
Elastomechanik und Hydrodynamik

10 Elastizität fester Körper

10.1 Grundbegriffe

Die Festkörperphysik baut auf einem Vielteilchenbild auf. Für sie bestehen reale makroskopische Gegenstände aus elementaren Teilchen (etwa 10^{26} Atomen oder Molekülen pro Kilogramm), die aufgrund elektrischer Kräfte bestimmte Vorzugspositionen untereinander einnehmen. Deformiert man einen Körper, so verschieben sich diese Teilchen relativ zueinander. Bleiben dabei benachbarte Teilchen immer benachbart und ändern nur die relativen Abstände zueinander, so spricht man von einem **Festkörper**.

Bei der Deformation entstehen Kräfte, die bestrebt sind, den Körper wieder in die ursprüngliche Form zurück zu versetzen. Sind diese Kräfte ausschließlich durch die gegenwärtige Verformung bestimmt und wirken in der Vergangenheit vorgenommene Verformungen nicht in der Gegenwart nach, so bezeichnet man dieses Verhalten des Festkörpers bei Verformung als **Elastizität**.

Man unterscheidet zwischen Energieelastizität und Entropieelastizität:

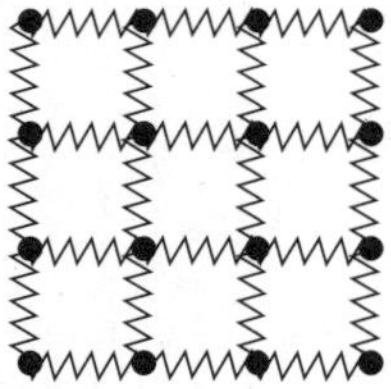

Abb. 10.1 Modell für Energieelastizität

Im Modell sind die elementaren Teilchen eines **energieelastischen** Werkstoffs durch Stahlfedern untereinander verknüpft. Es kostet sowohl Energie, den Abstand zweier Atome (Moleküle) über ihren Vorzugsabstand hinaus zu vergrößern (Zug), als auch, ihn zu verkleinern (Druck). Offensichtlich befindet sich ein solcher Festkörper im undeformierten Zustand in einem Minimum der gespeicherten Energie. Da das Bestreben zur Einnahme des unverformten Zustands aus der Energie des Körpers folgt, bezeichnet man diese Art der Elastizität als Energieelastizität.

Eine ganz andere Werkstoffklasse bilden die **Elastomere** (Gummi), die aufgrund ihrer fast perfekten Elastizität eine breite technische Anwendung finden. Elastomere bestehen aus langen, organischen, verknäulten **Kettenmolekülen**, die untereinander an einigen Stellen durch chemische Bindung verknüpft sind. Diese Vernetzungsstellen sind bei Naturkautschuk üblicherweise Schwefelbrücken, die bei der so genannten Vulkanisation erzeugt werden. Die Vernetzung verhindert das Abgleiten der Ketten und damit das Auseinanderfließen des Körpers.

Für das Verständnis der elastischen Eigenschaften von Elastomeren genügt die Betrachtung eines einzigen Kettenknäuls.

Jedes Segment eines solchen Kettenknäuls führt thermische Bewegungen aus; jede Raumrichtung ist dabei gleich wahrscheinlich. Jedes Segment zerrt in eine andere Richtung. In der Summe wirkt keine Kraft auf die Kettenenden. Wird das Knäuel dagegen gestreckt, so können Segmentbewegungen im wesentlichen nur noch quer zur Kette erfolgen. Über die nun gespannte Kette führt dies zu Zugkräften auf die Kettenenden.

Es bleibt eine mittlere Zugkraft, die umso größer ist, je stärker die Kette gestreckt ist.

Die Energie dagegen, die in einem Kettenmolekül steckt, hängt nur unwesentlich davon ab, ob die Kette gestreckt ist oder nicht. Die Abstände zwischen den Atomen des Moleküls bleiben beim Strecken im wesentlichen unverändert, es ändert sich nur die Form der Kette. Die als Folge der Verformung auftretenden Kräfte können folglich nicht wesentlich von der Energie herrühren.

Der Zustand des Kettenmoleküls wird durch eine andere Größe, die stark deformationsabhängig ist, die **Entropie**, charakterisiert. In der statistischen Mechanik, der mikroskopischen Begründung der Thermodynamik, ist diese Größe ein Maß für **Unordnung**. Der Zweite Hauptsatz der Thermodynamik lehrt, dass jedes sich selbst überlassene System einen Zustand maximaler Entropie und damit maximaler Unordnung anstrebt. Nun hat eine gestreckte Molekülkette aber eine deutlich niedrigere Entropie als eine ungestreckt verknäulte, „sie ist viel ordentlicher". Die Moleküle entwickeln elastische Kräfte, um wieder in den Zustand größter Entropie zu gelangen. Die Elastizität von Elastomeren bezeichnet man daher als **Entropieelastizität**.

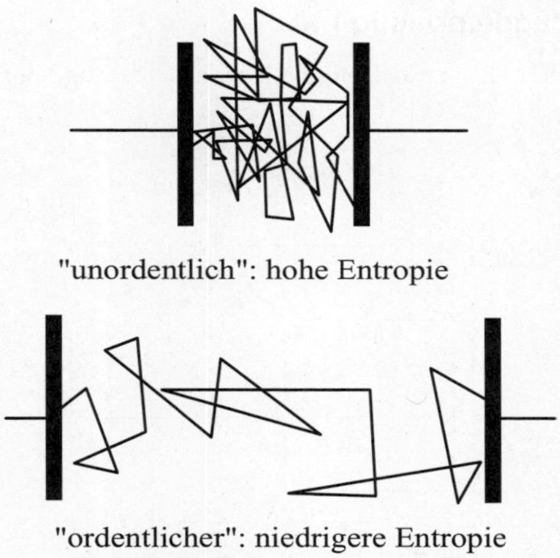

Abb. 10.2 Modell für Entropieelastizität

Die mikroskopischen Ursachen für Elastizität sind also vielfältig und in der Struktur der betrachteten Materialien begründet. Eine detaillierte Darstellung sprengt den Rahmen dieses Buches. Schon alleine die Beschreibung der Verformung eines Körpers muss im Allgemeinen mithilfe so genannter Tensoren (zweiter Stufe), die den Matrizen der Mathematik entsprechen, durchgeführt werden. Um die Darstellung des Verformungsverhaltens von Festkörpern nicht alleine durch die anspruchsvolle Mathematik undurchschaubar werden zu lassen, werden hier nur **einfache Deformationsarten** besprochen. Darüber hinaus beschränken wir uns auf solche Verformungen, bei denen die Beziehung zwischen Kraft und Verformung linear ist.

10.2 Einfache Verformungen

Kompression

Wird ein Körper isotrop, also von allen Seiten in gleichem Maße, unter Druck gesetzt, so ändern sich die Abstände zwischen den Molekülen und damit auch das Gesamtvolumen des Körpers.

Für kleine Volumenänderungen ist der Zusammenhang zwischen der Druckänderung Δp und der relativen Änderung des Volumens $\Delta V/V$ linear:

$$\Delta p = -K\frac{\Delta V}{V} \qquad [K] = \frac{\mathrm{N}}{\mathrm{m}^2} = \mathrm{Pa} \tag{10.1}$$

„Pa" ist die Abkürzung für „Pascal".

Die Proportionalitätskonstante K heißt **Kompressionsmodul** und ist groß, wenn das Material schwer zu komprimieren ist: dann erfordert eine kleine Volumenänderung großen Druck.

Den Kehrwert von K nennt man **Kompressibilität** κ (Kappa; griechisch):

$$\kappa = K^{-1} = -\frac{1}{V}\frac{\Delta V}{\Delta p} \qquad [\kappa] = \frac{\mathrm{m}^2}{\mathrm{N}} \tag{10.2}$$

Zugdeformation

Die bekannteste Deformationsart ist die **Zugdeformation**:

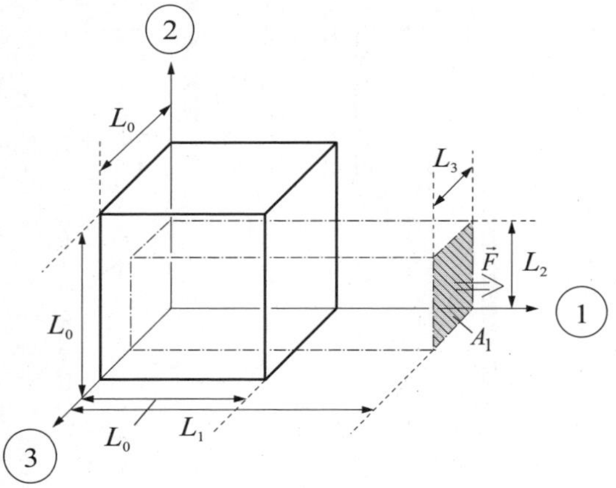

Abb. 10.3 Einfache Zugdeformation

Gemäß der Abb. 10.3 werde an einem Würfel in Richtung „1“ eines willkürlich eingeführten Koordinatensystems gezogen. Dieser Würfel mag z. B. ein infinitesimales Massenelement in einem größeren Werkstoffteil sein oder auch ein endliches Materialstück.

Die ziehende Kraft F ist in der Abbildung durch einen Doppelpfeil angedeutet. Die Größe dieser Kraft pro Flächeneinheit der **auf ihr senkrecht stehenden** Angriffsfläche A_1 heißt **Zugspannung** σ.

$$\sigma = \frac{F}{A_1} \tag{10.3}$$

$$[\sigma] = \frac{\mathrm{N}}{\mathrm{m}^2} = \mathrm{Pa}\ (\mathrm{Pascal})$$

Die entstehende Verlängerung des Würfels in Richtung „1“ des Koordinatensystems kann durch die **Dehnung** ε beschrieben werden. Sie gibt das Verhältnis der Verlängerung zur Ausgangslänge an und wird oft in Prozent angegeben:

$$\varepsilon = \frac{\Delta L}{L_0} = \frac{L_1 - L_0}{L_0} \tag{10.4}$$

Die Beziehung zwischen Zugspannung und Dehnung kann, wie oben vorausgesetzt, zumindest für kleine Dehnungen ($\varepsilon \to 0$) als linear angenommen werden. Man erhält dann den als **Hooke'sches Gesetz** bekannten Zusammenhang:

$$\sigma = E \cdot \varepsilon \qquad [E] = \frac{\mathrm{N}}{\mathrm{m}^2} = \mathrm{Pa} \tag{10.5}$$

Die Proportionalitätskonstante E ist bekannt unter dem Namen **Elastizitätsmodul**, **Young'scher Modul** oder auch einfach nur E-Modul. Sie charakterisiert den Werkstoff, wobei kleine E-Werte leichte Verformbarkeit bedeuten.

Die folgende Tabelle verdeutlicht, welche Größenordnung dieser Modul für gängige Werkstoffe annimmt (1 MPa = 10^6 Pa):

Tabelle 10.1 Einige Werte für den Elastizitätsmodul

Material	***E*-Modul**/MPa
Stahl	≈ 200 000
Kupfer	≈ 100 000
Aluminium	≈ 65 000
Blei	≈ 16 000
Gummi	≈ 1

Deutlich wird die außergewöhnliche Eigenschaft des Werkstoffes Gummi sichtbar. Dabei ist dessen Kompressibilität ähnlich gering wie die von Stahl. Elastomere sind prädestiniert für Anwendungen, in denen große Deformationen auftreten: Große Verformbarkeit bei guter Volumenerhaltung.

Ist das deformierte Material **inkompressibel**, lässt also keine Volumenänderung zu (Gummi ist in guter Näherung ein solches Material), so bewirkt die Dehnung in „1“-Richtung, wie in Abb. 10.3 skizziert, eine Kontraktion des Würfels in „2“- und „3“-Richtung. Die Querschnittsfläche A_1 wird kleiner. Je nachdem, ob man zur Berechnung der Spannung σ die Fläche des undeformierten Zustands heranzieht oder die wahre Fläche nach Aufbringen der Deformation, spricht man von **Ingenieurspannung** oder von **wahrer Spannung**. Wie der Name andeutet, ist erstere in der Technik gebräuchlicher; darum sei auch im Folgenden unter Spannung stets die Ingenieurspannung verstanden.

Die Kontraktion inkompressibler Werkstoffe quer zur Dehnungsrichtung lässt sich berechnen, wenn sie in beiden Raumrichtungen gleich ist. Mit den Bezeichnungen von Abb. 10.3 gilt:

$$L_1 L_2 L_3 = L_0^3 \qquad \text{(Volumenkonstanz)}$$

$$L_1 = (\varepsilon + 1)L_0 \qquad \text{(s. Gl. (10.4))}$$

$$\Rightarrow L_2 = L_3 = \frac{1}{\sqrt{\varepsilon + 1}} L_0 \tag{10.6}$$

Beispiel 10.1 ▼

Dehnung eines Drahtes

Ein 30 cm langer zylindrischer Stahldraht ($E = 2 \cdot 10^{11}$ Pa) mit 1 mm Durchmesser wird durch einen Körper der Masse 2,5 kg belastet. Wie lang wird der Draht dadurch?

Wir berechnen zunächst die Dehnung $\varepsilon = \Delta L / L_0$.

$$\varepsilon = \frac{\sigma}{E} = \frac{F}{A \cdot E} \tag{1}$$

Mit der Schwerkraft $F = mg$ und der Kreisfläche $A = \frac{1}{4}\pi d^2$ ergibt sich

$$\varepsilon = \frac{4 \cdot mg}{\pi d^2 \cdot E} = 1{,}56 \cdot 10^{-4} \tag{2}$$

Der Draht verlängert sich also um

$$\Delta L = L_0 \cdot \varepsilon = 0{,}000045 \text{ m} \tag{3}$$

Seine neue Länge beträgt

$$L_1 = L_0 + \Delta L = L_0(\varepsilon + 1) = 0{,}300045 \text{ m} = 30{,}0045 \text{ cm} \tag{4}$$

Ein Gummifaden ($E = 10^6$ Pa) erführe bei gleichen Abmessungen und unbegrenzter Gültigkeit des Hooke'schen Gesetzes die Dehnung $\varepsilon = 31{,}2$ und erhielte dadurch die neue Länge $L_1 = 9{,}66$ m! Aber sicher reißt er zuvor.

Beispiel 10.1 ▲

Das völlig unrealistische Ergebnis für die neue Länge des Gummifadens im obigen Beispiel zeigt, dass man von einer unbegrenzten Gültigkeit des Hooke'schen Gesetzes nicht ausgehen kann. In der Tat stellt sich heraus, dass die Annahme eines linearen Zusammenhangs zwischen Zugspannung und Dehnung allein aufgrund geometrischer Gegebenheiten und damit unabhängig vom Werkstoff mit größer werdender Verformung zunehmend unzutreffend wird:

Der lineare Zusammenhang zwischen Spannung und Deformation und damit auch die Definition des E-Moduls als Werkstoff-Kenngröße gelten nur für kleine Deformationen.

Aus Gründen mathematischer Einfachheit soll für die weitere Erörterung der lineare Bereich aber nicht mehr verlassen werden.

Analog zur Zugspannung spricht man von **Druckspannung**, wenn die Kraft in Abb. 10.3 nach innen zeigt und den Würfel in Kraftrichtung verkürzt. Die Dehnung ε wird dann nach Gl. (10.4) negativ. Das Hooke'sche Gesetz bleibt auch für Druckspannungen gültig, wenn man diese ebenfalls durch negative Werte beschreibt.

Schubdeformation

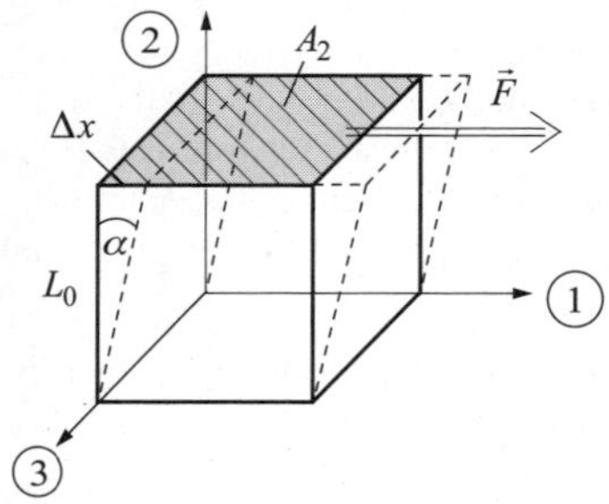

Abb. 10.4 Einfache Scherung

Eine weitere einfache Deformationsart ist die **Schubdeformation**, die auch **einfache Scherung** genannt wird. Dabei wird der betrachtete Materialwürfel gemäß der nebenstehenden Abbildung durch eine in „1"-Richtung wirkende Kraft F, die an einer zu ihr parallelen Fläche A_2 angreift, um einen Winkel α gekippt. Definitionsgemäß soll sich dabei der Abstand der oberen zur unteren Fläche und der Abstand der hinteren zur vorderen Fläche nicht verändern.

Analog zur Zugspannung definiert man hier den Begriff der **Schubspannung** τ. Man versteht darunter die Größe der Kraft F pro Flächeneinheit der **zu ihr parallelen** Angriffsfläche A_2:

$$\tau = \frac{F}{A_2} \qquad [\tau] = \frac{\mathrm{N}}{\mathrm{m}^2} = \mathrm{Pa} \tag{10.7}$$

Als Maß für die Scherung nimmt man ähnlich wie bei der Dehnung das Verhältnis der Scherungsstrecke Δx zur ursprünglichen Kantenlänge L_0, d. h. den Tangens des Scherungswinkels α.

$$\tan\alpha = \frac{\Delta x}{L_0} \tag{10.8}$$

Für kleine Deformationen wird der Zusammenhang zwischen der Schubspannung und der Scherung wieder als linear angenommen:

$$\tau = G \cdot \tan\alpha \qquad [G] = \frac{\mathrm{N}}{\mathrm{m}^2} = \mathrm{Pa} \tag{10.9}$$

Die Proportionalitätskonstante G heißt **Schubmodul** und hat die gleiche Einheit wie der Elastizitätsmodul E.

Bei der Schubdeformation muss gemäß ihrer Definition der Abstand der oberen zur unteren Fläche und der Abstand der hinteren zur vorderen Fläche in Abb. 10.4 erhalten bleiben. Dies wird in der Praxis nicht zu erreichen sein, ohne die Flächen zwangsweise zu führen. Dafür sind neben der eingezeichneten Kraft noch weitere Kräfte erforderlich. Diese Zusatzkräfte werden i. Allg. senkrecht auf den Flächen stehen; bezogen auf deren Größe nennt man sie auch **Normalspannungen**.

Bei der Schubdeformation treten immer auch Normalspannungen auf.

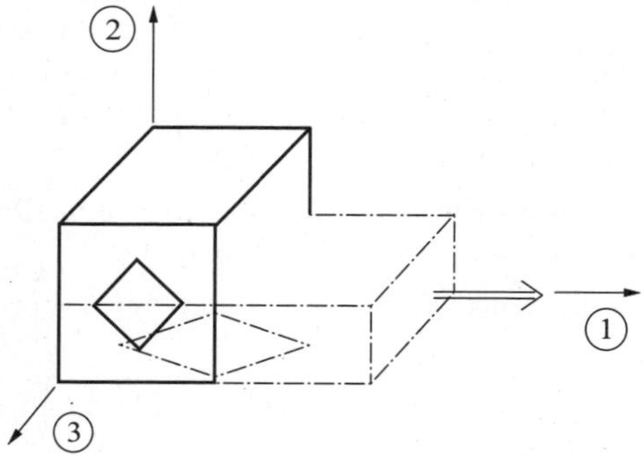

Abb. 10.5 Zug erzeugt Schubdeformation

Wie das nebenstehende Bild zeigt, kann man eine Schubdeformation auch erzeugen, indem man an dem Würfel wie gehabt in „1"-Richtung zieht, aber den Abstand zwischen vorderer und hinterer Fläche zwangsweise konstant hält: Das Element im Würfel, dessen Stirnfläche als auf der Spitze stehendes Quadrat zu sehen ist (undeformierter Zustand), wird offensichtlich schubdeformiert, obwohl ja eigentlich gezogen wird. Diese Deformationsart nennt man **reine Scherung**.

Wenn auf diese Weise Schub durch Zug erzeugt werden kann, was unterscheidet dann noch Zug und Scherung?

Ein weiterer Aspekt: Die gleiche Verformung, wie bei der Zugdeformation in der Abbildung 10.3 dargestellt, könnte man durch gleichzeitigen Druck auf die Seitenflächen „2“ und „3“ erreichen, statt an der Fläche „1“ zu ziehen. Es gibt also auch keinen Unterschied zwischen Zug- und Druckdeformation.

Die Unterscheidung verschiedener Deformationsarten ist abhängig vom Standpunkt des beschreibenden Beobachters.

Eine Zugdeformation kann immer auch als Druckdeformation beschrieben werden, eine Schubdeformation erscheint nach Wechsel des Koordinatensystems als Kombination aus Zug und Druck mit anschließender Drehung. Deshalb kann eine allgemein gültige Beschreibung von Deformationen nicht abhängig sein von den Begriffen Druck, Zug, Scherung. Hierzu bedarf es aber der Einführung von Verformungstensoren.

Da jede Deformationsart mit einer anderen zusammenhängt, überrascht es nicht, dass Elastizitäts- und Schubmodul im Grunde physikalisch äquivalent sind. Für **isotrope Werkstoffe** gilt die Ungleichung

$$\frac{E}{3} \leqq G \leqq \frac{E}{2} \tag{10.10}$$

und für den Fall inkompressibler Materialien die einfache Beziehung:

$$E = 3 \cdot G \tag{10.11}$$

Beispiel 10.2 ▼

Deformation eines Gummiwürfels

Ein Würfel der Kantenlänge 20 cm aus Gummi mit (Young'schem) Modul $E = 1$ MPa werde mit einem Gewicht der Masse 75 kg einem Druck ausgesetzt. Dabei erfährt er folgende Deformation:

$$\sigma = \frac{F_1}{A} = \frac{-75\text{ kg} \cdot 9{,}81\ \dfrac{\text{m}}{\text{s}^2}}{(0{,}2\text{ m})^2} = -18\,394\text{ Pa} \quad \text{(negatives Vorzeichen bedeutet Kompression)}$$

$$\Longrightarrow \quad \varepsilon = \frac{\sigma}{E} = \frac{-18\,394\text{ Pa}}{10^6\text{ Pa}} = -0{,}0184 \tag{1}$$

Das bedeutet eine Verkürzung der Kantenlänge um:

$$\Delta L = L_1 - L_0 = \varepsilon \cdot L_0 = -0{,}0184 \cdot 0{,}2\text{ m} = -3{,}7\text{ mm} \tag{2}$$

In einem zweiten Versuch wirke dasselbe Gewicht auf eine Seitenfläche des Würfels, sodass dieser auf Schub deformiert wird. Der sich einstellende Schubwinkel berechnet sich wie folgt:

$$G = \frac{1}{3}E = 3{,}33 \cdot 10^5\text{ Pa}$$

$$\tau = \frac{75\text{ kg} \cdot 9{,}81\ \dfrac{\text{m}}{\text{s}^2}}{(0{,}2\text{ m})^2} = 18\,394\text{ Pa}$$

$$\Longrightarrow \quad \tan\alpha = \frac{\tau}{G} = \frac{18\,394\text{ Pa}}{3{,}33 \cdot 10^5\text{ Pa}} = 0{,}055; \qquad \alpha = 3{,}1^\circ \tag{3}$$

Das entspricht einer Auslenkung der Seitenflächen um:

$$\Delta x = L_0 \tan\alpha = 0{,}2\text{ m} \cdot 0{,}055 = 11\text{ mm} \tag{4}$$

Beispiel 10.2 ▲

Das Beispiel zeigt, dass Körper leichter zu scheren als zu ziehen sind. Diese Tatsache ist bei der Konstruktion von Federn zu beachten.

Torsion

Zum Schluss des Kapitels über die Elastizität fester Körper soll auf eine weitere Deformationsart eingegangen werden, die in der Technik eine große Bedeutung hat: die **Verdrillung** oder **Torsion**. Jede Welle, die Drehmomente zu übertragen hat, wird tordiert. Das Verhältnis zwischen übertragenem Drehmoment und Torsionswinkel heißt **Torsionssteifigkeit** der Welle. Will man wissen, wie man das Material auszuwählen hat, um die Torsion bei bekanntem Drehmoment unter einer vorgegebenen Schranke zu halten, muss man den Zusammenhang zwischen der Torsionssteifigkeit einer Welle und dem Elastizitätsmodul des verwendeten Materials kennen. Dieser Zusammenhang wird im Folgenden hergeleitet.

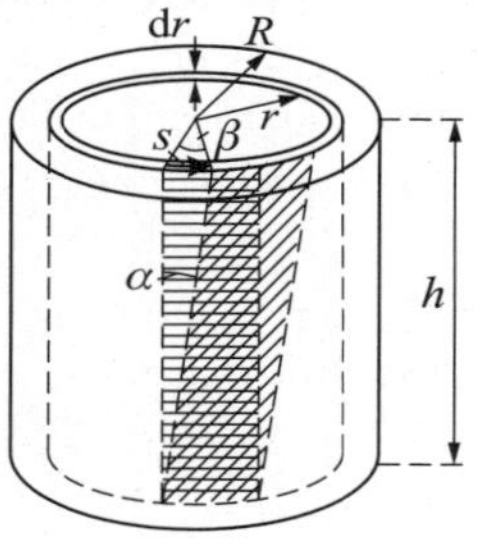

Abb. 10.6 Torsion eines zylindrischen Rundstabes

Die Welle habe die Form eines zylindrischen Rundstabes. Diesen denken wir uns aus dünnwandigen Hohlzylindern zusammengesetzt, von denen in der Abbildung 10.6 einer repräsentativ herausgezeichnet ist. Wird der zylindrische Rundstab um einen Winkel β tordiert (verdrillt), bedeutet dies für ein (schraffiert dargestelltes) Mantelflächenelement des herausgegriffenen Hohlzylinders eine Schubdeformation um einen Winkel α. Dieser Winkel α steht für kleine Deformationen mit dem Torsionswinkel β in folgendem Zusammenhang:

$$\alpha = \frac{s}{h}; \quad \beta = \frac{s}{r}$$

$$\Longrightarrow \alpha = \frac{r}{h} \cdot \beta \qquad (10.12)$$

Für kleine Deformationen und Bogenmaßwinkel kann man $\alpha \approx \tan\alpha$ annehmen und sich damit bei bekanntem Schubmodul G die Schubspannung τ errechnen, die erforderlich ist, um diese Deformation zu erzeugen:

$$\tau(r) = G \cdot \tan\alpha \approx G \cdot \frac{r}{h} \cdot \beta \qquad (\beta \text{ in rad !}) \qquad (10.13)$$

Diese Schubspannung entspricht folgender, an der oberen Stirnfläche A des Hohlzylinders angreifenden Kraft:

$$\mathrm{d}F(r) = \tau(r) \cdot A = \tau(r) \cdot 2\pi r \mathrm{d}r = 2\pi G \frac{r^2}{h} \beta \mathrm{d}r \qquad (10.14)$$

Da diese Kraft tangential angreift, entspricht dies einem Drehmoment auf den Hohlzylinder von

$$\mathrm{d}M(r) = \mathrm{d}F(r) \cdot r = 2\pi G \beta \frac{r^3}{h} \mathrm{d}r \qquad (10.15)$$

Will man das gesamte Drehmoment wissen, das erforderlich ist, den Rundstab um einen Winkel β zu tordieren, muss man die Beiträge aller Hohlzylinder aufsummieren:

$$M = \int_0^R F(r)\mathrm{d}r = \int_0^R \frac{2\pi\beta G}{h} \cdot r^3 \mathrm{d}r = \frac{2\pi\beta G}{h} \left[\frac{1}{4} r^4\right]_0^R$$

$$\Rightarrow \boxed{M = \underbrace{\frac{\pi}{2} \cdot G \cdot \frac{R^4}{h}}_{\text{Torsionssteifigkeit}} \cdot \beta} \qquad (\beta \text{ in rad}) \qquad (10.16)$$

Für Stäbe aus inkompressiblen Materialien mit $E = 3G$ gilt

$$\boxed{M = \frac{\pi}{6} \cdot E \cdot \frac{R^4}{h} \cdot \beta} \qquad (\beta \text{ in rad}) \qquad (10.17)$$

Der Zusammenhang zwischen Drehmoment und Torsionswinkel ist linear.

Die Torsionssteifigkeit ist proportional zum Elastizitäts- bzw. Schubmodul und proportional zur vierten Potenz des Radius des Rundstabes.

Beispiel 10.3

Torsion eines Drahtes

Dieses Beispiel soll zeigen, wie empfindlich die Torsion auf eine Änderung des Rundstabradius reagiert. Ein zylindrischer inkompressibler Draht des Durchmessers 1 mm und der Länge 30 cm mit Young'schem Modul $E = 2 \cdot 10^{11}$ Pa wird durch ein Drehmoment von 0,4 N · m um den folgende Winkel tordiert:

$$\beta = \frac{6hM}{\pi E R^4} = \frac{6 \cdot 0{,}3\ \mathrm{m} \cdot 0{,}4\ \mathrm{N} \cdot \mathrm{m}}{\pi \cdot 2 \cdot 10^{11}\ \frac{\mathrm{N}}{\mathrm{m}^2} \cdot \left(0{,}5 \cdot 10^{-3}\ \mathrm{m}\right)^4} = 18{,}3\ \mathrm{rad}$$

wobei Gl. (10.17) aus dem vorigen Beispiel benutzt wurde.

Das sind, wie Division durch 2π zeigt, fast drei volle Umdrehungen. Wird der Durchmesser nur auf 1,5 mm erhöht, beträgt der Torsionswinkel bei gleichem Drehmoment gerade noch:

$$\beta = \frac{6 \cdot 0{,}3\ \mathrm{m} \cdot 0{,}4\ \mathrm{N} \cdot \mathrm{m}}{\pi \cdot 2 \cdot 10^{11}\ \frac{\mathrm{N}}{\mathrm{m}^2} \cdot \left(0{,}75 \cdot 10^{-3}\ \mathrm{m}\right)^4} = 3{,}62\ \mathrm{rad}$$

Das ist wenig mehr als eine halbe Umdrehung.

Beispiel 10.3

Da Torsion als Schubdeformation aufgefasst werden kann, ist einsichtig, dass auch die Normalspannungen in Erscheinung treten werden. In der Tat beobachtet man bei der Torsion eines zylindrischen Rundstabes aus inkompressiblem Material eine in Richtung der Drehachse wirkende **Normalkraft**, die den Stab zu verlängern sucht Anschaulich kann man sich deren Zustandekommen so erklären: Beim Verdrillen versucht der Stab, sich einzuschnüren. Die angenommene Inkompressibilität erlaubt aber keine Einschnürung; also baut der Stab einen „inneren Druck" auf, der sich in Richtung der Drehachse als Normalkraft äußert.

Potenzielle Energie deformierter Körper

Die potenzielle Energie eines deformierten Körpers im Zustand „1" gibt die Arbeit an, die er bei der Rückkehr in seine Ruhelage „0" verrichten kann:

$$W_{\mathrm{pot}}(1) = W_{1,0} \tag{10.18}$$

Daraus ergab sich im Kapitel „Arbeit, Energie und Leistung", Beispiel 6.6, für eine Feder mit dem linearen Kraftgesetz

$$F_x = -Dx \qquad \text{(Bezeichnungen s. Beispiel)} \tag{10.19}$$

die potenzielle Energie

$$W_{\mathrm{pot}}(x) = \frac{1}{2}Dx^2 \tag{10.20}$$

Auf gleichem Weg soll nun die Formel für die potenzielle Energie eines zugdeformierten Körpers hergeleitet werden, der durch den Elastizitätsmodul E und dessen Verformung durch die Dehnung ϵ gekennzeichnet ist.

Dazu betrachten wir die Abb. 10.3 und bezeichnen die 1-Achse als x-Achse. Die vom Körper bei der Rückkehr in die Ruhelage verrichtete Arbeit $W_{1,0}$ ist dann gegeben durch

$$W_{1,0} = \int_{L_1}^{L_0} F' dx \tag{10.21}$$

Dabei ist F' die Kraft, die der Körper auf die Fläche A_1 ausübt; sie ist entgegengesetzt gleich der von außen aufgebrachten Kraft F, die die Verformung bewirkt:

$$F' = -\dot{F} \tag{10.22}$$

Für die zugehörige (Ingenieur-)Spannung und die Dehnung gilt:

$$\sigma' = \frac{F'}{A_0}$$

$$\varepsilon = \frac{x - L_0}{L_0} \qquad \text{und damit} \quad \mathrm{d}\varepsilon = \frac{\mathrm{d}x}{L_0} \tag{10.23}$$

Dabei bedeuten A_0 die Größe der Fläche A_1 im undeformierten Zustand und x die x-Koordinate der Fläche A_1 in einer beliebigen Zwischenposition.

Schreibt man Gl. (10.21) auf die Größen σ' und ε um, so erhält man:

$$W_{1,0} = \int_{L_1}^{L_0} A_0 \sigma' \mathrm{d}x = \int_{\varepsilon_1}^{0} A_0 \sigma' L_0 \mathrm{d}\varepsilon = V_0 \cdot \int_{\varepsilon_1}^{0} \sigma' \mathrm{d}\varepsilon \tag{10.24}$$

Bei Gültigkeit des Hooke'schen Gesetzes

$$\sigma' = -\sigma = -E\varepsilon \tag{10.25}$$

ergibt die Integration

$$W_{1,0} = V_0 \cdot \frac{1}{2} E \varepsilon_1^2 \tag{10.26}$$

Für die potenzielle Energie in einem beliebigen Dehnungszustand ε erhält man damit

$$W_{\mathrm{pot}}(\varepsilon) = V_0 \cdot \frac{1}{2} E \varepsilon^2 \tag{10.27}$$

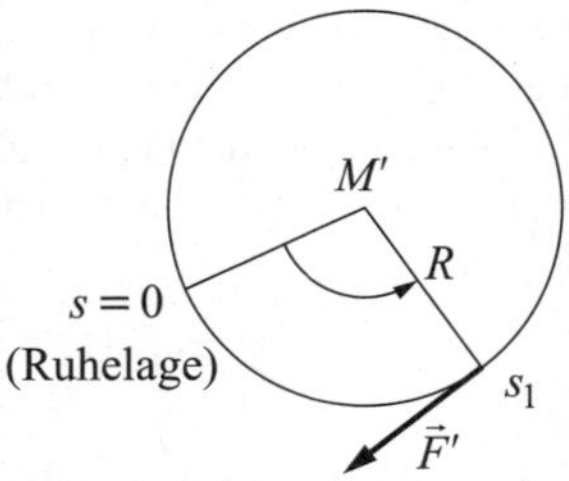

Abb. 10.7 Arbeitsberechnung aus Drehmoment und Winkel

Um die potenzielle Energie einer gemäß Abb. 10.6 tordierten Welle zu berechnen, muss man die Kraft und den Weg in der Arbeitsformel, Gl. (10.21), durch das von der tordierten Welle ausgeübte Drehmoment M' und den Drehwinkel β ausdrücken. Dazu stellen wir uns vor, dass die Verformung durch eine stets tangential am Kreisumfang der oberen Deckelfläche angreifende Kraft erzeugt wurde, der die Elastizität der Welle mit einer Gegenkraft F' die Balance hält. Der Zusammenhang zwischen dieser Kraft und dem von der tordierten Welle ausgeübten Drehmoment M' ist, wie aus der Geometrie in der Abbildung ersichtlich,

$$M' = R \cdot F' \tag{10.28}$$

Bei Änderung des Drehwinkels bewegt sich der Kraftangriffspunkt auf dem Kreisumfang, was nahe legt, die Position des Angriffspunktes durch eine Bogenlänge s zu beschreiben, für die gilt:

$$s = R \cdot \beta \qquad \text{und damit} \quad \mathrm{d}s = R \cdot \mathrm{d}\beta \tag{10.29}$$

Mit diesen Betrachtungen gelingt das Umschreiben der Arbeitsformel, und sie nimmt folgende Form an:

$$W_{1,0} = \int_{s_1}^{0} F' \mathrm{d}s = \int_{\beta_1}^{0} \frac{M'}{R} \cdot R \mathrm{d}\beta = \int_{\beta_1}^{0} M' \mathrm{d}\beta \tag{10.30}$$

Mit dem „Hooke'schen Gesetz der Torsion“, Gl. (10.16),

$$M' = -\frac{\pi}{2} G \cdot \frac{R^4}{h} \cdot \beta \qquad (M' = -M; \quad R\text{: Radius, } h\text{: Höhe der Welle}) \tag{10.31}$$

erhält man

$$W_{1,0} = \frac{1}{2} \frac{\pi G R^4}{2h} \beta_1^2 \tag{10.32}$$

und damit für die potenzielle Energie einer um den Winkel β tordierten Welle:

$$W_{\mathrm{pot}}(\beta) = \frac{1}{2} \frac{\pi G R^4}{2h} \beta^2 \qquad \beta \text{ in rad} \tag{10.33}$$

10.3 Zusammenfassung

In **Festkörpern** ändern sich bei Deformation die Relativabstände benachbarter Massenpunkte, aber nicht deren Relativpositionen.

Einfache Deformationsarten sind die Kompression, die Zugdeformation, die Schubdeformation oder Scherung und die Torsion.

Deformierende Kräfte werden auf die Flächen bezogen, an denen sie angreifen, und als **Spannungen** bezeichnet.

Materialien, bei denen der Wert der Spannung nur vom gegenwärtigen Wert der Verformung abhängt, nennt man **elastisch**.

Die Verformbarkeit der verschiedenen Werkstoffe wird durch ihren **Kompressionsmodul** K, ihren **Young'schen Elastizitätsmodul** E und ihren **Schubmodul** G beschrieben. Für **inkompressible** Materialien ist

$$E = 3 \cdot G \tag{10.34}$$

In den folgenden Formeln bedeutet:
p der allseitige Druck auf einen Körper und V sein Volumen,
F die verformende Kraft,
A_1 die Angriffsfläche senkrecht zur Kraft und A_2 die Angriffsfläche parallel zur Kraft,
L_0 ist die ursprüngliche Länge und L_1 die Länge nach Aufbringen der Zugverformung.

Kompression:

$$\Delta p = -K \cdot \frac{\Delta V}{V} \tag{10.35}$$

Zugdeformation:

$$\text{Zugspannung } \sigma = \frac{F}{A_1}$$

$$\text{Dehnung } \varepsilon = \frac{\Delta L}{L_0} = \frac{L_1 - L_0}{L_0}$$

$$\sigma = E \cdot \varepsilon \tag{10.36}$$

Schubdeformation:

$$\text{Schubspannung } \tau = \frac{F}{A_2}$$

Schubwinkel α

$$\tau = G \cdot \tan\alpha \tag{10.37}$$

Torsion:
Bei der Torsion eines homogenen zylindrischen Rundstabes der Länge h und des Radius R ist der Zusammenhang zwischen Drehmoment M und Torsionswinkel β linear, die Proportionalitätskonstante heißt **Torsionssteifigkeit**:

$$M = \frac{\pi}{2} \cdot G \cdot \frac{R^4}{h} \cdot \beta \qquad \beta \text{ im Bogenmaß!} \tag{10.38}$$

SI-Einheiten:

$$[\sigma] = [\tau] = [E] = [G] = \frac{\mathrm{N}}{\mathrm{m}^2} = \mathrm{Pa} \quad \text{(Pascal)} \tag{10.39}$$

10.4 Aufgaben

10.1 Die Elastitätsgrenze für Stahl liegt bei 0,572 GPa. Ist die Verformung elastisch oder plastisch, wenn sich ein Stahldraht der Länge 3,00 m mit dem Querschnitt 1,20 mm^2 unter der Wirkung einer Zugkraft um 8,00 mm verlängert?
Unter der Wirkung welcher Kraft erfolgt eine solche Deformation?
Der Elastitätsmodul von Stahl ist $E = 196$ GPa.

10.2 Zwei Stäbe aus dem gleichen Material und mit gleichem Querschnitt haben unterschiedliche Längen ($l_1 > l_2$). Zu bestimmen ist,
1. ob ihre Dehnung unter der Wirkung gleicher Kräfte gleich ist,
2. an welchen der Stäbe die größere Kraft angelegt werden muss, um bei beiden Stäben die gleiche Längenänderung Δl zu erhalten.
Das Gewicht der Stäbe wird vernachlässigt.

10.3 Wie unterscheiden sich die Dehnungen zweier Drähte aus ein und demselben Material bei gleicher Belastung, wenn Länge und Durchmesser des ersten Drahtes doppelt so groß sind wie die des zweiten?
Wie unterscheiden sich ihre Längenänderungen?
Das Gewicht der Drähte wird vernachlässigt.

10.4 Welchen Querschnitt muss eine Kupferstange von 5,0 m Länge haben, damit sie sich bei der Belastung mit 480 N um nicht mehr als 1,0 mm ausdehnt?
Hält die Stange eine solche Spannung aus, wenn die Zugfestigkeit von Kupfer 220 MPa beträgt?
Die Masse der Stange wird nicht berücksichtigt. Young'scher Modul von Kupfer: $E = 120$ GPa.

10.5 Bei welcher Längenänderung verfügt ein Stahlstab mit der Länge 2,0 m und dem Querschnitt 10,00 mm^2 über die potenzielle Energie 44 mJ?
Der Elastitätsmodul von Stahl beträgt $E = 220$ GPa.

10.6 Welche Feder – aus Stahl oder aus Kupfer – gewinnt bei elastischer Deformation unter der Wirkung der gleichen deformierenden Kraft die größere potenzielle Energie bei sonst gleichen Bedingungen?
Die Masse der Feder ist zu vernachlässigen. Der Elastitätsmodul von Stahl ist $E_{Fe} = 220$ GPa, der von Kupfer ist $E_{Cu} = 120$ GPa.

10.7 Gesucht ist die Länge eines vertikal aufgehängten Kupferdrahtes, der durch sein Eigengewicht zu reißen beginnt.
Die Dichte von Kupfer ist $\rho = 8{,}6\ g/cm^3$, die Festigkeitsgrenze $\sigma_B = 245$ MPa.

10.8 Gesucht ist die potenzielle Energie eines Drahtes mit einer Länge von 5 cm und einem Durchmesser von $4 \cdot 10^{-3}$ cm, der um einen Winkel von 10° verdreht wird.
Das Schubmodul des Drahtmaterials beträgt $5{,}9 \cdot 10^4\ N/mm^2$.

11 Eigenschaften von Flüssigkeiten und Gasen

11.1 Grundbegriffe

Wird ein Festkörper deformiert, so ändern sich zwar die Relativabstände der Massenpunkte, aber immerhin bleiben benachbarte Massenpunkte benachbart. Anders bei Flüssigkeiten und Gasen: Dort ist es möglich, dass Massenpunkte, die zu einem Zeitpunkt Nachbarn waren, später durch einen großen Abstand getrennt sind. Flüssigkeiten wie Gase, zusammengefasst **Fluide** genannt, haben keine feste Form; die sie aufbauenden Massenelemente sind gegeneinander frei verschiebbar, **Fluide können strömen**.

Die bekannteste Flüssigkeit ist das Wasser; daher bezeichnet man die Bewegungslehre von Flüssigkeiten oft als **Hydrodynamik**. Ein Spezialgebiet hieraus ist die Lehre von den zähen Strömungen, die **Rheologie**. Die **Aerodynamik** ist die Lehre der Bewegung von Luft oder allgemein von Gasen.

Bevor wir auf die Strömungseigenschaften eingehen, werden wir zunächst schildern, wie ruhende, statische Fluide Kräfte übertragen. Hieraus wird sich eine phänomenologische Unterscheidung zwischen Flüssigkeiten und Gasen ergeben.

11.2 Ruhende Flüssigkeiten und Gase: Hydrostatik

Unterscheidung von Flüssigkeiten und Gasen

Das unterschiedliche Verhalten von Flüssigkeiten und Gasen lässt sich am folgenden, einfachen Experiment demonstrieren:

Versuch:

Ein Gefäß sei mit einem reibungsfrei beweglichen Kolben verschlossen. Ist das Gefäß mit Flüssigkeit gefüllt, wird man feststellen, dass der Kolben wie festgeklemmt sitzt. Weder beim Aufbringen einer Druck- noch beim Anbringen einer Zugkraft bewegt er sich nennenswert. Das Volumen einer Flüssigkeit lässt sich mit der Hand weder merklich verkleinern noch vergrößern. Ganz anders beim Gas. Hier bleibt der Kolben beweglich; das Gas lässt eine Änderung seines Volumens relativ leicht zu.

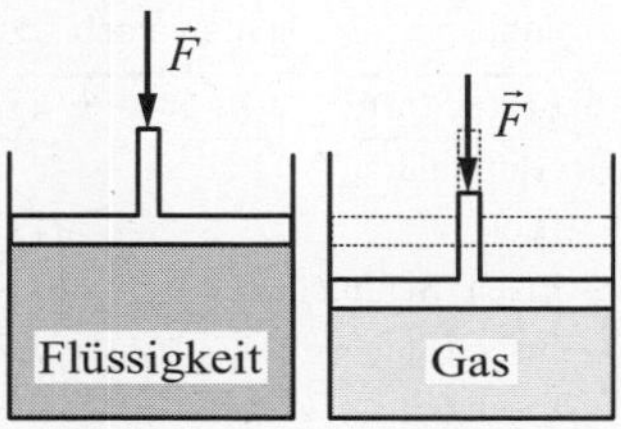

Abb. 11.1 Phänomenologische Unterscheidung von Flüssigkeiten und Gasen

Zwar gilt wie bei Festkörpern sowohl für Flüssigkeiten als auch für Gase :
Druckvergrößerung bewirkt Volumenverkleinerung,

$$\frac{\Delta V}{V} = -\kappa \Delta p \tag{11.1}$$

die Kompressibilität κ mit der SI-Einheit $[\kappa] = \text{Pa}^{-1}$ liegt für Flüssigkeiten aber in der Größenordnung $10^{-9}\ \text{Pa}^{-1}$, weshalb die Volumenänderung von Flüssigkeiten, wie die der Festkörper, für die meisten technischen Anwendungen vernachlässigt werden kann.

In Gasen dagegen ist die Kompressibilität typisch um 4 Größenordnungen größer, also bei Normaldruck $\kappa \approx 10^{-5}\ \text{Pa}^{-1}$, sodass ihr Volumen leicht zu verändern ist.

Salopp gesagt hat ein flüssiger Körper keine feste Form, aber ein festes Volumen, während ein gasförmiger Körper weder feste Form noch festes Volumen hat.

Ist die Kompressibilität eines Fluids nicht konstant, sondern druckabhängig, so muss sie infinitesimal definiert werden:

$$\kappa = -\frac{1}{V} \cdot \frac{\mathrm{d}V}{\mathrm{d}p}; \qquad [\kappa] = \frac{1}{\mathrm{Pa}} \tag{11.2}$$

Die Kompressibilität von Gasen z. B. wird mit steigendem Druck kleiner.

Einen Vergleich der Kompressibilitäten eines Gases, einer Flüssigkeit und eines Festkörpers zeigt folgende Tabelle:

Tabelle 11.1 Vergleich von Kompressibilitäten

Stoff	**Kompressibilität** κ/Pa^{-1}
Luft	$\kappa \approx 10^{-5}\,\mathrm{Pa}^{-1}$ (bei 1 bar)
Wasser	$\kappa \approx 5 \cdot 10^{-10}\,\mathrm{Pa}^{-1}$
Eisen	$\kappa \approx 6 \cdot 10^{-12}\,\mathrm{Pa}^{-1}$

Die Kompressibilitäten eines Festkörpers und einer Flüssigkeit liegen also nur um zwei Größenordnungen, die einer Flüssigkeit und eines Gases aber um fünf Größenordnungen auseinander. Dies rechtfertigt die oben vorgenommene Unterscheidung von Flüssigkeiten und Gasen durch ihre Kompressibilität.

Dichte

Die **Dichte** ist definiert als Masse pro Volumeneinheit:

$$\rho = \frac{m}{V}; \qquad [\rho] = \frac{\mathrm{kg}}{\mathrm{m}^3} \tag{11.3}$$

Tabelle 11.2 Dichte verschiedener Materialien

Feste Stoffe	$10^3\,\mathrm{kg/m}^3$	**Flüssige Stoffe** (bei 18 °C)	$10^3\,\mathrm{kg/m}^3$
Aluminium	2,69	Alkohol	0,790
Blei	11,34	Azeton	0,791
Eisen (Schmiede)	7,8	Benzol	0,879
Eisen (Stahl)	7,7	Glyzerin	1,260
Eisen (Guss)	7,6	Quecksilber	13,551
Gold	19,3	Wasser	0,9986
Silber	10,5		
Platin	21,4	**Gase** (bei 0 °C und 1,013 bar)	$\mathrm{kg/m}^3$
Kupfer	8,93	Luft	1,293
Messing	8,3	O_2	1,429
Nickel	8,8	N_2	1,251
Wolfram	19,1	H_2	0,0899
Zink	7,1	He	0,179
Jenaer Glas	2,6	NH_3	0,771
Porzellan	2,3	CO_2	1,977
Kochsalz	2,16		
Kohlenstoff (Graphit)	2,3		
Kohlenstoff (Diamant)	3,5		

Beachtet man, wie unterschiedlich stark sich das Volumen einer gegebenen Masse bei Festkörpern und Flüssigkeiten bzw. bei Gasen verändern lässt, so erkennt man aus der Definition (11.3):

Festkörper und Flüssigkeiten haben eine materialspezifische Dichte, die nur wenig von Druck und Temperatur abhängt. **Bei Gasen hängt die Dichte stark vom Druck und von der Temperatur ab**.

Druck

Flüssigkeiten wie Gase können Kräfte ausüben. Ein U-Boot, das bei einem Unglück in große Tiefen absinkt, wird von der Kraft des Wassers zerquetscht; die Kraft des heißen Dampfes treibt den Kolben einer Dampfmaschine.

Die von einem Fluid ausgeübte Kraft F ist proportional zur Größe der Angriffsfläche A. Der Proportionalitätsfaktor p heißt Druck und beschreibt die Fähigkeit des Fluids, Kraft auszuüben; er kann anschaulich als „Ursache" der Kraft angesehen werden.

$$p = \frac{F}{A}; \qquad [p] = \frac{\mathrm{N}}{\mathrm{m}^2} = \mathrm{Pa}\ (\text{Pascal}) \tag{11.4}$$

Die Kraft F in dieser Definition des Drucks kann aber auch als die Kraft interpretiert werden, die über die Fläche A auf das Fluid wirkt, denn diese ist nach dem 3. Newton'schen Gesetz genauso groß wie die Kraft, die das Fluid ausübt.

Da die SI-Einheit Pa im Vergleich zu real vorkommenden Drucken sehr klein ist, wird in der Praxis für den Druck oft die Einheit **bar** verwendet. Sie entspricht ungefähr dem Luftdruck am Erdboden.

$$1\ \mathrm{bar} = 10^5\ \mathrm{Pa} = 10^5\ \mathrm{N \cdot m^{-2}} \tag{11.5}$$

Manchmal wird auch das Hektopascal angegeben:

$$100\ \mathrm{Pa} = 1\ \mathrm{hPa} \quad (\text{hekto-Pascal}) \tag{11.6}$$

Der Druck ist isotrop, d. h. er wirkt in alle Richtungen gleich. Das abgesunkene U-Boot spürt auf allen Außenflächen, unabhängig von ihrer Ausrichtung, denselben Druck.

Für **ruhende Fluide im Gleichgewicht** gilt eine zweite wichtige Aussage, solange der Einfluss der Schwerkraft vernachlässigt werden kann:

Der Druck im Innern eines Fluids ist überall gleich groß.

Als wichtige technische Anwendung folgt, dass eine **Hydraulik**-Anlage ähnlich wie ein Hebel zur Transformation von Kräften dienen kann.

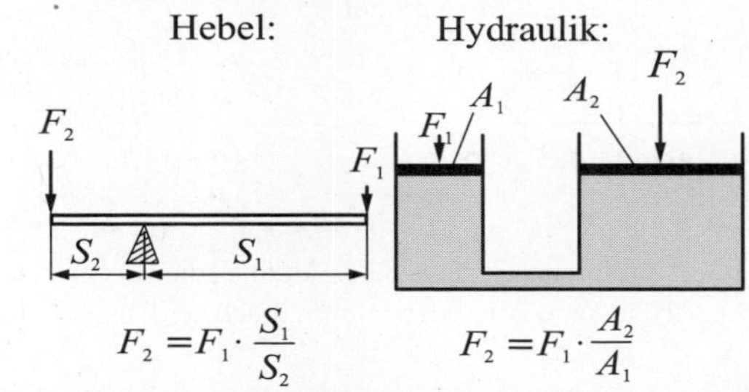

Abb. 11.2 Kräftetransformation durch Hebel und Hydraulik

Bei sehr schnellen Prozessen in der Technik kann es jedoch erhebliche Druckunterschiede zwischen verschiedenen Stellen in einem Fluid geben (z. B. in Motoren).

Schweredruck

Auch im Schwerefeld der Erde findet man sehr schnell Abweichungen von dem eben aufgestellten Satz, dass der Druck im Inneren eines Fluids überall gleich ist.

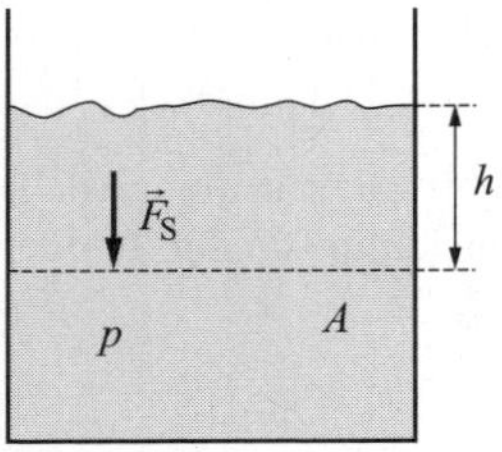

Abb. 11.3 Fluid im Schwerefeld der Erdoberfläche

Betrachtet man ein homogenes Flüssigkeitsvolumen konstanter Dichte (die kleine Kompressibilität von Flüssigkeiten wird hierbei vernachlässigt) in einem Gefäß von überall gleichem Querschnitt, so erkennt man, dass auf der Fläche A in der Tiefe h unter der Flüssigkeitsoberfläche das Gewicht (Schwerkraft F_S) der darüber liegenden Flüssigkeitsschichten lastet:

$$\underbrace{F_S}_{\text{Gewicht}} = \underbrace{A \cdot h}_{\text{Volumen}} \cdot \underbrace{\rho}_{\text{Dichte}} \cdot g \tag{11.7}$$

Also herrscht in der Tiefe h der so genannte **hydrostatische** oder **Schweredruck**

$$p = \frac{F_S}{A} = \rho \cdot g \cdot h \tag{11.8}$$

Der Schweredruck nimmt mit wachsender Tiefe linear zu. Für Gase mit ihrer großen Kompressibilität gilt diese Beziehung nicht: Der Luftdruck nimmt **exponentiell** mit der Höhe ab (siehe „Barometrische Höhenformel“ im Kapitel Thermodynamik).

Beispiel 11.1

Wasser im Schwerefeld an der Erdoberfläche

Die Dichte von Wasser beträgt etwa $\rho = 1000\ \text{kg/m}^3$. Eine Wassersäule von $h = 10$ m erzeugt daher gerade einen Druck von etwa 1 bar, also ungefähr Atmosphären-Normdruck.

$$p = 1000\ \frac{\text{kg}}{\text{m}^3} \cdot 9{,}81\ \frac{\text{m}}{\text{s}^2} \cdot 10\ \text{m} \approx 10^5\ \frac{\text{N}}{\text{m}^2} \tag{1}$$

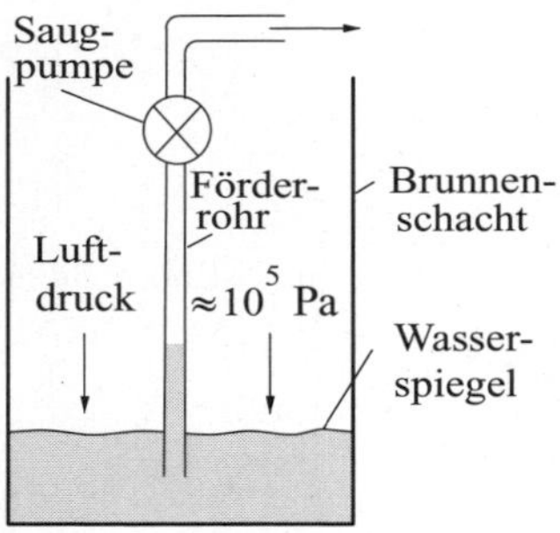

Abb. 11.4 Saugpumpe

Ein „Millimeter Wassersäule“ oder „mm WS“ war früher eine für kleine Drücke übliche Einheit;
1 mm WS ist der Druck, den eine Wassersäule von 1 mm Höhe erzeugt:

$$\begin{aligned} 1\ \text{mm WS} &= 10^{-4} \cdot p(10\ \text{m WS}) \\ &\approx 10^{-4} \cdot 10^5\ \text{Pa} \\ &= 10\ \text{Pa} \end{aligned} \tag{2}$$

Technisch bedeutend ist, dass eine Saugpumpe Wasser nur aus maximal 10 m Tiefe fördern kann.

Erzeugt die Saugpumpe im Förderrohr Unterdruck, so drückt der Luftdruck das Brunnenwasser in das Förderrohr hinein. Im Idealfall, wenn nämlich die Saugpumpe den Druck 0, also Vakuum, schaffte, würde dennoch der äußere Luftdruck die Wassersäule im Förderrohr nur maximal 10 m hoch steigen lassen. Ab da kompensiert der Schweredruck der Wassersäule den Luftdruck vollständig.

Beispiel 11.1

Hydrostatisches Paradoxon

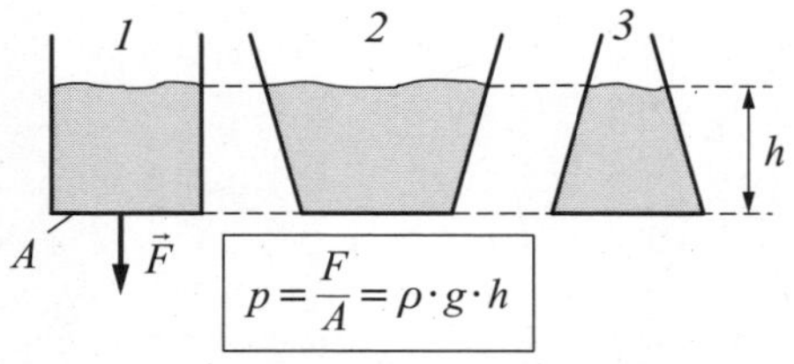

Abb. 11.5 Hydrostatisches Paradoxon

Überraschenderweise zeigt sich experimentell bei einer Flüssigkeit im Schwerefeld, dass der Druck auf den Boden eines flüssigkeitsgefüllten Gefäßes nur von der Füllhöhe abhängt und nicht von der geometrischen Form des Gefäßes. Dies ist das so genannte **hydrostatische Paradoxon**. So ist beispielsweise der Druck auf die Böden der drei gezeigten Gefäße immer gleich.

Obwohl die Bodenfläche im Gefäß 2 scheinbar von sehr viel mehr Flüssigkeit überschichtet ist als die in Gefäß 3, registriert man den gleichen Bodendruck. Die Kraft auf die Böden ist im Fall gleicher Bodenflächen auch gleich groß.

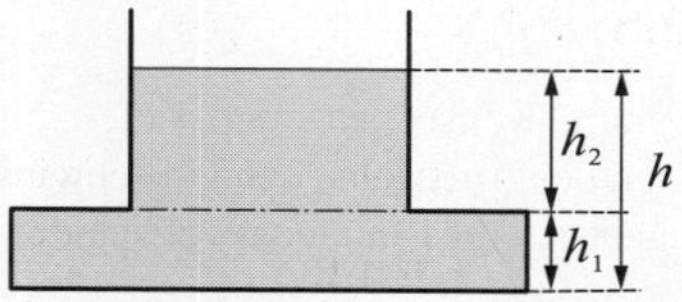

Abb. 11.6 Hydrostatisches Paradoxon

Dieses Phänomen lässt sich an einem Gefäß etwas anderer Form erläutern.

Am Boden des oberen Gefäßteils (an der strichpunktiert gezeichneten Linie) herrscht ein Schweredruck $p_2 = \rho g h_2$.

Dieser Druck teilt sich dem unteren Fluidvolumen mit und wirkt dort isotrop. Ihm wird der im unteren Gefäßteil wirkende Schweredruck überlagert, der am Gefäßboden die Größe $p_1 = \rho g h_1$ erreicht. Beide Druckwerte addieren sich dort zum Gesamtdruck

$$p = p_1 + p_2 = \rho g h_1 + \rho g h_2 = \rho g(h_1 + h_2) = \rho g h \tag{11.9}$$

Verbundene Gefäße

Da der Druck in einem Gefäß allein eine Funktion der Tiefe ist, so muss in **verbundenen Gefäßen**, die auch **kommunizierende Gefäße** genannt werden, der Flüssigkeitsspiegel überall gleich hoch stehen, unabhängig von der geometrischen Gestalt der Gefäße. Dies ist in der nebenstehenden Abbildung bewiesen.

Vorausgesetzt ist hierbei, dass die Flüssigkeiten in beiden Gefäßen dieselbe Dichte haben und auf allen Flüssigkeitsspiegeln der gleiche Außendruck p_a lastet.

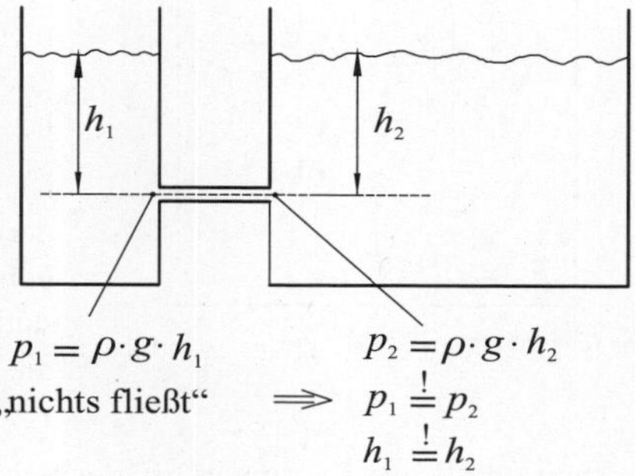

Abb. 11.7 Kommunizierende Gefäße

Beispiel 11.2 ▼

Füllstandsanzeiger und U-Rohr-Manometer

Ein Anwendungsbeispiel für den gleich hohen Flüssigkeitspegel in verbundenen Gefäßen mit gleichem Außendruck ist der **Füllstandsanzeiger**.

Beim **U-Rohr-Manometer** liegen die Flüssigkeitsspiegel in beiden Schenkeln jedoch nicht auf gleicher Höhe, wenn die auf beiden Seiten angeschlossenen Drucke p_1 und p_2 verschieden sind. Aus der Höhe h zwischen beiden Spiegeln lässt sich die Druckdifferenz errechnen. Dazu betrachtet man beide Schenkel in der Höhe der gestrichelten Linie. Links herrscht der Außendruck p_1. Der Druck rechts setzt sich aus dem Außendruck p_2 und dem Schweredruck $\rho g h$ zusammen. Da sich die betrachteten Querschnitte rechts und links in der gleichen Höhe befinden, muss bei beiden auch der gleiche Druck herrschen:

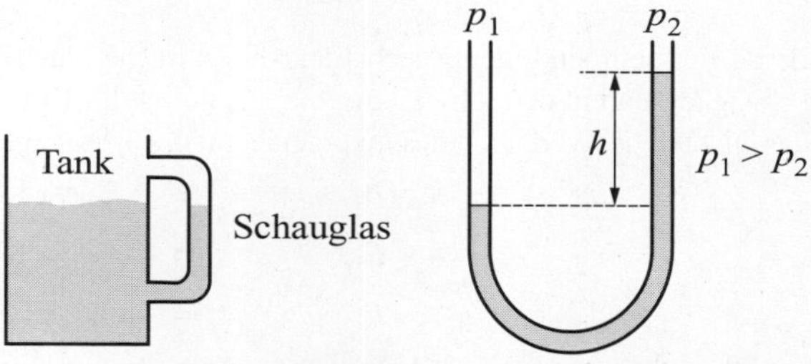

Abb. 11.8 Füllstandsanzeiger und U-Rohr-Manometer

$$p_1 = p_2 + \rho g h \quad \Longrightarrow \quad p_1 - p_2 = \rho \cdot g \cdot h$$

Beispiel 11.2 ▲

Auftrieb

Eine weitere Konsequenz der Tiefe-Abhängigkeit des Schweredrucks in Flüssigkeiten ist das Phänomen des **Auftriebs**, den ein schwimmender oder getauchter Körper erfährt. Am einfachsten macht man sich dies an einem vollständig getauchten Zylinder der Querschnittsfläche A klar.

Die Auftriebskraft F_{a} ist durch die Differenz der Kräfte auf untere und obere Fläche A gegeben:

$$\begin{aligned} F_{\mathrm{a}} &= F_2 - F_1 \\ &= \rho_{\mathrm{F}} \cdot g \cdot A \cdot (h_2 - h_1) \\ &= \rho_{\mathrm{F}} \cdot g \cdot \underbrace{A \cdot l}_{V} \end{aligned}$$

$$\Longrightarrow \quad F_{\mathrm{a}} = \rho_{\mathrm{F}} \cdot V \cdot g \tag{11.10}$$

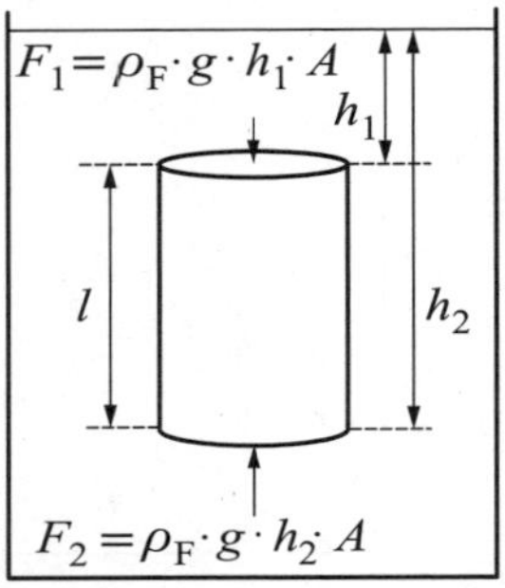

Abb. 11.9 Auftrieb an einem Zylinder

Da ρ_{F} die Flüssigkeitsdichte ist, ist **die Auftriebskraft genau so groß wie die Gewichtskraft der verdrängten Flüssigkeit**, jedoch entgegengesetzt gerichtet. Dieser Zusammenhang wurde bereits von dem griechischen Ingenieur und Naturforschers Archimedes (287–212 v. Chr.) erkannt und wird darum als **Archimedisches Prinzip** bezeichnet.

Dieses Prinzip gilt nicht nur für den Sonderfall des Zylinders, sondern für beliebig geformte Körper: Ein beliebig geformtes Volumenelement der Flüssigkeit schwebt im statischen Gleichgewicht in der Flüssigkeit, folglich muss die Auftriebskraft gerade gleich der Gewichtskraft sein: $F_{\mathrm{a}} = F_{\mathrm{S}} = \rho_{\mathrm{F}} \cdot V \cdot g$.

Dies führt zu den **Bedingungen für das Schwimmen, Schweben oder Sinken eines Körpers in einer Flüssigkeit**:

Auf einen total untergetauchten Körper wirkt die Schwerkraft F_S nach unten und die Auftriebskraft F_a nach oben.

$$\begin{aligned} F_{\mathrm{S}} &= \rho_{\mathrm{K}} \cdot V \cdot g \\ F_{\mathrm{a}} &= \rho_{\mathrm{F}} \cdot V \cdot g \end{aligned} \tag{11.11}$$

Beide Formeln sind identisch bis auf die Tatsache, dass in der Auftriebskraft die Dichte ρ_{F} der Flüssigkeit und in der Schwerkraft die Dichte ρ_{K} des Körpers steht. Daher lässt sich am Vergleich der Dichten das Verhalten des untergetauchten Körpers ablesen:

$$\begin{aligned} \rho_{\mathrm{K}} > \rho_{\mathrm{F}} &\quad\Rightarrow\quad F_{\mathrm{S}} > F_{\mathrm{a}} \quad\Rightarrow\quad \text{der Körper sinkt} \\ \rho_{\mathrm{K}} = \rho_{\mathrm{F}} &\quad\Rightarrow\quad F_{\mathrm{S}} = F_{\mathrm{a}} \quad\Rightarrow\quad \text{der Körper schwebt} \\ \rho_{\mathrm{K}} < \rho_{\mathrm{F}} &\quad\Rightarrow\quad F_{\mathrm{S}} < F_{\mathrm{a}} \quad\Rightarrow\quad \text{der Körper steigt auf und schwimmt} \end{aligned} \tag{11.12}$$

Beispiel 11.3

Senkwaage

Ein Beispiel für die technische Anwendung des Archimedischen Prinzipes ist das **Aräometer** (die **Senkwaage**), ein Gerät zur Messung von Flüssigkeitsdichten.

Es handelt sich um einen luftgefüllten, stabförmigen Tauchkörper aus Glas, dessen unteres Ende mit einem Gewicht beschwert ist. Dieser Körper taucht in eine Flüssigkeit unbekannter Dichte gerade so weit ein, bis die Gewichtskraft der von ihm verdrängten Flüssigkeit, und damit die Auftriebskraft, gleich seiner eigenen Gewichtskraft F_{S} ist:

$$F_a = \rho_F \cdot g \cdot V_F = F_S$$

Das Volumen V_F der verdrängten Flüssigkeit lässt sich an der Skala ablesen und die Gleichung bei bekannter Gewichtskraft F_S des Aräometers nach der Dichte ρ_F auflösen. Meist ist die Skala jedoch schon in Dichten geeicht.

Da der Zuckergehalt die Dichte von Traubenmost bestimmt, misst der Winzer jenen mit einem ähnlichen Gerät, der **Mostwaage**. Als Ergebnis wird die mit dem Faktor 1000 multiplizierte Abweichung vom Dichtewert 1 g/cm^3 als **Öchsle-Grade** angegeben (80° Öchsle entspricht einer Dichte von 1,080 g/cm^3).

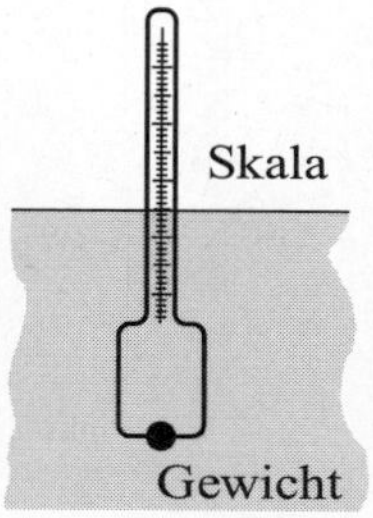

Abb. 11.10 Das Aräometer (Senkwaage)

Beispiel 11.3 ▲

Auftrieb gibt es auch in Gasen, die sich im Schwerefeld der Erde befinden. Ein bekanntes Beispiel ist die Auftriebskraft, die einen Fesselballon trotz seiner Schwerkraft schweben lässt. Die Bedingung fürs Schweben ist wie beim Auftrieb in Flüssigkeiten durch Gl. (11.12) gegeben. Die **mittlere Dichte** von Hülle und Füllgas eines schwebenden Ballons muss gleich der Dichte der umgebenden Luft sein; die Dichte des Füllgases alleine also kleiner als die Außenluftdichte. Bei Heißluftballons erreicht man das dadurch, dass die Temperatur der Luft im Ballon deutlich über der Außentemperatur liegt.

Die Ursache für den Auftrieb in Gasen liegt wie bei Flüssigkeiten in der Tatsache, dass der Luftdruck unter dem Fesselballon größer ist als über ihm, da der Schweredruck mit der Tiefe zunimmt. Der einzige Unterschied zum Auftrieb in Flüssigkeiten liegt darin, dass die Dichte eines Gases nicht konstant ist, sondern mit der Tiefe steigt. Die Gl. (11.10) für den Auftrieb gilt daher in Gasen nur dann, wenn die Gasdichte im Bereich des Körpers, der den Auftrieb spürt, als konstant angenommen werden kann. Dies ist aber in den meisten Fällen gewährleistet.

11.3 Stationäre Strömungen: Hydrodynamik

Einführende Betrachtungen zum Strömungsfeld

Der vorige Abschnitt ist mit dem Begriff **Hydrostatik** zutreffend überschrieben, denn er behandelt statische, ruhende Fluide. Eine besondere Eigenschaft dieser Fluide ist aber ihre Fähigkeit, strömen zu können. Die Theorie der **Strömungen** von Flüssigkeiten und Gasen wird als **Hydrodynamik** bezeichnet; sie soll nun betrachtet werden.

Bei Strömumgen werden benachbarte Massenpunkte nicht, wie beim Festkörper, für alle Zeiten benachbart bleiben: Die Verformung eines Volumenelementes des Fluids kann unendlich groß werden. Das aber schließt aus, eine Strömung wie eine Festkörperdeformation durch die Angabe der Verformung zu beschreiben.

Stattdessen beschreibt man eine Strömung, indem man den Wert einer physikalischen Größe wie Druck oder Strömungsgeschwindigkeit für jeden Ort des Raumes angibt, der vom Fluid ausgefüllt wird. Ist eine physikalische Größe auf diese Weise an jedem Punkt eines Raumbereiches definiert, so bezeichnet man sie als **Feld**. Weitere Beispiele für Felder sind die Temperatur oder die Dichte der Luft an den verschiedenen Orten innerhalb der Atmosphäre oder die elektrische Ladungsdichte an den verschiedenen Stellen einer Gewitterwolke.

Eine Strömung wird im Allgemeinen durch die zeitliche Entwicklung eines Feldes beschrieben.

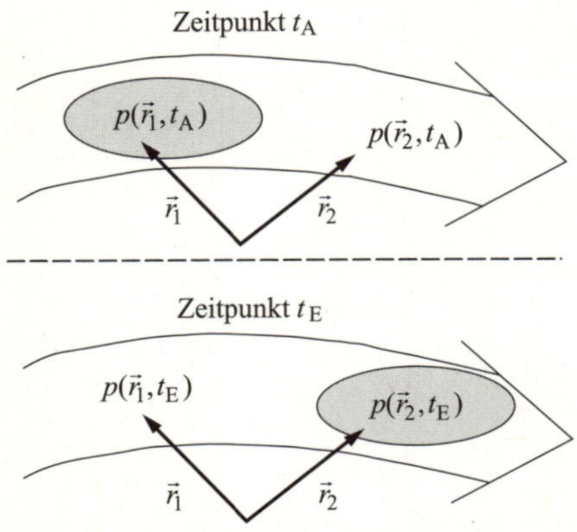

Abb. 11.11 Luftstrom mit Wasserdampfwolke

Als Beispiel betrachten wir einen Strom aus trockener Luft, in den gemäß der Abb. 11.11 eine Wolke aus Wasserdampf eingebettet ist. Zu seiner Beschreibung wählen wir das Feld des Wasserdampfdruckes p. Für diesen ergibt sich aus der Abbildung:

$$p(\vec{r}_1, t_A) > 0; \qquad p(\vec{r}_2, t_A) = 0$$
$$p(\vec{r}_1, t_E) = 0; \qquad p(\vec{r}_2, t_E) > 0$$

Das Druckfeld ist also zeitabhängig.

Man unterscheidet skalare und vektorielle Felder. Das Druckfeld ist ein **skalares Feld**: Jeder Punkt im Fluidvolumen ist charakterisiert durch den Wert, den die skalare Größe Druck annimmt. Das Geschwindigkeitsfeld ist dagegen ein **Vektorfeld**. Es gibt bei jeder Momentaufnahme zum Zeitpunkt t an, welchen Geschwindigkeitsvektor $\vec{v}(\vec{r}, t)$ das am Ort $\vec{r}$ gerade vorüber fließende Massenelement hat. Das Geschwindigkeitsfeld eignet sich sehr zur Beschreibung von Strömungen und heißt deshalb auch **Strömungsfeld**.

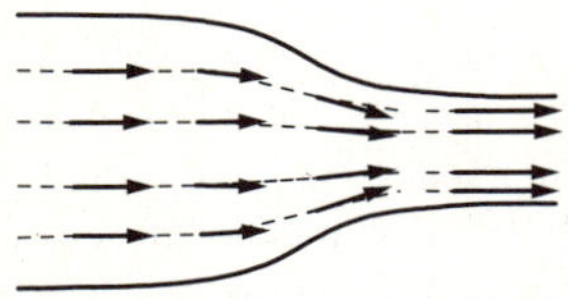

Abb. 11.12 Strömung im sich verengenden Rohr

Als Beispiel für ein Strömungsfeld ist hier die Strömung in einem sich verengenden Rohr dargestellt. Jeder Pfeil repräsentiert einen Geschwindigkeitsvektor.

Um die Anschauung zu verbessern, verbindet man die Pfeile mit Linien, an denen die Geschwindigkeitsvektoren Tangenten sind. Diese Linien nennt man **Stromlinien** (in obigem Bild gestrichelt). **Stromlinien können sich nicht kreuzen,** da in einem Punkt nie zwei verschiedene Geschwindigkeitsvektoren gleichzeitig gelten können.

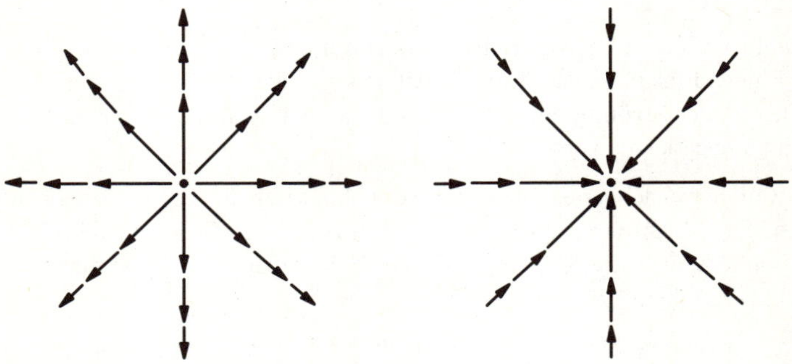

Abb. 11.13 Quelle und Senke

Gibt es in einem Strömungsfeld eine punktförmige (Flüssigkeits-)**Quelle**, so weisen alle Geschwindigkeitsvektoren von ihr weg. Gibt es dagegen einen punktförmigen Abfluss, eine **Senke**, so weisen alle Geschwindigkeitsvektoren zu ihr hin.

In einem Strömungsfeld kann es auch vorkommen, dass sich Teilchen (Massenelemente) im Kreise drehen, allgemeiner: sich auf geschlossenen Bahnen bewegen. Man spricht in diesem Falle von **Wirbeln**. Eine Strömung heißt **laminare Strömung** oder **turbulenzfreie Strömung**, wenn sie keine Wirbel enthält.

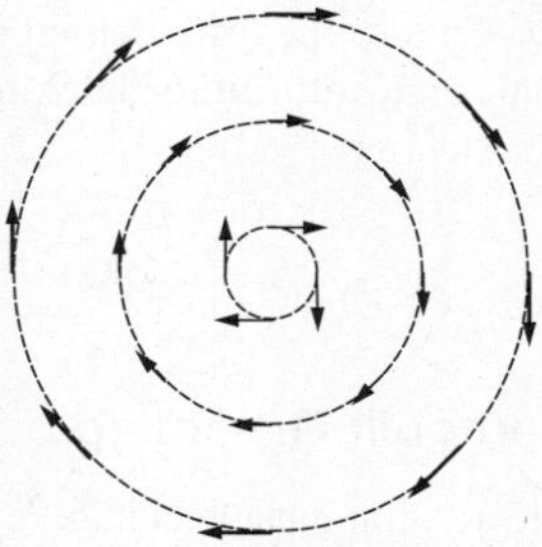

Abb. 11.14 Wirbel

Ist das Geschwindigkeitsfeld nicht zeitabhängig, sieht also jede Momentaufnahme zu jedem beliebigem Zeitpunkt gleich aus, so spricht man von **stationärer Strömung**. Ein Fluid heißt **ideal**, wenn die einzelnen Massenelemente des strömenden Fluids keine (Schub-)Kräfte aufeinander ausüben, das Verschieben der Elemente gegeneinander also reibungsfrei geschieht.

Kontinuitätsgleichung

Nach diesen Begriffserklärungen sollen nun **einfache Strömungen** beschrieben werden. Ein ideales Fluid mit zeitlich und räumlich **konstanter Dichte** ströme laminar und stationär durch ein sich verengendes Rohr.

In der klassischen Mechanik kann keine Materie verschwinden oder entstehen, es herrscht **Erhaltung der Masse** oder **Kontinuität**.

Im betrachteten Fall folgt daraus, dass die durch den Querschnitt 1 herein strömende Masse Δm_1 und die gleichzeitig aus dem Querschnitt 2 heraus strömende Masse Δm_2 gleich sein müssen; denn die Masse, die sich im Volumen zwischen den Querschnitten 1 und 2 befindet, kann sich aufgrund der konstanten Dichte nicht ändern. Wegen der konstanten Dichte sind dann auch die die Querschnitte passierenden Volumina gleich:

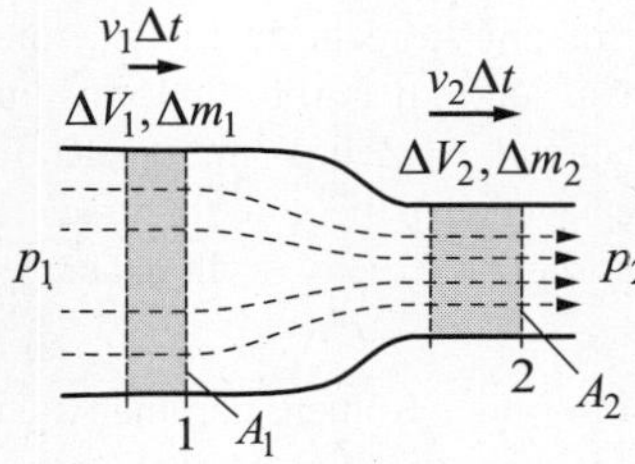

Abb. 11.15 Strömung in sich verengendem Rohr

$$\Delta V_1 = \Delta V_2 \tag{11.13}$$

Daraus folgt, was auch anschaulich klar war: **Das Fluid muss im engen Querschnitt schneller fließen als im weiten**.

Wie viel schneller, kann quantitativ angegeben werden. Unter den gegebenen Voraussetzungen, insbesondere Reibungsfreiheit, ist anzunehmen, dass die Teilchengeschwindigkeit an allen Stellen desselben Querschnitts gleich ist. An der Stelle 1 habe das Fluid die Geschwindigkeit v_1 und bewegt sich daher in der Zeit Δt um die Strecke $\Delta s_1 = v_1 \cdot \Delta t$ voran. Durch die Querschnittsfläche A_1 fließt daher in der Zeit Δt das Volumen ΔV_1:

$$\Delta V_1 = A_1 \cdot v_1 \cdot \Delta t \tag{11.14}$$

Im gleichen Zeitabschnitt fließt durch die Querschnittsfläche A_2 an der Stelle 2 das Volumen ΔV_2:

$$\Delta V_2 = A_2 \cdot v_2 \cdot \Delta t \tag{11.15}$$

wobei v_2 die Geschwindigkeit des Fluids an der Stelle 2 ist. Wegen

$$\Delta V_1 = \Delta V_2 \tag{11.16}$$

gilt

$$A_1 \cdot v_1 \cdot \Delta t = A_2 \cdot v_2 \cdot \Delta t \tag{11.17}$$

Nach Kürzung durch Δt erhält man die **Kontinuitätsgleichung**

$$A_1 \cdot v_1 = A_2 \cdot v_2 \tag{11.18}$$

für Fluide, die im Verlauf der betrachteten Strömung eine **konstante Dichte** haben.

Für Fluide mit **unterschiedlichen Dichten** (Gase bei unterschiedlichen Drücken) gibt es eine analoge **Kontinuitätsgleichung**, die für stationäre Strömungen die Änderung der Dichte ρ berücksichtigt:

$$\rho_1 v_1 A_1 = \rho_2 v_2 A_2 = \text{const.} \tag{11.19}$$

Beide Gleichungen sind spezielle Formen des **Prinzips der Erhaltung der Gesamtmasse**.

Bernoulli-Gleichung

Die Kontinuitätsgleichung zeigt, dass ein Fluid mit konstanter Dichte im engen Querschnitt A_2 schneller fließt als im weiten A_1:

$$v_2 = \frac{A_1}{A_2} \cdot v_1, \tag{11.20}$$

mit $A_2 < A_1$ gilt also $v_2 > v_1$.

Folglich muss die Flüssigkeit beim Eintritt in die Verengung beschleunigt werden. An dieser Stelle muss eine beschleunigende Kraft auf die Flüssigkeit einwirken. Da keine Vorrichtungen irgendwelcher Art vorhanden sind, die dies besorgen könnten, muss die beschleunigende Kraft von einem **Druckunterschied** an der Verengung herrühren:

Im weiten Querschnitt muss ein höherer Druck herrschen als im engen.

Diesen Druckunterschied kann man aus dem **Prinzip der Energieerhaltung** berechnen. Um die Strömung aufrecht zu erhalten, muss nämlich Arbeit geleistet werden; z. B. durch einen Kolben, den man sich in der Abb. 11.15 als linke Grenzfläche des Volumens ΔV_1 denken kann und der dieses während der Zeit Δt mit der Kraft $F_1 = p_1 A_1$ durch den Querschnitt 1 schiebt. Das Volumen ΔV_1 bewegt sich dabei um die Strecke $\Delta s_1 = v_1 \Delta t_1$. Für die von diesem Kolben im weiten Querschnitt verrichtete Arbeit W_1 gilt daher:

$$W_1 = F_1 \Delta s_1 = p_1 \cdot A_1 \cdot v_1 \cdot \Delta t = p_1 \Delta V_1 \tag{11.21}$$

Ein zweiter Kolben, den man sich als linke Grenzfläche des Volumens ΔV_2 denken kann, gibt in derselben Zeit die Arbeit W_2 nach außen ab. Da er mit der Kraft $F_2 = p_2 \cdot A_2$ längs des Weges $\Delta s_2 = v_2 \cdot \Delta t$ wirkt, gilt:

$$W_2 = F_2 \Delta s_2 = p_2 \cdot A_2 \cdot v_2 \cdot \Delta t = p_2 \Delta V_2 \tag{11.22}$$

Da $p_1 > p_2$ und $\Delta V_1 = \Delta V_2 = \Delta V$ ist, wird vom linken Kolben mehr Arbeit geleistet, als vom rechten wieder abgegeben wird:

$$\Delta W = W_1 - W_2 = (p_1 - p_2) \cdot \Delta V > 0 \tag{11.23}$$

Dieser Arbeitsüberschuss kann nur dazu verwendet worden sein, das Fluid an der Verengung zu beschleunigen. Die kinetische Energie des Fluids **zwischen** den beiden Kolben muss sich also während der betrachteten Zeitdauer um ΔW erhöht haben.

$$\Delta W_{kin} = \Delta W = (p_1 - p_2) \cdot \Delta V \tag{11.24}$$

Betrachtet man das Fluid zwischen den Kolben während der Verschiebung, so erkennt man, dass sich der linke Bereich mit großem Querschnitt und kleiner Geschwindigkeit durch die Verschiebung des linken Kolbens um ΔV_1 verkleinert, der rechte Bereich mit kleinem Querschnitt und großer Geschwindigkeit sich dagegen durch die Verschiebung des rechten Kolbens um ΔV_2 vergrößert. Insgesamt wird also das „langsame Volumen“ ΔV_1 durch das „schnelle Volumen“ ΔV_2 ersetzt. Die kinetische Energie des Fluids zwischen den Kolben erhöht sich also um:

$$\Delta W_{\text{kin}} = \frac{1}{2} \cdot \Delta m_2 \cdot v_2^2 - \frac{1}{2} \cdot \Delta m_1 \cdot v_1^2$$

$$= \frac{1}{2} \cdot \rho \cdot \Delta V_2 \cdot v_2^2 - \frac{1}{2} \cdot \rho \cdot \Delta V_1 \cdot v_1^2 \qquad \text{mit} \qquad \Delta V_2 = \Delta V_1 = \Delta V$$

$$\Delta W_{\text{kin}} = \frac{1}{2} \cdot \rho \cdot \Delta V \cdot (v_2^2 - v_1^2) > 0 \tag{11.25}$$

Einsetzen von Gl. (11.24) ergibt:

$$(p_1 - p_2) \cdot \Delta V = \frac{1}{2} \cdot \rho \cdot \Delta V \cdot (v_2^2 - v_1^2)$$

Hieraus folgt nach Umformung die **Bernoulli-Gleichung**:

$$p_2 + \frac{1}{2}\rho v_2^2 = p_1 + \frac{1}{2}\rho v_1^2 \tag{11.26}$$

Der Ausdruck $1/2 \cdot \rho v^2$ hat die Einheit eines Drucks und wird **Staudruck** genannt.

Im Strömungsfeld stationär und laminar strömender, idealer Fluide mit gleich bleibender Dichte ist die Summe aus statischem Druck p und Staudruck $1/2 \cdot \rho v^2$ überall gleich.

Diese konstante Summe wird als **Gesamtdruck** p_g bezeichnet. Damit erhält die Bernoulli-Gleichung die Form:

$$p_g = p + \frac{1}{2}\rho v^2 = \text{const.} \tag{11.27}$$

Man erkennt, dass der Gesamtdruck p_g die obere Grenze für den statischen Druck p im Strömungsfeld angibt; sie wird dort erreicht, $p = p_g$, wo die Strömungsgeschwindigkeit null ist. Solche Stellen heißen „Staupunkte" der Strömung. An Stellen hoher Strömungsgeschwindigkeit ist der statische Druck klein. Der Staudruck an solchen Stellen gibt an, um wie viel der statische Druck p durch Abbremsen der Strömung noch erhöht werden könnte.

Die Bernoulli-Gleichung ist eine spezielle Form des **Prinzips der Erhaltung der Gesamtenergie**. Es sei nochmals betont, dass sie in der obigen Form (Gl. (11.27)) nur solange gilt, wie die Dichte des betrachteten Fluids konstant bleibt. Ändert sich die Dichte, so kann man das Prinzip zwar ebenfalls formulieren, das Ergebnis sieht aber anders aus. Überraschenderweise lässt sich jedoch Gl. (11.27) oft näherungsweise auch für Gasströmungen anwenden, obwohl diese kompressibel sind. Dies liegt daran, dass für Strömungsgeschwindigkeiten deutlich unter der Schallgeschwindigkeit die **relativen** Änderungen des statischen Drucks und damit der Dichte innerhalb der Strömung so gering sind, dass die Gasdichte praktisch als konstant angesehen werden kann.

Verallgemeinerung der Bernoulli-Gleichung

Bei der Herleitung der Bernoulli-Gleichung wurde vorausgesetzt, dass die Strömungsgeschwindigkeit an allen Stellen eines Querschnitts gleich ist. Diese Voraussetzung ist bei vielen realen Strömungen nicht erfüllt. Dennoch lässt sich die Bernoulli-Gleichung auch auf solche Strömungen anwenden. Dazu teilt man die Gesamtströmung gedanklich in „Strömungsröhren" auf, die alle benachbarten Stromlinien mit annähernd gleicher Geschwindigkeit bündeln. Innerhalb jeder Ströhmungsröhre ist dann die genannte Voraussetzung erfüllt, sodass die Bernoulli-Gleichung angewendet werden kann. Darüber hinaus lässt sich oft zeigen, dass alle Strömungsröhren derselben Strömung auch denselben Gesamtdruck haben.

Bei der Herleitung der Bernoulli-Gleichung wurde die potenzielle Energie des Fluids nicht berücksichtigt. Wird diese aufgrund großer Höhenunterschiede oder großer Fluiddichten bedeutsam, so muss die Bernoulli-Gleichung durch höhenabhängige Terme ergänzt werden; solche Fälle werden hier nicht betrachtet.

Anwendungen der Bernoulli-Gleichung

Die Bernoulli-Gleichung hat eine Vielzahl von technischen Anwendungen.

Eine davon ist das **Prandtl'sche Staurohr**, das zur Messung der Strömungsgeschwindigkeit dient. Es besteht gemäß der Abb. 11.16 aus einem Hohlkörper mit zwei Öffnungen 1 und 2, mit deren Hilfe der statische Druck p an zwei verschiedenen Stellen der Strömung gemessen wird.

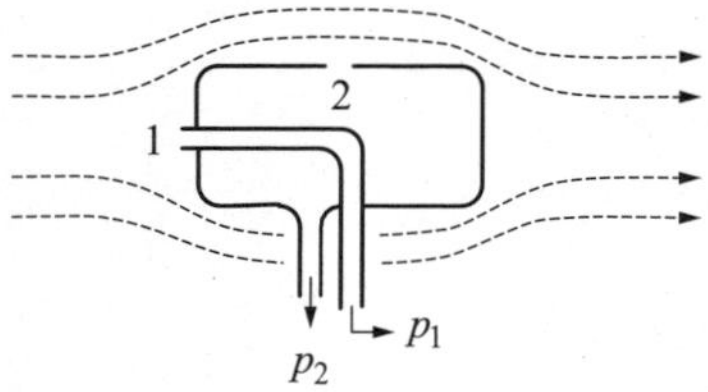

Abb. 11.16 Prandtl'sches Staurohr zur Messung der Strömungsgeschwindigkeit

Bei 1 ist die Strömung gestaut, $v_1 = 0$; der dortige Druck p_1 entspricht daher nach der Bernoulli-Gleichung dem Gesamtdruck p_g der Strömung:

$$p_1 = p_g \tag{11.28}$$

Ein Prandtl'sches Staurohr ist so geformt, dass die Strömungsgeschwindigkeit v_2 an seiner Seitenwand bei der Öffnung 2 möglichst wenig von der Geschwindigkeit v der ungestörten Strömung abweicht; für den dort gemessenen Druck p_2 gilt daher:

$$p_2 = p_g - \frac{1}{2}\rho v_2^2 \approx p_g - \frac{1}{2}\rho v^2 \tag{11.29}$$

Aus der Differenz beider Drucke erhält man den Staudruck und damit die Strömungsgeschwindigkeit v.

$$p_1 - p_2 = \frac{1}{2}\rho v^2 \tag{11.30}$$

$$v = \sqrt{\frac{2(p_1 - p_2)}{\rho}} = \sqrt{\frac{2(p_g - p)}{\rho}} \tag{11.31}$$

Beispiel 11.4

Geschwindigkeitsbestimmung mit dem Prandtl'schen Staurohr

Bringt man ein Prandtl'sches Staurohr am Rumpf eines Flugzeuges an, kann dieses dazu dienen, die Fluggeschwindigkeit zu bestimmen. Dabei kann die obige Formel verwendet werden, solange die Luftdichte innerhalb der Strömung näherungsweise konstant ist. In diesem Beispiel wird diese Näherung verwendet und für die Dichte der Wert in ruhender Luft verwendet.

Die Luftdichte in der Flughöhe des Flugzeugs ist jedoch aufgrund der in dieser Höhe herrschenden Werte von Luftdruck und Temperatur kleiner als am Erdboden. Sie lässt sich aber aus diesen Werten errechnen: Aus der Gleichung des idealen Gases (siehe Kapitel Thermodynamik) ergibt sich für die Abhängigkeit der Gasdichte ρ vom Druck p und der Temperatur T:

$$\rho \sim \frac{p}{T} \quad \Rightarrow \quad \rho = K \cdot \frac{p}{T} \quad \text{mit} \quad K = 3{,}487 \cdot 10^{-3}\,\frac{\text{kgK}}{\text{Nm}} \tag{1}$$

Der angegebene Wert der Proportionalitätskonstanten K gilt für Luft mit der Dichte $\rho_0 = 1{,}293\,\frac{\text{kg}}{\text{m}^3}$ bei $p_0 = 1{,}013\text{ bar} = 1{,}013 \cdot 10^5\text{ Pa}$ und $T_0 = 0\,°\text{C} = 273{,}15\text{ K}$.

Für ein Sportflugzeug werden während des Fluges folgende Werte gemessen:

$$p_g = 95\,000\text{ Pa} \qquad p = 88\,900\text{ Pa} \qquad T = -2\,°\text{C} = 271{,}15\text{ K} \tag{2}$$

Aus p_g und T ergibt sich für die Luftdichte:

$$\rho = 1{,}22\,\frac{\text{kg}}{\text{m}^3} \tag{3}$$

und für die Fluggeschwindigkeit mit Gl. (11.31)

$$v = \sqrt{\frac{2 \cdot (95\,000\text{ Pa} - 88\,900\text{ Pa})}{1{,}22\,\frac{\text{kg}}{\text{m}^3}}} = 100\,\frac{\text{m}}{\text{s}} = 360\,\frac{\text{km}}{\text{h}}$$

Beispiel 11.4

Eine weitere Anwendung ist die **Venturi-Düse**. Sie dient der Messung der Strömungsgeschwindigkeit in einer Rohrleitung, ohne eine störende Sonde einbringen zu müssen. Technisch wird sie durch eine Verengung in der Rohrleitung realisiert. In dieser Verengung und außerhalb wird über je eine kleine, seitliche Öffnung der statische Druck bestimmt.

Die Strömungsgeschwindigkeit v_1 außerhalb der Verengung ergibt sich daraus folgendermaßen:

$$p_{g_1} = p_1 + \frac{1}{2}\rho v_1^2, \quad p_{g_2} = p_2 + \frac{1}{2}\rho v_2^2$$

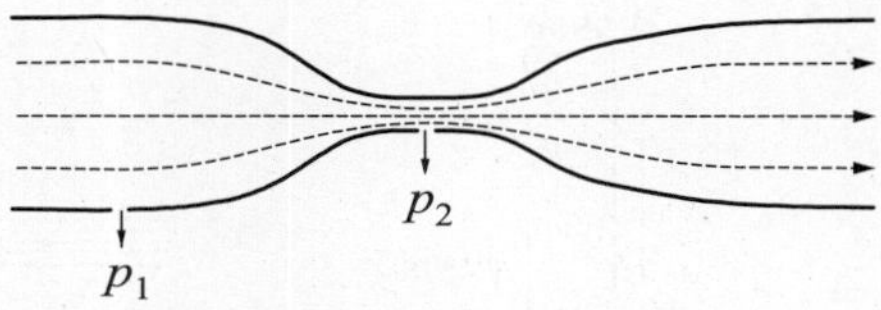

Abb. 11.17 Venturi-Düse

Mit der Bernoulli-Gleichung erhalten wir:

$$p_{g_1} = p_{g_2} \Longrightarrow \frac{1}{2}\rho(v_2^2 - v_1^2) = p_1 - p_2$$

Die Kontinuitätsgleichung liefert eine Beziehung für die Geschwindigkeit v_2

$$A_1 v_1 = A_2 v_2 \quad \Leftrightarrow \quad v_2 = \frac{A_1}{A_2} v_1$$

Eingesetzt in die Bernoulli-Gleichung folgt eine Formel für die Geschwindigkeit v_1:

$$\frac{1}{2}\rho v_1^2 \left[\left(\frac{A_1}{A_2}\right)^2 - 1\right] = p_1 - p_2$$

$$v_1 = \sqrt{\frac{2(p_1 - p_2)}{\rho \cdot \left[\left(\frac{A_1}{A_2}\right)^2 - 1\right]}} \tag{11.32}$$

Bei manchen Geräten wird der durch die Bernoulli-Gleichung beschriebene Effekt dazu benutzt, Luft oder eine Flüssigkeit in eine Strömung hineinzusaugen. Das Grundprinzip dieser Geräte lässt sich am Bunsenbrenner gut erläutern.

An der Stelle 1 des Gasstromes wird durch den engen Düsenquerschnitt eine große Geschwindigkeit v_1 erzeugt. Dadurch ist der statische Druck p_1 der Strömung an dieser Stelle viel kleiner als ihr Gesamtdruck.

$$p_1 = p_{\text{ges}} - \frac{1}{2}\rho v_1^2 < p_{\text{ges}} \tag{11.33}$$

Wie groß aber ist p_{ges}? Zur Lösung dieser Frage betrachten wir die Stelle 2 im Außenbereich des Bunsenbrenners. Hier steht die Strömung im Gleichgewicht mit der Außenluft, sodass ihr statischer Druck p_2 gleich dem äußeren Luftdruck p_L ist.

$$\text{Gleichgewicht} \Rightarrow p_2 = p_L \tag{11.34}$$

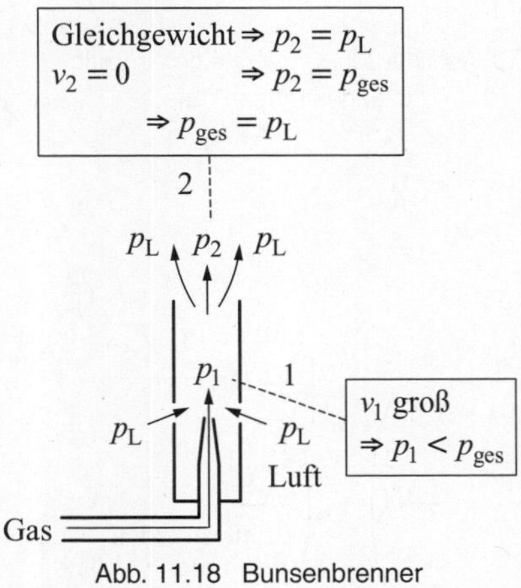

Abb. 11.18 Bunsenbrenner

Außerdem ist die Strömungsgeschwindigkeit v_2 hier fast null, sodass der statische Druck gleich dem Gesamtdruck ist:

$$v_2 = 0 \quad \Rightarrow \quad p_2 = p_{\text{ges}} \tag{11.35}$$

Beim Bunsenbrenner ist der Gesamtdruck p_{ges} des Strömungsfeldes also gleich dem äußeren Luftdruck p_L und dieser damit größer als p_1, weshalb die Luft in der skizzierten Weise in den Brenner gesaugt wird.

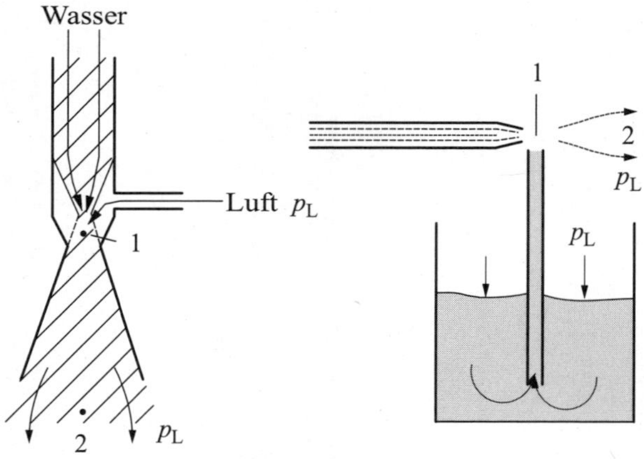

Abb. 11.19 Wasserstrahlpumpe, Zerstäuber

Die Funktion der Wasserstrahlpumpe und des Zerstäubers lässt sich in derselben Weise erklären. In der Abbildung sind der Punkt 2, an dem man $p_{ges} = p_L$ erkennt, und der Punkt 1, bei dem $p_1 < p_{ges}$ gilt, eingezeichnet.

Nach demselben Muster lässt sich auch begründen, wieso eine Platte, die eine Strömung gemäß Abb. 11.20 seitlich begrenzt (einseitig angeströmte Platte), eine **Querkraft** erfährt, die zur Strömung hin gerichtet ist:

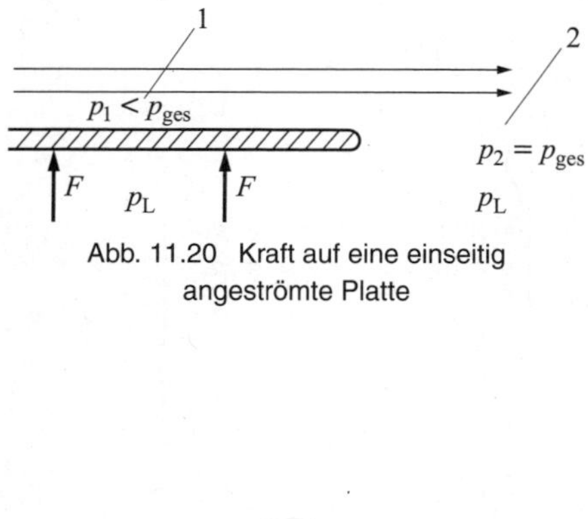

Abb. 11.20 Kraft auf eine einseitig angeströmte Platte

An ihrer Außenseite herrscht der normale Luftdruck p_L. In der Strömung (Stelle 1) gilt wegen der nicht verschwindenden Strömungsgeschwindigkeit $p_1 < p_{ges}$. Am Ende der Platte, wo die Strömung in den Außenraum austritt, gibt es eine Stelle 2, bei der der statische Druck p_2 der Strömung wegen $v_2 \approx 0$ gleich dem Gesamtdruck und wegen des Gleichgewichtes mit der Außenluft gleich dem äußeren Luftdruck p_L ist. Deshalb gilt $p_{ges} = p_L$. Aus $p_1 < p_{ges}$ und $p_{ges} = p_L$ folgt $p_1 < p_L$, was die oben genannte Querkraft bewirkt.

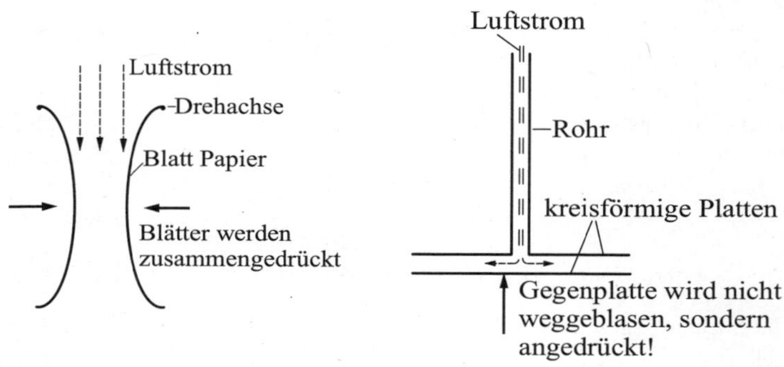

Abb. 11.21 Hydrodynamisches Paradoxon

Die Existenz dieser zur Strömung hin gerichteten Querkraft wird durch die in Abb. 11.21 dargestellten Experimente sehr eindrucksvoll demonstriert: Blätter, zwischen denen eine Luftströmung herrscht, werden zusammengedrückt statt auseinandergeblasen. Die Gegenplatte wird nicht weggeblasen, sondern angedrückt: **hydrodynamisches Paradoxon**.

Einen ähnlichen Effekt erleben die Führer zweier einander sehr eng passierender Schiffe: Sie müssen Strömungskräften entgegensteuern, die die Schiffsrümpfe aufeinander zubewegen.

Ein Ball, der in einem Luft- oder Wasserstrahl tanzt, verlässt diesen nicht. Auch dieser Effekt ist eine Folge der Querkraft auf eine einseitig angeströmte Platte. Gerät der Ball nämlich an den Rand der Strömung, so wird er gemäß der Abb. 11.22 zur einseitig angeströmten Platte und wird wieder in die Strömung hineingezogen.

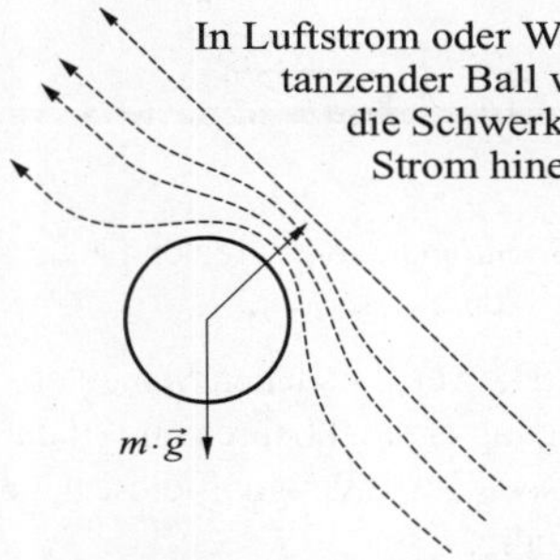

Abb. 11.22 Schwebender Ball

Ein letztes Beispiel zur Anwendung der Bernoulli-Gleichung ist in Abb. 11.23 gezeigt: Eine schräg in einen Strom gestellte Platte wird quer gestellt. Die Begründung ist in der Abbildung enthalten. Hiermit erklärt sich auch, warum ein vom Baum fallendes Blatt mit der Breitseite voran zur Erde taumelt.

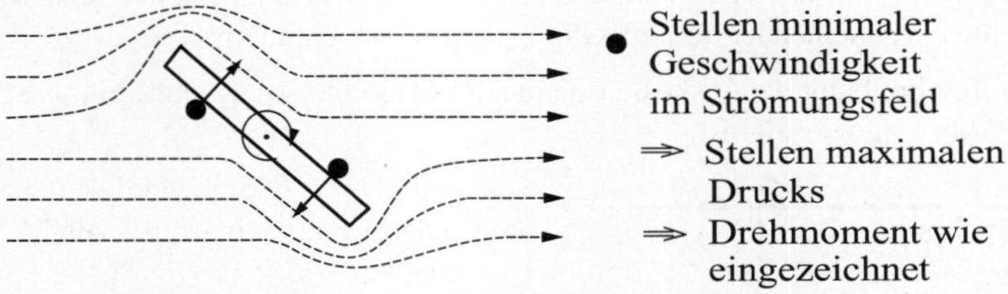

Abb. 11.23 Drehmoment auf eine Platte in einem Strömungsfeld

11.4 Stationäre Strömungen mit Reibung

Es gibt wie gezeigt eine Fülle von Anwendungen, die auf der Bernoulli'schen Gleichung beruhen. Ein Gerät aber scheint dieser Gleichung geradezu zu widersprechen: das **Luftkissenfahrzeug** (**Hovercraft**).

Dieses Fahrzeug ähnelt sehr der Anordnung zum hydrodynamischen Paradoxon, und dennoch wird es durch die Luftströmung nicht auf den Boden gepresst, sondern schwebt im Gegenteil auf einem Luftkissen. Das kann nur bedeuten, dass der statische Druck unter dem Hovercraft, p_i, entgegen der Erwartung größer ist als der äußere Luftdruck p_L. Wie kommt das?

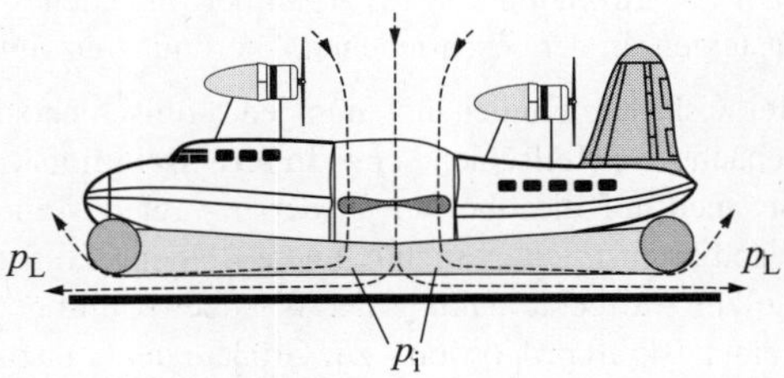

Abb. 11.24 Luftkissenfahrzeug

Luft ist in Wirklichkeit kein ideales Fluid, wie bisher angenommen wurde. Das Verschieben von Massenelementen gegeneinander ist bei **realen Flüssigkeiten und Gasen** nicht reibungsfrei möglich. Beim Luftkissenfahrzeug ist die Konsequenz, dass es einer Druckdifferenz bedarf, um die Strömung unter der Dichtungsschürze hindurch aufrecht zu erhalten: Darum herrscht unter dem Hovercraft Überdruck: $p_i > p_L$.

Zum genaueren Verständnis der Reibungsvorgänge in realen Fluiden betrachten wir den einfachen Fall einer stationären laminaren Strömung durch ein Rohr mit konstantem Querschnitt.

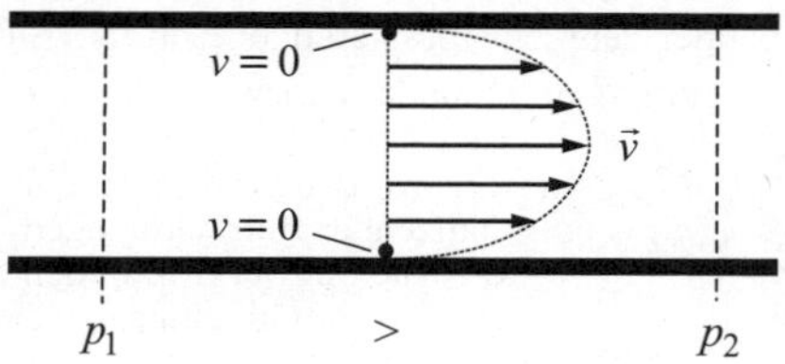

Abb. 11.25 Strömung eines realen Fluids durch ein Rohr

Die Strömungsgeschwindigkeit muss längs des Rohres aufgrund der Kontinuitätsgleichung konstant bleiben. Quer zum Verlauf des Rohres ist die Geschwindigkeit bei realen Fluiden jedoch nicht konstant, sondern zeigt das in Abb. 11.25 skizzierte **Geschwindigkeitsprofil**: Die an der Rohrwand anliegende Schicht des Fluids haftet an ihr und hat daher die Geschwindigkeit null; zur Mitte des Rohrquerschnittes hin steigt die Geschwindigkeit kontinuierlich an. Die verschiedenen Schichten des Fluids gleiten also ständig aneinander vorbei. Diese Relativbewegung erzeugt bei realen Fluiden Reibungskräfte, die von äußeren Kräften ausgeglichen werden müssen. Zur Erzeugung dieser äußeren Kräfte ist ein Druckgefälle in Richtung der Strömung notwendig.

Zähigkeit

Mit **Zähigkeit** oder **Viskosität** wird die Eigenschaft realer Fluide bezeichnet, eine Relativbewegung zweier Fluidschichten gegeneinander durch **Reibungskräfte** zu behindern.

Zur quantitativen Beschreibung der Viskosität betrachtet man eine so genannte **reine Scherströmung**, wie sie in Abb. 11.26 gezeigt ist.

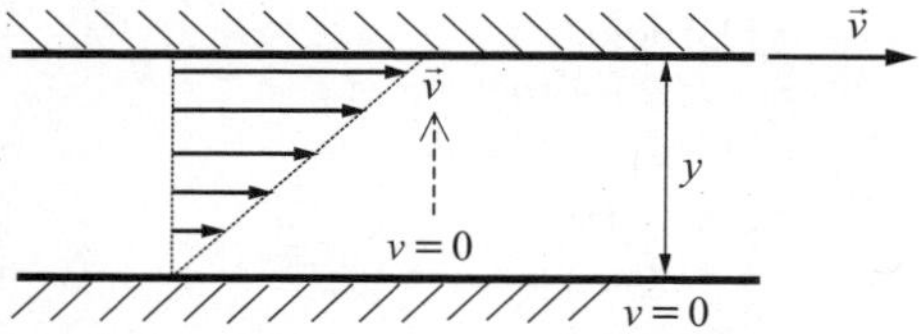

Abb. 11.26 Geschwindigkeitsprofil einer Scherströmung

Sie ist durch ein Geschwindigkeitsprofil definiert, das gleichmäßig von 0 zur Maximalgeschwindigkeit v ansteigt. Eine solche Scherströmung lässt sich zum Beispiel dadurch erzeugen, dass man eine dünne Schicht des Fluids durch zwei Wände begrenzt, von denen die eine ruht, die andere sich aber parallel zur ersten mit der Geschwindigkeit v bewegt. Dabei werden die Fluidschichten, die direkt an den aus Festkörpern bestehenden Wänden angrenzen, in Übereinstimmung mit aller Erfahrung unlösbar an diesen haften. (Ein Beweis für diese These ist die Beobachtung, dass selbst schnell bewegte Ventilatorflügel immer staubig sind: Der Staub wird nicht weggepustet!) Die Strömungsgeschwindigkeit muss also quer zur Strömung von $v = 0$ an der ruhenden Wand bis zur Geschwindigkeit der oberen Wand ansteigen. In der beschriebenen Anordnung erfolgt dieser Anstieg linear.

Bei viskosen Fluiden übt nun jede Teilschicht der Strömung auf die an ihr vorbei gleitende, benachbarte Teilschicht eine **innere Reibungskraft** F aus. Diese kann gemessen werden, da sie auch auf die oberste, an der bewegten Wand haftende Fluidschicht wirkt und damit diese Wand bremst. Die gesuchte innere Reibungskraft F ist deshalb dem Betrag nach gleich der Kraft, die zur Aufrechterhaltung der Wandbewegung notwendig ist. Messungen zeigen, dass die innere Reibungskraft proportional zur Größe A der Grenzfläche zwischen den benachbarten Fluidschichten ist. Man gibt daher oft nicht die Kraft selbst, sondern den Quotienten

$$\tau = \frac{F}{A} \tag{11.36}$$

an; er stellt die von der Schubdeformation her bekannte **Schubspannung** dar. Für eine spezielle Materialklasse, die so genannten **Newton'schen Fluide**, erhält man experimentell den folgenden Zusammenhang:

$$\tau = \eta \cdot \frac{v}{y} \tag{11.37}$$

Dabei bezeichnet y die Dicke der Fluidschicht und v die maximale Geschwindigkeit und damit die Geschwindigkeitsdifferenz zwischen der oberen und der unteren Grenzfläche der Schicht. Die

Konstante η beschreibt die Zähigkeit des verwendeten Fluids und wird ihre **dynamische Viskosität** (**dynamische Zähigkeit**) genannt.

Für ihre Einheit ergibt sich: $[\eta] = \mathrm{Pa} \cdot \mathrm{s}$ (Pascalsekunde).

Für allgemeine laminare Strömungen, bei denen sich die Geschwindigkeit quer zur Strömungsrichtung nicht gleichmäßig ändert, betrachtet man eine hinreichend dünne Teilchicht der Dicke Δy, über die sich die Geschwindigkeit um Δv gleichmäßig ändert. Im Grenzfall $\Delta y \to 0$ erhält man aus Gl. (11.37) die allgemeine Gleichung für die **Schubspannung in Newton'schen Fluiden**:

$$\tau = \eta \cdot \frac{\mathrm{d}v}{\mathrm{d}y} \qquad [\eta] = \frac{\mathrm{N}}{\mathrm{m}^2} \cdot \mathrm{s} = \mathrm{Pa} \cdot \mathrm{s} \tag{11.38}$$

In Worten:

Die Schubspannung, die man braucht, um in einem Newton'schen Fluid ein Geschwindigkeitsgefälle zu erzeugen, ist der Größe des Gefälles proportional.

Die Proportionalitätskonstante η (dynamische Zähigkeit) ist materialspezifisch, aber im Allgemeinen von der Temperatur abhängig:

- Die Zähigkeit von Flüssigkeiten nimmt mit wachsender Temperatur meist stark ab.
- Die Zähigkeit von Gasen nimmt mit steigender Temperatur dagegen zu.

Einige typische Zähigkeitswerte:

Tabelle 11.3 Zähigkeitswerte bei 20 °C

Stoff	**Zähigkeit** $\eta/(\mathrm{Pa} \cdot \mathrm{s})$
Wasser	$\approx 10^{-3}$
Luft	$\approx 2 \cdot 10^{-5}$
Schmieröl	$\approx 0{,}1 \ldots 1$
Glycerin	$\approx 1{,}5$

Wie gesagt sind Newton'sche Fluide dadurch charakterisiert, dass ihre durch Gl. (11.38) definierte Viskosität eine (temperaturabhängige) Materialkonstante ist. Viele in der (industriellen) Praxis vorkommenden Fluide (z. B. Schmelzen, insbesondere polymere Schmelzen) sind jedoch nicht von diesem Typ. Für solche Fluide ist die durch Gl. (11.38) definierte Viskosität eine Funktion des Geschwindigkeitsgefälles (und sogar der Versuchszeit). Die Phänomene sind sehr komplex. Deshalb ist gerade für die kunststoffverarbeitende Industrie das Fachgebiet der Lehre des Strömens allgemeiner Fluide, die **Rheologie**, von großer Bedeutung.

Beispiel 11.5

Schmierung

Ein Beispiel für die technische Bedeutung der Zähigkeit von Fluiden ist deren Anwendung zur **Schmierung**. Dies ist besonders wichtig in Gleitlagern. Zur Verdeutlichung sei angenommen, eine zylindrische Welle des Radius R drehe sich in einer zylindrischen Bohrung mit nur unwesentlich größerem Radius. Ist die Welle zentriert, so bleibt ein Spalt der Breite d, der mit schmierendem Fluid der Zähigkeit η gefüllt ist. Das Gleitlager habe eine Tiefe b.

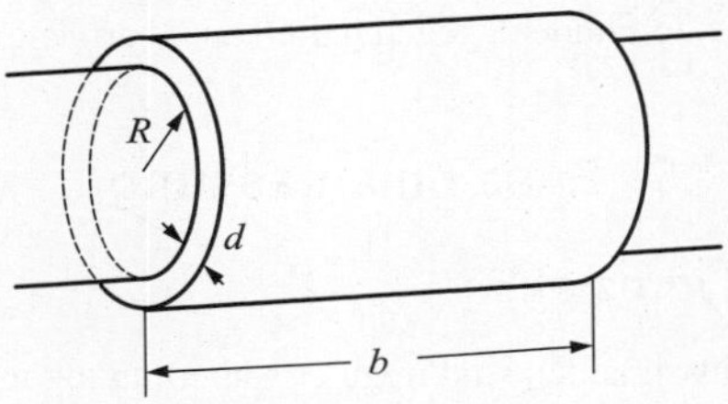

Abb. 11.27 Gleitlager

Für $d \ll R$ ist die Gleitfläche A in guter Näherung gegeben mit $A = 2\pi R \cdot b$. Dreht sich die Welle mit einer Drehzahl n, so bewegt sich die Wellenoberfläche relativ zur Oberfläche der Bohrung mit einer Geschwindigkeit $v = 2\pi R \cdot n$. Folglich bildet sich im Fluid des Spaltes ein Geschwindigkeitsgefälle der Größe $v/d = 2\pi n \cdot R/d$ aus.

Um dieses Geschwindigkeitsgefälle aufrecht zu erhalten, bedarf es einer Schubspannung $\tau = \eta \cdot v/d = \eta \cdot 2\pi n \cdot R/d$ bzw. einer zur Wellenoberfläche tangentialen Kraft

$$\begin{aligned} F &= \tau \cdot A = \tau \cdot 2\pi R \cdot b \\ &= \eta \cdot 4\pi^2 \cdot n \cdot b \cdot \frac{R^2}{d} \end{aligned} \tag{1}$$

Das bedeutet, dass an der Welle ein Drehmoment $M = F \cdot R$ angreifen muss, um die Drehung aufrecht zu erhalten:

$$M = \eta \cdot 4\pi^2 \cdot n \cdot b \cdot \frac{R^3}{d} \tag{2}$$

Ein Zahlenbeispiel:

$$n = 60\,\frac{1}{\mathrm{s}}; \quad b = 7\ \mathrm{mm}; \quad R = 4\ \mathrm{mm}; \quad d = 0{,}1\ \mathrm{mm}; \quad \eta = 0{,}5\ \mathrm{Pa \cdot s}$$

$$\Longrightarrow \qquad M = 5{,}3 \cdot 10^{-3}\ \mathrm{N \cdot m} \tag{3}$$

entsprechend einem Gewicht von 5,3 g an einem Hebelarm von 10 cm Länge.

Sonst gleiche Zahlen, aber $\eta = 2 \cdot 10^{-5}\ \mathrm{Pa \cdot s}$

$$\Longrightarrow \qquad M = 2{,}1 \cdot 10^{-7}\ \mathrm{N \cdot m} \tag{4}$$

entsprechend einem Gewicht von 0,2 µg(!) an einem Hebelarm von 10 cm Länge.

Die niedrigere der beiden Zähigkeiten ist die von Luft unter Normalbedingungen. Das Zahlenbeispiel verdeutlicht, warum extrem leichtgängige Lager (z. B. in einem Kreiselkompaß) als Luftlager ausgeführt werden.

Beispiel 11.5 ▲

Neben der „dynamischen Zähigkeit" wird auch oft die **kinematische Viskosität (Zähigkeit)**, der Quotient aus dynamischer Viskosität und Dichte, eingeführt:

$$\nu = \frac{\eta}{\rho} \qquad [\nu] = \frac{\mathrm{N \cdot s}}{\mathrm{m^2}} \cdot \frac{\mathrm{m^3}}{\mathrm{kg}} = \frac{\mathrm{m^2}}{\mathrm{s}} \tag{11.39}$$

Welche Konsequenzen hat Zähigkeit für Strömungsfelder?

Besonders wichtig ist, dass sich die Strömungsfelder idealer und realer Fluide an Grenzflächen zu Festkörpern ganz grundlegend unterscheiden.

Bei idealen Fluiden sind Reibungsphänomene definitionsgemäß ausgeschlossen. Folglich bewegt sich auch die an einer Festkörper-Oberfläche unmittelbar angrenzende Fluidschicht mit endlicher Geschwindigkeit relativ zu ihr.

Reale Fluide dagegen haften an Oberflächen. Ihre Relativgeschwindigkeit ist dort exakt null.

11.5 Zusammenfassung

Hydrostatik

Flüssigkeiten sind in guter Näherung inkompressibel, Gase sind kompressibel.

Die **Kompressibilität** ist definiert als

$$\kappa = -\frac{1}{V}\frac{\mathrm{d}V}{\mathrm{d}p} \qquad [\kappa] = \frac{1}{\mathrm{Pa}} \tag{11.40}$$

Hierbei ist $\mathrm{d}V$ die Änderung des Körpervolumens V bei Änderung des Druckes um $\mathrm{d}p$.

Zur Definition des Drucks in Flüssigkeiten und Gasen (Fluiden) verwendet man die Kraft pro Flächeneinheit F/A, die von einem Volumenelement senkrecht zu seinen Oberflächen ausgeübt wird; sie ist in allen Richtungen gleich groß.

Der skalare, isotrope **Druck**

$$p = \frac{F}{A} \qquad [p] = \text{Pa} \tag{11.41}$$

charakterisiert vollständig den Spannungszustand.

In inkompressiblen Fluiden im Schwerefeld der Erdoberfläche nimmt der **hydrostatische Druck** mit der Tiefe h linear zu:

$$p = \rho g h \tag{11.42}$$

Hier steht ρ für die Massendichte des Fluids und g für die Fallbeschleunigung. Als Konsequenz erfährt ein ganz oder teilweise eingetauchter Körper eine **Auftriebskraft**, die gleich dem Gewicht des verdrängten Fluidvolumens ist (**Archimedisches Prinzip**). Daraus leitet sich als Bedingung für das **Schwimmen** des Körpers ab, dass seine Dichte kleiner sein muss als die Fluiddichte.

Hydro- und Aerodynamik

In Flüssigkeiten und Gasen müssen benachbarte Massenpunkte bei Deformation nicht benachbart bleiben: **Strömungsvorgänge** sind möglich. Sie werden mathematisch durch die Angabe eines zeitabhängigen Geschwindigkeitsfeldes $\vec{v}(\vec{x}, t)$ beschrieben. Ist das Geschwindigkeitsfeld nicht explizit von der Zeit abhängig, so nennt man es **stationär**.

Strömungen können zum Abgleiten von Fluidschichten aufeinander führen. Im **idealen Fluid** geschieht dies reibungsfrei.

Aus Kontinuität und Energieerhaltung folgt für ideale Fluide, solange ihre Dichte konstant bleibt, die **Bernoulli-Gleichung**

$$p_2 + \frac{1}{2}\rho v_2^2 = p_1 + \frac{1}{2}\rho v_1^2 \tag{11.43}$$

die besagt, dass die Summe aus statischem Druck p und Staudruck $1/2 \cdot \rho v^2$ überall in einem zusammenhängenden Strömungsfeld denselben Wert hat. Im Staupunkt ist $v = 0$ und der Druck ist maximal; je größer die Fluidgeschwindigkeit ist, umso kleiner ist der Druck. In der Vielzahl möglicher technischer Anwendungen hat insbesondere die Strömungsgeschwindigkeitsbestimmung durch Druckmessung Bedeutung.

Reale Fluide sind zäh: Aneinander vorbei gleitende Fluidschichten üben Kräfte aufeinander aus, dies äußert sich als **Reibung**.

Die **Zähigkeit** oder **Viskosität** η ist definiert als Proportionalitätskonstante zwischen einem Geschwindigkeitsgefälle (Scherrate) $\mathrm{d}v/\mathrm{d}y$ und der zur Aufrechterhaltung des Gefälles notwendigen Schubspannung τ:

$$\tau = \eta \cdot \frac{\mathrm{d}v}{\mathrm{d}y}; \qquad [\eta] = \text{Pa} \cdot \text{s} \tag{11.44}$$

11.6 Aufgaben

11.1 Zur Messung der Meerestiefe wird von einem Schiff ein Massestück an einem Seil herabgelassen. Bei Vernachlässigung dieses Gewichtes im Vergleich zum Gewicht des Seiles ist gesucht, welche größte Tiefe man nach dieser Methode messen kann.
Die Dichte von Meerwasser ist mit 1 g/cm^3, die Dichte von Stahl mit 7,7 g/cm^3 anzunehmen. Die Festigkeitsgrenze lautet $\sigma_B = 785$ MPa.

11.2 In kommunizierenden Gefäßen steht der Flüssigkeitsspiegel überall gleich hoch, solange die Flüssigkeit homogen ist. Anders in folgender Aufgabe: In einem U-Rohr befindet sich Quecksilber (Hg); darüber auf einer Seite eine Wassersäule der Höhe a.
Welche Höhendifferenz besteht zwischen Quecksilber- und Wasseroberfläche?
Zahlenwerte: $a = 0{,}2$ m; $\rho_{Hg} = 13{,}5$ g/cm^3; $\rho_{H_2O} = 1$ g/cm^3.

11.3 Ein Gefäß enthält Quecksilber und darüber geschichtet Wasser. Wie tief sinkt ein Eisenzylinder der Höhe $h = 3$ cm in das Quecksilber ein, wenn die Wassertiefe einmal $d_1 = 5$ cm und in einem zweiten Falle $d_2 = 1$ cm beträgt?
Dichtewerte: Eisen: $\rho_{Fe} = 7{,}86$ g/cm^3, Quecksilber: $\rho_{Hg} = 13{,}5$ g/cm^3, Wasser: $\rho_{H_2O} = 1$ g/cm^3.

11.4 In einer Rohrleitung (Durchmesser $d_1 = 16$ cm) mit einer Flüssigkeit der Dichte $\rho = 0{,}9$ kg/dm^3 wird ein Venturirohr eingebaut, dessen engster Querschnitt den Durchmesser $d_2 = 10$ cm besitzt. Das eingebaute Manometer zeigt den Druckunterschied $\Delta p = 160$ mbar an.
Berechnen Sie die Strömungsgeschwindigkeit v_1 in der Rohrleitung und den Volumenstrom $\Delta V/\Delta t$.

11.5

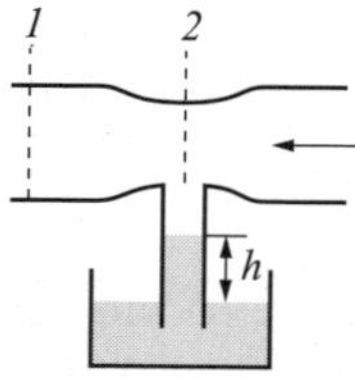

Abb. 11.28

In welche Höhe h steigt Quecksilber in der Verengung des skizzierten Rohres, wenn das Wasser mit der Geschwindigkeit $v_1 = 4$ m/s ausströmt?

Zahlenwerte: Durchmesser $d_1 = 10$ cm, $d_2 = 7$ cm; Dichte $\rho_{Hg} = 13{,}55$ g/cm^3.

11.6

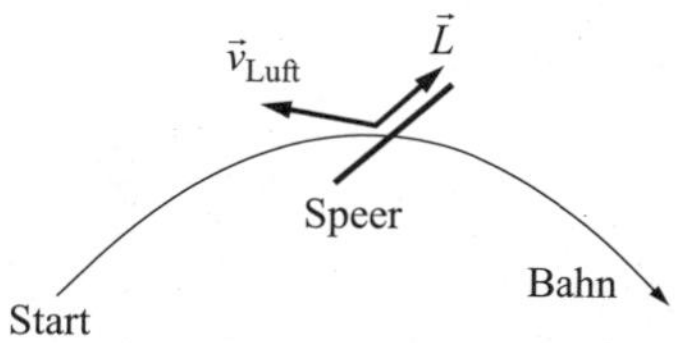

Abb. 11.29

Ein Speerwerfer stabilisiert den Flug seines Speeres, indem er ihm einen Drall, eine schnelle Rotation um die Stab-Längsachse, mitgibt. Wenn die Luft nicht wäre, würde der Drehimpuls $\vec{L}$ und damit der Speer als Ganzes seine Ausrichtung während des gesamten Fluges nicht ändern. Bei gekrümmter Flugbahn im Schwerefeld der Erde wird folglich der Speer samt Drehimpuls sehr bald nicht mehr parallel zur Bahn stehen, sondern in einem Winkel φ dazu, wie auf beigefügter Skizze zu sehen. Dann aber wird der Speer von der Luft mit einer Geschwindigkeit $\vec{v}_{Luft}$ schräg angeströmt: die Strömung versucht ihn zu drehen.

a) Wenn Sie die Reibung vernachlässigen: In welche Richtung versucht die Strömung den Speer zu drehen? Versucht sie ihn längs zur Strömung auszurichten oder quer zu stellen?
b) In welcher Richtung wird sich der Speer wirklich drehen? Folgt er der von der Strömung vorgegebenen Drehrichtung?

11.7 Bei einem sich verengenden Wasserrohr liegt die Mitte des Eintrittes (Querschnitt $A_1 = 10$ cm^2) um die Höhe $h = 2{,}4$ cm höher als die Mitte der Austrittsöffnung (Querschnittsfläche $A_2 = 4$ cm^2).

Wie groß ist die Druckdifferenz Δp zwischen Ein- und Austritt bei einem Volumenstrom $\Delta V/\Delta t = 0{,}12$ m^3/min?

11.8 Ein stark vereinfachtes Modell für die Funktionsweise einer Tragfläche ist, dass durch das besondere Profil die Luft um die Oberseite herum schneller fließt als unten und folglich nach der Bernoulli-Gleichung ein Druckunterschied entsteht, der als dynamischer Auftrieb wirkt.

a) Leiten Sie (ähnlich wie bei der Diskussion der Wirbelentstehung vorgeführt) eine Formel für den Druckunterschied Δp ab, aus der Sie dessen Abhängigkeit von der mittleren Strömungsgeschwindigkeit $\bar{v}$ und dem Unterschied der Strömungsgeschwindigkeiten Δv ablesen können.

b) Die mittlere Strömungsgeschwindigkeit können Sie näherungsweise gleichsetzen mit der Anströmgeschwindigkeit der Luft und damit der Fluggeschwindigkeit. Unabhängig von letzterer ist für ein festes Tragflächenprofil das Verhältnis $\Delta v/\bar{v}$ näherungsweise eine Konstante. Das Flugzeug kann eine einmal erreichte Flughöhe nur dann konstant halten, wenn auch der Druckunterschied Δp konstant ist. Das bedeutet, dass bei stationärem Flug das Verhältnis $(\Delta p \cdot \bar{v})/\Delta v$ eine Konstante ist, unabhängig von Flughöhe und Fluggeschwindigkeit.

Bitte geben Sie dieses Verhältnis als Funktion von Luftdichte und Fluggeschwindigkeit an, indem Sie das Ergebnis von Teil a) benutzen.

c) Anders als beim inkompressiblen Fluid nimmt die Dichte der Luft mit wachsender Höhe ab nach der so genannten barometrischen Höhenformel (vgl. Abschnitt Thermodynamik):

$$\rho(h) = 1{,}293\ \frac{\mathrm{kg}}{\mathrm{m}^3} \cdot \mathrm{e}^{-h/7{,}96\ \mathrm{km}} \qquad 1$$

Wie hoch kann ein Flugzeug fliegen, das in Bodennähe mit 400 km/h stabil fliegt, wenn es seine Geschwindigkeit auf 800 km/h verdoppelt?

11.9 Warum sind Hubschrauber so kompliziert und damit teuer? Nicht zuletzt, weil das Rotor-Getriebe sehr aufwendig konstruiert ist: Der Anstellwinkel jedes einzelnen Rotorblatts muss während der Rotorumdrehung laufend verstellt werden. Warum?

Anleitung: Ein Rotorblatt hat das gleiche Profil wie die Tragfläche eines Flugzeugs, und der Auftrieb ergibt sich durch den Druckunterschied zwischen Ober- und Unterseite, der durch die im Teil a) voriger Aufgabe abgeleitete Formel bestimmt ist. Den Unterschied in den Strömungsgeschwindigkeiten Δv kann man vergrößern, indem man den Anstellwinkel des Tragflügels vergrößert. Die Anströmgeschwindigkeit $\bar{v}$ ist hier nicht mehr identisch mit der Fluggeschwindigkeit und schon gar nicht mehr konstant: warum?
Warum muss man die Rotorblätter folglich ständig um ihre Längsachse verdrehen? Was würde passieren, wenn man dies nicht täte?

11.10 Sie kennen aus der Diskussion der Reibungsphänomene, dass bei der üblichen Gleitreibung die Reibungskraft ausschließlich von der Normalkraft abhängt, mit der die Reibpartner zusammengedrückt werden. Insbesondere ist die Reibkraft unabhängig von der Geschwindigkeit, mit der die Reibpartner aufeinander abgleiten.
Auch in Flüssigkeiten gibt es Reibung; diese führt z. B. dazu, dass sogar zum Durchströmen eines Rohres mit konstantem Querschnitt ein Druckunterschied notwendig ist. Stellen Sie sich nun vor, Sie drücken mit konstanter Geschwindigkeit einen Kolben mit Querschnittsfläche A in ein zylindrisches Rohr gleichen Querschnitts hinein. Das Rohr sei vollständig gefüllt mit einer inkompressiblen Flüssigkeit der Zähigkeit η. Das Rohr habe eine endliche Länge l, d. h., durch das Hineindrücken des Kolbens verdrängen Sie Flüssigkeit aus dem Rohr. Hierfür brauchen Sie eine Kraft, denn Sie müssen am Kolben einen Überdruck relativ zum freien Rohrende aufbauen.

Stellen Sie die Formel auf, die Ihnen sagt, wie groß diese Kraft für bekannte Rohrgeometrie (d. h. A und l gegeben) und bekannte Zähigkeit (d. h. η gegeben) ist.
Ist auch diese Kraft unabhängig von der Geschwindigkeit, mit der Sie den Kolben in das Rohr hineinschieben?
Und wenn nein: Wie hängt diese Kraft von der Geschwindigkeit ab? Linear? Quadratisch?

Teil III
Schwingungen und Wellen

12 Schwingungen

Dieses Kapitel beschäftigt sich mit Schwingungen, physikalischen Erscheinungen, die von herausragender technischer Bedeutung sind. Schwingungen können den ordnungsgemäßen Betrieb von Maschinen stören und müssen dann unterdrückt werden, Schwingungen sind die Ursache für Lärm und müssen durch geeignete Maßnahmen reduziert werden. Andererseits bilden Schwingungen die Basis für jede Zeitmessung. Schwingungen sind in elektrischen Schaltkreisen erwünscht, um Nachrichten über große Entfernungen zu transportieren. Dort können Schwingungen aber auch störend wirken, sie können zur Zerstörung der Schaltung führen!

12.1 Periodische Zustandsänderungen, insbesondere harmonische Schwingungen

Charakteristisch für Schwingungen ist, dass ein bestimmter Zustand, irgendeine Momentaufnahme eines zeitlichen Ablaufs, in bestimmten Zeitabständen, der Periode T, immer wiederkehrt. Insbesondere bezeichnet man solche zeitlichen Abläufe als Schwingungen, bei denen diese Zeitabstände immer gleich groß sind.

Falls $f(t)$ irgendeine Funktion der Zeit ist, und für ein konstante Zeitdauer T die Gleichung $f(t+T) = f(t)$ gilt, so beschreibt f eine periodische Schwingung. T heißt ihre Periodendauer.

Dabei kann f irgendeine Größe sein, die den Zustand eines schwingungsfähigen Systems charakterisiert: Etwa der Winkel, um den ein Pendel ausgelenkt ist, der Weg, um den eine an einer Feder hängende Masse von ihrer Ruhelage entfernt ist, oder die Spannung am Kondensator eines elektrischen Schwingkreises.

Der momentane Zustand eines schwingenden Systems ändert sich also ständig, aber nach Ablauf der Periodendauer T, auch **Schwingungsperiode** genannt, ist wieder der Ausgangszustand erreicht. Dies ist gemeint, wenn von **periodischer Zustandsänderung** die Rede ist.

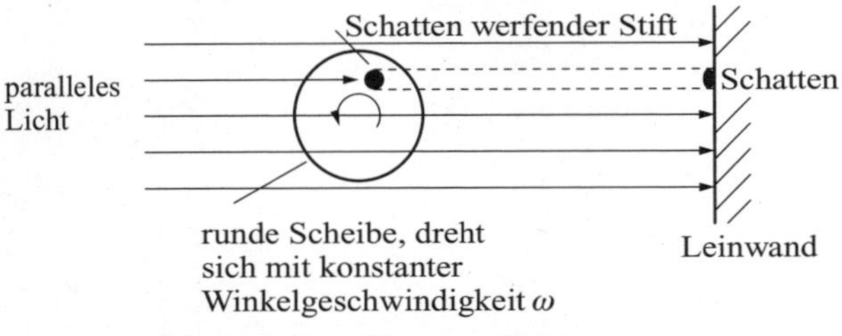

Abb. 12.1 Projektion einer Kreisbewegung

Die Definition des Schwingungsbegriffs ist sehr allgemein gehalten, um der Vielfalt der beobachteten Schwingungsformen gerecht werden zu können.

Unter den verschiedenen Schwingungsformen hat die **harmonische Schwingung** eine herausragende Bedeutung. Bevor wir sie formal definieren, beschreiben wir im Folgenden ein Beispiel, das ihre enge Beziehung mit der Kreisbewegung aufzeigt:

Ein Stift ist auf einer Scheibe montiert und wird von der Seite mit parallelem Licht beleuchtet, sodass er auf der in einiger Entfernung aufgestellten Leinwand einen wohldefinierten Schatten wirft. Die Scheibe dreht sich gleichförmig, also mit **konstanter Winkelgeschwindigkeit** ω entgegen dem Uhrzeigersinn. Die vom Schatten auf der Leinwand ausgeführte Bewegung ist dann ein Beispiel für eine **harmonische Schwingung**.

Wie ist der zeitliche Verlauf dieser Bewegung des Schattens mathematisch zu beschreiben?

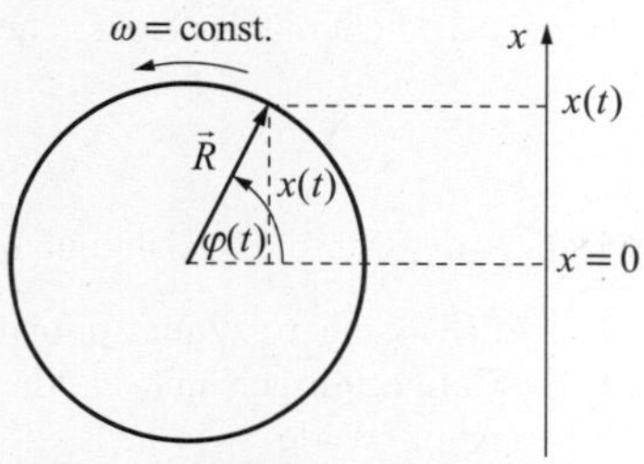

Abb. 12.2 Zur mathematischen Beschreibung der harmonischen Schwingung

Der Stift bewegt sich auf einer Kreisbahn; deren Radius sei R. Der Radiusvektor vom Scheibenmittelpunkt zum Stift schließt mit der Horizontalen einen Winkel $\varphi(t)$ ein, der zeitlich veränderlich ist. Die Position des Schattens auf der Leinwand werde durch seine Koordinate $x(t)$ auf der skizzierten x-Achse beschrieben, deren Nullpunkt bei der Projektion der Scheibenachse liegt. Aus der Geometrie erkennt man:

$$x(t) = R \cdot \sin(\varphi(t)) \tag{12.1}$$

Da die Scheibe sich gleichförmig bewegt, gilt:

$$\varphi(t) = \omega \cdot t + \phi \qquad \text{mit} \qquad \phi = \varphi(t = 0) \tag{12.2}$$

Dies eingesetzt, ergibt:

$$x(t) = R \cdot \sin(\omega \cdot t + \phi) \tag{12.3}$$

Die Zeitfunktion ist also eine allgemeine **Sinusfunktion**.

Definition:
Jede durch eine allgemeine Sinusfunktion gemäß Gl. (12.3) beschreibbare Schwingung heißt harmonisch.

Eine harmonische Schwingung kann natürlich auch ganz anders zustande kommen als im obigen Beispiel; dieses ist aber sehr geeignet, um die in der allgemeinen Gleichung der harmonischen Schwingung (Gl. (12.3)) vorkommenden Größen und einige allgemeine Zusammenhänge zu veranschaulichen.

Das Argument der Sinusfunktion, $\varphi(t) = \omega t + \phi$, heißt momentaner **Phasenwinkel** oder auch kurz **Phase**; er entspricht dem Richtungswinkel des rotierenden Radiusvektors $\vec{R}$ und ist immer im **Bogenmaß** anzugeben.

$\phi = \varphi(t = 0)$ ist die Anfangs- oder **Nullphase**; sie entspricht dem Richtungswinkel des Radiusvektors zur Zeit $t = 0$.

Durch Differenziation des Phasenwinkels nach der Zeit erhält man:

$$\omega = \dot{\varphi}(t) \qquad \text{oder, da } \dot{\varphi}(t) = \text{konstant:} \qquad \omega = \frac{\Delta\varphi}{\Delta t} \tag{12.4}$$

ω ist also die Geschwindigkeit, mit der sich der Phasenwinkel ändert. Im Beispiel ist ω die **Winkelgeschwindigkeit** des im Kreis rotierenden Radiusvektors. ω heißt auch **Kreisfrequenz**.

Die **Periodendauer** T, nach der sich die Schwingung identisch wiederholt, ist im Beispiel die Zeit, die der Radiusvektor für einen vollen Umlauf, also für $\Delta\varphi = 2\pi$, benötigt. Daraus folgt:

$$\omega = \frac{2\pi}{T} \qquad [\omega] = \frac{1}{\text{s}} \qquad \text{oder} \qquad T = \frac{2\pi}{\omega} \tag{12.5}$$

Formal ergibt sich die Gültigkeit dieser Gleichung für die Periodendauer T durch den Nachweis, dass sich eine durch Gl. (12.3) beschriebene Schwingung nach der Zeit $T = 2\pi/\omega$ wiederholt:

$$\sin\left[\omega \cdot \left(t + \frac{2\pi}{\omega}\right) + \phi\right] = \sin(\omega \cdot t + 2\pi + \phi) = \sin(\omega \cdot t + \phi)$$

$$\text{also} \quad x\left(t + \frac{2\pi}{\omega}\right) = x(t) \tag{12.6}$$

Der Kehrwert der Periodendauer heißt **Frequenz** f.

$$f = \frac{1}{T} \qquad [f] = \frac{1}{\text{s}} = \text{Hz (Hertz)} \tag{12.7}$$

Sie gibt die Anzahl der Schwingungsperioden pro Sekunde an und darf nicht mit der Kreisfrequenz ω verwechselt werden

$$\omega = 2\pi f \tag{12.8}$$

Die Einheit **Hertz** wird ausschließlich für die Frequenz verwendet, **nicht** für die Kreisfrequenz!

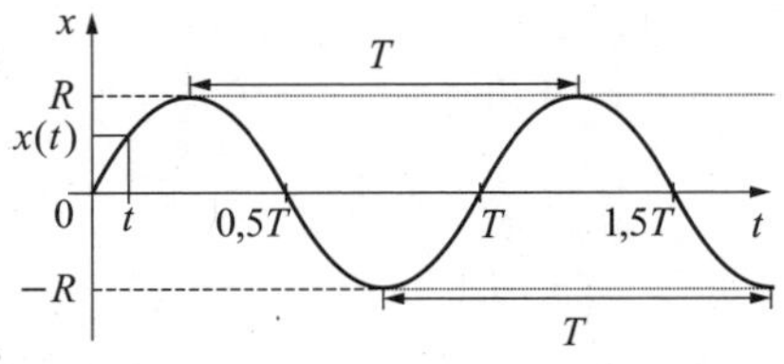

Abb. 12.3 Kenngrößen einer harmonischen Schwingung

Die Auslenkung $x(t)$ zum Zeitpunkt t wird **Elongation** genannt. Da die Sinusfunktion Werte zwischen -1 und $+1$ annimmt, schwankt die Auslenkung zwischen $-R$ und $+R$. Der Vorfaktor R der Sinusfunktion gibt also den Maximalwert der Elongation an und heißt **Amplitude**. Diese entspricht im Beispiel der Länge des Radiusvektors. Oftmals wird auch der Abstand zwischen minimaler und maximaler Auslenkung mit einer eigenen Bezeichnung belegt: **Schwingungsweite**. Man beachte, dass die Amplitude nur die halbe Schwingungsweite ist.

Die Begriffe Elongation $x(t)$, Amplitude R und Periodendauer T sind in der nebenstehenden Darstellung veranschaulicht.

12.2 Harmonische Oszillatoren

Ein System, das zu harmonischen Schwingungen fähig ist, wird harmonischer Schwinger oder **harmonischer Oszillator** genannt.

Was ist nun charakteristisch für ein solches System? Welche Voraussetzungen müssen erfüllt sein? Dies sei am einfachsten mechanischen Beispiel, dem **Federpendel**, diskutiert.

Federpendel

Eine Masse m sei an einer Feder der Federkonstanten D im Schwerefeld an der Erdoberfläche aufgehängt. Die von der Feder ausgeübte Zugkraft F_F ist proportional zu ihrer von der entspannten Lage aus gemessenen Auslenkung s. Diese Auslenkung sei bei allen betrachteten Bewegungen der Masse nach unten gerichtet; die Feder werde also nie gestaucht. Im Folgenden werden Vektoren durch ihre Koordinaten bezüglich einer **nach unten** gerichteten Koordinatenachse beschrieben. Deshalb ist die **Federauslenkung** s also immer positiv, die **Federkraft** F_F immer negativ:

$$F_F = -D \cdot s \tag{12.9}$$

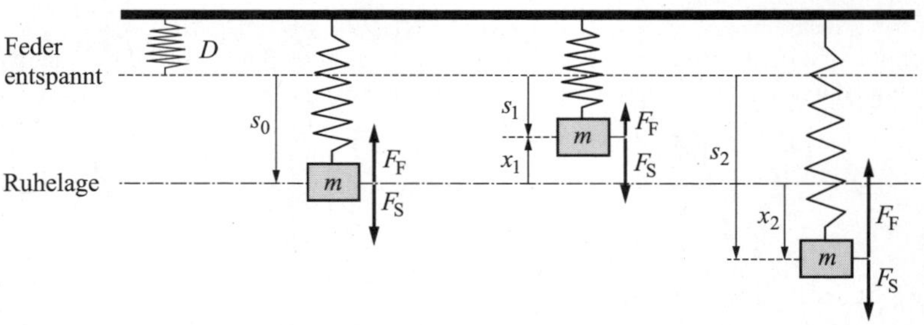

Abb. 12.4 Verschiedene Bewegungszustände eines schwingenden Federpendels

Die auf die Masse wirkende **Schwerkraft** F_S ist ausschließlich positiv:

$$F_S = m \cdot g \tag{12.10}$$

Auf die Masse wirkt also die **resultierende Kraft**:

$$F = m \cdot g - D \cdot s \tag{12.11}$$

Die Federauslenkung s_0 in der **Ruhelage** erhält man durch die Überlegung, dass die Masse dort ohne Beschleunigung verharren kann, die resultierende Kraft also null ist:

$$0 = m \cdot g - D \cdot s_0$$

$$m \cdot g = D \cdot s_0$$

$$\text{und somit ist} \quad s_0 = \frac{m \cdot g}{D} \tag{12.12}$$

Nun werde durch einen äußeren Eingriff die Masse nach oben ausgelenkt, s und damit auch die Federkraft wird kleiner:

$$\text{Für } s_1 < s_0 \Longrightarrow D \cdot s_1 < D \cdot s_0 \Longrightarrow D \cdot s_1 < m \cdot g \Longrightarrow F > 0 \tag{12.13}$$

Auf die Masse wirkt also eine nach unten beschleunigende Kraft. Wird diese Masse sich selbst überlassen, so wird die Masse sich in Richtung Ruhelage in Bewegung setzen und ihre Geschwindigkeit immer weiter steigern. Hat sie die Ruhelage erreicht, so ist die auf die Masse wirkende resultierende Kraft wieder null. Nach dem dynamischen Grundgesetz wird sie damit auch nicht weiter beschleunigt, sie beharrt auf ihrer inzwischen erreichten Geschwindigkeit und schwingt über die Ruhelage hinaus nach unten durch. Für Federauslenkungen größer als s_0 ist die resultierende Kraft aber negativ, also nach oben gerichtet:

$$\text{Für } s_2 > s_0 \Longrightarrow D \cdot s_2 > D \cdot s_0 \Longrightarrow D \cdot s_2 > m \cdot g \Longrightarrow F < 0 \tag{12.14}$$

Folglich wird die Masse nach oben beschleunigt; das bedeutet zunächst ein Abbremsen, bis die Masse bei einer Maximalauslenkung zur Ruhe kommt, und anschließend eine erneute Geschwindigkeitszunahme auf die Ruhelage hin. Bei Erreichen der Ruhelage ist die Masse für einen Augenblick wieder kräftefrei, behält aber ihre nun nach oben gerichteten Geschwindigkeit bei: sie schwingt nach oben durch. Ab da wirkt eine nach unten gerichtete Kraft, die die Masse bremst, bis sie die obere Maximalauslenkung erreicht hat, um danach wieder auf die Ruhelage hin zu beschleunigen: Die Schwingung beginnt von neuem.

An diesem System ist sehr schön zu sehen, wessen es bedarf, um ein System schwingungsfähig zu machen:

- einer **Rückstellkraft**, die das System bei Auslenkung aus der Gleichgewichtslage immer wieder in diese zurücktreibt,
- einer **Trägheit**, die dafür sorgt, dass das System bei Erreichen der Gleichgewichtslage über diese hinausschwingt.

Sind diese beiden Elemente in einem System vorhanden, so ist es in der Lage, Schwingungen auszuführen.

Diese Schwingung zeigt auch das ständige Umwandeln zwischen verschiedenen mechanischen Energieformen.

Je nach Auslenkung

- hat die Masse höhere oder niedrigere potenzielle Energie im Schwerefeld der Erde,
- ist höhere oder niedrigere elastische Energie in der Feder gespeichert,
- steckt höhere oder niedrigere kinetische Energie in der Masse.

Da keine Reibung betrachtet wird, geschieht dieses Umwandeln verlustfrei: Die Gesamtenergie ist zu jedem Zeitpunkt dieselbe.

Bewegungsgleichung (Differenzialgleichung)

Ist die Bewegung symmetrisch zur Ruhelage? Wie sieht diese Bewegung zu jedem beliebigen Zeitpunkt im Detail aus?

Um diese Frage zu beantworten, muss man eine Gleichung aufstellen, die in der Lage ist, die Bewegung des Federpendels zu beschreiben. Diese so genannte **Bewegungsgleichung** erhält man aus dem dynamischen Grundgesetz (2. Newton'sches Gesetz) und dem Kraftgesetz des Federpendels, das den Zusammenhang zwischen der auf die Masse wirkenden resultierenden Kraft und der Position der Masse angibt.

Im Beispiel des Federpendels erzielt man eine erhebliche Vereinfachung des Kraftgesetzes, wenn man den Abstand der Masse zur Ruhelage als neue Ortskoordinate $x(t)$ einführt:

$$x(t) = s(t) - s_0 \tag{12.15}$$

Die Federauslenkung s wie auch die neue Auslenkung x ändern sich im Laufe der Schwingung ständig und sind Funktionen der Zeit. Die auf die Masse wirkende resultierende Kraft ist

$$\begin{aligned} F(t) &= m \cdot g - D \cdot s(t) = m \cdot g - D \cdot (x(t) + s_0) \\ &= m \cdot g - D \cdot s_0 - D \cdot x(t) \end{aligned} \tag{12.16}$$

Nach Gl. (12.12) gilt: $m \cdot g - D \cdot s_0 = 0$. Für das **Kraftgesetz des Federpendels** ergibt sich daher folgende einfache **lineare Form**:

$$F(t) = -D \cdot x(t) \tag{12.17}$$

Die Bewegungsgleichung erhält man, wenn man das **dynamische Grundgesetz** $F = m \cdot a$ mithilfe des Kraftgesetzes so umformt, dass es nur noch die Funktion $x(t)$, die die Bewegung des Pendels beschreibt, als Unbekannte enthält. Dabei verwendet man noch die Tatsache, dass die Beschleunigung die zweite Ableitung der Ortskoordinate $x(t)$ ist:

$$a = \ddot{x}(t) \tag{12.18}$$

Das dynamische Grundgesetz nimmt dann für das vorgestellte System Federpendel die Form an:

$$-D \cdot x(t) = m \cdot \ddot{x}(t) \tag{12.19}$$

Für das Federpendel sind nur solche Bewegungen $x(t)$ möglich, die diese Gleichung erfüllen, da sonst das dynamische Grundgesetz verletzt wäre. Man nennt diese Gleichung deshalb auch **Bewegungsgleichung des Federpendels**.

Mathematisch verknüpft diese Gleichung eine Funktion $x(t)$ mit ihrer zweiten Ableitung $\ddot{x}(t)$, also eine Funktion mit einem Differenzialausdruck. Solche Gleichungen heißen **Differenzialgleichungen**.

Lösung der Bewegungsgleichung (Differenzialgleichung)

Die Mathematik hält zur Lösung von Differenzialgleichungen wie der des Federpendels

$$\ddot{x}(t) + \frac{D}{m} \cdot x(t) = 0 \tag{12.20}$$

exakte Methoden bereit, deren Schilderung aber hier zu weit führen würde. Man kann aber auch zunächst eine Funktion $x(t)$ wählen, von der man vermutet, dass sie die Bewegung des Federpendels beschreiben könnte, und prüft die Vermutung durch Einsetzen in die Differenzialgleichung nach. Eine solche zur Prüfung vorgesehene Funktion nennt man einen **Lösungsansatz**. Wir wählen als Lösungsansatz für das Federpendel die allgemeine Sinusfunktion

$$x(t) = \hat{x} \cdot \sin(\omega_0 t + \phi) \tag{12.21}$$

(Die exakte mathematische Behandlung zeigt, dass dies tatsächlich die allgemeinste reellwertige Lösung zur Schwingungs-Differenzialgleichung ist.) Dieser Ansatz enthält mit der Amplitude $\hat{x}$, der Kreisfrequenz ω_0 und der Nullphase ϕ drei noch nicht festgelegte Parameter. Einer davon wird durch die Differenzialgleichung festgelegt, denn zweimaliges Ableiten des Ansatzes ergibt:

$$\dot{x}(t) = \hat{x}\omega_0 \cdot \cos(\omega_0 t + \phi)$$

$$\ddot{x}(t) = -\hat{x}\omega_0^2 \cdot \sin(\omega_0 t + \phi)$$

Durch Einsetzen in die Differzialgleichung erhält man:

$$-\hat{x}\omega_0^2 \cdot \sin(\omega_0 t + \phi) + \frac{D}{m} \cdot \hat{x}\sin(\omega_0 t + \phi) = 0 \tag{12.22}$$

Diese Gleichung ist nur dann für alle Zeiten t wahr, wenn

$$\omega_0^2 = \frac{D}{m} \tag{12.23}$$

(Der uninteressante Fall $\hat{x} = 0$ wird außer Acht gelassen.) Das Federpendel kann also harmonisch gemäß Gl. (12.21) schwingen, aber nur mit einer ganz bestimmten Kreisfrequenz, die durch seinen Aufbau (D und m) festgelegt ist. Sie heißt **Eigenkreisfrequenz des Federpendels**.

$$\omega_0 = \sqrt{\frac{D}{m}} \tag{12.24}$$

Für die **Eigenfrequenz des Federpendels** ergibt sich daraus

$$f_0 = \frac{1}{2\pi} \cdot \sqrt{\frac{D}{m}} \tag{12.25}$$

Für die beiden anderen Parameter des Lösungsansatzes, die **Amplitude** $\hat{x}$ und die **Nullphase** ϕ, enthält die Differenzialgleichung keine Bedingungen; dies entspricht der Erfahrung, dass ein Federpendel mit verschiedenen Amplituden schwingen und der Zeitnullpunkt beliebig festgelegt werden kann. Welche Bewegung das Federpendel nun genau ausführt, wird erst durch die von außen aufgeprägten **Anfangsbedingungen** eindeutig bestimmt; hier durch die Auslenkung und Geschwindigkeit des Systems zum Zeitpunkt null. So entspricht z. B. das Loslassen des Federpendels bei einer Federauslenkung $x_0 > 0$ den Forderungen:

$$x(0) = x_0 \quad \Leftrightarrow \quad \hat{x} \cdot \sin(\phi) = x_0$$

$$\dot{x}(0) = 0 \quad \Leftrightarrow \quad \hat{x}\omega_0 \cdot \cos(\phi) = 0 \tag{12.26}$$

Diese beiden Bedingungen sind (für positives $\hat{x}$) nur dann gleichzeitig zu erfüllen, wenn $\phi = \pi/2$ und $\hat{x} = x_0$ ist.

Für diese spezielle Wahl der Anfangsbedingungen lautet die Formel zur Beschreibung der Bewegung des Federpendels folglich:

$$x(t) = x_0 \cdot \sin\left(\omega_0 \cdot t + \frac{\pi}{2}\right) \tag{12.27}$$

Verallgemeinerung

Bei der Aufstellung der Bewegungsgleichung für das Federpendel wurde neben dem allgemein gültigen dynamischen Grundgesetz nur das lineare Kraftgesetz verwendet. Dieselbe Bewegungsgleichung muss also für jeden Körper der Masse m gelten, dessen Position durch eine Koordinate $x(t)$ beschreibbar und der einer resultierenden Rückstellkraft mit linearem Kraftgesetz $F = -Dx$ ausgesetzt ist. Auf ein solches System lassen sich demnach auch alle obigen Ergebnisse übertragen:

Bei Gültigkeit eines linearen Kraftgesetzes für die Rückstellkraft ist die sich ergebende Schwingung harmonisch. Ihre Eigenkreisfrequenz ist $\omega_0 = \sqrt{\frac{D}{m}}$.

Die Eigenkreisfrequenz ist umso höher, je größer die Proportionalitätskonstante im linearen Kraftgesetz für die Rückstellkraft ist, und umso niedriger, je größer die Masse des schwingenden Körpers ist.

Für technische Anwendungen ist wichtig, dass die Amplitude der Geschwindigkeit proportional zur (Kreis)frequenz wächst. Die Amplitude der Beschleunigung wächst sogar proportional zu deren Quadrat, wie an den obigen Ausdrücken für $\dot{x}(t)$ und $\ddot{x}(t)$ zu sehen ist.

Bei Schwingungsvorgängen wird die Geschwindigkeit der Teilchen selbst als **Schnelle** bezeichnet.

Wie die folgenden Beispiele zeigen, lassen sich die obigen Aussagen sogar auf Drehbewegungen erweitern, wenn das rückstellende Drehmoment in Analogie zum linearen Kraftgesetz proportional zum Drehwinkel ist.

Beispiel 12.1 ▼

Die Dreh- oder Torsionsschwingung (Unruh einer Uhr)

Abb. 12.5 Torsionschwingung (Unruh)

Ein Schwungrad mit Trägheitsmoment J ist drehbar um die z-Achse gelagert. An der Achse greift eine **Spiralfeder** (**Unruh**) an, die bei Auslenkung aus der Ruhelage für ein Rückstell-Drehmoment M_z parallel zur z-Achse sorgt. Es sei angenommen, dass dieses Drehmoment proportional zum Auslenkwinkel φ ist:

$$M_z = -D^* \cdot \varphi \qquad (1)$$

Diese Beziehung entspricht dem linearen Kraftgesetz des Federpendels. D^* ist die Federkonstante der Spiralfeder und hat die Einheit N · m, denn Winkel sind grundsätzlich im Bogenmaß zu messen und darum dimensionslos. (Im Gegensatz dazu hat die Federkonstante der linearen Feder wie beim besprochenen Federpendel die Einheit N/m!)

Die Bewegungsgleichung folgt aus dem dynamischen Grundgesetz der Drehbewegung durch Einsetzen des linearen „Kraftgesetzes“:

$$M_z = J \cdot \ddot{\varphi}(t) \Longrightarrow -D^* \cdot \varphi(t) = J \cdot \ddot{\varphi}(t)$$

$$\Longrightarrow \boxed{\ddot{\varphi}(t) + \frac{D^*}{J} \cdot \varphi(t) = 0} \qquad (2)$$

Genau wie Gl. (12.20) hat diese Differenzialgleichung die allgemeine Lösung

$$\varphi(t) = \hat{\varphi} \cdot \sin(\omega_0 t + \phi) \qquad (3)$$

mit der Eigenkreisfrequenz $\omega_0 = \sqrt{D^*/J}$, die von den Systemparametern D^* und J vorgegeben ist. $\hat{\varphi}$ und ϕ sind von den Anfangsbedingungen abhängigen Konstanten.

Beispiel 12.1 ▲

Beispiel 12.2 ▼

Das (mathematische) Schwerependel

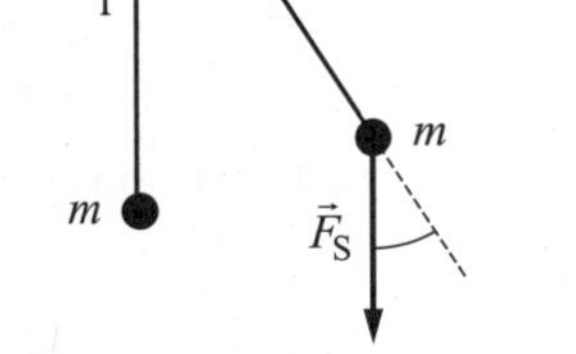

Abb. 12.6 Mathematisches Schwerependel

An einem masselosen, starren Stab der Länge l sei eine punktförmige Masse m aufgehängt. Im Aufhängepunkt sei das Pendel so gelagert, dass es sich reibungsfrei um eine Achse drehen kann, die in Abb. 12.6 senkrecht auf der Zeichenebene steht (z-Achse). Das dynamische Grundgesetz für die Drehbewegung des Pendels lautet wie für das Torsionspendel:

$$M_z = J \cdot \ddot{\varphi}(t) \qquad (1)$$

Das resultierende Drehmoment M_z um die z-Achse wird alleine von der Schwerkraft F_S erzeugt, da die an der Drehachse angreifenden Kräfte kein Drehmoment erzeugen.

$$M_z = -F_S \cdot l \cdot \sin\varphi = -mg \cdot l \cdot \sin\varphi \qquad (2)$$

Das negative Vorzeichen stammt daher, dass das Drehmoment entgegen dem Drehwinkel dreht.

Im Gegensatz zum Torsionspendel ist hier das „Kraftgesetz" keinesfalls linear: Das Drehmoment ist proportional zum Sinus des Auslenkwinkels, nicht aber zum Auslenkwinkel selbst. Die Bewegungsgleichung des Schwerependels, die sich durch Einsetzen des „Kraftgesetzes" in das dynamische Grundgesetz ergibt, hat daher keine Lösungen, die in Form einer Funktionsgleichung angebbar sind; allenfalls sind numerische Lösungen denkbar.

Für sehr kleine Auslenkungen kann man allerdings eine lineare Näherung verwenden:

$$\varphi \ll 1 \quad \Rightarrow \sin\varphi \approx \varphi$$

$$\Rightarrow M_z \approx -mg \cdot l \cdot \varphi = -D^* \cdot \varphi \tag{3}$$

was zur gleichen Bewegungsgleichung wie bei der Torsionsschwingung führt. Für kleine Auslenkungen schwingt das mathematische Schwerependel also ebenfalls harmonisch mit einer Eigenkreisfrequenz

$$\omega_0 = \sqrt{\frac{D^*}{J}} \tag{4}$$

Dem „Kraftgesetz" entnimmt man $D^* = m \cdot g \cdot l$. Das Trägheitsmoment eines Massepunktes der Masse m, der sich auf einer Kreisbahn vom Radius l bewegt, ist $J = m \cdot l^2$. Für die Eigenkreisfrequenz ergibt sich daher:

$$\omega_0 = \sqrt{\frac{m \cdot g \cdot l}{m \cdot l^2}} \Longrightarrow \omega_0 = \sqrt{\frac{g}{l}} \tag{5}$$

und für die Periodendauer :

$$T_0 = 2\pi\frac{1}{\omega_0} = 2\pi\sqrt{\frac{l}{g}} \tag{6}$$

Überraschend ist, dass die **Periodendauer nur noch von der Pendellänge abhängt** und nicht von der Pendelmasse.

Beispiel 12.2 ▲

Beispiel 12.3 ▼

Das physikalische Pendel

Wie groß ist die Periodendauer T für Pendelschwingungen, die ein ausgedehnter Körper durchführt?

Der Körper besitze die Masse m und das Massenträgheitsmoment J_s (bezogen auf Drehungen um den Schwerpunkt). Die Drehachse (z-Achse) liege im Abstand r_s vom Schwerpunkt.

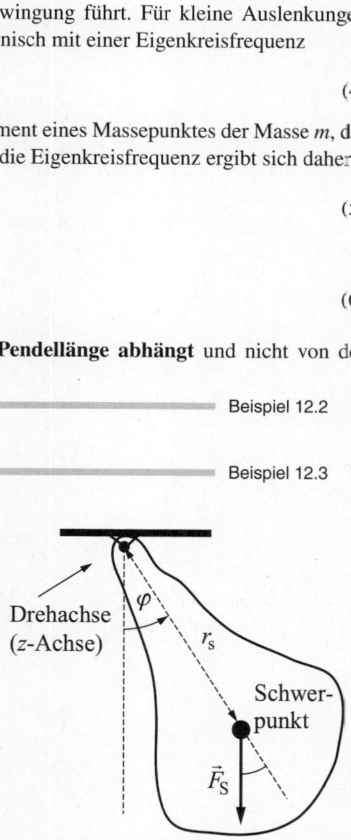

Abb. 12.7 Physikalisches Pendel

Lösung:

Ausgangspunkt ist wieder das dynamische Grundgesetz der Drehbewegung:

$$M_z = J \cdot \ddot{\varphi}(t) \tag{1}$$

Das resultierende Drehmoment M_z parallel zur z-Achse wird von der Schwerkraft hervorgerufen:

$$M_z = (\vec{r}_s \times \vec{F}_S)_z = -r_s \cdot mg \cdot \sin\varphi \tag{2}$$

Das Minuszeichen ergibt sich, da das Drehmoment gegen den Winkel dreht, d. h. eine Winkelbeschleunigung auf die Ruhelage hin bewirkt.

Zur Berechnung des Trägheitsmoments für die Schwingung um die Drehachse ist der **Steiner'sche Satz** zu verwenden:

$$J = J_s + mr_s^2 \tag{3}$$

Die Bewegungsgleichung des physikalischen Pendels lautet somit:

$$(J_s + mr_s^2)\ddot{\varphi} = -r_s \cdot mg \cdot \sin\varphi \tag{4}$$

Sie ist, wie im Fall des mathematischen Pendels, nur für den **Fall kleiner Auslenkungen** exakt lösbar. In diesem Fall gilt:

$$|\varphi| \ll 1 \Rightarrow \sin\varphi \approx \varphi$$

Beispiel 12.3

$$\Rightarrow (J_s + mr_s^2)\ddot{\varphi} = -r_s \cdot mg \cdot \varphi$$

$$\Rightarrow \quad \ddot{\varphi} + \frac{r_s \cdot mg}{(J_s + mr_s^2)} \cdot \varphi = 0 \tag{5}$$

Durch Vergleich mit Gl. (12.20) erhalten wir für die Kreisfrequenz des physikalischen Pendels:

$$\omega = \sqrt{\frac{r_s \cdot mg}{J_s + mr_s^2}} \tag{6}$$

bzw. für die Periodendauer:

$$T = 2\pi \frac{1}{\omega} = 2\pi \sqrt{\frac{J_s + mr_s^2}{r_s \cdot mg}} \tag{7}$$

Verschwindet das Trägheitsmoment um den Schwerpunkt, $J_s = 0$, so gehen diese Gleichungen in diejenigen des mathematischen Pendels über ($r_S = l$).

Eine häufig verwendete Größe, um physikalische Pendel zu charakterisieren, ist die **reduzierte Pendellänge** l_{red}. Das ist die Länge eines mathematischen Pendels, das dieselbe Periodendauer wie das zu untersuchende physikalische Pendel hat. Gleichsetzen der entsprechenden Formeln für die Periodendauer ergibt:

$$l_{red} = \frac{J_s}{mr_s} + r_s = \frac{J}{mr_s} \tag{8}$$

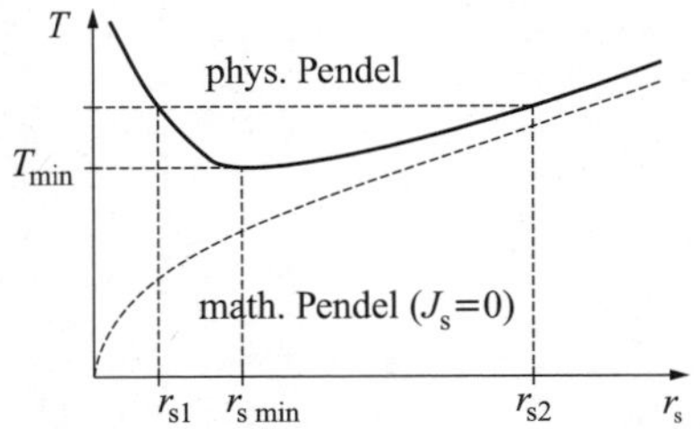

Abb. 12.8 Periodendauer beim physikalischen und mathematischen Pendel

Die Abbildung 12.8 zeigt die Abhängigkeit der Periodendauer T vom Abstand r_s zwischen Drehachse und Schwerpunkt bei unverändertem Pendelkörper.

Zum Vergleich ist in der Abbildung auch der entsprechende Zusammenhang für das mathematische Pendel eingezeichnet.

Das physikalische Pendel unterscheidet sich im Bereich großer Abstände r_s nicht vom mathematischen Pendel. Je näher der Schwerpunkt an die Drehachse herankommt, desto größer werden die Unterschiede. Das physikalische Pendel besitzt eine kleinste Periodendauer T_{min}:

$$T_{min} = 2\pi \sqrt{\frac{r_{s,min} \cdot 2}{g}} \quad \text{mit} \quad r_{s,min} = \sqrt{\frac{J_s}{m}} \tag{9}$$

Außerdem gibt es zu jeder Periodendauer $T > T_{min}$ zwei verschiedene Abstände r_s, zwischen denen die Beziehung:

$$r_{s1} + r_{s2} = \left(\frac{T}{2\pi}\right)^2 g = l_{red} \tag{10}$$

besteht, wie man durch Auflösen der Gl. (7) nach r_s nachprüfen kann.

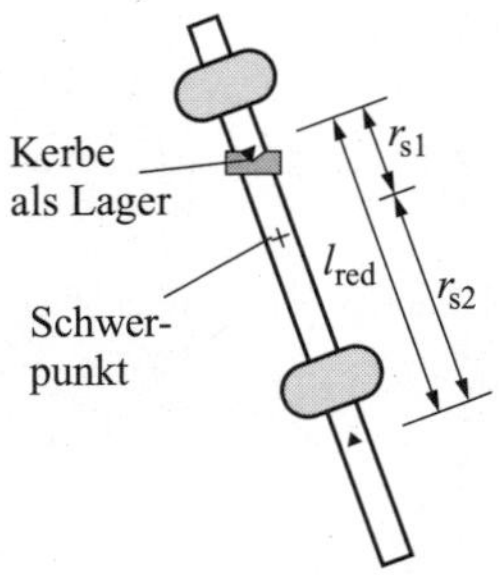

Abb. 12.9 Reversionspendel

Diese Eigenschaft wird beim **Reversionspendel** ausgenutzt, um die Fallbeschleunigung g zu bestimmen. Beim Reversionspendel handelt es sich im Prinzip um ein Stangenpendel, das mit zwei Schneiden zur Lagerung ausgestattet ist. Es kann daher um zwei verschiedene Punkte Pendelschwingungen ausführen. Eine der beiden Schneiden ist verschiebbar; sie wird so eingestellt, dass bei Schwingungen um beide Lager die gleiche Periodendauer auftritt. Gemäß Gl. (10) ist dann der Abstand der beiden Schneiden genau die reduzierte Pendellänge l_{red}. Nach Messung von l_{red} und T kann g aus Gl. (10) berechnet werden.

Die reduzierte Pendellänge l_{red} besitzt eine weitere herausgehobene Bedeutung in der Diskussion von Lagerkräften bei Pendelschlagwerken, Hämmern, Klöppeln und ähnlichen Geräten. Es ist sicher jedem Heimwerker schon aufgefallen, dass ein Hammer mit verkürztem (abgebrochenem) Stiel eine sehr große Rückwirkung auf das Handgelenk des Benutzers hervorruft. Wir wollen nun hier darlegen, unter welchen Bedingungen für die Stiellänge diese Rückwirkung (Lagerkraft) nicht auftritt.

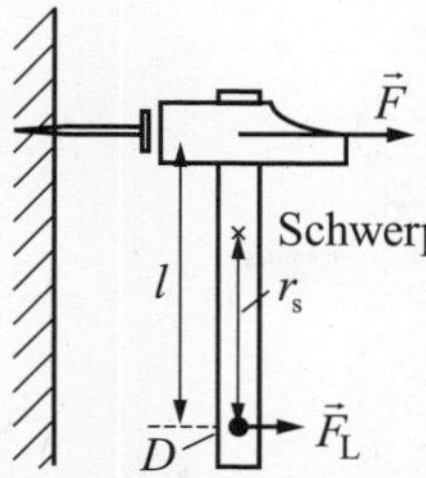

Abb. 12.10 Lagerkräfte beim Schlag eines Hammers

Als Lagerkraft F_L bezeichnen wir im abgebildeten Beispiel die Kraft, die die den Hammer haltende Hand in horizontaler Richtung auf die Drehachse D (z-Achse) ausüben muss, um diese im Moment des Aufschlages in Ruhe zu halten. Wir stellen die Kraft- und Drehmomentbilanz für den Augenblick des Aufschlages auf.

Die resultierende Kraft auf den Hammer in horizontaler Richtung (x-Achse) setzt sich zusammen aus der beim Schlag auftretenden Kraft F und der Lagerkraft F_L:

$$F_{ges} = F + F_L = ma \qquad \text{a = Beschleunigung des Schwerpunkts in } x\text{-Richtung} \tag{11}$$

Das Drehmoment berechnen wir in Bezug auf die Drehachse D:

$$M_z = l \cdot F = J \cdot \ddot{\varphi} \tag{12}$$

Bei ruhender Drehachse D gilt für den Drehwinkel φ:

$$\varphi = \frac{x}{r_s} \tag{13}$$

wobei x die horizontale Verschiebung des Schwerpunktes ist. Zwischen der Beschleunigung a des Schwerpunktes und der Winkelbeschleunigung $\ddot{\varphi}$ ergibt sich daraus durch zweimaliges Differenzieren der Zusammenhang:

$$a = r_s \cdot \ddot{\varphi} \tag{14}$$

Damit folgt für die Lagerkraft:

$$F_L = F\left(\frac{mr_s l}{J} - 1\right) \tag{15}$$

Die Lagerkraft F_L verschwindet, wenn für die Länge l gilt:

$$l = \frac{J}{mr_s} \tag{16}$$

Dies ist genau Gleichung 8 für die reduzierte Pendellänge.

Beispiel 12.3 ▲

12.3 Viskos gedämpfte Schwingungen

Die bisher behandelten Pendelschwingungen sind „ideal" in dem Sinne, dass sie durch keinerlei Reibung behindert werden. In der Realität allerdings kann man Reibung nie ausschließen. Dies führt dazu, dass die Amplitude der Schwingung eines einmal angeregten Pendels immer kleiner wird bis zum völligen Stillstand. Eine Schwingung dieser Art bezeichnet man als „gedämpft".

Ein in der Praxis bedeutender Dämpfungsmechanismus für Schwingungen ist die so genannte **viskose Dämpfung**. Viskose Reibungskräfte sind **geschwindigkeitsabhängig**. Je größer die Geschwindigkeit ist, desto größer ist die Reibungskraft.

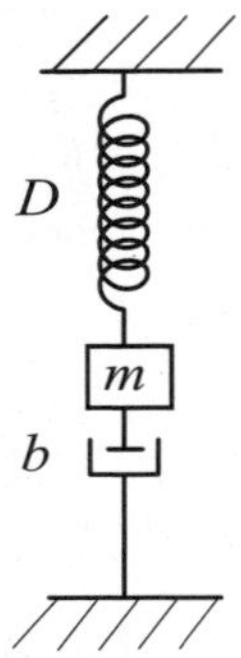

Abb. 12.11 Viskose Dämpfung eines Federpendels

Um das Federpendel mit einer solchen Kraft zu dämpfen, befestigt man beispielsweise an der Masse einen Stempel, der in ein Gefäß mit einem zähen Newton'schen Fluid (siehe „Stationäre Strömungen mit Reibung") eintaucht. (In der Schaltzeichen-Darstellung des Dämpfungselementes wird das Fluid weggelassen.)

Das Dämpfungselement greift definitionsgemäß mit einer Kraft an der Masse an, die proportional der Geschwindigkeit ist:

$$F_{\mathrm{R}} = -b \cdot v \qquad \text{oder}$$

$$F_{\mathrm{R}} = -b \cdot \dot{x} \tag{12.28}$$

Das Minuszeichen deutet wieder an, dass die Richtungen von Kraft und Geschwindigkeit entgegengesetzt sind. Das Maß für die Dämpfung ist durch die Proportionalitätskonstante b gegeben.

Die resultierende Kraft auf die Masse setzt sich aus Schwerkraft, Federkraft und Reibungskraft zusammen, wobei sich die ersten beiden, wie beim ungedämpften Federpendel gezeigt wurde, zu $-D \cdot x$ zusammenfassen lassen, wenn x von der Gleichgewichtslage aus gemessen wird. Setzt man diese resultierende Kraft in das dynamische Grundgesetz ein, erhält man die **Bewegungsgleichung für das viskos gedämpfte Federpendel**:

$$m \cdot \ddot{x}(t) = -D \cdot x(t) - b \cdot \dot{x}(t) \quad \text{oder nach Umordnung der Terme} \tag{12.29}$$

$$m \cdot \ddot{x}(t) + b \cdot \dot{x}(t) + D \cdot x(t) = 0 \tag{12.30}$$

Die allgemeine Lösung dieser Differenzialgleichung ist:

$$x(t) = \hat{x} \cdot \mathrm{e}^{-\delta \cdot t} \cdot \sin(\omega_{\mathrm{d}} t + \phi) \qquad \text{mit} \tag{12.31}$$

$$\delta = \frac{b}{2m} \qquad \omega_{\mathrm{d}} = \sqrt{\omega_0^2 - \delta^2} \qquad \omega_0 = \sqrt{\frac{D}{m}}$$

wie man sich durch Einsetzen überzeugen kann.

Offensichtlich sind die drei Größen δ, ω_{d} und ω_0 Systemparameter, dagegen sind $\hat{x}$ und ϕ von den Anfangsbedingungen abhängige Konstanten.

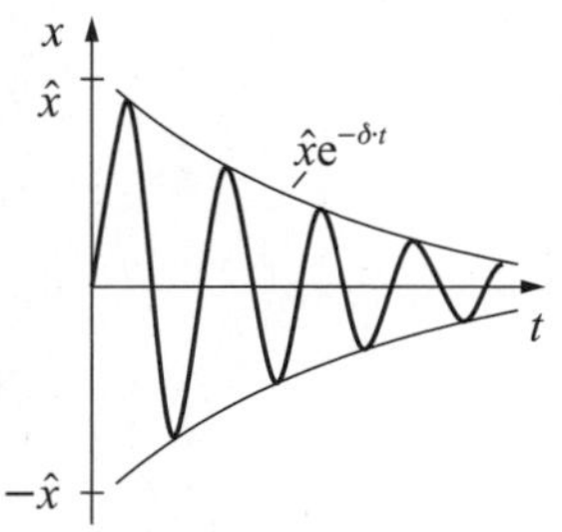

Abb. 12.12 Durch viskose Reibung gedämpfte Schwingung

Eine Lösungsfunktion für $\phi = 0$ ist im folgenden Bild dargestellt: Auch dieses System schwingt harmonisch, allerdings **nicht** mit der gleichen (Kreis)frequenz wie das ungedämpfte System, sondern mit **erniedrigter Kreisfrequenz** ω_{d}. Dabei ist die Eigenfrequenz umso stärker abgesenkt, je stärker die Dämpfung ist, je größer also der Einfluss der Reibung ist. Außerdem nimmt die Amplitude der Schwingung mit wachsender Zeit exponentiell ab, wobei die Steilheit des Abfalls vom Verhältnis der Dämpferkraft (die die Bewegung verhindern will) zur Masse (die wegen ihrer Trägheit die Bewegung aufrechterhalten will) bestimmt ist. Bemerkenswert ist aber, dass der Schwingungsvorgang im Prinzip **nie aufhört**. Zwar wird die Exponentialfunktion und damit die Amplitude mit wachsender Zeit immer kleiner, sie wird aber nie exakt null.

Die Einhüllende der Schwingung ist eine Exponentialfunktion. Das hat zur Folge, dass in der gleichen Richtung aufeinander folgende Schwingungsmaxima stets um den gleichen Faktor kleiner werden. Dies lässt sich unschwer beweisen, wenn man vereinfachend annimmt, dass die Maxima immer dort liegen, wo der Sinus seinen Maximalwert 1 erreicht.

Zum Beweis betrachten wir ein beliebiges positives Maximum. Nennen wir den zugehörigen Zeitpunkt t_m, so liefert Gl. (12.31) für die Höhe dieses Maximums:

$$x(t_m) = \hat{x} \cdot \mathrm{e}^{-\delta \cdot t_m} \tag{12.32}$$

Das nächste positive Maximum erscheint nach einer Periodendauer $T_d = 2\pi/\omega_d$. Für seine Höhe ergibt sich deshalb:

$$x(t_m + T_d) = \hat{x} \cdot \mathrm{e}^{-\delta \cdot (t_m + T_d)} = \hat{x} \cdot \mathrm{e}^{-\delta \cdot t_m} \cdot \mathrm{e}^{-\delta \cdot T_d} = x(t_m) \cdot \mathrm{e}^{-\delta \cdot T_d} \tag{12.33}$$

Das nachfolgende Maximum ist also immer um den Faktor $\mathrm{e}^{-\delta \cdot T_d}$ kleiner als das vorangehende.

Die Abnahme ist ersichtlich umso stärker, je stärker die Reibung ist, denn je größer die Reibung desto größer ist δ und umso kleiner ist $\mathrm{e}^{-\delta T_\mathrm{d}}$.

Der Exponent $\delta \cdot T_\mathrm{d}$ heißt auch **logarithmisches Dekrement**. Trägt man den natürlichen Logarithmus des Maximalausschlags als Funktion der Anzahl der Schwingungen auf, so ergibt sich eine Gerade, deren Steigung dem Betrage nach gerade das logarithmische Dekrement ist. Dies ist, zusammen mit der Messung der Schwingungsdauer, eine einfache und sehr präzise Methode, die Dämpfungskonstanten δ oder b im System zu bestimmen. Tatsächlich benutzt man genau dieses Verfahren der Auswertung einer gedämpften, freien Schwingung, um die dämpfenden Eigenschaften von Werkstoffen präzise zu messen.

Zur Beschreibung der Dämpfung haben sich viele verschiedene Größen eingebürgert. Sie werden im Folgenden zusammengestellt. Ausgangspunkt sind die beiden Größen b und δ.

b ist durch den Aufbau des Oszillators festgelegt und bestimmt die Stärke der Reibungskraft:

$$F_\mathrm{R} = -b \cdot \dot{x} \tag{12.34}$$

δ ist an der Schwingung ablesbar, denn sie bestimmt den Abschwächungsfaktor zwischen zwei in gleicher Richtung aufeinander folgender Maxima:

$$x(t_m + T_d) = x(t_m) \cdot \mathrm{e}^{-\delta \cdot T_d} \qquad T_d = \text{Periode der gedämpften Schwingung} \tag{12.35}$$

Zwischen den Größen b und δ besteht gemäß Gl. (12.31) die Beziehung:

$$\delta = \frac{b}{2m} \qquad m = \text{Masse des schwingenden Körpers} \tag{12.36}$$

Davon abgeleitet sind die Größen:

logarithmisches Dekrement (die Methode seiner Messung ist oben beschrieben.)

$$\Lambda = \delta \cdot T_d = \frac{2\pi\delta}{\omega_d} \qquad \omega_d = \text{Kreisfrequenz der gedämpften Schwingung} \tag{12.37}$$

Dämpfungsgrad (Lehr'sches Dämpfungsmaß)

$$D = \frac{\delta}{\omega_0} \qquad \omega_0 = \text{Kreisfrequenz der ungedämpften Schwingung} \tag{12.38}$$

nicht zu verwechseln mit der Federkonstante D!

Verlustfaktor

$$d = 2D \tag{12.39}$$

Güte

$$Q = \frac{1}{d} \tag{12.40}$$

Kriechfall

Die Kreisfrequenz der Schwingung eines viskos gedämpften Federpendels ist, wie oben gezeigt, durch $\omega_d = \sqrt{\omega_0^2 - \delta^2}$ gegeben, wobei $\omega_0 = \sqrt{D/m}$ die Eigen(kreis)frequenz des ungedämpften Federpendels ist und $\delta = b/(2m)$ die Stärke der Reibungseinflüsse beschreibt.

Wird der Dämpfer sehr stark ausgelegt (b sehr groß), so kann es durchaus vorkommen, dass $\delta > \omega_0$ ist. Dann wird der Wurzelausdruck negativ, ω_d imaginär und der Ansatz in Gl. (12.31) ist keine Lösung mehr. Auch in diesem Falle existieren jedoch Lösungen der Differenzialgleichung. Diese haben die Form von Exponentialfunktionen. Physikalisch sinnvoll sind Exponentialfunktionen mit negativem Exponenten. Diese beschreiben, wie ein einmalig ausgelenktes und bei $t = 0$ losgelassenes, viskos gedämpftes Federpendel auf seine Ruhelage hin „kriecht", statt um die Ruhelage herum zu schwingen. Man bezeichnet diesen Fall ($\delta > \omega_0$) daher auch als **Kriechfall**. Das Federpendel kriecht umso langsamer, je größer δ ist.

Will man erreichen, dass das System nach einer Auslenkung wieder möglichst schnell seinem Gleichgewichtszustand nahe kommt, muss man δ klein machen. Andererseits darf δ aber auch nicht zu klein werden, sonst schwingt das Pendel über seine Ruhelage hinaus und immer weiter um diese herum. Im Grenzfall verschwindender Reibung nimmt dabei noch nicht einmal die Amplitude ab.

Der optimale Wert, für den das System sich möglichst schnell seiner Ruhelage wieder nähert, ohne über sie hinauszuschwingen, ist $\delta = \omega_0$. Das System gerät nach Auslenkung gerade noch nicht ins Schwingen, die Bewegung ist gerade noch nicht periodisch. Darum hat der Fall $\delta = \omega_0$ auch den Namen **aperiodischer Grenzfall**.

Beispiel 12.4 ▼

Zeigerinstrument

Die technische Bedeutung des aperiodischen Grenzfalles lässt sich am besten am Zeigerinstrument demonstrieren. Dieses soll einen sich neu einstellenden Messwert möglichst rasch und präzise anzeigen. Viskose Dämpfung muss im System sein, sonst würde der Zeiger um den Messwert eine nicht endenwollende Schwingung ausführen. Diese Dämpfung darf aber auch nicht zu stark sein, sonst dauert es zu lange, bis der Zeiger auf die Anzeige des Messwerts gekrochen ist. Man legt die Dämpfung am besten so aus, dass sie dem aperiodischen Grenzfall entspricht. Technisch kann man solche Dämpfungselemente ausführen in Form von Wirbelstrombremsen oder von in zähen Fluiden (z. B. Luft!) sich bewegenden „Stoßdämpfern". Schließlich aber ist das Zeigerinstrument auch nicht das einzige hier anzuführende Beispiel. Elektrische Messschaltungen sind meist ebenfalls schwingungsfähig und müssen entsprechend bedämpft werden.

Beispiel 12.4 ▲

12.4 Erzwungene Schwingungen, Resonanz

Die bisher beschriebenen Schwingungsformen stellen sich ein, wenn man ein schwingungsfähiges System einmalig auslenkt, bei $t = 0$ los lässt und danach sich selbst überlässt. Das System vollführt dann ungedämpfte oder gedämpfte Schwingungen, frei von weiteren äußeren Einflüssen. Darum nennt man diese Art von Schwingungen auch **freie Schwingungen**.

In der Praxis kommt es aber häufig vor, dass ein schwingungsfähiges System nicht sich selbst überlassen wird, sondern ständig Einflüssen von außen unterliegt. Besonders wichtig sind dabei **periodische äußere Anregungen**. In diesem Fall wird das System ebenfalls Schwingungen ausführen, die ihm nun jedoch von außen aufgezwungen sind: Man spricht von **erzwungenen Schwingungen**.

Beispiel 12.5 ▼

Erzwungene Schwingungen in der Technik

Dieser Fall hat große Bedeutung für die Praxis; so stellen Maschinen und insbesondere Verbrennungsmotoren **Schwingungserreger** dar, weil Unwuchten oder hin- und herbewegte Massen periodisch wechselnde Kräfte auf die Umgebung ausüben; und wenn letztere schwingungsfähig ist (Boden der Maschinenhalle, Blech der Motorhaube), können sich unangenehme und sogar zerstörerische Effekte bemerkbar machen.

Beispiel 12.5 ▲

Es sei hier bemerkt, dass es kein universelles Verhalten schwingungsfähiger Systeme bei äußerer Anregung gibt. Vielmehr hängt dieses vom Aufbau des schwingungsfähigen Systems und von der Art der äußeren Anregung ab. Bei mechanischen Oszillatoren ist die Reaktion auf periodische äußere Anregungen verschieden, je nachdem, wie das System aus den Einzelelementen Feder, Masse und Dämpfer zusammengeschaltet ist (ob z. B. in Serie oder parallel), an welchem Einzelelement die Anregung angreift, und welcher Art die Anregung ist: ob eine periodisch wechselnde Kraft vorgegeben ist oder eine periodisch wechselnde Auslenkung. Wenn im Folgenden ein spezielles, einfaches System untersucht wird, so können die Ergebnisse deshalb für die Behandlung schwingungsfähiger Systeme bei periodischer äußerer Anregung nur exemplarisch sein. Sie ermöglichen dennoch ein qualitatives Verständnis auch komplexer Systeme, da die grundlegenden Phänomene überall gleich sind.

Exemplarisch sei hier **das kraftangeregte oder auch krafterregte, viskos bedämpfte Federpendel** studiert (siehe nebenstehende Abbildung), das gegenüber dem frei schwingenden, viskos bedämpften Federpendel wenig verändert erscheint. Es ist lediglich noch eine äußere Kraft $F(t)$ hinzugekommen, die mit fester Amplitude $\hat{F}$ und Kreisfrequenz ω harmonisch schwingend an der Masse angreift:

$$F(t) = \hat{F} \cdot \sin(\omega t) \qquad (12.41)$$

In der Abbildung wird diese Kraft von einem Eisenkern ausgeübt, der in eine von Wechselstrom durchflossene Spule eintaucht. Durch geeignete Wahl der Geometrie muss dabei erreicht werden, dass die äußere Kraft nicht von der aktuellen Position des Schwingers abhängt, sondern durch den zeitlichen Verlauf des Stromes die in Gl. (12.41) geforderte Zeitabhängigkeit annimmt.

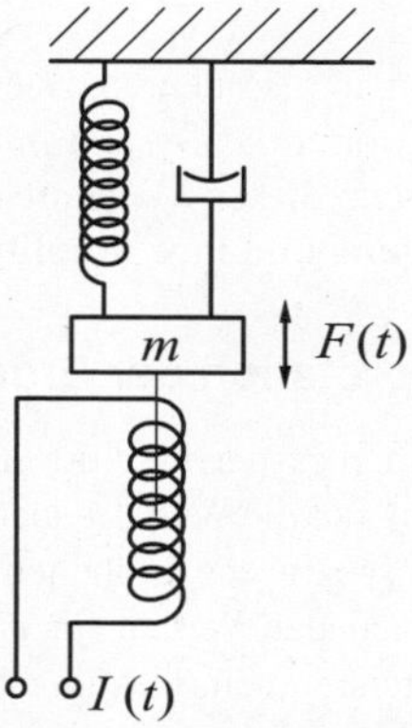

Abb. 12.13 Krafterregtes, viskos bedämpftes Federpendel

Die Differenzialgleichung und ihre Lösung

Ergänzt man die Bewegungsgleichung des frei schwingenden Federpendels (Gl. (12.29)) auf der rechten Seite durch die von außen angreifende Kraft, die **Anregung** bzw. **Erregung**, so erhält man (nach Umordnung der Terme) die **Bewegungsgleichung des viskos gedämpften Federpendels mit periodischer Anregung**:

$$m \cdot \ddot{x}(t) + b \cdot \dot{x}(t) + D \cdot x(t) = \hat{F} \cdot \sin(\omega t) \qquad (12.42)$$

Im Experiment beobachtet man, dass das Pendel nach dem Einsetzen der Anregung zunächst eine sehr komplizierte Bewegung ausführt (**Einschwingvorgang**), die erst nach einiger Zeit in eine regelmäßige Schwingung mit konstanter Amplitude übergeht (**stationäre erzwungene Schwingung**). Wir interessieren uns nur für Letztere und wählen deshalb folgenden Lösungsansatz:

$$x(t) = \hat{x} \cdot \sin(\omega t + \phi) \qquad (12.43)$$

Dabei ist ϕ die Phasendifferenz zwischen der erzwungenen Schwingung und der Anregungskraft, da wir deren Anfangsphase mit null angesetzt haben.

Prüft man durch Einsetzen in die Differenzialgleichung, unter welchen Bedingungen der Ansatz eine Lösung ist (die Mathematik ist nicht ganz einfach), so folgt, dass

- die Frequenz die gleiche sein muss wie die der Anregung (darum steht im Lösungsansatz auch bereits die Frequenz ω der Anregung) und
- $\hat{x}$ und ϕ nicht mehr durch die Anfangsbedingungen frei wählbar sind, sondern bei jeder Anregungsfrequenz ω bestimmte Werte annehmen, die durch die folgenden Funktionen gegeben sind.

$$\hat{x}(\omega) = \frac{\hat{F}}{m\sqrt{\left(\omega_0^2 - \omega^2\right)^2 + (2\delta\,\omega)^2}}$$

$$\tan\left[\phi(\omega)\right] = -\frac{2\delta\,\omega}{\omega_0^2 - \omega^2} \tag{12.44}$$

ω_0 und δ haben dieselbe Bedeutung wie beim freien Schwinger:

$$\omega_0 = \sqrt{\frac{D}{m}}, \qquad \delta = \frac{b}{2m} \tag{12.45}$$

Prägt man also dem skizzierten System eine äußere harmonische Schwingung in der Kraft auf, so antwortet das System mit einer ebenfalls harmonischen Schwingung in der Auslenkung. **Die Frequenz dieser „Wegantwort“ ist gleich der Anregungsfrequenz, ihre Phasendifferenz zur Anregung und ihre Amplitude sind von der Frequenz abhängig**.

Interpretation der Ergebnisse

Die Graphen der Funktionen in Gl. (12.44) sind in den Abb. 12.14 und 12.15 dargestellt. Dabei werden für die Kreisfrequenz ω, die Dämpfungskonstante δ und die Schwingungsamplitude $\hat{x}$ systemspezifische Einheiten verwendet, nämlich ω_0 und x_s, um die Funktionen für Pendel mit verschiedenen Werten für ω_0 und x_s durch einen einzigen Graphen darstellen zu können. ω_0 ist die Kreisfrequenz des ungedämpften, freien Pendels. x_s ist die (konstante) Auslenkung, die das Pendel annehmen würde, wenn die anregende Kraft bei ihrem Maximalwert $\hat{F}$ verharren würde. Für x_s ergibt sich aus dem Kräftegleichgewicht:

$$-Dx_s + \hat{F} = 0 \qquad \Leftrightarrow \qquad x_s = \frac{\hat{F}}{D} \;. \tag{12.46}$$

Am auffälligsten ist, dass die in Abb. 12.14 dargestellte Amplitude der erzwungenen Schwingung in der Nähe von $\omega = \omega_0$ ein ausgeprägtes Maximum aufweist. Dieser Effekt wird als **Resonanz** bezeichnet. Die Höhe dieses Maximums (**Resonanzüberhöhung**) hängt stark von der Dämpfung ab; ohne Dämpfung ($\delta = 0$) würde sie sogar beliebig groß und das Pendel mit Sicherheit zerstört (**Resonanzkatastrophe**). Dies erkennt man auch direkt an der $\hat{x}(\omega)$-Gleichung: Für $\delta = 0$ und $\omega \to \omega_0$ geht der Nenner gegen null, und die Amplitude wächst über alle Maßen. Auch die Breite des Resonanzmaximums hängt von der Dämpfung ab: sie wächst mit wachsender Dämpfung. Es ist in der Praxis durchaus üblich, die Stärke der Dämpfung aus der **Resonanzkurvenbreite** zu bestimmen.

Die genaue Lage des Resonanzmaximums erhält man, wenn man die Amplitudenfunktion nach ω differenziert und die erste Ableitung null setzt. Die (Kreis)frequenz, bei der die Amplitude maximal wird, heißt **Resonanz(kreis)frequenz** und ergibt sich wie beschrieben zu:

$$\omega_R = \sqrt{\omega_0^2 - 2\delta^2} \tag{12.47}$$

Die Resonanzfrequenz liegt also niedriger als die Eigenfrequenz des ungedämpften (und auch des gedämpften!) Federpendels. Der Abstand zur Eigenfrequenz ist umso größer, je stärker die Dämpfung ist. Auch dies ist aus Abb. 12.14 deutlich ersichtlich.

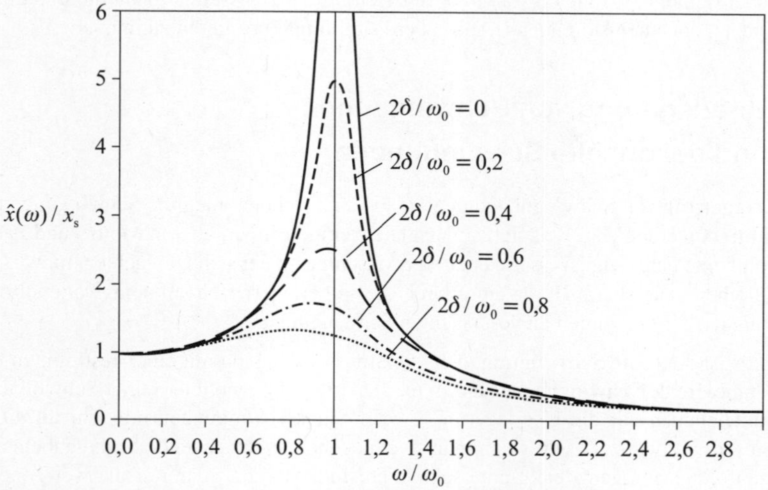

Abb. 12.14 Amplitude der Wegantwort eines krafterregten Federpendels

Bemerkenswert ist noch, dass die Amplitude für sehr große Anregungsfrequenzen verschwindet, für sehr kleine Frequenzen aber gegen den von null verschiedenen Wert $\hat{x} = x_s$ strebt; Letzteres in Übereinstimmung mit der Definition von x_s.

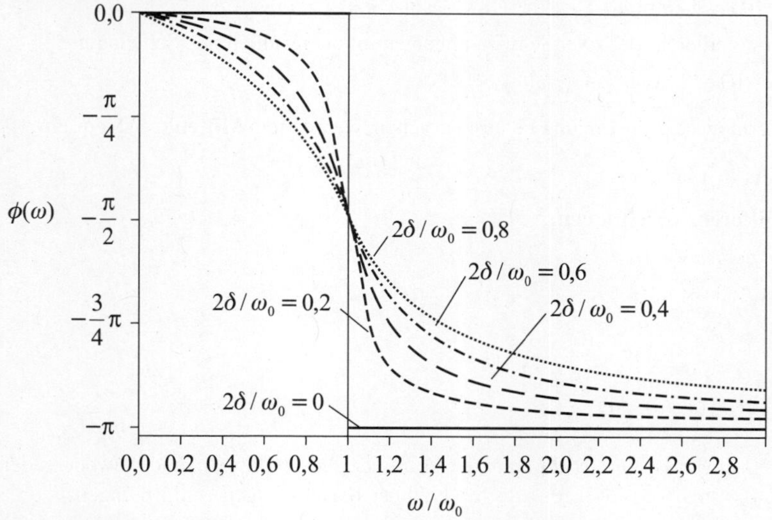

Abb. 12.15 Phasendifferenz der Wegantwort eines krafterregten Federpendels

Aus der Abb. 12.15 kann man entnehmen, dass die Auslenkung des Federpendels der Anregungskraft bei kleiner Anregungsfrequenz mit nur kleiner Phasendifferenz folgt (nahezu im **Takt**). Das System hat keine Probleme, der Anregung zu folgen. Bedingt durch die Trägheit der Masse wird dies mit wachsender Frequenz immer schwieriger. Bei ω_0 ist die Phasendifferenz schon auf $\pi/2$ gewachsen, und bei sehr hoher Anregungsfrequenz schließlich kann das Federpendel gar nicht mehr folgen: Es schwingt nahezu im **Gegentakt**. Bei den Phasendifferenzverläufen bedeutet

Erhöhung der Dämpfung kein Verschieben der Kurve, sondern nur ein Verbreitern des (ohne Dämpfung sprunghaften) Übergangs zwischen „Gleichtakt" ($\phi \approx 0$) und „Gegentakt" ($\phi \approx -\pi$). Unabhängig von der Dämpfung ist die Phasendifferenz bei der Eigenfrequenz des ungedämpften Systems aber immer exakt gleich $-\pi/2$: Die Phasendifferenzmessung erlaubt die Bestimmung der Eigenfrequenz, ohne den störenden Einfluss der Dämpfung korrigieren zu müssen.

12.5 Überlagerung von Schwingungen und gekoppelte Schwingungen

Eine **Überlagerung** von Schwingungen liegt vor, wenn zwei oder mehrere Schwingungen in einem System **addiert** werden. Ein Beispiel ist das gleichzeitige Einwirken von Motor- und Fahrbahnvibrationen auf eine Fahrzeugkarosserie oder eine Maschine, in der sich Unwuchten mit verschiedener Drehzahl drehen. Auch beim Hören eines Orchesters überlagern sich auf dem Trommelfell die von den verschiedensten Instrumenten verursachten Schwingungen.

In der Praxis ist die **reine Schwingung**, d. h. die Sinusschwingung mit einer bestimmten Frequenz, die Ausnahme. Reale Schwingungen sind immer Überlagerungen vieler reiner Schwingungen. Als Beispiel untersuchen wir die Überlagerung zweier Sinusschwingungen mit sehr **ähnlicher Frequenz**. Dieser Fall liegt z. B. vor, wenn man zwei nebeneinander stehende Stimmgabeln anschlägt, deren Eigenfrequenzen ganz leicht unterschiedlich sind. Man hört dann nicht zwei Töne, sondern einen, der aber periodisch an- und abschwillt. Dieses Phänomen wird als **Schwebung** bezeichnet.

Man kann dies mathematisch nachvollziehen: Angenommen, beide Stimmgabeln schwingen mit gleicher Amplitude, gleicher Nullphase (Phase zum Zeitpunkt null), aber ganz leicht verschiedener Frequenz

$$x_1(t) = \hat{x} \cdot \sin(\omega_1 t); \qquad x_2(t) = \hat{x} \cdot \sin(\omega_2 t); \qquad \omega_1 \lessapprox \omega_2 \tag{12.48}$$

Überlagern (addieren) der zwei Schwingungen ergibt die resultierende Schwingung

$$x(t) = \hat{x} \cdot (\sin(\omega_1 t) + \sin(\omega_2 t)) \tag{12.49}$$

Um die Form dieser Schwingung herauszuarbeiten, werden nun **Mittenkreisfrequenz**:

$$\bar{\omega} = \frac{1}{2}(\omega_1 + \omega_2) \tag{12.50}$$

und die **Differenzkreisfrequenz**

$$\Delta\omega = \omega_2 - \omega_1 \tag{12.51}$$

eingeführt, sodass gilt:

$$\omega_1 = \bar{\omega} - \frac{1}{2}\Delta\omega$$
$$\omega_2 = \bar{\omega} + \frac{1}{2}\Delta\omega$$

Nach Ersetzen von ω_1 und ω_2 durch $\bar{\omega}$ und $\Delta\omega$ in der Formel für $x(t)$ und Anwenden der Identität $\sin(\alpha \pm \beta) = \sin\alpha \cdot \cos\beta \pm \cos\alpha \cdot \sin\beta$ ergibt sich nach einigen Umformungen

$$x(t) = 2\hat{x} \cdot \cos\left(\frac{1}{2} \cdot \Delta\omega \cdot t\right) \cdot \sin(\bar{\omega} \cdot t) \tag{12.52}$$

Die resultierende Schwingung ist also eine Sinusschwingung der festen Mittenkreisfrequenz $\bar{\omega}$. Die ursprünglichen zwei Frequenzen treten nicht mehr auf. Allerdings ist die Amplitude nicht länger konstant, sondern schwankt, einer Kosinusfunktion folgend, mit der halben Differenzkreisfrequenz (**Schwebungskreisfrequenz**) $1/2 \cdot \Delta\omega$. Die Amplitudenvariation ist umso langsamer, je näher die beiden ursprünglichen Frequenzen beieinander liegen.

Im folgenden Bild ist diese Schwebung dargestellt:

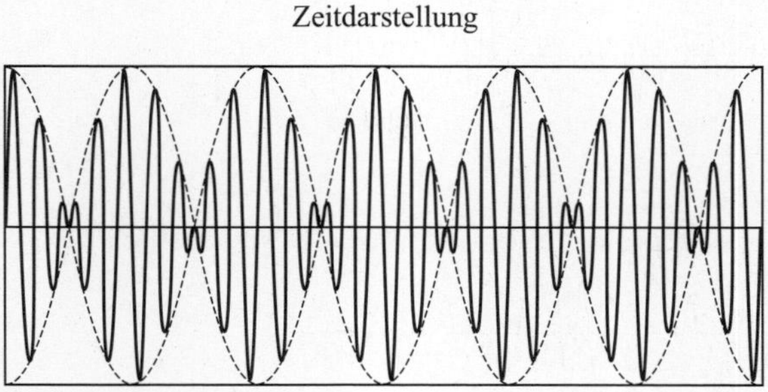

Abb. 12.16 Schwebung

Man beachte die Stelle in der Schwingung, wo die Einhüllende null wird. Der Kosinus hat dort einen Vorzeichenwechsel. Da unser Ohr nur den Betrag der Amplitude als Lautstärke wahrnimmt, hört man das eingangs erwähnte An- und Abschwellen der Amplitude zwischen den Extremwerten 0 und $2\hat{x}$ mit der **vollen** Differenzkreisfrequenz $\Delta\omega$.

Gekoppelte Schwingungen

Bereits bei der Besprechung der erzwungenen Schwingung wurde erwähnt, dass reale schwingungsfähige Systeme meist aus vielen gekoppelten Elementen wie Federn, Massen und Dämpfern, also im Grunde aus gekoppelten schwingungsfähigen (Elementar-) Systemen bestehen. Solche Systeme zeigen außerordentlich vielfältige Möglichkeiten der Bewegung. Bereits am einfachsten Beispiel nur zweier schwingungsfähiger Systeme, die schwach gekoppelt sind, lassen sich neue Phänomene beobachten:

Zwei Schwerependel gleicher Masse m und Länge l (folglich auch gleicher Eigenkreisfrequenz $\omega_0 = \sqrt{g/l}$) seien durch eine Feder schwach gekoppelt. „Schwach" bedeutet, dass die Rückstellkraft durch die Koppelfeder viel schwächer ist, als die Rückstellkraft durch die Schwerkraft.

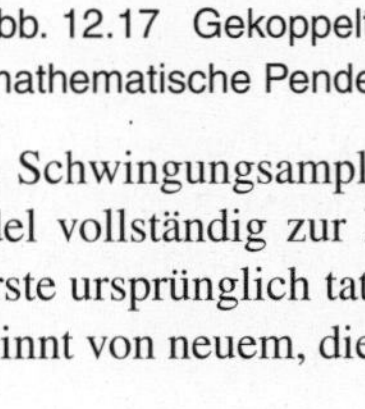

Abb. 12.17 Gekoppelte mathematische Pendel

Zum Zeitpunkt $t = 0$ werde das eine Pendel in Schwingung versetzt. Über die Feder übt das schwingende Pendel eine periodische Anregungskraft auf das zweite Pendel aus, sodass auch dieses zu schwingen beginnt. Das zweite Pendel gewinnt also an Energie. Diese Energie kann nur vom ersten Pendel stammen, also wird dessen Schwingungsamplitude abnehmen. Diese **Energieübertragung** geht so weit, bis das erste Pendel vollständig zur Ruhe kommt. Das zweite Pendel schwingt dann genauso weit aus, wie es das erste ursprünglich tat. Die beiden Pendel haben ihre Rollen vertauscht, und der Energieaustausch beginnt von neuem, diesmal mit Energieübertragung von Pendel 2 nach Pendel 1.

Dieser Vorgang ist in Abb. 12.18 graphisch dargestellt.

Betrachtet man sich die Schwingung nur eines Pendels, sieht diese sehr nach einer Schwebung aus. Es handelt sich auch tatsächlich um eine Schwebung, d. h. um eine Überlagerung zweier Schwingungen nur wenig verschiedener Frequenz. Für das System gekoppelter Pendel gibt es nämlich zwei Schwingungsformen, bei denen keine Energieübertragung vom einen zum anderen Pendel stattfindet. Diese Schwingungsformen heißen **Fundamentalschwingungen**:

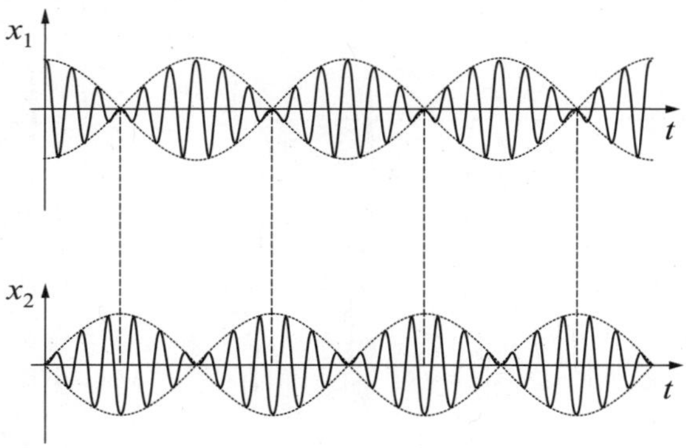

Abb. 12.18 Schwingungen schwach gekoppelter Pendel

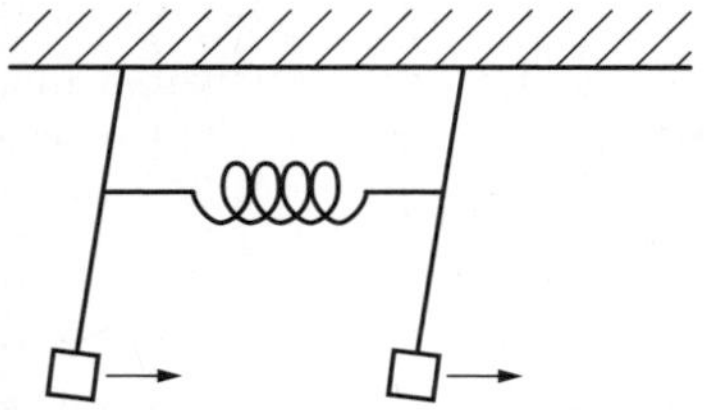

Abb. 12.19 Erste Fundamentalschwingung

Erste Fundamentalschwingung

Die Pendel schwingen **gleichphasig**. Diese Schwingung hat, wenn man die Masse der Koppelfeder gegenüber den Pendelmassen vernachlässigen kann, dieselbe Eigenfrequenz wie die freie Schwingung nur eines Pendels.

Zweite Fundamentalschwingung

Die Pendel schwingen exakt **gegenphasig**. Diese Schwingung hat eine etwas höhere Eigenfrequenz als die freie Schwingung nur eines Pendels, weil die Koppelfeder für eine zusätzliche Rückstellkraft sorgt.

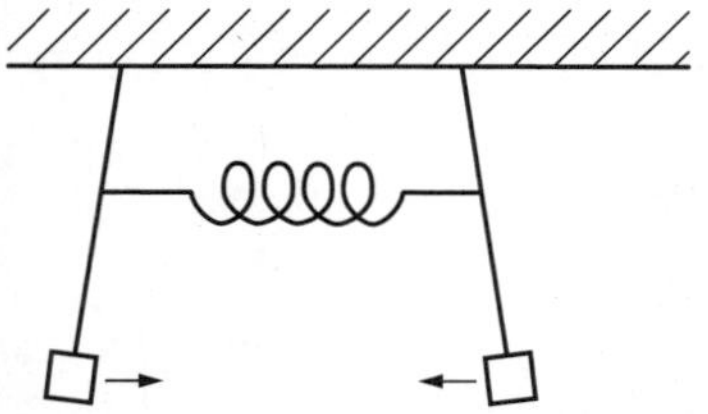

Abb. 12.20 Zweite Fundamentalschwingung

Diese beiden Fundamentalschwingungen überlagern sich am Einzelpendel zur Schwebung. Darum tritt deren charakteristische Schwingungsform mit dem ständigen Austausch von Energie zwischen den schwingungsfähigen Systemen auf.

Man kann sich gut vorstellen, dass die Weitergabe von Schwingungsenergie nicht nur zwischen zwei Pendeln funktionieren wird. Stellt man sich eine ganze Kette solchermaßen gekoppelter Schwerependel vor und bringt man das Pendel am einen Ende zum Schwingen, so wird es seine Schwingungsenergie an den Nachbarn übertragen, dieses an den nächsten Nachbarn und so weiter, bis das andere Ende der Kette erreicht ist. Die Schwingungsenergie ist die ganze Kette entlanggelaufen, ohne dass Materie transportiert worden wäre: Eine **Welle** hat sich ausgebreitet.

12.6 Zusammenfassung

Schwingungen sind sich periodisch wiederholende Vorgänge:

Falls $f(t)$ irgendeine Funktion der Zeit ist, und $f(t+T) = f(t)$ gilt mit der Periodendauer $T = \text{const.}$, so beschreibt f eine Schwingung.

Jedes System, das durch eine Rückstellkraft zu einer Gleichgewichtslage hin und durch Trägheit über diese hinausgetrieben wird, ist schwingungsfähig.

Die möglichen Schwingungen müssen einer Differenzialgleichung genügen, der so genannten **Bewegungsgleichung**.

Harmonische Schwingung

Als **harmonische Schwingungen** bezeichnet man solche, deren Zeitabhängigkeit durch eine Sinusfunktion beschrieben wird:

$$x(t) = R \cdot \sin(\omega t + \phi) \tag{12.53}$$

Hier bedeutet ω die **Kreisfrequenz**

$$\omega = \frac{2\pi}{T}; \qquad [\omega] = \frac{1}{\mathrm{s}} \tag{12.54}$$

Die **Frequenz** ist

$$f = \frac{1}{T}; \qquad [f] = \frac{1}{\mathrm{s}} = \mathrm{Hz} \quad \text{(Hertz)} \tag{12.55}$$

Es gilt:

$$\omega = 2\pi f \tag{12.56}$$

Die Auslenkung $x(t)$ zum Zeitpunkt t heißt **Elongation**, der Vorfaktor R heißt **Amplitude**. Das Argument der Sinusfunktion $(\omega t + \phi) = \varphi(t)$ heißt **Phase** und ϕ Anfangs- oder Nullphase.

Wirken auf einen schwingenden Körper außer der Rückstellkraft parallel zur Bahn keine anderen Kräfte (wie Reibung oder äußere Anregung), und **ist die Rückstellkraft linear abhängig von der Auslenkung, so ist die Schwingung harmonisch.**

Freie, ungedämpfte Schwingung

Die Bewegungsgleichung des **freien, ungedämpften Federpendels** lautet:

$$\ddot{x}(t) + \frac{D}{m} \cdot x(t) = 0 \tag{12.57}$$

D bezeichnet die **Federkonstante**, m die **Masse**.

Die Lösungen der Bewegungsgleichung sind harmonische Schwingungen der festen **Eigen(kreis)frequenz**

$$\omega_0 = \sqrt{\frac{D}{m}} \quad \text{bzw.} \quad f_0 = \frac{1}{2\pi}\sqrt{\frac{D}{m}} \tag{12.58}$$

Amplitude und Nullphase sind durch die **Anfangsbedingungen** frei wählbar.

Dämpfung

Ist im schwingungsfähigen System ein dämpfendes Element vorhanden, ändert sich die Bewegungsform.

Bei **viskoser Dämpfung** ist folgende Bewegungsgleichung zu erfüllen:

$$m \cdot \ddot{x}(t) + b \cdot \dot{x}(t) + D \cdot x(t) = 0 \tag{12.59}$$

Die Stärke des viskosen Dämpfers ist gegeben durch den Parameter b.

Als Lösungen dieser Differenzialgleichung ergeben sich **exponentiell abklingende**, harmonische Schwingungen mit **erniedrigter Frequenz**:

$$x(t) = \hat{x} \cdot \mathrm{e}^{-\delta t} \cdot \sin(\omega_{\mathrm{d}} t + \phi) \tag{12.60}$$

mit

$$\delta = \frac{b}{2m} \quad \text{und} \quad \omega_\mathrm{d} = \sqrt{\omega_0^2 - \delta^2} \tag{12.61}$$

Anfangsamplitude $\hat{x}$ und Nullphase ϕ sind durch die **Anfangsbedingungen** frei wählbar.

Die **Einhüllende** der Schwingung ist eine **Exponentialfunktion**, aufeinander folgende Maximalausschläge nehmen in immer gleichem Verhältnis ab, der Schwingungsvorgang hört nie auf.

Bei **sehr starker** Dämpfung ($\delta \geqq \omega_0$) sind die Lösungen der Bewegungsgleichung keine Schwingungen mehr: Exponentiell abfallend nähert sich die Auslenkung der Gleichgewichtslage. Die Annäherung an das Gleichgewicht geschieht umso langsamer, je stärker die Dämpfung ist (**Kriechfall**); am schnellsten wird die Nähe des Gleichgewichts erreicht für $\delta = \omega_0$ (**aperiodischer Grenzfall**).

Erzwungene Schwingung

Bei periodischer Anregung eines schwingungsfähigen Systems vollführt dieses ebenfalls periodische Bewegungen. Ein harmonisch kraftangeregtes, lineares, viskos bedämpftes System wird beschrieben durch die Bewegungsgleichung

$$m \cdot \ddot{x}(t) + b \cdot \dot{x}(t) + D \cdot x(t) = \hat{F} \cdot \sin(\omega t) \tag{12.62}$$

Das System **antwortet** mit einer harmonischen Schwingung mit der Frequenz der Anregung. Amplitude und Phasendifferenz zur Anregung sind abhängig von dieser Frequenz:

$$x(t) = \hat{x}(\omega) \cdot \sin(\omega t + \phi(\omega)) \tag{12.63}$$

$$\hat{x}(\omega) = \frac{\hat{F}/m}{\sqrt{(\omega_0^2 - \omega^2)^2 + (2\delta\omega)^2}} \quad \text{mit} \quad \omega_0 = \sqrt{\frac{D}{m}} \quad \text{und} \quad \delta = \frac{b}{2m} \tag{12.64}$$

$$\tan(\phi(\omega)) = -\frac{2\delta\omega}{\omega_0^2 - \omega^2} \tag{12.65}$$

$\hat{F}$ bezeichnet die **Amplitude der Anregung**.

Die **Amplitude der Antwort** nähert sich für kleine Frequenz dem Wert $\hat{F}/D$ und wird für große Frequenz verschwindend klein. Dazwischen erreicht sie ein Maximum bei der **Resonanzfrequenz** $\omega_\mathrm{R} = \sqrt{\omega_0^2 - 2\delta^2}$; bei fehlender Dämpfung liegt die Resonanz bei der **Eigenfrequenz** ω_0 des ungedämpften Schwingers, und die Amplitudenfunktion hat dort einen **Pol**.

Der Phasenunterschied zur Anregung ist bei kleiner Frequenz **nahezu null** und bei großer Frequenz **nahezu** $-\pi$. Er nimmt bei der Eigenfrequenz des ungedämpften Systems ω_0 exakt den Wert $-\pi/2$ ein.

Überlagerung und Kopplung von Schwingungen

Die **Schwebung** ist das Ergebnis der **Überlagerung** (**Superposition**, Addition) der Auslenkungen zweier harmonischer Schwingungen gleicher Amplitude und leicht unterschiedlicher Frequenz ω_1 und ω_2. Die **Schwebung** erscheint als Schwingung der mittleren Frequenz $\bar{\omega}$, deren Amplitude mit einer harmonischen Schwingung der halben Differenzfrequenz $\frac{1}{2}\Delta\omega$ variiert:

$$x(t) = 2\hat{x}\cos\left(\frac{1}{2} \cdot \Delta\omega \cdot t\right) \cdot \sin(\bar{\omega} t) \tag{12.66}$$

$$\bar{\omega} = \frac{1}{2}(\omega_1 + \omega_2); \quad \Delta\omega = \omega_2 - \omega_1 \tag{12.67}$$

Gekoppelte schwingungsfähige Systeme tauschen Schwingungsenergie ohne den Transport von Materie aus. Bei zwei gekoppelten Systemen erscheint die Schwingung des einen Systems wie eine Schwebung und kann verstanden werden als Überlagerung zweier Fundamentalschwingungen leicht unterschiedlicher Frequenz.

12.7 Aufgaben

12.1 Bei einer harmonischen Schwingung bewegt sich ein Körper durch einen Punkt mit der Auslenkung 15 cm. Nach 0,9 s passiert er den gleichen Punkt auf dem Rückweg und nach weiteren 3,6 s wieder in der Richtung wie beim ersten Durchgang. Berechnen Sie Amplitude und Frequenz der Schwingung.

12.2 Zwei Schwingungen gleicher Amplitude mit den Frequenzen $f_1 = 50$ Hz und $f_2 = 60$ Hz beginnen gleichzeitig aus der Nulllage. Nach welcher Zeit sind die Auslenkungen das erste Mal wieder gleich groß?

12.3 Zwei harmonische Schwingungen mit $f_1 = 50$ Hz und $f_2 = 60$ Hz nehmen zeitgleich ihre größten Auslenkungen ein. Nach Ablauf welcher Zeitdifferenz tritt zum ersten Mal wieder derselbe Fall auf?

12.4 Ein Federpendel besitzt zur Zeit $t_0 = 0$ die Auslenkung $x(t_0) = 5$ cm, die Geschwindigkeit $v(t_0) = 10$ cm/s und die Beschleunigung $a(t_0) = -20$ cm/s^2.

Wie groß sind die Amplitude und die Kreisfrequenz dieser Schwingung?

12.5 Der Kolben eines Viertaktmotors besitzt zur Zeit $t_0 = 0$ die Auslenkung $x(t_0) = 5$ cm, die Geschwindigkeit $v(t_0) = 20$ m/s und die Beschleunigung $a(t_0) = -2000$ m/s^2. Wie groß sind die Drehzahl und der Hub des Motors, wenn die Bewegung des Kolbens durch eine harmonische Schwingung beschrieben werden kann?

12.6 An einer Schraubenfeder hängt eine (massenlose) Waagschale, auf die plötzlich ein Massestück von 300 g gelegt wird. Die Feder führt daraufhin Schwingungen im Bereich zwischen 0 und 24 cm aus. (Koordinatenursprung: Ruhelage ohne Masse). Berechnen Sie die Federkonstante D und Periodendauer T.

12.7 Eine Feder hat die Federkonstante $D = 30$ N/m. Wie groß ist die Masse eines daranhängenden Gewichtsstückes, das Schwingungen der Amplitude $A = 5$ cm ausführt und mit der Geschwindigkeit $v = 80$ cm/s durch die Ruhelage geht?

12.8 Die Karosserie der Masse $m = 800$ kg eines Lastkraftwagen senkt sich bei einer Zuladung von $m' = 1800$ kg um $x = 6$ cm ab.

a) Welche Periodendauer ergibt sich daraus, für die während des Fahrbetriebs gefährlichen Aufschaukelschwingungen?
b) Welche Periodendauer hat die leere Karosserie?
c) Bei welcher Zuladung ergibt sich die doppelte Periodendauer im Vergleich zum leeren LKW?

12.9 Eine Schraubenfeder, auf der eine Kugel liegt, steht senkrecht auf der Erdoberfläche. Dieses Pendel führt Schwingungen mit der Frequenz $f = 1{,}2$ Hz aus. Welche Amplitude muss die Schwingung mindestens haben, damit die Kugel von der Feder abheben kann?

12.10 Ein zweiatomiges Molekül wird durch folgendes Feder-Masse-Modell beschrieben: Zwei harte Kugeln mit der Einzelmasse $m = 1{,}67 \cdot 10^{-27}$ kg sind mit einer Feder der Federkonstanten $D_{12} = 510$ N/m verbunden. Mit welcher Frequenz kann dieses Molekül schwingen?

12.11 Ein mathematisches Pendel wird um 1/10 seiner Länge l_0 gekürzt. Dabei vergrößert sich seine Frequenz um 0,1 Hz. Wie groß ist die ursprüngliche Länge l_0 und die Frequenz f_0 dieses Pendels?

12.12 Ein mathematisches Pendel der Länge $l = 2{,}5$ m und der Masse $m = 1{,}0$ kg erfährt zusätzlich eine rücktreibende Kraft durch eine Feder mit der Konstanten $D = 4$ N/m. Mit welcher Frequenz schwingt dieses Pendel?

12.13 Unter dem Aufhängepunkt eines Fadenpendels der Länge $l = 60$ cm befindet sich im Abstand von 30 cm ein fester Stift, an den sich der Faden während des Schwingens vorübergehend anlegt. Wie viel Schwingungen pro Minute führt das Pendel im Grenzfall kleiner Amplituden aus?

12.14 Ein starrer Körper hängt an einem vertikalen Draht, der durch seinen Schwerpunkt geht. Ein Drehmoment von 18 N · m verdreht den Körper um einen Winkel von 10° um die vertikale Achse aus der Ruhelage. Wenn der Körper losgelassen wird, oszilliert er als Torsionspendel mit 90 Schwingungen pro Minute. Berechnen Sie sein Trägheitsmoment um die Rotationsachse.

12.15 Ein starrer Körper hängt an einem vertikalen Draht, der durch seinen Schwerpunkt geht, und besitzt das Trägheitsmoment $J_s = 1{,}2$ kg m^2. Wenn er losgelassen wird, oszilliert er als Torsionspendel mit 70 Schwingungen pro Minute. Berechnen Sie, welches Drehmoment M nötig ist, um eine statische Verdrehung von 15° hervorzurufen.

12.16

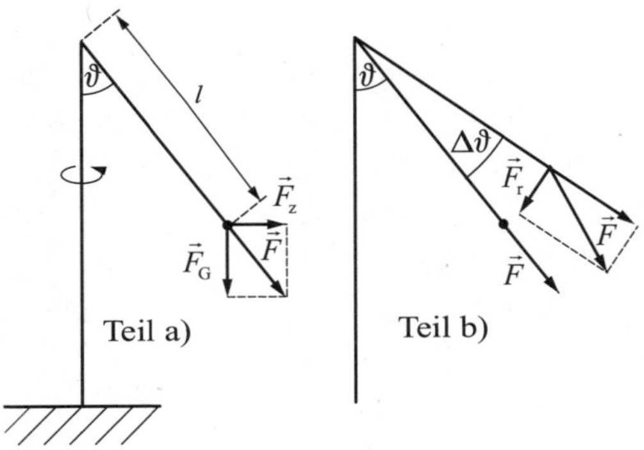

Abb. 12.21

Sie nehmen Platz in einem der Sitze eines Kettenkarussells, das Karussell beginnt zu drehen, sanft schwingen Sie nach außen, schwingen, drehen, schwingen, ...

Plötzlich fällt Ihnen etwas Eigenartiges auf: Die Frequenz, mit der Sie schwingen, steht in einem ganz bestimmten Verhältnis zur Drehzahl. Wie kann das sein? Bitte untersuchen Sie diese Feststellung nach folgender Anleitung:

a) Gegeben sei eine bestimmte Winkelgeschwindigkeit ω des Kettenkarussells und eine bestimmte Länge l der Kette, an der Ihr Sitz hängt: Was ist der Auslenkwinkel ϑ Ihres Sitzes? (vgl. beigefügte Skizze, Teil a).)

Wundern Sie sich nicht, dass die Formel erst ab einer gewissen, endlichen Winkelgeschwindigkeit sinnvoll ist; das stimmt so.

b) Mit welcher Kraft F werden Sie in den Sitz gedrückt? Wie lautet die Formel?

c) Nun nehmen Sie an, dass Sie um eine kleine Zusatzauslenkung $\Delta\vartheta$ um die durch den Winkel ϑ charakterisierte Gleichgewichtslage herum schwingen (vgl. Skizze, Teil b)). Nehmen Sie vereinfachend an, die im Teil b) berechnete Kraft F bleibe nach Betrag und Richtung konstant. Leiten Sie hieraus das Rückstellmoment, die „Torsionsfedersteife" und zusammen mit dem Trägheitsmoment die Eigenkreisfrequenz ω_0 ab. Überrascht?

12.17 Die Zeit der mechanischen Uhren ist zwar vorüber, doch waren z. B. mechanische Stopuhren Meisterwerke der Feinmechanik. Um auf eine Zehntelsekunde genau messen zu können, durfte die Schwingungsdauer der Unruh nicht größer als eine Zehntelsekunde sein. Nehmen Sie an, Sie untersuchen eine Unruh, ein Torsionsschwingungspendel, dessen Schwingungsdauer genau $T = 0{,}1$ s ist. Sie stellen fest, die Schwungmasse ist im wesentlichen ein kleines Rad aus Stahl (Dichte $\rho = 7{,}9$ g/cm^3) mit Innendurchmesser 8 mm, Außendurchmesser 10 mm und Dicke 1 mm. Sie wissen, das Trägheitsmoment einer zylindrischen Scheibe ist $J = \frac{1}{2}mr^2$ mit dem Scheibenradius r: damit können Sie das Trägheitsmoment des Rades bestimmen.

Wie groß ist das Rückstell-Drehmoment, das die Spiralfeder der Unruh ausübt, wenn Sie sie um eine volle Umdrehung aus der Ruhelage auslenken?

12.18 Auf dem Rummelplatz entdecken Sie ein riesiges Piratenschiff, das an einem gewaltigen Tragbalken schwingend aufgehängt ist – wie ein Pendel. Nun haben Sie gehört, dass die Pendel-Schwingungsdauer allein von der Pendellänge abhängt, und irgendwie erscheint Ihnen die Schwingungsfrequenz des Gerätes bei der gegebenen Länge des Tragbalkens sehr niedrig. Sie schauen genauer hin und entdecken, dass der Tragbalken über den Drehpunkt hinaus nach oben verlängert ist und an seinem oberen Ende so etwas wie ein Gegengewicht zum Schiff befestigt ist. Diese Anordnung scheint die Schwingungsfrequenz zu erniedrigen: Überprüfen Sie, ob diese Annahme zutrifft.

Gehen Sie von einer Anordnung aus wie nebenstehend skizziert: zwei gleiche Massen m, die an den Enden eines masselosen Tragebalkens befestigt sind.
Der Drehpunkt ist nicht in der Mitte, sodass die eine Masse den Abstand l_1, die andere den Abstand l_2 vom Drehpunkt hat (mit l_1 größer als l_2). Machen Sie sich klar, welches resultierende Drehmoment durch die Schwerkraft auf die Anordnung wirkt bei einer Auslenkung um einen Winkel ϑ und ermitteln Sie mit der für kleine Winkel gültigen Näherung $\sin\vartheta \approx \vartheta$, daraus die „Torsionsfedersteife" D^*. Zusammen mit dem Trägheitsmoment liefert Ihnen diese die Eigenfrequenz f_0.

Wie lautet die Formel für f_0?
Vergleichen Sie mit der Formel für die Eigenfrequenz eines mathematischen Pendels der Länge l_1.

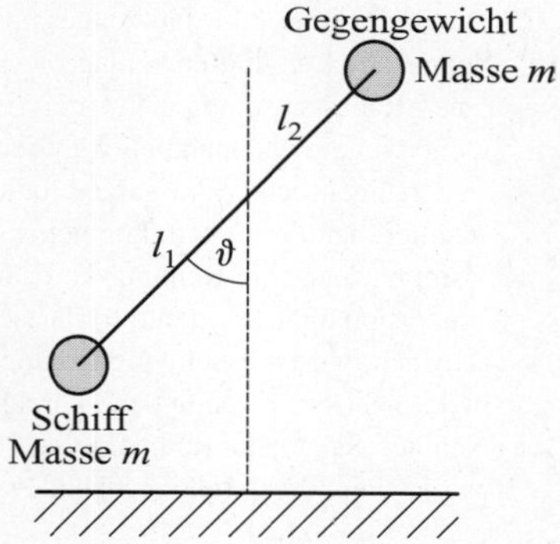

Abb. 12.22

12.19 Eine 1,5 m lange Stange ist an einem Ende drehbar um eine horizontale Achse gelagert und schwingt frei als physikalisches Pendel. Bestimmen Sie a) die Schwingungsdauer und b) die reduzierte Pendellänge.

12.20 Ein physikalisches Pendel besteht aus einer dünnen Stange der Länge $l = 1$ m, die drehbar gelagert ist. In welchem Abstand x von einem Ende muss sich dieses Lager befinden, damit bei Schwingungen die kürzestmögliche Periodendauer T auftritt?

12.21 Das Pendel einer Uhr schwingt mit einer Periodendauer $T = 1{,}59$ s. Es besteht aus einem 0,80 m langen masselosen Stab, an dem ein Pendelkörper angebracht ist. Der Pendelkörper hat die Masse $m_K = 0{,}5$ kg und ist im Abstand von 0,6 m zum Drehpunkt angebracht. Berechnen Sie das Trägheitsmoment J_s dieses Körpers.

12.22 Das Pendel einer Uhr besteht aus einem 0,8 m langen dünnen Stab der Masse $m_{St} = 0{,}2$ kg und einem daran befestigten zylindrischen Pendelkörper ($m_K = 0{,}5$ kg, Radius $r = 5$ cm). Der Abstand des Mittelpunktes des Pendelkörpers von der Drehachse beträgt 0,65 m. Berechnen Sie die Periodendauer T dieses Pendels und die reduzierte Pendellänge l_{red}.

12.23 Ein PKW-Ersatzrad mit der Masse $m = 20$ kg wird an einer Schnur aufgehängt und führt in einer Minute 32 Schwingungen durch.

Wie groß ist das Trägheitsmoment J_s bezüglich des Schwerpunktes, wenn der Abstand vom Aufhängepunkt bis zum Schwerpunkt $r_s = 80$ cm beträgt? Wie groß ist die reduzierte Pendellänge l_{red}? Bei welcher Entfernung r_s vom Aufhängepunkt zum Schwerpunkt wird die Periodendauer T minimal? Berechnen Sie diese kleinste Periodendauer T_{min}.

12.24 Ein mathematisches Pendel hat ungedämpft eine Periode $T_0 = 0{,}8$ s und mit Dämpfung eine Periode $T = 0{,}9$ s. Auf welchen Prozentsatz geht die Amplitude infolge der Dämpfung nach 2 Perioden zurück?

12.25 Ein mathematisches Pendel hat eine Periode von 1,8 s und eine Anfangsamplitude von 2,4°. Nach 20 vollständigen Schwingungen ist seine Amplitude auf 1,5° abgefallen. Berechnen Sie das Lehr'sche Dämpfungsmaß δ/ω_0.

12.26 Ein Pendel (an einem dünnen Stab mit $l = 20$ cm befestigte Kugel der Masse $m = 50$ g, als mathematisches Pendel zu behandeln) schwingt in Öl mit einem Dämpfungskoeffizienten $b = 35$ g/s. Der Stab wird um 6,8° ausgelenkt und losgelassen.
a) Berechnen Sie die Abklingkonstante δ und die Kreisfrequenz ω für diese Schwingung.

b) Auf welchen Wert ist die Amplitude nach 10 Perioden zurückgegangen?

c) Berechnen Sie das Lehr'sche Dämpfungsmaß δ/ω_0 für den Fall, dass bei gleich bleibender Dämpfung die Stablänge um 10 cm verlängert wird.

12.27 Die Räder eines Kraftfahrzeuges müssen elastisch gefedert aufgehängt sein, damit nicht jede Fahrbahnunebenheit als harter Schlag die Karosserie und die Insassen belastet. Allerdings stellt die Masse eines Rades zusammen mit der Elastizität der Aufhängung ein schwingungsfähiges Gebilde dar: Ohne weitere Maßnahmen wäre jedes Rad nur noch mit Schwingen beschäftigt und nicht mehr mit seiner eigentlichen Aufgabe, Bodenkontakt herzustellen. Zur Unterdrückung der Schwingneigung schaltet man der Federung einen so genannten Stoßdämpfer parallel, einen hydraulischen (viskosen) Dämpfer, der eine Reibungskraft ausübt, die proportional ist der Auslenkungsgeschwindigkeit (mit Proportionalitätskonstante b). Dieser Dämpfer muss auf die Federung abgestimmt sein, dämpft er zu schwach, wird die Schwingneigung nicht hinreichend unterdrückt; dämpft er zu stark, kann das Rad nicht mehr rasch genug den Fahrbahnunebenheiten folgen.
Nehmen Sie an, die Radmasse sei 20 kg, und die Radaufhängung federe bei einer Belastung mit einer Masse von 300 kg (entsprechend etwa einem Viertel der Gesamt-Fahrzeugmasse) 10 cm weit ein.

Mit welcher Frequenz würde ohne Stoßdämpfer das Rad frei schwingen?
Wie groß muss die Dämpfungskonstante $b_{\min}$ des Stoßdämpfers sein, damit die Schwingneigung gerade unterdrückt wird?

12.28 Ein Federpendel ($m = 150$ g) wird um 5 cm ausgelenkt und losgelassen. Im zeitlichen Abstand von 2,32 s werden in aufeinander folgenden Perioden diese Maximalausschläge gemessen: 4,00 cm; 3,20 cm; 2,56 cm; 2,05 cm.
a) Berechnen Sie die Abklingkonstante δ, das Lehr'sche Dämpfungsmaß δ/ω_0 und die Federkonstante D.
b) Um wie viel Prozent unterscheiden sich die Periodendauern der angegebenen Schwingung und der ungedämpften Schwingung des gleichen Systems?

12.29 Die Masse des Federpendels der vorigen Aufgabe wird harmonisch mit einer Kraftamplitude $F = 5{,}5$ mN angeregt.

a) Berechnen Sie die Resonanzfrequenz f_r und die Resonanzamplitude A_r.
b) Berechnen Sie die Phasenverschiebung ϕ zwischen Erregerschwingung und Pendelschwingung für die Resonanzfrequenz f_r.

12.30 Ein Federschwinger ($D = 10$ N/cm, $m = 1$ kg) wird zu erzwungenen Schwingungen angeregt. Die auftretende Resonanzamplitude beträgt $A_r = 2{,}310$ cm, die Amplitude der Kraft $F = 20$ N. Wie groß ist die Resonanzfrequenz f_r, die Abklingkonstante δ und die Dämpfungskonstante b?

12.31 Ein übler Reklamationsfall: Ein namhafter PKW-Hersteller hat ein besonders sportliches Modell auf den Markt gebracht, das allenthalben Lob findet und reißenden Absatz, bis sich herausstellt, dass notorisch nach spätestens 30 000 km die Kurbelwelle bricht.
Der finanzielle und ideelle Schaden ist erheblich, und die Frage nach dem Schuldigen dringlich wegen der zur Diskussion stehenden Erstattungssummen. Der PKW-Hersteller lädt die Verantwortung voll auf die Schultern des Kurbelwellen-Zulieferers: Offensichtlich sei fehlerhafter, billiger Stahl verwendet worden von völlig unzureichender Qualität.
Der Zulieferer wehrt sich und wartet mit einem schwerwiegenden Argument auf: Konstruktionsfehler des PKW-Herstellers! Der nämlich hat den Motor konzipiert für einen Drehzahlbereich bis $6000 \cdot 1/\text{min}$, und der Zulieferer sagt, das sei jenseits der Eigenfrequenz des „Torsionspendels", das die Elastizität der Kurbelwelle zusammen mit dem Trägheitsmoment des auf dieser montierten Schwungrades bildet: Dadurch gerät im normalen Fahrbetrieb dieses Torsionspendel immer wieder in Resonanz, und die dabei auftretenden großen Amplituden führen zu vorzeitiger Materialermüdung.
Sie arbeiten im Entwicklungsbereich des PKW-Herstellers und werden beauftragt, die Stichhaltigkeit des Zulieferer-Arguments zu überprüfen. Die Stöße der Kolben wirken wie eine periodische Erregung. Da die Zündfolge-Frequenz doppelt so hoch liegt wie die Drehzahl, wissen Sie zumindest den fraglichen Erreger-Frequenz-Bereich.

Die Messung an einer Kurbelwelle liefert Ihnen deren Torsionssteifigkeit, an einem Hebelarm von 0,3 m Länge müssen Sie eine Kraft von 10 000 N aufbringen, um eine Verwindung um 2° zu erreichen. Das Schwungrad ist im wesentlichen eine flache, zylindrische Scheibe mit Durchmesser 28 cm und Dicke 1 cm, darum ein Schwungring mit Innendurchmesser 28 cm, Außendurchmesser 32 cm und Dicke 3 cm. Das Ganze ist gefertigt aus Stahl mit einer Dichte von ziemlich genau 8 g/cm^3. Aus diesen Angaben errechnen Sie das Trägheitsmoment.

Wo liegt die Eigenfrequenz des „Torsionspendels" Kurbelwelle + Schwungrad? Hat der Zulieferer recht?

12.32 Ihnen fällt während der Klausurvorbereitung vor Erschöpfung der Bleistift aus der Hand. Sofort sind Sie wieder hellwach, plagt Sie doch spontan die Frage: Ist die Bewegung eines kippenden Schornsteins (vor dem Zerbrechen!) die gleiche wie die Bewegung eines kippenden Bleistifts? Bitte beantworten Sie diese Frage, indem Sie die Bewegungsgleichung für das Kippen aufstellen und aufzeigen, welche Größen in diese Gleichung eingehen und welche nicht. Hinweise: Betrachten Sie Schornstein bzw. Bleistift einfach als dünnen Stab der Länge L; der Durchmesser soll viel kleiner als die Länge sein. Solch ein Stab hat bezüglich einer Drehachse, die durch ein Stabende geht und senkrecht auf der Längsachse des Stabes steht, das Trägheitsmoment $J = \frac{1}{3}mL^2$ mit der Stab-Masse m. Betrachten Sie einen Zeitpunkt t, zu dem der Stab mit der Vertikalen gerade einen Winkel $\varphi(t)$ einschließt, wie auf beigefügter Skizze verdeutlicht. Berechnen Sie das wirkende Drehmoment, indem Sie die Schwerkraft am Schwerpunkt angreifen lassen.

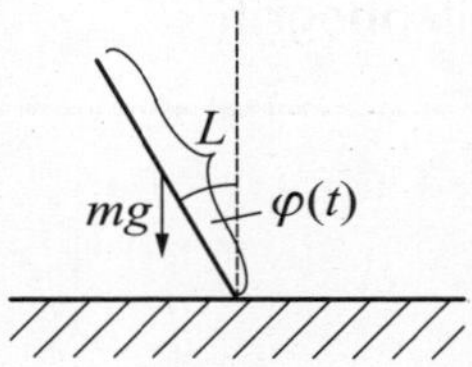

Abb. 12.23

Die Bewegungsgleichung erhalten Sie durch Anwenden des dynamischen Grundgesetzes der Drehbewegung, ganz ähnlich, wie man die Schwingungsgleichung für das mathematische Schwerependel ableitet. Diskutieren Sie, welche Größen die Bewegung beeinflussen und welche nicht.

12.33 Zwei Schwingungen gleicher Frequenz haben die Amplituden $A_1 = 4$ cm und $A_2 = 8$ cm und den Phasenunterschied $\phi = 60°$. Welche Amplitude und welche Phasendifferenz hat die überlagerte Schwingung?
Skizzieren Sie das Zeigerdiagramm.

12.34 Bei der Überlagerung der Schwingungen zweier Stimmgabeln tritt eine Schwebung mit der Periode $T_s = 0{,}5$ s auf, die Frequenz der entstandenen Schwingung beträgt $f = 441$ Hz. Welche Einzelfrequenzen haben die Stimmgabeln?

12.35 Zwei harmonische Schwingungen I und II mit gleicher Frequenz f und gleicher Amplitude A überlagern sich zu einer Schwingung III, die ebenfalls die Amplitude A aufweist.

Bei welchem Phasenunterschied zwischen den Schwingungen I und II kann dieser Sachverhalt auftreten?
Wie groß ist dann der Phasenunterschied zwischen den Schwingungen I und III?
Skizzieren Sie das Zeigerdiagramm.

13 Mechanische Wellen und Akustik

13.1 Wellengleichung; Ausbreitung von Störungen

Wellenbegriff

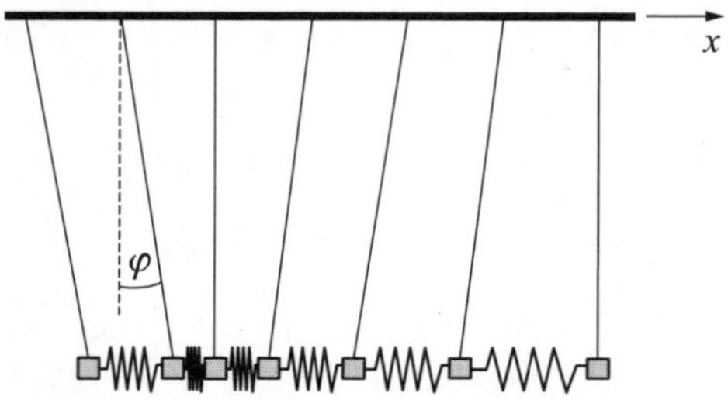

Abb. 13.1 Kette gekoppelter mathematischer Pendel

Zunächst soll der Begriff der Welle veranschaulicht und aus dem der Schwingung entwickelt werden. Dazu betrachten wir gemäß der Abb. 13.1 eine (lange) Kette gekoppelter mathematischer Pendel. Wird einer dieser Pendel von außen in Schwingung versetzt, so werden nach einiger Zeit aufgrund der Kopplung alle Pendel schwingen. Die Gesamtheit dieser Schwingungen wird als Welle bezeichnet. Eine anschauliche Definition der Welle lautet daher:

Eine Welle ist ein räumliches Nebeneinander vieler Schwingungen.

Bei der mathematischen Beschreibung zeigen sich zwischen Schwingungen und Wellen deutliche Unterschiede. Im betrachteten Beispiel muss zur Beschreibung der Schwingung eines Pendels dessen Auslenkungswinkel φ für jeden Zeitpunkt t angegeben werden.

Schwingung

$$\varphi = \varphi(t) \tag{13.1}$$

Um die gesamte Welle zu beschreiben, muss der Auslenkungswinkel **jedes** Pendels für jeden Zeitpunkt angegeben werden. Kennzeichnet man die verschiedenen Pendel durch den Ort x, an dem sie aufgehängt sind, so hängt der momentane Auslenkungswinkel φ sowohl von der Zeit t als auch vom Ort x ab, an dem er gemessen wurde.

Welle

$$\varphi = \varphi(x,t) \tag{13.2}$$

Wellen werden durch Funktionen der zwei Variablen Ort und Zeit beschrieben.

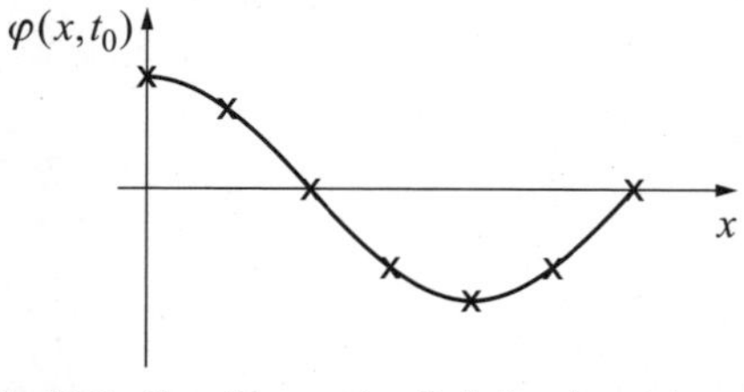

Abb. 13.2 Erweiterung des Definitonsbereiches der Auslenkungsfunktion $\varphi(x,t)$

Im betrachteten Beispiel ist die Funktion $\varphi(x,t)$ nur für solche x-Werte definiert, an denen ein Pendel hängt. Solche Funktionen sind schwer zu handhaben; sie lassen sich z. B. nicht differenzieren. Deshalb erweitert man in solchen Fällen den Definitionsbereich auf alle x, indem man die fehlenden φ-Werte durch Interpolation ergänzt. Abb. 13.2 zeigt diese Erweiterung des Definitionsbereiches für das Beispiel der Pendelkette: Von den isolierten Kreuzen geht man zur durchgezogenen Linie über.

Herleitung der Wellengleichung

Zur genaueren mathematischen Beschreibung von Wellen und ihrem physikalischen Verständnis gehen wir wie in der Schwingungslehre vor: Wir stellen die Bewegungsgleichung eines Beispiel-Systems auf und interpretieren die Lösungen.

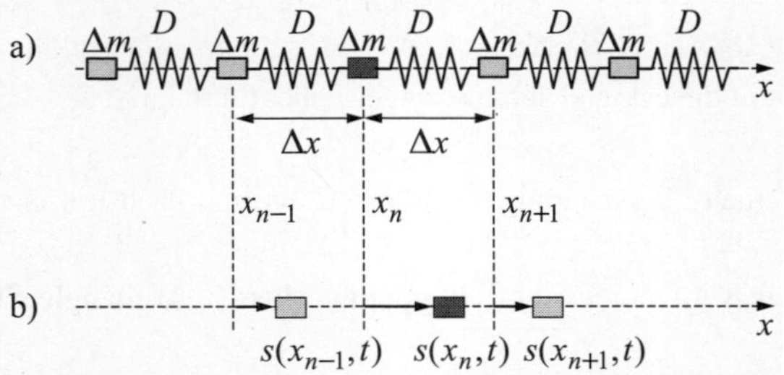

Abb. 13.3 Beispiel-System zur Herleitung der Wellengleichung
a) in der Ruhelage b) ausgelenkt

Als Beispiel-System verwenden wir eine Vereinfachung der Pendelkette: Wir nehmen an, dass die Schwerkraft auf die einzelnen Massen im Vergleich zu den Federkräften vernachlässigbar ist, wie es z. B. bei einem gespannten Gummiseil der Fall ist. Dann können die Pendelstangen weggelassen werden, und wir erhalten gemäß Abb. 13.3 eine Kette aus gleichen Massen Δm, die durch gleichartige, gespannte Federn der Federkonstanten D verbunden sind und in der Ruhelage alle den gleichen Abstand Δx voneinander haben.

Im Folgenden betrachten wir nur solche Wellen, bei denen die Massen in Richtung der Kette (x-Achse) ausgelenkt werden. Die einzelnen Massen kennzeichnen wir durch die x-Koordinate **ihrer Ruhelage**. $s(x,t)$ bezeichnet die Auslenkung, die die Masse mit der Ruhelage bei x zur Zeit t besitzt.

Zur Herleitung der Bewegungsgleichung betrachten wir die Masse mit der Ruhelage bei x_n. Die dynamische Grundgleichung lautet für sie:

$$F_x = m\ddot{s}(x_n,t) \qquad (F_x\text{: x-Koordinate der } \textbf{Gesamt}\text{kraft auf diese Masse}) \tag{13.3}$$

In der Ruhelage ist $F_x = 0$. Im ausgelenkten Zustand setzt sich F_x aus den Zusatzkräften zusammen, die die rechts und links angrenzenden Federn durch ihre Zusatzdehnungen erzeugen. Dabei ergibt sich die Zusatzdehnung jeder Feder als Differenz der Auslenkungen ihrer Enden:

$$\begin{aligned} \text{linke Feder:} \quad & s(x_n,t) - s(x_{n-1},t) \\ \text{rechte Feder:} \quad & s(x_{n+1},t) - s(x_n,t) \end{aligned} \tag{13.4}$$

Bei dem in Abb. 13.3 gezeigten Auslenkungszustand ist die erste Größe positiv – die linke Feder ist stärker gedehnt als in der Ruhelage –, letztere Größe ist negativ – die rechte Feder ist weniger gedehnt als in der Ruhelage. Auf die mittlere Masse bezogen wirkt die Zusatzkraft der linken Feder in die negative x-Richtung:

$$F_{l,x} = -D[s(x_n,t) - s(x_{n-1},t)] \tag{13.5}$$

Die Zusatzkraft der rechten Feder wirkt zwar ebenfalls in die negative x-Richtung; weil aber die Dehnung schon negativ ist, erscheint in der folgenden Gleichung ein positives Vorzeichen:

$$F_{r,x} = +D[s(x_{n+1},t) - s(x_n,t)] \tag{13.6}$$

Damit ist die gesamte auf die Masse wirkende Kraft:

$$F_x = F_{l,x} + F_{r,x} = -D[s(x_n,t) - s(x_{n-1},t)] + D[s(x_{n+1},t) - s(x_n,t)] \tag{13.7}$$

Obwohl die Gleichung für den in Abb. 13.3 gezeigten Auslenkungszustand hergeleitet wurde, gilt sie auch für jeden anderen, wie man sich an weiteren Beispielen überlegen kann.

Die eckigen Klammern lassen sich, wie die folgende Gleichung zeigt, weiter vereinfachen, wenn man sie mit dem Abstand Δx benachbarter Ruhelagen erweitert und beachtet, dass der sich ergebende Bruch die Steigung von $s(x,t)$ als Funktion von x darstellt, die für kleine Δx näherungsweise der Ableitung entspricht.

$$[s(x_n,t) - s(x_{n-1},t)] = \frac{[s(x_n,t) - s(x_{n-1},t)]}{\Delta x} \cdot \Delta x \approx s'(x_n,t) \cdot \Delta x \tag{13.8}$$

Damit ergibt sich für die resultierende Kraft:

$$F_x \approx -D \cdot s'(x_n,t) \cdot \Delta x + D \cdot s'(x_{n+1},t) \cdot \Delta x = D \cdot \Delta x \cdot [s'(x_{n+1},t) - s'(x_n,t)] \tag{13.9}$$

Dieselbe Vereinfachung nochmal auf die eckige Klammer angewendet führt auf:

$$F_x \approx D \cdot \Delta x^2 \cdot s''(x,t) \tag{13.10}$$

Beim Grenzübergang $\Delta x \to 0$ werden die Näherungsausdrücke exakt und nach Einsetzen in die dynamische Grundgleichung (13.3) ergibt sich die

Bewegungsgleichung der Kette aus Feder-gekoppelten Massen (Wellengleichung)

$$\ddot{s}(x,t) = c^2 \cdot s''(x,t) \qquad \text{mit} \quad c = \sqrt{\frac{D \cdot \Delta x}{\Delta m / \Delta x}} \tag{13.11}$$

Diese Bewegungsgleichung verknüpft die zweite Ableitung der Auslenkung nach der Zeit mit der zweiten Ableitung nach dem Ort: Die beiden zweiten Ableitungen sind einander streng proportional. Die Proportionalitätskonstante c^2 ist das Quadrat der Wellenausbreitungsgeschwindigkeit c, wie später ersichtlich wird.

c^2 ist der Quotient aus $D \cdot \Delta x$ und $\Delta m/\Delta x$. Für beide Größen gibt es eine anschauliche physikalische Interpretation. $D \cdot \Delta x$ enthält die Federkonstante und ist daher ein Maß für die **Kopplungsstärke** zwischen den Massen. Die **Linien-Massendichte** $\Delta m/\Delta x$ gibt an, wie massiv das System ist, wie viel Masse auf jedem Meter Kette anzutreffen ist.

Einen ersten Hinweis darauf, dass c die Bedeutung der **Wellenausbreitungsgeschwindigkeit** hat, ergibt die Einheit: $\ddot{s}$ hat die Einheit $\mathrm{m/s^2}$, s'' hat die Einheit $1/\mathrm{m}$, woraus für c die Einheit $\mathrm{m/s}$ folgt, also die Einheit einer Geschwindigkeit.

Allgemeine Lösung der Wellengleichung

Wir wollen nun untersuchen, welche Auslenkungsfunktionen für die Kette gekoppelter Massen erlaubt, d. h. Lösungen der Bewegungsgleichung sind. Es wird sich dabei zeigen, dass jede beliebige Funktion von x und t eine Lösung der Bewegungsgleichung ist, solange sie x und t ausschließlich in der Kombination $(t \pm x/c)$ enthält.

$$s(x,t) = f\left(t \pm \frac{x}{c}\right) \tag{13.12}$$

$s(x,t) = x^2 + c^2t^2$ wäre also keine Lösung; dagegen wäre $s(x,t) = x^2 - 2cxt + c^2t^2$ eine Lösung, weil dies sich auch schreiben lässt als $s(x,t) = c^2 \cdot (t - x/c)^2$.

Der Nachweis, dass jede Funktion der Form $s(t \pm x/c)$ Lösung der Bewegungsgleichung ist, ist recht leicht zu führen. Man substituiert $y = t \pm \frac{x}{c}$. Die Ableitungen von y nach der Zeit t ist dann $\dot{y} = 1$; für die Ableitung nach dem Ort x ergibt sich $y' = \pm 1/c$. Es folgt bei korrekter Anwendung der Kettenregel für $s(y(x,t))$ und mit der Bezeichnung $\mathrm{d}/\mathrm{d}y$ für die Ableitung nach der neuen Variablen y:

$$\dot{s}\left(t \pm \frac{x}{c}\right) = \frac{\mathrm{d}s}{\mathrm{d}y} \cdot \dot{y} = \frac{\mathrm{d}s}{\mathrm{d}y} \cdot 1 = \frac{\mathrm{d}s}{\mathrm{d}y}$$

$$\ddot{s}\left(t \pm \frac{x}{c}\right) = \frac{\mathrm{d}}{\mathrm{d}y}\left(\frac{\mathrm{d}s}{\mathrm{d}y}\right) \cdot \dot{y} = \frac{\mathrm{d}^2s}{\mathrm{d}y^2} \cdot 1 = \frac{\mathrm{d}^2s}{\mathrm{d}y^2}$$

$$s'\left(t \pm \frac{x}{c}\right) = \frac{\mathrm{d}s}{\mathrm{d}y} \cdot y' = \frac{\mathrm{d}s}{\mathrm{d}y} \cdot \left(\pm\frac{1}{c}\right) = \pm\frac{1}{c} \cdot \frac{\mathrm{d}s}{\mathrm{d}y}$$

$$s''\left(t \pm \frac{x}{c}\right) = \frac{\mathrm{d}}{\mathrm{d}y}\left(\pm\frac{1}{c} \cdot \frac{\mathrm{d}s}{\mathrm{d}y}\right) \cdot y' = \pm\frac{1}{c} \cdot \frac{\mathrm{d}^2 s}{\mathrm{d}y^2} \cdot \left(\pm\frac{1}{c}\right) = \frac{1}{c^2} \cdot \frac{\mathrm{d}^2 s}{\mathrm{d}y^2} \qquad (13.13)$$

Aus dieser Zusammenstellung erkennt man unmittelbar, dass jede Funktion $s(t \pm x/c)$ der Wellengleichung genügt:

$$\ddot{s}\left(t \pm \frac{x}{c}\right) = c^2 \cdot s''\left(t \pm \frac{x}{c}\right) \qquad (13.14)$$

Die Auslenkung darf jede beliebige Funktion von Ort und Zeit sein, die die Variablen Ort und Zeit nur in der Kombination $(t \pm x/c)$ enthält.

Störungsausbreitung

Wie breitet sich die Auslenkung durch das Medium (Material) aus, wie pflanzt sich die Welle fort?

Ein Beispiel soll das verdeutlichen.

Es wird angenommen, die gesamte Kette aus gekoppelten Massen sei in Ruhe, jede einzelne Masse ist im statischen Gleichgewicht. Nun werde zum Zeitpunkt $t = 0$ an der Stelle $x = 0$ die dort befindliche Masse um s_0 ausgelenkt: $s(0,0) = s_0$. Der Gleichgewichtszustand ist dort dann „gestört“, während er an allen anderen Orten noch ungestört ist. In der folgenden Zeit wird sich diese Störung über die Koppelfedern den anderen Massen aber mitteilen.

Wo findet man nach Ablauf der Zeit t_1 nun die Auslenkung s_0 wieder?

Für $t = 0$ und $x = 0$ ist $(t \pm x/c) = 0$. Da $s(x,t)$ nur von $(t \pm x/c)$ abhängt, wird die Auslenkung für jede Orts-Zeit-Kombination, für die ebenfalls $(t \pm x/c) = 0$ ist, gleich s_0 sein. Speziell für den Zeitpunkt t_1 heißt das, dass man die Auslenkung s_0 an den Stellen $x_{1,1} = c \cdot t_1$ und $x_{1,2} = -c \cdot t_1$ wiederfinden wird.

Die Störung s_0 zum Zeitpunkt $t = 0$ bei $x = 0$ hat sich also **gleichermaßen** sowohl nach links als auch nach rechts ausgebreitet. Dabei ist Energie (ein Signal) transportiert worden, ohne dass Materie transportiert worden wäre. Dieser Vorgang ist typisch für eine Welle. In der Zeit t_1 ist die Störung $c \cdot t_1$ weit nach links und rechts gelaufen: c ist also offensichtlich die **Ausbreitungsgeschwindigkeit der Welle**. Aus Gründen, die später offensichtlich werden, bezeichnet man c als **Phasengeschwindigkeit**.

Wie aus der Formel für die Phasengeschwindigkeit ersichtlich, ist diese umso höher, je stärker die Kopplung zwischen den Massen ist, und umso niedriger, je höher die Massenbelegung der Kette, die Linien-Massendichte ist.

Der Vorgang der Ausbreitung einer Störung sei nochmal grafisch an einem Beispiel demonstriert. Die Störung sei bei $x = 0$ eine Zeitfunktion wie in Abb. 13.4 dargestellt.

Diese Störung breitet sich symmetrisch nach beiden Seiten aus, und zu irgendeiner Beobachtungszeit t_B sieht die Auslenkung als Funktion des Ortes aus wie in Abb. 13.5 gezeigt:

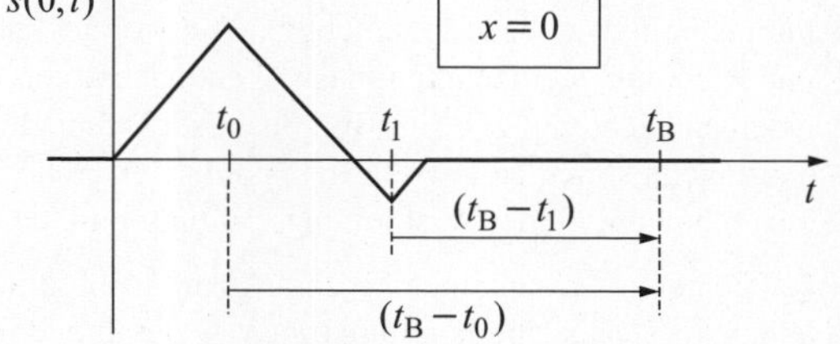

Abb. 13.4 Störung am Nullpunkt der Kette

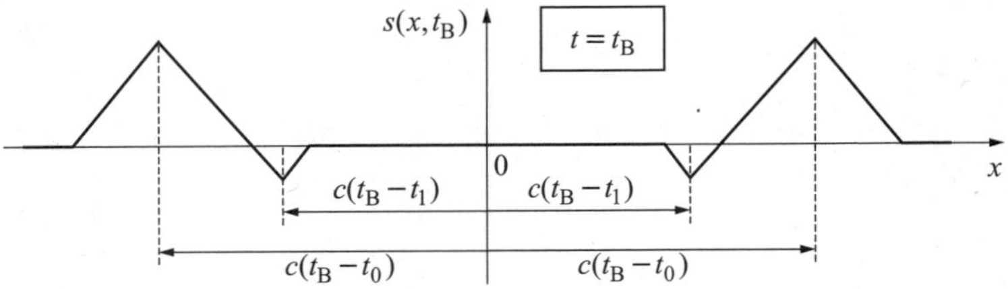

Abb. 13.5 Ausbreitung der Störung auf der Kette

Der Auslenkung, die bei $x = 0$ zur Zeit t_0 vorlag, stand die Laufzeit $(t_B - t_0)$ zur Verfügung; sie hat sich also bis zur Beobachtungszeit t_B um die Strecke $c \cdot (t_B - t_0)$ vom Ortsnullpunkt weg bewegt. Der bei $x = 0$ zum späteren Zeitpunkt t_1 erfolgten Auslenkung stand bis zur Beobachtungszeit t_B nur die kürzere Laufzeit $(t_B - t_1)$ zur Verfügung; sie ist deshalb weniger weit gekommen und wird zur Zeit t_B bei $x = \pm c(t_B - t_1)$ beobachtet. Je später eine Auslenkung bei $x = 0$ geschah, umso weniger weit entfernt vom Ursprung ist sie zum Beobachtungszeitpunkt t_B.

Der Masse bei $x = 0$ eine Auslenkung aufzuprägen bedeutet, gegen die Federkräfte Arbeit zu verrichten; der Masse bei $x = 0$ wird Energie zugeführt. Nach der Zeit t_B hat diese Masse keine Energie mehr, sie ruht; aber die Energie wurde auf die Masse in der Nähe von $c \cdot (t_B - t_0)$ bzw. $-c \cdot (t_B - t_0)$ übertragen.

Wellenausbreitung bedeutet also Energietransport.

Dieser findet meist ohne den Transport von Materie statt, die Materieelemente schwingen nur um ihre Gleichgewichtslage, die individuellen Massen bleiben an ihrem Ort.

Die Lösungen der Bewegungsgleichung der Kette gekoppelter Massen sind sämtlich Wellen, darum trägt diese Gleichung auch den Namen Wellengleichung.

Es gibt allerdings auch nichtlineare Wellen großer Amplitude, so genannte **Stoßwellen**, die durchaus mit erheblichem **Materietransport** verbunden sind. Bei diesen Stoßwellen ist die Ausbreitungsgeschwindigkeit nicht konstant, sondern hängt stark von der Amplitude der Welle ab. Stoßwellen treten etwa beim Überschallflug sowie in Detonationen und Explosionen auf.

Longitudinale und transversale Wellen; Polarisation

In unserem Beispiel-System, der Kette gekoppelter Massen, erfolgt die Ausbreitung einer Welle immer längs der Kette. Bisher haben wir nur solche Wellen betrachtet, bei denen auch die Auslenkung jeder einzelnen Masse längs der Kette erfolgte. Wellenausbreitungsrichtung und Schwingungsrichtung stimmten also überein. Solche Wellen nennt man **longitudinale Wellen**.

Abb. 13.6 Transversale Auslenkung des Beispiel-Systems

Erfolgen die Auslenkungen der einzelnen Massen jedoch exakt senkrecht zur Kette und damit senkrecht zur Wellenausbreitungsrichtung, spricht man von **transversalen Wellen**. Bei diesen Wellen können die Auslenkungen in der Ebene senkrecht zur Ausbreitungsrichtung immer noch unendlich viele verschiedene Richtungen einnehmen: nach oben, nach unten, nach vorn, nach hinten … Liegen sie alle in derselben Richtung (z. B. im Bild oben: senkrecht zur Ausbreitungsrichtung in der Zeichenebene), so bezeichnet man die Welle als **polarisiert**. Die Ebene, die die gemeinsame Richtung aller Auslenkungen mit der Ausbreitungsrichtung bildet, heißt **Polarisationsebene**.

Wellen, deren Auslenkungen „schräg“ zur Ausbreitungsrichtung verlaufen erhalten keinen eigenen Namen, da sie als Überlagerung transversaler und longitudinaler Wellen aufgefasst werden können.

Diese Begriffe haben eine besondere Bedeutung in der Optik: Licht ist ebenfalls eine Wellenerscheinung, nämlich eine elektromagnetische Welle eines bestimmten Frequenzbereichs. Licht ist eine transversale Welle, denn die elektrischen und magnetischen Feldvektoren stehen exakt senkrecht auf der Ausbreitungsrichtung.

Die Unterscheidung zwischen longitudinalen und transversalen Wellen hat jedoch auch bei mechanischen Systemen, die Wellenausbreitung erlauben, eine Bedeutung. Davon gibt es eine ungeheure Vielfalt: die Grenzflächen zwischen Wasser und Luft können Wellen tragen, die Pendelkette kann Wellen tragen; ein Gummiseil, im Modell als Kette gekoppelter Massen dargestellt, kann ebenfalls Wellen tragen. Allen gemeinsam ist die Existenz eines ruhenden Gleichgewichtszustands und die Tatsache, dass bei Störung dieses Ruhezustands Rückstellkräfte auftauchen, gleichgültig, an welcher Stelle die Störung auftritt. Ebenso charakteristisch ist das Vorhandensein von Trägheit (Masse), die über das gesamte System verteilt ist. Während also ein schwingungsfähiges System dadurch charakterisiert ist, dass es **ein** elastisches Element und **ein** träges Element enthält, ist für ein wellentragendes Medium ein **elastisches, träges Kontinuum** charakteristisch, das auf **jedes** herausgegriffene Massenelement, sobald dieses aus seinen Ruhelage ausgelenkt wird, Rückstellkräfte ausübt.

In longitudinalen Wellen ist die Auslenkung der Volumenelemente eng mit dem Druck verbunden: Bewegen sich benachbarte Volumenelemente gegeneinander, so steigt der Druck an dieser Stelle, bewegen sie sich von einander weg, so sinkt der Druck. **Longitudinale Wellen lassen sich daher auch durch die Orts- und Zeitabhängigkeit des Drucks beschreiben.**

Schallwellen in Fluiden

Auslenkungswellen in deformierbaren Medien heißen auch **Schallwellen**.

Schallwellen in kompressiblen, nicht-zähen Fluiden sind rein longitudinal.

Dies wird im Folgenden begründet:

Eine notwendige Voraussetzung für die Ausbreitung einer Welle in einem Medium ist das Vorhandensein einer **Kopplung**. Kopplung bedeutet, dass die Auslenkung eines Volumenelementes des Mediums zu einer auslenkenden Kraft auf das benachbarte Volumenelement führt. In Fluiden wie Wasser oder Luft kostet es zwar Kraft, den Abstand zwischen zwei benachbarten Volumenelementen zu verringern, d. h. durch Druck das Fluid zu komprimieren; es kostet es aber nahezu keine Kraft, zwei benachbarte Volumenelemente aufeinander abgleiten zu lassen, da diese Fluide nicht merklich zäh sind. Solche so genannten „Scherbewegungen" führen also praktisch zu keinen Rückstellkräften und erzeugen deshalb auch keine auslenkenden Kräfte auf das benachbarte Volumenelement. (Beide Kräfte sind Rückwirkungskräfte zueinander.) In **transversalen** Wellen führen benachbarte Volumenelemente nur Scherbewegungen gegeneinander aus. Die Ausbreitung solcher Wellen ist daher in den betrachteten Fluiden wegen des Fehlens von Kopplungskräften nicht möglich.

Ausbreitungsgeschwindigkeit von Wellen

Es gibt eine Vielfalt von Auslenkungswellen in elastischen Medien. Im Folgenden werden einige von ihnen herausgegriffen. Die Formel zur Berechnung ihrer Ausbreitungsgeschwindigkeit (Phasengeschwindigkeit) wird jeweils angegeben.

Beispiel 13.1 ▼

Transversale Welle auf einem elastischen Seil

Für die Phasengeschwindigkeit c gilt:

$$c = \sqrt{\frac{F_0}{\varrho \cdot A}} \qquad (1)$$

Dabei bedeutet F_0 die Kraft, mit der das Seil gespannt ist, ϱ seine Dichte und A seine Querschnittsfläche.

Beispiel 13.1 ▲

Beispiel 13.2 ▼

Longitudinale Welle längs eines elastischen Stabes

Für die Ausbreitungsgeschwindigkeit gilt:

$$c = \sqrt{\frac{E}{\varrho}} \tag{1}$$

mit E = Elastizitätsmodul und ϱ = Dichte des Stabes.

Beispiel 13.2 ▲

Man sieht, dass die Ausdrücke für die Phasengeschwindigkeit bei den verschiedenen eindimensionalen Wellen ähnlich aufgebaut sind: Sie sind durch die Wurzel aus einem Bruch gegeben, bei dem der Zähler die Kopplungsstärke und der Nenner die Massendichte des Mediums beschreibt.

Beispiel 13.3 ▼

Schallwelle in einer Gas- oder Flüssigkeitssäule

Für die Schallgeschwindigkeit in einem idealen Gas gilt:

$$c = \sqrt{\frac{1}{\varrho \cdot \kappa}} \tag{1}$$

Dabei ist ϱ die Gasdichte und κ die Kompressibilität des Gases. Mit den für Luft bei Normalbedingungen gültigen Werten ($\varrho = 1{,}293\ \mathrm{kg/m^3}, \kappa \approx 1{,}4 \cdot 10^{-}5 \cdot 1/\mathrm{Pa}$) ergibt sich so ein Wert für die Schallgeschwindigkeit von etwa 330 m/s.

Dieselbe Gleichung gilt auch für die Schallgeschwindigkeit in Flüssigkeiten. Die Schallgeschwindigkeit in Flüssigkeiten ist jedoch erheblich höher als die in Gasen, da die Kompressibilität von Flüssigkeiten unvergleichlich viel kleiner ist als die der Gase, was durch ihre größere Dichte nicht ausgeglichen wird. Für Wasser gilt z. B. $\kappa \approx 5 \cdot 10^{-10} \cdot 1/\mathrm{Pa}$ und $\varrho = 10^3\ \mathrm{kg/m^3}$, was zu einer Schallgeschwindigkeit von $c \approx 1400$ m/s führt.

Für ideale Gase lässt sich die Kompressibilität aus den spezifischen Wärmekapazitäten bei konstantem Druck c_p und konstantem Volumen c_v berechnen:

$$\kappa = \frac{c_v}{c_p \cdot p} \qquad p = \text{mittlerer Gasdruck} \tag{2}$$

Für die Ausbreitungsgeschwindigkeit von Schallwellen in Gasen erhält man damit die alternative Gleichung:

$$c = \sqrt{\frac{c_p}{c_v}\frac{p}{\varrho}} \tag{3}$$

Beispiel 13.3 ▲

13.2 Harmonische Wellen

Wellen werden durch eine beliebige Funktion des Arguments $(t \pm x/c)$ beschrieben. Diese Allgemeinheit wird sicher der Vielfalt möglicher Wellenerscheinungen gerecht, dennoch soll aber im Folgenden auf eine besondere Art von Wellen eingegangen werden, die für die Wellenlehre die gleiche grundlegende Bedeutung hat wie die Sinusschwingungen für die Schwingungslehre, nämlich die **harmonischen Wellen**, die weiter unten definiert werden.

Die Bedeutung dieser Wellen beruht auf dem folgenden Sachverhalt, der auf die mathematische Grundlagenarbeit von Baron Fourier zurück geht und hier nicht bewiesen wird: **Jede Welle kann als Überlagerung harmonischer Wellen verstanden werden.**

Will man die Phänomene im Zusammenhang mit Wellenausbreitung studieren, genügt es darum, sich auf die leichter überschaubaren harmonischen Wellen zu beschränken. Dies soll im Folgenden geschehen.

Als Beispiel-System verwenden wir wie bisher eine Kette aus Federn und Massen, betrachten aber wegen der größeren Anschaulichkeit nur transversale Auslenkungen in der Zeichenebene:

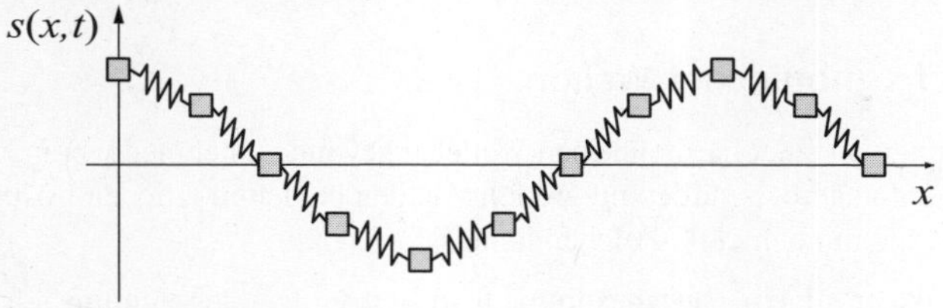

Abb. 13.7 Transversal ausgelenkte Feder-Masse-Kette

Die Abbildung zeigt ein Momentanbild einer harmonischen Welle zu einem bestimmten, festen Zeitpunkt t. (In späteren Abbildungen wird die Kette nur noch als durchgezogene Linie dargestellt. Am besten stellt man sich diese Linie als elastisches Gummiseil vor.) Jede einzelne Masse hat eine eigene Auslenkung s, die eine Funktion des Ortes x ist. Dieses Bild wird sich mit der Zeit natürlich ändern, die Auslenkung ist also auch eine Funktion der Zeit t: $s = s(x,t)$.

Definition der harmonischen Welle

Eine Welle heißt harmonische Welle, wenn sich ihre Auslenkungsfunkton $s = s(x,t)$ in der folgenden Form schreiben lässt.

$$s(x,t) = \hat{s} \cdot \sin\left[\omega\left(t \pm \frac{x}{c}\right)\right] \tag{13.15}$$

Die Masse bei $x = 0$ kann als **Wellenerreger** aufgefasst werden, dem seine Auslenkung von außen aufgezwungen wird. Seine Auslenkungsfunktion ist

$$s(0,t) = \hat{s} \cdot \sin(\omega t) \tag{13.16}$$

Der Wellenerreger einer harmonischen Welle führt also eine Sinusschwingung aus. Durch Umformung der Definitionsgleichung ergeben sich zwei alternative Schreibweisen für die Auslenkungsfunktion der harmonischen Welle. Die Erste lautet:

$$s(x,t) = \hat{s} \cdot \sin(\omega t \pm kx) \tag{13.17}$$

mit der **Wellenzahl**

$$k = \frac{\omega}{c} \qquad [k] = \frac{1}{\mathrm{m}} \tag{13.18}$$

Ist T die **Periodendauer** der Erregerschwingung, so gilt $\omega = 2\pi/T$. Damit ergibt sich die zweite Schreibweise:

$$s(x,t) = \hat{s} \cdot \sin\left[2\pi\left(\frac{t}{T} \pm \frac{x}{\lambda}\right)\right] \tag{13.19}$$

mit der **Wellenlänge**

$$\lambda = cT \qquad [\lambda] = \mathrm{m} \tag{13.20}$$

Kenngrößen harmonischer Wellen sind also:
Amplitude $\hat{s}$, Periodendauer T, Frequenz f und Kreisfrequenz ω ihrer Erregerschwingung sowie ihre Ausbreitungsgeschwindigkeit c, Wellenzahl k und Wellenlänge λ. (Die anschauliche Bedeutung der beiden letzten Größen wird weiter unten gezeigt.)

Zwischen diesen Kenngrößen bestehen die folgenden Zusammenhänge:

$$T = \frac{1}{f} \quad \text{und damit ist} \quad \boxed{c = f \cdot \lambda} \tag{13.21}$$

sowie

$$\omega = \frac{2\pi}{T}, \quad \text{also folgt} \quad \boxed{k = \frac{2\pi}{\lambda}} \quad \text{und} \quad \boxed{c = \frac{\omega}{k}} \tag{13.22}$$

Veranschaulichung harmonischer Wellen

Um etwas mehr Anschauung von einer harmonischen Welle zu gewinnen, nehmen wir an, dass eine solche auf einem Gummiseil angeregt wurde und greifen von den beiden möglichen Lösungen der Wellengleichung zunächst die mit dem „–“-Zeichen heraus.

Wie bewegt sich ein Punkt an einem ganz bestimmten, festen Ort x_1 des Gummiseils? Es sei angenommen, dass dieser Punkt sich rechts vom Ursprung befindet, d. h. $x_1 > 0$. Aus der Lösung der Wellengleichung lässt sich diese Bewegung sofort ablesen:

$$s(x_1, t) = \hat{s} \cdot \sin(\omega t - kx_1) \tag{13.23}$$

Diese Bewegung erkennt man gleich wieder, insbesondere wenn man der Konstanten $-kx_1$ einen eigenen Namen, ϕ_1, gibt:

$$s(x_1, t) = \hat{s} \cdot \sin(\omega t + \phi_1) \qquad \text{mit} \quad \phi_1 = -kx_1 \tag{13.24}$$

Diese Gleichung beschreibt eine ganz normale harmonische Schwingung mit der gleichen Frequenz und Amplitude wie am Ursprung. Der Punkt bei x_1 führt also bis auf die Phasendifferenz exakt die gleiche Schwingung aus wie der Erreger. Die Phase seiner Schwingung ist gegenüber der des Ursprungs um die feste Differenz ϕ_1 verschoben.

- **Bei einer harmonischen Welle schwingen alle Punkte harmonisch und mit derselben Frequenz.** Diese heißt deshalb auch „Frequenz der Welle“.
- **Verschiedene Punkte schwingen gegeneinander phasenverschoben. Die Phasenverschiebung ist proportional zum Abstand zwischen den Punkten.**
- **Der Proportionalitätsfaktor ist die Wellenzahl k.**

Beispiel 13.4 ▼

Phasendifferenz bei einer harmonischen Welle

Eine Welle mit der Frequenz $f = 10$ Hz breite sich auf einem Gummiseil mit der Geschwindigkeit $c = 14$ cm/s aus. Die Wellenlänge ergibt sich daraus zu $\lambda = c/f = 1{,}4$ cm, die Wellenzahl zu $k = 2\pi/\lambda = 4{,}488 \cdot 1/\text{cm}$, die Kreisfrequenz zu $\omega = 2\pi f = 62{,}83 \cdot 1/\text{s}$.

Wir betrachten drei verschiedene Punkte des Gummiseils und untersuchen, wann sie ihre Maximalauslenkung in positiver Richtung erreichen. Dies ist immer dann der Fall, wenn der momentane Phasenwinkel $\varphi = \omega t + \phi(x)$ an ihrer Stelle den Wert $\pi/2 + n \cdot 2\pi$ annimmt ($\sin(\pi/2 + n \cdot 2\pi) = 1$). Den ersten Durchgang durchs Maximum erhält man für $n = 0$.

Mit $\phi = -kx$ ergibt sich für den Punkt an der Stelle $x_1 = 3$ mm:

$$62{,}83\,\frac{1}{\text{s}} \cdot t_1 - 4{,}488\,\frac{1}{\text{cm}} \cdot 0{,}3\text{ cm} = \frac{\pi}{2} \quad \Longrightarrow \quad t_1 = 0{,}046\text{ s}$$

Der Punkt an der Stelle $x_2 = 5$ mm erfährt dieselbe Maximalauslenkung erst später:

$$62{,}83\,\frac{1}{\text{s}} \cdot t_2 - 4{,}488\,\frac{1}{\text{cm}} \cdot 0{,}5\text{ cm} = \frac{\pi}{2} \quad \Longrightarrow \quad t_2 = 0{,}061\text{ s}$$

Noch später erreicht der Punkt bei $x_3 = 7$ mm seinen Maximalausschlag:

$$62{,}83\,\frac{1}{\text{s}} \cdot t_3 - 4{,}488\,\frac{1}{\text{cm}} \cdot 0{,}7\text{ cm} = \frac{\pi}{2} \quad \Longrightarrow \quad t_3 = 0{,}075\text{ s}$$

Beispiel 13.4 ▲

Wie das Beispiel zeigt, trifft man den Phasenwert $\pi/2$ bzw. die positive Maximalauslenkung zur späteren Zeit weiter rechts an: **Die Phase läuft nach rechts**. Dies gilt nicht nur für den Phasenwert $\pi/2$ (Maximalauslenkung), sondern für jeden Phasenwert φ. Die zugehörige Geschwindigkeit lässt sich leicht berechnen:

Ein beliebiger Phasenwert φ befinde sich zur Zeit t_1 bei x_1 und zur Zeit $t_1 + \Delta t$ bei $x_1 + \Delta x$. Dann gilt

$$\varphi = \omega t_1 - kx_1 = \omega(t_1 + \Delta t) - k(x_1 + \Delta x)$$

$$0 = \omega \Delta t - k\Delta x$$

$$\frac{\Delta x}{\Delta t} = \frac{\omega}{k} = c \qquad (13.25)$$

Offensichtlich ist der Parameter c in der Definitionsgleichung 13.15 die Geschwindigkeit, mit der die Phase läuft, und heißt darum **Phasengeschwindigkeit**.

Hätte man statt der Lösung der Wellengleichung mit dem „–"-Zeichen die mit dem „+"-Zeichen diskutiert, hätte man gefunden, dass die Phase nach links läuft. Folglich gilt:

$$s(x,t) = \hat{s} \cdot \sin(\omega t - kx) \qquad (13.26)$$

beschreibt eine **nach rechts laufende harmonische Welle**,

$$s(x,t) = \hat{s} \cdot \sin(\omega t + kx) \qquad (13.27)$$

beschreibt eine **nach links laufende harmonische Welle**.

Eine weitere Möglichkeit, sich die harmonische Welle anschaulich zu machen, ist das Betrachten von **Momentaufnahmen** zu festen Zeiten. Im nebenstehenden Bild ist die Funktion $s(x,t) = \hat{s}\sin(\omega t - kx)$ dargestellt für die Zeiten $t = 0, t = T/4$ und $t = T/2$. Dabei ist T die Periodendauer der einzelnen Schwingungen, wie man deutlich am Schwinger bei $x = 0$ erkennt.

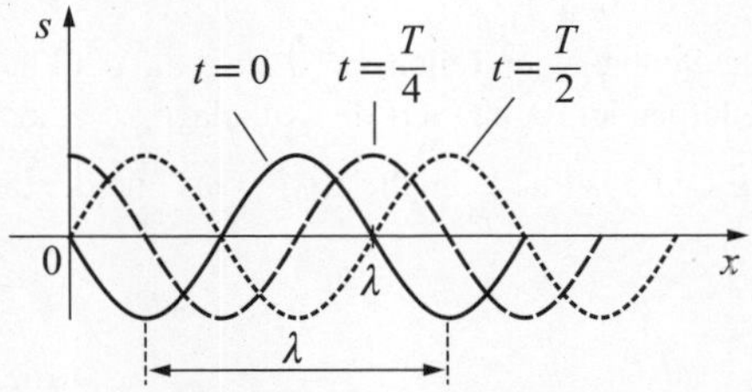

Abb. 13.8 Momentaufnahmen einer nach rechts laufenden harmonischen Welle

Die Momentaufnahmen harmonischer Wellen sind räumliche harmonische Schwingungen, d. h. Sinuslinien, die in Ausbreitungsrichtung verschoben sind.

An der Momentaufnahme zu $t = 0$

$$s(x,0) = -\hat{s}\sin(kx) = -\hat{s}\sin\left(\frac{2\pi}{\lambda} \cdot x\right) \qquad (13.28)$$

wird nun auch **die Bedeutung der Wellenlänge** λ klar: Schreitet man im Ort um $\Delta x = \lambda$ weiter, so erhöht sich der Phasenwinkel um $\Delta\varphi = 2\pi$; λ ist die „Periodendauer" der räumlichen Schwingung. Punkte gleicher Auslenkung (z. B. benachbarte „Wellentäler") haben gerade den Abstand λ.

Sehr deutlich ist der Abbildung zu entnehmen, wie für aufeinander folgende Zeitpunkte das gesamte Wellenbild einfach nach rechts rutscht. Dabei gibt der höchste Punkt eines „Wellenberges" immer die Stelle an, wo die Phase der einzelnen Schwingungen gerade den Wert $\pi/2$ hat. Die Verschiebung des Wellenbildes spiegelt also die schon besprochene Verschiebung der Phasenwerte wieder und hat damit auch die Geschwindigkeit c.

Die Momentaufnahme einer harmonischen Welle verschiebt sich (bei weiterlaufender Zeit) mit der Phasengeschwindigkeit *c*.

Verschiebt man in der Abb. 13.8 die Momentaufnahme zu $t = T/2$ um eine Wellenlänge λ und beobachtet dabei die Auslenkung des Schwingers bei $x = \lambda$, so erkennt man, dass diese Verschiebung gerade einer vollen Schwingung entspricht, also die Zeit T benötigt. Für die Phasengeschwindigkeit c ergibt sich daraus ganz anschaulich die Gl. (13.20): $c = \lambda / T$.

Wellenausbreitung bedeutet also die Ausbreitung von Auslenkung, die Ausbreitung von Phase. Wellenausbreitung bedeutet aber auch, wie schon öfter angesprochen, Ausbreitung von Energie, und diesem Aspekt ist der nächste Abschnitt für den Sonderfall harmonischer Wellen gewidmet.

13.3 Energietransport in Schallwellen

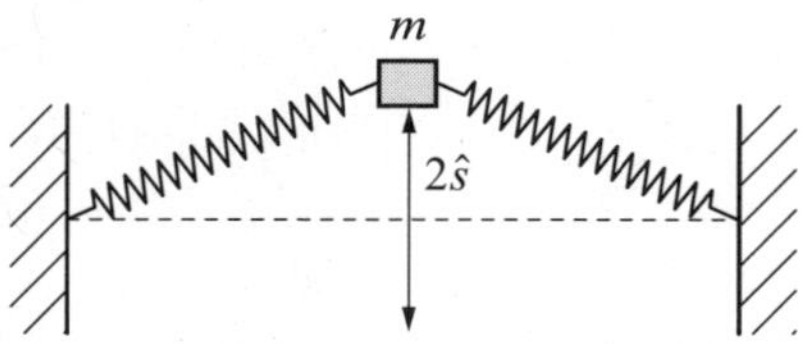

Abb. 13.9 Transversal ausgelenktes Federpendel

Wellentragende Medien wurden bisher stets modelliert als Systeme von sehr vielen und sehr kleinen Federpendeln. Ein schwingendes Federpendel hat mehr Energie als ein ruhendes; diese Zusatzenergie oder Schwingungsenergie ist gleich der kinetischen Energie, die das Federpendel beim Durchqueren der Ruhelage hat. Sie wird im Folgenden berechnet.

Bei einer laufenden harmonischen Welle schwingt jedes Pendel harmonisch:

$$s(t) = \hat{s} \cdot \sin(\omega t + \phi) \tag{13.29}$$

Seine **Schnelle** (Geschwindigkeit des Teilchens) ist die erste Zeitableitung der Auslenkung:

$$\dot{s}(t) = \omega \cdot \hat{s} \cdot \cos(\omega t + \phi) \tag{13.30}$$

(Die Schnelle des Teilchens ist nicht mit der Phasengeschwindigkeit der Welle zu verwechseln.) Das Federpendel durchquert die Ruhelage zu einem Zeitpunkt t_0, für den $\omega t_0 + \phi = 0$ ist; zu diesem Zeitpunkt ist die Schnelle $\dot{s}(t_0) = \omega \hat{s}$ und die kinetische Energie ist $W = \frac{1}{2} m \, [(\dot{s}(t_0))]^2$ oder

$$W = \frac{1}{2} \cdot m \cdot \omega^2 \cdot \hat{s}^2 \tag{13.31}$$

Die im schwingenden Federpendel steckende Energie ist also dem Quadrat der Frequenz und dem Quadrat der Auslenkungsamplitude proportional.

Eindimensionaler Energietransport

Es sei nun wieder das Feder-Masse-Kette-Modell betrachtet mit rein transversalen Auslenkungen in einer Ebene.

Ist die Kette in Ruhe, so steckt definitionsgemäß keine Schwingungsenergie im System. Wird das Federpendel bei $x = 0$ zu einer harmonischen Schwingung mit der Kreisfrequenz ω und der Amplitude $\hat{s}$ angeregt, dann steckt in ihm die **Schwingungsenergie**

$$\Delta W = \frac{1}{2} \Delta m \cdot \omega^2 \cdot \hat{s}^2 \tag{13.32}$$

Diese Schwingung breitet sich als Welle wie jede Störung mit der Geschwindigkeit c längs der Kette aus. Nach Ablauf der Zeit $\Delta t = x_1 / c$ wird die Schwingung auch das Federpendel am Ort x_1 erreichen. Dann wird auch dieses mit gleicher Frequenz und Amplitude schwingen und damit die gleiche Schwingungsenergie enthalten wie das Pendel am Ursprung. Die Energie ΔW ist mit der Geschwindigkeit c die Kette entlang gewandert.

Wird die Schwingung des Pendels am Ursprung zwangsweise aufrecht erhalten, so schickt dieses immer neue Energie auf die Kette; es unterhält einen **Energiestrom** längs der Kette.

Im Modell entspricht die Länge jedes einzelnen Pendels dem Abstand Δx der schwingenden Massen (in der Abb. 13.9 gehört die rechte Koppelfeder schon zum nächsten Federpendel); damit kann man berechnen, wie viel Energie im Falle eines kontinuierlichen Stroms auf jeder Längeneinheit der Kette sitzt. Dies ist die so genannte lineare **Energiedichte** w:

$$w = \frac{\Delta W}{\Delta x} \qquad [w] = \frac{\mathrm{J}}{\mathrm{m}} \tag{13.33}$$

$$w = \frac{1}{2} \cdot \frac{\Delta m}{\Delta x} \cdot \omega^2 \cdot \hat{s}^2$$

Der Strom ist definiert als die Menge, die pro Zeiteinheit an einer bestimmten Stelle vorüber strömt. Der Energiestrom auf der Feder-Masse-Kette ist also diejenige Energiemenge, die pro Zeiteinheit an einer bestimmten Stelle der Kette vorbei fließt.

Im Falle kontinuierlichen Strömens kann man sich jede beliebige Stelle heraus greifen. Da die Energie mit der Geschwindigkeit c strömt, wird diese Stelle in einer Zeit Δt gerade von derjenigen Energiemenge passiert, die auf einem Kettenstück der Länge $c \cdot \Delta t$ vor der Stelle sitzt, also von der Energie $w \cdot c \cdot \Delta t$. Die pro Zeiteinheit vorüber strömende Energiemenge, der **Energiestrom** I, ist dann

$$I = \frac{w \cdot c \cdot \Delta t}{\Delta t} = w \cdot c \qquad [I] = \frac{\mathrm{J}}{\mathrm{s}} \tag{13.34}$$

$$I = \frac{1}{2} \cdot \frac{\Delta m}{\Delta x} \cdot \omega^2 \cdot \hat{s}^2 \cdot c$$

Dreidimensionaler Energietransport

Das besprochene Beispiel der Feder-Masse-Kette ist nur eindimensional, die Wellenausbreitung erfolgt längs einer Linie. Interessant für die Praxis sind aber auch Wellen im dreidimensionalen Raum; das sicherlich anschaulichste Beispiel sind wieder die Schallwellen. Im folgenden soll gezeigt werden, welche Wellenformen im Dreidimensionalen auftreten können und welche Energie diese Wellen transportieren.

Ebene Schallwellen

Um Klarheit zu erlangen, welche Arten von Wellen im dreidimensionalen Raum möglich sind, sei das Beispiel einer unendlich ausgedehnten Wand, die harmonisch schwingt, betrachtet.

Dieses Beispiel ist für Luftmoleküle (Größe etwa 10^{-10} m) etwa durch ein Stück einer schwingenden Lautsprechermembran (Größe etwa 10^{-2} m) realisiert.

Bewegt sich die Wand gerade nach rechts, drückt sie die dort ruhende Luftschicht zusammen: Vor der Wand wird der Druck höher als in der übrigen Umgebung; ein parallel zur Wand verlaufender „Druckberg" entsteht. Bewegt sich nun die Wand wieder nach links, so entsteht zwischen ihr und dem Druckberg ein Bereich verminderten Drucks, ein „Drucktal".

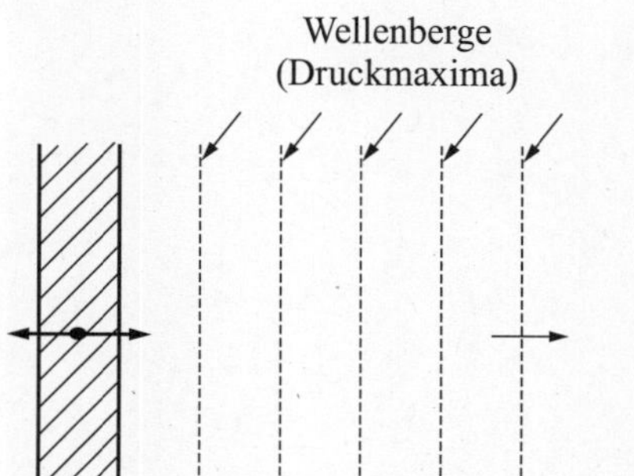

Abb. 13.10 Erregung einer ebenen Schallwelle

Aus dem Druckberg werden anschließend Luftteilchen nach rechts in den noch ungestörten Bereich wandern und den Druck dadurch dort erhöhen. Andere Luftteilchen strömen nach links in das dort befindliche Tal, gleichen dieses aus und lassen an der Stelle des ursprünglichen Berges ein Tal entstehen, da der Druckausgleich aufgrund der Trägheit über sein Ziel hinaus schießt. Wie die Störung am Ende eines einmalig ausgelenkten Gummiseils vom erregten Ende weg wandert, werden der Druckberg und das nachfolgende Drucktal also von der Erregungsstelle (der Wand) weg wandern. Schwingt die Wand sinusförmig weiter, so wird sie einen Druckberg nach dem anderen dem ersten folgen lassen, wobei sich zwischen zwei Bergen immer ein Tal befindet. Das Wellenfeld wird nach einer Weile so aussehen, wie in obigem Bild angedeutet: Ein Druckberg (gestrichelte Linie) folgt dem anderen auf seinem Weg weg von der erregenden Wand. Der Abstand benachbarter Wellenberge ist dabei immer gleich und stellt die **Wellenlänge** der Welle dar.

Die Wellenberge werden auch **Wellenfronten** genannt. Allgemein sind Wellenfronten Flächen im Wellenfeld, deren Punkte zur gleichen Zeit alle dieselbe Schwingungsphase haben. Auch die zwischen den Wellenbergen laufenden Wellentäler sind also Wellenfronten.

Im vorgestellten Beispiel sind die Wellenfronten ebene Flächen parallel zur erregenden Wand. Man spricht darum bei diesem Wellenfeld von **ebenen Wellen**.

Das Beispiel bestätigt auch die schon bekannte allgemeine Aussage:
Schallwellen in Fluiden sind Longitudinalwellen, denn die Luftmoleküle bewegen sich in der gleichen Richtung wie die erregende Wand, also in Ausbreitungsrichtung.

Kugelwellen

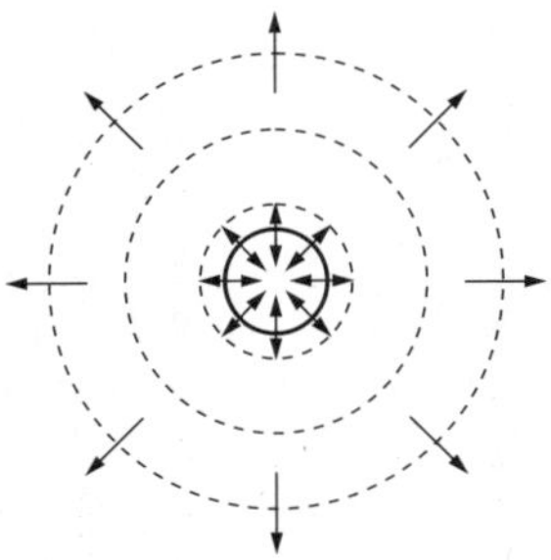

Abb. 13.11 Erregung einer Kugelwelle

Andere Wellenformen sind denkbar, so z. B. diejenige, die sich ergibt, wenn der Erreger nicht eine schwingende Wand, sondern ein pulsierender Ballon ist, der periodisch seinen Durchmesser ändert.

Dieser Ballon erzeugt Wellenfronten in Form konzentrischer Kugelschalen. Solche Wellen nennt man **Kugelwellen**.

Zylinderwellen

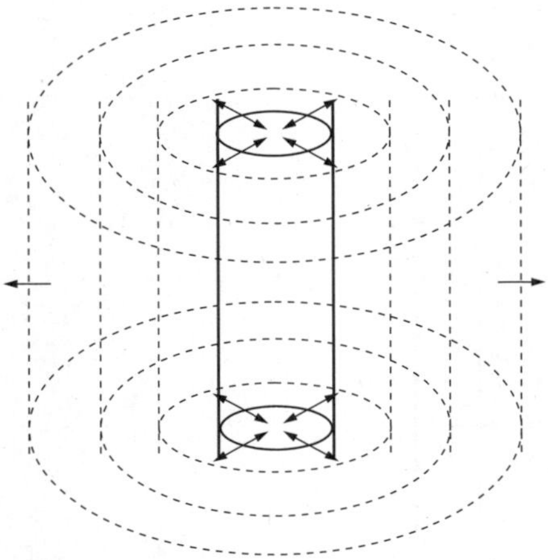

Abb. 13.12 Erregung einer Zylinderwelle

Eine dritte Form wird von einem pulsierenden Rohr erzeugt, also von einem unendlich langen, linear ausgestreckten, elastischen Rohr, das seinen Durchmesser periodisch ändert:

Dieses Rohr sendet zylinderförmige Wellenfronte aus, die zu einem beliebigen Beobachtungszeitpunkt (Momentaufnahme) alle konzentrisch um die Rohrmittellinie liegen. Solche Wellen nennt man **Zylinderwellen**.

Bei der ebenen Welle hängt der Wert, den der durch die Welle erzeugte Zusatzdruck Δp an irgendeiner Stelle im Raum annimmt, außer von dem Zeitpunkt t, zu dem man ihn misst, nur noch vom skalaren Abstand x von der schwingenden Erregerwand ab, $\Delta p = f(x,t)$. Punkte mit gleichem Abstand x haben alle den gleichen Zusatzdruck. Bei der Kugelwelle ist der Zusatzdruck für alle Punkte mit gleichem Abstand r zum Ballonmittelpunkt gleich, $\Delta p = f(r,t)$, also entscheidet nur r und die Zeit t über die Größe des Zusatzdrucks. Und bei der Zylinderwelle schließlich ist es neben der Zeit t nur noch der Abstand ρ von der Rohrachse, der den Wert des Zusatzdrucks bestimmt, $\Delta p = f(\rho, t)$.

Auslenkung und Druck in einer Schallwelle

Hier ist von Druckwellen die Rede; bisher wurden aber nur Auslenkungswellen mathematisch beschrieben.

Zwischen der **Druckamplitude** und der **Auslenkungsamplitude** einer longitudinalen Welle besteht der folgende Zusammenhang, der hier ohne Beweis angegeben wird:

$$\Delta\hat{p} = \varrho \cdot c \cdot \omega \cdot \hat{s} \tag{13.35}$$

Dieser Zusammenhang erlaubt, aus den einer Messung leicht zugänglichen Größen Dichte, Schallgeschwindigkeit, Frequenz und Druckamplitude die Auslenkungsamplitude der Luftmoleküle zu bestimmen.

Beispiel 13.5

Auslenkungsamplitude von Luftmolekülen in einer Schallwelle

In einer Schallwelle der Frequenz $f = 225$ Hz wird eine Druckamplitude von $\Delta\hat{p} = 0{,}03$ Pa gemessen. Daraus ergibt sich folgende Auslenkungsamplitude der Luftmoleküle ($\varrho = 1{,}293\ \mathrm{kg/m^3}$; $c = 330\ \mathrm{m/s}$):

$$\begin{aligned}\hat{s} &= \frac{\Delta\hat{p}}{\varrho \cdot c \cdot \omega} = \frac{0{,}03\ \mathrm{Pa}}{1{,}293\ \frac{\mathrm{kg}}{\mathrm{m}^3} \cdot 330\ \frac{\mathrm{m}}{\mathrm{s}} \cdot 2\pi \cdot 225\ \frac{1}{\mathrm{s}}} \\ &= 5 \cdot 10^{-8}\ \mathrm{m} = 0{,}05\ \mathrm{\mu m} = 50\ \mathrm{nm}\end{aligned} \tag{1}$$

Beispiel 13.5

Energietransport in einer ebenen Schallwelle

Welche Energie transportiert eine ebene Schallwelle? Wie lässt sich der Energiestrom errechnen?

Bei der eindimensionalen Feder-Masse-Kette ist der Energiestrom

$$I = \frac{1}{2}\frac{\Delta m}{\Delta x} \cdot \omega^2 \hat{s}^2 c \tag{13.36}$$

Es ist plausibel, dass für die ebene Welle dieselbe Formel gilt, da diese Welle, wie oben ausgeführt, ebenfalls eindimensional beschreibbar ist. Um den Ausdruck $\Delta m/\Delta x$ zu berechnen, greifen wir aus der ebenen Welle einen röhrenförmigen Ausschnitt der Querschnittsfläche A heraus, dessen Achse parallel zur Ausbreitungsrichtung liegt. Innerhalb dieser Röhre gilt: $\Delta m/\Delta x = \varrho \cdot A$. Die Auslenkungsamplitude möchte man lieber durch die Druckänderungsamplitude ersetzen, die der Messung leichter zugänglich ist. Unter Verwendung der Gl. (13.35) erhält man dann für den **Energiestrom**:

$$I = \frac{1}{2}\frac{(\Delta\hat{p})^2}{\varrho c} \cdot A \tag{13.37}$$

Wie zu sehen, wächst dieser Energiestrom linear mit dem Querschnitt der recht willkürlich aus dem Wellenfeld herausgegriffenen Röhre. Definiert man die **Energiestromdichte** oder **Intensität** i durch

$$i = \frac{I}{A}; \qquad [i] = \frac{\mathrm{J}}{\mathrm{m}^2 \cdot \mathrm{s}}$$

so erhält man für diesen „Energiestrom pro Flächeneinheit"

$$i = \frac{1}{2}\frac{(\Delta\hat{p})^2}{\varrho c} \tag{13.38}$$

Für die Herleitung dieser Formel ist es unwesentlich, ob die betrachtete Röhre unmittelbar an die Erregerwand anschließt oder sich irgendwo sonst im Wellenfeld befindet. Die Druckamplitude ist überall im Wellenfeld gleich, also ist auch die Intensität gleich. Daher folgt die zusammenfassende Aussage:

Die Energiestromdichte (Intensität) wächst mit dem Quadrat der Druckamplitude und ist in einem ebenen Schallwellenfeld überall gleich.

Energietransport in einer kugelförmigen Schallwelle

Ist $I(r)$ der Energistrom, der durch eine konzentrisch um den Erreger gelegte, kugelförmige Messfläche $A(r)$ mit dem Radius r fließt, so gilt:

$$I(r) = i(r) \cdot A(r) \tag{13.39}$$

Aufgrund der Energieerhaltung muss dieser Energiestrom für alle r gleich groß sein:

$$I(r) = \text{const.} = I_0 \tag{13.40}$$

Daraus folgt für die Intensität einer Kugelwelle:

$$i(r) = \frac{I_0}{A(r)} = \frac{I_0}{4\pi r^2}$$

$$i(r) \sim \frac{1}{r^2} \tag{13.41}$$

Die Energiestromdichte (Intensität) einer Kugelwelle ist umgekehrt proportional zum Quadrat des Abstandes r vom Erregerzentrum.

Da die Intensität proportional dem **Quadrat** der Druck- wie auch der Auslenkungsamplitude ist, bedeutet dies:

Druck- und Auslenkungsamplitude einer Kugelwelle sind umgekehrt proportional zum Abstand vom Erregerzentrum.

Die mathematische Beschreibung einer laufenden harmonischen Kugelwelle hat daher folgende Form:

$$\Delta p(r,t) = \Delta\hat{p}(r) \cdot \sin(\omega t - kr) \qquad \text{mit} \quad \Delta\hat{p}(r) = \frac{\text{Konstante}}{r} \qquad \text{oder} \tag{13.42}$$

$$s(r,t) = \hat{s}(r) \cdot \sin(\omega t - kr) \qquad \text{mit} \quad \hat{s}(r) = \frac{\text{Konstante}}{r} \tag{13.43}$$

Energietransport in der zylinderförmigen Schallwelle

Ähnliche Argumente kann man für die Zylinderwelle führen und findet:

$$i \sim \frac{1}{r} \tag{13.44}$$

Die Energiestromdichte (Intensität) einer Zylinderwelle ist umgekehrt proportional zum Abstand von der Erregerachse, Druck- und Auslenkungsamplitude sind umgekehrt proportional zur Wurzel des Abstandes von der Erregerachse.

13.4 Reflexion von Wellen

Was passiert mit einer Welle, die ein Gummiseil entlangläuft und auf dessen Ende trifft?

Was dann geschieht, kann man sich wiederum recht gut am Beispiel der Kette aus Federn und Massen bei rein transversaler Auslenkung in einer Ebene klar machen. Allerdings sind die präsentierten Modelle qualitativ und hier nur als Verständnishilfen gedacht.

Wir unterscheiden zwei Fälle: Beim „festen Ende" ist das Ende der Kette an einer starren Halterung befestigt; beim „freien Ende" endet die Kette ohne jede Halterung.

Bevor die Vorgänge am Kettenende behandelt werden können, müssen wir zunächst zum Vergleich die normale Wellenausbreitung innerhalb der Kette betrachten. Abb. 13.13 zeigt die Bewegung einer beliebig aus der Kette herausgegriffenen Masse (als Quadrat gezeichnet), über die ein einzelner Wellenberg hinweg läuft. In der Position a wirken zwei gespannte Federn auf die betrachtete Masse, wodurch ihre Aufwärtsbewegung gebremst, und sie anschließend wieder zur Gleichgewichtslage hin beschleunigt wird. Dort angekommen (Position b), bleibt sie wieder stehen, da sie durch die gespannte Feder rechts von ihr gebremst wurde.

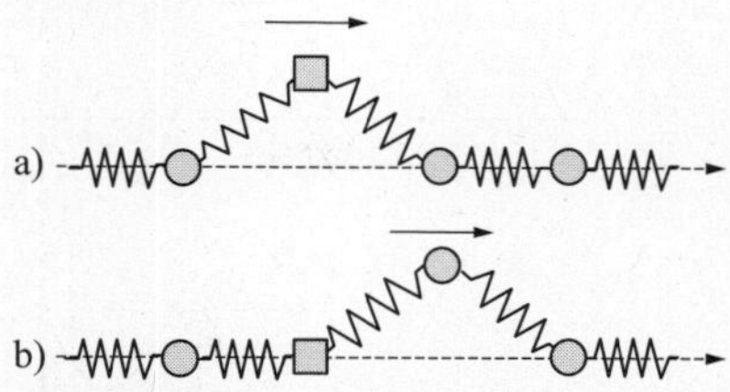

Abb. 13.13 Laufender Wellenberg

Trifft der einzelne Wellenberg auf ein **festes Ende**, so ändert sich die Situation. Vergleicht man Abb. 13.14 mit Abb. 13.13, so erkennt man, dass die Kräfte auf die betrachtete Masse (Quadrat) in der Position a zwar noch dieselben sind, sodass die Masse wie innerhalb der Kette in ihrer Aufwärtsbewegung gebremst und danach zur Gleichgewichtslage hin beschleunigt wird; dort angekommen (Position b), fehlt aber in Abb. 13.14 die gespannte Feder rechts von der betrachteten Masse (die letzte Masse wird durch das feste Ende an der Aufwärtsbewegung gehindert), so dass die betrachtete Masse nicht gebremst wird, sondern über die Gleichgewichtslage hinaus schießt und ein Wellental erzeugt (Position c). Dieses Wellental wird anschließend, so als wäre es durch eine äußere Anregung erzeugt worden, vom festen Ende weglaufen. Am festen Ende hat die Welle ihre Laufrichtung also umgedreht, sie ist **reflektiert** worden. Dabei ist aus einem Wellenberg aber ein Wellental geworden.

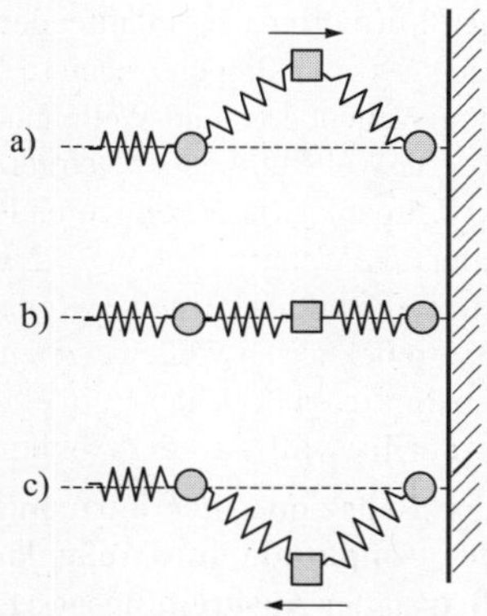

Abb. 13.14 Reflexion am festen Ende

Bei der Reflexion am festen Ende ändert sich das Vorzeichen der Auslenkung.

Anders sind die Vorgänge am **freien Ende**:

Hat der Berg die in Abb. 13.15 a skizzierte Position am Ende der Kette erreicht, so wird sich im nächsten Augenblick (wie bei der analogen Situation im Innern der Kette) die als Quadrat gezeichnete Masse nach unten und die letzte Masse der Kette nach oben bewegen. Dabei wird die letzte Masse weiter nach oben ausschwingen, als es der Höhe des ankommenden Berges entspricht (Abb. 13.15 b), denn im Unterschied zu einer Masse im Inneren der Kette wird sie nur durch **eine** Feder gebremst. Die als Quadrat gezeichnete Masse erfährt dadurch auf ihrem Weg von der positiven Maximalauslenkung (a) zur Gleichgewichtslage (b) eine so große Bremskraft, dass sie dort nicht nur bis zum Stillstand abgebremst ist, sondern wieder nach oben beschleunigt wird. Es entsteht wieder ein Wellenberg (Position c). Dieser läuft, genau wie ein durch äußere Anregung dort erzeugter Berg, vom Ende weg in die Kette hinein. Auch am freien Ende wird die Welle also reflektiert; ein Berg bleibt dabei aber ein Berg.

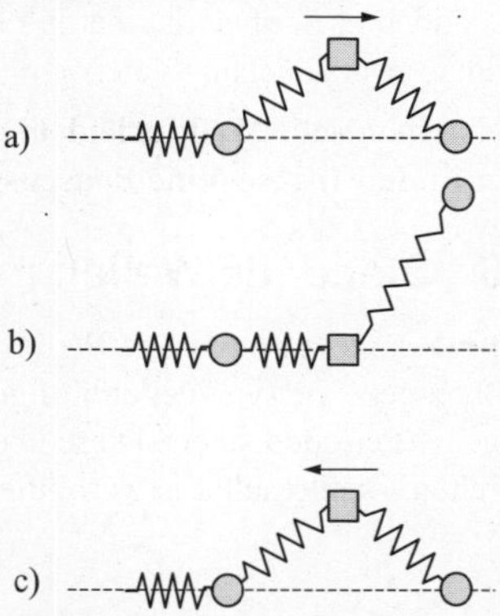

Abb. 13.15 Reflexion am freien Ende

Bei der Reflexion am freien Ende ändert sich das Vorzeichen der Auslenkung nicht.

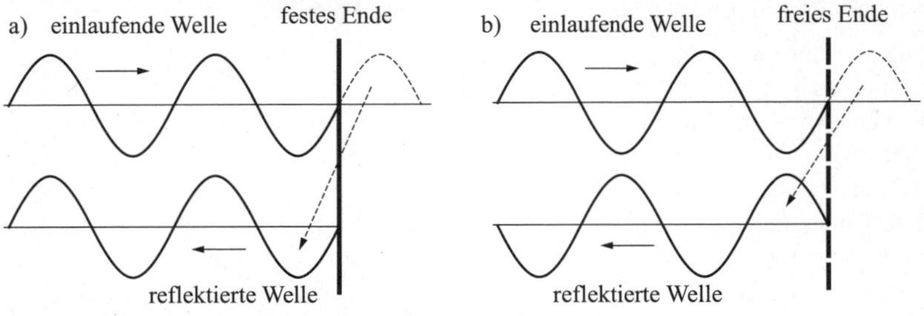

Abb. 13.16 Reflexion einer Harmonischen Welle

Läuft statt eines isolierten Wellenberges eine **harmonische Welle** auf das Ende der Kette (des Gummiseils) zu, so entsteht die in Abb. 13.16 gezeigte Situation: Die jeweils oben gezeichnete **Momentaufnahme** der einlaufenden Welle verschiebt sich bei „weiter laufender Zeit" mit der Ausbreitungsgeschwindigkeit c nach rechts, so dass am Ende der Kette (senkrechte Linie) nacheinander alle ihre Wellenberge und Wellentäler in der oben beschriebenen Art reflektiert werden und so die reflektierte Welle aufbauen. Deren Momentaufnahme ist jeweils im unteren Teil der Abbildung im selben Zeitpunkt wie die einlaufende Welle dargestellt. Der gestrichelt gezeichnete Wellenberg der einlaufenden Welle ist schon $T/2$ **vor** dem Zeitpunkt der Momentaufnahme auf das Kettenende aufgetroffen und hat bei seiner Reflexion das zuletzt entstandene Tal bzw. den zuletzt entstandenen Berg der reflektierten Wellen erzeugt, was durch einen Pfeil angedeutet ist. Deutlich sieht man, dass dabei beim freien Ende der Berg ein Berg bleibt, wohingegen der Berg bei der Reflexion am festen Ende zum Tal wird. Aus der Abbildung erkennt man:

Bei der Reflexion einer harmonischen Welle entsteht wieder eine harmonische Welle mit gleicher Amplitude und Wellenlänge, aber entgegengesetzter Ausbreitungsgeschwindigkeit. Der Betrag der Ausbreitungsgeschwindigkeit aber ist unverändert, weil er alleine von den Eigenschaften des wellentragenden Mediums bestimmt ist. Wegen $c = f \cdot \lambda$ sind die Frequenzen von einlaufender und reflektierter Welle gleich.

In dem in der Abb. 13.16 dargestellten Moment schwingt der letzte Schwinger der einlaufenden Welle in beiden Fällen gerade durch die Nulllage nach unten. Der erste Schwinger der reflektierten Welle schwingt bei der Reflexion am freien Ende ebenso nach unten, bei der Reflexion am festen Ende jedoch nach oben und hat in diesem Fall zum letzen Schwinger der einlaufenden Welle also eine Phasenverschiebung von $\Delta\varphi = \pi$. Daraus ergibt sich:

Eine harmonische Welle erleidet bei der Reflexion am festen Ende einen Phasensprung π; am freien Ende wird sie ohne Phasensprung reflektiert.

13.5 Stehende Wellen in einseitig begrenzten Medien

Lässt man eine harmonische Welle an einem festen oder freien Ende reflektieren, so erhält man, wie oben gezeigt, zwei **gegenläufige harmonische Wellen** gleicher Amplitude, Wellenlänge und Frequenz (Periodendauer). Diese überlagern sich, da sie sich auf demselben Medium (Gummiseil) ausbreiten. Das Resultat ist verblüffend.

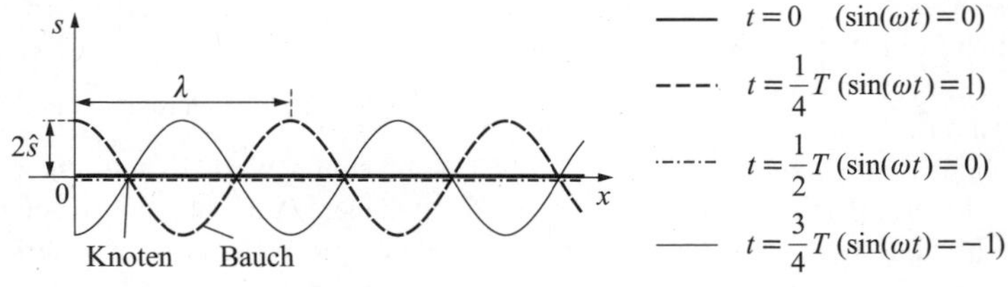

Abb. 13.17 Momentanaufnahmen einer stehenden Welle

Bei $x = 0$ ist das freie Ende eines nach rechts beliebig ausgedehnten Gummiseils. Von rechts laufe eine harmonische Welle (Sinuswelle) auf das freie Ende zu:

$$s_-(x,t) = \hat{s} \cdot \sin\left(2\pi \cdot \left(\frac{t}{T} + \frac{x}{\lambda}\right)\right) \tag{13.45}$$

Dort wird sie ohne Phasensprung als Sinuswelle gleicher Amplitude und Frequenz nach rechts reflektiert:

$$s_+(x,t) = \hat{s} \cdot \sin\left(2\pi \cdot \left(\frac{t}{T} - \frac{x}{\lambda}\right)\right) \tag{13.46}$$

Der Index „−" und „+" gibt die Laufrichtung an. Beide Wellen überlagern sich.

Ein Medium heißt „linear", wenn die Überlagerung zur Addition der Auslenkungen führt. Diese Definition heißt auch Superpositionsprinzip für lineare Medien:

Im linearen Medium addieren sich die Auslenkungen der überlagerten Wellen.

$$s(x,t) = s_-(x,t) + s_+(x,t) \tag{13.47}$$

Unter der Annahme der Linearität und mithilfe des Additionstheorems

$$\sin(\alpha \pm \beta) = \sin\alpha\cos\beta \pm \cos\alpha\sin\beta$$

ist das Ergebnis der Überlagerung:

$$s(x,t) = 2\hat{s} \cdot \cos\left(\frac{2\pi}{\lambda}x\right) \cdot \sin(\omega t) \tag{13.48}$$

Dies ist keine laufende Welle mehr. Jeder Punkt schwingt (phasengleich) mit der gleichen Zeitfunktion $\sin(\omega t)$, nur die Amplitude ist von Ort zu Ort verschieden, die Amplitude ist eine (Kosinus-) Funktion des Ortes. In Abbildung 13.17 ist diese Wellenerscheinung durch Momentaufnahmen zu verschiedenen Zeitpunkten dargestellt.

Deutlich ist zu sehen, dass hier die Auslenkung nicht mehr am Seil entlang wandert; vielmehr bleibt jeder Schwingungsvorgang stationär an seinem Ort „stehen": Darum nennt man diese Erscheinung auch **stehende Welle**:

Eine stehende Welle entsteht durch die Überlagerung zweier gegenläufiger harmonischer Wellen gleicher Frequenz und Amplitude.

(Da beide Wellen im gleichen Medium laufen, ist ihre Ausbreitungsgeschwindigkeit c gleich. Wegen $c = f\lambda$ bedeutet gleiche Frequenz deshalb automatisch auch gleiche Wellenlänge.) Dabei ist es im Grunde gleichgültig, ob die zweite Welle, die mit der ersten zur Überlagerung kommt, durch Reflexion entstand oder durch irgendeinen externen Wellenerreger.

An den Stellen, an denen die Amplituden-Kosinusfunktion den Wert null annimmt, findet überhaupt keine Schwingung statt. Diese Stellen nennt man **Schwingungsknoten**. An Stellen, an denen die Kosinusfunktion den Wert ± 1 annimmt, erfolgt die Schwingung mit maximaler Amplitude, nämlich mit dem doppelten Wert der Amplitude der beiden gegenläufigen Wellen. Diese Stellen nennt man **Schwingungsbäuche**. In benachbarten Bäuchen hat die Kosinusfunktion entgegengesetztes Vorzeichen: Darum schwingen die Punkte in benachbarten Bäuchen im **Gegentakt**. Da λ, wie am Überlagerungsergebnis zu sehen, die Periode der räumlichen Kosinusschwingung ist, ist der Abstand zwischen je zwei Knoten (Nullstellen des Kosinus) gerade $\lambda/2$. Also haben auch je zwei Bäuche den Abstand der halben Wellenlänge.

Eigenschwingungen von Kontinua

Ausgangspunkt obiger Betrachtung ist ein halb-unendliches Gummiseil, das bei $x = 0$ ein freies Ende hat, nach rechts beliebig lang ist und eine stehende Welle trägt. Für die stehende Welle macht es aber überhaupt nichts aus, wenn man das Gummiseil in irgendeinem der Knoten wirklich festknotet, also dort ein festes Ende hinsetzt: Das Seil muss daher nach rechts gar nicht beliebig lang sein, um eine stehende Welle tragen zu können. Allerdings muss die Länge des Seils gerade so auf die Wellenlänge abgestimmt sein, dass an seinem freien Ende ein Schwingungsbauch, an seinem festen Ende ein Schwingungsknoten zu liegen kommt. Hat das Seil zwei feste Enden, muss die Seillänge so gewählt sein, dass an beiden Enden Schwingungsknoten liegen, und hat das Seil zwei freie Enden, so kann es stehende Wellen von nur der Wellenlänge tragen, die an beide Enden Schwingungsbäuche platziert.

Ist die Länge des Seils vorgegeben, so gibt es immer stehende Wellen mit passender Wellenlänge und damit passendem Knotenabstand, so dass die genannten Bedingungen für die Seilenden erfüllt sind.

Ein nur endlich ausgedehntes, kontinuierliches Medium (d. h. mit kontinuierlicher Verteilung von Elastizität und Masse) ist in der Lage, bestimmte stehende Wellen zu tragen. Diese stehenden Wellen heißen „Eigenschwingungen" des begrenzten Mediums. Die Wellenlänge jeder Eigenschwingung ist so auf die Länge des Mediums abgestimmt, dass an einem freien Ende ein Bauch und an einem festen Ende ein Knoten liegt.

Im Folgenden fragen wir nach den möglichen Wellenlängen von Eigenschwingungen auf Seilen gegebener Länge l. Natürlich hängt die Antwort davon ab, wie die Seilaufhängung aussieht: ob feste oder lose Enden vorgesehen sind.

Zwei feste Enden der Seilaufhängung

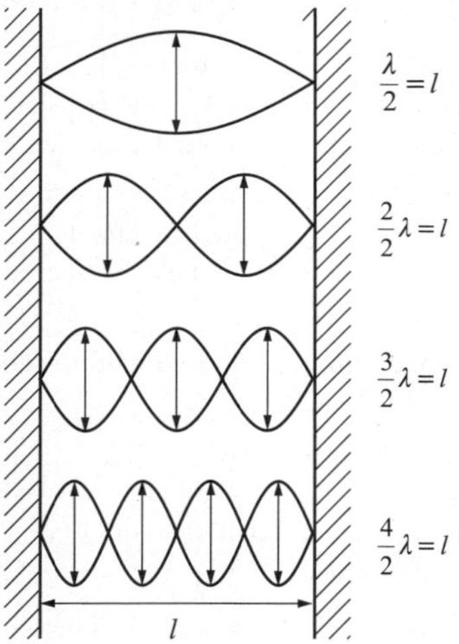

Abb. 13.18 Eigenschwingungsformen bei zwei festen Enden

Hier müssen an beiden Enden Knoten zu liegen kommen. Da je zwei benachbarte Knoten immer den Abstand $\lambda/2$ haben, passen nur solche stehende Wellen auf das Seilstück, für die die Seillänge l ein ganzzahliges Vielfaches der halben Wellenlänge ist:

$$l = n \cdot \frac{\lambda_n}{2}; \quad n = 1, 2, 3, \ldots$$

also gilt

$$\lambda_n = \frac{2l}{n} \tag{13.49}$$

Räumliche und zeitliche Periodendauer einer Welle sind eng verknüpft:

$$c = f \cdot \lambda \tag{13.50}$$

Welche Schwingungsfrequenzen haben demnach die auf dem Seilstück der Länge l möglichen stehenden Wellen (Eigenschwingungen)?

$$f_n = \frac{c}{\lambda_n}$$

also gilt

$$f_n = n \cdot \frac{c}{2l} \tag{13.51}$$

Das Seil, als kontinuierliches Medium, kann also mit ganz bestimmten, wohl voneinander unterschiedenen (diskreten) Frequenzen schwingen, die von seiner Länge bestimmt sind und seiner Geometrie zu **eigen** sind (**Eigenfrequenzen von Kontinua**). Die Schwingung mit der niedrigst möglichen Frequenz ist die für $n = 1$, die **Grundschwingung**. Schwingungen mit höherer Frequenz heißen **Oberschwingungen**.

Bei einem Medium mit zwei festen Enden sind die Oberschwingungen immer ganzzahlige Vielfache der Grundschwingung.

Beispiele sind die Saiten auf Instrumenten.

Zwei freie Enden der Seilaufhängung

An beiden Enden können nur Schwingungsbäuche liegen. Je zwei benachbarte Schwingungsbäuche haben untereinander den Abstand $\lambda/2$, sodass für diese Anordnung dieselben Aussagen gelten wie für zwei feste Enden:

Die Grundschwingung hat die Frequenz $f_1 = c/(2l)$, Oberschwingungen sind ganzzahlige Vielfache dieser Frequenz.

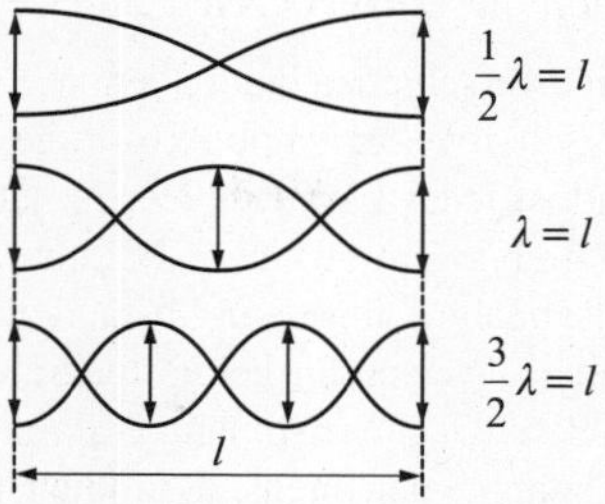

Abb. 13.19 Eigenschwingungsformen bei zwei freien Enden

Freies und festes Ende der Seilaufhängung

Hier muss an einem Ende ein Schwingungsbauch, am anderen Ende ein Knoten zu liegen kommen. Ein Bauch hat vom nächst benachbarten Knoten den Abstand $\lambda/4$; folglich ist die Grundschwingung die, bei der gerade ein Viertel der Wellenlänge auf das Seil passt:

$$\lambda_1/4 = l$$

also

$$f_1 = c/(4l) \tag{13.52}$$

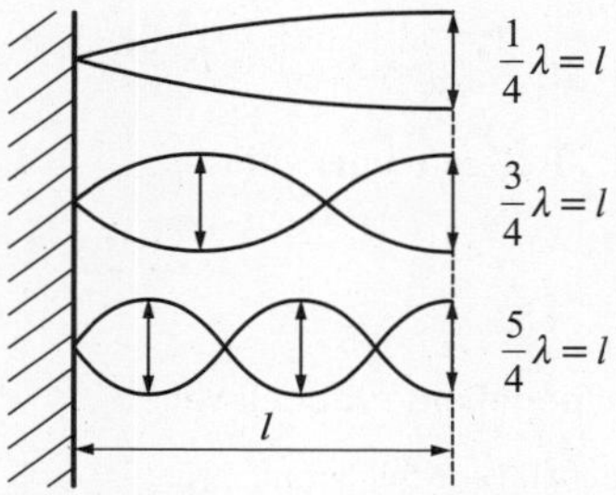

Abb. 13.20 Eigenschwingungsformen bei einem freien und einem festen Ende

Die erste Oberschwingung bildet einen weiteren Knoten auf dem Seil aus, es muss zusätzlich eine halbe Wellenlänge auf dem Seil Platz finden; und bei jeder weiteren Oberschwingung kommt eine entsprechende Anzahl von Knoten und damit von halben Wellenlängen auf dem Seil hinzu:

$$l = \frac{\lambda_n}{4} + (n-1)\frac{\lambda_n}{2}; \quad n = 1, 2, 3, \ldots$$

also folgt

$$\lambda_n = \frac{4l}{2n-1} \tag{13.53}$$

$$f_n = (2n-1) \cdot \frac{c}{4l} \tag{13.54}$$

Bei einem freien und einem festen Ende sind als Oberschwingungen nur ungeradzahlige Vielfache der Grundschwingung möglich.

13.6 Tonhöhe und Lautstärke

Eigenschwingungen von Kontinua werden vor allem genutzt beim Bau von Musikinstrumenten. Das elastische Seil mit zwei festen Enden ist nichts anderes als eine **Saite**. Schwingt diese in der Luft, so schiebt sie periodisch Luftmoleküle hin und her und sendet damit Schallwellen aus. Treffen diese Schallwellen auf das Trommelfell im Ohr, regen sie dieses zu Schwingungen der gleichen Frequenz an, mit der die Saite schwingt: Man hört einen Ton.

Man hört den Ton allerdings nur, solange die Frequenz in einem Bereich von ca. 20 Hz bis 20 kHz liegt. Je höher die Frequenz, desto höher wird der Ton empfunden:

Die Frequenz bestimmt die Tonhöhe.

In dem zitierten weiten Frequenzband hören allerdings nur Kinder; mit zunehmendem Alter schrumpft dieser **Hörbereich** auf eher 50 Hz bis 10 kHz.

Töne sind verschieden laut: Über die **Lautstärke** entscheidet die **Intensität** der auf dem Ohr eintreffenden Schallwelle. Da punktförmige Schallquellen Kugelwellen aussenden – und in genügendem Abstand ist jeder Lärmerzeuger in guter Näherung als ein Punkt –, nimmt die Intensität etwa von Hubschrauberlärm mit dem Quadrat des Abstandes ab. In geschlossenen Räumen ist die Lärmintensitätsabnahme mit dem Abstand allerdings wegen Reflexionen wesentlich geringer. Allerdings empfindet der Mensch keine quadratische Abnahme des Lärms mit dem Abstand, sondern eine sehr viel schwächere Abnahme, da das Intensitätsempfinden des Ohres nahezu logarithmisch ist. Eine Abnahme der Intensität um konstante Faktoren, etwa 2, wird als Abnahme der Lautstärke um konstante Beträge, etwa 3 dB, empfunden.

Darum definiert man in der Akustik als **Lautstärkemaß** den dekadisch logarithmischen **Schallpegel bzw. Schallintensitätspegel**

$$L_\mathrm{I} = 10 \cdot \lg\left(\frac{i}{i_0}\right)\ \mathrm{dB} \qquad [L] = \mathrm{dB}\quad \text{(Dezibel)} \tag{13.55}$$

mit der **Referenzintensität**

$$i_0 = 10^{-12}\ \frac{\mathrm{W}}{\mathrm{m}^2}$$

Beispiel 13.6 ▼

Schallpegel einer Schallwelle

Eine Schallwelle mit der Intensität $i = 10^{-6}\ \mathrm{W/m^2}$ erzeugt einen Schallintensitätspegel von

$$L = 10 \cdot \lg \frac{10^{-6}\ \mathrm{W/m^2}}{10^{-12}\ \mathrm{W/m^2}} = 10 \cdot \lg 10^6 = 60\ \mathrm{dB}$$

Beispiel 13.6 ▲

Die Intensität i_0 entspricht etwa der **menschlichen Hörschwelle** bei einer Frequenz von 1000 Hz. Niedrigere Intensitäten werden nicht mehr wahrgenommen. Intensitäten jenseits von etwa $1\ \mathrm{W/(m^2)}$ entsprechen einem Schallpegel von 120 dB und werden als schmerzhaft empfunden: Dies ist die **Schmerzgrenze**.

Das menschliche Hörvermögen überstreicht also 12 Größenordnungen der Intensität, das Ohr hat einen extrem großen **dynamischen Bereich**. Mit den für Schallwellen abgeleiteten Zusammenhängen zwischen Intensität, Druck- und Auslenkungsamplitude kann man berechnen, dass bei 1000 Hz Auslenkungsamplituden zwischen 10^{-11} m (das sind atomare Dimensionen) und 10^{-5} m (das sind immerhin zehn Mikrometer) vom Ohr wahrgenommen werden. Wäre das Ohr nur ein wenig empfindlicher, könnte man das durch die thermische Bewegung der Luftmoleküle verursachte **Rauschen** vernehmen.

Die Angaben zum Hörempfinden variieren stark mit der Frequenz und hängen auch davon ab, ob man einen reinen Sinuston oder ein Frequenzgemisch hört. In der Akustik hat man, um diesen Effekten gerecht zu werden, die aus dem Schallpegel abgeleiteten Größen **Lautstärkepegel** und **bewerteter Schallpegel** eingeführt.

13.7 Doppler-Effekt, Mach-Welle

In allen bisher besprochenen Beispielen bewegt sich nur die Welle selbst. Das wellentragende Medium ruht ebenso wie der Wellenerreger, von dem bisher angenommen wurde, dass er auf irgendeinem Punkt des Mediums fest sitzt.

Fährt ein Auto an einem Hörer vorbei, so scheint das Fahrgeräusch im Augenblick des Passierens „tiefer" zu werden: Solange das Auto auf den Hörer zufährt, klingt sein Geräusch „höher" als wenn es sich entfernt.

Solche Effekte heißen nach ihrem Entdecker **Doppler-Effekt**. Sie treten auf, wenn sich die Quelle der Welle (das Auto), das wellentragende Medium (die Luft) und der Empfänger der Welle (der „Hörer") gegeneinander bewegen. Es gibt viele Möglichkeiten, wie Sender, Empfänger und Medium relativ zueinander bewegt sein können. Hier sollen nur zwei einfache Sonderfälle am Beispiel der Schallwellen beschrieben werden.

Zunächst sei der Hörvorgang bei ruhender Luft, ruhendem Sender und ruhendem Empfänger betrachtet:

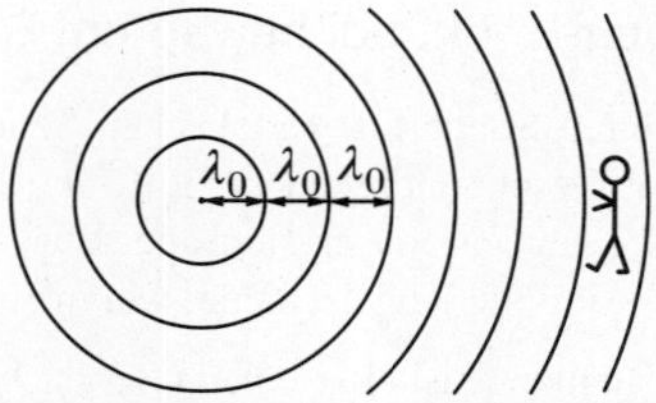

Abb. 13.21 Momentaufnahme einer Kugelwelle

Eine punktförmige Schallquelle sende Schall gleichermaßen in alle Raumrichtungen aus; sie ist also von dreidimensionalen Kugelwellen umgeben. Im nebenstehenden Bild ist die Schnittzeichnung einer Momentaufnahme der Druckmaxima gezeigt. In der zweidimensionalen Schnittebene erscheinen die Wellenberge als Kreislinien, sie haben untereinander den Abstand einer Wellenlänge λ_0, wobei sich die Wellenlänge aus der Schwingungsfrequenz des Senders f_S und der Schallgeschwindigkeit c ergibt nach

$$\lambda_0 = c/f_S \tag{13.56}$$

In einiger Entfernung vom Sender steht ein Empfänger (der Hörer). Er empfindet Töne, weil die Schallwellen sein Trommelfell in Schwingungen versetzen. Eine Schwingungsperiode entspricht dabei gerade der Zeit, die zwischen dem Eintreffen zweier hintereinander laufender Druckmaxima verstreicht.

Die Wellenberge fliegen mit einer Geschwindigkeit c am Hörer vorbei. Zwischen dem Eintreffen zweier Wellenberge verstreicht die Zeit

$$T_E = \frac{\lambda_0}{c} \tag{13.57}$$

Damit hört der Empfänger die Frequenz

$$f_E = \frac{1}{T_E} = \frac{c}{\lambda_0} = f_S \tag{13.58}$$

Der Empfänger hört wie erwartet exakt die Frequenz, die der Sender sendet.

Doppler-Effekt bei bewegtem Empfänger

Der erste Sonderfall ergibt sich, wenn Sender und Luft weiterhin ruhen, aber der Empfänger sich mit einer Geschwindigkeit v_E auf den Sender zu oder von ihm weg bewegt. Dadurch streichen die Wellenberge nicht mehr mit der Schallgeschwindigkeit c, sondern mit der Geschwindigkeit $c \pm v_E$ über den Empfänger hinweg. (Das $+$-Zeichen gilt, wenn der Empfänger sich auf den Sender zu bewegt.) Der Hörer empfindet daher Druckmaxima im Zeitabstand

$$T_E = \frac{\lambda_0}{c \pm v_E} \tag{13.59}$$

also hört er eine Frequenz

$$f_E = \frac{c \pm v_E}{\lambda_0} \tag{13.60}$$

die gegen die Frequenz des Senders verschoben ist:

$$f_E = f_S \left(1 \pm \frac{v_E}{c}\right) \tag{13.61}$$

Gleichung (13.61) beschreibt den **Doppler-Effekt bei bewegtem Empfänger**:

Bewegt sich der Empfänger auf den Sender zu, hört er eine um den Faktor $(1 + v_E/c)$ erhöhte Frequenz, bewegt er sich vom Sender weg, hört er eine um den Faktor $(1 - v_E/c)$ erniedrigte Frequenz.

Doppler-Effekt bei bewegtem Sender

Im zweiten Sonderfall vertauschen Sender und Empfänger die Rollen: Die Schallquelle bewegt sich mit Geschwindigkeit v_S, Luft und Empfänger ruhen. Der Sender sendet nun zwar weiterhin Kugelwellen aus; da er sich aber zwischen dem Aussenden zweier Wellenberge um ein Stück bewegt, sind die Kugelschalen, wie in Abb. 13.22 dargestellt, nicht mehr konzentrisch.

Die Wellenlänge ist also je nach Beobachtungsrichtung verschieden. Am extremsten ist die **Wellenlängenverkürzung** in Bewegungsrichtung des Senders; die extremste **Wellenlängenverlängerung** beobachtet man in der entgegengesetzten Richtung. Diese beiden Extreme werden nun berechnet.

Die Quelle sendet in Zeitabständen $T_S = 1/f_S$ Druckmaxima aus; in dieser Zeit hat sie sich selbst um die Strecke $v_S \cdot T_S$ weiterbewegt, also um v_S/f_S. Um diese Strecke rutschen die Wellenberge rechts von der Quelle näher zusammen und links von der Quelle weiter auseinander.

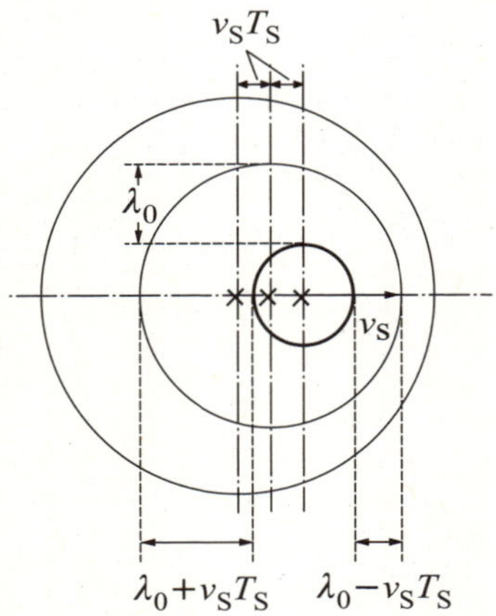

Abb. 13.22 Von gleichförmig bewegten Sendern ausgesandte Schallwelle

Rechts von der Quelle gilt

$$\lambda_r = \lambda_0 - \frac{v_S}{f_S} = \frac{c - v_S}{f_S} \tag{13.62}$$

und links von der Quelle:

$$\lambda_l = \lambda_0 + \frac{v_S}{f_S} = \frac{c + v_S}{f_S} \tag{13.63}$$

Ein Hörer, auf den sich die Quelle zubewegt, der also rechts von der Quelle steht, wird im Zeitabstand

$$T_E = \frac{\lambda_r}{c} = \frac{1}{f_S} \cdot \left(1 - \frac{v_S}{c}\right) \tag{13.64}$$

von Wellenbergen getroffen; einer, der links von der Quelle steht, dagegen im Zeitabstand

$$T_E = \frac{\lambda_l}{c} = \frac{1}{f_S} \cdot \left(1 + \frac{v_S}{c}\right) \tag{13.65}$$

Beide hören also jeweils eine andere Tonhöhe, nämlich statt der Quellenfrequenz f_S die verschobenen Frequenzen

$$f_E = f_S \cdot \frac{1}{1 \mp \frac{v_S}{c}} \tag{13.66}$$

Gl. (13.66) beschreibt den **Doppler-Effekt für den bewegten Sender**. Dabei steht

- das „−“-Zeichen im Nenner für den auf den Empfänger zu bewegten Sender (die Bewegung bewirkt eine Frequenzerhöhung)
- das „+“-Zeichen im Nenner für den vom Empfänger weg bewegten Sender (die Bewegung bewirkt eine Frequenzerniedrigung, ganz im Einklang mit der Erfahrung).

Die **Frequenzänderungen** durch bewegten Sender und bewegten Empfänger sind also **nicht** gleich.

Nur für kleine Geschwindigkeiten werden sie ähnlich, da

$$\frac{1}{1 \mp \frac{v}{c}} \approx 1 \pm \frac{v}{c} \quad \text{für} \quad \frac{v}{c} \ll 1 \tag{13.67}$$

gilt. Die Richtigkeit dieser Beziehung erkennt man, wenn man den linken Ausdruck nach Taylor entwickelt und alle höheren Potenzen von v/c nach der ersten vernachlässigt.

Beispiel 13.7

Dopplereffekt eines hupenden, fahrenden Fahrzeuges

Das Signalhorn eines mit $v_S = 108$ km/h $= 30$ m/s auf einen Hörer zu fahrenden Kraftfahrzeuges tutet mit einer Frequenz $f_S = 400$ Hz. Der Hörer vernimmt die um 10 % erhöhte Frequenz ($c = 330$ m/s):

$$f_{E1} = \frac{400\ \text{Hz}}{1 - \frac{30\ \text{m/s}}{330\ \text{m/s}}} = 440\ \text{Hz}$$

Bewegt sich der Hörer mit der gleichen Geschwindigkeit auf das ruhende Kraftfahrzeug zu, so hörte er die Frequenz

$$f_{E2} = 400\ \text{Hz} \cdot \left(1 + \frac{30\ \frac{\text{m}}{\text{s}}}{330\ \frac{\text{m}}{\text{s}}}\right) = 436{,}4\ \text{Hz}$$

Bei nur 10 m/s Relativgeschwindigkeit wäre der Unterschied in den empfangenen Frequenzen niedriger:

$$f_{E1} = 412{,}5\ \text{Hz}$$

$$f_{E2} = 412{,}1\ \text{Hz}$$

Beispiel 13.7

Wenn wir bei der Behandlung des Doppler-Effektes von „Ruhe" oder „Bewegung" sprachen, war als Bezugssystem immer der Träger der Schallwellen, die Luft, zugrunde gelegt.

Bei Lichtwellen gibt es keinen Wellenträger, auf den man die Begriffe Ruhe und Bewegung beziehen könnte. (Man hat im neunzehnten Jahrhundert vergeblich sehr viel Mühe darauf verwandt, diesen **Äther** zu finden.) Folglich gibt es für Licht keine Möglichkeit zu unterscheiden, ob sich der Sender oder der Empfänger bewegt; angebbar ist nur ihre Relativbewegung. Für den **Doppler-Effekt bei Licht** gibt es daher auch nur eine Formel; sie gibt die Beziehung zwischen der empfangenen Frequenz f und der gesendeten Frequenz f_0 in Abhängigkeit von der Relativbewegung v zwischen Sender und Empfänger an und hat die Form

$$f = f_0 \sqrt{\frac{1 + \frac{v}{c}}{1 - \frac{v}{c}}} \tag{13.68}$$

Überschallbewegung

Zurück zum akustischen Doppler-Effekt. Die angegebenen Formeln enthalten immer das Verhältnis der Bewegungsgeschwindigkeit v zur Wellenausbreitungsgeschwindigkeit c, ein Verhältnis, das normalerweise kleiner als 1 ist. Die Schallgeschwindigkeit in Luft ist etwa $c = 330$ m/s, entsprechend etwa 1200 km/h. Flugzeuge, Raketen und insbesondere Geschosse aber sind durchaus in der Lage, schneller zu fliegen. Wenn das Verhältnis Fluggeschwindigkeit zu Schallgeschwindigkeit, die **Machzahl** v/c, größer als 1 wird, spricht man vom **Überschallbereich**.

Im Überschallbereich verspürt ein bewegter Empfänger eine große Frequenzerhöhung, wenn er auf die Quelle zu fliegt. Fliegt er von der Quelle weg, so resultiert eine negative Frequenz: Der

Empfänger enteilt dem Schallfeld, er fliegt über die Wellenberge hinweg (und nicht mehr diese über ihn).

Auch bei bewegtem Sender wird die Frequenz stark erniedrigt, solange sich der Sender vom Empfänger weg bewegt. Wenn sich aber der Sender auf den Empfänger zu bewegt, wird f_E mit wachsendem v_S/c immer größer und strebt mit $v_S/c \to 1$ gegen Unendlich. Die Funktion hat einen Pol, jenseits $v_S/c = 1$ kann die Formel keine Gültigkeit mehr haben.

Dies macht man sich am einfachsten am Bild 13.23 klar. Es zeigt für einen beliebigen Zeitpunkt einen Schnitt durch die Kugelwellenberge, die von einem mit **Überschallgeschwindigkeit** fliegenden Objekt in regelmäßigen Zeitabständen ausgesendet wurden:

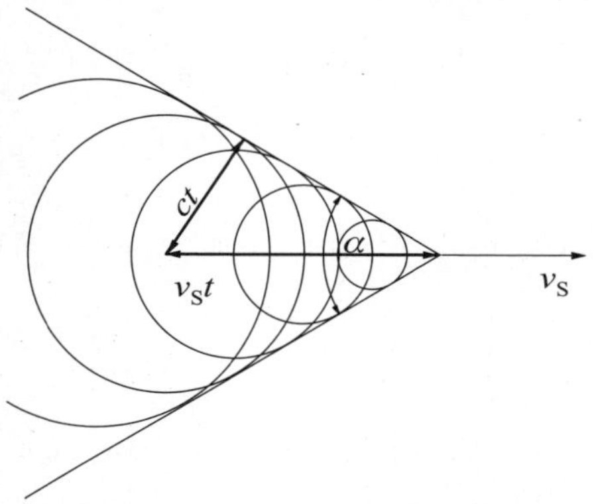

Abb. 13.23 Mach-Kegel des Schallwellenfeldes eines Senders mit Überschallgeschwindigkeit

Die Kugelschalen liegen nun nicht mehr ineinander geschachtelt, sondern überschneiden sich, weil die Quelle zwischen dem Aussenden zweier Wellenberge eine Strecke $v_S \cdot T_S = v_S/f_S$ zurücklegt, die größer als die Wellenlänge $\lambda_0 = c/f_S$ ist. Als Einhüllende der Kugelschalen baut sich eine besonders stark überhöhte kegelförmige Druckfront auf, im Schnittbild hat sie die Form zweier wie eine Schleppe an den Sender gehefteter Geraden. Theoretisch stellt diese Druckfront eine Singularität mit unendlich hohem Druck dar. Der Physiker und Philosoph Ernst Mach (1838–1916) hat sich sehr eingehend mit diesen Phänomenen beschäftigt; nach ihm heißt diese Singularität **Mach-Stoßfront** oder einfach **Mach-Welle**.

Vom bewegten Bezugssystem des Senders in der Kegelspitze aus gesehen ist dieses Bild stationär: Die Mach-Welle bewegt sich mit gleicher Geschwindigkeit wie der Sender. Auch der Öffnungswinkel α des **Mach-Kegels** (im Bild die beiden Geraden) ist konstant und, wie man obigem Bild entnimmt, gerade, gegeben durch das Verhältnis der Schall- zur Sendergeschwindigkeit:

$$\sin\left(\frac{\alpha}{2}\right) = \frac{c}{v_S} \tag{13.69}$$

Hieraus ergibt sich der **Öffnungswinkel der Mach-Welle** zu

$$\alpha = 2 \arcsin\left(\frac{c}{v_S}\right) \tag{13.70}$$

Im dreidimensionalen Falle hat diese Machwelle die Form eines Kreiskegels, besser: eines Kreiskegelmantels. Die Geraden in obigem Bild sind das Schnittbild davon. Ein Mensch, über den ein überschallschnelles Flugzeug hinwegfliegt, wird früher oder später von dieser Schockfront-Schleppe getroffen. Sein Trommelfell verspürt einen schnelle, sehr hohen Druckanstieg, der Mensch hört einen Knall, den **Überschallknall**.

13.8 Interferenz von Wellen

Sind Sender und Empfänger relativ zum wellentragenden Medium in Ruhe, aber ist mehr als ein Sender vorhanden, so werden mehr als nur eine Welle auf dasselbe wellentragende Medium übertragen. Diese Wellen werden sich überlagern. Ist das Medium linear, so addieren sich die Auslenkungen der Wellen, diese **Überlagerung** heißt **Interferenz von Wellen**. Es gibt viele verschiedenartige Interferenzerscheinungen, hier werden die Sonderfälle zur Sprache kommen, die beispielhaft für die übrigen sind.

Interferenz von eindimensionalen Wellen

Interferieren zwei **gegenläufige** harmonische Wellen gleicher Frequenz und Amplitude, so entstehen, wie wir gesehen haben „stehende Wellen". Was ergibt sich aber bei der Interferenz zweier harmonischer Wellen gleicher Frequenz und gleicher Amplitude, die in die **gleiche Richtung** laufen?

Am einfachsten ist das experimentell mithilfe transversal ausgelenkter Gummiseile zu untersuchen. Auf zwei parallel verlaufenden Gummiseilen werden harmonische Wellen durch harmonische Auslenkung ihrer linken Enden **mit gleicher Frequenz und Amplitude und im Gleichtakt** erzeugt. Für die beiden Erregerschwingungen gilt dann:

$$s_1(t) = \hat{s}\sin(\omega t) = s_2(t) \tag{13.71}$$

Nun seien beide Seile nicht unendlich lang, sondern an ihren rechten Enden miteinander und mit einem dritten Seil verknotet, welches aber nach rechts unendlich lang ausgedehnt ist.

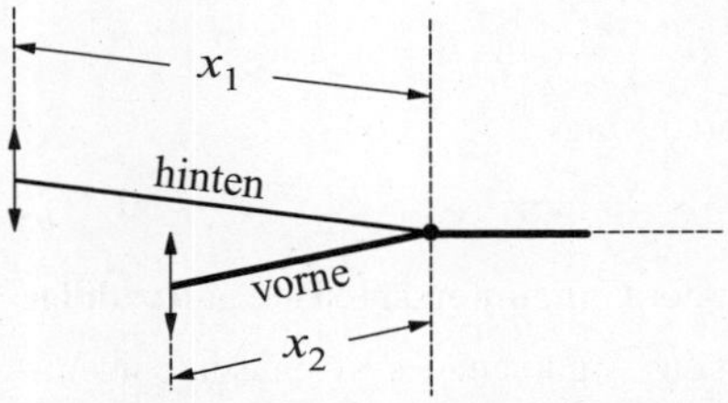

Abb. 13.24 Überlagerung (Interferenz) zweier eindimensionaler Wellen

Auf dem dritten Seil wird sich die resultierende Welle ausbreiten, die vollständig durch die Bewegung des Knotenpunktes als Erregerpunkt bestimmt ist. Die Bewegung des Knotens ist bestimmt durch die Überlagerung der Auslenkungen, die durch die beiden ankommenden Wellen verursacht werden.

Ist das erste Seil x_1 lang, so ist die von ihm am Knotenpunkt verursachte Auslenkung gegenüber der Erregung um $-k \cdot x_1$ phasenverschoben, wie bei der Beschreibung harmonischer Wellen weiter oben gezeigt. Ist das zweite Seil x_2 lang, so ist die von ihm am Knotenpunkt verursachte Auslenkung gegenüber der Erregung um $-k \cdot x_2$ phasenverschoben. Die gesamte Knotenpunktsauslenkung s_{ges} ergibt sich für ein lineares wellentragendes Medium durch Addition der Einzelauslenkungen:

$$s_{\text{ges}}(t) = \hat{s} \cdot (\sin(\omega t - kx_1) + \sin(\omega t - kx_2)) \tag{13.72}$$

Diese Darstellung der Knotenpunktsauslenkung ist nicht besonders überschaubar. Man überführt sie in eine wesentlich anschaulichere Form, indem man die mittlere Seillänge einführt

$$\bar{x} = \frac{1}{2}(x_1 + x_2) \tag{13.73}$$

und die Differenz der Erregerseillängen

$$\Delta x = x_1 - x_2 \tag{13.74}$$

In diesen neuen Größen ausgedrückt, lauten x_1 und x_2 :

$$x_1 = \bar{x} + \frac{1}{2}\Delta x; \qquad x_2 = \bar{x} - \frac{1}{2}\Delta x \tag{13.75}$$

Dies in obigen Ausdruck für die Knotenpunktsauslenkung eingesetzt, ergibt unter Verwendung der Identität $\sin(\alpha \pm \beta) = \sin\alpha\cos\beta \pm \cos\alpha\sin\beta$ mit $\alpha = \omega t - k\bar{x}$ und $\beta = \frac{1}{2}k \cdot \Delta x$:

$$s_{\text{ges}}(t) = 2\hat{s} \cdot \cos\left(\frac{1}{2}k \cdot \Delta x\right) \cdot \sin(\omega t - k\bar{x}) \tag{13.76}$$

Der Knotenpunkt schwingt also mit der gleichen Frequenz ω wie die Erreger an den beiden Seilenden, allerdings mit einer Phasendifferenz, die von der mittleren Seillänge $\bar{x}$ oder auch vom mittleren Abstand des Knotenpunkts zu den Erregern bestimmt ist. Die Amplitude der Knotenpunktsschwingung kann jeden Wert zwischen null und der doppelten Erregeramplitude annehmen. Dies hängt von der Seillängendifferenz Δx ab. Diese Seillängendifferenz entspricht dem Unterschied in den Weglängen, die die beiden Wellen von ihrem jeweiligen Erreger „gehen" müssen, um zum Knotenpunkt zu gelangen und sich dort zu überlagern. Δx wird daher auch **Gangunterschied** genannt.

Die Amplitude der auf dem angeknoteten Seil nach rechts fortschreitenden Welle ist gleich der Schwingungsamplitude des Knotenpunkts, denn dieser stellt für das rechte Seil einen Erregerpunkt dar. Damit gilt:

Die Amplitude der überlagerten Welle ist vollständig bestimmt durch den Gangunterschied Δx der Teilwellen.

Ist das Argument des Kosinus im Ausdruck für die Knotenpunktsschwingung s_{ges} ein ganzzahliges Vielfaches von π, so ist die Amplitude maximal, und zwar gleich der doppelten Erregeramplitude; man spricht von **konstruktiver Interferenz** oder **Verstärkung**, angedeutet durch den Index V:

$$\frac{1}{2}k \cdot \Delta x_{n\mathrm{V}} = n \cdot \pi$$

daraus folgt:

$$\Delta x_{n\mathrm{V}} = n \cdot \lambda \, ; \qquad n = 0, 1, 2, \ldots \tag{13.77}$$

Ist der Gangunterschied ein ganzzahliges Vielfaches der Wellenlänge, ergibt sich Verstärkung.

Ist das Argument des Kosinus in obigem Ausdruck für die Knotenpunktsschwingung ein ungeradzahliges Vielfaches von $\pi/2$, so ist die Amplitude null, und es gibt keine überlagerte Welle. Man bezeichnet diesen Fall als **destruktive Interferenz** oder **Auslöschung**, angedeutet durch den Index A:

$$\frac{1}{2}k \cdot \Delta x_{n\mathrm{A}} = (2n+1) \cdot \frac{\pi}{2}$$

daraus folgt:

$$\Delta x_{n\mathrm{A}} = (2n+1) \cdot \frac{\lambda}{2} \, ; \qquad n = 0, 1, 2, \ldots \tag{13.78}$$

Ist der Gangunterschied ein ungeradzahliges Vielfaches der halben Wellenlänge, ergibt sich Auslöschung.

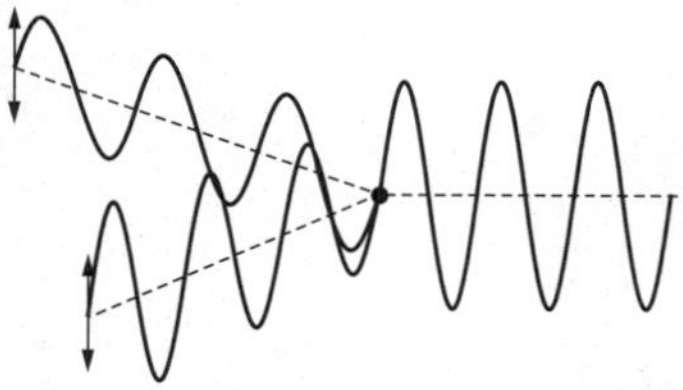

Abb. 13.25 Verstärkung bei Interferenz zweier eindimensionaler Wellen mit $\Delta x = 0 \cdot \lambda$

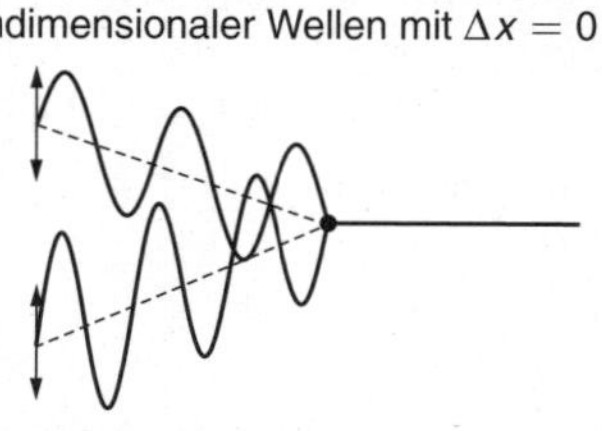

Abb. 13.26 Auslöschung bei Interferenz zweier eindimensionaler Wellen mit $\Delta x = \lambda/2$

In den Abbildungen 13.25 und 13.26 sind diese beiden Extreme für den Fall $n = 0$ in Momentaufnahmen verdeutlicht.

Man sieht, dass im Falle der Verstärkung von jedem der beiden Seile ein Wellental gleichzeitig am Knotenpunkt eintrifft. Beide Seile reißen, gleichgesinnt, den Knotenpunkt nach unten, was diesen zu besonders weitem Ausschwingen veranlasst.

Im Falle der Auslöschung aber trifft vom einen Seil ein Wellental zeitgleich mit einem Wellenberg vom anderen Seil am Knotenpunkt ein. Das eine Seil versucht den Knotenpunkt nach unten, das andere, ihn nach oben zu reißen: Wegen des Kraftgleichgewichts bleibt der Knotenpunkt einfach still liegen, und folglich breitet sich rechts von ihm auch keine Welle aus.

Der oben hergeleitete Zusammenhang zwischen Gangunterschied und Verstärkung/Auslöschung gilt nur für **Sender, die im Gleichtakt schwingen**. Um dies deutlich zu machen, betrachten wir jetzt zwei im Gegentakt schwingende Sender: Der eine sendet immer genau dann einen Berg, wenn der andere gerade ein Tal sendet. An einer Überlagerungsstelle, die gleich weit von beiden Sendern entfernt liegt ($\Delta x = 0$), treffen also immer Berg und Tal aufeinander und löschen sich gegenseitig aus; im Gegensatz zum obigen Ergebnis, das bei verschwindendem Gangunterschied Verstärkung voraussagt.

Interferenz von zweidimensionalen Wellen

Das überraschende Ergebnis der Überlagerung zweier Wellen gleicher Frequenz und Amplitude wird noch spektakulärer, wenn man eindimensionale Wellen verlässt und zweidimensionale Wellen betrachtet, wie etwa Wasser- (Oberflächen-) Wellen oder Wellen auf einer Metallplatte oder Membran (Trommel). Wir wählen Wasseroberflächenwellen als Beispiel und identifizieren die Wasseroberfläche mit der u-v-Ebene eines dreidimensionalen Koordinatensystems mit den Achsen u, v, w. Die Auslenkung der Wasserteilchen der Oberfläche geschieht dann bei transversalen Wellen streng in w-Richtung. (Dies entspricht nicht der Realität von Wasserwellen; die Wasserteilchen beschreiben in Wirklichkeit wesentlich kompliziertere, nahezu kreisförmige Bahnen. Für die Beschreibung der Interferenzphänomene bringt dies aber keine Unterschiede im Vergleich zum vereinfachten Bild rein transversaler Auslenkung.)

Ein punktförmiger Erreger kann näherungsweise durch die dünne Spitze eines Gegenstandes realisiert werden, die die Wasseroberfläche berührt und parallel zur w-Achse mit der Auslenkung $s(t)$ harmonisch schwingt. Von diesem Erregerpunkt, der **Quelle**, werden harmonische Kreiswellen radialsymmetrisch nach außen laufen.

Interferenzerscheinungen wird man nun beobachten, wenn von zwei Erregern, die in einigem Abstand voneinander angebracht sind, auf derselben Wasseroberfläche zwei Kreiswellen erzeugt werden. Von der Vielfalt der möglichen Erscheinungen werden im Folgenden nur diejenigen diskutiert, die sich ergeben, wenn beide Erreger **mit gleicher Frequenz, gleicher Amplitude und im Gleichtakt** schwingen:

$$s_1(t) = \hat{s}\sin(\omega t) = s_2(t) \tag{13.79}$$

Wir betrachten eine beliebige, aber feste Stelle im Überlagerungsgebiet der beiden Kreiswellen und untersuchen die Schwingung $s_{\text{ges}}(t)$, die das Wasserteilchen an dieser Stelle senkrecht zur Wasseroberfläche ausführt.

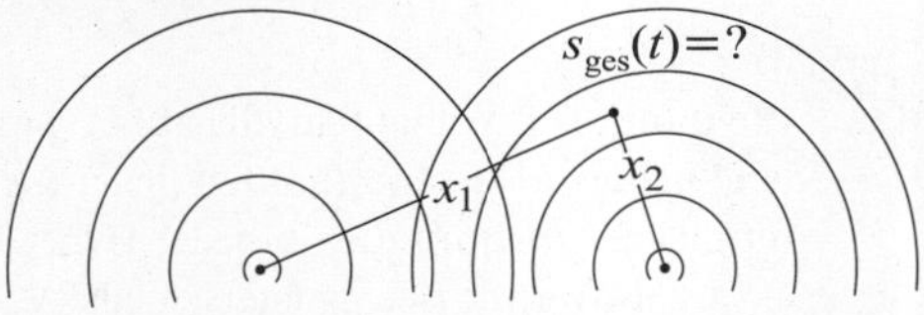

Halbkreise sind Linien gleicher Phase (z. B. Wellenberge)

Abb. 13.27 Interferenz zweier Wasser-(Oberflächen-)Wellen

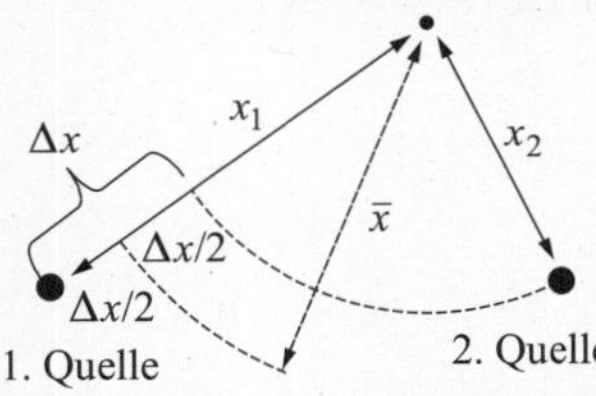

Abb. 13.28 Mittlerer Abstand und Gangunterschied in zwei Dimensionen

Die betrachtete Stelle im Wellenfeld, der „Beobachtungspunkt", habe einen Abstand x_1 zur ersten und einen Abstand x_2 zur zweiten Quelle. Die erste Quelle bringt das Wasserteilchen an der fraglichen Stelle zu einer harmonischen Schwingung gleicher Frequenz und Amplitude wie die der Erregung, aber phasenverschoben um $-k \cdot x_1$.

(Dass die Amplitude die gleiche sei, ist eine unwahre Behauptung; bei einer Kreiswelle nimmt die Amplitude mit wachsendem Radius ab. Zur Darlegung der grundlegenden Geschehnisse ist diese Vereinfachung aber zulässig.) Die zweite Quelle veranlasst das Wasserteilchen an der untersuchten Stelle ebenfalls zu einer harmonischen Schwingung mit der gleichen Erregerfrequenz und -Amplitude, aber phasenverschoben um $-k \cdot x_2$. Ist das wellentragende Medium linear, addieren sich diese beiden Auslenkungen zur Gesamtauslenkung s_{ges}:

$$s_{\text{ges}}(t) = \hat{s} \cdot (\sin(\omega t - kx_1) + \sin(\omega t - kx_2)) \tag{13.80}$$

Diese Formel sieht nicht anders aus als die Formel für die Überlagerung eindimensionaler Wellen. Wie dort führt man zur besseren Überschaubarkeit den **mittleren Abstand zu den Erregern** ein,

$$\bar{x} = \frac{1}{2}(x_1 + x_2) \tag{13.81}$$

und die Abstandsdifferenz zu den Erregern, **den Gangunterschied**

$$\Delta x = x_1 - x_2 \tag{13.82}$$

Die Auslenkung im fraglichen Punkt ist damit:

$$s_{\text{ges}}(t) = 2\hat{s} \cdot \cos\left(\frac{1}{2}k \cdot \Delta x\right) \cdot \sin(\omega t - k\bar{x}) \tag{13.83}$$

Diese Auslenkung schwingt offensichtlich harmonisch und wieder mit der gleichen Frequenz wie die Erreger. Die Phasendifferenz zu den Erregern ist wieder durch den mittleren Abstand zu den Quellen bestimmt und die Amplitude durch den Abstandsunterschied, den Gangunterschied Δx. Alle Punkte im Wellenfeld mit gleichem mittlerem Abstand $\bar{x}$ zu den Quellen schwingen offensichtlich mit gleicher Phasendifferenz zu den Erregern, untereinander also im Gleichtakt.

Dieses Ergebnis lässt sich mit dem geometrischen Begriff der **Ellipse** noch anschaulicher formulieren. Ellipsen sind Linien in der Ebene mit der Eigenschaft, dass alle ihre Punkte die gleiche Abstandssumme (und damit auch den gleichen mittleren Abstand) zu zwei festen Punkten haben; die festen Punkte nennt man Brennpunkte der Ellipse. Damit gilt:

Alle Punkte im Wellenfeld, die auf Ellipsen mit den Quellen als Brennpunkten liegen, schwingen gleichphasig. Diese Ellipsen stellen also die **Wellenfronten** der Überlagerungswelle dar.

Alle Punkte im Wellenfeld, die den gleichen Gangunterschied Δx, d. h. den gleichen Abstandsunterschied zu den Quellen haben, schwingen offensichtlich mit gleicher **Amplitude**.

Auch diese Aussage lässt sich anschaulicher fassen, wenn man den Begriff der **Hyperbel** verwendet. Hyperbeln sind Linien in der Ebene mit der Eigenschaft, dass alle ihre Punkte die gleiche Abstandsdifferenz zu zwei festen Punkten haben; die festen Punkte nennt man Brennpunkte der Hyperbel. Damit lautet die obige Aussage:

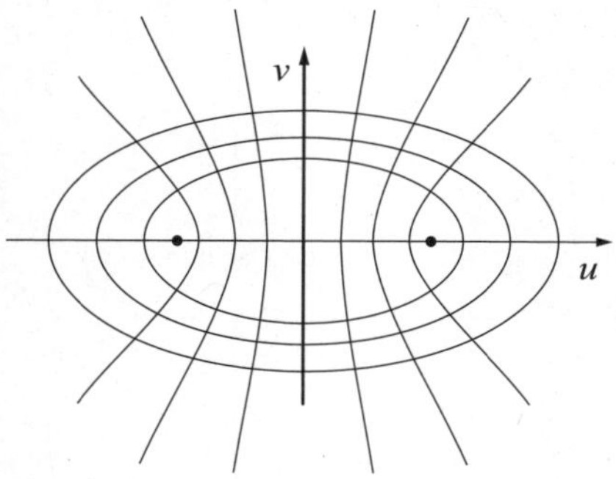

Abb. 13.29 Linien gleicher Phase (Ellipsen) und Linien gleicher Amplitude (Hyperbeln) bei Interferenz zweier Kreiswellen

Alle Punkte im Wellenfeld, die auf Hyperbeln mit den Quellen als Brennpunkten liegen, schwingen mit gleicher Amplitude. Zu jeder Hyperbel gehört ein fester Wert des Gangunterschieds Δx. Ist z. B. $\Delta x = n\lambda$, so liegen auf der Hyperbel Punkte mit **maximaler Verstärkung**; für $\Delta x = (2n + 1)\lambda/2$ besteht die Hyperbel aus Punkten mit **totaler Auslöschung.**

Das nebenstehende Bild soll das sich ergebende stationäre (d. h. zeitlich nicht veränderliche, weil nur durch die geometrischen Abstände zu den Quellen bestimmte) **Interferenzmuster** verdeutlichen:

Auf einer realen, an zwei Stellen rhythmisch angeregten Wasseroberfläche kann man allerdings die elliptischen Wellenfronten, nicht erkennen. Linien gleicher Amplitude treten dagegen deutlich in Erscheinung, insbesondere diejenigen Linien, längs derer die Amplitude exakt null, und damit die Auslöschung total ist; ihre Hyperbelform ist im Versuch deutlich auszumachen.

Fernfeldnäherung

In vielen praktischen Fällen (insbesondere bei Lichtwellen, die später im Einzelnen besprochen werden) liegt der betrachtete Punkt der Überlagerungswelle, der **Beobachtungspunkt**, weit von den beiden Quellen entfernt. Ist der mittlere Abstand des Beobachtungspunktes zu den Quellen $\bar{x}$ sehr viel größer als der Abstand d der beiden Quellen untereinander, so sagt man, der Beobachtungspunkt liegt im Fernfeld.

Fernfeld: $\bar{x} \gg d$

Im Fernfeld lässt sich die Lage der Auslöschungs- und Verstärkungspunkte der Überlagerungswelle besonders leicht angeben.

Wie in Abb. 13.30 skizziert ist, nähert sich nämlich jede Hyperbel im Fernfeld an eine Gerade an. Diese Gerade heißt ihre **Asymptote** und geht durch den Mittelpunkt der Verbindungslinie beider Brennpunkte (Quellen). Von diesem „Quellenmittelpunkt“ aus gesehen liegen also alle Fernfeldpunkte der Hyperbel in derselben Richtung. Bezeichnet man den Richtungswinkel α zwischen der Mittelsenkrechten auf der Verbindungslinie der Quellen und dem Strahl zum Beobachtungspunkt als **Beobachtungswinkel**, so gilt für das Fernfeld der Überlagerungswelle:

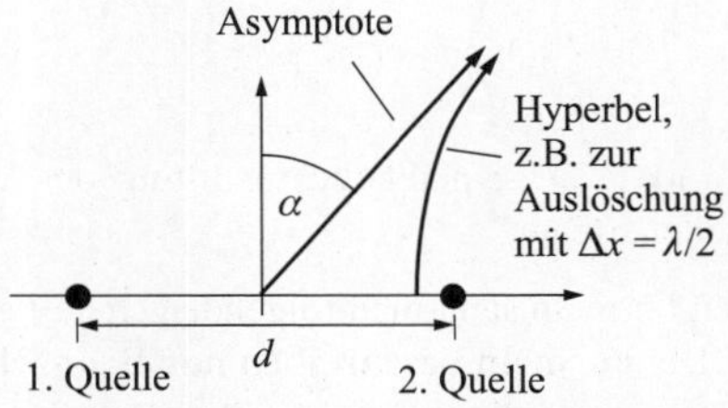

Abb. 13.30 Asymptote einer Hyperbel

Alle zum gleichen Gangunterschied Δx gehörenden Punkte, also z. B. alle Auslöschungspunkte zu $\Delta x = \lambda/2$, liegen vom Quellenmittelpunkt aus gesehen unter demselben Beobachtungswinkel α.

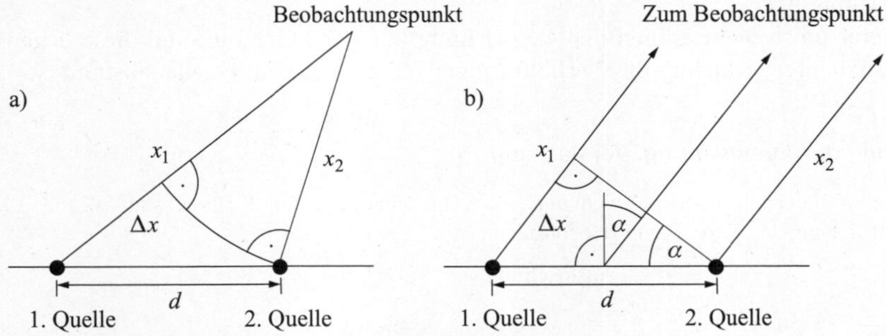

Abb. 13.31 Gangunterschied und Beobachtungswinkel

Im Fernfeld besteht zwischen dem Beobachtungswinkel α zu einem Punkt und dem zugehörigen Gangunterschied Δx eine einfache Beziehung, die im Folgenden hergeleitet wird. Dazu betrachten wir zunächst Abb. 13.31 a. Sie zeigt, wie der Gangunterschied Δx für einen **beliebigen** Punkt des Überlagerungsgebietes konstruiert werden kann. Rückt der Beobachtungspunkt ins Fernfeld, so werden die Strahlen x_1 und x_2 in dieser Konstruktion annähernd parallel und das Kreisbogenstück zu einer Geraden. Man erhält die Figur in Abb 13.31 b, aus der man direkt abliest:

$$\sin\alpha = \frac{\Delta x}{d} \tag{13.84}$$

Mit dieser Gleichung ergeben sich sehr einfache Ausdrücke für die Richtungen, unter denen Auslöschung bzw. Verstärkung zu beobachten ist:

Verstärkung

$$\Delta x_{nV} = n \cdot \lambda$$

daraus folgt

$$\sin \alpha_{nV} = n \cdot \frac{\lambda}{d} \tag{13.85}$$

Auslöschung

$$\Delta x_{nA} = (2n+1) \cdot \frac{\lambda}{2}$$

und damit

$$\sin \alpha_{nA} = (2n+1) \cdot \frac{\lambda}{2d} \tag{13.86}$$

$n = 0, 1, 2, \ldots$ heißt die **Ordnung** der Verstärkung oder Auslöschung; d ist der Abstand der Wellenerreger.

Den Formeln sieht man folgende generell gültigen Eigenschaften an:

- **Die Formeln beschreiben nur Beobachtungswinkel zwischen 0 und $\pi/2$.**
  Wegen der Symmetrie der Anordnung ergeben sich die Interferenzerscheinungen im zweiten bis vierten Quadranten durch Spiegelung an den Koordinatenachsen.
- n darf nicht so groß gewählt werden, dass die rechte Seite > 1 wird, denn es gibt keinen Winkel, dessen Sinus größer als Eins wäre:
  Es gibt nur eine endliche Anzahl von Richtungen der Auslöschung bzw. Verstärkung zwischen 0 und $\pi/2$.
- n kann aber, ohne diese Grenze zu überschreiten, umso größer gewählt werden, je kleiner das Verhältnis λ/d ist:
  Es gibt umso mehr Linien der Auslöschung bzw. Verstärkung, und diese liegen folglich umso dichter, je kleiner das Verhältnis der Wellenlänge zum Quellenabstand ist.

Beispiel 13.8 ▼

Richtung der Auslöschung, Verstärkung

Bei einer Wellenlänge von $\lambda = 1{,}4$ cm und einem Quellenabstand von $d = 5$ cm sind folgende Richtungen der Auslöschung und Verstärkung zu beobachten:

Auslöschung	Verstärkung
$\sin \alpha_{0A} = \frac{1{,}4\text{ cm}}{10\text{ cm}} \Longrightarrow \alpha_{0A} = 8^\circ$ (Minimum nullter Ordnung)	$\sin \alpha_{0V} = 0 \longrightarrow \alpha_{0V} = 0^\circ$ (Maximum nullter Ordnung)
$\sin \alpha_{1A} = 3 \cdot \frac{1{,}4\text{ cm}}{10\text{ cm}} \Longrightarrow \alpha_{1A} = 24{,}8^\circ$ (Minimum erster Ordnung)	$\sin \alpha_{1V} = \frac{1{,}4\text{ cm}}{5\text{ cm}} \longrightarrow \alpha_{1V} = 16{,}3^\circ$ (Maximum erster Ordnung)
$\sin \alpha_{2A} = 5 \cdot \frac{1{,}4\text{ cm}}{10\text{ cm}} \Longrightarrow \alpha_{2A} = 44{,}4^\circ$	$\sin \alpha_{2V} = 2 \cdot \frac{1{,}4\text{ cm}}{5\text{ cm}} \longrightarrow \alpha_{2V} = 34{,}1^\circ$
$\sin \alpha_{3A} = 7 \cdot \frac{1{,}4\text{ cm}}{10\text{ cm}} \Longrightarrow \alpha_{3A} = 78{,}5^\circ$	$\sin \alpha_{3V} = 3 \cdot \frac{1{,}4\text{ cm}}{5\text{ cm}} \longrightarrow \alpha_{3V} = 57{,}1^\circ$

Beispiel 13.8 ▲

13.9 Beugung und Huygens'sches Prinzip

Beugung

Wie verhalten sich Wellen beim Durchtritt durch ein Hindernis? Als Hindernis bezeichnen wir eine Wand mit einer beliebigen Anzahl beliebig geformter Öffnungen.

Bei der Untersuchung dieses Problems beschränken wir uns auf den Fall, dass die einlaufende Welle eine ebene Welle ist, und betrachten zunächst als einfachstes Hindernis einen parallel zu den einlaufenden Wellenfronten aufgestellten „Einfachspalt", dessen Öffnung gemäß der Abb. 13.32 die Breite b besitzt und senkrecht zur Zeichenebene unendlich ausgedehnt ist. Die Abbildung zeigt einen Schnitt durch diese Anordnung in einer beliebigen Höhe des Spaltes. Es ist plausibel anzunehmen, dass eine dreidimensionale einlaufende ebene Welle in dieser Schnittebene dieselben Ergebnisse erzeugt wie eine zweidimensionale Welle mit geraden Wellenfronten, die sich in dieser Ebene ausbreitet. Im Folgenden werden wir daher die Bezeichnungen für den zwei- und dreidimensionalen Fall häufig synonym verwenden.

Wie sich die einlaufende Welle beim Durchtritt durch den Einzelspalt verhält, lässt sich experimentell gut mit Wasser-(Oberflächen-)Wellen untersuchen. Das Ergebnis ist in der Abb. 13.32 dargestellt, wobei bei der auslaufenden Welle die Teile weggelassen sind, deren Amplituden im Vergleich zum dargestellten Teil vernachlässigbar klein sind.

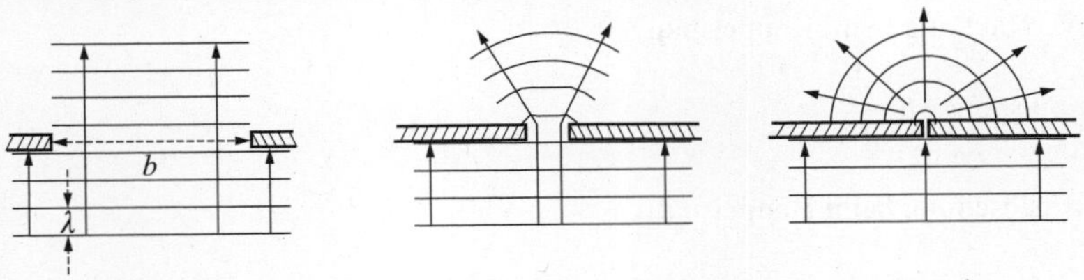

a) $b \gg \lambda$ b) $b \approx \lambda$ c) $b \ll \lambda$

Abb. 13.32 Beugung von Wasserwellen am Einzelspalt

Man muss drei Fälle unterscheiden je nach der Breite des Spaltes im Vergleich zur Wellenlänge λ.

$b \gg \lambda$ Bei sehr breitem Spalt ändert sich die Ausbreitungsrichtung der Welle beim Durchtritt durch den Spalt nicht. Dieses Verhalten entspricht dem **normalen Schattenwurf** bei Licht.

$b \approx \lambda$ Bei Spaltbreiten in der Größenordnung der Wellenlänge wird die Ausbreitungsrichtung der Welle in den „Schattenbereich" hinein abgebogen. Diesen Effekt bezeichnet man als **Beugung**.

$b \ll \lambda$ Bei sehr schmalem Spalt] füllt die gebeugte Welle den gesamten Raum hinter dem Hindernis aus. Sie bildet eine Kreiswelle, die **Elementarwelle** genannt wird. Die Elementarwelle scheint von einem Punktsender im Spalt auszugehen, der mit der Frequenz und der Phase der einlaufenden Welle schwingt. Er wird **Elementarsender** genannt.

Huygens'sches Prinzip

Ein bewährtes Verfahren, das Verhalten von Wellen an Hindernissen theoretisch vorherzusagen, geht auf Christian Huygens (1629–1695) zurück. Er nahm an, dass man jede große Öffnung als eine Aneinanderreihung sehr vieler, sehr schmaler Öffnungen auffassen kann, die alle Elementarwellen gemäß Abb. 13.32 c aussenden. Diese Vorstellung führt zum **Huygens'schen Prinzip**:

Jeder Punkt der Öffnungen in einem Hindernis kann als Elementarsender aufgefasst werden, der mit der Frequenz und der Phase der einlaufenden Welle schwingt. Die auslaufende Welle ergibt sich als Überlagerung aller von diesen Elementarsendern ausgehenden Elementarwellen.

Beugung und Interferenz am idealen Doppelspalt

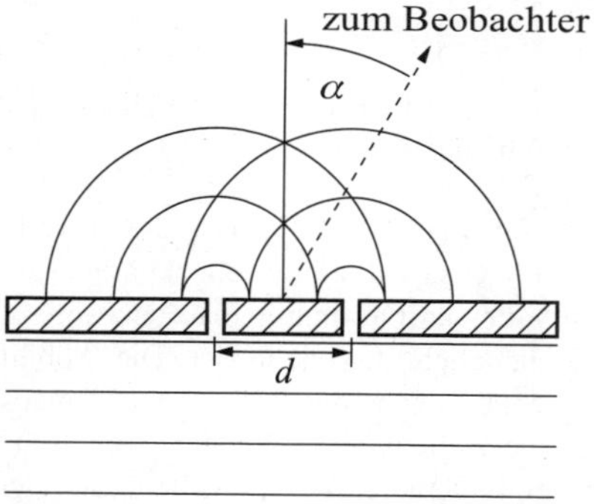

Abb. 13.33 Beugung am Doppelspalt

Das einfachste Anwendungsbeispiel zum Huygens'schen Prinzip ist der **ideale Doppelspalt**. Er besteht aus einer ebenen Wand mit zwei parallelen Spalten. Der Zusatz „ideal" bedeutet, dass jeder einzelne Spalt sehr schmal im Vergleich zur Wellenlänge ist.

Ist der Doppelspalt gemäß der Abbildung **parallel** zu den einlaufenden Wellenfronten aufgestellt, so erzeugen diese in den beiden Spalten **synchron** schwingende Elementarsender. Die auslaufende Welle entsteht durch die Überlagerung (Interferenz) der beiden von den Elementarsendern ausgesandten Elementarwellen.

Da die Interferenzerscheinungen am Doppelspalt denen zweier synchroner Quellen vollkommen analog sind, sind auch die Formeln für die Beobachtungsrichtungen von Maxima und Minima die gleichen, wobei der Beobachtungswinkel wiederum definiert ist als Winkel zur Normalen auf der Verbindungslinie zwischen den Spalten:

Verstärkung beim Doppelspalt

$$\sin \alpha_{n\mathrm{V}} = n \cdot \frac{\lambda}{d} \qquad (13.87)$$

Auslöschung beim Doppelspalt

$$\sin \alpha_{n\mathrm{A}} = (2n+1) \cdot \frac{\lambda}{2d} \qquad (13.88)$$

$n = 0, 1, 2, \ldots$ = Ordnung der Verstärkung bzw. Auslöschung
d = Spaltabstand

Beim Doppelspalt gelten die gleichen Bemerkungen zur Anzahl der Richtungen totaler Auslöschung und maximaler Verstärkung wie bei zwei Quellen, vgl. S. 220.

Beugungsgitter

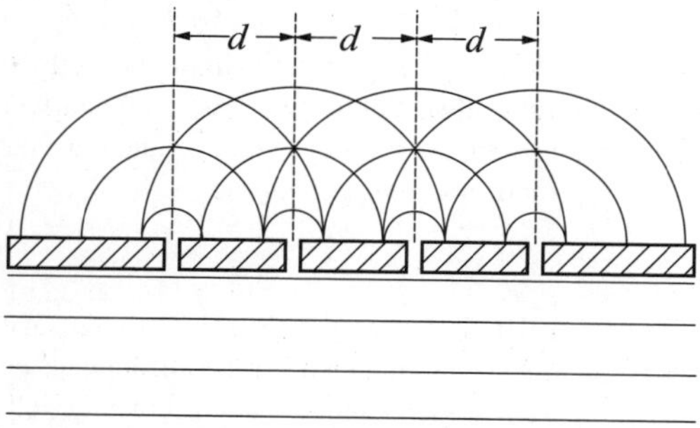

Abb. 13.34 Beugungsgitter

Mehr als zwei gleichartige Quellen realisiert man mit Blenden, die mehrere äquidistante (mit konstantem Abstand) Spalte haben. Diese Anordnung ähnelt im Dreidimensionalen einem Gitter. Sie trägt darum den Namen **Beugungsgitter**. Den Spaltabstand d nennt man **Gitterkonstante**.

Die Welle hinter einem Beugungsgitter entsteht, wie die Abbildung andeutet, durch die Überlagerung sehr vieler Elementarwellen. Experimente zeigen, dass sich auch in diesem Fall im Fernfeld Richtungen mit sehr großer Wellenamplitude (Verstärkungsrichtungen α_{nV}) und Richtungen mit kleiner oder verschwindender Wellenamplitude ausbilden. Die Besonderheit beim Beugungsgitter ist:

Die Verstärkungsrichtungen bilden scharfe Maxima, d. h. die Auslöschungsrichtungen füllen fast den gesamten Winkelbereich zwischen den Verstärkungsrichtungen aus. Erhöht man die Anzahl der Spalte, so nimmt die Schärfe der Maxima zu.

In Abb. 13.35 ist die Intensität der Überlagerungswelle im Fernfeld in Abhängigkeit vom Sinus des Beobachtungswinkels dargestellt. (Dabei ist angenommen, dass die Messstellen bei allen Winkeln dieselbe Entfernung zum Beugungsgitter haben.) Zum Vergleich ist in dasselbe Diagramm die Intensitätsverteilung eines Doppelspaltes mit demselben Spaltabstand eingezeichnet. Dadurch wird die größere Schärfe der Maxima beim Gitter deutlich. Außerdem erkennt man:

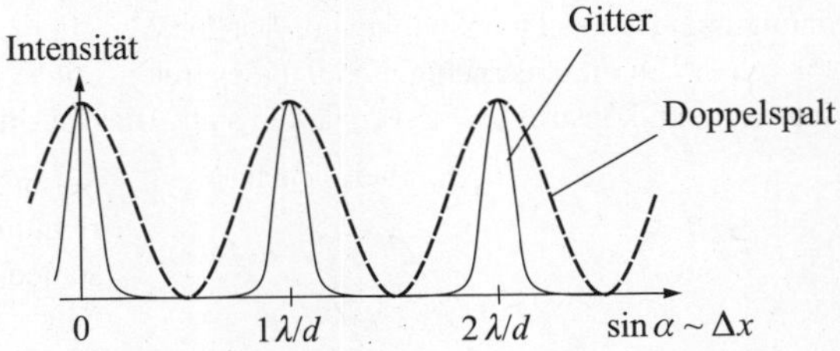

Abb. 13.35 Vergleich zwischen Doppelspalt (gestrichelt) und Beugungsgitter

Die Verstärkungsstellen liegen beim Beugungsgitter in denselben Richtungen wie beim Doppelspalt mit gleichem Spaltabstand.

Verstärkung beim Beugungsgitter:

$$\sin \alpha_{n\mathrm{V}} = n \cdot \lambda / d \tag{13.89}$$

Diese experimentellen Befunde lassen sich mithilfe des Huygens'schen Prinzips verstehen; wir verzichten aber auf die Darstellung einer theoretischen Begründung, da sie den Rahmen dieses Buches sprengen würde.

Die Gitterbeugung wird zur präzisen Messung der Wellenlänge verwendet, indem man die Verstärkungsrichtung misst und dann Gl. (13.89) nach der Wellenlänge auflöst. Um große Messgenauigkeit zu erreichen, verwendet man bei optischen Wellen Beugungsgitter mit mehreren tausend Spalten und damit extrem scharfen Maxima!

Beugung und Interferenz am einfachen Spalt

Bisher wurden immer mehrere, getrennte Öffnungen betrachtet. Dabei war stets vorausgesetzt, dass die einzelnen Spaltbreiten sehr viel kleiner als die Wellenlänge sind. Bei der Anwendung des Huygens'schen Prinzips kann dann jeder Spalt näherungsweise durch einen einzigen Elementarsender ersetzt werden. Die interferierenden Elementarwellen stammen also aus verschiedenen Spalten.

Interferenzerscheinungen beobachtet man aber auch, wenn nur ein einzelner Spalt vorhanden ist, dessen Breite bewusst größer als die Wellenlänge gewählt ist.

Dann ist der Raum in der Spaltöffnung sicher nicht mehr als einzelner Punkt anzusprechen, von dem eine Elementarwelle ausgeht. Jedoch gilt nach wie vor das Huygens'sche Prinzip: Die Spaltöffnung kann als lineare Kette unendlich vieler, beliebig dicht liegender punktförmiger Erreger verstanden werden, die jeder eine Elementarwelle aussenden. Das Wellenfeld hinter dem Spalt ergibt sich dann aus der Interferenz all dieser Elementarwellen.

Wie die Interferenzerscheinungen aussehen, kann man für den **Einzelspalt, der von einer ebenen Welle getroffen wird**, zumindest qualitativ anhand einfacher Vorstellungen im Rahmen der Fernfeldnäherung ableiten.

In dieser Näherung sind die von jedem Quellenpunkt im Spalt zum fernen Beobachter weisenden Strahlen praktisch parallel. Die von den Punkten am Spaltrand ausgehenden Strahlen seien als **Randstrahlen** bezeichnet; auf diese soll im folgenden Bezug genommen werden, wenn von Gangunterschieden die Rede ist.

Als Beobachtungswinkel wird wieder der Winkel α eingeführt, den ein Strahl zum Beobachter mit der Normalen auf der Spaltfläche einschließt.

Steht der Beobachter exakt in Vorwärtsrichtung, also auf der Normalen auf der Spaltfläche und damit unter Beobachtungswinkel null, ist der Weg aller von den Spaltpunkten ausgesandten Elementarwellen zu ihm praktisch gleich lang, es treten keine Gangunterschiede auf, die Elementarwellen interferieren konstruktiv, sie verstärken sich: **Dies ist das Maximum nullter Ordnung**.

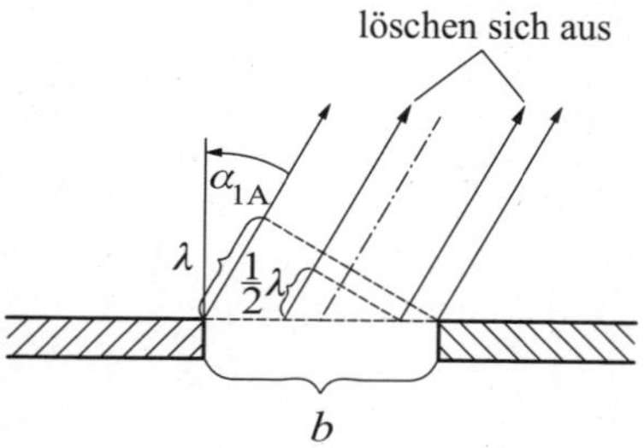

Abb. 13.36 Randstrahlen-Gangunterschied und Beobachtungswinkel; Teilung des Strahlenbündels

Sei nun eine davon abweichende Beobachtungsrichtung herausgegriffen, für die der Gangunterschied der Randstrahlen (im Sinne von: „Gangunterschied der Wellen, die sich längs der Randstrahlen ausbreiten") gerade gleich einer Wellenlänge ist.

Dann kann man das zum Beobachter weisende Strahlenbündel in zwei Hälften unterteilen. Zu einem beliebigen Strahl aus der einen Hälfte lässt sich nun immer ein Strahl aus der zweiten Hälfte finden, der die halbe Wellenlänge als Gangunterschied aufweist und sich folglich mit dem ersten Strahl auslöscht. Da dies für jeden Strahl aus der ersten Hälfte gilt, löscht sich das gesamte Strahlenbündel vollständig weg: In der Beobachtungsrichtung mit dem Randstrahlen-Gangunterschied $\Delta x = \lambda$ liegt also ein Interferenzminimum. Da es unter allen Interferenzminima den kleinsten Randstrahlen-Gangunterschied hat, heißt es Interferenzminimum erster Ordnung.

Wie am eingezeichneten Dreieck zu sehen, besteht ein einfacher Zusammenhang zwischen dem Randstrahlen-Gangunterschied Δx und dem Beobachtungswinkel α:

$$\sin\alpha = \frac{\Delta x}{b} \quad \text{mit der Spaltbreite } b; \quad b > \lambda\,. \tag{13.90}$$

Folglich ist die Richtung für das **Minimum erster Ordnung**:

$$\sin\alpha_{1A} = \frac{\lambda}{b} \tag{13.91}$$

Nun sei der Beobachtungswinkel etwas vergrößert, und zwar so weit, dass der Gangunterschied der Randstrahlen $3\lambda/2$ wird. Dann lässt sich das Strahlenbündel in drei Teile unterteilen.

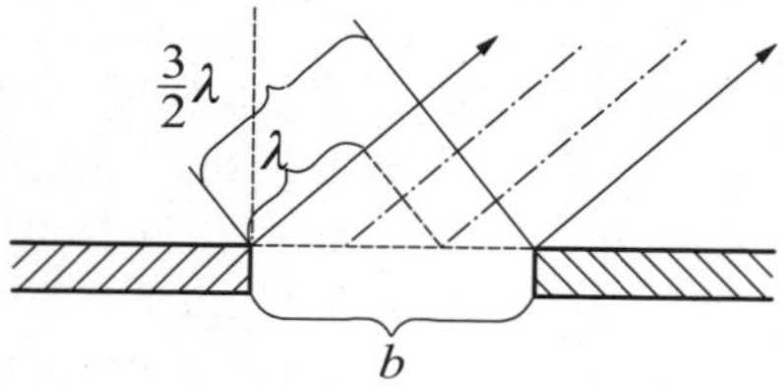

Abb. 13.37 Teilung des Strahlenbündels bei Randstrahlen-Gangunterschied $3/2\lambda$

Fasst man die oberen beiden Drittel zu einem Bündel zusammen, so haben dessen Randstrahlen gerade den Gangunterschied λ, und es gilt wie oben: Diese beiden Drittel interferieren am Ort des Beobachters destruktiv. Zur Wellenamplitude am Beobachtungsort tragen also nur die Elementarwellen des unteren Drittels bei. Nimmt man in einer groben Näherung an, dass diese Elementarwellen alle konstruktiv interferieren, so ergibt sich in dieser Richtung eine Wellenamplitude, die im Vergleich zum Maximum nullter Ordnung auf ein Drittel reduziert ist. Dieser Wert für die Wellenamplitude basiert, wie gesagt, auf einer groben Näherung. Zur exakten Ermittlung der Amplitude müsste man alle Elementarwellen phasenrichtig aufsummieren. Dies ist möglich und zeigt, dass die hier verwendeten Näherungswerte den wirklichen Sachverhalt qualitativ richtig wiedergeben.

Bei weiterer Vergrößerung des Beobachtungswinkels wird der Gangunterschied der Randstrahlen schließlich so groß wie zwei Wellenlängen. Unterteilt man das Strahlenbündel in zwei Hälften, haben deren Randstrahlen gerade wieder je den Gangunterschied einer Wellenlänge. Beide Hälften löschen sich jeweils für sich vollständig aus. Mit Gl. (13.90) ergibt sich für den Beobachtungswinkel zu diesem **Minimum zweiter Ordnung**:

$$\sin \alpha_{2\mathrm{A}} = 2\frac{\lambda}{b} \tag{13.92}$$

Schließlich sei noch der Fall besprochen, dass unter einem weiter vergrößerten Beobachtungswinkel der Gangunterschied der Randstrahlen gleich $5\lambda/2$ sei.

Zweckmäßigerweise wird das Strahlenbündel in fünf Teilbündel unterteilt und die oberen beiden und die unteren beiden werden zu jeweils einem Bündel zusammengefasst, dessen Randstrahlen-Gangunterschied λ ist. Folglich löschen sie sich aus, nur das mittlere Bündel bleibt übrig. Die Wellenamplitude beim Beobachter reduziert sich auf ein Fünftel.

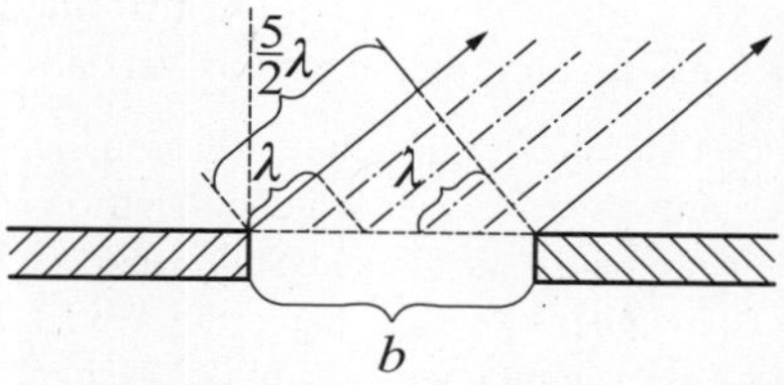

Abb. 13.38 Teilung des Strahlenbündels bei Randstrahlen-Gangunterschied $5/2\lambda$

Mit wachsendem Beobachtungswinkel erfahren die vom Spalt ausgesandten Wellen also immer wieder vollständige Auslöschung in folgenden Richtungen:

Auslöschung beim Einzelspalt

$$\sin \alpha_{n\mathrm{A}} = n \cdot \frac{\lambda}{b}, \qquad n = 1, 2, 3, \ldots \qquad b = \text{Spaltbreite} \tag{13.93}$$

Wichtig ist zu beachten, dass die Ordnung hier bei Eins beginnt; für $n = 0$ ergibt sich nämlich die Richtung des nullten Maximums.

Zwischen den Richtungen der Auslöschung liegen Richtungen, in denen relative Maxima der Wellenamplitude im Fernfeld zu beobachten sind. Nach der exakten Theorie stellt die folgende Formel eine annehmbare Näherung für diese Richtung dar:

Maxima beim Einzelspalt

$$\sin \alpha_{n\mathrm{V}} = (2n + 1) \cdot \frac{\lambda}{2b}, \qquad n = 1, 2, 3, \ldots \qquad b = \text{Spaltbreite} \tag{13.94}$$

Charakteristisch für den Einzelspalt ist, dass die Wellenamplitude in den Maxima mit wachsender Ordnung rasch abnimmt. Qualitativ ergibt sich das folgende Bild für den Verlauf der Wellenamplitude als Funktion des Beobachtungswinkels α.

Man erkennt zwei wichtige Unterschiede zwischen den Beugungswellen hinter einem Einzelspalt mit $b > \lambda$ und einem idealen Doppelspalt: Bei Letzterem sind alle Beugungsmaxima gleich hoch, und sie liegen in den Richtungen ($\sin \alpha = n \cdot \lambda/d$), wo beim Einzelspalt (wenn man den Spaltabstand d durch die Spaltbreite b ersetzt) gerade die Minima liegen.

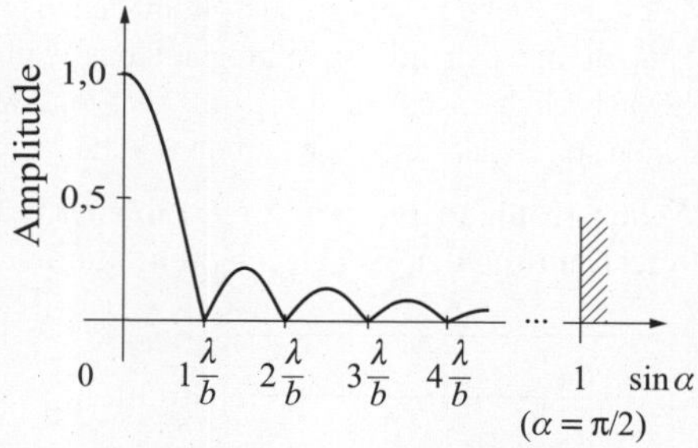

Abb. 13.39 Amplitudendiagramm für den Einfachspalt (nur qualitativ)

Die Formel (13.93) für die Richtungen der Auslöschung beim Einzelspalt lässt sich wie die entsprechenden Formeln bei der Zwei-Wellen-Interferenz interpretieren:

- **Diese Formel beschreibt nur Beobachtungswinkel zwischen** 0 **und** $\pi/2$. Wegen der Symmetrie der Anordnung ergeben sich die Interferenzerscheinungen für negative Beobachtungswinkel durch Spiegelung an der Normalen auf der Spaltfläche.
- n darf nicht so groß gewählt werden, dass die rechte Seite > 1 wird, denn es gibt keinen Winkel, dessen Sinus größer als Eins wäre: **Es gibt nur eine endliche Anzahl von Richtungen der Auslöschung zwischen** 0 **und** $\pi/2$.
- n kann aber, ohne diese Grenze zu überschreiten, umso größer gewählt werden, je kleiner das Verhältnis λ/b ist. **Es gibt umso mehr Linien der Auslöschung, und diese liegen folglich umso dichter, je kleiner das Verhältnis der Wellenlänge zur Spaltbreite ist.**

Die beiden letzten Ergebnisse lassen sich anhand von Abb. 13.39 veranschaulichen: Wächst das Verhältnis λ/b, so verschieben sich die Auslöschungsstellen und die zwischen ihnen liegenden Nebenmaxima nach rechts; die Teile der Kurve, die bei $sin\alpha = 1$, d. h. $\alpha = \pi/2$ „anstoßen", verschwinden. Wird dagegen die Wellenlänge im Verhältnis zur Spaltbreite kleiner, so rutschen die Auslöschungsstellen samt den Nebenmaxima nach links, wobei sich bei $sin\alpha = 1$ immer neue Nebenmaxima mit abnehmender Höhe bilden.

Die in Abb. 13.32 dargestellten experimentellen Ergebnisse für die Beugung am Einzelspalt lassen sich nun auch theoretisch begründen:

Für $\lambda \gg b$ ist das Maximum nullter Ordnung so breit geworden, dass die Wellenamplitude für alle Beobachtungswinkel zwischen 0 und $\pi/2$ fast denselben Wert hat wie bei $\alpha = 0$; das entspricht einer elementaren Kreiswelle.

Für $\lambda \approx b$ liegt das erste Minimum bei $\alpha = \pi/2$. Die Amplitude der gebeugten Welle nimmt also mit wachsendem Beugungswinkel ab.

Für $\lambda \ll b$ ist die Amplitudenkurve so sehr in Richtung $\alpha = 0$ gestaucht, dass die gebeugte Welle nur in der unmittelbaren Nähe von $\alpha = 0$, also in Vorwärtsrichtung, nennenswerte Amplitudenwerte hat; die bei größeren Beugungswinkeln liegenden Nebenmaxima haben schon so hohe Ordnungen, dass ihre Höhe vernachlässigbar ist. Dies entspricht einer ungebeugt durch die Öffnung hindurchgehenden Welle.

Strahlen bei Wellenfeldern

Im Fall $\lambda \ll b$ wird also gemäß Abb. 13.32 durch den Spalt aus dem zweidimensionalen ebenen Wellenfeld ein nahezu geradlinig verlaufender **Strahl** herausgeschnitten. Die Bezeichnung „Strahl" ist dabei zunächst unbefriedigend, weil ein Strahl, eine Gerade mit Anfangs- und ohne Endpunkt wie z. B. der schon häufiger gebrauchte „Beobachtungsstrahl", ein unendlich dünnes Objekt ist: Das ist dieser „Wellenstrahl" ganz und gar nicht. Aus sehr großer Entfernung betrachtet erscheint aber auch der Wellenstrahl im Vergleich zu seiner Länge als sehr dünn und die Bezeichnung „Strahl" ist eher angebracht. Da ein solcher Strahl an jeder Stelle aus dem Wellenfeld herausgeschnitten werden kann, drängt sich die Vorstellung auf, das Wellenfeld sei ein Bündel von Strahlen: Eine Vorstellung, die sicherlich anschaulicher ist als die von Wellenfronten (Linien gleicher Phase). Diese Strahlen stehen stets exakt senkrecht auf den Wellenfronten, was zur folgenden allgemeinen Definition führt:

Wellenstrahlen sind gerichtete Linien zur Beschreibung von Wellenfeldern, die in Ausbreitungsrichtung der Welle zeigen und an jeder Stelle senkrecht auf den Wellenfronten stehen.

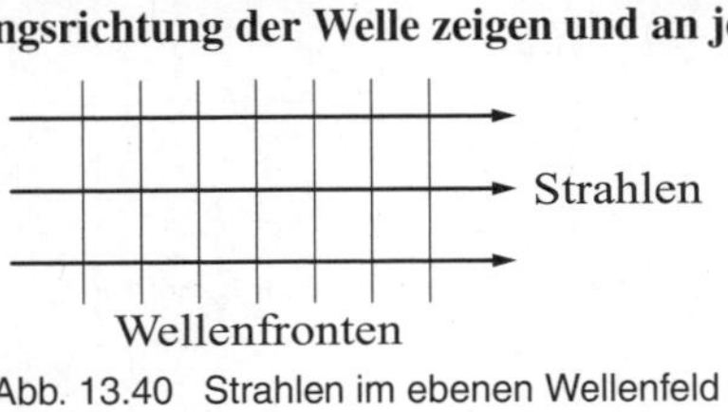

Abb. 13.40 Strahlen im ebenen Wellenfeld

Für einfache Wellenfelder sind die so definierten Wellenstrahlen gerade und damit auch im mathematischen Sinne Strahlen. So sind etwa im ebenen Wellenfeld alle Wellenstrahlen gerade und parallel. Bei einer Kreis- oder Kugelwelle zeigen die Strahlen wie die Speichen eines Rades radial nach außen.

Eine punktförmige Quelle wird aus Symmetriegründen stets Kreis- bzw. Kugelwellen aussenden, also radiale, geradlinige Strahlen. Aber auch eine ausgedehnte Quelle kann man sich als aus unendlich vielen, unabhängigen Punktquellen zusammengesetzt vorstellen, die jede für sich geradlinige Strahlen radial aussenden.

Treffen diese Strahlen auf Hindernisse und Öffnungen, die groß sind im Vergleich zur Wellenlänge, so werden sie, wie gezeigt, entweder vollständig verschluckt oder passieren praktisch geradlinig:

Man kann die Wirkung von Objekten, die groß sind gegen die Wellenlänge, auf der Basis der Annahme geradliniger Ausbreitung von Strahlen konstruieren.

Diese Feststellung hat besondere Bedeutung für die Berechnung der Abbildungseigenschaften optischer Instrumente.

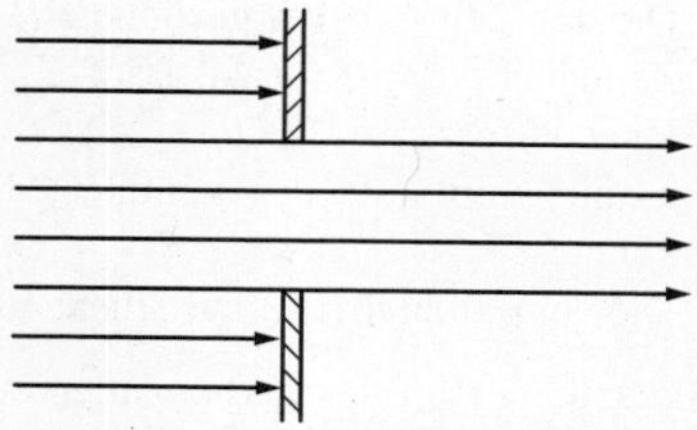

Abb. 13.41 Geradlinige Ausbreitung von Strahlen für $\lambda \ll b$

13.10 Reflexion und Brechung von Wellen

Andere, für die technische Anwendung wichtige Phänomene beobachtet man, wenn eine Welle eine Grenzfläche zwischen zwei Medien überschreitet, in denen die Wellenausbreitungsgeschwindigkeit verschieden ist. Solch ein Fall ist im nächsten Bild dargestellt, wobei angenommen ist, dass die Ausbreitungsgeschwindigkeit im Medium unterhalb der Grenzfläche kleiner ist als im Medium darüber:

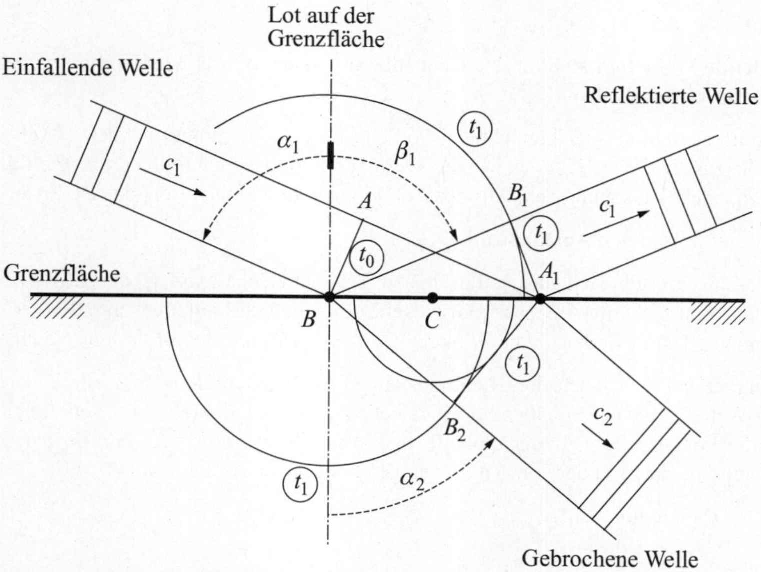

Abb. 13.42 Reflexion und Brechung von Wellen

Von links oben läuft eine ebene Welle mit der Ausbreitungsgeschwindigkeit c_1 auf die Grenzfläche zu. Sie ist durch zwei Wellenstrahlen und einige Wellenfronten (z. B. Wellenberge) repräsentiert. Wo diese „einfallende Welle“ auf die Grenzfläche trifft, wird sie alle Punkte der Grenzfläche gemäß dem Huygens'schen Prinzip zum Aussenden von Elementarwellen anregen, wobei jeder Punkt genau dann eine kreisförmige Wellenfront aussendet, wenn er von der entsprechenden einlaufenden Wellenfront getroffen wird.

Wir betrachten nun eine einlaufende Wellenfront, die zum Zeitpunkt t_0 die Strecke $\overline{AB}$ überschreitet und zum späteren Zeitpunkt t_1 den Punkt A_1 erreicht. Von den Elementarwellenfronten, die von ihr auf diesem Weg entlang der Grenzfläche „gezündet" wurden, sind im unteren Medium zwei in der Position eingezeichnet, die sie zum Zeitpunkt t_1 erreicht haben:

- Die zur Zeit t_0 bei B gezündete Wellenfront ist am weitesten gekommen, da sie die gesamte Zeitdauer $\Delta t = t_1 - t_0$ als Laufzeit zur Verfügung hatte.
- Die erst später, zur Zeit $t_0 + \frac{1}{2}\Delta t$, vom Mittelpunkt C der Strecke $\overline{BA_1}$ ausgesendete Wellenfront ist nur halb so weit gekommen, da sie sich nur noch während der Zeitdauer $\frac{1}{2}\Delta t$ ausbreiten konnte.
- Die vom Endpunkt A_1 ausgehende Elementarwelle ist zur Zeit t_1 noch ein Punkt.

Alle anderen von der ausgewählten einlaufenden Wellenfront stammenden Elementarwellenfronten liegen zwischen den gezeichneten und haben die Gerade (B_2A_1) als gemeinsame Tangente (**Einhüllende**).

Im oberen Medium ist nur die von B ausgegangene Elementarwellenfront gezeichnet; die von A_1 aus an sie angelegte Tangente (A_1B_1) ist (genauso wie die Tangente (A_1B_2) im unteren Medium) die Einhüllende aller anderen Elementarwellenfronten.

Nach dem Huygens'schen Prinzip interferieren die Elementarwellen nun und bilden neue Wellenfronten; sie interferieren auf jeden Fall konstruktiv an den Einhüllenden, denn dort trifft Wellenberg auf Wellenberg, die sich verstärken. Wie man sieht, formiert die Einhüllende der Kreisbögen im oberen Medium eine Wellenfront, die zu einer **reflektierten** Welle gehört; die Einhüllende an den Kreisbögen im unteren Medium formiert eine zu einer abgeknickten (**gebrochenen**) Welle gehörende Wellenfront.

Zusammenfassend lässt sich feststellen:

Die einfallende Welle teilt sich an der Grenzfläche zwischen zwei Medien in eine reflektierte und eine gebrochene Welle auf.

Die Ausbreitungsrichtung der betrachteten Wellen ist durch die eingezeichneten Wellenstrahlen gegeben. Die zugehörigen Richtungswinkel werden definitionsgemäß immer vom **Einfallslot** (Lot auf der Grenzfläche) aus gemessen. Aus der Abbildung erkennt man direkt das **Reflexionsgesetz**:

Einfallswinkel (α_1) gleich Ausfallswinkel (β_1).

Der strenge Beweis ergibt sich aus der Tatsache, dass die Dreiecke $\Delta(BAA_1)$ und $\Delta(A_1B_1B)$ kongruent sind, da sie im rechten Winkel, der Grundseite $\overline{BA_1}$ und den Laufstrecken $\overline{BB_1} = \overline{AA_1} = c_1\Delta t$ übereinstimmen. Damit sind auch die Winkel $\angle(ABA_1) = \alpha_1$ und $\angle(BA_1B_1) = \beta_1$ gleich.

Den Zusammenhang zwischen den Richtungswinkeln α_1 der einfallenden Welle und α_2 der gebrochenen Welle erkennt man anhand der Dreiecke $\Delta(BAA_1)$ und $\Delta(BB_2A_1)$, wenn man beachtet, dass $\overline{AA_1}$ die Laufstrecke $c_1\Delta t$ der einlaufenden Wellenfront ist und $\overline{BB_2}$ die in derselben Zeit zurückgelegte Strecke $c_2\Delta t$ der von B ausgegangenen Elementarwellenfront.

Für $\alpha_1 = \angle(ABA_1)$ ergibt sich:

$$\sin\alpha_1 = \frac{c_1 \cdot t}{d} \qquad d = \overline{BA_1} \tag{13.95}$$

Analog gilt für $\alpha_2 = \angle(B_2A_1B)$:

$$\sin\alpha_2 = \frac{c_2 \cdot t}{d} \tag{13.96}$$

Das Verhältnis beider Sinus ist überraschenderweise eine Konstante, die auch unabhängig von der Wahl des Einfallswinkels ist:

$$\frac{\sin\alpha_1}{\sin\alpha_2} = \frac{c_1}{c_2} \tag{13.97}$$

Das Verhältnis der Wellenausbreitungsgeschwindigkeiten ist eine Konstante, die von der Kombination der beiden Medien bestimmt ist und heißt **Brechungsindex**:

$$n = \frac{c_1}{c_2} \tag{13.98}$$

Dieses Gesetz wurde für Licht von Snellius van Royen (1591–1626) empirisch gefunden und ist als **Snellius'sches Brechungsgesetz** bekannt:

$$\frac{\sin \alpha_1}{\sin \alpha_2} = n \tag{13.99}$$

Für Licht bedeutet es, dass sich dieses in Wasser oder Glas langsamer ausbreitet als in Luft, denn an Grenzflächen dieser Medien wird Brechung der oben beschriebenen Art beobachtet.

Jedoch sind Reflexions- und Brechungsphänomene nicht auf Licht beschränkt. Die Geschwindigkeit einer Wasseroberflächenwelle z. B. hängt von der Tiefe der Wasserschicht darunter ab, in seichtem Wasser laufen die Wellen langsamer. Gibt es an einem Seeufer etwa einen abrupten Sprung in der Wassertiefe, wirkt dieser wie eine Grenzfläche, und man kann an ihr Reflexion und Brechung beobachten.

13.11 Ultraschall

Schallwellen mit Frequenzen oberhalb des Hörbereiches ($f > 20\,000$ Hz) werden als Ultraschall ($f < 10$ GHz) bzw. als Hyperschall ($f > 10$ GHz)bezeichnet.

Ultraschall lässt sich durch **mechanische Schwingungsgeber** wie **Sirenen** und (**Galton-**) **Pfeifen** (bis 200 kHz), mithilfe der Längenschwingungen ferromagnetischer Materialien in einer Hochfrequenzspule (**elektroakustische Schallgeber**) oder mithilfe des **piezoelektrischen Effekts** (bis 10 GHz, mit Intensitäten von 100 W/cm^2) erzeugen.

Die **Wellenlänge des Ultraschalls** ist in Luft ($c \approx 330$ m/s) $\lambda = 15$ mm bei 20 kHz, $\lambda = 1{,}5$ mm bei 200 kHz und $\lambda = 0{,}15$ mm bei 2 MHz.

Bei der **Werkstoffprüfung** in Beton und Stahl werden zur **Erkennung von Rissen Ultraschallecho**-Aufnahmen gemacht, die Laufzeiten der Schallreflexionen am Riss und daraus den Abstand zwischen Riss und Oberfläche bestimmen. Dabei können zwei benachbarte Risse nur dann aufgelöst, d. h. getrennt beobachtet werden, wenn ihr Abstand größer als die verwendete Wellenlänge ist. Wegen der höheren Schallgeschwindigkeiten in Beton ($c \approx 4000$ m/s) und Stahl ($c \approx 5000$ m/s) werden bei der Werkstoffprüfung in diesen Stoffen für gleiche Auflösung (d. h. gleiche Wellenlänge) wie in Luft etwa 15 mal höhere Frequenzen benötigt.

Ultraschalldiagnostik (Früherkennungsuntersuchung ungeborener Kinder, Erkennen von Leververgrößerungen aufgrund übermäßigen Alkoholgenusses) und **Ultraschalltherapie** (Zerstörung von Nieren-, Gallen- oder Blasensteinen, **Mikrochirurgie**) wird zunehmend in der Medizin eingesetzt, $f \approx 10$ MHz.

Die **Ultraschallreinigung** wird angewendet, indem durch hohe Intensität im Frequenzbereich 20 . . . 50 kHz Schmutzteilchen von Werkstoffoberflächen gelöst werden.

Weitere Anwendungen sind Emulgieren, Dispersionsbildung, Entgasung von Flüssigkeiten und Metallschmelzen, Ultraschallbohrung, Schneiden von Werkstoffen, **Echolot-Ortung** (SONAR = **S**ound **N**avigation **A**nd **R**anging) zur Wassertiefenbestimmung unter Schiffen, zum Aufspüren von oder Kommunizieren mit U-Booten, zum Auffinden von Fischschwärmen in der kommerziellen Fischerei.

Hyperschall (10 GHz ... 10 THz) wird zur Untersuchung von molekularen Reaktionsabläufen in der Festkörperspektroskopie eingesetzt. Hyperschall kann mittels gekoppelter Mikrowellen-Resonatoren erzeugt werden.

13.12 Zusammenfassung

Ein anschauliches Modell für **wellentragende Medien** ist eine Kette aus Massen, die durch Federn verbunden (gekoppelt) sind.

Die Auslenkung wird zur Funktion zweier Variabler, des Ortes und der Zeit: $s(x,t)$.

Wellengleichung

Die möglichen Bewegungsformen eindimensionaler, linearer Systeme (d. h. solcher Systeme, bei denen die Rückstellkraft linear mit der Auslenkung zusammenhängt) müssen folgender Bewegungsgleichung genügen:

$$\ddot{s}(x,t) = c^2 \cdot s''(x,t)$$ mit der Phasengeschwindigkeit

$$c = \sqrt{\frac{D \cdot \Delta x}{\Delta m / \Delta x}} \tag{13.100}$$

Dabei ist $D \cdot \Delta x$ ein Maß für die Kopplungsstärke im Medium und $\Delta m/\Delta x$ seine Massendichte. Die Bewegungsgleichung ist eine partielle Differenzialgleichung zweiter Ordnung. Als Lösungen sind alle Funktionen möglich, die Ort x und Zeit t in der Kombination $(t \pm x/c)$ enthalten; diese Lösungen $s(t \pm x/c)$ beschreiben **Störungen** (Auslenkungen), die sich mit der Geschwindigkeit c auf dem Medium ausbreiten. Solche Bewegungsformen nennt man **Wellen** und die obige Bewegungsgleichung **Wellengleichung**.

Sind Auslenkung und **Wellenausbreitungsrichtung parallel**, spricht man von **longitudinalen Wellen**.

Steht die Auslenkung **senkrecht** auf der Wellenausbreitungsrichtung, nennt man die Welle **transversal**. Liegen die Auslenkungen einer transversalen Welle alle in derselben Ebene, ist die Welle **polarisiert**.

Wellenausbreitungsgeschwindigkeit *c*

Transversale Welle auf einem **elastischen Seil**: $c = \sqrt{\frac{F_0}{\varrho \cdot A}}$

Longitudinale Welle auf einem **elastischen Stab**: $c = \sqrt{\frac{E}{\varrho}}$

Longitudinale Welle in einem **kompressiblen Fluid**: $c = \sqrt{\frac{1}{\varrho \cdot \kappa}}$

Longitudinale Welle in einem **idealen Gas**: $c = \sqrt{\frac{c_p}{c_v}\frac{p}{\varrho}}$

Die Symbole bedeuten:

F_0: **Vorspannkraft**,
ϱ: **(Volumen-) Massendichte**,
A: **Querschnitt**,
E: **(Young'scher) Elastizitätsmodul**,
κ: **Kompressibilität**,
c_p, c_v: **spezifische Wärmekapazität bei konstantem Druck bzw. Volumen**.

Harmonische Welle

Folgt die Auslenkung einer Sinus- oder Kosinusfunktion, spricht man von einer **harmonischen Welle**. Es gibt mehrere Möglichkeiten zu deren Darstellung:

$$s(x,t) = \hat{s} \cdot \sin\left(\omega\left(t \pm \frac{x}{c}\right)\right)$$

$$s(x,t) = \hat{s} \cdot \sin(\omega t \pm kx) \qquad \text{mit} \quad k = \frac{\omega}{c}; \quad [k] = \frac{1}{\text{m}}$$

$$s(x,t) = \hat{s} \cdot \sin\left[2\pi\left(\frac{t}{T} \pm \frac{x}{\lambda}\right)\right] \qquad \text{mit} \quad \lambda = cT; \quad [\lambda] = \text{m} \tag{13.101}$$

Die **Wellenzahl** k bestimmt den Phasenunterschied zwischen zwei Punkten des Mediums, die **Wellenlänge** λ ist die räumliche Periode einer Momentaufnahme.

Wellenlänge, **Frequenz** und **Wellenzahl** hängen wie folgt zusammen:

$$c = f \cdot \lambda \tag{13.102}$$

$$k = \frac{2\pi}{\lambda} \tag{13.103}$$

Die Phase breitet sich mit der Geschwindigkeit c auf dem Medium aus. Letztere heißt darum auch **Phasengeschwindigkeit**.

Sonderfälle dreidimensionaler Wellen, die eindimensional beschreibbar sind, sind **ebene Wellen**, **Zylinderwellen** und **Kugelwellen**.

Schallwellen

Schallwellen sind dreidimensionale Auslenkungswellen. In nicht-zähen Fluiden gibt es nur longitudinale Schallwellen. In **longitudinalen** Schallwellen führt die Auslenkung der Massenelemente $s(x,t)$ zu Abweichungen $\Delta p(x,t)$ vom Normaldruck p. Der Zusammenhang zwischen den Amplituden $\hat{s}$ und $\Delta\hat{p}$ dieser beiden Größen ist für harmonische Schallwellen gegeben durch:

$$\Delta\hat{p} = \varrho \cdot c \cdot \omega \cdot \hat{s} \tag{13.104}$$

Hier bezeichnet ϱ die **Massendichte**, ω die **Kreisfrequenz** der Welle und c die **Schallgeschwindigkeit**.

Eine laufende harmonische Schallwelle transportiert Energie. Als „Energiestrom" I bezeichnet man dabei die pro Zeiteinheit durch eine senkrecht zur Ausbreitungsrichtung stehende Querschnittsfläche A strömende Energie. Die **Energiestromdichte (Intensität)** ist definiert durch

$$i = \frac{I}{A} \tag{13.105}$$

Die Intensität einer ebenen Welle ist überall gleich, die einer Zylinderwelle ist umgekehrt proportional dem Abstand von der Erregerachse, die einer Kugelwelle ist umgekehrt proportional dem Quadrat des Abstands vom Erregerpunkt.

Reflexion, stehende Welle

Wellen werden an Medien-Grenzflächen (eindimensional: Enden) **reflektiert**. Dabei ist zu unterscheiden zwischen festem Ende und freiem Ende. Eine laufende harmonische Welle erleidet bei der Reflexion am festen Ende einen **Phasensprung** π. Am freien Ende wird sie ohne Phasensprung reflektiert.

Die Reflexion einer laufenden harmonischen Welle führt zur Überlagerung zweier gegenläufiger Wellen gleicher Frequenz und Amplitude. Das Erscheinungsbild dieser Überlagerung ist das einer stationären Welle, genannt **stehende Welle**:

$$s(x,t) = 2\hat{s} \cdot \cos\left(\frac{2\pi}{\lambda}x\right) \cdot \sin(\omega t) \qquad (13.106)$$

In den so genannten **Schwingungsknoten** findet keine Bewegung mehr statt, in den **Schwingungsbäuchen** dagegen eine Schwingung mit maximaler Amplitude $2\hat{s}$. Benachbarte Schwingungsknoten/-bäuche haben den Abstand einer halben Wellenlänge.

Eigenschwingungen von Kontinua

Ein nur endlich ausgedehntes, kontinuierliches Medium ist in der Lage, stehende Wellen zu tragen, wenn geometrische Abmessungen (eindimensional: die Länge) des Mediums und Wellenlänge in ganz bestimmten (mathematischen) Verhältnissen stehen.

Beispiele sind die Eigenschwingungen einer **Saite**, deren Frequenzen gegeben sind durch die Formel

$$f_n = n \cdot \frac{c}{2l} \qquad (l \text{ ist die Saitenlänge}) \qquad (13.107)$$

und die Eigenschwingungen der Luftsäule in einer **einseitig geschlossenen Pfeife**, deren Frequenzen sich errechnen nach

$$f_n = (2n-1) \cdot \frac{c}{4l} \qquad (l \text{ ist die Länge der Säule}). \qquad (13.108)$$

Die Schwingung zu $n = 1$ heißt **Grundschwingung**.
Die Schwingungen zu $n > 1$ heißen **Oberschwingungen**.

Ton, Lautstärke

Beim Hören von Schallwellen bestimmt die **Frequenz** die **Tonhöhe**, der **Klang** ist gegeben durch das **Spektrum (Mischungsverhältnis) von Grund- und Oberschwingungen**.

Über die **Lautstärke** entscheidet die **Intensität**, für die der **Schallpegel** ein quantitatives Maß darstellt:

$$L = 10 \cdot \lg\left(\frac{i}{i_0}\right) \text{ dB} \qquad [L] = \text{dB} \quad \text{(Dezibel)}$$

$$\text{mit} \quad i_0 = 10^{-12}\,\frac{\text{W}}{\text{m}^2} \qquad (13.109)$$

Doppler-Effekt

Bei in Luft **bewegtem Sender** hört der Empfänger Frequenzverschiebungen:

$$f_E = f_S \cdot \frac{1}{1 \mp \frac{v_S}{c}} \qquad \text{„–“ bei Annäherung; „+“ bei Entfernung} \qquad (13.110)$$

Bei **bewegtem Empfänger** gilt:

$$f_\mathrm{E} = f_\mathrm{S}\left(1 \pm \frac{v_\mathrm{E}}{c}\right) \quad \text{„+“ bei Annäherung; „−“ bei Entfernung} \tag{13.111}$$

Bewegt sich der Sender im Überschallbereich, entsteht eine **Mach-Stoßfront**, dreidimensional ein **Mach-Kegel**.

Interferenz

Die **Interferenz** (**Überlagerung**, Addition der Auslenkungen) zweier auf demselben eindimensionalen Medium laufender Wellen führt zu den Erscheinungen der **Auslöschung** (**destruktive Interferenz**) bzw. **Verstärkung** (**konstruktive Interferenz**). Welche der Erscheinungen auftritt, bestimmt der **Gangunterschied**, der Unterschied der Abstände zwischen dem Beobachter und dem jeweiligen Wellenerreger.

Bei gleichphasig mit derselben Frequenz schwingenden Wellenerregern gilt: Ist der Gangunterschied ein ganzzahliges Vielfaches der Wellenlänge, ergibt sich Verstärkung. Ist der Gangunterschied ein ungeradzahliges Vielfaches der halben Wellenlänge, ergibt sich Auslöschung.

Die Interferenz zweier Wellen auf einem **zweidimensionalen Medium**, die von gleichphasig mit gleicher Frequenz und Amplitude schwingenden Quellen (**synchron** schwingenden Quellen) erregt werden, führt zu einem stationären Interferenzmuster:

Alle Punkte im Wellenfeld auf Ellipsen mit den Quellen als Brennpunkten schwingen gleichphasig.

Alle Punkte im Wellenfeld auf Hyperbeln mit den Quellen als Brennpunkten schwingen mit gleicher Amplitude.

Bei Beobachtung im Fernfeld bestimmt der **Beobachtungswinkel** α, bezogen auf die Normale auf der Verbindungslinie der Quellen, den Gangunterschied:

$$\sin\alpha = \frac{\Delta x}{d} \tag{13.112}$$

wobei der Quellenabstand mit d bezeichnet ist. Folglich sind die Richtungen, in denen **Verstärkung** beobachtet wird, gegeben durch

$$\sin\alpha_{n\mathrm{V}} = n \cdot \frac{\lambda}{d} \tag{13.113}$$

Die Richtungen der **Auslöschung** sind

$$\sin\alpha_{n\mathrm{A}} = (2n+1) \cdot \frac{\lambda}{2d} \tag{13.114}$$

Das Symbol n steht für die **Ordnung** der Verstärkung oder Auslöschung.

Wegen $\sin\alpha \leqq 1$ gibt es eine **obere Grenze** für die Ordnung n. Diese Grenze ist umso größer, d. h., es gibt umso mehr Richtungen der Auslöschung oder Verstärkung, und diese liegen umso dichter, je kleiner das Verhältnis der Wellenlänge zum Quellenabstand ist.

Synchron schwingende Quellen kann man herstellen, indem man eine ebene Welle durch ein Hindernis mit mehreren engen Öffnungen laufen lässt, das parallel zu den einlaufenden Wellenfronten aufgestellt ist. Denn das **Huygens'sche Prinzip** besagt: Jeder Punkt der Öffnung eines Hindernisses ist **Erregerpunkt**, Ausgangspunkt einer **Elementarwelle**; das Wellenfeld hinter dem Hindernis ergibt sich als Überlagerung aller Elementarwellen.

Beugung

Hinter einer in ein zweidimensionales, ebenes Wellenfeld hinein gestellten Blende mit einem Spalt, dessen Breite kleiner als die Wellenlänge ist, beobachtet man eine Elementarwelle, so als befände sich im Spalt ein Punktsender. Wegen der Änderung der Ausbreitungsrichtung spricht man von **Beugung**.

Bei zwei Spalten beobachtet man die Interferenz der beiden Elementarwellen: Die **Beugung am Doppelspalt** entspricht der Interferenz zweier Punktsender.

Ein **Beugungsgitter** ist eine lineare Anordnung aus vielen Spalten mit untereinander jeweils gleichem Abstand, der als **Gitterkonstante** bezeichnet wird. Die Interferenz der vielen Elementarwellen führt im Fernfeld unter denselben Beobachtungswinkeln zur Verstärkung wie beim Doppelspalt. Die Auslöschung zwischen diesen Richtungen der Verstärkung wird immer vollständiger, je größer die **Spaltanzahl** (Quellenanzahl) ist; dadurch werden die Maxima immer **schärfer** und intensitätsreicher.

Ist die Breite eines einzelnen Spaltes größer als die Wellenlänge, führt die Überlagerung der von den Punkten im Spalt ausgehenden Elementarwellen ebenfalls zu Interferenzerscheinungen. Die Richtungen der Auslöschung sind beim **Einzelspalt** gegeben durch:

$$\sin \alpha_{nA} = n \cdot \frac{\lambda}{b} \tag{13.115}$$

mit der Spaltbreite b und der Ordnung $n \geqq 1$.

Die Intensität der Maxima in den Richtungen dazwischen nimmt mit steigender Ordnung stark ab. Ist die Spaltbreite sehr viel größer als die Wellenlänge, wird nennenswerte Intensität praktisch nur noch in **Vorwärtsrichtung** ($\alpha = 0$) zu finden sein, dies ist der Übergang zur **Strahlenoptik**.

Reflexion und Brechung

An einer Grenzfläche mit sprunghafter Änderung der Phasengeschwindigkeit werden Reflexion und Brechung beobachtet. Beschreibt man die Richtungen der als eben angenommenen einfallenden und ausfallenden Wellenfelder durch die Richtungswinkel, die ihre Wellenstrahlen mit der Grenzflächennormalen bilden, so lauten die dabei geltenden Gesetze:

Reflexionsgesetz:

Einfallswinkel gleich Ausfallswinkel.

Snellius'sches Brechungsgesetz:

$$\frac{\sin \alpha_1}{\sin \alpha_2} = n \tag{13.116}$$

Das Verhältnis der Phasenausbreitungsgeschwindigkeiten in den zwei Medien

$$n = \frac{c_1}{c_2} \tag{13.117}$$

heißt **Brechungsindex**.

13.13 Aufgaben

13.1 Berechnen Sie die Längenänderung eines zylindrischen Kupferstabes (Dichte 8,92 $\mathrm{g/cm^3}$) für den Fall, dass er in Achsrichtung durch eine Masse von 40 kg belastet wird. Ein Schallimpuls benötigt $t = 0{,}78$ ms, um den 3,0 m langen Stab mit 5,0 mm Durchmesser entlang der Achse zu durchlaufen.

13.2 Zwischen zwei im Abstand von 50 m angebrachten Blechdosen ist mit einer Zugspannung von $2 \cdot 10^8\ \mathrm{N/m^2}$ ein Draht von 0,7 mm Durchmesser gespannt (Dichte 7,8 $\mathrm{g/cm^3}$; $E = 2 \cdot 10^{11}\ \mathrm{N/m^2}$). In der Nähe einer der Blechdosen ertönt ein Knall. Welche Laufzeit benötigt dieser Schallimpuls auf dem Draht? Vergleichen Sie das Ergebnis mit der Laufzeit des Luftschalls.

13.3 Die Schallgeschwindigkeit in Wasser beträgt bei 20 °C 1485 m/s. Wie stark wird Wasser durch einen Druck von 100 bar komprimiert?

13.4 Sie wollen Wäsche aufhängen; am anderen Ende der Leine sitzt ein Vogel. Der könnte Ihre frisch duftende Pracht bekleckern, Sie wollen ihn verjagen. Raffinierterweise tun Sie dies, indem Sie an der Leine zupfen und ihm eine Welle zuschicken; bei ihm angekommen, erlebt der Vogel solche Querbeschleunigung, dass er sich nicht mehr festhalten kann und lieber davonfliegt. Wie stark müssen Sie zupfen? Und wie lange dauert's, bis die Welle beim Vogel angekommen ist?

Anleitung: Sie benötigen folgende Daten:
Vorspannkraft auf der Wäscheleine: $F = 250$ N, Dichte der Leine (Stahldraht): $\varrho = 7{,}9$ g/cm^3, Querschnittsfläche der Wäscheleine: $A = 7$ mm^2 .
Die Welle, die Sie losschicken, sei beschrieben als eine transversale Sinuswelle der Wellenlänge $\lambda = 5$ m.
Der Abstand zwischen Ihnen und Ihrem Vogel sei $l = 10$ m. Die Frage nach der Stärke des Zupfens bedeutet: Mit welcher Amplitude müssen Sie zupfen, damit der Vogel eine Transversalbeschleunigungsamplitude von zehnfacher Größe der Fallbeschleunigung (9,81 m/s^2) erlebt? Vergessen Sie nicht, die Frage nach der Laufzeit der Welle zu beantworten.

13.5 Ein langes Gummiseil stehe unter überall gleicher Vorspannkraft, aber seine lineare Massendichte $\varrho = \Delta m/\Delta x$ nehme längs des Seiles um einen Faktor zwei ab. Eine transversale Welle laufe vom dichten Teil des Seiles zum dünnen; der Übergang in der Massendichte sei so allmählich, dass keine Reflexion stattfindet. Sie werden feststellen, dass die Amplitude der im dünnen Teil des Seiles angekommenen Welle höher ist als die Amplitude im dichten Teil: Warum und um welchen Faktor wird die Amplitude erhöht?
Hinweis: Denken Sie, bitte, daran, dass Wellen Energie transportieren, und dass Energie eine Erhaltungsgröße ist.

13.6 Ein Faden mit der Masse $m = 2$ g und der Länge $l = 50$ cm ist an beiden Enden eingespannt. Wie muss die Zugkraft gewählt werden, damit die erste Oberschwingung bei $f_1 = 220$ Hz auftritt?

13.7 Eine Gitarrensaite soll auf den Kammerton *a* ($f = 440$ Hz) abstimmbar sein. Falls aus Stahl (Dichte etwa 8 g/cm^3) gefertigt: Wie dick darf die Saite höchstens sein, damit beim Stimmen eine Zugkraft von 100 N nicht überschritten werden muss? (Gefragt ist der Durchmesser der Saite.)
Der Abstand zwischen den beiden Stegen einer Gitarre ist typisch etwa 60 cm.

13.8 Ein Metallstab mit der Dichte 7,83 g/cm^3 und der Länge $l = 1$ m ist in der Mitte fest eingespannt. Durch Reiben erzeugt man eine Longitudinalschwingung mit der Grundfrequenz $f_0 = 2527$ Hz.
a) Wie groß ist die Schallgeschwindigkeit?
b) Wie groß ist der Elastizitätsmodul?
c) Welche Frequenzen haben die möglichen Obertöne?

13.9 Das menschliche Ohr vermag Schallwellen in einer ungeheuren Spannweite der Intensität wahrzunehmen: von ca. 10^{-12} J/(m$^2 \cdot$ s) (Hörschwelle) bis ca. 1 J/(m$^2 \cdot$ s) (Schmerzgrenze) bei einer Frequenz von 1000 Hz. Wie groß sind die Auslenkungs-Amplituden der Luftmoleküle für diese beiden Intensitätswerte? Vergleichen Sie mit dem Durchmesser des Bohr'schen Atoms.
Zahlen, die Sie brauchen:
Luftdichte: 1,293 kg/m^3, Schallgeschwindigkeit: 330 m/s

13.10 Eine Lärmquelle (Motor) verursacht einen Schallpegel $L = 90$ dB am Standort eines geplagten Anwohners. Wie viel Motoren müssen gleichzeitig am selben Standort laufen, damit seine Schmerzgrenze bei 120 dB erreicht wird?

13.11 Die drei gleichen Düsentriebwerke am Heck eines Jets erzeugen am Standort eines Flughafenbediensteten einen Schallpegel von 140 dB. Wie hoch ist der Schallpegel, wenn nur ein Triebwerk läuft? Welchen Wert hat dann die Schallintensität?

13.12 Im Abstand von 30 m zu einem startenden Düsenflugzeug herrscht ein Schallpegel von 135 dB. Wie hoch ist der Schallpegel im Abstand von 50 m? Welchen Wert hat dort die Schallintensität?

13.13 Ein HiFi-Verstärker liefert 20 W = 20 J/s elektrische Leistung an einen Lautsprecher; dieser benutzt 90 % davon zur Raumheizung und strahlt den Rest als Schallleistung isotrop (d. h. in alle Raumrichtungen gleich) ab. Welche Schallintensität empfindet eine in 4 m Entfernung vom Lautsprecher stehende Person?
Bitte geben Sie zusätzlich den auf den Hörer einwirkenden Schallpegel an und beurteilen Sie, ob dieser näher an der Hörschwelle oder an der Schmerzgrenze liegt.

13.14 Auf dem Umfang einer mit $n = 4/\mathrm{s}$ rotierenden Scheibe mit 60 cm Radius ist eine schwingende Stimmgabel mit der Frequenz $f = 440$ Hz befestigt. Zwischen welchen Frequenen schwankt der Ton für einen Beobachter, der sich in Höhe der Scheibenebene aufhält? (Schallgeschwindigkeit $c = 330\,\mathrm{m/s}$)

13.15 Radarkontrolle: Die Polizei „blitzt" hinter Ihnen her, sie sendet Ihrem Wagen eine elektromagnetische Radar-Welle hinterher (Frequenz $9{,}4 \cdot 10^9$ Hz). Aufgrund des Dopplereffekts empfängt das Blech Ihres Wagens diese Welle mit leicht erniedrigter Frequenz und reflektiert sie umgehend zurück zur Polizei. Die empfängt die Welle mit nochmals leicht erniedrigter Frequenz, da für die Polizei Ihr Fahrzeug einen davoneilenden Sender darstellt. Um die gesamte Frequenzerniedrigung zu berechnen, müssen Sie also die Frequenzerniedrigungsfaktoren durch bewegten Empfänger und durch bewegten Sender multiplizieren.

a) Angenommen, Sie fahren Ihren Wagen voll aus und erreichen in der Autobahn-Baustelle 216 km/h. Mit welcher Frequenz kommt die reflektierte Welle bei der Polizei an, wenn die gegebene Ausgangsfrequenz auf 10 Stellen genau ist?
b) Auf wie viel Hertz genau muss die Polizei die Frequenz der reflektierten Welle messen, um Ihre Geschwindigkeit auf 3 km/h genau zu bestimmen?
P. S.: Keine Sorge, dass die Radarwelle mit Lichtgeschwindigkeit reist und Sie eigentlich relativistisch rechnen müssten. Die Ergebnisformel ist zufällig relativistisch korrekt, auch wenn Sie klassisch rechnen!
c) Der Frequenzunterschied Δf zwischen ausgesendeter und reflektierter Welle kann durch die bei einer Überlagerung entstehende Schwebung direkt gemessen werden.
Mit welcher prozentualen Genauigkeit muss Δf gemessen werden, wenn die Fahrzeuggeschwindigkeit auf 1 % genau bestimmt werden soll?

13.16 Sie navigieren mit Ihrer Yacht im Nebel auf dem Meer und haben zu Ihrem eigenen Schutz vor Kollisionen das Nebelhorn eingeschaltet, das mit ziemlich genau 250 Hz tutet. Plötzlich hören Sie ein Echo, allerdings bei leicht erhöhter Frequenz: 260 Hz. Offensichtlich bewegen Sie sich geradewegs auf eine den Schall reflektierende Felswand zu: mit welcher Geschwindigkeit? ($c_\mathrm{S} = 330\,\mathrm{m/s}$)

13.17 Zwischen einer ruhenden Schallquelle ($f = 1000$ Hz) und einer reflektierenden Wand, die sich mit $v = 5\,\mathrm{m/s}$ auf die Quelle zu bewegt, befindet sich ein gleichfalls ruhender Beobachter. Infolge der Überlagerung des direkten Schalls mit dem reflektierten Schall treten Schwebungen auf. Welche Schwebungsfrequenz bemerkt der Beobachter? ($c_\mathrm{S} = 330\,\mathrm{m/s}$)

13.18 Sie stehen am Straßenrand und warten auf das Grün der Fußgängerampel. Ein Motorrad braust unter erheblicher Lärmentwicklung dicht an Ihnen vorbei, und Sie hätten gerne gewusst, wie schnell das Gerät war. Zufällig haben Sie das „absolute Gehör" und können feststellen, dass sich die Frequenz des zu vernehmenden Lärms während der Vorbeifahrt um 18 % erniedrigte.
Windstille und Schallgeschwindigkeit in Luft von 330 m/s vorausgesetzt: Wie schnell war die Maschine?

13.19 Zwei Lautsprecher im Abstand von 4 m strahlen gleichphasig Schallwellen in einen Raum ab. Ein Hörer sitzt in einer Entfernung von 2 m zum Lautsprecher A und von 3 m zum Lautsprecher B. Für welche Frequenzen bemerkt dieser Hörer eine teilweise Auslöschung des Schalls? ($c_\mathrm{S} = 330\,\mathrm{m/s}$)

13.20 Das Licht einer Natriumlampe (Wellenlänge 589 nm) wird durch ein Gitter mit 560 Spalten pro mm gebeugt. In welchem Abstand von der optischen Achse treten auf einem 500 mm entfernten Schirm die Beugungsbilder erster bis dritter Ordnung auf?

13.21 Ihr Problem ist die Bestimmung der Wellenlänge blau-grünen Lichts. An Handwerkszeug haben Sie ein Beugungsgitter, dessen Gitterkonstante Sie nicht kennen, und einen Helium-Neon-Laser. In der Literatur finden Sie, dass die Wellenlänge des von diesem ausgestrahlten roten Lichts sehr genau bekannt ist mit 0,6328 μm. Lassen Sie das zu vermessende und das Referenz-Laser-Licht gleichzeitig das Beugungsgitter passieren und beobachten die Beugungsstreifen (Stellen maximaler Intensität) auf einem Schirm, so stellen Sie fest, dass der vierte blau-grüne Beugungsstreifen genau mit dem dritten roten zusammenfällt. (Als nullter Beugungsstreifen gilt der mittlere des ungebeugten, geradeaus laufenden Strahls.)
Nun ist es einfach, die Wellenlänge des blau-grünen Lichts zu bestimmen.
Wie groß ist sie?

13.22 Sie stehen im Rittersaal eines alten Schlosses. Plötzlich erklingt aus dem Nachbarraum, zu dem die Tür offen steht, zauberhaftes Klavierspiel. Ganz ohne Spuk: Warum hören Sie das Piano, sehen es aber nicht?
Anleitung: Nehmen Sie an, Sie und das Piano befinden sich an Orten wie unten eingezeichnet.
Nehmen Sie außerdem an, Ihr Raum sei „schalltot", d. h. reflexionsfrei, sodass Sie nur den direkt von der Tür zu Ihnen gelangenden Schall hören. Nehmen Sie schließlich zur Vereinfachung an, das Klavier sende ebene Wellen in Richtung der Tür: eine Schallwelle der Frequenz 1100 Hz und eine (grüne) Lichtwelle der (zur Vereinfachung der Rechnung auf sieben Nachkommastellen gegebenen) Wellenlänge 0,499 999 7 μm. Die Schallgeschwindigkeit in Luft ist 330 m/s.

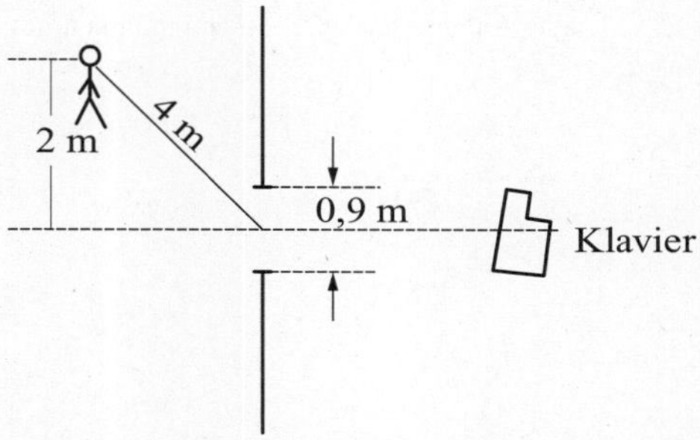

Abb. 13.43

Schätzen Sie den Winkel, unter dem ein Beugungsmaximum n-ter Ordnung zu beobachten ist, ab durch die Annahme, sein Sinus sei der arithmetische Mittelwert der Sinus der Winkel zu den Beugungsminima n-ter und $(n+1)$-ter Ordnung. Stehen Sie in Richtung von Beugungsmaxima? Und wenn ja: welcher Ordnung? Was ist die Konsequenz?

13.23 Ein Lärmschutzwall, gebaut, um Anwohner von unzumutbarem Verkehrsgeräusch abzuschirmen, funktioniert nur unvollkommen: auch in seinem Schutz ist das Vorüberrauschen des Verkehrs deutlich vernehmbar, wenn auch stark abgeschwächt und klanglich „dumpfer".
Diese Unvollkommenheit rührt nun keinesfalls von schlampiger Ingenieurleistung her, sondern basiert auf elementarer Physik. Können Sie sie erklären?

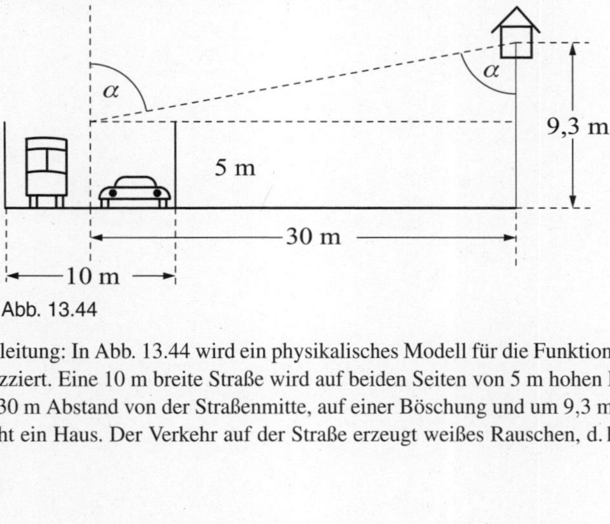

Abb. 13.44

Anleitung: In Abb. 13.44 wird ein physikalisches Modell für die Funktionsweise des Lärmschutzwalls skizziert. Eine 10 m breite Straße wird auf beiden Seiten von 5 m hohen Lärmschutzzäunen begleitet. In 30 m Abstand von der Straßenmitte, auf einer Böschung und um 9,3 m höher als die Straßenebene, steht ein Haus. Der Verkehr auf der Straße erzeugt weißes Rauschen, d. h. Schall jeglicher Frequenz, von dem anzunehmen ist, er werde in Form ebener Wellen nach oben abgestrahlt. Diese Schallwellen werden an den Oberkanten der Lärmschutzzäune gebeugt, sodass einige durchaus auch das Haus am Hang erreichen, obwohl von dort keine direkte Sichtverbindung zur Straße besteht. Greifen Sie sich aus dem Lärm nun zwei Frequenzen heraus: 50 Hz und 550 Hz. Prüfen Sie jeweils nach, ob Töne dieser Frequenz das Haus erreichen, d. h., ob das Haus in Richtung eines Beugungsminimums oder -maximums liegt. Schätzen Sie dazu den Winkel, unter dem ein Beugungsmaximum n-ter Ordnung erscheint, ab durch die Annahme, sein Sinus sei der arithmetische Mittelwert der Sinus der Winkel zu den Beugungsminima n-ter und $(n+1)$-ter Ordnung. Falls das Haus in Richtung von Maxima liegt: Von welcher Ordnung ist das Maximum für die niedrige, von welcher für die hohe Frequenz? Was bedeutet dies für die Intensität, mit der Lärm hoher Frequenz im Vergleich zum Lärm niederer Frequenz beim Haus ankommt? Warum also dieser Eindruck von „dumpfem“ Rauschen? Zur Bearbeitung benötigen Sie eine Angabe zur Schallgeschwindigkeit in Luft: $c = 330\ \text{m/s}$.

14 Lichtwellen und Optik

14.1 Elektromagnetische Wellen und Licht

Licht ist sichtbare elektromagnetische Strahlung im Wellenlängenbereich von etwa 0,4 μm bis 0,8 μm. Die Ausbreitung des Lichts, seine Wechselwirkung mit Materie sowie die Anwendung in lichttechnischen Geräten ist Gegenstand der Optik, die in diesem Kapitel behandelt wird.

Schwingender elektrischer Dipol

Die Ursache für die Ausstrahlung von Licht, oder von elektromagnetischer Strahlung allgemein, sind Bewegungen von elektrischen Ladungsträgern.

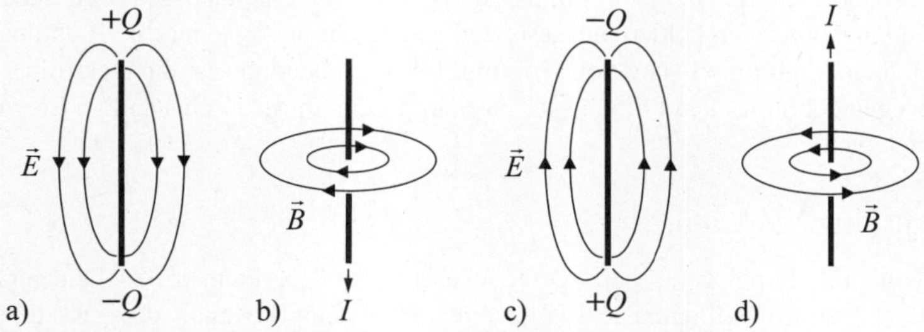

Abb. 14.1 Momentaufnahmen eines schwingenden Dipols

Ein einfaches Beispiel ist der schwingende elektrische Dipol, den man sich als zwei gegeneinander schwingende elektrische Ladungen (Ladungsverteilungen) vorstellen kann. In der Technik ist er z. B. in einer Sende- oder auch Empfangsantenne realisiert.

Ein Modell für den elektrischen Dipol ist ein gerades Stück Draht, auf dem zunächst durch äußere Kräfte Ladungstrennung herbeigeführt wurde: Elektronen wurden etwa an das untere Ende verschoben, nun fehlen diese am oberen Ende; folglich gibt es am unteren Ende einen Überschuss negativer Ladungen $-Q$, am oberen Ende einen betragsmäßig gleich großen Überschuss positiver Ladungen $+Q$. Das elektrische Feld, das von dieser Ladungsverteilung erzeugt wird, ist in Abb. 14.1 a) skizziert und wird „elektrostatisches Dipolfeld“ genannt. Dargestellt sind die Feldlinien; dies sind diejenigen Linien, an denen die Vektoren der elektrischen Feldstärke Tangenten sind. Die Pfeile an den Linien bezeichnen die Richtung, in die die tangentialen Feldvektoren deuten.

Überlässt man diese Anordnung sich selbst, so werden die im Draht frei beweglichen Elektronen nach einem Ladungsausgleich suchen. Sie werden sich von unten nach oben in Bewegung setzen, d. h. ein Strom I wird durch den Draht fließen, wobei in der Technik die Stromrichtung entgegengesetzt der Elektronenbewegungsrichtung definiert ist, also hier von oben nach unten.

Geradlinig fließende Ströme sind aber von konzentrischen Magnetfeldlinien umgeben. Dieses Magnetfeld bezieht seine Energie aus dem mit fortschreitendem Ladungsausgleich schwächer werdenden elektrischen Feld. Wenn der Ladungsausgleich vollständig erreicht und das elektrische Feld daher ganz verschwunden ist, hat das Magnetfeld also seine maximale Stärke erreicht. Der mit dem magnetischen Feld verbundene Strom kommt daher beim Erreichen des Ladungsausgleiches nicht zum Erliegen, sondern hat in diesem Moment sogar seine maximale Größe erreicht. Diese Situation ist in Abb. 14.1 b) skizziert.

Aufgrund des fortdauernden Stromes wird sich bald ein negativer Ladungsüberschuss $-Q$ am oberen Ende des Dipols bilden, am unteren Ende werden Elektronen fehlen; dort herrscht positiver Ladungsüberschuss $+Q$. Diese Ladungsverteilung erzeugt wieder ein elektrisches Feld, das ähnlich aussieht wie das im Teil a) der Abbildung gezeigte, allerdings mit umgekehrter Richtung. Folglich werden die Elektronen abgebremst, bis sie zur Ruhe gekommen sind. Dann ist der Ladungsunterschied und damit das elektrische Feld maximal, aber das magnetische Feld ist verschwunden, Abb. 14.1 c).

Nun wird das elektrische Feld die Elektronen wieder beschleunigen und sie von oben nach unten in Bewegung setzen. Ein elektrischer Strom beginnt von unten nach oben zu fließen, der erneut für Ladungsausgleich sorgt und ein magnetisches Feld um den Draht aufbaut, nur in umgekehrter Richtung wie vorher. Bei vollständigem Ladungsausgleich ist wiederum das elektrische Feld null, aber das magnetische Feld ist maximal, Abb. 14.1 d).

Jetzt strömen die Elektronen so lange, bis sie wiederum unten einen negativen Ladungsüberschuss angesammelt haben. Damit ist die Ausgangssituation erreicht, der Vorgang wird sich wiederholen: Die Ladungen im Dipol schwingen.

Ein Beobachter, der seitlich neben dem Draht steht, wird so einem ständigen Wechsel zwischen elektrischen und magnetischen Feldern ausgesetzt, die zudem immer wieder ihre Richtung umkehren; dies ist eine **elektromagnetische Schwingung**. Im Antennendraht ist die elektromagnetische Schwingung wegen der ohmschen Reibung stark gedämpft und muss durch ständige Energiezufuhr aufrecht erhalten werden.

Elektromagnetische Welle

Baut der schwingende Dipol gerade ein elektrisches Feld auf, so kann dieses Feld nicht sofort das gesamte Universum ausfüllen. Dies widerspräche Einsteins Postulat, dass es keine höhere Signalgeschwindigkeit gibt als die Vakuum-Lichtgeschwindigkeit $c \approx 300\,000$ km/s. Das elektrische Feld kann sich höchstens mit dieser Maximalgeschwindigkeit ausbreiten. Dasselbe gilt für das magnetische Feld. Die gemeinsame Ausbreitung von elektrischem und magnetischem Feld im Raum geschieht in Form einer **elektromagnetischen Welle**.

Da das Feld am Dipol schwingt, liegen dort, wie in Abb. 14.1 skizziert, nacheinander in Art, Stärke und Richtung unterschiedliche Felder vor. Im einfachsten Modell stellt man sich die Entstehung einer elektromagnetischen Welle so vor, dass jedes dieser Felder sich mit der Geschwindigkeit c in den Raum hinaus ausbreitet. Eine Momentaufnahme der so entstandenen Welle zeigt die verschiedenen Feldzustände, die am Dipol zeitlich nacheinander vorlagen, räumlich nebeneinander angeordnet; denn je früher ein Feldzustand am Dipol vorlag, desto weiter hat er sich bis zum Zeitpunkt der Momentaufnahme vom Dipol entfernt. Die Momentaufnahme einer elektromagnetischen Welle stellt also die zeitliche Änderung der Felder am Dipol als räumliche Periodizität dar.

Lässt man „die Zeit weiter laufen“, so wird sich die Momentaufnahme mit der Geschwindigkeit c vom Dipol weg bewegen. Ein Beobachter, der sich an einem festen Ort befindet, an dem sich die Momentaufnahme vorbei bewegt, sollte also eine elektromagnetische Schwingung messen, die der am Dipol entspricht: insbesondere sollte das elektrische Feld sein Maximum dann erreichen, wenn das magnetische Feld gerade null geworden ist. Tatsächlich aber misst ein ruhender Beobachter in größerer Entfernung vom Dipol, im **Fernfeld**, eine elektromagnetische Schwingung, bei der beide Felder gleichzeitig ihren Maximalwert erreichen:

Elektrisches und magnetisches Feld schwingen bei einer elektromagnetischen Welle in Phase.

Dies zeigt, dass das eben besprochene Modell für die Entstehung einer elektromagnetischen Welle nur qualitativ ist. Die richtige Beschreibung der elektromagnetischen Welle wird durch die Theorie des elektromagnetischen Feldes, die **Elektrodynamik**, gegeben. Danach hat die Momentaufnahme einer harmonischen elektromagnetischen Welle die in der folgenden Abbildung skizzierte Gestalt.

(Die gleich bleibende Amplitude gilt nur bei Ausbreitung in einer Dimension; bei Ausbreitung in mehreren Dimensionen muss die Amplitude aufgrund des Energieerhaltungssatzes nach außen hin abnehmen.)

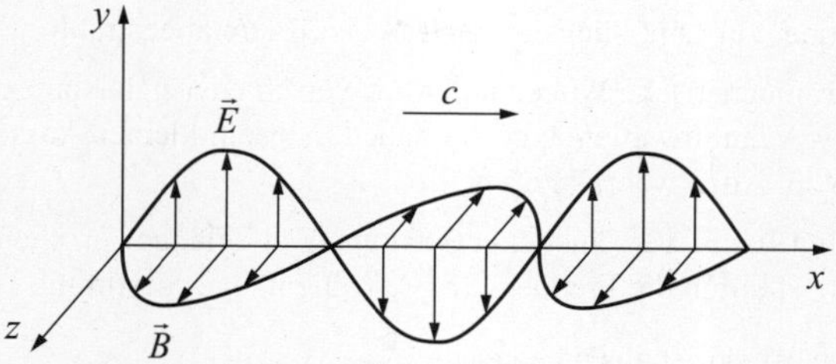

Abb. 14.2 Momentaufnahme einer elektromagnetischen Welle

Die grundlegenden Eigenschaften elektromagnetischer Wellen sind für die technische Anwendung von großer Bedeutung:

- Die Ausbreitungsgeschwindigkeit ist gleich der Lichtgeschwindigkeit.
- Die elektrischen und magnetischen Feldvektoren stehen immer senkrecht auf der Ausbreitungsrichtung. Elektromagnetische Wellen sind streng transversal.
- Elektromagnetische (transversale) Wellen können polarisiert werden. Die Ebene, in der der elektrische Feldvektor schwingt, wird als **Polarisationsebene** bezeichnet.

Tabelle 14.1 Frequenzspektrum

Frequenz in Hz	**Elektromagnetische Strahlung**	**Größe von Vergleichsobjekten**	**Vakuum-wellenlänge** in m
$3 \cdot 10^{24}$			10^{-16}
$3 \cdot 10^{23}$	γ-Strahlung	Atomkern	10^{-15}
$3 \cdot 10^{22}$			10^{-14}
$3 \cdot 10^{21}$			10^{-13}
$3 \cdot 10^{20}$	Röntgenstrahlung		10^{-12}
$3 \cdot 10^{19}$			10^{-11}
$3 \cdot 10^{18}$		Elektronenbahn im Atom	10^{-10}
$3 \cdot 10^{17}$			10^{-9}
$3 \cdot 10^{16}$	Ultraviolett (UV)		10^{-8}
$3 \cdot 10^{15}$		Viren	10^{-7}
$3 \cdot 10^{14}$	Licht	Bakterien	10^{-6}
$3 \cdot 10^{13}$	Infrarot (IR), Wärmestrahlung		10^{-5}
$3 \cdot 10^{12}$			10^{-4}
$3 \cdot 10^{11}$	Millimeterwellen		10^{-3}
$3 \cdot 10^{10}$	Zentimeterwellen (Satelliten)	Chip	10^{-2}
$3 \cdot 10^{9}$	Dezimeterwellen (UHF)		10^{-1}
$3 \cdot 10^{8}$	Ultrakurzwellen (UKW)	Fernsehwellen	10^{0}
$3 \cdot 10^{7}$	Kurzwellen	Haus	10^{1}
$3 \cdot 10^{6}$	Mittelwellen	Wolkenkratzer	10^{2}
$3 \cdot 10^{5}$	Langwellen		10^{3}
$3 \cdot 10^{4}$		Mount Everest	10^{4}
$3 \cdot 10^{3}$	Tonfrequenzen		10^{5}
$3 \cdot 10^{2}$	Wechselstrom		10^{6}
$3 \cdot 10^{1}$		Erddurchmesser	10^{7}
$3 \cdot 10^{0}$			10^{8}

Aus Abb. 14.1 wird klar, dass die Felder immer nur radial vom Dipol nach außen nennenswerte Stärken erreichen. In der Verlängerung der Dipol-Längsachse sind die Feldstärken so gut wie null. Tatsächlich ergibt eine detaillierte Behandlung des schwingenden Dipols im Rahmen der Elektrodynamik, dass **in Dipol-Längsrichtung keinerlei Intensität abgestrahlt wird**: Die Intensität einer elektromagnetischen Welle wird quer zur Dipollängsrichtung in den Raum abgestrahlt.

Wie Tabelle 14.1 zeigt, sind elektromagnetische Wellen unter den verschiedensten Namen bekannt, je nachdem welche Frequenz bzw. Vakuumwellenlänge sie haben. Nur ein kleiner Ausschnitt aus diesem Spektrum wird als Licht vom Auge wahrgenommen.

Licht verschiedener Frequenz (und damit verschiedener Vakuum-Wellenlänge) erscheint uns in verschiedenen **Farben:** Die Farbe ist durch die Frequenz (bzw. Wellenlänge) bestimmt.

Tabelle 14.2 Wellenlängen der einzelnen Farbbereiche

UV	Violett	Blau	Grün	Gelb	Orange	Rot	IR
390	430	490	570	600	630	770	nm

Weiß und Schwarz sind keine Farben: Weiß erweist sich als Gemisch, in dem alle Farben gleichmäßig vertreten sind. Schwarz ist einfach die Abwesenheit von Licht.

Bemerkenswert ist, dass das menschliche Auge für Licht der Farbe grün am empfindlichsten ist und die Sonne Licht dieser Farbe – verglichen mit den anderen Farben – mit der höchsten Intensität ausstrahlt: Dies zeigt die erstaunliche Anpassungsfähigkeit der Evolution.

14.2 Reflexion und Transmission elektromagnetischer Wellen

Wie im Kapitel über mechanische Wellen gezeigt, werden Wellen beim Auftreffen auf eine **Grenzfläche** zwischen Medien, in denen die Phasengeschwindigkeit c unterschiedlich ist, in zwei Anteile aufgespalten:

- eine **reflektierte Welle**, die in das „Herkunftsmedium" zurückläuft,
- und eine **transmittierte Welle**, die in das zweite Medium eindringt.

An einer Grenzfläche findet also grundsätzlich Reflexion und Transmission zugleich statt.

Die Ausbreitung einer Welle kann man durch einen **Strahl** charakterisieren. Der Strahl ist eine gedachte Linie, die stets senkrecht auf den **Wellenfronten**, den Flächen gleicher **Auslenkung** oder **Phase**, steht.

Für ebene Wellen sind die Strahlen gerade Linien; und dafür lautet das **Reflexionsgesetz**:

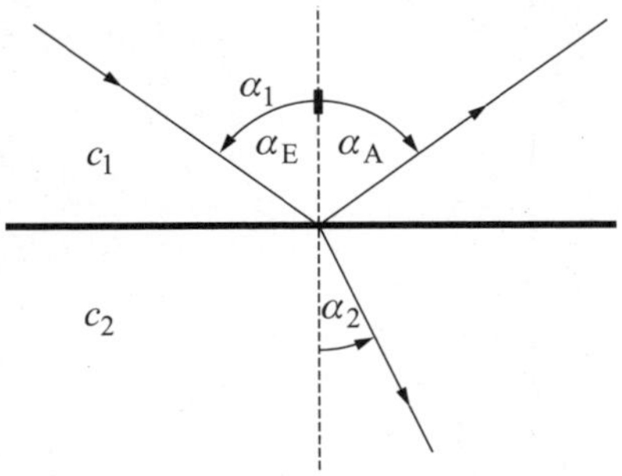

Abb. 14.3 Reflexion und Brechung

Einfallswinkel ist gleich Ausfallswinkel

$$\alpha_E = \alpha_A \tag{14.1}$$

und das **Snellius'sche Brechungsgesetz**

$$\frac{\sin\alpha_1}{\sin\alpha_2} = \frac{c_1}{c_2} = \text{const.} \tag{14.2}$$

wobei c_1 und c_2 die Phasengeschwindigkeiten in den jeweiligen Medien bezeichnen, und die Winkel zwischen den jeweiligen Strahlen und der Normalen auf der Grenzfläche gemessen werden.

Ist das Medium „1" Vakuum, so bezeichnet man die Konstante im Snellius'schen Brechungsgesetz als **absoluten Brechungsindex** n_2 des Mediums „2". Für diesen Spezialfall vereinfacht sich das

Brechungsgesetz zu:

$$\frac{\sin\alpha_{\text{Vak}}}{\sin\alpha_2} = n_2 \quad \text{mit} \quad n_2 = \frac{c}{c_2} \tag{14.3}$$

Dabei ist c die **Vakuum-Lichtgeschwindigkeit**

$$c \equiv 299\,792\,458\ \frac{\text{m}}{\text{s}} \approx 300\,000\ \frac{\text{km}}{\text{s}} \tag{14.4}$$

Aus der Definition folgt für den absoluten Brechungsindex von Vakuum:

$$n_{\text{Vak}} = 1 \tag{14.5}$$

Grenzt ein Medium „1" mit absolutem Brechungsindex n_1 an ein Medium „2" mit absolutem Brechungsindex n_2, so lautet das Snellius'sche Brechungsgesetz für diese Grenzfläche

$$\frac{\sin\alpha_1}{\sin\alpha_2} = \frac{n_2}{n_1} \tag{14.6}$$

Von zwei Medien bezeichnet man das mit der geringeren Lichtgeschwindigkeit (dem größeren Brechungsindex) als **optisch dicht**, dasjenige mit der größeren Lichtgeschwindigkeit (dem kleineren Brechungsindex) als **optisch dünn**. Gemäß dem Snellius'schen Brechungsgesetz verkleinert sich der Winkel zwischen Strahl und Grenzflächennormale beim Übergang von einem optisch dünnen zu einem optisch dichten Medium. Da Lichtwege grundsätzlich umkehrbar sind, gilt der Merksatz:

Beim Übergang vom optisch dünnen zum optisch dichten Medium wird zum Einfallslot *hin*, beim Übergang vom dichten zum dünnen Medium wird vom Einfallslot *weg* gebrochen.

Reflexions- und Brechungsgesetz geben die Richtungen von reflektiertem und gebrochenem Strahl an, sagen aber nichts über deren **Intensität**, also deren Energiestromdichte (Energie pro Flächen- und Zeiteinheit) aus. Ist I_0 die Intensität des einfallenden, I_R die Intensität des reflektierten und I_B die Intensität des gebrochenen Strahls, muss wegen der Energieerhaltung gelten:

$$I_0 = I_R + I_B \tag{14.7}$$

also

$$\Longrightarrow \quad \underbrace{\left(\frac{I_R}{I_0}\right)}_{\textbf{Reflexionskoeffizient}} + \underbrace{\left(\frac{I_B}{I_0}\right)}_{\textbf{Transmissionskoeffizient}} = 1 \tag{14.8}$$

Der französische Physiker **Fresnel** (1788–1827) leitete ab, wie der Reflexionskoeffizient sich als Funktion von Einfallswinkel und Ausfallswinkel des gebrochenen Strahls verhält. Er fand, dass der Koeffizient neben der Strahlengeometrie auch von der Polarisation der einfallenden Welle abhängt. Aufgrund der Energieerhaltung und des Verhaltens elektrischer und magnetischer Felder beim Überqueren einer Grenzfläche zwischen zwei Medien gelten die **Fresnel'schen Formeln:**

$$\left(\frac{I_R}{I_0}\right)_\perp = \frac{\sin^2(\alpha_1 - \alpha_2)}{\sin^2(\alpha_1 + \alpha_2)}$$

$$\left(\frac{I_R}{I_0}\right)_\parallel = \frac{\tan^2(\alpha_1 - \alpha_2)}{\tan^2(\alpha_1 + \alpha_2)} \tag{14.9}$$

Senkrecht „$\perp$" und parallel „$\|$" bezieht sich hierbei auf die Polarisationsrichtung relativ zur **Einfallsebene**, der von einfallendem Strahl und Grenzflächennormale aufgespannten Ebene. Der Winkel α ist immer von dieser **Normalen** aus zu messen, nie von der Grenzfläche aus!

Bei **senkrechtem Lichteinfall** vereinfacht sich der Reflexionskoeffizient zu

$$\frac{I_R}{I_0} = \left(\frac{n_1 - n_2}{n_1 + n_2}\right)^2 \tag{14.10}$$

mit den Brechungsindices n_1 und n_2 der Medien. Diese letzte Gleichung erhält man, wenn man die für kleine Winkel geltenden Beziehungen $\sin\alpha = \alpha$ und $\tan\alpha = \alpha$ auf die Gl. (14.6) und (14.9) anwendet und beide Gleichungen dann zusammenfasst.

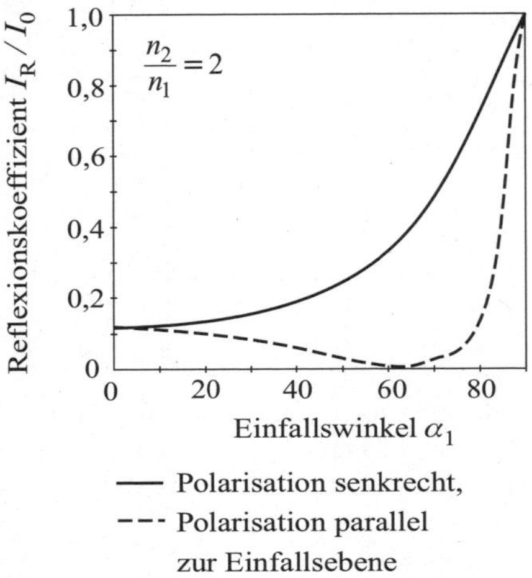

Abb. 14.4 Reflexionskoeffizient nach Fresnel

Das Verhältnis der reflektierten zur einfallenden Intensität ist in folgendem Bild als Funktion des Einfallswinkels α_1 dargestellt; das Verhältnis der Phasengeschwindigkeiten in den beiden Medien ist beispielhaft gewählt mit $c_1/c_2 = n_2/n_1 = 2$.

Bei kleinem Einfallswinkel α_1, also nahezu senkrechtem Einfall, werden nur knapp über 10 % der einfallenden Intensität reflektiert, und das (ziemlich) unabhängig von der Polarisationsrichtung. Wird der Einfallswinkel größer, der Einfall also flacher, so nimmt bei senkrechter Polarisation die reflektierte Intensität stetig zu, um bei „streifendem" Einfall schließlich bei $\alpha_1 = 90°$ den Wert der einfallenden Intensität zu erreichen: das Licht wird vollständig ins Medium *1* zurückreflektiert, nichts wird mehr in das Medium *2* hineingebrochen.

Bei paralleler Polarisation dagegen nimmt die reflektierte Intensität mit wachsendem Einfallswinkel zunächst ab, um bei einem bestimmten Winkel sogar exakt null zu werden. Dieser Winkel heißt **Brewster-Winkel** α_{1B} (auch **Polarisationswinkel** α_{1P}, weil nur eine Polarisationsrichtung reflektiert wird). Im gewählten Beispiel ist er $\alpha_{1B} = 63{,}43°$. Bei diesem Einfallswinkel beträgt der Ausfallswinkel des gebrochenen Strahls

$$\alpha_2 = \arcsin\left(\frac{\sin(63{,}43°)}{2}\right) = 26{,}57° \qquad (14.11)$$

Am Brewster-Winkel gilt also offensichtlich

$$\alpha_{1B} + \alpha_2 = 90° \qquad (14.12)$$

Das bedeutet, wie man sich an der folgenden Abbildung klar machen kann, dass reflektierter Strahl – wenn es einen geben würde – und gebrochener Strahl aufeinander senkrecht stehen würden.

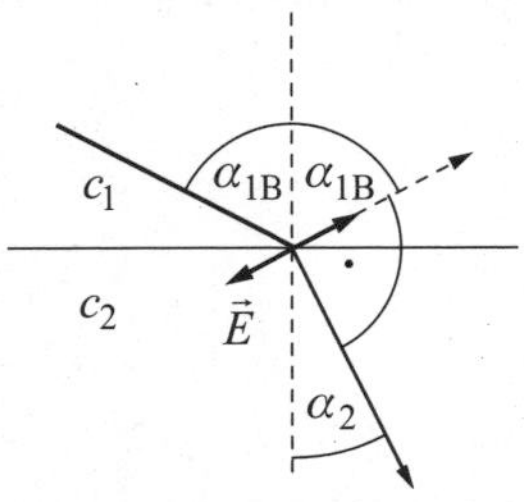

Abb. 14.5 Wegfall der Reflexion bei Einstrahlung unter dem Brewster-Winkel

Damit wird eine anschauliche Erklärung für die Unterdrückung des reflektierten Strahls zugänglich. Der Punkt des Mediums 2 an der Grenzfläche, in dem der einfallende Strahl auftrifft, kann gemäß dem Huygensschen Prinzip als Erregerpunkt für das reflektierte und das transmittierte Wellenfeld verstanden werden. In diesem Punkt schwingt das elektrische Feld, da wir es mit einer transversalen, parallel zur Einfallsebene polarisierten Welle zu tun haben, senkrecht zum gebrochenen Strahl und parallel zur Einfallsebene. In der nebenstehenden Skizze ist der schwingende elektrische Vektor durch einen Doppelpfeil angedeutet. Man sieht, dass er genau in der Richtung schwingt, in der der reflektierte Strahl zu erwarten wäre. In Richtung seiner Schwingung kann er aber, genau wie ein schwingender Dipol, keine elektromagnetische Welle senden. Also fehlt die reflektierte Welle.

Der Brewster-Winkel errechnet sich sehr einfach aus der Bedingung, dass reflektierter und gebrochener Strahl aufeinander senkrecht stehen sollen:

$$\frac{\sin(\alpha_{1B})}{\sin(90^\circ - \alpha_{1B})} = \frac{c_1}{c_2} = \frac{n_2}{n_1}, \qquad \sin(90^\circ - \alpha_{1B}) = \cos(\alpha_{1B}) \tag{14.13}$$

also gilt

$$\tan \alpha_{1B} = \frac{n_2}{n_1} \tag{14.14}$$

oder

$$\alpha_{1B} = \arctan \frac{c_1}{c_2} = \arctan \frac{n_2}{n_1} \tag{14.15}$$

Jenseits des Brewster-Winkels nimmt auch die Intensität des parallel zur Einfallsebene polarisierten, reflektierten Strahls zu und erreicht schließlich ebenfalls bei „streifendem" Einfall die Intensität des einfallenden Strahls.

Für jeden Einfallswinkel aber ist die Intensität des reflektierten Strahls bei Polarisation parallel zur Einfallsebene niedriger als bei Polarisation senkrecht zur Einfallsebene. Strahlt man eine unpolarisierte Welle ein, die beide Polarisationsrichtungen in gleichem Maße enthält, so heißt das, dass die reflektierte Welle teilweise und – bei Einfall mit Brewster-Winkel sogar **vollständig** – **polarisiert** ist.

Eine reflektierende Fläche dient als Polarisator.

Eine Anwendung dieser Tatsache ist die Verwendung von Polarisationsfiltern in der Photographie oder auf Sonnenbrillen. Reflexe (etwa von Wasseroberflächen) werden stärker geschwächt als das übrige Licht, wenn man die in den Reflexen dominierende Polarisationsrichtung mit diesen Filtern ausblendet.

14.3 Dispersion und Absorption elektromagnetischer Wellen

Im Zusammenhang mit Brechung beobachtet man, dass die Stärke der Brechung, also der Unterschied zwischen Einfalls- und Ausfallswinkel, von der **Farbe des Lichts** abhängt. Dieses Phänomen wird als **Dispersion** bezeichnet.

Im Normalfall wird blaues Licht stärker gebrochen als rotes Licht.

Die Stärke der Brechung ist nach dem Snellius'schen Brechungsgesetz abhängig vom Verhältnis der Phasengeschwindigkeiten c_1 und c_2 in den beiden aneinander grenzenden Medien. Wird blaues Licht an einer Grenzfläche vom Vakuum zum Medium stärker gebrochen als rotes Licht, so heißt dies, dass im Medium die Phasengeschwindigkeit c_2 von blauem Licht (hohe Frequenz) kleiner ist als die des roten Lichtes (tiefe Frequenz).

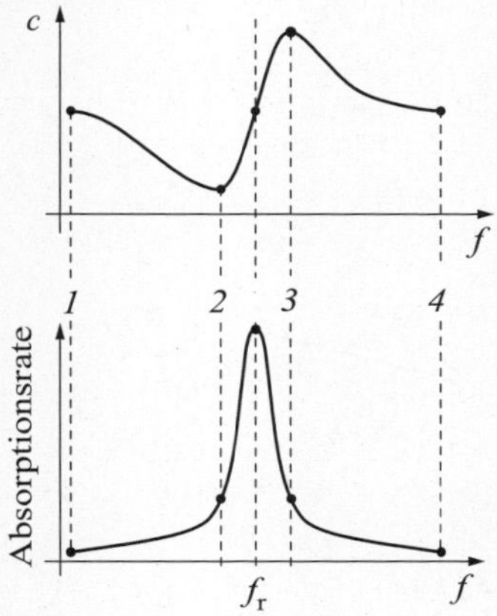

Abb. 14.6 Typische Dispersionskurve (schematisch)

Abbildung 14.6 zeigt im oberen Diagramm eine für optisch aktive Medien typische Abhängigkeit der Ausbreitungsgeschwindigkeit von der Frequenz. Man nennt die Bereiche zwischen *1* und *2* und zwischen *3* und *4*, in denen die Phasengeschwindigkeit mit der Frequenz abnimmt, Gebiete **normaler Dispersion**, den Bereich zwischen *2* und *3*, wo die Phasengeschwindigkeit mit der Frequenz zunimmt, das Gebiet **anomaler Dispersion**.

Wellen erfahren beim Durchgang durch ein Medium einen Energieverlust; dieses Phänomen wird **Absorption** genannt.

Licht einer Frequenz nahe der Resonanzfrequenz schwingungsfähiger Systeme im Medium (beispielsweise der Molekül-Elektronenhüllen) wird so stark absorbiert, dass transmittierte Strahlen eventuell gar nicht mehr beobachtbar sind.

Dieses Absorptionsverhalten durchstrahlter Medien in der Nähe von Resonanzen findet vielfältige technische Anwendungen, nicht nur bei Lichtwellen. Beispiele sind die Absorption von Mikrowellen, die zur Aufheizung der in Mikrowellenherde eingebrachten Speisen führt, oder die Kernspinresonanz (nuclear magnetic resonance, NMR), die vielfältige Anwendungen in der chemischen Industrie (Analyse von organischen Substanzen, Biotechnologie) sowie in der Medizintechnik (NMR-Tomographie zur Diagnose) hat.

Dispersion entsteht durch Ankopplung einer Welle an schwingungsfähige Systeme. Da diese praktisch immer auch bedämpft sind, besteht ein ursächlicher Zusammenhang zur Absorption. Er ist in Abb. 14.6 dargestellt:

Die Bereiche anomaler Dispersion liegen in der Umgebung von Resonanzfrequenzen. In diesen ist im Allgemeinen die Absorption hoch. Dagegen ist entfernt von Resonanzen, in Gebieten normaler Dispersion, die Absorption niedrig.

14.4 Spektralzerlegung durch Prisma und Beugungsgitter

Tritt ein Lichtstrahl, der ein Gemisch verschiedener Frequenzen (Farben) enthält, in Materie ein, so wird er wegen der Dispersion in Strahlen aufgespaltet, die jeweils eine der im Gemisch enthaltenen Frequenzen (Farben) enthalten.

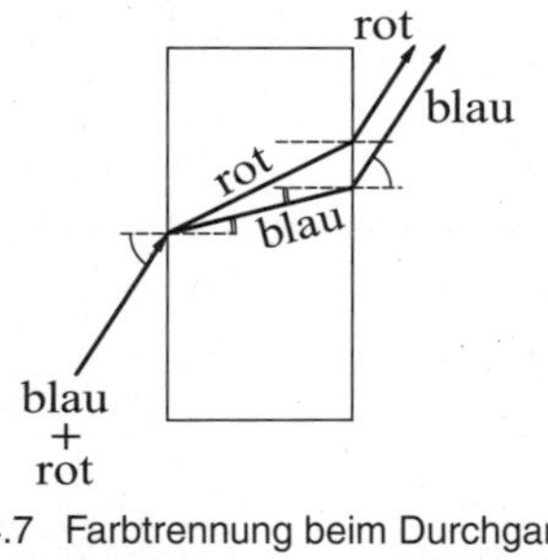

Abb. 14.7 Farbtrennung beim Durchgang von Licht durch eine planparallele Platte

Verlassen die aufgespaltenen Strahlen diese Materie, wie in Abb. 14.7, an einer zur Eintrittsfläche parallelen Fläche, so laufen sie außen in der ursprünglichen Richtung, allerdings parallel versetzt, weiter. (Zur Begründung beachte man, dass die beiden inneren Winkel als Wechselwinkel, die beiden äußeren aufgrund des Snellius'schen Brechungsgesetzes gleich groß sind.) Der blaue Strahl wird stärker versetzt als der rote. Da sich die zugehörigen, quer zu den Strahlen ausgedehnten Wellen jedoch größtenteils überlagern, sind sie fast nicht getrennt wahrzunehmen.

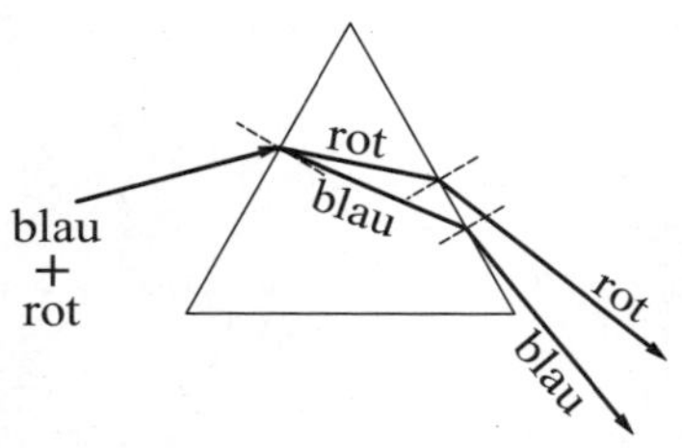

Abb. 14.8 Farbtrennung von Licht beim Durchgang durch ein Prisma

Für das Zerlegen von Farbgemischen in seine Einzelteile verwendet man deshalb ein **Prisma**, dessen Ein- und Austrittsflächen **nicht** parallel sind. Dadurch trennen sich die Richtungen von Lichtstrahlen verschiedener Frequenzen auch nach dem Austritt aus der Materie. Da blauer und roter Strahl verschiedene Richtungen haben, können sie in einiger Entfernung vom Prisma – etwa auf einer Leinwand oder einer Photoplatte – getrennt nachgewiesen werden.

Eine Photoplatte wird je nach Intensität des einfallenden Lichts mehr oder weniger stark geschwärzt. Der Schwärzungsgrad an der Auftreffstelle einer bestimmten Farbe ist damit ein Maß für die Intensität, mit der Licht dieser Farbe im ursprünglichen Gemisch vorhanden war. Um die verschiedenen Auftreffstellen auf der Photoplatte (Leinwand) den Frequenzen (Farben) des dort auftreffenden Lichtes zuordnen zu können, lässt man nacheinander Licht mit verschiedenen, aber bekannten Frequenzen das Prisma durchqueren. Nach einer solchen **Kalibrierung** der Apparatur lässt sich für ein unbekanntes Lichtgemisch durch Auswertung der Photoplatte ein Diagramm der folgenden Art erstellen.

Eine solche Darstellung wird als **Spektrum** bezeichnet. Das Prisma ist ein **Spektralanalysator**.

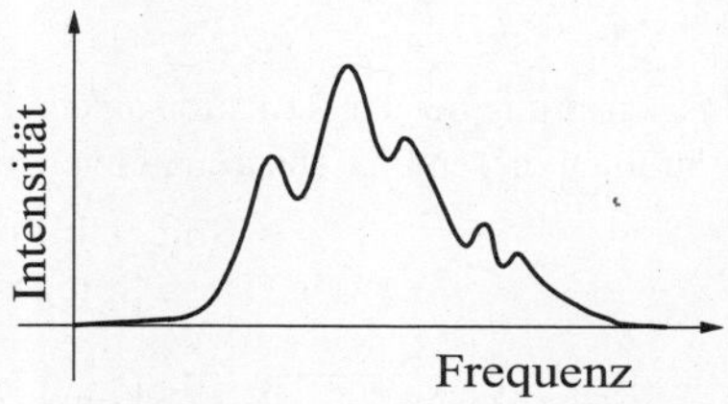

Abb. 14.9 Spektrum eines Prismas

Auch ein **Beugungsgitter** lenkt einen einfallenden Strahl je nach Frequenz verschieden stark ab. Es besteht jedoch ein grundsätzlicher Unterschied zwischen der spektralen Zerlegung durch Brechung und der durch Beugung. So ist die Richtung, in der das erste Maximum bei Beugung am Gitter zu beobachten ist, gegeben durch die Formel:

$$\sin\alpha = \frac{\lambda}{d} = \frac{c}{f \cdot d} \qquad d\text{: Gitterkonstante} \tag{14.16}$$

An dieser Formel sieht man, dass im Beugungsgitter der Ablenkungswinkel umso kleiner ist, je höher die Frequenz ist; dass blaues Licht also weniger gebeugt wird als rotes.

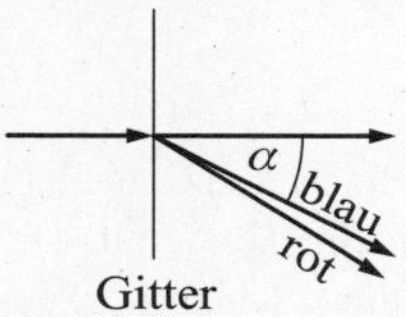

Abb. 14.10 Farbtrennung von Licht beim Durchgang durch ein Beugungsgitter

Ein Vergleich der Abb. 14.10 und 14.8 zeigt:

Beim Beugungsgitter wird rot stärker abgelenkt als blau, ein Prisma bricht bei normaler Dispersion blau stärker als rot.

14.5 Interferometrie

Mit geeigneten Anordnungen ist es auch möglich, große Längen mit der Präzision einer halben Lichtwellenlänge zu messen. Die hierfür gebräuchlichen Instrumente heißen **Interferometer**. In ihnen wird ein Lichtstrahl gemäß der Abb. 14.11 in zwei Teilstrahlen zerlegt, die verschiedene Wege nehmen und anschließend zur Interferenz gebracht werden. Sind die Weglängen der Teilstrahlen identisch, so ergibt sich bei der Interferenz Verstärkung; unterscheiden sich die Weglängen um nur eine halbe Wellenlänge, so ergibt sich Auslöschung. Auf diese Weise kann man eine Länge im Vergleich zu einer Referenzlänge sehr genau bestimmen.

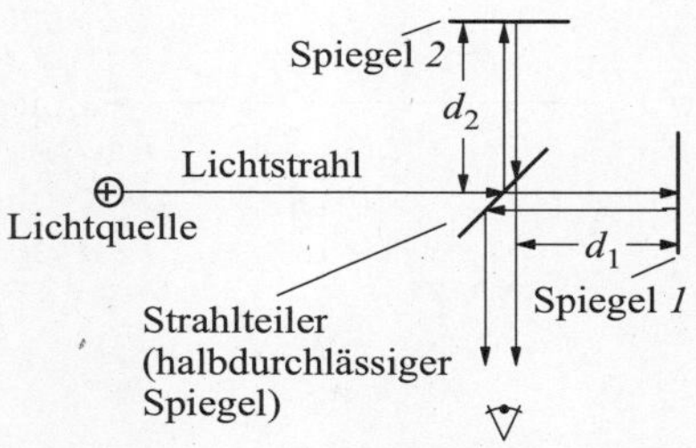

Abb. 14.11 Michelson-Interferometer

Es gibt eine Unzahl unterschiedlich konstruierter Ausführungen von Interferometern. Stellvertretend ist in der Abb. 14.11 das **Michelson-Interferometer** in vereinfachter Form vorgestellt, da es historisch bei der Diskussion um die Existenz des Äthers und daraus folgend in der Entwicklung der speziellen Relativitätstheorie um die Jahrhundertwende eine große Rolle spielte.

Der am Strahlteiler reflektierte Strahl durchläuft zweimal die Strecke d_2, bevor er sich am Strahlteiler mit dem dort transmittierten und am Spiegel *1* reflektierten Strahl trifft und mit diesem (auf dem weiteren Weg zum Auge des Beobachters) interferiert. Der am Strahlteiler transmittierte Strahl hat bis zum Treffpunkt zweimal die Strecke d_1 durchlaufen. Der Gangunterschied bestimmt sich darum einfach zu

$$\Delta x = 2d_2 - 2d_1 = 2(d_2 - d_1) \tag{14.17}$$

Den Phasensprung bei der Reflexion an den Spiegeln braucht man hier nicht zu berücksichtigen, da beide Strahlen diesen Phasensprung gleichermaßen erfahren.

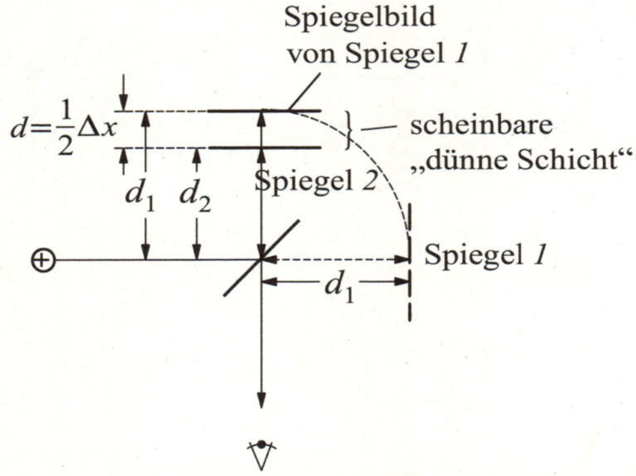

Abb. 14.12 Zum Verständnis des Michelson-Interferometers

Man kann die Interferenz im Michelson-Interferometer auch als Interferenz an einer dünnen (Luft-)Schicht verstehen, denn dem beobachtenden Auge erscheint Spiegel *1* auf der gleichen Strahlachse wie Spiegel *2*, sodass beide Spiegel zusammen wie eine dünne Schicht wirken, an deren Vorder- und Hinterseite das Licht reflektiert wird. Der die Interferenzerscheinung bestimmende Gangunterschied Δx ist gleich dem Doppelten der „Schichtdicke“ d, des Unterschieds zwischen den beiden Längen d_1 und d_2.

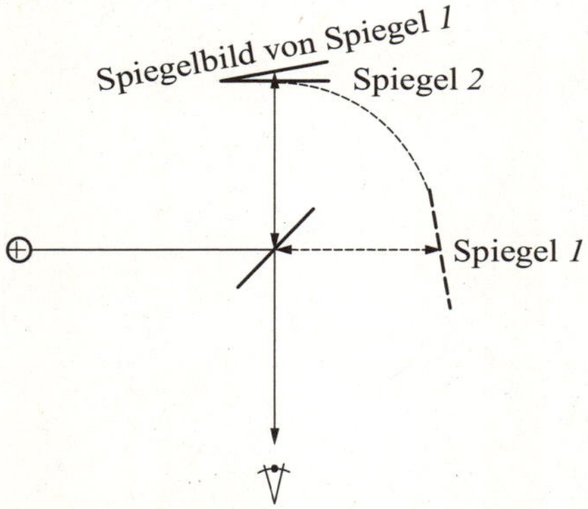

Abb. 14.13 Winkelmessung durch Interferenz

Kippt man Spiegel *1* leicht gegen Spiegel *2*, wird die „dünne Schicht“ zu einem dünnen Keil. Führt eine bestimmte Keildicke bei der Interferenz zur Auslöschung, so wird die zugehörige Stelle des Keils dunkel erscheinen. Jede andere Stelle des Keils, bei der seine Dicke sich von der ersten um ein ganzzahliges Vielfaches der halben Wellenlänge unterscheidet, wird dann ebenfalls dunkel erscheinen. Der Keil erscheint also von dunklen Streifen überzogen, zwischen denen die Keildicke jeweils um eine halbe Wellenlänge zunimmt. Einem kleinen Streifenabstand entspricht ein großer Winkel und umgekehrt. Damit erlaubt das Michelson-Interferometer auch eine **Präzisionsmessung von Winkeln**.

14.6 Lichtleiter

In der Informationsübertragungstechnik hat ein optisches Gerät an Bedeutung gewonnen, dessen Funktion ebenfalls auf der Brechung beruht: der **Lichtleiter**. Er besteht aus einer dünnen zylindrischen Glasfaser oder einem ganzen Bündel davon. Die Funktionsweise von Lichtleitern (**optische**

Fiber) kann im Rahmen der Strahlenoptik verständlich gemacht werden. Dazu muss aber zunächst auf das Phänomen der **Totalreflexion** eingegangen werden.

Totalreflexion

Im Abschnitt „Reflexion und Transmission elektromagnetischer Wellen“ haben wir gezeigt, dass Licht beim Übergang vom optisch dichteren Medium zum optisch dünneren, also z. B. von Glas nach Luft, **vom Lot weg** gebrochen wird. Der Ausgangswinkel des gebrochenen Strahls im dünneren Medium erreicht daher den Wert 90°, wenn der Einfallswinkel im dichteren Medium noch kleiner als dieser Wert ist. Diese Situation ist in der Abb. 14.14 dargestellt. Für noch größere Einfallswinkel ist kein gebrochener Strahl mehr möglich! Alle Intensität geht in den reflektierten Strahl, der in das Medium zurückläuft. Das Licht überschreitet nicht die Grenzfläche, der Strahl wird vollständig reflektiert. Darum bezeichnet man dieses Phänomen als **Totalreflexion**.

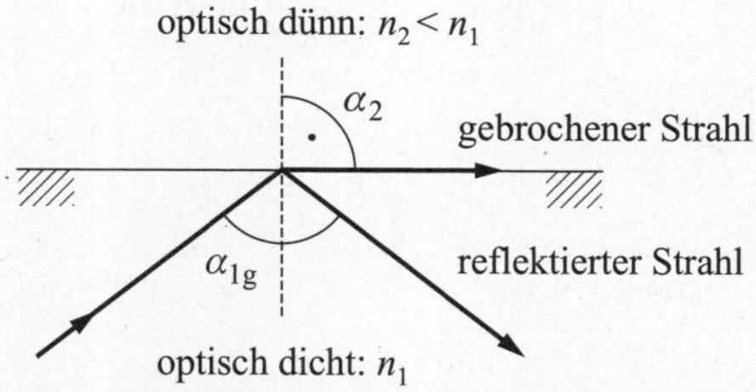

Abb. 14.14 Reflexion und Brechung beim Grenzwinkel der Totalreflexion

Den Einfallswinkel α_{1g} im dichteren Medium, bei dem der Ausfallswinkel α_2 im dünneren Medium gerade den Wert 90° erreicht, nennt man **Grenzwinkel der Totalreflexion**. Seine Größe ergibt sich aus dem Brechungsgesetz, wenn man $\alpha_2 = 90°$ einsetzt:

$$\frac{\sin\alpha_{1g}}{1} = \frac{n_2}{n_1} \quad \Longrightarrow \quad \alpha_{1g} = \arcsin\left(\frac{n_2}{n_1}\right) \tag{14.18}$$

Überschreitet der Einfallswinkel im dichteren Medium den Grenzwinkel der Totalreflexion, so tritt Totalreflexion ein.

Es ist zu beachten, dass **Totalreflexion nur beim Übergang vom dichteren zum dünneren Medium möglich ist**; im anderen Fall kann die in Abb. 14.14 dargestellte Grenzsituation nämlich nicht eintreten, da „zum Lot hin“ gebrochen wird. Auch Gl. (14.18) macht nur Sinn für $n_2 < n_1$.

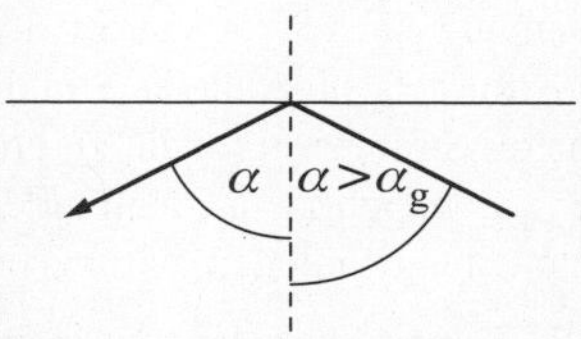

Abb. 14.15 Totalreflexion

Lichtleiter

Bei Totalreflexion wird 100 % der einfallenden Intensität reflektiert, bei normaler Reflexion immer nur ein Bruchteil (vgl. Fresnel'sche Formeln).

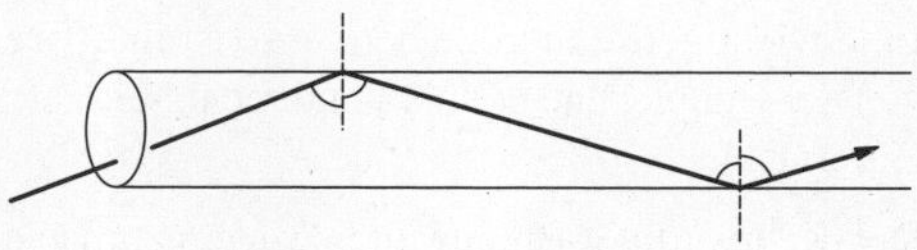

Abb. 14.16 Der Lichtleiter

Bringt man einen Lichtstrahl nahezu parallel zur Faserachse in eine zylindrische Glasfaser, so wird dieser bei Auftreffen auf die Faseroberfläche immer wieder total in die Faser hinein reflektiert, das Licht wird die Faser entlang geführt. Lichtverluste treten allenfalls durch Absorption im Glas auf. Auch Verunreinigungen können Licht aus der Faser herausstreuen.

14.7 Linsen

Linsen sind Objekte aus durchsichtigem Material, die Lichtstrahlen je nach Art der Linse in typischer Weise ablenken. Sie haben als elementare optische Geräte weite Verbreitung in der technischen Anwendung gefunden.

Sie heißen **Sammellinsen**, wenn sie alle Lichstrahlen, die von einer Punktquelle, dem **Gegenstandspunkt** ausgehen, so ablenken, dass sie sich nach dem Durchtritt durch die Linse wieder in einem Punkt, dem (reellen) **Bildpunkt**, treffen.

Sie heißen **Zerstreuungslinsen**, wenn alle von einem Gegenstandspunkt kommenden Lichstrahlen nach dem Durchtritt durch die Linse so auseinander laufen, als **kämen** sie von einem Punkt vor der Linse, dem (virtuellen) **Bildpunkt**.

Sammellinsen

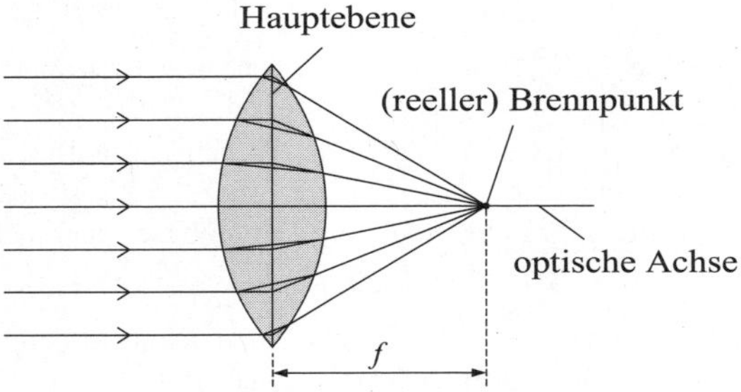

Abb. 14.17 Bikonvexe Sammellinse

Das einfachste Beispiel für eine Sammellinse ist die **bikonvexe sphärische Linse**, wie sie in der nebenstehenden Abbildung skizziert ist. Ihre beiden Oberflächen sind kugelförmig (sphärisch) und nach außen gewölbt (konvex).

Man bezeichnet ihre Symmetrieachse als **optische Achse**.

Ihr **Brennpunkt** ist der Punkt, an dem sich alle parallel zur optischen Achse einfallenden Strahlen nach Durchlaufen der Linse wieder treffen. (Er ist der Bildpunkt eines unendlich weit vor der Linse auf ihrer optischen Achse gelegenen Gegenstandspunktes. Verwendet man das Zentrum der Sonne als diesen Gegenstandspunkt, so sammelt sich alle von dort zur Linse gelangende Energie im Brennpunkt und kann an seiner Stelle ein Stück Papier zum „Brennen" bringen.) Ein solcher Brennpunkt, in dem sich **alle** achsenparallelen Strahlen treffen, existiert allerdings nur bei dünnen Linsen, und auch dort nur für Strahlen mit nicht zu großem Abstand zur optischen Achse. Im allgemeinen Fall wird aus dem Brennpunkt ein Brenn-„Fleck". Das Thema **Abbildungsfehler** würde aber den Rahmen dieser Darstellung sprengen; darum sei nur die Idealisierung präsentiert.

Jede Sammellinse hat noch einen zweiten, links von der Linse liegenden Brennpunkt; in ihm sammeln sich die achsenparallelen Strahlen, die von rechts auf die Linse zulaufen.

Die **Hauptebene** konstruiert man, indem man die in die Linse eintretenden und die aus der Linse austretenden Strahlen bis zu ihren Schnittpunkten verlängert. Bei dünnen sphärischen Linsen liegen alle diese Schnittpunkte in einer Ebene, eben der Hauptebene. Diese Hauptebene liegt im Allgemeinen nicht auf der Mittelebene der Linse, für dünne Linsen kommt sie ihr aber sehr nahe.

Eine wichtige Kenngröße der Linse ist ihre **Brennweite** f; das ist der Abstand ihrer Brennpunkte von der Hauptebene. (Links- und rechtsseitiger Brennpunkt liegen gleich weit von der Hauptebene entfernt.)

Den Kehrwert der Brennweite bezeichnet man als **Brechkraft**; deren Einheit ist die **Dioptrie**:

$$D = \frac{1}{f}; \qquad [D] = \mathrm{m}^{-1} = \mathrm{dpt} = \mathrm{Dioptrie} \tag{14.19}$$

Der Verlauf der Lichtstrahlen durch die Linse lässt sich mit dem Brechungsgesetz berechnen. Dabei muss man beachten, dass sie sowohl beim Eintritt als auch beim Verlassen der Linse gebrochen werden. Für **dünne** sphärische Linsen lässt sich auf diese Weise eine Formel herleiten, mit der sich die Brennweite f aus den beiden Krümmungsradien r_1 und r_2 der Linsenoberflächen berechnen lässt. Sie sei hier ohne Beweis angeführt:

$$\frac{1}{f} = (n-1)\left(\frac{1}{r_1} + \frac{1}{r_2}\right) \quad n\text{: absoluter Brechungsindex des Linsenmaterials} \tag{14.20}$$

Haben beide Kugeloberflächen den gleichen Krümmungsradius r, so vereinfacht sich die obige Formel zu:

$$\frac{1}{f} = \frac{2 \cdot (n-1)}{r} \tag{14.21}$$

Für $n = 1{,}5$ (ein für Glas typischer Wert) gilt dann

$$f \approx r \tag{14.22}$$

Abbildungseigenschaften von Sammellinsen

Bei der **Konstruktion des Bildpunktes**, den eine Sammellinse von einem gegebenen Gegenstandspunkt erzeugt, verwendet man drei vom Gegenstandspunkt ausgehende Strahlen, deren Ablenkung beim Durchgang durch die Linse man kennt:

- Der **Parallelstrahl** verläuft vor der Linse parallel zur optischen Achse und geht daher hinter der Linse durch den rechtsseitigen Brennpunkt.
- Der **Brennstrahl** läuft vor der Linse durch den linksseitigen Brennpunkt und verlässt die Linse wegen der Umkehrbarkeit der Lichtwege parallel zur optischen Achse.
- Der **Hauptstrahl** schneidet die optische Achse an der Hauptebene und durchquert die Linse ohne Ablenkung.

Die letzte Aussage gilt streng nur für dünne Linsen und wird im Folgenden begründet:

In der Nähe der optischen Achse sind die beiden Linsenflächen praktisch parallel. Ein dort die Linse durchquerender Strahl wird folglich, wie in der nebenstehenden Abbildung skizziert, lediglich parallel versetzt. Ist die Linse dünn, kann man die Parallelversetzung vernachlässigen und annehmen, dass Strahlen die Linse an der optischen Achse geradlinig durchsetzen.

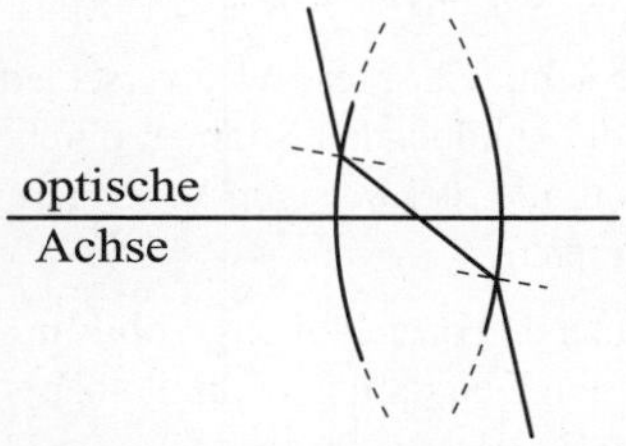

Abb. 14.18 Durchgang eines Lichtstrahls durch eine Konvexlinse nahe der optischen Achse

Als weitere Näherung ersetzt man bei der Konstruktion von Bildpunkten die Linse durch ihre Hauptebene und fasst die Brechung der Strahlen an der Vorder- und Hinterfläche der Linse zu **einer** Ablenkung an der Hauptebene zusammen.

In Abbildung 14.19 dient der dicke senkrechte Pfeil als Gegenstand. Zum Auffinden seines Bildes wird nur der Bildpunkt seiner Spitze konstruiert. Es zeigt sich, dass die Lage, die Größe und die Art des Bildes vom Abstand des Gegenstandes zur Linsenhauptebene abhängt. Man muss **drei verschiedene Fälle** unterscheiden, die in der Abbildung dargestellt sind. Dabei werden die Positionen von Gegenstand und Bild sowie die der Brennpunkte durch ihre jeweiligen Abstände g, b und f zur Hauptebene beschrieben. Alle Abstände sind positiv, genauso wie die Gegenstands- und Bildgrößen G und B.

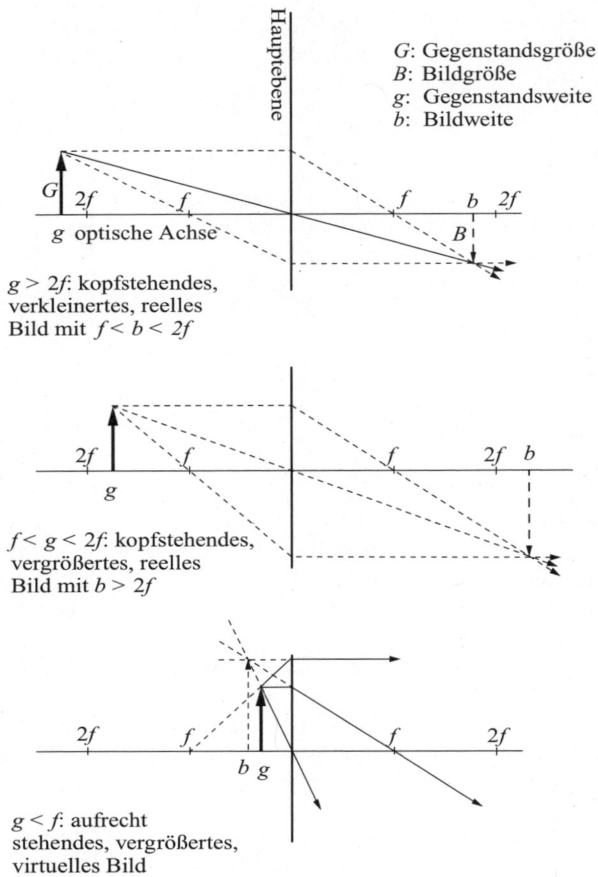

Abb. 14.19 Abbildung durch eine Sammellinse

Man erkennt, dass es zwei verschiedene Arten von Bildern gibt: Ein Bild heißt **reelles Bild**, wenn die abbildenden Strahlen durch einen realen Bildpunkt verlaufen; es heißt **virtuelles Bild**, wenn nur die rückwärtigen Verlängerungen der abbildenden Strahlen einen scheinbaren Bildpunkt konstruieren.

Die folgende Formel für das **Abbildungsverhältnis**, das Verhältnis von Bild- zu Gegenstandsgröße, ist aus den Diagrammen unmittelbar ersichtlich:

$$\frac{B}{G} = \frac{b}{g} \tag{14.23}$$

Auch eine wichtige Beziehung zwischen der Brennweite der Linse und den Gegenstands- und Bildweiten bei einer Abbildung lässt sich leicht herleiten: Mit

$$\frac{B}{b-f} = \frac{G}{f} \tag{14.24}$$

folgt

$$\frac{B}{G} = \frac{b-f}{f} \tag{14.25}$$

und mit Gl. (14.23)

$$\frac{b}{g} = \frac{b-f}{f} \tag{14.26}$$

also

$$\frac{1}{g} = \frac{1}{f} - \frac{1}{b} \qquad (14.27)$$

und somit ergibt sich

$$\frac{1}{f} = \frac{1}{g} + \frac{1}{b} \qquad (14.28)$$

Diese Gleichung gilt auch für virtuelle Bilder, wenn man deren Bildweiten negativ zählt.

Zerstreuungslinsen

Das einfachste Beispiel für eine Zerstreuungslinse ist die in der nebenstehenden Abbildung dargestellte **bikonkave sphärische Linse**. Ihre brechenden Grenzflächen sind zwei nach innen gewölbte (konkave) Kugelflächen. Die von links einfallenden, achsenparallelen Strahlen laufen nach Durchtritt durch die Linse so auseinander, als kämen sie von einem Punkt auf der optischen Achse vor der Linse. Dieser Punkt heißt **virtueller Brennpunkt** der Linse. „Virtuell" bedeutet, dass sich in diesem Punkt nicht die Strahlen selbst, sondern nur ihre rückwärtigen Verlängerungen treffen. Lässt man die Strahlen achsenparallel von rechts einfallen, so ergibt sich in analoger Weise ein virtueller Brennpunkt auf der rechten Seite der Linse. Der (gleich große) Abstand beider Brennpunkte von der Hauptebene der Linse ist ihre **Brennweite** f.

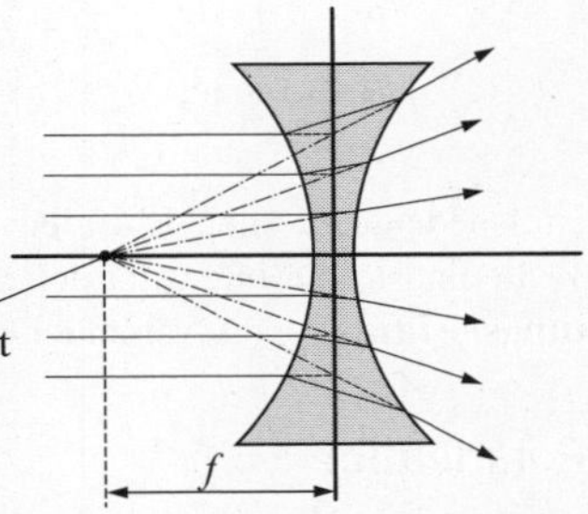

Abb. 14.20 Bikonkave Zerstreuungslinse

Die Konstruktion der durch eine Zerstreuungslinse erzeugten Bilder verläuft völlig analog zu derjenigen bei der Sammellinse; die Ergebnisse sind jedoch ganz anders:

Zerstreuungslinsen erzeugen unabhängig von der Gegenstandsweite nur virtuelle, verkleinerte Bilder.

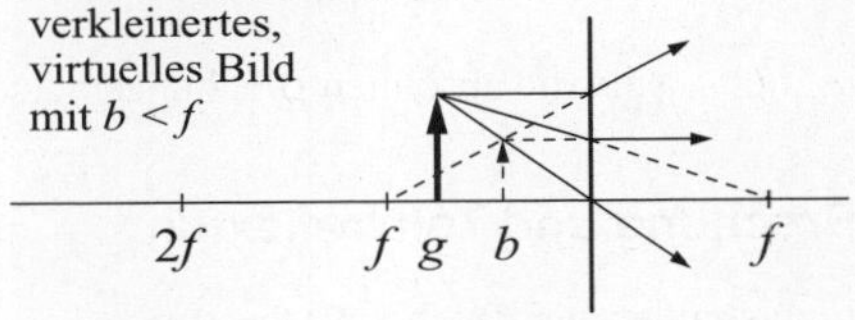

Abb. 14.21 Abbildung durch eine Zerstreuungslinse

Die Abbildungsgleichungen sind dieselben wie bei der Sammellinse, wenn man die virtuelle Brennweite f und die virtuelle Bildweite b durch negative Zahlen beschreibt:

$$\frac{B}{G} = \frac{b}{g} \qquad (14.29)$$

$$\frac{1}{f} = \frac{1}{g} + \frac{1}{b} \qquad (14.30)$$

14.8 Zusammenfassung

Lichtwellen sind **elektromagnetische Wellen** aus einem engen Wellenlängenbereich:

$$0{,}4\,\mu\text{m} \leqq \lambda \leqq 0{,}8\,\mu\text{m} \tag{14.31}$$

(λ bezeichnet die Vakuum-Wellenlänge).

Die Vakuum-**Wellenlänge** oder genauer die mit dieser über $c = f \cdot \lambda$ zusammenhängende **Frequenz** bestimmt die **Farbe**!

Elektromagnetische Wellen bestehen aus rein **transversal** schwingenden elektrischen und magnetischen Feldvektoren.

Reflexion und Transmission

Der **Reflexionskoeffizient** beschreibt die Aufteilung der auf eine **Grenzfläche** einfallenden **Intensität** einer ebenen Welle in reflektierte Welle und transmittierte Welle. Er lässt sich mit den **Fresnel'schen Formeln** berechnen:

$$\left(\frac{I_\text{R}}{I_0}\right)_\perp = \frac{\sin^2(\alpha_1 - \alpha_2)}{\sin^2(\alpha_1 + \alpha_2)} \quad \text{für Polarisation **senkrecht** ...} \tag{14.32}$$

$$\left(\frac{I_\text{R}}{I_0}\right)_\parallel = \frac{\tan^2(\alpha_1 - \alpha_2)}{\tan^2(\alpha_1 + \alpha_2)} \quad \text{bzw. **parallel** zur Einfallsebene} \tag{14.33}$$

Hier bedeutet α_1 den **Einfallswinkel** der einfallenden, α_2 den **Ausfallswinkel** der gebrochenen Welle und I_R die Intensität der reflektiereten Welle. Die Winkel sind definiert zwischen **Ausbreitungsrichtung** und **Grenzflächennormale** (Einfallslot).

Polarisation

Da der Reflexionskoeffizient polarisationsabhängig ist, ist das reflektierte und das transmittierte Licht **teilweise polarisiert**, wenn unpolarisiertes Licht eingestrahlt wird.

Beim **Brewster-Winkel** $\alpha_{1\text{B}}$ wird die zur Einfallsebene parallel polarisierte Komponente gar nicht mehr reflektiert; **vollständige Polarisation** ist die Folge.

$$\alpha_{1\text{B}} = \arctan\left(\frac{n_2}{n_1}\right) \tag{14.34}$$

n_1 und n_2 sind die absoluten Brechungsindizes der aneinander grenzenden Medien.

Brechung und Totalreflexion

Lichtstrahlen werden beim Übergang von einem Medium mit der Ausbreitungsgeschwindigkeit c_1 in ein anderes Medium mit der Ausbreitungsgeschwindigkeit c_2 gebrochen. Dabei gilt das **Snellius'sche Brechungsgesetz**:

$$\frac{\sin\alpha_1}{\sin\alpha_2} = \frac{c_1}{c_2} = \frac{n_2}{n_1} \tag{14.35}$$

mit den **absoluten Brechungsindizes**

$$n_1 = \frac{c}{c_1} \quad \text{und} \quad n_2 = \frac{c}{c_2} \qquad (c\text{: Vakuum-Lichtgeschwindigkeit}) \tag{14.36}$$

Beim Übergang ins „optisch dichtere“ Medium ($n_2 > n_1$; $c_2 < c_1$) erfolgt die Brechung **zum Lot hin**.

Lichtwege sind umkehrbar. Beim Übergang von einem **optisch dichteren Medium** in ein optisch dünneres wird die Welle vom Einfallslot weg gebrochen.

Für Einfallswinkel jenseits des **Grenzwinkels der Totalreflexion** α_{1g} mit:

$$\alpha_{1g} = \arcsin(n_2/n_1) \tag{14.37}$$

wäre der Ausfallswinkel größer als 90°, folglich ist keine Transmission mehr möglich: **Totalreflexion** der gesamten Intensität wird beobachtet.

Dispersion

Durch Wechselwirkung der ein Medium durchlaufenden elektromagnetischen Lichtwelle mit den Elektronen der Atome bzw. Moleküle ist die Phasengeschwindigkeit frequenzabhängig. Im Allgemeinen sinkt die Phasengeschwindigkeit mit wachsender Frequenz: Normale Dispersion, blaues Licht wird stärker gebrochen als rotes. Gebiete **anomaler Dispersion** (Phasengeschwindigkeit wächst mit der Frequenz) sind wegen der dort sehr starken Absorption der Beobachtung meist entzogen.

Interferenz

In der modernen Messtechnik wird die Wellennatur des Lichtes genutzt, um Längen hochpräzise zu messen. In **Interferometer**anordnungen bringt man Lichtstrahlen zur Interferenz, die geometrisch verschiedene Wege zurückgelegt haben, und misst anhand der Interferenzerscheinungen den Unterschied der Weglängen auf Bruchteile der Lichtwellenlänge genau.

Elemente der Optik

Im **Lichtleiter**, einer zylindrischen Faser aus hoch transparentem, brechendem Material, kann Licht durch fortgesetzte Totalreflexion Kilometer weit geführt werden.

Beim Durchgang durch eine **Linse** aus transparentem, brechendem Material wird ein Strahl zweimal gebrochen, an jeder Grenzfläche einmal. Zur geometrischen Konstruktion der Abbildungseigenschaften kann man bei **dünnen Linsen** den zweimaligen Brechvorgang durch einen einzigen an der so genannten **Hauptebene** ersetzen.

Eine **Sammellinse** fokussiert achsenparallele Strahlen im Brennpunkt. Sein Abstand zur Hauptebene der Linse heißt Brennweite f.

Für sphärische bikonvexe Sammellinsen ist die **Brennweite** f durch den absoluten Brechungsindex n des Materials und die beiden Krümmungsradien r_1 und r_2 der begrenzenden Oberflächen gegeben:

$$\frac{1}{f} = (n-1)\left(\frac{1}{r_1} + \frac{1}{r_2}\right) \quad \text{(Näherung für dünne Linsen)} \tag{14.38}$$

Sammellinsen erzeugen reelle, verkleinerte oder vergrößerte Bilder, solange der Gegenstand weiter von der Linse entfernt ist als ihr Brennpunkt; sonst virtuelle, vergrößerte Bilder.

Bei der **Zerstreuungslinse** scheinen achsenparallel einfallende Strahlen nach der Brechung von einem virtuellen Brennpunkt vor der Linse zu kommen. Diese Linse liefert ausschließlich verkleinerte, virtuelle Bilder.

Die **Abbildungseigenschaften** von Sammellinsen und Zerstreuungslinsen können durch dieselben Gleichungen beschrieben werden:

$$\frac{B}{G} = \frac{b}{g}$$

$$\frac{1}{f} = \frac{1}{g} + \frac{1}{b} \tag{14.39}$$

B bezeichnet die Größe des Bildes, G die des Gegenstandes; b und g sind die Abstände des Bildes bzw. des Gegenstandes von der Hauptebene der Linse. Die (virtuelle) Brennweite von Zerstreuungslinsen sowie die Bildweite von virtuellen Bildern muss negativ eingesetzt werden.

14.9 Aufgaben

14.1 Ein Lichtstrahl fällt unter 45° auf eine Seite eines gleichseitigen Prismas aus durchsichtigem Material mit Brechungsindex $n = 1{,}5$. Unter welchem Winkel zur ursprünglichen Richtung verlässt der Lichtstrahl das Prisma?

14.2

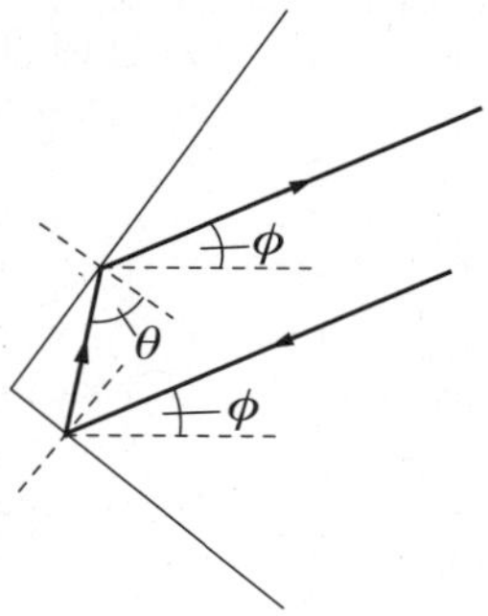

Abb. 14.22

Die die Straßenbegrenzung markierenden „Katzenaugen“ oder auch die Reflektoren an Fahrzeug-Rücklichtern scheinen Licht immer in genau die Richtung wieder zurückzuwerfen, aus der es herkommt. Bei näherem Betrachten sehen Sie, dass solche Reflektoren aus Elementen bestehen, in denen spiegelnde Flächen aufeinander genau senkrecht stehen. In der Skizze unten ist der Strahlengang an zwei aufeinander senkrecht stehenden Spiegeln verdeutlicht: Leiten Sie den Zusammenhang her zwischen dem Winkel ϕ und dem Winkel der ersten Reflexion θ, und begründen Sie daraus, warum einfallender Strahl s_e und ausfallender Strahl s_a parallel sind.

14.3

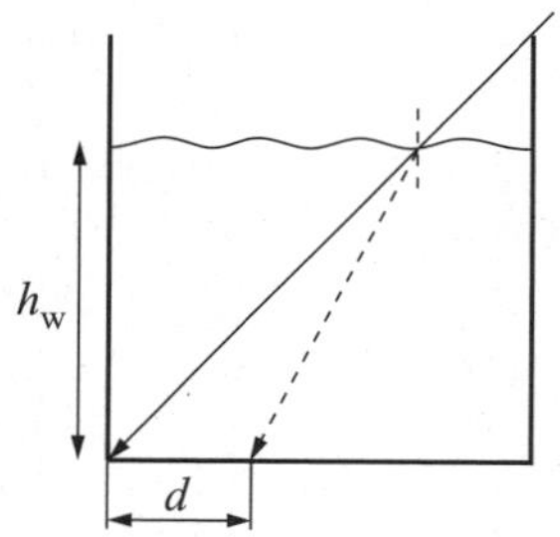

Abb. 14.23

Einer der sicher einfachsten, aber dennoch wirkungsvollen Zaubertricks ist das Sichtbarmachen einer versteckten Münze: Am Boden eines Bechers liegend, ist die Münze aus schrägem Bl Nun füllt der Zauberkünstler Wasser in den Becher, und plötzlich – bei unverändertem Blickwinkel – wird die Münze sichtbar! Ist das Zauberei oder ist es physikalisch erklärbar? Zur Erklärung führen Sie bitte folgende Rechnung durch: Ein Betrachter schaue in einen zunächst leeren, zylindrischen Becher, dessen Durchmesser 8 cm und dessen Höhe ebenfalls 8 cm ist. Die schräge Blickrichtung sei dargestellt durch einen „Sehstrahl“, der den oberen Becherrand gerade streift und diagonal durch das Becher-Innere verläuft: siehe Skizze. (Der „Sehstrahl“ ist nichts anderes als der umgekehrte Weg des Lichts vom Aufpunkt im Becher-Inneren zum Auge des Beobachters.) Der Becher-Boden ist also nicht einsehbar.

Nun werde Wasser (Brechzahl $n = 1{,}33$) in den Becher eingefüllt. Stellen Sie die Formel auf, die Ihnen zeigt, wie der nun gebrochene Sehstrahl mit wachsender Einfüllhöhe h_w über den Becherboden streift: gesucht ist also die Funktion $d(h_w)$.

Zusatzfrage: Wie weit kommt der Sehstrahl bei maximaler Einfüllhöhe ins Becherinnere, oder anders formuliert: Wie groß ist d (8 cm)?

14.4 Bei malerischer Aussicht stehen Sie im Urlaub exakt 100 m über der in der Sonne funkelnden Oberfläche eines oberitalienischen Sees. Um Ihre Augen vor dem gleißenden Licht der Reflexe zu schützen, tragen Sie eine Sonnenbrille mit Polarisationsfiltern. Amüsiert stellen Sie fest, dass exakt an der Stelle der Wasseroberfläche, wo für Sie die Reflexe am besten unterdrückt werden, ein Segelboot vorüberzieht. Schlagartig wird Ihnen klar, dass Sie daraus die Entfernung zum Segelboot ausrechnen können, denn Sie kennen den Brechungsindex von Wasser: $n = 1{,}33$.

Wie weit ist das Segelboot von Ihnen entfernt?

14.5 Ein weißer Lichtstrahl passiert ein dünnes Prisma; auf einem fünf Meter entfernt stehenden Schirm entsteht in 0,5 m Abstand von der optischen Achse ein Spektrum, das 10 cm breit ist. Bitte errechnen Sie aus diesen Angaben die Phasengeschwindigkeiten roten und violetten Lichts im Prisma unter der Annahme, die Phasengeschwindigkeit in der umgebenden Luft sei 300 000 km/s.
Anleitung: Rotes Licht habe an der Luft die Wellenlänge $\lambda_{\text{rot}} = 0{,}8\ \mu\text{m}$, violettes Licht die Wellenlänge $\lambda_{\text{violett}} = 0{,}4\ \mu\text{m}$. Der Zusammenhang zwischen Ablenkwinkel α (im Bogenmaß) und Brechzahl n sei für das verwendete Prisma gegeben durch $\alpha = (n-1)\cdot 0{,}2$.

14.6 Hat man für einen zylindrischen Lichtleiter ein Material genügend hoher Brechzahl zur Verfügung, wird jegliches an der Stirnfläche eingetretene Licht an den Seiten im Inneren total reflektiert. Bitte berechnen Sie den Brechungsindex, der für diesen anwendungstechnisch wichtigen Fall mindestens erforderlich ist.
Hinweise: „Jegliches eingetretene Licht" heißt: aus beliebiger Richtung eingetreten: θ_1 in der Skizze unten kann jeden Wert zwischen 0 und $\pi/2$ annehmen. Nehmen Sie den ungünstigsten Fall $\theta_1 = \pi/2$, und berechnen Sie n für den Fall, dass θ_2' gerade der Totalreflexionsbedingung genügt.

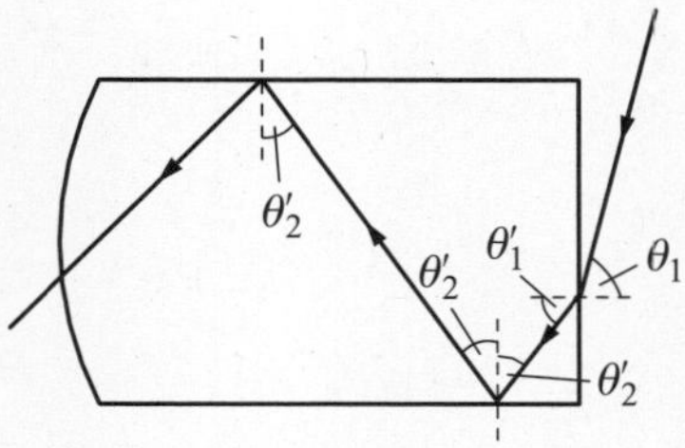

Abb. 14.24

14.7 Trotz all der kunstvollen optischen Instrumente, die Menschen je erdacht und gebaut haben, ist für den Menschen das wichtigste Instrument doch sicherlich das Auge. Es besteht aus lediglich einer Konvexlinse, die die Aufgabe hat, auf der Netzhaut im Augenhintergrund ein scharfes, reelles Bild zu entwerfen. Das Besondere an dieser Linse ist, dass sie durch Verformung durch winzige Muskeln in der Lage ist, ihre Brennweite zu verändern.
Sei der Abstand der Linsen-Hauptebene zur Netzhaut gegeben mit 2,5 cm. Welche Brennweite muss die Linse haben, um ein scharfes Bild von einem sehr weit entfernten Gegenstand zu entwerfen?
Welche Brennweite muss die Linse annehmen, um ein scharfes Bild von einem Gegenstand in minimaler deutlicher Sehweite (25 cm) zu entwerfen?

14.8 Ein Konvexspiegel hat einen Krümmungsradius von 60 cm. Im Abstand 10 cm vom Spiegel ist ein Gegenstand mit einer Höhe von 20 cm aufgestellt. Gesucht ist die Lage und Höhe des Bildes.

14.9 Ein Lichtstrahl fällt unter einem Winkel von 30° auf eine planparallele Glasplatte und tritt aus ihr parallel zum einfallenden Strahl wieder aus. Die Brechzahl des Glases ist 1,5. Wie groß ist die Dicke d der Platte, wenn der Abstand der beiden Platten 1,94 cm beträgt?

14.10 Die Brechzahlen einer bestimmten Glassorte für rotes und violettes Licht sind $n_{\text{r}} = 1{,}51$ und $n_{\text{v}} = 1{,}53$. Gesucht sind die Grenzwinkel der Totalreflexion bei Einfall dieser Strahlen am Übergang Glas–Luft.

14.11 Was geschieht beim Einfall von weißem Licht unter einem Winkel von 41° am Übergang Glas–Luft, wenn man das Glas aus der vorhergehenden Aufgabe nimmt?
(Es sind die Resultate der vorhergehenden Aufgabe zu verwenden.)

14.12 Aus zwei Gläsern mit den Brechzahlen 1,5 und 1,7 sind zwei gleiche, bikonvexe Linsen gefertigt.
a) Gesucht ist das Verhältnis ihrer Brennweiten.
b) In welcher Weise wirkt jede dieser Linsen auf einen parallel zur optischen Achse verlaufenden Strahl, wenn man die Linsen in eine klare Flüssigkeit mit einer Brechzahl von 1,6 taucht?

14.13 Gesucht ist die Brennweite einer Linse in Wasser, wenn ihre Brennweite in Luft 20 cm ist. Die Brechzahl des Glases, aus dem die Linse besteht, ist 1,6.

Teil IV
Elektrodynamik

Wie bereits in den vorherigen Kapiteln gezeigt wurde, ist eine vernünftige physikalische Beschreibung unserer Umwelt nur mithilfe geeigneter physikalischer Größen möglich. Als eine sehr wichtige Größe war die aus den Basisgrößen Weg, Zeit und Masse abgeleitete Größe Kraft erkannt worden. Außer den mechanischen Kräften und der Gravitationskraft kennen wir im Alltagsgebrauch die **elektrischen** und **magnetischen** Kräfte.

Reibt man z. B. bestimmte Körper (Glas, Bernstein), so üben die so bearbeiteten Materialien Kräfte auf andere Körper (Papierschnitzel, Schaumstoffkügelchen) aus. Zurückgeführt wird diese, als **elektrostatische Kraft** bezeichnete Kraftwirkung auf die Trennung von **elektrischen Ladungen**.

Neben diesen elektrostatischen Kräften beobachtet man in der Natur eine weitere Kategorie von Kräften: Bestimmte Materialien (Magnete), z. B. Magnetit (Fe_3O_4), üben auf Eisenteile oder andere Magnete Kräfte aus. Die gleiche Wirkung kann man auch durch die Bewegung von Ladungen (Strom in einem Leiter) erreichen. In Anlehnung an die bereits im Altertum bekannte Erscheinung der Magnetkraft werden diese Kräfte **magnetische Kräfte** genannt.

Physikalische Gesetzmäßigkeiten zwischen ruhenden Ladungen werden durch die **Elektrostatik** beschrieben. In der **Magnetostatik** werden physikalische Erscheinungen und Gesetzmäßigkeiten behandelt, welche bei stationärer Ladungsbewegung (konstante lokale mittlere Geschwindigkeit der Ladungsträger) vorherrschen. Bei **nichtstationärer Ladungsbewegung** (beschleunigte Ladungsbewegung) treten sowohl elektrische als auch magnetische Erscheinungen auf. Die vorkommenden physikalischen Gesetzmäßigkeiten bei Verkopplung dieser beiden Gebiete werden durch die **Elektrodynamik** beschrieben.

15 Elektrostatik

In der Elektrostatik behandeln wir Erscheinungen, Zustände und physikalische Gesetze, welche bei getrennten und ruhenden Ladungen auftreten. Wir werden sowohl das Verhalten im Vakuum als auch bei Anwesenheit von Materie untersuchen.

15.1 Elektrische Ladung

Bereits im Altertum war bekannt, dass durch das Reiben eines Bernsteinstabes (griechisch: Elektron) Kräfte auf leichte und isolierte Teilchen ausgeübt werden. Wir wollen dies im folgenden Versuch in aktualisierter Form nachvollziehen.

Kraftwirkung zwischen Ladungen

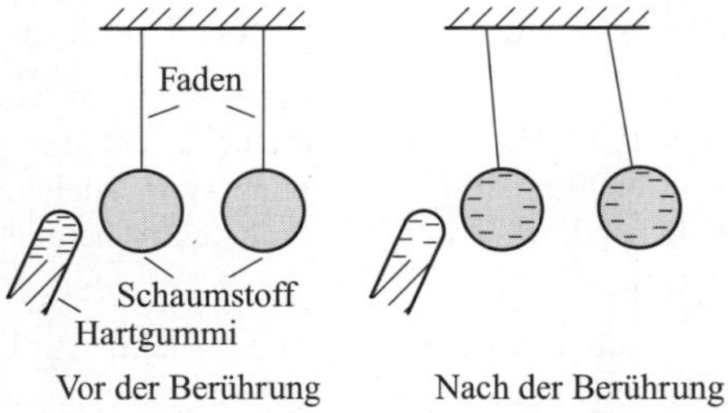

Abb. 15.1 Ladungsübertragung mit einem Hartgummistab

Ein Hartgummistab wird gerieben und mit zwei nebeneinander aufgehängten sehr leichten Schaumstoffkugeln in Berührung gebracht. Nach der Berührung stoßen sich die Kugeln untereinander ab, sie werden aber auch vom Hartgummistab abgestoßen. Wird als nächstes ein Glasstab gerieben und in die Nähe der Kugeln gebracht, so werden die Kugeln zuerst vom Glasstab angezogen. Nach der Berührung beobachtet man analog zum Hartgummistab eine Abstoßung zwischen dem Glasstab und den Kugeln. Bringt man nun wiederum den geriebenen Hartgummistab in die Nähe der Kugeln, so tritt erneut eine Anziehung, nach dem Berühren wieder Abstoßung auf.

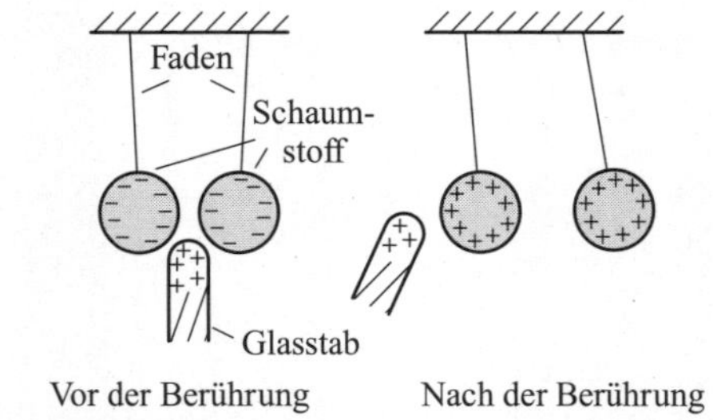

Abb. 15.2 Ladungsübertragung mit einem Glasstab

Durch die Berührung mit den geriebenen Stäben sind die Kugeln in einen Zustand versetzt worden, in welchem sie auf andere Körper Kräfte ausüben. Wir bezeichnen die Körper in diesem Zustand als **„elektrisch geladen"**. Dabei unterscheidet sich der Ladungszustand von Glas und Hartgummi: Willkürlich hat man den Zustand, in dem sich der Glasstab nach dem Reiben befindet, **positiv** (+), denjenigen, der sich nach dem Reiben des Hartgummistabes einstellt, **negativ** (−) elektrisch geladen genannt. Es gibt also **positive** und **negative Ladungen**.

Aus dem Versuch folgt, dass gleichnamige (++ oder −−) Ladungen sich gegenseitig abstoßen und ungleichnamige (+−) Ladungen sich gegenseitig anziehen.

Einfaches Atommodell

Die elektrische Ladung ist an Materie gebunden. Man kann sich die Materie aus kleinsten Einheiten, den so genannten **Atomen**, aufgebaut denken. Die Vorstellung über das Aussehen und die Struktur des Atoms hat sich im Laufe der Zeit erheblich verfeinert. Die einfachste Vorstellung ist das simple Bild des Planetensystems: Ein Atom ist einfach ein „Planetensystem im Kleinen". Die Rolle der Sonne übernimmt der positiv geladene **Atomkern** und die Planetenrolle die negativ geladenen **Elektronen**.

Der Atomkern sieht je nach Stoffart (Element) verschieden aus und besteht aus noch kleineren Teilchen, den **Protonen** (p) und den **Neutronen** (n). Diese beiden Teilchen sind ca. zweitausend Mal schwerer als das Elektron und sind nicht punktförmig, d. h., sie weisen eine Struktur auf. In erster Näherung kann man die Protonen und Neutronen als Kugeln mit endlichem Radius betrachten. Die Protonen sind positiv geladen und haben damit die entgegengesetzte Ladung eines Elektrons. Die Neutronen weisen keine Ladung auf. Zusammengehalten wird der Atomkern durch die Kernkräfte, welche zwar kurzreichweitig, aber im Nahbereich weitaus stärker als die elektrostatischen Abstoßungskräfte zwischen den Protonen sind. Die Elektronen als Träger der negativen Ladung können als punktförmig betrachtet werden. Das einfachste Atom ist das Wasserstoffatom. Es besteht aus dem Proton als Atomkern und einem Elektron.

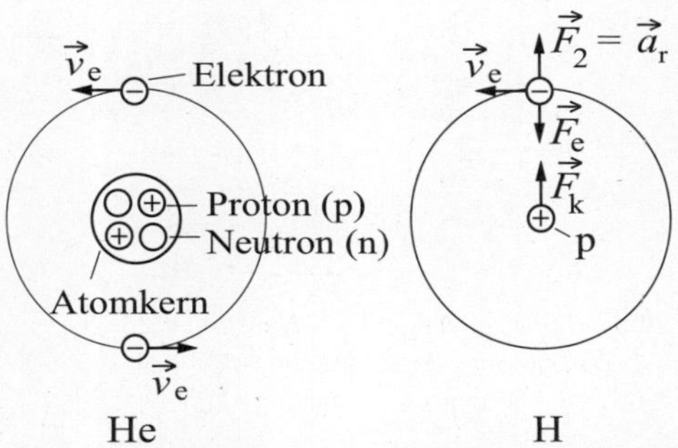

Abb. 15.3 Bohr'sches Atommodell von Helium (He) und Wasserstoff (H)

Die Rolle der Schwerkraft übernimmt in diesem „Miniaturplanetensystem" die elektrostatische Kraft zwischen dem Elektron und dem Kern. Analog zu unserem Sonnensystem müssen die Elektronen eine bestimmte Umlaufgeschwindigkeit um den Atomkern aufweisen, damit über die Zentrifugalkraft die elektrostatische Anziehung kompensiert wird.

Neutrale Atome

Wir versuchen nun mit diesem simplen Atommodell die Beobachtung zu erklären, dass Materie sich vorwiegend **neutral** gegenüber der Einwirkung äußerer Ladungen verhält, d. h. keine messbaren Anziehungs- bzw. Abstoßungskräfte auftreten.

Jedes neutrale Atom besteht aus einer gleichen Anzahl von Elektronen und Protonen. Wirkt nun auf so ein Atom eine äußere Ladung ein, so werden die Elektronen und Protonen in entgegengesetzten Richtungen auseinander gezogen. Bei Gleichheit der Elektronen- und Protonenanzahl („neutrales" Atom) heben sich die einwirkenden Kräfte gegenseitig nahezu auf, so dass resultierend kaum eine Einwirkung auf das Atom festzustellen ist. Deshalb verschwindet auch die Resultierende F_Q der Rückwirkungskräfte auf die äußere Ladung. Das Atom verhält sich nach außen hin „neutral".

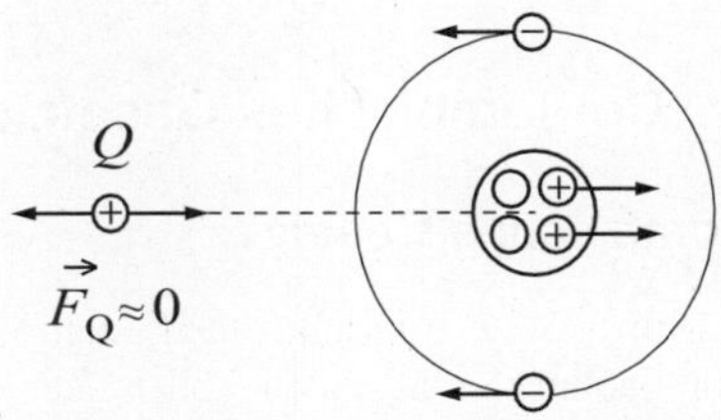

Abb. 15.4 Kraftwirkung auf ein neutrales Atom

Durch die Verschiebung der Elektronen und Protonen gegeneinander treten allerdings so genannte **Dipolkräfte** auf. Sie sind jedoch viel schwächer als die eben besprochene elektrische Anziehung bzw. Abstoßung.

Ionen

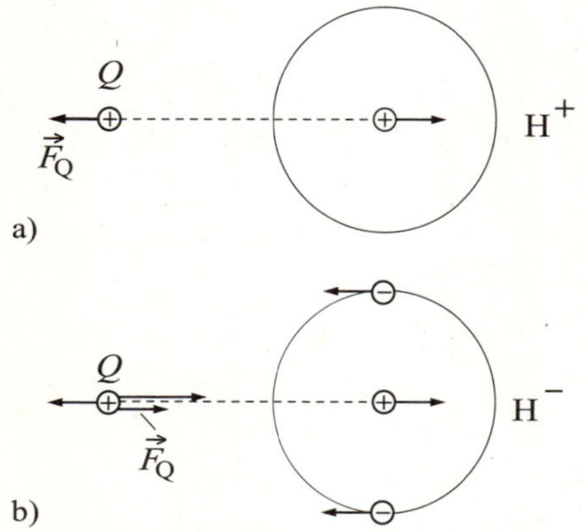

Abb. 15.5 Kraftwirkung auf Wasserstoff-Ionen
a) Abstoßungskraft zwischen Q und H^+
b) Anziehungskraft zwischen Q und H^-

Anders sieht die Situation bei positiven oder negativen **Ionen** (Atome mit Elektronenmangel bzw. Elektronenüberschuss) aus. In diesem Fall ist die auf das Ion einwirkende resultierende Kraft (und damit auch die Resultierende F_Q der Rückwirkungskräfte auf die äußere Ladung) proportional zur Differenz zwischen Elektronen- und Protonenanzahl.

Ladung als physikalische Größe

Zur quantitativen Erfassung der Ladung ist es notwendig, ein Symbol und eine Einheit einzuführen. Als Symbol für die **Ladung** wird der Buchstabe Q gewählt. Basierend auf der elektrischen Basisgröße Strom (Einheit: 1 A (Ampere)) des Internationalen Einheitensystems (SI) ergibt sich die **Einheit der Ladung** Q zu

$$1 \text{ Coulomb} = 1 \text{ C} = 1 \text{ A} \cdot \text{s} \tag{15.1}$$

Ein Strom der Stärke 1 A transportiert also während 1 s die Ladung 1 C.

Die Ladung eines Protons wird **Elementarladung** e_0 genannt.

$$e_0 = 1{,}602 \cdot 10^{-19} \text{ C} \tag{15.2}$$

Elektronen tragen die gleich große negative Ladung $-e_0$.

Aus dem Atommodell folgt, dass eine eventuelle Ladung makroskopischer Körper durch einen Mangel oder Überschuss von Elektronen im Vergleich zur Protonenanzahl entsteht. Die Ladung makroskopischer Körper ist daher immer ein ganzzahliges Vielfaches der Elementarladung.

15.2 Coulomb'sches Gesetz und Elektrische Feldstärke

Coulomb'sches Gesetz

Wie wir im vorigen Abschnitt festgestellt hatten, üben Ladungen aufeinander Kräfte aus, welche je nach Ladungsart abstoßend oder auch anziehend sein können. Wir wollen uns nun etwas eingehender mit der Kraftwirkung zwischen Ladungen beschäftigen.

Kraft zwischen zwei Punktladungen

Eine positive Ladungsmenge Q befindet sich im Ursprung eines Koordinatensystems. In die Nähe dieser Ladung wird im Abstand r eine weitere positive Ladung q positioniert. Der Durchmesser beider Ladungen sei sehr klein im Vergleich zu ihrem Abstand. Solche Ladungen bezeichnet man als **„Punktladungen"**.

Die Ladung q dient zur Kraftmessung und wird im Folgenden als „Probeladung“ bezeichnet. Zwischen beiden Ladungen wird eine Kraft gemessen, welche auf der Verbindungsachse der beiden Ladungen liegt und in Richtung des Abstandsvektors $\vec{r}$ zeigt.

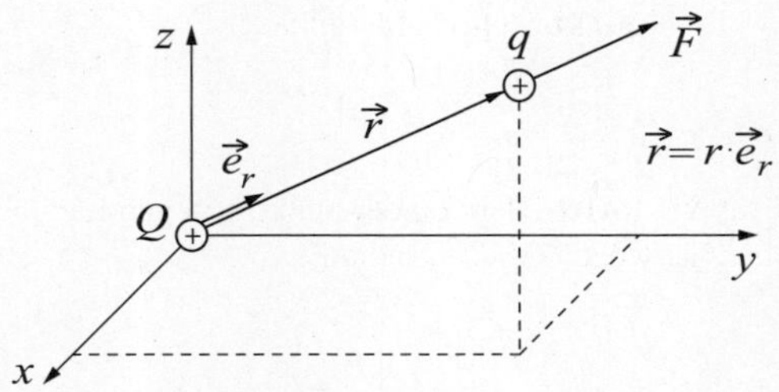

Abb. 15.6 Kraftwirkung zwischen zwei Punktladungen

Um das Kraftgesetz herauszufinden, werden bei festem Abstand $\vec{r}$ die Ladung Q und auch die Probeladung q variiert. Untersuchungen ergeben, dass die Kraft F proportional zu den Ladungen Q und q ist, d. h.

$$F \sim Q \cdot q \tag{15.3}$$

ganz analog zur Gravitationskraft zwischen zwei Massen m_1 und m_2: $F_{\mathrm{G}} \sim m_1 \cdot m_2$.

Durch Variation des Abstandes r zwischen den Ladungen folgt weiterhin, dass die Kraft invers zum Quadrat des Abstands r ist, wieder genau wie beim Gravitationsgesetz

$$F \sim \frac{1}{r^2} \tag{15.4}$$

Zusammengefasst lautet nun die Kraftbeziehung zwischen zwei Ladungen

$$\vec{F} = a\frac{Q \cdot q}{r^2}\vec{e}_r \qquad \vec{e}_r : \text{Einheitsvektor in Richtung } \vec{r} \tag{15.5}$$

wobei a eine Konstante ist.

Diese Gleichung sieht genauso aus wie die aus der Mechanik bekannte Gravitationskraft. Im Unterschied zur Gravitationskraft, die immer anziehend wirkt, wird jedoch die Kraftrichtung der elektrostatischen Kraft durch das Vorzeichen der Ladungen bestimmt.

Ladungen gleichen Vorzeichens führen zu Abstoßungs- und Ladungen ungleichen Vorzeichens zu Anziehungskräften.

Die Proportionalitätskonstante a schreibt man zweckmäßigerweise in der Form

$$a = \frac{1}{4\pi\varepsilon} \tag{15.6}$$

(Durch das Zerlegen der Konstante a in die Zahl $1/4\pi$ und eine Konstante $1/\varepsilon$ wird zum einen der Kugelsymmetrie des Feldes einer Punktladung und zum anderen den Eigenschaften des Mediums, in dem die Ladungen enthalten sind, Rechnung getragen. Siehe Abschnitte „Verschiebungsdichte und Verschiebungsfluss“ und „Dielektrikum im elektrischen Feld“.)

Im Vakuum ergibt sich für ε die **Influenzkonstante** oder **elektrische Feldkonstante** mit dem Wert

$$\varepsilon_0 = 8{,}854 \cdot 10^{-12}\,\frac{\mathrm{C}^2}{\mathrm{N} \cdot \mathrm{m}^2} \tag{15.7}$$

Für die Kraft zwischen zwei punktförmigen Ladungen Q und q im Vakuum gilt das

Coulomb'sche Gesetz

$$\vec{F} = \frac{1}{4\pi\varepsilon_0}\frac{Q \cdot q}{r^2}\vec{e}_r \tag{15.8}$$

Elektrische Feldstärke

Das Coulomb'sche Gesetz zeigt, dass die Wechselwirkungskraft zwischen Ladungen von den Ladungspositionen und den Ladungsstärken abhängig ist. Betrachtet man nun die Probeladung q als ein „Messinstrument“ zur Untersuchung der Kraftwirkung der Ladung Q im Raum, so erkennt man, dass diese Kraft von der Größe der Ladung q des „Messinstrumentes“ abhängt. Die „auf die Probeladung normierte Kraft“ nennt man

Elektrische Feldstärke

$$\vec{E} = \frac{\vec{F}}{q} \tag{15.9}$$

Das **Vektorfeld** der von der punktförmigen Ladung Q im Vakuum erzeugten elektrischen Feldstärken hat wegen Gl. (15.8) die Form

$$\vec{E}(\vec{r}) = \frac{Q}{4\pi\varepsilon_0} \cdot \frac{1}{r^2}\vec{e}_r \tag{15.10}$$

Es ist unabhängig von der zu seiner Messung verwendeten „Probeladung" q und hängt nur noch vom Messort und der Größe der Ladung Q ab. Q wird als seine **Quelle** bezeichnet.

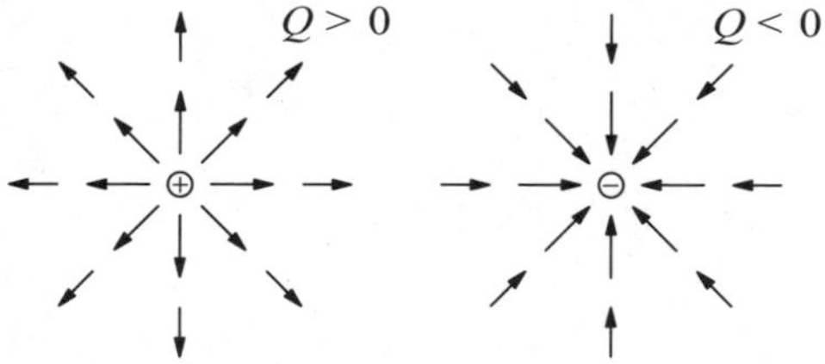

Abb. 15.7 Elektrische Feldstärke einer positiven und einer negativen Punktladung Q

Die nebenstehende Abbildung zeigt die elektrischen Feldstärkevektoren in der Umgebung einer positiven und in der Umgebung einer negativen punktförmigen Quelle. In Analogie zur Gravitationsfeldstärke, die wir in der Mechanik kennen gelernt haben, nimmt die elektrische Feldstärke $\vec{E}(\vec{r})$ radial mit dem **Quadrat der Entfernung** zur Quelle ab.

Das Feld der Ladung Q durchsetzt den gesamten Raum und übt auf eine Probeladung q die Kraft

$$\vec{F} = q \cdot \vec{E} \tag{15.11}$$

aus. Dieser Gleichung kann man entnehmen, dass positive Probeladungen Kräfte in Richtung der elektrischen Feldstärke erfahren, negative Probeladungen jedoch Kräfte entgegen der Feldrichtung.

Feldlinien

Eine Linie im Raum, die an jeder Stelle parallel zum dort herrschenden Vektor der elektrischen Feldstärke verläuft, wird als **Feldlinie der elektrischen Feldstärke** bezeichnet. Der Durchlaufsinn, der der Richtung der einzelnen Feldvektoren folgt, wird als Richtung der Feldlinie bezeichnet und durch einen Pfeil auf der Linie angegeben. Beispiele sind in Abbildung 15.8 skizziert.

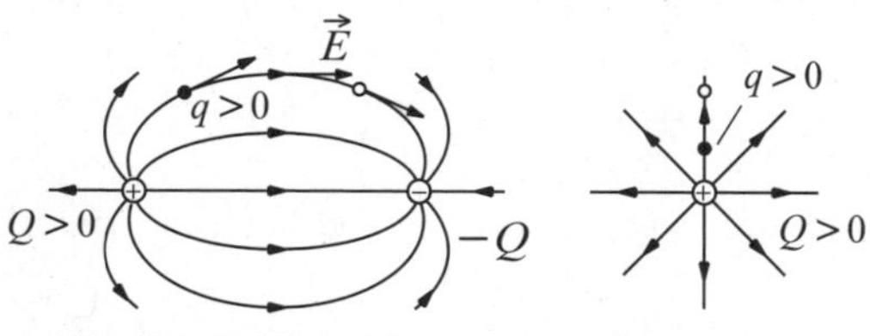

Abb. 15.8 Feldlinienbild zweier entgegengesetzter Punktladungen und einer positiven Ladung Q

Bei einer einzelnen punktförmigen Quellladung Q sind die Feldlinien Strahlen, die je nach Vorzeichen der Quelle von dieser weg ($Q > 0$) oder zu dieser hin gerichtet sind ($Q < 0$). Bei zwei Punktladungen entgegengesetzten Vorzeichens verlaufen die Feldlinien in gekrümmter Form von der positiven zur negativen Ladung; nur auf der Verbindungsachse der Ladungen ist die Feldlinie eine Gerade. Zur Veranschaulichung der Feldlinien betrachtet man eine im Feld frei bewegliche, positive Probeladung. Die im Feld auf sie ausgeübte Kraft zeigt immer in Richtung des Feldlinienvektors und damit in Richtung der Feldlinien. Lässt man die positive Probeladung daher an einer Stelle einer Feldlinie aus der Ruhe starten, so wird sie dieser Feldlinie so lange folgen, bis sie durch ihre Trägheit „aus der Bahn getragen" wird.

Jede beliebige Ladungsverteilung kann man sich aus Punktladungen zusammengesetzt vorstellen. Die Überlagerung der elektrischen Feldstärken dieser Punktladungen führt zu unterschiedlichen Verläufen der Feldstärke. Elementare Feldverläufe sind diejenigen der Punktladung, der Linienladung und des Plattenkondensators.

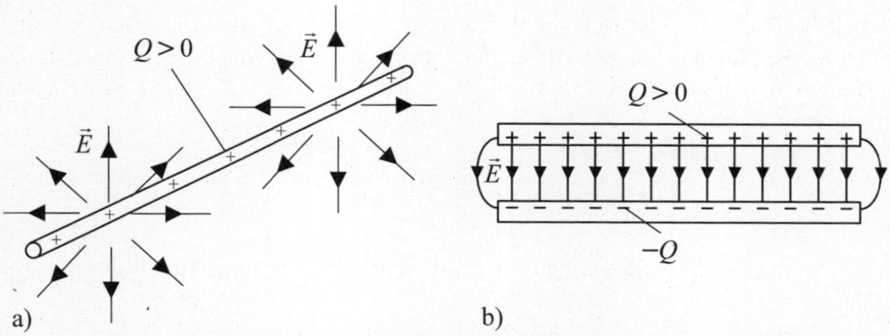

Abb. 15.9 Feldlinienverlauf um eine Linienladung (a) und innerhalb eines Plattenkondensators (b)

Bei der Punktladung haben wir einen kugelsymmetrischen und bei der Linienladung einer Geraden einen zylindersymmetrischen Feldverlauf.

Im Innern eines Plattenkondensators ist das elektrische Feld **homogen**, d. h., die Feldvektoren sind in allen Raumpunkten in Betrag und Richtung gleich. Im Randbereich des Kondensators trifft dies nicht mehr zu.

15.3 Elektrische Spannung und elektrisches Potenzial

Elektrische Spannung

Ein elektrisches Feld übt auf jede Probeladung q eine Kraft aus. Es verrichtet deshalb an der Probeladung Arbeit, wenn diese sich im Feld auf einem Weg S vom Punkt A zum Punkt B bewegt. Im Folgenden wird diese **Feldarbeit** W_{AB} berechnet und mit ihrer Hilfe die elektrische Spannung definiert.

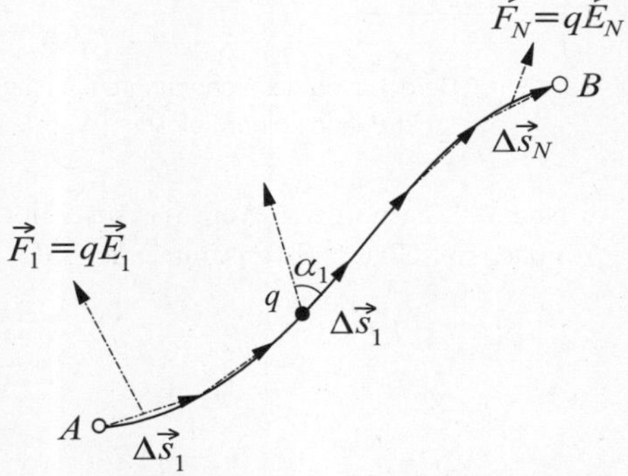

Abb. 15.10 Verschiebung einer Probeladung q längs des Weges S

Zur Berechnung der Arbeit W_{AB} unterteilt man die Wegstrecke S in so kleine Wegstücke $\Delta\vec{s}_i$, dass die Kraft des Feldes auf die Probeladung $\vec{F}_i = q \cdot \vec{E}_i$ entlang dieses Wegstückes als konstant angesehen werden kann. Für die Teilarbeit entlang dieses Wegstückes gilt dann, wie aus der Mechanik schon bekannt, $\Delta W_i = \vec{F}_i \cdot \Delta\vec{s}_i = q \cdot \vec{E}_i \cdot \Delta\vec{s}_i$. Die gesamte Arbeit längs der Strecke S ergibt sich zu

$$W_{AB} \approx \sum_{i=1}^{N} \Delta W_i$$

$$\approx q \sum_{i=1}^{N} \vec{E}_i \cdot \Delta\vec{s}_i \tag{15.12}$$

Werden die Wegstücke $\Delta\vec{s}$ immer kleiner gewählt, so geht die obige Gleichung über in

$$W_{AB} = q \int_A^B \vec{E} \cdot \mathrm{d}\vec{s} \tag{15.13}$$

In dieser Gleichung ist das Integral ein so genanntes Linienintegral längs des Weges S. Zu integrieren ist das skalare Produkt aus Feldstärkevektor $\vec{E}$ und Wegstück $\Delta\vec{s}$:

$$\vec{E} \cdot \mathrm{d}\vec{s} = E \cdot \cos\alpha \cdot \mathrm{d}s \tag{15.14}$$

Die Arbeit W_{AB}, die das elektrische Feld längs des Weges S verrichtet, ist von der Probeladung q abhängig. Man erhält eine von der Probeladung unabhängige, alleine für das Feld charakteristische Größe, indem man die Arbeit W_{AB} durch die Probeladung q teilt. Diese Größe wird als **elektrische Spannung** bezeichnet:

$$U_{AB} = \frac{W_{AB}}{q} = \int_A^B \vec{E} \cdot d\vec{s}\,; \qquad [U] = \frac{\text{N} \cdot \text{m}}{\text{C}} = \text{V (Volt)} \tag{15.15}$$

Sie gibt die **Arbeitsfähigkeit des Feldes pro überführter Ladungseinheit** auf dem Weg von A nach B an.

Für die Einheit 1 N · m/C hat man die Bezeichnung 1 Volt = 1 V eingeführt. Für die elektrische Feldstärke folgt mit dieser Einheitenfestlegung

$$[E] = \frac{\text{V}}{\text{m}} \tag{15.16}$$

und für die Arbeit bzw. Energie

$$[W] = \text{N} \cdot \text{m} = \text{V} \cdot \text{A} \cdot \text{s} \tag{15.17}$$

Statische elektrische Felder haben die wichtige Eigenschaft, dass die von ihnen an einer bewegten Ladung verrichtete Arbeit nur vom Anfangs- und Endpunkt der Bewegung, nicht aber vom Verlauf des Weges abhängt: **Die Arbeit W_{AB} und damit auch die Spannung U_{AB} ist wegunabhängig**. Wir wollen diese Eigenschaft nun nachweisen.

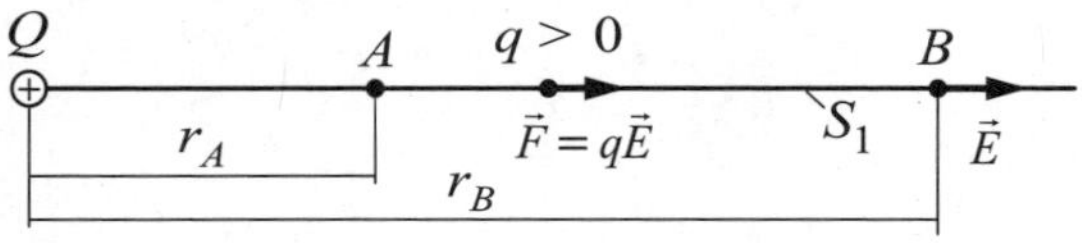

Abb. 15.11 Berechnung der Spannung U_{AB} vom Punkt A zum Punkt B längs einer Feldlinie (Weg S_1)

Zu diesem Zweck untersuchen wir zuerst einmal die Bewegung einer Probeladung q im radialen elektrischen Feld einer ruhenden Punktladung Q.

Wird die Probeladung q **längs einer Feldlinie** vom Abstand r_A bis zum Abstand r_B transportiert (Weg S_1), so ergibt sich die Spannung U_{AB} zwischen diesen beiden Positionen mit Gl. (15.15) zusammen mit Gl. (15.10) zu

$$U_{AB} = \int_A^B \vec{E} \cdot d\vec{s} = \int_{r_A}^{r_B} \frac{Q}{4\pi\varepsilon_0} \cdot \frac{1}{r^2}\vec{e}_r \cdot d\vec{r} = \int_{r_A}^{r_B} \frac{Q}{4\pi\varepsilon_0} \cdot \frac{1}{r^2} dr \tag{15.18}$$

$$U_{AB} = \frac{Q}{4\pi\varepsilon_0}\left(\frac{1}{r_A} - \frac{1}{r_B}\right) \tag{15.19}$$

Wenn man die Probeladung gemäß Abb. 15.12 **auf einem beliebigen Weg** S_2 von A nach B verschiebt, gelangt man zum gleichen Ergebnis für die Spannung U_{AB}.

Zum Nachweis betrachten wir z. B. das kleine Wegstück $\Delta\vec{s}_{12}$. Wir setzen es aus dem Wegstück $\Delta\vec{s}_{1C}$ entlang einer Feldlinie vom Punkt P_1 zum Punkt C und dem kleinen, näherungsweise geraden Kreisbogenstück $\Delta\vec{s}_{C2}$ vom Punkt C zum Punkt P_2 zusammen.

$$\Delta\vec{s}_{12} = \Delta\vec{s}_{1C} + \Delta\vec{s}_{C2} \tag{15.20}$$

Die elektrische Spannung zwischen P_1 und P_2 entlang des Wegstücks $\Delta\vec{s}_{12}$ ergibt sich somit zu

$$\Delta U_{12} \approx \vec{E} \cdot \Delta\vec{s}_{12} = \vec{E} \cdot (\Delta\vec{s}_{1C} + \Delta\vec{s}_{C2}) = \vec{E} \cdot \Delta\vec{s}_{1C} = E(r) \cdot \Delta r_{12} \tag{15.21}$$

da $\vec{E} \cdot \Delta\vec{s}_{C2} = 0$ ist. Die Spannung zwischen P_1 und P_2 ist mit der Spannung zwischen P_1' und P_2' identisch.

Führt man diese Betrachtung für sämtliche hinreichend kleinen Stücke des Weges S_2 durch, so kommt man zu der Aussage, dass die Spannung U_{AB} und somit auch die Arbeit $W_{AB} = q \cdot U_{AB}$ zwischen den Punkten A und B unabhängig vom gewählten Weg ist.

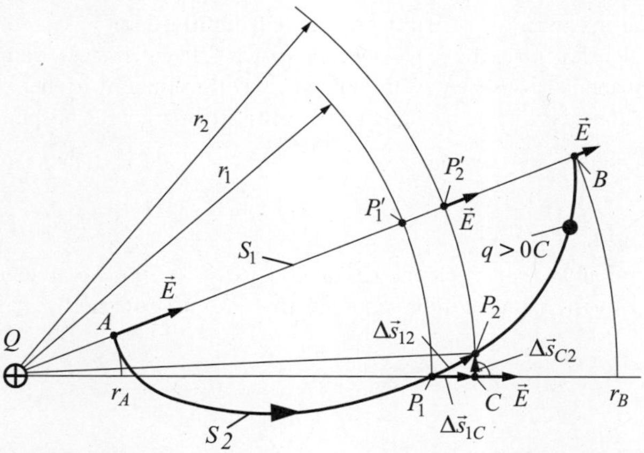

Abb. 15.12 Berechnung der Spannung U_{AB} vom Punkt A zum Punkt B entlang des Weges S_2

Da das elektrische Feld einer beliebigen Ladungsverteilung durch Überlagerung (Superposition) der Felder punktförmiger Ladungen gewonnen werden kann, gilt auch **im elektrischen Feld einer beliebigen Ladungsverteilung** die **Wegunabhängigkeit** für die Spannung und die vom Feld beim Transport einer Ladung verrichtete Arbeit.

Wählt man nun einen geschlossenen Weg, z. B. von A nach B über den Weg S_2 und von B nach A über den Weg S_1, so ergibt sich die in der Elektrotechnik wohlbekannte **Maschenregel in allgemeiner Darstellung**

$$\oint_S \vec{E} \cdot \mathrm{d}\vec{s} = 0 \quad \text{für **geschlossenen** Integrationsweg } S \tag{15.22}$$

Zwei weitere für die Elektrotechnik wichtige Eigenschaften der Spannung ergeben sich direkt aus ihrem engen Zusammenhang mit der Arbeit:

Die Gesamtspannung entlang eines Weges ist die Summe der Teilspannungen.

$$U_{AC} = U_{AB} + U_{BC} \tag{15.23}$$

Bei Umkehrung des Messweges dreht sich das Vorzeichen der Spannung um.

$$U_{AB} = -U_{BA} \tag{15.24}$$

Elektrisches Potenzial

Die Größe der Spannung U_{AB} hängt in einem gegebenen elektrischen Feld davon ab, welche Punkte als Anfangspunkt A und Endpunkt B des Messweges gewählt werden. Vereinbart man nun für alle Spannungsmessungen einen **festen Bezugspunkt** M (in Schaltungen wird er „Massepunkt" genannt), so wird die Spannung alleine vom Anfangspunkt A der Messung bestimmt und heißt **elektrisches Potenzial** $\varphi(A)$.

$$\varphi(A) = U_{AM} = \int_A^M \vec{E} \cdot \mathrm{d}\vec{s} = -U_{MA} = -\int_M^A \vec{E} \cdot \mathrm{d}\vec{s} \quad M\text{: fester Bezugspunkt} \tag{15.25}$$

Die Einheit des Potenzials ist mit der Einheit der Spannung identisch $[\varphi] = \mathrm{V}$.

Ist das Potenzial für alle Punkte bekannt, so lässt sich daraus die Spannung zwischen zwei beliebigen Punkten X und Y wieder berechnen:

$$U_{XY} = U_{XM} + U_{MY} = U_{XM} + (-U_{YM})$$

$$U_{XY} = \varphi(X) - \varphi(Y) \tag{15.26}$$

Die Spannung ist die Differenz zweier Potenzialwerte (Potenzialdifferenz).

Der Zusammenhang zwischen Potenzial und Spannung lässt sich folgendermaßen veranschaulichen: Stellt man sich die Spannung zwischen zwei Punkten als **Differenz** ihrer Höhen vor, so ist das Potenzial die **absolute** Höhe der Punkte bezüglich eines fest vereinbarten Bezugspunktes M.

Eine zweite Deutung des Potenzials erhält man, wenn man die vom Feld verrichtete Arbeit mit seiner Hilfe ausdrückt:

$$W_{XY} = qU_{XY} = q\varphi(X) - q\varphi(Y) \tag{15.27}$$

Ein Vergleich mit der Definition von konservativen Kräften (Gl. (6.31)) zeigt, dass die elektrische Kraft eine **konservative Kraft** ist, und die zu ihr gehörende **potenzielle Energie** W_{pot} gegeben ist durch:

$$W_{\text{pot}}(X) = q \cdot \varphi(X) \tag{15.28}$$

$$\varphi(X) = \frac{W_{\text{pot}}(X)}{q} \tag{15.29}$$

Das Potenzial ist die auf die Ladungseinheit bezogene potenzielle Energie.

Da elektrische Kräfte (im stationären elektrischen Feld) konservativ sind, gilt für Teilchen, die sich unter der alleinigen Wirkung dieser Kräfte bewegen, der Energiesatz: **Die Summe aus potenzieller und kinetischer Energie bleibt erhalten.**

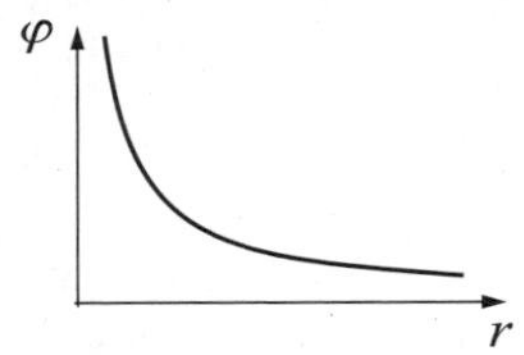

Abb. 15.13 Potenzialverlauf einer positiven Punktladung bei $r = 0$

Im radialsymmetrischen Feld einer punktförmigen Quellladung Q wählt man als festen Bezugspunkt für das Potenzial einen unendlich weit von der Quelle entfernten Punkt. Für das Potenzial ergibt sich dann mit Gl. (15.25) und (15.19):

$$\varphi(r) = \frac{Q}{4\pi\varepsilon_0}\frac{1}{r} \tag{15.30}$$

Äquipotenzialflächen

Verbindet man in einem elektrischen Feld die Punkte gleichen Potenzials, so erhält man die so genannten **Äquipotenzialflächen**. Sie erscheinen in der zweidimensionalen Darstellung als Linien. Zusammen mit den Feldlinien gestatten sie eine besonders anschauliche Darstellung elektrischer Felder.

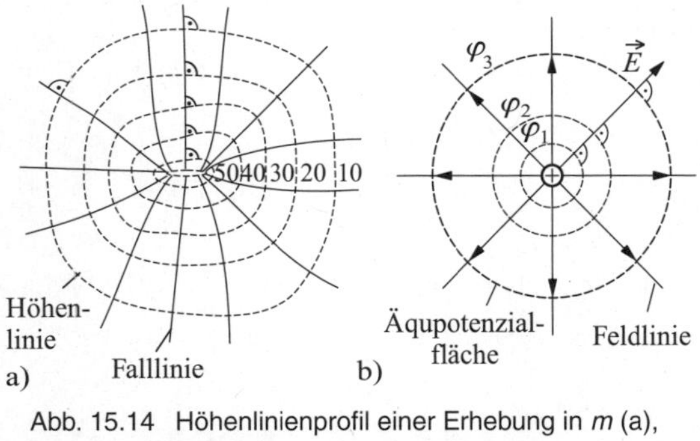

Abb. 15.14 Höhenlinienprofil einer Erhebung in m (a), Feldlinienbild einer Punktladung (b)

Bewegt sich eine Ladung auf einer Äquipotenzialfläche, so verrichtet das Feld an ihr keine Arbeit. Dies liegt daran, dass die Potenzialdifferenz und damit die Spannung zwischen allen Punkten derselben Äquipotenzialfläche null ist.

Aus dem Verschwinden der Spannung $U = \int \vec{E} \cdot \mathrm{d}\vec{s}$ folgt außerdem, dass das Skalarprodukt ($\vec{E} \cdot \mathrm{d}\vec{s}$) für jedes Wegstück $\mathrm{d}\vec{s}$ auf einer Äquipotenzialfläche null sein muss: **Elektrische Feldlinien verlaufen senkrecht zu den Äquipotenzialflächen.**

Wird das Feldlinienbild einer Ladungsverteilung durch Einzeichnen von Äquipotenziallinien mit gleicher Potenzialdifferenz $\Delta\varphi$ zwischen benachbarten Linien ergänzt, so erkennt man aus dem so modifizierten Feldlinienbild mühelos Positionen großer und kleiner Feldstärken: **Je kleiner der Abstand Δs zwischen benachbarten Äquipotenziallinien ist, desto größer ist die elektrische Feldstärke.**

Um diese Aussage zu beweisen, berechnen wir zunächst die Potenzialdifferenz $\Delta\varphi$ zwischen benachbarten Äquipotenziallinien entlang einer Feldlinie. Sehen wir die Feldstärke auf diesem Weg näherungsweise als konstant an, so ergibt sich:

$$\Delta\varphi = U = E\Delta s \tag{15.31}$$

Für die (mittlere) Feldstärke zwischen den Äquipotenziallinien ergibt sich daraus

$$E = \frac{\Delta\varphi}{\Delta s} \tag{15.32}$$

und bei konstanter Potenzialdifferenz $\Delta\varphi$

$$E \sim \frac{1}{\Delta s} \qquad (\Delta\varphi = \text{const.}) \tag{15.33}$$

Ein anschaulicher Vergleich ergibt sich mit Wanderkarten. Stellt man sich den Wert des elektrischen Potenzials an einem Punkt (wie im vorangehenden Abschnitt) als ein Maß für seine **absolute** Höhe (über Meeresspiegel) vor, dann entsprechen die Äquipotenzialflächen bzw. Äquipotenziallinien des elektrischen Feldes den Höhenlinien einer Wanderkarte, die (senkrecht zu den Äquipotenziallinien verlaufenden) Feldlinien den Falllinien und die Feldstärke nach Gl. (15.32) dem Gefälle.

Auch für das Höhenlinienbild einer Wanderkarte gilt: Je dichter die Höhenlinien verlaufen, desto steiler ist der Hang.

Elektrische Feldstärke als Gradient des Potenzials

Ist das Vektorfeld der elektrischen Feldstärke $\vec{E}$ bekannt, so lässt sich das zugehörige Potenzial φ mit Gl. (15.25) errechnen. Im Folgenden wird gezeigt, wie man umgekehrt die elektrischen Feldvektoren $\vec{E}$ aus der skalaren **Potenzialfunktion** $\varphi(\vec{r})$ errechnen kann.

Dazu betrachten wir die Änderung des Potenzials $\mathrm{d}\varphi$, die man misst, wenn man im Raum um eine kleine Verschiebung $\mathrm{d}\vec{s}$ weiter rückt.

$$\mathrm{d}\varphi = \varphi(\vec{r} + \mathrm{d}\vec{s}) - \varphi(\vec{r}) \tag{15.34}$$

Dieselbe Änderung $\mathrm{d}\varphi$ erhält man, wenn man gemäß Abb. 15.15 nacheinander um $\mathrm{d}x$, $\mathrm{d}y$ und $\mathrm{d}z$ weiter rückt.

$$\mathrm{d}\varphi = \frac{\partial\varphi}{\partial x}\mathrm{d}x + \frac{\partial\varphi}{\partial y}\mathrm{d}y + \frac{\partial\varphi}{\partial z}\mathrm{d}z \tag{15.35}$$

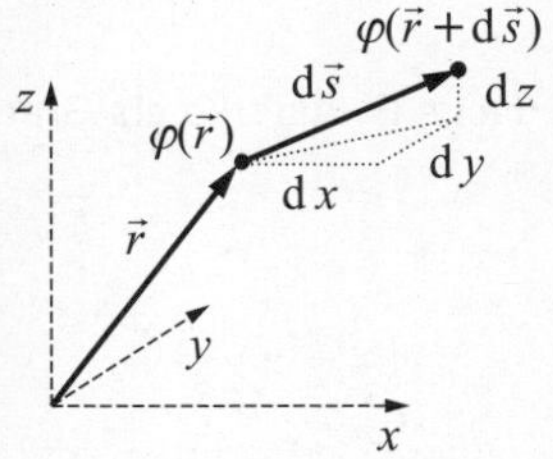

Abb. 15.15 Zur Berechnung der Potenzialdifferenz

Der Term auf der rechten Seite entspricht einem Skalarprodukt zweier Vektoren, wobei die Koordinaten des ersten Vektors die (partiellen) Ableitungen der Funktion φ nach den drei Raumrichtungen sind. Dieser Vektor kann an jeder Stelle einer beliebigen skalaren Funktion gebildet werden und heißt **Gradientenvektor**:

$$\operatorname{grad}\varphi = \vec{\nabla}\varphi = \frac{\partial\varphi}{\partial x}\vec{e}_x + \frac{\partial\varphi}{\partial y}\vec{e}_y + \frac{\partial\varphi}{\partial z}\vec{e}_z \tag{15.36}$$

Damit erhält Gl. (15.35) die Form

$$\mathrm{d}\varphi = \vec{\nabla}\varphi \cdot \mathrm{d}\vec{s} = \operatorname{grad}\varphi \cdot \mathrm{d}\vec{s} \tag{15.37}$$

Eine andere Formel für die Änderung des Potenzials $\mathrm{d}\varphi$ ergibt sich aus der Definitionsgleichung (15.25)

$$\varphi(A) = \int_A^M \vec{E} \cdot \mathrm{d}\vec{s} = -\int_M^A \vec{E} \cdot \mathrm{d}\vec{s} \tag{15.38}$$

Beachtet man, dass das Integral der Grenzwert einer Summe ist (vgl. Gl. (15.12) und (15.13)) und die Änderung $\mathrm{d}\varphi$ einem Summanden entspricht, so erhält man:

$$\mathrm{d}\varphi = -\vec{E} \cdot \mathrm{d}\vec{s} \tag{15.39}$$

Der Vergleich der beiden letzten Gleichungen für $\mathrm{d}\varphi$ ergibt das Endergebnis:

$$\vec{E} = -\operatorname{grad}\varphi = -\vec{\nabla}\varphi \tag{15.40}$$

Die elektrische Feldstärke $\vec{E}$ ist der negative Gradient der skalaren Potenzialfunktion $\varphi(\vec{r})$.

Diese Aussage lässt sich mit einem ähnlichen Beweis auf **beliebige konservative Kraftfelder** verallgemeinern:

$$\vec{F} = -\operatorname{grad} W_{\text{pot}} = -\vec{\nabla} W_{\text{pot}} \tag{15.41}$$

Die Kraft $\vec{F}$ ist der negative Gradient der zugehörigen potenziellen Energie W_{pot}.

Die **allgemeinen Eigenschaften des Gradientenvektors** lassen sich an Gl. (15.37) ablesen:

$$\mathrm{d}\varphi = \vec{\nabla}\varphi \cdot \mathrm{d}\vec{s} = |\vec{\nabla}\varphi| \cdot |\mathrm{d}\vec{s}| \cdot \cos\alpha \tag{15.42}$$

Die Potenzialänderung $\mathrm{d}\varphi$ wird maximal, wenn $\mathrm{d}\vec{s}$ in Richtung des Gradienten $\vec{\nabla}\varphi$ gewählt wird ($\alpha = 0$):

Der Gradient gibt die Richtung des stärksten Anstiegs des Potenzials an.

Bei Fortschreiten in dieser Richtung gilt mit $|\mathrm{d}\vec{s}| = \mathrm{d}s$

$$|\vec{\nabla}\varphi| = \frac{\mathrm{d}\varphi}{\mathrm{d}s} \tag{15.43}$$

Der Betrag des Gradienten gibt die in seiner Richtung vorliegende Steigung der Potenzialfunktion an.

Speziell für die elektrische Feldstärke wurden diese Eigenschaften bereits im vorangehenden Abschnitt gezeigt.

Beispiel 15.1

Elektrische Feldstärke als Gradient der Potenzialfunktion einer Punktladung

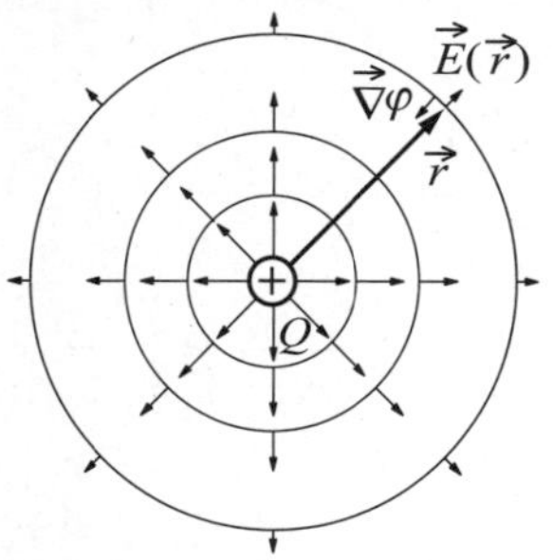

Abb. 15.16 Elektrische Feldstärke und Gradient des elektrischen Potenzials einer Punktladung

Gegeben ist eine Punktladung Q im Vakuum mit dem Potenzial

$$\varphi(r) = \frac{Q}{4\pi\varepsilon_0}\frac{1}{r}$$

Es soll die elektrische Feldstärke dieser Punktladung unter Verwendung der Beziehung $\vec{E} = -\vec{\nabla}\varphi$ hergeleitet werden.

Lösung:

In kartesischer Darstellung gilt für den Betrag des Radiusvektors

$$r = \sqrt{x^2 + y^2 + z^2} \tag{1}$$

und für die Potenzialfunktion

$$\varphi(x,y,z) = \frac{Q}{4\pi\epsilon_0}\frac{1}{\sqrt{x^2+y^2+z^2}} \tag{2}$$

Zur Bestimmung des Gradienten der Potenzialfunktion betrachten wir zuerst einmal die x-Ableitung von $1/r$:

$$\frac{\partial}{\partial x}\left(\frac{1}{r}\right) = \frac{\partial}{\partial x}\left(\frac{1}{\sqrt{x^2+y^2+z^2}}\right) = \frac{\partial}{\partial x}(x^2+y^2+z^2)^{-1/2} = -\frac{1}{2}(x^2+y^2+z^2)^{-3/2}2x = -\frac{x}{r^3} \tag{3}$$

Analog gilt:

$$\frac{\partial}{\partial y}\left(\frac{1}{r}\right) = -\frac{y}{r^3} \quad \text{und} \quad \frac{\partial}{\partial z}\left(\frac{1}{r}\right) = -\frac{z}{r^3} \tag{4}$$

Für den Gradienten von $1/r$ ergibt sich mit diesen Zwischenergebnissen:

$$\vec{\nabla}\frac{1}{r} = \frac{\partial}{\partial x}\left(\frac{1}{r}\right)\cdot\vec{e}_x + \frac{\partial}{\partial y}\left(\frac{1}{r}\right)\cdot\vec{e}_y + \frac{\partial}{\partial z}\left(\frac{1}{r}\right)\cdot\vec{e}_z = -\frac{x}{r^3}\cdot\vec{e}_x - \frac{y}{r^3}\cdot\vec{e}_y - \frac{z}{r^3}\cdot\vec{e}_z = -\frac{\vec{r}}{r^3} \tag{5}$$

Mithilfe dieser Ableitung folgt für die Feldstärke der Punktladung Q:

$$\vec{E}(r) = -\vec{\nabla}\varphi = -\frac{Q}{4\pi\varepsilon_0}\vec{\nabla}\frac{1}{r} = \frac{Q}{4\pi\varepsilon_0}\frac{\vec{r}}{r^3} = \frac{Q}{4\pi\varepsilon_0}\frac{1}{r^2}\vec{e}_r \tag{6}$$

Beispiel 15.1 ▲

15.4 Ladungsverteilung

Wie erwähnt, kann man sich jede Ladungsverteilung aus Punktladungen zusammengesetzt vorstellen. Da die genaue Position der einzelnen Punktladungen in makroskopischen Körpern nicht feststellbar ist, wird zur Berechnung eine mittlere Ladungsverteilung herangezogen. Wir unterscheiden hierbei zwischen der **Raumladungsdichte** ρ, der **Flächenladungsdichte** σ und der **Linienladungsdichte** λ.

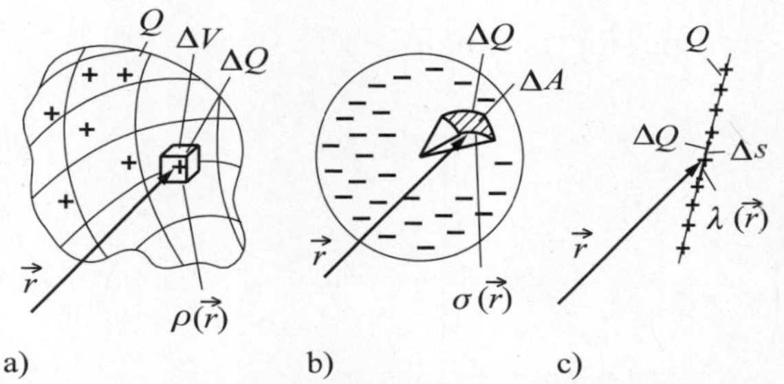

Abb. 15.17 Raumladungsdichte (a), Flächenladungsdichte (b), Linienladungsdichte (c)

Raumladungsdichte

Die **Raumladungsdichte** ist der Quotient aus der Teilladung ΔQ eines Teilvolumens und des Teilvolumens ΔV

$$\rho = \frac{\mathrm{d}Q}{\mathrm{d}V} \approx \frac{\Delta Q}{\Delta V}\,; \qquad [\rho] = \frac{\mathrm{A}\cdot\mathrm{s}}{\mathrm{m}^3} \tag{15.44}$$

Die Raumladungsdichte wird zur Beschreibung der Ladungsverteilung in Körpern, wie Isolatoren oder Halbleitern benötigt, sie ist aber auch in Elektrolyten und Plasmen von Bedeutung.

Flächenladungsdichte

Die überschüssigen Ladungsträger gleichen Vorzeichens eines Leiters stoßen sich gegenseitig ab. Sie streben möglichst weit auseinander und wandern an die Begrenzungsflächen. Die Bewegung der Ladungsträger hört erst auf, wenn die elektrische Feldstärke (und damit auch die Kraft auf die Ladungsträger) im Innern des Leiters null geworden ist und an der Oberfläche keine Komponente mehr parallel zur Oberfläche hat. Im stromlosen, d. h. statischen Endzustand verschwindet die elektrische Feldstärke daher im Innern eines Leiters und steht auf seinen Oberflächen senkrecht.

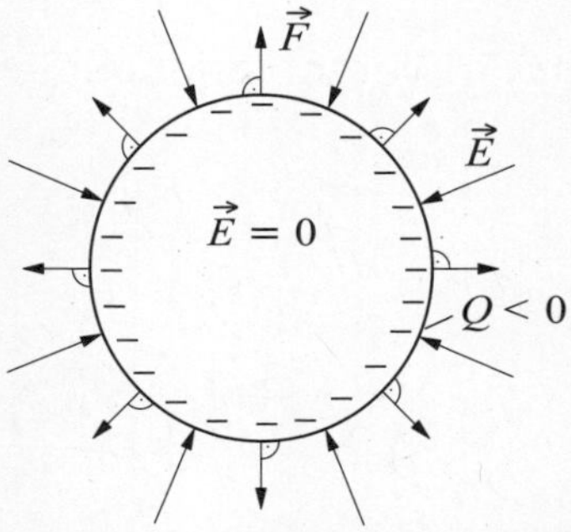

Abb. 15.18 Ladungsverteilung auf einer Metallkugel

Da die überschüssigen Ladungsträger eines Leiters sich in diesem Ruhezustand stets auf der Oberfläche befinden, ist es sinnvoll, eine **Flächenladungsdichte** einzuführen.

$$\sigma = \frac{\mathrm{d}Q}{\mathrm{d}A} \approx \frac{\Delta Q}{\Delta A}\,; \qquad [\rho] = \frac{\mathrm{A}\cdot\mathrm{s}}{\mathrm{m}^2} \tag{15.45}$$

Die Flächenladungsdichte ist der Quotient aus der Teilladung ΔQ einer Teilfläche und der Teilfläche ΔA.

Linienladungsdichte

Bei einem drahtförmigen Leiter mit kleinem Querschnitt kann man die Verteilung der überschüssigen Ladungsträger durch die **Linienladungsdichte** λ beschreiben.

$$\lambda = \frac{dQ}{ds} \approx \frac{\Delta Q}{\Delta s}\,; \qquad [\rho] = \frac{A \cdot s}{m} \tag{15.46}$$

Die Linienladungsdichte ist der Quotient aus der Teilladung ΔQ einer Teilstrecke und der Teilstrecke Δs.

Superpositionsprinzip

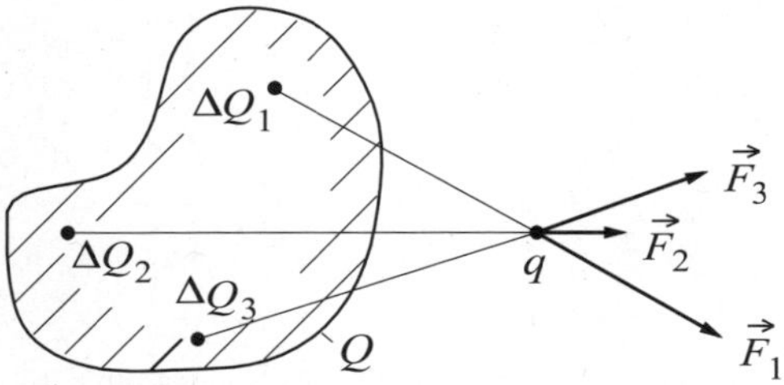

Abb. 15.19 Kraftwirkung einer Ladung Q als Ansammlung von Punktladungen ΔQ_i auf die Probeladung q

Jede Ladungsverteilung setzt sich aus N Punktladungen ΔQ_i zusammen. Die Kraft $\vec{F}$, die eine Ladungsverteilung auf eine Probeladung q ausübt, setzt sich daher auch aus Teilkräften $\vec{F}_i$ zusammen, die von den einzelnen Quellladungen ΔQ_i auf die Probeladung q wirken.

$$\vec{F} = \sum_{i=1}^{N} \vec{F}_i = \sum_{i=1}^{N} q\vec{E}_i \tag{15.47}$$

Dabei ist $\vec{E}_i$ die Feldstärke, die von der Quellladung ΔQ_i alleine am Ort der Probeladung erzeugt wird.

Für die Gesamtfeldstärke an dieser Stelle gilt:

$$\vec{E} = \frac{\vec{F}}{q} = \sum_{i=1}^{N} \vec{E}_i \tag{15.48}$$

Diese Gleichung drückt die wichtige Aussage des **Superpositionsprinzips** aus, d. h., **die Gesamtfeldstärke lässt sich als die ungestörte additive Überlagerung von Einzelfeldstärken angeben**.

15.5 Verschiebungsdichte und Verschiebungsfluss

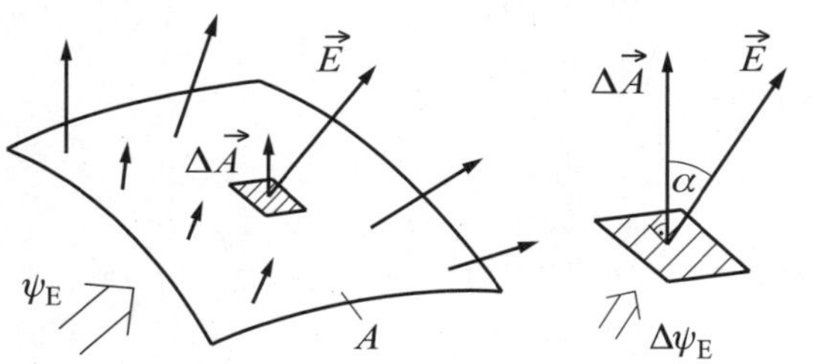

Abb. 15.20 „Fluss“ des elektrischen Feldes durch eine Fläche A

Für eine beliebige Fläche A, die von einem elektrischen Feld durchsetzt wird, definiert man den elektrischen Fluss ψ_E. Er ist anschaulich ein Maß dafür, „wie viel Feld durch die Fläche strömt“. Für ein kleines Flächenstück ΔA mit annähernd konstanter Feldstärke gilt

$$\Delta\psi_E = \vec{E} \cdot \Delta\vec{A} = E\,\Delta A\,\cos\alpha \tag{15.49}$$

Der die Fläche beschreibende **Flächenvektor** $\Delta\vec{A}$ steht immer senkrecht auf der Flächenaußenseite und hat als Betrag die Größe der Fläche ΔA. Seine Richtung wird auch „Richtung der Fläche“

genannt. Der Fluss ψ_E durch die gesamte Fläche ist die Summe über alle diese Teilflüsse. Im Grenzfall sehr vieler, sehr kleiner Teiflächen ΔA geht diese Summe in ein „Flächenintegral" über:

Elektrischer Fluss

$$\psi_E = \int_A \vec{E} \cdot d\vec{A} \tag{15.50}$$

Wir wollen nun den Elektrischen Fluss durch eine **geschlossene Fläche** bestimmen, die eine punktförmige Quellladung Q_p umschließt. Zu diesem Zweck müssen wir das Oberflächenintegral $\oint_O \vec{E} \cdot d\vec{A}$ auswerten.

Um die Auswertung möglichst einfach zu gestalten, wählen wir als Oberfläche eine Kugeloberfläche mit der Punktladung Q_p im Zentrum. Da die Richtung des Flächenvektors $d\vec{A}$ an jeder Stelle der Oberfläche parallel zur Feldstärke ist, können wir schreiben

$$\psi_E = \oint_O \vec{E} \cdot d\vec{A} = \oint_O E \cdot dA \tag{15.51}$$

Durch die spezielle Wahl der Oberfläche bleibt der Abstand r von der Punktladung und somit auch die elektrische Feldstärke $E(r)$ konstant. Für die obige Gleichung ergibt sich somit

$$\psi_E = E(r) \oint_O dA = \frac{Q_p}{4\pi\varepsilon_0} \frac{1}{r^2} \oint_O dA = \frac{Q_p}{\varepsilon_0} \tag{15.52}$$

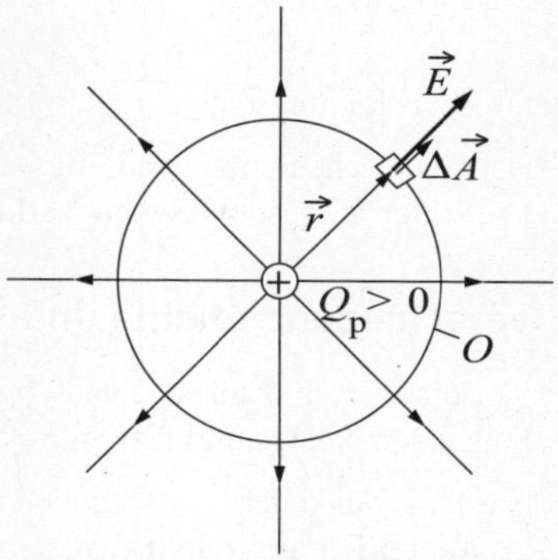

Abb. 15.21 Kugeloberfläche um eine Punktladung Q_p

Bis auf den Faktor $1/\varepsilon_0$ ist der elektrische Fluss ψ_E identisch mit der eingeschlossenen Punktladung. Um diesen Faktor loszuwerden, definiert man die dielektrische Verschiebungsdichte $\vec{D}$, kurz Verschiebungsdichte genannt, die bis auf die Konstante ε_0 mit der elektrischen Feldstärke $\vec{E}$ gleichbedeutend ist.

Verschiebungsdichte

$$\vec{D} = \varepsilon_0 \cdot \vec{E}; \qquad [D] = \frac{A \cdot s}{m^2} \tag{15.53}$$

(Diese Definition gilt nur für Felder im Vakuum; sie wird im Abschnitt 15.8 auf den Fall verallgemeinert, dass sich isolierende Materialien im Feld befinden.)

Das mit der Verschiebungsdichte analog zu Gl. (15.50) gebildete Flächenintegral über eine beliebige Fläche A heißt dielektrischer Verschiebungsfluss oder kurz Verschiebungsfluss ψ.

Verschiebungsfluss

$$\psi = \int_A \vec{D} \cdot d\vec{A} \tag{15.54}$$

Für den Verschiebungsfluss durch die Kugeloberfläche um Q_p ergibt sich dann

$$\oint_O \vec{D} \cdot d\vec{A} = Q_p \tag{15.55}$$

Gauß'scher Satz der Elektrostatik

Die Aussage in Gl. (15.55) soll nun verallgemeinert werden. Dazu betrachten wir eine beliebig geformte, geschlossene Fläche O, die eine beliebig verteilte Ladung Q einschließt. Da jede Ladungsverteilung aus Punktladungen zusammengesetzt ist,

$$Q = \sum_{i=1}^{N} Q_{p,i} \tag{15.56}$$

setzt sich auch die Verschiebungsdichte $\vec{D}$ gemäß dem Superpositionsprinzip aus den Verschiebungsdichten $\vec{D}_i$ zusammen, die von den einzelnen Punktladungen $Q_{\mathrm{p},i}$ erzeugt werden. Für den Verschiebungsfluss durch die geschlossene Fläche O ergibt sich daher:

$$\oint_O \vec{D} \cdot \mathrm{d}\vec{A} = \oint_O (\sum_{i=1}^{N} \vec{D}_i) \cdot \mathrm{d}\vec{A} = \sum_{i=1}^{N} \oint_O \vec{D}_i \cdot \mathrm{d}\vec{A} = \sum_{i=1}^{N} Q_{\mathrm{p},i} = Q \tag{15.57}$$

Das vorletzte Gleichheitszeichen beruht auf der hier nicht bewiesenen Tatsache, dass Gl. (15.55) auch dann gilt, wenn die Integrationsfläche statt einer Kugel eine beliebige geschlossene Fläche ist.

Wir sind damit zum fundamentalen **Gauß'schen Satz der Elektrostatik** gelangt:

$$\oint_O \vec{D} \cdot \mathrm{d}\vec{A} = Q = \int_V \rho \mathrm{d}V \tag{15.58}$$

mit ρ als Ladungsdichte.

Der Gauß'sche Satz sagt aus, dass **der Verschiebungsfluss durch die Oberfläche eines Volumens V mit der eingeschlossenen Ladung identisch ist**.

Verschiebungsdichte und elektrische Feldstärke im Plattenkondensator

Um die Verschiebungsdichte sowie den Verschiebungsfluss besser zu verstehen, wollen wir im Folgenden den Gauß'schen Satz zur Berechnung von D und E beim Plattenkondensator anwenden.

Ausgangspunkt der Überlegungen ist eine positiv geladene dünne Metallplatte, die wir uns zunächst als **unendlich ausgedehnt** vorstellen. Eine solche Platte ändert ihr Aussehen nicht, wenn man sie parallel zu ihrer Oberfläche verschiebt oder an einer beliebigen, senkrecht zu ihrer Oberfläche stehenden Ebene spiegelt. Dieselbe Eigenschaft muss daher auch das mit dieser Platte zusammenhängende elektrische Feld bzw. die Verschiebungsdichte haben. Die Vektoren der Verschiebungsdichte $\vec{D}$ sind daher in allen Punkten mit festem Abstand a zur Plattenoberfläche gleich groß und überall senkrecht zur Plattenoberfläche gerichtet.

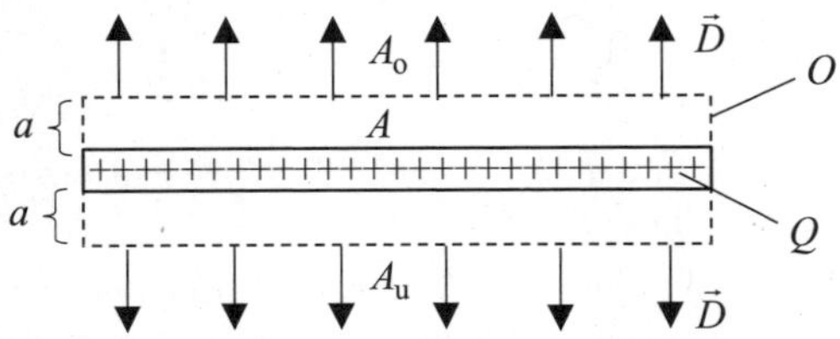

Abb. 15.22 Verschiebungsdichte einer ausgedehnten dünnen Metallplatte

Experimente zeigen nun, dass diese Eigenschaften der Verschiebungsdichtevektoren auch für **endlich** ausgedehnte Platten gelten außer in großem Abstand von der Platte und in ihrem Randbereich. Vernachlässigt man Feldverzerrungen am Plattenrand, so erhält man die in nebenstehender Abbildung skizzierte Situation.

Zur Berechnung des Verschiebungsflusses ψ wählen wir eine Oberfläche O, die parallel zur Metallplattenfläche verläuft und die Platte mit der Ladung Q einschließt. Wenden wir den Gauß'schen Satz an, so ergibt sich der Ausdruck:

$$Q = \oint_O \vec{D} \cdot \mathrm{d}\vec{A} = D \cdot A_\mathrm{o} + D \cdot A_\mathrm{u} = D \cdot 2A \tag{15.59}$$

Vorausgesetzt wurde bei der Berechnung, dass die Verschiebungsdichte D unterhalb und oberhalb der Platte bei gleichem Abstand zur Platte gleich groß ist; dies ergibt sich jedoch aus der Symmetrie der Anordnung. Aus der obigen Gleichung folgt für die **Verschiebungsdichte in der Umgebung einer geladenen Platte**:

$$D = \frac{Q}{2A} \tag{15.60}$$

Bemerkenswert an diesem Ergebnis ist, dass der Abstand a des Messortes von der geladenen Platte darin nicht vorkommt; die Verschiebungsdichte D nimmt also mit zunehmender Entfernung von den Quellladungen auf der Platte **nicht** ab. Dies gilt allerdings nur, solange die Feldlinien parallel verlaufen und damit nur bei nicht zu großer Entfernung von der Platte.

Positionieren wir nun parallel zu der erwähnten Metallplatte eine weitere, identische Platte mit entgegengesetzter Ladung, so ergibt sich der in der folgenden Abbildung dargestellte Feldverlauf, wobei im Teilbild *a* die Vektoren gestrichelt sind, die von der negativen Ladung herrühren.

Im Außenbereich der Platten heben sich die Verschiebungsdichten auf und im Innenbereich addieren sie sich. Für die Verschiebungsdichte im Innenraum des Kondensators ergibt sich daher die Beziehung

$$D = \frac{Q}{A} = \sigma \tag{15.61}$$

Die Verschiebungsdichte D im Plattenkondensator ist mit der Flächenladungsdichte σ auf der positiven Platte des Kondensators identisch.

Die Verschiebungsdichte und somit auch die elektrische Feldstärke E

$$E = \frac{Q}{\varepsilon_0 A} \tag{15.62}$$

ist im Inneren des Plattenkondensators homogen, d. h. in Richtung und Betrag (räumlich) konstant.

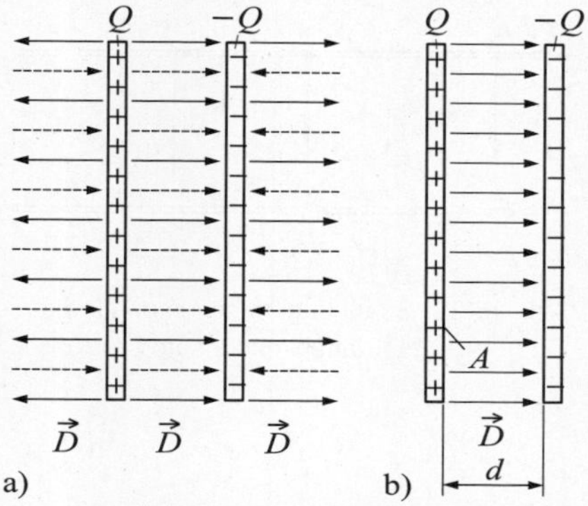

Abb. 15.23 Verschiebungsdichte eines Plattenkondensators
Getrennte Verschiebungsdichten (a), überlagerte Verschiebungsdichte (b)

Die Beziehung in Gl. (15.61) gilt, wie jetzt gezeigt werden soll, nicht nur für den speziellen Fall des Plattenkondensators. In der nebenstehenden Abbildung ist ein Schnitt durch einen beliebig geformten, leitenden Körper dargestellt, der eine (hier positiv angenommene) Überschussladung Q trägt. Wie im Abschnitt „Flächenladungsdichte" besprochen, befinden sich bei einem Leiter im stromlosen Gleichgewichtszustand alle Ladungen an seiner Oberfäche; die Verschiebungsdichte verschwindet überall im Innern und steht senkrecht auf der Oberfläche. Die ebenfalls im Schnitt dargestellte geschlossene Fläche O muss man sich wie eine Schachtel vorstellen, deren Deckel ΔA auf der Oberfläche des Leiters aufliegt und deren Boden und Seitenflächen im Innern des Leiters verlaufen. Sie schließt die Teilladung ΔQ ein. Zum Verschiebungsfluss ψ durch die „Schachteloberfläche" liefert nur der Deckel einen Beitrag, da an den anderen Flächen $D = 0$ gilt. Der Gauß'sche Satz ergibt somit:

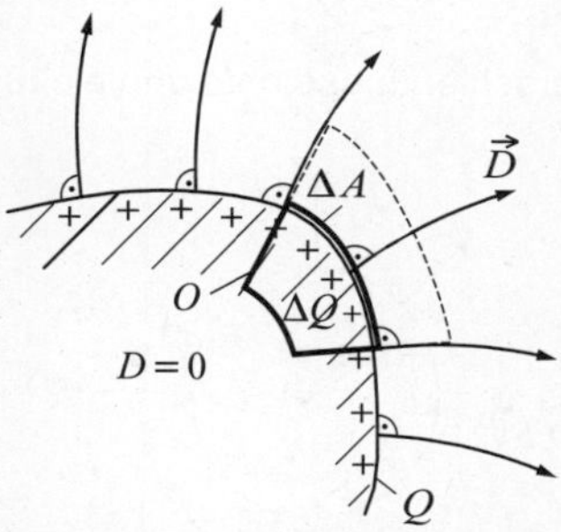

Abb. 15.24 Verschiebungdichte und Flächenladungsdichte an einer beliebig geformten Leiteroberfläche

$$\Delta Q = \psi = D \cdot \Delta A \tag{15.63}$$

Das letzte Gleichheitszeichen gilt im Grenzfall kleiner Flächen ΔA, weil dann D innerhalb der Fläche als konstant angenommen werden kann. Man erhält somit für **beliebige Leiteroberflächen im stromlosen Gleichgewichtszustand**:

$$D = \frac{|\Delta Q|}{\Delta A} = |\sigma| \tag{15.64}$$

Die Betragszeichen wurden eingefügt, damit die Gleichung auch für negative Flächenladungsdichten gültig bleibt.

Im Gegensatz zum Plattenkondensator gilt diese Beziehung im allgemeinen Fall aber nur für die Veschiebungsdichte **direkt an der Leiteroberfläche**; dehnt man die „Schachtel" nämlich in den Außenraum aus (gestrichelte Fläche in der Abbildung), so muss man ihre Seitenflächen an den Feldlinien entlanglaufen lassen, damit sie weiterhin keinen Beitrag zur Veschiebungsdichte liefern. Bei auseinander laufenden Feldlinien wird dann die Deckelfläche ΔA größer und damit D kleiner.

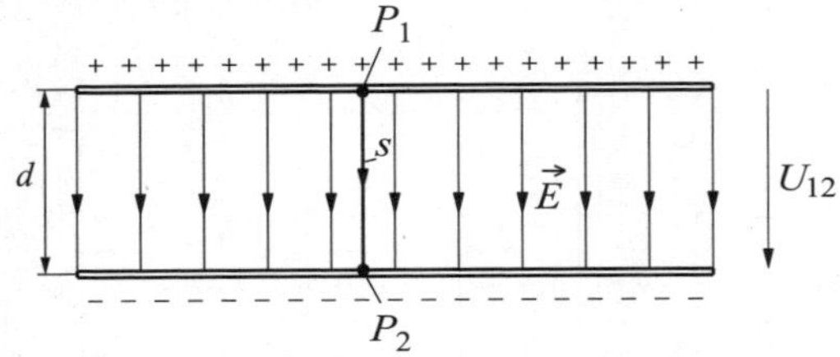

Abb. 15.25 Spannung zwischen den Platten eines Plattenkondensators

Wir wollen uns nun wieder dem Plattenkondensator zuwenden.

Wir hatten festgestellt, dass im Innenbereich des Plattenkondensators die elektrische Feldstärke räumlich konstant ist. Für die Spannung zwischen den Kondensatorplatten ergibt sich demzufolge

$$U = U_{12} = \int_{P_1}^{P_2} \vec{E} \cdot d\vec{s} = \int_{P_1}^{P_2} E \cdot ds$$

$$= E \int_{P_1}^{P_2} ds = E \cdot d \qquad d\text{: Plattenabstand} \qquad (15.65)$$

Bei vorgegebener Kondensatorspannung folgt für die elektrische Feldstärke E

$$E = \frac{U}{d} \qquad (15.66)$$

Beispiel 15.2

Verschiebungsdichte und elektrische Feldstärke einer leitenden Kugel

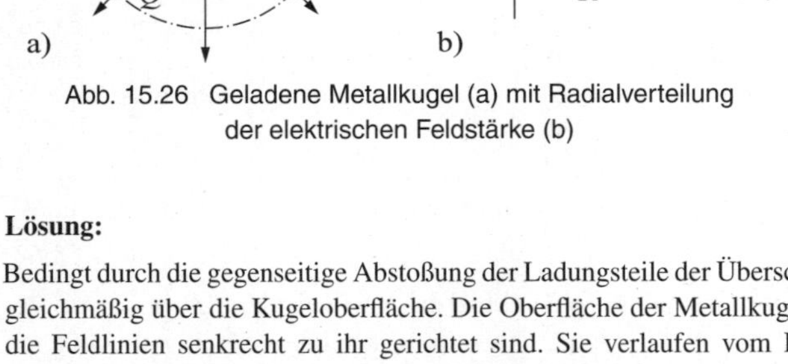

Abb. 15.26 Geladene Metallkugel (a) mit Radialverteilung der elektrischen Feldstärke (b)

Gegeben ist eine im Vakuum befindliche Metallkugel mit dem Radius R und der positiven Ladung Q. Mithilfe des Gauß'schen Satzes sollen die Verschiebungsdichte und die elektrische Feldstärke ermittelt werden.

Lösung:

Bedingt durch die gegenseitige Abstoßung der Ladungsteile der Überschussladung, verteilt sich die Ladung Q gleichmäßig über die Kugeloberfläche. Die Oberfläche der Metallkugel ist eine Äquipotenzialfläche, sodass die Feldlinien senkrecht zu ihr gerichtet sind. Sie verlaufen vom Kugelzentrum aus radial nach außen. Da man es hier mit einem radialsymmetrischen Feld zu tun hat, ist die Verschiebungsdichte D (und die Feldstärke E) auf konzentrisch um den Metallkugelmittelpunkt liegenden Kugelflächen konstant. Wendet man den Gauß'schen Satz auf eine solche Kugelfläche O_1 mit dem Radius $r \geqq R$ an, die also die Ladung Q einschließt, so ergibt sich

$$Q = \oint_{O_1} \vec{D}(\vec{r}) d\vec{A} = \oint_{O_1} D(r) dA = D(r) \oint_{O_1} dA = D(r) \cdot 4\pi r^2 \qquad (1)$$

Aus der obigen Gleichung folgt für den Betrag der Verschiebungsdichte

$$D(r) = \frac{Q}{4\pi r^2} \qquad (r \geqq R) \tag{2}$$

und unter Beachtung der Radialsymmetrie des elektrischen Feldes für den zugehörigen Vektor

$$\vec{D}(\vec{r}) = \frac{Q}{4\pi r^2}\vec{e}_r = \frac{Q}{4\pi}\frac{\vec{r}}{r^3} \qquad (r \geqq R) \tag{3}$$

Mit $\vec{D} = \varepsilon_0 \vec{E}$ folgt für die elektrische Feldstärke

$$\vec{E}(\vec{r}) = \frac{Q}{4\pi\varepsilon_0}\frac{1}{r^2}\vec{e}_r = \frac{Q}{4\pi\varepsilon_0}\frac{\vec{r}}{r^3} \qquad (r \geqq R) \tag{4}$$

Für den Bereich $r < R$ ergibt sich nach Anwendung des Gauß'schen Satzes

$$Q = 0 = \oint_{O_2} \vec{D}(r)\mathrm{d}\vec{A} = D(r) \cdot 4\pi r^2 \tag{5}$$

da die Integrationsfläche O_2 keine Ladung einschließt, und somit

$$\vec{D} = \vec{E} = 0 \qquad (r < R) \tag{6}$$

Die Radialverteilung der elektrischen Feldstärke ist in der obigen Abbildung dargestellt.

Beispiel 15.2 ▲

Beispiel 15.3 ▼

Verschiebungsdichte und elektrische Feldstärke einer Koaxialleitung

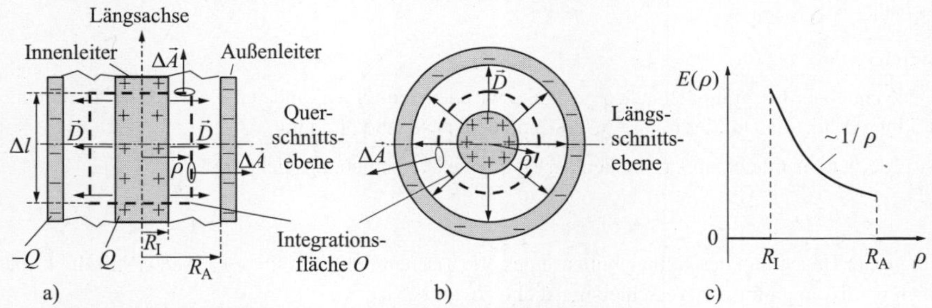

Abb. 15.27 Koaxialleitung mit Feldverlauf und Integrationsflächen:
Längsschnitt (a), Querschnitt (b) sowie Radialabhängigkeit der elektrischen Feldstärke (c)

Eine Koaxialleitung besteht aus einem metallischen Innenleiter mit dem Radius R_I und einem metallischen, rohrförmigen Außenleiter mit dem inneren Radius R_A. Zwischen beiden konzentrischen Leitern ist Vakuum. Auf dem Innenleiter befindet sich eine positive Ladung Q und auf dem Außenleiter die entgegengesetzte Ladung $-Q$.

Für die Koaxialleitung sollen die Verschiebungsdichte und die elektrische Feldstärke im stromlosen Gleichgewichtszustand ermittelt werden.

Lösung:

Wir wenden zunächst Symmetrieargumente an, um erste Aussagen über das elektrische Feld bzw. die Verschiebungsdichte zu erhalten: Eine **unendlich lange** Koaxialleitung ändert ihr Aussehen nicht, wenn man sie längs ihrer Achse verschiebt oder sie an einer beliebigen, senkrecht zur Längsachse verlaufenden Querschnittsebene spiegelt. Dasselbe muss für die Ladungsverteilung in der Koaxialleitung und für die damit verbundene Verschiebungsdichte $\vec{D}$ gelten. In Abb. 15.27a darf also z. B. ein auf der eingezeichneten Querschnittsebene gemessener $\vec{D}$ Vektor nicht schräg aus dieser herausstehen, da er sich dann beim Spiegeln ändern würde. Die Verschiebungsdichtevektoren liegen daher, wie skizziert, in den Querschnittsebenen und ihre Ortsabhängigkeit innerhalb dieser Ebenen muss in jeder Querschnittsebene gleich sein. Bei Koaxialleitungen **mit endlicher Länge** gibt es an den Enden Feldverzerrungen, die hier vernachlässigt werden. Betrachtet man eine Querschnittsebene (s. Abb. 15.27b), so erkennt man, dass sich das Aussehen der

Koaxialleitung auch dann nicht ändert, wenn man sie um ihre Längsachse dreht oder an einer, in der Abbildung als Durchmesser erscheinenden Längsschnittsebene spiegelt. Die Verschiebungsdichtevektoren müssen daher in radialer Richtung verlaufen (bei den hier gewählten Vorzeichen der Ladung nach außen) und in allen Punkten mit gleichem Abstand ρ zur Längsachse gleich groß sein.

Ein Feld mit diesen Eigenschaften nennt man **axialsymmetrisch**.

Wir wenden nun den Gauß'schen Satz zur Berechnung der elektrischen Felder an. Als Integrationsfläche wählen wir die in der Abbildung gestrichelt eingezeichnete Zylinderoberfläche O mit der Länge Δl und dem Radius ρ. Sie besteht aus einer Mantelfläche A_M und zwei Deckelflächen A_1 und A_2, die den Zylindermantel oben und unten abschließen. Die von O eingeschlossene Teilladung sei ΔQ.

Der Verschiebungsfluss durch die Deckelflächen verschwindet, da die Verschiebungsdichte senkrecht auf ihren Flächenvektoren steht:

$$\int_{A_1} \vec{D}(\vec{\rho}) \cdot \mathrm{d}\vec{A} = \int_{A_2} \vec{D}(\vec{\rho}) \cdot \mathrm{d}\vec{A} = 0 \tag{1}$$

Daher gilt:

$$\Delta Q = \oint_O \vec{D}(\vec{\rho}) \cdot \mathrm{d}\vec{A} = \int_{A_\mathrm{M}} \vec{D}(\vec{\rho}) \cdot \mathrm{d}\vec{A}$$

$$= \int_{A_\mathrm{M}} D(\rho) \cdot \mathrm{d}A = D(\rho) \int_{A_\mathrm{M}} \mathrm{d}A = D(\rho) \cdot 2\pi\rho \cdot \Delta l \tag{2}$$

Bei der Integration über die Mantelfläche wurde ausgenutzt, dass die Verschiebungsdichtevektoren $\vec{D}$ dort parallel zu den Flächenvektoren $\mathrm{d}\vec{A}$ verlaufen und der Betrag der Verschiebungsdichte auf der Mantelfläche konstant ist.

Bereich: $R_\mathrm{I} \leqq \rho \leqq R_\mathrm{A}$

Der Mantel der Integrationsfläche O verläuft zwischen dem Innen- und dem Außenleiter. Die eingeschlossene Ladung ΔQ ist die auf der Länge Δl des Innenleiters sitzende Ladung.

Aus der letzten Gleichung ergibt sich der Betrag der Verschiebungsdichte D zu

$$D(\rho) = \frac{\Delta Q/\Delta l}{2\pi} \frac{1}{\rho} \tag{3}$$

und unter Beachtung der Axialsymmetrie des elektrischen Feldes sowie $\lambda = \Delta Q/\Delta l$ für die Linienladungsdichte erhält man für den Verschiebungsdichtevektor

$$\vec{D}(\vec{\rho}) = \frac{\Delta Q/\Delta l}{2\pi} \cdot \frac{1}{\rho}\vec{e}_\rho = \frac{\lambda}{2\pi} \cdot \frac{1}{\rho}\vec{e}_\rho \tag{4}$$

Mit $\vec{D} = \varepsilon_0 \cdot \vec{E}$ folgt für die elektrische Feldstärke $\vec{E}$:

$$\vec{E}(\vec{\rho}) = \frac{\Delta Q/\Delta l}{2\pi\varepsilon_0} \cdot \frac{1}{\rho}\vec{e}_\rho = \frac{\lambda}{2\pi\varepsilon_0} \cdot \frac{1}{\rho}\vec{e}_\rho \tag{5}$$

Bereich: $\rho < R_\mathrm{I}$

Im Innern eines Leiters muss das elektrische Feld im stromlosen Gleichgewichtszustand überall verschwinden, da andernfalls wegen der Beweglichkeit der Ladungsträger noch Strom fließen würde.

$$\vec{D} = \vec{E} = 0 \tag{6}$$

Da die Integrationsfläche für $\rho < R_\mathrm{I}$ vollständig im feldfreien Innern des Innenleiters verläuft, verschwindet auch der Verschiebungsfluss. Der Gauß'sche Satz liefert daher:

$$\Delta Q = \oint_O \vec{D}(\vec{\rho}) \cdot \mathrm{d}\vec{A} = 0 \tag{7}$$

Im Innern eines Leiters kann sich im Gleichgewichtszustand keine Überschussladung befinden; die gesamte Ladung sitzt auf der Leiteroberfläche.

Bereich: $\rho > R_\mathrm{A}$

Wählt man für den Radius der Integrationsfläche $\rho > R_\mathrm{A}$, so umfasst sie sowohl die Ladung des Innenleiters als auch die gleich große, negative Ladung des Außenleiters; für die eingeschlossene Ladung gilt $\Delta Q = 0$.

Der Gauß'sche Satz ergibt daher:

$$\Delta Q = 0 = \oint_O \vec{D} \cdot d\vec{A} = D(\rho) \cdot 2\pi\rho \cdot \Delta l \tag{8}$$

Analog zum Innern des Innenleiters gilt für die Feldgrößen D und E des elektrischen Feldes auch im Außenbereich der Koaxialleitung

$$\vec{D} = \vec{E} = 0 \tag{9}$$

Elektrische Felder sind, wie in der obigen Abbildung dargestellt, nur im Leiterzwischenraum vorhanden.

Beispiel 15.3 ▲

15.6 Influenz

Bei den bisherigen Betrachtungen wurde stets angenommen, dass die Überschussladung auf den Körpern dadurch entstand, dass sie von außen aufgebracht wurde. Es gibt jedoch eine weitere Möglichkeit, Überschussladungen zu bewirken. Bringt man einen Leiter in ein elektrisches Feld, so wirken auf die frei beweglichen Ladungsträger des Leiters Kräfte. Unter dem Einfluss dieser Kräfte bewegen sich die negativen Ladungsträger entgegen und die positiven Ladungsträger in Richtung der angreifenden elektrischen Feldstärke. In dem vorher neutralen Leiter tritt eine Ladungstrennung auf.

Die durch ein äußeres elektrisches Feld in elektrischen Leitern hervorgerufene Ladungstrennung nennt man Influenz, die zu lokalen Überschussladungen führt.

Wir wollen nun die **Influenzwirkung** des elektrischen Feldes untersuchen, d. h., wir wollen die Influenzladung ΔQ_i bestimmen, die von einer gegebenen elektrischen Feldstärke $\vec{E}$ erzeugt wird. Dazu betrachten wir eine ungeladene Metallplatte, die, wie in Abb. 15.28 gezeigt, in das Feld eines Plattenkondensators gebracht wurde.

Das auch im Innern der Metallplatte wirksame Kondensatorfeld hat zur Ladungstrennung geführt. Die so entstandenen Influenzladungen erzeugen nun selbst ein Feld, das dem Kondensatorfeld entgegen gerichtet ist und sich diesem im Innern der Metallplatte überlagert. Die Ladungsträgerbewegung hört erst auf, wenn das resultierende Feld im Innern der Metallplatte überall null geworden ist und die beweglichen Ladungsträger im Metall daher keine Kraft mehr spüren. Wie im vorangehenden Abschnitt gezeigt, sitzt in diesem Endzustand die gesamte Überschussladung auf den Oberflächen der Metallplatte.

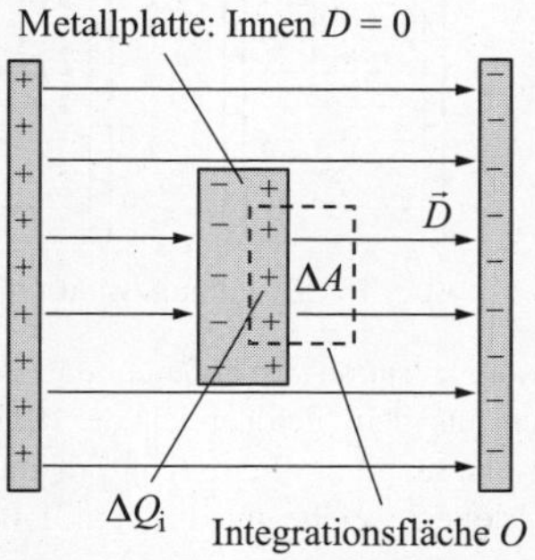

Abb. 15.28 Influenzwirkung bei einer Metallplatte im Feld eines Plattenkondensators

Wir umfassen den auf der Teilfläche ΔA sitzenden Teil ΔQ_i der Influenzladung mit der in der Abbildung im Schnitt gestrichelt dargestellten Fläche O und wenden auf diese den Gauß'schen Satz an:

$$\Delta Q_i = \oint_O \vec{D} \cdot d\vec{A} = D \cdot \Delta A \tag{15.67}$$

Bei der Auswertung des Integrals wurde berücksichtigt, dass nur die außen, parallel zur Metallplatte verlaufende Teilfläche ΔA von O einen Beitrag zum Verschiebungsfluss liefert, da die Verschiebungsdichte auf den anderen Teilflächen entweder verschwindet oder senkrecht zum Flächenvektor steht. Für die influenzierte Ladung ergibt sich

$$\frac{|\Delta Q_i|}{\Delta A} = |\sigma_i| = D \tag{15.68}$$

Die Betragsstriche wurden ergänzt, damit die Gleichung auch für negative Influenzladung gültig bleibt.

Die Verschiebungsdichte ist genauso groß wie die von ihr influenzierte (durch Verschieben erzeugte) Oberflächenladungsdichte. Daher der Name!

Ein Vergleich mit der Gleichung (15.64) zeigt:

Der Zusammenhang zwischen der Oberflächenladungsdichte und der Verschiebungsdichte an Leiteroberflächen

$$|\sigma| = D \tag{15.69}$$

gilt unabhängig davon, ob wir die Ladung als Quelle der Verschiebungsdichte auffassen oder als von dieser influenziert!

Beispiel 15.4

Influenz im Plattenkondensator

In das Feld eines Plattenkondensators werden zwei kleine, ungeladene und sich berührende Metallplatten gebracht. Durch die influenzierende Wirkung des äußeren Feldes tritt eine Ladungstrennung in den Platten auf. Diese Ladungstrennung geht so lange weiter, solange im Innern der Platten noch ein elektrisches Feld und damit eine verschiebende Kraft auf die Ladungsträger vorhanden ist. Im Endzustand verschwindet also das Feld im Platteninnern; das äußere Feld wird durch das Feld der influenzierten Ladung kompensiert. Dies kann experimentell nachgeprüft werden, wenn man die Metallplatten auseinander schiebt:

Im Zwischenraum zwischen den kleinen Platten ist keine elektrische Feldstärke mehr festzustellen.

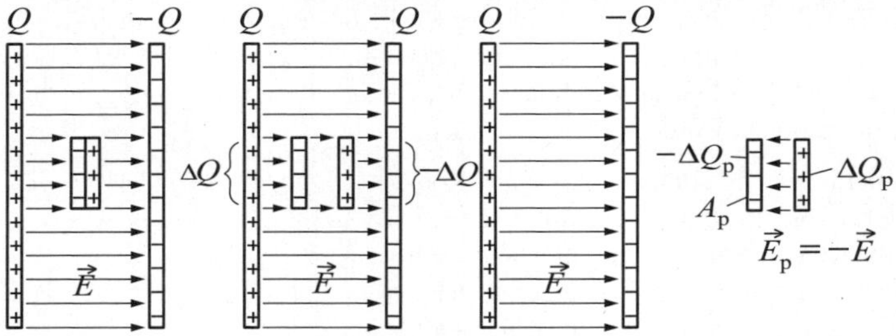

Abb. 15.29 Influenzwirkung bei zwei Metallplatten im Feld eines Plattenkondensators

Die Kompensation von äußerem und influenziertem Feld wird nach der Herausnahme der beiden getrennten Platten aus dem Feldbereich des Kondensators besonders deutlich. Das Kondensatorfeld weist wieder seine ursprüngliche Verteilung auf und zwischen den herausgezogenen Metallplatten ist eine Feldstärke festzustellen, welche gerade den negativen Wert der Kondensatorfeldstärke aufweist.

Beispiel 15.4

15.7 Kapazität

Kondensator und Kapazität

Wir wollen zwei gegeneinander isolierte Leiter betrachten, zwischen denen ein elektrisches Feld herrscht.

Jede solche Anordnung wird als **Kondensator** bezeichnet. Da die Kondensatoren von großer technischer Bedeutung sind, existieren hierfür die vielfältigsten Bauweisen. In Abbildung 15.30 sind zwei Kondensatortypen dargestellt. Wie wir bereits beim Plattenkondensator festgestellt hatten, befindet sich auf einem Leiter die positive Ladung Q und auf dem anderen die negative Ladung $-Q$. Sämtliche Feldlinien im Kondensator haben ihren Ursprung bei der positiven und ihr Ende bei der negativen Ladung. Aus dem elektrischen Feld resultiert eine Spannung zwischen den Platten.

Die Kondensatoren dienen als Speichermedium für die elektrische Ladung Q. Je mehr Ladung sie speichern, desto stärker wird das elektrische Feld und damit die Spannung zwischen ihren Platten.

Das Aufnahmevermögen des Kondensators für elektrische Ladungen pro Spannungseinheit wird als Kapazität bezeichnet.

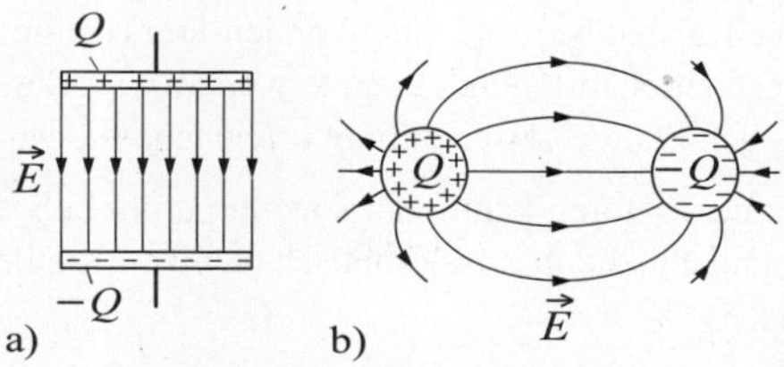

Abb. 15.30 Plattenkondensator (a) und Kugelkondensator (b)

Kapazität

$$C = \frac{Q}{U}; \qquad [C] = \frac{\mathrm{A \cdot s}}{\mathrm{V}} = \mathrm{F\ (Farad)} \qquad (15.70)$$

Technisch realisierbare Kapazitätswerte liegen im Bereich von 1 pF = 10^{-12} F bis 1 mF = 10^{-3} F. Es gibt aber auch Kondensatoren für Spezialanwendungen bis zu 10 F.

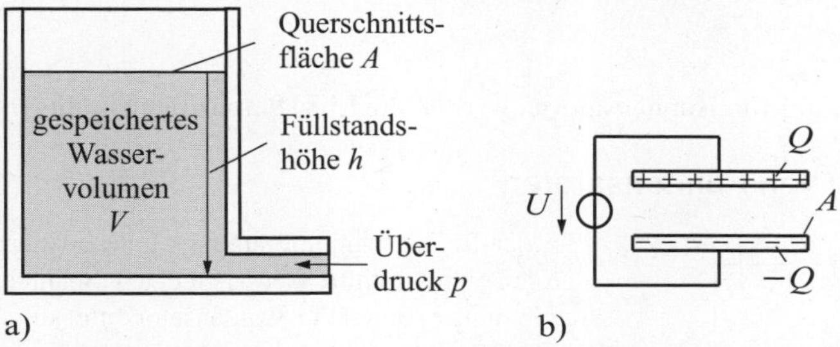

Abb. 15.31 Vergleich zwischen prismatischem Wasserspeicher (a) und Plattenkondensator (b)

Um die am Kondensator gültigen Beziehungen zu veranschaulichen, betrachten wir den in der nebenstehenden Abbildung skizzierten, prismatischen Wasserbehälter. Bei gegebenem Überdruck p in der Zuleitung wird der Wasserspiegel so lange ansteigen, bis der Schweredruck am Boden $p_S = \varrho g \cdot h$ gleich dem Überdruck in der Zuleitung ist. Die Füllstandshöhe h und damit das gespeicherte Wasservolumen V ist also dem Überdruck in der Zuleitung proportional – in Analogie zur Proportionalität $Q = CU$ zwischen der im Kondensator gespeicherten Ladung Q (gespeichertes Wasservolumen) und der Spannung U am Kondensator (Überdruck in der Zuleitung). Die analoge Größe zur Kapazität ist in diesem Modell das pro Überdruckeinheit speicherbare Wasservolumen. Diese „Modellkapazität" ist offensichtlich proportional zur Querschnittsfläche A des Wasserbehälters, genau wie die Kapazität eines Plattenkondensators, die, wie unten gezeigt wird, proportional zur Plattenfläche ist.

Kapazität eines Plattenkondensators im Vakuum

Im Folgenden wollen wir uns etwas ausführlicher mit der Kapazität eines Plattenkondensators beschäftigen.

Bei der Einführung der Verschiebungsdichte hatten wir für den Plattenkondensator im Vakuum sowohl den Zusammenhang zwischen Ladung und elektrischer Feldstärke (Gl. (15.62)) als auch zwischen Spannung und elektrischer Feldstärke (Gl. (15.66)) abgeleitet. Für die Kapazität eines Plattenkondensators im Vakuum ergibt sich somit

$$C = \frac{Q}{U} = \frac{\varepsilon_0 A}{d} \qquad (15.71)$$

Die Kapazität eines Plattenkondensators ist umso größer, je größer die Plattenfläche A und je kleiner der Plattenabstand d ist. Eine weitere Vergrößerung kann man durch Einbringen geeigneter Stoffe in den Plattenzwischenraum erreichen, wie wir weiter unten sehen werden.

Kondensatoren kann man sowohl parallel als auch in Reihe schalten. Die physikalischen Zusammenhänge beim Zusammenschalten von Kondensatoren wollen wir nun untersuchen.

Parallelschaltung von Kondensatoren

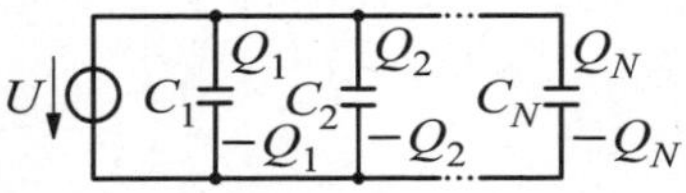

Abb. 15.32 Parallelschaltung von Kondensatoren

Bei der Parallelschaltung stellt sich an allen Kondensatoren die gleiche Spannung U ein. Die gespeicherte Ladung der parallel geschalteten Kondensatoren ergibt sich zu

$$\begin{aligned} Q &= Q_1 + Q_2 + \ldots + Q_N \\ &= C_1 \cdot U + C_2 \cdot U + \ldots + C_N \cdot U \\ &= C \cdot U \end{aligned} \tag{15.72}$$

mit der Gesamtkapazität

$$C = C_1 + C_2 + \ldots + C_N \tag{15.73}$$

Durch Parallelschaltung von Kondensatoren werden die Einzelkapazitäten addiert.

Reihenschaltung von Kondensatoren

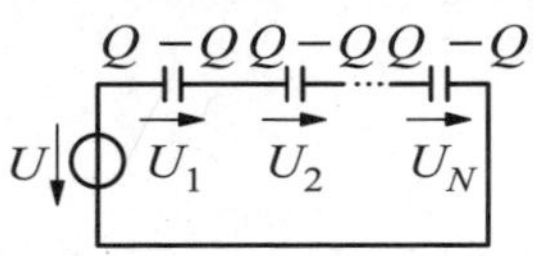

Abb. 15.33 Reihenschaltung von Kondensatoren

Bei der Reihenschaltung anfangs ungeladener Kondensatoren wird mithilfe der angelegten Spannungsquelle die Ladung Q durch die Kondensatorkette „durchgeschoben". Jeder Kondensator enthält die gleiche Ladung Q. Für die Gesamtspannung gilt mit $U_i = Q/C_i$ der Zusammenhang:

$$\begin{aligned} U &= U_1 + U_2 + \ldots + U_N \\ &= \frac{Q}{C_1} + \frac{Q}{C_2} + \ldots + \frac{Q}{C_N} = \frac{Q}{C} \end{aligned} \tag{15.74}$$

mit dem Kehrwert der Gesamtkapazität

$$\frac{1}{C} = \frac{1}{C_1} + \frac{1}{C_2} + \ldots + \frac{1}{C_N} \tag{15.75}$$

Bei der Reihenschaltung von Kondensatoren ist der Kehrwert der Gesamtkapazität die Summe der Kehrwerte der Einzelkapazitäten.

Werden zwei Kondensatoren in Reihe geschaltet, ergibt sich durch Umformung die einfache Formel

$$C = \frac{C_1 \cdot C_2}{C_1 + C_2} \tag{15.76}$$

Anwendungen von Kondensatoren

Kondensatoren spielen in der Elektrotechnik eine sehr wichtige Rolle.

- In der Schaltungstechnik werden sie z. B. zum Aufbau von Schwingkreisen und Filtern, zur Spannungsglättung und zur Signalkopplung zwischen verschiedenen Schaltungsteilen eingesetzt.
- In der Hochspannungstechnik bedient man sich Kondensatoren in spezieller Bauform zur Erzeugung von Hochspannungen.

- Leitungskapazitäten, wie z. B. die Kapazität einer Doppel- oder Koaxialleitung, sind in der Nachrichtentechnik von großer Bedeutung.
- In der Messtechnik dienen die Kondensatoren unter anderem als Sensoren zur Erfassung von Längen und Winkeln. Dies kann sowohl durch Veränderung des Plattenabstandes bzw. des Plattenwinkels, der Plattenfläche als auch des Mediums im Plattenbereich geschehen. Veränderungen dieser Parameter führen zu Kapazitätsveränderungen, welche über geeignete Schaltungen in ein elektrisches Messsignal umgeformt werden.

15.8 Dielektrikum im elektrischen Feld

Bisher haben wir elektrische Felder nur im leeren Raum (Vakuum) betrachtet. Die physikalischen Erscheinungen ändern sich jedoch stark, wenn wir Materialien in das elektrische Feld einbringen. Den Einfluss leitender Stoffe auf das Feld hatten wir bereits im Zusammenhang mit der Influenz besprochen. In diesem Abschnitt konzentrieren wir uns auf die Betrachtung des Einflusses von Isoliermaterialien auf das elektrische Feld und auf die Kapazität. Zur Verdeutlichung betrachten wir nun den folgenden Versuch:

Dielektrikum im Plattenkondensator

Ein im Vakuum befindlicher Plattenkondensator wird auf die Spannung $U_K = U_0$ aufgeladen und anschließend von der Spannungsquelle getrennt. Auf den Kondensatorplatten befindet sich nach der Aufladung die Ladung Q_0.

Bringen wir nun in den Plattenzwischenraum einen Isolierstoff, so beobachten wir ein Absinken der Kondensatorspannung U_K. Das bedeutet wegen $U = E \cdot d$:

Der Isolierstoff (Dielektrikum) hat zu einer Verkleinerung der elektrischen Feldstärke im Kondensatorraum geführt.

Der Grund dafür ist, dass das elektrische Feld des Plattenkondensators im Dielektrikum, wie weiter unten genauer ausgeführt wird, ein entgegengesetztes Feld $\vec{E}_{pol}$ aufgebaut hat, das zu einem verkleinerten resultierenden Feld führt. Man sagt: „Das Dielektrikum ist polarisiert worden."

Wird nun im nächsten Schritt der Kondensator wieder an die Spannungsquelle angeschlossen, so lädt er sich wieder auf die Spannung U_0 der Quelle auf. Die elektrische Feldstärke erreicht wieder ihren ursprünglichen Wert. Zum Aufbau dieser Feldstärke ist allerdings eine zusätzliche Ladung $\Delta Q = Q - Q_0$ erforderlich.

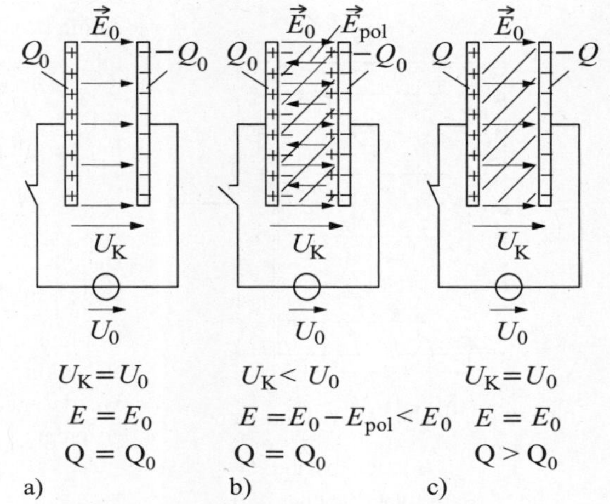

Abb. 15.34 Plattenkondensator: Aufladung ohne Dielektrikum (a), Dielektrikum im Plattenzwischenraum (b), Nachladung des Kondensators (c)

Die Kapazität des Kondensators hat sich durch das Einbringen eines Dielektrikums erhöht.

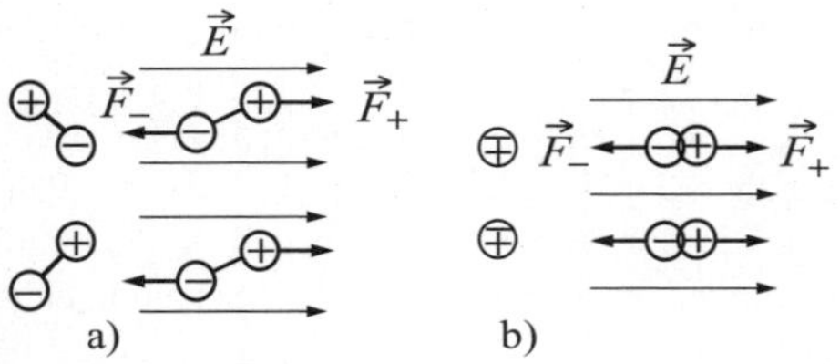

Abb. 15.35 Polarisation im elektrischen Feld: Orientierungspolarisation (a), Verschiebungspolarisation (b)

Betrachten wir nun dieses Phänomen genauer.

Im Innern eines Isolators gibt es zwar keine frei beweglichen Ladungsträger, aber es gibt entweder so genannte polare Moleküle (z. B. Wasser), die von einem äußeren Feld ausgerichtet werden können (**Orientierungspolarisation**), oder das äußere elektrische Feld macht aus zuvor neutralen Molekülen (z. B. Luft) durch Verschieben der Ladungsverteilungen (Elektronenhüllen) Dipole und richtet sie aus (**Verschiebungspolarisation**). In beiden Fällen führt die Polarisation zur Ladungstrennung.

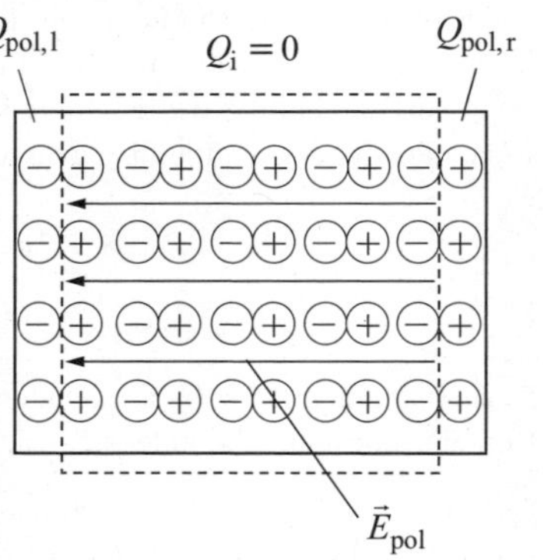

Abb. 15.36 Polarisation eines Dielektrikums

Diese Ladungstrennung führt, wie in der nebenstehenden Abbildung angedeutet ist, im Innern des Dielektrikums zu keiner Überschussladung; auf seiner Oberfläche bilden sich aber die Polarisationsladungen $Q_{\text{pol,l}}$ und $Q_{\text{pol,r}} = -Q_{\text{pol,l}}$, die zusammen das Polarisationsfeld $\vec{E}_{\text{pol}}$ erzeugen.

Im Gegensatz zu einem Leiter im elektrischen Feld wächst das Polarisationsfeld nicht so weit an, bis das resultierende Feld null ist. Vielmehr stellt sich ein Gleichgewicht ein, bei dem das resultierende Feld gerade so groß ist, dass es die Ladungstrennung gegen die rücktreibenden Kräfte in den Molekülen aufrecht erhalten kann.

Allgemeine Definition der Begriffe Verschiebungsdichte und Polarisation

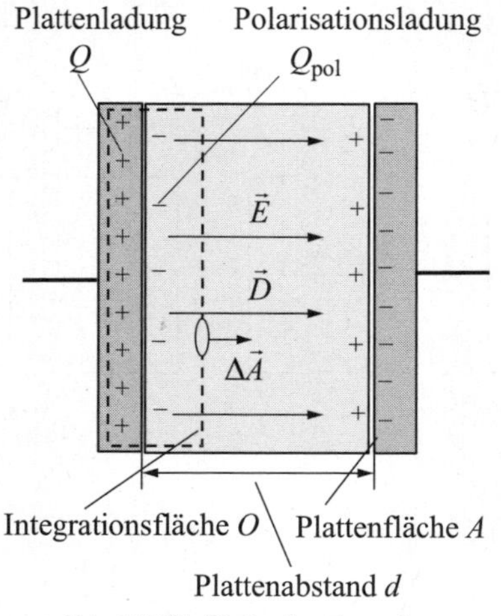

Abb. 15.37 Plattenkondensator mit Dielektrikum

Die in Gl. (15.53) für elektrische Felder **im Vakuum** definierte Verschiebungsdichte wird im Folgenden mit $\vec{D}_{\text{vak}}$ bezeichnet:

$$\vec{D}_{\text{vak}} = \varepsilon_0 \cdot \vec{E} \qquad (15.77)$$

Für sie gilt der Gauß'sche Satz:

$$\oint_O \vec{D}_{\text{vak}} \cdot \mathrm{d}\vec{A} = Q_{\text{ges}} \qquad (15.78)$$

Dabei ist Q_{ges} die gesamte von der Fläche O eingeschlossene Ladung.

Die nebenstehende Abbildung zeigt einen mit Dielektrikum gefüllten, geladenen Plattenkondensator. Wendet man den Gauß'schen Satz auf die dort eingezeichnete Integrationsfläche O an, so erhält man:

$$\oint_O \vec{D}_{\text{vak}} \cdot \mathrm{d}\vec{A} = Q_{\text{ges}} = Q + Q_{\text{pol}} \qquad (15.79)$$

Diese Aussage lässt sich schlecht verwenden, da die Polarisationsladung Q_{pol} in der Regel nicht bekannt ist. Man definiert daher die Verschiebungsdichte für elektrische Felder in Dielektrika auf solche Weise neu, dass der mit der neuen Verschiebungsdichte $\vec{D}$ formulierte Gauß'sche Satz nur noch den Teil Q der eingeschlossenen Ladung liefert, der von außen aufgebracht wurde; die unbekannte Polarisationsladung Q_{pol} tritt nicht mehr in Erscheinung.

Zu diesem Zweck wird zunächst die **Polarisation** $\vec{P}$ eingeführt. Dieses Vektorfeld beschreibt die Verschiebung der Ladungen in den Molekülen des Dielektrikums und hat die Eigenschaft, dass das über eine beliebige geschlossene Fläche O ausgeführte Oberflächenintegral das Negative der eingeschlossenen Polarisationsladung ergibt:

$$\oint_O \vec{P} \cdot \mathrm{d}\vec{A} = -Q_{pol} \tag{15.80}$$

Mithilfe der Polarisation lässt sich nun die **Verschiebungsdichte $\vec{D}$ in Dielektrika** definieren:

$$\vec{D} = \varepsilon_0 \vec{E} + \vec{P} = \vec{D}_{vak} + \vec{P} \tag{15.81}$$

Im Vakuum ist die Polarisation null, sodass die allgemeine Definition in die für Vakuum übergeht.

Der **dielektrische Verschiebungsfluss** ψ durch eine beliebige Fläche A ist wie im Vakuum definiert:

$$\psi = \int_A \vec{D} \cdot \mathrm{d}\vec{A} \tag{15.82}$$

Berechnet man den Verschiebungsfluss durch eine geschlossene Oberfläche O, so erhält man den Gauß'schen Satz für elektrische Felder in Dielektrika. Mit den Bezeichnungen von Abb. 15.37 gilt:

$$\oint_O \vec{D} \cdot \mathrm{d}\vec{A} = \oint_O \vec{D}_{vak} \cdot \mathrm{d}\vec{A} + \oint_O \vec{P} \cdot \mathrm{d}\vec{A} = Q_{ges} - Q_{pol}$$

$$\oint_O \vec{D} \cdot \mathrm{d}\vec{A} = Q \tag{15.83}$$

Der Gauß'sche Satz liefert als eingeschlossene Ladung nur die von außen aufgebrachte Ladung; eventuell vorhandene Polarisationsladungen werden nicht erfasst.

Die Ladungsverschiebung in den Molekülen des Dielektrikums und damit die Polarisation ist eine Folge des herrschenden elektrischen Feldes $\vec{E}$. In vielen Dielektrika ist $\vec{P}$ proportional zu $\vec{E}$:

$$\vec{P} = \chi_e \cdot \varepsilon_0 \vec{E} \tag{15.84}$$

Die Materialkonstante χ_e heißt **elektrische Suszeptibilität** und gibt an, wie leicht sich die Ladungen im Dielektrikum verschieben lassen. Je größer die elektrische Suszeptibilität, desto leichter lässt sich das Material polarisieren.

Für solche Dielektrika besteht zwischen der Verschiebungsdichte $\vec{D}$ und der elektrischen Feldstärke $\vec{E}$ die wichtige Beziehung:

$$\vec{D} = \varepsilon_0 \vec{E} + \vec{P} = \varepsilon_0 \vec{E} + \chi_e \cdot \varepsilon_0 \vec{E} = (1 + \chi_e)\varepsilon_0 \vec{E}$$

$$\vec{D} = \varepsilon_r \varepsilon_0 \vec{E} = \varepsilon \vec{E} \qquad \text{mit} \qquad \varepsilon_r = (1 + \chi_e) \quad ; \quad \varepsilon = \varepsilon_r \varepsilon_0 \tag{15.85}$$

Sie geht im Vakuum, da dort $\varepsilon_r = 1$ gilt, in die Definition für $\vec{D}_{vak}$ über.

Die Größe ε_r wird **relative Dielektrizitätskonstante**, **Dielektrizitätszahl** oder **Permittivitätszahl** genannt und ε heißt **Dielektrizitätskonstante** oder **Permittivität**. Eine anschauliche Bedeutung von ε_r wird im nächsten Abschnitt gegeben.

In Tabelle 15.1 sind für einige wichtige Materialien die Dielektrizitätszahlen angegeben.

Tabelle 15.1 Dielektrizitätszahlen verschiedener Dielektrika

Werkstoff	ε_r
Luft	1,006
Trafoöl	2,5
Kondensatorpapier	4 bis 64
Porzellan	4,5 bis 6,5
Glimmer	4 bis 10
Glas	5 bis 74
Tantaloxid (Ta_2O_5)	27
Wasser, destilliert	81
Bariumtitanat	1000 bis 4000

Kapazität eines Plattenkondensators mit Dielektrikum

Abbildung 15.37 zeigt einen mit Dielektrikum gefüllten, geladenen Plattenkondensator. Von der eingezeichneten Integrationsfläche O liefert nur der Teil einen Beitrag zum Verschiebungsfluss, der im Dielektrikum parallel zu den Kondensatorplatten verläuft, da die Verschiebungsdichte $\vec{D}$ im Metall immer verschwindet und bei den Seitenflächen senkrecht auf dem Flächenvektor steht. (Randeffekte wie ein „Ausbeulen" der Feldlinien werden vernachlässigt.) Der Gauß'sche Satz liefert daher für die **elektrische Feldstärke im Plattenkondensator**:

$$Q = D \cdot A = \varepsilon_r \cdot \varepsilon_0 \cdot E \cdot A$$

$$E = \frac{1}{\varepsilon_r \cdot \varepsilon_0} \frac{Q}{A} = \frac{1}{\varepsilon_r \cdot \varepsilon_0} \cdot \sigma \qquad (15.86)$$

Für den leeren Kondensator ist $\varepsilon_r = 1$. **Die elektrische Feldstärke im Plattenkondensator sinkt also bei konstanter Plattenladung Q durch das Einbringen eines Dielektrikums um den Faktor ε_r.**

Mit $U = E \cdot d$ erhält man für die **Kapazität des Plattenkondensators**:

$$C = \frac{Q}{U} = \varepsilon_r \cdot \varepsilon_0 \cdot \frac{A}{d} \qquad (15.87)$$

Die Kapazität steigt also durch das Einbringen eines Dielektrikums um den Faktor ε_r.

$$\frac{C_{mit}}{C_{ohne}} = \varepsilon_r \qquad (15.88)$$

Diese Beziehung wird oft zur Bestimmung der Dielektrizitätszahl ε_r verwendet.

Beispiel 15.5

Kapazität eines Kugelkondensators mit konzentrischen Kugelelektroden

Ein Kugelkondensator besteht aus einer metallischen Hohlkugel mit dem Innenradius R_A, in der sich konzentrisch eine zweite Metallkugel mit dem Radius R_I befindet. Der Kugelzwischenraum ist mit einem Dielektrikum der Dielektrizitätskonstanten ε ausgefüllt. Dieser Kugelkondensator wird an eine Spannungsquelle mit der Spannung U angeschlossen.

a) Ermitteln Sie die Kapazität dieses Kugelkondensators.

b) Ermitteln Sie die Kapazität einer isolierten Metallkugel gegenüber der Umgebung.

c) Welche Ladung befindet sich auf einer isolierten Metallkugel mit dem Radius $R = 10$ cm, die gegenüber der Umgebung auf $U = 100$ V aufgeladen worden ist?
Als Dielektrizitätskonstante für die Umgebung wird der Einfachheit halber der Wert $\varepsilon = 20\,\text{pF/m}$ gewählt.

Lösung:

a) Die Ladung verteilt sich gleichmäßig auf den gegenüberliegenden Elektroden, sodass man von einer radialsymmetrischen Feldverteilung ausgehen kann (siehe Beispiel 15.2).

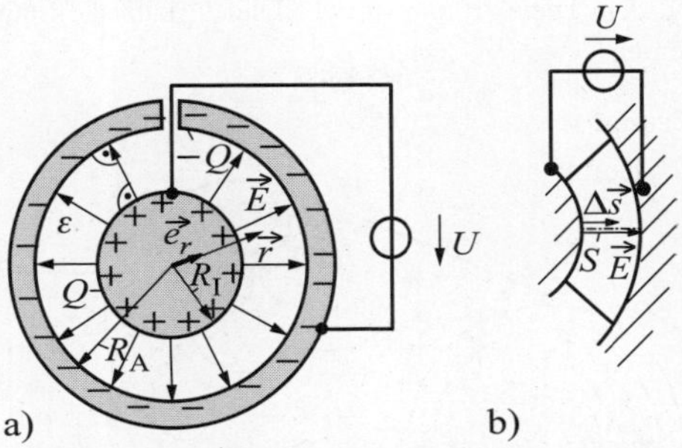

Abb. 15.38 Kugelkondensator mit konzentrischen Elektroden (a) und Integrationsweg S für die Spannungsberechnung (b)

Wendet man den Gauß'schen Satz auf eine im Kugelzwischenraum verlaufende Kugelfläche vom Radius r an, die die innere Kugel mit ihrer Ladung Q konzentrisch umschließt, so ergibt sich:

$$Q = \oint_O \vec{D}(\vec{r}) \cdot d\vec{A}$$

$$= \oint_O D(r) \cdot dA$$

$$= D(r) \oint_O dA$$

$$= D(r) 4\pi r^2 \qquad (1)$$

Hieraus folgt mit

$$\vec{D} = \varepsilon \vec{E} \qquad (2)$$

für die elektrische Feldstärke im Zwischenraum

$$\vec{E}(\vec{r}) = \frac{Q}{4\pi\varepsilon} \frac{\vec{e}_r}{r^2} \qquad (3)$$

Wählt man als Integrationsweg S eine Feldlinie zwischen den Elektroden (siehe obige Abbildung), so ergibt sich für die Spannung U zwischen den Elektroden

$$U = \int_S \vec{E} \cdot d\vec{s} = \int_{R_I}^{R_A} E(r) dr = \frac{Q}{4\pi\varepsilon} \int_{R_I}^{R_A} \frac{dr}{r^2} = \frac{Q}{4\pi\varepsilon} \left[-\frac{1}{r} \right]_{R_I}^{R_A}$$

$$= \frac{Q}{4\pi\varepsilon} \left[\frac{1}{R_I} - \frac{1}{R_A} \right] \qquad (4)$$

Für die gesuchte Kapazität bekommt man somit den Wert

$$C = \frac{Q}{U} = \frac{4\pi\varepsilon}{\frac{1}{R_I} - \frac{1}{R_A}} \qquad (5)$$

b) Divergiert der Innenradius R_A der äußeren Hohlkugelelektrode gegen unendlich, so ergibt sich aus (5) die Kapazität einer isolierten Kugel gegenüber der Umgebung zu

$$C = 4\pi\varepsilon R_I = 4\pi\varepsilon R \qquad (6)$$

c) Auf der beschriebenen Metallkugel befindet sich mit (6) die Ladung

$$Q = C \cdot U$$

$$= 4\pi\varepsilon \cdot R \cdot U$$

$$= 4\pi \cdot 20 \,\frac{\text{pC}}{\text{V} \cdot \text{m}} \cdot 0{,}1\text{ m} \cdot 100\text{ V}$$

$$= 2{,}513\text{ nC} \qquad (7)$$

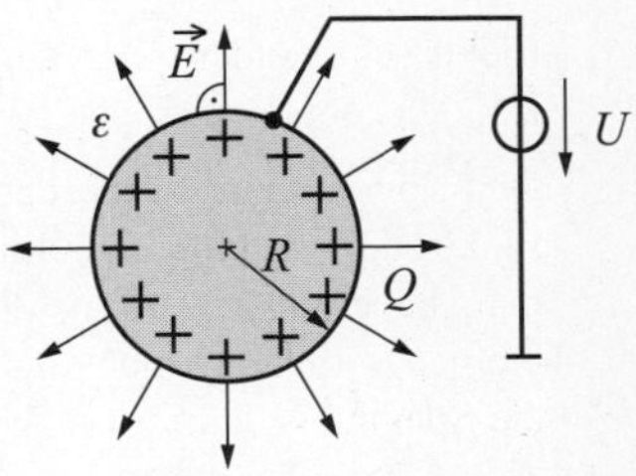

Abb. 15.39 Isolierte Kugel als Kondensator

Beispiel 15.5

Beispiel 15.6

Kapazität einer Koaxialleitung

Für die skizzierte Koaxialleitung mit dem Innenleiterradius R_I, dem Innenradius R_A des Außenleiterrohres und dem Dielektrikum mit der Dielektrizitätskonstanten ε soll die Kapazität pro Längeneinheit ermittelt werden.

Lösung:

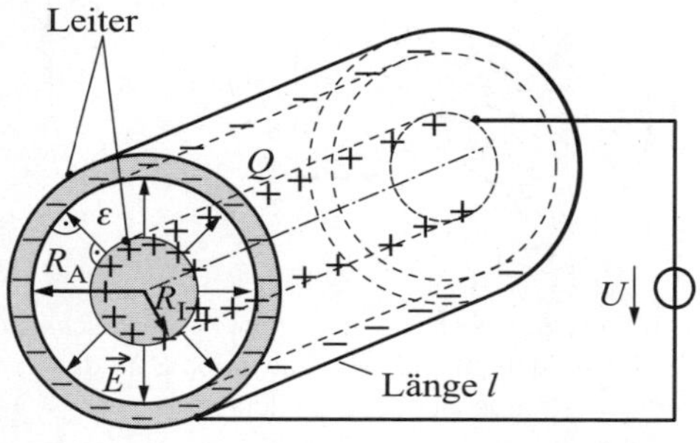

Abb. 15.40 Zur Kapazität einer Koaxialleitung

Nach Beispiel 15.3 beträgt die Verschiebungsdichte im Zwischenraum einer Koaxialleitung

$$\vec{D}(\vec{\rho}) = \frac{\lambda}{2\pi} \cdot \frac{1}{\rho}\vec{e}_\rho \tag{1}$$

mit dem Radius ρ und der Linienladungsdichte $\lambda = \Delta Q/\Delta l$. Für die elektrische Feldstärke im Dielektrikum gilt daher:

$$\vec{E}(\vec{\rho}) = \frac{\lambda}{2\pi\varepsilon} \cdot \frac{1}{\rho}\vec{e}_\rho \tag{2}$$

Die Spannung U ergibt sich durch das Linienintegral der elektrischen Feldstärke zwischen der Innen- und Außenelektrode entlang einer Feldlinie.

$$\begin{aligned} U &= \int_S \vec{E} \cdot \mathrm{d}\vec{s} = \int_{R_I}^{R_A} E(\rho)\,\mathrm{d}\rho \\ &= \frac{\lambda}{2\pi\varepsilon} \int_{R_I}^{R_A} \frac{\mathrm{d}\rho}{\rho} = \frac{\lambda}{2\pi\varepsilon} \ln \frac{R_A}{R_I} \end{aligned} \tag{3}$$

Für die Kapazität pro Längeneinheit C' erhält man daraus

$$C' = \frac{\Delta C}{\Delta l} = \frac{\Delta Q}{U}\frac{1}{\Delta l} = \frac{\lambda}{U} = \frac{2\pi \cdot \varepsilon}{\ln(R_A/R_I)} \tag{4}$$

Zahlenbeispiel:

Es ist die Kapazität einer Koaxialleitung der Länge $l = 1$ m mit den Werten $R_A = 5$ mm, $R_I = 0{,}5$ mm und $\varepsilon = 20$ pF/m zu ermitteln.

$$C = C' \cdot l = \frac{2\pi \cdot 20\ \mathrm{pF/m}}{\ln \frac{5}{0{,}5}} \cdot 1\ \mathrm{m} = 54{,}6\ \mathrm{pF} \tag{5}$$

Beispiel 15.6

15.9 Energie im elektrischen Feld

Elektrische Felder treten auf, wenn Ladungen getrennt werden. Wir wollen nun am Beispiel eines Kondensators untersuchen, welcher Energieaufwand zur Trennung von Ladungen erforderlich ist.

Der Kondensator werde dadurch geladen, dass nacheinander kleine Teilladungen ΔQ aus einer Elektrode entnommen und längs des Weges S zur anderen Elektrode transportiert werden. Nimmt man näherungsweise an, dass sich die Kondensatorspannung während der Überführung einer kleinen Teilladung nicht ändert, so ist für ihre Überführung die Arbeit $\Delta W_i = U_i \cdot \Delta Q$ nötig. (Vgl. die Spannungsdefinition.)

Beim ersten Ladungstransport ist im Rahmen der oben erwähnten Näherung wegen $U_1 = 0$ noch keine Arbeit nötig. Danach ist der Kondensator aber auf die Spannung $U_2 = \Delta U = \Delta Q/C$ aufgeladen, sodass beim zweiten Ladungstransport gegen das Feld die Arbeit $\Delta W_2 = \Delta Q \cdot \Delta U$ verrichtet werden muss und beim dritten, wegen der weiter gestiegenen Spannung, bereits die Arbeit $\Delta W_3 = \Delta Q \cdot 2\Delta U$.

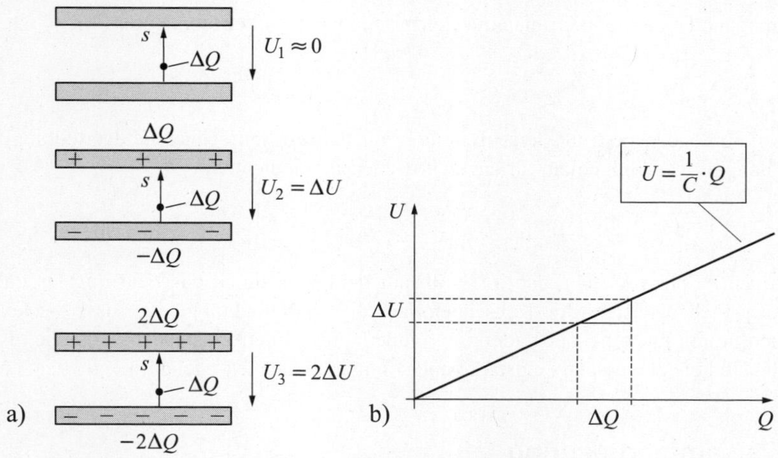

Abb. 15.41 Sukzessive Ladungstrennung im Plattenkondensator (a) und Kondensatorspannung als Funktion der getrennten Ladung (b)

Wiederholt man diese Prozedur N-mal mit $N \gg 1$, so hat man die Ladung

$$Q = N \cdot \Delta Q \tag{15.89}$$

von einer zur anderen Elektrode transportiert, und zwischen den Elektroden messen wir die Spannung

$$U = N \cdot \Delta U = \frac{Q}{C} \tag{15.90}$$

Die gesamte gegen das Feld geleistete Arbeit ergibt sich für $N \gg 1$ zu

$$\begin{aligned} W_\mathrm{e} &= \Delta W_1 + \Delta W_2 + \ldots + \Delta W_N \\ &= 0 + \Delta Q \Delta U + 2\Delta Q \Delta U + \ldots + [N-1]\Delta Q \Delta U \\ &= \Delta Q \Delta U \cdot (1 + 2 + \ldots + [N-1]) = \Delta Q \Delta U \frac{N(N-1)}{2} \\ &\approx \frac{1}{2} N \Delta Q \cdot N \Delta U \\ &\approx \frac{1}{2} Q \cdot U \end{aligned} \tag{15.91}$$

Bei infinitesimal kleinen Ladungseinheiten ($\Delta Q \to \mathrm{d}Q$) verschwindet der Fehler; für die aufzubringende **Energie zur Ladungstrennung im Kondensator** gilt:

$$W_\mathrm{e} = \frac{1}{2} Q \cdot U = \frac{1}{2} C \cdot U^2 = \frac{1}{2} \frac{Q^2}{C} \tag{15.92}$$

mit der Kapazität C und der Ladung Q des Kondensators sowie der Kondensatorspannung U.

Für einen Plattenkondensator lässt sich die Gleichung weiter umformen: Mit der Plattenfläche A und dem Plattenabstand d gilt für seine Kapazität $C = \varepsilon A/d$, für die Spannung $U = E \cdot d$ und für die Verschiebungsdichte $D = \varepsilon E$. Damit erhalten wir für die elektrische Energie W_e im Plattenkondensator:

$$W_\mathrm{e} = \frac{1}{2} \varepsilon \cdot E^2 \cdot A \cdot d = \frac{1}{2} D \cdot E \cdot A \cdot d \tag{15.93}$$

Dividiert man die elektrische Energie W_e durch das Kondensatorvolumen $V = A \cdot d$, so erhält man die **elektrische Energiedichte**

$$w_\mathrm{e} = \frac{W_\mathrm{e}}{V} = \frac{1}{2} D \cdot E = \frac{1}{2} \vec{D} \cdot \vec{E} \tag{15.94}$$

Für inhomogene Felder definiert man die **elektrische Energiedichte** w_e durch:

$$w_e = \frac{dW_e}{dV} \tag{15.95}$$

Da jedes inhomogene Feld in kleine Bereiche mit nahezu homogener Feldverteilung aufgeteilt werden kann, gilt ganz allgemein für die elektrische Energiedichte:

$$w_e = \frac{1}{2}\vec{D} \cdot \vec{E}\,; \qquad [w_e] = \frac{\mathrm{V \cdot A \cdot s}}{\mathrm{m}^3} \tag{15.96}$$

Die elektrische Energie steckt also **im Feld**: auf dem Weg durch das Feld mit der Ladung dQ muss man ja Arbeit leisten! Als Konsequenz aus dieser Betrachtung folgt, dass die Feldenergie bei Kondensatoren mit ruhender Ladung nur außerhalb von den Elektroden vorhanden ist. In den Elektroden sind die elektrische Feldstärke und somit auch die elektrische Energie gleich null.

15.10 Zusammenfassung

Die **Kraft** $\vec{F}$, die auf eine Ladung Q im elektrischen Feld $\vec{E}$ wirkt, berechnet sich zu

$$\vec{F} = Q \cdot \vec{E} \tag{15.97}$$

Das **Coulomb'sche Gesetz** beschreibt die Kraft, die zwischen zwei Punktladungen Q_1 und Q_2 wirkt, bei einem Abstandsvektor $\vec{r}$ und der Dielektrizitätskonstanten ε:

$$\vec{F} = \frac{1}{4\pi\varepsilon}\frac{Q_1 Q_2}{r^2}\vec{e}_r \tag{15.98}$$

Die **Verschiebungsdichte** $\vec{D}$ **im Vakuum** bei einer elektrischen Feldstärke $\vec{E}$ und der Influenzkonstanten ε_0 erhält man durch

$$\vec{D} = \varepsilon_0 \vec{E} \tag{15.99}$$

Die **Verschiebungsdichte** $\vec{D}$ **im isotropen Dielektrikum** bei einer elektrischen Feldstärke $\vec{E}$ und der Influenzkonstanten ε erhält man durch

$$\vec{D} = \varepsilon_0 \varepsilon_r \vec{E} = \varepsilon \cdot \vec{E} \tag{15.100}$$

Die **elektrische Spannung** U_{AB} zwischen den Punkten A und B bei der elektrischen Feldstärke $\vec{E}$ errechnet sich zu

$$U_{AB} = \int_A^B \vec{E} \cdot d\vec{s} \tag{15.101}$$

Bei statischen elektrischen Feldern verschwindet das Wegintegral über die elektrische Feldstärke $\vec{E}$ längs jedes geschlossenen Weges S.

$$\oint_S \vec{E} \cdot d\vec{s} = 0 \tag{15.102}$$

Daraus ergibt sich die **Wegunabhängigkeit der Spannung** U_{AB} zwischen zwei festen Punkten A und B.

Die **elektrische Spannung zwischen zwei Punkten** lässt sich daher auch als Potenzialdifferenz darstellen:

$$U_{AB} = \varphi_A - \varphi_B = \Delta\varphi \tag{15.103}$$

Als **elektrische Feldstärke einer Punktladung** Q in einem Dielektrikum mit der Dielektrizitätskonstanten ε erhält man im Abstand $\vec{r}$ von der Ladung:

$$\vec{E}(\vec{r}) = \frac{Q}{4\pi\varepsilon r^2}\frac{\vec{r}}{r} \tag{15.104}$$

Das **Potenzial einer Punktladung** Q im Dielektrikum mit der Dielektrizitätskonstanten ε ergibt sich im Abstand r von der Ladung zu:

$$\varphi(r) = \frac{Q}{4\pi\varepsilon r} \tag{15.105}$$

Die Feldstärke ist der negative **Gradient des Potenzials**:

$$\vec{E} = -\operatorname{grad}\varphi = -\vec{\nabla}\varphi \tag{15.106}$$

Der **Gauß'sche Satz der Elektrostatik** besagt, dass das Oberflächenintegral über die Verschiebungsdichte $\vec{D}$ entlang einer geschlossenen Oberfläche O die von der Oberfläche O eingeschlossene Ladung Q ergibt:

$$\oint_O \vec{D}\cdot \mathrm{d}\vec{A} = \int_V \rho \mathrm{d}V = Q \tag{15.107}$$

Die **Kapazität eines Plattenkondensators** mit der Plattenfläche A, dem Plattenabstand d und der Dielektrizitätskonstanten ε ist gegeben durch

$$C = \frac{\varepsilon A}{d} \tag{15.108}$$

Bei der **Parallelschaltung von** N **Kondensatoren** erhält man die Gesamtkapazität durch Summieren der Einzelkapazitäten:

$$C = C_1 + C_2 + \ldots + C_N \tag{15.109}$$

Bei der **Reihenschaltung von Kondensatoren** erhält man die reziproke Gesamtkapazität durch Summieren der reziproken Einzelkapazitäten:

$$\frac{1}{C} = \frac{1}{C_1} + \frac{1}{C_2} + \ldots + \frac{1}{C_N} \tag{15.110}$$

Die **Energiedichte** w_e **im elektrischen Feld** mit der Verschiebungsdichte $\vec{D}$ und der elektrischen Feldstärke $\vec{E}$ ist gegeben durch

$$w_\mathrm{e} = \frac{1}{2}\vec{D}\cdot\vec{E} \tag{15.111}$$

Die **elektrische Energie** im Volumen V mit der elektrischen Energiedichte w_e ergibt sich zu

$$W_\mathrm{e} = \int_V w_\mathrm{e}\mathrm{d}V \tag{15.112}$$

Als **Energie** W_e **im Kondensator** mit der Kapazität C und der Kondensatorspannung U erhält man:

$$W_\mathrm{e} = \frac{1}{2}CU^2 \tag{15.113}$$

15.11 Aufgaben

15.1 Zwei identische in Luft mit $\varepsilon_\mathrm{L} = \varepsilon_0 = 8{,}854\ \mathrm{pF/m}$ befindliche punktförmige Ladungen Q sind im Abstand $a = 10\ \mathrm{cm}$ voneinander angeordnet.

In der Mitte der Verbindungsgeraden zwischen den beiden Ladungen weist das Potenzial den Wert $\varphi_0 = 10\ \mathrm{V}$ auf. ($\varphi[r \to \infty] = 0\ \mathrm{V}$)

a) Wie groß ist die Ladung Q?

b) Ermitteln Sie das Potenzial auf der Ebene e in Abhängigkeit des Abstandes ρ vom Mittelpunkt der Verbindungsgeraden zwischen den Ladungen.

c) Berechnen Sie die elektrische Feldstärke in der Ebene e in Abhängigkeit von ρ.

d) Bei welchem Abstand ρ hat die elektrische Feldstärke auf der Ebene e ihr Maximum?

e) Welchen Wert weist die maximale Feldstärke auf der Ebene e auf?

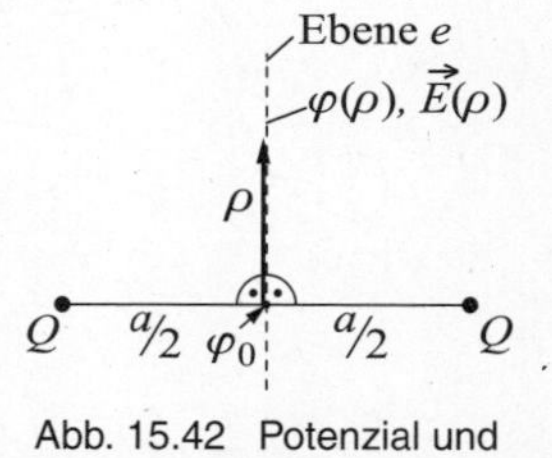

Abb. 15.42 Potenzial und elektrische Feldstärke zweier Punktladungen

15.2 Zwischen den Elektroden eines konzentrischen Kugelkondensators mit den Radien R_A und R_I liegt die Spannung U an.
Ermitteln Sie den Radius r_x der Äquipotenzialfläche, die die Spannung $U/2$ aufweist.

15.3 Gegeben ist eine Doppelleitung der Länge l. Die zwei Leitungen mit dem Radius R sind im Abstand a (Abstand zwischen den Drahtzentren) voneineinder angeordnet. Die Dielektrizitätskonstante hat den Wert $\varepsilon = \varepsilon_0$.
Der Drahtradius R soll klein gegenüber dem Abstand a sein ($R \ll a$).
Wie groß ist die Kapazität der Doppelleitung?

15.4

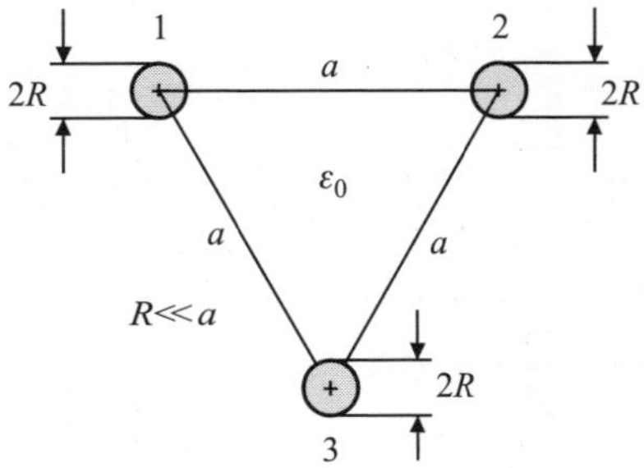

Abb. 15.43 Dreiadrige Leitung

Gegeben ist eine in Luft verlaufende dreiadrige Leitung aus sehr dünnen parallel angeordneten Drähten. Die Drähte mit dem Radius R haben zueinander den gleichen Abstand a (gleichseitiges Dreieck). Die Dielektrizitätskonstante in Luft ist näherungsweise durch $\varepsilon = \varepsilon_0$ gegeben. Der Drahtradius R soll klein gegenüber dem Abstand a sein ($R \ll a$). Die Drähte 1 und 2 werden miteinander elektrisch verbunden. Welche Kapazität pro Längeneinheit wird zwischen den Drähten 1 und 3 gemessen?
Hinweis: Die Lösung der Aufgabe kann mithilfe des Potenzials von Linienladungen ermittelt werden.

15.5

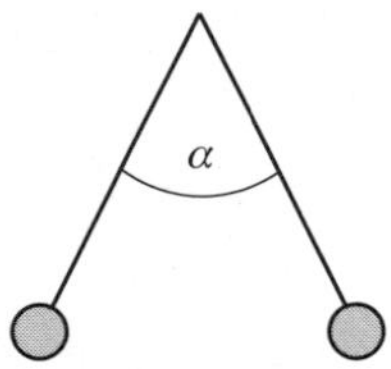

Abb. 15.44

Zwei Kügelchen von je $m = 1{,}5$ g Masse, die in einem Punkt an Seidenfäden hängen, spreizen, nachdem sie gleiche Ladungen erhalten haben, um $r = 10{,}0$ cm auseinander. Dabei bilden die Fäden den Winkel $\alpha = 36°$.
Welchen Betrag haben die Ladungen auf den beiden Körpern und aus wie viel Elektronen setzt sich diese Ladung zusammen?

15.6 Zwei Kugeln, deren Ladungen im Verhältnis 1 : 9 stehen, befinden sich im Abstand $R = 12$ cm.
An welchem Ort in der Umgebung wirkt auf eine Probeladung keine resultierende Kraft?

15.7 In einem einfachen Modell des Wasserstoffatoms umkreist das Elektron ein Proton auf einer Bahn mit dem Radius $r = 0{,}5 \cdot 10^{-10}$ m.
Wie groß ist dabei die elektrische Anziehungskraft zwischen den Teilchen? Wie groß ist die Frequenz, mit der das Elektron auf der Kreisbahn umläuft?

15.8

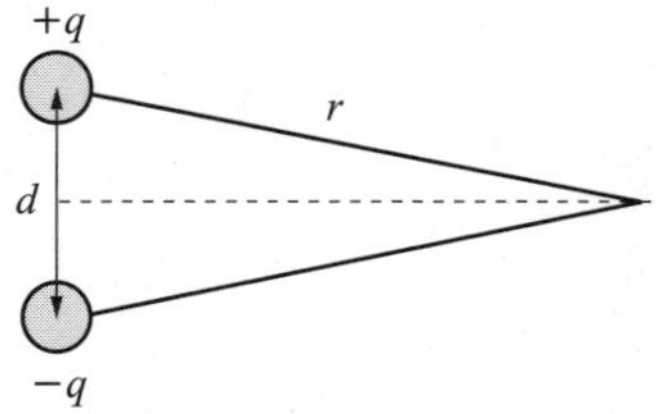

Abb. 15.45

a) Berechnen Sie algebraisch, wie die elektrische Feldstärke auf der Mittelsenkrechten zwischen zwei punktförmigen Ladungen (Dipol: zwei entgegengesetzte Ladungen im Abstand d) vom Abstand r abhängt.
b) Welche Feldstärke tritt an einem Ort auf, der mit den beiden Ladungen ($|q| = 20$ nC im Abstand $d = 0{,}6$ m) ein rechtwinkliges Dreieck bildet?

15.9

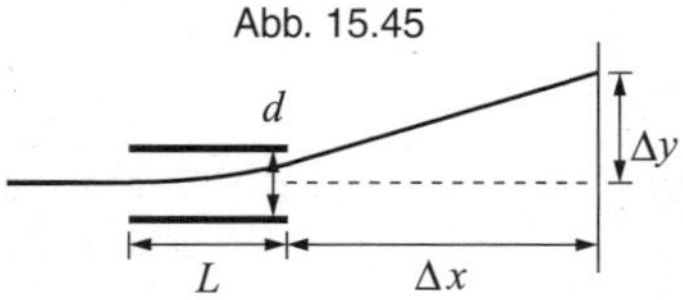

Abb. 15.46

Ein Elektronenstrahl, der zuvor mit der Spannung U_B beschleunigt worden ist, wird in einer Braun'schen Röhre parallel zu den beiden Platten eines Kondensators eingeschossen. Der Strahl erfährt durch die Spannung U_K am Kondensator eine Ablenkung Δy senkrecht zur Einfallsrichtung auf dem Leuchtschirm.
Berechnen Sie aus den Daten die Ablenkung Δy!
$U_B = 250$ V, $U_K = 50$ V, $d = 1{,}4$ cm, $L = 2{,}0$ cm,
$\Delta x = 15{,}0$ cm.

15.10 Welche kinetische und potenzielle Energie besitzt das Elektron in dem Atommodell nach Aufgabe 15.7 ($r = 0{,}5 \cdot 10^{-10}$ m)?
Geben Sie die Energien in der Einheit Elektronenvolt an.

15.11 In Teilchenbeschleunigern werden schnelle Elementarteilchen zur Kollision gebracht.
a) Welchen kleinsten Abstand erreichen zwei Elektronen, die mit einer Spannung von 30 kV beschleunigt wurden und zentral miteinander stoßen?
b) Wie ändert sich dieser kleinste Abstand, wenn die Elektronen unter einem Winkel von 90° aufeinandertreffen? Betrachten Sie zwei Elektronen, die sich ohne Abstoßung im Kreuzungspunkt ihrer Flugbahnen treffen würden.

15.12 Berechnen Sie die Gleichung für das elektrische Feld im Innern eines Zylinderkondensators mit dem Gauß'schen Satz. Leiten Sie daraus das elektrische Potenzial im gleichen Bereich her.

15.13 Welche Ladung q befindet sich auf einer Kugel ($r = 0{,}10$ m), die durch einen Bandgenerator auf eine Spannung von 60 kV gegen Erde aufgeladen wurde?
Hinweis: Berechnen Sie zuerst die Gleichung für die Kapazität eines Kugelkondensators mit den Radien r und R und führen im Anschluss den Grenzübergang $R \to \infty$ durch.

15.14 Berechnen Sie die Kapazität einer in der digitalen Übertragungstechnik benutzten Koaxialleitung pro Meter Länge. Betrachten Sie die Leitung als einen Zylinderkondensator ($r = 0{,}5$ mm, $R = 6$ mm) mit einer Kunststoffisolation als Dielektrikum ($\varepsilon_r = 2{,}5$).

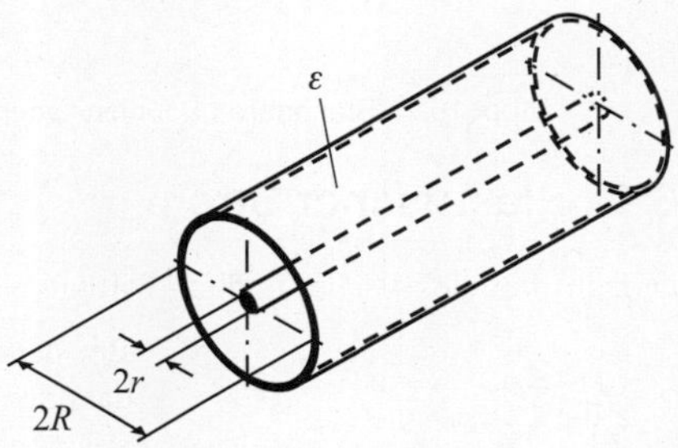

Abb. 15.47

15.15 Wie groß ist die Kapazität C_G (in Vielfachen der Kapazität C) der folgenden Schaltung aus drei Kondensatoren?

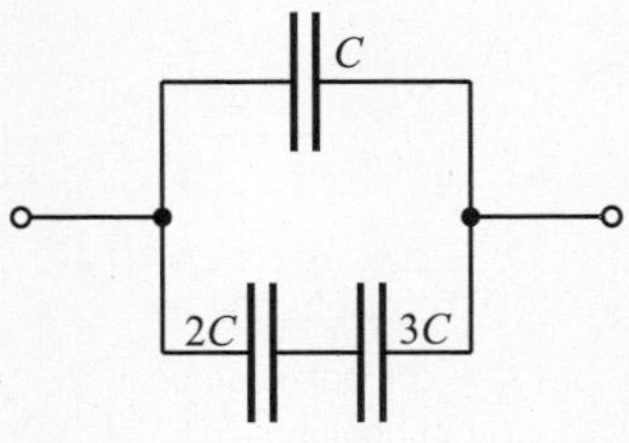

Abb. 15.48

15.16 Veranschaulichen Sie die Energie eines geladenen Kondensators in einem Fotoblitz ($C = 1000$ µF, $U = 300$ V) indem Sie die Geschwindigkeit angeben, die ein Klotz der Masse $m = 1$ kg hat, wenn seine kinetische Energie genauso groß ist wie die elektrische Energie des Kondensators..

16 Das stationäre elektrische Strömungsfeld

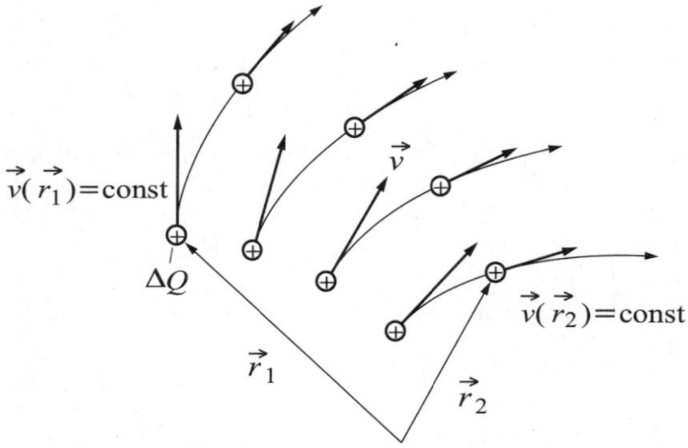

Abb. 16.1 Stationäre Ladungströmung

In diesem Kapitel werden wir Erscheinungen und Gesetzmäßigkeiten untersuchen, welche mit strömenden Ladungen verbunden sind. Die Strömung der Ladungen soll stationär sein, d. h., die mittlere Geschwindigkeit der Ladungsträger an einer beliebigen Raumposition soll konstant bleiben. Über den gesamten Raumbereich betrachtet, können allerdings unterschiedliche mittlere Ladungsgeschwindigkeiten vorkommen.

16.1 Elektrischer Strom

Der Transport elektrischer Ladung wird als **Strom** bezeichnet.

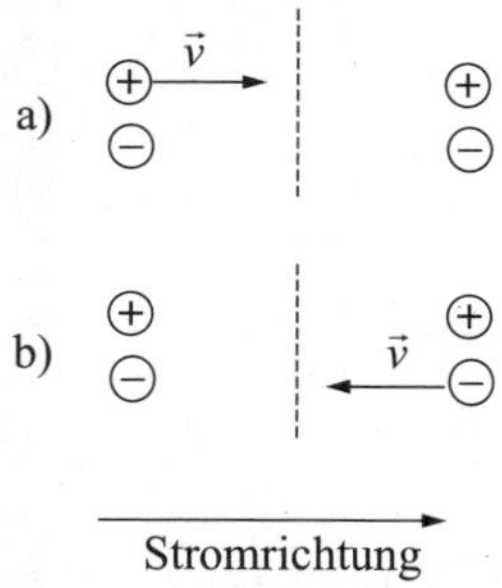

Abb. 16.2 Zur Definition der Stromrichtung

Bei der Definition der **Stromrichtung** muss man beachten, dass derselbe Ladungstransport durch die Bewegung positiver oder negativer Ladungsträger bewirkt werden kann. In der nebenstehend skizzierten Situation wächst die Gesamtladung im Fall *a* und im Fall *b* auf der rechten Seite um eine positive Ladungseinheit an; man sagt deshalb in beiden Fällen, dass positive Ladung nach rechts transportiert wurde, und legt die Stromrichtung in beiden Fällen nach rechts fest.

Die Stromrichtung entspricht der Bewegungsrichtung positver Ladungsträger und ist der Bewegung negativer Ladungsträger entgegengerichtet.

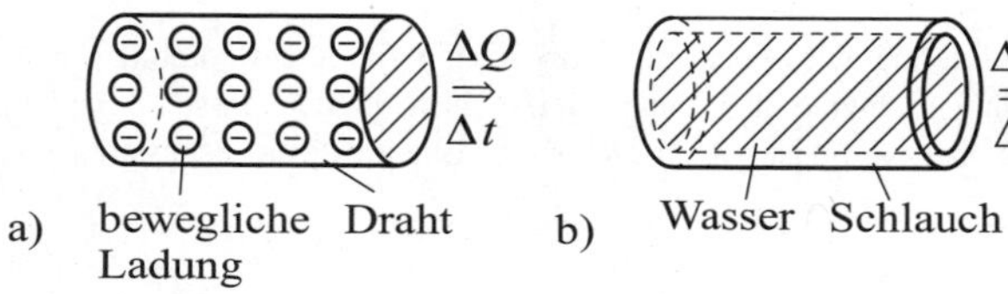

Abb. 16.3 Analogie zwischen Ladungstransport im Draht (a) und in einem mit Wasser gefüllten Schlauch (b)

Um die Definition der **Stromstärke** zu veranschaulichen, vergleichen wir den Ladungstransport in einem Draht mit dem Wassertransport in einem Gartenschlauch. Als Maß für die Wasserstromstärke im Schlauch kann man die pro Sekunde durch einen Schlauchquerschnitt hindurchtretende Wassermasse verwenden. Um sie zu messen, bestimmt man die Wassermasse Δm, die während einer gewissen Zeitdauer Δt durch die Querschnittsfläche am Schlauchende hindurchtritt, und teilt diese durch die gewählte Zeitdauer Δt. In Analogie dazu definiert man die **elektrische Stromstärke** I

durch eine betrachtete Querschnittsfläche folgendermaßen:

$$I = \frac{\Delta Q}{\Delta t} \tag{16.1}$$

$[I] = \mathrm{A}$ (Ampere)

Dabei ist ΔQ die Ladungsmenge, die während der Zeitdauer Δt durch die betrachtete Querschnittsfläche transportiert wird.

Bei **stationärer elektrischer Strömung** bleibt die durch einen beliebigen Querschnitt pro Sekunde hindurchströmende Ladungsmenge zeitlich konstant. Die Stromstärke ist also zeitunabhängig, was in der Technik dadurch symbolisiert wird, dass für die Stromstärke I ein Großbuchstabe verwendet wird. Ein solcher Strom wird als **Gleichstrom** bezeichnet. Die Definition der Stromstärke gilt jedoch auch im allgemeinen Fall der **nichtstationären Strömung**; hier nimmt sie die folgende Form an:

$$i = \frac{\mathrm{d}Q}{\mathrm{d}t} \tag{16.2}$$

Der Kleinbuchstabe „i" gibt an, dass der elektrische Strom **zeitlich veränderlich** ist, die Verwendung von d statt Δ besagt, dass der Grenzfall für kleine Messzeiten Δt betrachtet werden muss.

Im Internationalen Einheitensystem (SI) ist die Stromstärke als Basisgröße festgelegt. Die **Stromstärkeeinheit** $[I] = \mathbf{A}$ wird auf Einheiten mechanischer Größen zurückgeführt. Ihre Definition basiert auf der magnetischen Kraftwirkung zwischen zwei parallelen, stromdurchflossenen Drähten, die im Kapitel 17 ausführlich beschrieben wird.

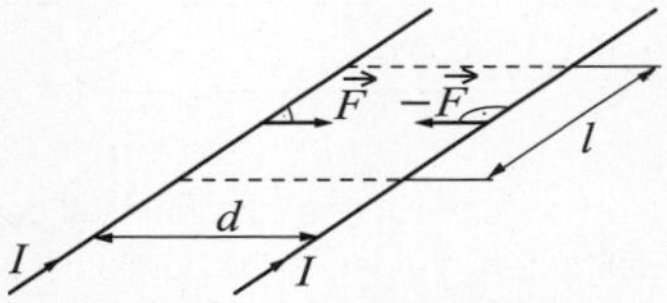

Abb. 16.4 Zur Definition der Stromstärkeeinheit 1 A

Definition:

Der Strom I hat den Wert 1 A, wenn zwischen zwei im Abstand $d = 1$ m parallel angeordneten, geradlinigen, unendlich lang gedachten Leitern mit vernachlässigbarem Drahtquerschnitt, die beide von diesem Strom durchflossen werden, der Betrag der Kraft pro Leiterlänge $F/l = 2 \cdot 10^{-7}$ N/m ist.

Im Folgenden wird untersucht, wie die Stromstärke in einem Draht mit der Geschwindigkeit der den Strom tragenden Ladungsträger zusammenhängt. Dazu muss man zunächst beachten, dass die Ladungsträger auch schon im stromlosen Zustand eine „Wärmebewegung" ausführen. Diese Bewegung führt aber aufgrund ihrer Regellosigkeit im Mittel zu keinem Ladungstransport und muss daher im Folgenden nicht beachtet werden. Wenn Strom fließt, überlagert sich dieser regellosen Bewegung eine für alle benachbarten Ladungsträger gleichgerichtete „Driftbewegung", deren Geschwindigkeit als **mittlere Driftgeschwindigkeit** $\bar{v}$ bezeichnet wird.

Wir wollen nun die Ladungsmenge ΔQ erfassen, welche pro Zeiteinheit Δt durch eine Querschnittsfläche des Drahtes der Größe A (Messfläche) hindurchtritt. Dazu betrachten wir ein kleines Stück des Drahtes vor der Messfläche mit der Länge Δx und dem Volumen ΔV. Die gesamte Ladung der beweglichen Ladungsträger (Elektronen) in diesem Stück sei ΔQ. Die **Ladungsdichte** ist damit $\rho_Q = \Delta Q / \Delta V$. Die mittlere Driftgeschwindigkeit der beweglichen

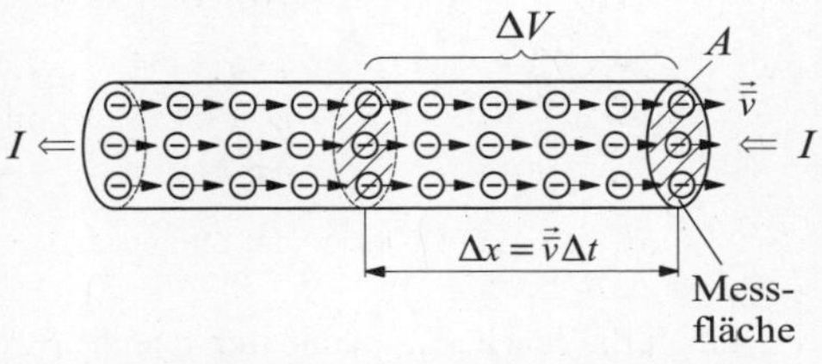

Abb. 16.5 Ladungstransport durch eine Messfläche in einem Metalldraht

Ladungsträger sei $\bar{v}$. Im Zeitraum Δt wird die im Drahtvolumenbereich

$$\Delta V = A_\perp \cdot \Delta x \qquad A_\perp : \text{Projektion von } A \text{ senkrecht zur Drahtrichtung}$$

$$= A_\perp \cdot \bar{v} \cdot \Delta t \tag{16.3}$$

enthaltene Ladungsmenge

$$\Delta Q = \rho_Q \cdot \Delta V \tag{16.4}$$

durch die Messfläche wandern. Für die Stromstärke im Metalldraht ergibt sich so die folgende Beziehung

$$I = \frac{\Delta Q}{\Delta t} = \rho_Q \cdot A_\perp \cdot \bar{v} \tag{16.5}$$

Wie im folgenden Beispiel gezeigt wird, liegen die Driftgeschwindigkeiten der Elektronen in metallischen Leitern in der Größenordnung von mm/s.

Beispiel 16.1

Driftgeschwindigkeit der Elektronen in einem Metalldraht

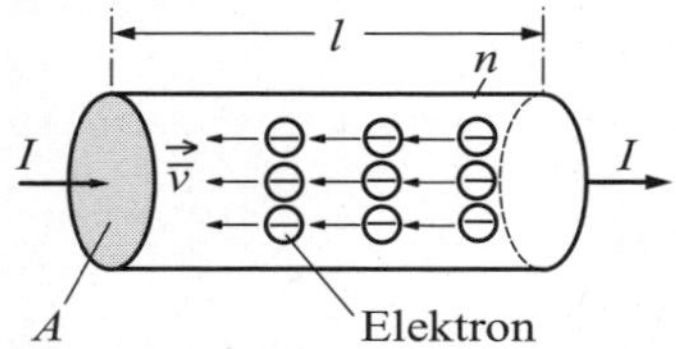

Abb. 16.6 Driftgeschwindigkeit der Elektronen in einem stromdurchflossenen Draht

Durch einen Metalldraht mit dem Querschnitt $A = 1{,}5\ \text{mm}^2$ fließt ein Strom mit der nach der VDE-Norm maximal zugelassenen Stromstärke von $I = 16$ A. Die Ladungsträgerdichte, d. h. die Anzahl der frei beweglichen Elektronen pro cm^3, beträgt im Metall $n \approx 8{,}5 \cdot 10^{22}/\text{cm}^3$ und die Elektronenladung besitzt den Wert $e = -e_0 = -1{,}602 \cdot 10^{-19}$ A · s.

Wie groß ist die Driftgeschwindigkeit $\bar{v}$ der Elektronen in diesem Metalldraht?

Lösung:

Es gilt die Beziehung

$$I = \rho_Q \cdot A \cdot \bar{v} = n \cdot e_0 \cdot A \cdot \bar{v} \tag{1}$$

mit der Ladungsdichte ρ_Q und der Driftgeschwindigkeit $\bar{v}$. Aus der obigen Gleichung ergibt sich für die Driftgeschwindigkeit

$$\bar{v} = \frac{I}{n \cdot e_0 A} = \frac{16 \cdot A \cdot \text{cm}^3}{8{,}5 \cdot 10^{22} \cdot 1{,}602 \cdot 10^{-19} \text{A} \cdot \text{s} \cdot 1{,}5\ \text{mm}^2} = 0{,}78\ \text{mm/s} \tag{2}$$

Beispiel 16.1

Elektrische Stromdichte

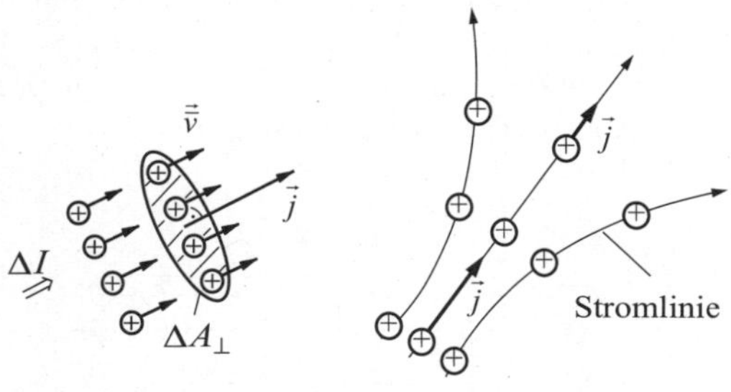

Abb. 16.7 Zur Definition der Stromdichte

Eine weitere wichtige physikalische Größe im elektrischen Strömungsfeld ist die **elektrische Stromdichte** $\vec{j}$, oft einfach kurz „Stromdichte“ genannt. Die Stromdichte ist ein Vektor, dessen Richtung mit der Bewegungsrichtung der positiven Ladungsträger übereinstimmt. Der Betrag j der Stromdichte ist festgelegt als „Stromstärke pro Flächeneinheit“ durch eine senkrecht zur Bewegungsrichtung der Ladungsträger gedachte Fläche $\Delta A_\perp$. Ist ΔI gemäß Abb. 16.7 die durch die Fläche $\Delta A_\perp$ hindurchtretende Stromstärke und ist der Strom gleichmäßig über die Fläche verteilt, so gilt:

$$j = \frac{\Delta I}{\Delta A_\perp} \tag{16.6}$$

Ist der Strom nicht gleichmäßig über die Fläche verteilt, so muss der Grenzwert für infinitesimal kleine Flächen betrachtet werden und man erhält als allgemeine Definition für **den Betrag der Stromdichte**

$$j = \frac{\mathrm{d}I}{\mathrm{d}A_{\perp}}\,; \qquad [j] = \frac{\mathrm{A}}{\mathrm{m}^2} \tag{16.7}$$

Mit der Stromstärke $I = \rho_Q \cdot A_{\perp} \cdot \bar{v}$ kann man die Stromdichte durch das Produkt aus der Raumladungsdichte ρ_Q und der lokalen mittleren Driftgeschwindigkeit $\vec{\bar{v}}$ der Ladungsträger ausdrücken:

$$\vec{j} = \rho_Q \cdot \vec{\bar{v}} \tag{16.8}$$

16.2 Ohm'sches Gesetz

Ohm'sches Gesetz, Widerstand und Leitwert

Dem Ladungstransport durch ein leitendes Medium wird je nach Materialart und Ausführungsform ein unterschiedlicher Widerstand entgegengesetzt. Für die gleiche Stromstärke I muss man daher an unterschiedliche Leiter verschiedene Spannungen U anlegen. Zur Charakterisierung der Leiter wird die „notwendige Spannung pro Stromstärkeeinheit" verwendet und als **elektrischer Widerstand** R bezeichnet:

$$R = \frac{U}{I}\,; \qquad [R] = \frac{\mathrm{V}}{\mathrm{A}} = \Omega\ \text{(Ohm)} \tag{16.9}$$

Diese Gleichung wird in der Elektrotechnik auch als **Ohm'sches Gesetz** bezeichnet.

Statt des Widerstands wird oft auch der **elektrische Leitwert** G betrachtet :

$$G = \frac{1}{R} = \frac{I}{U}\,; \qquad [G] = \frac{\mathrm{A}}{\mathrm{V}} = \mathrm{S}\ \text{(Siemens)} \tag{16.10}$$

Der Zusammenhang zwischen Spannung U und Strom I kann, je nach Leiter, linear oder auch nichtlinear sein. Beim linearen Zusammenhang ist die U-I-Kennlinie eine Gerade und der Leiter wird als **linearer** oder auch als **ohmscher Widerstand** bezeichnet. Metallische Leiter weisen bei konstanter Temperatur eine lineare U-I-Kennlinie auf.

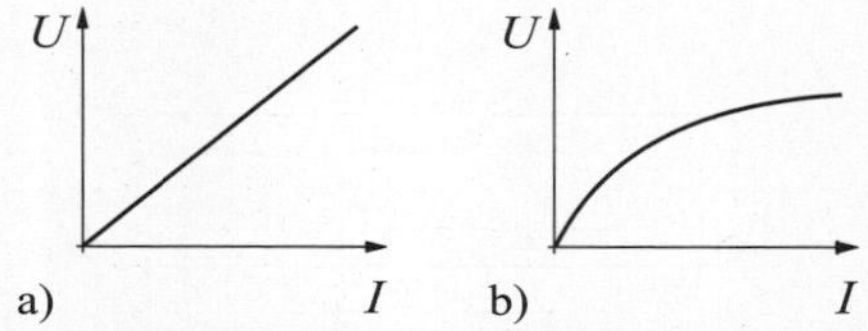

Abb. 16.8 Strom-Spannungs-Kennlinie (U-I-Kennlinie) eines linearen (a) und eines nichtlinearen (b) Widerstandes

Ist der Zusammenhang zwischen U und I nichtlinear, so wird der Leiter als ein **nichtlinearer Widerstand** bezeichnet.

Widerstand eines drahtförmigen Leiters

Für drahtförmige Leiter lässt sich der Widerstand aus den Leiterabmessungen und einer Kenngröße für das verwendete Leitermaterial berechnen, wie im Folgenden gezeigt wird.

Variiert man bei konstantem Strom I die Länge l und den Querschnitt A des Leiters, so sind die notwendigen Spannungen umgekehrt proportional zum Querschnitt A und proportional zur Drahtlänge l.

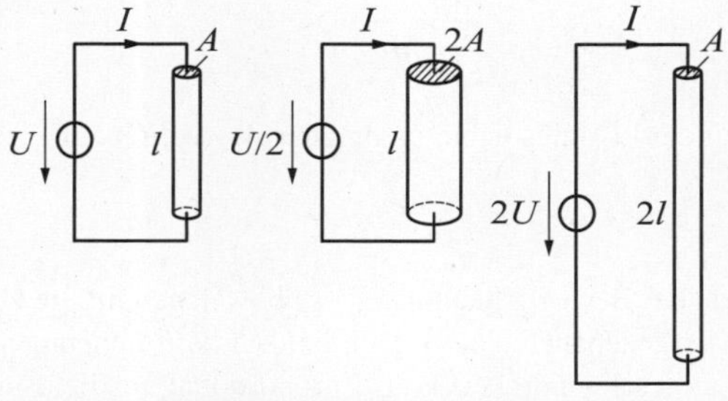

Abb. 16.9 Abhängigkeit des Drahtwiderstandes R vom Querschnitt A und Länge l

Für den elektrischen Widerstand eines Leiters mit der Länge l und dem Querschnitt A gilt somit:

$$R = \rho \frac{l}{A} \tag{16.11}$$

Die Proportionalitätskonstante ρ nennt man den **spezifischen Widerstand** des Leitermaterials und ihren Kehrwert die **elektrische Leitfähigkeit**:

$$\kappa = \frac{1}{\rho}; \qquad [\rho] = \Omega \cdot \mathrm{m}, \quad [\kappa] = \frac{\mathrm{S}}{\mathrm{m}} \tag{16.12}$$

Die spezifischen Widerstände der Stoffe umfassen einen Bereich von ca. 26 Zehnerpotenzen. In der folgenden Abbildung ist in einem Diagramm für einige ausgewählte Materialien der spezifische Widerstand dargestellt.

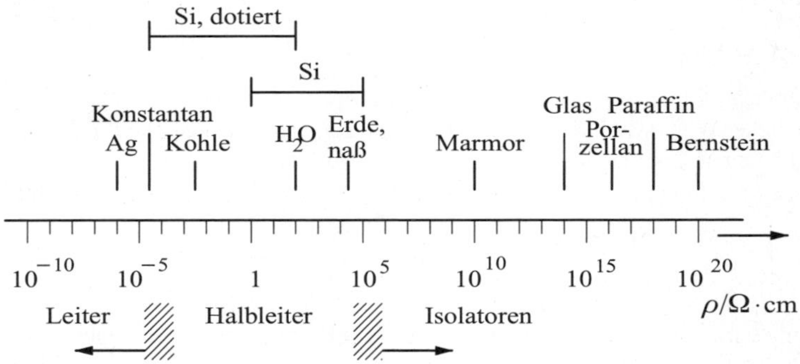

Abb. 16.10 Spezifischer Widerstand für ausgewählte Materialien bei Raumtemperatur

Beweglichkeit der Ladungträger

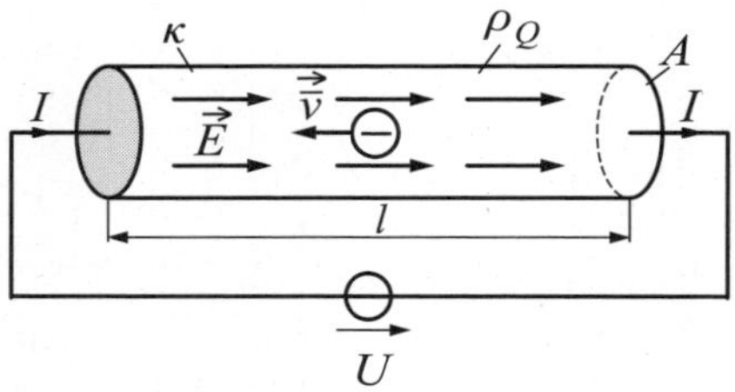

Abb. 16.11 Ladungstransport in einem metallischen Draht

Zur Herleitung des funktionalen Zusammenhangs zwischen der Leitfähigkeit κ eines Materials und der Bewegung seiner Ladungsträger betrachten wir gemäß der nebenstehenden Abbildung einen drahtförmigen Leiter aus diesem Material. Setzt man die Beziehung $I = \rho_Q \cdot A \cdot \bar{v}$ für die elektrische Stromstärke in das Ohm'sche Gesetz $R = U/I$ ein und benutzt die Gleichung $R = l/(\kappa A)$, so erhält man:

$$R = \frac{U}{I} = \frac{U}{\rho_Q \cdot A \cdot \bar{v}} = \frac{l}{\kappa A} \tag{16.13}$$

Hieraus folgt mit der elektrischen Feldstärke $E = U/l$ im Drahtinnern für die elektrische Leitfähigkeit

$$\kappa = \rho_Q \frac{\bar{v}}{E} = \rho_Q \cdot b \tag{16.14}$$

mit der Ladungsdichte ρ_Q und der **Beweglichkeit** b der Ladungsträger

$$b = \frac{\bar{v}}{E} = \frac{\bar{v} \cdot l}{U} \tag{16.15}$$

Von der Beweglichkeit hängt es ab, welche mittlere **Driftgeschwindigkeit** $\bar{v}$ die Ladungsträger bei einer gegebenen elektrischen Feldstärke E annehmen. Ist die Beweglichkeit konstant, die mittlere Driftgeschwindigkeit $\bar{v}$ also proportional zur Feldstärke E bzw. zur angelegten Spannung U, so haben wir es mit einem linearen Widerstand zu tun.

16.3 Temperaturabhängigkeit des elektrischen Widerstandes

Im vorigen Abschnitt hatten wir die Strom-Spannungs-Kennlinie (U-I-Kennlinie) von Widerständen betrachtet. Experimente zeigen, dass der Verlauf der U-I-Kennlinien temperaturabhängig ist. In der Abbildung ist der Verlauf der U-I-Kennlinien für einen metallischen Leiter bei zwei unterschiedlichen Temperaturen qualitativ dargestellt. Man erkennt, dass die Steigung der Kennlinie, also der Widerstand, mit steigender Temperatur zunimmt. Eine mehr oder minder starke **Temperaturabhängigkeit des Widerstandes** beobachtet man auch bei anderen Leiterwerkstoffen.

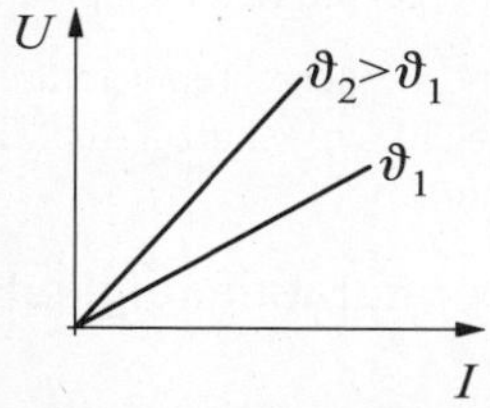

Abb. 16.12 Strom-Spannungs-Kennlinien eines metallischen Leiters für zwei unterschiedliche Temperaturen

Ursachen der Temperaturabhängigkeit

Zum Verständnis der Ursachen betrachten wir den im vorigen Abschnitt behandelten Zusammenhang zwischen dem Widerstand R und den geometrischen Abmessungen des Leiters l und A sowie den mikroskopischen Größen der Beweglichkeit b und der Ladungsdichte ρ_Q:

$$R = \frac{l}{\kappa A} \quad \text{mit} \tag{16.16}$$

$$\kappa = \rho_Q b \tag{16.17}$$

Die erste Gleichung zeigt, dass der Widerstand alleine schon wegen der Wärmedehnung des Leiters von der Temperatur abhängt; die Temperaturabhängigkeit der geometrischen Größen l und A ist aber viel zu gering, um die gemessene Temperaturabhängigkeit des Widerstandes erklären zu können. **Der Hauptbeitrag zur Widerstandsänderung bei einer Änderung der Temperatur rührt also von der Temperaturabhängigkeit der elektrischen Leitfähigkeit κ her.** Diese wiederum setzt sich aus zwei Anteilen zusammen: der Temperaturabhängigkeit der Ladungsdichte ρ_Q und der Temperaturabhängigkeit der Beweglichkeit b der Ladungsträger. Je nachdem, welcher dieser beiden Anteile überwiegt, ergeben sich bei verschiedenen Leitermaterialien unterschiedliche Temperaturabhängigkeiten des Widerstandes.

Allgemein gilt, dass die Beweglichkeit der den Strom tragenden Elektronen in Festkörpern mit wachsender Temperatur abnimmt. Das hängt mit der zunehmenden Wärmebewegung der Gitterbausteine zusammen. Die Temperaturabhängigkeit der Ladungsdichte ist jedoch je nach Material ganz unterschiedlich.

Temperaturabhängigkeit metallischer Leiter

Bei metallischen Leitern ist die Ladungsdichte ρ_Q der beweglichen Ladungsträger (Elektronen) im technisch interessierenden Temperaturbereich nahezu konstant. Die Temperaturabhängigkeit des Widerstandes wird somit durch die Temperaturabhängigkeit der Beweglichkeit bestimmt. Für diese Leiterart nimmt demzufolge bei steigender Temperatur die elektrische Leitfähigkeit κ ab und der elektrische Widerstand R zu. Die Abhängigkeit des Widerstandes R von der Temperatur ist nahezu linear.

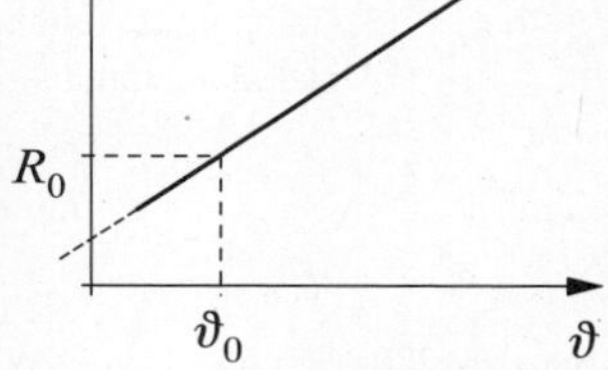

Abb. 16.13 Temperaturabhängigkeit metallischer Widerstände

Beschrieben wird dieser Zusammenhang üblicherweise durch die Gleichung

$$R(\vartheta) = R_0\,(1 + \alpha_0(\vartheta - \vartheta_0)); \qquad [\alpha_0] = \frac{1}{\text{K}} \tag{16.18}$$

mit dem linearen Temperaturkoeffizienten α_0 und dem Widerstand R_0 bei der Bezugstemperatur ϑ_0 (in der Regel die Raumtemperatur).

Die nahezu lineare Temperaturcharakteristik der Metallwiderstände wird z. B. in der Temperaturmesstechnik ausgenutzt. Als Material für diese Widerstandsthermometer wird vorwiegend Platin verwandt.

Temperaturabhängigkeit nichtmetallischer Leiter

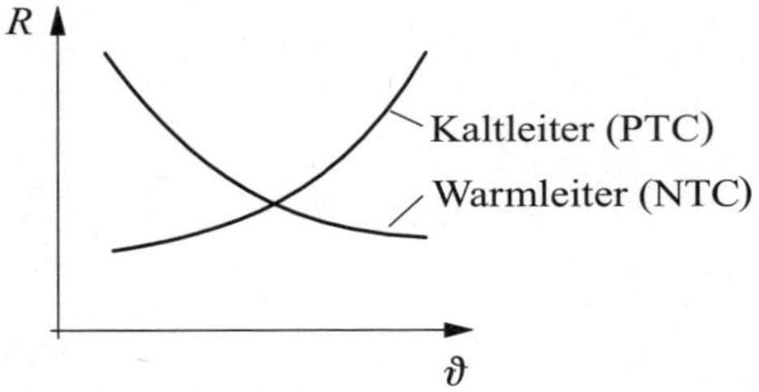

Abb. 16.14 Temperaturabhängigkeit von Kalt- und Warmleitern

Bei Halbleitermaterialien, Kohle, Glas und einigen anderen Materialien ist die Ladungsdichte temperaturabhängig. Durch thermische Bewegung werden mit steigender Temperatur immer mehr Ladungsträger freigesetzt. Diese Ladungsträger tragen zum Ladungstransport bei und erhöhen mit steigender Temperatur die Dichte der frei beweglichen Ladungsträger. Dieser Effekt kann dermaßen stark werden, dass er in der elektrischen Leitfähigkeit κ den gegenläufigen Effekt der Beweglichkeit überkompensiert. In bestimmten Temperaturbereichen beobachtet man daher eine Zunahme der elektrischen Leitfähigkeit und somit eine Abnahme des elektrischen Widerstandes mit steigender Temperatur.

In anderen Temperaturbereichen und auch bei anderen Leitermaterialien dominiert die Beweglichkeit, sodass der Widerstand mit steigender Temperatur zunimmt. Diese Erscheinungsformen werden zum Bau von Widerständen mit negativen und positiven Temperaturkoeffizienten α ausgenutzt. In der Elektrotechnik nennt man sie PTC- und NTC-Widerstände oder **„Kalt- und Warmleiter"**, je nachdem, ob sie eine positive bzw. negative Steigung in der Temperaturabhängigkeit des Widerstandes aufweisen. Hergestellt werden diese Widerstände aus Verbindungshalbleitern.

Beispiel 16.2

Widerstand und Temperaturkoeffizient eines Metallwiderstandes bei verschiedenen Temperaturen

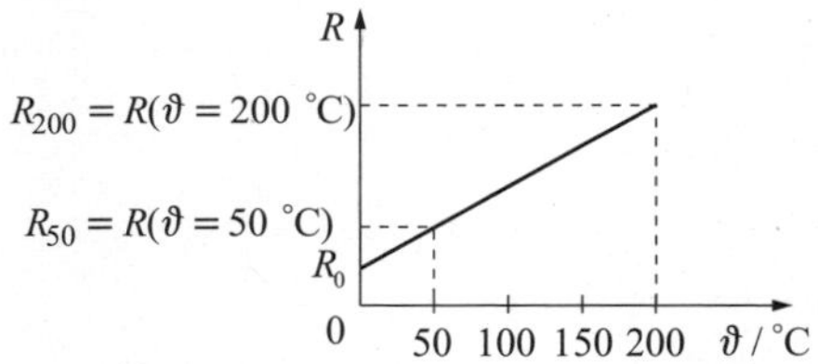

Abb. 16.15 Temperaturverhalten eines Metallwiderstandes

Gegeben ist ein Platinwiderstand mit dem Widerstand $R_0 = 100\ \Omega$ und dem linearen Temperaturkoeffizienten $\alpha_0 = 3{,}9 \cdot 10^{-3}/\text{K}$ bei $\vartheta_0 = 0\ °\text{C}$.

a) Welchen Wert weist der Widerstand bei $\vartheta = 200\ °\text{C}$ auf?

b) Wie groß ist der lineare Temperaturkoeffizient α_{50} bei $\vartheta = 50\ °\text{C}$?

Lösung:

a) Für den Platinwiderstand gilt mit der Bezugstemperatur $\vartheta_0 = 0\ °\text{C}$

$$R(\vartheta) = R_0(1 + \alpha_0(\vartheta - \vartheta_0)) = R_0(1 + \alpha_0 \cdot \vartheta) \tag{1}$$

Bei $\vartheta = 200\ °\text{C}$ ergibt sich der Widerstand zu

$$R_{200} = R(\vartheta = 200\ °\text{C}) = 100\ \Omega\ \big(1 + 3{,}9 \cdot 10^{-3} \cdot 200\big) = 178\ \Omega \tag{2}$$

b) Mit der Bezugstemperatur $\vartheta_0 = 50\ °\text{C}$ gilt:

$$R(\vartheta) = R_{50}\,(1 + \alpha_{50}(\vartheta - 50\ °\text{C})) \tag{3}$$

Sowohl (1) als auch (3) beschreiben die Gerade in Abbildung 16.15; ihre Steigungsfaktoren müssen daher gleich sein:

$$R_0 \cdot \alpha_0 = R_{50} \cdot \alpha_{50} \tag{4}$$

Aus (4) folgt für den linearen Temperaturkoeffizienten α_{50} bei $\vartheta_0 = 50\ °\text{C}$:

$$\alpha_{50} = \alpha_0 \frac{R_0}{R_{50}} \tag{5}$$

und aus (1) der Widerstand bei $\vartheta = 50\ °\text{C}$

$$R_{50} = R(\vartheta = 50\ °\text{C}) = R_0(1 + \alpha_0 \cdot 50\ °\text{C}) \tag{6}$$

Für den linearen Temperaturkoeffizienten von Platin bei $\vartheta_0 = 50\ °\text{C}$ ergibt sich somit

$$\alpha_{50} = \alpha_0 \frac{R_0}{R_0\,(1 + \alpha_0 \cdot 50\ °\text{C})} = \frac{\alpha_0}{1 + \alpha_0 \cdot 50\ °\text{C}} = \frac{3{,}9 \cdot 10^{-3}/\text{K}}{1 + 3{,}9 \cdot 10^{-3} \cdot 50}$$

$$= 3{,}26 \cdot 10^{-3}\ \frac{1}{\text{K}} \tag{7}$$

Beispiel 16.2 ▲

16.4 Leistung und Arbeit

Fließt Strom durch einen Widerstand, so wird die Bewegungsenergie der Ladungsträger durch Stöße mit den Gitteratomen ständig in Wärme umgewandelt. Dieser Energieverlust der Ladungsträger wird dadurch ausgeglichen, dass das von der Spannungsquelle erzeugte elektrische Feld Arbeit an den Ladungsträgern verrichtet. Auf diese Weise wird ständig Energie von der Spannungsquelle auf den Widerstand übertragen.

Zur Berechnung dieser auf den Widerstand übertragenen Energie genügen die am Widerstand gemessenen makroskopischen Größen Stromstärke I und Spannung U. Aus der Definition dieser beiden Größen ergibt sich für die (Teil-)Arbeit ΔW, die während der Zeitdauer Δt vom elektrischen Feld im Widerstand verrichtet wird:

$$\Delta W = U \cdot \Delta Q = U \cdot I \cdot \Delta t \tag{16.19}$$

Für die im Widerstand umgesetzte **Leistung** ergibt sich daraus mit der Definition

$$P = \frac{\Delta W}{\Delta t}; \qquad [P] = \frac{\text{J}}{\text{s}} = \text{W (Watt)} \tag{16.20}$$

die Beziehung

$$P = U \cdot I; \qquad [P] = \text{V} \cdot \text{A} = \text{W (Watt)} \tag{16.21}$$

und für die während der Zeitdauer Δt auf den Widerstand übertragene Energie

$$\Delta W = P \cdot \Delta t \tag{16.22}$$

Diese Ergebnisse lassen sich auf beliebige Verbraucher und zeitabhängige Ströme verallgemeinern: Ist $i(t)$ der Momentanwert der Stromstärke im Verbraucher und $u(t)$ der Momentanwert der am Verbraucher abfallenden Spannung, so gilt für die momentane Leistung

$$p(t) = \frac{\mathrm{d}W}{\mathrm{d}t} = u(t) \cdot i(t) \tag{16.23}$$

und für die gesamte vom Strom auf den Verbraucher übertragene Energie

$$W = \int_{t_1}^{t_2} p(t) \cdot \mathrm{d}t \tag{16.24}$$

Diese Energie wird je nach Art des Verbrauchers in unterschiedliche Energieformen umgewandelt. So z. B. bei einem Tauchsieder in Wärme, bei einer Leuchtdiode in Licht und Wärme, bei einem Elektromotor in mechanische Arbeit und Wärme und beim Laden eines Akkumulators in chemische Energie und Wärme.

16.5 Einführung in die Gleichstromtechnik

In diesem Abschnitt wollen wir mit der **Gleichstromtechnik** eine typische Anwendung des stationären elektrischen Strömungsfeldes betrachten.

Definitionen und Symbole

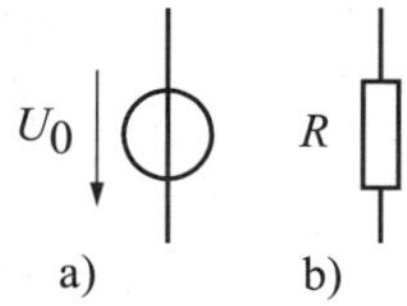

Abb. 16.16 Symbol für eine ideale Gleichspannungsquelle (a) und einen ohmschen Widerstand (b)

In der Skizze sind die Symbole für eine **Gleichspannungsquelle** und einen **ohmschen Widerstand** dargestellt. Der Spannungspfeil bei der Gleichspannungsquelle zeigt vom Plus- zum Minuspol. Beide Bauelemente gehören zur Kategorie der **Zweipole**, d. h. zu der Bauelementklasse mit zwei Anschlusspolen.

Wird die Spannungsquelle an einen Widerstand angeschlossen, so entsteht ein **einfacher Gleichstromkreis**. Unter der Einwirkung der elektrischen Feldstärke $\vec{E}$ fließt im Widerstand, wie in der folgenden Abbildung dargestellt, ein Strom vom höheren zum tieferen Potenzialwert hin.

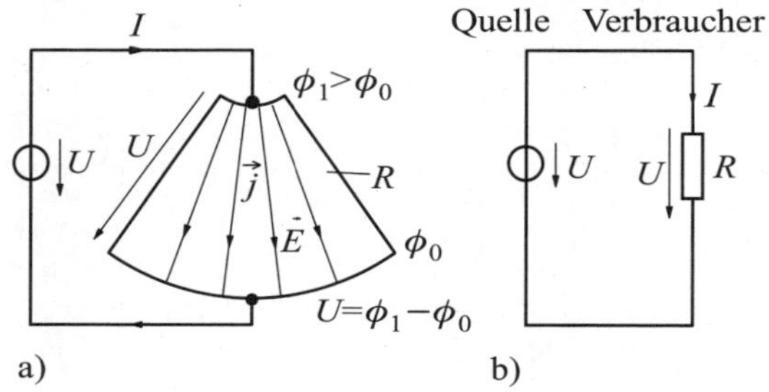

Abb. 16.17 Gleichstromkreis mit tatsächlicher (a) und symbolischer (b) Widerstandsdarstellung

Im Widerstand R wird elektrische Energie in Wärme umgewandelt. Man bezeichnet den Widerstand und allgemein jeden Zweipol, der elektrische Energie **aufnimmt**, als **Verbraucher** bzw. als **passiven** Zweipol; ein Zweipol, der elektrische Energie **abgibt**, wie hier die Spannungsquelle, wird **Quelle** bzw. **aktiver** Zweipol genannt.

Die Richtung der Ströme und die Polung der Spannungen wird in der Elektrotechnik durch Vorzeichen angegeben. Dazu werden in den Schaltplan für beide Größen so genannte **Bezugspfeile** eingezeichnet, die angeben, welche Stromrichtung bzw. welche Spannungspolung positiv genannt wird:

Die Stromstärke ist positiv, wenn die tatsächliche Stromrichtung (vgl. ihre Definition) mit dem Bezugspfeil des Stromes übereinstimmt.

Die Spannung ist positiv, wenn die elektrische Feldstärke in Richtung des Bezugspfeils zeigt, dieser also vom höheren zum tieferen Potenzial bzw. vom Pluspol zum Minuspol zeigt.

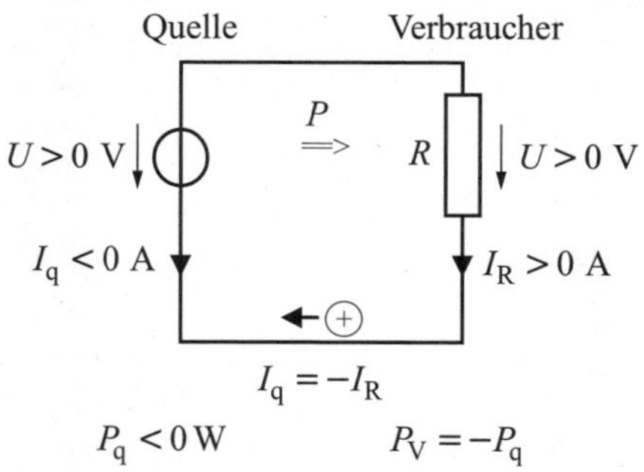

Abb. 16.18 Verbraucherzählsystem

Die Richtung der Bezugspfeile kann an jedem Bauteil frei gewählt werden. Es haben sich jedoch die folgenden Systeme eingebürgert.

Beim **Verbraucherzählsystem** gibt man dem Strombezugspfeil bei Verbrauchern und Quellen immer **dieselbe** Richtung wie dem Spannungsbezugspfeil. Dadurch haben Strom und Spannung in Verbrauchern dasselbe und in Quellen entgegengesetzte Vorzeichen. Im Verbraucherzählsystem sind daher Verbraucherwiderstände $R = U/I$ immer positiv; die elektrische Leistung $P = U \cdot I$ ist jedoch bei Verbrauchern positiv und bei Quellen negativ. Bei diesem Zählsystem ergibt das Produkt aus U und I also die dem betrachteten Zweipol

zugeführte elektrische Leistung:

$$P = UI = P_{zu} \qquad (16.25)$$

Da Quellen elektrische Leistung abgeben, ist die „zugeführte" Leistung für sie negativ.

Beim **Erzeugerzählsystem** wählt man die Richtung des Strombezugspfeils bei Verbrauchern und Quellen immer **entgegengesetzt** zur Richtung des Spannungsbezugspfeils. Die vom Erzeuger abgegebene elektrische Leistung wird dadurch positiv und die vom Verbraucher aufgenommene negativ. Bei diesem Zählsystem ergibt das Produkt aus U und I also die vom betrachteten Zweipol **abgegebene** elektrische Leistung:

$$P = UI = P_{ab} \qquad (16.26)$$

In beiden Zählsystemen lassen sich Verbraucher und Erzeuger durch das Vorzeichen ihrer elektrischen Leistung unterscheiden.

In diesem Buch wird oft ein **gemischtes Zählsystem** verwendet, bei dem für die Spannungsquelle das Erzeuger- und für die Verbraucher das Verbraucherzählsystem benutzt wird.

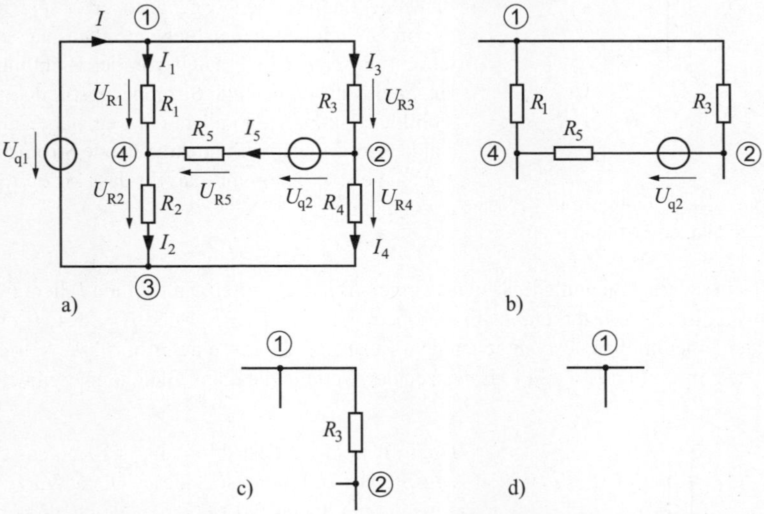

Abb. 16.19 Netzwerk mit Bezugspfeilen (a), Masche (b), Zweig (c) und Knoten (d)

Eine beliebige Zusammenschaltung elektrischer Bauelemente nennt man ein **Netzwerk**. Ein Netzwerk besteht gemäß Abbildung 16.19 aus einzelnen Zweigen, die an den Knotenpunkten (Knoten) miteinander verbunden sind und auf diese Weise Maschen bilden.

Ein **Knoten** verbindet leitend mindestens drei Zuführungsleitungen. Der **Zweig** ist eine Zusammenschaltung von Bauelementen zwischen zwei Knoten, und die **Masche** ist ein in sich geschlossener Kettenzug von Zweigen und Knoten.

Zur Ermittlung der Ströme und Spannungen im Netzwerk müssen zunächst deren Bezugspfeile in ihrer Richtung festgelegt sein. Während für die Quellenspannungen die Richtung der Bezugspfeile vom Pluspol zum Minuspol hin vorgegeben ist, kann man die Richtung der Spannungsbezugspfeile an den Verbrauchern und die Richtung aller Strombezugspfeile, wie wir oben gesehen haben, frei wählen. Die tatsächliche Polung der Verbraucherspannungen und die tatsächliche Richtung sämtlicher Ströme erkennt man schließlich an den Vorzeichen, die sich, wie wir im Folgenden sehen werden, durch Anwendung der Knoten- und Maschenregel auf die Knoten und Maschen des Netzwerkes ergeben. Dabei bedeutet, wie wir oben festgelegt haben, ein negatives Vorzeichen, dass die tatsächliche Richtung der Größe dem gewählten Bezugspfeil entgegen gerichtet ist.

Erstes Kirchhoff'sches Gesetz

Zur Berechnung des Verhaltens elektrischer Ströme in Netzwerken werden die so genannten **Kirchhoff'schen Gesetze** benutzt. Wir wollen zuerst das als **Knotenregel** bekannte erste Kirchhoff'sche Gesetz ableiten.

Der Ausgangspunkt dieser Ableitung ist der Kontinuitätssatz, oder

erster Kirchhoff'scher Satz für das elektrische Strömungsfeld

$$\oint_O \vec{j} \cdot d\vec{A} = 0 \qquad (16.27)$$

welcher besagt, dass die Summe aller Ströme durch eine geschlossene Oberfläche gleich null ist.

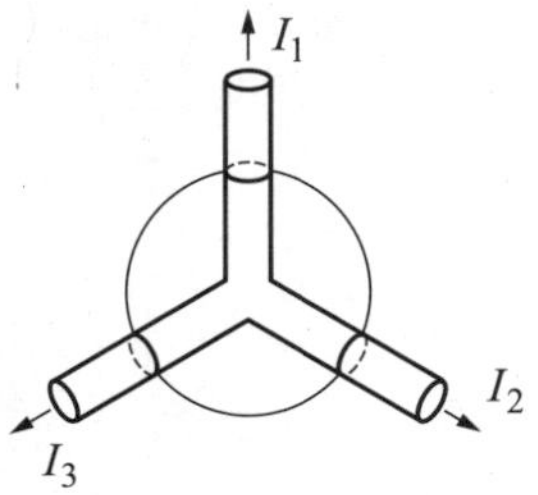

Abb. 16.20 Knoten mit nur herauszeigenden Bezugspfeilen

Für einen Knoten in einer elektrischen Schaltung bedeutet dies, dass die pro Zeiteinheit in den Knoten hineinfließende Ladungsmenge genauso groß sein muss wie die pro Zeiteinheit herausfließende. Die mathematische Gestalt dieser Aussage hängt von der Richtung der Bezugspfeile ab: Zeigen alle Strombezugspfeile, wie in der Abbildung skizziert, vom Knoten weg, haben also abfließende Ströme positives und zufließende Ströme negatives Vorzeichen, so bekommt man für das skizzierte Beispiel die Gleichung:

$$I_1 + I_2 + I_3 = 0 \qquad (16.28)$$

Die Richtigkeit dieser Beziehung lässt sich an einem Beispiel prüfen. Sind I_1 und I_2 herausfließende Ströme, so sind ihre Stromstärken positiv und betragen z. B. $I_1 = 5\,A$ und $I_2 = 3\,A$; I_3 muss dann in den Knoten hineinfließen, also entgegen dem Bezugspfeil, und seine Stromstärke beträgt gemäß der Vorzeichenkonvention $I_3 = -8\,A$. Einsetzen der Werte in die obige Gleichung ergibt eine wahre Aussage.

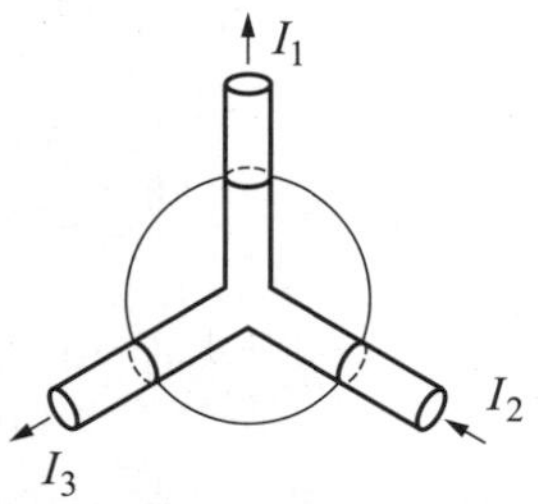

Abb. 16.21 Knoten mit heraus- und hineinzeigenden Bezugspfeilen

Dreht man nun in der Abbildung des Knotens einen Bezugspfeil (z. B. I_2) um, so ändert sich das Vorzeichen der zugehörigen Stromstärke und die Gleichung wird falsch! Man kann sie wieder zu einer wahren Aussage machen, indem man auch das vor dieser Stromstärke stehende **Rechenzeichen** umdreht.

$$I_1 - I_2 + I_3 = 0 \qquad (16.29)$$

Eine allgemein gültige Aussage für einen Knoten mit einer beliebige Anzahl N von Zuführungsleitungen wird daher durch das **erste Kirchhoff'sche Gesetz** gegeben:

Knotenregel

$$\sum_{i=1}^{N} I_i = 0 \qquad (16.30)$$

wobei das Summenzeichen so zu verstehen ist, dass das **Rechenzeichen** vor einer Stromstärke + ist, wenn ihr Bezugspfeil nach außen zeigt, und −, wenn der Bezugspfeil nach innen zeigt.

Kurz gesagt: Im 1. Kirchhoff'schen Gesetz werden alle **aus dem Knoten heraus zeigenden** Ströme **addiert**, alle **hinein zeigenden Ströme subtrahiert**.

Zweites Kirchhoff'sches Gesetz

Ein nicht minder wichtiges Gesetz bei Netzwerkberechnungen ist das als **Maschenregel** bekannte zweite Kirchhoff'sche Gesetz. Der Ausgangspunkt der Ableitung ist die durch das Linienintegral

$$\oint_S \vec{E} \cdot \mathrm{d}\vec{s} = 0 \qquad (16.31)$$

ausgedrückte Wegunabhängigkeit der Spannung im elektrischen Feld. Bei Anwendung der Beziehung $\oint_S \vec{E} \cdot \mathrm{d}\vec{s} = 0$ auf beliebige Maschen (geschlossener Weg) bekommen wir das gesuchte **zweite Kirchhoff'sche Gesetz**

Maschenregel

$$\sum_{i=1}^{N} U_i = 0 \qquad (16.32)$$

Das zweite Kirchhoff'sche Gesetz besagt, dass die Summe aller Spannungen in einer Masche mit N Bauelementen gleich null ist.

Um die Gültigkeit auch dieses Satzes für jede Wahl der Spannungsbezugspfeile zu garantieren, muss eine **Festlegung bezüglich der Spannungspfeile und der Rechenzeichen in der Summe** getroffen werden:

Die Richtungen der Quellenspannungspfeile werden entsprechend der Lage der Quellen eingetragen. Die Spannungspfeile an den Widerständen können **beliebig festgelegt** werden. Ist diese Festlegung für die Spannungspfeile erst einmal erfolgt, so darf sie bei den anschließenden Berechnungen nicht mehr verändert werden. Nachdem man eine Umlaufrichtung durch die Masche gewählt hat, schreibt man vor jedes Spannungssymbol, dessen Bezugspfeil in Umlaufrichtung zeigt, das Rechenzeichen $+$, vor alle anderen $-$. Kurz gesagt: Im 2. Kirchhoff'schen Gesetz werden Spannungen **in Umlaufrichtung addiert**, Spannungen **gegen die Umlaufrichtung** dagegen **subtrahiert**.

Wir wollen nun diese Regel auf die skizzierte Masche anwenden. Beim Durchlauf entsprechend der angegebenen Richtung bekommen wir die Gleichung:

$$U_1 + U_{q3} - U_3 + U_{q2} + U_2 - U_{q1} = 0 \qquad (16.33)$$

Um nicht unnötig viele negative Spannungswerte zu erhalten, wählt man die Bezugspfeile der Quellen, deren Polungen ja in der Regel bekannt sind, von plus nach minus, wodurch die Spannungswerte der Quellen positiv werden. Die Richtungen der Verbraucherspannungspfeile kann man beliebig festlegen. In einem exemplarischen Beispiel am Ende dieses Abschnittes wollen wir das näher betrachten.

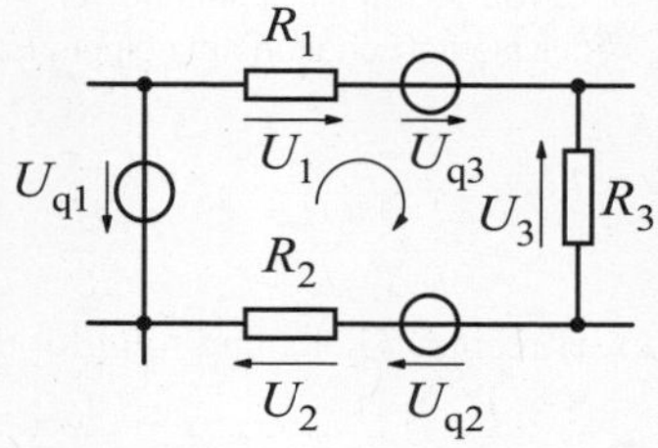

Abb. 16.22 Zur Anwendung der Maschenregel

Reihenschaltung von Widerständen

In der skizzierten Schaltung fließt durch jeden Widerstand der gleiche Strom I. Entsprechend dem Ohm'schen Gesetz erhalten wir für die Spannungen an den einzelnen Widerständen

$$U_i = I \cdot R_i \qquad (16.34)$$

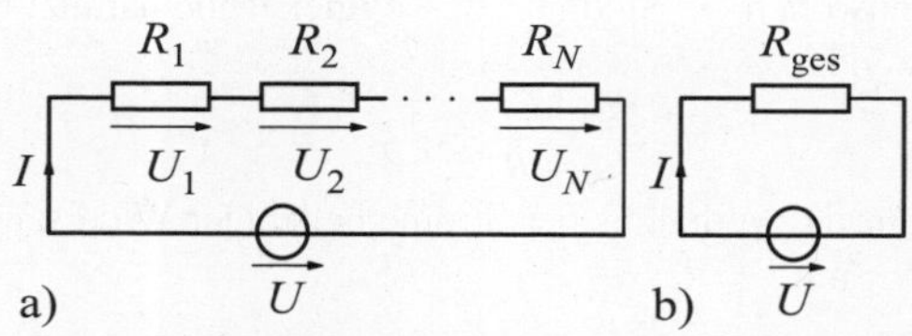

Abb. 16.23 Reihenschaltung (a) und äquivalente Schaltung mit einem Ersatzwiderstand (b)

Nach Anwendung der **Maschenregel** bekommt man für die Reihenschaltung den Ausdruck

$$U = U_1 + U_2 + \cdots + U_N = I \cdot R_1 + I \cdot R_2 + \cdots + I \cdot R_N = I \cdot R_{ges} \tag{16.35}$$

Hieraus folgt, dass der Gesamtwiderstand einer Reihenschaltung die Summe aus den Einzelwiderständen ist

$$R_{ges} = R_1 + R_2 + \cdots + R_N \tag{16.36}$$

Für das Spannungsverhältnis zwischen irgendeiner Teilspannung U_i und der Gesamtspannung U ergibt sich mit $U_i = I \cdot R_i$

$$\frac{U_i}{U} = \frac{I \cdot R_i}{I \cdot R_{ges}} = \frac{R_i}{R_{ges}} \tag{16.37}$$

und für das Verhältnis zwischen beliebigen Teilspannungen

$$\frac{U_i}{U_j} = \frac{R_i}{R_j} \tag{16.38}$$

Die Spannungen an den Widerständen einer Reihenschaltung verhalten sich zueinander wie die zugehörigen Widerstandswerte. In der Elektrotechnik werden die beiden obigen Gleichungen als **Spannungsteilerregeln** bezeichnet.

Parallelschaltung von Widerständen

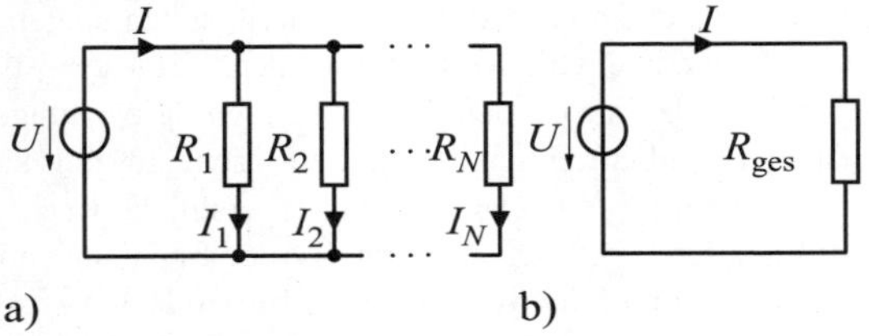

Abb. 16.24 Parallelschaltung von Widerständen (a) und äquivalente Schaltung mit einem Ersatzwiderstand (b)

An jedem Widerstand dieser Parallelschaltung liegt die gleiche Spannung U an. Für den Strom durch jeden Widerstand erhalten wir

$$I_i = \frac{U}{R_i} \tag{16.39}$$

Nach Anwendung der **Knotenregel** folgt für die Parallelschaltung

$$\begin{aligned} I &= I_1 + I_2 + \cdots + I_N \\ &= \frac{U}{R_1} + \frac{U}{R_2} + \cdots + \frac{U}{R_N} = \frac{U}{R_{ges}} \end{aligned} \tag{16.40}$$

Aus der rechten Gleichung folgt für den Gesamtwiderstand:

$$\frac{1}{R_{ges}} = \frac{1}{R_1} + \frac{1}{R_2} + \cdots + \frac{1}{R_N} \tag{16.41}$$

Mit dem elektrischen Leitwert $G = 1/R$ bekommen wir aus der letzten Gleichung letztendlich die Beziehung

$$G_{ges} = \frac{1}{R_{ges}} = G_1 + G_2 + \cdots + G_N \tag{16.42}$$

Der Gesamtleitwert G_{ges} einer Parallelschaltung von Widerständen ist die Summe aus den Einzelleitwerten G_i. Sind nur zwei Widerstände parallel geschaltet, so ergibt sich für den Gesamtwiderstand

$$R_{ges} = \frac{R_1 \cdot R_2}{R_1 + R_2} \tag{16.43}$$

Für das Verhältnis der Ströme beliebiger Widerstände einer Parallelschaltung zueinander erhalten wir mit $I_i = U/R_i$

$$\frac{I_i}{I_j} = \frac{R_j}{R_i} = \frac{G_i}{G_j} \tag{16.44}$$

und für das Verhältnis eines Teilstroms zum Gesamtstrom ergibt sich

$$\frac{I_i}{I} = \frac{R_{\text{ges}}}{R_i} = \frac{G_i}{G_{\text{ges}}} \tag{16.45}$$

Die Ströme durch die Widerstände verhalten sich zueinander wie die zugehörigen Leitwerte.

In der Elektrotechnik sind die beiden obigen Gleichungen als **Stromteilerregeln** bekannt.

Reale Spannungsquelle

In bisherigen Betrachtungen hatten wir nur Spannungsquellen einbezogen, welche bei unterschiedlicher Belastung, d. h. veränderlichem Strom I, ihre **Klemmenspannung** U_{KL} nicht verändern. Man nennt diese Quellen **ideale Spannungsquellen**.

In der Praxis zeigt sich nun, dass für viele Spannungsquellen die Klemmenspannung U_{KL} mit steigendem Strom in guter Näherung linear abnimmt. Solche Quellen nennt man **reale Spannungsquellen**.

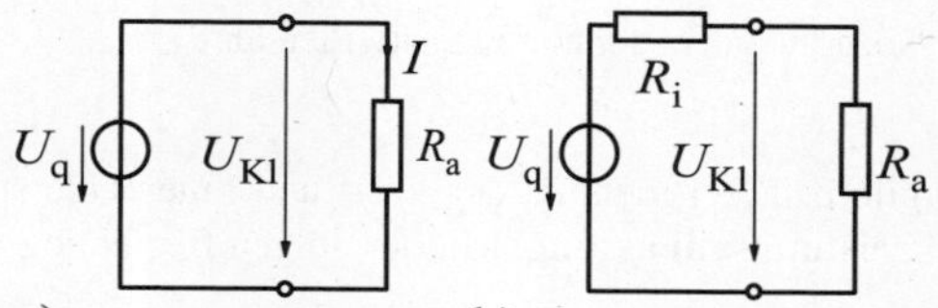

Abb. 16.25 Belastete ideale (a) und reale (b) Spannungsquelle

Das **Ersatzschaltbild** einer realen Spannungsquelle (d. h. das Schaltbild, das den Zusammenhang zwischen Strom und Klemmenspannung richtig wiedergibt) besteht aus einer idealen Spannungsquelle und einem „Innenwiderstand" R_{i} in Reihe.

Für den Strom I einer mit einem Lastwiderstand R_{a} beschalteten realen Spannungsquelle ergibt sich der Wert

$$I = \frac{U_{\text{q}}}{R_{\text{a}} + R_{\text{i}}} \tag{16.46}$$

mit der **Quellenspannung** U_{q} und dem **Innenwiderstand** R_{i}. Unter Verwendung der Spannungsteilerregel bekommen wir für die Klemmenspannung U_{KL}

$$U_{\text{KL}} = \frac{R_{\text{a}}}{R_{\text{a}} + R_{\text{i}}} U_{\text{q}} \tag{16.47}$$

Der **Kurzschlussstrom** ergibt sich mit $R_{\text{a}} = 0\,\Omega$ zu

$$I_{\text{K}} = \frac{U_{\text{q}}}{R_{\text{i}}} \tag{16.48}$$

und die **Leerlaufspannung** mit $R_{\text{a}} \to \infty\,\Omega$ zu

$$U_{\text{L}} = U_{\text{q}} \tag{16.49}$$

Die Quellenspannung ist mit der Leerlaufspannung (keine Last) identisch.

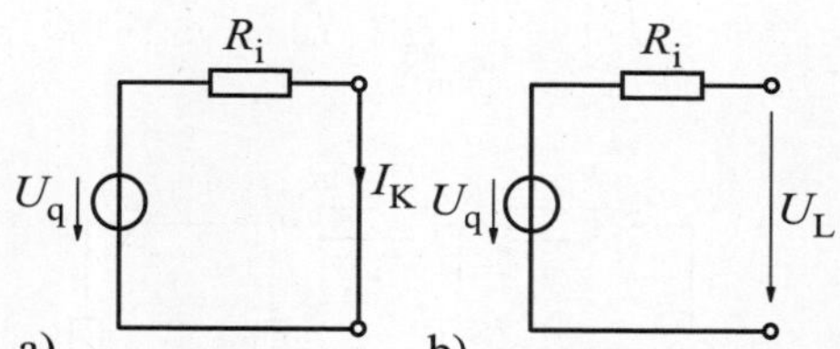

Abb. 16.26 Kurzschlussstrom (a) und Leerlaufspannung (b) einer realen Spannungsquelle

Eine reale Spannungsquelle wird durch ihre Quellenspannung U_{q} und ihren Innenwiderstand R_{i} (Innenleitwert $G_{\text{i}} = 1/R_{\text{i}}$) charakterisiert. Beide Kenngrößen lassen sich durch Messung des Kurzschlussstroms I_{K} und der Leerlaufspannung U_{L} bestimmen.

Leistung und Leistungsanpassung

Wird ein Verbraucher an eine Spannungsquelle angeschlossen, so wird der Quelle Leistung entnommen. Ein Teil dieser Quellenleistung P_{q} wird vom Verbraucher aufgenommen (P_{a}), ein anderer Teil geht im Innenwiderstand der Quelle als Verlustleistung P_{v} verloren. Es gilt die Leistungsbilanz

$$P_{\text{q}} = P_{\text{a}} + P_{\text{v}} \tag{16.50}$$

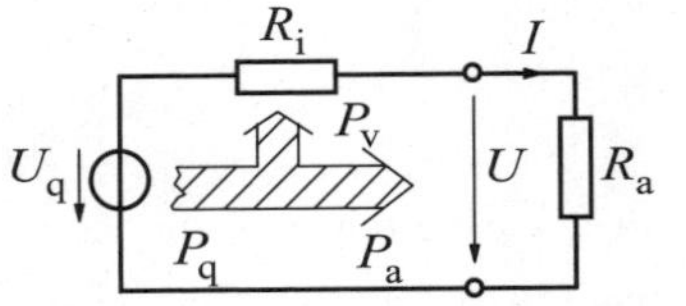

Abb. 16.27 Leistung einer belasteten realen Spannungsquelle

Unter Ausnutzung der Spannungsteilerregel bekommen wir für die **Nutzleistung** $P_a = U \cdot I$ die Beziehung

$$P_a = \frac{R_a}{(R_a + R_i)^2} U_q^2 \tag{16.51}$$

und für die **Verlustleistung** $P_v = (U_q - U) \cdot I$ der Quelle die Beziehung

$$P_v = \frac{R_i}{(R_a + R_i)^2} U_q^2 \tag{16.52}$$

Die einer gegebenen Spannungsquelle entnommene Nutzleistung P_a wird maximal, wenn für den Verbraucherwiderstand (Lastwiderstand)

$$R_a = R_i \tag{16.53}$$

gilt, d. h. bei Identität des Last- und Innenwiderstandes. Man spricht in diesem Fall auch von der **Leistungsanpassung**. Mit der obigen Beziehung folgt für die **maximale Nutzleistung**

$$P_{a\max} = \frac{1}{4}\frac{U_q^2}{R_i} = \frac{1}{4} P_K \tag{16.54}$$

mit P_K als **Kurzschlussleistung**.

Die Kurzschlussleistung ist die größte Leistung, die die Quelle liefern kann. Sie tritt beim Kurzschluss der Quellenanschlüsse auf und wird ausschließlich als Verlustleistung umgesetzt.

Beispiel 16.3

Ströme und Spannungen in einem Gleichstromkreis

Gegeben ist das skizzierte Netzwerk mit der Quellenspannung $U_q = 100$ V und dem Widerstand $R = 100\,\Omega$.

Wie groß sind die Ströme und Spannungen im Widerstandsnetzwerk?

Lösung:

Zur Ermittlung der Ströme und Spannungen muss zuerst der Gesamtwiderstand R_{ges} bestimmt werden. Dazu fasst man schrittweise, beginnend mit R_4 und R_5, reine Parallel- bzw. reine Reihenschaltungen zu ihrem Ersatzwiderstand zusammen.

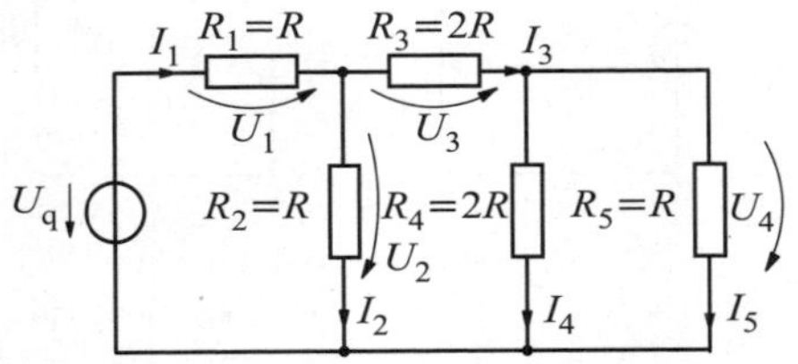

Abb. 16.28 Gleichstromnetzwerk

Man erhält

$$R_{ges} = R_1 + \frac{R_2 \cdot (R_3 + R_{45})}{R_2 + (R_3 + R_{45})} \tag{1}$$

mit

$$R_{45} = \frac{R_4 \cdot R_5}{R_4 + R_5} = \frac{2R \cdot R}{2R + R} = \frac{2}{3} R \tag{2}$$

Nach dem Einsetzen von (2) in (1) folgt für den Gesamtwiderstand

$$R_{ges} = R + \frac{R(2R + 2/3R)}{R + 2R + \frac{2}{3}R} = \frac{19}{11} R \tag{3}$$

$$= 172{,}73\,\Omega$$

Für den Strom I_1 ergibt sich somit

$$I_1 = \frac{U_q}{R_{ges}} = \frac{100\text{ V}}{172{,}73\,\Omega} = 0{,}579\text{ A} \tag{4}$$

und für die Spannung U_1

$$U_1 = I_1 \cdot R_1 = I_1 \cdot R = 57{,}9\text{ V} \tag{5}$$

Mithilfe der Stromteilerregel

$$\frac{I_2}{I_1} = \frac{G_2}{G_2 + G_{345}} \tag{6}$$

und

$$G_{345} = \frac{1}{R_{345}} = \frac{1}{R_3 + R_{45}} = \frac{1}{2R + \frac{2}{3}R} = \frac{3}{8}\frac{1}{R} \tag{7}$$

folgt für die Ströme:

$$I_2 = I_1 \cdot \frac{1/R}{\frac{1}{R} + \frac{3}{8}\frac{1}{R}} = \frac{8}{11} I_1 = 0{,}421\ \mathrm{A} \tag{8}$$

$$I_3 = I_1 - I_2 = 0{,}158\ \mathrm{A} \tag{9}$$

Aus diesen Strömen ergeben sich die Spannungen:

$$U_2 = I_2 \cdot R_2 = I_2 \cdot R = 42{,}1\ \mathrm{V} \tag{10}$$

$$U_3 = I_3 \cdot R_3 = I_3 \cdot 2R = 31{,}6\ \mathrm{V} \tag{11}$$

Unter Anwendung der Maschenregel folgt für die Spannung U_4:

$$U_4 = U_2 - U_3 = 10{,}5\ \mathrm{V} \tag{12}$$

Die restlichen Ströme ergeben sich mithilfe der Spannung U_4:

$$I_4 = \frac{U_4}{R_4} = \frac{U_4}{2R} = 0{,}053\ \mathrm{A} \tag{13}$$

$$I_5 = \frac{U_4}{R_5} = \frac{U_4}{R} = 0{,}105\ \mathrm{A} \tag{14}$$

Beispiel 16.3 ▲

Beispiel 16.4 ▼

Leistungen in einem Gleichstromkreis mit realer Spannungsquelle

An einer realen Spannungsquelle mit der Leerlaufspannung $U_q = 100$ V und dem Innenwiderstand $R_i = 50\ \Omega$ ist ein Lastwiderstand $R_1 = 50\ \Omega$ über ein Potentiometer angeschlossen. Der Gesamtwiderstand $R_p = 100\ \Omega$ des Potentiometers wird durch den Schleifer in einen unteren Teil der Größe $R_{p,u} = k \cdot R_p$ und einen oberen Teil der Größe $R_{p,o} = (1-k) \cdot R_p$ aufgeteilt.

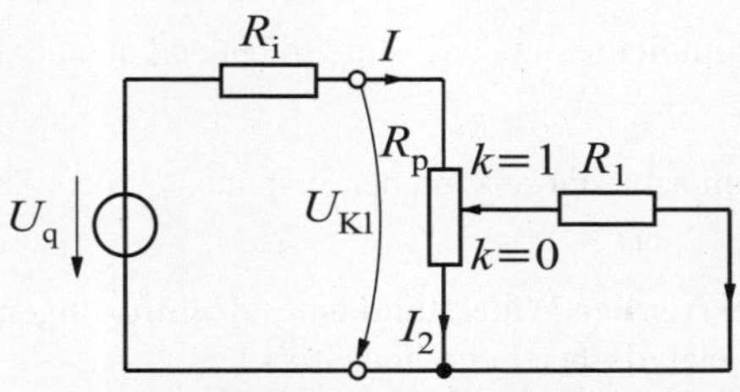

Abb. 16.29 Belastete Potentiometer an einer realen Spannungsquelle

a) Welche Potentiometereinstellung muss bei Leistungsanpassung vorliegen?
b) Welche Leistung wird dann im Potentiometer und im Lastwiderstand umgesetzt?

Lösung:

a) Bei Leistungsanpassung muss gelten:

$$R_a = R_i \qquad R_a: \text{an den Klemmen angeschlossener Gesamtwiderstand} \tag{1}$$

Auf das vorliegende Beispiel angewandt ergibt sich

$$R_i = (1-k)R_p + \frac{kR_p \cdot R_1}{kR_p + R_1} \tag{2}$$

und hieraus für den Potentiometereinstellwert

$$k = \frac{\sqrt{5}+1}{4} = 0{,}809 \tag{3}$$

b) Für den Quellenstrom berechnet man

$$I = \frac{U_q}{R_a + R_i} = \frac{U_q}{2R_i} = \frac{100\ \text{V}}{100\ \Omega} = 1\ \text{A} \tag{4}$$

und für die Klemmenspannung

$$U_{KL} = \frac{U_q}{R_a + R_i} R_a = \frac{1}{2} U_q = 50\ \text{V} \tag{5}$$

Die Nutzleistung ergibt sich aus den beiden obigen Werten zu

$$P_{a\,max} = U_{KL} \cdot I = 50\ \text{W} \tag{6}$$

Um die Leistungsverteilung auf das Potentiometer und den Lastwiderstand zu ermitteln, wendet man die Stromteilerregel an

$$\frac{I_l}{I} = \frac{(kR_p \cdot R_l)/(kR_p + R_l)}{R_l} = \frac{kR_p}{kR_p + R_l} = \frac{0{,}809 \cdot 100\ \Omega}{0{,}809 \cdot 100\ \Omega + 50\ \Omega} = 0{,}618 \tag{7}$$

und bekommt

$$I_l = I \cdot 0{,}618 = 0{,}618\ \text{A} \tag{8}$$

Der Leistungsverbrauch in den beiden Bauelementen ergibt sich somit zu

Lastwiderstand R_l: $P_l = I_l^2 \cdot R_l = 19{,}1\ \text{W}$ (9)

Potentiometer R_p: $P_{R_p} = P_{a\,max} - P_l = 30{,}9\ \text{W}$ (10)

Beispiel 16.4 ▲

16.6 Zusammenfassung

Elektrische Stromstärke im drahtförmigen Leiter mit der Ladungsdichte ρ_Q, dem Drahtquerschnitt A und der Driftgeschwindigkeit $\bar{v}$ der Ladungsträger:

$$I = \rho_Q \cdot A \cdot \bar{v} \tag{16.55}$$

Stromdichte mit der Ladungsdichte ρ_Q und der Driftgeschwindigkeit $\bar{v}$ der Ladungsträger:

$$\vec{j} = \rho_Q \cdot \vec{\bar{v}} \tag{16.56}$$

Ohm'sches Gesetz mit der Spannung U, dem Strom I und dem Widerstand R:

$$U = I \cdot R \tag{16.57}$$

Elektrischer Widerstand eines drahtförmigen Leiters mit der Länge l, dem Querschnitt A und der elektrischen Leitfähigkeit κ:

$$R = \frac{l}{\kappa \cdot A} \tag{16.58}$$

Elektrische Leitfähigkeit eines Materials mit der Ladungsdichte ρ_Q und der Beweglichkeit b:

$$\kappa = \rho_Q \cdot b \tag{16.59}$$

Beweglichkeit von Ladungsträgern mit der Driftgeschwindigkeit $\bar{v}$ der Ladungsträger und der elektrischen Feldstärke E:

$$b = \frac{\bar{v}}{E} \tag{16.60}$$

Temperaturabhängigkeit metallischer Widerstände mit dem Widerstand R_0 und dem linearen Temperaturkoeffizienten α_0 bei der Temperatur ϑ_0:

$$R(\vartheta) = R_0\,(1 + \alpha_0 \cdot (\vartheta - \vartheta_0)) \tag{16.61}$$

Leistung mit der Spannung U und dem Strom I:

$$P = U \cdot I \tag{16.62}$$

Erstes Kirchhoff'sches Gesetz (Knotenregel):

$$\sum_{i=1}^{N} I_i = 0 \tag{16.63}$$

Die Summe aller Ströme I_i eines Knotens mit N Zweigen ist gleich null, wenn Ströme, deren Zählzeiger aus dem Knoten herauszeigen, addiert und Ströme mit hineinzeigendem Zählzeiger subtrahiert werden.

Zweites Kirchhoff'sches Gesetz (Maschenregel):

$$\sum_{i=1}^{N} U_i = 0 \tag{16.64}$$

Die Summe aller Spannungen in einer Masche ist gleich null, wenn Spannungen mit Bezugspfeilen im gewählten Umlaufsinn addiert und Spannungen mit entgegengesetztem Bezugspfeil subtrahiert werden.

Der Widerstand von N **in Reihe** geschalteten Widerständen R_i ist durch die Summe aus den Einzelwiderständen gegeben

$$R_\mathrm{ges} = R_1 + R_2 + \cdots R_N \tag{16.65}$$

Der Leitwert von N **parallel** geschalteten Widerständen ist durch die Summe der Leitwerte der Einzelwiderstände gegeben

$$G_\mathrm{ges} = G_1 + G_2 + \cdots G_N$$

$$\frac{1}{R_\mathrm{ges}} = \frac{1}{R_1} + \frac{1}{R_2} + \cdots + \frac{1}{R_N} \tag{16.66}$$

In einer Reihenschaltung von Widerständen verhalten sich die Spannungen an beliebigen Widerständen zueinander wie die zugehörigen Widerstände

Spannungsteilerregel bei Reihenschaltung

$$\frac{U_i}{U_j} = \frac{R_i}{R_j} \tag{16.67}$$

In einer Parallelschaltung von Widerständen verhalten sich die Ströme durch beliebige Widerstände wie die Leitwerte dieser Widerstände zueinander

Stromteilerregel bei Parallelschaltung

$$\frac{I_i}{I_j} = \frac{G_i}{G_j} = \frac{R_j}{R_i} \tag{16.68}$$

Eine **reale Spannungsquelle** mit der Quellenspannung U_q und dem Innenwiderstand R_i liefert an einen Verbraucher mit dem Widerstand R_a die **Nutzleistung**

$$P_\mathrm{a} = \frac{R_\mathrm{a}}{(R_\mathrm{a} + R_\mathrm{i})^2} U_\mathrm{q}^2 \tag{16.69}$$

Einer realen Spannungsquelle wird bei Identität des Verbrauchswiderstandes R_a mit dem Quelleninnenwiderstand R_i die maximale Nutzleistung (Verbrauchsleistung) $P_\mathrm{a\,max}$ entnommen

Leistungsanpassung

$$R_\mathrm{a} = R_\mathrm{i} \tag{16.70}$$

Die **maximale Nutzleistung (Verbrauchsleistung)** einer realen Spannungsquelle ist $1/4$ der **Kurzschlussleistung** P_k

$$P_\mathrm{a\,max} = \frac{1}{4}\frac{U_\mathrm{q}^2}{R_\mathrm{i}} = \frac{1}{4} P_\mathrm{k} \tag{16.71}$$

16.7 Aufgaben

16.1

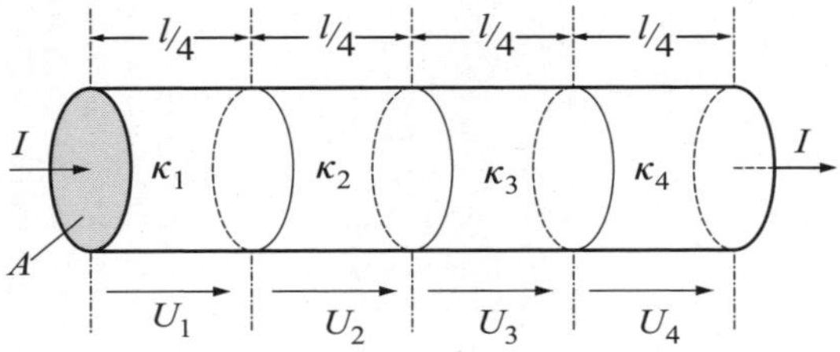

Abb. 16.30 Leiter aus vier unterschiedlichen Materialstückchen

Gegeben ist ein aus vier verschiedenen Materialien zusammengesetzter Leiter mit kreisförmigem Querschnitt, der vom Strom I durchflossen wird. Die Materialstücke sind gleich lang und verhalten sich in ihren elektrischen Leitfähigkeiten zueinander wie $\kappa_1 : \kappa_2 : \kappa_3 : \kappa_4 = 1 : 2 : 3 : 4$. In welchem Verhältnis zueinander stehen die Spannungen U_1 bis U_4?

16.2

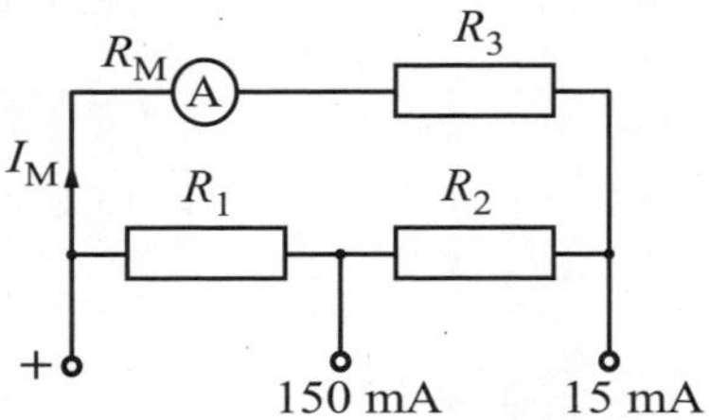

Abb. 16.31 Strommesser für die Messbereiche $I_1 = 150$ mA und $I_2 = 15$ mA

Ein Strommesser für die Messbereiche $I_1 = 150\,\text{mA}$ und $I_2 = 15\,\text{mA}$ ist entsprechend der Abbildung verschaltet und enthält ein Drehspulmesswerk A mit dem maximalen Messstrom $I_{\text{M max}} = 0{,}3$ mA und einem Messwerkwiderstand von $R_\text{M} = 200\ \Omega$. Zur Erreichung einer optimalen Zeigerdämpfung muss der Kreiswiderstand $R_\text{K} = R_1 + R_2 + R_3 + R_\text{M} = 600\ \Omega$ betragen. Die Strommessung erfolgt zwischen dem Plus-Anschluss und dem 150-mA- bzw. 15-mA-Anschluss.
Welchen Wert müssen die einzelnen Widerstände aufweisen?

16.3 Durch einen Kupferdraht mit dem Querschnitt $A = 1{,}5\ \text{mm}^2$ fließt ein Strom von $I = 1$ A. Die Ladungsträgerdichte beträgt in Kupfer $n = 8{,}4 \cdot 10^{22}/\text{cm}^3$.
Wie groß ist die mittlere Geschwindigkeit der Elektronen in diesem Draht?

16.4 Welche Widerstände treten zwischen zwei Ecken eines Würfels auf, der aus 12 gleichen Widerständen R zusammengesetzt ist?

Hinweis: Je nach Wahl der Ecken ergeben sich drei verschiedene Lösungen. Einfache Ersatzschaltbilder ergeben sich, wenn man mit Symmetrieüberlegungen Punkte gleichen Potenzials sucht, zwischen denen zusätzliche Drähte angenommen werden dürfen.

16.5

Welche Ströme fließen in der folgenden Anordnung von Widerständen und Spannungsquellen?

Hinweis: Bestimmen Sie zunächst die Teilströme, die fließen würden, wenn jeweils zwei Spannungsquellen kurzgeschlossen wären und überlagern Sie diese dann zu den tatsächlich fließenden Strömen.

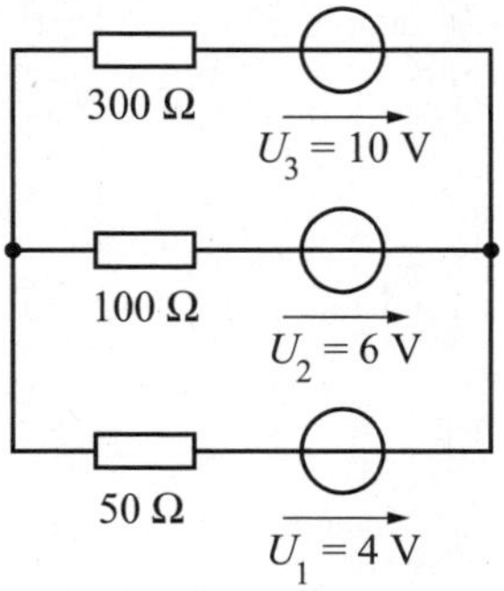

Abb. 16.32 Netzwerk mit drei Spannungsquellen

16.6 Eine Brückenschaltung besteht aus zwei festen Widerständen $R_1 = 10\ \Omega$ und $R_2 = 100\ \Omega$, einem variablen Widerstand R_s und einem unbekannten Widerstand R_x. Das Strommessgerät zur Messung des Brückenstromes I hat einen vernachlässigbaren Messwerkwiderstand, d. h. $R_M \to 0\ \Omega$.

a) Welchen Wert hat der Widerstand R_x, wenn beim Strom $I = 0$ A durch das Messgerät der Widerstand R_s den Wert 470 Ω hat?

b) Nun wird das Ampèremeter durch ein Voltmeter mit $R_M \to \infty$ ersetzt. Welche Spannung zeigt es bei $R_s = 470\,\Omega$ und $R_x = 3{,}0\,\mathrm{k\Omega}$ an?

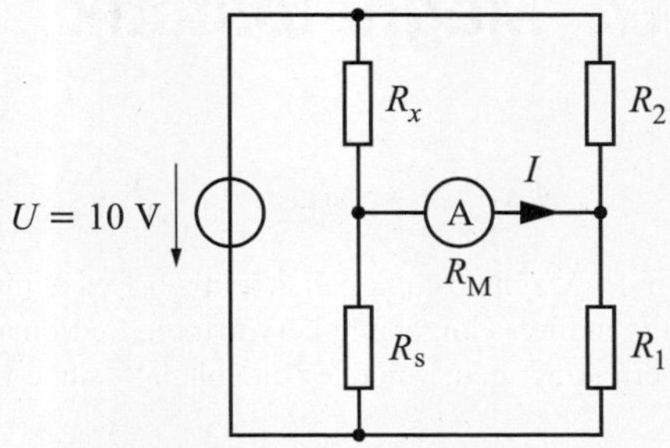

Abb. 16.33 Brückenschaltung

16.7 a) Welcher Spannungsabfall U und welche Verlustleistung P treten an einer 1300 m langen Kupferleitung mit dem Durchmesser 5 mm zu einer Baustelle auf, durch die ein Strom $I = 25$ A fließt? Der spezifische Widerstand von Cu ist $\varrho = 0{,}0175\ \mu\Omega \cdot \mathrm{m}$.

b) Wie ändern sich der Spannungsabfall und die Verlustleistung, wenn bei gleich bleibender Gesamtleistung die Betriebsspannung verzehnfacht wird?

16.8 Welche Spannung U_L liegt am Lastwiderstand eines Verstärkers, der gemäß Abbildung beschaltet ist? Der Verstärker selbst wird durch die Gleichung $U_{aus} = v \cdot (U_P - U_N)$ mit der Verstärkung $v = 10^5$ beschrieben.

Hinweis: Der Verstärker erzwingt wegen seiner großen Verstärkung $U_N = U_P$.

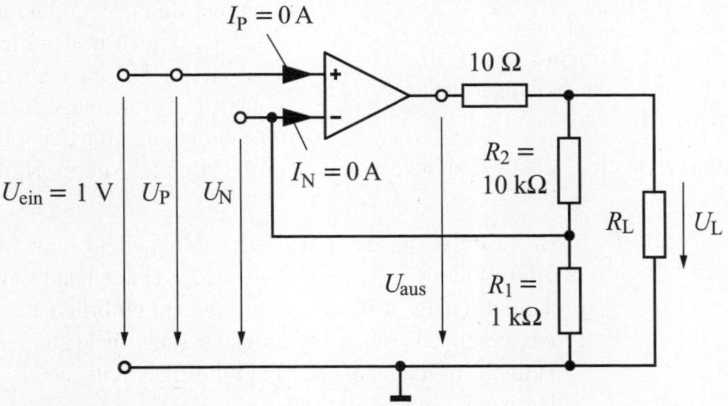

Abb. 16.34 Schaltung mit Operationsverstärker

17 Magnetostatik

In der Magnetostatik behandeln wir Erscheinungen und Wirkungen, die stationär fließende Ladungen in ihrer Umgebung hervorrufen. Stationäre Ladungsströmung liegt vor, wenn die Stromdichteverteilung nicht von der Zeit abhängt (siehe vorheriges Kapitel).

17.1 Grundlegende Erscheinungen

Magnetische Erscheinungen wurden bereits im Altertum an den Kraftwirkungen des Magneteisensteins entdeckt.

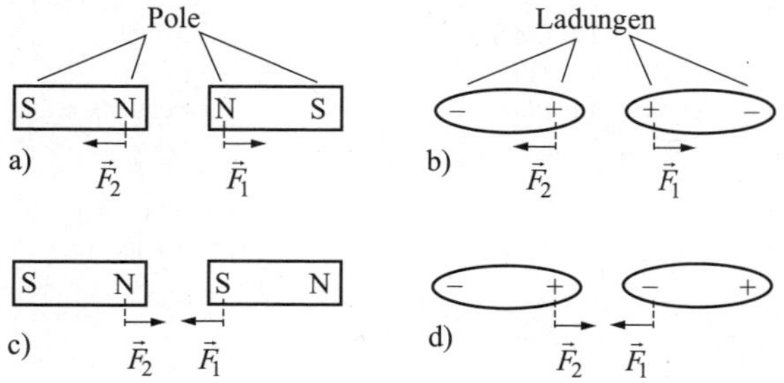

Abb. 17.1 Kraftwirkung zwischen Magneten (a) und (c), sowie elektrischen Dipolen (b) und (d). Abstoßende Kräfte bei gleichnamigen Polen (a) und Ladungen (b), anziehende Kräfte bei ungleichnamigen Polen (c) und Ladungen (d)

Permanente Magnete aus Magneteisenstein oder anderen Magnetmaterialien üben aufeinander und auf Eisen, Nickel, Cobalt sowie verschiedene Legierungen Kräfte aus. Nähert man gleichartige Pole zweier Magnete einander an, so stoßen sich die Magnete ab, nähert man die ungleichnamigen Pole einander an, so ziehen sich die Magnete an. Diese Erscheinung wird auch in der Elektrostatik zwischen elektrischen Dipolen beobachtet. Die besonders an den Polen ausgeprägte Kraft ist über große Entfernungen hinweg wirksam. Im Fall der Magnete nennt man den Bereich dieser Kraftwirkung **Magnetfeld**.

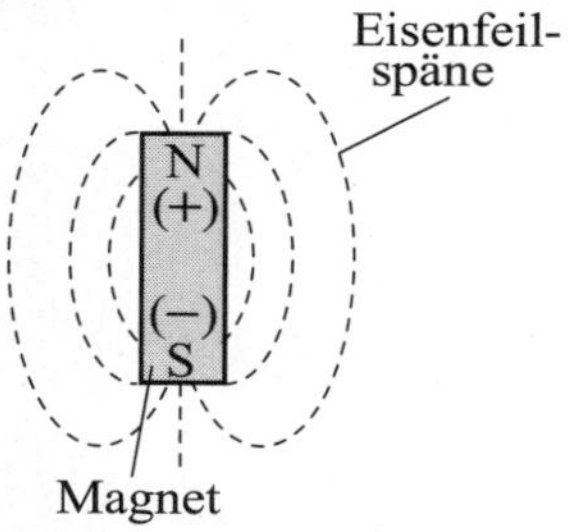

Abb. 17.2 Magnetfeld eines Stabmagneten

Mit Eisenfeilspänen lässt sich das Magnetfeld sichtbar machen. Die Eisenteilchen lagern sich zu Ketten aneinander und bilden damit das magnetische Feld mit seinen **Feldlinien** ab. Analog zu den elektrischen Dipolen im elektrischen Feld orientieren sich nämlich im magnetischen Feld die Eisenfeilspäne in Richtung der magnetischen Feldlinien.

Ein im Schwerpunkt drehbar gelagerter Magnet (**Kompassnadel**) richtet sich ebenfalls im Magnetfeld eines anderen Magneten parallel zu dessen Feldlinien aus. Zur Kennzeichnung der **Pole eines Magneten** lagert man den Magnet als Kompassnadel und beobachtet seine Ausrichtung auf der Erdoberfläche.

Man bezeichnet den nach Norden zeigenden Pol als **Nordpol** (auch +-Pol) und den entgegengesetzten als **Südpol** (auch −-Pol). Durch Ausrichtungsversuche im Erdmagnetfeld lassen sich so die Pole beliebiger Stabmagnete eindeutig kennzeichnen und die oben beschriebenen Kraftgesetze zwischen Magnetpolen bestätigen.

Als **Feldlinienrichtung** in einem beliebigen Punkt eines Magnetfeldes definiert man die Richtung, in die sich der **Nord**pol einer Kompassnadel einstellt. Prüft man auf diese Weise das von einem Magneten erzeugte Feld, so findet man, dass **die Feldlinien aus seinem Nordpol heraus und in seinen Süpdpol hinein zeigen**.

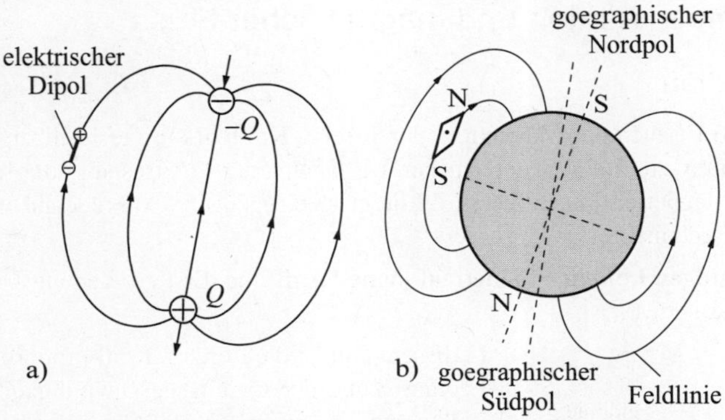

Abb. 17.3 Orientierung eines elektrischen Dipols im Feld einer Dipolladung (a) und eines Magneten (Kompassnadel) im Erdmagnetfeld (b)

Aufgrund der herrschenden Kraftwirkungen auf die Kompassnadel muss die Erde als ein Magnet mit großen Abmessungen betrachtet werden. Der magnetische Südpol des Erdmagneten befindet sich in der Nähe des geographischen Nordpols und der magnetische Nordpol in der Nähe des geographischen Südpols.

Magnetfeld eines stromdurchflossenen Drahtes

Magnetische Felder beobachtet man nicht nur bei Permanentmagneten. Durch eine in der Mitte durchbohrte nichtleitende Scheibe wird senkrecht ein gerader Leitungsdraht hindurch gesteckt. Die Scheibe ist mit Eisenfeilspänen bestreut. Fließt nun durch den Draht ein Strom, so ordnen sich die Eisenfeilspäne zu konzentrischen Kreisen um den Leiter. Eine Kompassnadel stellt sich tangential zu diesen Kreisen ein. **Die fließende Ladung im Leiter hat ein magnetisches Feld mit konzentrisch um den Draht herumlaufenden Feldlinien aufgebaut**.

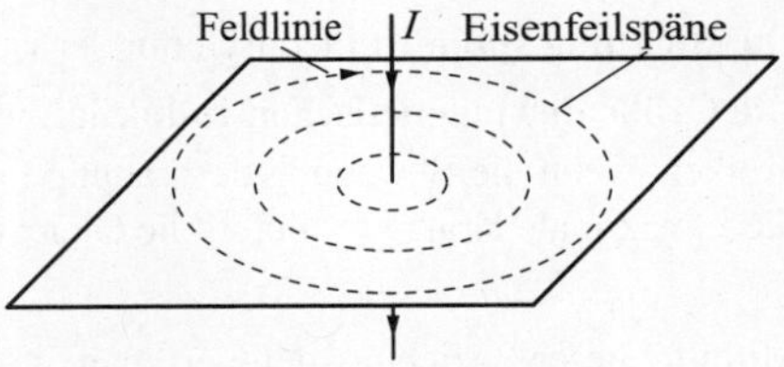

Abb. 17.4 Magnetfeld eines stromdurchflossenen Drahtes

Mithilfe der Kompassnadel lässt sich auch der Drehsinn der magnetischen Feldlinien untersuchen. Es ergibt sich, dass sie im Uhrzeigersinn verlaufen, wenn man in Richtung des Stromes schaut. Diese Orientierung wird durch die **Rechte-Hand-Regel** beschrieben: Zeigt der Daumen in Stromrichtung, so geben die restlichen Finger die Umlaufrichtung der Feldlinien an.

Mikroskopische Betrachtungen in diesem Kapitel werden zeigen, dass auch das magnetische Feld von Permanentmagneten auf Ströme zurückgeführt wird, und zwar auf Ströme im atomaren Bereich.

Wie bekannt, setzt sich der elektrische Dipol aus zwei entgegengesetzten Ladungen Q und $-Q$ zusammen, welche im Abstand a angeordnet sind. Eine Zerlegung dieses Dipols in die einzelnen Ladungsbestandteile ist möglich. Beim Magneten kann eine Trennung der beiden Pole nicht erreicht werden. Jede Teilung des Magneten führt wieder zu Magneten mit zwei Polen. Die kleinste erreichbare „Magneteinheit" ist der aus dem atomaren Kreisstrom gebildete **Elementarmagnet**.

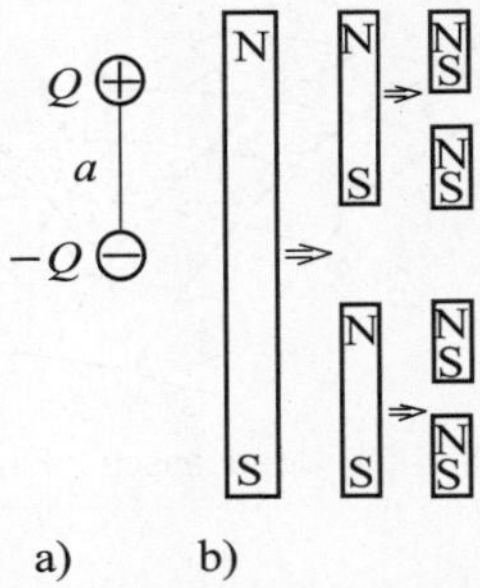

Abb. 17.5 Elektrischer Dipol (a), Teilung eines Magneten (b)

17.2 Magnetische Induktion und magnetischer Fluss

Magnetische Induktion

Wie das elektrische Feld ist auch das Magnetfeld durch seine Kraftwirkung feststellbar. Um das Magnetfeld auch quantitativ zu erfassen, untersuchen wir, analog zur Elektrostatik, die Kraft, die eine Probeladung q im Magnetfeld spürt. Sie wird Lorentz-Kraft genannt. Ausgedehnte Versuche ergeben die folgenden Ergebnisse:

Auf ruhende Probeladungen übt ein Magnetfeld keine Kraft aus. Erst bei Ladungsbewegung stellt man eine Kraftwirkung fest.

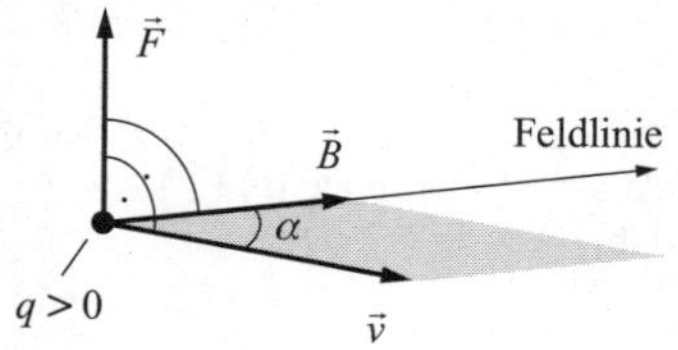

Abb. 17.6 Richtung der Lorentz-Kraft

In diesem Fall ist die Lorentz-Kraft proportional zur Ladung q und der Ladungsgeschwindigkeit v. Ihre Richtung zeigt, wie in der Abbildung skizziert, senkrecht zur Ladungsgeschwindigkeit $\vec{v}$ und senkrecht zur magnetischen Feldlinie. Diese Zusammenhänge lassen sich in der folgenden Gleichung zusammenfassen:

Lorentz-Kraft

$$\vec{F} = q\left(\vec{v} \times \vec{B}\right) \tag{17.1}$$

Dabei ist $\vec{B}$ ein Vektor, der das magnetische Feld beschreibt. $\vec{B}$ heißt **magnetische Induktion** oder **magnetische Flussdichte**.

Die Richtung von $\vec{B}$ ist identisch mit der weiter oben definierten Richtung der Feldlinien.

Die Größe der magnetischen Induktion wird mithilfe der Lorentz-Kraft festgelegt: Diese ist am größten, wenn die Bewegung der Ladung q senkrecht zur magnetischen Induktion $\vec{B}$ verläuft. Für diese maximale Kraft F_{max} liefert die Gleichung der Lorentz-Kraft

$$F_{max} = q \cdot v \cdot B \tag{17.2}$$

Mithilfe dieser Beziehung definiert man die magnetische Induktion B:

$$B = \frac{F_{max}}{q \cdot v}\,; \qquad [B] = \frac{\mathrm{V \cdot s}}{\mathrm{m}^2} = \mathrm{T} \quad \text{(Tesla)} \tag{17.3}$$

Magnetischer Fluss

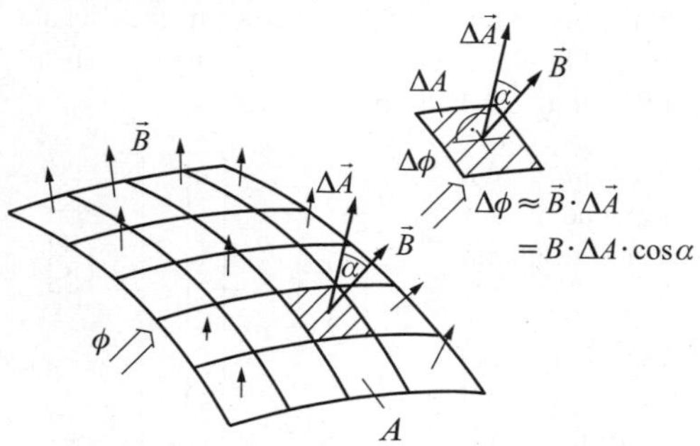

Abb. 17.7 Magnetischer Fluss durch eine Fläche A

Analog zur Ermittlung des Verschiebungsflusses aus der Verschiebungsdichteverteilung des elektrischen Feldes definieren wir auch beim Magnetfeld eine entsprechende Größe.

Der **magnetische Fluss** ϕ durch eine Fläche A ist gegeben durch das Flächenintegral

$$\phi = \int_A \vec{B} \cdot \mathrm{d}\vec{A} \tag{17.4}$$

$$[\phi] = \mathrm{V \cdot s} = \mathrm{Wb} \quad \text{(Weber)}$$

Anschaulich ist der magnetische Fluss ein Maß für die Anzahl der magnetischen Feldlinien, welche die vorgegebene Fläche A durchsetzen.

Aus der Definitionsgleichung des magnetischen Flusses folgt für die magnetische Induktion:

$$B = \frac{\Delta\phi}{\Delta A_\perp} \tag{17.5}$$

Dabei ist $\Delta\phi$ der magnetische Fluss durch die kleine, senkrecht zur magnetischen Induktion stehende Messfläche $\Delta A_\perp$. Die magnetische Induktion gibt also den „magnetischen Fluss pro Flächeneinheit" an, was ihren zweiten Namen „magnetische Flussdichte" begründet.

Im Unterschied zum elektrischen Feld **sind die Feldlinien der magnetischen Induktion immer ringförmig geschlossen.** Dies ist bei den Feldlinien um einen stromführenden Draht direkt zu sehen, gilt aber auch für einen Stabmagnet, da die Feldlinien sich in seinem Innern fortsetzen. Anschaulich bedeutet dies, dass die magnetische Induktion keine Quellen besitzt. Eine mathematische Form dieser Aussage erhält man, wenn man die Hüllfläche (Oberfläche) eines beliebigen Volumens betrachtet: Alle Feldlinien, die in das Volumen hineinlaufen, müssen, da innen keine Quellen oder Senken vorhanden sein können, auch wieder aus ihm hinausführen. Der magnetische Fluss durch die Hüllfläche des Volumens ist daher immer null:

$$\oint_O \vec{B} \cdot \mathrm{d}\vec{A} = 0 \tag{17.6}$$

Dies ist die **integrale Form** des Satzes von der **Quellenfreiheit der magnetischen Induktion**.

17.3 Magnetische Feldstärke und Durchflutungssatz

Magnetische Feldstärke

Zur Beschreibung des elektrischen Feldes haben wir zwei Größen kennen gelernt: $\vec{E}$ und $\vec{D}$. Aus der elektrischen Feldstärke $\vec{E}$ ergibt sich die Kraft des Feldes auf Ladungen :

$$\vec{F} = q\vec{E} \tag{17.7}$$

Mit der elektrischen Verschiebungsdichte $\vec{D}$ lässt sich der Zusammenhang zwischen dem Feld und seiner Ursache, den Quellladungen, besonders einfach formulieren:

$$\oint_O \vec{D} \cdot \mathrm{d}\vec{A} = Q \tag{17.8}$$

Entsprechend werden auch für das Magnetfeld zwei Größen eingeführt. Zur Berechnung der Kraft des Magnetfeldes auf Ladungen dient gemäß Gl. (17.1) die magnetische Induktion $\vec{B}$. Um den Zusammenhang des Magnetfeldes mit seiner Ursache (dem Strom I) einfach beschreiben zu können, führt man als zweite Größe die **magnetische Feldstärke** (magnetische Erregung) $\vec{H}$ ein. Sie ist **im Vakuum** definiert durch:

$$\vec{H} = \frac{\vec{B}}{\mu_0} \tag{17.9}$$

mit der **magnetischen Feldkonstanten (Induktionskonstanten)**

$$\mu_0 = 4\pi \cdot 10^{-7}\,\frac{\mathrm{V \cdot s}}{\mathrm{A \cdot m}} \approx 1{,}257 \cdot 10^{-6}\,\frac{\mathrm{V \cdot s}}{\mathrm{A \cdot m}} \tag{17.10}$$

Die Definition der magnetischen Feldstärke bei Anwesenheit magnetischer Materialien wird im übernächsten Abschnitt behandelt.

Durchflutungssatz

Im Folgenden beschäftigen wir uns mit der Ableitung des Durchflutungssatzes, der den Zusammenhang zwischen den Strömen und dem von ihnen erzeugten Magnetfeld beschreibt.

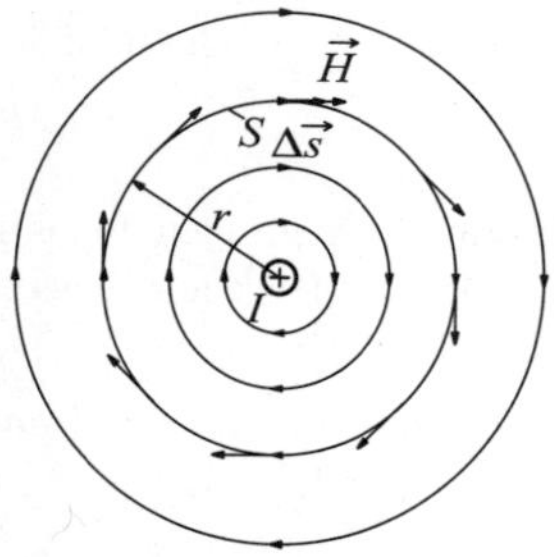

Abb. 17.8 Zur Durchflutung eines stromdurchflossenen geraden Leiters

Im einfachsten Fall wird der Strom in einem geraden Leiter geführt, der sich im Vakuum befindet. Da die magnetische Feldstärke $\vec{H}$ proportional zur magnetischen Induktion $\vec{B}$ ist, verläuft sie wie diese in konzentrischen Kreisen um den Leiter. Untersucht man ihre Stärke in Abhängigkeit von der Stromstärke I im Leiter und dem Abstand r zwischen Leiter und Messort, so erhält man für die **magnetische Feldstärke in der Umgebung eines geraden Leiters** die folgende Beziehung:

$$H = \frac{1}{2\pi}\frac{I}{r} \tag{17.11}$$

Das Material des Leiters spielt keine Rolle. (Dass der Proportionalitätsfaktor den exakt angebbaren Wert $1/2\pi$ hat, liegt daran, dass die Einheit der Stromstärke entsprechend definiert ist.) Unter Einbeziehung dieser Relation ergibt sich für das Linienintegral über die magnetische Feldstärke längs eines Kreises mit dem Radius r:

$$\oint_S \vec{H} \cdot \mathrm{d}\vec{s} = H \cdot 2\pi \cdot r = I \tag{17.12}$$

Man kann zeigen, dass das obige Linienintegral unabhängig vom gewählten Weg S um den stromführenden Leiter ist, d. h. auf jedem geschlossenen, um den Leiter führenden Weg zum gleichen Ergebnis führt.

Werden mehrere Teilströme I_i von dem betrachteten Weg S umfasst, so setzt sich die magnetische Feldstärke entlang des Weges additiv aus den Feldstärken der Einzelströme zusammen, sodass das Linienintegral entsprechend die Summe aller Teilströme liefert. Man bezeichnet diese Summe, also den gesamten Strom, der durch die vom Weg S umrandete Fläche A hindurch tritt, als **Durchflutung** Θ.

$$\Theta = \sum_{i=1}^{N} I_i\,; \qquad [\Theta] = \mathrm{A}$$

Der **Durchflutungssatz** für eine beliebige Stromverteilung in der Fläche A lautet somit

$$\Theta = \oint_S \vec{H} \cdot \mathrm{d}\vec{s}\,; \qquad [H] = \frac{\mathrm{A}}{\mathrm{m}} \tag{17.13}$$

Mit der Einführung eines speziellen Symbols Θ für den gesamten, durch die Fläche A hindurch tretenden Strom wird der Tatsache Rechnung getragen, dass der gleiche Strom I mehrfach die Fläche A durchsetzen und entsprechend mehrfach zur magnetischen Feldstärke beitragen kann. Siehe hierzu auch das zweite Beispiel im nächsten Abschnitt.

Umschließt der Integrationsweg S keinen Strom, so vereinfacht sich der Durchflutungssatz zu

$$\oint_S \vec{H} \cdot \mathrm{d}\vec{s} = 0 \tag{17.14}$$

Materie im Magnetfeld

Bringt man Materie in ein Magnetfeld, so wird sie magnetisiert, d. h., sie erzeugt ein eigenes Magnetfeld, das sich dem ursprünglichen überlagert und es damit verändert. Im Folgenden betrachten wir nur **isotrope** Materialien. Bei diesen liegt das durch die Magnetisierung entstandene eigene Feld immer parallel zum ursprünglichen Feld. Der Einfluss solcher Materialien auf ein äußeres Magnetfeld lässt sich durch ihre **relative Permeabilität** μ_r beschreiben, die auch **Permeabilitätszahl** genannt wird. Diese kann folgendermaßen bestimmt werden:

Man verwendet eine Toroidspule (Ringspule), wie sie in der Abbildung skizziert ist, und wählt den Durchmesser des Spulenquerschnitts klein gegen den Ringradius:

$$(R_A - R_I) \ll R_I$$

Die magnetische Induktion kann dann innerhalb des Spulenquerschnitts als konstant angesehen werden. Füllt man diese Spule nun bei gleich bleibender Stromstärke I vollständig mit dem zu untersuchenden Material, so ändert sich die in der leeren Spule gemessene magnetische Induktion B_0 auf den neuen Wert B. Der „Verstärkungsfaktor" ist die gesuchte relative Permeabilität.

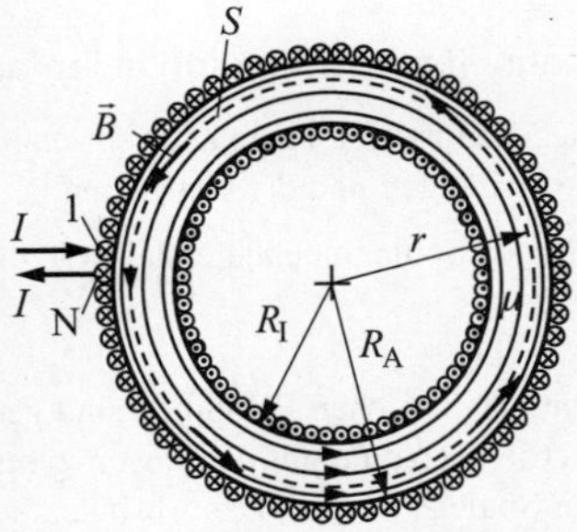

Abb. 17.9 Ringspule zur Definition der Permeabilitätszahl

$$\mu_r = \frac{B}{B_0} \quad \text{Bei vollständig gefüllter Ringspule} \tag{17.15}$$

Die **Definition der magnetischen Feldstärke** H, die wir bisher nur für Vakuum gegeben haben, lässt sich mithilfe der relativen Permeabilität μ_r so erweitern, dass sie auch auf Punkte innerhalb von beliebig verteilter, isotroper Materie anwendbar wird:

$$\vec{H} = \frac{\vec{B}}{\mu_0 \mu_r} = \frac{\vec{B}}{\mu} \tag{17.16}$$

Der zusammengefasste Faktor μ wird **Permeabilität** genannt

$$\mu = \mu_0 \mu_r \tag{17.17}$$

Der **Durchflutungssatz** erweist sich auch bei Anwesenheit von isotropen magnetischen Materialien als gültig:

$$\Theta = \oint_S \vec{H} \cdot d\vec{s} \tag{17.18}$$

Das Linienintegral über die magnetische Feldstärke längs eines geschlossenen Weges hängt also nur von den Strömen ab und ist unabhängig davon, ob isotrope Materie anwesend ist oder nicht. Die magnetische Feldstärke selbst kann sich aber beim Einbringen isotroper Materie durchaus ändern, indem sie auf einigen Teilstrecken größer, auf anderen dafür kleiner wird.

Beispiel 17.1 ▼

Toroidspule mit Materiefüllung

Die Toroidspule der Abb. 17.9 mit der Windungszahl N wird bei konstant gehaltener Stromstärke I mit isotroper Materie der relativen Permeabilität μ_r vollständig ausgefüllt. Es ist zu prüfen, ob die magnetische Feldstärke in der Spule sich dabei ändert.

Lösung:

Die Feldlinien der magnetischen Feldstärke bilden konzentrische Kreise um den Spulenmittelpunkt und ihr Betrag $H(r)$ ist entlang dieser Kreise aufgrund der Rotationssymmetrie konstant. Aus dem Durchflutungssatz, angewendet auf den in Abb. 17.9 mit S bezeichneten Integrationsweg, folgt damit

$$\Theta = NI = H(r) \cdot 2\pi r$$

$$H(r) = \frac{NI}{2\pi} \cdot \frac{1}{r} \tag{1}$$

Die magnetische Feldstärke in der Ringspule ist also mit und ohne Materiefüllung gleich groß.

Beispiel 17.1 ▲

Beispiel 17.2

Magnetische Induktion einer langen Zylinderspule

Gegeben ist eine lange und sehr eng bewickelte **Zylinderspule** mit der Windungszahl N, dem Spulenstrom I, der Länge l und der konstanten Permeabilität μ im Inneren der Spule.

Für den Spuleninnenbereich ist die magnetische Induktion zu ermitteln.

Lösung:

Die magnetischen Feldlinien sind geschlossen und verlaufen alle durch den Spuleninnenbereich. Die Geometrie der Spule mit der langen zylindrischen Ausführung hat ein homogenes Magnetfeld im Innenbereich der Spule zur Folge. Das Absinken der Feldstärke in den beiden Randzonen wird vernachlässigt.

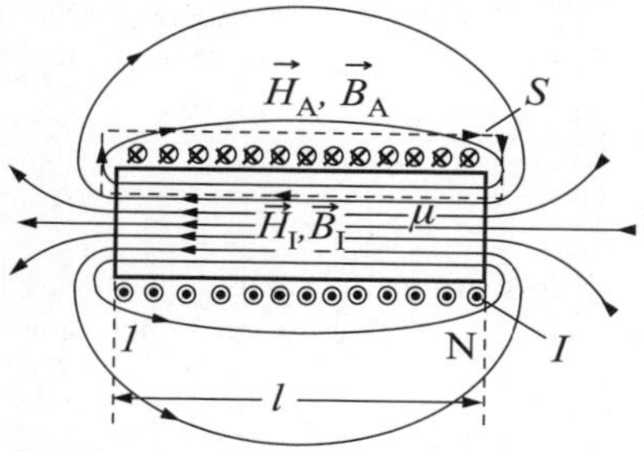

Abb. 17.10 Magnetische Felder einer langen Zylinderspule

Zur Bestimmung der magnetischen Feldstärke wenden wir den Durchflutungssatz mit einem Weg S an, der gemäß der Abbildung alle N Windungen der Spule umfasst.

$$N \cdot I = \oint_S \vec{H} \cdot d\vec{s} = \int_{S_I} \vec{H}_I \cdot d\vec{s} + \int_{S_A} \vec{H}_A \cdot d\vec{s} \qquad (1)$$

Der Integrationsweg S spaltet sich in den im Innenbereich der Spule parallel zur Feldlinie verlaufenden Weg S_I und den außerhalb der Spule befindlichen Weg S_A auf.

Berücksichtigt man, dass die Feldstärke H_I innerhalb der Spule weitaus größer als die Außenfeldstärke H_A ist, so kann man den Beitrag der Außenfeldstärke zur Durchflutung vernachlässigen und bekommt für (1) den Ausdruck

$$NI \approx \int_{S_I} \vec{H}_I \cdot d\vec{s} = \int_{l} H_I \cdot dl = H_I \cdot l \qquad (2)$$

Die magnetische Feldstärke weist somit im Innenbereich der Zylinderspule den funktionalen Zusammenhang

$$H_I \approx \frac{NI}{l} \qquad (3)$$

auf.

Für die magnetische Induktion ergibt sich

$$B_I = \mu H_I \approx \mu \frac{NI}{l} \qquad (4)$$

Beispiel 17.2

17.4 Magnetisches Moment

Im einleitenden Abschnitt dieses Kapitels wurde darauf hingewiesen, dass Magnetpole nicht trennbar sind. Die Magnetpole treten immer nur paarweise auf. Wir haben es ausschließlich mit **magnetischen Dipolen** zu tun.

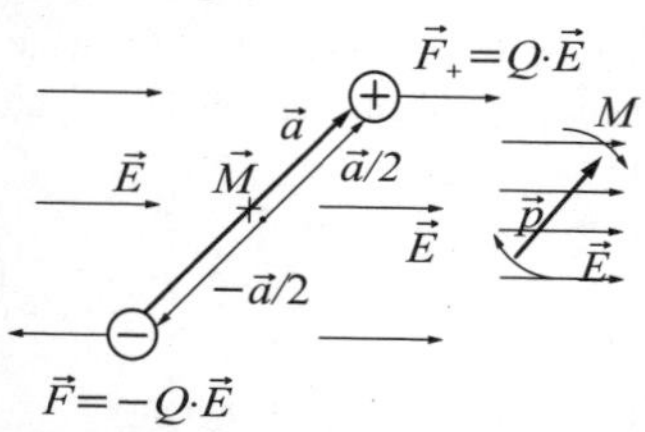

Abb. 17.11 Drehmoment bei einem elektrischen Dipol im homogenen elektrischen Feld

Zum Verständnis der Kraftwirkung auf Dipole betrachten wir einen elektrischen Dipol im homogenen elektrischen Feld. Auf den Dipol wirkt das Drehmoment

$$\vec{M} = 2\left(\frac{1}{2}\vec{a}\right) \times (Q\vec{E}) = Q \cdot \vec{a} \times \vec{E} = \vec{p} \times \vec{E} \qquad (17.19)$$

mit dem elektrischen Dipolmoment

$$\vec{p} = Q \cdot \vec{a} \tag{17.20}$$

Für das Drehmoment auf einen magnetischen Dipol im magnetischen Feld schreiben wir analog zum elektrischen Feld

$$\vec{M} = \vec{m}_{\mathrm{A}} \times \vec{B} \tag{17.21}$$

und definieren damit das **Ampère'sche magnetische Moment** $\vec{m}_{\mathrm{A}}$.

Neben dem in der Atom- und Kernphysik weit verbreiteten Ampère'schen magnetischen Moment, auch kurz **magnetisches Moment** genannt, existiert das über die magnetische Feldstärke definierte **Coulomb'sche magnetische Moment** $\vec{m}_{\mathrm{C}}$

$$\vec{M} = \vec{m}_{\mathrm{C}} \times \vec{H} \tag{17.22}$$

Für einen Stabmagneten oder eine lange Spule ergeben sich daraus die folgenden Ausdrücke (ohne Herleitung):

Ampère'sches magnetisches Moment

$$\vec{m}_{\mathrm{A}} = \frac{\phi \cdot \vec{a}}{\mu_0}; \qquad [m_{\mathrm{A}}] = \mathrm{A} \cdot \mathrm{m}^2 \tag{17.23}$$

Coulomb'sches magnetisches Moment

$$\vec{m}_{\mathrm{C}} = \phi \cdot \vec{a}; \qquad [m_{\mathrm{C}}] = \mathrm{V} \cdot \mathrm{s} \cdot \mathrm{m} \tag{17.24}$$

mit dem magnetischen Fluss ϕ des Magneten und dem Polabstand a.

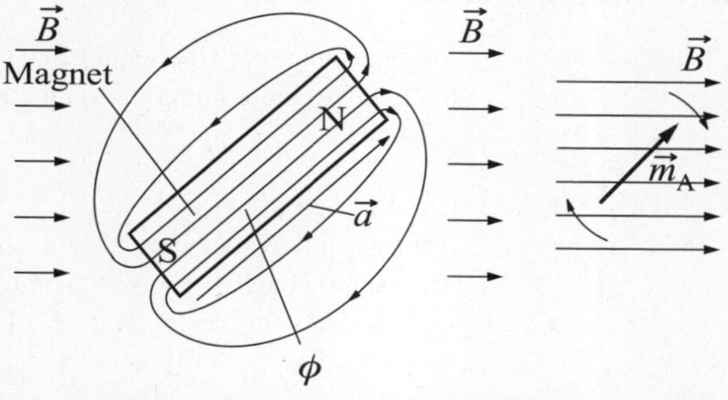

Abb. 17.12 Drehmoment bei einem magnetischen Dipol im Magnetfeld

Bei sehr kurzen Spulen und insbesondere bei Ringströmen ist eine Angabe des Polabstandes a nur schwer möglich. Es lässt sich zeigen, dass für Ringströme das Ampère'sche magnetische Moment in der Form

$$\vec{m}_{\mathrm{A}} = I \cdot \vec{A} \tag{17.25}$$

mit dem Strom I und der Schleifenfläche A angegeben werden kann.

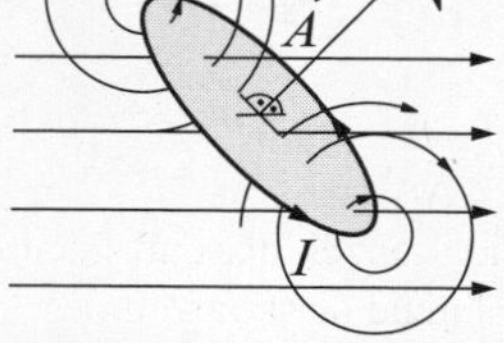

Abb. 17.13 Magnetisches Dipolmoment eines Ringstromes

Beispiel 17.3

Magnetisches Moment einer langen Zylinderspule

Gegeben ist eine lange Zylinderspule mit der Windungszahl N, dem Spulenstrom I, der Länge l, dem Querschnitt A und der konstanten Permeabilität μ (siehe Beispiel 17.1).

Wie groß ist das Coulomb'sche magnetische Moment $\vec{m}_C$ der Zylinderspule?

Lösung:

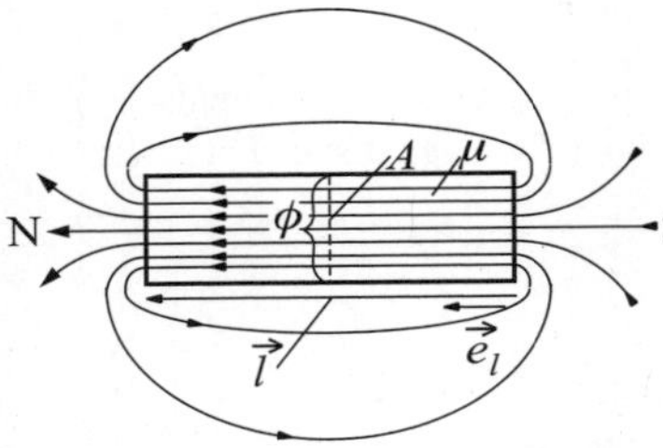

Abb. 17.14 Zum magnetischen Moment einer langen Zylinderspule

Im Innenbereich der Spule herrscht die magnetische Feldstärke

$$H = \frac{NI}{l} \tag{1}$$

vor.

Hieraus ergibt sich der magnetische Fluss innerhalb der Spule zu

$$\phi = BA = \mu \frac{NI}{l} A \tag{2}$$

Mit der Definition für das Coulomb'sche magnetische Moment erhält man für die Zylinderspule:

$$\vec{m}_C = \phi \cdot \vec{l} = \mu \cdot A \cdot N \cdot I \cdot \vec{e}_l \tag{3}$$

Beispiel 17.3

17.5 Kraftwirkung auf bewegte Ladungen im magnetischen Feld

Kraftwirkung auf stromdurchflossene Leiter

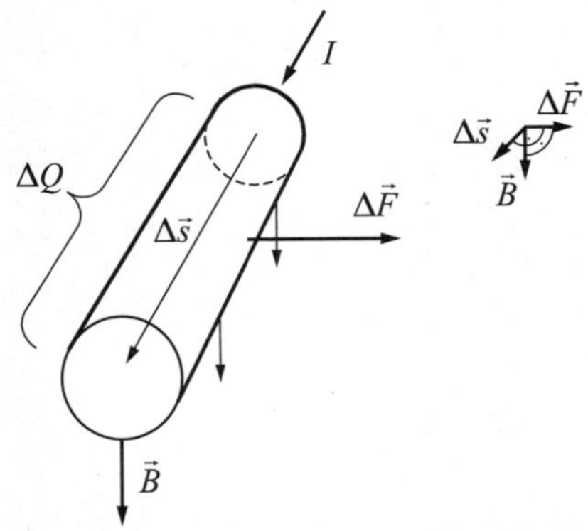

Abb. 17.15 Kraft auf ein Leiterstück im Magnetfeld

Ausgangspunkt der Überlegungen ist die Kraft auf eine bewegte Ladung im Magnetfeld

$$\vec{F}_q = q(\vec{v} \times \vec{B}) \tag{17.26}$$

Befinden sich in einem Leiterstück der Länge Δs insgesamt N bewegte Ladungsträger mit der Gesamtladung $\Delta Q = Nq$, so ergibt sich die gesamte Kraft auf das Leiterstück zu

$$\Delta\vec{F} = N\vec{F}_q = \Delta Q(\vec{v} \times \vec{B}) \tag{17.27}$$

Beschreiben wir das Leiterstück durch einen Vektor $\Delta\vec{s}$, dessen Richtung gemäß der Abbildung stets mit der Fließrichtung des Stromes übereinstimmt und dessen Betrag die Länge des Leiterstückes ist, so gilt je nach Vorzeichen der Ladungsträger

$$\vec{v} = \frac{\Delta\vec{s}}{\Delta t} \quad \Leftrightarrow \quad \Delta Q > 0 \quad \text{und} \quad \vec{v} = -\frac{\Delta\vec{s}}{\Delta t} \quad \Leftrightarrow \quad \Delta Q < 0 \tag{17.28}$$

wobei Δt die Laufzeit der einzelnen Ladungsträger durch das Leiterstück ist. Da die gesamte Ladung ΔQ während der Laufzeit des „letzten" Ladungsträgers durch die Endfläche des Leiterstücks tritt, gilt für die Stromstärke

$$I = \frac{|\Delta Q|}{\Delta t} \tag{17.29}$$

Einsetzen in Gl. (17.27) ergibt unabhängig vom Vorzeichen der Ladungsträger für die Kraft $\Delta\vec{F}$ auf ein Leiterstück der Länge Δs im Magnetfeld

$$\Delta\vec{F} = I(\vec{\Delta s} \times \vec{B}) \qquad \Delta\vec{s} \text{ zeigt in die Richtung des Stromes} \tag{17.30}$$

Kraftwirkung zwischen parallelen stromführenden Leitern

Wir betrachten zwei Drähte, die gemäß der Abbildung im Abstand a parallel zueinander verlaufen, und berechnen die Kraft, die jeweils einer der Drähte auf ein Teilstück der Länge l des anderen Drahtes ausübt. Der im Draht 1 fließende Strom I_1 erzeugt am Ort des Drahtes 2 wegen $H = I_1/(2\pi r)$ und $B = \mu H$ die magnetische Induktion

$$B_1 = \mu \frac{I_1}{2\pi a} \tag{17.31}$$

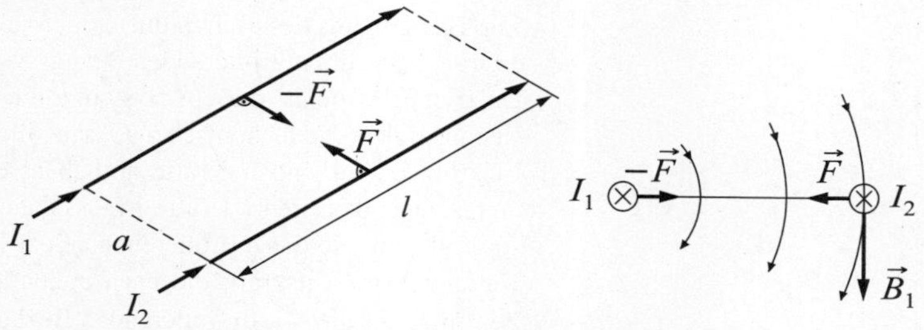

Abb. 17.16 Kraftwirkung zwischen zwei parallelen Leitern

Beachtet man, dass B_1 über die gesamte Teillänge l des Drahtes 2 konstant und die Richtung des Leiters 2 senkrecht zu $\vec{B}_1$ ist, so ergibt sich für die **Kraft zwischen den beiden Leitern**

$$F = l \cdot \frac{I_2 \cdot I_1}{2\pi a} \cdot \mu \tag{17.32}$$

Fließen die Ströme in die gleiche Richtung, so ziehen sich die Drähte an, bei entgegengesetzten Stromrichtungen werden die Drähte abgestoßen. Ist der Strom identisch in den beiden Drähten, so vereinfacht sich die obige Gleichung zu

$$F = l \cdot \frac{I^2}{2\pi a} \cdot \mu \tag{17.33}$$

Diese Beziehung wird verwandt zur Definition der Stromstärke 1 A (Ampere) im Internationalen Einheitensystem (SI-System).

Kraftwirkung auf frei bewegliche Ladungsträger

Wie wir gesehen haben, spürt eine Ladung q im elektrischen Feld die Kraft $\vec{F} = q \cdot \vec{E}$ und im magnetischen Feld die Kraft $\vec{F} = q \cdot \vec{v} \times \vec{B}$.

Wirkt nun gleichzeitig ein elektrisches und ein magnetisches Feld, so erhält man als Kraft auf eine Ladung q die **vollständige Lorentz-Kraft**.

$$\vec{F}_\text{L} = q \cdot \vec{E} + q \cdot \vec{v} \times \vec{B} \quad \text{bzw.}$$

$$\vec{F}_\text{L} = q(\vec{E} + \vec{v} \times \vec{B}) \tag{17.34}$$

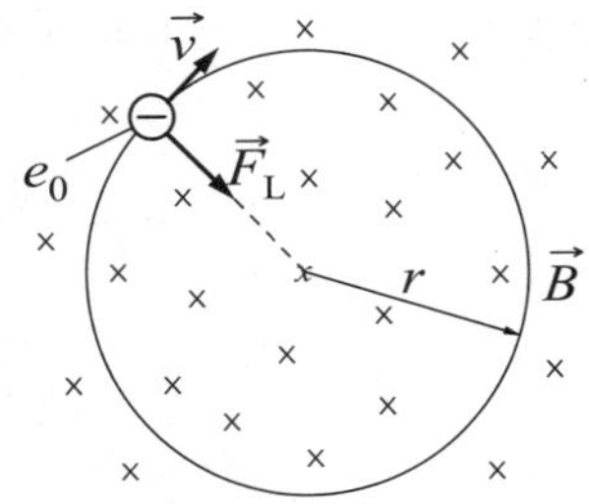

Abb. 17.17 Kreisbewegung freier Elektronen im homogenen Magnetfeld

Als Anwendung wollen wir nun die Bewegungsbahn freier Ladungsträger im homogenen Magnetfeld ermitteln. Bewegt sich ein Elektron gemäß der nebenstehenden Abbildung mit der Geschwindigkeit $\vec{v}$ senkrecht zu den Feldlinien eines homogenen magnetischen Feldes mit der magnetischen Induktion $\vec{B}$, so wirkt auf das Elektron die Lorentz-Kraft $\vec{F}_L = -e_0 \cdot \vec{v} \times \vec{B}$ ein. Sie steht senkrecht zur Geschwindigkeit $\vec{v}$ und ändert deshalb im weiteren Verlauf der Bewegung lediglich die Richtung, nicht aber den Betrag der Geschwindigkeit. Wegen der Homogenität der magnetischen Induktion und der Konstanz von v bleibt der Betrag der einwirkenden Lorentz-Kraft ebenfalls konstant. Das Elektron bewegt sich auf einer Kreisbahn mit konstanter Bahngeschwindigkeit.

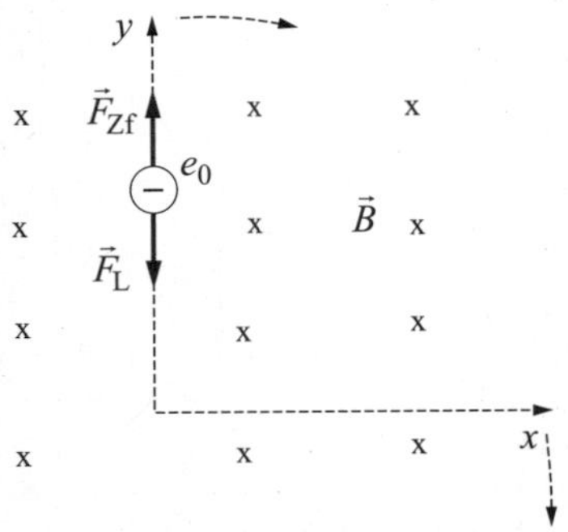

Abb. 17.18 Kräftegleichgewicht im mitrotierenden Bezugssystem

Zur Berechnung des Bahnradius r betrachten wir das Elektron vom mitrotierenden Bezugssystem aus. Da das Elektron in diesem System ruht, müssen sich nach dem 2. Newton'schen Gesetz alle auf das Elektron einwirkenden Kräfte aufheben; die nach innen ziehende Lorentz-Kraft $\vec{F}_L$ muss daher genauso groß sein wie die im rotierenden Bezugssystem wirkende Trägheitskraft, die nach außen ziehende Zentrifugalkraft $\vec{F}_{Zf}$. Im rotierenden Bezugssystem gilt also

$$F_{Zf} = F_L \tag{17.35}$$

$$\frac{m_e \cdot v^2}{r} = e_0 \cdot v \cdot B \tag{17.36}$$

und für den Bahnradius

$$r = \frac{m_e}{e_0} \frac{v}{B} \tag{17.37}$$

Bei Kenntnis der Elektronengeschwindigkeit v, des Bahnradius r und der magnetischen Induktion B ist es möglich, die **spezifische Ladung** e_0/m_e des Elektrons zu ermitteln. Man erhält

$$\frac{e_0}{m_e} = 1{,}7588 \cdot 10^{11} \frac{\mathrm{A \cdot s}}{\mathrm{kg}} \tag{17.38}$$

Beispiel 17.4

Zeigerausschlag eines Drehspulmesswerkes

Gegeben ist ein Drehspulmesswerk. Es besteht aus einem in der Abbildung grau gezeichneten Magnetsystem mit einem inneren, zylinderförmigen Teil vom Durchmesser D und einer drehbaren Spule mit Rückstellfeder und Zeiger. Im ringförmigen Luftspalt des Magnetsystems herrscht eine konstante magnetische Induktion B vor. Die Spule mit N Windungen kann sich um eine senkrecht zur Zeichenebene stehende Achse reibungsfrei drehen. Die im Magnetfeld des Luftspaltes befindlichen Teile der Spulenwindungen haben jeweils die Länge l und befinden sich auf einem Kreisbogen mit dem Durchmesser D. Wird die Spule gedreht, so wirkt auf sie ein Rückstelldrehmoment $M_R = C\varphi$ mit der Federkonstanten C ein.

Durch die Spule fließt der Strom I.

Wie lautet der funktionale Zusammenhang zwischen dem Zeigeranschlagswinkel φ und dem Spulenstrom I?

Lösung:

Fließt durch die Wicklung ein Strom, so wirkt auf jedes ihrer im Magnetfeld verlaufenden Teilstücke die Kraft

$$F_0 = I \cdot l \cdot B \tag{1}$$

Für das durch den Stromfluss erzeugte Drehmoment ergibt sich die Gleichung

$$M = F_1 \frac{D}{2} + F_2 \frac{D}{2} = 2 \cdot N \cdot F_0 \cdot \frac{D}{2}$$
$$= N \cdot I \cdot l \cdot B \cdot D \tag{2}$$

Gleichgewicht herrscht vor, wenn das durch den Strom I erzeugte Drehmoment M mit dem Rückstellmoment M_R identisch ist, d. h.

$$M = N \cdot I \cdot l \cdot B \cdot D = C \cdot \varphi = M_R \tag{3}$$

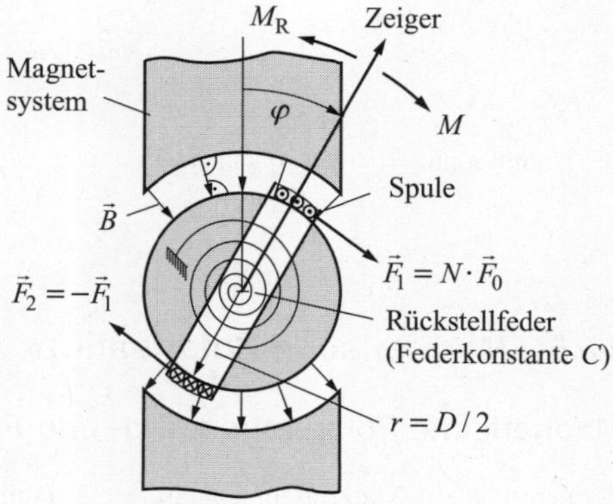

Abb. 17.19 Drehspulmesswerk

Aus dieser Gleichung folgt für den gesuchten Zeigerausschlag

$$\varphi = \frac{A}{C} N \cdot B \cdot I \tag{4}$$

mit der Spulenfläche $A = D \cdot l$. Der Zeigerausschlag ist proportional zum Spulenstrom.

Beispiel 17.4 ▲

Beispiel 17.5 ▼

Kraft zwischen den Drähten einer zweiadrigen Leitung

Gegeben ist eine gerade zweiadrige Leitung der Länge $l = 1$ m mit kleinem Drahtquerschnitt, dem Drahtabstand $a = 10$ mm und der Permeabilität $\mu = \mu_0 = 1{,}256 \cdot 10^{-6}$ V · s/(A · m).

Die Drähte der Leitung sind an einem Leitungsende miteinander und am anderen Leitungsende mit einer Spannungsquelle verbunden.

Welche Kraft wirkt zwischen den Drähten der Leitung bei einem Strom von $I = 10$ A?

Lösung:

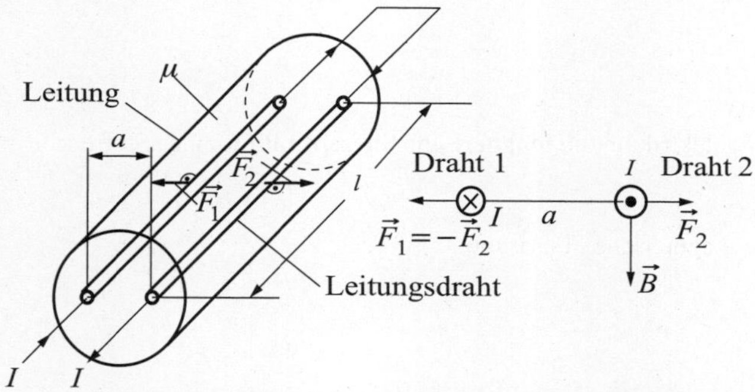

Abb. 17.20 Kraftwirkung in einer stromdurchflossenen zweiadrigen Leitung

Die Drähte der Leitung verlaufen parallel im Abstand a.

Der Strom durch den Draht 1 erzeugt am Ort vom Draht 2 die magnetische Induktion

$$B = \mu_0 \frac{I}{2\pi a} \tag{1}$$

Mit der Kraftgleichung für ein gerades Leiterstück im Magnetfeld

$$\Delta \vec{F} = I(\Delta \vec{s} \times \vec{B}) \tag{2}$$

folgt für die einwirkende Kraft auf die Leitungsadern

$$F_2 = \mu_0 \frac{I^2 \cdot l}{2\pi a} = 1{,}256 \cdot 10^{-6}\ \frac{\mathrm{V \cdot s}}{\mathrm{A \cdot m}} \cdot \frac{(10\ \mathrm{A})^2 \cdot 1\ \mathrm{m}}{2\pi \cdot 10\ \mathrm{mm}}$$

$$F_2 = 2\ \mathrm{mN} \tag{3}$$

Die Leitungsdrähte werden voneinander mit der Kraft $F = 2$ mN abgestoßen.

Beispiel 17.5 ▲

17.6 Magnetische Polarisation

Magnetische Polarisation, Dia- und Paramagnetismus

Bringt man ein Material in ein äußeres Magnetfeld $\vec{B}_0 = \mu_0 \cdot \vec{H}_0$, so werden in ihm atomare Elementarmagnete erzeugt und eventuell schon vorhandene ausgerichtet. Das Material erzeugt deshalb ein eigenes Magnetfeld, das sich dem äußeren überlagert und zu einem neuen Gesamtfeld $\vec{B} = \mu_r \cdot \mu_0 \vec{H}$ führt. Die Stärke der atomaren Elementarmagnete wird durch die **magnetische Polarisation** beschrieben, die folgendermaßen definiert ist:

$$\vec{J} = \vec{B} - \mu_0 \vec{H} = (\mu_r - 1)\mu_0 \vec{H} \tag{17.39}$$

Wählt man die Feldgeometrie so, dass sich die magnetische Feldstärke beim Einbringen des Materials nicht verändert ($\vec{H} = \vec{H}_0$) – dies ist z. B. beim vollständigen Ausfüllen einer Ringspule gewährleistet –, so hat J eine anschauliche Bedeutung:

$$\vec{J} = \vec{B} - \mu_0 \vec{H}_0 = \vec{B} - \vec{B}_0$$

$$\vec{B} = \vec{B}_0 + \vec{J} \tag{17.40}$$

Die magnetische Polarisation stellt in diesem Fall den Beitrag dar, den das Material zur gesamten magnetischen Induktion liefert.

Wird die magnetische Polarisation $\vec{J}$ durch die magnetische Feldkonstante μ_0 dividiert, so bekommt man die **Magnetisierung** $\vec{M}$ des Stoffes mit

$$\vec{M} = \frac{\vec{J}}{\mu_0} = (\mu_r - 1)\vec{H} \tag{17.41}$$

Führen wir analog zum Dielektrikum die **magnetische Suszeptibilität** eines Stoffes mit

$$\chi_m = \mu_r - 1 \tag{17.42}$$

ein, so ergibt sich für die magnetische Polarisation

$$\vec{J} = \chi_m \cdot \mu_0 \vec{H} \tag{17.43}$$

und für die Magnetisierung

$$\vec{M} = \chi_m \cdot \vec{H} \tag{17.44}$$

Bei vielen Stoffen ist die magnetische Suszeptibilität χ_m unabhängig von H und die Magnetisierung damit proportional zur magnetischen Feldstärke. Ausgenommen hiervon sind Ferromagnetika.

Werkstoffe können nach ihrem Verhalten im Magnetfeld klassifiziert werden. Wir unterscheiden hauptsächlich zwischen

- diamagnetischen Werkstoffen: $\mu_r < 1$, ($\chi_m < 0$)
- paramagnetischen Werkstoffen: $\mu_r > 1$, ($\chi_m > 0$)
- ferromagnetischen Werkstoffen: $\mu_r \gg 1$, ($\chi_m \gg 0$)

Das unterschiedliche magnetische Verhalten von Materie wird auf die Elektronenstruktur zurückgeführt. Die Elektronen erzeugen als sich bewegende elektrische Teilchen magnetische Momente („Elementarmagnete"), und zwar

- die Bahnbewegung ein **magnetisches Bahnmoment** m_{Bahn} senkrecht zur Umlauffläche und
- die Eigenrotation (**Elektronen-Spin**) ein **magnetisches Spinmoment** m_{Spin}.

Der **Diamagnetismus** ist eine Eigenschaft aller Stoffe. Dieser Effekt ist sehr klein, er kann durch andere magnetische Erscheinungen wie den Paramagnetismus überdeckt werden. Durch die Wechselwirkung des magnetischen Bahnmomentes mit dem äußeren Magnetfeld entstehen beim Diamagnetismus inneratomare Ringströme, deren Magnetfeld entgegengesetzt zum äußeren Magnetfeld gerichtet ist. Das gesamte Magnetfeld wird schwächer.

Der diamagnetische Effekt verschwindet, wenn das äußere Magnetfeld abgeschaltet wird. Eine Temperaturabhängigkeit ist nicht festzustellen.

Beim **Paramagnetismus** werden nicht vollständig kompensierte magnetische Spinmomente der Elektronen mit regellos verteilten Richtungen im äußeren Magnetfeld ausgerichtet. Durch diese Ausrichtung der Spinmomente wird das gesamte Magnetfeld vergrößert. Der vollständigen Ausrichtung der Spinmomente steht die Wärmebewegung der Atome entgegen. Mit steigender Temperatur nimmt der Grad der Ausrichtung der magnetischen Spinmomente ab; der paramagnetische Effekt wird mit steigender Temperatur schwächer.

Ferromagnetismus

Bei ferromagnetischen Materialien existiert eine Wechselwirkung zwischen den magnetischen Spinmomenten, die ihre gegenseitige Parallelstellung unterstützt. Dadurch wird eine vollständige Ausrichtung der Spinmomente schon bei technisch realisierbaren magnetischen Feldstärken möglich.

Von technischem Interesse ist der Zusammenhang zwischen der magnetischen Induktion B und der magnetischen Feldstärke H bei ferromagnetischen Materialien. Unterhalb einer Sättigungsfeldstärke ($|H| < |H_s|$) ist die Magnetisierungskurve nichtlinear und weist in der Regel eine Hysterese auf.

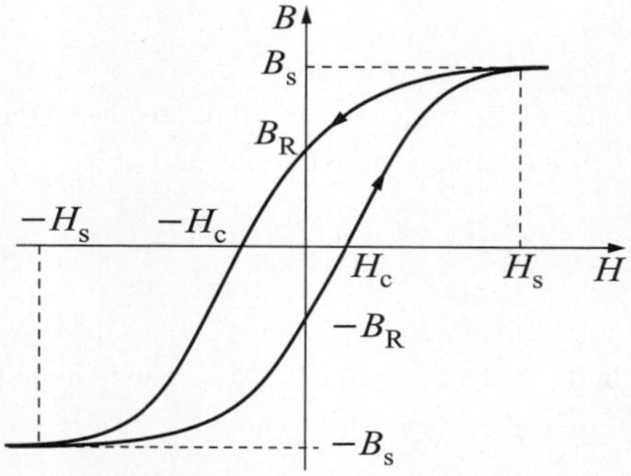

Abb. 17.21 Magnetisierungskurve mit Hysterese

Wird ein Ferromagnetikum durch ein äußeres Feld bis in den Sättigungsbereich magnetisiert und anschließend das äußere magnetische Feld auf null reduziert, so bleibt eine magnetische Restinduktion übrig, die man **Remanenzinduktion** oder **Remanenzflussdichte** B_R nennt. Um wieder einen unmagnetischen Materialzustand zu erreichen ($B = 0$ T), muss eine gewisse Gegenfeldstärke auf das Material einwirken. Diese magnetische Feldstärke wird **Koerzitivfeldstärke** H_c genannt. Bei weiter zunehmender Gegenfeldstärke wird das Material bis zur Sättigung in Gegenrichtung ($-B_s$) magnetisiert. Bei anschließender Reduktion des äußeren Magnetfeldes auf null fällt die magnetische Induktion wieder bis zur Remanenzinduktion ($-B_R$), und erst ein positives Magnetfeld (H_c) erzeugt wieder ein unmagnetisches Material. Bei erneuter Erhöhung des magnetischen Feldes wird wieder die Sättigungsinduktion B_s erreicht. Die durchlaufene Kurve nennt man **Hysteresekurve**.

17.7 Zusammenfassung

Die **Quellenfreiheit der magnetischen Induktion** $\vec{B}$ wird beschrieben durch:

$$\oint_O \vec{B} \cdot d\vec{A} = 0 \tag{17.45}$$

Der **Zusammenhang zwischen magnetischer Induktion** $\vec{B}$ **und magnetischer Feldstärke** $\vec{H}$ wird bei magnetisch isotropen Materialien beschrieben durch:

$$\vec{B} = \mu\vec{H} \tag{17.46}$$

Die **Permeabilität** μ mit der Permeabilitätszahl μ_r und der magnetischen Feldkonstante μ_0 ist gegeben durch:

$$\mu = \mu_r \cdot \mu_0 \tag{17.47}$$

Der **Durchflutungssatz** lautet:

$$\Theta = \oint_S \vec{H} \cdot d\vec{s} \qquad \text{mit} \qquad \Theta = \sum_{i=1}^{N} I_i \tag{17.48}$$

Die **magnetische Feldstärke** im Abstand r von einem geraden Draht mit dem Strom I berechnet sich zu:

$$H = \frac{I}{2\pi \cdot r} \tag{17.49}$$

Das **Coulomb'sche magnetische Moment** einer langen Zylinderspule mit dem magnetischen Fluss ϕ und der Spulenlänge a ist gegeben durch:

$$\vec{m}_C = \phi \cdot \vec{a} \tag{17.50}$$

Das **Ampère'sche magnetische Moment** einer langen Zylinderspule mit dem magnetischen Fluss ϕ und der Spulenlänge a lautet:

$$\vec{m}_A = \frac{\phi\vec{a}}{\mu_0} \tag{17.51}$$

Das **Ampère'sche magnetische Moment eines Ringstromes** mit der Ringfläche A ist gegeben durch:

$$\vec{m}_A = I \cdot \vec{A} \tag{17.52}$$

Das **Drehmoment auf ein magnetisches Moment** $\vec{m}_A$ **bzw.** $\vec{m}_C$ **im Magnetfeld** mit der magnetischen Induktion $\vec{B}$ bzw. der magnetischen Feldstärke $\vec{H}$ errechnet sich durch:

$$\vec{M} = \vec{m}_A \times \vec{B}$$
$$\vec{M} = \vec{m}_C \times \vec{H} \tag{17.53}$$

Die auf eine Ladung q mit der Ladungsgeschwindigkeit $\vec{v}$ im Feld mit der magnetischen Induktion $\vec{B}$ und der elektrischen Feldstärke $\vec{E}$ wirkende **vollständige Lorentz-Kraft** lautet:

$$\vec{F} = q\left(\vec{E} + \vec{v} \times \vec{B}\right) \tag{17.54}$$

Die **Kraft auf ein Leiterstück der Länge** $\Delta\vec{s}$ **im Magnetfeld** bei einem Leiterstrom I und der magnetischen Induktion $\vec{B}$ ist gegeben durch:

$$\Delta\vec{F} = I\left(\Delta\vec{s} \times \vec{B}\right) \tag{17.55}$$

Die **Kraft zwischen zwei geraden parallelen Leitern** im Medium mit der Permeabilität μ mit dem Leiterabstand a für ein Leiterstück der Länge l und den Leiterströmen I_1 und I_2 berechnet sich zu:

$$F = \frac{I_1 \cdot I_2 \cdot l}{2\pi a} \cdot \mu \tag{17.56}$$

Als **magnetische Suszeptibilität** mit der Permeabilitätszahl μ_r bezeichnet man die Größe

$$\chi_m = \mu_r - 1 \tag{17.57}$$

Die **magnetische Polarisation** eines Materials mit der magnetischen Induktion $\vec{B}$ und der magnetischen Feldstärke $\vec{H}$ sowie der magnetischen Feldkonstanten μ_0 und der Suszeptibilität χ_m ist gegeben durch:

$$\vec{J} = \vec{B} - \mu_0\vec{H} = \chi_m \cdot \mu_0\vec{H} \tag{17.58}$$

Die **Magnetisierung** mit der magnetischen Suszeptibilität χ_m und der magnetischen Feldstärke $\vec{H}$ errechnet sich zu:

$$\vec{M} = \chi_m \cdot \vec{H} \tag{17.59}$$

17.8 Aufgaben

17.1 Auf einen nichtmagnetischen Zylinder mit der Masse m, dem Radius R und der Länge l ist gemäß der Skizze eine Spule mit N Windungen gewickelt. Dieser Zylinder befindet sich auf einer schiefen Ebene mit dem Winkel α. Der Zylinder wird in vertikaler Richtung von einem homogenen Magnetfeld mit der magnetischen Induktion B durchdrungen.
Wie groß muss mindestens der Strom I durch die Spule sein, um den Zylinder am Abrollen zu hindern?

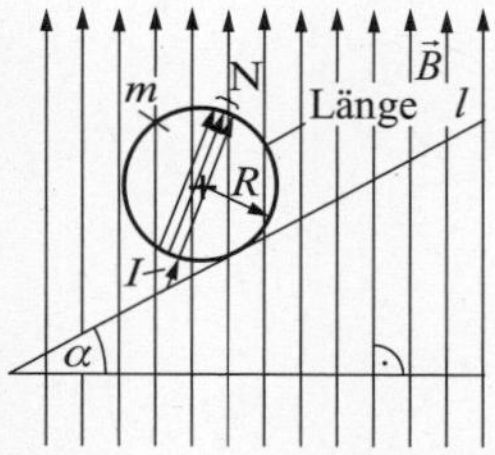

Abb. 17.22 Nichtmagnetischer Zylinder mit Spule auf einer schiefen Ebene

17.2 Elektronen, die mit der Spannung $U = 300\,\text{V}$ auf die Geschwindigkeit v_0 beschleunigt wurden, bewegen sich anschließend im Innern eines homogenen Magnetfeldes mit $B = 10\,\text{mT}$.
a) $\vec{v}_0$ steht senkrecht auf $\vec{B}$. Wie groß sind der Radius r der Kreisbahn und die Umlauffrequenz f?
b) Der Winkel zwischen $\vec{v}_0$ und $\vec{B}$ beträgt 45°. Auf welcher Bahn bewegen sich die Elektronen? Berechnen Sie die Kenndaten dieser Bahn.

17.3 Bei einer Isotopentrennanlage treten einfach positiv geladene Kohlenstoffisotope $^{12}C^+$ und $^{14}C^+$ mit gleicher kinetischer Energie W_{kin} senkrecht zu den Feldlinien in ein konstantes Magnetfeld ein. Sie durchlaufen Kreisbahnen mit unterschiedlichen Radien und Mittelpunkten. Das Magnetfeld B ist so eingestellt, dass die ^{12}C-Isotope auf einen Schlitz im Abstand r_{12} von der Kante treffen.
An welchem Abstand b von der Kante (in Vielfachen von r_{12}) muss sich ein zweiter Schlitz befinden, damit die ^{14}C-Atome ihn treffen?

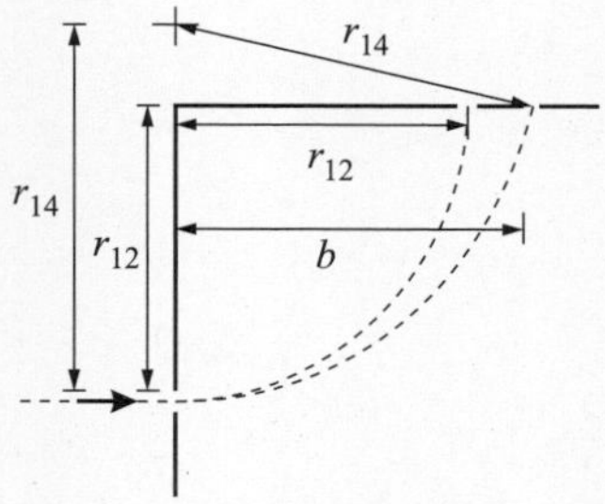

Abb. 17.23

17.4 In einem Hallelement aus Wismut wird bei einer magnetischen Feldstärke $B = 0{,}1$ T und einer Stromstärke $I = 0{,}1$ A die Hallspannung $U_H = 5\,\mu\text{V}$ gemessen. Wie viel Ladungsträger pro cm^3 treten in Wismut auf?

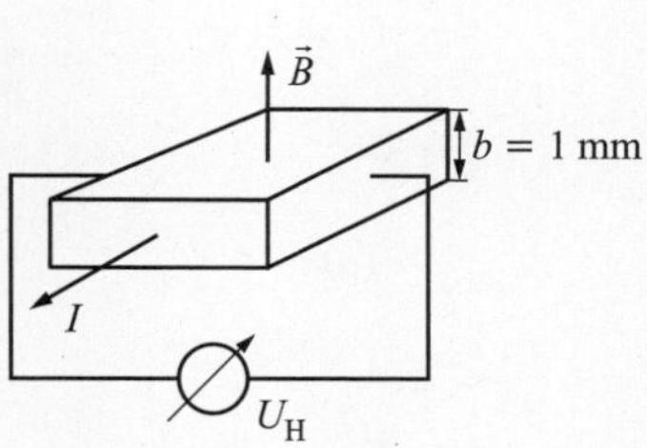

Abb. 17.24

17.5 Das Magnetfeld auf der Mittelachse eines im Kreis fließenden Stromes ist durch die Gleichung $B(h) = (1/2) \cdot \mu_0 I R^2/(R^2 + h^2)^{3/2}$ gegeben. Dabei ist I die Stromstärke, R der Kreisradius und h der Abstand des Messortes auf der Mittelachse vom Kreismittelpunkt. Wie lautet die Gleichung für das Magnetfeld in Abhängigkeit vom Ort x auf der Mittelachse (s. Skizze), wenn zwei Kreisströme parallel im Abstand a vorhanden sind? Bei welchem Abstand a ist das Feld möglichst homogen? Verwenden Sie als Kriterium das Verschwinden der 2. Ableitung in der Mitte zwischen den beiden Kreisströmen.

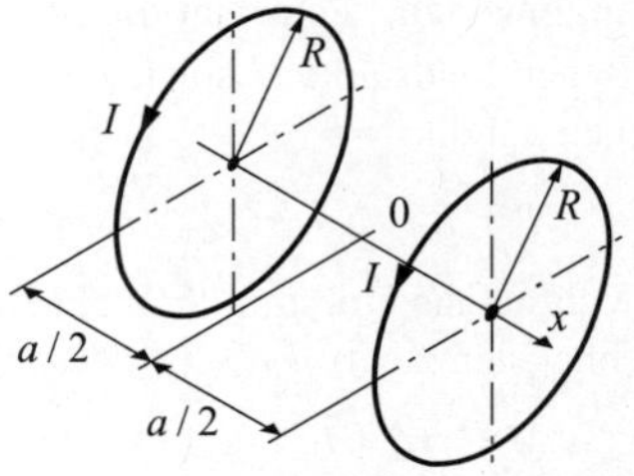

Abb. 17.25

18 Instationäre elektromagnetische Felder

In diesem Kapitel behandeln wir Eigenschaften und Erscheinungen zeitlich sich ändernder elektrischer und magnetischer Feldgrößen.

18.1 Induktionsgesetz

Bewegt man einen Leiter im Magnetfeld, so wird bei bestimmten Voraussetzungen zwischen den Enden des Leiters eine Spannung induziert. Man spricht in diesem Fall von einer **Bewegungsinduktion**.

Eine induzierte Spannung kann man auch bei einer ruhenden Leiterschleife beobachten, die von einem zeitlich sich ändernden magnetischen Feld durchsetzt wird. In diesem Fall liegt eine **transformatorische Induktion** (Ruheinduktion) vor.

Bewegungsinduktion

Im vorigen Kapitel hatten wir festgestellt, dass auf bewegte Ladungen im Magnetfeld die **Lorentz-Kraft** $\vec{F}_\mathrm{m}$ einwirkt.

$$\vec{F}_\mathrm{m} = q(\vec{v} \times \vec{B}) \tag{18.1}$$

Wird ein Leiter im Magnetfeld mit der Geschwindigkeit $\vec{v}$ bewegt, so überträgt sich diese Bewegung auch auf seine frei beweglichen Ladungsträger (in der Regel Elektronen). Auf sie wirkt daher die Kraft

$$\vec{F}_\mathrm{m} = -e_0(\vec{v} \times \vec{B}) \tag{18.2}$$

ein, die zur Ladungstrennung und somit zum Aufbau einer elektrischen Feldstärke $\vec{E}$ führt. Gleichgewicht liegt vor, wenn die vom Magnetfeld erzeugte Kraft $\vec{F}_\mathrm{m}$ durch die elektrische Kraft $\vec{F}_\mathrm{e} = -e_0\vec{E}$ kompensiert wird, d. h.

$$\vec{F}_\mathrm{m} + \vec{F}_\mathrm{e} = 0 \tag{18.3}$$

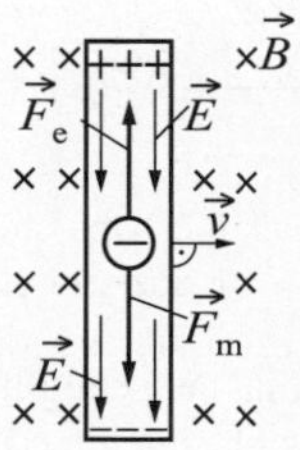

Abb. 18.1 Bewegung eines Leiters im Magnetfeld: Kräftegleichgewicht

Setzen wir in diese Gleichung die oben angegebenen Beziehungen für die Kräfte $\vec{F}_\mathrm{m}$ und $\vec{F}_\mathrm{e}$ ein, so folgt

$$\vec{E} = -\vec{v} \times \vec{B} \tag{18.4}$$

Bei einem hinreichend kleinen und geraden Leiterstück der Länge Δs kann die elektrische Feldstärke $\vec{E}$ im Leiter als homogen betrachtet werden, sodass für die in Richtung $\Delta\vec{s}$ gemessene Spannung zwischen den Leiterenden die Beziehung

$$\Delta u_\mathrm{ind} = \vec{E} \cdot \Delta\vec{s} = -(\vec{v} \times \vec{B}) \cdot \Delta\vec{s} \tag{18.5}$$

folgt.

Jeder Leiter kann in beliebig kleine gerade Leiterstücke aufgeteilt werden. Für die vom einen Drahtende P_1 zum anderen Drahtende P_2 gemessene induzierte Spannung gilt somit

$$u_{\mathrm{ind}(1,2)} = \int_{P_1}^{P_2} \vec{E} \cdot \mathrm{d}\vec{s} = -\int_{P_1}^{P_2} (\vec{v} \times \vec{B}) \cdot \mathrm{d}\vec{s} \tag{18.6}$$

Wird ein gerader Leiter der Länge l im homogenen Magnetfeld so bewegt, dass seine Bewegungsrichtung senkrecht zur magnetischen Induktion verläuft, und ist er selbst sowohl senkrecht zur Bewegungsrichtung als auch senkrecht zur magnetischen Induktion ausgerichtet, so erhält man für den Betrag der Induktionsspannung die **Spezialformel**:

$$u_{\text{ind}} = vBl \tag{18.7}$$

Eine andere Darstellungsart bekommen wir für die induzierte Spannung unter Zuhilfenahme der folgenden Identität für das Spatprodukt (siehe Taschenbuch mathematischer Formeln von H. Stöcker, Verlag Harri Deutsch)

$$(\vec{A}\times\vec{B})\cdot\vec{C} = (\vec{C}\times\vec{A})\cdot\vec{B} = (\vec{B}\times\vec{C})\cdot\vec{A} \tag{18.8}$$

(Diese Beziehung wird verständlich, wenn man sich klar macht, dass das Spatprodukt das Volumen des Prismas angibt, das von den Vektoren $\vec{A}$, $\vec{B}$ und $\vec{C}$ aufgespannt wird. Die Gleichung besagt, dass bei der Volumenberechnung jede Seitenfläche als Grundfläche angesehen werden kann.)

Wenden wir diese Beziehung auf Gl. (18.5) an, so ergibt sich für die im Leiterteilstück $\Delta\vec{s}$ induzierte Spannung Δu_{ind} der Ausdruck

$$\Delta u_{\text{ind}} = -(\vec{v}\times\vec{B})\cdot\Delta\vec{s} = -(\Delta\vec{s}\times\vec{v})\cdot\vec{B} \approx -(\Delta\vec{s}\times\frac{\Delta\vec{x}}{\Delta t})\cdot\vec{B} = \vec{B}\cdot\frac{1}{\Delta t}(\Delta\vec{x}\times\Delta\vec{s}) \tag{18.9}$$

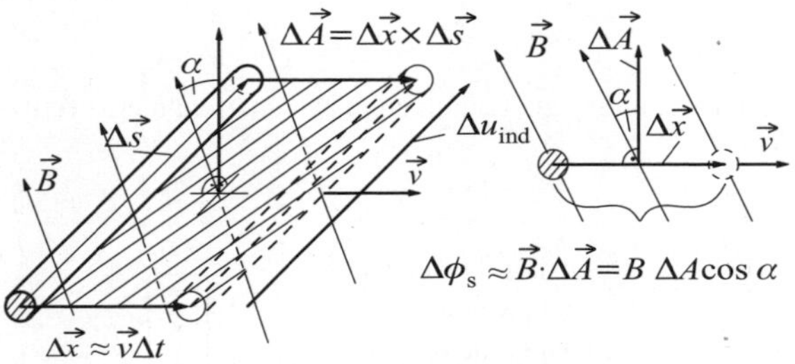

Abb. 18.2 Überstrichener Fluss („geschnittener Fluss") und induzierte Spannung bei einer Leiterbewegung

wobei $\Delta\vec{x}$ die Strecke ist, um die sich der Leiter während der kurzen Zeitdauer Δt bewegt. Die von dem Leiterstück der Länge $\Delta\vec{s}$ dabei überstrichene Fläche hat die Größe $\Delta A = |\Delta\vec{x}\times\Delta\vec{s}|$ und den auf ihr senkrecht stehenden Flächenvektor $\Delta\vec{A} = \Delta\vec{x}\times\Delta\vec{s}$. Für die induzierte Spannung erhält man somit den Ausdruck

$$\Delta u_{\text{ind}} \approx \vec{B}\cdot\frac{\Delta\vec{A}}{\Delta t} = \frac{\Delta\phi_s}{\Delta t}$$

Der magnetische Fluss $\Delta\phi_s = \vec{B}\cdot\Delta\vec{A}$ durch die überstrichene Fläche wird auch als **„geschnittener Fluss"** bezeichnet.

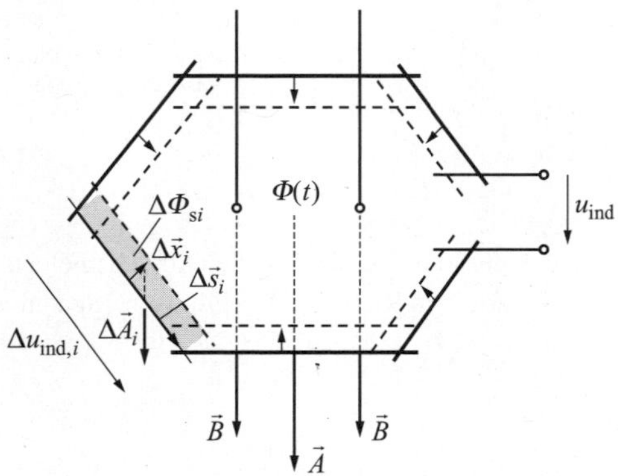

Abb. 18.3 Zur Herleitung der induzierten Spannung in einer Leiterschleife

Für eine infinitesimal kleine Zeiteinheit dt ergibt sich der einfache Zusammenhang

$$\Delta u_{\text{ind}} = \frac{d\phi_s}{dt} \tag{18.10}$$

Dabei ist $d\phi_s/dt$ der vom Leiterstück $\Delta\vec{s}$ pro Zeiteinheit geschnittene Fluss.

Wir wollen nun diese Erkenntnisse auf eine Leiterschleife übertragen. Eine Leiterschleife kann man sich gemäß der Abbildung aus kleinen, sich überlappenden Leiterstücken zusammengesetzt denken. Bewegt man nun die einzelnen Leiterstücke, so wird in jedem einzelnen die Spannung Δu_{ind} induziert, während es in der kleinen Zeitdauer Δt den magnetischen Fluss $\Delta\phi_{si} \approx \vec{B}_i\cdot\Delta\vec{A}_i$ überstreicht. Im skizzierten Fall sind diese magnetischen Flüsse für alle Leiterstücke positiv. Auch der gesamte Fluss ϕ durch die Leiterschleife ist bei der eingezeichneten Richtung des Flächenvektors $\vec{A}$ positiv; er nimmt aber um die Summe der von den Leiterstücken überstrichenen Flüsse ab. Für die Änderung des gesamten Flusses gilt daher

$$\Delta\phi \approx -\sum_{i=1}^{N} \Delta\phi_{si} \tag{18.11}$$

und für die gesamte in der Leiterschleife induzierte Spannung ergibt sich der Wert

$$u_{ind} \approx \sum_{i=1}^{N} \Delta u_{ind,i} = \sum_{i=1}^{N} \frac{\Delta\phi_{si}}{\Delta t} = -\frac{\Delta\phi}{\Delta t} \tag{18.12}$$

Für infinitesimal kleine Leiterstücke Δs und Zeiten Δt folgt somit für die Spannung u_{ind}, die zwischen den Enden einer **im Magnetfeld bewegten Leiterschleife** induziert wird:

$$u_{ind} = -\frac{d\phi}{dt} = -\frac{d}{dt}\left(\int_A \vec{B} \cdot d\vec{A}\right) \tag{18.13}$$

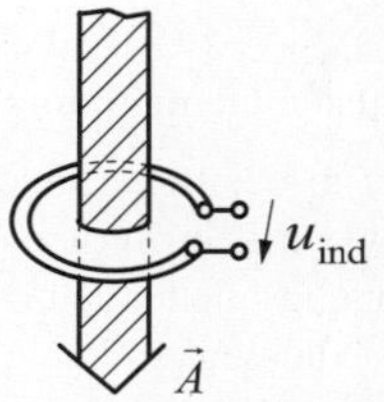

Abb. 18.4 Richtungsfestlegung des Flächenvektors in einer Leiterschleife

Dabei ist A die von der Leiterschleife umfasste Fläche und ϕ der durch diese Fläche hindurchtretende magnetische Fluss. Beide sind wegen der Leiterbewegung zeitabhängig.

Das Vorzeichen dieser Gleichung gilt nur für eine bestimmte Wahl der Richtung des Flächenvektors $\vec{A}$, da diese sich auf das Vorzeichen des Flusses Φ auswirkt: Bei der Flussberechnung muss man den Flächenvektor $\vec{A}$ gemäß der Abbildung 18.4 in die Richtung wählen, in die sich eine Rechtschraube bewegt, die so gedreht wird, wie es der Bezugspfeil der Spannung (außerhalb der Leiterschleife) angibt.

Bei dieser Wahl des Flächenvektors gilt Gl. (18.13) nicht nur für die bei der Herleitung angenommenen Richtungen von Leiterbewegung und Magnetfeld, sondern ganz allgemein. Die Induktionsspannung u_{ind} ist bezüglich des gewählten Bezugspfeiles immer dann positiv, wenn die Flussänderung $\Delta\phi = \phi_{neu} - \phi_{alt}$ durch die von der Leiterschleife umfasste Fläche A negativ ist.

Transformatorische Induktion

Im Luftspalt eines Permanentmagnetsystems befindet sich eine Leiterschleife. Bewegt man bei ruhendem Magnetsystem ($v_M = 0\,\text{m/s}$) die Leiterschleife mit der konstanten Geschwindigkeit $\vec{v}_L$ ganz aus dem Luftspalt heraus, so wird in der Schleife gemäß Gl. (18.13) eine zeitlich veränderliche Spannung $u_{ind}(t)$ induziert.

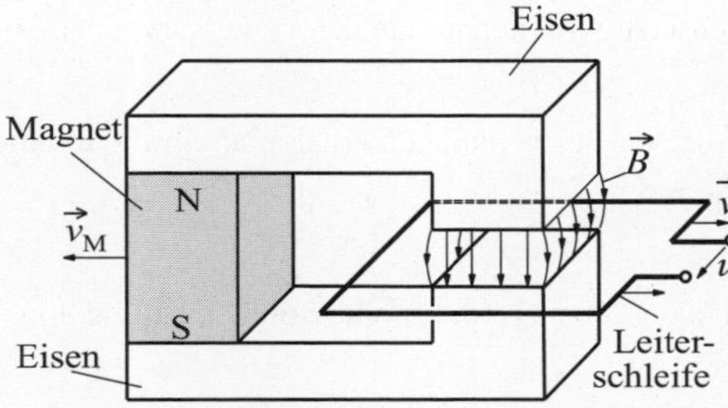

Abb. 18.5 Leiterschleife im Luftspalt eines Permanentmagnetsystems

Lässt man in einem zweiten Experiment die Leiterschleife ruhen und bewegt dafür das Magnetsystem mit der Geschwindigkeit $\vec{v}_M = -\vec{v}_L$, so erhält man, wie zu erwarten, den gleichen Spannungsverlauf. Die physikalischen Ursachen der Induktionsspannung sind aber in beiden Experimenten verschieden: Im ersten Fall bewegt sich ein Leiter durch ein zeitlich konstantes Magnetfeld (**Bewegungsinduktion**), im zweiten Fall ruht der Leiter und die an einem ruhenden Punkt gemessene magnetische Induktion ändert sich mit der Zeit. Solche Induktionsvorgänge nennt man **transformatorische Induktion**.

Allgemeines Induktionsgesetz

Die beiden im vorangehenden Abschnitt beschriebenen Experimente führen zum selben Induktionsspannungsverlauf. Dies zeigt, dass für die Induzierung einer Spannung nur die Änderungsgeschwindigkeit des magnetischen Flusses in der Leiterschleifenfläche verantwortlich ist. Die Veränderung des magnetischen Flusses kann sowohl durch Bewegung der Leiterschleife als auch durch eine zeitliche Veränderung der magnetischen Induktion erreicht werden.

Die im letzten Abschnitt hergeleitete Formel für die in einer Leiterschleife induzierte Spannung

$$u_{\text{ind}} = -\frac{\mathrm{d}\phi}{\mathrm{d}t} = -\frac{\mathrm{d}}{\mathrm{d}t}\left(\int_A \vec{B}\cdot\mathrm{d}\vec{A}\right) \tag{18.14}$$

gilt also allgemein, unabhängig davon, wie die Flussänderung zustande kommt.

Diese in der Leiterschleife induzierte Spannung ist aber nur dann zwischen ihren Enden messbar, wenn kein Verbraucher angeschlossen ist. Die Leiterschleife verhält sich nämlich wie eine Spannungsquelle, deren **Leerlaufspannung** durch Gl. (18.14) gegeben ist. Wird ein Verbraucher angeschlossen, so fließt ein Strom. Die als Spannungsquelle angesehene Leiterschleife wird jetzt unter Last betrieben und die zwischen ihren Enden gemessene **Klemmenspannung** ist kleiner als die Leerlaufspannung. Die Größe des Stromes und der Klemmenspannung kann wie in einem Stromkreis mit einer normalen Spannungsquelle errechnet werden.

Betrachtet man nicht wie bisher eine Leiterschleife, die die eingeschlossene Fläche mit einem einzigen Umlauf umfasst, sondern eine **Spule mit** N **Windungen**, so gilt Gl. (18.14) für jede einzelne Windung. Wird die i-te Windung mit der Fläche A_i vom magnetischen Fluss ϕ_i durchsetzt, so wird in ihr die Spannung $u_{\text{ind},i} = -\frac{\mathrm{d}\phi_i}{\mathrm{d}t}$ induziert. Für die gesamte in der Spule induzierte Spannung u_{ind} gilt:

$$u_{\text{ind}} = \sum_{i=1}^{N} u_{ind,i} = -\sum_{i=1}^{N}\frac{\mathrm{d}\phi_i}{\mathrm{d}t} = -\frac{\mathrm{d}}{\mathrm{d}t}\sum_{i=1}^{N}\phi_i \tag{18.15}$$

Die Summe der die einzelnen Windungen durchsetzenden magnetischen Flüsse nennt man auch den mit der Spule **verketteten Fluss** ψ.

$$\psi = \sum_{i=1}^{N}\phi_i \tag{18.16}$$

Im speziellen Fall, in dem jede der N Windungen der Spule vom gleichen magnetischen Fluss ϕ durchsetzt wird, nennt man den verketteten Fluss auch **Bündelfluss**. In diesem Fall gilt

$$\psi = N\phi \tag{18.17}$$

Mit diesen Bezeichnungen erhält man für die **in einer Spule induzierte Spannung**

$$u_{\text{ind}} = -\frac{\mathrm{d}\psi}{\mathrm{d}t} = -N\frac{\mathrm{d}\phi}{\mathrm{d}t} \tag{18.18}$$

wobei der letzte Term für eine Spule mit Bündelfluss und N Windungen gilt.

Zweite Maxwell'sche Gleichung

Zur Herleitung der zweiten Maxwell'schen Gleichung betrachten wir den in Abbildung 18.6 skizzierten Induktionsvorgang in einer **ruhenden** Leiterschleife ohne angeschlossenen Verbraucher. Die induzierte Spannung ist zwischen den Enden P_1 und P_2 der Leiterschleife messbar, weshalb das Induktionsgesetz die folgende Form annimmt:

$$u_{\text{ind}} = \int_{P_1}^{P_2}\vec{E}\cdot\mathrm{d}\vec{s} = -\frac{\mathrm{d}}{\mathrm{d}t}\left(\int_A \vec{B}\cdot\mathrm{d}\vec{A}\right) \tag{18.19}$$

Da ohne Verbraucher kein Strom fließt, ist die elektrische Feldstärke **im** Leiter null. Bei der Berechnung der erzeugten Induktionsspannung kann der Integrationsweg daher ohne Änderung des Ergebnisses zu einem geschlossenen Umlauf verlängert werden.

Für ruhende Leiterschleifen kann das Induktiongesetz daher auch in der folgenden Form geschrieben werden:

$$\oint_S \vec{E} \cdot \mathrm{d}\vec{s} = -\frac{\mathrm{d}}{\mathrm{d}t}\left(\int_A \vec{B} \cdot \mathrm{d}\vec{A}\right) \quad (18.20)$$

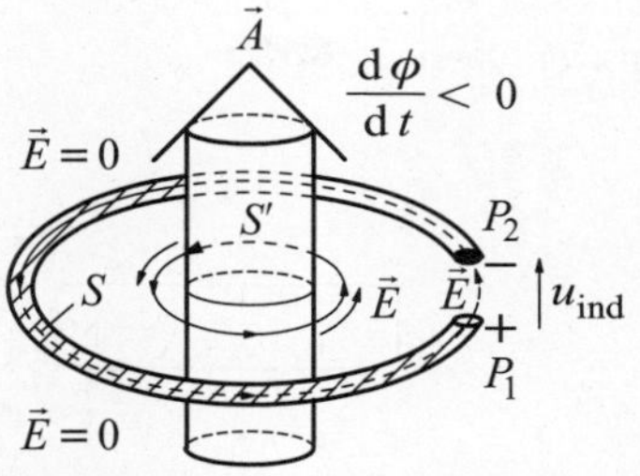

Abb. 18.6 Zur Herleitung der Maxwell'schen Gleichung

Dabei ist $\vec{E}$ die elektrische Feldstärke entlang des ruhenden, geschlossenen Weges S und A die von diesem Weg eingeschlossene Fläche. Die Vorzeichenkonvention entspricht der von Gl. (18.13): Die Richtung des Flächenvektors muss mit der Bewegungsrichtung einer Rechtsschraube übereinstimmen, die im Umlaufsinn des Integrationsweges gedreht wird.

Experimente zeigen, dass die letzte Gleichung nicht nur für stromlose Leiterschleifen gilt, sondern für beliebige, ruhende und geschlossene Integrationswege S'. In dieser allgemeinen Form ist die Gleichung auch als **Zweite Maxwell'sche Gleichung** bekannt. Sie besagt, dass jedes zeitlich sich ändernde magnetische Feld **elektrische Wirbelfelder** im Raum zur Folge hat.

In einer offenen Leiterschleife konzentriert sich die elektrische Feldstärke in der Leiterlücke und führt zu der induzierten Spannung u_{ind} zwischen den Leiterenden.

Ist die Leiterschleife geschlossen, so hat die induzierte elektrische Feldstärke einen Kreisstrom zur Folge.

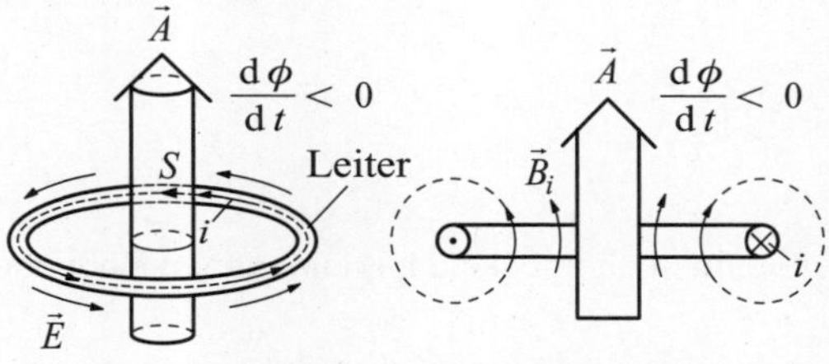

Abb. 18.7 Induzierung eines Stromes in einer geschlossenen Leiterschleife

Dieser Induktionstrom ist immer so gerichtet, dass er seiner Ursache entgegenwirkt. Andernfalls würde eine den Energieerhaltungssatz verletzende Aufschaukelung des Stromes stattfinden. Diese Aussage über die Richtung des Induktionsstroms ist als **Lenz'sche Regel** bekannt. Im skizzierten Fall besteht die Ursache in der Änderung der magnetischen Induktion in der Leiterschleife. Der Induktionsstrom fließt daher in die Richtung, dass seine eigene magnetische Induktion die Änderung der äußeren magnetischen Induktion abschwächt.

Anwendungen des Induktionsgesetzes

Das Induktionsgesetz findet in der Technik eine breite Anwendung:

Sinusförmige Wechselspannung kann man erzeugen, indem man eine Leiterschleife mit konstanter Winkelgeschwindigkeit im homogenen Magnetfeld rotieren lässt (siehe Beispiel 18.1).

Beim **Transformator** erzeugt ein sinusförmiger Wechselstrom mithilfe einer Spule im Eisenkreis ein magnetisches Feld mit ebenfalls sinusförmiger Zeitabhängigkeit. In einer weiteren Spule induziert dieses zeitlich veränderliche Magnetfeld eine sinusförmige Wechselspannung. Je nach der Windungszahl der beiden Spulen kann eine gezielte Transformation der Spannungsamplitude vorgenommen werden; eine z. B. für die Übertragung elektrischer Energie wichtige Eigenschaft (siehe Beispiel 18.4).

Induktionsströme benutzt man z. B. zur Dämpfung von Einschwingvorgängen bei Drehspulmesswerken. Bei diesen **Wirbelstrombremsen** werden mithilfe eines Permanentmagneten in dem leitfähigen Spulenträger (Metallspulenträger) bei dessen Bewegung Wirbelströme induziert, die gemäß der Lenz'schen Regel ihrer Ursache, nämlich der Bewegung, entgegenwirken und so zur Bremsung führen.

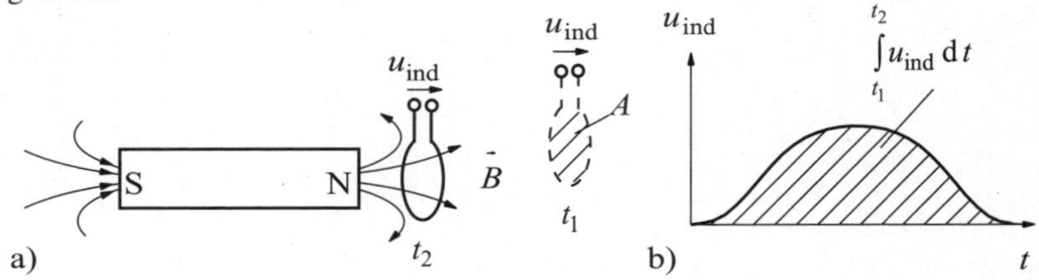

Abb. 18.8 Messung der magnetischen Induktion mithilfe einer Induktionsspule

In der Messtechnik kann man mithilfe einer kleinen und kurzen Zylinderspule die magnetische Flussdichte messen. Bringt man diese Spule mit der Querschnittsfläche A aus großer Entfernung (Zeitpunkt t_1) zur Messstelle (Zeitpunkt t_2) und ermittelt bei dieser Verschiebung den **Spannungsstoß**

$$\int_{t_1}^{t_2} u_{ind} dt = -\int_{t_1}^{t_2} \frac{d\phi}{dt} dt = \phi_1 - \phi_2 \approx -\phi_2 \tag{18.21}$$

so ergibt sich daraus die gesuchte magnetische Induktion an der Messstelle senkrecht zur Querschnittsfläche A

$$B = \frac{|\phi_2|}{A} = \frac{1}{A} \left| \int_{t_1}^{t_2} u_{ind} dt \right| \tag{18.22}$$

Beispiel 18.1

Rotierende Leiterschleife im homogenen Magnetfeld

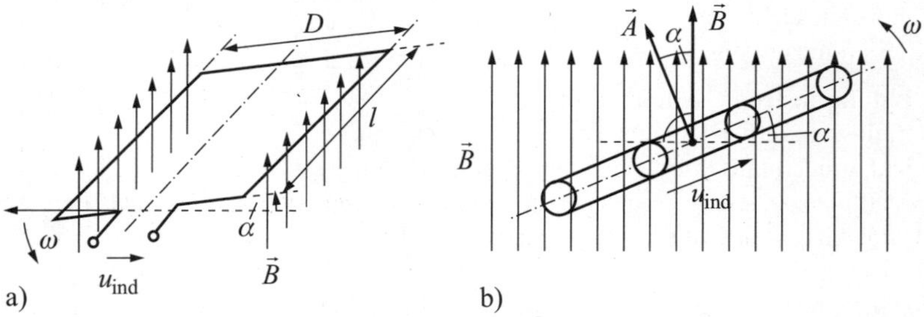

Abb. 18.9 Rotierende Leiterschleife im homogenen Magnetfeld

Eine Leiterschleife mit der Breite D und der Länge l rotiert mit konstanter Winkelgeschwindigkeit ω im homogenen Magnetfeld mit der magnetischen Induktion B.

Welche Spannung wird an den Enden der Leiterschleife induziert?

Lösung:

Für die induzierte Spannung u_{ind} gilt mit $A = D \cdot l$

$$u_{ind} = -\frac{d}{dt}\left(\int_A \vec{B} \cdot d\vec{A}\right) \tag{1}$$

Hieraus folgt die Beziehung

$$u_{ind} = -\frac{d}{dt}\int_A B \cdot \cos\alpha \, dA = -\frac{d}{dt}(B \cdot \cos\alpha \cdot A) \tag{2}$$

Ausgenutzt wurde bei der Integration, dass B über dem gesamten Flächenbereich konstant ist.

Mit dem Zusammenhang $\alpha = \omega t$ ergibt sich für die induzierte Spannung in der Leiterschleife

$$u_{\text{ind}} = A \cdot B \cdot \omega \cdot \sin \omega t$$
$$= \hat{u}_{\text{ind}} \cdot \sin \omega t \qquad (3)$$

Die induzierte Spannung ist sinusförmig und weist den Mittelwert null auf. Die Spannungsamplitude ist proportional zur Leiterfläche A, der magnetischen Induktion B und der Winkelgeschwindigkeit ω.

Beispiel 18.1 ▲

18.2 Selbstinduktion und Selbstinduktivität

Verbindet man eine Spule gemäß Abb. 18.10 über einen Schalter mit einer Gleichspannungsquelle mit konstanter Spannung U, so beobachtet man, dass der Spulenstrom i beim Schließen des Schalters nicht momentan auf seinen Endwert I springt, sondern sich diesem in der skizzierten Weise langsam annähert. Öffnet man den Schalter anschließend wieder, so geht der Strom auch nicht momentan auf null zurück; vielmehr entsteht über dem geöffneten Schalter eine so große Spannung, dass ein Funke überspringt und dem Strom gestattet, während einer gewissen Zeitdauer auf null abzusinken.

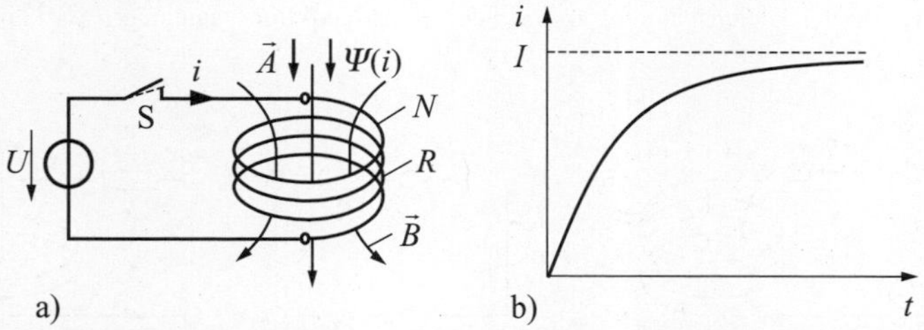

Abb. 18.10 Spule mit Wicklungswiderstand R und Windungszahl N, die über einen Schalter mit einer Gleichspannungsquelle verbunden ist (a), sowie Stromverlauf beim Einschalten (b)

Beiden Beobachtungen liegt ein Vorgang zugrunde, der **Selbstinduktion** genannt und im Folgenden erklärt wird.

Der Strom i durch die Spule erzeugt ein Magnetfeld mit der magnetischen Induktion $\vec{B}(i)$ und dadurch einen mit der Spule verketteten Fluss $\Psi(i)$. Ändert sich die Stromstärke i, wie z. B. beim Öffnen oder Schließen des Schalters, so ändert sich auch der mit der Spule verkettete Fluss $\Psi(i)$, wodurch in der Spule die Spannung u_{ind} induziert wird. Diese „Selbstinduktionspannung" hat zur Folge, dass die Spule schnelle Stromänderungen behindert, denn die Selbstinduktionspannung wirkt gemäß der Lenz'schen Regel ihrer Ursache, der Stromänderung, entgegen. Dieser Vorgang heißt Selbstinduktion, da der die Induktionsspannung erzeugende, zeitabhängige magnetische Fluss von der Spule selbst erzeugt wird.

Der Zusammenhang zwischen dem Spulenstrom i und dem von ihm erzeugten, mit der Spule verketteten Fluss $\Psi(i)$ wird durch die folgende Gleichung beschrieben:

$$\Psi = L \cdot i; \qquad [L] = \frac{\text{V} \cdot \text{s}}{\text{A}} = \text{H (Henry)} \qquad (18.23)$$

Durch diese Gleichung wird die **Selbstinduktivität** L der Spule definiert, die auch kurz **Induktivität** der Spule genannt wird. Sie hängt von der Bauart der Spule ab, z. B. von ihrer Windungszahl und der Permeabilität eines eventuell in der Spule vorhandenen Eisenkerns. Um das richtige Vorzeichen für den verketteten Fluss Ψ zu erhalten, muss zu seiner Berechnung der Flächenvektor $\vec{A}$ verwendet werden, der gemäß der Abb. 18.10 mit dem durch den Strombezugspfeil gegebenen Drehsinn eine Rechtsschraube bildet.

Für die Selbstinduktionsspannung ergibt sich

$$u_{\text{ind}} = -\frac{\mathrm{d}\Psi}{\mathrm{d}t} = -L\frac{\mathrm{d}i}{\mathrm{d}t} \tag{18.24}$$

wobei das letzte Gleichheitszeichen nur dann gilt, wenn die Selbstinduktivität L nicht vom Spulenstrom und damit nicht von der Zeit abhängt. Die bei der obigen Gleichung vorausgesetzte Bezugspfeilrichtung der Induktionsspannung zeigt, wie bei Spannungsquellen üblich, entgegengesetzt zur Richtung des Strombezugspfeils in der Spule.

Beispiel 18.2

Einschaltstrom bei Spulen

Der in Abb. 18.10 skizzierte Stromverlauf beim Anschließen einer Spule an eine Spannungsquelle mit konstanter Spannung soll begründet werden. Dabei soll angenommen werden, dass die Spule keinen Eisenkern hat und ihre Selbstinduktivität deshalb unabhängig vom Strom ist.

Lösung:

Um den Stromverlauf zu verstehen, ersetzen wir in der folgenden Abbildung die Spule durch ihr Ersatzschaltbild, das aus dem Wicklungswiderstand R und einer verlustfreien Spule besteht, in der die Selbstinduktionsspannung u_{ind} entsteht. Den Strom i ermitteln wir durch Überlagerung (Addition) der Ströme $i(U)$ und $i(u_{\text{ind}})$, die jeweils von der Gleichspannung U bzw. der Selbstinduktionsspannung u_{ind} alleine erzeugt würden.

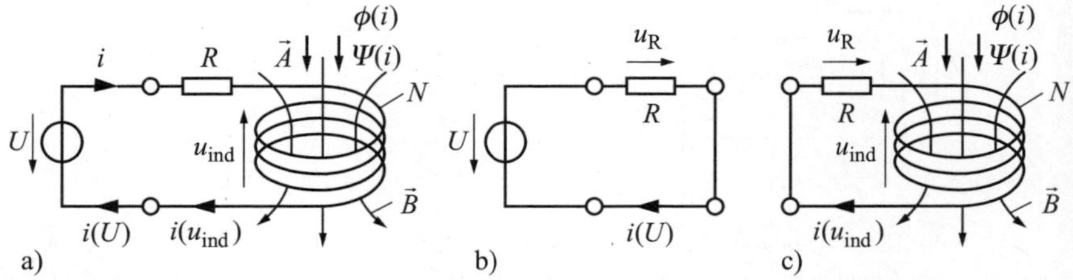

Abb. 18.11 Anwendung des Überlagerungsverfahrens zur Bestimmung des Stromes i
(a) Ersatzschaltung aus Gleichspannungsquelle, Wicklungswiderstand und Spule
(b) Schaltung mit unwirksamer Induktionsspannung u_{ind} zur Ermittlung des Teilstroms $i(U)$
(c) Schaltung mit unwirksamer Gleichspannungsquelle zur Ermittlung des Teilstroms $i(u_{\text{ind}})$

Den von der Gleichspannungsquelle verursachten Teilstrom $i(U)$ gewinnt man, indem man die Induktionsspannung als unwirksam (kurzgeschlossen) annimmt (siehe Abb. 18.11b). Für den Teilstrom $i(U)$ ergibt sich wegen $u_{\text{R}} = U$

$$i(U) = \frac{U}{R} \tag{1}$$

Der durch die induzierte Spannung u_{ind} verursachte Teilstrom $i(u_{\text{ind}})$ wird berechnet, indem die Gleichspannungsquelle als unwirksam (kurzgeschlossen) angenommen wird (siehe Abb. 18.11c). Da nun die Selbstinduktionsspannung über dem Wicklungswiderstand R abfällt ($u_{\text{R}} = u_{\text{ind}}$), gilt

$$i(u_{\text{ind}}) = \frac{u_{\text{ind}}}{R} = -\frac{1}{R}\frac{\mathrm{d}\Psi}{\mathrm{d}t} = -\frac{L}{R}\cdot\frac{\mathrm{d}i}{\mathrm{d}t} \tag{2}$$

Durch Überlagerung der ermittelten zwei Teilströme ergibt sich für den Gesamtstrom

$$i = i(U) + i(u_{\text{ind}}) = \frac{U + u_{\text{ind}}}{R} = \frac{U}{R} - \frac{L}{R}\cdot\frac{\mathrm{d}i}{\mathrm{d}t} \tag{3}$$

Um den zeitlichen Verlauf des Stromes zu erkennen, lösen wir die Gleichung nach $\frac{\mathrm{d}i}{\mathrm{d}t}$ auf:

$$\frac{\mathrm{d}i}{\mathrm{d}t} = \frac{1}{L}(U - iR) \tag{4}$$

Hieraus ist zu ersehen, dass die größte Anstiegsgeschwindigkeit der Stromstärke bei $i = 0$ vorliegt, also direkt nach dem Schließen des Schalters; sie ist durch die Induktivität bestimmt:

$$\left(\frac{\mathrm{d}i}{\mathrm{d}t}\right)_{\max} = \frac{U}{L} \qquad (i = 0) \tag{5}$$

Je größer die Stromstärke wird, desto langsamer kann sie nur noch ansteigen; der Gleichstromgrenzwert $I = i_\infty$ wird asymptotisch mit waagrechter Tangente erreicht.

$$I = i_\infty = \frac{U}{R} \qquad \left(\frac{\mathrm{d}i}{\mathrm{d}t}\right) = 0 \tag{6}$$

Beispiel 18.2 ▲

18.3 Der magnetische Kreis

In diesem Abschnitt werden zunächst die Gesetze des magnetischen Kreises hergeleitet, mit deren Hilfe man den von einer Spule mit Eisenkern erzeugten magnetischen Fluss aus dem Spulenstrom berechnen kann. Als Anwendung wird dann die Selbstinduktivität L einer typischen Spule mit Eisenkern aus den Spulendaten errechnet.

Als Beispiel betrachten wir eine Spule mit Eisenkreis und einem Luftspalt. Der Eisenkreis hat die mittlere Länge l_{Fe}, eine konstante Querschnittsfläche A und die Permeabilität μ_{Fe}. Die Wicklung besteht aus N Windungen. Der Luftspalt hat die Breite l_{L} und ebenfalls die Fläche A. Mit guter Näherung kann von einem homogenen Feldverlauf im Eisen- und im Luftbereich ausgegangen werden. Von Streuungen soll abgesehen werden.

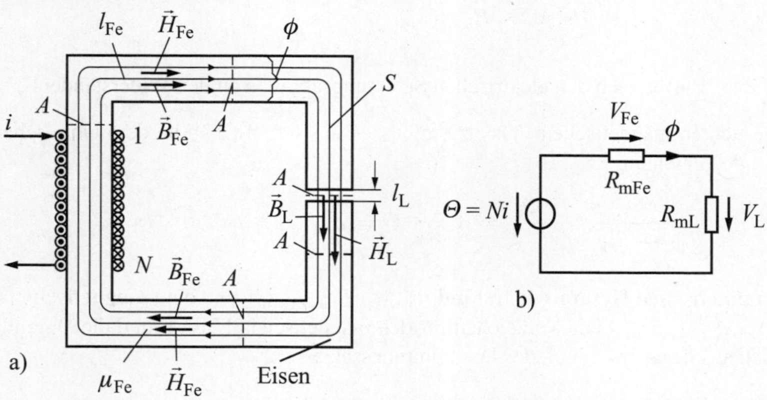

Abb. 18.12 Spule mit Eisenkreis und Luftspalt (a) sowie magnetischem Ersatzschaltbild (b)

Um den Zusammenhang zwischen dem magnetischen Fluss ϕ und dem Strom i in der Spule zu ermitteln, wenden wir den Durchflutungssatz auf eine beliebige magnetische Feldlinie als Integrationsweg S an:

$$\Theta = N \cdot i = \oint_S \vec{H} \cdot \mathrm{d}\vec{s} = \int_{l_{\mathrm{Fe}}} \vec{H}_{\mathrm{Fe}} \cdot \mathrm{d}\vec{s} + \int_{l_{\mathrm{L}}} \vec{H}_{\mathrm{L}} \cdot \mathrm{d}\vec{s} \approx H_{\mathrm{Fe}} l_{\mathrm{Fe}} + H_{\mathrm{L}} l_{\mathrm{L}} \tag{18.25}$$

Mit den Beziehungen $H_{\mathrm{Fe}} = B_{\mathrm{Fe}}/\mu_{\mathrm{Fe}}$ bzw. $H_{\mathrm{L}} = B_{\mathrm{L}}/\mu_0$ für die magnetischen Feldgrößen erhalten wir

$$\Theta = \frac{B_{\mathrm{Fe}}}{\mu_{\mathrm{Fe}}} l_{\mathrm{Fe}} + \frac{B_{\mathrm{L}}}{\mu_0} l_{\mathrm{L}} = \phi \frac{l_{\mathrm{Fe}}}{\mu_{\mathrm{Fe}} A} + \phi \frac{l_{\mathrm{L}}}{\mu_0 A} \tag{18.26}$$

Das letzte Gleichheitszeichen beruht zum einen auf der allgemein gültigen Eigenschaft von Magnetfeldern, dass **der magnetische Fluss durch eine Querschnittsfläche eines Feldlinienbündels**

an jeder Stelle des ringförmig geschlossenen Verlaufs des Feldlinienbündels gleich groß ist, und zum anderen darauf, dass wegen vernachlässigbarer Streuung die Querschnittsfläche des Feldlinienbündels im Eisen- und im Luftspaltbereich gleich groß ist.

Mit diesen beiden Aussagen ergibt sich für unser Beispiel $B_{\mathrm{Fe}} = \phi/A = B_{\mathrm{L}}$ und damit der letzte Teil der Gl. (18.26).

In Analogie zum elektrischen Stromkreis beschreiben die Gleichungen (18.25) und (18.26) einen **„magnetischen Kreis"** (siehe Abb. 18.12b). Dies wird besonders deutlich, wenn man sie in der folgenden Form schreibt:

$$\Theta = V_{\mathrm{Fe}} + V_{\mathrm{L}} = \phi \cdot R_{\mathrm{mFe}} + \phi \cdot R_{\mathrm{mL}} \tag{18.27}$$

Der überall gleiche magnetische Fluss ϕ entspricht dabei der im unverzweigten Stromkreis überall gleich großen Stromstärke, die **magnetischen Widerstände**

$$R_{\mathrm{mFe}} = \frac{l_{\mathrm{Fe}}}{\mu_{\mathrm{Fe}} A}$$

$$R_{\mathrm{mL}} = \frac{l_{\mathrm{L}}}{\mu_0 A} \tag{18.28}$$

den elektrischen Widerständen prismatischer Leiter, die Durchflutung $\Theta = N \cdot i$ der elektrischen Quellenspannung und die **magnetischen Spannungen**

$$V_{\mathrm{Fe}} = \phi \cdot R_{\mathrm{mFe}} = \int_{l_{\mathrm{Fe}}} \vec{H}_{\mathrm{Fe}} \cdot \mathrm{d}\vec{s} \approx H_{\mathrm{Fe}} \cdot l_{\mathrm{Fe}}$$

$$V_{\mathrm{L}} = \phi \cdot R_{\mathrm{mL}} = \int_{l_{\mathrm{L}}} \vec{H}_{\mathrm{L}} \cdot \mathrm{d}\vec{s} \approx H_{\mathrm{L}} \cdot l_{\mathrm{L}} \tag{18.29}$$

am Eisen- bzw. Luftbereich den elektrischen Spannungsabfällen an den Widerständen.

Für den gesuchten magnetischen Fluss ϕ ergibt sich aus Gl. (18.27) die dem Ohm'schen Gesetz entsprechende Gleichung

$$\phi = \frac{\Theta}{R_{\mathrm{mFe}} + R_{\mathrm{mL}}} = \frac{\Theta}{R_{\mathrm{mges}}} = \Lambda_{\mathrm{mges}} \cdot \Theta = \Lambda_{\mathrm{mges}} \cdot N \cdot i \tag{18.30}$$

mit dem **magnetischen Gesamtwiderstand** $R_{\mathrm{mges}} = R_{\mathrm{mFe}} + R_{\mathrm{mL}}$ und dem **magnetischen Gesamtleitwert** $\Lambda_{\mathrm{mges}} = 1/R_{\mathrm{mges}}$. Die Vorzeichen für den magnetischen Fluss ϕ und die Durchflutung Θ ergeben sich aus der Anwendung des Durchflutungssatzes.

Mit dieser Beziehung folgt für den Bündelfluss Ψ

$$\Psi = N \cdot \phi = N \cdot \Lambda_{\mathrm{mges}} \cdot \Theta = N^2 \cdot \Lambda_{\mathrm{mges}} \cdot i \tag{18.31}$$

und für die Induktivität L der folgende allgemeine Zusammenhang

$$L = \frac{\Psi}{i} = N^2 \cdot \Lambda_{\mathrm{mges}} = \frac{N^2}{R_{\mathrm{mges}}} \tag{18.32}$$

Für die Induktivität der Spule im obigen Beispiel ergibt sich daraus

$$L = \frac{N^2}{R_{\mathrm{mFe}} + R_{\mathrm{mL}}} = \frac{N^2}{\dfrac{l_{\mathrm{Fe}}}{\mu_{\mathrm{Fe}} A} + \dfrac{l_{\mathrm{L}}}{\mu_0 A}} = \frac{N^2 \mu_0 A}{l_{\mathrm{L}} + \dfrac{l_{\mathrm{Fe}}}{\mu_{\mathrm{r\,Fe}}}} \tag{18.33}$$

Technisch einsetzbare Induktivitätswerte liegen im Bereich $1\,\mu\mathrm{H} = 10^{-6}\,\mathrm{H}$ bis 1 H.

Beispiel 18.3

Induktivität einer langen Zylinderspule

Gegeben ist eine lange Zylinderspule mit der Windungszahl N, der Länge l und der Querschnittsfläche A. In der Spule befindet sich ein Eisenkern mit konstanter Permeabilität μ_{Fe}.

Gesucht ist die Induktivität (Selbstinduktivität) L dieser Spule. Die magnetische Spannung außerhalb der Spule soll vernachlässigt werden.

Lösung:

Bei Vernachlässigung der magnetischen Spannung außerhalb des Spulenbereiches gilt für die Durchflutung

$$\Theta = \oint \vec{H} d\vec{s} = H \cdot l \tag{1}$$

wobei l die Länge der Spule ist. Für den Magnetischen Leitwert gilt damit

$$\Lambda_m = \frac{\phi}{\Theta} = \frac{B \cdot A}{H \cdot l} = \frac{\mu_{Fe} \cdot A}{l} \tag{2}$$

und für die Induktivität wegen Gl. (18.32)

$$L = \frac{N^2 \cdot \mu_{Fe} \cdot A}{l} \tag{3}$$

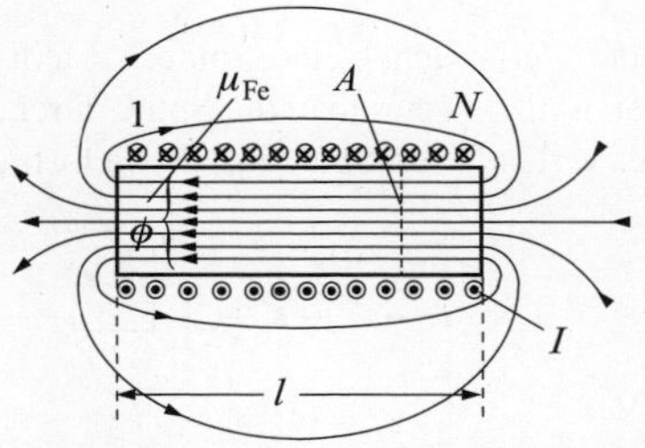

Abb. 18.13 Zur Induktivität einer langen Zylinderspule

Beispiel 18.3

Beispiel 18.4

Toroidspule mit zwei Wicklungen als Transformator

Gegeben ist ein Ring aus Eisen mit einer konstanten Permeabilität μ_{Fe}, auf dem zwei Wicklungen mit den Windungszahlen N_1 und N_2 aufgebracht sind. Die Querschnittsfläche ist durch A gegeben.

Von Streuflüssen und Wicklungswiderständen soll abgesehen werden. Die Querschnittsabmessung soll klein gegenüber dem Ringdurchmesser sein, sodass man von einer homogenen Flussverteilung im Ringquerschnitt ausgehen kann.

Die Spule mit der Primärwicklung (Wicklung 1) wird an eine Wechselspannungsquelle angeschlossen.

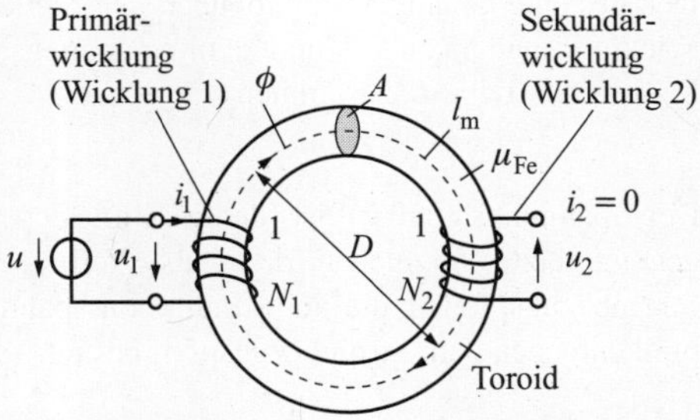

Abb. 18.14 Toroidspule als Transformator

Welcher Zusammenhang besteht zwischen der Sekundärspannung u_2 und der Primärspannung u_1?

Lösung:

Da die Wicklungswiderstände vernachlässigt werden können, ist die Klemmenspannung der Spulen jeweils identisch mit ihrer Induktionsspannung. Für die Klemmenspannungen gilt daher:

$$u_1 = -N_1 \frac{d\phi_1}{dt} \qquad u_2 = -N_2 \frac{d\phi_2}{dt} \tag{1}$$

Aufgrund der Quellenfreiheit der magnetischen Induktion ist der magnetische Fluss in beiden Spulen identisch.

$$\frac{d\phi_1}{dt} = \frac{d\phi_2}{dt} \tag{2}$$

Für die Spannungen ergibt sich daher:

$$\frac{u_2}{u_1} = \frac{N_2}{N_1} \tag{3}$$

Das Spannungsverhältnis u_2/u_1 zwischen der Sekundär- und Primärspannung bei sekundärem Leerlauf ist bei diesem verlust- und streuungsfreien Transformator durch das Windungszahlverhältnis N_2/N_1 gegeben.

Beispiel 18.4

18.4 Energie des magnetischen Feldes

Die einem Verbraucher in einem bestimmten Moment zugeführte elektrische Leistung p ergibt sich aus

$$p = u \cdot i \tag{18.34}$$

wobei die Bezugspfeile des Spannungsabfalls u über dem Verbraucher und der Stromstärke i im Verbraucher gleichgerichtet sein müssen.

Ist der Verbraucher eine Spule, so teilt sich die zugeführte Leistung in zwei Anteile auf. Dies erkennt man, wenn man die Spule durch ihr Ersatzschaltbild aus dem Wicklungswiderstand R und einer verlustfreien Spule mit der Selbstinduktivität L ersetzt.

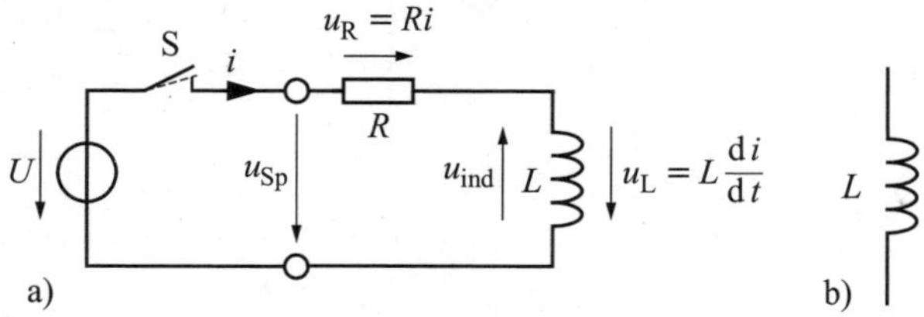

Abb. 18.15 Ersatzschaltbild einer Spule mit dem Wicklungswiderstand R und der Selbstinduktivität L (a) und das Symbol einer Induktivität L (b)

Der gesamte Spannungsabfall über der Spule u_{Sp} setzt sich aus dem Spannungsabfall u_{R} am Wicklungswiderstand R und dem Spannungsabfall u_{L} an der verlustfreien Spule, d. h. an der Selbstinduktivität L, zusammen:

$$u_{\mathrm{Sp}} = u_{\mathrm{R}} + u_{\mathrm{L}} \tag{18.35}$$

Der Spannungsabfall u_{L} ist identisch mit der Selbstinduktionsspannung u_{ind}, er hat nur das entgegengesetzte Vorzeichen, da er als „Verbraucherspannung" einen Bezugspfeil in Richtung des Strombezugspfeiles, die Selbstinduktionsspannung als „Quellenspannung" jedoch einen Bezugspfeil entgegen dem Strombezugspfeil besitzt.

$$u_{\mathrm{L}} = -u_{\mathrm{ind}} = L \cdot \frac{\mathrm{d}i}{\mathrm{d}t} \tag{18.36}$$

Für die zugeführte Leistung erhält man damit

$$p = u_{\mathrm{R}} \cdot i + u_{\mathrm{L}} \cdot i = R \cdot i^2 + L \cdot \frac{\mathrm{d}i}{\mathrm{d}t} \cdot i = p_{\mathrm{R}} + p_{\mathrm{L}} \tag{18.37}$$

Der erste Anteil p_{R} wird im Wicklungswiderstand in Wärme umgewandelt; der zweite Anteil p_{L} liefert die mit dem Magnetfeld der Spule verbundene magnetische Energie. Integriert man diesen Anteil daher beim Einschalten des Spulenstromes gemäß Abb. 18.10 über die gesamte Anstiegsdauer des Stromes, so erhält man die bei der Endstromstärke I im Magnetfeld der Spule gespeicherte **magnetische Energie** W_{m}.

$$W_{\mathrm{m}} = \int_{t=0\,\mathrm{s}}^{t\to\infty\,\mathrm{s}} p_{\mathrm{L}} \mathrm{d}t = \int_{t=0\,\mathrm{s}}^{t\to\infty\,\mathrm{s}} u_{\mathrm{L}} \cdot i \mathrm{d}t = \int_{t=0\,\mathrm{s}}^{t\to\infty\,\mathrm{s}} L \cdot \frac{\mathrm{d}i}{\mathrm{d}t} \cdot i \mathrm{d}t = L \int_{t=0\,\mathrm{s}}^{t\to\infty\,\mathrm{s}} \frac{\mathrm{d}}{\mathrm{d}t}(\frac{1}{2} i^2) \mathrm{d}t$$

$$W_{\mathrm{m}} = \frac{1}{2} L I^2 \tag{18.38}$$

Bei der Integration wird berücksichtigt, dass der Strom zu Beginn des Einschaltvorganges bei $t = 0\,\mathrm{s}$ den Wert $i = 0\,\mathrm{A}$ hat und im asymptotischen Grenzfall für $t \to \infty\,\mathrm{s}$ den konstanten Gleichstromwert $i_\infty = I$ erreicht.

Beispiel 18.5

Magnetische Energie einer Toroidspule

Gegeben ist ein Toroid aus Eisen mit konstanter Permeabilität $\mu_{Fe} = 1000\mu_0$, $\mu_0 = 1{,}256 \cdot 10^{-6}$ V · s/(A · m). Der Toroid ist mit einer Wicklung der Windungszahl $N = 1000$ versehen, durch die der Strom $I = 0{,}1$ A fließt.

Gesucht ist die im Ring gespeicherte magnetische Energie bei einer mittleren Ringlänge von $l_m = 10$ cm und einer Querschnittsfläche $A = 1$ cm^2.

Von Streueffekten soll abgesehen werden.

Die Feldverteilung im Toroid kann homogen angenommen werden.

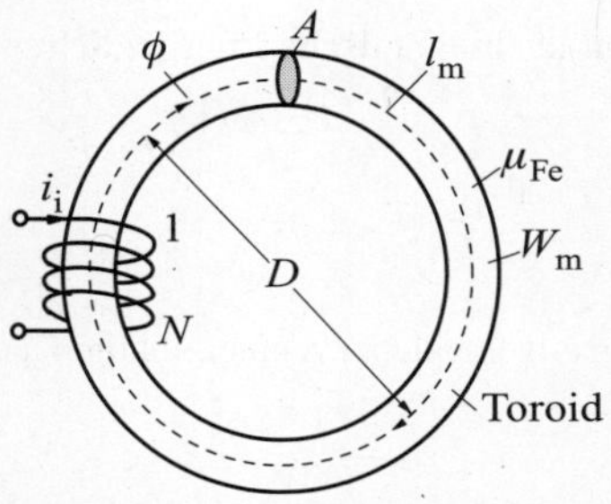

Abb. 18.16 Zur magnetischen Energie einer Toroidspule

Lösung:

Für die gespeicherte magnetische Energie gilt der Zusammenhang

$$W_m = \frac{1}{2}LI^2 \tag{1}$$

Entsprechend dem vorigen Kapitel ergibt sich für die Selbstinduktivität einer Spule mit geschlossenem Eisenkern

$$L = \frac{N^2}{R_m} = N^2\frac{A\mu_{Fe}}{l_m} \tag{2}$$

Setzt man die obige Gleichung in (1) ein, so erhält man für die gespeicherte magnetische Energie

$$W_m = \frac{1}{2}N^2\frac{A\mu_{Fe}}{l_m} \cdot I^2 = \frac{10^6 \cdot 1\,\text{cm}^2 \cdot 10^3 \cdot 1{,}256 \cdot 10^{-6}\,\text{V} \cdot \text{s}/(\text{A} \cdot \text{m})}{2 \cdot 10\,\text{cm}} \cdot (0{,}1\,\text{A})^2$$
$$= 6{,}28\,\text{mJ} \tag{3}$$

Beispiel 18.5

Die in einem Magnetfeld gespeicherte Energie verteilt sich über den gesamten Raumbereich, der vom Feld ausgefüllt wird, wobei die Dichte der Energie an einer bestimmten Stelle von der Stärke des Feldes an dieser Stelle abhängt. Im Folgenden leiten wir eine Formel her, mit der die Energiedichte im magnetischen Feld aus den Feldgrößen errechnet werden kann.

Wir gehen von dem einfachen Fall des vorangehenden Beispiels aus, bei dem das Magnetfeld auf das Innere des Eisenrings beschränkt und dort überall gleich stark ist. Mit

$$W_m = \frac{1}{2}LI^2 \quad \text{und} \quad L = \frac{N^2}{R_m} \tag{18.39}$$

erhalten wir für die gesamte im Feld gespeicherte magnetische Energie

$$W_m = \frac{1}{2} \cdot \frac{N^2}{R_m}I^2 = \frac{1}{2} \cdot \frac{\Theta^2}{R_m} \tag{18.40}$$

mit der Durchflutung $\Theta = N \cdot I$. Durch Anwendung des „Ohm'schen Gesetzes“ für den magnetischen Kreis

$$\phi = \frac{\Theta}{R_m} \quad \text{mit} \quad \phi = B \cdot A \tag{18.41}$$

und des Durchflutungssatzes

$$\Theta = \oint \vec{H} \cdot d\vec{s} = H \cdot l_m \tag{18.42}$$

ergibt sich daraus

$$W_m = \frac{1}{2} \cdot \Theta \cdot \phi = \frac{1}{2} \cdot H \cdot l_m \cdot B \cdot A = \frac{1}{2} \cdot H \cdot B \cdot V \tag{18.43}$$

wobei $V = l_m \cdot A$ das Volumen ist, in dem sich das magnetische Feld und damit die magnetische Energie befindet.

Für die **magnetische Energiedichte** w_m erhalten wir damit

$$w_m = \frac{W_m}{V} = \frac{1}{2} \cdot H \cdot B \tag{18.44}$$

Im allgemeinen, eventuell inhomogenen magnetischen Feld ist die Energiedichte definiert durch

$$w_m = \frac{dW_m}{dV} \tag{18.45}$$

Für sie gilt dann

$$w_m = \frac{1}{2}\vec{H} \cdot \vec{B} \tag{18.46}$$

18.5 Maxwell'sche Gleichungen

In den Kapiteln der Elektrodynamik haben wir grundlegende Gesetzmäßigkeiten des elektrischen und magnetischen Feldes sowie die Verknüpfungen zwischen diesen Feldern kennen gelernt. Die **Maxwell'schen Gleichungen** sind eine Zusammenstellung dieser fundamentalen Gesetzmäßigkeiten. Sie stellen das Gleichungssystem des elektromagnetischen Feldes dar. Mithilfe der Maxwell'schen Gleichungen, der Materialgleichungen und der verallgemeinerten Lorentz-Kraft lassen sich sämtliche Erscheinungen und Phänomene in der Elektrodynamik beschreiben.

Die **erste Maxwell'sche Gleichung** lautet

$$\oint_S \vec{H} \cdot d\vec{s} = \int_A (\vec{j} + \frac{\partial \vec{D}}{\partial t}) \cdot d\vec{A} \tag{18.47}$$

Dabei ist S eine beliebige geschlossene Kurve und A die von ihr umfasste Fläche, deren Flächenvektor mit dem Umlaufsinn von S eine Rechtsschraube bildet. $\vec{j}$ ist die Stromdichte an den verschiedenen Punkten der Fläche A und $\vec{D}$ die dort vorliegende elektrische Verschiebungsdichte. Ihre zeitliche Ableitung hat nach der ersten Maxwell'schen Gleichung dieselbe Wirkung wie die Stromdichte und wird daher **Verschiebungsstromdichte** genannt. Ein sich zeitlich änderndes elektrisches Feld hat also, wie ein Leitungsstrom, ein magnetisches Wirbelfeld zur Folge.

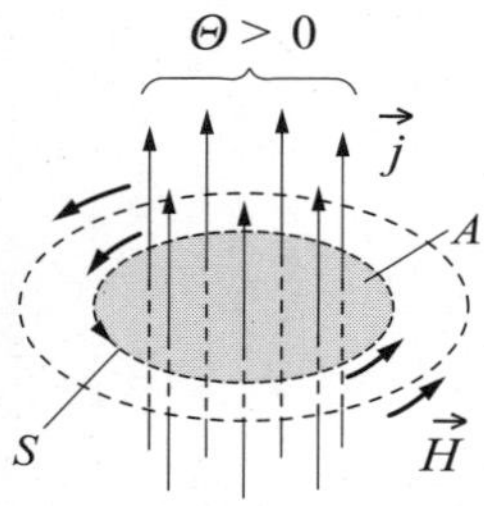

Abb. 18.17 Zur ersten Maxwell'schen Gleichung: Magnetische Wirbelfelder um einen Leitungsstrom

Ist die elektrische Verschiebungsdichte zeitlich konstant oder ihre zeitliche Ableitung vernachlässigbar klein, dann geht die erste Maxwell'sche Gleichung in den von uns näher behandelten Durchflutungssatz über:

$$\oint_S \vec{H} \cdot d\vec{s} = \int_A \vec{j} \cdot d\vec{A} = \Theta \tag{18.48}$$

mit der Durchflutung Θ.

Die **zweite Maxwell'sche Gleichung** ist eine verallgemeinerte Form des Induktionsgesetzes $u_{ind} = -d\phi/dt$. Für ruhende, geschlossene Integrationswege S gilt die Beziehung:

$$\oint_S \vec{E} \cdot d\vec{s} = -\frac{d}{dt} \int_A \vec{B} \cdot d\vec{A} = -\int_A \frac{\partial \vec{B}}{\partial t} \cdot d\vec{A} \qquad (18.49)$$

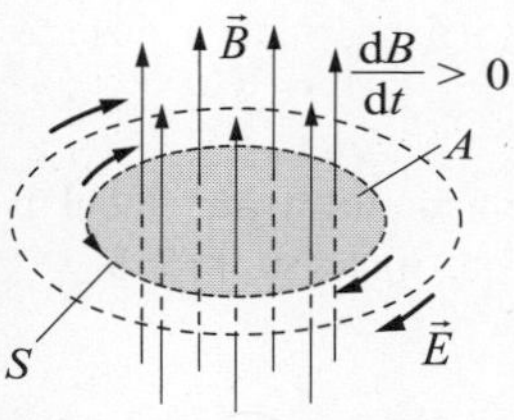

Abb. 18.18 Zur zweiten Maxwell'schen Gleichung: Elektrische Wirbelfelder als Folge von Magnetfeldänderungen

mit A als der von S umfassten Fläche.

Die Gleichung sagt aus, dass jedes zeitlich sich ändernde magnetische Feld ein **elektrisches Wirbelfeld** im Raum zur Folge hat. Diese Felderzeugung ist unabhängig von der Anwesenheit eines Leiters.

Neben diesen beiden Gleichungen zur Beschreibung der elektromagnetischen Wechselwirkung umfasst das Maxwell'sche Gleichungssystem den **Gauß'schen Satz der Elektrostatik**

$$\oint_O \vec{D} \cdot d\vec{A} = \int_V \rho dV = Q \qquad (18.50)$$

mit O als Oberfläche des Volumens V und der Ladungsdichte ρ, sowie den Satz über die **Quellenfreiheit der magnetischen Induktion**

$$\oint_O \vec{B} \cdot d\vec{A} = 0 \qquad (18.51)$$

Der Gauß'sche Satz der Elektrostatik besagt, dass elektrische Ladungen Quellen und Senken elektrischer Feldlinien sind. Elektrische Feldlinien können sowohl in geschlossener Form existieren als auch den positiven Ladungen entspringen und in den negativen Ladungen enden.

Der Satz über die Quellenfreiheit der magnetischen Induktion besagt, dass die magnetischen Feldlinien der magnetischen Induktion immer in sich geschlossen sind, d. h., es existieren keine magnetische Einzelpole (Monopole) als Quellen.

18.6 Zusammenfassung

Induktion einer Spannung im Magnetfeld

Bewegt sich ein kurzer Leiter in einem Magnetfeld, so erzeugt die Lorentz-Kraft eine Ladungstrennung und dadurch die induzierte Spannung

$$\Delta u_{\text{ind}} = -(\vec{v} \times \vec{B}) \cdot \Delta\vec{s} \qquad (18.52)$$

wobei Δs die Leiterlänge, v die Leitergeschwindigkeit und B die magnetische Induktion ist.

Für eine Leiterschleife ist die induzierte Spannung die negative Änderung des magnetischen Flusses pro Zeiteinheit:

$$u_{\text{ind}} = -\frac{d\phi}{dt} = -\frac{d}{dt} \int_A \vec{B} \cdot d\vec{A} \qquad (18.53)$$

mit der magnetischen Induktion B und dem magnetischen Fluss ϕ durch die Leiterschleifenfläche A.

Die induzierte Spannung **in einer Spule** ist gleich der negativen Änderung des verketteten Flusses ψ pro Zeiteinheit:

$$u_{\text{ind}} = -\frac{d\psi}{dt} \qquad (18.54)$$

Durchsetzt der magnetische Fluss ϕ sämtliche N Windungen einer Spule, so vereinfacht sich der verkettete Fluss zu $\Psi = N \cdot \phi$, welcher für diesem Fall als Bündelfluss bezeichnet wird.

Für die in einer Spule induzierte Spannung gilt dann:

$$u_{\text{ind}} = -\frac{\mathrm{d}\psi}{\mathrm{d}t} = -\frac{\mathrm{d}N\phi}{\mathrm{d}t} = -N\frac{\mathrm{d}\phi}{\mathrm{d}t} \tag{18.55}$$

Die **Selbstinduktivität** (Induktivität) L berechnet sich aus dem Quotienten des verketteten Flusses ψ zu dem Spulenstrom i:

$$L = \frac{\psi}{i} \tag{18.56}$$

oder über den Zusammenhang:

$$L = N^2 \Lambda_{\text{m}} \tag{18.57}$$

mit der Windungszahl N und dem **magnetischen Leitwert** Λ_{m}.

Für konstante Permeabilität ist die Induktionsspannung proportional zur Änderung des Spulenstroms pro Zeiteinheit:

$$u_{\text{ind}} = -L\frac{\mathrm{d}i}{\mathrm{d}t} \tag{18.58}$$

Für den **Spannungsabfall** an der Induktivität L gilt:

$$u_{\text{L}} = -u_{\text{ind}} = L\frac{\mathrm{d}i}{\mathrm{d}t} \tag{18.59}$$

Energie im magnetischen Feld

Die gesamte gespeicherte **Energie im Magnetfeld** einer vom Strom I durchflossenen Spule mit der konstanten Induktivität L beträgt:

$$W_{\text{m}} = \frac{1}{2}I^2 L \tag{18.60}$$

Die **Dichte der magnetischen Energie** ist gegeben durch:

$$w_{\text{m}} = \frac{1}{2}\vec{H} \cdot \vec{B} \tag{18.61}$$

18.7 Aufgaben

18.1

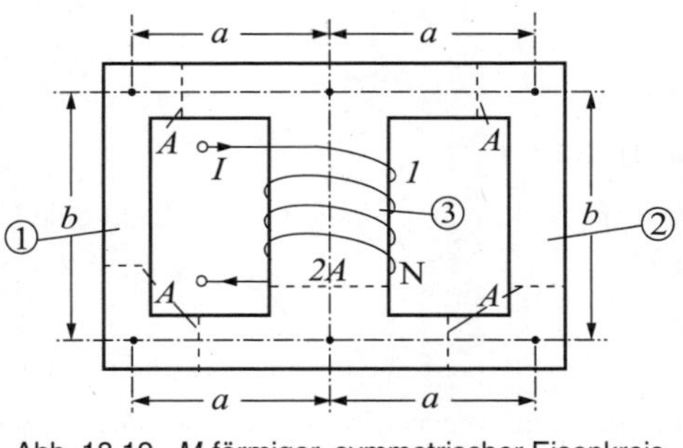

Abb. 18.19 *M*-förmiger, symmetrischer Eisenkreis mit Spule

Gegeben ist ein M-förmiger symmetrischer Eisenkreis mit einer Spule der Windungszahl N um den mittleren Schenkel und den Querschnittsflächen ($A_3 = 2A$, $A_1 = A_2 = A$).

Durch die Spule fließt der Strom I. Die Permeabilität μ des Eisenmaterials soll konstant sein.

Berechnen Sie in allgemeiner Form die magnetischen Flüsse und die magnetischen Feldstärken in den einzelnen Schenkeln für den Strom I.

18.2

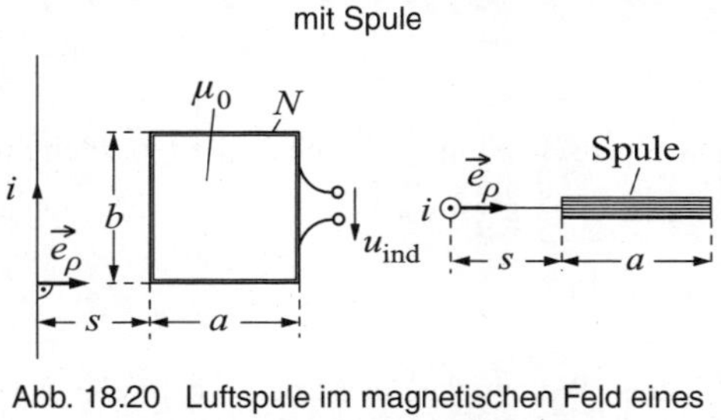

Abb. 18.20 Luftspule im magnetischen Feld eines stromdurchflossenen langen Leiters

Neben einem langen stromdurchflossenen Leiter befindet sich eine rechteckige Spule mit der Windungszahl N.

1. Ermitteln Sie in allgemeiner Form den magnetischen Fluss ϕ durch die Spule.
2. Welche Spannung u_{ind} wird beim linearen Stromanstieg $i(t) = c \cdot t$ ($c > 0/\text{s}$) in der Spule induziert?

Die Permeabilität ist durch μ_0 gegeben.

18.3 Gegeben ist der Leiter und die Spule der vorigen Aufgabe. Der Strom I ist in diesem Fall konstant, und die Spule bewegt sich mit der konstanten Geschwindigkeit $\vec{v} = v \cdot \vec{e}_\rho$ in radialer Richtung (ρ-Richtung) vom Leiter weg.

Welche Spannung u_{ind} wird in Abhängigkeit des Abstandes s in der Spule induziert?

18.4 Die Selbstinduktivität pro Längeneinheit L' eines Koaxialkabels bei gleich großen Strömen I mit verschiedener Stromrichtung ist ohne Berücksichtigung des Flusses im Innen- und Außenleiter zu bestimmen.
Die Permeabilität im Innenraum beträgt μ_0.

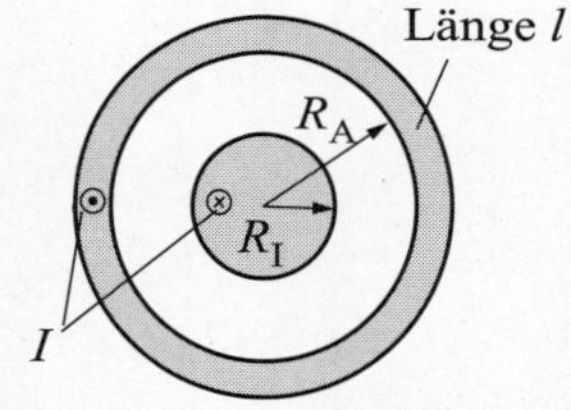

Abb. 18.21 Zur Induktivität einer Koaxialleitung

18.5 Die Selbstinduktivität pro Längeneinheit L' einer Doppelleitung bei gleich großen Strömen I mit verschiedener Stromrichtung ist nur bei Berücksichtigung des Flusses zwischen den Leitern zu bestimmen.
Die Permeabilität beträgt μ_0.

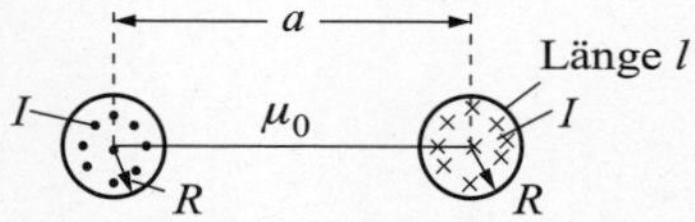

Abb. 18.22 Zur Induktivität einer Doppelleitung

18.6 Die Selbstinduktivität pro Längeneinheit L' einer Doppelleitung bei gleich großen Strömen I mit verschiedener Stromrichtung lässt sich genauer berechnen durch die Einbeziehung der Eigeninduktivität L_i der Leitungen (siehe Aufgabe 18.5).

1. Bestimmen Sie die Energiedichte und die Energie in den Leitungen.
2. Leiten Sie aus der berechneten Energie die pro Längeneinheit bezogene Eigeninduktivität L_i' einer einzelnen Leitung ab.
3. Ermitteln Sie den verbesserten Induktivitätswert pro Längeneinheit L' der Doppelleitung.

Teil V
Thermodynamik

19 Gleichgewicht und Zustandsgrößen

19.1 Überblick

Als Erstes geben wir einen Überblick über die wichtigsten Phänomene, Gesetzmäßigkeiten und Modelle der Thermodynamik.

Die griechischen Philosophen im Altertum nahmen an, dass alle Stoffe aus den vier „Elementen" Erde, Wasser, Luft und Feuer zusammengesetzt sind. Die moderne Vorstellung geht von vier, diesen Elementen analogen **Phasen oder Aggregatzuständen** aus.

- Erde $\longleftrightarrow$ Festkörper,
- Wasser $\longleftrightarrow$ Flüssigkeit,
- Luft $\longleftrightarrow$ Gas,
- Feuer $\longleftrightarrow$ Plasma.

Alle Stoffe können in diesen Phasen vorkommen.

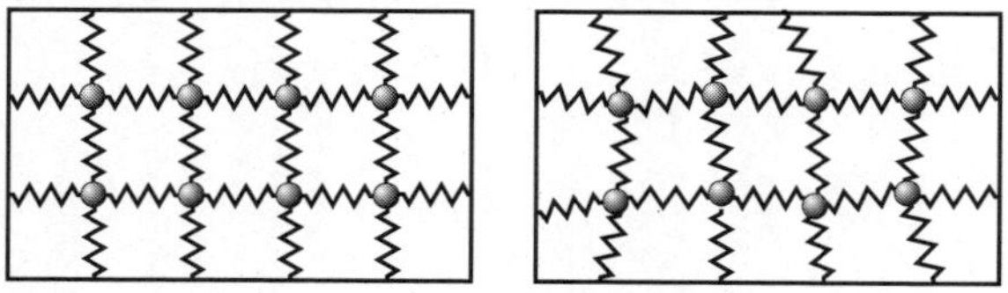

Abb. 19.1 Kristallgitter

Materie besteht aus Atomen und Molekülen (einige 10^{26} pro Kilogramm Materie). Das makroskopische Verhalten der Stoffe in verschiedenen Aggregatzuständen wird durch die Kräfte zwischen den Atomen verursacht. Im **Festkörper** sind die Atome oder Moleküle an regelmäßig angeordnete Positionen, das so genannte Gitter, gebunden, allerdings nicht starr: Sie können um ihre Gleichgewichtslage schwingen! Die mittlere mikroskopische Bewegungsenergie dieser „thermischen" Schwingungen hängt eng mit der makroskopischen Größe **Temperatur** zusammen.

Bringt man einen Körper mit Teilchen einer bestimmten mittleren Bewegungsenergie mit einem anderen zusammen, so übertragen sich die Schwingungen bzw. die Bewegungsenergie der Teilchen von einem Körper auf den anderen und umgekehrt:

Die thermische Energie verteilt sich so, dass auf jeden Freiheitsgrad eines Teilchens im statistischen Mittel, d. h., wenn man die mittlere Energie vieler Teilchen betrachtet, dieselbe Energie kommt.

Dies ist die statistische Bedeutung des Gleichgewichtszustands – der sich im **nullten Hauptsatz der Thermodynamik** widerspiegelt:

Alle Systeme, die mit einem System im thermischen Gleichgewicht sind, sind auch untereinander im Gleichgewicht – auf jeden Freiheitsgrad verteilt sich dabei im Mittel die gleiche (mittlere) Energie.

Ein Freiheitsgrad ist dabei eine Möglichkeit, Energie aufzunehmen. Dies wird im Allgemeinen durch Bewegung erfolgen. Durch die Bewegung in die drei Raumrichtungen werden schon drei Freiheitsgrade erschlossen. Bei Molekülen kann Energie auch durch die inneren Schwingungen zwischen den Atomen oder durch Rotation des Moleküls aufgenommen werden, was zu weiteren Freiheitsgraden führt.

Kühlt man den Körper ab, so kommen die thermischen Schwingungen schließlich zum Stillstand – der **absolute Nullpunkt** der Temperatur ist erreicht (dies tritt bei $-273{,}15$ °C ein).

Führt man dem Körper Wärmeenergie zu, so schwingen die Teilchen stärker – der Körper dehnt sich im Allgemeinen dabei aus.

Bei einer gewissen Bewegungsenergie verlieren die Festkörperteilchen schließlich ihre Bindung an eine bestimmte Stelle. Die zugehörige Temperatur heißt **Schmelztemperatur**. Bei weiterer Wärmezufuhr erhöht sich die Temperatur zunächst nicht mehr, aber immer mehr Teilchen lösen sich aus dem Festkörperverband: Eine **Phasenumwandlung** vom Festkörper in die **flüssige Phase** findet statt.

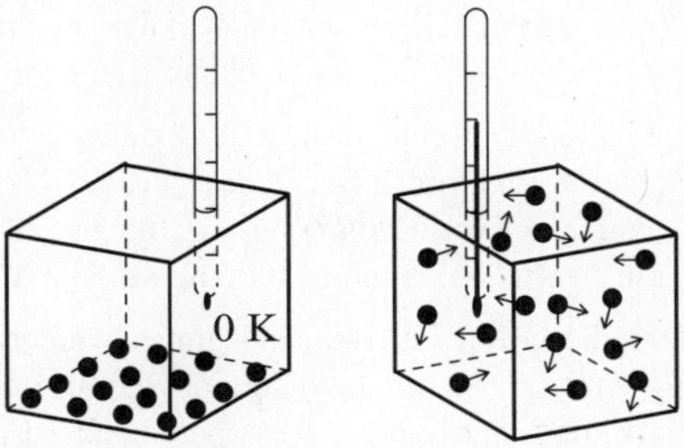

Abb. 19.2 Absoluter Nullpunkt – Die thermische Bewegung kommt zum Stillstand

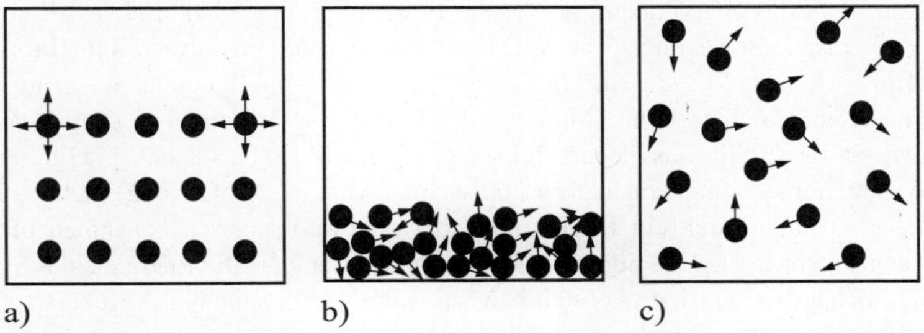

Abb. 19.3 (a) Die Moleküle eines Festkörpers haben thermische Bewegung um eine Gleichgewichtsposition. (b) Die Moleküle einer Flüssigkeit bewegen sich mehr oder weniger frei, bei konstantem relativen Abstand. (c) Die Moleküle eines Gases sind in konstanter, zufälliger Bewegung.

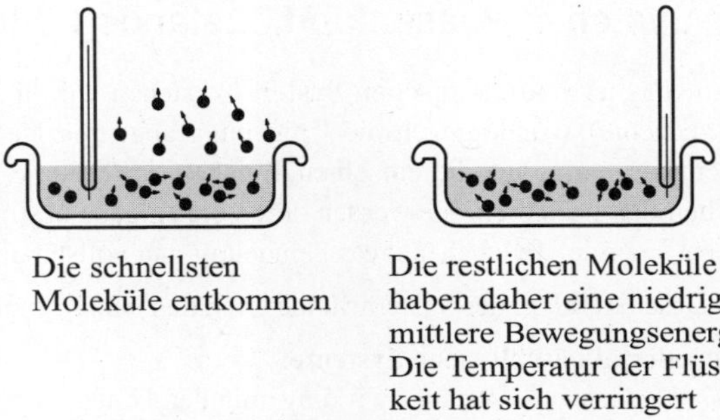

Abb. 19.4 Die Flüssigkeit ist nach der Verdampfung kühler als zuvor

Nach Beendigung der Phasenumwandlung erhöht weitere Zufuhr von makroskopischer Wärmeenergie auf die Flüssigkeit – falls man Wärmeverluste durch Strahlung, Leitung und Fließbewegungen verhindert – wieder die mikroskopische Bewegungsenergie der Teilchen; die Temperatur steigt wieder an, bis die Energie so groß wird, dass besonders schnelle Teilchen sich ganz aus dem Flüssigkeitsverband lösen. Man bezeichnet diesen Vorgang als Verdunsten. Die Menge der losgelösten Teilchen, die noch im Gleichgewicht mit der flüssigen Phase steht, bildet die **Dampfphase**.

Ist die **Siedetemperatur** nach weiterer Energiezufuhr erreicht, so verdampft (ohne Temperaturerhöhung) die gesamte Flüssigkeit: Die kinetische Energie der Teilchen ist größer als die Energie, die die Teilchen im geordneten Verband hält, und sie fliegen ungeordnet mit großer Geschwindigkeit durcheinander – die **Gasphase** ist gebildet.

Durch weitere Temperaturerhöhung (auf mehrere tausend Grad Celsius) können die Stöße zwischen den Teilchen zu ihrer Zerstörung führen, indem aus den Atomen Elektronen herausgeschlagen werden: Die Materie wird immer stärker in ihre Bestandteile zerlegt. Ionen (geladene Atomrümpfe) und Elektronen, die beim Stoß freigesetzt werden, bilden den vierten Aggregatzustand, die **Plasmaphase**. In dieser können sich Elektronen und Ionen unabhängig voneinander bewegen.

Plasma existiert z. B. in der Sonne, kann aber auch an Schweißelektroden und beim Laserbeschuss von Metallen (z. B. bei der Nockenwellenhärtung) beobachtet werden.

In Metallen liegt eine verwandte Situation vor: Die Atome sitzen fest in einem Gitter und geben einige ihrer Elektronen frei, sodass diese sich zwischen den Ionen frei bewegen können. Diese freie Beweglichkeit von Elektronen, die für die elektrische Leitfähigkeit von Metallen von Bedeutung ist, führt zur Bezeichnung **Elektronenplasma** bzw. freies Elektronengas.

Der in dieser kurzen Übersicht immer wieder auftauchende Begriff der **Energie** (Wärme, Bewegungsenergie) ist für die Thermodynamik von zentraler Bedeutung. Die Umwandelbarkeit von makroskopischer Energie (z. B. potenzieller Energie, Bewegungsenergie) eines Körpers in mikroskopische „thermische" Energie unter Energieerhaltung ist Gegenstand des **ersten Hauptsatzes** der Thermodynamik: **Die Gesamtenergie eines geschlossenen Systems bleibt erhalten.**

Allerdings kann man die ungeordnete thermische Bewegung der Teilchen nicht beliebig in geordnete makroskopische Bewegung zurückverwandeln: Dies ist durch den **zweiten Hauptsatz** der Thermodynamik verboten. Mit diesem Satz ist der in der Physik allgemein so wichtige Begriff der **Entropie** verbunden. Sie ist ein Maß für die Unordnung in einem System. Da sich die Energie statistisch so verteilt, dass jeder Freiheitsgrad im Mittel die gleiche Energie aufnimmt, strebt ein System immer auf einen makroskopischen Zustand (das Gleichgewicht) zu, dessen mikroskopischer Zustand durch ein **Höchstmaß** an **Unordnung**, der so genannten **maximalen Entropie**, gekennzeichnet ist, d. h., durch ein Minimum an Ordnung. Die Energie eines Systems ist nicht auf ein Teilchen konzentriert, das sich bewegt, während alle anderen in Ruhe sind, sondern alle Teilchen bewegen sich ungeordnet durcheinander.

Am absoluten Nullpunkt $T = 0$ K ist die Ordnung jedoch maximal, d. h., die Entropie ist Null $S = 0$ (dritter Hauptsatz).

19.2 Systeme, Phasen und Zustandsgrößen

Unter einem **thermodynamischen System** verstehen wir eine beliebige Menge von Materie, die durch (gedachte) Wände gegen die Umgebung abgegrenzt ist. Diejenigen seiner Eigenschaften, die erkennbar sind, ohne die einzelnen Teilchen der Materie zu betrachten, heißen seine makroskopischen Eigenschaften. Sie werden durch die Angabe bestimmter **makroskopischer Variablen** (Volumen, Energie, Teilchenzahl etc.) eindeutig und vollständig beschrieben.

Je nach Beschaffenheit der Systemwände (Behälter) unterscheidet man:

Isolierte oder abgeschlossene Systeme:
Diese sind gegen jede Wechselwirkung mit der Umgebung abgeschlossen. Der Behälter muss für jede Form von Energie und Materie undurchlässig sein. Insbesondere ist für ein solches System die Gesamtenergie W (mechanisch, elektrisch etc.) konstant, d. h., sie ist eine so genannte „Erhaltungsgröße" und kann daher zur Kennzeichnung des Makrozustandes verwendet werden, ebenso wie die Teilchenzahl N und das Volumen V.

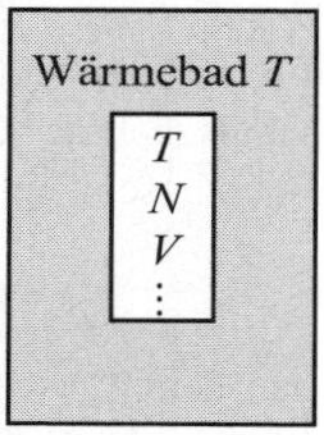

Abb. 19.5 Geschlossenes System

Geschlossene Systeme:
Hier ist nur ein Energieaustausch mit der Umgebung zugelassen, jedoch kein Materieaustausch. Die Energie ist daher keine Erhaltungsgröße mehr. Vielmehr wird die aktuelle Energie des Systems durch den Energieaustausch mit der Umgebung schwanken. Im Gleichgewicht des geschlossenen Systems mit seiner Umgebung wird sich jedoch ein bestimmter Mittelwert der Energie einstellen, den man mit einer Temperatur des Systems bzw. der Umgebung in Zusammenhang bringen kann. Zur Kennzeichnung des Makrozustandes kann neben N und V jene Temperatur verwandt werden.

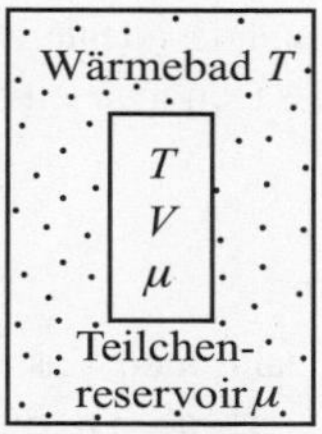

Abb. 19.6 Offenes System

Offene Systeme:
Diese Systeme können sowohl Energie als auch Materie mit ihrer Umgebung austauschen. Weder Energie noch Teilchenzahl sind daher Erhaltungsgrößen. Befindet sich das offene System im Gleichgewicht mit der Umgebung, so stellen sich bestimmte Mittelwerte der Energie und der Teilchenzahl ein. Wie man die mittlere Energie mit der Temperatur in Verbindung setzt, so kann man auch die mittlere Teilchenzahl mit einer Größe in Verbindung bringen, die man als **chemisches Potenzial** bezeichnet.

Man kann daher **Temperatur** T und **chemisches Potenzial** μ zur Kennzeichnung des Makrozustandes verwenden.

Es ist klar, dass zumindest das abgeschlossene System eine Idealisierung darstellt, denn in der Realität ist ein Energieaustausch mit der Umgebung streng nicht zu verhindern. Mithilfe von gut isolierten Gefäßen (z. B. verspiegelte Vakuumgefäße, Dewar-Gefäße) lassen sich abgeschlossene Systeme aber **näherungsweise** verwirklichen.

Phasen

Sind die Eigenschaften eines Systems an jeder Stelle gleich, so nennt man es **homogen**. Unter den nicht homogenen **(heterogenen)** Systemen betrachten wir nur solche, die aus homogenen Teilbereichen aufgebaut sind. Diese homogenen Teilbereiche bezeichnet man als **Phasen** des Systems. An den **Phasengrenzflächen** ändern sich einige der makroskopischen Eigenschaften sprunghaft.

Ein typisches Beispiel für ein solches System ist ein geschlossener Topf mit Wasser, Wasserdampf und Luft. Die Wasseroberfläche wäre in diesem Fall die Phasengrenzfläche. Man spricht dann von der Gasphase (Dampf und Luft) und der flüssigen Phase (Wasser). In manchen Fällen hängen die makroskopischen Eigenschaften des Systems von der Größe (und Form) der Phasengrenzflächen ab. In unserem Beispiel eines Topfes mit Wasser führt es zu unterschiedlichen makroskopischen Eigenschaften, wenn das Wasser am Boden versammelt oder etwa in Form kleiner Tropfen (Nebel) verteilt ist.

Zustandsgrößen

Die makroskopischen physikalischen Größen, mit deren Hilfe ein System beschrieben werden kann, heißen **Zustandsgrößen.** Neben **Energie** W, **Volumen** V, **Teilchenzahl** N, **Entropie** S, **Temperatur** T, **Druck** p und **chemischem Potenzial** μ gehören hierzu auch Größen wie Ladung, Dipolmoment, Brechungsindex, Viskosität, chemische Zusammensetzung, Größe der Phasengrenzflächen etc. Nicht zu den Zustandsgrößen zählen mikroskopische Eigenschaften wie z. B. die Positionen oder Impulse der Teilchen.

Wir werden später (siehe Gibbs'sche Phasenregel) noch sehen, dass die Zahl der Zustandsgrößen, welche zur eindeutigen Festlegung eines thermodynamischen Zustandes ausreichen, eng mit der Zahl der Phasen eines Systems zusammenhängt. Es genügt, die Werte einiger weniger Zustandsgrößen zu wählen **(Zustandsvariable)**: Die übrigen Zustandsgrößen werden dann bestimmte Werte annehmen, die von den gewählten Werten der Zustandsvariablen abhängen. Gleichungen, welche diese Abhängigkeiten der Zustandsgrößen voneinander beschreiben, heißen **Zustandsgleichungen.** Die Zustandsgleichungen eines Systems müssen in der Thermodynamik empirisch bestimmt werden. Oftmals verwendet man dazu als Ansatz Polynome in den Zustandsvariablen, deren Koeffizienten dann experimentell bestimmt werden. Es ist wichtig, sich bewusst zu machen, dass solche empirisch bestimmten Zustandsgleichungen meist nur in einem sehr eingeschränkten Wertebereich der Zustandsvariablen vernünftige Übereinstimmung mit den Experimenten geben.

Insbesondere sei in diesem Zusammenhang auf das oft benutzte Modellbeispiel des idealen Gases verwiesen, das für reale Gase nur bei sehr niedrigen Dichten verlässliche Aussagen machen kann.

Man unterscheidet generell zwei Kategorien von Zustandsgrößen:

1. Extensive (additive) Zustandsgrößen:
Sie sind **proportional** zur Stoffmenge in einem System, z. B. zur Teilchenzahl oder Masse. Ein charakteristisches Beispiel für eine extensive Eigenschaft ist etwa das Volumen oder die Energie. Insbesondere setzt sich eine extensive Zustandsgröße eines heterogenen Gesamtsystems **additiv** aus den entsprechenden extensiven Eigenschaften der einzelnen Phasen zusammen. So ergibt sich das Volumen eines Topfes mit Wasser, Dampf und Luft aus den Volumina von flüssiger Phase und Gasphase. Die für die Thermodynamik charakteristischste extensive Zustandsgröße ist die Entropie.

2. Intensive Zustandsgrößen:
Diese sind **unabhängig** von der Stoffmenge und nicht additiv für die einzelnen Phasen eines Systems. Sie können in den einzelnen Phasen unterschiedliche Werte annehmen, müssen es aber nicht. Beispiele: Dichte, Druck, Temperatur, Brechungsindex etc.

Es ist kennzeichnend für intensive Zustandsgrößen, dass sie lokal definiert werden können, d. h., sich räumlich ändern können. Man denke etwa an die Dichte der Erdatmosphäre, die von der Erdoberfläche ab kontinuierlich mit der Höhe abnimmt, oder an den Wasserdruck in einem Ozean, der mit zunehmender Tiefe zunimmt, oder die Temperatur auf der Erdoberfläche, die ja stark vom Ort (und der Zeit) abhängt. Wir werden uns allerdings vorerst auf räumlich konstante intensive Eigenschaften beschränken. Die Bestimmung der räumlichen Abhängigkeiten intensiver Zustandsvariablen erfordert nämlich entweder zusätzliche Bestimmungsgleichungen (z. B. aus der Hydrodynamik) oder muss in Form weiterer Zustandsgleichungen (ohne weiteres Verständnis für deren Zustandekommen) hinzugenommen werden.

Oft geht man von extensiven Zustandsgrößen zu intensiven Zustandsgrößen über, die im Wesentlichen sehr ähnliche physikalische Eigenschaften beschreiben. So sind z. B. Energie, Volumen und Teilchenzahl extensive Größen, während Energie pro Volumen (Energiedichte) oder Energie pro Teilchen sowie Volumen pro Teilchen intensive Zustandsgrößen sind. Die extensiven Variablen werden bei einer einfachen Vergrößerung eines Systems (ohne Änderung der intensiven Eigenschaften und bei Vernachlässigung von Oberflächeneffekten) proportional zur Stoffmenge vergrößert, ohne dass dies neue Erkenntnisse über die intrinsischen Eigenschaften des Systems beinhalten würde.

19.3 Gleichgewicht und Temperatur – Nullter Hauptsatz der Thermodynamik

Unter den vielen möglichen Zuständen eines abgeschlossenen Systems ist der **Gleichgewichtszustand** für die Thermodynamik von besonderer Bedeutung. Er ist als der makroskopische Zustand definiert, den das abgeschlossene System nach hinreichend langer Wartezeit von alleine einnimmt und in dem sich die makroskopischen Eigenschaften des Systems nicht mehr ändern.

Als Beispiel denke man an einen luftgefüllten Zylinder, dessen Volumen durch ein ruckartiges Verschieben des Kolbens plötzlich verkleinert wird. Nach diesem Eingriff sei der Zylinder abgeschlossen. Im ersten Moment werden die vom Kolben weit entfernten Moleküle noch in ihrer alten ungerichteten Bewegung verharren, während die an den Kolben angrenzenden Moleküle eine zusätzliche kinetische Energie erhalten haben, die sich in einer gerichteten, vom Kolben wegführenden Bewegung äußert. Nach einiger Zeit wird die Energie wieder auf alle Moleküle gleichverteilt und die Bewegung wieder vollständig unregelmäßig sein. Der Gleichgewichtszustand ist dann erreicht.

Es ist sehr wichtig, den Begriff des Gleichgewichtes von dem eines **stationären Zustandes abzugrenzen**. Auch in einem stationären Zustand ändern sich die makroskopischen Zustandsgrößen zeitlich nicht. Solche stationären Zustände sind jedoch immer mit einem Energiefluss verknüpft, was bei Gleichgewichtszuständen nicht der Fall ist.

Betrachten wir z. B. eine elektrische Warmhalteplatte, wie sie in vielen Haushalten zu finden ist. Wird ein Topf mit Speisen darauf gestellt, so stellt sich nach einiger Zeit ein stationärer Zustand ein, bei dem sich die Temperatur der Speisen nicht mehr ändert. Dies ist jedoch kein thermisches Gleichgewicht, solange die Umgebung eine andere Temperatur hat. Es ist nämlich nötig, dauernd Energie (elektrisch) zuzuführen, um ein Abkühlen der Speisen zu verhindern, welche permanent Energie (Wärme) an die Umgebung abgeben. Kennzeichnend für dieses System ist, dass es nicht abgeschlossen ist, sondern Energie sowohl zu- als auch abgeführt wird.

Die Anwendung des Begriffes des thermodynamischen Gleichgewichts erfordert jedoch einige Vorsicht. So ist es beispielsweise bis heute nicht klar, ob unser Universum einem solchen Gleichgewichtszustand zustrebt. Wir beschränken uns daher ausschließlich auf Situationen, in denen die Existenz eines Gleichgewichtszustandes offensichtlich ist.

Alle thermodynamischen Zustandsgrößen sind streng genommen nur für Gleichgewichtszustände definiert und lassen sich daher nur in diesen Zuständen messen. Oft ist es jedoch sinnvoll, auch dann von einem thermodynamischen Gleichgewicht zu sprechen, wenn die Zustandsgrößen eigentlich noch sehr langsam veränderlich sind. So ist z. B. unsere Sonne keineswegs in einem Gleichgewichtszustand (sie verliert dauernd Energie durch Strahlung), dennoch ergibt die Anwendung thermodynamischer Zustandsgrößen in diesem Fall durchaus einen Sinn, da die Veränderungen sehr langsam vor sich gehen.

Bringt man in einem abgeschlossenen System zwei Teilsysteme in energetischen Kontakt (kein Materieaustausch), die jedes für sich im Gleichgewicht waren, so beobachtet man im Allgemeinen verschiedene Prozesse, die mit einer Veränderung der Zustandsgrößen verbunden sind, bis sich nach genügend langer Wartezeit wieder ein neuer Gleichgewichtszustand eingestellt hat. Man bezeichnet diesen als **thermisches** Gleichgewicht.

Ein Beispiel ist in der nebenstehenden Abbildung skizziert: Ein abgeschlossenes System besteht aus zwei verschieden warmen Körpern, die durch eine wärmeleitende Stange verbunden sind. Durch diese Stange wird Energie vom heißen zum kalten Körper fließen. Dieser Vorgang kann bei geringer Wärmeleitfähigkeit der Stange lange andauern; irgendwann wird der Energiefluss aber sicher zum Erliegen kommen: Das thermische Gleichgewicht ist erreicht.

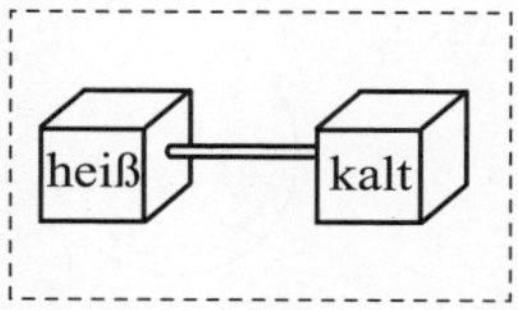

Abb. 19.7 Zwei Kupferklötze, die durch eine schlecht wärmeleitende Stange aneinander gekoppelt sind.

Die Erfahrung zeigt: Alle Systeme, die sich mit einem gegebenen System im thermischen Gleichgewicht befinden, stehen auch untereinander im thermischen Gleichgewicht (Nullter Hauptsatz der Thermodynamik).

Diese Erfahrung ist wichtig für die Temperaturdefinition, die im Folgenden beschrieben wird. Unter der **Temperatur** versteht man eine intensive Zustandsgröße, die jedem Gleichgewichtszustand eines Systems zugeordnet wird, und die die Richtung des Energieflusses für den Fall festlegt, dass das System über eine unbewegliche, wärmeleitende Wand mit einem anderen System verbunden wird: Findet gar kein Energiefluss statt, befinden sich die beiden Systeme also direkt bei der Verbindung schon im thermischen Gleichgewicht, so nennt man die Temperaturen gleich, sonst hat das System die höhere Temperatur, von dem die Energie weg fließt. Der nullte Hauptsatz der Thermodynamik bewirkt, dass die Definition der Temperaturgleichheit bei mehreren im Kreis verbundenen Systemen nicht zu Widersprüchen führen kann. Über die Zeit, die bei ungleichen Temperaturen bis zum

Erreichen des thermischen Gleichgewichts vergeht, kann die Thermodynamik keine Aussage machen.

Wir haben nun die Möglichkeit, den Temperaturbegriff noch zu präzisieren, indem wir ein Messverfahren und eine Einheit angeben. Dazu verwendet man so genannte **Thermometer**. Das sind Systeme wie z. B. das bekannte **Flüssigkeitsthermometer** mit einer leicht zu beobachtenden Zustandsgröße (im Beispiel die Höhe der Flüssigkeitssäule), deren Wert sich monoton mit der Temperatur verändert, also bei wachsender Temperatur immer größer oder immer kleiner wird. Die Monotonie des Zusammenhangs lässt sich prüfen, da wir schon festgelegt haben, wann eine Temperatur größer als eine andere ist. Eine zahlenmäßige Temperaturskala erhält man, indem man einen linearen Zusammenhang zwischen der Thermometermessgröße (Höhe der Flüssigkeitssäule) und der Temperatur postuliert. Eine Einheit für die Temperatur kann festgelegt werden, indem man willkürlich zwei reproduzierbaren Gleichgewichtszuständen eines Systems (z. B. einem Gemisch aus Eis und Wasser und siedendem Wasser im Gleichgewicht mit seinem Dampf bei Normaldruck) die Temperaturwerte 0 und 100 zuweist. Zur Messung einer unbekannten Temperatur bringt man das Thermometer ins thermische Gleichgewicht mit dem zu messenden System und liest dann die Temperatur ab.

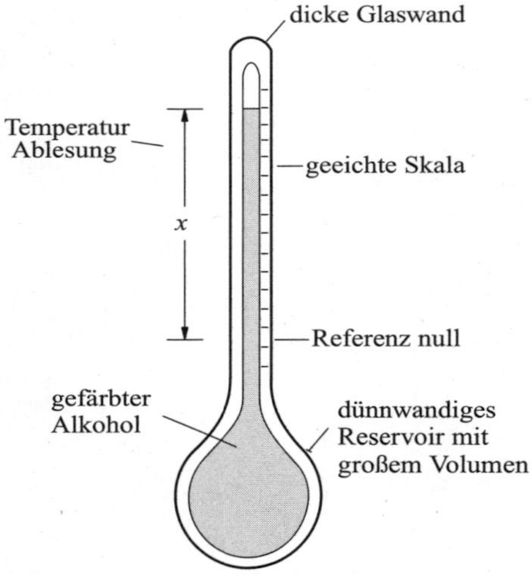

Abb. 19.8 Flüssigkeitsthermometer

Die zu beobachtende Zustandsgröße des Thermometers kann neben der erwähnten Höhe einer Flüssigkeitssäule auch vieles anderes sein. Zum Beispiel:

- das Volumen eines Gases (**Gasthermometer**),
- die Spannung, die über einer Lötstelle zwischen zwei ungleichen Metalldrähten abfällt (**Thermoelement**),
- die Farbe des Lichts, das von einem festen Körper oder einem Gas emittiert wird (**Pyrometer**) oder
- der Widerstand bestimmter Leiter (**Widerstandsthermometer**).

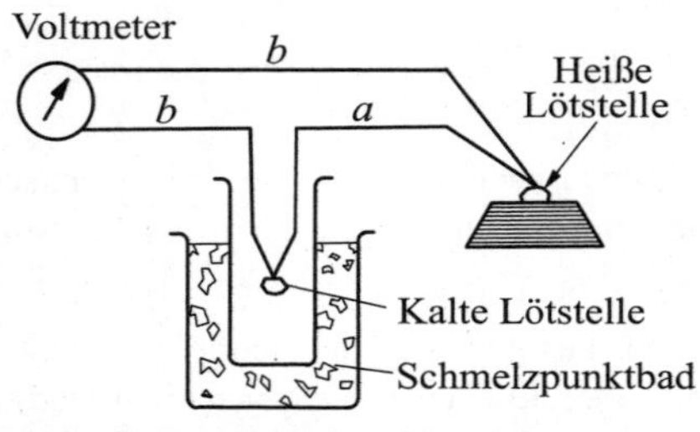

Abb. 19.9 Zwei verschiedene Materialien a und b sind an zwei Stellen miteinander verlötet. Haben diese Lötstellen verschiedene Temperaturen, bildet sich zwischen ihnen eine Spannung aus

Die Tabelle 19.1 gibt verschiedene Typen von Thermometern an, den physikalischen Effekt, auf dem sie beruhen, und den Temperaturbereich, in dem sie in der Praxis benutzt werden. Die Temperaturangabe erfolgt dabei in der allgemein verwendeten Celsius-Skala, auf die wir später nochmals zurückkommen.

Oft kann man die Temperatur eines Körpers auch durch seine Eigenschaften bestimmen, ohne dass man ein zusätzliches System als Thermometer benötigt. So kann man beispielsweise die Flammentemperatur eines Brenners oder die Oberflächentemperatur der Sonne durch Vermessen des Spektrums der ausgesendeten elektromagnetischen Strahlung bestimmen.

Tabelle 19.1 Verschiedene Thermometer

Thermometer physikalisch zugrunde liegender Effekt	**Temperaturbereich** in °C
Magnetische Eigenschaften von paramagnetischem Salz	−273 bis −272
Druck von Helium-Dampf im Gleichgewicht mit flüssigem Helium	−272 bis −269
Widerstandsthermometer (elektrischer Widerstand einer Substanz)	−261 bis 600
Thermoelemente (Thermoelektrizität)	−250 bis 1000
Flüssigkeitsthermometer (Wärmeausdehnungseigenschaften)	−196 bis 500
Bimetallthermometer (unterschiedliche thermische Ausdehnung)	−50 bis 400
Gasthermometer (konstanter Druck oder konstantes Volumen, ideales Gas)	$\gtrapprox 300$
Optisches Pyrometer (über die Intensität des Lichtes wird auf die Temperatur geschlossen)	> 600

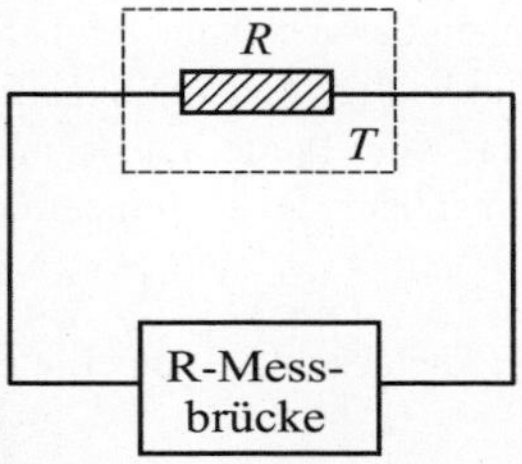

Abb. 19.10 Widerstandsthermometer

Schon an dieser Stelle sei darauf hingewiesen, dass man den Begriff Temperatur auch auf Systeme erweitern kann, die sich nicht als Ganzes im thermischen Gleichgewicht befinden. Dies ist möglich, sofern man das Gesamtsystem in Teilsysteme zerlegen kann, denen man eine lokale (ortsabhängige) Temperatur zuordnen kann. Das System befindet sich dann nicht im so genannten globalen, sondern nur in einem lokalen thermischen Gleichgewicht. Solche Systeme begegnen uns in Maschinen, deren Teile unterschiedliche Temperaturen haben (in Automotoren: Kühlwasser, Zylinder, Öl, Auspuffgas), in der Erdatmosphäre oder auch in Sternen, deren Zonen verschieden temperiert sind.

19.4 Absolute Temperatur, Kelvin- und Celsius-Skala

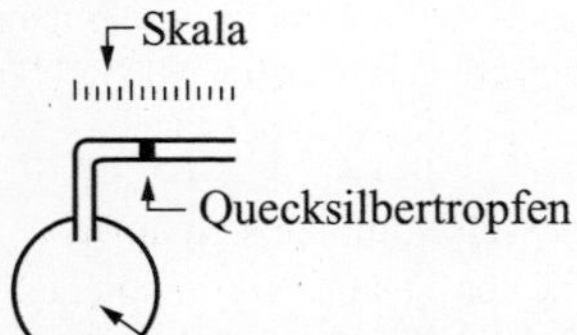

Abb. 19.11 Gasthermometer (schematisch)

Das Messverfahren der Temperatur ist mit einer Zustandsgleichung verknüpft, nämlich der Abhängigkeit der beobachteten Zustandsgröße (Volumen, Widerstand) von der Temperatur. Jedes Thermometer definiert deshalb eine andere Temperaturskala! Wir müssen daher ein Standardsystem wählen, mit dessen Hilfe wir eine einheitliche Temperaturskala festlegen können: **Das Gasthermometer**.

Hierbei verwendet man die Tatsache, dass sich viele verdünnte Gase sehr ähnlich verhalten: Füllt man nämlich ein solches verdünntes Gas in eine Apparatur gemäß Abb. 19.11, in der sich sein Volumen aufgrund des reibungsfrei beweglichen Abschlusses (Quecksilbertropfen) bei konstanter Teilchenzahl und konstantem Druck mit der Temperatur verändern kann, und bringt man dieses „Gasthermometer" in Kontakt mit zwei unterschiedlichen Temperaturen T und T_0, so ist das Verhältnis V/V_0 der sich dabei einstellenden Volumina unabhängig von der verwendeten Gasart, der eingefüllten Gasmenge und der Größe des (konstanten) Drucks. Man verwendet dieses Volumenverhältnis eines verdünnten Gases daher zur Definition der **thermodynamischen** oder

absoluten Temperatur T:

$$\frac{T}{T_0} = \frac{V}{V_0} \tag{19.1}$$

bei konstantem Druck und konstanter Teilchenzahl.

Durch diese Gleichung ist nur das Verhältnis zweier Temperaturen definiert; um auch für einzelne Temperaturen Zahlenwerte zu erhalten, benötigt man noch einen **Fixpunkt**. Das ist ein reproduzierbarer Gleichgewichtszustand eines Systems, dem ein Temperaturwert per Definition zugeordnet wird. Man wählt heute üblicherweise den **Tripelpunkt** des Wassers, d. h. ein Gemisch von Eis, Wasser und Wasserdampf, das sich im Gleichgewicht befindet. Diesem ordnet man die absolute Temperatur 273,16 K (sprich Kelvin) zu, wobei die Einheit zu Ehren von Lord **Kelvin** benannt ist, der wesentliche Beiträge zur Thermodynamik lieferte. Der Schmelzpunkt von Eis (bei dem vom Tripelpunkt abweichenden Normdruck von 101 325 Pa) ergibt sich damit zu $T = 273{,}15$ K.

Die historische Celsius-Temperaturskala war mithilfe eines mit Quecksilber gefüllten Flüssigkeitsthermometers definiert, und ihre Einheit dadurch festgelegt, dass die Temperatur des Schmelzpunktes des Eises 0 °C und diejenige von siedendem Wasser (bei Normdruck) 100 °C genannt wurde. Der „krumme" Wert für die absolute Temperatur des Tripelpunktes ergibt sich aus der Forderung, dass die Einheit der absoluten Temperatur mit der der historischen Celsius-Temperatur übereinstimmen soll. Die heutige **Celsius**-Skala ist mithilfe der absoluten Temperatur durch die Festlegung definiert, dass ihre Werte immer um 273,15 kleiner sind als die absoluten Temperaturwerte. Für den Zusammenhang beider Temperaturskalen gilt daher definitonsgemäß:

$$T = (t + 273{,}15)\ \mathrm{K} \tag{19.2}$$

wobei T die absolute Temperatur und t den Wert der Celsius-Temperatur in °C angibt.

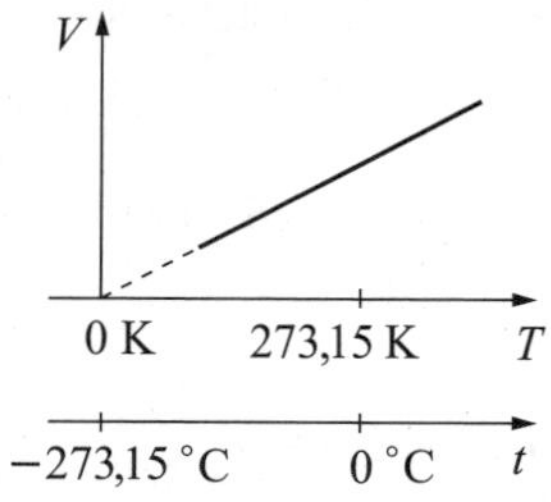

Abb. 19.12 V-T-Diagramm eines verdünnten Gases. Luft verflüssigt sich bei 80 K, H_2 bei 13 K und He bei 4 K

Trägt man das Volumen V eines verdünnten Gases bei konstantem Druck und konstanter Teilchenzahl gegen die absolute Temperatur T auf, so ergibt sich aufgrund der beschriebenen Temperaturdefinition eine Ursprungsgerade gemäß der nebenstehenden Abbildung. Denn aus $T/T_0 = V/V_0$ folgt $V = (V_0/T_0) \cdot T$. Misst man die Temperatur in der Celsius-Skala, so erhält man eine Gerade, die die Temperaturachse bei $-273{,}15$ °C schneidet. Diese Temperatur, bei der das verdünnte Gas das Volumen $V = 0\ \mathrm{cm}^3$ einnehmen müsste, heißt **absoluter Temperatur-Nullpunkt**.

Ein Gas, dessen Volumen sich auf $V = 0\ \mathrm{cm}^3$ reduzieren lässt, müsste aus punktförmigen Atomen oder Molekülen bestehen. Ein solches Gas besteht nur als theoretisches Modell; es wird **ideales Gas** genannt. Reale Gase verflüssigen beim Abkühlen spätestens bei ca. 4 K und behalten bei weiterem Abkühlen ein fast konstantes Volumen $V > 0$ bei. Temperaturen in der Nähe des absoluten Nullpunktes lassen sich daher nicht wie oben beschrieben mithilfe des Gasthermometers definieren. Auf ihre Definition wird hier nicht eingegangen.

Die Verwendung der absoluten Temperatur ergibt sehr einfache Zusammenhänge im Rahmen der kinetischen Gastheorie. So ist die absolute Temperatur direkt proportional zur mittleren kinetischen Energie der Gasteilchen und gewinnt somit eine einfache und anschauliche mikroskopische Bedeutung. Insbesondere können wir feststellen, dass es im thermischen Gleichgewicht **keine negativen** absoluten Temperaturen geben kann, denn wenn alle Teilchen in Ruhe sind (kinetische Energie null), ist auch die mittlere Energie gleich null und damit ist auch die Temperatur gleich null. Negative kinetische Energien kann es aber nicht geben. (Für bestimmte Nichtgleichgewichtszustände ist es trotzdem möglich, negative Temperaturen zu definieren.)

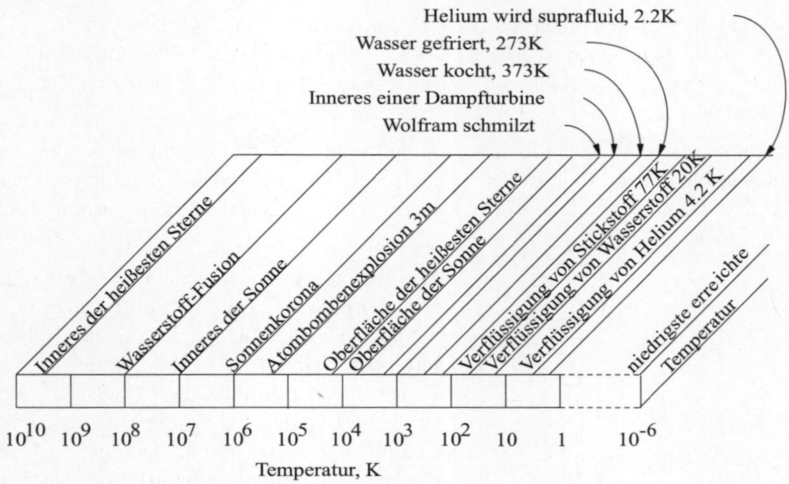

Abb. 19.13 Temperaturbereiche

19.5 Druck

Der **Druck** p ist eine intensive Zustandsgröße, die die Fähigkeit eines Systems beschreibt, Kräfte auszuüben. Er wird durch die Kraft gemessen, die das System senkrecht auf eine Messfläche pro Flächeneinheit ausübt. Bezeichnet $F_\perp$ die insgesamt auf die Fläche der Größe A ausgeübte Kraft, so gilt:

$$p = \frac{F_\perp}{A} \tag{19.3}$$

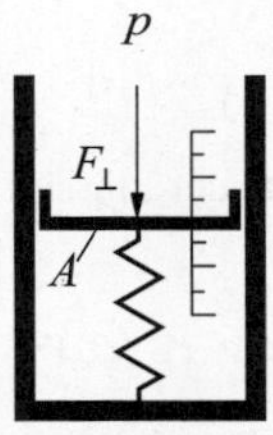

Abb. 19.14 Zylinder mit einem durch eine Feder in einer Gleichgewichtslage gehaltenen Stempel als Druckmesser

Als Einheit des Drucks ergibt sich daher $[p] = \mathrm{N} \cdot \mathrm{m}^{-2} = 1\ \mathrm{Pa} = 1$ **Pascal**.

Das **bar** ist das 10^5-fache des Pascals.

In der Meteorologie wird häufig das Hektopascal = 100 Pa (identisch mit dem früher benutzten Millibar: 10^{-3} bar) verwendet.

$$\begin{aligned} 1\ \mathrm{Pa} &= 1\ \frac{\mathrm{N}}{\mathrm{m}^2} = 1\ \frac{\mathrm{kg}}{\mathrm{m} \cdot \mathrm{s}^2} = 10^{-5}\ \mathrm{bar} \\ 1\ \mathrm{bar} &= 10^5\ \mathrm{Pa} = 10\ \frac{\mathrm{N}}{\mathrm{cm}^2} \end{aligned} \tag{19.4}$$

Früher waren noch die folgenden, heute ungesetzlichen Einheiten in Gebrauch:

1. Die **technische Atmosphäre** [at] war über die alte Krafteinheit Kilopond [kp] definiert.

$$1\ \mathrm{at} = 0{,}980\,665\ \mathrm{bar} \tag{19.5}$$

2. Die **physikalische Atmosphäre** [atm] war an den mittleren Luftdruck am Erdboden angepasst.

$$1\ \mathrm{atm} = 1{,}013\,25\ \mathrm{bar} \tag{19.6}$$

3. Das **Torr** wurde bei der Druckmessung mit Flüssigkeitsmanometern verwendet, die mit Quecksilber gefüllt waren.

$$1\ \mathrm{Torr} = 133{,}32\ \mathrm{Pa} \qquad 760\ \mathrm{Torr} = 1\ \mathrm{atm} \tag{19.7}$$

Der Druck hat die gleiche Dimension wie eine Energiedichte. Wir werden noch oft an speziellen Systemen feststellen können, dass der Druck meist in einfacher Weise mit der Energiedichte zusammenhängt. Analog zur Temperatur kann auch der Druck lokal, d. h. in einem kleinen Teilsystem, definiert werden.

Zur Bestimmung des Drucks mithilfe der Definitionsgleichung (19.3) dienen Geräte, deren Bauprinzip in Abb. 19.14 dargestellt ist. Die zu messende Kraft $F_\perp$ ist dabei allerdings nur dann gleich der Federkraft, wenn der Innenraum des Messgerätes evakuiert und die Gewichtskraft des Stempels keine Rolle spielt.

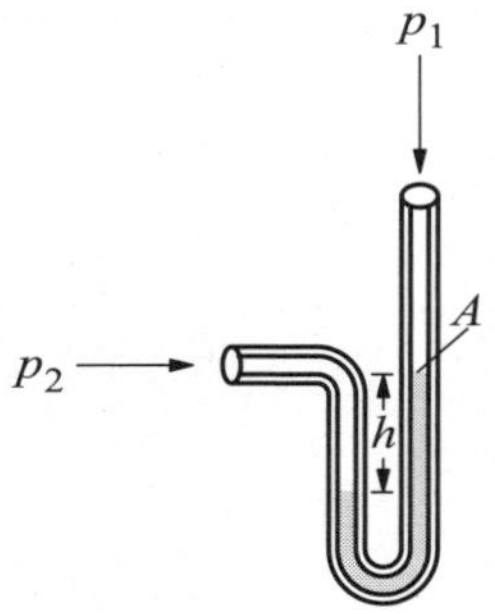

Abb. 19.15 Messung des Differenzdrucks

Mit dem nebenstehend abgebildeten **Flüssigkeitsmanometer** lassen sich nur Druckdifferenzen messen. Auf die überstehende Flüssigkeitssäule der Höhe h wirken ihre Gewichtskraft $F_G = m \cdot g$ sowie die von p_1 und p_2 herrührenden Kräfte auf die Querschnittsflächen der Größe A. (Der untere U-förmige Teil der Säule steht für sich im Gleichgewicht und dient nur zur Übertragung der von p_2 herrührenden Kraft). Im Gleichgewicht heben sich diese drei Kräfte auf. Daraus ergibt sich für die Druckdifferenz:

$$p_1 A + m \cdot g = p_2 A$$

$$p_2 - p_1 = \frac{m \cdot g}{A} = \frac{\varrho A h \cdot g}{A}$$

$$p_2 - p_1 = \varrho h g \qquad (19.8)$$

mit der Dichte der Flüssigkeit ϱ und der Fallbeschleunigung g.

19.6 Ideales Gas

Um die Grundbegriffe der Thermodynamik zu veranschaulichen, wollen wir das ideale Gas genauer untersuchen. Ein solches ideales Gas ist dadurch gekennzeichnet, dass seine Teilchen wie Punktteilchen der klassischen Mechanik ohne jede Wechselwirkung behandelt werden. Es ist klar, dass dies nur ein einfaches Modell eines realen Gases sein kann, dessen Teilchen ja atomare Dimension haben und wechselwirken können. Die Näherung ist umso besser, je stärker verdünnt ein Gas ist; unter Normalbedingungen ($t = 0$ °C; $p = 1{,}013\,25$ bar) ist sie schon recht gut für Luft und die Edelgase erfüllt.

Boyle-Mariotte'sches Gesetz

Schon 1664 fand R. **Boyle** und wenig später (1676) unabhängig davon E. **Mariotte** einen allgemeinen Zusammenhang zwischen Druck und Volumen eines Gases bei konstanter Temperatur.

Halbiert man bei gleich bleibender Temperatur das Volumen eines gasgefüllten Zylinders durch Verschieben des Kolbens, so verdoppelt sich der Druck im Zylinder:

Das Produkt aus Druck und Volumen ist konstant (bei T = const.).

Es gilt also bei konstanter Temperatur T und Teilchenzahl N

$$pV = p_0 V_0, \quad T, N = \text{const.} \qquad (19.9)$$

oder mit der Teilchendichte $\tilde{\varrho} = N/V$

$$\frac{p}{\tilde{\varrho}} = \frac{p_0}{\tilde{\varrho}_0}, \qquad T, N = \text{const.} \qquad (19.10)$$

(In der letzten Gleichung kann die Bedingung $N = \text{const.}$ entfallen, da alle Größen intensive Größen sind, die von der Teilchenzahl N nicht abhängen.)

Mikroskopisch kommt der Druck dadurch zustande, dass die Gasteilchen auf die Messfläche „aufprasseln“, wobei sie reflektiert werden und einen bestimmten Impuls übertragen. Die folgende Abbildung demonstriert, wieso sich der Druck in einem Zylinder verdoppelt, wenn bei gleich bleibender Temperatur (gleich bleibender Teilchengeschwindigkeit) das Volumen durch Verschieben des Kolbens halbiert wird: Auf den Kolben und den Boden prallt dann jedes Teilchen mit vertikalem Impuls doppelt so häufig auf und auf die Seitenfächen prallen doppelt so viele Teilchen pro Flächeneinheit.

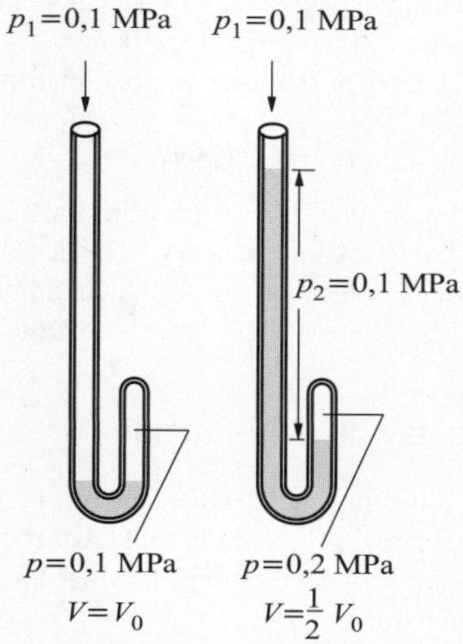

Abb. 19.16 Darstellung des Boyle-Mariotte'schen Gesetzes

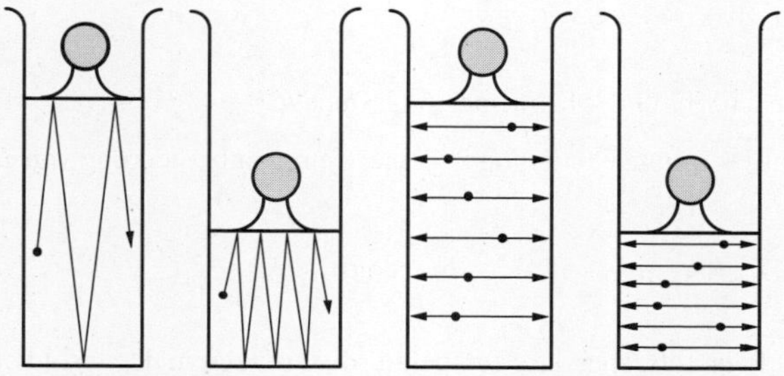

Abb. 19.17 Bei Halbierung des Volumens brauchen die Moleküle mit vertikalem Impuls (s. die beiden linken Abbildungen) nur noch die halbe Zeit für die Bewegung zwischen zwei Reflexionen. Moleküle mit horizontalem Impuls (s. die beiden rechten Abbildungen) konzentrieren sich im neuen Volumen

Anwendung: Mc Leod-Manometer

Dieses Messinstrument dient zur Messung sehr kleiner Drucke in Vakuumsystemen. Sein Messprinzip beruht darauf, dass ein Gasvolumen mit dem zu messenden Druck zunächst stark verkleinert und der Druck dadurch um denselben Faktor vergrößert wird. Der vergrößerte Druck kann dann leicht nachgewiesen werden.

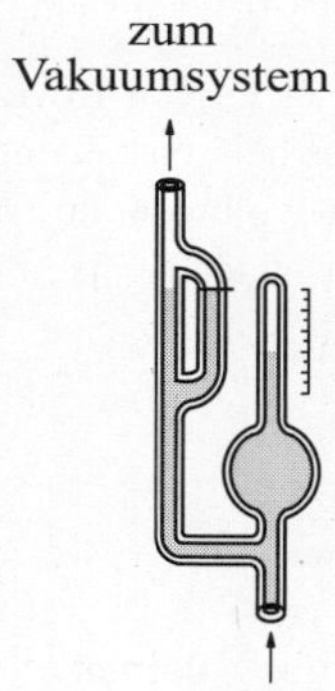

Abb. 19.18 Mc Leod-Manometer

Das Mc Leod-Manometer besteht aus einem unsymmetrischen, einseitig geschlossenen U-Rohr. Der linke Schenkel des U-Rohres wird an das Vakuumsystem mit dem zu messenden Druck p_0 angeschlossen. Dann lässt man von unten her Quecksilber in das U-Rohr eindringen und unterbricht damit die Verbindung zwischen den beiden Schenkeln. Im rechten Schenkel wird dadurch eine bestimmte Gasmenge mit dem Anfangsdruck p_0 und dem Anfangsvolumen V_0 eingeschlossen. Durch weiteres Heben des

Quecksilberspiegels kann das Volumen dieses Gases im rechten Schenkel auf ein viel kleineres Volumen V komprimiert werden, wodurch der Druck auf $p = (V_0/V) \cdot p_0$ ansteigt. Im skizzierten Gleichgewicht gilt dann wie beim normalen Flüssigkeitsmanometer (Gl. (19.8))

$$p - p_0 = \varrho g h = p_0(\frac{V_0}{V} - 1) \tag{19.11}$$

Wird der Quecksilberspiegel im linken Schenkel immer genau bis zu der eingezeichneten Marke angehoben, so kann aus der Höhe des Quecksilberspiegels im rechten Schenkel sowohl die Höhendifferenz h als auch der Volumenkompressionsfaktor V_0/V bestimmt und der Druck p_0 berechnet werden. Üblicherweise sind diese Drucke an der Skala schon angeschrieben.

Gesetz von Gay-Lussac

Erst 1802 untersuchte **Gay-Lussac** die Abhängigkeit des Volumens eines Gases von der Temperatur. Dabei verwendete er Flüssigkeitsthermometer zur Temperaturmessung. Das von ihm gefundene Gesetz dient heute zur Definition der absoluten Temperatur T und lautet ausgedrückt in dieser Temperatur:

Das Volumen einer bestimmten Menge eines idealen Gases ändert sich bei konstantem Druck proportional zur absoluten Temperatur des Gases.

$$\frac{V}{V_0} = \frac{T}{T_0}, \quad \Leftrightarrow \quad V = \frac{T}{T_0} V_0 \qquad N, p = \text{const.} \tag{19.12}$$

N ist dabei die konstante Teilchenzahl in der betrachteten Gasmenge.

Berechnet man daraus die relative Volumenänderung bei einer Temperaturänderung von T_0 nach T, so erhält man:

$$\frac{V - V_0}{V_0} = \frac{1}{T_0}(T - T_0) = \frac{1}{T_0}(t - t_0) \qquad N, p = \text{const.} \tag{19.13}$$

Die letzte Gleichheit beruht auf der Tatsache, dass Temperatur**differenzen** in der absoluten Temperatur (T) und der Celsius-Temperatur (t) gleich groß sind.

Die relative Volumenänderung einer bestimmten Menge eines idealen Gases ist also proportional zu seiner Temperaturänderung. Der Proportionalitätsfaktor $1/T_0 = \gamma$ heißt **Volumenausdehnungskoeffizient**. Er hängt, wie aus der Gleichung hervorgeht, von der gewählten Ausgangstemperatur ab. Wählt man als Ausgangstemperatur $t_0 = 0\,°\text{C}$, so beträgt er für alle idealen Gase $\gamma = 1/273{,}15\,\text{K}^{-1}$.

Aus den Gesetzen von Boyle-Mariotte und Gay-Lussac lässt sich ableiten, wie der Druck eines idealen Gases bei konstantem Volumen von der Temperatur abhängt, denn jede Zustandsänderung mit gleichem Volumen am Anfang und Ende lässt sich in zwei Schritten durchführen, wobei der erste bei konstanter Temperatur und der zweite bei konstantem Druck ausgeführt wird:

$$p_0, V_0, T_0 \rightarrow p_0, V, T \rightarrow p, V_0, T \tag{19.14}$$

Man erhält:

$$\frac{p}{p_0} = \frac{T}{T_0} \qquad N, V = \text{const.} \tag{19.15}$$

Für konstantes Volumen ändert sich der Druck des idealen Gases proportional zur Temperatur.

Anschaulich entsteht die Druckzunahme bei erhöhter Temperatur dadurch, dass mit der Temperatur die Geschwindigkeit der Gasteilchen anwächst und diese dadurch häufiger und heftiger an die Messfläche prallen.

Die Zustandsgleichung des idealen Gases

Die Größen N_0, p_0, V_0, T_0 sind Teilchenzahl, Druck, Volumen und Temperatur eines beliebigen Ausgangszustandes. Wir können nun danach fragen, welcher Zusammenhang zwischen der Teilchenzahl N, dem Druck p, dem Volumen V und der Temperatur T eines beliebigen Endzustandes besteht, der aus diesem Anfangszustand hervorgeht. Dazu halten wir zunächst die Teilchenzahl konstant. Wir verändern zuerst den Druck bei konstanter Temperatur, bis wir den gewünschten Druck p erreichen, wobei sich ein Volumen V_0' einstellt

$$pV_0' = p_0V_0, \qquad T_0, N_0 = \text{const.} \tag{19.16}$$

Jetzt erhöhen wir die Temperatur bei konstantem Druck und haben

$$V = \frac{T}{T_0}V_0', \qquad p, N_0 = \text{const.} \tag{19.17}$$

Eliminiert man aus beiden Gleichungen das Zwischenvolumen V_0', so ist

$$\frac{pV}{T} = \frac{p_0V_0}{T_0} = \text{const.}, \qquad N_0 = \text{const.} \tag{19.18}$$

Druck und Temperatur sind intensive Größen, d. h. beim Zusammenfügen zweier Gasmengen mit gleichem Druck und gleicher Temperatur bleiben diese Größen erhalten. Das Volumen als extensive Größe wächst dabei aber proportional zur Teilchenzahl an. Daher muss der Ausdruck pV/T proportional zur Teilchenzahl wachsen, also gleich kN sein. Die Proportionalitätskonstante k heißt **Boltzmannkonstante** und ergibt sich experimentell zu

$$k = (1{,}380\,66 \pm 0{,}000\,10) \cdot 10^{-23}\ \text{J} \cdot \text{K}^{-1} \tag{19.19}$$

Damit erhalten wir

$$\frac{pV}{T} = Nk \qquad \text{oder} \tag{19.20}$$

$$pV = NkT \tag{19.21}$$

Dies ist das **ideale Gasgesetz**, wie wir es noch oft benötigen werden; es ist zugleich ein Beispiel für eine Zustandsgleichung.

Der durch das ideale Gasgesetz beschriebene Zusammenhang zwischen den Zustandsgrößen p,V,T und N lässt sich im **p-V-Diagramm** darstellen, indem man (für eine feste Teilchenzahl) Kurven konstanter Temperatur (**Isothermen**) einzeichnet.

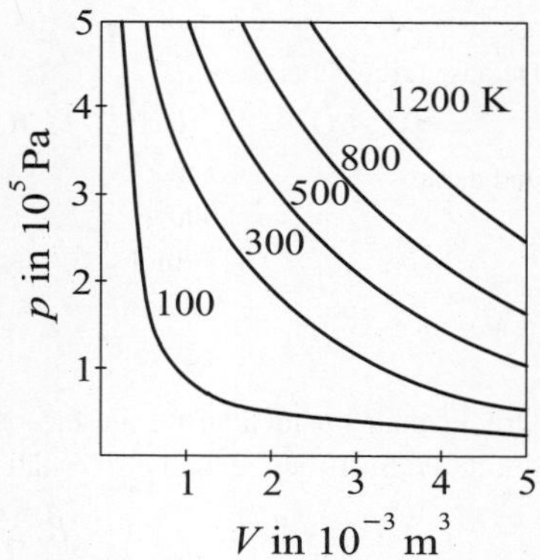

Abb. 19.19 p-V-Diagramm für 0,1 Mol ideales Gas. Die Isothermen haben Hyperbelform

Führt man die Teilchendichte $\tilde{\varrho} = N/V$ ein, so erhält das ideale Gasgesetz die Form

$$p = \tilde{\varrho}kT \tag{19.22}$$

Der Druck eines idealen Gases ist proportional zum Produkt aus Teilchendichte und Temperatur.

19.7 Stoffmenge und Avogadrokonstante

Die **Stoffmenge** n ist eine Grundgröße, die die Menge einer gegebenen Substanz unabhängig von ihrer chemischen Zusammensetzung alleine durch die Anzahl der enthaltenen Teilchen beschreibt. Das Verhältnis zweier Stoffmengen ist also durch das Verhältnis der darin enthaltenen Teilchenzahlen gegeben.

Die Basiseinheit der Stoffmenge ist das **Mol** (mol):

1 mol ist die Stoffmenge eines Systems, das genauso viele Teilchen enthält, wie Atome in 0,012 kg des Kohlenstoffisotops ^{12}C enthalten sind.

Die durch diese Definition festgelegte „Teilchenzahl pro Mol" wird als **Avogadrokonstante** N_A bezeichnet. Ist N die Teilchenzahl, die in einer Stoffmenge n enthalten ist, so gilt:

$$N_A = \frac{N}{n} = 6{,}022 \cdot 10^{23}\ \text{mol}^{-1} \tag{19.23}$$

Eine wichtige Hilfsgröße zur Bestimmung von Stoffmengen ist die **molare Masse** oder **Molmasse** M_m. Sie gibt für jede Substanz die Masse pro Mol an und hat die Einheit $[M_m] = \text{kg/mol}$

$$M_m = \frac{m}{n} \quad \Leftrightarrow \quad n = \frac{m}{M_m} \tag{19.24}$$

Die Molmassen aller Elemente sind in vielen Darstellungen des Periodensystems verzeichnet (in der Einheit g/mol). Die Molmassen der Verbindungen kann man daraus berechnen, indem man die Zusammensetzung ihrer Moleküle beachtet.

Aus der molaren Masse und der Avogadrokonstanten ergibt sich die **Masse** m_1 **eines einzelnen Teilchens** des Stoffes

$$m_1 = \frac{m}{N} = \frac{M_m}{N_A} \tag{19.25}$$

Beispiel 19.1 ▼

Bestimmung von Stoffmengen

Wie groß ist die Stoffmenge von 1 kg CO_2?

Lösung:

Einem Periodensystem entnimmt man

$$M_m(C) = 12\,\text{g/mol} \qquad M_m(O) = 16\,\text{g/mol} \tag{1}$$

Daraus ergibt sich

$$M_m(CO_2) = M_m(C) + 2 \cdot M_m(O) = 44\,\text{g/mol} \tag{2}$$

und daraus

$$n = \frac{m}{M_m} = \frac{1\,000\ \text{g}}{44\,\text{g/mol}} = 22{,}73\ \text{mol} \tag{3}$$

Beispiel 19.1 ▲

Drückt man im idealen Gasgesetz nach Gl. (19.21) die Teilchenzahl N mithilfe der Gl. (19.23) durch die Stoffmenge n aus, so erhält man die **Standardform des idealen Gasgesetzes**

$$pV = nRT \qquad \text{mit} \quad R = kN_A \tag{19.26}$$

R heißt **universelle Gaskonstante** (auch molare Gaskonstante R_m) und hat für alle (nahezu idealen) Gase denselben Wert:

$$R = kN_A = 8{,}314\,\text{J/(mol} \cdot \text{K)} \tag{19.27}$$

Das Volumen eines Gases macht über die enthaltene Stoffmenge keine Aussage, solange Druck und Temperatur nicht angegeben sind. Man rechnet Gasvolumen deshalb oft auf **Normbedingungen** um. Diese bestehen aus

Normdruck

$p_0 = 1{,}01325$ bar

Normtemperatur

$$T_0 = 273{,}15\ \text{K} \quad (= 0\ °\text{C}) \tag{19.28}$$

Das Volumen bei Normbedingungen heißt **Normvolumen** V_0.

Aus dem idealen Gasgesetz ergibt sich für das Normvolumen

$$V_0 = n\frac{RT_0}{p_0} = n \cdot 22{,}41\ \frac{\text{m}^3}{\text{kmol}} \tag{19.29}$$

Jedes (nahezu ideale) Gas hat also dasselbe **molare Normvolumen**:

$$V_{0m} = \frac{V_0}{n} = 22{,}41\ \frac{\text{m}^3}{\text{kmol}} \tag{19.30}$$

Beispiel 19.2 ▼

Abhängigkeit der Dichte von Temperatur und Druck

Die Dichte von Luft beträgt bei Normbedingungen $\varrho_0 = 0{,}001\,293\ \text{g/cm}^3$.

Wie groß ist die Masse eines Liters Luft bei 27 °C und 1 bar?

Lösung:

Wir sehen Luft näherungsweise als ideales Gas an und rechnen zunächst ihre Dichte ϱ_1 bei $t_1 = 27\ °\text{C}$ und $p_1 = 1$ bar aus der gegebenen Dichte ϱ_0 bei Normbedingungen aus. Dazu betrachten wir eine bestimmte Stoffmenge n der Luft mit der Masse m in beiden Zuständen. Für die beiden Dichten gilt dann:

$$\varrho_1 = \frac{m}{V_1} = \frac{m}{nRT_1/p_1} \qquad \varrho_0 = \frac{m}{V_0} = \frac{m}{nRT_0/p_0} \tag{1}$$

und für ihr Verhältnis

$$\frac{\varrho_1}{\varrho_0} = \frac{p_1 T_0}{p_0 T_1} \tag{2}$$

Beachtet man, dass die **absoluten** Temperaturen $T_0 = 273{,}15$ K und $T_1 = 300{,}15$ K eingesetzt werden müssen, so erhält man:

$$\varrho_1 = \varrho_0 \cdot \frac{1 \cdot 273{,}15}{1{,}013 \cdot 300{,}15} = 0{,}00116\ \text{g/cm}^3 = 1{,}16\,\text{kg/m}^3 \tag{3}$$

Für einen Liter ($V_1 = 1000\ \text{cm}^3$) ergibt sich damit die Masse

$$m = \varrho_1 \cdot V_1 = 1{,}16\ \text{g} \tag{4}$$

Beispiel 19.2 ▲

Beispiel 19.3 ▼

Dichte von Helium bei Normbedingungen

Die molare Masse von Helium entnimmt man dem Periodensystem: $M_\text{m} = 4{,}003$ g/mol. Das molare Volumen bei Normbedingungen beträgt bei allen (idealen) Gasen $V_{0m} = 22{,}414 \cdot 10^3\ \text{cm}^3/\text{mol}$. Damit ist die Dichte bei Normbedingungen direkt zu berechnen:

$$\varrho_0 = \frac{M_\text{m}}{V_{0m}} = 0{,}178\,6 \cdot 10^{-3}\ \text{g/cm}^3 = 0{,}178\,6\ \text{kg/m}^3 \tag{1}$$

Beispiel 19.3 ▲

Beispiel 19.4 ▼

Barometrische Höhenformel und Boltzmannfaktor

Wir wollen nun kurz darlegen, wie sich der Luftdruck als Funktion der Höhe über der Erdoberfläche verändert.

Die Fallbeschleunigung und die Temperatur werden wir dabei als konstant annehmen.

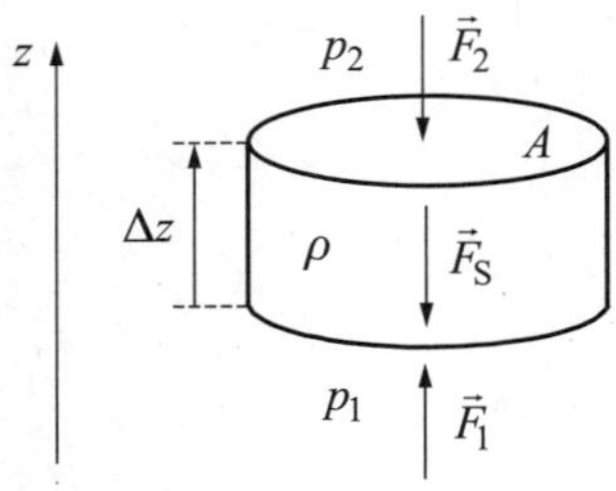

Abb. 19.20 Zur Herleitung der Barometrischen Höhenformel

Wir bezeichnen die senkrecht nach oben verlaufende Koordinatenachse als z-Achse. Die Luft sei in Ruhe. Dann befindet sich jedes „Luftpaket" im Kräftegleichgewicht. Für ein zylindrisches Luftpaket mit der Höhe Δz und der Querschnittsfläche A gilt gemäß der nebenstehenden Abbildung:

$$F_2 + F_S = F_1 \tag{1}$$

Da F_2 und F_1 von den jeweiligen Drucken p_2 und p_1 oberhalb bzw. unterhalb des Luftpaketes erzeugt werden und für die Schwerkraft $F_S = mg$ gilt, erhalten wir:

$$p_2 A + \varrho \cdot A \Delta z \cdot g = p_1 A \tag{2}$$

und mit

$$\Delta p = p_2 - p_1$$

$$\frac{\Delta p}{\Delta z} = -\varrho \cdot g \tag{3}$$

ϱ ist die Dichte der Luft, d. h. die Gesamtmasse M pro Volumen V, die bei genügend keinem Δz innerhalb des Paketes als konstant angenommen werden kann. Haben alle Teilchen die gleiche Teilchenmasse m, so können wir schreiben

$$\varrho = \frac{M}{V} = \frac{N \cdot m}{V} = \frac{N}{V} \cdot m \tag{4}$$

wobei N die Zahl der Teilchen im Volumen V angibt.

Den Ausdruck N/V können wir mithilfe der Gleichung des idealen Gases

$$pV = NkT \tag{5}$$

ersetzen. Somit erhalten wir für ϱ

$$\varrho = \frac{N}{V} \cdot m = \frac{p}{kT} \cdot m \tag{6}$$

Eingesetzt in die Gleichung für $\Delta p/\Delta z$ erhalten wir also

$$\frac{\mathrm{d}p}{\mathrm{d}z} = \lim_{\Delta z \to 0} \frac{\Delta p}{\Delta z} = -\frac{mg}{kT} \cdot p \tag{7}$$

Dabei haben wir gleichzeitig den Grenzübergang $\Delta z \to 0$ durchgeführt. Die Ableitung von $p(z)$ nach z ist also gleich der Funktion $p(z)$, multipliziert mit einem Vorfaktor. Solche Differenzialgleichungen werden durch die Exponentialfunktion gelöst:

$$p(z) = c \cdot \mathrm{e}^{-\frac{mg}{kT} z} \tag{8}$$

Es bleibt nur noch die Bestimmung von c. An der Erdoberfläche ($z = 0$) herrsche der Druck p_0

$$p(z = 0) = c \cdot \mathrm{e}^{-\frac{mg}{kT} 0} = c = p_0 \tag{9}$$

Die Konstante c ist also der Druck p_0 bei $z = 0$. Die Dichte in dieser Höhe sei ϱ_0.

Damit erhalten wir die **barometrische Höhenformel** (der letzte Ausdruck folgt aus Gl. (6)):

$$p(z) = p_0 \mathrm{e}^{-\frac{mg}{kT} z} = p_0 \mathrm{e}^{-\frac{\varrho_0 g}{p_0} z} \tag{10}$$

Der Druck in der Erdatmosphäre nimmt exponentiell mit der Höhe ab.

Der Faktor $\mathrm{e}^{-\frac{mg}{kT} z}$ heißt **Boltzmannfaktor**. Einsetzen von $z_1 = kT/(mg)$ zeigt, dass der Druck bis zu dieser Höhe auf $1/\mathrm{e} \approx 37\,\%$ des Bodendrucks p_0 abfällt. Die Höhe z_1 besitzt bei Normbedingungen den Wert:

$$z_1 = \frac{kT}{mg} = \frac{p_0}{\varrho_0 g} = \frac{101\,325\ \mathrm{N/m^2}}{1{,}292\,8\ \mathrm{kg/m^3} \cdot 9{,}81\ \mathrm{m/s^2}} \approx 7\,989\ \mathrm{m} \tag{11}$$

Beispiel 19.4 ▲

19.8 Kinetische Theorie des idealen Gases

Wir leiten nun die Zustandsgleichung eines idealen Gases unter Zuhilfenahme eines einfachen mikroskopischen Modells ab. Wir stellen eine Beziehung her zwischen dem Geschehen auf mikroskopischer Ebene und den Zustandsgrößen des Systems. Diese Frage wird im Rahmen der Thermodynamik nicht gestellt. Die statistische Mechanik nimmt sich dieser Problematik an. Kennzeichnend für deren Vorgehensweise ist die Verwendung von Mittelwerten.

Unsere Modellannahmen zur Beschreibung des idealen Gases lauten:

1. Das Gas besteht aus sehr vielen identischen Teilchen.
2. Die räumliche Ausdehnung der Teilchen ist sehr klein, sodass sie als Punktmassen betrachtet werden können.
3. Zwischen den Teilchen wirken außer im Moment des Zusammenstoßes keine Kräfte, d. h., die Teilchen bewegen sich zwischen den Stößen geradlinig. Sie besitzen nur kinetische Energie.
4. Die Zusammenstöße der Teilchen untereinander und mit den Wänden erfolgen elastisch, d. h., die kinetische Energie bleibt erhalten.
5. Die Bewegung erfolgt völlig regellos. Damit ist keine Bewegungsrichtung ausgezeichnet (Isotropie).

Wir betrachten zur Herleitung des Druckes p das Gas in einem Würfel der Kantenlänge a. Die Kantenlänge a wird so klein gewählt, dass Stöße zwischen den Gasteilchen unwahrscheinlich werden. Die Gasteilchen stoßen daher nur elastisch mit den Wänden und pendeln mit konstantem Geschwindigkeitsbetrag zwischen den Wänden hin und her. Sind $\vec{p}_{i\mathrm{A}}$ und $\vec{p}_{i\mathrm{E}}$ die Impulse des Teilchens mit dem Index i vor und nach dem Stoß an eine Wand, so gilt für den beim Stoß auf die Wand übertragenen Impuls $\vec{p}_{i,\mathrm{W}}$ aufgrund des Impulserhaltungssatzes

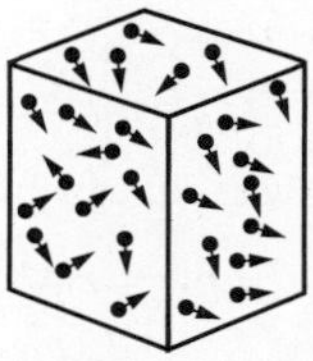

Abb. 19.21 Modellsystem

$$\vec{p}_{i,\mathrm{W}} = -(\vec{p}_{i\mathrm{E}} - \vec{p}_{i\mathrm{A}}) = -\Delta\vec{p}_i \tag{19.31}$$

Wählen wir gemäß der nebenstehenden Abbildung die Koordinatenachsen entlang der Würfelkanten, so gilt für den Impulsübertrag auf eine Wand senkrecht zur y-Achse

$$|\vec{p}_{i,\mathrm{W}}| = |\Delta p_{i,y}| = 2m|v_{i,y}| \tag{19.32}$$

Die Kraft auf diese Seitenwand ergibt sich, wenn das zweite Newton'sche Gesetz $\vec{F}_i = \mathrm{d}\vec{p}_i/\mathrm{d}t$ angewendet wird, aus dem Impulsübertrag $\vec{p}_{i,\mathrm{W}}$ pro Einzelstoß und der Anzahl Δn der Stöße dieses Teilchens in der Zeit Δt:

$$\begin{aligned}|\vec{F}_i| &= |\vec{p}_{i,\mathrm{W}}| \cdot \frac{\Delta n}{\Delta t}\\ &= 2m|v_{i,y}| \cdot \frac{\Delta n}{\Delta t}\end{aligned} \tag{19.33}$$

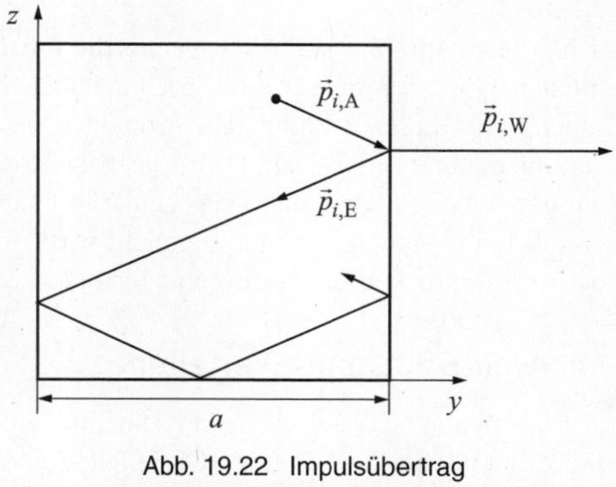

Abb. 19.22 Impulsübertrag auf eine Wand beim Stoß

Die Anzahl Δn der Stöße lässt sich aus der gesamten, vom Teilchen in der Zeit Δt in y-Richtung zurückgelegten Wegstrecke und der Länge eines Hin- und Rückweges in y-Richtung berechnen:

$$\Delta n = \frac{|v_{i,y}|\Delta t}{2a} \tag{19.34}$$

Damit erhalten wir für die Kraft, die das Teilchen mit dem Index i auf die Wand ausübt:

$$|\vec{F}_i| = m\frac{v_{i,y}^2}{a} \tag{19.35}$$

Die Gesamtkraft F auf die Seitenfläche folgt durch die Summierung der Beiträge aller Teilchen:

$$F = \sum_{i=1}^{N} |\vec{F}_i| = \frac{m}{a} \sum_{i=1}^{N} v_{i,y}^2 \tag{19.36}$$

An dieser Stelle wird nun der Mittelwert berechnet:

Mit der Bezeichnung

$$\langle v_y^2 \rangle = \frac{1}{N} \sum_{i=1}^{N} v_{i,y}^2 \tag{19.37}$$

folgt:

$$F = \frac{m}{a} N \langle v_y^2 \rangle \tag{19.38}$$

Der Druck auf die Seitenfläche wird durch Division durch die Fläche $A = a^2$ berechnet:

$$p = \frac{F}{a^2} = \frac{m}{a^3} N \langle v_y^2 \rangle = \frac{m}{V} N \langle v_y^2 \rangle \tag{19.39}$$

Nun muss dieser Mittelwert aber wegen der Isotropie des Gases (also weil keine Raumrichtung bevorzugt werden sollte) in allen Raumrichtungen der gleiche sein, d. h.,

$$\langle v_x^2 \rangle = \langle v_y^2 \rangle = \langle v_z^2 \rangle \tag{19.40}$$

Wegen $\vec{v}^{\,2} = v_x^2 + v_y^2 + v_z^2$ gilt

$$\langle \vec{v}^{\,2} \rangle = \langle v_x^2 \rangle + \langle v_y^2 \rangle + \langle v_z^2 \rangle = 3 \langle v_y^2 \rangle \tag{19.41}$$

sodass wir schließlich haben:

$$pV = mN \frac{1}{3} \langle \vec{v}^{\,2} \rangle = \frac{2}{3} N \langle \epsilon_{\text{kin}} \rangle \tag{19.42}$$

Hier ist $\langle \epsilon_{\text{kin}} \rangle = \frac{1}{2} m \langle \vec{v}^{\,2} \rangle$ die mittlere kinetische Energie eines Teilchens. Vergleichen wir dies mit dem idealen Gasgesetz, so ist offenbar

$$\langle \epsilon_{\text{kin}} \rangle = \frac{3}{2} kT \tag{19.43}$$

d. h., **die Größe $(3/2)kT$ misst genau die mittlere kinetische Energie eines Teilchens in einem idealen Gas**. Wir werden im Abschnitt über den Gleichverteilungssatz (Äquipartitionstheorem) sehen, dass dieser Zusammenhang nicht etwa auf ein ideales Gas beschränkt ist, sondern sich verallgemeinern lässt. Damit wird auch die Bedeutung der Boltzmann-Konstante k deutlich, die wir nur ad hoc für ein ideales Gas eingeführt hatten. Weiterhin ist hiermit klar, dass die Temperatur $T = 0$ K im Modellgas gerade erreicht wird, wenn die mittlere Energie aller Teilchen null wird, d. h. alle mikroskopischen Bewegungen erstarrt sind.

Maxwell-Boltzmann-Verteilung

Wir lassen nun die vereinfachende Annahme fallen, dass die Gasteilchen nur mit den Gefäßwänden Stöße ausführen. Stoßen zwei Gasteilchen elastisch aneinander, so wird zwar die Summe ihrer Bewegungsenergien erhalten bleiben, die Geschwindigkeit der einzelnen Teilchen wird aber i. Allg. ihre Richtung und ihren Betrag ändern. Der Geschwindigkeitsbetrag eines bestimmten Gasteilchens wird sich daher im Lauf der Zeit ständig ändern.

Im Gleichgewichtszustand wird aber die Anzahl dN der Teilchen, deren Geschwindigkeitsbetrag in einem bestimmten Intervall von v bis $v + \mathrm{d}v$ liegt, gleich bleiben, wenn auch die einzelnen Teilchen ihre Geschwindigkeit ändern.

Diese Anzahl dN ist proportional zur Gesamtzahl N der vorhandenen Teilchen und zur Größe des betrachteten Geschwindigkeitsintervalls dv

$$\mathrm{d}N = f(v) \cdot N \,\mathrm{d}v \tag{19.44}$$

Der Proportionalitätsfaktor

$$f(v) = \frac{\mathrm{d}N}{N} \cdot \frac{1}{\mathrm{d}v} \tag{19.45}$$

heißt **Geschwindigkeitsverteilung** und gibt den Prozentsatz der Teilchen an, deren Geschwindigkeitsbetrag zwischen v und $v + \mathrm{d}v$ liegt, bezogen auf eine Einheitsintervallbreite $\mathrm{d}v$. Diese Geschwindigkeitsverteilung lässt sich messen und im Rahmen der statistischen Mechanik auch berechnen. Wir geben hier das Ergebnis, die **Maxwell-Boltzmann-Verteilung**, ohne Beweis an

$$f(v) = \frac{\mathrm{d}N}{N} \cdot \frac{1}{\mathrm{d}v} = 4\pi v^2 \left(\frac{m_1}{2\pi kT}\right)^{3/2} \mathrm{e}^{-\frac{\frac{1}{2}m_1 v^2}{kT}} \tag{19.46}$$

wobei m_1 die Masse eines Gasteilchens ist.

Die Abbildungen 19.23 und 19.24 zeigen den Verlauf der Maxwell-Boltzmann-Verteilung (multipliziert mit einem festen Geschwindigkeitsintervall $\mathrm{d}v = 10\,\mathrm{m/s}$) für verschiedene Teilchenmassen und verschiedene Temperaturen.

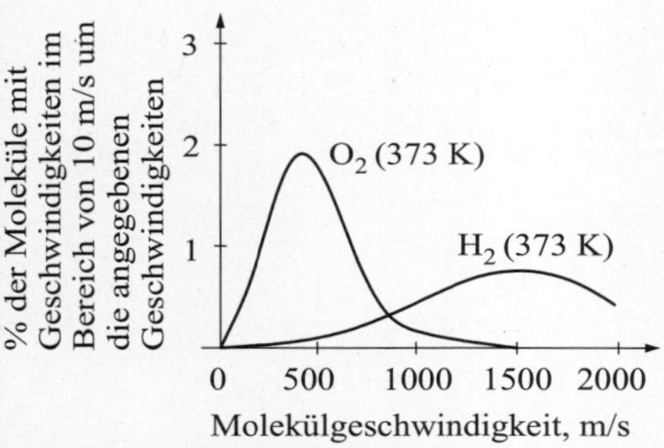

Abb. 19.23 Maxwell-Boltzmann-Verteilung bei verschiedenen Massen

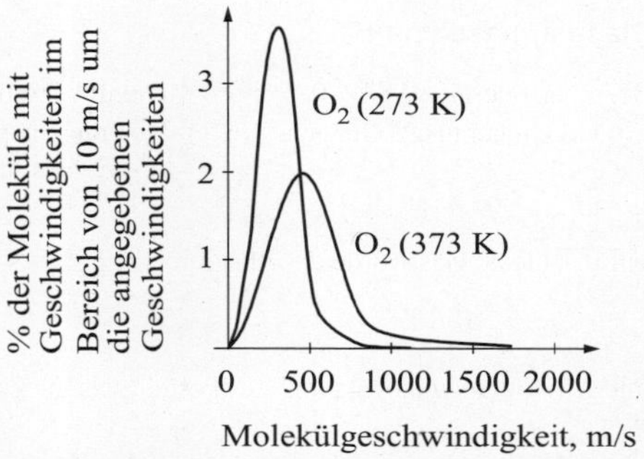

Abb. 19.24 Maxwell-Boltzmann-Verteilung bei verschiedenen Temperaturen

Bei einer gegebenen Temperatur sind Teilchen mit kleiner Masse schneller als solche mit größerer Masse, denn ihre mittlere Bewegungsenergie muss ja nach Gl. (19.43) gleich sein. Teilchen mit einer gegebenen Masse werden mit wachsender Temperatur schneller, da ihre mittlere Bewegungsenergie nach der genannten Gleichung ansteigen muss.

Bei der Interpretation der Graphen müssen drei verschiedene Geschwindigkeiten unterschieden werden.

Die **wahrscheinlichste Geschwindigkeit** v_w liegt dort, wo die Geschwindigkeitsverteilung ihr Maximum hat. Durch Nullsetzen der Ableitung erhält man

$$v_\mathrm{w} = \sqrt{\frac{2kT}{m_1}} \tag{19.47}$$

v_m ist die **Wurzel aus dem Mittelwert des Geschwindigkeitsquadrats**. Aus Gl. (19.43) ergibt sich:

$$v_\mathrm{m} = \sqrt{\langle v^2 \rangle} = \sqrt{\frac{3kT}{m_1}} = \sqrt{1{,}5} \cdot v_\mathrm{w} \tag{19.48}$$

Der **durchschnittliche Geschwindigkeitsbetrag** $\langle v \rangle$ liegt zwischen v_w und v_m:

$$\langle v \rangle = \sqrt{\frac{8kT}{\pi m_1}} = \sqrt{\frac{4}{\pi}} \cdot v_\mathrm{w} \approx \sqrt{1{,}27} \cdot v_\mathrm{w} \tag{19.49}$$

Beispiel 19.5

Mittlere quadratische Geschwindigkeit von H_2

Die molare Masse von molekularem Wasserstoff beträgt $M_m = 2{,}016$ kg/kmol. Für die Masse eines H_2-Moleküls erhält man damit

$$m_1 = \frac{M_m}{N_A} = \frac{2{,}016\,\text{kg/kmol}}{6{,}022 \cdot 10^{26}\,1/\text{kmol}} = 3{,}348 \cdot 10^{-27}\,\text{kg} \tag{1}$$

und für die Wurzel aus der mittleren quadratischen Geschwindigkeit bei der Normtemperatur $T_0 = 273{,}15$ K

$$v_m = \sqrt{\frac{3kT}{m_1}} = 1\,838\,\text{m/s} = 6\,617\,\text{km/h} \tag{2}$$

Beispiel 19.5

Bei sehr hohen Temperaturen sind die Molekülgeschwindigkeiten so hoch, dass die Stöße zwischen den Molekülen zu ihrem Aufbruch und zum Abstreifen der Elektronen führen können – die Plasmaphase, der vierte Aggregatzustand, wird gebildet.

Beispiel 19.6

Plasmaphase von H_2

Bei einer Energie von $1 \cdot 10^{-19}$ J pro Molekül beginnt H_2 zu ionisieren, d. h., die Elektronen werden aus ihren Molekülen herausgeschlagen. Wie groß ist die entsprechende Temperatur?

Lösung:

Für das ideale Gas wurde der Zusammenhang:

$$\langle \epsilon_{\text{kin}} \rangle = \frac{3}{2}kT \tag{1}$$

mit der Boltzmannkonstante k festgestellt. Nach der Temperatur umgestellt ergibt sich:

$$T = \frac{\langle \epsilon_{\text{kin}} \rangle}{\frac{3}{2}k} \tag{2}$$

Setzt man die gegebene Bewegungsenergie ein, so erhält man eine Temperatur von ca. 5 000 K; dies entspricht 4 727 °C. Auf der Sonne wird diese Temperatur weit überschritten, daher liegt dort der Wasserstoff ionisiert vor, d. h., die Elektronen haben sich vom Atomkern gelöst. Außerdem ist die Annahme eines idealen Gases gerechtfertigt, und man bezeichnet die Materie auf der Sonne unter diesen extremen Bedingungen als **Solarmaterie**.

Beispiel 19.6

19.9 Zustandsgleichung realer Gase

Wie bereits erwähnt, genügt es im Allgemeinen, einige wenige Zustandsvariablen für ein System festzulegen; alle übrigen Zustandsgrößen haben dann Werte, die von diesen Zustandsvariablen abhängen. Gleichungen, die diese Abhängigkeiten beschreiben, heißen **Zustandsgleichungen**.

Ein Standardbeispiel für eine Zustandsgleichung ist das ideale Gasgesetz:

$$pV = nRT \tag{19.50}$$

Wählt man z. B. die Stoffmenge n, das Volumen V und die Temperatur T als Zustandsvariablen, so ergibt sich der Druck p daraus eindeutig durch die Gleichung

$$p = \frac{nRT}{V} \tag{19.51}$$

Diese Zustandsgleichung gilt allerdings nur für verdünnte reale Gase (ideale Gase).

Realgasfaktor

Um die **Zustandsgleichung realer Gase** zu erhalten, geht man in der Praxis von der idealen Gasgleichung aus und berücksichtigt die Abweichung vom idealen Gas mit einem temperatur- und druckabhängigen **Realgasfaktor** Z:

$$pV = Z \cdot nRT \tag{19.52}$$

Für Luft gilt im Bereich $T = -50\,°\text{C} \ldots + 300\,°\text{C}$ und $p < 200$ bar

$$Z \approx 0{,}9 \ldots 1{,}1 \tag{19.53}$$

d. h., das ideale Gasgesetz ist in grober Näherung (bis auf 10 %) gültig. In der Nähe des Flüssig-Gas-Phasenübergangs wird Z wesentlich kleiner und sinkt bis auf einen Wert von

$$Z \approx \frac{3}{8} = 0{,}375 \tag{19.54}$$

ab; dort sind die Abweichungen vom idealen Gas also erheblich.

Van-der-Waals-Gleichung

Eine sehr bekannte Zustandsgleichung für reale Gase ist die von **van der Waals** (1873), die man durch folgende Überlegung plausibel machen kann: Bisher wurde das Eigenvolumen der Teilchen vernachlässigt, was zur Folge hat, dass das Gasvolumen V für $T \to 0$ verschwindet. Wir können dies beheben, wenn wir V durch $V - Nb$ ersetzen. Dabei ist b ein Maß für das Eigenvolumen eines Teilchens, Nb das gesamte Eigenvolumen aller Teilchen und $V - Nb$ das Restvolumen, das den Teilchen für ihre Bewegung übrig bleibt.

Abb. 19.25 Zum Binnendruck

Weiterhin ist in einem idealen Gas die überwiegend attraktive Wechselwirkung der Teilchen untereinander vernachlässigt. Betrachten wir etwa eine Gaskugel mit einer Teilchendichte N/V, so werden sich im Inneren der Kugel die Kräfte der Teilchen aufeinander wegmitteln. Die Teilchen an der Oberfläche verspüren jedoch eine effektive nach innen gerichtete Kraft. Dies ist analog zur Oberflächenspannung in Flüssigkeiten.

Abb. 19.26 Analogon zum Binnendruck, Oberfläche einer Flüssigkeit

Die nach innen gerichtete Kraft auf die Oberflächenteilchen bewirkt, dass der Druck des realen Gases auf die einschließende Gefäßwand im Vergleich zu einem idealen Gas kleiner sein muss. Wir können dies in Gleichung (19.50) berücksichtigen, wenn wir den idealen Gasdruck p_{id} durch $p_{\text{real}} + p_0$ ersetzen, wobei p_0 der so genannte **Binnendruck** ist. Mit $p_{\text{id}} = p_{\text{real}} + p_0$ folgt dann natürlich, dass der Druck des realen Gases um p_0 kleiner ist als der des idealen Gases.

Nun ist der Binnendruck p_0 aber nicht etwa eine Konstante, sondern wegen $p = F/A$ proportional zum Produkt aus der Kraft, die auf **ein** Oberflächenteilchen nach innen wirkt, und der Anzahl der Oberflächenteilchen pro Flächeneinheit. Beide Faktoren sind in grober Näherung proportional zur Teilchendichte N/V. (Die Kraft auf ein Oberflächenteilchen ist proportional zur Anzahl der Teilchen, die an ihm nach innen ziehen, d. h. die nicht weiter als l_F vom betrachteten Oberflächenteilchen entfernt sind, wobei l_F die Reichweite der Anziehungskräfte ist.) Für den Binnendruck gilt also $p_0 = a(N/V)^2$, wobei a eine Konstante ist.

Nimmt man in der idealen Gasgleichung die beiden genannten Änderungen vor, so erhält man die **Van-der-Waals-Gleichung**:

$$\left[p + \left(\frac{N}{V}\right)^2 a\right](V - Nb) = NkT \tag{19.55}$$

Hier sind a, b Materialkonstanten.

Man beachte, dass Zustandsgleichungen in der Thermodynamik keinerlei Begründung benötigen! Entscheidend ist einzig und allein, ob und in welchem Bereich der Zustandsgrößen eine Zustandsgleichung das Verhalten eines Systems beschreibt.

Verwendet man statt der Konstanten a und b die aufs Mol bezogenen Konstanten $\bar{a} = aN_A^2$ und $\bar{b} = bN_A$ und beachtet für die allgemeine Gaskonstante die Beziehung $R = N_A k$ sowie für die Stoffmenge $n = N/N_A$, so erhält die van-der-Waals-Gleichung, aufgelöst nach p, die Form

$$p = \frac{n \cdot R \cdot T}{V - n\bar{b}} - \bar{a}\frac{n^2}{V^2} \tag{19.56}$$

Der funktionale Zusammenhang zwischen p und V entspricht der Differenz einer Hyperbel und einer quadratischen Hyperbel; er ist in der Abbildung 19.27 für verschiedene konstante Temperaturen T aufgetragen. Die Konstanten $\bar{a}$ und $\bar{b}$ sind dabei so gewählt, dass Wasserdampf optimal beschrieben wird.

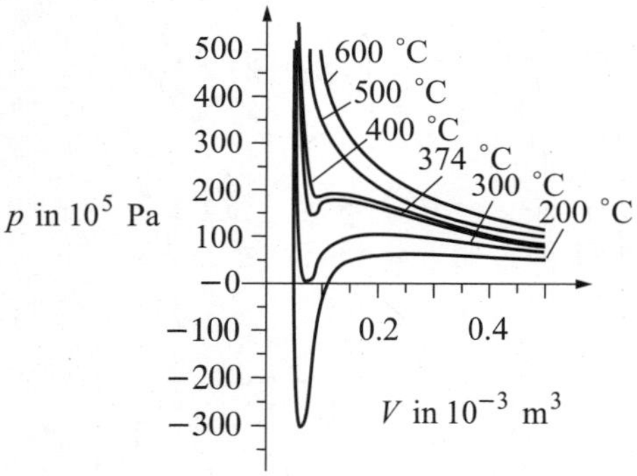

Abb. 19.27 Van-der-Waals-Isothermen im p-V-Diagramm

Offensichtlich tritt hier ein Fehler auf. Für niedrige Temperaturen und bestimmte Volumina wird der Druck negativ. Das heißt, der Binnendruck p_0 ist dort zu groß angesetzt. Außerdem gibt es auch bei positiven Drücken Bereiche, wo der Druck mit kleiner werdendem Volumen abnimmt, d. h., wo das System nicht stabil sein kann, sondern sich von selbst auf ein kleineres Volumen verdichten möchte. Wie wir noch sehen werden, ist die Zustandsgleichung (Gl. (19.55)) aber viel besser, als es jetzt auf den ersten Blick erscheint, wenn man den **Phasenübergang** Gas–Flüssigkeit mit berücksichtigt.

Für hohe Temperaturen und kleine Dichten geht die Van-der-Waals-Gleichung in die Gleichung des idealen Gases über.

19.10 Zustandsgleichung für Flüssigkeiten und Festkörper

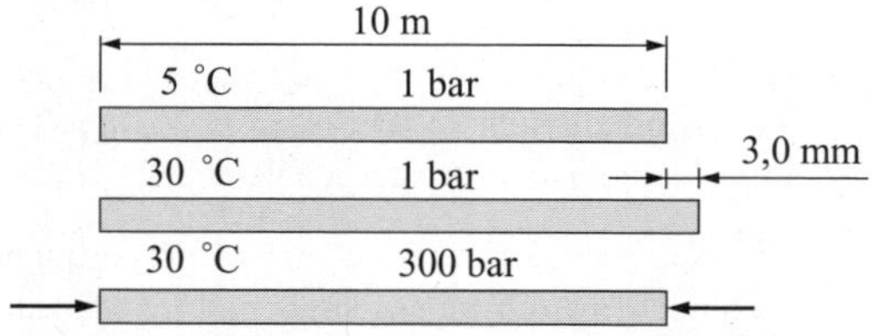

Abb. 19.28 Längenausdehnung von Festkörpern

Auch die meisten Flüssigkeiten und Festkörper dehnen sich – wie Gase – beim Erwärmen in alle Richtungen aus. Dies hat für die Praxis weitgehende Bedeutung (z. B. bei der Konstruktion von Transformatoren, Brücken und Motoren). Änderungen ihrer Abmessungen lassen sich auch durch Änderung des Außendrucks bewirken.

Mikroskopisch betrachtet resultieren die Änderungen der makroskopischen Abmessungen eines Körpers aus Änderungen der Abstände zwischen den Atomen bzw. Molekülen.

Für Festkörper und Flüssigkeiten ist die Temperatur und Druckabhängigkeit des Volumens in der Umgebung eines gewählten Ausgangszustandes (p_0, T_0) in erster (linearer) Näherung für einen weiten Bereich von Temperaturen und Drücken durch die **Zustandsgleichung**

$$V(T,p) = V_0\,[1 + \gamma(T - T_0) - \kappa(p - p_0)] \qquad (19.57)$$

gegeben. Hier ist $V_0 = V(T_0, p_0)$ das Volumen beim gewählten Ausgangszustand; γ und κ sind Konstanten, die nur vom gewählten Ausgangszustand abhängen. Die Konstante γ bezeichnet man als **Volumenausdehnungskoeffizient**. Sie beschreibt die Temperaturabhängigkeit des Volumens bei konstantem Druck. κ ist die **Kompressibilität**, die die Druckabhängigkeit des Volumens bei konstanter Temperatur beschreibt. Die genaue Bedeutung dieser Konstanten ergibt sich aus den folgenden Formeln.

$$\gamma = \frac{1}{V_0}\frac{\partial V}{\partial T}\bigg|_{p=p_0} \quad \text{(relative Volumenänderung pro Kelvin)} \qquad (19.58)$$

$$\kappa = -\frac{1}{V_0}\frac{\partial V}{\partial p}\bigg|_{T=T_0} \quad \text{(relative Volumenänderung pro Pascal)} \qquad (19.59)$$

Der Volumenausdehnungskoeffizient γ ist für Flüssigkeiten um 1–2 Größenordnungen größer als für Festkörper:

Festkörper: $\gamma \approx 10^{-5}\,\mathrm{K}^{-1}$ Flüssigkeiten: $\gamma = 10^{-4} - 10^{-3}\,\mathrm{K}^{-1}$

Die Kompressibilität von Flüssigkeiten und Festkörpern ist etwa gleich groß, aber wesentlich geringer als die von Gasen.

Flüssigkeiten und Festkörper: $\kappa \approx 10^{-6}\,\mathrm{bar}^{-1}$ (19.60)

Die geringe Kompressibilität hat zur Folge, dass auch kleine Temperaturänderungen bei vorgegebenem, konstantem Volumen sehr große Drücke, bzw. Kräfte, bewirken können.

Dennoch kann die Volumenänderung von Flüssigkeiten nicht immer vernachlässigt werden. Wäre z. B. Wasser nicht kompressibel und besäße daher in der Tiefe des Meeres die gleiche Dichte wie an der Oberfläche, so würde der Wasserspiegel der Weltmeere um 30 m steigen. Große Küstenstriche lägen unter Wasser!

Werden nur die Änderungen der Maße des Körpers in einer Richtung oder in zwei Richtungen berücksichtigt, so definiert man analog zu Gl. (19.58) den **Längenausdehnungskoeffizienten** α bzw. den **Flächenausdehnungskoeffizient** β:

$$\alpha = \frac{1}{L_0}\frac{\partial L}{\partial T}\bigg|_{p=p_0} \quad \text{(relative Längenänderung pro Kelvin)} \qquad (19.61)$$

$$\beta = \frac{1}{A_0}\frac{\partial A}{\partial T}\bigg|_{p=p_0} \quad \text{(relative Flächenänderung pro Kelvin)} \qquad (19.62)$$

Werden diese Koeffizienten bei einer Temperatur T_0 gemessen und die Temperatur dann auf $T = T_0 + \Delta T$ geändert, so gilt für die Änderung ΔL der Länge bzw. ΔA der Fläche in linearer Näherung:

$$\Delta L = L_0\alpha\Delta T \quad \text{bzw.} \quad \Delta A = A_0\beta\Delta T \qquad (19.63)$$

und für die Größen bei der neuen Temperatur:

$$L = L_0 + \Delta L = L_0(1 + \alpha\Delta T) \quad \text{bzw.} \quad A = A_0 + \Delta A = A_0(1 + \beta\Delta T) \qquad (19.64)$$

Zwischen den Ausdehnungskoeffizienten für Länge, Fläche und Volumen besteht eine einfache Beziehung. Man erhält sie, wenn man die Ausdehnung eine Würfels der Ausgangskantenlänge L_0 betrachtet und seine neue Fläche aus $A = L^2$ und sein neues Volumen aus $V = L^3$ errechnet. Da die relativen Längenänderungen sehr klein sind ($\Delta L \ll L_0$), können Terme, die ΔL in der zweiten oder höheren Potenz enthalten, dabei vernachlässigt werden:

$$A = L^2 = (L_0 + \Delta L)^2 \approx L_0^2 + 2L_0\Delta L = L_0^2(1 + 2\alpha\Delta T) \tag{19.65}$$

$$V = L^3 = (L_0 + \Delta L)^3 \approx L_0^3 + 3L_0^2\Delta L = L_0^3(1 + 3\alpha\Delta T) \tag{19.66}$$

Ein Vergleich mit den Gl. (19.64) und (19.57) ergibt:

$$\beta = 2\alpha \tag{19.67}$$

und

$$\gamma = 3\alpha \tag{19.68}$$

Tabelle 19.2 Ausdehnungskoeffizienten

Material	Temperaturbereich in °C	α in K^{-1}	γ in K^{-1}
Festkörper			
Aluminium	20 ... 600	$28 \cdot 10^{-6}$	
Eis	−250	$-6{,}1 \cdot 10^{-6}$	
	0	$53 \cdot 10^{-6}$	
Eisen-Nickel-Legierung (64 %/32 %)	0 ... 100	$\approx 1 \cdot 10^{-6}$	
Glas	20 ... 100	$3{,}3 \cdot 10^{-6}$	
Kohlenstoff (Diamant)	27		$3{,}2 \cdot 10^{-6}$
Kupfer	−25,3 ... 10	$16 \cdot 10^{-6}$	
	0 ... 100	$17 \cdot 10^{-6}$	
Platin	0 ... 100	$9{,}1 \cdot 10^{-6}$	
Silber	0 ... 100	$19{,}4 \cdot 10^{-6}$	
Stahl	20 ... 100	$12 \cdot 10^{-6}$	
Wolfram	0 ... 100	$4{,}6 \cdot 10^{-6}$	
Flüssigkeiten			
Alkohol	18 ... 39		$293 \cdot 10^{-6}$
Quecksilber	0 ... 100		$182 \cdot 10^{-6}$
Wasser	0		$-68 \cdot 10^{-6}$
	4		$0{,}0 \cdot 10^{-6}$
	20		$207 \cdot 10^{-6}$

Anomalie des Wassers

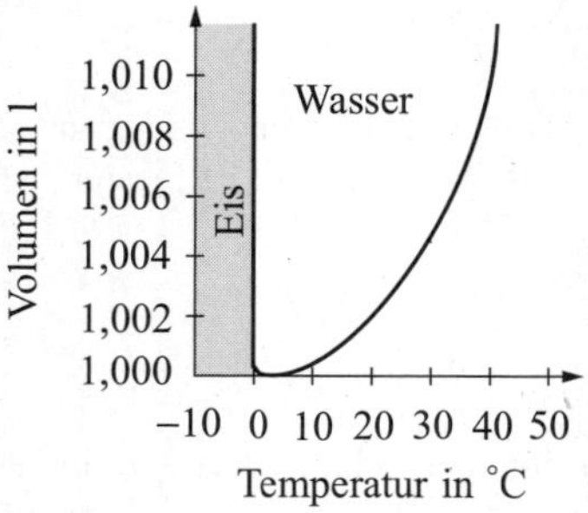

Abb. 19.29 Thermische Ausdehnung von Wasser

Die Abbildung 19.29 zeigt das Volumen von 1 kg Wasser für $T = -10$ °C bis $+50$ °C. Die deutlich gekrümmte Kurve zeigt, dass die oben beschriebene lineare Näherung manchmal nur für kleine Umgebungen des gewählten Anfangszustandes gültig ist. In einem solchen Fall kann man die $V(T)$-Funktion nur abschnittsweise durch Gl. (19.57) beschreiben, mit jeweils neuen Werten für V_0 und γ.

Besonders beachtenswert ist, dass das Volumen des Wassers zwischen 0 °C und 4 °C mit steigender Temperatur abnimmt:

Der Ausdehnungskoeffizient von Wasser ist zwischen 0 °C und 4 °C negativ!

Bei 4 °C ist $\gamma = 0$!

Wasser ist also bei 4 °C am dichtesten. Damit ist aber ein Liter Wasser bei 4 °C schwerer als ein Liter kälteres Wasser. Kühlen Gewässer unter 4 °C ab, so schwimmt das kälteste Wasser an der Oberfläche, weshalb Seen und Flüsse von oben nach unten zufrieren.

Der Abbildung entnimmt man auch, dass sich Wasser beim Gefrieren ausdehnt: Eisschollen schwimmen daher auf dem Wasser und Wasserleitungen platzen, wenn sie einfrieren.

19.11 Zusammenfassung

Nullter Hauptsatz der Thermodynamik:

Alle Systeme, die mit einem gegebenen System im thermischen Gleichgewicht stehen, stehen auch untereinander im thermischen Gleichgewicht.

Die **Temperatur** beschreibt die Richtung des Energieflusses beim thermischen Kontakt zweier Systeme: Wärme fließt immer von der höheren zur tieferen Temperatur.

Für ideale Gase gilt: Die mittlere kinetische Energie der Atome oder Moleküle ist proportional zur absoluten Temperatur T

$$\langle \epsilon_{\text{kin}} \rangle = \frac{3}{2} kT \tag{19.69}$$

Absoluter Nullpunkt $T = 0\ \text{K} = -273{,}15\ °\text{C}$: Alle Bewegung friert aus.

Tripelpunkt des Wassers $273{,}16\ \text{K} = +0{,}01\ °\text{C}$

Die **Stoffmenge** n beschreibt die Größe einer Stoffportion durch die Anzahl der enthaltenen Teilchen. In der Einheit 1 Mol (1 mol) sind genau so viele Teilchen enthalten wie in 12 g ^{12}C.

Die **Avogadrokonstante** $N_A = 6{,}022 \cdot 10^{23}\ \text{mol}^{-1}$ gibt die Zahl der Teilchen in jeweils 1 mol eines Stoffes an.

Der **Druck** p ist eine Zustandsgröße. Er wird durch die Kraft $F_\perp$ gemessen, die das System senkrecht auf eine Messfläche A ausübt:

$$p = \frac{F_\perp}{A} \qquad [p] = \frac{\text{N}}{\text{m}^2} = \text{Pa} \tag{19.70}$$

Ideales Gasgesetz:

$$pV = NkT = nRT \tag{19.71}$$

mit p = Druck, V = Volumen, T = Temperatur, n = Stoffmenge,
N = Anzahl der Teilchen, k = Boltzmannkonstante: $k = 1{,}380\,66 \cdot 10^{-23}\ \text{J/K}$,
R = allgemeine Gaskonstante: $R = 8{,}314\,4\ \text{J/K} \cdot \text{mol}$

Mit der Teilchendichte $\tilde{\rho} = N/V$ ergibt sich:

$$p = \tilde{\rho} kT \tag{19.72}$$

Der Druck ist proportional zur Teilchendichte und zur Temperatur.

Bei konstanter Temperatur gilt:

$$p \cdot V = \text{const.} \quad \text{bei} \quad T = \text{const.} \tag{19.73}$$

Kompressibilität:

$$\kappa = -\frac{1}{V_0} \frac{\partial V}{\partial p}\bigg|_{T=T_0} \tag{19.74}$$

Volumenausdehnungskoeffizient:

$$\gamma = \frac{1}{V_0} \frac{\partial V}{\partial T}\bigg|_{p=p_0} \tag{19.75}$$

Volumenausdehnung bei $p =$ const. (lineare Näherung):

$$V = V_0(1 + \gamma(T - T_0)) \tag{19.76}$$

Van-der-Waals-Gleichung für reale Gase:

$$\left[p + \left(\frac{N}{V}\right)^2 a\right](V - V_b) = NkT \tag{19.77}$$

mit dem Binnendruck $(N/V)^2 \cdot a$ und dem gesamten Eigenvolumen aller Moleküle $V_b = Nb$.

19.12 Aufgaben

19.1 Ein Gas nimmt bei der Temperatur 12 °C und dem Druck 0,81 MPa das Volumen 855 l ein. Wie groß ist der Druck, wenn die gleiche Gasmasse das Volumen 800 l bei der Temperatur 43,85 °C einnimmt?

19.2 Bei einem Druck von 0,72 MPa und der Temperatur 11,85 °C beträgt das Volumen eines Gases 0,6 m^3. Bei welcher Temperatur nimmt diese Gasmasse ein Volumen von 1,6 m^3 ein, wenn der Druck 0,225 MPa beträgt?

19.3 Zur Aufbewahrung von Kohlendioxid sind Stahlflaschen im Gebrauch. Gesucht ist die Masse des Kohlendioxids in einer solchen Flasche, deren Volumen 80 l beträgt, bei der Temperatur 288 K und einem Druck von 49 bar.

19.4 In einem Gefäß mit 51,2 l Volumen befinden sich 2,08 kg Stickstoff beim Druck von 35,5 bar. Wie groß ist die Temperatur des Gases?

19.5 In einem Gefäß mit 30 l Volumen befindet sich O_2 bei einem Druck von 73 bar und der Temperatur von −12,15 °C. Ein Teil dieses Gases wird entnommen, wobei sich die Temperatur um 26 K erhöht und der Druck um 43,6 bar kleiner wird. Welche Masse hat das entnommene Gas?

19.6 Zeigt eine Präzisionswaage im Verlauf eines Sommertages unterschiedliche Messergebnisse für ein und dieselbe Probe?

19.7 Es werden 0,5 km Aluminiumdraht und 0,5 km Kupferdraht abgemessen bei einer Temperatur von 276,15 K. Wie groß ist der Unterschied in der Länge der beiden Drähte, wenn man sie auf 376,15 K erhitzt?

19.8 Ein Stahlwürfel, der in Eiswasser liegt, hat ein Volumen von 0,8 l. Um wie viel ändert sich sein Volumen, wenn man ihn auf 200 °C aufheizt?

19.9 Wie groß ist die Dichte von Stahl bei der Temperatur 300 °C, wenn sie bei 0 °C 7,7 $\mathrm{kg/dm^3}$ beträgt?

19.10 Wie hoch über dem Meeresspiegel befindet sich ein Barometer, wenn es 117, 387 bzw. 982 mbar anzeigt? Bei NN wird ein Druck von 1013 mbar und eine Temperatur von 0 °C angenommen. Welche unrealistische Vereinfachung verwenden Sie bei Ihrer Lösung?

19.11 Wie groß ist die Dichte der Luft in 10 km über NN bei einer Temperatur von 228,15 K und dem Druck 30 kPa. Die Luftdichte beträgt unter Normbedingungen $\rho_0 = 0{,}001\,29\ \mathrm{g/cm^3}$.

19.12 In einem Hochvakuum herrscht ein Druck von $1{,}3 \cdot 10^{-11}$ mbar und eine Temperatur von 16,85 °C. Wie viele Moleküle befinden sich in 1 cm^3 und in 1 m^3?

19.13 Ein Gas, dessen Moleküle aus C- und H-Atomen bestehen, hat bei einer Temperatur von 13 °C und dem Druck 0,22 MPa die Dichte von $2{,}4\ \mathrm{kg \cdot m^{-3}}$. Was ist das für ein Gas?

19.14 Unter Normalbedingungen nimmt eine bestimmte Menge Sauerstoff das Volumen 13,65 l ein. Welchen Druck übt dieselbe Menge Gas bei einer Temperatur von 103 °C und dem Volumen von 40 l aus? Wie groß ist die Masse?

19.15 Gesucht ist die molare Masse eines Gases, dessen Dichte bei der Temperatur 286,15 K und einem Druck von $2 \cdot 10^5$ Pa 0,34 kg · m^{-3} beträgt.

19.16 Ein Ballon hat ein Volumen von 10 000 l. Er ist mit einem Druck von $9{,}58 \cdot 10^4$ Pa gefüllt, und das Gas hat eine Temperatur von 17 °C. Wie viele Kilomol Gas befinden sich im Ballon?

20 Energieformen und Zustandsänderungen

20.1 Arbeit

Eine zentrale Größe der Thermodynamik (wie der ganzen Physik) ist die **Energie**. Aus der Mechanik sind uns **kinetische** und **potenzielle Energie** wohlbekannt; ebenso **elektrische** oder **magnetische Energie** aus der Elektrodynamik sowie auch die **chemische Energie**, die letztendlich auch elektrischen Ursprungs ist. In der Thermodynamik spielt nur die **Gesamtenergie** U eines Systems, welche eine makroskopische Größe ist, eine Rolle; die Energie eines **speziellen** Teilchens hat keine Bedeutung, wohl aber die **mittlere Energie** der Teilchen, U/N. Die Thermodynamik macht keine Aussage darüber, wie sich die Gesamtenergie U auf die einzelnen Teilchen verteilt.

Energie kann unter anderem durch **Arbeit** von einem System auf ein anderes übertragen werden. Die an einem betrachteten System bei einer kleinen Zustandsänderung **von außen** verrichtete Arbeit ist

$$\delta W = \vec{F}_a \cdot \mathrm{d}\vec{s} \tag{20.1}$$

Bei einer beliebigen Zustandsänderung von einem Anfangszustand 1 zu einem Endzustand 2 gilt für die von außen am System verrichtete Arbeit $W_{1,2}$

$$W_{1,2} = \int_1^2 \vec{F}_a \cdot \mathrm{d}\vec{s} \tag{20.2}$$

Dabei ist $\vec{F}_a$ die Kraft, die von außen auf die Grenzfläche des betrachteten Systems ausgeübt wird und $\mathrm{d}\vec{s}$ die Verschiebung dieser Grenzfläche. Die Schreibweise δW soll darauf hinweisen, dass es sich um eine (infinitesimal) kleine Zustandsänderungen handelt. Dabei wurde bewusst die Schreibweise $\mathrm{d}W$ vermieden, da diese für die Änderung einer Zustandsgröße ($\mathrm{d}U$, $\mathrm{d}T$) reserviert ist. Die verrichtete mechanische Arbeit $W_{1,2}$ hängt aber nicht nur von den Integrationsgrenzen ab, sondern auch davon, wie man von 1 nach 2 gelangt; sie entspricht daher im allgemeinen Fall nicht der Änderung einer Zustandsgröße.

Die Gleichungen ergeben für die am System verrichtete Arbeit verschiedene Vorzeichen, je nachdem, ob die Grenzfläche sich in Richtung der äußeren Kraft bewegt ($\delta W > 0$) oder entgegengesetzt ($\delta W < 0$). **Positive Arbeiten führen dem System Energie zu, negative Arbeiten entziehen dem System Energie.**

Dabei ist zu beachten, dass die **vom** System verrichtete Arbeit immer das Negative der Arbeit ist, die **an ihm** verrichtet wird. Als Beispiel betrachten wir ein Gas in einem Zylinder, das bei seiner Expansion den Kolben nach außen verschiebt. Verrichtet der Kolben dabei mit seiner die Expansion bremsenden Kraft eine Arbeit von -10 J, so verrichtet das Gas mit seiner entgegengesetzt gleich großen Kraft am Kolben die Arbeit $+10$ J.

Kompressionsarbeit

Als Standardbeispiel für eine **an einem System verrichtete Arbeit** betrachten wir das Komprimieren eines Gases (z. B. im Inneren eines Zylinders) gegen den inneren Druck. Im Gleichgewicht ist die äußere Kraft $|\vec{F}_\mathrm{a}|$ gerade gleich der vom Druck auf den beweglichen Stempel mit der Fläche A ausgeübten inneren Kraft $|\vec{F}_\mathrm{i}|$

$$|\vec{F}_\mathrm{a}| = |\vec{F}_\mathrm{i}| = pA \tag{20.3}$$

Drückt man nun gegen diese vom System ausgeübte Kraft den Stempel um ein Wegstück $\mathrm{d}\vec{s}$ weiter hinein, so ist die dabei verrichtete Arbeit

$$\delta W = \vec{F}_\mathrm{a} \cdot \mathrm{d}\vec{s} = pA|\mathrm{d}\vec{s}| > 0$$

da $\mathrm{d}\vec{s}$ und $\vec{F}_\mathrm{a}$ gleich gerichtet sind. Nun ist $A|\mathrm{d}\vec{s}| = |\mathrm{d}V|$ gerade die Änderung des Gasvolumens. Weil das Volumen nach der Kompression im Behälter kleiner wird, gilt $\mathrm{d}V = -A|\mathrm{d}\vec{s}| < 0$, und wir erhalten für die am System verrichtete Arbeit

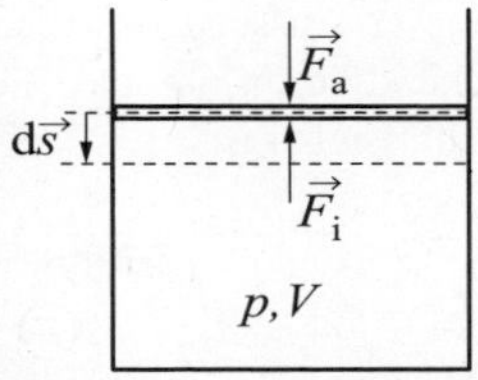

Abb. 20.1 Zur Kompressionsarbeit

$$\delta W = -p\,\mathrm{d}V \tag{20.4}$$

Wie man sich leicht überzeugt, bleibt diese Gleichung auch bei einer **Expansion** richtig. Es ist zu beachten, dass wir hier nur eine infinitesimale Arbeit betrachten dürfen, da sich nach der **Kompression** der Druck etwas ändert und zur Berechnung der totalen Kompressionsarbeit die Zustandsgleichung $p(V)$ benötigt wird.

Die Kompressionsarbeit ist das Produkt aus dem Systemdruck (intensive Größe) und der Änderung des Systemvolumens (extensive Größe). Dieses Ergebnis lässt sich verallgemeinern:

Die einem System zugeführte oder entzogene Energie ist immer das Produkt einer intensiven Zustandsgröße und der Änderung einer extensiven Zustandsgröße.

20.2 Wärme und Wärmekapazität

Wärmemenge

Bei dem Begriff der Energie muss man unterscheiden zwischen der Energie, die ein System in einem bestimmten Zustand besitzt (Zustandsgröße), und der Energie, die dem System beim Übergang von einem Zustand in einen anderen zugeführt oder entzogen wird (Prozessgröße). So ist die kinetische Energie $W_\mathrm{kin} = \frac{1}{2}mv^2$, die ein Auto der Masse m bei der Geschwindigkeit v besitzt, eine Zustandsgröße. Die Arbeit $W_{12} = \int_1^2 \vec{F} \cdot \mathrm{d}\vec{s}$, durch die dem Auto die Energie übertragen wurde, lässt sich aber keinem Zustand zuordnen; sie gehört als Prozessgröße zum Beschleunigungsprozess auf dem Weg vom Zustand 1 (z. B. Start) zum Zustand 2 (Endgeschwindigkeit v).

Neben der Arbeit spielt die **Wärmemenge** Q als zweite Prozessgröße in der Thermodynamik eine zentrale Rolle.

Die Energie, die einem System bei einer Zustandsänderung vom Zustand 1 zum Zustand 2 von einem anderen System übertragen wird, heißt Wärmemenge Q_{12}, wenn der Energieübertrag durch eine ruhende, wärmeleitende Wand alleine aufgrund eines Temperaturgefälles stattfindet.

Dass es sich bei der Zufuhr von Wärme um eine spezielle Form von Energiezufuhr handelt, erkannte zuerst R. J. Mayer (1842) nach ersten Ansätzen von B. Thompson, dem späteren Graf Rumfort (1798), und H. Davy (1799).

Die **Messung von Wärmemengen** kann auf die Messung von Arbeiten zurückgeführt werden.

Führt man z. B. der Außenwand eines Wasserbehälters durch Reibungsarbeit Energie zu und garantiert durch entsprechende Isolierung, dass diese Energie nicht an die Umgebung abgegeben werden kann, so überträgt die erwärmte Wand eine Wärmemenge Q_{12} an das Wasser im Innern, die genauso groß ist wie die messbare Reibungsarbeit.

$$Q_{12} = \int_1^2 \vec{F}_\mathrm{Reib} \cdot \mathrm{d}\vec{s} \tag{20.5}$$

(Bei dieser Aussage ist vorausgesetzt, dass die Masse der Wand im Vergleich zur Masse des Wassers so gering ist, dass der Anteil der Reibungsarbeit, der von der Wand gespeichert wird, vernachlässigbar ist.)

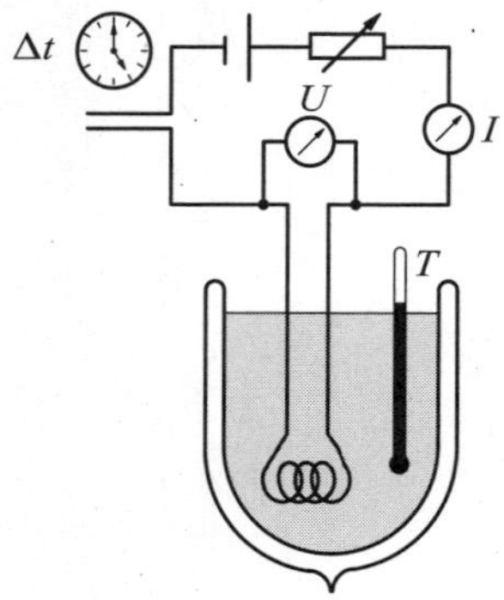

Abb. 20.2 Umwandlung von elektrischer Energie in Wärme

Eine weitere Möglichkeit, Wärmemengen zu messen, ist in der nebenstehenden Abbildung dargestellt. Der Strom überträgt während der Zeitdauer Δt die messbare elektrische Arbeit $W_{el} = U \cdot I \cdot \Delta t$ auf die ins Wasser eingetauchte Hülle des Tauchsieders; diese erwärmt sich und gibt durch Wärmeleitung eine gleich große Wärmemenge Q an das Wasser ab.

$$Q = U \cdot I \cdot \Delta t \qquad (20.6)$$

Früher wählte man als **Einheit der Wärmemenge** die Kalorie (1 cal). Dies ist die Wärmemenge, welche 1 g Wasser von 14,5 °C auf 15,5 °C erwärmt. Heute verwendet man für Wärmemengen, wie für jede Energie, die Einheit J (Joule). Durch präzise Messungen konnte **Joule** um 1843–1849 zeigen, dass die Wärmemenge von 1 cal einer mechanischen Arbeit äquivalent ist, die nach neuesten Messungen gerade 4,186 8 Joule beträgt.

Wärmekapazität

Führt man einem System Wärme zu, so steigt im Allgemeinen seine Temperatur an. (Phasenumwandlungen, bei denen die Temperatur trotz Wärmezufuhr konstant bleibt, werden in einem späteren Kapitel behandelt.) Dieselbe Wärmemenge δQ erzeugt aber in verschiedenen Systemen unterschiedliche Temperaturerhöhungen $\mathrm{d}T$. Dieser Tatsache trägt man durch die Einführung der Wärmekapazität Rechnung. Die **totale Wärmekapazität** C eines Systems gibt die pro Kelvin Temperaturerhöhung zugeführte Wärmemenge an:

$$C = \frac{\delta Q}{\mathrm{d}T} \qquad \text{Einheit: } [C] = \frac{\mathrm{J}}{\mathrm{K}} \qquad (20.7)$$

Ist die totale Wärmekapazität eines Systems erst einmal bekannt, lässt sich die zugeführte Wärmemenge δQ durch die eingetretene Temperaturerhöhung $\mathrm{d}T$ messen:

$$\delta Q = C\,\mathrm{d}T \qquad (20.8)$$

Hängt die totale Wärmekapazität des Systems von der Temperatur ab, so muss man bei größeren Temperaturerhöhungen integrieren:

$$Q_{1,2} = \int_1^2 C(T)\,\mathrm{d}T \qquad (20.9)$$

Die Wärmemenge δQ in Gl. (20.7) ist eine extensive Größe: Wie man leicht einsieht, braucht man eine größere Wärmemenge, um ein größeres System um die gleiche Temperaturdifferenz aufzuwärmen. Daher muss auch die totale Wärmekapazität eine extensive Größe sein, da die Temperatur ja von der Systemgröße unabhängig ist. Man kann daher eine intensive Größe, die **molare Wärmekapazität** C_{mol}, definieren durch

$$C_{\mathrm{mol}} = \frac{C}{n} = \frac{\delta Q}{n\,\mathrm{d}T} \qquad \text{Einheit: } [C_{\mathrm{mol}}] = \frac{\mathrm{J}}{\mathrm{mol} \cdot \mathrm{K}} \qquad (20.10)$$

mit der Stoffmenge $n = N/N_{\mathrm{A}}$. Aus dieser Definition folgt:

$$\delta Q = n \cdot C_{\mathrm{mol}}\,\mathrm{d}T \qquad (20.11)$$

Der numerische Wert von C_{mol} gibt an, wie viel Wärme man zuführen muss, um ein Mol des Materials um ein Kelvin zu erwärmen.

Diese Definition hat in der praktischen Anwendung jedoch den Nachteil, dass man zum betrachteten Stoff erst die Molmenge bestimmen muss. Einfacher ist die Verwendung der **spezifischen Wärmekapazität** c, die die Wärmekapazität pro Masseneinheit beschreibt. Man erhält sie, indem man die totale Wärmekapazität C des betrachteten Systems durch seine Masse m teilt.

$$c = \frac{C}{m} = \frac{\delta Q}{m \mathrm{d}T} \qquad \text{Einheit: } [c] = \frac{\mathrm{J}}{\mathrm{kg} \cdot \mathrm{K}} \tag{20.12}$$

$$\delta Q = m \cdot c \, \mathrm{d}T \tag{20.13}$$

Zwischen den drei veschiedenen Wärmekapazitäten bestehen die folgenden Beziehungen:

$$C = m \cdot c = n \cdot C_{\text{mol}} \quad ; \quad c = \frac{C_{\text{mol}}}{M_{\text{m}}} \tag{20.14}$$

Mit der molaren Masse $M_{\text{m}} = m/n$.

Die totale Wärmekapazität C beschreibt ein bestimmtes System; die molare und die spezifische Wärmekapazität C_{mol} und c beschreiben dagegen die im System enthaltene Substanz. Für alle drei gilt:

- Die Wärmekapazität hängt im Allgemeinen von der Temperatur ab.
- Die Wärmekapazität geht am absoluten Nullpunkt $T = 0$ K gegen 0!

$$C_{|T \to 0} = C_{\text{mol}|T \to 0} = c_{|T \to 0} = 0 \tag{20.15}$$

Beispiel: Die spezifische Wärmekapazität von Kupfer ist bei Zimmertemperatur 389 J/(kg · K), bei −263 °C (10 K) aber nur 3,6 J/(kg · K).

Tabelle 20.1 Spezifische Wärmekapazität

Stoff	Spezifische Wärmekapazität c_p in kJ/(kg · K)	Temperatur in °C
Gase (bei konstantem Druck)		
Luft	1,005	27
Helium	5,2	27
Wasserstoff	14,3	27
Flüssigkeiten		
Quecksilber	0,14	0...100
Wasser	4,2177	0
	4,1840	17
	4,2160	100
Festkörper		
Aluminium	0,90	25
Blei	0,130	20...100
Eis	2,04	−10
Eisen	0,47	20...100
Kupfer	0,0036	−263
	0,389	25
	4,60	1000

Man sieht, die spezifische Wärmekapazität von Wasser ist recht hoch, d. h., es ist vergleichsweise teuer, Wasser zu erwärmen (bzw. abzukühlen). Daher ist Wasser aber ein hervorragendes Kühlmittel: Es kann viel Wärmeenergie aufnehmen und bleibt dabei vergleichsweise kühl.

In der Tabelle ist die Wärmekapazität durch das Symbol c_p gekennzeichnet. Der Index p deutet an, dass die Messung der Wärmekapazität bei konstantem Druck durchgeführt wurde. Bei konstantem Volumen gemessene Wärmekapazitäten erhalten den Index V, z. B. c_V.

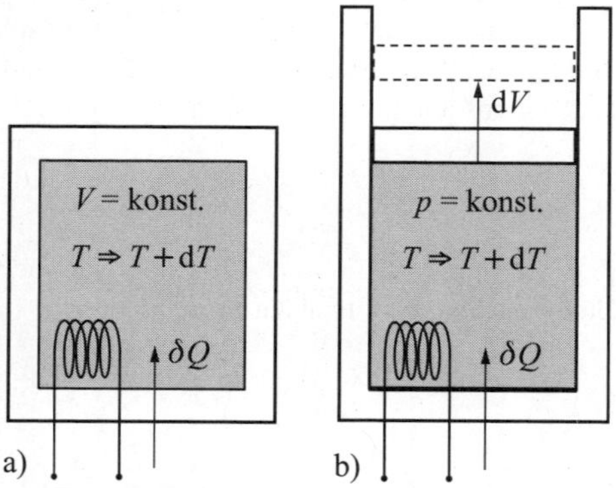

Abb. 20.3 Spezifische Wärmekapazität bei konstantem Volumen und konstantem Druck

Im Folgenden wird gezeigt, wieso die Wärmekapazitäten bei konstantem Druck und konstantem Volumen verschiedene Werte haben und daher unterschieden werden müssen. Als Beispiel betrachten wir die Wärmekapazität eines Gases. Zur Messung der Wärmekapazität sei das Gas in einen wärmeisolierten Zylinder eingesperrt, der gemäß der nebenstehenden Abbildung entweder ein konstantes Volumen hat (a) oder so durch einen beweglichen Kolben abgeschlossen ist, dass sich sein Volumen bei konstantem Druck ändern kann (b). In beiden Fällen wird durch eine Heizwendel die Wärmemenge δQ zugeführt, wodurch sich die Temperatur des Gases von T auf $T + \mathrm{d}T$ erhöht.

Bei **konstantem Volumen** bleibt die gesamte in Form von Wärme zugeführte Energie δQ im Gas und erhöht dessen innere Energie um einen gleich großen Betrag $\mathrm{d}U$:

$$\delta Q|_V = \mathrm{d}U|_V \tag{20.16}$$

Die totale Wärmekapazität bei konstantem Volumen ist daher identisch mit der Ableitung der inneren Energie U nach der Temperatur:

$$C_V = \frac{\delta Q}{\mathrm{d}T}\Big|_V = \frac{\partial U}{\partial T}\Big|_V \tag{20.17}$$

Bei **konstantem Druck** teilt sich die in Form von Wärme zugeführte Energie δQ auf: Nur ein Teil erhöht die innere Energie des Gases um $\mathrm{d}U$, der Rest wird beim Verschieben des Kolbens als Ausdehnungsarbeit $\delta W = p\,\mathrm{d}V$ wieder abgegeben.

$$\delta Q|_p = \mathrm{d}U|_p + p\,\mathrm{d}V \tag{20.18}$$

Für die totale Wärmekapazität bei konstantem Druck gilt daher

$$C_p = \frac{\delta Q}{\mathrm{d}T}\Big|_p = \frac{\partial U}{\partial T}\Big|_p + p\frac{\partial V}{\partial T}\Big|_p \tag{20.19}$$

Sie unterscheidet sich von der Wärmekapazität bei konstantem Volumen also nicht nur dadurch, dass die zugeführte Wärme außer zur Erhöhung der inneren Energie auch noch für die Ausdehnungsarbeit benötigt wird, sondern auch noch deshalb, weil die Ableitung der inneren Energie nach der Temperatur bei den beiden Randbedingungen verschieden sein kann.

Beschränken wir uns auf **ideale Gase**, so entfällt der letztgenannte Grund:

$$\frac{\partial U}{\partial T}\Big|_p = \frac{\partial U}{\partial T}\Big|_V = C_V \tag{20.20}$$

Dies liegt daran, dass die innere Energie U wegen der fehlenden Kräfte zwischen den Gasteilchen nur aus der Bewegungsenergie der einzelnen Teilchen besteht und daher nicht vom Abstand zwischen den Teilchen (d. h. vom Volumen) abhängt.

Der letzte Term in Gl. (20.19) lässt sich für ideale Gase berechnen:

$$pV = nRT \tag{20.21}$$

$$\Rightarrow \quad p\frac{\partial V}{\partial T}\Big|_p = \frac{\partial(pV)}{\partial T}\Big|_p = nR \tag{20.22}$$

Damit ergibt sich für die totale Wärmekapazität eines idealen Gases bei konstantem Druck:

$$C_p = C_V + nR \tag{20.23}$$

mit der Stoffmenge n und der allgemeinen Gaskonstanten R.

Für die **molaren Wärmekapazitäten eines idealen Gases** folgt daraus:

$$C_{p\text{mol}} = C_{V\text{mol}} + R \tag{20.24}$$

Molare Wärmekapazität und kinetische Theorie

In diesem Abschnitt wird die Wärmekapazität verschiedener Stoffe ausgehend von der kinetischen Theorie der Materie berechnet. Diese Theorie betrachtet die Materie als eine Ansammlung von Teilchen, die sich gemäß der Newton'schen Axiome bewegen, wobei die Gesamtenergie eines Systems im thermischen Gleichgewicht gemäß des Gleichverteilungssatzes, der weiter unten genauer formuliert wird, auf die einzelnen Teilchen verteilt ist.

Die Ergebnisse geben die experimentellen Befunde nur näherungsweise wieder. Eine bessere Übereinstimmung zwischen Theorie und Experiment ist nur im Rahmen der Quantenmechanik möglich, die hier nicht behandelt wird.

Wir betrachten zunächst ein **einatomiges, ideales Gas**.

Nehmen wir an, dass die einzelnen Gasatome aufgrund ihrer Kugelgestalt bei Zusammenstößen nicht zu Drehbewegungen angeregt werden können, so besitzen sie nur die Bewegungsenergie ihrer Translationsbewegung. Für deren Mittelwert gilt, wie wir gesehen haben,

$$\langle \varepsilon_{\text{kin}} \rangle = \frac{3}{2} kT \tag{20.25}$$

Da bei einem idealen Gas die Kräfte zwischen den Gasteilchen vernachlässigt werden, besitzt es keine von der Position der einzelnen Teilchen abhängige potenzielle Energie. Die gesamte innere Energie U eines einatomigen idealen Gases setzt sich daher alleine aus der Translationsenergie seiner N Teilchen zusammen

$$U = N \cdot \frac{3}{2} kT = n \cdot \frac{3}{2} RT \tag{20.26}$$

mit der Stoffmenge $n = N/N_\text{A}$ und der allgemeinen Gaskonstanten $R = N_\text{A} \cdot k$. Für die totale Wärmekapazität bei konstantem Volumen ergibt sich mit Gl. (20.17)

$$C_V = \partial U / \partial T|_V = n \cdot \frac{3}{2} R \tag{20.27}$$

und für die molare Wärmekapazität

$$C_{V\text{mol}} = \frac{3}{2} R \tag{20.28}$$

in guter Übereinstimmung mit gemessenen Werten bei Edelgasen.

Als Nächstes betrachten wir **molekulare ideale Gase** wie z. B. Wasserstoff (H_2) oder Kohlenstoffdioxid (CO_2).

Die Moleküle eines solchen Gases haben mehr Möglichkeiten der Bewegung als einzelne Atome. Sie können wie diese eine geradlinige Schwerpunktsbewegung ausführen, sich aber zusätzlich um ihren Schwerpunkt drehen, was wir bei einzelnen Atomen ausgeschlossen hatten. Darüber hinaus können die Atome eines Moleküls gegeneinander schwingen. Messungen der Wärmekapazität zeigen nun, dass sich die größeren Bewegungsmöglichkeiten von Gasmolekülen im Vergleich zu einzelnen Gasatomen bei einer gegebenen Temperatur in einer größeren mittleren kinetischen Energie widerspiegeln.

Dieser Sachverhalt wird quantitativ durch den grundlegenden Gleichverteilungssatz der statistischen Mechanik beschrieben. Dort werden die Bewegungsmöglichkeiten **Freiheitsgrade** genannt.

Die Schwerpunktsbewegung entspricht drei Freiheitsgraden, da sie sich in drei Bewegungen entlang der Koordinatenachsen zerlegen lässt. Eine beliebige Drehung um den Schwerpunkt lässt sich ebenfalls in Drehungen um drei verschiedene Achsen zerlegen, weshalb auch den Moleküldrehungen drei Freiheitsgrade zugeordnet werden. Zu jeder Schwingung des Moleküls gehören zwei Freiheitsgrade, weil sich die Gesamtenergie einer (harmonischen) Schwingung zu gleichen Teilen aus der mittleren Bewegungsenergie und der mit der rücktreibenden Kraft verbundenen mittleren potenziellen Energie zusammensetzt.

Der **Gleichverteilungssatz** besagt nun für die Teilchen eines Systems im thermischen Gleichgewicht mit einem Wärmebad der Temperatur T:

Im Mittel besitzt jeder Freiheitsgrad die gleiche Energie, nämlich $\frac{1}{2}kT$ (Äquipartitionstheorem).

Haben die Teilchen eines Gases f Freiheitsgrade, so gilt bei der Temperatur T für die mittlere Energie eines Teilchens

$$\langle W \rangle = \frac{f}{2}kT \tag{20.29}$$

für die gesamte innere Energie des Gases aus N Teilchen und der Stoffmenge n

$$U = N\frac{f}{2}kT = n\frac{f}{2}RT \tag{20.30}$$

und für die molare Wärmekapazität bei konstantem Volumen

$$C_{V\text{mol}} = \frac{1}{n}\partial U/\partial T|_V = \frac{f}{2}R \tag{20.31}$$

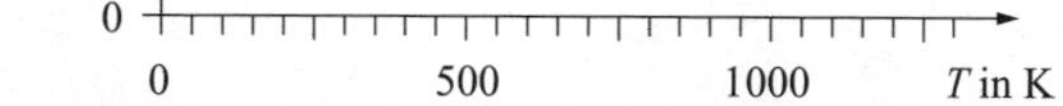

Abb. 20.4 Molare Wärmekapazität bei konstantem Volumen im Grenzfall niedriger Drucke

In der nebenstehenden Abbildung sind gemessene Werte der molaren Wärmekapazität von einatomigen und molekularen Gasen in Abhängigkeit von der Temperatur dargestellt. Man erkennt bei allen Gasen außer den einatomigen Edelgasen Argon und Helium einen Anstieg der Wärmekapazität mit der Temperatur. Dies ist mit unserem theoretischen Ergebnis nur dann verträglich, wenn man annimmt, dass sich die Anzahl der Freiheitsgrade (f) mit der Temperatur erhöht. Tatsächlich besitzt jeder Freiheitsgrad der Rotation und Schwingung eine so genannte **Anregungsenergie** und kann erst dann genutzt werden, wenn die thermische Energie $\frac{1}{2}kT$ diese Anregungsenergie übersteigt.

Die Schwerpunktsbewegung (Translation) hat keine Anregungsenergie, sodass die zugehörigen drei Freiheitsgrade bei allen Temperaturen angeregt sind. **Einatomige Gase** wie die Edelgase oder Quecksilberdampf haben daher die konstante molare Wärmekapazität

$$C_{V\text{mol}} = \frac{3}{2}R \qquad (f = 3) \tag{20.32}$$

wie wir schon am Anfang dieses Abschnitts gezeigt haben.

Für zweiatomige Gase, wie etwa molekularer Wasserstoff (H_2), sind bei sehr tiefen Temperaturen, wie die Messergebnisse zeigen, auch nur die drei Freiheitsgrade der Translation angeregt; oberhalb von ca. 250 K kommen dann zwei der drei möglichen Freiheitsgrade der Drehung dazu. Der dritte Freiheitsgrad, die Drehung um die Molekülachse, kann aufgrund seiner großen Anregungsenergie erst ab etwa 1 000 K angeregt werden. Seine große Anregungsenergie hängt mit dem kleinen Trägheitsmoment dieser Drehung zusammen.

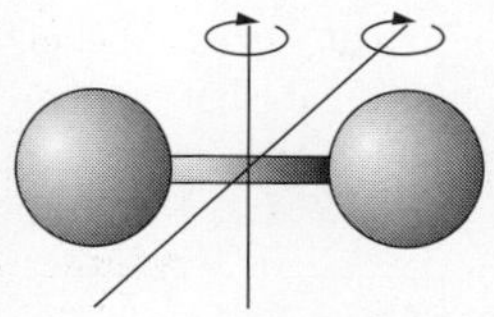

Abb. 20.5 Leicht anregbare Rotationsfreiheitsgrade bei zweiatomigen Molekülen

Zweiatomige Moleküle haben also bei mittleren Temperaturen fünf Freiheitsgrade und die aus ihnen bestehenden Gase eine molare Wärmekapazität

$$C_{V\mathrm{mol}} = \frac{5}{2}R \qquad (f = 5) \tag{20.33}$$

Drei- und mehratomige Moleküle besitzen keine Drehachse mit besonders kleinem Trägheitsmoment, sodass bei ihnen bei Zimmertemperatur alle sechs Freiheitsgrade der Translation und Rotation angeregt sind. Gase, die aus solchen Molekülen bestehen, haben daher bei Zimmertemperatur die molare Wärmekapazität

$$C_{V\mathrm{mol}} = \frac{6}{2}R \qquad f = 6 \tag{20.34}$$

Berücksichtigt man die beschriebenen Anregungsbedingungen für die Freiheitsgrade, so erreicht man, wie Tabelle 20.2 zeigt, eine gute Übereinstimmung zwischen Theorie und Experiment.

Tabelle 20.2 Molare Wärmekapazität $C_{V\mathrm{mol}}$ von Gasen bei $T = 0\,°\mathrm{C}$

Gas	Zahl der Freiheitsgrade			$C_{V\mathrm{mol}}^{\mathrm{exp}}$ [$\mathrm{J \cdot K^{-1} \cdot mol^{-1}}$]	$C_{V\mathrm{mol}}^{\mathrm{theo}}$ [$\mathrm{J \cdot K^{-1} \cdot mol^{-1}}$]
	trans	rot	total		
He	3	0	3	12,6	12,47
Ar	3	0	3	12,4	12,47
O_2	3	2	5	21,0	20,78
N_2	3	2	5	20,7	20,78
H_2	3	2	5	20,2	20,78
CO_2	3	3	6	25,1	24,90
N_2O	3	3	6	26,5	24,90

Die gute Übereinstimmung zeigt auch, dass die bei mehratomigen Molekülen möglichen Schwingungen bei Zimmertemperatur offensichtlich noch keine große Rolle spielen; ihre Anregungsenergien liegen also wesentlich höher als die bei Zimmertemperatur zur Verfügung stehende Energie $(1/2)kT \approx (1/80)$ eV. Schwingungen machen sich aber bei höheren Temperaturen ($\approx 1\,000$ K) durchaus bemerkbar und führen dann zu einer Erhöhung der Wärmekapazität.

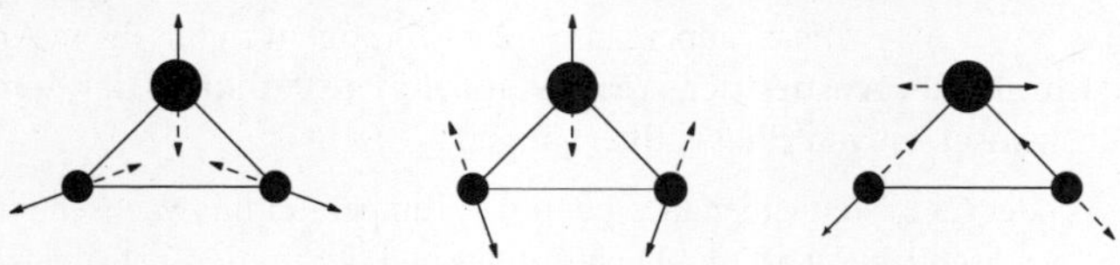

Abb. 20.6 Schwingungen eines dreiatomigen Moleküls

In gleicher Weise sind bei Zimmertemperatur auch die vielen Freiheitsgrade der Elektronen, die im Atom bzw. Molekül gebunden sind, noch „eingefroren". Erst wenn die thermische Energie $(1/2)kT$ in die Größenordnung der Energien für Anregung von Elektronen kommt (einige Elektronenvolt), machen sich diese zusätzlichen Freiheitsgrade bemerkbar. Erst recht gilt dies für die Freiheitsgrade der Protonen und Neutronen im Atomkern, die sich wegen der Anregungsenergien von einigen keV erst bei noch viel höheren Temperaturen bemerkbar machen, wie sie etwa im Inneren von Sternen vorliegen.

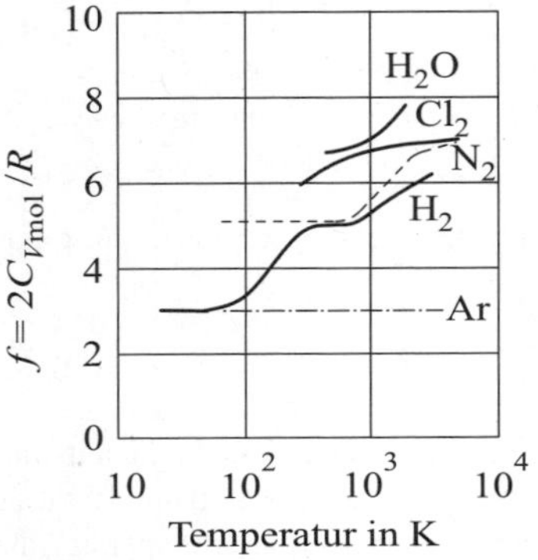

Abb. 20.7 Angeregte Freiheitsgrade als Funktion der Temperatur für verschiedene Gase

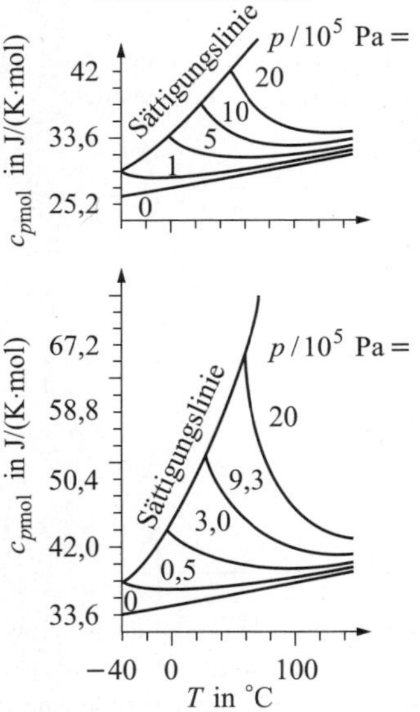

Abb. 20.8 Molare Wärmekapazitäten $C_{p\mathrm{mol}}$ und $C_{V\mathrm{mol}}$ von Ammoniak

Löst man Gl. (20.31) nach f auf

$$f = \frac{2C_{V\mathrm{mol}}}{R} \tag{20.35}$$

so erkennt man, dass durch Messung der molaren Wärmekapazität die Anzahl der angeregten Freiheitsgrade in Abhängigkeit von der Temperatur bestimmt werden kann. Aus der Temperatur, bei der ein zusätzlicher Freiheitsgrad aktiviert wird, kann dann auf dessen Anregungsenergie geschlossen werden. Solche Messungen sind in der nebenstehenden Abbildung dargestellt.

Bisher haben wir Gase betrachtet, bei denen die Wechselwirkung zwischen den einzelnen Gasteilchen vernachlässigt werden kann; dies ist im Grenzfall verschwindenden Gasdrucks immer der Fall.

Sind nun die Drücke nicht mehr klein, so werden die molaren Wärmekapazitäten druckabhängig. Als Beispiel führen wir $C_{p\mathrm{mol}}$ und $C_{V\mathrm{mol}}$ für Ammoniak in Abbildung 20.8 an. Die als Sättigungslinie bezeichnete Kurve entspricht dabei dem Phasenübergang Gas → Flüssigkeit.

Zunächst erkennt man aus der Abbildung, dass auch bei **realen Gasen**, wenn also die Wechselwirkung zwischen den Gasteilchen von Bedeutung ist, die spezifische Wärmekapazität bei konstantem Druck, $C_{p\mathrm{mol}}$, immer größer ist als die bei konstantem Volumen, $C_{V\mathrm{mol}}$. Die Begründung wurde bereits beim idealen Gas gegeben. Der allgemein gültige Zusammenhang zwischen $C_{p\mathrm{mol}}$ und $C_{V\mathrm{mol}}$ ist

$$C_{p\mathrm{mol}} = C_{V\mathrm{mol}} + T\frac{V}{n}\frac{\gamma^2}{\kappa} \tag{20.36}$$

wobei κ die isotherme (T = const.) Kompressibilität und γ der isobare (p = const.) Ausdehnungskoeffizient ist.

Des Weiteren zeigt die Abbildung einen starken Anstieg sowohl von $C_{p\mathrm{mol}}$ als auch von $C_{V\mathrm{mol}}$, wenn man sich bei gegebenem Druck mit kleiner werdender Temperatur dem Phasenübergang von gasförmigem zu flüssigem Ammoniak (Sättigungslinie) nähert. **Ein starker Anstieg der Wärmekapazität als Funktion der Temperatur ist ein Anzeichen für das Einsetzen von Phasenübergängen**.

Die Wärmekapazität $C_{p\mathrm{mol}}$ oder $C_{V\mathrm{mol}}$ steigt aber auch bei fester Temperatur mit wachsendem Druck. Das liegt daran, dass mit wachsendem Druck die Dichte steigt und der mittlere Abstand zwischen den Teilchen abnimmt. Dadurch machen sich die Kräfte zwischen den Teilchen des Gases immer stärker bemerkbar.

Die Wärmekapazität von **Flüssigkeiten** zeigt recht verschiedene Abhängigkeiten von Druck und Temperatur (außer z. B. Hg und H_2O, mit $c_p \approx$ const.).

Bei **Festkörpern** findet man besonders für Metalle ein einfaches Ergebnis, das in der **Regel von Dulong und Petit** formuliert wird:

Alle Metalle haben über einen weiten Temperaturbereich $T > 300$ K die konstante molare Wärmekapazität von $C_{V\text{mol}} \approx 25$ J/(mol · K).

Als Beleg dient die folgende Tabelle. Sie enthält zwar die Wärmekapazitäten bei konstantem Druck, die bei Festkörpern einfacher zu messen sind; der Unterschied zu den Wärmekapazitäten bei konstantem Volumen ist aber wegen der kleinen Ausdehnungskoeffizienten gering.

Tabelle 20.3 Molare Wärmekapazität bei Zimmertemperatur und Atmosphärendruck

Metall	Spezifische Wärmekapazität c_p in J/(g · K)	Molmasse M in g/mol	Molare Wärmekapazität $C_{p\text{mol}}$ in J/(mol · K)
Aluminium	0,900	27,0	24,4
Blei	0,128	207	26,5
Kupfer	0,386	63,5	24,5
Silber	0,236	108	25,5
Wolfram	0,134	184	24,8

Dieser experimentelle Befund lässt sich verstehen, wenn man bedenkt, dass die Atome bzw. Moleküle in Festkörpern nur Schwingungen um ihre Gleichgewichtslagen ausführen können. Pro Teilchen gibt es drei verschiedene Schwingungsmöglichkeiten (entsprechend der drei Raumrichtungen), und jede davon entspricht zwei Freiheitsgraden, da eine (harmonische) Schwingung neben der mittleren Bewegungsenergie eine gleich große mittlere potenzielle Energie besitzt. Insgesamt hat der Festkörper also pro Teilchen 6 Freiheitsgrade ($f = 6$). Für die molare Wärmekapazität bei konstantem Volumen ergibt sich daraus mit Gl. (20.31)

$$C_{V\text{mol}} = \frac{6}{2}R = 3R \approx 25 \text{ J/(mol} \cdot \text{K)} \qquad (20.37)$$

Spezifische Wärmekapazitäten sind allgemein von großer Bedeutung in der Thermodynamik, da sie die Berechnung einer Fülle anderer Eigenschaften ermöglichen und leicht messbar sind. Weiterhin hat das genaue Vermessen von spezifischen Wärmekapazitäten bei sehr niedrigen Temperaturen gezeigt, dass sich viele Eigenschaften der Materie nur mithilfe der Quantenmechanik bzw. Quantenstatistik verstehen lassen. Bei sehr tiefen Temperaturen geht die spezifische Wärme aller Kristalle gegen null.

Eine praktische Bedeutung besitzt die spezifische Wärmekapazität, bzw. die totale Wärmekapazität, bei der Wärmeübertragung zwischen Körpern unterschiedlicher Temperatur (kühlen, heizen). Wir werden darauf später zurückkommen.

20.3 Erzeugung von Wärme

Im Folgenden betrachten wir verschiedene Arten der Erzeugung von Wärme. Dabei werden jedes Mal Formeln angegeben, mit denen die in Form von Wärme übertragene Energiemenge berechnet werden kann. Grundlage für diese Formeln ist der Energieerhaltungssatz:

Die Gesamtenergie ist eine Erhaltungsgröße.
Energie kann nicht verloren gehen!

Wärmeerzeugung aus elektrischer Energie

Die in einem Widerstand umgesetzte elektrische Energie wird vollständig als Wärme an die Umgebung abgegeben. Für die **elektrisch erzeugte Wärme** gilt daher:

$$Q = P \cdot t = U \cdot I \cdot t \tag{20.38}$$

mit der elektrischen Leistung $P = U \cdot I$, der Zeitdauer des Heizvorgangs t, der Spannung U und der Stromstärke I.

Beispiel 20.1 ▼

Wärmeerzeugung mit einem Tauchsieder

Ein Tauchsieder (220 V Nennspannung, 4,5 A Stromaufnahme) heizt 1 Minute lang Wasser auf. Die elektrische Energie wird vollständig in Wärme umgewandelt. Die dabei erhaltene Wärmemenge ist

$$\begin{aligned} Q &= W_{\text{el}} = P_{\text{el}} \cdot t = U \cdot I \cdot t \\ &= 220\ \text{V} \cdot 4{,}5\ \text{A} \cdot 60\ \text{s} = 59\,400\ \text{W} \cdot \text{s} = 59{,}4\ \text{kJ} \end{aligned} \tag{1}$$

Beispiel 20.1 ▲

Verwendet man das **Ohm'sche Gesetz**

$$U = R \cdot I \tag{20.39}$$

so gilt für die in einem Widerstand erzeugte Wärme

$$\begin{aligned} Q &= \frac{U^2 t}{R} \\ Q &= I^2 R t \end{aligned} \tag{20.40}$$

Beispiel 20.2 ▼

Abwärme eines Widerstandes

An einem Widerstand ($R = 4{,}7\ \text{k}\Omega$) fällt eine Spannung von 5 Volt ab. Die Abwärme des Widerstands beträgt in einer Stunde

$$Q = \frac{U^2}{R} t \tag{1}$$

$$= \frac{(5\ \text{V})^2}{4{,}7\ \text{k}\Omega} \cdot 3\,600\ \text{s} = 19{,}15\ \text{J} \tag{2}$$

Beispiel 20.2 ▲

Wärmeerzeugung durch Reibung

Die Arbeit $W_{\text{Reib}} = F_{\text{Reib,x}} \cdot \Delta x$, die von Reibungskräften an einem Körper verrichtet wird, ist negativ. Ihr Betrag wird der kinetischen und der potenziellen Energie des Körpers entzogen und als Wärme Q an die Umgebung abgegeben. Für die **durch Reibung erzeugte Wärme** gilt daher

$$Q = |W_{\text{Reib}}| = -(\Delta W_{\text{kin}} + \Delta W_{\text{pot}}) \tag{20.41}$$

Beispiel 20.3 ▼

Abstoppen einer Kugel im Sandsack

Eine Kugel mit der Masse 5 g und einer Geschwindigkeit von 150 m/s wird in einem Sandsack abgestoppt. Die kinetische Energie wird vollständig in Wärme umgewandelt. Die frei werdende Wärme ist

$$Q = W_{\text{kin}} = \frac{1}{2} m v^2 = \frac{1}{2} \cdot 0{,}005\ \text{kg} \cdot \left(150\ \frac{\text{m}}{\text{s}}\right)^2 = 56{,}25\ \text{N} \cdot \text{m} = 56{,}25\ \text{J} \tag{1}$$

Beispiel 20.3 ▲

Wärmeerzeugung durch Verbrennung

Bei einer **Verbrennung** werden vorwiegend kohlenstoff- und wasserstoffhaltige Materialien oxidiert. Erdöl und Erdgas beispielsweise bestehen im Wesentlichen aus Kohlenwasserstoffketten (vorwiegend Alkanen) unterschiedlicher Länge. Bei ihrer Verbrennung wird überwiegend Kohlendioxid (CO_2) und Wasser (H_2O) frei, aber aufgrund von Verunreinigungen auch andere Stoffe, wie z. B. Schwefeldioxid (SO_2).

Die bei einer Verbrennung frei werdende chemische Energie wird zum größten Teil als Wärme an die Umgebung abgegeben.

Der **spezifische Heizwert** eines flüssigen oder festen Materials beschreibt die pro Masseneinheit bei Verbrennung in Form von Wärme abgegebene Energie.

$$H = \frac{Q}{m} \tag{20.42}$$

Die meisten festen (trockenen) Brennstoffe haben einen Heizwert im Bereich von ca. 20–50 MJ/kg, Erdölsorten haben einen Wert von ca. 40–50 MJ/kg.

Tabelle 20.4 Heizwerte einiger fester, flüssiger und gasfömiger Stoffe

Stoff	**Heizwert** MJ/kg
Anthrazitkohle	31
Braunkohlenbrikett	20
Holzkohle	31
trockenes Holz	16
frisches Holz	8–9
Steinkohle	30
Heizöl	41
Ethylalkohlol	27
Methylalkohol	19,5

Stoff	**Heizwert** MJ/m³
Ammoniak	14,2
Butan	124
Methan	36
Propan	93,4
Stadtgas	20
Wasserstoff	10,8

Analog lässt sich der spezifische Heizwert auch bei gasförmigen Stoffen definieren. Hierbei bietet sich allerdings an, statt der schlecht messbaren Masse das Volumen zu verwenden. Da das Volumen von Temperatur und Druck abhängt, wird das Normvolumen bei Normbedingungen ($p = 101\,325$ Pa, $T = 0$ °C) verwandt. Daher definiert man den spezifischen Heizwert bei gasförmigen Stoffen als die pro Volumeneinheit bei Normbedingungen erzielte Wärme.

$$H_g = \frac{Q}{V_0} \tag{20.43}$$

Gase haben einen Heizwert in der Größenordnung von ca. 10 . . . 130 MJ/m^3.

Für die bei der Verbrennung erzeugte Wärmemenge gilt also, je nachdem, ob es sich um ein Gas handelt oder nicht:

$$\begin{aligned} Q &= V_0 \cdot H_g \\ Q &= m \cdot H \end{aligned} \tag{20.44}$$

Der **Brennwert** eines Stoffes gibt die gesamte bei der Verbrennung frei werdende Energie pro Masseneinheit an. Ein Teil dieser Energie wird für die Verdampfung des durch Wasserstoffverbrennung erzeugten Wassers verbraucht. Nur der Rest wird als Wärme nach außen abgegeben und vom Heizwert erfasst. Der Brennwert ist deshalb nie geringer als der Heizwert und hängt von der

Wasserstoffkonzentration des verbrannten Stoffes ab. Für reinen Wasserstoff, der außschließlich zu Wasser verbrennt, beträgt beispielsweise der Heizwert 10,8 MJ/m³ und der Brennwert 12,8 MJ/m³, was einer Erhöhung um ca. 20 % entspricht. Bei Metangas ist der Heizwert 36 MJ/m³ und der Brennwert 39,9 MJ/m³, was einer 10%igen Erhöhung entspricht. Bei Kohlenmonoxid, das rein zu Kohlendioxid verbrennt, sind schließlich Heizwert und Brennwert gleich $H_u = H_o = 12{,}6\ \mathrm{MJ/m^3}$. (Der Heizwert wurde früher als **unterer Heizwert** H_u bezeichnet, während man die Größe, die heute Brennwert heißt, als **oberen Heizwert** H_o bezeichnete.)

In älteren Heizungsanlagen ist für die nutzbare Wärmeenergie der (untere) Heizwert von Bedeutung. Modernere Anlagen („Brennwertkessel") werden so betrieben, dass die Temperatur der Abgase unter dem Taupunkt liegt und somit die Kondensationsenergie des verdampften Wassers zurückgewonnen wird. Dadurch kann der volle Brennwert ausgenutzt werden, was z. B. bei Gasheizung ungefähr 10 % zusätzliche Ausnutzung bedeutet.

Beispiel 20.4 ▼

Kohlefeuerung

300 g Holzkohle, z. B. Grillkohle, werden verbrannt. Die frei werdende Wärmemenge ist

$$Q = m \cdot H \tag{1}$$

$$= 0{,}3\ \mathrm{kg} \cdot 31\ \frac{\mathrm{MJ}}{\mathrm{kg}} = 9{,}3\ \mathrm{MJ} \tag{2}$$

Beispiel 20.4 ▲

Wärmeerzeugung durch Sonnenenergie

Die Einstrahlung der Sonne auf die Erde stellt einen Energietransport durch Strahlung dar. In „Sonnenkollektoren" wird die Strahlung von schwarzen Flächen (Absorbern) absorbiert und als Wärme an ein Kühlmittel, meist Wasser, abgegeben. Zur Berechnung der erzeugten Wärme geht man von der **Solarkonstanten** q_S aus. Sie beschreibt den Mittelwert der Leistung der Sonneneinstrahlung auf die Erde pro Flächeneinheit senkrecht zur Strahlung.

$$q_S = 1{,}37\ \frac{\mathrm{kW}}{\mathrm{m^2}} \tag{20.45}$$

Die Solarkonstante beschreibt die Einstrahlung außerhalb der Atmosphäre, also ohne Abschwächung durch Wolken, Dunst etc.

Neben der Zeitdauer t der Sonneneinstrahlung, der Fläche A des Absorbers und dem Winkel φ zwischen der Sonneneinstrahlung und der Senkrechten zur Absorberfläche ist dann noch der Absorptionsgrad α des absorbierenden Stoffes zu beachten. Dieser gibt den Anteil der einfallenden Energie an, der vom Absorber einbehalten und in Wärme umgewandelt wird. Insgesamt erhält man

$$Q = q_S A t \cdot \alpha \cdot \cos\varphi \tag{20.46}$$

Beispiel 20.5 ▼

Aufwärmung einer Platte in der Sonne

Eine 50 cm × 50 cm Platte liegt eine Stunde unter dem Winkel von 30° (zwischen Strahlung und Lot auf der Platte) in der Sonne. Unter Annahme einer Absorptionsrate von 70 % ist die Wärmeaufnahme

$$Q = q_S A t \cdot \alpha \cdot \cos\varphi \tag{1}$$

$$= 1{,}37\ \frac{\mathrm{kW}}{\mathrm{m^2}} \cdot 0{,}25\ \mathrm{m^2} \cdot 3\,600\ \mathrm{s} \cdot 0{,}7 \cdot \cos 60° = 431{,}55\ \mathrm{kJ} \tag{2}$$

Beispiel 20.5 ▲

Umwandlung von Wärme in Arbeit

Die Umwandlung von als Wärme zugeführter Energie in Arbeit erfolgt im Allgemeinen mit einer Wärmemaschine, die nach dem Prinzip des Carnot-Prozesses arbeitet.

Eine genaue Beschreibung des Carnot-Prozesses erfolgt im Kapitel über die Hauptsätze der Thermodynamik. Sein Grundprinzip liegt darin, verschiedene Arten von Zustandsänderungen so hintereinander durchzuführen, dass ein Stoffsystem abwechselnd mit einem heißen und einem kalten Temperaturbad in Berührung kommt, dabei Wärme vom heißen Bad ins kalte Bad transportiert und mechanische Arbeit verrichtet, die in andere Energieformen umgewandelt werden kann.

Der Wirkungsgrad, d. h. der Anteil der gewonnenen mechanischen Arbeit am gesamten Energieumsatz, ist immer kleiner als Eins.

Man kann Wärme nicht vollständig in Arbeit umwandeln.

Der Wirkungsgrad der Wärmemaschine hängt sehr stark von den Temperaturen des heißen und des kalten Bades ab, zwischen denen der Wärmeaustausch stattfindet.

20.4 Reversible und irreversible Prozesse

Es ist eine allgemeine Erfahrung, dass in einem abgeschlossenen System solange von selbst Prozesse ablaufen, bis sich ein **Gleichgewichtszustand** eingestellt hat. Da sich solche Prozesse erfahrungsgemäß nie von selbst umkehren, nennt man sie **irreversibel**. Beispiele für irreversible Prozesse sind fast alle Prozesse des täglichen Lebens, z. B. der Übergang von Wärme von einem heißeren zu einem kälteren Körper, das Ausströmen der Luft aus einem Loch im Fahrradreifen oder alle Formen von Prozessen, bei denen Reibungswärme entsteht. So wird etwa ein Pendel ohne Antrieb nach einiger Zeit von selbst immer weniger ausschlagen, weil mechanische Energie durch Reibung in Wärme verwandelt wurde. Der umgekehrte Prozess, dass sich ein Pendel unter Abkühlung der Umgebung von selbst in Gang setzt, ist noch nie beobachtet worden.

Es ist kennzeichnend für irreversible Prozesse, dass sie über **Nichtgleichgewichtszustände** führen. Irreversible Prozesse erhöhen die Unordnung im System, die **Entropie**. Dies werden wir später noch genauer erläutern.

Im Gegensatz dazu bezeichnet man Prozesse, die nur über Gleichgewichtszustände führen, als **reversibel**. **Reversible Prozesse** sind eine Idealisierung, die es streng genommen nicht gibt, denn wenn sich ein System im Gleichgewicht befindet, so haben die Zustandsvariablen zeitunabhängige Werte, und es passiert makroskopisch nichts. Reversible Zustandsänderungen lassen sich aber durch kleine (infinitesimale) Änderungen der Zustandsvariablen simulieren, bei denen das Gleichgewicht nur wenig gestört wird. Wenn diese Änderungen genügend langsam erfolgen, hat das System genügend Zeit, immer wieder ins Gleichgewicht zu kommen.

Solche Zustandsänderungen bezeichnet man auch als **quasireversibel.**

Die Bedeutung von reversiblen Zustandsänderungen liegt darin, dass man in jedem Teilschritt des Prozesses einen Gleichgewichtszustand mit definierten Werten der Zustandsgrößen hat, so dass sich die totalen Änderungen von Zustandsgrößen durch Integration über die infinitesimalen reversiblen Schritte erhalten lassen. Bei irreversiblen Prozessen ist dies nicht möglich. Während eines irreversiblen Prozesses ist das System im Allgemeinen nicht im Gleichgewicht, und es ist meist nicht einmal möglich, den Zustandsgrößen überhaupt Werte zuzuordnen.

Beispiel 20.6

Isotherme Expansion

Wir betrachten die Expansion eines Gases bei konstanter Temperatur **(isotherme Expansion)**. Eine konstante Temperatur stellt man praktisch durch ein **Wärmebad** her, z. B. durch einen großen Behälter mit Wasser der Temperatur T, in dem das System untergebracht wird und der sich mit dem System im thermischen Gleichgewicht befindet.

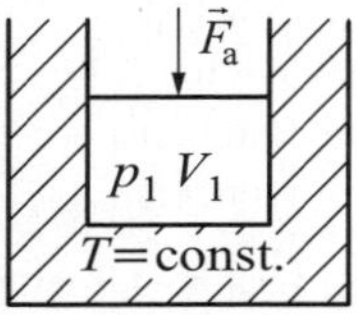

Abb. 20.9 Isothermes System mit Wärmebad

Wir können die isotherme Expansion des Gases vom Volumen V_1 auf V_2 einfach dadurch bewirken, dass wir die äußere Kraft F_a, welche den beweglichen Kolben im Gleichgewicht hält, beseitigen. Dann wird sich das Gas sehr schnell auf das Volumen V_2 ausdehnen, wobei während dieses Prozesses lokal Druckunterschiede, Wirbelbildung und Temperatur- sowie Dichteunterschiede auftreten.

Dieser Prozess läuft von selbst ab und würde sich aller Erfahrung nach niemals von selbst umkehren. Er ist daher irreversibel.

Während der Expansion können wir den makroskopischen Zustandsgrößen keine Werte zuordnen. Erst wenn sich wieder ein Gleichgewicht eingestellt hat, können wir dies tun. Die bei der Expansion vom System geleistete Arbeit ist null, solange man einen idealen masselosen Kolben verwendet, dessen Verschiebung kräftefrei erfolgt.

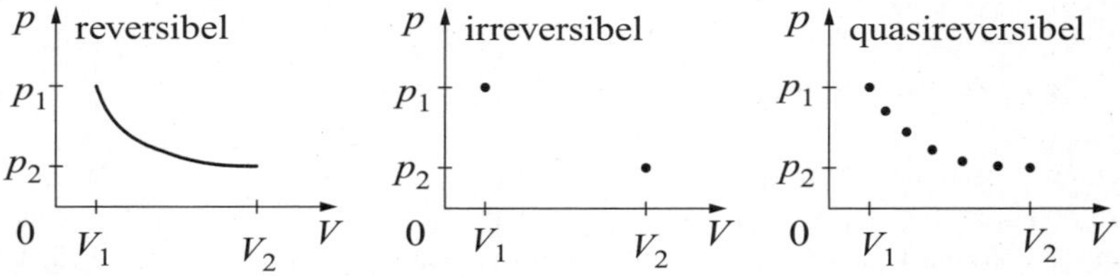

Abb. 20.10 Verschiedene Arten der Prozessführung

Wir können diese isotherme Expansion aber auch reversibel oder zumindest quasireversibel durchführen, wenn wir die Kraft jeweils nur um einen infinitesimalen Schritt verkleinern und warten, bis sich in der neuen Situation wieder ein Gleichgewicht eingestellt hat. Der große Unterschied zur irreversiblen (isothermen) Expansion ist, dass in diesem Fall in jedem Zwischenschritt die thermodynamischen Variablen definierte Werte haben und beispielsweise die Zustandsgleichungen gelten. Nehmen wir in unserem Fall ein ideales Gas an, so ist $p = NkT/V$, und wir können die totale bei der Expansion am System verrichtete Arbeit $W_{1,2}$ berechnen.

$$W_{1,2} = \int_1^2 \mathrm{d}W = -\int_{V_1}^{V_2} p\,\mathrm{d}V = -NkT \int_{V_1}^{V_2} \frac{\mathrm{d}V}{V} = -NkT\, \ln \frac{V_2}{V_1} \tag{1}$$

Das heißt, im Unterschied zur irreversiblen Expansion hat unser System in diesem Fall eine Arbeit gegen die äußere Kraft F_a verrichtet. Es sei angemerkt, dass diese reversible Arbeit des Systems auch die maximale dem System zu entnehmende Arbeit ist: Es gibt keine Möglichkeit, mehr als die **reversible Arbeit** aus einem System zu entnehmen.

Reale Expansionen liegen natürlich zwischen den Extremfällen der total irreversiblen Expansion

$$(W_{1,2} = 0) \tag{2}$$

und der total reversiblen Expansion

$$(W_{1,2} = -NkT\,\ln(V_2/V_1)) \tag{3}$$

Die reversible, quasireversible und die irreversible Prozessführung aus unserem Beispiel ist in dem obenstehenden Diagramm veranschaulicht.

Im irreversiblen Fall können wir nur Anfangs- und Endzustand angeben, während bei reversibler Prozessführung alle Punkte der p-V-Isothermen (Kurven zu konstanter Temperatur) abgefahren werden. Obwohl Anfangs- und Endzustand bei reversibler und irreversibler Prozessführung identisch sind, ist die umgesetzte

Arbeit (Energiebilanz) total verschieden. Offensichtlich ist die irreversible Prozessführung mit einer Verschwendung von zur Verfügung stehender Arbeitsleistung verbunden. Dies gilt übrigens auch, wenn wir die isotherme Kompression betrachten. Bei reversibler Prozessführung benötigen wir dafür die Arbeit

$$W_{2,1} = \int_2^1 \mathrm{d}W = -\int_{V_2}^{V_1} p\,\mathrm{d}V = -NkT \,\ln\frac{V_1}{V_2} = NkT \,\ln\frac{V_2}{V_1} > 0 \qquad (4)$$

Hierbei ist vorausgesetzt, dass in jedem Schritt die Kraft auf den Kolben nur infinitesimal vergrößert wird. Würden wir statt dessen plötzlich mit großer Kraft den Kolben hineinschieben, so müssen wir dafür mehr Arbeit aufwenden, die letztendlich in Form von Wärme an das Wärmebad abgegeben wird.

Beispiel 20.6 ▲

Wie wir diesem Beispiel entnehmen, ist die bei der isothermen Expansion verrichtete Arbeit von der Art der **Prozessführung** abhängig, obwohl Anfangs- und Endzustände in beiden Fällen die gleichen sind. Dies ist ein spezieller Fall der allgemeinen Erfahrung, dass die von einem Prozess geleistete Arbeit und auch die umgesetzte Wärme nicht nur von Anfangs- und Endzustand des Systems abhängen, sondern auch von der Art der Prozessführung. Das bedeutet aber, dass Arbeit und Wärme nicht geeignet sind, einen makroskopischen Zustand eindeutig zu beschreiben. Sie sind **keine** Zustandsgrößen! Mathematisch bedeutet dies, dass Arbeit und Wärme **keine** exakten, d. h. totalen Differenziale sind.

20.5 Spezielle Zustandsänderungen

Reversible Zustandsänderungen einer bestimmten Stoffmenge eines Gases können anschaulich dargestellt werden, indem man die Druck- und Volumenwerte der durchlaufenen Zustände in ein p-V-Diagramm einträgt und die zugehörigen Temperaturen als Parameter hinzufügt. Auf diese Weise erhält man für jede Zustandsänderung eine Kurve im p-V-Diagramm. Dieses Verfahren wird im Folgenden zur Veranschaulichung spezieller Zustandsänderungen angewendet.

1. Isotherme Prozesse – die Temperatur ist konstant

Kurven im p-V-Diagramm, die Zustandsänderungen bei **konstanter Temperatur** darstellen, heißen **Isotherme**. Für ein ideales Gas gilt bei konstanter Temperatur das Gesetz von Boyle und Mariotte:

$$p \cdot V = \text{const.} \quad \text{oder} \quad p \sim \frac{1}{V} \qquad (20.47)$$

Die Isotherme sind also Hyperbeln. Der Druck sinkt bei isothermer Expansion und steigt bei isothermer Kompression proportional zu $1/V$.

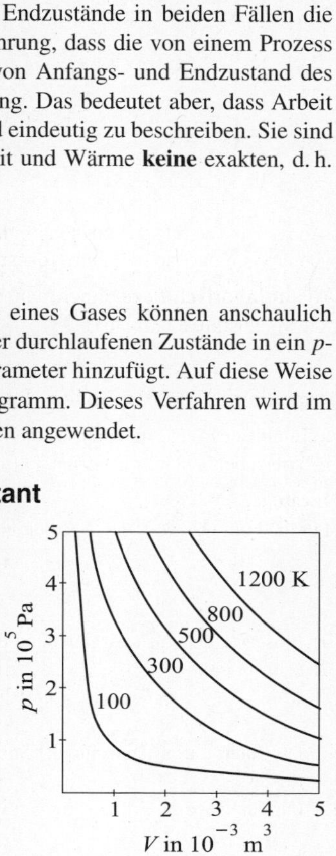

Abb. 20.11 Isothermer Prozess

2. Isobare Prozesse – der Druck bleibt konstant

Kurven, die Zustandsänderungen bei **konstantem Druck** beschreiben, heißen **Isobaren**; sie sind horizontale Geraden in der p-V-Ebene. Ein Vergleich mit Abb. 20.11 zeigt, dass diese Zustandsänderungen von einer Isotherme zu einer anderen Isotherme führen: Die Temperatur nimmt bei isobarer Expansion (steigendem Volumen) zu.

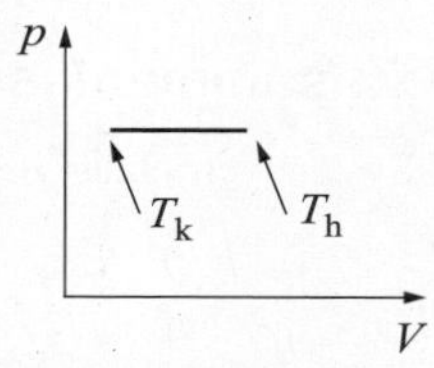

Abb. 20.12 Isobarer Prozess

3. Isochore Prozesse – das Volumen bleibt konstant

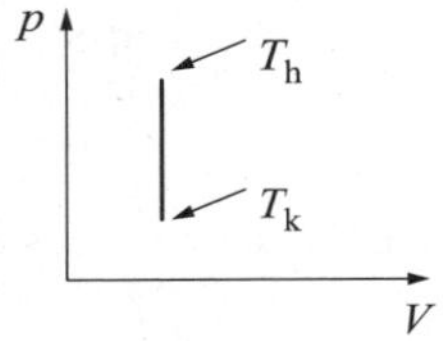

Abb. 20.13 Isochorer Prozess

Isochoren beschreiben Zustandsänderungen bei **konstantem Volumen**. Sie sind vertikale Geraden in der p-V-Ebene. Ein Vergleich mit Abb. 20.11 zeigt, dass der Druck bei konstantem Volumen aufgrund steigender Temperatur ansteigt: das System geht von einer niedrigen Isotherme auf eine höhere über.

4. Isentrope Prozesse – die Entropie ist konstant

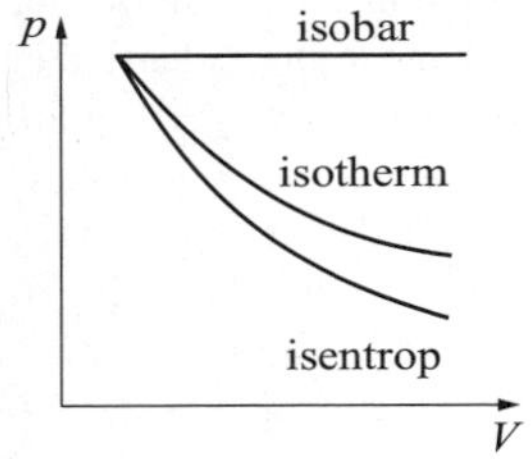

Abb. 20.14 Vergleich von isobarem, isentropem und isothermem Prozess

Obwohl wir die Entropie noch nicht eingeführt haben, nehmen wir hier schon den isentropen Prozess vorweg, bei dem die Entropie erhalten bleibt.

Isentrope Prozesse sind reversible Zustandsänderungen, bei denen dem System **keine Wärme zugeführt oder entnommen** wird. Isentropen verlaufen im p-V-Diagramm steiler als Isothermen, nämlich wie

$$pV^{\kappa} = \text{const.}, \quad \kappa > 1 \tag{20.48}$$

mit dem Adiabatenkoeffizienten κ.

Als **adiabatisch** bezeichnet man einen beliebigen Prozess (reversibel oder irreversibel), der ohne Wärmeaustausch abläuft.

Beispiel 20.7 ▼

Arbeit eines idealen Gases

a) Ein ideales Gas expandiert isotherm, wie viel Arbeit hat das Gas verrichtet?
b) Wie ändert sich das Ergebnis, falls isobar expandiert wird?

Lösung:

Für die **vom** Gas verrichtete Arbeit gilt:

$$W_{1,2} = \int_{V_1}^{V_2} p \, \mathrm{d}V \tag{1}$$

a) Einsetzen der Zustandsgleichung für das ideale Gas führt auf:

$$W_{1,2} = nRT \int_{V_1}^{V_2} \frac{\mathrm{d}V}{V} = nRT \ln \frac{V_2}{V_1} \tag{2}$$

Die Intergration kann nur deshalb so einfach ausgeführt werden, da T eine Konstante ist (isothermer Prozess).

b) Für den isobaren Prozess können wir die Ausgangsgleichung direkt integrieren, da $p = \text{const.}$:

$$W_{1,2} = \int_{V_1}^{V_2} p \, \mathrm{d}V = p \int_{V_1}^{V_2} \mathrm{d}V = p(V_2 - V_1) \tag{3}$$

Beispiel 20.7 ▲

20.6 Zusammenfassung

Die **am** System verrichtete **mechanische Arbeit** W ist:

$$W = -\int p \, \mathrm{d}V \tag{20.49}$$

Die Energie, die zwischen zwei Systemen alleine aufgrund eines Temperaturgefälles übertragen wird, heißt **Wärmemenge** Q.

Die **totale Wärmekapazität** C beschreibt das Verhältnis zwischen der zugeführten Wärmeenergie und der resultierenden Temperaturerhöhung:

$$C = \frac{\delta Q}{\mathrm{d}T} \quad \Rightarrow \quad Q = \int C\,\mathrm{d}T \qquad [C] = \mathrm{J/K} \tag{20.50}$$

Die **Molare Wärmekapazität** C_{mol} ist die Wärmekapazität pro Mol:

$$C_{\mathrm{mol}} = \frac{C}{n}, \qquad [C_{\mathrm{mol}}] = \mathrm{J/(K \cdot mol)} \tag{20.51}$$

Die **Spezifische Wärmekapazität** c ist die Wärmekapazität pro Masseneinheit (m = Masse):

$$c = \frac{C}{m} = \frac{C_{\mathrm{mol}}}{M} \qquad [c] = \mathrm{J/(K \cdot kg)} \tag{20.52}$$

mit der Molmasse $M = m/n$.

Wärmezufuhr kann bei konstantem Volumen oder bei konstantem Druck erfolgen. Die zugehörigen Wärmekapazitäten sind **unterschiedlich**:

$$C_p > C_V$$

$$C_{p\mathrm{mol}} = C_{V\mathrm{mol}} + T\frac{V}{n}\left(\frac{\gamma^2}{\kappa}\right)$$

$$C_{p\mathrm{mol}} - C_{V\mathrm{mol}} = R \qquad \text{(Ideales Gas)} \tag{20.53}$$

Umwandlung von elektrischer Energie in Wärme:

$$Q = U \cdot I \cdot t \qquad Q = P \cdot t \tag{20.54}$$

Umwandlung von mechanischer Energie in Wärme durch Reibung:

$$Q = |W_{\mathrm{Reib}}| = -(\Delta W_{\mathrm{kin}} + \Delta W_{\mathrm{pot}}) \tag{20.55}$$

Der **Spezifische Heizwert** eines flüssigen oder festen Materials beschreibt die pro Masseneinheit bei Verbrennung frei werdende Wärmeenergie.

In Gasen wird der Heizwert pro Volumen bei Normbedingungen gemessen.

$$H = \frac{Q}{m}, \quad Q = H \cdot m; \qquad H_{\mathrm{g}} = \frac{Q}{V_0}, \quad Q = H_{\mathrm{g}} \cdot V_0 \tag{20.56}$$

Der **Brennwert** ist die bei der Verbrennung pro Masseneinheit insgesamt frei werdende Energie. Ein Teil dieser Energie wird jedoch zum Verdampfen des erzeugten Wassers aufgewandt, nur der Rest steht als Wärme zur Verfügung.

Umwandlung von Sonnenenergie in Wärme

$$Q = q_{\mathrm{S}} A t \cdot \alpha \cdot \cos\varphi \tag{20.57}$$

Dabei ist $q_{\mathrm{S}} = 1{,}37\ \frac{\mathrm{kW}}{\mathrm{m}^2}$ die **Solarkonstante**, α der Absorptionskoeffizient des Absorbers und φ der Winkel zwischen Einstrahlung und Lot auf dem Absorber.

Während **Arbeit vollständig in Wärme** umgewandelt werden kann, kann **Wärme nicht vollständig in Arbeit** umgewandelt werden.

Reversible Prozesse sind **umkehrbar**. Sie finden normalerweise nur in grober Näherung statt, und auch nur bei langsamen Prozessen.
Irreversible Prozesse sind **nicht umkehrbar**.
Isotherme Prozesse finden bei konstanter **Temperatur** statt. Das System befindet sich in einem Wärmebad.
Isobare Prozesse finden bei konstantem **Druck** statt.
Isochore Prozesse laufen bei konstantem **Volumen** ab.
Isentrope Prozesse laufen bei konstanter **Entropie** ab.
Adiabatische Prozesse finden **ohne Wärmeaustausch** mit der Umgebung statt.

20.7 Aufgaben

20.1 Zum Erwärmen eines Eisenteils mit dem Anfangsvolumen 3 000 cm^3 wird die Wärmemenge 1,62 MJ aufgewendet. Um wie viel vergrößert sich das Volumen des Teils? Um wie viel Kelvin wird es erwärmt?

20.2 Es ist bekannt, dass sich die spezifische Wärmekapazität eines Gases bei konstantem Druck (c_p) merklich von der spezifischen Wärmekapazität desselben Gases bei konstantem Volumen (c_V) unterscheidet. Welche dieser beiden Wärmekapazitäten ist größer? Warum?

20.3 Wasser stürzt aus der Höhe 1 200 m herab. Um welchen Betrag erhöht sich die Temperatur des Wassers, wenn zu dessen Erwärmung 60 % der potenziellen Energie aufgewandt werden?

20.4 Beim Bohren von Metall mit einer handbetriebenen Bohrmaschine erwärmt sich der Bohrer aus Stahl mit 50 g Masse nach 3 min ununterbrochener Arbeit um 70,5 K. Unter der Annahme, dass zum Erwärmen des Bohrers 15 % der gesamten aufgewandten Energie gebraucht werden, ist die beim Bohren aufgebrachte Leistung zu bestimmen.

20.5 Mithilfe eines Maschinenhammers von 58,8 kN Gewicht wird ein eisernes Schmiedestück mit der Masse 205 kg bearbeitet. Nach 35 Schlägen hat sich das Schmiedestück von 283 auf 291 K erwärmt. Wie groß ist die Geschwindigkeit des Hammers im Augenblick des Schlages? Es wird angenommen, dass zum Erwärmen des Schmiedestücks 70 % der Hammerenergie aufgewandt werden.

20.6 Ein Stahlhammer mit der Masse 12 kg fällt auf eine Eisenscheibe von 0,20 kg Masse, die auf einem Amboß liegt. Die Fallhöhe des Hammers ist 1,5 m. Unter der Annahme, dass zum Erwärmen der Scheibe 40 % der kinetischen Energie des Hammers aufgewandt werden, ist zu berechnen, um welchen Temperaturbetrag sich die Scheibe nach 50 Hammerschlägen erwärmt hat.

20.7 Wasser von 80 °C tritt in den Radiator einer Warmwasserheizung durch ein Rohr von 500 mm^2 Querschnitt mit der Geschwindigkeit 1,2 cm/s ein und verlässt ihn mit der Temperatur 25 °C. Welche Wärmemenge erhält der beheizte Raum im Verlauf eines Tages?

20.8 Ein Gefäß mit dem Volumen 12 l, das Gas unter dem Druck 0,40 MPa enthält, wird mit einem leeren Gefäß vom Volumen 3,0 l verbunden, aus dem die Luft vollständig abgepumpt wurde. Gesucht ist der Endwert des Druckes. Der Prozess verläuft isotherm.

20.9 Wird die Temperatur eines Gases von 286 auf 325 K geändert, erhöht sich sein Druck um 160 mbar. Gesucht ist der ursprüngliche Gasdruck. Der Prozess verläuft isochor.

20.10 Feuerungsgase haben beim Austritt aus dem Schornstein in die Atmosphäre die Temperatur 400 K, wobei sich ihr ursprüngliches Volumen auf den 3,5-ten Teil vermindert. Unter der Annahme, dass der Druck unverändert bleibt, ist die Anfangstemperatur der Gases zu bestimmen.

20.11
1. Es sind Beispiele für adiabatische und angenähert adiabatische Prozesse anzuführen.
2. Wodurch unterscheidet sich ein adiabatischer Prozess von einem beliebigen iso-Prozess?
3. Kann der adiabatische Prozess in einem Gas ablaufen, wenn die Wärmeisolation zwischen Gas und dem umgebenden Medium fehlt?

20.12 Gesucht ist die spezifische Wärmekapazität eines Gasgemisches, das aus 3 kmol Argon und 2 kmol Stickstoff besteht, bei konstantem Druck.

20.13 Für die Erwärmung von 40 g Sauerstoff von 16 °C auf 40 °C werden 628,5 J aufgewendet. Unter welchen Bedingungen wird das Gas erwärmt?
(Bei konstantem Volumen oder bei konstantem Druck?)

20.14 Unter der Verwendung der Dulong-Petit'schen Regel ist das Material gesucht, aus dem eine metallische Kugel mit einer Masse von 0,025 kg gefertigt ist, wenn für ihre Erwärmung von 10 °C auf 30 °C eine Wärmemenge von 117 J erforderlich ist.

21 Thermodynamische Hauptsätze

21.1 Nullter Hauptsatz

Entfernt man die Wärmeisolierung zwischen zwei Systemen unterschiedlicher Temperatur, so geht Wärme vom heißeren zum kälteren System über. **R. J. Mayer** erkannte 1842, dass es sich dabei um eine besondere Form von Energieübertragung handelt. Der Wärmeübergang findet solange statt, bis sich die Temperaturen beider Systeme angeglichen haben. Man sagt zu diesem Endzustand, beide Systeme befinden sich miteinander im thermischen Gleichgewicht.

Hat man mehrere Systeme, so gilt:

Alle Systeme, die mit einem System im thermischen Gleichgewicht stehen, sind auch untereinander im thermischen Gleichgewicht.

Diese Eigenschaft ist so wichtig, dass sie oft als **nullter Hauptsatz der Thermodynamik** bezeichnet wird. Auf ihm beruht die Wirkungsweise des Thermometers.

21.2 Erster Hauptsatz

In der Physik ist das Prinzip der Energieerhaltung von fundamentaler Bedeutung, und alle Erfahrung bestätigt die Annahme, dass dieses Prinzip sowohl in makroskopischen als auch in mikroskopischen Dimensionen richtig ist.

Für ein System, das mit seiner Umgebung Energie in Form von Arbeit und Wärme austauschen kann, bedeutet dies, dass die Änderung seiner inneren Energie $\mathrm{d}U$ bei einer beliebigen (reversiblen oder irreversiblen) Zustandsänderung durch die Summe der mit der Umgebung ausgetauschten Arbeit δW und Wärme δQ gegeben ist. Unter der **inneren Energie** U versteht man dabei die kinetische Energie aller zum System gehörenden Teilchen sowie die zu ihren Wechselwirkungskräften gehörende potenzielle Energie.

Dieser **erste Hauptsatz der Thermodynamik** lautet in Gleichungsform

$$\mathrm{d}U = \delta W + \delta Q \tag{21.1}$$

Hierbei ist

- $\delta Q > 0$, wenn die Wärme dem System zugeführt wird und
- $\delta Q < 0$, wenn die Wärme aus dem System abgeführt wird.
- δW die Arbeit, die von außen **am** System verrichtet wird;
- $\delta W > 0$, wenn diese Arbeit dem System Energie zuführt,
- $\delta W < 0$, wenn diese Arbeit dem System Energie entzieht.
- $-\delta W$ die **vom** System verrichtete Arbeit.

Häufig findet man in der Literatur auch die umgekehrte Vorzeichendefinition, was letztendlich an der Physik nichts ändert.

Von entscheidender Bedeutung ist, dass bei einer Zustandsänderung des Systems die Änderung der inneren Energie nur vom Anfangs- und Endzustand abhängt; zu welchen Anteilen diese Energieänderung jedoch durch mit der Umgebung ausgetauschte Arbeit oder durch Austausch von Wärme erzeugt wurde, hängt von der Art der Prozessführung ab. Die innere Energie U ist also eine Funktion des Systemzustandes und $\mathrm{d}U$ die Differenz der Funktionswerte am End- und Anfangszustand: $\mathrm{d}U = U_2 - U_1$. Die Differenz $\mathrm{d}U$ wird als „vollständiges Differenzial“ bezeichnet.

Die mit der Umgebung ausgetauschte Arbeit oder Wärme lässt sich jedoch nicht als Differenz der Werte einer Zustandsfunktion schreiben, d. h. es sind keine vollständigen Differenziale, weshalb wir hier zur Unterscheidung ein δ schreiben. Besonders deutlich wird dies bei den Kreisprozessen, die wir später noch kennen lernen werden. Bei ihnen wird das System vom Ausgangszustand weg und dann wieder zu ihm zurückgeführt, wobei vom System insgesamt Arbeit geleistet (und Wärme aufgebraucht) wird, was nicht möglich wäre, wenn die verrichtete Arbeit die Differenz einer Zustandsfunktion wäre.

Es sei noch einmal ausdrücklich betont, dass die am System verrichtete Arbeit nur bei **reversibler Prozessführung** durch $\delta W_{\text{rev}} = -p\,\mathrm{d}V$ gegeben ist. Bei irreversiblen Prozessen, z. B. bei der Expansion eines Gases in einen evakuierten Behälterteil, ist die obige Gleichung nicht anwendbar, da der Systemdruck für die durchlaufenen Nichtgleichgewichtszustände gar nicht definiert ist. Das Gleiche gilt für die Berechnung der ausgetauschten Wärme mithilfe der Wärmekapazität: Die Gleichungen $\delta Q_{\text{rev}} = C_V\,\mathrm{d}T$ z. B. für Prozesse bei konstantem Volumen ist nur bei reversiblen Prozessen anwendbar, da nur dann die Temperatur während des Prozesses definiert ist.

Gleichung (21.1) jedoch ist allgemein und immer richtig.

Es gibt eine Fülle von Formulierungen des ersten Hauptsatzes der Thermodynamik, die jedoch alle das Folgende bedeuten:

Bei der Energiebilanz eines Systems ergeben die ausgetauschte Arbeit und Wärme zusammen die totale Energieänderung des Systems.

Diese Erkenntnis ist Robert Mayer (1814–1878) und J. P. Joule (1818–1889) zu verdanken, die mit ihren präzisen Experimenten nachweisen konnten, dass Wärme eine spezielle Form der Energieübertragung ist.

Wir wollen hier wenigstens eine Auswahl dieser verschiedenen Formulierungen des ersten Hauptsatzes präsentieren, die alle gleichwertig sind:

- **Die innere Energie U eines Systems, definiert durch Gl. (21.1), ist eine Zustandsfunktion.** Das bedeutet, dass die innere Energie eines Systems nach wiederholtem Einnehmen desselben Makrozustandes immer denselben Wert hat:
$$\oint \mathrm{d}U = 0 \qquad (21.2)$$
- **Es gibt kein Perpetuum mobile erster Art.** Als Perpetuum mobile erster Art bezeichnet man eine Maschine, die dauernd Energie erzeugt, ohne ihre Umgebung zu verändern. Es ist dies nicht etwa nur eine Maschine, die dauernd in Gang bleibt, ohne zur Ruhe zu kommen, wie dies in guter Näherung für unser Planetensystem der Fall ist, sondern eine Maschine, die effektive Arbeit leistet, ohne ein Energiereservoir anzuzapfen.
- Die Änderung der inneren Energie, definiert durch Gl. (21.1), ist bei einer beliebigen infinitesimalen Zustandsänderung ein totales Differenzial, d. h., die Änderung der inneren Energie hängt nur von Anfangs- und Endzustand eines Systems, nicht aber vom Weg ab.

Zur Veranschaulichung des ersten Hauptsatzes der Thermodynamik betrachten wir ein ideales Gas, das gemäß der Abb. 21.1 in einen Zylinder eingesperrt ist. Was passiert mit den Molekülen des Gases während der verschiedenen Prozesse?

- Wenn dem Gas weder Wärme noch Arbeit zugeführt werden, dann ändert sich seine innere Energie nicht; die mittlere kinetische Energie der Moleküle, $\frac{1}{2}m\overline{v^2}$, bleibt konstant.
- Wenn am Gas keine Arbeit verrichtet wird (Kolben in Ruhe), über die Wände des Zylinders jedoch Wärme zugeführt wird ($T_{\text{Wand}} > T_{\text{Gas}}$), so erhöht sich die innere Energie des Gases, d. h., die mittlere kinetische Energie der Gasmoleküle nimmt zu. Dies geschieht bei den Stößen der Gasmoleküle mit der Wand. Bei diesen Stößen geben die Moleküle der Wand aufgrund ihrer höheren mittleren kinetischen Energie im Mittel Energie an die Gasmoleküle ab. Das Gas wird

erwärmt, die Wand kühlt ab. Ist die Wand kälter, d. h., besitzen ihre Moleküle geringere mittlere Energie als die Gasmoleküle, so wird Energie auf die Wand übertragen.

- Leistet das Gas Expansionsarbeit, d. h., wird der Kolben nach außen verschoben, so verlieren die Gasmoleküle kinetische Energie bei ihren Stößen am sich wegbewegenden Kolben.

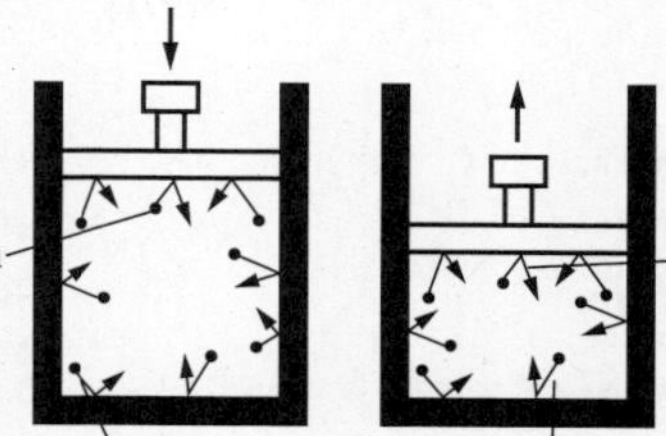

Abb. 21.1 Mittlere Molekülgeschwindigkeit ändert sich bei Expansion und Kompression

- Bewegt sich der Kolben nach innen, d. h., am Gas wird Kompressionsarbeit geleistet, so erhalten die Gasmoleküle, wenn sie an den Kolben stoßen, von der Bewegung des Kolbens einen zusätzlichen Impuls, der auch ihre kinetische Energie erhöht.

Wir wollen noch einmal ausdrücklich betonen, dass das Energieprinzip unabhängig von der Prozessführung für reversible wie auch für irreversible Zustandsänderungen gleichermaßen gilt.

Beispiel 21.1

Innere Energie und geleistete Arbeit bei Zustandsänderung des idealen Gases

Ein ideales Gas mit dem Druck p_1 und dem Volumen V_1 wird mit konstantem Druck auf das Doppelte seines ursprünglichen Volumens expandiert. Danach wird bei konstantem Volumen der Druck um die Hälfte reduziert.

a) Wie lässt sich diese Zustandsänderung im Aufbau gemäß Abb. 21.1 realisieren?
b) Wie groß ist die gesamte Änderung der inneren Energie $\mathrm{d}U$?
c) Wie groß ist die gesamte geleistete Arbeit?
d) Wie groß ist die zugeführte (abgeführte) Wärme δQ?

Lösung:

a) Der frei bewegliche Kolben wird solange belastet, bis er vom Anfangsdruck getragen wird. Dann wird dem Zylinder durch die Wand Wärme zugeführt, bis sich das Gas bei steigender Temperatur auf das doppelte Volumen ausgedehnt hat. Nun wird der Kolben fixiert und dem Zylinder durch die Wand Wärme entzogen, bis der Gasdruck bei sinkender Temperatur auf den halben Ausgangswert gesunken ist.

b) Die Zustandsänderungen können wie folgt beschrieben werden:

$$A = (p_1, V_1) \rightarrow (p_1, 2V_1) \rightarrow (\frac{1}{2}p_1, 2V_1) = E \qquad (1)$$

Für das ideale Gas gilt bekanntlich $pV = nRT$. Vergleicht man den Anfangszustand (A) des Prozesses mit seinem Endzustand (E), so sieht man, dass sich das Produkt aus Volumen und Druck nicht ändert und daher die Anfangstemperatur gleich der Endtemperatur ist.

Die innere Energie eines idealen Gases ist, wie schon im letzten Kapitel beschrieben, eine Funktion allein der Temperatur: $U = 3/2NkT$. Da diese im End- und Anfangszustand gleich ist, muss auch die innere Energie nach Ablauf des Prozesses wieder den Anfangswert haben, also

$$\mathrm{d}U = 0 \qquad (2)$$

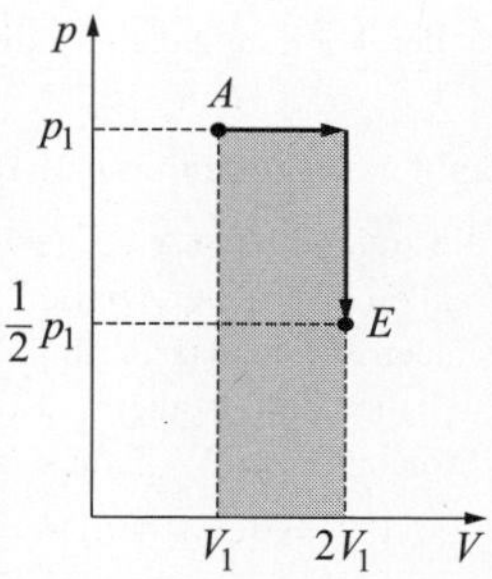

Abb. 21.2 Zustandsänderung im p-V-Diagramm

c) Die Arbeit, die während des Prozesses am Gas verrichtet wird, ist das Volumenintegral über den Druck: $W_{A,E} = -\int p\,dV$ und damit das Negative der getönten Fläche unter der p-V-Kurve in obiger Abbildung. Leicht lässt sich geometrisch nachvollziehen, dass

$$W_{A,E} = -p_1(2V_1 - V_1) = -p_1V_1 \qquad (3)$$

die am Gas verrichtete Arbeit ist. Das negative Vorzeichen besagt, dass dem Gas Energie in Form von Arbeit entzogen wird.

d) Mithilfe des ersten Hauptsatzes der Thermodynamik finden wir:

$$\begin{aligned} dU &= \delta A + \delta Q \\ 0 &= -p_1V_1 + \delta Q \\ \Longrightarrow \delta Q &= p_1V_1 \end{aligned} \qquad (4)$$

Das positive Vorzeichen besagt, dass dem Gas Energie in Form von Wärme zugeführt wird.

Beispiel 21.1 ▲

Beispiel 21.2 ▼

Adiabatengleichung eines idealen Gases

Für die Zustände eines idealen Gases gilt die ideale Gasgleichung

$$pV = nRT \qquad (1)$$

Bei Zustandsänderungen mit konstanter Temperatur (und konstanter Stoffmenge) gilt $pV = \text{const.}$; solche isothermen Zustandsänderungen verlaufen im p-V-Diagramm also auf Hyperbeln, die Isotherme genannt werden. In der folgenden Abbildung sind zwei Isotherme gestrichelt eingezeichnet.

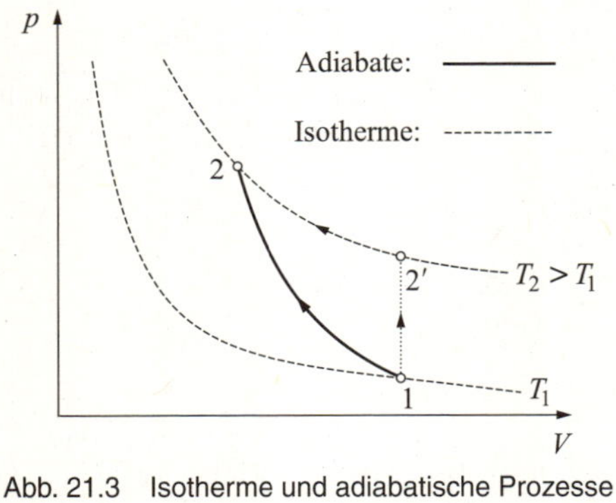

Abb. 21.3 Isotherme und adiabatische Prozesse im p-V-Diagramm

Wir fragen nun nach den Kurven im p-V-Diagramm, auf denen reversible **adiabatische** Prozesse verlaufen. Das sind Prozesse, bei denen ein Austausch von Wärme mit der Umgebung unterbunden ist. Wir betrachten dazu ein ideales Gas, das von einem in der Abbildung mit 1 bezeichneten Zustand aus adiabatisch komprimiert wird. Handelt es sich dabei um eine kleine Volumenänderung dV, so gilt für die zugehörige Änderung der inneren Energie dU nach dem 1. Hauptsatz wegen $\delta Q = 0$

$$dU = \delta W_{\text{rev}} = -p\,dV \qquad (2)$$

Bei dieser Kompression ($dV < 0$) steigt die innere Energie des Gases also um die an ihm verrichtete Arbeit. Da die innere Energie eines idealen Gases alleine aus der kinetischen Energie der Gasteilchen besteht, muss auch diese ansteigen, was eine Zunahme der Temperatur bedeutet. Der Endzustand 2 liegt also, wie in der Abbildung dargestellt, auf einer Isotherme mit einer höheren Temperatur als die Ausgangsisotherme:

Adiabaten verlaufen im p-V-Diagramm steiler als die Isothermen.

Um eine quantitative Aussage über die Temperaturerhöhung dT bei der adiabatischen Kompression um dV zu erhalten, betrachten wir gemäß Abb. 21.3 neben der adiabatischen Zustandsänderung von 1 nach 2 noch eine andere Zustandsänderung: Sie führt zunächst bei konstantem Volumen durch Wärmezufuhr von 1 nach 2′ und dann durch isotherme Kompression zum Zustand 2. Da Anfangs- und Endzustand dieselben sind wie beim adiabatischen Weg, muss der zweite Weg auch zur gleichen Erhöhung der inneren Energie führen:

$$dU = dU_{1,2'} + dU_{2',2} = C_V\,dT \qquad (3)$$

Für das zweite Gleichheitszeichen beachte man, dass $dU_{2',2} = 0$, da die innere Energie eines idealen Gases nur von der Temperatur abhängt, also auf einer Isothermen konstant ist; und dass $dU_{1,2'} = \delta Q = C_V\,dT$, da auf diesem Wegstück $V = \text{const.}$ und damit $\delta W = -p\,dV = 0$.

Aus Gl. (2) und (3) ergibt sich

$$C_V \,\mathrm{d}T = -p\,\mathrm{d}V \tag{4}$$

Setzen wir für $p(V,T)$ den aus der idealen Gasgleichung gewonnenen Ausdruck ein, so ergibt sich

$$C_V \,\mathrm{d}T = -\frac{nRT}{V}\,\mathrm{d}V \quad \Leftrightarrow \quad \frac{C_V}{nRT}\,\mathrm{d}T = -\frac{1}{V}\,\mathrm{d}V \tag{5}$$

Für große Zustandsänderungen muss diese Gleichung vom Ausgangszustand T_0, V_0 zum Endzustand T, V entlang der Adiabate integriert werden.

Für einatomige ideale Gase ist diese Integration ausführbar, da deren Wärmekapazität eine bekannte Konstante ist: $C_V = \frac{3}{2}nR$. Damit ergibt sich der gesuchte Zusammenhang zwischen der Temperatur- und Volumenänderung bei adiabatischen Zustandsänderungen:

$$\int_{T_0}^{T} \frac{3}{2}\frac{\mathrm{d}T}{T} = -\int_{V_0}^{V} \frac{\mathrm{d}V}{V} \Rightarrow \frac{3}{2}\ln\frac{T}{T_0} = -\ln\frac{V}{V_0} \tag{6}$$

$$\left(\frac{T}{T_0}\right)^{3/2} = \frac{V_0}{V} \tag{7}$$

Mithilfe der idealen Gasgleichung können wir äquivalente Gleichungen für die Zusammenhänge von p und V bzw. p und T bei reversiblen adiabatischen Prozessen angeben. Setzen wir z. B. $V = nRT/p$, so erhalten wir

$$\left(\frac{T}{T_0}\right)^{\frac{3}{2}} = \frac{nRT_0}{nRT}\frac{p}{p_0}$$

$$\frac{p}{p_0} = \left(\frac{T}{T_0}\right)^{\frac{5}{2}} \tag{8}$$

Setzen wir nun $T = pV/nR$, so folgt

$$\frac{p}{p_0} = \left(\frac{pV\,nR}{p_0V_0\,nR}\right)^{\frac{5}{2}} = \left(\frac{p}{p_0}\right)^{\frac{5}{2}}\left(\frac{V}{V_0}\right)^{\frac{5}{2}}$$

Wir fassen die Terme (p/p_0) zusammen und potenzieren mit $2/3$:

$$\frac{p}{p_0} = \left(\frac{V_0}{V}\right)^{\frac{5}{3}} \quad \Leftrightarrow \quad pV^{\frac{5}{3}} = p_0V_0^{\frac{5}{3}} \tag{9}$$

Die letzte Gleichung besagt, dass das Produkt $pV^{5/3}$ eine Konstante ist.

Die Gleichungen (7), (8) und (9) sind die **Adiabatengleichungen des einatomigen, idealen Gases**. Man beachte, dass sie sich logisch von der idealen Gasgleichung unterscheiden: Die ideale Gasgleichung beschreibt den Zusammenhang, den die Zustandsvariablen **in jedem einzelnen Zustand** des Gases erfüllen müssen; die Adiabatengleichungen beschreiben dagegen einen bestimmten **Prozess**, indem sie die Zustandsvariablen von Anfangs- und Endzustand miteinander in Beziehung setzen. Genau wie bei Prozessen mit konstanter Temperatur (Isothermen), konstantem Druck (Isobaren) oder konstantem Volumen (Isochoren) können wir hier eine Variable der idealen Gasgleichung durch die Prozessbedingung eliminieren.

Wie wir noch sehen werden, ändert sich bei adiabatischen, reversiblen Prozessen die Gesamtentropie des Systems nicht (**Isentropen**).

Die obige Herleitung gilt nur für einatomige ideale Gase; für beliebige ideale Gase lautet die Adiabatengleichung (das **Poisson'sche Gesetz**)

$$pV^{\kappa} = \text{const.} \qquad \text{mit} \qquad \kappa = \frac{C_{p\text{mol}}}{C_{V\text{mol}}} \tag{10}$$

Diese ist auch für reale Gase eine gute Näherung, wenn der so genannte **Adiabatenkoeffizient** κ experimentell bestimmt wird.

Beispiel 21.2 ▲

21.3 Carnot'scher Kreisprozess und Entropie

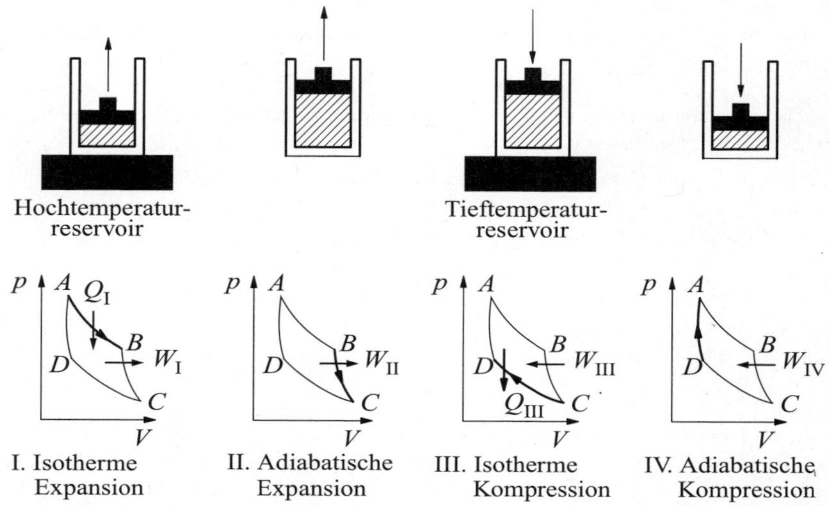

Abb. 21.4 Teilschritte des Carnot-Prozesses

Der oben dargestellte **Kreisprozess** mit einem idealem Gas als Arbeitsmedium wurde von Carnot 1824 eingeführt. Die Absicht war, eine Maschine zu konstruieren, mit der man einem Wärmebad Wärme entnehmen und in mechanische Arbeit umsetzen kann. Der Prozess heißt „Kreis"-Prozess, da er aus mehreren Schritten besteht, bei denen das Arbeitsmedium (hier das schraffiert dargestellte ideale Gas) mehrfach seinen Zustand ändert, aber schließlich seinen Ausgangszustand wieder erreicht. Die vier Schritte des Carnot'schen Kreisprozesses sind in der obigen Abbildung anschaulich dargestellt. Dabei wird das Gas als geschlossenes System betrachtet, das nacheinander mit einem Wärmebad hoher Temperatur und einem tiefer Temperatur in Kontakt steht.

Die Bedeutung des Carnot'schen Kreisprozesses liegt darin, dass er nicht nur als idealisierter Grenzfall realer Kreisprozesse aufgefasst werden kann, sondern uns auch einige prinzipielle Erkenntnisse verdeutlichen wird.

Im Folgenden werden die vier aufeinander folgenden, reversiblen Teilschritte des Carnot-Prozesses im Einzelnen behandelt. Die Bezeichnungen entsprechen denen in Abb. 21.5, wo die Teilschritte im p-V-Diagramm dargestellt sind.

I. **Isotherme Expansion** vom Volumen V_1 auf das Volumen V_2 bei konstanter Temperatur T_h. Es gilt für die Isotherme

$$\frac{V_2}{V_1} = \frac{p_1}{p_2} \tag{21.3}$$

Wir wissen, dass sich die Energie eines idealen Gases bei konstanter Temperatur nicht ändern kann. Folglich gilt

$$\Delta U_I = W_I + Q_I = 0 \tag{21.4}$$

Daraus können wir Q_I berechnen (s. Bsp. 20.6):

$$Q_I = -W_I = nRT_h \ln \frac{V_2}{V_1} \tag{21.5}$$

Das ist die im ersten Schritt mit dem Wärmebad ausgetauschte Wärmemenge. Da $V_2 > V_1$, ist $Q_I > 0$, d. h., die Wärmemenge Q_I wird aus dem Wärmebad dem Gas zugeführt.

II. **Adiabatische Expansion** des isolierten Arbeitsmediums von V_2 auf V_3. Dabei ändert sich die Temperatur von T_h nach T_k. Die Indizes h und k stehen für „heiß" und „kalt", d. h. $T_h > T_k$. Wie im vorangehenden Beispiel gezeigt, gilt

$$\frac{V_3}{V_2} = \left(\frac{T_h}{T_k}\right)^{3/2} \tag{21.6}$$

Wegen $Q_{II} = 0$ (für adiabatische Prozesse) wird die bei der Expansion geleistete Arbeit der inneren Energie entnommen.

$$W_{II} = \Delta U_{II} = C_V(T_k - T_h) \tag{21.7}$$

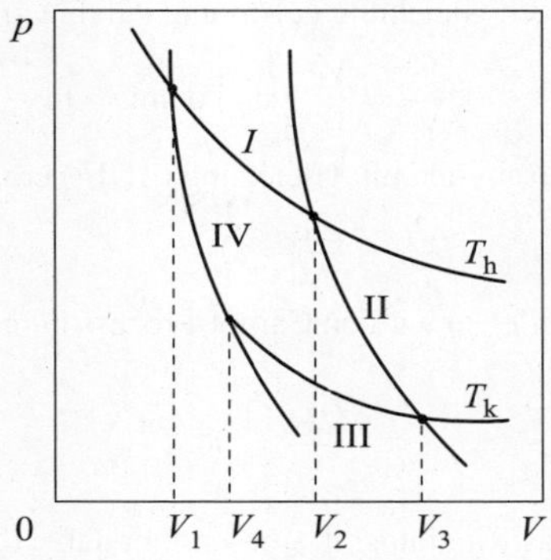

Abb. 21.5 Der Carnot-Prozess im p-V-Diagramm

Dass hier die Wärmekapazität für konstantes Volumen C_V verwendet werden darf, obwohl das Volumen sich ändert, wird im vorangehenden Beispiel begründet. Die Integration von $C_V dT$ mit der Richtung $T_h \rightarrow T_k$ führt auf das angegebene, einfache Ergebnis, da C_V bei idealen Gasen eine Konstante unabhängig von der Temperatur ist.

Wegen $T_h > T_k$ ist $W_{II} < 0$, d. h. das Gas führt Energie nach außen ab.

III. **Isotherme Kompression** des Systems bei der konstanten kleineren Temperatur T_k (isotherm) von V_3 auf V_4. Analog zum 1. Schritt haben wir dann

$$\frac{V_4}{V_3} = \frac{p_3}{p_4} \tag{21.8}$$

Die bei der Kompression geleistete Arbeit wird wegen $\Delta U_{III} = 0$ bei $T = \text{const.}$ in Form von Wärme an das Wärmebad abgegeben,

$$\Delta U_{III} = W_{III} + Q_{III} = 0 \tag{21.9}$$

$$Q_{III} = -W_{III} = nRT_k \ln \frac{V_4}{V_3} \tag{21.10}$$

Das ist die in diesem 3. Schritt mit dem Wärmebad ausgetauschte Wärmemenge. Da $V_4 < V_3$, folgt $Q_{III} < 0$, d. h., das Gas verliert diese Wärmemenge.

IV. **Adiabatische Kompression** von V_4 auf V_1 bringt das System in den Ausgangszustand zurück, wobei sich die Temperatur von T_k wieder auf T_h erhöht:

$$\frac{V_1}{V_4} = \left(\frac{T_k}{T_h}\right)^{3/2} \tag{21.11}$$

Wegen $Q_{IV} = 0$ folgt mit der Richtung $T_k \rightarrow T_h$ für die am Gas verrichtete Arbeit

$$W_{IV} = \Delta U_{IV} = C_V\,(T_h - T_k) > 0 \tag{21.12}$$

Dem Gas wird Energie zugeführt.

Wir betrachten nun den Kreisprozess als Ganzes und überprüfen als Erstes seine **totale Energiebilanz**.

$$\Delta U_{total} = \underbrace{Q_I + W_I}_{I} + \underbrace{W_{II}}_{II} + \underbrace{Q_{III} + W_{III}}_{III} + \underbrace{W_{IV}}_{IV} \tag{21.13}$$

Wegen $Q_I + W_I = 0$ und $Q_{III} + W_{III} = 0$ (Gl. (21.5) und (21.10)) sowie $W_{II} = -W_{IV}$ (Gl. (21.7) und (21.12)) ist $\Delta U_{total} = 0$, wie es für einen Kreisprozess auch sein muss.

Als Nächstes betrachten wir die **mit den Wärmebädern ausgetauschten Wärmemengen**:

$$Q_I = nRT_h \ln \frac{V_2}{V_1}, \quad Q_{III} = nRT_k \ln \frac{V_4}{V_3} \tag{21.14}$$

Nach Gleichung (21.6) und (21.11) gilt

$$\frac{V_3}{V_2} = \frac{V_4}{V_1} \quad \text{und damit} \quad \ln\frac{V_2}{V_1} = \ln\left(\frac{V_4}{V_3}\right)^{-1} = -\ln\left(\frac{V_4}{V_3}\right) \tag{21.15}$$

Zusammen mit Gleichung (21.14) erhalten wir für Q_I und Q_III die Beziehung

$$\frac{Q_I}{T_\text{h}} + \frac{Q_\text{III}}{T_\text{k}} = 0 \tag{21.16}$$

Zerlegen wir den Carnot-Prozess in infinitesimale Teilschritte, so können wir offensichtlich schreiben

$$\oint \frac{\delta Q_\text{rev}}{T} = 0 \tag{21.17}$$

Das Ringintegral $\oint$ beschreibt dabei die Integration längs eines Weges, der beim Ausgangszustand beginnt und dort wieder endet. Die Größe $\delta Q_\text{rev}/T$ wird **reduzierte Wärme** genannt.

Die Gleichung (21.17) ist von großer Bedeutung. **Sie ist die Grundlage zur Definition einer neuen Zustandsgröße, der Entropie *S*.** Dies soll nun in mehreren Schritten ausgeführt werden.

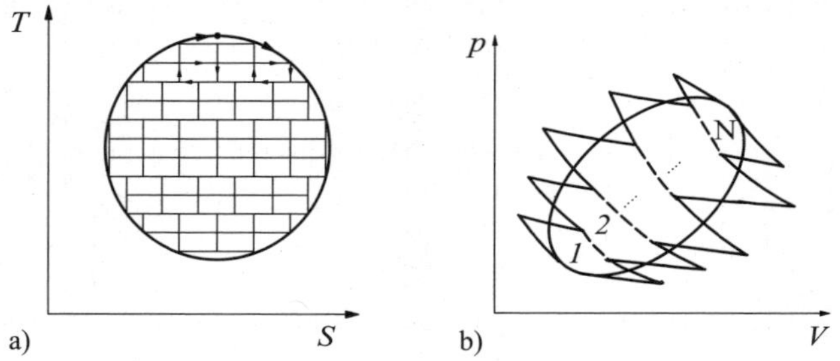

Abb. 21.6 Zerlegung eines Kreisprozesses in Carnot-Prozesse

Zunächst zeigen wir, dass Gleichung (21.17) nicht nur für Carnot-Prozesse, sondern für jeden beliebigen reversiblen Kreisprozess mit einem idealen Gas gilt. Dazu zerlegen wir einen solchen beliebigen Kreisprozess in N Carnot'sche Kreisprozesse. Die Zerlegung ist im Teilbild b) der Abbildung 21.6 im gewohnten p-V-Diagramm dargestellt. Die gestrichelt gezeichneten Wegstücke werden jeweils von zwei benachbarten Prozessen in verschiedener Richtung durchlaufen. Die zugehörigen Integrale $\int \frac{\delta Q_\text{rev}}{T}$ besitzen den gleichen Wert mit unterschiedlichem Vorzeichen und heben sich auf. Für genügend große Teilschrittzahl ($N \to \infty$) kann man die exakte Form des allgemeinen Kreisprozesses immer beliebig genau durch die Carnot-Prozesse approximieren. Für jeden einzelnen dieser Carnot'schen Prozesse ist Gleichung (21.17) erfüllt, damit aber auch für die Summe aller Prozesse und folglich für den beliebigen Kreisprozess. Wie sich experimentell zeigt, kann auch die Einschränkung auf ideale Gase als Arbeitsmedium fallen gelassen werden:

Bei jedem beliebigen, reversiblen thermodynamischen Kreisprozess verschwindet gemäß Gl. (21.17) das Integral über die reduzierten Wärmen.

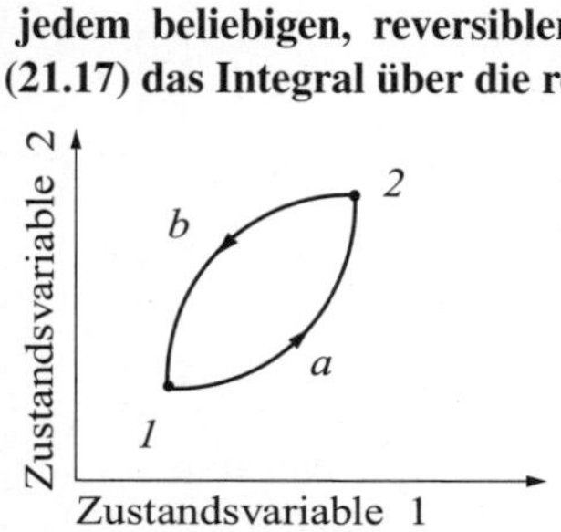

Abb. 21.7 Schematische Darstellung eines Kreisprozesses

Als Nächstes zeigen wir die Äquivalenz der Gleichung (21.17) mit der **Wegunabhängigkeit des Integrals über die reduzierten Wärmen zwischen zwei beliebigen Zuständen** 1 **und** 2.

Fasst man zwei beliebige Wege a und b zwischen den Zuständen 1 und 2 gemäß der nebenstehenden Abbildung zu einem geschlossenen Weg zusammen, so gilt

$$0 = \oint \frac{\delta Q_\text{rev}}{T} = \int_{a:1}^{2} \frac{\delta Q_\text{rev}}{T} + \int_{b:2}^{1} \frac{\delta Q_\text{rev}}{T}$$

$$\int_{a:1}^{2} \frac{\delta Q_{\text{rev}}}{T} = \int_{b:1}^{2} \frac{\delta Q_{\text{rev}}}{T} \tag{21.18}$$

Die letzte Gleichung basiert darauf, dass sich bei einer Umkehr der Wegrichtung auch die Vorzeichen aller ausgetauschten Wärmen δQ_{rev} und damit das Vorzeichen des Integrals umkehren.

Wie wir anschließend beweisen werden, folgt schließlich aus der Wegunabhängigkeit des Integrals über die reduzierten Wärmen, dass es eine **Zustandsfunktion** S geben muss, deren Änderung dS bei einer kleinen Zustandsänderung durch $\delta Q_{\text{rev}}/T$ gegeben ist. (Die Änderung einer Funktion $\mathrm{d}S$ wird als „totales Differenzial" bezeichnet.) Diese Zustandsfunktion S wird **Entropie** genannt. **Die Definition der Entropie** lautet somit:

$$\mathrm{d}S = \frac{\delta Q_{\text{rev}}}{T}, \quad S_1 - S_0 = \int_{0}^{1} \frac{\delta Q_{\text{rev}}}{T} \tag{21.19}$$

Die behauptete Existenz einer solchen Zustandsfunktion S lässt sich leicht dadurch beweisen, dass man ein Beispiel explizit angibt: Wählt man einen beliebigen Anfangszustand A als festen Bezugspunkt, so ist das Integral $S = \int_{\mathrm{A}}^{\mathrm{E}} \frac{\delta Q_{\text{rev}}}{T}$ wegen der Wegunabhängigkeit eine eindeutige Funktion des Endzustandes E und erfüllt, wie man leicht nachprüfen kann, die in Gl. (21.19) geforderten Bedingungen.

Gleichung (21.19) kann als **Messvorschrift der Entropie** verwendet werden. Man muss dazu die bei den verschiedenen Temperaturen T vom System reversibel ausgetauschten Wärmemengen δQ_{rev} messen. Allerdings sind so nur Entropiedifferenzen, aber kein absoluter Wert der Entropie definiert. Die absolute Normierung erfolgt durch den **dritten Haupsatz der Thermodynamik**:

Die Entropie am absoluten Temperatur-Nullpunkt ist null:

$$S_{T=0} = 0 \tag{21.20}$$

Mit Gl. (21.19) lässt sich die Entropie nur für Systeme definieren, die eine einheitliche Temperatur haben. Ein allgemeines System lässt sich jedoch immer in Teilsysteme zerlegen, die jeweils für sich eine einheitliche Temperatur besitzen. Für diesen allgemeinen Fall definiert man die Entropie des Gesamtsystems als die Summe der Entropien der Teilsysteme.

$$S = S_1 + S_2 + \ldots \tag{21.21}$$

Unterteilt man ein System einheitlicher Temperatur noch weiter in Teilsysteme, so lässt sich die Gesamtentropie sowohl mit Gl. (21.21) als auch direkt mit der Definition in Gl. (21.19) berechnen. Man kann zeigen, dass dies bei Anwendung des dritten Hauptsatzes nicht zu Widersprüchen führt. Die durch Gl. (21.21) beschriebene Additivität der Entropie gilt also ganz allgemein. Additive Zustandsgrößen werden auch extensiv genannt.

Die Entropie ist eine extensive Zustandsgröße.

Um die Bedeutung der Entropie als extensiver Zustandsgröße zu verdeutlichen, schreiben wir den ersten Hauptsatz noch einmal für **reversible** Zustandsänderungen explizit aus.

$$\mathrm{d}U = \delta Q_{\text{rev}} + \delta W_{\text{rev}} = T\mathrm{d}S - p\mathrm{d}V \tag{21.22}$$

Wie man sieht, hat die Entropie für den Austausch von Wärme bei einer Temperatur T dieselbe Bedeutung, die das Volumen für die Kompressionsarbeit gegen den Druck p hat. Die Entropie fügt sich also in die Reihe der extensiven Zustandsgrößen (S,V) ein, welche die Änderung der inneren Energie gegen eine intensive, lokal definierbare Feldgröße (T, p) beschreiben.

In der Formulierung der Gleichung (21.22) ist die innere Energie eine Funktion der so genannten **natürlichen Variablen** S,V. Sind zur eindeutigen Beschreibung des Systemzustandes noch andere

Zustandsgrößen nötig, wie z. B. die hier als konstant angenommene Teilchenzahl N, so tritt in Gleichung (21.22) für jede solche Zustandsgröße noch ein weiterer Term hinzu. Dies gilt solange, wie die freie Veränderbarkeit der Zustandsvariablen nicht durch Nebenbedingungen eingeschränkt ist. Eine solche Nebenbedingung könnte z. B. die Koexistenz mehrerer Phasen sein. Ist die Funktion $U(S, V, N, \ldots)$ gegeben, so können wir T, p durch

$$T = \left.\frac{\partial U}{\partial S}\right|_{V,N,\ldots}$$

$$-p = \left.\frac{\partial U}{\partial V}\right|_{S,N,\ldots} \tag{21.23}$$

bestimmen. Dies ist leicht einzusehen. Bei konstantem V ist das Differenzial $\mathrm{d}V = 0$, und es verbleibt $\mathrm{d}U = T\mathrm{d}S$ usw. Es zeigt sich, dass die Kenntnis der Funktion $U(S, V, N, \ldots)$ der vollständigen Kenntnis über das System gleichkommt. Deshalb nennt man $U(S, V, N, \ldots)$ auch **Fundamentalrelation**. Die Gleichungen (21.23) sind dann die zugehörigen Zustandsgleichungen.

Die intensiven Zustandsgrößen sind die Ableitungen der Fundamentalrelation nach den verschiedenen extensiven Zustandsgrößen.

Kennt man umgekehrt genügend viele Zustandsgleichungen, so kann $U(S, V, N, \ldots)$ bis auf Integrationskonstanten bestimmt werden.

Man kann auch die **Entropie** als Funktion der anderen extensiven Zustandsgrößen angeben: $S(U, V, N, \ldots)$. Diese Fundamentalbeziehung macht deutlich, dass die Entropie der eigentlich neue Begriff in der Thermodynamik ist.

Beispiel 21.3

Entropie eines idealen Gases

Wir wollen nun die Entropie eines einatomigen idealen Gases bei konstanter Teilchenzahl in Abhängigkeit von T und V bestimmen.

Für eine reversible Zustandsänderung lautet der erste Hauptsatz bei konstanter Teilchenzahl

$$\mathrm{d}U = T\,\mathrm{d}S - p\,\mathrm{d}V \tag{1}$$

Mit den Zustandsgleichungen für ein einatomiges ideales Gas

$$U = \frac{3}{2}NkT \quad \Leftrightarrow \quad \mathrm{d}U = \frac{3}{2}Nk\,\mathrm{d}T \tag{2}$$

$$pV = NkT \tag{3}$$

können wir Gleichung (1) nach $\mathrm{d}S$ auflösen:

$$\mathrm{d}S = \frac{3}{2}Nk\frac{\mathrm{d}T}{T} + Nk\frac{\mathrm{d}V}{V} \tag{4}$$

Diese Gleichung lässt sich, ausgehend von einem Zustand T_0, V_0 mit der Entropie S_0, integrieren

$$S(T, V) - S_0(T_0, V_0) = \frac{3}{2}Nk\ln\frac{T}{T_0} + Nk\ln\frac{V}{V_0}$$

$$S(T, V) - S_0(T_0, V_0) = Nk\ln\left[\left(\frac{T}{T_0}\right)^{3/2}\left(\frac{V}{V_0}\right)\right] \tag{5}$$

Die Entropie eines idealen Gases nimmt also mit Temperatur und Volumen zu. Man beachte aber, dass Gleichung (5), obwohl N vorkommt, nicht die volle Abhängigkeit von N für Systeme enthält, bei denen die Teilchenzahl variabel ist.

Um die Abhängigkeit der Entropie vom Druck und der Temperatur des einatomigen idealen Gases zu erhalten, verwenden wir die aus Gl. (3) folgende Beziehung

$$\frac{V}{V_0} = \frac{T}{T_0}\cdot\frac{p_0}{p} \tag{6}$$

Durch Einsetzen in Gl. (5) ergibt sich

$$S(T,p) - S_0(T_0,p_0) = Nk \ln\left[\left(\frac{T}{T_0}\right)^{5/2}\left(\frac{p_0}{p}\right)\right] \tag{7}$$

Beispiel 21.3 ▲

Im Folgenden werden unterschiedliche **Darstellungsarten von Kreisprozessen** betrachtet: Wir haben die verschiedenen Zustände eines Systems mit konstanter Stoffmenge bisher als Punkte im p-V-Diagramm dargestellt. Dies ist möglich, da der Zustand eines solchen Systems durch die Angabe von Druck und Volumen eindeutig festgelegt ist. Der Zustand eines Systems gegebener Stoffmenge lässt sich aber auch durch seine Temperatur und Entropie eindeutig beschreiben und deshalb als Punkt im T-S-Diagramm darstellen. Die folgende Abbildung zeigt den Carnot-Prozess in beiden Darstellungen.

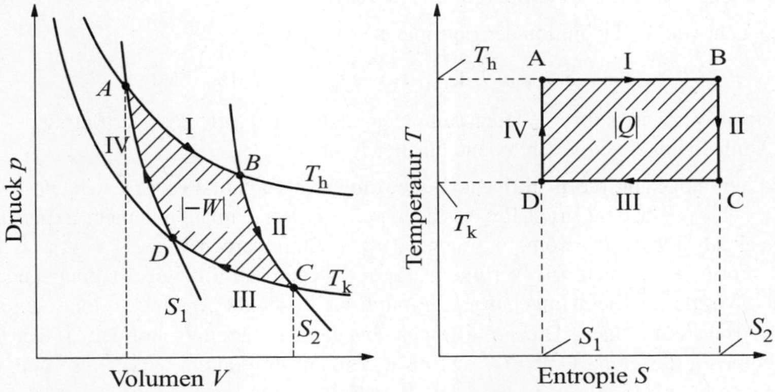

Abb. 21.8 Carnot-Prozess im p-V-Diagramm und T-S-Diagramm

Die isotherme Expansion *I* und die isotherme Kompression *III* verlaufen wegen $pV =$ konstant im p-V-Diagramm auf Hyperbeln; im T-S-Diagramm sind diese Isothermen Parallelen zur S-Achse. Bei den adiabatischen Prozessen *II* und *IV* bleibt wegen $\delta Q = 0$ die Entropie konstant. Die zugehörigen „Isentropen" sind im p-V-Diagramm mit S_1 bzw. S_2 gekennzeichnet; im T-S-Diagramm verlaufen sie parallel zur T-Achse. In der T-S-Ebene wird der Carnot-Prozess deshalb durch ein Rechteck beschrieben. (Vergleiche auch Abb. 21.6.)

Die schraffiert gezeichneten, vom Kreisprozess umfassten Flächen haben in beiden Diagrammen eine anschauliche Bedeutung, die auch für andere reversible Kreisprozesse gültig bleibt:

Im p-V-Diagramm gibt die vom reversiblen Kreisprozess umfasste Fläche den Betrag der insgesamt vom System verrichteten Arbeit $|-W|$ an, wobei die bei der Expansion abgeführte und die bei der Kompression zugeführte Arbeit miteinander verrechnet werden.

Zur Begründung betrachten wir zunächst die Fläche A_{exp}, die von der V-Achse bis zu den zur Expansion gehörenden Kurventeilen des Kreisprozesses (hier *I* und *II*) reicht und seitlich von den beiden gestrichelt gezeichneten Parallelen zur p-Achse begrenzt wird. Diese Fläche ist durch das Integral über die zur Expansion gehörende $p(V)$-Kurve von A bis C gegeben.

$$A_{\text{exp}} = \int_A^C p_{\text{exp}}\,\mathrm{d}V = -W_{\text{exp}} \tag{21.24}$$

Die Fläche A_{exp} gibt also die **vom** Gas bei der Expansion verrichtete Arbeit an.

Als Nächstes betrachten wir die Fläche A_{komp}, die analog von der V-Achse bis zu den zur Kompression gehörenden Kurventeilen (hier *III* und *IV*) reicht. Für sie gilt

$$A_{\text{komp}} = \int_A^C p_{\text{komp}}\,\mathrm{d}V = -\int_C^A p_{\text{komp}}\,\mathrm{d}V = W_{\text{komp}} \tag{21.25}$$

Die Fläche A_{komp} gibt also die **am** Gas verrichtete Kompressionsarbeit an.

Die schraffierte, vom Kreisprozess eingeschlossene Fläche A_0 ergibt sich als Differenz der beiden Flächen A_{exp} und A_{komp}. Im gezeichneten Fall ist die Expansionsarbeit größer als die Kompressionsarbeit; bei umgedrehter Richtung des Carnot-Prozesses wäre aber die Kompressionsarbeit größer als die Expansionsarbeit. Damit die Differenz immer einen positiven Wert für A_0 liefert, muss sie mit Betragsstrichen geschrieben werden, was zu dem oben behaupteten Ergebnis führt:

$$A_0 = |A_{\text{exp}} - A_{\text{komp}}| = |-W_{\text{exp}} - W_{\text{komp}}| = |-W| \tag{21.26}$$

Im S-T-Diagramm entspricht die vom reversiblen Kreisprozess eingeschlossene Fläche dem Betrag der insgesamt dem System zugeführten Wärme $|Q|$.

Der Beweis geht von der Definition der Entropie aus:

$$\mathrm{d}S = \frac{\delta Q_{\text{rev}}}{T} \quad \Rightarrow \quad \delta Q_{\text{rev}} = T\,\mathrm{d}S \quad \Rightarrow \quad Q_{\text{rev}} = \oint T\,\mathrm{d}S \tag{21.27}$$

Auf demselben Weg wie beim p-V-Diagramm kann man nun zeigen, dass der Betrag des Integrals bei jedem Umlaufsinn die eingeschlossene Fläche ergibt.

Am p-V-Diagramm kann die **praktische Bedeutung des Carnot-Prozesses** abgelesen werden: Wegen $A_{\text{exp}} > A_{\text{komp}}$ gibt der Carnot-Prozess beim gezeichneten Umlaufsinn mehr Expansionsarbeit nach außen ab, als ihm bei der Kompression wieder zugeführt werden muss; er stellt also insgesamt Energie in Form von Arbeit zur Verfügung. Da er wegen der Energieerhaltung genauso viel Energie als Wärme aus der Umgebung aufnimmt, stellt er eine Wärmekraftmaschine dar, die Wärme in Arbeit umwandelt. Die pro Umlauf abgegebene Arbeit (schraffierte Fläche) wächst mit der Temperaturdifferenz $(T_\text{h} - T_\text{k})$ zwischen heißem und kaltem Wärmereservoir und dem Verdichtungsverhältnis (V_C/V_A).

Wir wollen nun den **Wirkungsgrad η der Carnot'schen Wärmekraftmaschine** berechnen. Als Wirkungsgrad definiert man den in Arbeit verwandelten Bruchteil der aus dem heißen Wärmereservoir zugeführten Wärme

$$\eta = \frac{-W}{Q_\text{h}} \tag{21.28}$$

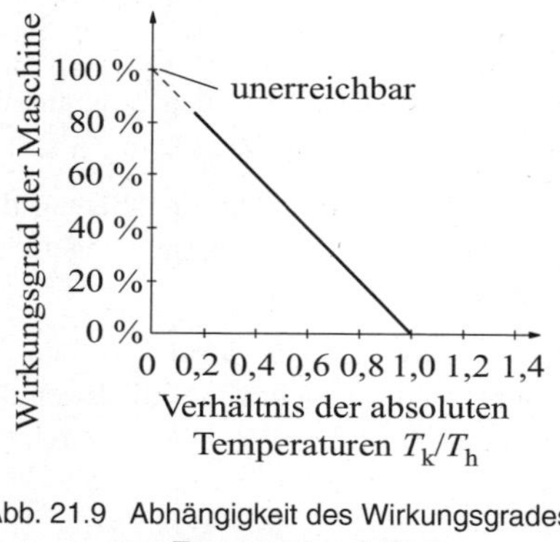

Abb. 21.9 Abhängigkeit des Wirkungsgrades vom Temperaturverhältnis

Mit den Bezeichnungen, die bei der Beschreibung des Carnot'schen Prozesses am Anfang dieses Abschnitts verwendet wurden, ergibt sich unter Verwendung des ersten Hauptsatzes

$$\eta = \frac{Q_\text{I} + Q_\text{III}}{Q_\text{I}} = 1 + \frac{Q_\text{III}}{Q_\text{I}} \tag{21.29}$$

Setzen wir hier Gleichung (21.16) ein, so ist

$$\eta = 1 - \frac{T_\text{k}}{T_\text{h}} = \frac{T_\text{h} - T_\text{k}}{T_\text{h}} \tag{21.30}$$

Der Wirkungsgrad wächst also mit der Temperaturdifferenz $T_\text{h} - T_\text{k}$, bleibt aber wegen $T_\text{k} > 0$ immer kleiner als Eins.

Es ist also selbst mit dieser (idealisierten) Maschine nicht möglich, die Wärme Q_h vollständig in Arbeit umzuwandeln. Wir werden noch sehen, dass es prinzipiell keine Wärmekraftmaschine mit einem besseren Wirkungsgrad als (21.30) gibt. Die Unmöglichkeit, eine solche Maschine zu konstruieren, beruht auf dem zweiten Hauptsatz der Thermodynamik, der im Folgenden behandelt wird.

21.4 Zweiter Hauptsatz

Es ist eine allgemeine Erfahrung, dass Vorgänge **von alleine** nur in eine bestimmte Richtung ablaufen. Bringt man z. B. zwei Körper unterschiedlicher Temperatur in thermischen Kontakt, so wird ohne äußere Einwirkung stets Wärme vom heißen zum kalten Körper fließen, niemals jedoch in umgekehrter Richtung. Im allgemeinen Fall wird die Richtung, in die Prozesse von alleine ablaufen können, durch den **zweiten Hauptsatz der Thermodynamik** beschrieben. Er lautet:

In einem abgeschlossenen System führen irreversible Prozesse (also Prozesse, die von alleine ablaufen) immer in die Richtung, in der die Entropie des Systems zunimmt.

Bei reversiblen Prozessen bleibt die Entropie abgeschlossener Systeme konstant.

$$\Delta S_{\text{irr}} > 0$$
$$\Delta S_{\text{rev}} = 0$$

Man beachte, dass diese Aussage nur für abgeschlossene Systeme gilt. In Systemen, die mit ihrer Umgebung Wärme austauschen, kann die Entropie auch abnehmen. Ein Beispiel dafür ist die reversible, isotherme Kompression eines Gases. Da das Gas dabei Wärme abgibt, sinkt seine Entropie um $|\Delta S| = |Q_{\text{rev}}|/T$.

Die Gültigkeit des zweiten Hauptsatzes soll nun für ein Beispiel gezeigt werden.

Als Beispiel betrachten wir den Vorgang, bei dem eine kleine Wärmemenge $|\delta Q_{\text{irr}}|$ gemäß der nebenstehenden Abbildung **von alleine** aus einem Körper K_1 der Temperatur T_1 in einen anderen Körper K_2 der Temperatur T_2 übergeht, wobei die Volumina der beiden Körper konstant bleiben. Die Wärmemenge $|\delta Q_{\text{irr}}|$ sei so klein, dass ihr Übergang vom einen zum anderen Körper deren Temperaturen T_1 und T_2 nicht merklich ändert. Gemäß der Voraussetzung des zweiten Hauptsatzes sei das Gesamtsystem abgeschlossen; es kann also insbesondere keine Arbeit von außen zugeführt werden. Nach aller Erfahrung gilt für einen solchen Vorgang $T_1 > T_2$.

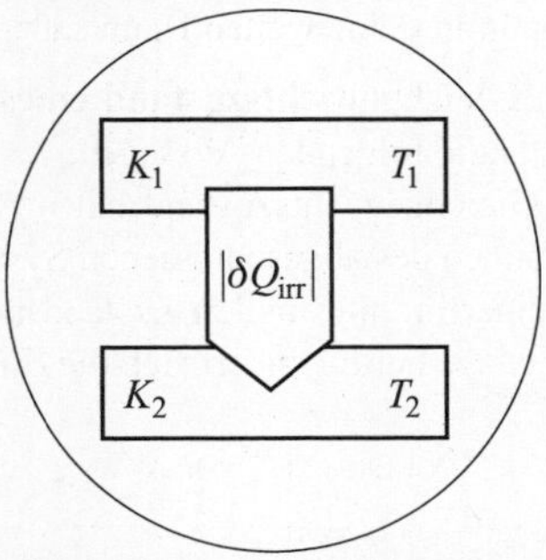

Abb. 21.10 Wärmeleitung als Beispiel zum zweiten Hauptsatz

Bei dem Versuch, die Entropieänderung des Gesamtsystems bei diesem Vorgang zu berechnen, taucht ein Problem auf: Ist der betrachtete Prozess ein Ausschnitt aus einem länger dauernden Wärmeübergang, so sind die Zustände der beiden Körper und des Gesamtsystems vor und nach dem Übergang der kleinen Wärmemenge $|\delta Q_{\text{irr}}|$ wegen $T_1 > T_2$ keine Gleichgewichtszustände; die Entropie ist daher für diese Zustände gar nicht definiert.

Wir helfen uns, indem wir vor und nach dem Übergang der Wärmemenge $|\delta Q_{\text{irr}}|$ eine Isolierung zwischen den beiden Körpern anbringen und jeweils warten, bis sich das Gleichgewicht für diese Situation eingestellt hat. Diese durch vorübergehende „Hemmung" des Systems erzeugten Gleichgewichtszustände betrachten wir als Anfangs- und Endzustand.

Für die Entropieänderung der beiden Einzelkörper gilt nach Gl. (21.19)

$$\mathrm{d}S = \frac{\delta Q_{\text{rev}}}{T} \tag{21.31}$$

Um die Entropieänderung des Körpers K_1 zu bestimmen, muss man ihn also **reversibel** vom betrachteten Anfangs- zum betrachteten Endzustand bringen. Dies geschieht durch Kontakt mit einem anderen Körper **gleicher** Temperatur. Wegen der vorausgesetzten Konstanz des Volumens wird am Körper K_1 weder auf dem reversiblen noch auf dem irreversiblen Weg Arbeit verrichtet. Für die dabei abgeführten Wärmen gilt daher nach dem ersten Hauptsatz:

$$\delta Q_{\mathrm{rev1}} = \mathrm{d}U_1 = \delta Q_{\mathrm{irr1}} = -|\delta Q_{\mathrm{irr}}| \tag{21.32}$$

Da die Wärmen abgeführt werden, sind sie negativ. Für die Entropieänderung von K_1 folgt

$$\mathrm{d}S_1 = \frac{\delta Q_{\mathrm{rev1}}}{T_1} = -\frac{|\delta Q_{\mathrm{irr}}|}{T_1} \tag{21.33}$$

Entsprechend ergibt sich für den Körper K_2, dem die Wärme zugeführt wird,

$$\delta Q_{\mathrm{rev2}} = \mathrm{d}U_2 = \delta Q_{\mathrm{irr2}} = +|\delta Q_{\mathrm{irr}}| \tag{21.34}$$

$$\mathrm{d}S_2 = \frac{\delta Q_{\mathrm{rev2}}}{T_2} = +\frac{|\delta Q_{\mathrm{irr}}|}{T_2} \tag{21.35}$$

Für die Entropieänderung des gesamten abgeschlossenen Systems gilt wegen der Additivität der Entropie

$$\mathrm{d}S_{\mathrm{irr}} = \mathrm{d}S_1 + \mathrm{d}S_2 = |\delta Q_{\mathrm{irr}}| \left(\frac{1}{T_2} - \frac{1}{T_1}\right) \tag{21.36}$$

Die Erfahrungstatsache, dass Wärme von alleine nur von heiß nach kalt strömt ($T_1 > T_2$), ist also gleichbedeutend mit der Aussage des zweiten Hauptsatzes, dass die Entropie des gesamten abgeschlossenen Systems bei diesem irreversiblen Vorgang zunimmt ($\mathrm{d}S_{\mathrm{irr}} > 0$).

Für $T_1 = T_2$ erfolgt der Wärmeübergang reversibel. In diesem Fall ergibt Gl. (21.36) in Übereinstimmung mit dem zweiten Hauptsatz $\mathrm{d}S_{\mathrm{rev}} = 0$.

Für den **Gleichgewichtszustand eines abgeschlossenen Systems** ergeben sich aus dem zweiten Hauptsatz die folgenden Aussagen:

- Der Gleichgewichtszustand hat im Vergleich zu allen anderen durch Hemmung erzeugbaren Zuständen des abgeschlossenen Systems die größte Entropie.
- Bei einer infinitesimalen Zustandsänderung des abgeschlossenen Systems um seine Gleichgewichtslage herum ändert sich die Entropie nicht.

$$\begin{aligned} S_{\mathrm{Gleichgewicht}} &= S_{\mathrm{max}} \\ \mathrm{d}S_{\mathrm{Gleichgewicht}} &= 0 \end{aligned} \tag{21.37}$$

Zur Begründung stellen wir uns vor, dass ein abgeschlossenes System durch Hemmung in irgendeinem Zustand festgehalten ist. Löst man die Hemmung, so wird das System von alleine in den Gleichgewichtszustand übergehen und dabei nach dem zweiten Hauptsatz seine Entropie erhöhen. Die Entropie im Gleichgewicht ist also größer als in jedem anderen Zustand.

Für die zweite Aussage muss man streng genommen voraussetzen, dass die Entropie als Funktion der gehemmten Variablen differenzierbar ist. In diesem Fall muss sie im Maximum eine waagrechte Tangente haben, was mit der Aussage $\mathrm{d}S = 0$ identisch ist.

Bis jetzt haben wir die Entropie rein thermodynamisch betrachtet und einige Erfahrungstatsachen konstatiert, ohne diese genauer begründen zu können. Die anschauliche Bedeutung der Entropie wird aber sofort klar, wenn wir die mikroskopische Interpretation des Entropiebegriffs betrachten.

21.5 Entropie – mikroskopisch betrachtet

Nach dem zweiten Hauptsatz können in einem abgeschlossenen System von alleine nur solche Vorgänge ablaufen, die mit einer Zunahme der Entropie verbunden sind. In der statistischen

Thermodynamik wird **die Entropie eines Zustandes als ein Maß für seine Wahrscheinlichkeit** gedeutet. Die Aussage des zweiten Hauptsatzes lautet dann: **In einem abgeschlossen System führen Vorgänge, die von alleine ablaufen, immer zu Zuständen, die wahrscheinlicher sind als der Ausgangszustand; der Gleichgewichtszustand eines Systems ist sein wahrscheinlichster Zustand**.

Um die letzte Aussage zu erläutern, betrachten wir das in der Abbildung skizzierte Beispielsystem. Es besteht aus einem nach außen abgeschlossenen Zylinder mit zwei gleich großen Kammern, die durch eine Öffnung verbunden sind. Im Zylinder befindet sich ein Gas. Im Gleichgewicht ist die Dichte und damit die Teilchenzahl in beiden Kammern gleich groß. ($N_l = N_r$)

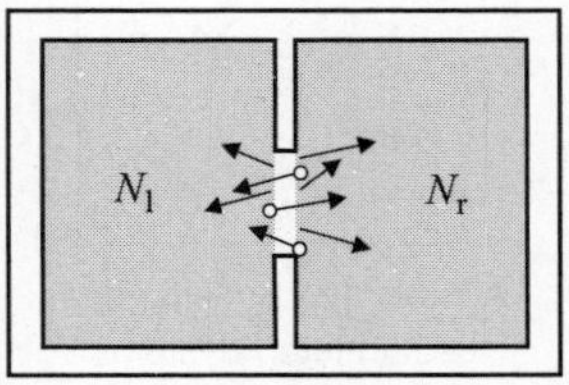

Abb. 21.11 Gasgefüllter Zylinder mit zwei Kammern

Beachtet man, das die Gasteilchen in ständiger, wahlloser Bewegung sind, so wird klar, dass auch im Gleichgewicht ständig viele Teilchen die Öffnung passieren. Dabei ist es durchaus möglich, dass einmal mehr Teilchen in die linke Kammer überwechseln, als von dort zurückkommen, und dadurch die Teilchenzahlen in beiden Kammern verschieden groß werden. Es ist sogar denkbar, dass einmal **alle** Teilchen von rechts nach links laufen und das Gas sich in der linken Kammer sammelt. Wieso wird dieser denkbare Vorgang nie beobachtet? Intuitiv ist die Antwort klar: Er ist zu unwahrscheinlich! Der beobachtete Gleichgewichtszustand mit (annähernd) gleichen Teilchenzahlen rechts und links ist der wahrscheinlichste Endzustand der wahllosen Teilchenbewegung.

Um Zahlenwerte für die Wahrscheinlichkeit eines Zustandes und damit für seine Entropie zu erhalten, muss der Wahrscheinlichkeitsbegriff noch präzisiert werden. Dazu beachte man, dass der durch $N_l = N_r$ definierte „Makrozustand" durch sehr viele verschiedene „Mikrozustände" realisiert sein kann. Von einer bestimmten Situation ausgehend könnte man z. B. die Orte der einzelnen Gasteilchen innerhalb jeder Kammer verändern oder die pro Kammer zur Verfügung stehende Bewegungsenergie anders auf die einzelnen Teilchen verteilen. Auf diese Weise erhielte man viele verschiedene Mikrozustände, die alle zum gleichen, durch $N_l = N_r$ (und $U_l = U_r$) definierten Makrozustand gehören. Die statistische Thermodynamik geht nun von der Grundannahme aus, dass im thermischen Gleichgewicht alle mit einem Makrozustand verträglichen Mikrozustände **gleich wahrscheinlich** sind. Dann gilt:

Die Wahrscheinlichkeit eines Makrozustandes ist proportional zur Anzahl der Mikrozustände, durch die er realisiert werden kann.

Diese Aussage gilt, wie gesagt, nur im thermischen Gleichgewicht. Um die Wahrscheinlichkeit von Nichtgleichgewichtszuständen zu bestimmen, bedient man sich wieder der Hemmung des Systems. Die aus der Anzahl der Mikrozustände errechnete Wahrscheinlichkeit (und Entropie) gilt also im betrachteten Beispiel für einen Zustand mit $N_l \neq N_r$ dann, wenn man in diesem Zustand die Öffnung schließt und das Gleichgewicht für geschlossene Öffnung abwartet.

21.6 Abgeschlossenes System im Gleichgewicht

Wir benutzen nun den ersten und zweiten Hauptsatz dazu, um einige Konsequenzen für die Zustandsvariablen T, p in einem abgeschlossenen System im Gleichgewicht abzuleiten.

Dazu unterteilen wir das abgeschlossene Gesamtsystem gedanklich in zwei Teile. Das Gesamtsystem sei etwa durch die Zustandsvariablen Volumen V und Entropie S gekennzeichnet, wobei die innere Energie U eine Funktion dieser Variablen ist. Sind die entsprechenden extensiven Zustandsvariablen der beiden Teilsysteme U_i, S_i, V_i $(i = 1, 2)$, so gilt

$$U_1 + U_2 = U$$

$$\begin{aligned} S_1 + S_2 &= S \\ V_1 + V_2 &= V \end{aligned} \tag{21.38}$$

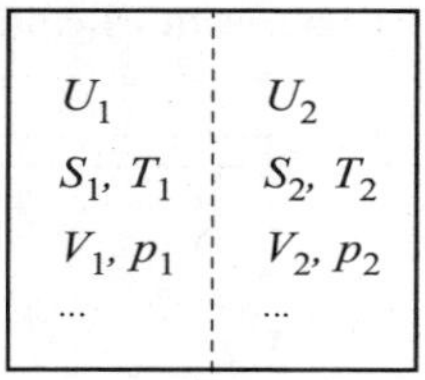

Abb. 21.12 Schema des betrachteten Systems

Wir betrachten nun einen beliebigen Zustand des abgeschlossenen Gesamtsystems in der unmittelbaren Nachbarschaft seines Gleichgewichtszustandes und vergleichen die Werte der extensiven Zustandsvariablen dieses Zustandes mit denen im Gleichgewicht. Wegen der Abgeschlossenheit des Gesamtsystems gilt für ihre Differenzen

$$\begin{aligned} \mathrm{d}U &= 0 \\ \mathrm{d}V &= 0 \end{aligned} \tag{21.39}$$

und weil die Entropie im Gleichgewicht ein Maximum besitzt

$$\mathrm{d}S = 0 \tag{21.40}$$

Eine Zustandsänderung des Systems vom betrachteten Zustand zum Gleichgewicht erfolgt wegen $\mathrm{d}S = 0$ **reversibel**. Die beiden Teilsysteme können dabei Arbeit und Wärme miteinander austauschen, wodurch sich V_i, S_i und U_i verändern. Aufgrund des ersten Haupsatzes gilt aber für diese reversible Zustandsänderung:

$$\begin{aligned} \mathrm{d}U_1 &= T_1\,\mathrm{d}S_1 - p_1\,\mathrm{d}V_1 \\ \mathrm{d}U_2 &= T_2\,\mathrm{d}S_2 - p_2\,\mathrm{d}V_2 \end{aligned} \tag{21.41}$$

Hier sind T_i, p_i Temperatur und Druck der beiden Teilsysteme im Gleichgewicht. Wegen Gl. (21.38) bis (21.40) gilt außerdem $\mathrm{d}U_1 + \mathrm{d}U_2 = \mathrm{d}U = 0$, $\mathrm{d}S_1 = -\mathrm{d}S_2$ und $\mathrm{d}V_1 = -\mathrm{d}V_2$. Addieren wir daher die beiden Gleichungen (21.41), so ergibt sich

$$0 = (T_1 - T_2)\,\mathrm{d}S_1 - (p_1 - p_2)\,\mathrm{d}V_1 \tag{21.42}$$

Diese Gleichung gilt für jeden Zustand in der Nähe des Gleichgewichtes, also auch für solche mit $\mathrm{d}S_1 \neq 0$, $\mathrm{d}V_1 = 0$ oder $\mathrm{d}S_1 = 0$, $\mathrm{d}V_1 \neq 0$. Für die intensiven Zustandsvariablen der beiden Teilsysteme im Gleichgewichtszustand erhält man daher

$$\begin{aligned} T_1 &= T_2 \quad \text{(Thermisches Gleichgewicht)} \\ p_1 &= p_2 \quad \text{(Mechanisches Gleichgewicht)} \end{aligned} \tag{21.43}$$

Das sind die notwendigen Bedingungen für thermodynamisches Gleichgewicht. Da weiterhin die gedankliche Unterteilung des abgeschlossenen Systems beliebig gewählt war, können wir schließen:

Wenn sich ein abgeschlossenes System im Gleichgewicht befindet, so hat es in allen Teilen dieselbe konstante Temperatur und überall denselben Druck.

Hat man nun aber anstelle der gedachten Trennung der Teilsysteme eine reale Wand, z. B. eine wärmeleitende, fixierte Scheibe, die keine Volumenänderung, sondern nur eine Entropieänderung der Teilsysteme zulässt, ($\mathrm{d}V_1 = 0$, $\mathrm{d}S_1 \neq 0$), so ist nur noch die Bedingung

$$T_1 = T_2 \tag{21.44}$$

vorhanden. Von den Gleichgewichtsbedingungen in Gl. (21.43) gelten daher jeweils nur die, deren zugehörige extensive Variable zwischen den Teilsystemen frei austauschbar ist. Man spricht dann von thermischem oder mechanischem Gleichgewicht.

Befindet sich das abgeschlossene Gesamtsystem noch nicht im Gleichgewicht, z. B. $T_1 \neq T_2$ und $p_1 \neq p_2$, so sind im Allgemeinen die Relaxationszeiten bis zum Erreichen des Gleichgewichts für die verschiedenen Variablen T, p verschieden! Am schnellsten erfolgt meistens der Druckausgleich, also mechanisches Gleichgewicht, gefolgt vom thermischen Gleichgewicht.

21.7 Thermodynamische Maschinen

In diesem Abschnitt werden Wärmekraftmaschinen und Wärmepumpen behandelt.

Wärmekraftmaschine

Eine **Wärmekraftmaschine** ist eine periodisch arbeitende Maschine, die gemäß der Abbildung Energie Q_h in Form von Wärme aus einem Wärmereservoir der Temperatur T_h entnimmt, diese teilweise in Arbeit $-W$ umwandelt und den Rest als Abwärme $-Q_k$ an ein Reservoir der Temperatur $T_k < T_h$ abgibt. (Aufgrund der üblichen Vorzeichenkonvention gilt für die abgeführten Energien $Q_k < 0$ und $W < 0$.)

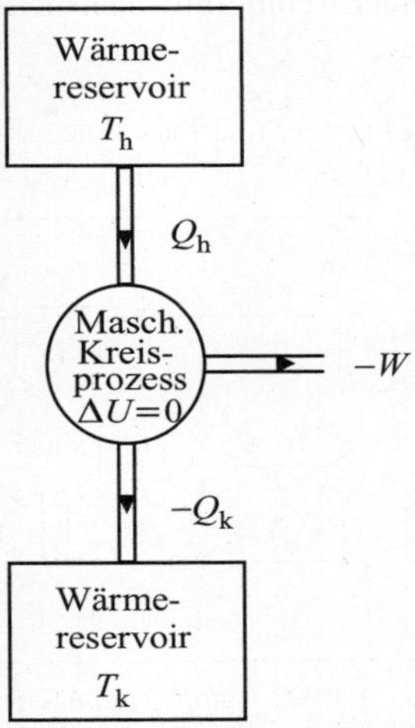

Abb. 21.13 Wärmekraftmaschine (schematisch)

Energiewandler dieser Art werden in der heutigen Technik in großem Umfang eingesetzt. Zu ihnen gehören alle Verbrennungsmotoren sowie fast alle Kraftwerke. Unter den Kraftwerken zählen nur die folgenden Arten nicht zu den Wärmekraftmaschinen, da sie elektrische Energie ohne den Umweg über Wärme erzeugen: Wasser- und Gezeitenkraftwerke, Windturbinen, Brennstoffzellen und Solarzellen.

Die den heutigen Wärmekraftmaschinen zugeführte Wärme wird ganz überwiegend durch Verbrennen der fossilen (kohlenstoffhaltigen) Brennstoffe Kohle, Erdöl und Erdgas erzeugt. Dies trägt wesentlich zur Steigerung des CO_2–Anteils in der Erdatmosphäre und damit zum Treibhauseffekt bei. Dem Wirkungsgrad der Wärmekraftmaschinen kommt daher eine große Bedeutung zu; seine Verbesserung würde nicht nur Primärenergie sparen, sondern auch die Gefahr einer Klimaveränderung verkleinern. Wie wir im Folgenden sehen werden, setzt der zweite Hauptsatz der Verbesserung des Wirkunsgrades einer Wärmekraftmaschine jedoch klare Grenzen.

Der **Wirkungsgrad η einer Wärmekraftmaschine** ist definiert als der Bruchteil der zugeführten Wärme, der in Arbeit umgewandelt wird. Mit den Bezeichnungen der Abbildung gilt:

$$\eta = \frac{-W}{Q_h} \tag{21.45}$$

Die ideale Wunschvorstellung wäre eine Wärmekraftmaschine mit dem Wirkungsgrad $\eta = 1$. Eine solche Wärmekraftmaschine wird **Perpetuum mobile zweiter Art** genannt; sie würde wegen $-W = Q_h$ die dem Wärmereservoir bei T_h entnommene Wärme **vollständig** in Arbeit umwandeln und keine Abwärme erzeugen. Leider folgt aus dem zweiten Hauptsatz der Thermodynamik:

Ein Perpetuum mobile zweiter Art kann es nicht geben!

Um dies zu beweisen, betrachten wir das Schema der Wärmekraftmaschine in Abb. 21.13 und setzen $Q_k = 0$. Mit der erzeugten Arbeit denken wir uns einen Stein hochgehoben und fassen diesen Stein mit der Wärmekraftmaschine und den beiden Wärmereservoiren zu einem abgeschlossenen System zusammen. Nach einem vollständigen Kreisprozess bestünden die einzigen Veränderungen innerhalb des abgeschlossenen Systems in der Anhebung des Steins und dem Wärmeverlust des heißen Reservoirs. Da sich die Entropie eines Steines beim Anheben nicht ändert, die Entropie des heißen Reservoirs durch den Entzug von Wärme aber abgenommen hat (wovon man sich durch **reversiblen** Entzug der gleichen Wärmemenge überzeugen kann), ist die Entropie des Gesamtsystems also kleiner geworden, was nach dem zweiten Hauptsatz nicht möglich ist.

Eine weitere Einschränkung für den Wirkungsgrad von Wärmekraftmaschinen ergibt sich aus dem folgenden Satz:

Keine Wärmekraftmaschine kann einen größeren Wirkungsgrad haben als eine zwischen denselben Temperaturen arbeitende reversible Wärmekraftmaschine.

$$\eta \leq \eta_{rev} \qquad (21.46)$$

Gäbe es eine „Supermaschine" mit $\eta_S > \eta_{rev}$, so ließe sich, wie wir zeigen werden, ein Perpetuum mobile zweiter Art bauen, was nach dem zweiten Hauptsatz nicht möglich ist.

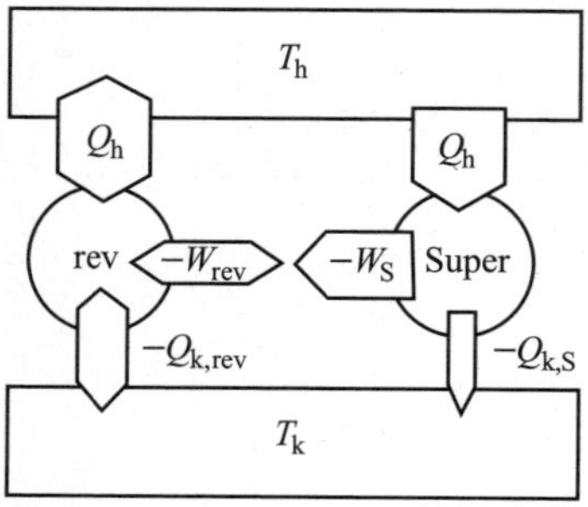

Abb. 21.14 Zusammenschalten von „Supermaschine" und reversibler Wärmekraftmaschine

Zum Beweis denken wir uns die Supermaschine zusammen mit einer reversiblen Wärmekraftmaschine zwischen denselben Wärmereservoiren betrieben und dimensionieren sie so, dass beide bei einem vollständigen Umlauf gleich viel Wärme Q_h aus dem heißen Reservoir entnehmen. Wegen $\eta_S > \eta_{rev}$ verrichtet dann die Supermaschine, wie in der Abbildung angedeutet, mehr Arbeit als die reversible und gibt entsprechend weniger Abwärme an das kalte Reservoir ab.

Nun ist ein reversibler Prozess dadurch gekennzeichnet, dass er auch rückwärts laufen kann, wobei sich alle Energieströme umkehren, ohne ihre Größe zu ändern. Kehren wir also in der skizzierten Anordnung die Laufrichtung der reversiblen Wärmekraftmaschine um und entnehmen die ihr dann zugeführte Arbeit der Supermaschine, so ergibt sich das folgende Bild:

- Das heiße Reservoir ist entbehrlich; es könnte durch eine Wärmeleitung zwischen den beiden Maschinen ersetzt werden.
- Die Gesamtanordnung liefert Arbeit, da die Supermaschine mehr liefert als die reversible benötigt.
- Die dafür notwendige Energie entstammt dem kalten Reservoir, da diesem durch die Supermaschine weniger Wärme zugeführt wird, als von der reversiblen entnommen wird.
- Es entsteht keinerlei Abwärme.

Insgesamt stellt die Anordnung also ein Perpetuum mobile zweiter Art dar. Da ein solches nicht möglich ist, muss die Annahme $\eta_S > \eta_{rev}$ falsch gewesen sein.

Aus Gl. (21.46) folgt, dass alle **reversiblen** Wärmekraftmaschinen, die zwischen denselben Temperaturen arbeiten, denselben Wirkungsgrad haben; denn keine darf ja einen größeren Wirkungsgrad haben als irgendeine andere unter ihnen. Eine reversible Wärmekraftmaschine haben wir schon ausführlich untersucht: den Carnot'schen Kreisprozess. Sein Wirkungsgrad ist in Gl. (21.30) angegeben und kann nun verallgemeinert werden:

Alle reversiblen Wärmekraftmaschinen, die zwischen den Temperaturen T_h und T_k arbeiten, haben denselben Wirkungsgrad:

$$\eta_{rev} = 1 - \frac{T_k}{T_h} = \frac{T_h - T_k}{T_h} \qquad (21.47)$$

Allerdings sind reversible Prozesse eine Idealisierung, die es in Wirklichkeit nicht gibt. Solche Prozesse würden ja nur unendlich langsam ablaufen.

Die obige Gleichung für den Wirkungsgrad reversibler Wärmekraftmaschinen lässt sich auch direkt aus den beiden Hauptsätzen herleiten:

Mit den Bezeichnungen von Abb. 21.13 gilt für den Wirkungsgrad

$$\eta = \frac{-W}{Q_\mathrm{h}} \tag{21.48}$$

Nach einem vollständigen Umlauf gilt für den Kreisprozess $\Delta U = 0$ und damit wegen des ersten Hauptsatzes

$$-W = Q_{ges} = Q_\mathrm{h} + Q_\mathrm{k} \tag{21.49}$$

$$\eta = \frac{Q_\mathrm{h} + Q_\mathrm{k}}{Q_\mathrm{h}} = 1 + \frac{Q_\mathrm{k}}{Q_\mathrm{h}} \tag{21.50}$$

Arbeitet die Wärmekraftmaschine **reversibel**, so gilt nach dem zweiten Hauptsatz

$$\Delta S_\mathrm{ges} = 0 = \Delta S_k + \Delta S_h \quad \Leftrightarrow \quad \Delta S_k = -\Delta S_h \tag{21.51}$$

$$-Q_\mathrm{k} = T_\mathrm{k} \Delta S_k \tag{21.52}$$

$$-Q_\mathrm{h} = T_\mathrm{h} \Delta S_h \tag{21.53}$$

Da die Symbole Q_k und Q_h für die dem Kreisprozess zugeführten Wärmen stehen, werden die den Wärmereservoiren zugeführten (also dem Kreisprozess entnommenen) Wärmen mit $-Q_\mathrm{k}$ und $-Q_\mathrm{h}$ bezeichnet. Einsetzen in Gl. (21.50) ergibt die gesuchte Gleichung (21.47).

Gleichung (21.46) liefert zusammen mit Gl. (21.47) **eine obere Grenze für den Wirkungsgrad η einer beliebigen Wärmekraftmaschine**:

$$\eta \leq 1 - \frac{T_\mathrm{k}}{T_\mathrm{h}} \tag{21.54}$$

Sie gilt unabhängig von der Arbeitssubstanz und der technischen Ausführung der Maschine und zeigt, dass der erreichbare Wirkungsgrad umso größer ist, je tiefer die Temperatur des die Abwärme aufnehmenden Reservoirs und je höher die Temperatur der zugeführten Wärme ist. Der Wirkungsgrad $\eta = 1$, d. h. die vollständige Umwandlung von Wärme in Arbeit, ist jedoch nicht zu erreichen. Denn dafür müsste Wärme mit einer Temperatur $T_\mathrm{h} = \infty$ zugeführt oder Abwärme an ein Reservoir der Temperatur $T_\mathrm{k} = 0$ abgegeben werden, was beides nicht möglich ist.

Wärmepumpe (Kältemaschine)

Eine **Wärmepumpe** arbeitet wie eine Wärmekraftmaschine zwischen zwei Wärmereservoiren, allerdings mit entgegengesetzten Energieströmen: Wie die Abbildung zeigt, entnimmt die Wärmepumpe Energie in Form von Wärme aus dem kalten Reservoir und „pumpt" sie mithilfe der zugeführten Arbeit in das heiße Reservoir.

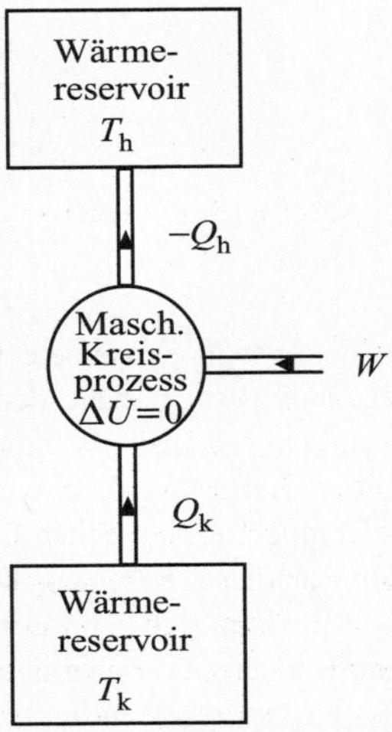

Abb. 21.15 Wärmepumpe (schematisch)

Solche Wärmepumpen werden in zunehmendem Maße zum Heizen von Häusern verwendet. Dabei entspricht das heiße Reservoir dem zu heizenden Haus. Als kaltes Reservoir, dem die Wärme entnommen wird, dient die Außenluft oder das Grundwasser.

Besteht der Zweck der Wärmepumpe im Kühlen des kalten Wärmereservoirs, so nennt man sie auch **Kältemaschine**. Kältemaschinen sind in jedem Kühlschrank und in jedem Klimagerät zu finden.

Die Effektivität einer Wärmepumpe wird durch die Leistungsziffer ε beschrieben. Sie gibt an, um welchen Faktor die „Nutzwärme" größer ist als die zugeführte Arbeit.

Je nachdem, ob die Wärmepumpe zum Heizen oder zum Kühlen verwendet wird, ist die Nutzwärme entweder die an das heiße Reservoir abgegebene Wärme Q_h oder die dem kalten Reservoir entzogene Wärme Q_k. Entsprechend erhält man für die verschiedenen Anwendungen verschiedene Leistungsziffern:

$$\text{Heizen:} \quad \varepsilon_H = \frac{-Q_h}{W} = \frac{T_h}{T_h - T_k}$$

$$\text{Kühlen:} \quad \varepsilon_K = \frac{Q_k}{W} = \frac{T_k}{T_h - T_k} \qquad (21.55)$$

Der letzte Term in beiden Gleichungen gilt für **reversible Wärmepumpen** und stellt damit die real nicht erreichbare obere Grenze für die Leistungsziffer dar. Der Beweis für die Temperaturabhängigkeit der Leistungsziffern ist ganz analog zu dem des Wirkungsgrades einer reversiblen Wärmekraftmaschine (Gl. (21.48) ff.). Wie zu erwarten, arbeitet eine Wärmepumpe in beiden Anwendungen umso effektiver, je näher die Tempraturen der beiden Wärmereservoire bei einander liegen.

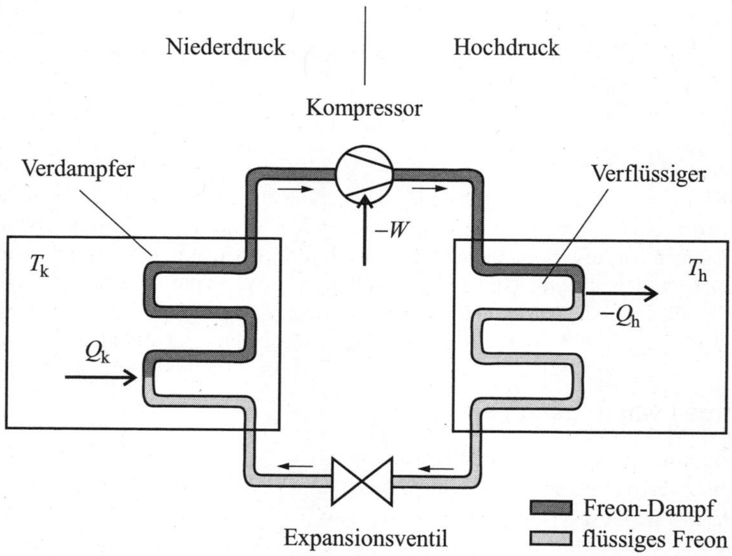

Abb. 21.16 Realisierungsmöglichkeit für eine Wärmepumpe

Die am häufigsten verwendete **technische Realisierung** einer Wärmepumpe (Kältemaschine) besteht gemäß Abb. 21.16 aus dem Kreislauf eines Arbeitsmediums (Freon), der durch einen Kompressor und ein Expansionsventil in einen Bereich mit höherem und einen mit niedrigerem Druck aufgeteilt ist. Bei der Verdichtung im Kompressor erwärmt sich das dampfförmige Arbeitsmedium auf eine Temperatur, die höher als die des heißen Wärmereservoirs ist, sodass es Energie in Form von Wärme an dieses Reservoir abgeben kann. Druck und Temperatur müssen so gewählt sein, dass das Arbeitsmedium sich beim Erreichen der Temperatur T_h verflüssigt und damit auch die dabei frei werdende Kondensationsenergie an das heiße Reservoir abgibt. Tritt das flüssige Arbeitsmedium durch das Expansionsventil in den Niederdruckbereich ein, so verdampft zunächst ein kleiner Teil und kühlt dabei das gesamte Arbeitsmedium auf eine Temperatur unter der des kalten Reservoirs ab. Dadurch kann es vom kalten Reservoir Wärme aufnehmen und vollständig verdampfen, wobei es dem kalten Wärmereservoir die gesamte Verdampfungswärme entzieht.

Beispiel 21.4

Zimmerheizung

Ein Zimmer soll bei $T_2 = 21$ °C gehalten werden, die Außentemperatur sei $T_1 = 0$ °C. Betrachten wir das Verhältnis der Heizungskosten für Heizung
1) mit elektrischem Strom,
2) mithilfe einer Wärmepumpe zwischen T_1 und T_2, wenn in der Wärmepumpe ein Bruchteil v der aufgewendeten Arbeit verloren geht.

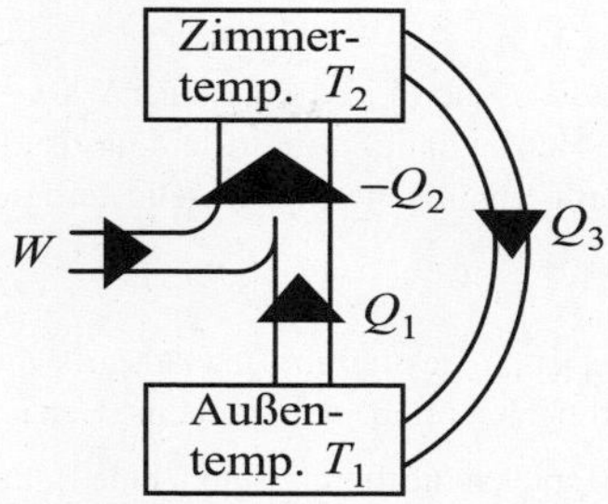

Abb. 21.17 Wärmepumpe als Heizung

Lösung:

Entsprechend obenstehendem Schema ist Q_1 die Wärmemenge, welche dem Außenraum (pro Zeiteinheit) entnommen wird. Zusammen mit der Leistung P (Arbeit pro Zeiteinheit) kann eine Wärmepumpe dann die Wärmemenge $-Q_2$ (pro Zeiteinheit) dem zu heizenden Zimmer zuführen.

Die Wärmemenge Q_3 stellt den Wärmeverlust (pro Zeiteinheit) des Zimmers wegen mangelnder Isolierung an die Umgebung dar. Diese Wärmemenge Q_3 ist proportional zur Temperaturdifferenz $T_2 - T_1$ ($T_2 > T_1$), also

$$Q_3 = \gamma(T_2 - T_1) \tag{1}$$

Der Koeffizient γ ist hierbei von der Isolierung des Zimmers abhängig und als **Wärmeleitzahl** bekannt.

Der erste Hauptsatz besagt für die vorzeichenbehafteten Energieströme – bezogen auf die Wärmepumpe –

$$W + Q_1 + Q_2 = 0 \tag{2}$$

da die innere Energie der Wärmepumpe konstant bleibt (wenn man sie immer am selben Punkt des Kreisprozesses misst).

Für eine reversibel arbeitende Wärmepumpe gilt

$$\Delta S_{\text{ges}} = \frac{Q_2}{T_2} + \frac{Q_1}{T_1} = 0 \tag{3}$$

oder

$$Q_1 = -Q_2 \frac{T_1}{T_2} \tag{4}$$

Nach Gleichung (2) folgt damit

$$W + Q_2\left(1 - \frac{T_1}{T_2}\right) = 0 \tag{5}$$

Wenn Außen- und Innentemperatur übereinstimmen, wird keinerlei Arbeit benötigt. Falls aber $T_1 < T_2$ ist, so muss die Arbeit W geleistet werden. Im stationären Fall muss der Wärmestrom Q_2 genau die Wärmeverluste Q_3 ausgleichen, also gilt mit $-Q_2 = Q_3$

$$W = -Q_2\left(1 - \frac{T_1}{T_2}\right) = Q_3\left(1 - \frac{T_1}{T_2}\right) = \gamma(T_1 - T_2)\left(1 - \frac{T_1}{T_2}\right) \tag{6}$$

Berücksichtigt man, dass in der Wärmepumpe Verluste entstehen und damit von der eingesetzten Arbeit W_{eff} der Bruchteil $v \cdot W_{\text{eff}}$ verloren geht, so gilt:

$$W = W_{\text{eff}}(1 - v) = \gamma(T_1 - T_2)\left(1 - \frac{T_1}{T_2}\right) \tag{7}$$

Für die Heizung mit einer Wärmepumpe wird demnach pro Zeiteinheit die Arbeit

$$W_{\text{eff}}^{\text{Wp}} = \gamma \frac{T_1 - T_2}{1 - v}\left(1 - \frac{T_1}{T_2}\right) \tag{8}$$

benötigt. Bei Heizung mit elektrischem Strom muss die Arbeitsleistung direkt die Wärmeverluste Q_3 decken, also gilt

$$W^{\text{el}} = \gamma(T_1 - T_2) \tag{9}$$

Das Verhältnis der Arbeiten entspricht gerade

$$\frac{W_{\text{eff}}^{\text{Wp}}}{W^{\text{el}}} = \frac{1}{1-v}\left(1 - \frac{T_1}{T_2}\right) \tag{10}$$

Man sieht, dass die Heizung mit einer Wärmepumpe bei kleinen Temperaturdifferenzen ungleich günstiger ist als die Heizung mit Strom. Allerdings ist das Verhältnis in Gl. (10) nicht sehr aussagekräftig, da es nicht die Ersparnis angibt. Diese wird vielmehr durch die Differenz gegeben

$$W^{\text{el}} - W_{\text{eff}}^{\text{Wp}} = \gamma(T_1 - T_2)\left[1 - \frac{1}{1-v}\left(1 - \frac{T_1}{T_2}\right)\right] \tag{11}$$

Wie man sieht, ist es für ein adiabatisches Zimmer mit $\gamma = 0$ im Dauerbetrieb egal, wie man heizt, da bei einmal erreichter Temperatur gar keine Heizung mehr notwendig ist.

Für $\gamma \neq 0$ spielen die Temperaturen eine Rolle. Bei den hier angenommenen Temperaturen ist

$$\left(1 - \frac{T_1}{T_2}\right) \approx 0{,}07 \tag{12}$$

Eine Wärmepumpe ist also bis zu dem unrealistisch großen Verlust von $v = 93\,\%$ günstiger als eine elektrische Heizung.

Beispiel 21.4 ▲

21.8 Zusammenfassung

Die **Änderung der inneren Energie** kann durch mechanische Arbeit oder durch Wärmeaustausch geschehen

$$\Delta U = W + Q \tag{21.56}$$

Erster Hauptsatz der Thermodynamik:

Die innere Energie ist eine Zustandsfunktion, d. h., ein bestimmter Makrozustand besitzt unabhängig von seiner Vorgeschichte immer die gleiche innere Energie.

Die **Änderung** der inneren Energie hängt nur vom Anfangs- und Endpunkt des Prozesses ab.

In einem geschlossenen Kreisprozess kann keine innere Energie gewonnen oder verloren werden:

$$\oint \mathrm{d}U = 0 \tag{21.57}$$

Die **Entropie** S ist eine Zustandsfunktion, die ein Maß für die Wahrscheinlichkeit des Zustandes darstellt.

Die **Änderung** der Entropie entspricht bei reversiblen Zustandsänderungen der zugeführten „reduzierten Wärme“:

$$\mathrm{d}S = \frac{\delta Q_{\text{rev}}}{T} \tag{21.58}$$

$$Q_{\text{rev}} = \int T\,\mathrm{d}S \tag{21.59}$$

Zweiter Hauptsatz der Thermodynamik:

In einem abgeschlossenen System gibt es keine Vorgänge, bei denen die Entropie kleiner wird:

Bei **reversiblen** Prozessen bleibt die Entropie konstant, bei **irreversiblen** Prozessen nimmt die Entropie zu.

$$\Delta S_{\text{rev}} = 0 \tag{21.60}$$

$$\Delta S_{\text{irr}} > 0 \tag{21.61}$$

Im Gleichgewicht besitzt die Entropie eines abgeschlossenen Systems ihren maximalen Wert; bei kleinen Zustandsänderungen um das Gleichgewicht herum verändert sich die Entropie nicht.

$$S_{\text{Gleichgewicht}} = S_{\max}$$

$$\mathrm{d}S_{\text{Gleichgewicht}} = 0 \tag{21.62}$$

Man kann keine Maschine konstruieren, die Arbeit leistet und dabei nur ein Reservoir abkühlt, ohne ein zweites Reservoir aufzuheizen. (Perpetuum mobile zweiter Art)

Dritter Hauptsatz der Thermodynamik:

Am absoluten Nullpunkt ist die Entropie gleich null

$$S = 0 \quad \text{bei} \quad T = 0 \qquad (21.63)$$

Da die Wärmekapazität für $T \longrightarrow 0$ verschwindet, ist der **absolute Nullpunkt** experimentell **nie erreichbar**.

Carnot-Prozess:

Hintereinanderausführung von isothermer und adiabatischer Kompression und isothermer und adiabatischer Expansion. Wärmeübergang von „heiß“ nach „kalt“ mit teilweiser Umwandlung von Wärme in Arbeit (z. B. Verbrennungsmotor) bzw. umgekehrt: Wärmeübergang von „kalt“ nach „heiß“ unter Einsatz von Arbeit (z. B. Wärmepumpe).

Maximal erreichbarer Wirkungsgrad η_{max} wird nur in reversiblen Prozessen erreicht.

$$\eta_{\text{max}} = \eta_{\text{rev}} = 1 - \frac{T_{\text{kalt}}}{T_{\text{heiß}}} \qquad (21.64)$$

Adiabatengleichung:

$$pV^{\kappa} = \text{const.} \qquad (21.65)$$

Der Adiabatenkoeffizient κ hängt von der Stoffart ab.

21.9 Aufgaben

21.1 Zu bestimmen ist die Leistung eines Gasgenerators, der mit Erdgas (Methan) als Brennstoff arbeitet und bei 3,5 h Betriebsdauer 140 m^3 Gas benötigt. Die Anlage hat den Wirkungsgrad 30 %.

21.2 Die Hauptmaschine eines Seemotorschiffes besteht aus zwei Dieselmotoren mit einer Leistung von je 800 kW. Der spezifische Kraftstoffverbrauch beträgt 245 g/(kW h). Es sind der Wirkungsgrad der Motoren und der Kraftstoffverbrauch während einer einwöchigen Schiffsreise zu bestimmen.

21.3 Eine ideale Wärmekraftmaschine arbeitet nach dem Carnot-Prozess. Dabei werden 80 % der Wärme, die vom Wärmeerzeuger erhalten wird, an den Kühler abgegeben. Die vom Wärmeerzeuger erhaltene Wärmemenge beträgt 6285 J. Gesucht sind
a) der Wirkungsgrad des Kreisprozesses,
b) die bei einem vollen Zyklus verrichtete Arbeit.

21.4 Ein Kilomol eines idealen Gases durchläuft einen Kreisprozess, der aus zwei Isochoren und zwei Isobaren besteht. Dabei ändert sich das Volumen des Gases von $V_1 = 25\,\text{m}^3$ auf $V_2 = 50\,\text{m}^3$ und der Druck von $p_1 = 1{,}013 \cdot 10^5$ Pa auf $p_2 = 2{,}026 \cdot 10^5$ Pa. Um wie viel kleiner ist die Arbeit, die bei einem solchen Zyklus verrichtet wird, als die in einem Carnot-Prozess verrichtete Arbeit, dessen Isothermen der größten und kleinsten Temperatur des betrachteten Zyklus entsprechen?
Bei der isothermen Ausdehnung soll sich das Volumen verdoppeln.

21.5 Eine ideale Wärmekraftmaschine arbeite nach dem Carnot-Prozess. Es ist der Wirkungsgrad des Kreisprozesses zu bestimmen, wenn er bei jedem Zyklus eine Arbeit von 2 940 J abgibt und an den Kühlern $1{,}34 \cdot 10^4$ J abgegeben werden.

21.6 Eine ideale Kältemaschine, die nach einem umgekehrten Carnot-Prozess arbeitet, verrichtet in einem Zyklus die Arbeit von $3{,}7 \cdot 10^4$ J. Dabei übernimmt sie Wärme von einem Körper mit einer Temperatur von -10 °C und übergibt Wärme an einen Körper mit einer Temperatur von $+17$ °C. Gesucht sind
a) der Wirkungsgrad des Zyklus,
b) die Wärmemenge, die von dem kalten Körper in einem Zyklus übernommen wird,
c) die Wärmemenge, die dem warmen Körper in einem Zyklus übergeben wird.

21.7 Ein Raum wird mit einem Holzofen geheizt, der pro Tag die Wärmemenge Q_0 abgibt. Diese Situation soll mit dem theoretischen Idealfall verglichen werden, bei dem der Ofen seine Wärmemenge Q_0 einer reversiblen Wärmekraftmaschine zuführt, die zwischen den Temperaturen $t_1 = 100$ °C und $t_2 = 0$ °C arbeitet und eine reversible Wärmepumpe antreibt, die Wärme aus der Umgebung bei $t_2' = -10$ °C holt und dem Zimmer die Wärmemenge Q_1 bei $t_1' = 20$ °C liefert. Um welchen Faktor ist Q_1 größer als Q_0?

21.8 Eine Dampfmaschine mit einer Leistung von 14,7 kW erfordert für 1 h Arbeit 8,1 kg Kohle mit einem Heizwert von $3{,}3 \cdot 10^7$ J/kg. Die Temperatur des Kessels beträgt 200 °C, die Temperatur des Kühlers 58 °C.
Gesucht ist der tatsächliche Wirkungsgrad η_1 der Maschine. Dieser soll mit dem Wirkungsgrad η_2 einer idealen Wärmekraftmaschine verglichen werden, die in einem Carnot-Prozess zwischen den gleichen Temperaturen arbeitet.

21.9 Der Zylinderdurchmesser eines Vergaser-Verbrennungsmotors beträgt 10 cm, der Kolbenweg 11 cm.
a) Welches Volumen muss der Verdichtungsraum haben, wenn der Anfangsdruck des Gases $0{,}98 \cdot 10^5$ Pa, die Anfangstemperatur des Gases 127 °C und der Enddruck im Verdichtungsraum nach der Verdichtung $9{,}8 \cdot 10^5$ Pa betragen?
b) Wie groß wird die Temperatur des Gases in diesem Raum nach der Verdichtung sein?
c) Gesucht ist die Arbeit, die bei der Verdichtung verrichtet wird. Der Polytropenexponent sei 1,3.

21.10 Gesucht ist die Entropieänderung von 8 g Sauerstoff beim Übergang von einem Volumen von 10^{-2} m^3 bei einer Temperatur von 80 °C zu einem Volumen von $4 \cdot 10^{-2}$ m^3 bei einer Temperatur von 300 °C.

21.11 Gesucht ist die Entropieänderung bei isothermer Ausdehnung von 6 g Wasserstoff von 10^5 Pa auf $0{,}5 \cdot 10^5$ Pa.

21.12 10 g Sauerstoff werden von $t_1 = 50$ °C auf $t_2 = 150$ °C erwärmt. Gesucht ist die Entropieänderung, wenn die Erwärmung
a) isochor und
b) isobar erfolgt.

21.13 Ein Kubikmeter Luft, die bei einer Temperatur von 0 °C unter einem Druck von 1962 Pa steht, dehnt sich isotherm vom Volumen V_1 auf das Volumen $V_2 = 2V_1$ aus. Gesucht ist die Entropieänderung bei diesem Prozess.

22 Nichtgleichgewichtsprozesse

In diesem Kapitel soll darauf eingegangen werden, was passiert, wenn zwei Systeme miteinander in Wechselwirkung treten, die noch nicht miteinander im Gleichgewicht stehen. Wir werden als Erstes Systeme mit unterschiedlicher Temperatur betrachten.

22.1 Temperaturausgleich

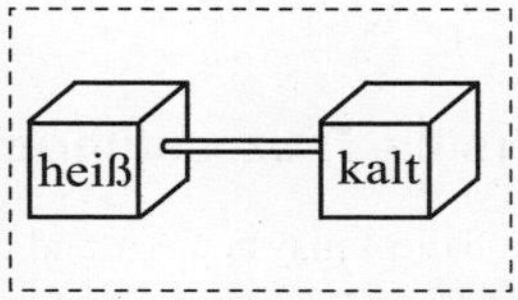

Abb. 22.1 Temperaturausgleich

Wir haben bei der Besprechung des zweiten Hauptsatzes der Thermodynamik dargelegt, dass Wärme nur vom wärmeren zum kälteren System fließen kann. Das wärmere System kühlt sich dabei ab und heizt das kältere System auf, bis sich im Gleichgewicht eine gemeinsame Endtemperatur eingestellt hat, die auch **Mischungstemperatur** genannt wird. Die Größe dieser Mischungstemperatur hängt von der Prozessführung während des Temperaturausgleiches ab.

Der Bereich möglicher Endtemperaturen T_f im Gleichgewicht kann für ein aus zwei Teilsystemen A und B zusammengesetztes System leicht berechnet werden, wenn die Teilsysteme beim Temperaturausgleich Energie nur in Form von Wärme austauschen, ihre Volumina also konstant sind, und ihre Wärmekapazitäten C_A und C_B im betrachteten Temperaturbereich nicht von der Temperatur abhängen.

Dazu berechnet man die Grenzfälle total irreversibler ($\delta W = 0$) und total reversibler (δW_max) Prozessführung. Außer der abgegebenen mechanischen Arbeit sind auch die Entropieänderungen der Teilsysteme in beiden Fällen unterschiedlich.

Total irreversible Prozessführung

In diesem Fall werden die Teilsysteme durch eine **Wärmeleitung** direkt verbunden und nach außen isoliert. Dem System kann keine Arbeit entnommen werden. Für die mit den Teilsystemen ausgetauschten Wärmemengen δQ_A und δQ_B gilt wegen $\delta W = 0$

$$\mathrm{d}U = \delta Q_\mathrm{A} + \delta Q_\mathrm{B} = 0 \quad \Rightarrow \quad \delta Q_\mathrm{A} = -\delta Q_\mathrm{B} \tag{22.1}$$

Die ausgetauschten Wärmemengen hängen mit den Temperaturänderungen der Teilsysteme $\mathrm{d}T_\mathrm{A}$ und $\mathrm{d}T_\mathrm{B}$ über die Wärmekapazitäten zusammen:

$$\delta Q_\mathrm{A} = C_\mathrm{A}\,\mathrm{d}T_\mathrm{A}, \quad \delta Q_\mathrm{B} = C_\mathrm{B}\,\mathrm{d}T_\mathrm{B} \tag{22.2}$$

Sind T_A und T_B die Anfangstemperaturen der Teilsysteme, so folgt für die Endtemperatur T_f

$$\int_{T_\mathrm{A}}^{T_\mathrm{f}} C_\mathrm{A}\,\mathrm{d}T_\mathrm{A} = -\int_{T_\mathrm{B}}^{T_\mathrm{f}} C_\mathrm{B}\,\mathrm{d}T_\mathrm{B} \tag{22.3}$$

Wegen der Temperaturunabhängigkeit von C_A und C_B gilt

$$C_\mathrm{A}\,(T_\mathrm{f} - T_\mathrm{A}) = -C_\mathrm{B}\,(T_\mathrm{f} - T_\mathrm{B}) \tag{22.4}$$

oder

$$T_\mathrm{f} = \frac{C_\mathrm{A} T_\mathrm{A} + C_\mathrm{B} T_\mathrm{B}}{C_\mathrm{A} + C_\mathrm{B}} \tag{22.5}$$

T_f ist hier die „**Richmann'sche Mischungstemperatur**" bei irreversibler Prozessführung. Sie gilt z. B. auch beim Zusammengießen von Flüssigkeiten verschiedener Temperaturen. Die Entropieänderungen der Teilsysteme sind

$$\Delta S_A = \int \frac{\delta Q_A}{T} = \int_{T_A}^{T_f} C_A \frac{dT}{T} = C_A \ln \frac{T_f}{T_A}$$

$$\Delta S_B = \int \frac{\delta Q_B}{T} = \int_{T_B}^{T_f} C_B \frac{dT}{T} = C_B \ln \frac{T_f}{T_B} \tag{22.6}$$

Falls etwa $T_A > T_B$, so ist $T_f < T_A$ und $\Delta S_A < 0$ bzw. $T_f > T_B$ und $\Delta S_B > 0$, aber

$$\Delta S_{tot} = \Delta S_A + \Delta S_B = C_A \ln \frac{T_f}{T_A} + C_B \ln \frac{T_f}{T_B} \geq 0 \tag{22.7}$$

Reversible Prozessführung

Hier sind die Teilsysteme A und B mit einer zwischen ihnen laufenden, reversiblen Wärmekraftmaschine verbunden; die gewonnene Arbeit wird nach außen abgeführt. Mit den Bezeichnungen des vorangehenden Abschnitts gilt

$$\Delta S = \Delta S_A + \Delta S_B = 0 \tag{22.8}$$

$$dS = \frac{\delta Q_A}{T_A} + \frac{\delta Q_B}{T_B} = 0 \tag{22.9}$$

woraus sofort durch Integration

$$\int_{T_A}^{T_f} C_A \frac{dT_A}{T_A} + \int_{T_B}^{T_f} C_B \frac{dT_B}{T_B} = 0 \tag{22.10}$$

oder

$$C_A \ln \frac{T_f}{T_A} + C_B \ln \frac{T_f}{T_B} = 0 \tag{22.11}$$

und damit

$$\left(\frac{T_f}{T_A}\right)^{C_A} \left(\frac{T_f}{T_B}\right)^{C_B} = 1 \tag{22.12}$$

folgt, d. h.

$$T_f = T_A^{\frac{C_A}{C_A+C_B}} T_B^{\frac{C_B}{C_A+C_B}} \tag{22.13}$$

oder

$$T_f = \sqrt[C_A+C_B]{T_A^{C_A} T_B^{C_B}} \tag{22.14}$$

Bei **reversibler** Prozessführung ist die Mischungstemperatur das mit C_A, C_B gewichtete **geometrische Mittel** von T_A und T_B, bei **irreversibler** Prozessführung das mit C_A und C_B gewichtete **arithmetische Mittel**.

Es gilt immer $T_f^{rev} < T_f^{irr}$. Die von der Wärmekraftmaschine geleistete Arbeit im reversiblen Fall ist

$$-\delta W = -\Delta U = -C_A(T_f - T_A) - C_B(T_f - T_B) \tag{22.15}$$

Spezielle Mischungstemperaturen im irreversiblen Fall

Betrachten wir nochmal das Ergebnis des total irreversiblen Falles (direkter Kontakt):

$$T_f = \frac{C_A T_A + C_B T_B}{C_A + C_B} = \frac{c_A m_A T_A + c_B m_B T_B}{c_A m_A + c_B m_B} \tag{22.16}$$

Auf der rechten Seite haben wir die totale Wärmekapazität C in die spezifische Wärmekapazität c umgeschrieben.

Haben die Systeme **gleiche spezifische Wärmen** $c_A = c_B = c$ (z. B. A warmes Wasser und B kaltes Wasser), so können wir durch c kürzen. Dann hängt die Mischungstemperatur außer von den Anfangstemperaturen nur noch von den Massen der Systeme m_A und m_B ab.

$$T_f = \frac{m_A T_A + m_B T_B}{m_A + m_B} \quad \text{für} \quad c_A = c_B \tag{22.17}$$

Sind die Systeme **zusätzlich gleich groß**, $m_A = m_B$, so ist die Mischungstemperatur der Mittelwert der Temperaturen

$$T_f = \frac{T_A + T_B}{2} \quad \text{für} \quad C_A = C_B \tag{22.18}$$

Ist hingegen ein System **viel größer** als das andere ($m_B \gg m_A$ für $c_A = c_B$ bzw. $C_B \gg C_A$), so ist die Mischungstemperatur ungefähr gleich der Temperatur des größeren Systems.

$$T_f \approx \frac{C_A}{C_B} T_A + T_B \approx T_B \quad \text{für} \quad C_B \gg C_A \tag{22.19}$$

Dies ist auch die Bedingung, die wir an ein **Wärmebad** mit fester Temperatur T_B stellen müssen. Seine Wärmekapazität sollte viel größer sein als die des im Bad erwärmten Systems.

Beispiel 22.1

Mischungstemperatur bei kleinem ΔT

Bei kleinen Temperaturdifferenzen zwischen den beiden Teilsystemen liegt der Ausgangszustand für den Temperaturausgleich schon in der Nähe des Gleichgewichts. Da die Entropie im Gleichgewicht ein Maximum besitzt und deshalb für Zustandsänderungen in der unmittelbaren Umgebung des Gleichgewichts $\Delta S = 0$ gilt, läuft der Temperaturausgleich in diesem Fall auch bei direktem Kontakt der Teilsysteme (quasi-)reversibel ab. Die Formeln für die Mischungstemperatur T_f in den beiden oben beschriebenen Fällen der total irreversiblen Prozessführung (direkter Kontakt) und der reversiblen Prozessführung (Kontakt über eine Wärmekraftmaschine) sollten also bei kleinen Temperaturdifferenzen zum gleichen Ergebnis führen.

Um dies zu zeigen, formen wir das Ergebnis für die reversible Prozessführung so um, dass die Temperaturdifferenz $\Delta T = T_B - T_A$ explizit erscheint. Mit

$$T_B = T_A + T_B - T_A = T_A \left(1 + \frac{T_B - T_A}{T_A}\right) \tag{1}$$

ergibt sich aus Gl. (22.13)

$$\begin{aligned} T_f &= T_A^{\frac{C_A}{C_A+C_B}} \cdot T_A^{\frac{C_B}{C_A+C_B}} \cdot \left(1 + \frac{T_B - T_A}{T_A}\right)^{\frac{C_B}{C_A+C_B}} \\ &= T_A \cdot \left(1 + \frac{T_B - T_A}{T_A}\right)^{\frac{C_B}{C_A+C_B}} \end{aligned} \tag{2}$$

Bei sehr kleiner Temperaturdifferenz, $(T_B - T_A) \ll T_A$, wird der zweite Summand in der Klammer sehr klein, sodass wir die Potenz in eine Reihe entwickeln können. Für sehr kleine x gilt

$$(1 + x)^a \approx 1 + ax \tag{3}$$

Angewendet auf unsere Gleichung ergibt sich

$$T_f = T_A \cdot \left(1 + \frac{T_B - T_A}{T_A}\right)^{\frac{C_B}{C_A+C_B}} \approx T_A \left(1 + \frac{C_B}{C_A + C_B} \frac{T_B - T_A}{T_A}\right) \tag{4}$$

Wir schreiben den Klammerausdruck auf einen Bruchstrich, indem wir $1 = T_A(C_A + C_B)/T_A(C_A + C_B)$ verwenden, und erhalten nach Ausmultiplizieren

$$T_f \approx \frac{T_A(C_A + C_B) + C_B(T_B - T_A)}{C_A + C_B} = \frac{C_A T_A + C_B T_B}{C_A + C_B} \tag{5}$$

Dies ist gerade die Formel des irreversiblen Falls.

Beispiel 22.1 ▲

22.2 Wärmeübertragung

Wird Energie von einem Körper auf einen anderen alleine aufgrund einer Temperaturdifferenz übertragen, so nennt man diesen Vorgang **Wärmeübertragung**. In den folgenden Abschnitten werden verschiedene Mechanismen der Wärmeübertragung behandelt: Wärmestrahlung, Wärmeleitung und Konvektion. Die Kenntnis dieser Mechanismen ist in zwei technischen Anwendungsgebieten wichtig. Beim Kühlen soll die Wärmeübertragung möglichst effektiv gestaltet werden, so z. B. beim Kühlen der Zylinder eines Verbrennungsmotors; beim thermischen Isolieren dagegen soll sie möglichst klein sein, wie z. B. bei der Hausisolierung.

Wärmestrahlung

Jeder Körper mit einer Temperatur $T > 0\,\mathrm{K}$ sendet **elektromagnetische Strahlung** aus, die so genannte **Wärmestrahlung**. Die dabei abgestrahlte Energie wächst mit der vierten Potenz der Temperatur an.

Die von einer Fläche A mit der Temperatur T abgestrahlte Energie pro Zeiteinheit, die Strahlungsleistung ϕ, ist durch das **Stefan-Boltzmann-Gesetz** gegeben

$$\phi = \frac{\Delta W}{\Delta t} = A \cdot \varepsilon \cdot \sigma \cdot T^4 \tag{22.20}$$

mit der **Stefan-Boltzmann-Konstante** σ (auch **Strahlungskonstante des schwarzen Körpers** genannt)

$$\sigma = 5{,}67 \cdot 10^{-8}\ \mathrm{W/(m^2 \cdot K^4)} \tag{22.21}$$

Der Emissionsgrad $\varepsilon \leq 1$ ist eine dimensionslose Größe, die stark vom Material und von der Oberflächenbeschaffenheit des strahlenden Körpers sowie von seiner Temperatur abhängt.

Die Wärmestrahlung setzt sich aus elektromagnetischen Wellen unterschiedlicher Wellenlänge zusammen. Welche Wellenlängen hauptsächlich ausgestrahlt werden, hängt von der Temperatur der strahlenden Oberfläche ab. Sehr heiße Körper, wie z. B. die Sonne oder die Wendel einer Glühlampe, senden kurzwellige Strahlung aus, die sich bis in den Bereich des sichtbaren Lichtes und darüber hinaus erstreckt. Körper mit Temperaturen im Zimmertemperaturbereich senden nur langwellige **Infrarot-Strahlung** aus, die nur mithilfe spezieller **Infrarotgeräte** sichtbar gemacht werden kann.

Abb. 22.2 Sonnenstrahlung

Die **Strahlungsleistung der Sonne** mit der Oberflächentemperatur von ca. 6 000 K beträgt $\phi_S = 3{,}86 \cdot 10^{26}\ \mathrm{W}$. Die pro Quadratmeter auf die Erdatmosphäre auftreffende Leistung des Sonnenlichtes, die Strahlungsdichte, ist durch die **Solarkonstante** S_0 standardisiert:

$$S_0 = 1{,}369 \cdot 10^3\ \frac{\mathrm{W}}{\mathrm{m^2}} \tag{22.22}$$

Die **mittlere Temperatur der Erdoberfläche** stellt sich so ein, dass die durch Wärmestrahlung an den Weltraum abgegebene Energie genauso groß ist wie die aus der Sonnenstrahlung absorbierte Energie. Diese Energiebilanz wird dadurch kompliziert, dass die in den Weltraum gelangende Wärmestrahlung zum Teil direkt von der Erdoberfläche, zum Teil aber auch von der Atmosphäre ausgeht und die Wärmeübertragung zwischen Erdoberfläche und Atmosphäre auf vielfältige Weise stattfindet.

In diesem Zusammenhang ist der **Treibhauseffekt** von Bedeutung, der die direkte Energieabstrahlung vom Erdboden in den Weltraum behindert. Er beruht auf der Anwesenheit so genannter Treibhausgase in der Atmosphäre. Die wichtigsten sind Kohlenstoffdioxid (CO_2) und Wasserdampf (H_2O). Diese Treibhausgase lassen die von der heißen Sonne stammende, kurzwellige Strahlung ungehindert bis zum Erdboden passieren, wo sie absorbiert wird. Die vom vergleichsweise kalten Erdboden zurückgesandte, langwellige Infrarotstrahlung wird von den Treibhausgasen jedoch zum größten Teil absorbiert, wodurch sich die Atmosphäre erwärmt und im stationären Gleichgewicht eine gleich große Strahlungsleistung wieder aussendet; dies jedoch in alle Richtungen und damit nur zur Hälfte in Richtung Weltraum und zur anderen Hälfte zurück zum Erdboden. Im Extremfall einer vollständigen Absorbtion der langwelligen Wärmestrahlung durch die Treibhausgase ergäbe sich die in Abb. 22.3 skizzierte Situation, wobei zur Vereinfachung andere Mechanismen der Wärmeübertragung zwischen Erdboden und Atmosphäre als die Wärmestrahlung vernachlässigt werden.

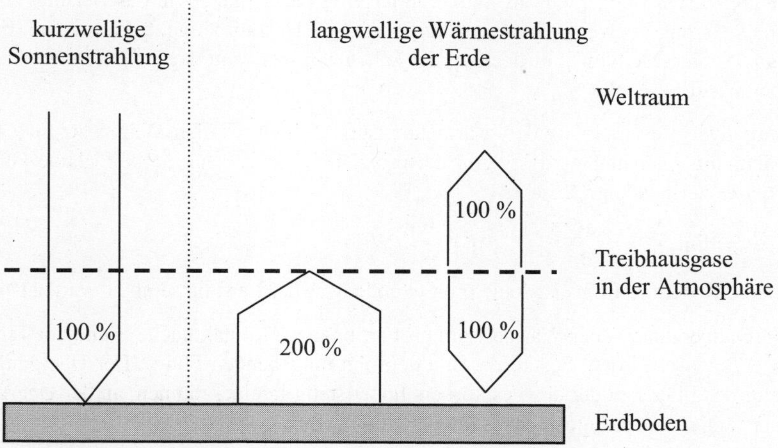

Abb. 22.3 Der Treibhauseffekt

Bezeichnet man die insgesamt vom Erdboden aus dem Sonnenlicht absorbierte Leistung mit 100 %, so muss der Erdboden im stationären Gleichgewicht eine Leistung von 200 % abstrahlen, da ihm die Hälfte davon, 100 %, von den Treibhausgasen zurückgesandt wird. Ohne Treibhausgase betrüge die vom Erdboden abgestrahlte Leistung nur 100%. Die Treibhausgase bewirken also bei vollständiger Absorbtion der Wärmestrahlung eine Verdoppelung der vom Erdboden ausgesandten Wärmestrahlung und damit gemäß dem Stefan-Boltzmann-Gesetz eine Erhöhung der mittleren Bodentemperatur um den Faktor $\sqrt[4]{2} = 1{,}19$. Das tatsächliche Ausmaß der Temperaturerhöhung hängt vom Absorbtionsgrad der Treibhausgase und damit von ihrer Konzentration in der Atmosphäre ab: Ganz ohne Treibhausgase wäre die Erdoberfläche unbewohnbar kalt; eine Erhöhung ihrer Konzentration, wie sie zurzeit stattfindet, kann aber umgekehrt zu einer bedenklichen Erhöhung der mittleren Bodentemperatur und damit zu einer bedrohlichen Klimaveränderung führen.

Konvektion

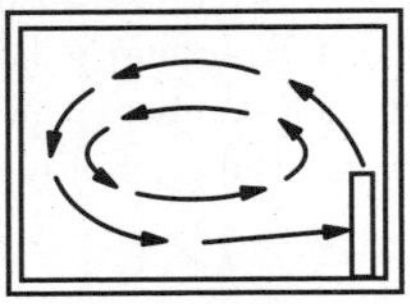

Konvektion

Abb. 22.4 Konvektion im geheizten Zimmer

Ein typisches Beispiel für **Konvektion** ist der in nebenstehender Abbildung skizzierte Vorgang, bei dem die vom Heizkörper stammende Energie durch die strömende Luft im Zimmer verteilt wird. Allgemein spricht man von Konvektion, wenn Energie, die in Form von Wärme auf ein flüssiges oder gasförmiges Medium übertragen wurde, durch das **Strömen** dieses Mediums als innere Energie weiter transportiert wird.

Die Zufuhr von warmem Meerwasser aus den Tropen in die nördliche Erdhalbkugel durch den Golfstrom, die Zufuhr kalter Luft durch Nordwinde oder auch die Aufwärtsströmung heißer Flüssigkeiten und Gase in Heizkesseln und Schornsteinen sowie die **Kühlwasserströmung** in Motoren bzw. **Kühlluftströmung** in Computern sind konvektive Formen der Wärmeübertragung. Sie werden mit den Methoden der Gas- und Hydrodynamik berechnet.

Wärmeübergang

Im Beispiel der Abb. 22.4 muss die Energie erst vom Heizkörper auf die Luft übertragen werden, bevor sie von dieser durch Konvektion im Zimmer verteilt werden kann. Der Wärmetransport zwischen einem Festkörper und einem flüssigen oder gasförmigen Medium, das an diesen Festkörper angrenzt, wird allgemein als **Wärmeübergang** bezeichnet. Wie das Beispiel zeigt, kann der Wärmeübergang in zwei Richtungen stattfinden: Am Heizkörper geht Wärme vom Festkörper auf das gasförmige Medium Luft über, an der kalten Zimmerwand dagegen von der Luft auf den Festkörper Wand.

Zur quantitativen Beschreibung des Wärmeübergangs führen wir den **Wärmestrom** Φ ein, der auch **Wärmefluss** genannt wird. Er gibt die pro Zeiteinheit durch eine betrachtete Grenzfläche transportierte Wärmemenge an:

$$\Phi = \lim_{\Delta t \to 0} \frac{\Delta Q}{\Delta t} = \frac{\mathrm{d}Q}{\mathrm{d}t}, \qquad [\Phi] = \frac{\mathrm{J}}{\mathrm{s}} = \mathrm{W} \tag{22.23}$$

Die Einheit des Wärmestroms ist Joule pro Sekunde, was der Leistungseinheit Watt entspricht.

Beim Wärmeübergang ist der Wärmestrom proportional zur Kontaktfläche A und zur Temperaturdifferenz ΔT zwischen dem Festkörper und dem ihn umgebenden Fluid. (Der Übergang von der Temperatur des Fluids zu der des Festkörpers findet stetig in einer dünnen, an der Oberfläche des Festkörpers anliegenden Fluidschicht statt.)

$$\Phi = \alpha \cdot A \cdot \Delta T \tag{22.24}$$

Der Wärmestrom pro Flächeneinheit wird als **Wärmestromdichte** I_{th} bezeichnet:

$$I_{\text{th}} = \lim_{\Delta A \to 0} \frac{\Delta \Phi}{\Delta A} = \frac{\mathrm{d}\Phi}{\mathrm{d}A}, \qquad [I_{\text{th}}] = \frac{\mathrm{W}}{\mathrm{m}^2} \tag{22.25}$$

Aus Gl. (22.24) erhält man für die Wärmestromdichte beim Wärmeübergang

$$I_{\text{th}} = \alpha \Delta T \tag{22.26}$$

Die Proportionalitätskonstante α wird **Wärmeübergangskoeffizient** oder Wärmeübergangszahl genannt. Ihre Einheit ist Watt pro Quadratmeter und pro Kelvin

$$[\alpha] = \frac{\mathrm{W}}{\mathrm{m}^2 \cdot \mathrm{K}} \tag{22.27}$$

Sie gibt die Wärmestromdichte pro Kelvin Temperaturdifferenz zwischen Festkörper und umgebendem Fluid an.

Tabelle 22.1 gibt einige typische Werte des Wärmeübergangskoeffizienten.

Tabelle 22.1 Verschiedene Werte des Wärmeübergangskoeffizienten in $W/(m^2 \cdot K)$

Luft, ruhend, an Metallwand	3,5 ... 35
Luft, mäßig bewegt, an Metallwand	23 ... 70
Luft, kräftig bewegt, an Metallwand	58 ... 290
Wasser im Behälter/Kessel	580 ... 2 300
Wasser, strömend	2 300 ... 4 700
Kondensierender Wasserdampf	ca. 11 600

Der Wärmeübergangskoeffizient hängt von vielen Eigenschaften des Wärme ableitenden bzw. zuführenden Fluids ab. Wichtig ist unter anderem die spezifische Wärmekapazität des Fluids, da sie die Fähigkeit widerspiegelt, Wärme aufzunehmen (um sie abtransportieren zu können). So beruht z. B. der extrem hohe Wärmeübergangskoeffizient von kondensierendem Wasserdampf darauf, dass dieser beim Kondensieren Wärme abgibt, ohne seine Temperatur zu ändern, was einer unendlich großen spezifischen Wärmekapazität entspricht.

Auch die Dichte des Fluids ist von Bedeutung, da eine höhere Stoffmenge in einem Volumen auch eine höhere Wärmekapazität zur Folge hat. Verdünnte Gase haben daher einen extrem kleinen Wärmeübergangskoeffizienten und können demzufolge bestens zur Isolierung verwendet werden; so z. B. in Thermosflaschen, so genannten **Dewar-Gefäßen**.

Wichtig ist weiterhin die Fähigkeit des Fluids, Wärme im Stoff weiterzuleiten, was durch die weiter unten behandelte Wärmeleitfähigkeit beschrieben wird.

Auch die Beweglichkeit der Teilchen im Stoff ist wichtig: So können hochenergetische Teilchen von der Kontaktstelle weg transportiert und niederenergetische Teilchen herangeführt werden. Sie wird durch die Viskosität des Stoffes gegeben.

Schließlich ist es auch wichtig, ob sich das Gas (oder die Flüssigkeit) in Ruhe befindet oder an dem abzukühlenden Festkörper vorbei strömt. So kann der Übergangskoeffizient von Luft (in Ruhe ca. $10\ W/(m^2 \cdot K)$) bei Sturm Werte über $100\ W/(m^2 \cdot K)$ annehmen.

Aus diesem Grund werden in der technischen Anwendung zur Kühlung fast ausschließlich strömende Medien verwendet (Konvektion).

Beispiel 22.2

Abkühlung eines Metallwerkstücks in Luft

Ein Metallwerkstück mit der Anfangstemperatur T_0, der Wärmekapazität C und der Oberfläche A kühlt an der Luft ab.
Berechnen Sie die Zeitentwicklung der Temperatur des Werkstücks $T(t)$ unter der Annahme, dass die Lufttemperatur T_L konstant bleibt.

Lösung:

Die in einem kleinen Zeitintervall Δt auf die Luft übertragene Wärmemenge Q_L berechnet sich aus der Formel für den Wärmeübergang zu

$$Q_L = \Phi \Delta t = \alpha \cdot A \cdot (T(t) - T_L) \cdot \Delta t = \alpha \cdot A \cdot T_d(t) \cdot \Delta t \qquad (1)$$

wobei die aktuelle Temperaturdifferenz zwischen Werkstück und Luft mit $T_d(t)$ bezeichnet wurde.

Dieselbe Wärmemenge wird dem Werkstück entzogen und kühlt es um $\Delta T(t) = T(t + \Delta t) - T(t)$ ab. Daher gilt

$$-Q_L = C \cdot \Delta T(t) \qquad (2)$$

Das negative Vorzeichen rührt daher, dass die Wärmekapazität eines Körpers über die **zugeführte** Wärme definiert ist.

Die Abkühlung des Werkstücks um $\Delta T(t)$ führt zu einer gleich großen Änderung der Temperaturdifferenz $T_d(t)$ zwischen Werkstück und Luft, da die Lufttemperatur als konstant angenommen wird.

$$\Delta T_d(t) = \Delta T(t) \tag{3}$$

Setzt man Q_L aus der zweiten Gleichung in die erste ein und beachtet die dritte Gleichung, so erhält man

$$-C\Delta T_\mathrm{d} = \alpha \cdot A \cdot T_\mathrm{d} \cdot \Delta t \tag{4}$$

Teilen wir durch $-C$ und durch Δt und führen wir den Grenzübergang $\Delta t \to 0$ durch, so erhalten wir die Differenzialgleichung

$$\frac{\mathrm{d}T_\mathrm{d}}{\mathrm{d}t} = \frac{-\alpha \cdot A}{C} \cdot T_\mathrm{d} \tag{5}$$

Als Lösungsansatz wählen wir $T_\mathrm{d}(t) = b \cdot \mathrm{e}^{at}$. Durch Differenzieren ergibt sich

$$\frac{\mathrm{d}T_\mathrm{d}}{\mathrm{d}t} = a \cdot b \cdot \mathrm{e}^{at} = a \cdot T_\mathrm{d} \tag{6}$$

und durch Vergleich mit der Differenzialgleichung

$$a = \frac{-\alpha \cdot A}{C} \tag{7}$$

Die Lösung der Differenzialgleichung ist also

$$T_\mathrm{d}(t) = b \cdot \mathrm{e}^{-\frac{\alpha A}{C}t} \tag{8}$$

Einsetzen von $T_\mathrm{d} = T - T_\mathrm{L}$ führt zu

$$T(t) = T_\mathrm{L} + b \cdot \mathrm{e}^{-\frac{\alpha A}{C} \cdot t} \tag{9}$$

Für die Bestimmung von b benötigen wir die Anfangsbedingung: Zur Zeit $t = 0$ hatte das Werkstück die Temperatur T_0:

$$T(t = 0) = T_0 = T_\mathrm{L} + b\,\mathrm{e}^{-\frac{\alpha A}{C} \cdot 0} \quad \Leftrightarrow \quad b = T_0 - T_L \tag{10}$$

Daraus folgt

$$T(t) = (T_0 - T_\mathrm{L})\mathrm{e}^{-\frac{\alpha A}{C}t} + T_\mathrm{L} \tag{11}$$

Die Temperatur klingt also exponentiell ab.

Beispiel 22.2 ▲

Wie man an unserem Beispiel erkennt, beeinflusst die Wärmekapazität des Werkstücks die Geschwindigkeit des Abkühlens, obwohl sie keinen Einfluss auf den Wärmeübergangskoeffizienten α hat. Dieser hängt jedoch von der **Oberflächenbeschaffenheit** des Werkstücks ab.

Wärmeleitung

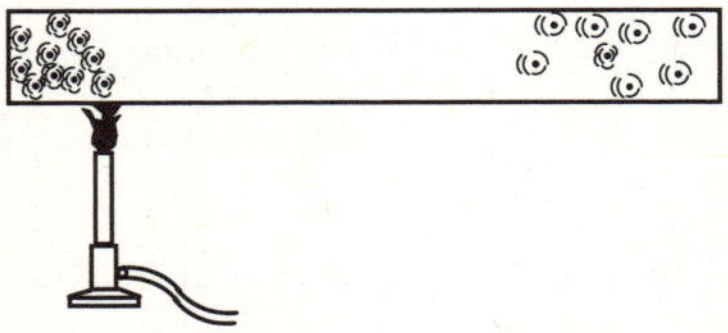

Abb. 22.5 Wärmeleitung

Wärmeleitung liegt vor, wenn Wärme innerhalb eines ruhenden Materials, also ohne Materialtransport, weitergeleitet wird. Dabei geben die Teilchen des Materials ihre (Bewegungs-)Energie durch Stöße an benachbarte Teilchen weiter.

Bei flüssigen und gasförmigen Materialien ist die Wärmeleitung meist durch Konvektion überlagert. Reine Wärmeleitung erreicht man in diesen Fällen nur, wenn man die Konvektionsströmung unterdrückt. Bei der Gasschicht zwischen den Scheiben eines Isolierfensters z. B. erreicht man dies durch geringe Schichtdicke und damit starker innerer Reibung.

Zur quantitativen Beschreibung der Wärmeleitung betrachten wir gemäß Abbildung 22.6 eine senkrecht zum Wärmestrom ausgerichtete Messfläche. Der Wärmestrom Φ durch diese Fläche, d. h. die pro Zeiteinheit durch diese Fläche strömende Wärmemenge, ist proportional zur Größe der Fläche A und dem Temperaturgefälle am Ort der Messfläche. Wählen wir die Richtung des Wärmestromes als x-Achse, so ist das Temperaturgefälle definiert durch

$$\frac{\mathrm{d}T}{\mathrm{d}x} = \lim_{\Delta x \to 0} \frac{\Delta T}{\Delta x} \tag{22.28}$$

und für den Wärmestrom gilt

$$\Phi = -\lambda \cdot A \cdot \frac{\mathrm{d}T}{\mathrm{d}x} \qquad [\lambda] = \frac{\mathrm{W}}{\mathrm{m} \cdot \mathrm{K}} \tag{22.29}$$

Die Proportionalitätskonstate λ heißt **Wärmeleitwert** oder **Wärmeleitfähigkeit** und wird in der Einheit Watt pro Meter und pro Kelvin angegeben.

Die Wärmeleitfähigkeit wird von inneren Eigenschaften des Materials bestimmt. Wichtig sind dabei die Dichte ρ des Stoffes, die spezifische Wärmekapazität c_V, die mittlere innere Transportgeschwindigkeit $\bar{v}$ und die mittlere freie Weglänge l. Die letzten beiden Größen beschreiben innere Transportprozesse im Material, z. B. im Gas die mittlere Geschwindigkeit, mit der die Moleküle fliegen, und die freie Wegstrecke, die ein Molekül im Mittel fliegen kann, bevor es an ein anderes Molekül stößt. Die folgende Tabelle gibt einige charkteristische Wärmeleitfähigkeitswerte λ in $\mathrm{W}/(\mathrm{m} \cdot \mathrm{K})$ an.

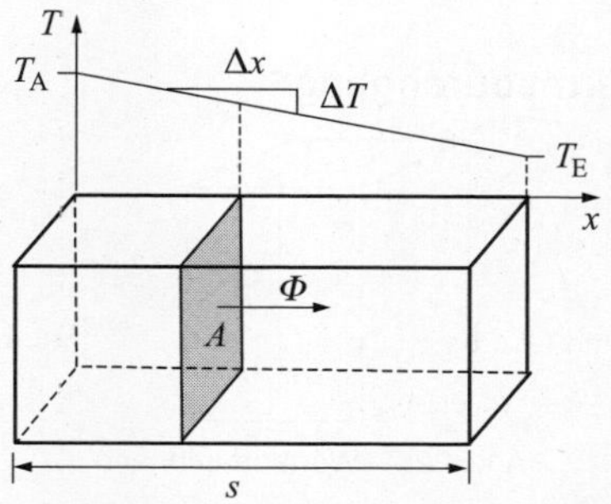

Abb. 22.6 Zur quantitativen Beschreibung der Wärmeleitung

Tabelle 22.2 Wärmeleitfähigkeit für verschiedene Stoffe in $\mathrm{W}/(\mathrm{m} \cdot \mathrm{K})$

Aluminium	220	Beton	1	Benzin	0,12
Blei	35	Glas	1	Äthanol	0,17
Eisen	74	Porzellan	1	Mineralöl	0,15
Gold	312	Gummi	0,1 ... 0,2	Luft	0,026
Kupfer	384	Holz	0,1 ... 0,2	CO_2-Gas	0,016
Nickel	91	Wachs	0,1	Styropor	0,04
Silber	407	Wasser	0,6	Schaumstoff	0,04

Wie man sieht, besitzen Metalle eine sehr hohe Leitfähigkeit. Dies rührt von der hohen Dichte der Stoffe und der großen Beweglichkeit der Elektronen im Metall her. Gase haben eine sehr geringe Leitfähigkeit, was mit ihrer geringen Dichte zusammenhängt. Die Isolierfähigkeit vieler **Isolierstoffe**, wie z. B. Styropor oder Schaumstoff, basiert auf dem Einschluss von Gasbläschen im Feststoff.

Wir betrachten nun den in Abb. 22.6 skizzierten **Spezialfall eines quaderförmigen Leiters** mit der konstanten Querschnittsfläche A, der Länge s und überall gleicher Wärmeleitfähigkeit λ. Zu Beginn der Wärmeleitung kann sich das Temperaturprofil entlang des Leiters noch ändern, indem das Material an manchen Stellen Wärme speichert oder abgibt; im **stationären Zustand** aber nimmt das Material keine Wärme mehr auf und das Temperaturprofil hat einen festen Verlauf. Fließt durch die parallel zur x-Achse verlaufenden Seitenflächen keine Wärme (z. B. aufgrund einer Wärmeisolierung), so muss der Wärmestrom durch jede Querschnittsfläche gleich groß sein. Nach Gl. (22.29) ist dann auch das Temperaturgefälle überall gleich groß und kann aus den Temperaturen T_A und T_E am Anfang und Ende des Leiters und aus seiner Länge errechnet werden.

$$\Phi(x) = \text{const.} \quad \Rightarrow \quad \frac{\mathrm{d}T}{\mathrm{d}x}(x) = \text{const.} = \frac{T_E - T_A}{s} \tag{22.30}$$

Für den Wärmestrom Φ ergibt sich damit für den betrachteten Spezialfall der Wärmeleitung

$$\Phi = \lambda \cdot A \cdot \frac{T_A - T_E}{s} \tag{22.31}$$

22.3 Zusammengesetzte Wärmeübertragung

Bei der Wärmeübertragung ist der Übertragungsweg oft in verschiedene Teilstrecken unterteilt, auf denen die Wärme mit unterschiedlichen Mechanismen oder durch unterschiedliche Substanzen transportiert wird. Im Folgenden werden solche zusammengesetzten Wärmeübertragungen behandelt.

Wärmedurchgang

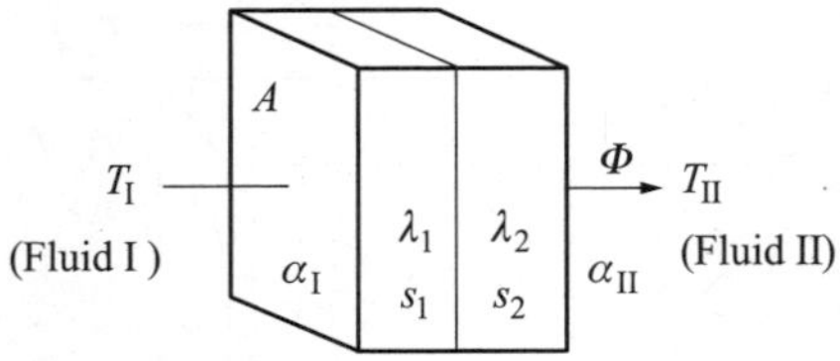

Abb. 22.7 Wärmedurchgang

Der Wärmetransport durch eine Anordnung, bei der zwei flüssige oder gasförmige Stoffe (Fluide) durch eine oder mehrere Wände getrennt sind, wird als **Wärmedurchgang** bezeichnet. Ein typisches Beispiel ist der Wärmedurchgang von der warmen Luft in einem Zimmer zur kalten Außenluft durch eine Wand, die aus verschiedenen Schichten (Innenverputz, Beton, Schaumstoffisolierung und Außenputz) aufgebaut sein kann. Die Wärmeübertragung vollzieht sich dabei in folgenden Schritten:

- Wärmeübergang mit dem Wärmeübergangskoeffizienten α_I vom Fluid I (Zimmerluft) zur Wand.
- Wärmeleitung durch die erste Schicht der Wand mit der Dicke s_1 und dem Wärmeleitwert λ_1.
- Wärmeleitung durch weitere Schichten der Wand.
- Wärmeübergang mit dem Wärmeübergangskoeffizienten α_{II} von der letzten Schicht der Wand zum Fluid II (Außenluft).

Der Wärmestrom Φ durch die gesamte Anordnung erweist sich als proportional zur Querschnittsfläche A und zur Temperaturdifferenz $\Delta T = T_I - T_{II}$ zwischen den beiden Fluiden am Anfang und am Ende der gesamten Übertragungsstrecke.

$$\Phi = k \cdot A \cdot \Delta T \tag{22.32}$$

Die Proportionalitätskonstante k heißt **Wärmedurchgangskoeffizient** oder auch nur kurz ***k*-Wert** und beschreibt den Wärmedurchgang pauschal, ohne auf die einzelnen Schritte der Wärmeübertragung gesondert einzugehen.

Um eine zusammengesetzte Wärmeübertragung wie den Wärmedurchgang aus den einzelnen Schritten zu berechnen, verwendet man einen Formalismus, der den Wärmestrom mit einem elektrischen Strom vergleicht. Er wird im folgenden Abschnitt behandelt.

Ohm'sches Gesetz der Wärmelehre

Die Abbildung 22.8 zeigt eine elektrische Reihenschaltung, d. h. einen **unverzweigten** Ausschnitt aus einem elektrischen Stromkreis.

In einer solchen Reihenschaltung gelten für die Stromstärke I und die Spannungen U die folgenden Gesetze:

$$\text{A:} \quad I = \text{const.} \tag{22.33}$$

$$\text{B:} \quad U_{ges} = U_1 + U_2 + U_3 \tag{22.34}$$

Definiert man den Widerstand über das **Ohm'sche Gesetz**

$$\text{C:} \quad I = \frac{U}{R} \tag{22.35}$$

so gilt für den Gesamtwiderstand

$$\text{D:}\quad R_{\text{ges}} = R_1 + R_2 + R_3 \tag{22.36}$$

Dabei ist Gl. D, wie wir jetzt zeigen werden, eine direkte Folge der Gleichungen A, B und C. Löst man nämlich Gl. C nach U auf und setzt sie dann in Gl. B ein, so erhält man wegen der Gleichheit aller Ströme (Gl. A)

$$R_{\text{ges}}I = R_1I + R_2I + R_3I \tag{22.37}$$

und nach Teilen durch I, wie behauptet, Gl. D.

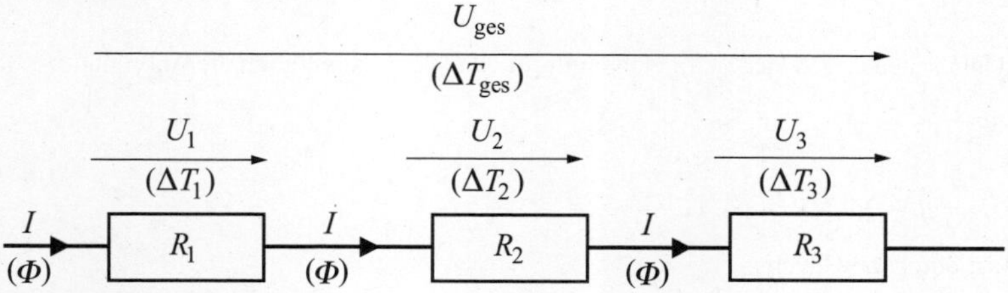

Abb. 22.8 Reihenschaltung

Wir wenden nun die obige Skizze des unverzweigten elektrischen Ladungstransports auf einen **unverzweigten, stationären Wärmetransport** an, indem wir statt des elektrischen Stroms I den Wärmestrom Φ betrachten und statt der Spannungen U die Temperaturdifferenzen ΔT, die mit den verschiedenen Teilschritten des Wärmetransportes verbunden sind.

Da im stationären Fall von den beteiligten Materialien keine Wärme gespeichert oder abgegeben wird und beim unverzweigten Wärmetransport definitionsgemäß keine Wärme nach der Seite entweichen darf, gilt für den Wärmestrom wie für den elektrischen Strom die Gl. A. Da sich die einzelnen Temperaturdifferenzen zur gesamten Temperaturdifferenz addieren, gilt für sie, genau wie für die Spannungen, Gl. B. Definieren wir nun in Analogie zur Gl. C den **thermischen Widerstand** R_{th} durch das **Ohm'sche Gesetz der Wärmelehre**

$$\Phi = \frac{\Delta T}{R_{\text{th}}} \tag{22.38}$$

so muss für diesen, wie für den elektrischen Widerstand, Gl. D gelten:

$$R_{\text{th,ges}} = R_{\text{th1}} + R_{\text{th2}} + R_{\text{th3}} \tag{22.39}$$

Vergleicht man das Ohm'sche Gesetz der Wärmelehre mit den entsprechenden Gln (22.24), (22.31) und (22.32) für die einzelnen Wärmetransportmechanismen, so erhält man den Zusammenhang der jeweiligen thermischen Widerstände mit den Kenngrößen dieser Mechanismen:

Wärmeübergang

$$R_{\text{th}} = \frac{1}{\alpha A} \tag{22.40}$$

Wärmeleitung

$$R_{\text{th}} = \frac{s}{\lambda A} \tag{22.41}$$

Wärmedurchgang

$$R_{\text{th}} = \frac{1}{kA} \tag{22.42}$$

Gleichung (22.41) zeigt, dass im Fall der Wärmeleitung der thermische Widerstand, wie der elektrische, proportional zur Leiterlänge und umgekehrt proportional zum Leiterquerschnitt ist und dass die Wärmeleitfähigkeit λ der spezifischen elektrischen Leitfähigkeit entspricht.

Mithilfe der thermischen Widerstände lassen sich, wie in den folgenden Beispielen gezeigt wird, zusammengesetzte Wärmeübertragungen in Analogie zur elektrischen Reihenschaltung berechnen.

Beispiel 22.3 ▼

Wärmedurchgang

Der k-Wert des in Abb. 22.7 skizzierten Wärmedurchgangs soll aus den Kennwerten der beteiligten Wärmeübertragungsmechanismen berechnet werden. Dabei soll angenommen werden, dass durch die Seitenflächen keine Wärme entweicht, der Wärmestrom also unverzweigt ist.

Lösung:

Nach dem Ohm'schen Gesetz der Wärmelehre gilt für den Wärmefluss durch die Anordnung:

$$\Phi = \frac{T_\mathrm{I} - T_\mathrm{II}}{R_\mathrm{ges}} \quad \text{mit} \tag{1}$$

$$R_\mathrm{ges} = R_\mathrm{I} + R_1 + R_2 + R_\mathrm{II} = \frac{1}{\alpha_\mathrm{I} A} + \frac{s_1}{\lambda_1 A} + \frac{s_2}{\lambda_2 A} + \frac{1}{\alpha_\mathrm{II} A} \tag{2}$$

Der k-Wert ist durch die Gleichung

$$\Phi = k \cdot A \cdot (T_\mathrm{I} - T_\mathrm{II}) \tag{3}$$

definiert. Durch Vergleich der Gl. (1) und (3) ergibt sich

$$R_\mathrm{ges} = \frac{1}{kA} \tag{4}$$

und daraus mit Gl. (2) für den k-Wert

$$\frac{1}{k} = \frac{1}{\alpha_\mathrm{I}} + \frac{s_1}{\lambda_1} + \frac{s_2}{\lambda_2} + \frac{1}{\alpha_\mathrm{II}} \tag{5}$$

Beispiel 22.3 ▲

Beispiel 22.4 ▼

Wärmeleitung durch eine Wand mit mehreren Schichten

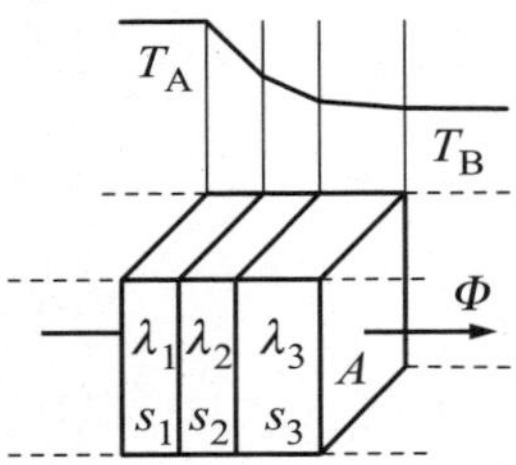

Abb. 22.9 Wärmeleitung durch eine Wand mit mehreren Schichten

Durch eine wärmeleitende Wand, die aus mehreren Schichten mit jeweils gleicher Querschnittsfläche A, aber unterschiedlichen Dicken s und Wärmeleitfähigkeiten λ besteht, fließt senkrecht zur Querschnittsfläche der stationäre Wärmestrom Φ. Durch die Seitenflächen tritt keine Wärme hindurch; der Wärmestrom ist also unverzweigt.

a) Berechnen Sie das Temperaturprofil über der Wand.

b) Geben Sie die mittlere Wärmeleitfähigkeit $\overline{\lambda}$ der Wand an.

Lösung:

a) Aus Gl. (22.29) ergibt sich, dass das Temperaturgefälle entlang einer Schicht mit konstanter Wärmeleitfähigkeit konstant ist, die Temperatur also linear abfällt. Der gesamte Temperaturabfall ΔT_i über der i-ten Schicht ergibt sich aus dem Ohm'schen Gesetz der Wärmelehre zu

$$\Delta T_i = \Phi \cdot R_{\mathrm{th},i} = \frac{\Phi}{A} \cdot \frac{s_i}{\lambda_i} \tag{1}$$

Das Temperaturprofil hat damit die in der Abbildung skizzierte Form.

Der Temperaturabfall über eine Schicht ist bei gegebener Wärmestromdichte proportional zur Schichtdicke und umgekehrt proportional zur Wärmeleitfähigkeit der Schicht. Für die Temperaturabfälle an zwei verschiedenen Schichten gilt

$$\frac{\Delta T_i}{\Delta T_j} = \frac{R_{\mathrm{th},i}}{R_{\mathrm{th},j}} \tag{2}$$

Die Temperaturabfälle über verschiedene Schichten derselben Wand verhalten sich wie deren thermische Widerstände. Ein analoges Gesetz ist gilt auch für elektrische Reihenschaltungen.

b) Die **mittlere** Wärmeleitfähigkeit ist die Wärmeleitfähigkeit, die eine homogene Wand besitzen müsste, um bei gleicher Gesamtdicke s_{ges} wie die gegebene Wand denselben thermischen Gesamtwiderstand wie diese zu haben.

$$R_{\text{th,ges}} = \frac{s_1}{\lambda_1 A} + \frac{s_2}{\lambda_2 A} + \frac{s_3}{\lambda_3 A} = \frac{s_{\text{ges}}}{\overline{\lambda} A} \tag{3}$$

Daraus ergibt sich für die mittlere Wärmeleitfähigkeit

$$\frac{1}{\overline{\lambda}} = \frac{s_1}{s_{\text{ges}}} \cdot \frac{1}{\lambda_1} + \frac{s_2}{s_{\text{ges}}} \cdot \frac{1}{\lambda_2} + \frac{s_3}{s_{\text{ges}}} \cdot \frac{1}{\lambda_3} \tag{4}$$

und bei gleicher Dicke s für alle Schichten wegen $s_{\text{ges}} = 3s$

$$\frac{1}{\overline{\lambda}} = \frac{1}{3}\left(\frac{1}{\lambda_1} + \frac{1}{\lambda_2} + \frac{1}{\lambda_3}\right) \tag{5}$$

Die Mittelung der Wärmeleitfähigkeiten muss bei hintereinander geschalteten Leitern also mit den Kehrwerten vorgenommen werden.

Beispiel 22.4 ▲

22.4 Zusammenfassung

Temperaturausgleich: Zwischen zwei Körpern mit den Anfangstemperaturen T_{A} und T_{B} und den konstanten Wärmekapazitäten C_{A} und C_{B} stellt sich bei direktem Kontakt die Mischungstemperatur T_{f} ein mit

$$T_{\text{f}} = \frac{C_{\text{A}} T_{\text{A}} + C_{\text{B}} T_{\text{B}}}{C_{\text{A}} + C_{\text{B}}} \tag{22.43}$$

Wärmestrahlung: Für die von der Oberfläche A mit der Temperatur T und dem Emissionsgrad ϵ abgestrahlte Leistung ϕ gilt das **Stefan-Boltzmann-Gesetz**

$$\phi = A \cdot \varepsilon \cdot \sigma \cdot T^4 \tag{22.44}$$

mit

$$\sigma = 5{,}67 \cdot 10^{-8}\ \text{W}/(\text{m}^2 \cdot \text{K}^4) \qquad \text{und} \qquad \varepsilon \leq 1 \tag{22.45}$$

Wärmestrom Φ: Er gibt die pro Zeiteinheit übertragene Wärmemenge an.

$$\Phi = \lim_{\Delta t \to 0} \frac{\Delta Q}{\Delta t} = \frac{\mathrm{d}Q}{\mathrm{d}t}, \qquad [\Phi] = \frac{\text{J}}{\text{s}} = \text{W} \tag{22.46}$$

Wärmeübergang: Grenzt ein Fluid an einen Festkörper, so fließt zwischen beiden bei der Temperaturdifferenz ΔT durch die Kontaktfläche A der Wärmestrom:

$$\Phi = \alpha \cdot A \cdot \Delta T \qquad \alpha\text{: Wärmeübergangskoeffizient} \tag{22.47}$$

Wärmeleitung: Durch ein quaderförmiges, ruhendes Material mit der Querschnittsfläche A und der Länge s fließt bei einer Temperaturdifferenz ΔT zwischen Eintritts- und Austrittsfläche im stationären Fall der Wärmestrom:

$$\Phi = \lambda \cdot A \cdot \frac{\Delta T}{s} \qquad \lambda\text{: Wärmeleitfähigkeit} \tag{22.48}$$

Wärmedurchgang: Werden zwei Fluide mit der Temperaturdifferenz ΔT durch eine wärmeleitende Wand getrennt, so gilt für den stationären Wärmestrom durch die Querschnittsfläche A:

$$\Phi = k \cdot A \cdot \Delta T \qquad k\text{: Wärmedurchgangskoeffizient (}k\text{-Wert)} \tag{22.49}$$

Sind α_{I} und α_{II} die Wärmeübergangskoeffizienten zu den beiden Fluiden und λ die Wärmeleitfähigkeit der trennenden Wand mit der Dicke s, so gilt:

$$\frac{1}{k} = \frac{1}{\alpha_{\text{I}}} + \frac{s}{\lambda} + \frac{1}{\alpha_{\text{II}}} \tag{22.50}$$

Ohm'sches Gesetz der Wärmelehre:

$$\Phi = \frac{\Delta T}{R_{th}} \qquad R_{th}\text{: thermischer Widerstand} \tag{22.51}$$

$$\text{Wärmeübergang:} \qquad R_{th} = \frac{1}{\alpha A} \tag{22.52}$$

$$\text{Wärmeleitung:} \qquad R_{th} = \frac{s}{\lambda A} \tag{22.53}$$

$$\text{Wärmedurchgang:} \qquad R_{th} = \frac{1}{kA} \tag{22.54}$$

Zusammengesetzte Wärmeübertragung: Beim unverzweigten Wärmestrom durch mehrere hintereinander liegende thermische Widerstände gilt, wie bei der elektrischen Reihenschaltung:

$$R_{th,ges} = R_{th1} + R_{th2} + R_{th3} \tag{22.55}$$

22.5 Aufgaben

22.1 Zu bestimmen ist die Wassertemperatur, die sich nach dem Mischen von 6 kg Wasser von 42 °C, 4 kg Wasser von 72 °C und 20 kg Wasser von 18 °C einstellt.

22.2 Wie groß ist der maximale Unterschied an Masse und Gewicht der Luft, die einen Raum vom Volumen 100 m^3 ausfüllt, beim Atmosphärendruck im Winter und im Sommer, wenn die Raumtemperatur im Sommer auf 30 °C steigt und im Winter auf 5 °C sinkt?

22.3 Wasser von 341 K tritt in den Radiator einer Warmwasserheizung ein und bei 313 K aus. Auf welche Temperatur erwärmt sich die Luft in einem Zimmer mit den Abmessungen 6 m × 5 m × 3 m, wenn die Lufttemperatur im Zimmer anfänglich 279 K betrug und durch den Heizkörper 40 l Wasser strömen? Die Wärmeverluste durch Wände, Fenster und Fußboden machen 50 % aus.

22.4 In einem Aluminiumkalorimeter mit der Masse 30 g, das Petroleum von 20 °C enthält, wird ein Zinnzylinder der Masse 0,60 kg eingetaucht, der vorher auf 100 °C erwärmt wurde. Welche Petroleummenge befand sich im Kalorimeter, wenn die Endtemperatur 29,5 °C beträgt und die Wärmeverluste an den umgebenden Raum 15 % ausmachen?

22.5 Eine Platte mit der Masse 0,30 kg, die auf 85 °C erwärmt wurde, wird dann in ein Aluminiumkalorimeter mit der Masse 30 g getaucht, das 0,25 kg Wasser von 22 °C enthält. Die Temperatur, die sich im Kalorimeter einstellt, beträgt 28 °C. Zu bestimmen ist die spezifische Wärmekapazität des Plattenmaterials.

22.6 Wie viel Liter Wasser von 20 °C und von 100 °C müssen gemischt werden, um 300 l Wasser von 40 °C zu erhalten?

22.7 Ein Stahlbohrer mit der Masse 90 g, der zum Härten auf 840 °C erhitzt wurde, wird in ein Gefäß getaucht, das Maschinenöl von 20 °C enthält. Welche Menge Öl muss man nehmen, damit dessen Endtemperatur 70 °C nicht übersteigt?

22.8 Zur Bestimmung der Temperatur eines Ofens ließ man einen darin erhitzten Stahlbolzen von 0,30 kg Masse in ein Kupfergefäß mit der Masse 0,20 kg fallen, das 1,27 kg Wasser von 15 °C enthielt. Die Wassertemperatur stieg auf 32 °C an. Zu berechnen ist die Ofentemperatur.

22.9 In ein Gefäß, das 2,35 kg Wasser von 20 °C enthält, wird ein Stück Zinn getaucht, das auf 507 K erhitzt wurde; die Wassertemperatur im Gefäß steigt um 15 K. Zu berechnen ist die Masse des Zinns. Das Verdampfen von Wasser wird vernachlässigt.

22.10 Wie viel Liter Wasser von 95 °C müssen zu 30 l Wasser von 25 °C hinzugefügt werden, um Wasser mit der Temperatur 67 °C zu erhalten?

22.11 Die Außenfläche einer Wand hat die Temperatur $t_1 = -20$ °C, die Innenfläche die Temperatur $t_2 = +20$ °C. Die Wanddicke beträgt 40 cm. Gesucht ist die Wärmeleitfähigkeit des Wandmaterials, wenn in 1 h eine Wärmemenge von 460 kJ je m^2 hindurchgeht.

22.12 Welche Wärmemenge verliert ein Zimmer mit der Grundfläche 4 m × 5 m und einer Höhe von 3 m in einer Minute über seine vier Ziegelwände?
Die Zimmertemperatur beträgt $t_1 = 15$ °C, die Außentemperatur $t_2 = -20$ °C. Die Wärmeleitfähigkeit von Ziegelsteinen beträgt 0,828 W/(m · K), die Wanddicke ist 50 cm. Die Wärmeverluste durch Fußboden und Decke sind zu vernachlässigen.

22.13 Welche Wärmemenge geht in 1 s durch einen Kupferstab mit der Querschnittsfläche von 10 cm^2 und einer Länge von 50 cm, wenn der Temperaturunterschied zwischen den Stabenden 15 K beträgt?

23 Phasenumwandlungen

23.1 Aggregatzustände und Phasenübergänge

Schmelzwärme und Verdampfungswärme

Ein **Phasenübergang** ist eine Veränderung einer Substanz in ihrer inneren Struktur, die die Ordnung des Systems der zugehörigen Teilchen beeinflusst.

Erhitzt man z. B. Wasser, so fängt es beim Erreichen der **Siedetemperatur** an zu sieden. Weitere Wärmezufuhr führt zunächst nicht zu einer Temperaturerhöhung, sondern zum **Verdampfen** von Wasser. Erst wenn alles Wasser verdampft ist, nimmt die Temperatur des Systems wieder zu. Die zugeführte Wärme, die nicht zur Temperaturerhöhung, sondern zum Verdampfen dient, wird **Verdampfungswärme** genannt. Ebenso wird beim **Schmelzen** von Stoffen **Schmelzwärme** zugeführt.

Bei der Umkehrung des Verdampfens, dem **Kondensieren**, wird die **Kondensationswärme** frei. Ihr numerischer Wert ist gleich der Verdampfungswärme. Entsprechend wird beim Erstarren die **Erstarrungswärme** frei, die genauso groß ist wie die Schmelzwärme.

Wärmezufuhr kann also eine Zustandsänderung – einen Phasenübergang – bewirken, ohne dass sich die Temperatur ändert. Die bei einem Phasenübergang zugeführte Wärme wird allgemein **latente Wärme** genannt.

Beispiel 23.1

Erwärmung eines Eisblocks

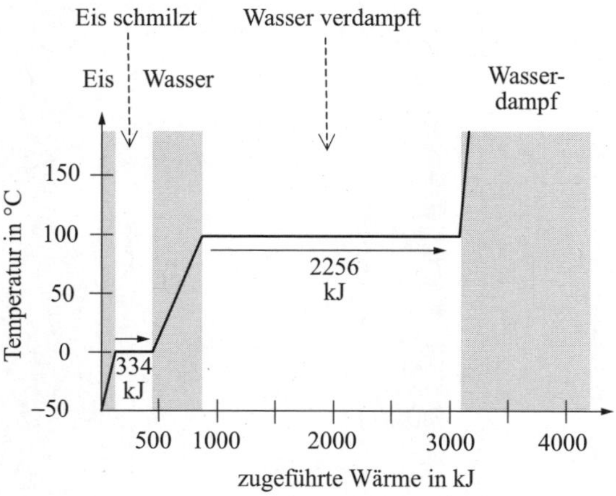

Abb. 23.1 Erwärmung eines Eisblocks

Ein Eisblock der Masse $m = 1$ kg wird unter konstantem, atmosphärischem Druck p_0, beginnend bei -50 °C erwärmt.

Gesucht ist der Temperaturverlauf in Abhängigkeit von der zugeführten Wärmemenge.

Lösung:

Die gemessene Kurve ist in nebenstehender Grafik dargestellt. Wenn die pro Zeiteinheit zugeführte Wärmemenge konstant ist, entspricht die x-Achse auch der seit Beginn der Erwärmung verstrichenen Zeit.

Folgende Vorgänge finden nacheinander statt:

- Die Temperatur des Eises erhöht sich gleichmäßig von -50 °C bis 0 °C. Bei einer spezifischen Wärmekapazität von $c_{Eis} = 2{,}1$ kJ/(kg · K) benötigt man für diese Erwärmung um $\Delta T = 50$ K die Wärmemeng 105 kJ.
- Bei 0 °C gibt es einen Phasenübergang: Das feste Eis schmilzt und verwandelt sich in Wasser, unter Aufnahme einer Schmelzwärme von 334 kJ. Während des Umwandlungsprozesses bleibt die Temperatur von 0 °C erhalten.

- Von 0 °C bis 100 °C nimmt die Temperatur des Wassers gleichmäßig zu. Wegen der spezifischen Wärmekapazität von $c_{Wasser} = 4{,}18\,\mathrm{kJ/(kg \cdot K)}$ nimmt das Wasser dabei die Wärmemenge 418 kJ auf.
- Bei 100 °C gibt es wieder einen Phasenübergang: Wasser beginnt zu sieden und wird zu Wasserdampf. Bis das ganze Wasser in Gas umgewandelt ist, bleibt die Temperatur konstant bei 100 °C. Die dabei insgesamt aufgenommene Verdampfungswärme beträgt 2256 kJ.
- Über 100 °C existiert nur noch Wasserdampf, und die Temperatur steigt abhängig von der zugeführten Wärme weiter an.

Beispiel 23.1 ▲

Tabelle 23.1 Spezifische Schmelz- und Verdampfungswärme einiger Stoffe

Stoff	Spez. Schmelzwärme (kJ/kg)	Spez. Verdampfungswärme (kJ/kg)
Aceton	98	525
Aluminium	397	10 900
Benzol	128	394
Beryllium	1 390	32 600
Blei	23	8 600
Brom	67,8	183
Chrom	280	6 700
Eisen	277	6 340
Essigsäure	192	406
Ethanol	108	840
Gold	65,7	1 650
Hexan	152	332
Kaliumchlorid	342	2 160
Kupfer	205	4 790
Mangan	266	4 190
Methanol	92	1 100
Natriumchlorid	500	2 900
Nickel	303	6 480
Oktan	181	299
Phosphor	21	400
Quecksilber	11,8	285
Schwefel	42	290
Silber	105	2 350
Wasser	334	2 256
Wolfram	192	4 350
Xylol	109	343
Zink	111	1 755
Zinn	59,6	2 450

Die **spezifische Schmelzwärme** und die **spezifische Verdampfungswärme** sind als Stoffkonstanten definiert:

$$q = \frac{Q}{m}, \qquad [q] = \mathrm{J/kg} \tag{23.1}$$

Sie geben an, wie viel Energie notwendig ist, um 1 kg eines Materials bei seiner Umwandlungstemperatur zu schmelzen bzw. zu verdampfen.

Sättigungsdampfdruck

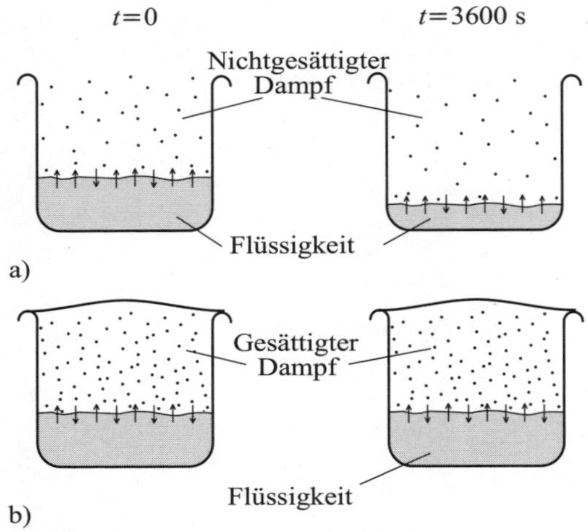

Abb. 23.2 (a) Bei nichtgesättigtem Dampf entweichen die Moleküle der Flüssigkeit; der Flüssigkeitsspiegel sinkt. (b) Bei gesättigtem Dampf verdampfen und kondensieren gleichviel Moleküle; der Flüssigkeitsspiegel ist konstant

Befinden sich der gasförmige und der flüssige Zustand eines Stoffes, wie in nebenstehender Abbildung dargestellt, in direktem Kontakt, so bezeichnet man die Gasphase als **Dampf**. An der Grenzfläche findet ein ständiger Übergang von Molekülen aus der Flüssigkeit in die Dampfphase und umgekehrt statt. Ist die Konzentration der Moleküle in der Dampfphase und damit der **Dampfdruck** über der Flüssigkeit klein (oberes Teilbild), so entweichen pro Zeiteinheit mehr Moleküle aus der flüssigen Phase als zurückkommen: Die Flüssigkeit verdampft. Es liegt **kein** Gleichgewicht vor. Der Dampf wird in diesem Fall als **nichtgesättigter Dampf** bezeichnet.

Ist der Dampfdruck dagegen so groß, dass die Anzahl der die Grenzfläche pro Zeiteinheit passierenden Moleküle in beiden Richtungen gleich groß ist, so herrscht Gleichgewicht zwischen Flüssigkeit und Dampf und die Flüssigkeitsmenge bleibt konstant (unteres Teilbild). Der zum Gleichgewicht gehörende Dampfdruck heißt **Sättigungsdampfdruck** und der Dampf wird in diesem Fall **Nassdampf** oder gesättigter Dampf genannt.

Der Sättigungsdampfdruck steigt mit der Temperatur stark an, wie im folgenden Diagramm für Wasser dargestellt ist.

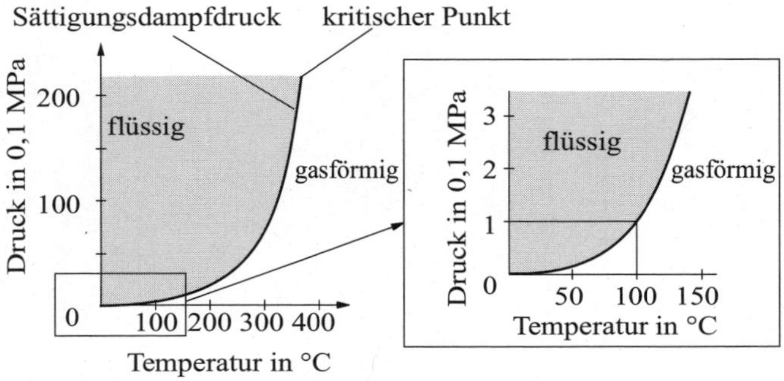

Abb. 23.3 Sättigungsdampfdruck von Wasser

Besteht das betrachtete System nur aus einem Stoff, so ist der Dampfdruck im Gleichgewicht mit dem Gesamtdruck identisch. Kennzeichnet man den Zustand des Systems in diesem Fall durch einen Punkt im p-T-Diagramm, so kann Dampf und Flüssigkeit im System nur koexistieren, wenn der „Zustandspunkt" auf der Sättigungsdampfdruckkurve liegt. Liegt er unterhalb, ist der Druck zu klein, um ein Verdampfen der Flüssigkeit zu verhindern und das System liegt im Gleichgewicht vollständig in der Gasphase vor. Liegt der Zustandspunkt dagegen oberhalb der Sättigungsdampfdruckkurve, so ist das System vollständig flüssig. Wie dem Diagramm zu entnehmen ist, kann Wasser bei einem Druck von 1 bar = 0,1 MPa ab einer Temperatur von 100 °C nur noch gasförmig vorliegen. Unter dieser Siedetemperatur muss es flüssig sein (wenn das System nicht zusätzlich Luft enthält und der Partialdruck des Wasserdampfes deshalb niedriger ist als der Gesamtdruck).

Oberhalb des „kritischen Punktes“ kann zwischen gasförmigem und flüssigem Zustand nicht mehr unterschieden werden.

Im nebenstehenden Diagramm sind außer der Kurve des Sättigungsdampfdrucks noch die **Sublimationskurve** eingezeichnet, auf der die Gasphase mit der festen Phase im Gleichgewicht steht, sowie die **Schmelzkurve**, auf der flüssige und feste Phase koexistieren können. Wie man sieht, gibt es nur einen Punkt, bei dem alle drei Phasen im Gleichgewicht stehen können. Dieser **Tripelpunkt** liegt für Wasser bei 0,01 °C und 610 Pa.

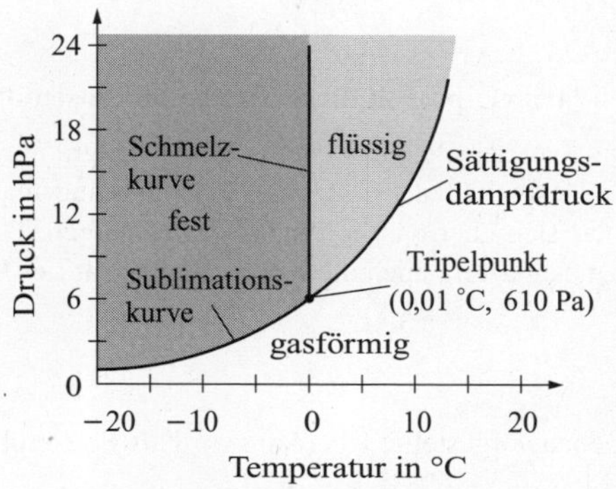

Abb. 23.4 Schmelz-, Sublimations- und Dampfdruckkurve von Wasser

Enthalpie und Phasenübergänge

Bei Phasenübergängen, die **unter konstantem Druck** (isobar) ablaufen, ist die zugeführte latente Wärme Q gleich der Änderung einer Zustandsgröße, die als Enthalpie H bezeichnet wird. So gilt z. B. beim Schmelzen:

$$Q = \Delta H_{\mathrm{S}} = H_{\mathrm{fl}} - H_{\mathrm{fest}} \tag{23.2}$$

Dabei ist ΔH_{S} die **Schmelzenthalpie**, die beim Erstarren der Substanz als **Erstarrungsenthalpie** $-\Delta H$ wieder frei wird. Analog sind die **Verdampfungsenthalpie** ΔH_{V} und die **Sublimationsenthalpie** $\Delta H_{\mathrm{Sub}} = \Delta H_{\mathrm{S}} + \Delta H_{\mathrm{V}}$ mit der **Kondensationsenthalpie** $-\Delta H_{\mathrm{V}}$ und der **Desublimationsenthalpie** $-H_{\mathrm{Sub}}$ verknüpft.

Aus dem ersten Hauptsatz der Thermodynamik

$$Q = \Delta U - W \tag{23.3}$$

erhält man den folgenden Zusammenhang zwischen der Enthalpie H und der inneren Energie U:

$$\Delta H = \Delta U + p\Delta V \tag{23.4}$$

wobei ΔV die Zunahme des Systemvolumens während des isobaren Phasenübergangs ist.

23.2 Klassifikation von Phasenübergängen

Die beim Phasenübergang aufgewandte Wärme führt zu einer Veränderung der Entropie um

$$\Delta S = \frac{Q}{T} \tag{23.5}$$

Zeichnet man S als Funktion von T, so erkennt man z. B. bei der Temperatur des Siedepunktes einen **Sprung in der Entropie** (vgl. Abbildung).

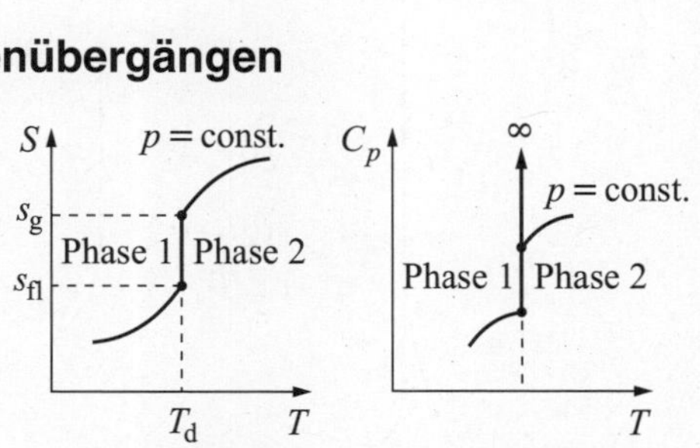

Abb. 23.5 Entropie und Wärmekapazität in Abhängigkeit von der Temperatur für einen Phasenübergang 1. Ordnung (schematisch)

Betrachten wir nun die Wärmekapazität des Stoffes, so gilt

$$Q = C \cdot \Delta T \tag{23.6}$$

Da die Temperatur während des Phasenübergangs konstant bleibt, $\Delta T = 0$, die zugeführte Wärme aber einen von null verschiedenen Betrag hat, stehen wir vor einem Problem bei der Erfüllung dieser Gleichung. Wir müssen der Wärmekapazität einen Wert von unendlich zuordnen, um diesem Dilemma zu entfliehen:

$$C \to \infty \tag{23.7}$$

Die Wärmekapazität divergiert beim Phasenübergang!

Wenn man das gleiche System im p-V-Diagramm anschaut, stellt man fest, dass auch das Volumen V bei festgehaltenem Druck p einen Sprung macht, was einer Änderung der Dichte entspricht. Ändert sich aber das Volumen bei konstantem Druck, so bedeutet das, dass, ähnlich wie bei der Wärmekapazität, auch die **Kompressibilität des Stoffes am Phasenübergang divergiert**:

$$\kappa = \frac{1}{V}\frac{\partial V}{\partial p}\bigg|_{T=\text{const.}} \longrightarrow \infty \tag{23.8}$$

Der eben vorgestellte Übergang wird als **Phasenübergang erster Ordnung** bezeichnet.

Phasenübergänge erster Ordnung sind gekennzeichnet durch einen Sprung in der Entropie und eine Divergenz der Wärmekapazität und der Kompressibilität.

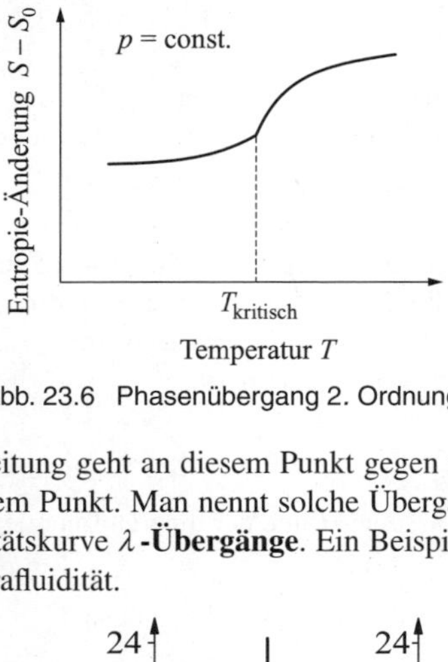

Abb. 23.6 Phasenübergang 2. Ordnung

Neben Phasenübergängen erster Ordnung gibt es auch **Phasenübergänge zweiter Ordnung**, wie sie in nebenstehender Abbildung zu sehen sind. Hier macht die Entropie als Funktion der Temperatur keinen Sprung; die Kurve hat lediglich einen Knick. Die Wärmekapazität zeigt auch keine Divergenz mehr; sie hat lediglich einen endlichen **Sprung** bei der Temperatur T_{kritisch}.

Weiterhin kann es auch passieren, dass die Entropie als Funktion von T zwar keinen Knick hat, aber bei einer Temperatur T_d eine **senkrechte Tangente**. Die Ableitung geht an diesem Punkt gegen unendlich. Analog divergiert auch die Wärmekapazität an diesem Punkt. Man nennt solche Übergänge wegen der charakteristischen λ-Form der Wärmekapazitätskurve **λ-Übergänge**. Ein Beispiel für einen solchen Phasenübergang ist der Übergang zur Suprafluidität.

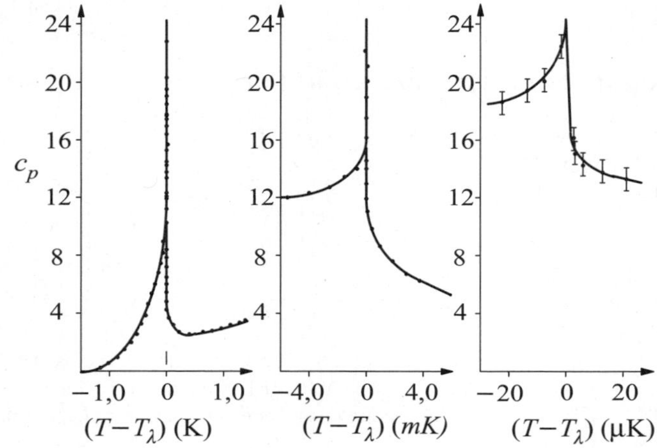

Abb. 23.7 λ-Übergang

In Abbildung 23.8 wird der Phasenübergang eines Stoffes bei verschiedenen Drücken betrachtet.

Wir sehen drei S-T-Diagramme bei jeweils konstantem Druck (Isobaren). Eine mit einem Sprung, eine mit einem Knick und eine ohne Unstetigkeitsstellen. Bei der Kurve mit Sprung liegen beim Erreichen der Sprungtemperatur beide Phasen gleichzeitig vor. Man nennt diesen Bereich **Koexistenzbereich** beider Phasen. Der Koexistenzbereich beider Phasen wird mit steigendem Druck kleiner, bis er beim **kritischen Druck** p_c (zweite Kurve mit Knick) auf einen Punkt zusammenschrumpft. Bei noch höheren Drücken liegt kein Phasenübergang mehr vor, und es ist auch nicht sinnvoll, von verschiedenen Phasen zu sprechen.

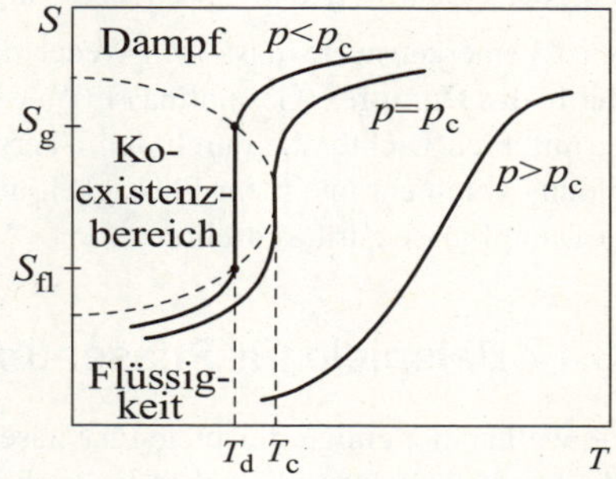

Abb. 23.8 S-T-Diagramm (schematisch)

Analoge Bilder sieht man, wenn man sich Isotherme im p-V-Diagramm anschaut. Für niedrige Temperaturen findet man einen Koexistenzbereich, der bei der kritischen Temperatur auf einen Punkt zusammenschrumpft. Oberhalb der kritischen Temperatur gibt es keinen Phasenübergang mehr.

23.3 Phasengleichgewicht

Bei der Einführung der Van-der-Waals-Zustandsgleichung haben wir bereits auf einige Unstimmigkeiten dieser Gleichung hingewiesen. Die Isothermen der Van-der-Waals-Gleichung,

$$\left(p + \frac{N^2 a}{V^2}\right)(V - Nb) = NkT \tag{23.9}$$

zeigen sowohl Bereiche negativer Drücke wie auch mechanisch instabile Bereiche mit $\partial p/\partial V > 0$, für die das Gas von selbst kollabieren möchte. Beide Fälle sind thermodynamisch nicht stabil.

Diese Widersprüche können durch die Berücksichtigung des Phasenüberganges Gas–Flüssigkeit gelöst werden. Bei der isothermen Kompression der meisten Gase unterhalb einer kritischen Temperatur setzt nämlich bei einem bestimmten Volumen V_1 die Verflüssigung ein.

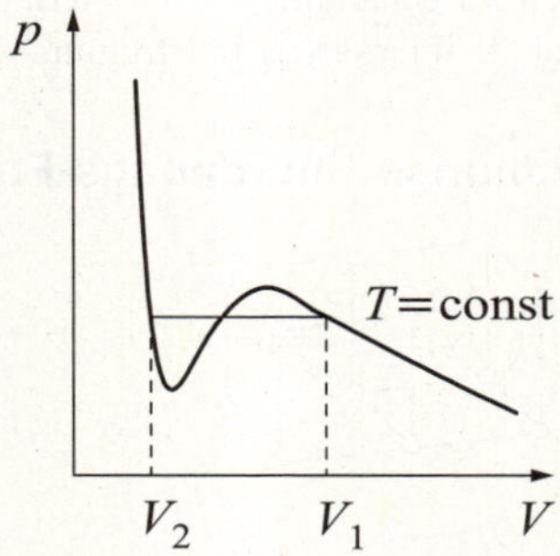

Abb. 23.9 Isotherme des Van-der-Waals-Gases

Im Gleichgewicht zwischen Dampf und Flüssigkeit stellt sich ein bestimmter **Dampfdruck** p_g ein, der aus den folgenden Gleichgewichtsbedingungen folgt:

Mechanische Stabilität

$$p_{fl} = p_g \tag{23.10}$$

Thermische Stabilität

$$T_{fl} = T_g \tag{23.11}$$

Der Dampfdruck $p_g(T)$ ist dabei eine reine Temperaturfunktion und hängt nicht vom Dampfvolumen V ab, sodass sich eine horizontale Isotherme im p-V-Diagramm ergibt. Eine isotherme Kompression über den Verflüssigungspunkt V_1 hinaus bewirkt, dass immer mehr Dampf in Flüssigkeit umgewandelt wird, bis dann im Punkt V_2 alles Gas verflüssigt ist. Bei einer weiteren Kompression steigt der Druck wegen der geringen Kompressibilität der Flüssigkeit sehr steil an.

Es ist bemerkenswert, dass sich weder die **Dichte der Flüssigkeit** (Gesamtmasse/V_2) noch die **Dichte des Dampfes** (Gesamtmasse/V_1) während dieser Phasenumwandlung ändert. Die Erhöhung der mittleren Dichte, die durch den Übergang von V_1 nach V_2 erzwungen wird, ist einzig auf die Bildung von mehr und mehr Flüssigkeit und auf die gleichzeitige Verminderung des Teilvolumens der Dampfphase zurückzuführen.

23.4 Beispiele für Phasenübergänge

Wie wollen hier einige Beispiele für Phasenübergänge phänomenologisch beschreiben. Dieser Abschnitt soll einen Überblick über die reichhaltige Zahl von Phasenübergängen geben und erleichtert das Verständnis für die weite Anwendbarkeit der Thermodynamik.

a) Magnetische Phasenumwandlungen

Bestimmte Materialien wie Eisen, Cobalt und Nickel weisen unterhalb einer Übergangstemperatur T_c (Curie-Temperatur) ferromagnetische Eigenschaften auf. Gleiches trifft auch auf einige Legierungen aus Elementen zu, die selbst nicht ferromagnetisch sind (Cu_2MnAl, Cu_2MnSn). Im Vergleich zum paramagnetischen Verhalten, welches oberhalb dieser Übergangs-Temperatur angenommen wird, sind **Ferromagnetika** durch eine Reihe von Besonderheiten gekennzeichnet. Während in einem **Paramagneten** Feldstärken der Größenordnung $10^9\ \mathrm{A \cdot m^{-1}}$ benötigt werden, um **Sättigungsmagnetisierung** zu erreichen, genügen dazu in Ferromagnetika einige $10^5\ \mathrm{A \cdot m^{-1}}$. Die **Anfangssuszeptibilität** von Ferromagnetika ist um etwa **neun Größenordnungen** höher als die von Paramagnetika. Nach Abschalten des äußeren Feldes bleibt in Ferromagnetika ein **permanentes magnetisches Dipolmoment** erhalten, welches stark von der mechanischen und thermischen Vorbehandlung des Materials abhängt. Ferromagnetismus findet sich nur in Festkörpern mit wohldefinierter Kristallstruktur.

b) Ordnungs-Unordnungs-Phasenübergänge

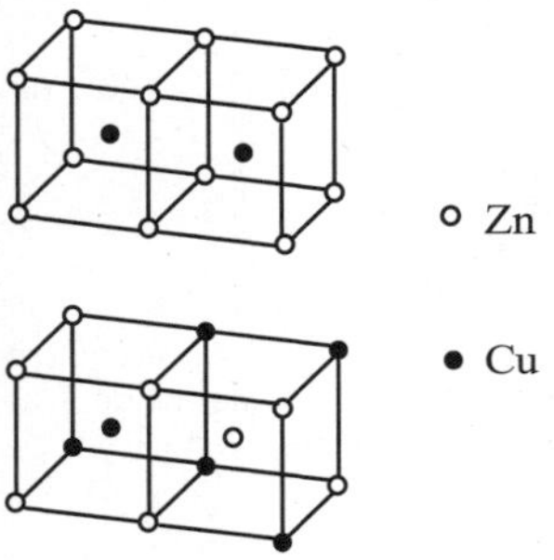

Abb. 23.10 Strukturen von β-Messing; oben: geordnet, unten: statistisch verteilt

Bei Phasenübergängen dieser Art besitzt die Tieftemperaturphase eine gewisse Ordnung der Atome oder Moleküle, die oberhalb der Übergangstemperatur verloren geht. Die Ordnung kann sich dabei auf die Anordnung der Atome oder Moleküle in einem Kristallgitter beziehen (**Lageordnung**) oder auf die Orientierung bestimmter Moleküle relativ zueinander (**Orientierungsordnung**). Im Prinzip zählen zu diesen Phasenübergängen natürlich auch die Übergänge fest–flüssig und fest–gasförmig. Es ist aber Konvention, in diese Kategorie nur Phasenübergänge fest–fest aufzunehmen (da sonst fast alle Phasenübergänge in diese Rubrik gehören würden).

Lageordnung

Neben verschiedenen Umwandlungen der Kristallstruktur treten in manchen Legierungen, z. B. vom Typ AB (CuZn) oder A_3B (Cu_3Au), auch Umwandlungen in der Anordnung der Atome auf den Gitterplätzen ein. Seit langem ist der Phasenübergang in β-Messing (CuZn) bei $T = 465\ °C$ bekannt. In der Tieftemperaturphase besitzt das Messing eine Struktur, bei der Kupfer und Zink wohlgeordnet in verschiedenen Untergittern sitzen.

c) Umwandlungen der Kristallstruktur

Die festen Phasen vieler Substanzen können je nach Druck und Temperatur (bei Legierungen auch je nach Zusammensetzung) verschiedene Kristallstrukturen annehmen.

So sind allein von Eis bei Drücken bis zu 8 000 bar sechs verschiedene Modifikationen (Eis I ... Eis VI) bekannt, von denen das gewöhnliche Eis bei $p \approx 1$ bar nur eine ist.

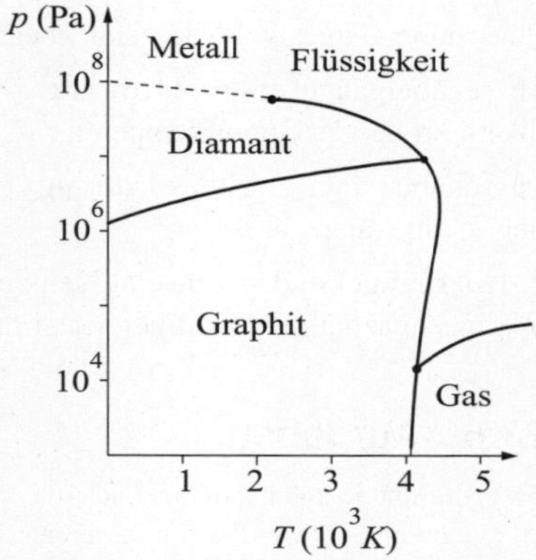

Abb. 23.11 Phasendiagramm von ^{12}C

Einige Nichtmetalle können bei extrem hohen Drücken sogar in eine **metallische Phase** übergehen. Ist kein geeigneter Katalysator vorhanden, so können die Phasenübergänge fest–fest mitunter erheblich verzögert sein. So ist beispielsweise Diamant bei Atmosphärendruck (10^5 Pa) eigentlich nicht stabil (siehe Abbildung). Ebenso geht Zinn unterhalb 13,2 °C aus der metallischen Phase mit tetragonaler Symmetrie (β-Sn) in eine halbleitende Phase mit Diamantstruktur (α-Sn) über, aber auch dies geschieht nur extrem langsam (**Zinnpest**).

d) Flüssige Kristalle

In manchen organischen Substanzen mit hohem Molekulargewicht und langgestreckter Form der Moleküle geht beim Schmelzen die **Fernordnung** nicht verloren. Auch in der flüssigen Phase besitzen die Moleküle eine gewisse Ausrichtung. Im Gegensatz zu normalen Flüssigkeiten sind flüssige Kristalle daher nicht isotrop. Je nach Art der Orientierung unterscheidet man verschiedene Formen (siehe Abbildung).

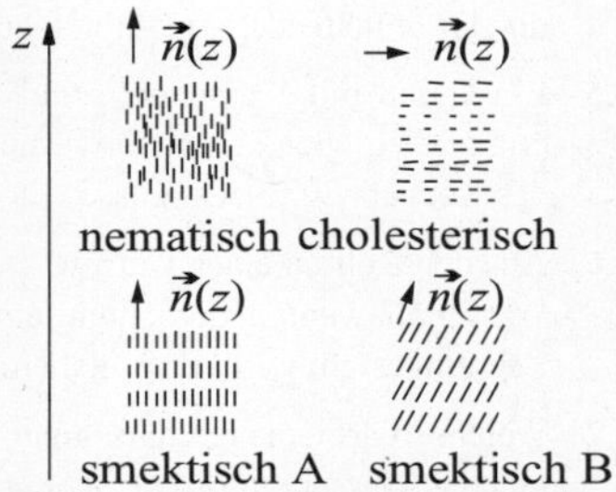

Abb. 23.12 Strukturen flüssiger Kristalle

Manche Substanzen können mit steigender Temperatur mehrere Formen flüssiger Kristalle bilden. Sie besitzen dann **mehrere Umwandlungstemperaturen**.

Flüssige Kristalle werden i. Allg. nur von komplizierten organischen Substanzen gebildet, von denen viele Umwandlungstemperaturen bzw. Schmelzpunkte im Bereich 100 °C haben. Bei Zimmertemperatur haben sie eher die Konsistenz zäher Fette als die von kristallinen Festkörpern.

Erst nachdem es gelungen ist, Substanzen mit Umwandlungstemperaturen bei einigen Grad Celsius zu finden, werden flüssige Kristalle technisch interessant. Die **optische Anisotropie nematischer** flüssiger Kristalle führt zu einer starken Lichtstreuung. Beim Phasenübergang zur isotropen Flüssigkeit verschwindet die Streuung. In flüssigen Kristallen mit genügend großem elektrischen Dipolmoment lässt sich die **Lichtdurchlässigkeit** bzw. Reflexion auf einfache Weise durch Anlegen eines elektrischen Feldes fast leistungslos steuern. Sie haben in den „liquid-crystal-displays" (LCD) große technische Bedeutung erlangt.

e) Supraleitung

Das Phänomen der Supraleitung ist schon seit 1911 bekannt. Kühlt man ein normal leitendes Metall auf sehr niedrige Temperaturen ab, so behält es einen **Restwiderstand** bei. Bei supraleitenden Materialien sinkt der Widerstand beim Unterschreiten einer Sprungtemperatur T_c auf einen nicht messbar kleinen Wert. Diese **Sprungtemperatur** liegt bei den meisten metallischen Supraleitern bei ca. 1–10 Kelvin. In den letzten Jahren ist es gelungen, supraleitende Materialien mit Sprungtemperaturen über 100 K herzustellen (**Hochtemperatursupraleiter**).

23.5 Zusammenfassung

Phasenübergänge sind Übergänge, bei denen sich die Temperaturabhängigkeit der Entropie ändert.

Phasenübergänge **erster Ordnung** zeigen einen Sprung in der Entropie; die Wärmekapazität divergiert bei der Sprungtemperatur.

Phasenübergänge **zweiter Ordnung** zeigen einen Knick in der Entropiekurve und einen Sprung in der Wärmekapazität.

λ-Übergänge sind durch eine senkrechte Tangente der Entropiefunktion gekennzeichnet. Die Wärmekapazität divergiert bei der Sprungtemperatur.

23.6 Aufgaben

23.1 Es sind je 200 g Äthanol und Äther bei der Temperatur 20 °C vorhanden. Welche Wärmemenge muss aufgebracht werden, um diese Flüssigkeiten in Dampf zu verwandeln?

23.2 Warum ist im Sommer die Wassertemperatur in offenen Wasserbehältern immer niedriger als die Temperatur der umgebenden Luft?

23.3 Auf welche Temperaturen erwärmen sich 0,80 l Wasser, das sich in einem Kupferkalorimeter der Masse 0,70 kg befindet und die Temperatur 285 K hat, wenn in das Kalorimeter 50 g Dampf von 373 K eingeleitet werden?

23.4 Welche Wärmemenge wird bei der Kondensation von 200 g Wasserdampf bei der Temperatur 100 °C und anschließender Abkühlung auf 20 °C abgegeben?

23.5 Ein Gefäß mit Wasser wird auf einem elektrischen Kocher in 20 min von 20 °C bis zum Sieden erhitzt. Wie viel Zeit benötigt man, um bei demselben Wirkungsgrad und der gleichen Arbeitsweise des Kochers 20 % des Wassers in Dampf umzuwandeln?

23.6 Aus den Rohren einer Warmwasserheizung wie auch aus den Kühlern von Kraftwagen lässt man das Wasser ab, wenn in der kalten Jahreszeit die Arbeit der Kesselpumpe oder des Automotors für längere Zeit eingestellt wird. Zu welchem Zweck wird das gemacht?

23.7 Welche Wärmemenge muss man aufwenden, um 8,0 kg Eis von −30 °C zum Schmelzen zu bringen und das Wasser auf 60 °C zu erwärmen?

23.8 Was geschieht, wenn man in ein Aluminiumgefäß mit der Masse 100 g, das 410 g Wasser von 24 °C enthält,
a) 100 g Eis von 0 °C,
b) 150 g Eis von 0 °C
eintaucht?

23.9 Welche Wärmemenge muss man aufbringen, um 6,0 kg Eis von −20 °C in Dampf mit der Temperatur 100 °C umzuwandeln?

23.10 Welche Masse Eis von 0 °C kann man auftauen und in Wasser mit der Temperatur 20 °C umwandeln, wenn dafür die gesamte Wärme aufgewandt wird, die beim Verbrennen von 20 m^3 Erdgas anfällt?

23.11 Weshalb lässt man durch die Rohre von Kühlanlagen eine Kochsalzlösung zirkulieren, nicht aber reines Wasser?

23.12 Wie kann man bei Frost aus Salzwasser Süßwasser erhalten?

23.13 Welche Wärmemenge muss man aufwenden, um
a) 100 g Eis 0 °C,
b) 100 g Eis von −20 °C
zum Schmelzen zu bringen?

23.14 Auf einem Petroleumkocher mit dem Wirkungsgrad 30 % werden 0,50 kg Eis, das die Temperatur 0 °C hat, geschmolzen und das dabei gebildete Wasser auf 100 °C erwärmt. Zu bestimmen ist die Masse des verbrauchten Petroleums.

Lösungen der Aufgaben

3.1 $s_1 + s_2 = s = 3000$ m, $0{,}75 s_2 = s_1 = 1286$ m

3.2 $t_1 = 4{,}8$ s, $a_1 = 2{,}17$ m/s^2, $v_{\max} = 10{,}4$ m/s

3.3 Brenndauer: $t_1 = 10$ s; $s_1 = 225$ m; $s_2 = 675$ m; $a_2 = -1{,}5$ m/s^2
$t(v = 20$ m/s$) = 4{,}4$ s bzw. 26,7 s
$s(v = 20$ m/s$) = 44{,}4$ m bzw. 767 m

3.4 $a = -2{,}5$ m/s^2, $t_{\mathrm{Br}} = 5{,}54$ s, $s_{\mathrm{Br}} = 38{,}45$ m

3.5 a) $\Delta t_{\mathrm{ges}} = 35$ s
($\Delta t_1 = 12$ s; $s_1 = 72$ m; $\Delta t_3 = 8$ s; $s_3 = 48$ m)
b) $\Delta t_{\mathrm{ges}} = 31{,}6$ s, $v_{\max} = 19$ m/s

3.6 $t_1 = 1{,}79$ s, $v_1 = 17{,}55$ m/s, $h_1 = 15{,}69$ m
$t_2 = 2{,}29$ s, $v_2 = 22{,}45$ m/s

3.7 $T = 4{,}36$ s, $v_0 = 21{,}36$ m/s, $h = 23{,}26$ m

3.8 $t_1 = 9{,}99$ s; $t_2 = -4{,}9$ s (physikalisch sinnlos); $t_{\mathrm{ges}} = 10{,}7$ s
Steighöhe: $h_{\max} = 31{,}85$ m
Steigzeit: $t_S = 2{,}55$ s
Fallzeit: $t_F = 7{,}44$ s

3.9 $s_1 = s_2 = 78{,}5$ m; $t = 4$ s, $v_0 = 19{,}14$ m/s

3.10 $\Delta x(2\text{ s}) = 18{,}6$ m, $\Delta x(t \geqq 4{,}8\text{ s}) = 9$ m

3.11 $t_{\mathrm{ges}} = 10{,}75$ s, $s_{\mathrm{ges}} = 322{,}5$ m

3.12 $t = 6/18/30/42/54$ min

3.13 $\Delta t = 778$ s, $\Delta x = 24$ m

3.14 $v_0 = 82{,}4$ km/h

3.15 $|s_2(t = 0)| \geqq 258{,}3$ m, $s_1 = 208{,}3$ m

3.16 $v_0 = 117$ km/h

3.17 $t = 198$ s, $\Delta x = 25$ m

3.18 $s = 106{,}6$ m

3.19 $\bar{v} = 91$ km/h

3.20 $\Delta s = 4{,}434 \cdot 10^{11}$ m

3.21 $\Delta t = 1{,}9$ min $= 1:54$ min
$\Delta s = 0{,}40$ km

3.22 $\bar{v} = \dfrac{7}{12} v_{\max}$

3.23 $\bar{v} = 19{,}58$ m/s, $v_{\mathrm{exact}} = 20$ m/s

3.24 $\Delta t_1 = 40$ s; $s_1 = 0{,}22$ km
$\Delta t_2 = 460$ s; $s_2 = 13$ km

3.25 $\Delta s = 14$ km

4.1 $v = 80{,}3$ m/s; $x_W = 327{,}1$ m, $t = 6{,}06$ s; $\alpha = 47{,}74°$

4.2 Turmhöhe $h = 57{,}7$ m; $l = 68{,}8$ m; $v_{\max} = 36{,}8$ m/s; $h_{\max} = 66{,}3$ m

4.3 $v_{0I} = 24{,}9$ m/s; $v_{0II} = 20{,}33$ m/s

4.4 $\Delta t = 3{,}61$ s

4.5 $\alpha = 12{,}56$ s^{-2}; $v = 301{,}6$ m/s; $N = 100/1600/3600$

4.6 $n_1 = 6{,}67$ s^{-1}; $n_2 = 13{,}3$ s^{-1}; $\alpha = 14$ s^{-2}; $v = 31{,}4$ m/s

4.7 $\alpha = 1{,}2$ s^{-2}; $\Delta t_1 = 3{,}5$ s; $N = 1{,}2$; $\Delta t_3 = 58$ s

4.8 $a_{\mathrm{B}} = 1$ m/s^2; $a_N = 0{,}57$ m/s^2; $a_{\mathrm{ges}} = 1{,}15$ m/s^2

4.9 $n = 0{,}091$/s; $\Delta a/a = 18$ %

4.10 $v = 27{,}65$ m/s, $a_{\mathrm{r}} = 324{,}6 \cdot g$

4.11 $n_{\max} = 194{,}37$ m/s

4.12 1. $\omega = 12{,}626$ s^{-1}, 2. $\alpha = 3{,}6241/\text{s}^2$

4.13 $v_0 = 22{,}6$ m/s, $t = 4{,}404$ s

4.14 $v = 45{,}16$ m/s, $r = 119{,}0$ m

4.15 $\alpha = 10{,}371/\text{s}^2$, $N = 2200$

4.16 $\Delta t = 600$ h

4.17 $N = 89$

4.18 $t = 0{,}75$ s

4.19 $\Delta t = \dfrac{3}{110}$ s $= 0{,}27\overline{27}$ s

4.20 $n_{\max} = 267$ s^{-1}

4.21 $t_{\mathrm{f}} = 4{,}07$ s, $r = 115{,}32$ m

4.22 $\alpha = 7{,}85/\text{s}^2$, $N = 1666{,}\overline{6}$

4.23 $v_0 = 3{,}88$ m/s

4.24 $n = 40$/s

4.25 1. $\alpha_0 = 41°$,
2. $v_{\min} = 24{,}1$ m/s,
3. $x = 51{,}74$ m, $y = 22{,}68$ m,
4. $v_{\max} = 44{,}8$ m/s,
5. $\alpha_{\max} = 57{,}5°$

4.26 $n_0 = 300$/min, $t_{\mathrm{B}} = 20$ s

4.27 $\Delta t = 3{,}448$ s

5.1 -0.5 m/s $\leqq v \leqq +0{,}5$ m/s,
$-0{,}125$ m $\leqq x \leqq +0{,}125$ m

5.2 Parallel zur schiefen Ebene, da die Resultierende aus Gewichts- und Trägheitskraft darauf senkrecht steht.

5.3 $a = 3{,}1\,\text{m/s}^2$; $\alpha = 17°$

5.4 $\vartheta = 4{,}8°$

5.5 $a = \frac{1}{15}\,g = 0{,}654\text{m/s}^2$, $v = 1{,}308\,\text{m/s}$

5.6 $F = 358{,}3\text{kN}$

5.7 $F_1 = 1267\,\text{N}$, $F_2 = 981\,\text{N}$, $F_3 = 838\text{N}$

5.8 $a = 0{,}92\,\text{m/s}^2$,
$F_\text{o} = 4910\,\text{N}$, $F_\text{u} = 986\,\text{N}$

5.9 $a = 1{,}635\,\text{m/s}^2$, $F_\text{s} = 8{,}2\,\text{N}$

5.10 $t = 8{,}47\,\text{s}$, $v = 0{,}71\,\text{m/s}$

5.11 $a_2 = 4{,}73\,\text{m/s}^2$,
$s_1 = 59{,}1\,\text{m}$, $v_1 = 23{,}65\,\text{m/s}$
$a_2 = -2{,}35\,\text{m/s}^2$, $t_2 = 1{,}92\,\text{s}$,
$v_2 = 19{,}14\,\text{m/s}$
$a_3 = -1{,}14\,\text{m/s}^2$, $t_3 = 16{,}8\,\text{s}$

5.12 $v_1 = 13{,}3\,\text{m/s}$; $v_2 = 9{,}46\,\text{m/s}$; $s_3 = 70\,\text{m}$

5.13 $t = 5\,\text{s}$, $s = 4{,}9\,\text{m}$

5.14 $F = 1{,}24 \cdot 10^4\,\text{N}$, $x = 10\,\text{cm}$

5.15 $F = 9{,}8 \cdot 10^4\,\text{N}$, $P_\text{max} = 1470\,\text{kW}$,
$\bar{P} = 980\,\text{kW}$

6.1 $s_1 = 28{,}57\,\text{m}$, $s_2 = 4{,}08\,\text{m}$

6.2 $v = 12{,}0\,\text{m/s}$

6.3 $a = 0{,}25\,\text{m/s}^2$

6.4 $m = 1780{,}9\text{kg}$

6.5 $W = 1{,}5 \cdot 10^9\,\text{J}$
$P_\text{max} = 7{,}5\,\text{MW}$

6.6 $\frac{\Delta V}{\Delta t} = 138{,}5\,\text{m}^3/\text{s}$

6.7 $v_0 = 16\,\text{m/s}$; $s = 460\,\text{m}$;
$\Delta t = 38\,\text{s}$; $W = 58\,\text{kJ}$

7.1 $x = 10{,}8\,\text{m}$, $v_W = 5{,}94\,\text{m/s}$,
$u = 3{,}57\,\text{m/s}$

7.2 $u_1 = -2{,}23\,\text{m/s}$, $u_2 = 7{,}64\,\text{m/s}$
$\Delta x = 5{,}38\,\text{m}$, $x_2 = 4{,}90\,\text{m}$

7.3 $v_1 = 5{,}08\,\text{m/s}$, $u_1 = -3{,}39\,\text{m/s}$,
$m_2 = 10\,\text{kg}$
$u_2 = 1{,}69\,\text{m/s}$, $\Phi = 22°$

7.4 $v = 0{,}4\,\text{m/s}$

7.5 $u_2 = 0{,}909\,\text{m/s}$, $u_1 = -4{,}09\,\text{m/s}$,
$u = 0{,}45\,\text{m/s}$

7.6 $u_3 = 3{,}55\,\text{m/s}$

7.7 $|v_2| = 2/3u = 6{,}\bar{6}\,\text{m/s}$

7.8 $\frac{m_B}{m_A} = 5{,}386$

7.9 $v_x = 3{,}3\,\text{m/s}$

8.1 $v = 9{,}9\,\text{m/s}$

8.2 $h = 4\,\text{m}$

8.3 $h = 7{,}5\,\text{m}$

8.4 $m_\text{s} = 552\,\text{kg}$

8.5 $J_1 = 0{,}200\,\text{g} \cdot \text{m}^2$, $J_2 = 0{,}370\,\text{g} \cdot \text{m}^2$,
$J_3 = 0{,}285\,\text{g} \cdot \text{m}^2$

8.6 $J_A = 0{,}2566\,\text{kg} \cdot \text{m}^2$, $J_B = 0{,}4630\,\text{kg} \cdot \text{m}^2$

8.7 $\Delta t_1 = 61{,}1\,\text{s}$, $P = 986\,\text{W}$, $\Delta t_2 = 4612\,\text{s}$

8.8 $J = 2{,}72 \cdot 10^{-3}\,\text{kg} \cdot \text{m}^2$,
$M_\text{Br} = -1{,}90 \cdot 10^{-2}\,\text{N} \cdot \text{m}$

8.9 $a = 1{,}71\,\text{m/s}^2$, $v = 1{,}85\,\text{m/s}$

8.10 $\alpha = 0{,}1\,\text{s}^{-2}$
$|a_1| = 4\,\text{cm/s}^2$; $|a_2| = 2\,\text{cm/s}^2$
$F_1 = 9{,}77\,\text{N}$; $F_2 = 9{,}83\,\text{N}$

8.11 $a = 3\,\text{m/s}^2$, $\omega = 2{,}121/\text{s}$

8.12 a) $F_\text{a} = 32\,\text{N}$,
b) $F_\text{b} = 54\,\text{N}$

8.13 $v = 2{,}44\,\text{m/s}$

8.14 $\alpha > 0$: $M = 0{,}11\,\text{N} \cdot \text{m}$; $\overline{P} = 18\,\text{W}$;
$\alpha = 0$: $M = M_\text{b} = 0{,}02\,\text{N} \cdot \text{m}$; $P = 6{,}3\,\text{W}$;
$\alpha < 0$: $\Delta t = 47\,\text{s}$

8.15 $a = 0{,}0\overline{75}\,\text{m/s}^2$, $F \geqq 462{,}5\,\text{N}$

8.16 a) $F = 7848\,\text{N}$,
b) $F = 648\,\text{N}$,
c) $F = 15048\,\text{N}$

8.17 $v = 3{,}237\,\text{m/s}$

8.18 $J = 4{,}2\bar{6}\,\text{kg} \cdot \text{m}^2$

8.19 $J = 4{,}25 \cdot 10^{-3}\text{kg m}^2$

8.20 $W_\text{Rot}/W_\text{Gesamt} = 5/13$

9.1 $F = 171{,}35\,\text{N}$

9.2

Merkur	4,18 km/s	Saturn	36,0 km/s
Venus	10,4 km/s	Uranus	22,3 km/s
Mars	5,04 km/s	Neptun	24,9 km/s
Jupiter	60,2 km/s	Pluto	2,1 km/s

9.3 $v = 42{,}1\,\text{km/s}$

9.4 $v_\text{e} = 29{,}8\,\text{km/s}$, $v_\text{M} = 1{,}022\,\text{km/s}$

9.5 $T = 5066\,\text{s} = 84{,}4\,\text{min}$, $v = 7{,}90\,\text{km/s}$

10.1 1. Die Deformation des Drahtes ist elastisch.
2. Die Kraft, die die gegebene Deformation des Drahtes hervorruft, beträgt 627 N.

10.2 1. Gleich.
2. An den zweiten Stab muss die größere Kraft angelegt werden.

10.3 Für den ersten Draht betragen die Dehnungen ein Viertel und die Verlängerung die Hälfte des Wertes, der für den zweiten gilt.

10.4 1. $A = 20\ \text{mm}^2$
2. $\sigma = 24$ MPa, $\sigma < \sigma_B$, folglich hält die Stange der Belastung stand.

10.5 0,283 mm

10.6 Die Kupferfeder hat die größere potenzielle Energie, da ihre Verlängerung größer ist.

10.7 $l = 2904$ m

10.8 $W_{pot} = 4{,}5 \cdot 10^{-9}$ J

11.1 $l = 11{,}94$ km

11.2 $h = 18{,}5$ cm

11.3 1. $x = 1{,}65$ cm,
2. $x = 1{,}67$ cm

11.4 $v_1 = 2{,}53$ m/s; $\Delta V/\Delta t = 0{,}051\ \text{m}^3/\text{s}$

11.5 $h = 19$ cm

11.6 a) Die Strömung versucht den Speer (aus den gleichen Gründen wie bei der schräg angeströmten Platte) quer zu stellen.
b) Der Speer wird eine Präzessionsbewegung ausführen, und in Flugrichtung gesehen wird die Speerspitze nach rechts ausweichen.

11.7 $\Delta p = p_{aus} - p_{ein} = -102{,}65$ mbar

11.8 a) $\Delta p = \rho \bar{v} \Delta V$,
b) $\dfrac{\Delta p \bar{v}}{\Delta V} = \rho \bar{v}^2$,
c) 11 km

11.9 Der Auftrieb ist gegeben durch den Druckunterschied $\Delta p = \rho \bar{v} \Delta v$. Während einer Rotorumdrehung bewegt sich das Rotorblatt einmal in Flugrichtung (höhere Anströmgeschwindigkeit $\bar{v}$) und einmal ihr entgegen (niedrigere Anströmgeschwindigkeit $\bar{v}$). Die Schwankungen in der Anströmgeschwindigkeit müssen ausgeglichen werden durch Variation des Anstellwinkels, sonst würde der Hubschrauber seitlich wegkippen.

11.10 Linearer Zusammenhang: $F = 8\pi\eta l \cdot v$

12.1 $A = 18{,}54$ cm, $f = 0{,}222$ Hz

12.2 $\Delta t = \dfrac{1}{220}$ s

12.3 $\Delta t = 0{,}1$ s

12.4 $A = 7{,}07$ cm, $\omega = 2\ \text{s}^{-1}$

12.5 $n = 31{,}83/\text{s}$, $H = 22{,}36$ cm (doppelte Amplitude)

12.6 $D = 25\,\text{N/m}$; $T = 0{,}70\,\text{s}$

12.7 $m = 117{,}2\text{g}$

12.8 a) $T = 0{,}59$ s
b) $T = 0{,}33$ s
c) $\Delta m = 2400$ kg

12.9 $A \geqq 17{,}26$ cm

12.10 $f = 1{,}244 \cdot 10^{14}$ Hz

12.11 $l_0 = 7{,}3\,\text{cm}$; $f_0 = 1{,}8\,\text{Hz}$

12.12 $f = 0{,}448$ Hz

12.13 $f = 45{,}2/\text{min}$

12.14 $J = 1{,}161\ \text{kg m}^2$

12.15 $M = 16{,}9\ \text{N} \cdot \text{m}$

12.16 a) Aus $m\omega^2 r = mg \tan\vartheta$ und $r = l \cdot \sin\vartheta$, folgt $\cos\vartheta = \dfrac{g}{\omega^2 l}$
b) $F = \dfrac{mg}{\cos\vartheta} = m\omega^2 l$
c) Aus $F_\vartheta \approx F \cdot \Delta\vartheta$ folgt $D^* = ml^2 \cdot \omega^2$ und schließlich $\omega_0 = \omega$.

12.17 $J_{\text{scheibe}} = \dfrac{1}{2}\rho\pi r^2 \cdot dr^2 \Longrightarrow$

$J_{\text{Rad}} = \dfrac{1}{2}\rho\pi d(r_a^4 - r_i^4)$;

$D^* = \omega_0^2 \cdot J_{\text{Rad}} \Longrightarrow$
$M_r(2\pi) = 1{,}14 \cdot 10^{-4}\ \text{N} \cdot \text{m}$

12.18 $f_0 = \dfrac{1}{2\pi} \cdot \sqrt{\dfrac{g}{l_1}} \cdot \sqrt{\dfrac{1 - l_2/l_1}{1 + (l_2/l_1)^2}} < \dfrac{1}{2\pi} \cdot \sqrt{\dfrac{g}{l_1}}$

12.19 a) $T = 2{,}006$ s,
b) $l_{red} = 1{,}00\text{m}$

12.20 $x = 0{,}2113$ m

12.21 $J_s = 8{,}46 \cdot 10^{-3}\ \text{kg} \cdot \text{m}^2$

12.22 $T = 1{,}59$ s, $l_{red} = 0{,}627\text{m}$

12.23 $J_s = 1{,}18\,\text{kg} \cdot \text{m}^2$, $l_{red} = 87{,}4$ cm
$r_{s_{min}} = 24{,}3$ cm, $T_{min} = 1{,}4$ s

12.24 $A/A_0 = 0{,}154\ \%$

12.25 $\delta/\omega_0 = 3{,}740 \cdot 10^{-3}$

12.26 a) $\delta = 0{,}35\,\text{s}^{-1}$; $\omega = 7{,}0\,\text{s}^{-1}$
b) $A_{10} = 0{,}29°$
c) $\delta/\omega_0 = 6{,}1 \cdot 10^{-2}$

12.27 $D = \dfrac{300\text{kg} \cdot 9{,}81\text{m/s}^2}{0{,}1\text{m}} = 29430\text{N/m}$;

$f_0 = \dfrac{1}{2\pi}\sqrt{\dfrac{29430\ \text{N/m}}{20\text{kg}}} = 6{,}1$ Hz;

$b_{min} = 1534{,}4\ \text{N} \cdot \text{s/m}$

12.28 a) $\delta = 9{,}62 \cdot 10^{-2}/\text{s}$, $\delta/\omega_0 = 3{,}55 \cdot 10^{-2}$,
$D = 1{,}10\ \text{N/m}$
b) $\dfrac{\Delta T}{T} = 6{,}3 \cdot 10^{-4}$

12.29 a) $f_r = 0{,}431$ Hz, $A_r = 70{,}4$ mm
b) $\phi = -87{,}96°$

12.30 $f_r = 3{,}6\,\text{Hz};\ \delta = 16\,\text{s}^{-1};\ b = 32\,\text{N}\cdot\text{s/m}$

12.31 $f_{\text{Err}} = 200$ Hz,

$$D^* = \frac{10^4\ \text{N}0{,}3\ \text{m}}{3{,}491\cdot 10^{-2}} = 85944\ \text{N}\cdot\text{m}$$

$$J_{\text{Scheibe}} = \frac{1}{2}\rho\pi r^2 d\cdot r^2 = \frac{1}{2}\rho\pi d r^4 = 0{,}048\ \text{kg}\cdot\text{m}^2$$

$$J_{\text{Ring}} = \frac{1}{2}\rho\pi d(r_a^4 - r_i^4) = 0{,}102\ \text{kg}\cdot\text{m}^2$$

$\Longrightarrow J = 0{,}15\ \text{kg}\cdot\text{m}^2$

$\Longrightarrow f_0 = 120{,}5\ \text{Hz} < f_{\text{Err}}$

12.32 Bewegungsgleichung

$$\ddot{\varphi}(t) = \frac{3}{2}\frac{g}{L}\sin\varphi(t) = 0$$

Dies ist auch für kleine φ keine Schwingungsgleichun. Nur die Stablänge bestimmt den Bewegungsablauf, nicht die Stabmasse.

12.33 $A = 10{,}6$ cm, $\Delta\varphi = 40{,}89°$

12.34 $f_1 = 440$ Hz, $f_2 = 442$ Hz

12.35 $|\Delta\varphi_{\text{I,II}}| = 120°$, $|\Delta\varphi_{\text{I,III}}| = 60°$

13.1 $\Delta l = 4{,}544\cdot 10^{-4}$ m

13.2 $\Delta t = 9{,}87\cdot 10^{-3}$ s, $\Delta t_L = 0{,}147$ s

13.3 $\dfrac{\Delta V}{V} = 4{,}53\cdot 10^{-3}$

13.4 $c = \sqrt{\dfrac{F_0}{\varrho\cdot A}} = 67{,}24\ \text{m/s} \Longrightarrow$

$t = l/c = 0{,}149$ s

$s(x,t) = \hat{s}\cdot\sin(\omega t - kx)$

$\Longrightarrow \ddot{s}(x,t) = -\omega^2\hat{s}\cdot\sin(\omega t - kx)$

$\Longrightarrow$ Beschleunigungsamplitude: $\omega^2\hat{s}$

$\omega = 2\pi f;\ f\cdot\lambda = c \Longrightarrow \omega = \dfrac{2\pi c}{\lambda}$

$\Longrightarrow \hat{s} = 13{,}74$ mm

13.5 Der Energiestrom muss überall gleich sein:

$$\frac{1}{2}\left(\frac{\Delta m}{\Delta x}\right)_1\cdot\omega^2\cdot\hat{s}_1^2\cdot c_1 = \frac{1}{2}\left(\frac{\Delta m}{\Delta x}\right)_2\cdot\omega^2\cdot\hat{s}_2^2\cdot c_2;$$

$$c = \sqrt{\frac{F_0}{(\Delta m/\Delta x)}}$$

$$\left(\frac{\Delta m}{\Delta x}\right)_2 = \frac{1}{2}\left(\frac{\Delta m}{\Delta x}\right)_1 \Longrightarrow \hat{s}_2 =^4\sqrt{2}\cdot\hat{s}_1$$

13.6 $F = 48{,}4$ N

13.7 $f_1 = \dfrac{c}{2l};\quad c = \sqrt{\dfrac{F_0}{\varrho\cdot A}} \Longrightarrow$

$A_{\max} = 0{,}045\ \text{mm}^2;\ \alpha_{\max} = 0{,}24$ mm

13.8 a) $\lambda = 5054$ m/s

b) $E = 2\cdot 10^{11}\ \text{N/m}^2$

c) ungerade Vielfache der Grundfrequenz

13.9 Hörschwelle: $\hat{s} = 1{,}1\cdot 10^{-11}$ m

Schmerzgrenze: $\hat{s} = 1{,}1\cdot 10^{-5}$ m

Durchmesser Bohr-Atom etwa 10^{-10} m.

13.10 $N = 1000$

13.11 $L = 135{,}2$ dB, $S = 33{,}3\ \text{W/m}^2$

13.12 $L = 130{,}6$ dB, $S = 11{,}38\ \text{W/m}^2$

13.13 $i = \dfrac{2\ \text{J/s}}{4\pi\cdot(4\ \text{m})^2} = 0{,}01\ \text{J/(m}^2\cdot\text{s)};$

$L = 100$ dB: nahe an der Schmerzgrenze

13.14 $f_{E1} = 461{,}1$ Hz; $f_{E2} = 420{,}8$ Hz

13.15 $f_E = f_s\cdot\dfrac{1-\frac{v}{c}}{1+\frac{v}{c}}$

a) $f_E = 9\,399\,996\,240$ Hz

b) $\Delta f = 52$ Hz

c) 1 %

13.16 $f_E = f_s\cdot\dfrac{1+\frac{v}{c}}{1-\frac{v}{c}} \Longrightarrow$

$$v = c\cdot\frac{f_E - f_s}{f_E + f_s} = 6{,}5\text{m/s} = 23{,}3\ \text{km/h}$$

13.17 $f_s = 31$ Hz

13.18 $f_{E1} = f_s\cdot\dfrac{1}{1-\frac{v}{c}};\quad f_{E2} = f_s\cdot\dfrac{1}{1+\frac{v}{c}}$

$\dfrac{f_{E1} - f_{E2}}{f_{E1}} = 0{,}18 \Longrightarrow$

$v_s = 32{,}6\text{m/s} = 117{,}5\ \text{km/h}$

13.19 $f = 1{,}7\cdot 10^2\ \text{Hz}\cdot(2n+1)\quad n = 0, 1, 2, \ldots$

13.20 $x_1 = 174{,}7$ mm, $x_2 = 438{,}8$ mm,

$x_3 = 3426{,}4$ mm

13.21 $\sin\alpha_{4V}^{\text{grün}} = \sin\alpha_{3V}^{\text{rot}} \Longrightarrow$

$\lambda_{\text{grün}} = \dfrac{3}{4}\cdot\lambda_{\text{rot}} = 0{,}4746\ \mu\text{m}$

13.22 Abschätzung für Richtung des Maximums n-ter Ordnung:

$$\sin\alpha_{nV} = (2n+1)\frac{\lambda}{2b}$$

Der Beobachter steht in Richtung eines Maximums 1. Ordnung der Schallwelle und in Richtung eines Maximums 900 000. Ordnung der Lichtwelle. Wegen der mit wachsender Ordnung rasch fallenden Intensität ist das Klavier zwar zu hören aber nicht zu sehen.

13.23 Abschätzung für Richtung des Maximums n-ter Ordnung:

$$\sin\alpha_{nV} = (2n+1)\frac{\lambda}{2b}$$

Das Haus steht in Richtung eines Maximums 1. Ordnung der Schallwelle der Frequenz 50Hz und eines 16. Ordnung der Schallwelle der Frequenz 550 Hz. Wegen der mit wachsender Ordnung rasch fallender Intensität ist am Haus die Lautstärke tieffrequenter Anteile höher als die höherer Frequenzen.

14.1 $\Delta\alpha = 37{,}38°$

14.2 $\phi = \pi - 2\theta'$; $\theta' = \dfrac{\pi}{2} - \theta \Longrightarrow \phi = 2\theta$: Wechselwinkel an geschnittenen Geraden, die folglich parallel sind.

14.3 $$d(h_w) = \left\{1 - \tan\left[\operatorname{asin}\left(\frac{1}{n}\cdot\sin\frac{\pi}{4}\right)\right]\right\}\cdot h_w = \left[1 - \frac{1}{\sqrt{2n^2-1}}\right)\cdot h_w$$

$d(8\,\text{cm}) = 2{,}98\,\text{cm}$

14.4 Brewster-Winkel: $\alpha_{1B} = 53{,}06°$;

Entfernung $x = \dfrac{100\text{ cm}}{\cos 53{,}06°} = 166{,}4\text{ m}$

14.5 $c_{rot} = 207\,069\text{ km/s}$;
$c_{violett} = 193\,824\text{ km/s}$;
Achtung: Der Winkel α ist im Bogenmaß zu nehmen!

14.6 Brechung für $\theta_1 = \pi/2$: $\sin\theta_2 = 1/n$;
Totalreflexion: $\sin\theta_2' = 1/n \Longrightarrow$
$\theta_2 = \theta_2' = \pi/4 \Longrightarrow n = \sqrt{2}$

14.7 $\dfrac{1}{f} = \dfrac{1}{g} + \dfrac{1}{b}$;
$g \to \infty \Longrightarrow f \to b = 2{,}5\,\text{cm}$;
$g = 25\,\text{cm} \Longrightarrow f = 2{,}27\,\text{cm}$

14.8 $b = 7{,}5$ cm, $B = -1{,}5$ cm.
Das Bild ist virtuell und verkleinert.

14.9 $d = 0{,}1$ m

14.10 $\varphi_{rot} = 41°28'$ und $\varphi_{viol} = 40°49'$

14.11 Die violetten Strahlen werden total reflekiert, die roten Strahlen treten aus dem Glas in die Luft ein.

14.12 a) $f_1/f_2 = 1{,}4$
b) In der gegebenen Flüssigkeit wirkt die ertse Linse wie eine Zerstreuungslinse und die zweite wie eine Sammellinse.

14.13 $f = 0{,}59$ m

15.1 a) $Q = 28$ pC,

b) $\varphi_e(\rho) = \dfrac{\varphi_0}{\sqrt{1 + \left(\dfrac{2\rho}{a}\right)^2}}$,

c) $E(\rho) = \dfrac{Q}{2\pi\varepsilon_0}\dfrac{\rho}{\left(\dfrac{a^2}{4} + \rho^2\right)^{3/2}}$,

d) $\rho = 3{,}5$ cm
e) $E_{max} = 77$ V/m

15.2 $r_x = \dfrac{2}{\dfrac{1}{R_A} + \dfrac{1}{R_I}}$

15.3 $C = \pi\varepsilon_0 l \dfrac{1}{\ln\dfrac{a-R}{R}}$

15.4 $C' = \dfrac{C}{l} = \dfrac{4}{3}\dfrac{\pi\varepsilon_0}{\ln\dfrac{a}{R}}$

15.5 $q = 73$ nC; $N = 4{,}6 \cdot 10^{11}$

15.6 Abstand $r = 3$ cm von der kleineren Ladung

15.7 $F = 9{,}2 \cdot 10^{-8}$ N; $f = 7{,}2 \cdot 10^{15}$ Hz

15.8 a) $E = \dfrac{d \cdot q}{4\pi \cdot \varepsilon_0} \cdot \dfrac{1}{r^3}$
b) $E = 1{,}4 \cdot 10^3$ N/C

15.9 $\Delta y = 2{,}3$ cm

15.10 $W_{kin} = 14{,}38$ eV; $W_{pot} = -28{,}77$ eV

15.11 a) $r = 2{,}4 \cdot 10^{-14}$ m
b) $r = 4{,}8 \cdot 10^{-14}$ m

15.12 $E(r) = \dfrac{q/l}{2\pi\varepsilon_0} \cdot \dfrac{1}{r}$

$$\varphi(r) = -\int_{r_1}^{r} E(r)\,\mathrm{d}r = \frac{q/l}{2\pi\varepsilon_0}\ln\left(\frac{r_1}{r}\right)$$

15.13 $Q = 0{,}668\ \mu$C

15.14 $C/l = 56$ pF/m

15.15 $C_G = 2{,}2 \cdot C$

15.16 $v = 9{,}49$ m/s

16.1 $U_1 : U_2 : U_3 : U_4 = 12 : 6 : 4 : 3$

16.2 $R_1 = 1{,}2\ \Omega$, $R_2 = 10{,}8\ \Omega$, $R_3 = 388\ \Omega$

16.3 $49{,}6\ \mu$m/s

16.4 Je nach Wahl der Ecken ergibt sich für den Widerstand: $(5/6) \cdot R$, $(3/4) \cdot R$, $(7/12) \cdot R$

16.5 $I_1 = 24$ mA, $I_2 = -8$ mA, $I_3 = 16$ mA

16.6 a) $R_x = 4700\ \Omega$
b) $U = 0{,}44$ V

16.7 a) $U = 29$ V, $P = 725$ W
b) $U = 2{,}9$ V, $P = 7{,}25$ W

16.8 $U_L = 11$ V

17.1 $I = \dfrac{m \cdot g}{2N \cdot l \cdot B} \cdot \sin\alpha$

17.2 a) $r = 5{,}8$ mm; $f = 280$ MHz
b) Schraubenbahn mit derselben Umlaufsfrequenz wie bei a), dem neuen Radius $r' = 4{,}1$ mm und der Ganghöhe $h = 26$ mm.

17.3 $b = 1{,}077 \cdot r_{12}$

17.4 $n = 1{,}25 \cdot 10^{19}/\text{cm}^3$

17.5 $B_{\text{ges}}(x) = \frac{1}{2}\mu_0 I R^2 \left\{ \left[R^2 + \left(x + \frac{a}{2}\right)^2\right]^{-\frac{3}{2}} + \left[R^2 + \left(x - \frac{a}{2}\right)^2\right]^{-\frac{3}{2}} \right\}$

$R = a$

18.1 $\phi_1 = \phi_2 = \frac{\phi_3}{2} = \frac{NI\mu A}{2(a+b)}$,

$H_1 = H_2 = H_3 = \frac{NI}{2(a+b)}$

18.2 1. $\phi = \frac{\mu_0 i \cdot b}{2\pi} \ln\left(\frac{a+s}{s}\right)$,

2. $u_{\text{ind}} = -\frac{\mu_0 \cdot N \cdot C \cdot b}{2\pi} \ln\left(\frac{a+s}{s}\right)$

18.3 $u_{\text{ind}} = \frac{\mu_0 NIAv}{2\pi(a+s)\cdot s}, A = a \cdot b$

18.4 $L' = \frac{L}{l} = \frac{\mu_0}{2\pi} \ln \frac{R_A}{R_I}$

18.5 $L' = \frac{L}{l} = \frac{\mu_0}{\pi} \ln\left(\frac{a-R}{R}\right)$

18.6 1. $w_m = \frac{B^2}{2\mu_0} = \frac{\mu_0 I^2 r^2}{8\pi^2 R^4}$,

$W_m = \int_V w_m dV = \frac{\mu_0 I^2 l}{16\pi}$,

2. $L' = \frac{2W_m}{I_2 l} = \frac{\mu_0}{8\pi}$,

3. $L' = 2L_i' + \frac{\mu_0}{\pi} \ln \frac{d}{r} = \frac{\mu_0}{\pi}\left(\frac{1}{4} + \ln \frac{d}{R}\right)$

19.1 962 kPa

19.2 240 K

19.3 7,2 kg

19.4 294 K

19.5 2 kg

19.6 Ja. Der Auftrieb in Luft ändert sich für Probe und Wägesatz unterschiedlich.

19.7 55 cm

19.8 6 cm^3

19.9 7,6 $kg \cdot dm^{-3}$

19.10 17,3 km; 7,69 km; 0,248 km. Vereinfachung: Konstante Temperatur

19.11 0,46 $kg \cdot m^{-3}$

19.12 $3{,}3 \cdot 10^{+5}\ cm^{-3}$; $3{,}3 \cdot 10^{+11}\ m^{-3}$

19.13 Azetylen

19.14 47 kPa; 19,5 g

19.15 4 $kg \cdot kmol^{-1}$

19.16 0,4 kmol

20.1 Um 16,2 cm^3; um 150 K

20.2 $c_p > c_V$, da Energie nicht nur zum Erwärmen des Gases, sondern auch zum Verrichten mechanischer Arbeit notwendig ist. Für 1-, 2- und 3-atomige Gase ist $c_p/c_V \approx 5/3, 7/5$ bzw. $4/3$.

20.3 Um 1,7 K

20.4 60 W

20.5 3,3 m/s

20.6 Um 38 K

20.7 120 MJ

20.8 0,32 MPa

20.9 0,12 MPa

20.10 1400 K

20.11
1. Schnelle Kompression des Gases im Zylinder eines Motors oder einer Pumpe; Abkühlung der Luft, wenn sie in ddie obere Schicht der Atmosphäre aufsteigt, u. a.
2. Beim adiabatischen Prozess ändern sich alle drei Parameter des Gases.
3. Ja, wenn der Prozess hinreichend schnell abläuft

20.12 $c_p = 685\ J/(kg \cdot K)$

20.13 $Q = \frac{M}{\mu} C_x \Delta T$, daraus folgt

$C_x = \frac{\mu Q}{M \Delta T} = 21\ kJ/(kmol \cdot K)$.

Da Sauerstoff ein zweiatomiges Gas ist, spricht die erhaltene Größe C_x dafür, dass die Erwärmung bei konstantem Volumen durchgeführt wurde.

20.14 Die molare Masse (hier: die Masse eines Kilogrammatoms) des Kugelmaterials beträgt 107 kg/kmol. Folglich ist die Kugel aus Silber.

21.1 120 kW

21.2 35 %; 66 t

21.3 a) $\eta = 20\ \%$, b) $W = 1{,}26 \cdot ^3$ J

21.4 $-W = 2{,}5$ MJ; $\eta_C = 0{,}75$;

$-W_C = \eta_C \cdot Q = 5{,}3$ MJ; $W_C/W = 2{,}1$

21.5 $\eta = 18\ \%$

21.6 Bei einem umgekehrten Kreisprozess verrichten äußere Kräfte am Gas die Arbeit W. Dabei sind die von dem kalten Körper übernommene Wärmemenge Q_2 und die verrichtete Arbeit W gleich der Wärmemenge Q_1, die dem wärmeren Körper übergeben wird.

a) $\eta = \frac{T_1 - T_2}{T_1} = 0{,}093$

b) $Q_2 = Q_1 - W = \frac{W}{\eta} - W = \frac{1-\eta}{\eta} W$
$= 360\,\mathrm{kJ}$
c) $Q_1 = 397\,\mathrm{kJ}$

21.7 Mit der Wärmemenge Q_0 kann die Arbeit $W = \eta_2 Q_0$ verrichtet werden, wobei η_2 der Wirkungsgrad der Wärmekraftmaschine mit $\eta_2 = \frac{T_1 - T_2}{T_1}$ ist. Dann wird dem Raum durch die Wärmepumpe die Wärmemenge $Q_1 = W/\eta_3$ übergeben, wobei η_3 der Wirkungsgrad der Wärmepumpe mit $\eta_3 = \frac{T_1' - T_2'}{T_1'}$ ist.

$$\frac{Q_1}{Q_0} = \frac{\eta_2 Q_0}{\eta_3 Q_0} = \frac{\eta_2}{\eta_3} = \frac{(T_1 - T_2)T_1'}{(T_1' - T_2')T_1} = 2{,}6.$$

21.8 $\eta_1 = 20\,\%$ und $\eta_2 = 30\,\%$

21.9 a) Offensichtlich ist $V_1 - V_2 = Ah$, wobei A die Querschnittsfläche und h der Weg des Kolbens ist. Andererseits gilt

$$\left(\frac{V_1}{V_2}\right)^{\kappa} = \frac{p_2}{p_1}.$$

Wenn wir diese beiden Gleichungen für V_2 lösen und die gegebenen Werte einsetzten, finden wir $V_2 = 1{,}76 \cdot 10^{-4}$,^{3}.

b) $\frac{T_1}{T_2} = \left(\frac{p_1}{p_2}\right)^{\frac{\kappa-1}{\kappa}}$, daraus folgt
$T_2 = 680\,\mathrm{K} = 407°\mathrm{C}$.
c) $W = \frac{p_1 V_1}{\kappa - 1} \frac{T_1 - T_2}{T_1}$, außerdem ist
$V_1 = Ah + V_2 = 1{,}04 \cdot 10^{-3}\,\mathrm{m^3}$ und
$W = 243\,\mathrm{J}$.

21.10 Es gilt $S_2 - S_1 = \int_1^2 \frac{\mathrm{d}Q}{T}$.

Da $\mathrm{d}Q = \frac{M}{\mu} C_V\, \mathrm{d}t + p\, \mathrm{d}V$ und außerdem $pV = \frac{M}{\mu} RT$ ist, wird

$$S_2 - S_1 = \int_1^2 \frac{M}{\mu} \frac{C_V\, \mathrm{d}T}{T} + \int_1^2 \frac{M}{\mu} \frac{R\, \mathrm{d}V}{V} = \frac{M}{\mu} C_V \ln \frac{T_2}{T_1} + \frac{M}{\mu} R \ln \frac{V_2}{V_1} = 5{,}4\,\mathrm{J/K}.$$

21.11 Es gilt $\Delta S = \frac{M}{\mu} C_p \ln \frac{T_2}{T_1} \frac{M}{\mu} R \ln \frac{p_2}{p_1}$; bei einem isothermen Prozess ist $T_1 = T_2$ und $\Delta S = -\frac{M}{\mu} R \ln \frac{p_2}{p_1} = \frac{M}{\mu} R \ln \frac{p_1}{p_2}$.
Setzen wir die Werte aus der Aufgabenstellung ein, erhalten wir $\Delta S = 17{,}3\,\mathrm{J/K}$.

21.12 a) $\Delta S = 1{,}76$ J/K,
b) $\Delta S = 2{,}46$ J/K.

21.13 $\Delta S \approx 500$ J/K.

22.1 303 K

22.2 10,4 kg; 102N

22.3 Auf 299 K

22.4 0,43 kg

22.5 380 J/(kg K)

22.6 225 l bzw. 75 l

22.7 0,3 kg

22.8 973 K

22.9 3 kg

22.10 45 l

22.11 $\lambda = 1{,}28$ W/(m K)

22.12 $Q = 1{,}9 \cdot 10^5$ J

22.13 $Q = 11{,}7$ J

23.1 200 kJ; 80 kJ

23.2 Die Verdampfung bewirkt eine Verminderung der inneren Energie, dabei kühlen Wasser und die umgebenden Elemente ab

23.3 Auf 319 K

23.4 518 kJ

23.5 1620 s

23.6 gefrierendes Wasser dehnt sich aus und sprengt die Rohre bzw den Motorblock

23.7 5,2 MJ

23.8 1. Das Eis schmilzt; das Wasser nimmt die Temperatur 277,5 K an
2. Im Wasser bleiben 20 g Eis, die Temperatur beträgt natürlich 0 °C.

23.9 18,3 MJ

23.10 1700 kg

23.11 Die Salzlösung bleibt auch bei Temperaturen unter 0° flüssig

23.12 Wenn Salzwasser gefriert, werden Kristalle reinen Eises abgeschieden; das Salz verbleibt in der Lösung, deren Konzentration ansteigt.

23.13 1.) 33,5 kJ; 2.) 37,7 kJ

23.14 29 g

Sachwortverzeichnis

F

G

H

I

J

K

L

N

O

P

T

U

V

W

Y

Z